WILEY

Organic Coatings: Science and Technology

Fourth Edition

有机涂料
科学和技术

原著第四版

（美）弗兰克 · 琼斯（Frank N. Jones）
（美）马克 · 尼克尔斯（Mark E. Nichols）
（美）苏格拉底 · 彼得 · 帕巴斯（Socrates Peter Pappas）

武利民　叶汉慈　洪啸吟　等译
钱伯容　校

化学工业出版社
· 北京 ·

内容简介

本书详细讨论了有机涂料开发、生产和使用过程中的理论基础与应用技术。具体包括涂料基础理论，如聚合与成膜、流动、机械性能、户外耐久性、附着力及涂层防腐蚀；涂料基料，如丙烯酸树脂、乳胶、聚酯树脂、氨基树脂、聚氨酯和多异氰酸酯、环氧与酚醛树脂、干性油、醇酸树脂、硅衍生物、其他树脂及交联剂；涂料溶剂；涂料颜色与颜料；涂料的施工与漆膜缺陷；并介绍了各种种类的涂料，如溶剂型涂料和高固体分涂料、水性涂料、电沉积涂料、粉末涂料、辐射固化涂料、金属底材产品用涂料、木器涂料、塑料涂料、建筑涂料、特种涂料、功能涂料。

本书可供涂料行业研发和生产人员参考使用，也可作为涂料专业学生的专业参考书。

Organic Coatings: Science and Technology, fourth edition / by Frank N. Jones, Mark E. Nichols, Socrates Peter Pappas

ISBN 9781119026891

北京市版权局著作权合同登记号：01-2021-5089

图书在版编目(CIP)数据

有机涂料科学和技术/（美）弗兰克·琼斯，（美）马克·尼克尔斯，（美）苏格拉底·彼得·帕巴斯著；武利民等译. —北京：化学工业出版社，2021.8（2022.1 重印）

书名原文：Organic Coatings: Science and Technology

ISBN 978-7-122-39147-6

Ⅰ. ①有… Ⅱ. ①弗…②马…③苏…④武… Ⅲ. ①有机化合物-涂料 Ⅳ. ①TQ630.7

中国版本图书馆 CIP 数据核字（2021）第 087312 号

责任编辑：韩霄翠　仇志刚
文字编辑：张瑞霞
责任校对：李　爽
装帧设计：王晓宇
出版发行：化学工业出版社（北京市东城区青年湖南街 13 号　邮政编码 100011）
印　　装：中煤（北京）印务有限公司
开　　本：787mm×1092mm　1/16　印张 41　字数 1012 千字
版　　次：2021 年 11 月北京第 1 版
印　　次：2022 年 1 月北京第 2 次印刷
购书咨询：010-64518888
售后服务：010-64518899
网　　址：http://www.cip.com.cn
定　　价：288.00 元

翻译人员名单

（按姓氏汉语拼音排序）

组织者	段质美	洪啸吟	钱伯容	申　亮	武利民	叶汉慈
译　者	敖飞龙	丁永波	段质美	付长清	高志晓	桂泰江
	洪啸吟	黄微波	阚成友	李金旗	李小杰	李效玉
	刘　仁	刘晓亚	刘娅莉	钱伯容	邱　藤	邵亚薇
	申　亮	沈　岚	谭伟民	唐　磊	唐黎明	王崇武
	王　健	王晶晶	武利民	杨　玲	叶汉慈	游　波
	袁金颖	张超群	赵卫国	周树学	朱传棨	朱　明

蔡诺·威克斯（Zeno W. Wicks，Jr.）（1920—2007）

蔡诺·威克斯教授（Zeno W. Wicks，Jr.）是本书前三版的第一作者，我们两位：琼斯（Jones）和帕巴斯（Pappas）深切怀念他——一位杰出的科学家，一位极富魅力的老师，一位良师益友，一位令人敬佩的同事，一位彬彬有礼的先生。蔡诺教授影响了数以百计、数以千计的一批又一批的学生，其中很多人选择了涂料行业作为他们所从事的职业。蔡诺最爱给学生讲的一句肺腑之言是："要勤于思考，不停顿地思考。"

马克·尼克尔斯（Mark E. Nichols）作为年轻的一代，曾经错过了与蔡诺的见面，他说："这真是我的一大遗憾啊！"是的，他说的一点儿也不错。

蔡诺·威克斯在伊利诺斯大学获得他的化学博士学位，毕业后到因蒙特（Inmont）公司工作，在二十八年的职业生涯中，晋升为研发部副总裁。（因蒙特公司是一家涂料和油墨制造商，1985年被巴斯夫公司收购。）在以后的十一年中，蔡诺成为北达科他州立大学（NDSU）聚合物和涂料系的教授和系主任，退休后担任顾问。在他的一生中，他还经常游历世界讲授涂料科学。他曾获得马蒂耶洛（Mattiello）纪念奖、罗伊·苔丝（Roy W. Tess）奖和四次罗恩（Roon）奖。

蔡诺是我们见过的最好的老师，他可以整日授课而不知疲倦。当他邀请一个班级的学生晚餐后回课堂进行自由讨论时，课堂从来都是座无虚席。本书的原稿是蔡诺在北达科他州立大学最后一年为讲课准备的一整套系列讲稿，是他为高年级学生和研究生的全年涂料课程准备的。他认为这些讲稿应该会给他的后继者们提供一定的帮助。

译者前言

Organic Coatings：Science and Technology 一书，原著初版于 1992 年在美国发行，甫一上市便扬名业界。1999 年该书英文版发行第二版之后，由我国化学工业出版社牵头，聘虞兆年担纲，在 2002 年翻译出版了该版的中译本《有机涂料：科学和技术》。该书面世至今历二十载，成为我国涂料行业几代人重要的参考著作。

该书第一版由蔡诺·威克斯（Zeno W. Wicks）等三位教授撰写，在书中他们展示了渊博的专业造诣和对涂料行业的无限热爱！ 20 世纪 80 年代，威克斯教授曾多次自费到中国讲学，倾其心血为改革开放之初的中国涂料工业挑灯指路、传道授业！ 威克斯教授当时在华讲学用的教材，就是后来成书的初稿。

2017 年 *Organic Coatings：Science and Technology* 英文版第四版在美国发行，这是由弗兰克·琼斯（Frank N. Jones）等编撰的最新一版。第四版对涂料领域作了系统的审视，对前几版的内容进行了修订和更新。第四版共对五个章节进行了较大的调整、改动，另有十个章节增加了新的题目与论点，增添并丰富了一些新的内容，如超疏水、防覆冰、抗菌和自修复涂料，以及可持续发展涂料、油画颜料和外墙建筑底漆等。第四版全新的论点及巨大的信息量，使该书成为涂料行业科学家、工程师，以及涂料和高分子相关专业学生们一本不可多得、十分有用的参考书。

有鉴于此，及时把该书英文版第四版翻译出版就显得十分必要了。在化学工业出版社的帮助下，我们六位业内人士成立了翻译组织团队，成员分别是：段质美、洪啸吟、钱伯容、申亮、武利民、叶汉慈（按姓氏汉语拼音排序）。

本书正文共有 34 章（节），书中每一章都是一个专业领域，具有相互间细分差异大、专业术语多有不同的特点。所以，翻译工作采用“大团队”协同翻译的形式，延请涂料各大门类的 36 位行业精英，分别选取各自擅长的专题，共同承担了 34 章（节）的翻译工作。另外，“前言”由洪啸吟翻译，而蔡诺·威克斯的介绍及“封底”两篇，则由钱伯容翻译。

翻译过程中，各译者斟词酌句，常为一字之意反复揣摩、数次修正；互相间共同研讨又互检互改，各抒己见又求同存异，全过程学术氛围浓烈而轻松。译文最后再由翻译组织团队反复推敲、共同把关、审改定稿。由于译者与译文都是专业对口，所以驾轻就熟，在翻译时能做到遣词达意、忠于原著。全过程中，我们力求做到既精准表达原文的意思，又不失中文的通顺和词汇的规范性，努力符合信、达、雅的翻译准则，争取使本书成为一本精品译著。

在原著第四版的中译本即将付印之时，特向参与本书翻译的“大团队”所有成员致意，感谢每一位译者在疫情困境中依然用心苦译。当这本译著为促进我国涂料工业的进步发挥作用的时候，全行业都会记得你们！ 在此亦郑重地向几位美方作者及原著第二版的全体中方译者致以深深的敬意！ 没有他们昨天铺路在前，就难得我们今日大道康庄！

我国涂料业发展至今，只凭经验摸索配方的时代已然远去。只有依靠先进理论的指引、高效地开发出高性能和功能性产品，才是发展的必由之路。环顾全行业，各类研发中心、重点实验室已经遍布高校和科研院所，专家们用理论指导实践，在这里构筑我国涂料工业的未来。具有强大承托力的基础理论，就是支撑起涂料工业这座宏伟大厦的永久基石！ 希望即将发行的原著第四版的中译本，在普及涂料基础理论、推广先进涂料技术方面，能起到更好的促进作用，这也是我们组织翻译本书的初心！

此次中译本的翻译，筹划一载，笔耕一年。我们第一次承担这种大型翻译工作的组织和实施，虽很认真，也已尽力，但全书仍会有诸多不足，望业内同仁不吝赐教。

《有机涂料科学和技术》（原著第四版）翻译组织者

2020 年 8 月

前言

涂料科学和技术一直在不断发展和进步，并时有突破。今天的住宅建筑涂料看上去可能和十年前并没有什么两样，但实质上比十年前好多了。因此，是时候对 2007 年出版的《有机涂料：科学和技术》第三版进行修订了。现在的第四版对第三版进行了全面的更新，但我们为读者提供一本涂料技术与现代科学知识相结合的教科书和参考书的初衷未变。

Mark E. Nichols 加入了第四版的编写，这是本书首次有一位真正的材料科学家，而且是一位非常优秀的材料科学家参与编写。Mark E. Nichols 是 *Journal of Coatings Technology and Research*杂志的主编，他在现代涂料技术领域具有宽阔的视野，而且是汽车涂料界的权威人物，他的贡献反映在书中每个重要的修改和更新中。书中每章的题材都可写成一本完整的书，实际上很多章节内容已有专著出版。为了力求在有限的版面篇幅中尽可能提供全面的内容，我们在每章开始都有一个概述，并在每章最后提供了参考文献，以供读者寻求更详细的信息。我们期望这个版本能成为更具实用价值的涂料科学教科书和参考书。本书适合学习过有机化学等大学化学课程的读者，但并不要求读者学过聚合物或材料科学的相关课程。

书中一些章节简要介绍了一些涂料的配方和应用实例，并列出了相关的参考文献，这些内容在课堂上可以不讲，但可用于课外作业，如学期论文。我们期望这些实例能提升本书作为参考书和自学教材的价值，据我们了解，本书的前三版就被广泛用于这一目的。我们也介绍了涂料中的一些术语定义，以帮助涂料领域的新人了解涂料专业语言。尽管本书是专门针对涂料行业写的，但许多原理也适用于一些相关行业，如印刷油墨、黏合剂和某些塑料行业。

涂料技术是靠经验和反复试验发展起来的。关于如何制备和应用涂料的记载至少已有 2000 年的历史了。大概自 1900 年至今，关于涂料应用原理的科学理论一直在不断发展。1905 年，爱因斯坦发表了能用于解释色漆流动的流变公式，1920 年之前，H. A. Gardner，E. Ladd，C. B. Hall 和 M. Toch 等开拓者就已开始用科学的方法进行涂料实验。但是涂料领域的问题太复杂了，有关的科学理论至今还是不完整的。经验配方和实验仍是涂料发展和应用的基础。涂料面临一些相互冲突的基本要求，包括环境保护、安全健康、合理的成本、高品质等，因而需要不断地创新。我们相信，了解涂料背后的基本科学原理有助于配方设计者更有效地工作，同时涂料领域中的科学家和工程师也应该熟悉配方设计者所掌握的技艺。知识是需要双向流动和交流的。

如果每章都附上全面完整的文献目录，会占据本书太大篇幅。因此我们只引用了一些关键的文献和足以支持某些具体内容的文献，并用新文献更新了旧版中的很多文献，但本书也保留了旧版中的许多参考文献，因为它们对涂料技术发展有过重要贡献。文献查阅者除了使用本书中引用的文献，还可从其他渠道获得各种信息，包括一些有参考价值的刊物，如 *Journal of Coatings Technology and Research* 和 *Progress in Organic Coatings*，以及各种书籍、商业杂志、会议论文集、学位论文、公司内部报告及从供应商和客户那里得到的信息等。文献调研有时会忽视专利，实际上专利往往含有对“最前沿”技术的综述和一些包括配方、实验方法及结果在内的具体实例。专利文献很容易在互联网上免费查到。

最后，感谢 Dean Webster 和 Carole Worth 对本书编辑方面提供的帮助和有益建议。

目录

第 17 章　其他树脂和交联剂　290

第 18 章　溶剂　304

第31章 非金属基材产品用涂料 543

第32章 建筑涂料 558

第33章 特种涂料 579

第1章 涂料概论

从史前时代开始，涂料就一直被用来保护物体并传递信息。在现代社会中，涂料就更广泛地被用来保护物体，同时又赋予其美学品质，改善物体的外观。如果你正通过传统纸质书阅读这本书中的内容，那纸张上就是涂覆了涂料的。抬头看看，你所在房间的墙壁是涂有涂料的，窗户上也有涂料。如果你戴着眼镜，那镜片上很可能是涂有涂层的，提高镜片的抗划伤性，并使其能够吸收紫外线辐射。如果你正在电脑的显示屏上阅读本书，那电脑的显示屏是涂有涂层的，可以防刺眼，可能还能减少留下的指痕。你所使用的电脑中的中央处理器之所以能够存在是因为在其纳米尺寸的印刷线路中使用了涂料。如果你在室外，你看到的建筑物、车辆、飞机、道路和桥梁都是涂有涂料的。大多数物体都涂有涂料，不用涂料的很少！

尽管涂料科学是一门古老的技术，但并不意味着它就终止了创新。今天，众多的涂料科学家和配方师都在勤奋工作着，以求改善涂料的性能，减少在其制造和施工中对环境所产生的危害，并创造出功能远超现今的涂料。

1.1 定义与范围

通常，涂层是指涂覆在物体上的薄层。被涂覆的物体被称为基材。因此，涂层的典型特征就是它很薄。尽管涂层的厚度取决于使用的目的，但通常涂层的厚度在几微米到数百微米的范围内，当然，也有不少例外。过去，涂层的厚度常以英制密耳（mil）表示。一密耳等于千分之一英寸或25.4μm。

虽然涂料可以用任何材料制备，但本书基本上只涉及有机涂料。诸如用于镀锌钢材表面的含锌涂料，由金属氧化物制备的陶瓷涂料，或金属（如铝）阳极化镀层，还有许多其他可以赋予涂层以硬度、抗划伤性或抗腐蚀性的无机涂料，我们将留给其他专著进行叙述。虽然这些涂料在技术上和经济上也都是很重要的，但却超出了本书的范围。

有机涂料通常是一种多相的复合材料。它的主体组分称为基料，它将涂层中的其他组分黏结在一起，在干涂膜中形成连续相。如前面已述，本书主要讨论有机涂料，因此基料一般都是有机聚合物。

coating 这个英语词汇有诸多含义，因而也一直存在不少混淆。作为名词，coating 通常用来形容用于涂覆到某种基材上的液体物料及其所形成的干膜。作为动词，coating 指的是施工过程。通常 coating 的字面意思可从上下文中推断出。油漆（paint）和面漆（finish）与涂料（coating）词义相同。这两个词也都可作为名词和动词使用。那么 coating 和 paint 之间究竟有多大区别呢？区别不大，所以这两个词常被交换使用。但是“涂料”（coating）这一术语所指的范围更宽，而“油漆”（paint）这个词则常常用于建筑和家用涂料，有时也指用于桥梁和储罐的维护涂料。有人习惯于把涂装汽车和电脑部件的高档材料称为“涂料”，用于其他物件的称之为油漆（paint）。用户常常比较熟悉清漆（varnish）和着色剂（stain）这些词。此类涂料被用来保护和美化木材。对此类涂料的讨论包含在本书中，因为它们是用聚合物基料制成的，其中可以含有或不含颜料。

由于我们把本书范围局限在与油漆有历史渊源的有机涂料范围内，因此没有把诸如纸张和织物、贴花纸、层压材料和化妆品所用的涂料以及油墨列入本书范围。当然，人们会觉得这些涂料与传统的油漆是很像的。而且，对这些材料有兴趣的读者会发现，本书所讨论的主要原理对它们也都是适用的。为保证本书的篇幅不致太长，对论述范围有所限制是必要的。但我们的限制也不完全是随意规定的。我们是根据全球行业中通用的词语来命名涂料的。涂料通常分成三大类，即建筑涂料、OEM 涂料（原厂涂料）和特殊用途涂料。

涂料工业是一个相对成熟的工业。其发展速度与整个经济发展大致同步。在北美和欧洲，其增长趋缓，而在亚洲和拉丁美洲则随着地区经济的腾飞而呈现大幅增长的态势。每个区域所消耗的涂料的估算产值如图 1.1 所示。2014 年世界涂料市场的估算产值约为 1120 亿

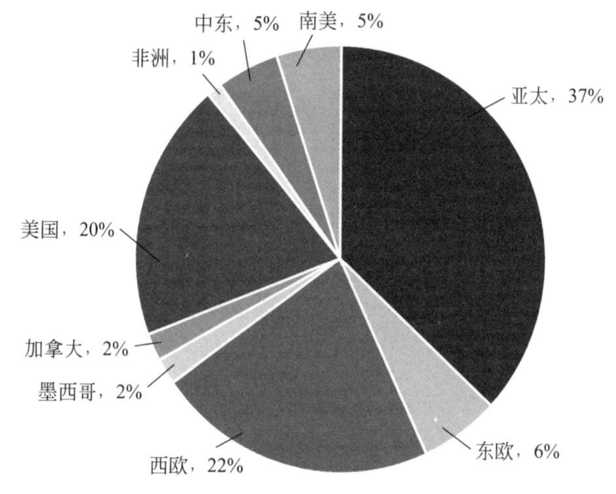

图 1.1　2014 年全球涂料产值

来源：美国涂料协会

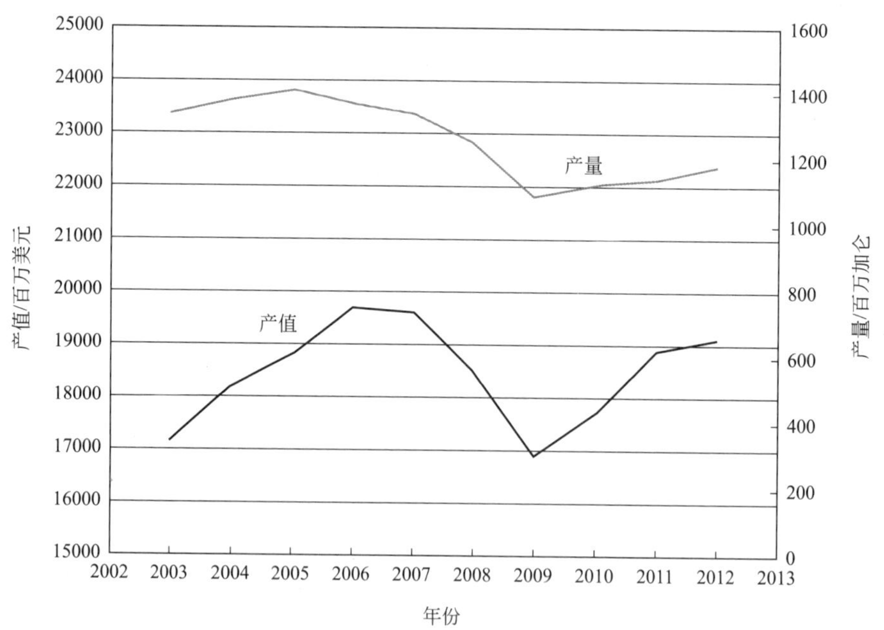

图 1.2　最近十年美国涂料出货趋势（1 加仑≈3.79L）

来源：美国涂料协会

美元（American Coatings Association and Chemquest Group，2015）。图 1.2 汇总了美国最近十年涂料的估计销售产量和产值（数据来源同上）。2008～2009 年经济下滑的影响十分明显。

1.2 涂料类型

建筑涂料包括油漆和清漆（透明油漆），它们的用途是装饰和保护建筑物内外表面。其中也包括家用油漆和小型企业生产的其他油漆和清漆，此类用途包括橱柜和家装家具用漆（不包括销售给家具制造商的那些品种）。建筑涂料通常被称为零售油漆（trade sales paints）。此类油漆是通过油漆商店或其他零售网点直接销售给涂装承包商或自用者的。2014 年，在美国，建筑涂料大约占涂料产量的 60%。但因建筑涂料价格较低，故从产值上看，仅占 49%。在三大类涂料中，建筑涂料是市场波动最小的。在经济下滑时，新建筑市场缩减了，但旧建筑和家具重涂却会对市场有所弥补。建筑涂料中 77% 是乳胶漆，大约 2/3 是室内用。户外用油漆占 23%，着色剂占 7%，其他包括清漆、罩光清漆等。

原厂涂料用于工厂中对产品的涂装。如汽车、家电、漆包线、飞机、家具、金属罐听、口香糖包装罐等的涂装均在其列。这个应用的项目表列起来是无穷尽的。2014 年，在美国，原厂涂料在产量上占总市场的 29%，在产值上占 31%。原厂涂料的产量直接与制造业的活跃程度有关。此类业务是有起伏的，产量随原厂涂料市场的起伏而波动。通常，此类涂料是为客户量身定制的，因客户的生产条件和性能要求而各有不同。此类涂料品种最多，远多于其他类型涂料，对研发的要求也最高。

所谓特种涂料是指在工厂外施工的工业涂料。包含一些杂项的涂料，例如气溶胶罐涂料。此类涂料也包括汽车修补漆，一般是在主机厂之外（通常是汽车修理厂）施工的。还包括船舶用海洋涂料（船体太大，无法置于室内）、高速公路和停车场的标志线涂料。还包括用于钢桥、储罐、化工厂等的维护涂料。2012 年，美国制造的特种涂料占涂料总产量的大约 11%，而其产值占比却高达 20%，成为最有价值的一类涂料。当今许多特种涂料属于先进的研发产品，持续改进的研发投资十分巨大。

人们之所以要使用涂料基于三个原因：装饰、保护和/或某些功能性目的。室内天花板使用低光泽涂料，不仅达到了装饰的目的，也具有一定的功能，让光线发生反射和散射，使照明更为均匀。汽车车身外面的涂层使汽车更美观，而且还能防锈。饮料罐内侧的涂层很少有甚至没有装饰性，却保护了罐内的饮料，防止其因接触金属而变味。在某种情况下，饮料罐内壁涂层又能对构成罐体的金属提供保护，防止饮料对其产生腐蚀（有些饮料的酸度很高，足以使金属溶解）。其他涂料，有的应用于船底，以阻止藻类和藤壶的生长；有的使用于通信用光纤的保护，提供耐磨性，并增益光纤内的光传导；有的保护桥梁延缓腐蚀；有的保护风力发电机叶片避免出现雨蚀等问题。公众在大多数情况下谈到涂料时，所想到的是房屋用油漆，但要知道，在整个经济领域中，所有的涂料品种都是重要的。在众多的高科技领域中，它们正作出巨大的贡献。我们已经提到过，电脑技术与光刻胶印刷涂料是密切相关的，用它可以为中央处理器（CPU）和储存芯片的线路进行仿形。

1.3 涂料的组成

有机涂料由复杂的化学物质的混合物构成。它们可分为四类：①基料；②挥发性组分；

③颜料；④助剂。

基料是能牢固附着在基材（待涂表面）上并形成连续涂膜的物料，它能把涂层中其他的物质黏结在一起，形成一个完整的涂膜，从而提供一个有适当硬度的外表面。本书所论及的涂料的基料都是有机聚合物。其中一些通过有机化学合成制成，有些通过植物油衍生获得。在某些情况下，这些聚合物是先制备好了的，在施工之前加入涂料中。在另一些情况下，则是把低分子量的有机物料（单体或低聚物）与涂料的其他成分混合在一起，将该混合物进行施涂，在被涂覆的基材表面上进行最后的聚合。基料聚合物及其前体被称为树脂。基料在很大程度上决定了涂膜的性质。用于涂料中的主要树脂类型及其各自的比例如表 1.1 所示。这只是个大致的数据，因为不同的供应商对树脂的命名不尽相同。有的涂料所含树脂又不止一种。

表 1.1　美国涂料市场中主要树脂类型及所占比例

树脂类型	百分比/%	树脂类型	百分比/%
丙烯酸	31	氨基	3
乙烯基	20	聚氯乙烯(PVC)	2
聚氨酯	14	丁苯胶(SBR)	1
环氧	8	酚醛	1
醇酸	7	纤维素	1
硅烷	5	其他	3
聚酯	4		

大多数涂料中均含有挥发性组分，常被称为溶剂，它们在涂料的合成、混合作业和施工中发挥主要作用。溶剂是液体，能使涂料具有足够的流动性，便于施工。在施工过程中及施工之后，它们就挥发了。在 1935 年以前，几乎所有的挥发性组分都是低分子量有机化合物。它们能溶解基料组分。但随后溶剂这个词变得不那么准确了，因为已开发出许多新涂料品种，其中的基料组分并不完全溶解在挥发性组分中，挥发性组分只起了降低黏度的载体作用，并未使基料完全溶解。为减少涂料制造和施工对环境的影响，涂料界一直在持续努力降低挥发性有机化合物（VOC）的使用。通过使涂料的浓度变得更高（高固体分涂料），或以水作为挥发性组分的主要部分（水性涂料），或把溶剂完全取消。

漆料是一个经常遇到的词汇。它通常是指涂料中的基料和挥发性组分的总和。今天，大多数涂料，包括水性涂料都含有一定数量的挥发性有机溶剂。粉末涂料是例外，例外的还有无溶剂液态涂料（也称 100%固体分涂料）。再有一个例外是辐射固化涂料，和一些规模不大却正在增长的建筑涂料。

颜料是细分散的不溶性固体颗粒，粒径从几十纳米到数百微米不等，它们被分散到漆料中，成膜后在基料中呈悬浮状态。一般来说，使用颜料的主要目的是为涂膜提供颜色和不透明性，但颜料也有其他功能。例如，防腐蚀颜料可增强涂层的抗锈蚀能力。颜料对涂料的施工特性和力学性能也是有影响的。

虽然大多数涂料含有颜料，但也有不含或含少量颜料的品种，通常叫作透明涂料或清漆（clear coats 或 clears），汽车车身罩光清漆和透明清漆就是此类品种。涂料的固体分是指基料和颜料的百分含量，是在挥发性组分离开涂膜后所余下物质的含量。颜料与染料不同，染料可以溶解在基料和（或）溶剂中，并作为一个个的分子存在于漆料中。本书所论述的涂料类型中很少使用染料。

助剂是添加量少、可以改善涂料的某些性质的物料。如聚合反应催化剂、光稳定剂、热稳定剂、流变改性剂、消泡剂和润湿剂等。

1.4 涂料历史

今天所使用的大多数涂料与工业革命前所用涂料的化学基础几乎没有多少相似之处。几个世纪以来，涂料一直是采用自然界生长和存在的油脂和颜料制备的。40000 年前，在非洲，经加工的赭石被用为颜料（Rosso 等，2016）。西班牙北部画着动物和人的洞穴壁画，可追溯到 40000 多年以前，虽然这些壁画的真实意图无法查明，但这些壁画却说明，即使在史前时代，人们也懂得用涂料来装饰其周边环境并向他人传递信息。

在亚洲，一种使用漆酚（来源于天然生长的漆树）制成的传统涂料，至少在公元前 1200 年就被用于制作十分美观的艺术品用清漆。在 14 或 15 世纪以前，在西方，蛋黄常被用作绘画的基料，某些植物油，如亚麻籽油和胡桃油就被用来保护、装饰和美化木材。这些植物油当时也被一些知名的艺术大师，如米开朗基罗等，用作许多伟大油画的基料。至今这些植物油仍受到许多艺术家的青睐。19 世纪和 20 世纪初，大多数建筑涂料都以亚麻籽油为基料。

早期的颜料是用地下的遗骨或木炭以及其他矿物如氧化铁、赭石和碳酸钙等制成的，后来也通过简单的化学反应来制作其他颜料，如铅白（碳酸铅）和红丹（氧化铅）。更多的彩色颜料如群青蓝，几个世纪以来由于十分稀少，供应有限，都相当昂贵。这些简单的基料和颜料成为 20 世纪之前几乎所有类别涂料的基础。

20 世纪以后，我们对有机合成化学有了突破性的认识，使得可用作基料、颜料和助剂的品种数量成倍地增加。来自天然资源的基料让位给硝酸纤维素漆，后来再次被以合成聚合物为基础的磁漆所取代，其他有机和合成的无机颜料也部分地取代了天然的颜料。例如，碳酸铅白被二氧化钛（TiO_2）所取代，因为 TiO_2 具有超强的遮盖力，而且无毒。以喹吖啶酮化学为基础的高鲜艳度红色颜料，使我们能够得到过去很难得到的鲜艳色彩。所谓遮盖力是指涂层把基材完全遮蔽，使人完全看不见基材的能力。从美学角度和保护性质来说，这都是必要的。

大多数人认识涂料都是从涂刷自家房屋的墙壁，或重涂旧家具之时开始的，终其一生，他们似乎从未觉得涂料有什么变化。有许多现象都佐证了他们的看法，比如，用刷子涂漆，一百年以来没有变化。但是如前所述，化学的发展给涂料的配方带来了巨变。此外，自 1965 年以来，为减少对空气的不良影响，改善空气质量，降低 VOC 问题成了一个大趋势。涂料成为仅次于汽车尾气的第二大 VOC 污染物来源，这些污染物导致许多城市一年中多天空气臭氧超量。形势愈加严峻，导致控制排放的法规日益严格，有机溶剂的价格日益提高也为降低 VOC 增添了动力。也还有其他一些重要因素加快了涂料的变化，特别是对毒性的担忧越来越大，导致对许多涂料常用原料的需求有了变化。

1.5 几点商业上的考虑

选择组分配制涂料的人被称为配方师，配方师对整个组成的设计就是配方设计工作，长久以来配方师都在努力去了解控制着涂料性能的科学原理。许多涂料体系是相当复杂的，直至今日，我们对它们认识的深度仍然有限。虽然进展确实不小，但对开发一种高性能涂料来说，配方师的技能还是最为关键的。现在要求涂料供应商提供更新、更好涂料的呼声甚高，时间紧迫，已不容许我们再用试着来、错了改的方式（试错法）来设计配方，对基本科学原理的了解有助于配方师更快地设计出更好的涂料。在以下各章中，我们试图在当今所有的知识限度内，尽最大可能把涂料科学所包含的科学原理介绍给读者。

我们也承认确实存在一些我们的基本认识仍然不足的领域，并讨论了如何在认识不足的情况下更有效地设计出效果好的配方。在某些情况下，解释某些现象的假说尚未见任何报道，所以我们提出了一些推测。这些推测都是基于我们对有关现象的理解以及我们在该领域中几十年积累的经验。我们认识到其中会存在风险，即随着时间的推移，这些推测的科学性会逐步被人为地拔高，甚至可能会被作为证据，或作为实验支持的假设而被采纳引用。但是，我们的想法是希望这些推测能激发起大家对问题的讨论，进而支持或反对这些推测性建议的实验，促进科学和技术的进步。我们认为后面的目的要比前面的风险更为重要，我们会努力按此去识别那些推测性的建议。

在配方制定工作中，必须考虑成本。从事配方工作的新手可能会认为最好的涂料一定是使用时间长、性能无任何变化的涂料。但这样的涂料一定会很贵，无法与相对便宜、性能又能满足特定应用的涂料相竞争。进一步说，在一个配方中，要使所有性能特征都最好，那是不大可能的。所需的某些性质可能与另外的一些性质是相矛盾的。一个配方师必须会平衡许多性能变量，同时又尽量降低成本。

（朱传棨　译）

参考文献

American Coatings Association and Chemquest Group, *ACA Industry Market Analysis*, American Coatings Association, Washington, DC, 2015.

Rosso, D. E., et al., *PLoS ONE*, 2016, 11(11), e0164793.

第2章 聚合与成膜

本章介绍了聚合与成膜的基本概念，重点讨论了与有机涂料相关的各个方面。Sperling（2001）、Odian（2004d）、Billmeyer（2007）、Young（2014）、Young 和 Lovell（2001）以及 Fried（2014）等人在他们所编著的优秀著作中，对这些概念有更为全面的阐述。

2.1 聚合物

聚合物是由大分子组成的物质。有些作者以聚合物这一术语来描述物质，而将大分子这一术语用于描述构成物质的分子，这样可将材料和分子区分开来。但在涂料界很少做此区分，一般以聚合物一词作为统称。因为根据上下文就可确定该术语是表示物质，还是表示分子。聚合物由多个重复结构单元（mers）组成；而结构单元则由较低分子量的分子（单体）进行聚合反应衍生而成。（聚合物分子量更严格的定义是摩尔质量。但在本书中我们使用分子量，因为分子量的概念在涂料界更常用。）

关于一种材料的分子量达到多大才能称为聚合物，至今仍有分歧。有些人认为分子量至少 1000 以上，其他人则坚持认为分子量必须超过 10000（甚至 50000），才能称得上聚合物。低聚物一词的含义是数量较少的重复结构单元组成的聚合物，通常是指分子量为几百到几千的材料。但低聚物这一术语对于聚合物的定义并无太大帮助，因为在低聚物和聚合物之间没有一个明确的分子量界限。然而，低聚物这一术语很实用，因为它提供了一个大多数人都认可的名称，是一种含有 2～20 个重复结构单元的材料。

聚合物在自然界中广泛存在。有机生物体内会产生生物基聚合物，例如：蛋白质、淀粉、纤维素和生丝。在涂料领域，我们主要关注的是合成聚合物；不过也会使用一些化学改性的生物基聚合物。

通过聚合反应可以制备合成聚合物和低聚物。聚合反应是一系列化学反应，反应过程中小分子之间通过共价键连接。由同一种单体制成的聚合物称为均聚物。两种及两种以上单体共聚制备的聚合物，则通常称为共聚物（也有例外）。以氯乙烯聚合反应形成均聚物作为例子说明如下。

$$\underset{\text{氯乙烯单体}}{CH_2{=}CHCl} \longrightarrow \underset{\text{聚氯乙烯}}{X\text{-}(CH_2CHCl)_n\text{-}Y}$$

在此例中，$\text{-}(CH_2CHCl)\text{-}$是重复结构单元，$n$ 表示分子中连接在一起的结构单元总数。X 和 Y 分别代表主链末端的基团。

聚合物结构可以从单体的化学组成角度来表述。聚合物可以通过合成反应形成不同的结构，获得多种拓扑结构（Krol 和 Chmielarz，2014）。以下三种拓扑结构在涂料中尤为重要。

• 重复结构单元以链状连接的聚合物称为线型聚合物。这一术语可能会引起误解，因为大分子的结构很少会形成直线，而是有一定程度的扭曲和卷曲。在线型共聚物中，不同的单体单元无规分布在整个主链中，形成无规共聚物；两种单体单元也可能会交替连接，成为交替共聚物；或者，也可成为嵌段共聚物。

- 如果主链上出现分叉，则该聚合物被称为支化聚合物。如果聚合物的主链由一种单体组成，而支链由另外一种单体组成，则称之为接枝共聚物。梳形和刷形聚合物是具有大量支链的接枝共聚物。
- 第三种拓扑结构是多个位置相互键合形成交联或网络聚合物，也称为凝胶。这些支链型聚合物的支链与其他分子以共价键相连。因此，聚合物的质量主要是由单个且相互连接的分子组成。

其他拓扑结构，例如树枝状和超支化聚合物，在涂料领域中也拥有日益重要的地位。

将聚合物或低聚物分子连接在一起的反应称为交联反应。可以进行交联反应的聚合物和低聚物通常称为热固性聚合物。“热固性”这一术语有时会引起一些混淆，实际上它不仅适用于在加热时发生交联的聚合物，而且也适用于在室温甚至更低的温度下可以交联的聚合物。不发生交联反应的聚合物称为热塑性聚合物，其加热时变软，因而具有塑性。

聚合物也可以由含有多个氢键位点的重复结构单元形成。在这种情况下，其结构单元通过氢键而不是共价键结合在一起。这种聚合物称为超分子聚合物。其中的四中心氢键备受关注。因为当氢键结合位点为四中心时，其结合强度较三中心氢键有所提高（Brunsveld 等，1999）。例如在聚氨酯体系中所观察到的，多中心氢键与共价交联键互补的涂料体系，可通过氢键的热可逆性提高涂料性能（第 12 章）。与共价键不同，氢键容易断开，也容易重新连接。

涂料领域经常使用的另外一个行业词汇是树脂。树脂是一个不太严格的术语，树脂可以同时表示聚合物和低聚物。追根溯源，树脂的原意表示从树木的分泌液中提取的硬而脆的材料，例如松香、松脂琥珀和榄香脂。远在史前时代，人们就已经使用多种天然存在的树脂来制作涂料。在 19 世纪和 20 世纪初，人们将这种树脂溶解在干性油中制成清漆（14.3.2 节）。涂料行业使用的第一种完全由人工合成的聚合物是苯酚-甲醛聚合物（13.6 节），已在许多应用领域取代了天然树脂。因此，它顺理成章地被称为苯酚-甲醛树脂，或酚醛树脂。更多的合成产品被陆续开发出来并取代了天然树脂，这些产品也一并被称为树脂。

当发现某些术语没有明确含义时，重要的是要了解其使用的上下文。毋庸置疑，通常人们掌握的高分子量聚合物的知识也适用于低分子量聚合物或低聚物，因为通称是聚合物。鉴于聚合物的许多性质均依赖于分子量的大小，虽然高分子量聚合物的许多知识可类比应用到涂料领域，但使用时必须谨慎。因为涂料行业使用的树脂，尽管经常被称作聚合物，实际上却都是低分子量的聚合物或低聚物。在接下来的章节中，我们将介绍聚合物和低聚物的一些重要特征。

2.1.1 分子量

对于大多数纯有机化合物而言，分子量的概念是一目了然的，即每一种化合物都有一个确定的分子量。然而，对于聚合物而言，情况较为复杂。所有的聚合方法合成的均为具有不同重复结构单元数的分子的混合物，故分子量也有差异。甚至结构比较单一的热塑性均聚物，例如聚苯乙烯或聚氯乙烯，也包含数百个不同链长的分子。对于共聚物，不同分子的数量更大。因此，在合成聚合物中存在一个分子量分布。聚合物的分子量只能按统计计算给出。在最简单的情况下，每种分子量的分子数的分布类似于非对称的高斯分布。但在其他情况下，分布可能相当复杂。目前有多种平均分子量计算方法。其中使用最广泛的两种分别是数均分子量和重均分子量。

数均分子量 $\overline{M}_n$ 是将分子数与其分子量的乘积之和除以样品中分子数之和的分子量平均值。在数学上，以式(2.1) 表示。其中 M_1、M_2 和 M_i 分别是第 1、第 2 和第 i 种分子的分子量，N 是各种分子量下的分子数：

$$\overline{M}_n=\frac{\sum N_1M_1+N_2M_2+\cdots}{\sum N_1+N_2+\cdots}=\frac{\sum N_iM_i}{\sum N_i} \tag{2.1}$$

$$\overline{P}_n=\frac{\sum N_iP_i}{\sum N_i} \tag{2.2}$$

数均聚合度 $\overline{P}_n$ 的公式［式(2.2)］具有相似的形式，其中 P 是分子中的重复结构单元数，P_i 是第 i 种聚合物中的重复结构单元数。对于均聚物，$\overline{M}_n$ 等于 $\overline{P}_n$ 乘以每个重复结构单元的分子量；对于共聚物，使用重复结构单元的加权平均分子量。在计算高聚物的 $\overline{M}_n/\overline{M}_w$ 时，端基的不同质量可以忽略不计；但是对于低聚物而言，端基的作用不可忽视。

重均分子量 $\overline{M}_w$ 定义如式(2.3) 所示。其中 w_1、w_2 和 w_i 分别是第 1、第 2 和第 i 种分子的分子量；因为 $w_1=N_1M_1$，所以 $\overline{M}_w$ 也可以根据不同类别的分子数来计算。重均聚合度 P_w 由类似的公式定义：

$$\overline{M}_w=\frac{w_1M_1+w_2M_2+\cdots}{w_1+w_2+\cdots}=\frac{\sum w_iM_i}{\sum w_i}=\frac{\sum N_iM_i^2}{\sum N_iM_i} \tag{2.3}$$

更高数量级的 Z 均分子量 M_z 和 M_{z+1} 为更大的分子增加了额外重量。黏均分子量 M_v 与许多聚合物的溶液黏度有关。

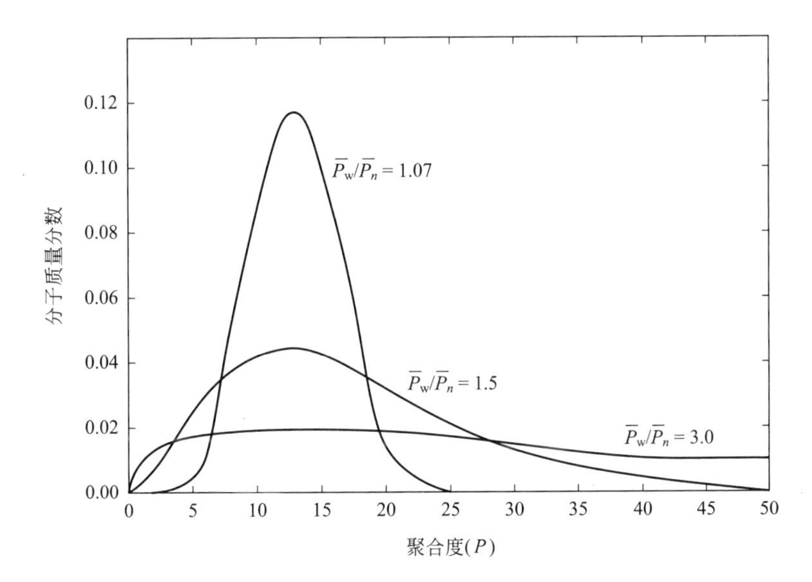

图 2.1　三种类型链增长聚合物计算得到的聚合度分布图

$\overline{P}_w/\overline{P}_n=1.07$ 是典型的阴离子聚合，$\overline{P}_w/\overline{P}_n=1.5$ 是典型的以偶合终止的自由基聚合，$\overline{P}_w/\overline{P}_n=3.0$ 是典型的自由基聚合。所有曲线图的 $\overline{P}_n$ 为 12，$\overline{P}_w$ 分别为 12.84、18 和 36

图 2.1 为每种分子质量分数与聚合度函数关系的理想关系曲线，它给出了同种单体用三种不同的聚合方法制得的低聚物（Hill 和 Wicks，1982）。在相对简单的分子量分布中，$\overline{P}_n$

的值在质量分数分布曲线的峰值处或附近。$\overline{M}_w$ 和 $\overline{P}_w$ 始终大于 $\overline{M}_n$ 和 $\overline{P}_n$。

分子量分布的宽度对聚合物性质有重要影响，是表征涂层性能是否达标的关键因素。$\overline{M}_w/\overline{M}_n$ 广泛用作分布宽度的指标。对于高分子量聚合物，$\overline{M}_w/\overline{M}_n=\overline{P}_w/\overline{P}_n$；但对于低聚物，由于端基的差异可能很大，可能导致上述比值不相等。上述比值称为多分散度（PD），有时也称为多分散指数（PDI）。我们使用符号 $\overline{M}_w/\overline{M}_n$ 和 $\overline{P}_w/\overline{P}_n$ 表示。这些比值为比较不同聚合物的分子量分布提供了一种简便的方法。但是考虑到各种实际情况的复杂性，在使用单个数值来表述复杂的分布时需要谨慎。如图 2.1 和图 2.2 所示，合成的聚合物通常具有较宽的分子量分布。随着 $\overline{M}_w/\overline{M}_n$ 的增加，高于和低于数均分子量 M_n 值的聚合物的比例将增加。即使是数均聚合度为 12，$\overline{M}_w/\overline{M}_n=1.07$ 的低聚物，也有大量分子的聚合度为7～18；而更典型的 $\overline{M}_w/\overline{M}_n=3$ 的聚合物的分子量跨度可能为几个数量级。

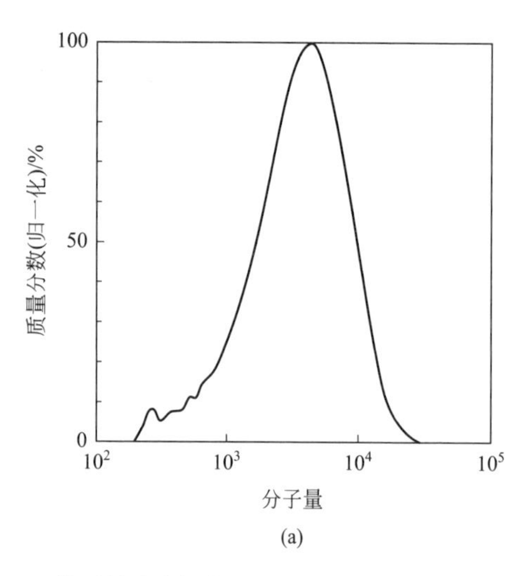

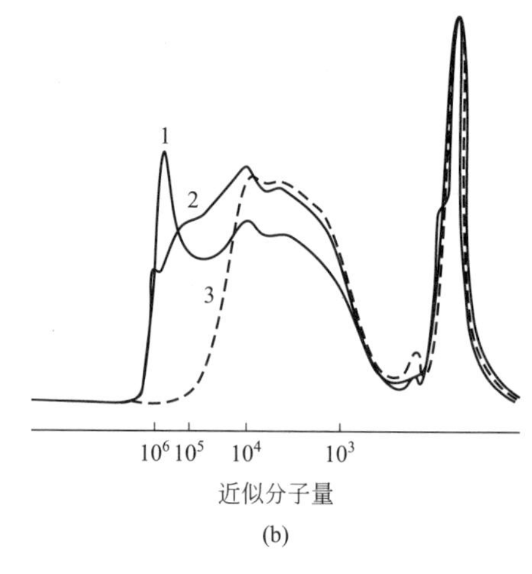

图 2.2　典型的聚酯树脂的分子量分布（a）及带紫外检测器的 GPC 测定出的三种醇酸树脂分子量分布（b）

数均分子量 $\overline{M}_n$ 是表述有关反应物的化学计量比（投料比）和比较某些物理性质最重要的分子量形式。而重均分子量 $\overline{M}_w$ 与聚合物的许多物理性质直接相关，包括涂料中的一些重要性质，因此，$\overline{M}_w$ 通常比 $\overline{M}_n$ 更为实用。在某些热固性涂料中，Z 均分子量 M_z（甚至是 M_{z+1}）则更能反映特定涂层性能的有用信息。

测量 $\overline{M}_w$ 和 $\overline{M}_n$ 的经典方法较困难，且超出本书讨论范围。Elias 的著作（1984）是介绍这些测量方法的众多书籍之一。实际上，涂料领域的大多数科学家都使用凝胶渗透色谱（GPC）来测量 $\overline{M}_w$；更准确的术语应该是体积排阻色谱（SEC）。这种简捷的测试是，将低聚物或聚合物的稀溶液通过高压泵推送流经一系列装有多孔凝胶的色谱柱。分子按体积“分类”，其中体积最大的分子最先被洗脱出来；体积较小的分子因进出凝胶孔而较后才被洗脱出来。测量溶剂中聚合物在离开色谱柱时的浓度，并将其绘制为时间的函数。计算机程序将该曲线与已知 $\overline{M}_w$ 的标准聚合物的参比曲线进行比较，并计算总体聚合物样品的 $\overline{M}_n$、$\overline{M}_w$、M_z 和 M_{z+1}。结果看似很精确，实际上可能不够准确，常见误差约 10%，也可能更大。存在误差是因为测量不是直接的：通过测量溶液中聚合物分子的体积，基于检测器对不同组分的响应差异计算分子量，而非直接测量分子量。尽管有一定偏差，但 GPC 仍然是聚合物分子量和分子量分布的一种常规表征方法，尤其对结构相似聚合物的比较很适用。相关仪器的性能一直在稳步提升。

低聚物的$\overline{M}_n$可以通过诸如冰点降低法和蒸气压渗透法之类的依数性方法精确测量。但是，准确度随分子量的增加而降低，在$\overline{M}_n$到达50000以上时，很少使用依数性方法。质谱法可准确测量低聚物中，甚至较高分子量聚合物中的单个分子的分子量（10.2节中有示例）。

有些聚合物和低聚物的分子量分布接近图2.2所示的理想分布，如图2.2(a)中的聚酯低聚物的GPC曲线所示。但是，涂料中使用的许多聚合物具有复杂的分布模式，如图2.2(b)中醇酸树脂所示。可以从整条曲线或复杂曲线的一部分计算出$\overline{M}_w$和$\overline{M}_n$。但是，对于复杂的曲线，必须谨慎使用此类聚合物的多分散度数值。

树脂分子量是影响由树脂溶液制备的涂料黏度的重要因素，通常分子量越高，黏度越大。在高固体分涂料中，低聚物的分子量尤为关键。通常希望制备分子量分布尽量窄的低聚物，这样在分子量较低与较高两端的比例最少。从涂层性能的角度考虑，低分子量部分不利于涂膜性能；而高分子量部分又非比例地增加了树脂溶液的黏度。但是，具有宽而复杂的分子量分布的醇酸树脂，常常比具有相似组成且分布范围窄的醇酸树脂具有更好的涂膜性能(Kumanotani等，1984)。

对非交联的涂膜而言，聚合物的分子量通常是影响强度的关键因素。通常分子量越高，至少在一定程度上涂层的抗拉伸强度越高。汽车丙烯酸清漆的涂层性能要足够好，其中的丙烯酸共聚物的$\overline{M}_w$必须大于75000，但必须小于100000，才能方便施工成膜。其他清漆所需的分子量则取决于聚合物的组成和施工方法。从涂膜性能方面考虑，在配制溶液涂料中使用高分子量聚合物更加有利；而从黏度方面考虑，更倾向于选择分子量低的。所以在涂料领域，分子量通常需要全面考量后折中选择。

许多水性涂料的一个突出优点是：聚合物的分子量一般不会直接影响黏度，因为聚合物是分散在水介质中，而不是溶解在有机溶剂中。

2.1.2 形态学和玻璃化转变温度T_g

形态学是研究材料物理形态的科学。与分子量一样，聚合物的形态比小分子更为复杂。如果温度足够低，纯的小分子通常会固态化为晶体。相反，合成聚合物能完全结晶的很少，许多合成聚合物根本不结晶。形如固体的非晶体材料称为无定形固体。合成聚合物至少有一部分是无定形，其中有两个主要原因。通常合成聚合物不是单一组分的化合物，因此难以获得晶体材料所需的完全规则的结构。另外，分子太大，完全结晶的概率很低。因为分子的一部分可以与不同分子或与同一分子的另一部分缔合，从而降低了纯晶体形成的可能性。然而，小晶区在合成聚合物中是常见的。均聚物是结构相对规整的聚合物，最可能发生部分结晶。在这些晶畴中，相当长的分子链有规排列。同一分子的剩余部分无法有规排布，还保持无定形状态。尽管纤维和薄膜（例如聚乙烯和尼龙）中的聚合物通常是部分结晶的，但除了少数例外，涂料中的聚合物都是无定形的。

晶体材料和无定形材料之间的重要区别如图2.3(a)和图2.3(b)所示，示意图比较了这些材料的比体积随温度的变化关系。纯晶体材料，随着温度的升高，原子和分子振动更加剧烈，比体积会缓慢增加。然后在特定温度下材料熔化。熔点T_m是将分子分开的振动力超过将分子固定在一起（即晶体中）的吸引力的最低温度。几乎所有的物质，在相同的温度下的熔融态均比晶态占据的体积大。因为分子在熔融态移动更加自由，所以它们会将相邻分子推开，从而导致 T_m 处的比体积突然增加。高于 T_m，液体的比体积随着温度的进一步升高而缓慢增加。水是一个典型的例外。试想如果冰的密度比水更大，会带来什么后果呢？

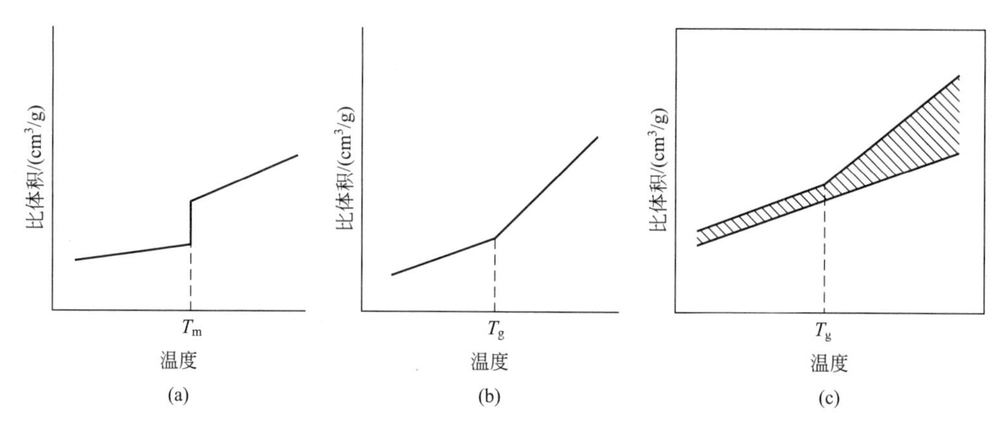

图 2.3 比体积与温度的函数

(a) 晶体材料；(b) 无定形材料；(c) 无定形材料的自由体积与温度的函数

如图 2.3(b) 所示，无定形材料的行为有所不同。从低温开始，随着温度升高，比体积会缓慢增加，但由于没有熔点，因此体积不会突变，而是存在一个转变温度，在该温度下比体积随温度变化的增加速率发生了变化。高于该温度时的热膨胀系数要比低于该温度时的值高。斜率的变化并不是对应一种相变，而是一个二级转变，即体积变化的导数随温度变化的曲线图中发生一个突变。该变化发生的温度称为玻璃化转变温度 T_g。T_g的正确定义是热膨胀系数增加时对应的温度。相比之下，T_m是一级转变，即作为温度函数的体积变化有一个突变（不连续变化），相当于固-液相变。不过，T_g通常被不恰当地定义如下：T_g以下该材料是脆性的，高于此温度时材料是柔性的。虽然在很多情况下这是正确的，但在其他一些情况下此定义具有误导性（4.2 节）。造成误解的部分原因可能是玻璃这个名词的隐意引起的，我们往往将玻璃与脆性材料联系在一起。像所有无定形材料一样，玻璃态材料本身经历二级转变。这种现象是在玻璃中首次发现，因此沿袭了玻璃化转变温度的命名。这个概念从玻璃扩展到聚合物，许多人认为 T_g是仅与聚合物有关的现象，但这并不准确。许多小分子会因为过冷而不会结晶，形成具有 T_g 的非晶玻璃态。例如，间二甲苯的 T_g 为 125K（Wicks，1986）。T_g始终比 T_m低。部分结晶的聚合物兼有 T_m和 T_g（第 4 章）。

温度为 T_g时材料的物理行为是怎样的？当无定形材料被加热时，分子中的原子会随着能量的增加而振动得更加剧烈，与邻近分子碰撞并将邻近分子短暂推开。在 T_g时，分子之间短暂产生的“空洞”变得足够大，足够相邻的分子或聚合物链节插入两个分子之间。这样，T_g可以被认为是聚合物链节能够与邻近链节发生相对移动的最低温度。温度高于 T_g时，由于分子链段具有更大的自由度，热膨胀系数增加。分子之间的体积越大，自由度越高，因此相同的升温幅度会使体积增幅更大。随着温度的升高，比体积增加，但是材料并没有增多，只是同样的材料占据了更多的空间。这个“额外”体积中有什么？什么也没有。故将其称为自由体积，如图 2.3(c) 中的阴影区域所示。所涉及的分子移动可以通过光谱技术检测，例如固体核磁共振谱，谱图会随着聚合物加热温度超过 T_g而发生变化（Dickinson 等，1988；Mathias 和 Colletti，1989）。

虽然无论怎么强调 T_g和自由体积概念在涂料科学中的重要性都不过分，但我们对这些参数的理解和测定能力还存在局限。Salez 等（2015）介绍了在理论推理上的最新进展，但据 Philip Anderson（固体物理学诺贝尔奖得主）称，“固体物理学中最深奥也是最有趣的未解决问题可能依然是玻璃化转变”（Salez 等，2015）。事实上，不能充分理解 T_g内涵的涂料科学家也大有人在。

通过不同方法测量得到的材料 T_g值可能不一致，其差别可能达 20℃或更高。显然，在比较不同材料的 T_g值时，必须注意测量方法的一致性。测量 T_g的经典方法是膨胀计测定法（测量比体积随温度的变化）。现在 T_g通常按照第 4 章所描述的差示扫描量热法（DSC）、动态力学分析（DMA）或热机械分析（TMA）进行测量。Roe（1987）以及 Mengqiu 和 Xin（2015）介绍了这些方法和其他方法。T_g的测量值与测量方法和条件关系很大。升温速率就是一个重要的变量。测定期间的升温速率越快，表观 T_g越高。当自由体积小时，分子或链节的运动速度就会变慢。如果升温速率慢，则有更多的运动时间，膨胀更多，从而测得的 T_g较低。

有些科学家认为，T_g并不是一个真正的热力学参数。他们指出，如果在足够缓慢的升温速率下测定比体积，则不会观察到转变过程。得到的不是图 2.3(c) 中的两条直线，而是一条平滑的曲线。尽管存在争议，T_g仍然是一个非常有用的概念，在定性分析方面尤其有实用价值。人们已经充分理解了聚合物结构与 T_g之间的关系，因此往往能根据聚合物结构和 $\overline{M}_n$对 T_g进行合理的预测。除此之外，充分理解 T_g可以很好地解释由结构预期的涂膜性能。影响热塑性聚合物 T_g的重要因素包括：

（1）数均分子量。T_g随着 $\overline{M}_n$的增加而增加，根据聚合物的结构，增加到 25000～75000 范围时 T_g变为恒定值。T_g与 $\overline{M}_n$的相关性是合乎逻辑的，因为降低 $\overline{M}_n$会导致链末端相对于链中部的比例增加，因为末端比中间具有更大的运动自由度。T_g与 $\overline{M}_n$的相互关系式由等式(2.4) 表示。其中 $T_{g\infty}$是分子量无限大时的 T_g，A 是常数（T_g以开尔文温度为单位）。

$$T_g = T_{g\infty} - \frac{A}{\overline{M}_n} \tag{2.4}$$

（2）聚合物主链的柔韧性。T_g受围绕聚合物主链中键旋转难易程度的影响。例如，硅氧烷键 Si—O—Si 容易旋转，聚二甲基硅氧烷的 T_g为 146K（－127℃）（Andrews 和 Grulke，1999）。脂肪族聚醚，例如聚环氧乙烷$\leftarrow CH_2—CH_2—O \rightarrow_n$也具有较低的 T_g，通常在 158～233K 范围内，因为围绕醚键旋转非常容易。聚乙烯的 T_g有多种数值，这是因为主链实际上被烷基侧链（例如乙基）不同程度地取代，尽管我们通常认为聚乙烯只有亚甲基链。而且，大多数聚乙烯都是部分结晶，结晶度有所不同，只有无定形区域显示出 T_g。普遍认同的观点是，长的线型脂肪族链的 T_g低，可能小于 200K。但在聚合物主链中存在刚性芳香族环或脂环族环将大大提高 T_g。

（3）侧链。主链上连接的芳香环也会导致较高的 T_g。例如，聚苯乙烯的 T_g为 373K，因为苯环的存在降低了主链旋转的容易程度。类似地，侧甲基和羧甲基的引入也会增加 T_g。例如，T_g从聚丙烯酸甲酯的 281K 增加到聚甲基丙烯酸甲酯的 378K，其中聚甲基丙烯酸甲酯在链的交替碳原子上具有甲基和羧甲基。如果侧基有几个碳原子，即侧基较长且柔顺性好，例如聚丙烯酸正丁酯，T_g会降低到 219K。然而，如果侧链短，体积大且不柔软，则对 T_g的影响较小，并且某些情况下会使 T_g升高，例如聚丙烯酸叔丁酯，T_g提高到

314K。

比较 T_g 值时必须注意测定条件须一致，并且分子量足够高时可以消除分子量的影响。表 2.1 提供了一组丙烯酸酯和甲基丙烯酸酯的高分子量均聚物的 T_g，以及常用作涂料聚合物的其他共聚单体（Lesko 和 Sperry，1997；Andrews 和 Grulke，1999；Neumann 等，2004）。

表 2.1 各种单体均聚物的玻璃化转变温度 单位：℃

丙烯酸酯和甲基丙烯酸酯		
单体	甲基丙烯酸酯	丙烯酸酯
游离酸	185	106
甲基	105	9
乙基	65	−23
异丙基	81	−8
正丁基	20	−54
异丁基	53	−40
叔丁基	114	74
2-乙基己基	−10	−50
异癸基		−30
正十三烷基[①]		−46
异十三烷基		−39
2-羟乙基	55	
2-羟丙基	73	
其他单体		
苯乙烯	100	—
乙酸乙烯	29	
氯乙烯	81	
偏氯乙烯	−18	

① C_{12}～C_{14} 的混合物。

共聚物通常在链中具有不规则的单体单元的分布，在这种情况下，它们被称为无规共聚物（random copolymers）。但是从纯粹的数学意义上讲，它们中很少是严格无规。这样的共聚物的 T_g 值介于各单体形成的均聚物的 T_g 值之间。通常使用 Fox 公式［式(2.5)］估算“无规”共聚物的 T_g，其中 w_1、w_2、w_3 等是共聚物中各种单体的质量分数，T_{g1}、T_{g2}、T_{g3} 等是它们对应的高分子量均聚物的 T_g（开尔文温度）。

$$\frac{1}{T_g(\text{共聚物})}=\frac{w_1}{T_{g1}}+\frac{w_2}{T_{g2}}+\frac{w_3}{T_{g3}}+\cdots \tag{2.5}$$

更合理的近似值也可以使用 Fox 设计的另一种公式［式(2.6)］计算出，其中 v_1、v_2、v_3 等是共聚物中各种单体的体积分数。该公式未得到广泛使用，因为不易获得计算 v_1、v_2、v_3 等所需的某些均聚物的密度。

$$T_g(\text{共聚物})=v_1T_{g1}+v_2T_{g2}+v_3T_{g3}+\cdots \tag{2.6}$$

Gupta（1995）拓展了估算丙烯酸共聚物的 T_g 的研究。他建议使用 van Krevelen 公式［式(2.7)］来估算 T_g，其中 M 是重复单元的分子量，Y_g 是摩尔玻璃化转化系数。聚甲基丙烯酸正丁酯（10℃）和聚丙烯酸 2-乙基己酯（−63℃）的 T_g 值与表 2.1 中给出的值相差很大，这表明文献中 T_g也经常有不同的值。

$$T_g = \frac{Y_g}{M} \tag{2.7}$$

嵌段共聚物有时具有两个或更多个不同的 T_g。

交联聚合物的 T_g受几个因素及其相互作用的影响：

- 聚合物交联点之间链段的 T_g；
- 交联密度（XLD）；
- 自由末端的存在；
- 环状链段的存在（Stutz 等，1990）；
- 高交联密度情况下的交联结构。

虽然已经推导出了前四个因素与 T_g关系的一般公式，但尚未完全理解它们之间复杂的关系。聚合物交联点之间的链段的 T_g取决于树脂和交联剂的化学结构、各种组分的比例以及交联反应程度。有关热塑性聚合物链段的 T_g影响因素的讨论也适用交联聚合物。由于交联限制了链节的运动，因此 T_g随着交联密度的增大而升高。另一方面，T_g随自由末端（仅在一端连接到交联网络的链段）的比例增加而降低。

聚合物在溶剂中形成的溶液和溶剂在聚合物中形成的溶液的 T_g值介于聚合物的 T_g和溶剂的 T_g之间。溶液的 T_g随着聚合物浓度的增加而增加。当溶剂的质量分数 w_s小于 0.2 时，简单的混合公式［式(2.8)］给出了实验结果与预期结果之间合理的相关性（Ferry，1980）。但浓度范围较宽时，此简单公式的相关性很差：

$$T_{g(溶剂)} = T_{g(聚合物)} - kw_s \tag{2.8}$$

对于聚甲基丙烯酸正丁酯的低聚物在二甲苯中的溶液（Wicks 等，1986），在从纯溶剂到无溶剂的低聚物的整个范围内，式(2.9) 得到的数据与预测的数据之间具有很好的拟合度。其中 w_s和 w_o分别是溶剂和低聚物的质量分数，T_{gs}和 T_{go}分别是溶剂和低聚物的 T_g。虽然式(2.9) 准确表述了数量有限的低聚物和聚合物溶液，但尚未完全确立其普适性。

$$\frac{1}{T_{g(溶剂)}} = \frac{w_s}{T_{gs}} + \frac{w_o}{T_{go}} + Kw_s w_o \tag{2.9}$$

在本书 4.2 节讨论涂层的机械性能时，我们将对 T_g进行更深入的讨论。

2.2 聚合

在涂料中，聚合反应主要分为两类：链式增长聚合和逐步增长聚合。对这两类反应的机理和动力学已充分地进行了研究。链式增长聚合的特征是链式反应。通常，链式增长聚合又被称为加成聚合，但该术语并不准确，因为尽管所有链式增长聚合都涉及加成反应，但并非所有的加成聚合都涉及链式增长反应，也有些是逐步增长反应。

2.2.1 链式增长聚合

自由基引发的链式增长聚合是制备涂料用乙烯基共聚物（通常为丙烯酸酯）最常用的链式增长聚合反应。Odian（2004a）详尽阐述了该领域的研究成果，尤其是反应动力学方面。涂料应用最感兴趣的自由基链式增长聚合，是溶液聚合（第 8 章）和乳液聚合（第 9 章）。在涂料中另一个重要的链式增长聚合过程涉及干性油及其衍生物交联过程中的自氧化作用

（也称自动氧化作用）（第 14 章和第 15 章）。本节的讨论主要针对溶液聚合，其中很多原理也适用于乳液聚合。

在链式增长聚合中，引发、增长、终止这三种基元反应总是与链的增长相关；而第四种基元反应，链转移也起重要作用。当引发剂（I）反应形成初级自由基（I·）[式(2.10)]时发生引发反应，该自由基迅速与单体分子加成形成单体自由基 [式(2.11)]。

$$I_2 \longrightarrow I\cdot \tag{2.10}$$

$$I\cdot + H_2C{=}C\begin{smallmatrix} H \\ Y \end{smallmatrix} \longrightarrow I{-}CH_2{-}\overset{H}{\underset{Y}{C}}\cdot \tag{2.11}$$

聚合物链通过链增长反应而增长，其中单体自由基加成到第二个单体分子上将链延伸并形成新的自由基 [式(2.12)]：

$$I{-}CH_2{-}\overset{H}{\underset{Y}{C}}\cdot + H_2C{=}C\begin{smallmatrix} H \\ Y \end{smallmatrix} \longrightarrow I{-}CH_2{-}\overset{H}{\underset{Y}{C}}{-}CH_2{-}\overset{H}{\underset{Y}{C}}\cdot \tag{2.12}$$

链增长反应非常之快，快到几分之一秒就可以生长出包含数百个重复结构单元的链。在任何时候，单体和聚合物的浓度都大大超过增长的链自由基的浓度（10^{-6} mol/L 数量级）。受控自由基聚合（CRP）是一个例外，详见 2.2.1.1 节。

最后阶段是增长链的终止反应。两种常见的终止反应类型分别是偶合终止 [式(2.13)] 和歧化终止 [式(2.14)]。在大多数自由基引发的聚合反应中，链增长速率 [式(2.12)] 要快于引发速率，后者受式(2.10) 的速率限制。

$$2\,Ⓟ{-}CH_2{-}\overset{H}{\underset{Y}{C}}\cdot \longrightarrow Ⓟ{-}CH_2{-}\overset{H}{\underset{Y}{C}}{-}\overset{H}{\underset{Y}{C}}{-}CH_2{-}Ⓟ \tag{2.13}$$

$$2\,Ⓟ{-}CH_2{-}\overset{H}{\underset{Y}{C}}\cdot \longrightarrow Ⓟ{-}\overset{H}{C}{=}C\begin{smallmatrix} H \\ Y \end{smallmatrix} + Ⓟ{-}CH_2{-}\overset{H}{\underset{Y}{C}}{-}H \tag{2.14}$$

Ⓟ— =聚合物链

副反应也会发生。其中最重要的是链转移反应，即不断增长的聚合物链末端的自由基夺取聚合反应混合物中的某些物质 XH 中的氢原子 [式(2.15)]：

$$Ⓟ{-}CH_2{-}\overset{H}{\underset{Y}{C}}\cdot + XH \longrightarrow Ⓟ{-}CH_2{-}\overset{H}{\underset{Y}{C}}{-}H + X\cdot \tag{2.15}$$

链转移的净效应是终止链增长，同时产生一个自由基，该自由基可能会引发单体聚合形成第二条链。XH 可以是溶剂、单体、聚合物分子或链转移剂。链转移剂可以是添加到聚合反应物中以引起链转移的化合物。当链转移到溶剂或链转移剂上时，可降低聚合物分子量。当链转移到一个聚合物分子链上时，该链的正常增长端停止；但在该聚合物分子主链的某个位置生长出一条支链，最终结果是得到更高的 $\overline{M}_w/\overline{M}_n$。

应该注意到增长聚合物链结构显示出取代基处于交替碳原子上。这种结构是由于自由基优先加成于大多数单体分子的 CH_2 末端导致的，相当于头-尾加成。头-尾加成几乎在所有单体中占主导地位，但也有少量的头-头加成。其结果是聚合物链上的取代基大部分是在交替的碳上，也有少数链段的取代基是在相邻的碳上。如果头头结构很少，其影响通常可以忽略不计，但有时会对户外耐久性和热稳定性产生很大的影响。

引发剂有时被错误地称作催化剂，通常以低浓度使用，在 0.5%～4%（质量分数）的范围内，但在制备低分子量聚合物时会采用高浓度。有多种自由基引发剂可使用。常见的自由基引发剂有两类：一类是偶氮类化合物，例如偶氮二异丁腈（AIBN）；另一类是过氧化物，例如过氧化苯甲酰（BPO）或过氧乙酸叔戊酯。AIBN 在 0℃时相当稳定，但加热到 70～100℃时，分解速度相对较快，产生自由基。尽管少部分自由基会结合形成偶联产物，但大部分自由基会引发聚合反应。在 70℃时，AIBN 的半衰期约 5h，在 100℃下约 7min。

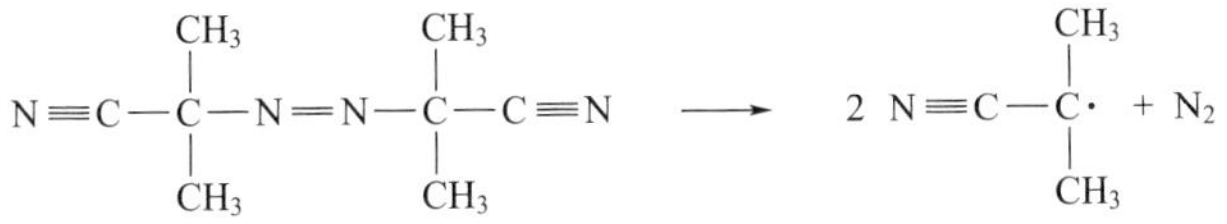

$$N{\equiv}C-C(CH_3)_2-N{=}N-C(CH_3)_2-C{\equiv}N \longrightarrow 2\ N{\equiv}C-\dot{C}(CH_3)_2 + N_2$$

BPO 在相似的温度下分解，100℃下其半衰期约 20min。产生的反应性苯甲酰氧基自由基可引发聚合；同样，在较高的温度下（例如 130℃），它可以迅速分解，产生非常活泼的苯基自由基和 CO_2。

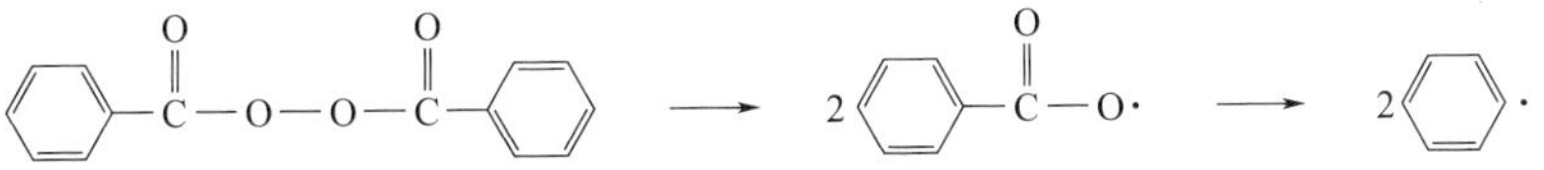

$$C_6H_5-C(=O)-O-O-C(=O)-C_6H_5 \longrightarrow 2\ C_6H_5-C(=O)-O\cdot \longrightarrow 2\ C_6H_5\cdot$$

许多单体可以在自由基引发下进行链式增长反应，其中大多数是具有吸电子基团的烯烃类。丙烯酸甲酯（MA）和甲基丙烯酸甲酯（MMA）是重要的例子。

$$H_2C{=}C(H)CO_2CH_3 \qquad H_2C{=}C(CH_3)CO_2CH_3$$

MA　　　　MMA

以丙烯酸酯和甲基丙烯酸酯为主要组分的共聚物被称为丙烯酸聚合物，或者丙烯酸树脂，它们广泛应用于涂料中。控制分子量和分子量分布对于制备涂料用聚合物至关重要。使用相同的单体、引发剂和溶剂时，影响分子量的主要因素有如下三个：

（1）引发剂浓度。引发剂浓度较高，则分子量较低。当引发剂浓度较高时，将产生更多的引发自由基，反应单体的总质量相同，有更多的链被引发和终止，从而降低所得聚合物的 $\overline{M}_n$ 和 $\overline{M}_w$。

（2）温度。较高的温度下，在规定时间内有更多的引发剂转化为引发自由基，从而增加了增长链的浓度和终止的概率。随着引发剂浓度的增加，得到的聚合物的 $\overline{M}_n$ 和 $\overline{M}_w$ 均较低。

（3）单体浓度。单体浓度越高，产物的 $\overline{M}_n$ 和 $\overline{M}_w$ 越高。如果反应混合物中不含溶剂，可获得最高的分子量。在自由基末端浓度相同的情况下，较高的单体浓度增加了链增长的概率，同时降低了链终止的可能性。

在聚合过程中，上述任何一个因素改变，聚合物分子的 $\overline{M}_n$ 和 $\overline{M}_w$ 也改变。通常的结果是分子量分布变得更宽。改变单体也会改变分子量分布。考虑 MA 和 MMA 之间的区别，由于聚甲基丙烯酸甲酯（PMMA）生长链末端的自由基存在空间位阻，因此阻碍了偶合终止，歧化终止作用占主导。另外，对于聚丙烯酸甲酯（MA），大部分终止反应是通过偶合终止发生的。理论计算表明，对于高分子量聚合物，偶合终止可达到的最低 $\overline{M}_w/\overline{M}_n$ 为 1.5，而歧化终止可达到的最低 $\overline{M}_w/\overline{M}_n$ 为 2.0，说明多分散系数较高。在实际的聚合过程中，$\overline{M}_w/\overline{M}_n$ 通常都较高，但是如果引发剂浓度很高，多分散系数就会较低。对高引发剂浓度得到低多分散系数的结果，尚无基础研究报道。

向聚合物的链转移也是必须加以考虑的。该反应在 MMA 的聚合中有一定程度的发生概率，但是在 MA 的聚合中更重要。与 PMA（聚丙烯酸甲酯）或 PMMA 中的任何其他氢相比，PMA 上与羧甲基相连的碳上的叔氢更容易被自由基夺取。当这个氢原子被夺取后，原始链的生长被终止，并在 PMA 链上形成一个新的自由基。于是该自由基可以立刻加到单体分子上，从而引发聚合物分子上支链的生长。结果是产物中有支链聚合物分子，并且 $\overline{M}_w/\overline{M}_n$ 比预期的理想线型聚合更大。在极端情况下，链转移到聚合物会导致非常宽的分子量分布，并最终通过交联形成凝胶颗粒。上述讨论假定链转移到聚合物时主要发生在不同的分子之间。还有一种可能是，不断增长的自由基可能会从同一分子中夺取邻近的氢，这一过程被称为回咬，这将在第 8 章中进一步讨论。

支化也可以通过引发自由基从聚合物链中夺取氢原子而发生。BPO 高温分解产生的苯基自由基具有很高的反应活性，以至于它们几乎能夺取任何脂肪型氢，从而导致相当高程度的支化。因此，如果需要支化的聚合物，在高温（例如 130℃）下使用 BPO 引发是一个不错的选择。但是，在大多数情况下，更希望聚合物的支链尽可能少。这时候，偶氮引发剂（如 AIBN）或脂肪型过氧引发剂优于 BPO。

由于引发剂残基仍保留在聚合物链末端，因此它们可能会影响聚合物性能。对于高分子量聚合物，引发剂残基的影响在大多数情况下可以忽略不计，但户外耐久性（第 5 章）是一个例外。然而，对于低聚物，引发剂残基的影响可能较为明显，特别是户外耐久性方面（8.2.1 节）。

分子量大小和分布也取决于溶剂分子的结构。例如，在其他变量不变的情况下，用二甲苯代替甲苯会导致分子量降低。因为每个二甲苯分子具有六个可夺取的苯甲基氢原子，而甲苯只有三个，因此二甲苯的链转移可能性较高，所以分子量 $\overline{M}_n$ 会降低。

为了制备低分子量的聚合物或低聚物，可以添加易于被夺氢的化合物作为链转移剂。如果氢原子容易被夺取，则即使链转移剂浓度相对较低，分子量也会大幅降低。由于硫醇（RSH）中巯基的氢原子易于被夺取，以及所得硫自由基的引发能力较强，因而被广泛用作链转移剂。

影响分子量大小和分布的其他变量有引发剂的分解速率和随后生成的自由基的反应活性。为了获得低的 $\overline{M}_w/\overline{M}_n$，在整个聚合过程中必须使反应物的浓度尽可能保持恒定。有时在实验室小批量合成中，将所有单体、溶剂和引发剂简单地装入反应器，并加热物料以开始反应，这种做法是不可取的，也几乎从未应用于实际生产中。在最好的情况下，得到很高的 $\overline{M}_w/\overline{M}_n$；在最坏的情况下，反应可能会过于剧烈而导致失控，因为自由基聚合反应会大量放热。生产中的做法是先将部分溶剂加入反应釜中，加热到反应温度，然后以恒定速率将单体、溶剂和引发剂加入反应釜中，使单体和引发剂的浓度尽量保持不变。单体的加入速率应使反应温度保持恒定，同时使单体浓度可以保持基本不变。引发剂溶液的最佳添加速率可以根据引发剂在所用温度下的分解速率计算得到。保持溶剂浓度恒定更为复杂，因为随着聚合的进行，聚合物会累积，所以从某种程度上讲，聚合物会成为聚合反应中“溶剂”的一部分。溶剂的加入速度需要适当降低，以使其他组分的浓度尽可能保持恒定。完美地控制浓度不变几乎不可能，但若对细节严格控制，仍能显著影响聚合产物的 $\overline{M}_w/\overline{M}_n$。

不饱和单体混合物的本体共聚使情况更加复杂。各种加成反应的反应速率取决于单体结构。如果所有可能反应的反应速率常数相同，则单体就会随机反应，得到的长链分子的组成完全相同。但是实际上，速率常数并不相等。如果直接将所有反应物置于烧瓶中加热聚合，率先生成的分子中反应活性最高的单体偏多，最后生成的分子中反应活性最低的单体偏多，即共聚物序列组成不均匀。通常不希望出现这种情况。对这种现象已经进行过广泛的研究，并且不同单体组合的结果可以用 Q-e 方程预测。有关共聚的详细讨论，请参见 Odian (2004a)。

在实际的生产实践中，问题并没有那么复杂，因为反应不是本体聚合。而是如前所述，单体、溶剂和引发剂溶液都是逐渐添加到反应混合物中。如果加料受到严格控制，以使加料速率等于聚合速率，则可获得与大多数单体投料比一致的均匀组成的共聚物。这种被称为单体饥饿条件的工艺，导致共聚可在单体浓度低且相当恒定的条件下发生。如果每一种反应物或反应物的混合物是以不同的加料速率加入，可以进一步改进工艺。对这种工艺进行计算机建模，有助于获得理想的结果。

2.2.1.1 活性聚合：受控自由基聚合（CRP）

几十年来，人们一直致力于制备分子量分布窄且结构可控的丙烯酸酯和其他链式增长聚合物或共聚物。只有在引发速率比增长速率快得多，且终止反应速率很慢时，才可实现窄分子量分布。这与 2.2.1 节中描述的动力学情形相反。在这些情况下，几乎所有的聚合物链都在该过程的早期同时开始生长，并在相似的条件下以相似的速率生长。在这些过程中，即使所有单体都已被消耗，聚合物链末端通常仍保持反应活性，在这种情况下，它们被称为活性聚合物（Darling 等，2000）。

早期活性聚合包括阴离子聚合和基团转移聚合（GTP）（Sogah 等，1987；Webster，2000）。这些方法需要高纯度的单体和非常干燥的条件，并且单体上不存在质子供体（活性氢）基团，例如单体上的—OH 基团。GTP 可以制备 PDI 低至 1.03 的聚合物。然而，由于工艺成本高，涂料中的工业用途仅限于特殊应用，例如颜料分散剂。

受控自由基聚合（CRP）已受到广泛关注。由于 CFRP 也是碳纤维增强塑料的首字母缩写，因此我们更喜欢使用 CRP，而不是以常用的首字母缩写 CFRP 来表述受控自由基聚合。

Boyer 等人（2016）综述了 Otsu、Georges 等先驱者从 1982 年开创的 CRP 的历史。从那时起，由于人们对 CRP 领域浓厚的科学兴趣和其在各种应用中的巨大潜力，研究人员开展了广泛深入的相关研究，已发表了数千篇论文和专利。

通常，CRP 方法通过加入可逆向键合到聚合物链增长端自由基的物质，来调控链增长和终止的速率。这种方式可以将增长速率降低许多数量级，从而满足活性聚合的动力学要求。鉴于这些聚合反应是自由基过程，对杂质相对不敏感，因此可用于具有质子供体（活泼氢）基团单体的共聚。通过顺序添加单体，这些方法可以用来制备嵌段、交替嵌段、序列可控和梯度共聚物。从许多常见的丙烯酸酯类和苯乙烯类单体出发，它们还可以合成出各种各样的线型、接枝、星形聚合物，共聚物和大分子单体（可聚合的低聚物）。对于如何命名这些 CRP 过程，文献尚缺乏一致性，现列出一种可能的分类如下。

（1）稳态自由基聚合（SFRP）。也称为氮氧自由基调控聚合，其中聚合是由氮氧化物调控完成的（Auschra 等，2002）。这一方法对含有羟基官能团的单体很有效。

（2）可逆的加成-断裂链转移（RAFT）聚合。采用某些二硫代酯或黄原酸酯（三硫代碳酸酯）调控聚合（Perrier 等，2004）。

（3）过渡金属调控的活性自由基聚合（TMMLRP）。其中可以有几种聚合方式，但是有些作者将它们组合在一起。下面是一个简单的分类：

a. 原子转移自由基聚合（ATRP）。其中的调控剂是金属盐，通常是铜盐，配以经过精心选择的有机配体和有机卤化物，可以与金属发生氧化还原反应，以引发聚合反应（Matyjaszewski，2012；Krol 和 Chmielarz，2014；Boyer 等，2016）。

b. 催化链转移聚合（CCTP）。该聚合反应在螯合钴（或其他）金属盐的存在下，使用常规的引发剂（通常为偶氮型）。CCTP 对于制备颜色相对较浅的大分子单体特别有用（Chiefari 等，2005；Smeets 等，2012；Boyer 等，2016）。

Matyjaszewski（1999）、Muller 和 Matyjaszewski（2009）及 Lutz（2014）等对 CRP 技术进行了介绍。Odian（2004b）的书中也进行了较长篇幅的讨论。该主题已经变得相当广泛，以至于没有一本书能涵盖所有内容。该主题的各个方面也得到了广泛的论述，例如，Boyer（2016）、Krol 和 Chmielarz（2014）等。后者的工作重点在于应用（已实现的和潜在的），包括涂料。各种结构的丙烯酸聚合物 CRP 合成的具体方法在各种期刊、特别是专利中非常丰富。在某些情况下，CRP 的合成过程十分清楚，直接明了。

CRP 的发展很大程度上受到医学和生物医学技术应用的推动。在涂料中，TMMLRP 方法一直是大多数相关研究的重点。ATRP 法制备的丙烯酸嵌段共聚物是很有用的水性颜料分散剂（White 等，2002），由 CCTP 制备的接枝共聚物也是如此（Viosscher 和 McIntryre，2003）。Krol 和 Chmielarz（2014）引用了更多最近的例子。CRP 方法可用于水性介质，特别是乳液聚合。有关共聚物在颜料分散体中应用的更多实例和讨论，见 21.3 节。运用 CRP 技术大规模合成高品质树脂（例如汽车罩光清漆涂料）在技术上是可行的，该技术正在逐渐迈向产业化（第 30 章）。

在控制聚合物结构方面已经取得了惊人的进步，但是聚合物化学家想要达到理想的境界，还有很长的路要走。

2.2.2 逐步增长聚合

在涂料领域第二种重要的聚合是逐步增长聚合。顾名思义，聚合物每次增长一步。缩合聚合一词曾经用于描述逐步增长这一过程，因为早期的逐步增长聚合的主要反应形式是缩合，即脱除小分子副产物（例如水）的反应。虽然这两个术语都仍在使用，但逐步增长聚合的说法更为准确，因为许多逐步增长聚合并非缩合反应。逐步增长聚合反应在涂料中有两种用途：一种是制备涂料漆料的树脂，另一种是将涂料涂覆于基材后进行交联。

在这里用聚酯的形成说明聚合原理，关于聚酯的形成将在第 10 章中进行更广泛的讨论。在许多形成酯的反应中，通常使用三种逐步增长聚合方法来制备涂料的聚合物和低聚物：酸与醇的直接酯化、酯与醇的酯交换以及酸酐与醇的反应。第四种不太常见的方法是内酯的开环聚合。其中，前两个反应只能在高温下快速进行，合成的温度在 200℃ 或更高是很常见的。

为了用两种反应物形成聚合物，两者都必须具有两个或更多个官能团。当两种反应物都是双官能团时，会形成线型聚合物。高分子量的线型逐步增长聚合物通常用于纤维、薄膜和塑料中。然而，用于涂料的大多数聚酯树脂具有相对较低的分子量，并且是支链型的，要求至少一种反应物具有至少三个或更多的官能团。涂料施工后，支链末端基团与交联剂反应形成固化的涂料。注意，在本节中，反应物和单体这两个术语可以互换使用。

当双官能度的酸（AA）与双官能度的醇（BB）直接进行酯化反应时，聚合物分子量逐渐增加。在理想条件下，每个分子可形成平均含数百个重复结构单元的聚合物链，但这只有在满足以下条件时才能实现：a. 反应物 AA 和 BB 不包含单官能团的杂质；b. AA 和 BB 精确的物质的量；c. 反应趋于完全完成；d. 副反应可以忽略不计。如果某一种单体过量，则该单体在端基占大多数。偏离等当量越远，完全反应时所得产物的分子量越低。例如，如果 7mol 的二元酸与 8mol 的二羟基化合物（二醇）完全反应，则平均化分子将具有如下式所示的端羟基（此处，为方便起见，AA 和 BB 均代表反应物和聚合物中的重复结构单元）：

$$7AA + 8BB \longrightarrow BB\text{—}(AA\text{—}BB)_6\text{—}AA\text{—}BB + 14H_2O$$

常见的单体（反应物）如下：

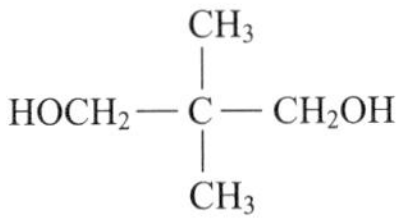

$HOCH_2—C(CH_3)_2—CH_2OH$

(新戊二醇)
$F=2$

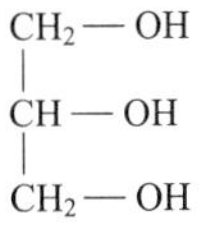

$CH_2(OH)—CH(OH)—CH_2OH$

(甘油)
$F=3$

$C(CH_2OH)_4$

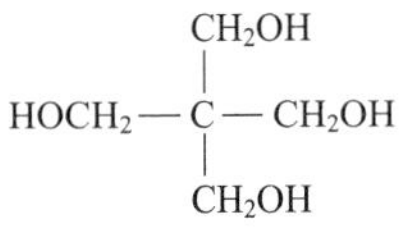

(季戊四醇)
$F=4$

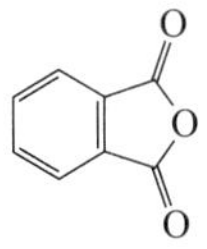

(邻苯二甲酸酐)
$F=2$

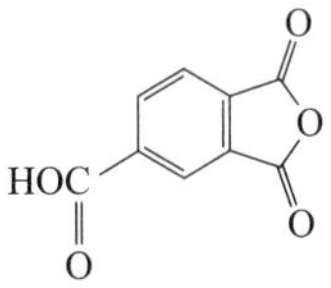

(偏苯三酸酐)
$F=3$

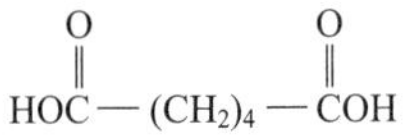

$HOOC—(CH_2)_4—COOH$

(己二酸)
$F=2$

符号 F 用于表示单体官能度，即每个分子的反应基团数。邻苯二甲酸酐和偏苯三酸酐中的酸酐基团可算作两个官能团，因为它们在聚合过程中可形成两个酯基。

含有等当量的羟基和羧基的单体混合物的平均官能度（以 $\overline{F}$ 表示）以下式计算：

$$\overline{F}=\frac{\text{总当量数}}{\text{总物质的量}}$$

大多数涂料用聚酯树脂带有羟基官能团，由含过量羟基的单体混合物制得。因为一些羟基没有足够数量的羧基与之反应，因此为了反映出实际反应的总官能度，必须对上式进行修正。在由二羧酸制得的带有过量羟基的树脂中，可反应的总当量相当于羧酸基团当量数的两倍：

$$\overline{F}=\frac{\text{能反应的总当量数}}{\text{总物质的量}}=\frac{2(\text{COOH})\text{当量数}}{\text{总物质的量}}$$

表 2.2 给出了聚酯低聚物的简单配方。

表 2.2　聚酯低聚物配方

项目		物质的量/mol	当量数
组分	己二酸	0.9	1.8
	邻苯二甲酸酐	0.9	1.8
	新戊二醇	1.0	2.0
	甘油	1.0	3.0
单体官能度	$\overline{F}=2\times3.6/3.8=1.89$	3.8	8.6

树脂官能度是设计树脂时需要考虑的另一个重要因素。为了与单体（及其混合物）官能度区分，以符号 f 表示树脂官能度。由于几乎所有涂料聚酯树脂都是使用三官能度和/或四官能度单体制备的，因此数均官能度 $\overline{f}_n$ 更适合。

$$\overline{f}_n=\frac{\text{样品的官能团数}}{\text{样品的分子数}}$$

$\overline{f}_n$ 的值可以从 $\overline{M}_n$ 和通过分析获得的每种样品重量的官能团数计算得出。

羧酸与醇的酯化是酸催化的。没有催化剂的情况下，速率 r 约为反应物的三级方程，如方程(2.16) 所示。其中一个羧基与醇反应，而第二个羧基催化该反应。由于反应混合物中的水通常被快速除去，因此使用忽略了逆反应的方程(2.16) 是合理的：

$$r=k[\mathrm{RCOOH}]^2[\mathrm{R'OH}] \tag{2.16}$$

由于对酸浓度呈二次方关系，随着反应的进行，速率急剧降低。例如，在没有催化剂的情况下，在 160℃下用等物质的量的二乙二醇与己二酸进行的聚酯化反应，在 1h 内完成 60%，但是需要 27h 才能达到 94.5%的转化率，并且需要数年才能达到 99.8%的转化率 (Flory，1939)。强酸催化剂可加速反应，但在许多情况下，普通强酸会引起副反应和变色。因此，通常的催化剂是有机锡化合物，例如单丁基二氧化锡或钛酸酯。已经证明，有机锡化合物和羧酸都能起到催化剂的作用 (Chang 和 Karalis，1993)。

可以根据 p（反应程度）分析理想的双官能团反应物逐步增长聚酯化反应的动力学。n_p 为不同聚合度的分数；P_n 为聚合度；w_p 是分子的质量分数。随着 p 的增加，聚合度首先缓慢增加，$p=0.5$（对应于 50%的转化率）时，P_n 只有 2。在 $p=0.9$ 时，P_n 只有 10；当达到所需的 $P_n=500$ 时，$p=0.998$。因此，对于双官能团单体，只有当 COOH/OH 的摩尔比为 1.00，且酯化反应超过 $p=0.99$ 时，才能获得高分子量。这很难实现，因为在高 p 值下反应速率相当低。在图 2.4(a) 中注意到，无论 p 高到多少，未反应的单体分子的数量仍高于反应混合物中任何其他单个物料的数量。如图 2.4(b) 所示，P 分布曲线的峰值 P_n 仅在高 p 值时达到实质性的值。在高分子量线型聚合物的情况下，在理想条件下，逐步增长聚合获得的 $\overline{M}_w/\overline{M}_n$ 为 2。

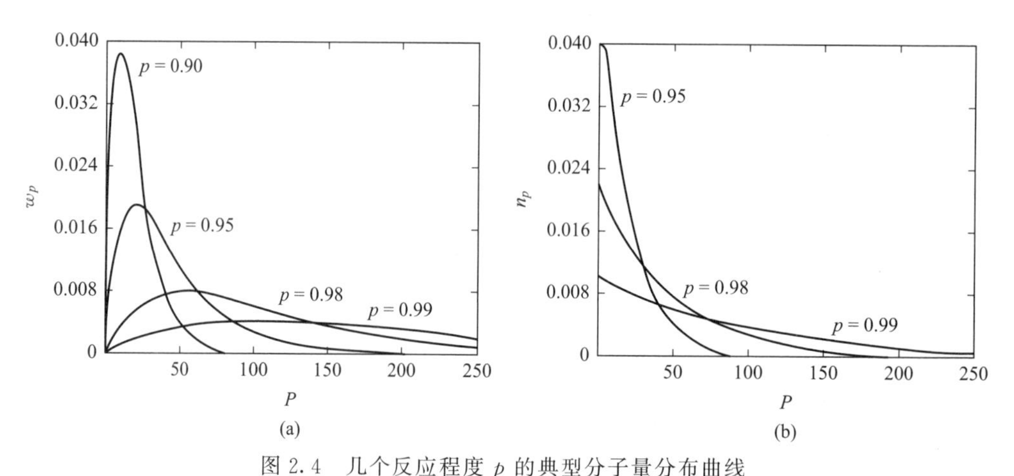

图 2.4 几个反应程度 p 的典型分子量分布曲线

(a) 线型逐步增长聚合的分子质量分数分布，w_p；(b) 数量或摩尔分数分布，n_p

2.3 成膜

大多数涂料为黏度符合施工需要的液体，在高剪切速率下，黏度通常在 0.05～1Pa·s 的范围内。涂装后，液体干燥成为干的固体膜。在粉末涂料中，粉末在涂装后会液化，然后转化为固体膜。在这些过程中发生的化学和物理变化被称为成膜，它在很大程度上决定了涂层的最终外观和性能。

如果涂层用聚合物具有结晶性，则很容易确定涂膜是固体的。只要温度低于其凝固点，涂膜就成为固体。然而，涂料基料几乎总是无定形的，没有熔点，或者说在固-液之间也没有明显的分界。固体涂膜的一个实用定义是：涂膜在使用过程中遭受一定压力而不会受到明显损坏。因此涂层是否为固体的判据，可以通过在特定条件下足以抵抗流动以满足特定测试要求所需的最小黏度来判断。例如，有报道称：如果涂膜的黏度大于 10^3 Pa・s，则该涂膜为指触干（Burrell，1962）。但是，如果固体的判据是薄膜是否抗粘连，也就是说，当两个涂层表面在 1.4kgf/cm^2（20psi）的压力下彼此贴合 2s 时不会粘在一起，则黏度必须达到大于 10^7 Pa・s。

对于热塑性基料，我们可以运用这些知识来预测满足测试要求的聚合物结构。使用 Williams-Landel-Ferry（WLF）方程（见 3.4 节）的简化形式［式(2.17)，式中 T 的单位是开尔文温度］，使用“通用常数”，并假设 T_g 处的黏度为 10^{12} Pa・s，人们可以估算一些情况下使涂膜不会流动所需基料的 T_g：

$$\ln\eta=27.6-\frac{40.2(T-T_g)}{51.6+(T-T_g)} \tag{2.17}$$

使用式(2.17)，我们可以估计涂膜在指触干时，即黏度为 10^3 Pa・s 时，所需的适当（$T-T_g$）值。计算出的（$T-T_g$）值为 54℃，对应于在 25℃ 的温度 T 达到涂膜指触干的 T_g 为 −29℃。计算出的抗粘连性 T_g 为 4℃（在 25℃、1.4kgf/cm^2 压力下保持 2s，即黏度为 10^7 Pa・s），这接近许多建筑涂料的最佳 T_g。由于 WLF“通用常数”会有很大变化，因此这些 T_g 值并不精确，但对配方设计有一定的指导作用。我们对分子结构和 T_g 之间的关系有一个合理的认识（2.1.2 节），我们可以大致设计出符合特定测试所需黏度的基料。如果涂料必须在高于 25℃ 的高温下测试，则基料的 T_g 必须更高，因为决定自由体积的是（$T-T_g$）。如果涂膜所承受的压力较高或承受压力时间较长，则 T_g 也必须较高。

2.3.1 通过热塑性基料溶液中溶剂的蒸发成膜

成膜有多种方式。其中一种最简单的方法是将聚合物按照施工需要的浓度溶解在一种或多种溶剂中，随后进行施工，使溶剂蒸发。我们以氯乙烯、醋酸乙烯和含羟基官能团的乙烯基单体的共聚物（M_n 为 23000）为例进行说明。据报道，该共聚物在没有发生交联的情况下，可使涂料具有良好的力学性能（Mayer 和 Kaufman，1984）。该共聚物的 T_g 为 79℃，满足喷涂施工所需的甲乙酮（MEK）溶液黏度为 0.1Pa・s，其不挥发性固体质量分数约为 19%、不挥发性固体体积分数约为 12%。MEK 在室温下的蒸气压较高，并且会从涂料迅速蒸发。实际上，雾化的喷涂液滴在离开喷枪至到达基材之间的时间里，有相当一部分 MEK 已经蒸发。随着溶剂从涂膜中蒸发，黏度会增加，并且薄膜将在施工后很快达到指触干。同样，在短时间内，在前面提到的条件下，涂层也不会粘连。但是，如果在 25℃ 下形成涂膜，则“干”薄膜中将含有百分之几的残留溶剂。原因何在？

在溶剂从涂膜中蒸发的第一阶段，蒸发速率基本上与聚合物的存在无关。蒸发速率取决于特定温度下溶剂的蒸气压、表面积与体积之比以及基材表面上的空气流动速率。但是，随着溶剂的蒸发，黏度增加，T_g 增加，自由体积减小，并且溶剂的挥发速率不再取决于其蒸气压，而是受到溶剂分子扩散到涂膜表面速度的限制。溶剂分子必须从一个自由体积的空穴中通过以进入另一个空穴，最后到达表面。随着溶剂进一步挥发损失，T_g 继续增加，自由体积进一步减小，溶剂损失减慢。如果涂膜是在 25℃ 下由聚合物溶液形成的，该聚合物的

溶液在无溶剂时的 T_g大于 25℃（在此示例中为 79℃），即使涂膜已经完全干了，它仍残留部分溶剂。溶剂会缓慢地从此类涂膜挥发，但实验表明，即使它在室温下放置几年后，仍有 2%～3%的溶剂残留。为了保证合理的时间内几乎完全去除溶剂，需要在明显高于无溶剂聚合物 T_g的温度下烘烤。涂膜中溶剂的挥发问题将在 18.3.4 节中详细讨论。

2.3.2 热固性树脂溶液的成膜

为了获得良好的涂膜性能，需要采用高分子量的热塑性聚合物，这就需提高溶剂的用量[通常为 80%～90%（体积分数）溶剂]才能达到施工需要的黏度。而采用较低分子量的热固性树脂溶液制备的涂料，所需的溶剂要少得多。施工后，溶剂蒸发，发生化学反应，导致聚合和交联，赋予涂膜良好的性能。一个目标是要在涂膜中获得最佳的交联密度，如第8～17 章所述，热固性涂料中采用了多种化学反应组合的方法。涂料设计的一个关键是对组分进行选择，以获得所需的力学性能（第 4 章）。在本节中，我们将讨论交联反应的基本原理。

热固性体系的一个难题是在贮存过程中涂料的稳定性与施工后涂膜固化所需的时间和温度之间的关系。通常希望贮存数月甚至数年，贮存期间内涂料的黏度也不会因发生反应而明显上升。另外，在施工以后，人们希望交联反应在尽可能低的温度下快速进行。

为了减少挥发性有机化合物（VOC）的排放，配方需要向高固体分体系转变，这将导致官能团的浓度更高，制备贮存稳定涂料的难度更大。问题不仅来自于更少的溶剂，而且来自于分子量更低和当量更低，才能达到可接受的交联密度。这两个因素都增加了待用涂料中的官能团浓度。涂料施工和溶剂蒸发后，增加了涂膜中反应物的浓度，即增加了反应速率；但是，由于分子量较低，因此必须发生更多的反应才能获得所需的交联涂膜性能。

是什么控制了反应速率？我们可以将这个问题广义地看作是两个基团之间的反应，用符号 A 和 B 表示，它们反应形成交联的 A—B：

$$A+B \longrightarrow A-B$$

在最简单的情况下，可以用式(2.18) 表示 A 和 B 的反应速率 r。式中，k 是在规定温度下 A 和 B 之间反应的速率常数，[A] 和 [B] 表示官能基浓度，单位为当量每升（eq/L）。速率常数等于当 $[A]\times[B]=1eq^2/L^2$ 时的速率值：

$$r=k[A][B] \tag{2.18}$$

为了最大程度地降低固化所需温度，同时又保持足够的贮存稳定性，最好选择反应速率对温度依赖性强的交联反应类型。这种依赖性在速率方程中通过 k 与温度的关系反映出来。众所周知，在有机化学入门课中有一种说法是，温度每升高 10℃，速率常数就会翻一番。这个说法只对有限的几种反应在接近室温的狭小范围内成立。对 k 的温度依赖性的一种更好的估算（但仍然是估算），可通过 Arrhenius 经验方程 [式(2.19)] 获得。其中 A 是指前因子，E_a是活性的热系数（通常称为活化能），R 是气体常数，T 是热力学温度（以开尔文温度为单位）。

$$\ln k=\ln A-\left(\frac{E_a}{RT}\right) \tag{2.19}$$

如图 2.5 所示，当将 $\ln k$ 与 $1/T$ 作图时，符合该方程式的反应速率数据呈直线关系。从图（a）中竞争反应（1）和（2）可以看出，其中 $A(1)=A(2)$，并且 $E_a(1)>E_a(2)$，反应速率的温度依赖性随 E_a 值的增加而增加。但是，在所有温度下，反应（2）的速率均比反应（1）的速率慢。可以通过选择具有较高 A 值的反应来抵消这种影响，如图（b）所示，其中两个反应的 $A(3)>A(1)$，并且两个反应的 E_a 相等。如果一个反应的 A 和 E_a 都比另一个反应的要大很多，则在贮存温度下的速率常数会较小，而在较高温度下的速率常数会较大，如图（c）所示意的。

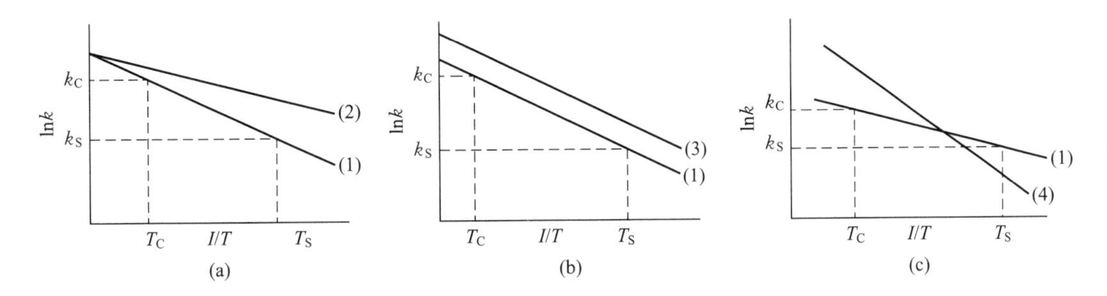

图 2.5　竞争反应 Arrhenius 曲线图

(a) $A(1)=A(2)$，$E_a(1)>E_a(2)$；(b) $A(3)>A(1)$，$E_a(1)=E_a(3)$；

(c) $A(4)>A(1)$，$E_a(4)>E_a(1)$

当反应进行到过渡态的活性配合物时，指前因子 A 主要由熵因素，或更具体而言，是由无规/有序的变化控制的。选择合适的反应时要考虑的三个重要因素如下：

（1）与具有更高分子级数的反应相比，单分子反应将具有更大的 A 值。

（2）开环反应会具有高的 A 值。

（3）反应物极性小的反应 A 值较大。

这些因素［尤其是因素（3）］的重要性取决于反应介质。因此，溶剂的选择会对贮存稳定性产生重大影响。

虽然单分子反应的 A 值高，但交联反应必然是双分子的。解决此问题的一种方法是使用封闭剂 BX。BX 通过单分子反应释放出 B。理想情况下是伴随开环并降低极性，随后 A 和 B 交联：

$$BX \rightleftharpoons B+X$$

$$A+B \longrightarrow A-B$$

$$CX \rightleftharpoons C+X$$

$$A+B \xrightarrow{C} A-B$$

另一种方法是使用封闭催化剂 CX，其中 C 催化 A 和 B 的交联。

此处一个重点考虑因素是，脱封后发生的交联反应应该比逆反应更快，即快于封闭剂或催化剂的再生。尽管在文献中经常提到“阈值”或“脱封”温度，但在反应动力学中并不存在这种最低反应温度。在任何温度下，反应均以一定速率进行。阈值温度或脱封温度实际上是在特定时间段发生可观察到的反应的温度。

这些概念有助于理解贮存稳定性之间的差异。但要去了解这些动力学因素的另一个原因是它们可以用来预测是否能找到既符合稳定性又符合固化条件要求的各种化学反应的组合。Pappas 和 Hill（1981）通过计算方法实现了这种预测。他们对贮存和涂膜中的反应基团浓度、储存时允许的反应程度以及固化过程中所需的反应程度做出了合理的假设。他们利用这些假设，计算了允许任何规定存储时间和规定固化时间所需的速率常数的比率。由此，就可以根据任何组合的贮存和固化温度来计算 E_a 和 A 值。表 2.3 列出了单分子封闭剂体系的动力学参数，计算结果显示，该体系在 30℃（贮存温度）下历时 6 个月反应了 5%，在各种固化温度下在 10min 内反应了 90%（Pappas 和 Feng，1984）。

表 2.3 作为固化温度函数的动力学参数

T/℃	A/s^{-1}	E_a/(kJ/mol)	T/℃	A/s^{-1}	E_a/(kJ/mol)
175	10^{10}	109	125	10^{17}	146
150	10^{12}	121	100	10^{24}	188

单分子反应的速率常数和动力学参数与浓度无关，但双分子反应并非如此。使用相当于高固体分涂料的浓度，双分子（即二级反应）反应的动力学参数的计算结果与单分子反应的动力学参数相似。尽管表 2.3 中的值表示计算的数量级，但它们可以帮助研究者绕开难以实现的开发目标，并为热固性涂料的设计提供理论依据。许多化学反应的动力学参数是已知的。作为参考，单分子反应的 A 值的合理上限为 $10^{16}s^{-1}$，相当于简单振动频率的上限值。对于双分子反应，A 值往往小于 $10^{11}L/(mol \cdot s)$，是扩散速率常数的上限，扩散必须在反应之前发生。但是，如表 2.3 所示，如果在 30℃下稳定的涂层希望在 100℃下 10min 内固化，则需要 A 值为 $10^{24}s^{-1}$，至今还没有发现这种反应，或者说这是可以想象的反应。用户希望获得贮存稳定并可以在 80℃的短时间内固化的涂料（80℃是低压蒸汽加热的合适温度），但通过动力学控制实现这一目标是南辕北辙的。这并不是说制造上述涂层不可能，而是必须通过动力学控制以外的方法来解决。

冷冻可以延长存储寿命，但很少有用户愿意承担这笔费用。双组分涂料含有更多的反应组分，其中一个组分含有带有一种反应基团的树脂，另一个组分含有另一种反应基团。或者，第二个组分可以含有反应的催化剂，两个组分在施工前要快速混合。双组分涂料通常被称为 2K 涂料，单组分涂料有时被称为 1K 涂料，K 在德语中表示组分。双组分涂料在工业界大规模使用，但它们给用户带来了很多其他的问题：混合和清洗设备需要额外的时间，一些材料常被浪费，价格通常较贵，在混合中可能发生差错。即使是 2K 涂料也存在类似的适用期问题，即两个组分混合后，保持黏度足够低仍能施工的时限。Pappas 和 Hill（1981）对所涉及的较短时间内的 A 和 E_a 值进行了类似的计算。

有几种方法可以提高贮存稳定性，同时允许涂料在环境温度或稍高温度下固化。各种方法会在后续章节针对交联反应的部分进行详细讨论。下面列出了一些解决这一似乎是不可能难题的方法：

（1）使用辐射活化的交联反应取代热活化反应。

（2）使用一种需要大气成分作为催化剂或反应物的交联反应。例如，空气中的氧气或水蒸气参与的反应（某种程度上，这些也可以看作双组分涂料，只不过第二个组分源于环境，是免费的）。其原理与将涂布工件通过含有催化剂蒸气的舱室相似。

（3）在贮存涂料的密闭容器中，使用抑制反应的挥发性组分，成膜过程中该组分挥发，允许反应继续。例如在氧气干燥成膜的涂料中添加挥发性抗氧化剂，以及在厌氧固化的组合物中使用氧气作为抑制剂。

（4）采用特定的交联反应，此类反应为可逆缩合反应，其挥发性反应产物会在反应中损失掉。如果挥发性反应产物一直存在于涂料的溶剂混合物中，则贮存过程中的反应平衡有利于朝向未交联方向；施工后，溶剂蒸发，平衡向交联方向移动。采用封闭剂和催化剂可以实现这一类过程，其中封闭剂是有挥发性的。

（5）将反应物或催化剂进行封装，涂料施工过程中胶囊破裂。封装工艺在黏合剂中非常有用，但由于胶囊残留的壳会影响涂层的外观和性能，所以在涂料中的应用有限。进一步的想法是将封装的反应物放入涂料中，在施工过程中不会破裂；但在涂层遭受机械损坏后，封装剂会破裂，达到使涂层自修复的目的（34.3节）。

（6）使用会发生相变的反应物。虽然没有动力学反应的阈值温度，但相变可能发生在狭窄的温度范围内。结晶的封闭剂或催化剂不溶于漆料中，可使涂料具有无限期的稳定性。在晶体熔点以上加热可以发生脱封反应，释放出可溶性反应物或催化剂。无定形的封闭剂也可以采用相同方式，温度范围稍宽，此时的 T_g 比贮存温度高约 50℃，并且低于预期的固化温度 30℃左右。

活动性因素的考虑。在选择热固性涂料的组分时，另一个考虑因素是自由体积对反应速率和完成反应的潜在影响。为了使反应发生，反应基团必须扩散到反应体积中，形成具有活性的配合物，然后形成稳定的共价键。如果扩散速率高于反应速率，则反应将受到动力学控制。如果扩散速率低于动力学反应速率，则反应速率将受到活动性的控制。控制扩散速率的主要因素在于是否存在自由体积。如果反应发生在温度远高于 T_g 时，自由体积大，反应速率由浓度和动力学参数控制。但是，如果温度远低于 T_g，则自由体积非常有限，导致未反应基团相互靠近的聚合物链的活动非常缓慢，并且反应几乎停止。在温度适中时反应可以进行，但反应速率由扩散速率控制，即受反应物的活动性制约。

由于交联反应通常从低分子量组分开始，T_g 会随着反应进行而增加。如果反应温度远高于完全反应聚合物的 T_g，则活动性对反应速率没有影响。但是在室温固化涂料中经常遇到这样的情况，如果初始 T_g 低于室温，并且完全反应的聚合物的 T_g 高于室温，则随着交联反应进行，反应速率将受活动性控制。当反应进一步发生时，交联反应在完全反应之前基本停止。当 T_g 接近发生反应的温度（T）时，反应开始放缓。当 T_g 等于 T 时，反应变得非常缓慢，发生人们所说的玻璃化过程。除非实验持续相当长的时间，否则可以认为反应已经停止（Aronhime 和 Gilham，1984）。然而随反应时间的延长，可以看出反应还在缓慢进行。Blair（1985）报道说，当 T_g 等于 T 时，反应速率常数下降约三个数量级，但反应继续缓慢进行，直到 T_g 增加到 $T+50$℃。此值与 WLF 方程［方程(2.17)］中的普适常数 B 值 51.6 相比较时非常有趣：T_g-B 是黏度达到无穷大、自由体积在理论上接近零时的温度，此时的 T_g 已达到 $T+B$。Dusek 和 Havlicek（1993）研究了各种变量对反应速率运动控制的影响。在双酚 A 二缩水甘油醚和 1,3-丙二胺的反应体系中，他们确定了温度、聚合物-溶剂相互作用、溶剂挥发性对反应速率和反应程度的影响。他们还对有关理论进行了综述。

涂料配方设计师似乎有理由假设，当 T_g 增加到低于固化温度 10℃时，交联反应开始减慢，随 T_g 温度升高还会继续减慢，直到 T_g 高于固化温度约 50℃时反应基本停止。反应速率缓慢意味着许多室温下固化涂料的性能在几周内会发生实质性改变，并且这个改变可能会无限期地持续下去。需要注意，由于 T_g 值取决于测定方法和采用的加热速率，所以，以缓慢加热速率和低速施加应力的情况下测定的 T_g 值最合适。Dusek 和 Havlicek（1993）指出，如果反应非常快，可能无法达到平衡 T_g。扩散反应物的尺寸是另一个可能影响活动性控制过程的因素。小分子可能比聚合物链上的官能基团更容易扩散到反应位点。一个额外需要考虑的因素是，水可能会对聚氨酯和环氧胺等涂料起增塑作用，从而降低其 T_g。

如果起始反应温度远低于无溶剂涂料的 T_g，则溶剂蒸发后，可能很少或根本没有反应，并且“干燥”的涂膜仅由溶剂蒸发形成，而没有多少交联，所得涂膜没有强度、质脆。所以人们必须仔细地明确涂膜干燥的定义究竟是什么，特别是涉及室温固化涂料时。一种理解是涂膜是否干到可以使用了。如果无溶剂基料的 T_g 足够高，则只需很少的交联就可以达到干燥状态。另一种理解为是否达到了所需的交联程度。这必须通过除了硬度以外的方法进行测试，最简单的方法是测定耐溶剂擦拭性或溶剂溶胀程度（4.2 节）。

在烘烤型涂料上，不太可能遇到活动性限制问题，因为在大多数情况下，涂膜最终的 T_g 都低于烘烤温度。此外，T_g 通常远高于常温，因此即使有一些未反应的基团，反应在冷却到常温后也基本上停止。在中等温度固化的粉末涂料中，反应的活动性控制会受到限制，因为反应物的初始 T_g 必须高于 50℃，才能使粉末在贮存过程中不会自行结块（28.3 节）。要使反应程度高，烘烤温度必须高于充分反应涂料的 T_g。Gilham 和同事广泛研究了影响高 T_g 的环氧-胺体系反应速率的因素；Simon 和 Gilham（1993）总结了 Gilham 的工作，并特别指出其在粉末涂料领域的适用性。

如果交联不能得到均匀的涂膜，还会引起其他一些更为复杂的问题。在烘烤过程的早期形成凝胶颗粒，会导致涂薄膜不均匀。此外，表面效应可能会改变靠近涂膜表面附近，以及颜料、填料和纳米颗粒表面附近交联网络的部分结构。实验手段很难研究这类复杂的问题，但可以通过计算机建模来研究。Song 等（2015）提供了一个例子，他对含有纳米粒子的汽车罩光清漆的固化进行了建模，并在一个案例研究中证明了该模型的有效性。

2.3.3 聚合物粒子聚结成膜

与热塑性或热固性聚合物溶液的成膜过程不同，不溶性聚合物颗粒的分散体通过粒子聚结（融合）成膜。涂料施工后，挥发性成分散失，粒子形成连续膜。这个过程是如何发生的？这是一个非常复杂的过程。在此我们将概述其中的主要因素。想寻求更多细节的读者可以参考 Keddie 和 Routh（2010）、Provder 等（1996）以及 Provder 和 Urban（2001）的著作。涂料中通过聚结成膜用量最大的是乳胶，乳胶是由高分子量聚合物粒子在水中形成的分散体（第 9 章）。

对于特定的乳胶，发生完全聚结并形成连续涂膜时的最低温度称为最低成膜温度（MFFT 或 MFT）。MFFT 是将样品放置在具有温度梯度的金属棒上来测量的。控制 MFFT 的主要因素是粒子中聚合物的 T_g。聚甲基丙烯酸甲酯（PMMA）的 T_g 约为 105℃，因此在室温下 PMMA 乳胶不能形成有用的涂膜，但可以得到一层 PMMA 粉末。由于许多乳胶被设计为在每一种粒子中具有不同 T_g 的聚合物层（9.1.3 节和 9.2 节），因此很难将 MFFT 与 T_g 直接关联。

乳胶成膜的机理已被广泛研究，但仍有一些不清楚之处。许多作者认可的乳胶成膜步骤的简要描述如下：

（1）挥发：水和水溶性溶剂蒸发，导致乳胶粒子形成紧密堆积层。

（2）变形：粒子从球形开始变形，形成的涂膜具有或多或少的连续性，但强度较弱。

（3）聚结：这是一个相对缓慢的过程，其中聚合物分子沿粒子边界相互扩散并缠结，进而增强涂膜。

在这些步骤中特别应该强调的是，过程（2）、（3）可能会在成膜过程中同时进行。上述过程被称为垂直干燥。下面将讨论水平干燥。另一个复杂情况是，不同的作者对三个步骤使用不同的术语：有人将步骤（2）称为“聚结”，将步骤（3）称为“扩散”或“互穿”。

在步骤（1）中，粒子之间由于排斥力有利于均匀堆积，但其他作用力（如对流）可能会导致不规则排列（Gromer 等，2015）。紧密堆积的粒子阵列通常仍然含有水。此阶段的内相体积取决于粒径分布：分布越宽，内相体积越高。

如果乳胶粒子的粒径分布较窄，则步骤（1）的最终结果是形成有序的胶体晶体。在这种情况下，可通过小角 X 射线散射（SAXS）测量晶体结构的消失速率来研究步骤（2）（Sulyanova 等，2015）。

当聚合物粒子互相靠近时，它们开始变形。乳胶粒子的 T_g是控制粒子变形速率的重要因素。T_g较低，粒子的模量较低，表观相对较软，因而更容易变形（4.2 节）。表面活性稳定剂可以增加吸水率，也可以作为聚合物的增塑剂（Vandezande 和 Rudin，1996）。一般来说，表面活性剂含量高会降低 MFFT。表面活性剂的结构也会影响 MFFT，例如，具有少于 9 个乙氧基单元的壬基酚聚氧乙烯醚比具有 20 个或 40 个单元的壬基酚聚氧乙烯醚的 MFFT 更低。此外，通过在潮湿的大气中形成涂膜，MFFT 可降低高达 5℃（Eckersley 和 Rudin，1990），水对亲水性聚合物 T_g的降低作用最显著。

紧密堆积粒子的变形增加了粒子之间的接触面积，促进了聚结。为了发生变形，必须克服稳定化的斥力。粒子变形的驱动力是什么？自 1950 年以来，各种似是而非的理论被提出（Dobler 和 Holl，1996），这些理论包括如下几种：

- 由粒子-空气界面张力驱动的干粘连；
- 由粒子-水界面张力驱动的湿粘连；
- 静止-润湿紧密堆积粒子内的毛细管压力；
- 表面膜形成后水蒸发产生的压缩力；
- 粒子的表面自由能降低。

在某些具体情况下，上述每一种理论都得到了实验证据的支持。而且，在不同条件下，观察到了相同乳胶的不同变形机理（Gonzales 等，2013）。因此，在给定的情况下，在成膜过程中，可能有几种驱动力在不同程度上同时起作用（Routh 和 Russel，2001）。并且，随着干燥条件的变化，不同作用力的贡献可能也有所不同。

Lin 和 Meier（1996）强烈坚持毛细管压力是成膜的主导驱动应力。Croll（1987）估计，毛细管力可以产生高达 3.5MPa 的压力，但他指出，它们的作用只是短暂的。Croll 关于干燥速率的数据，支持了 Kendall 和 Padget（1982）的一个设想，即表面自由能的减少是导致聚结的主要驱动力。聚结成膜的表面积仅为粒子表面积的一小部分，因此表面积减小所产生的驱动力一定很大。

与表面积的差异一致，小粒径乳胶的成膜温度通常比大粒径的成膜温度低（Eckersley 和 Rudin，1990）。但是，Kan 指出，情况并不总是如此，有一些其他的乳胶，当乳胶粒径较大时容易产生形变。还有一些研究表明，在某些情况下，粒子尺寸对 MFFT 没有影响。由于粒子尺寸分布更宽会增加密堆积的体积分数，这会加速成膜。有可能这些不同的结论不仅是由粒径引起的，还可能是由粒径分布和所用乳胶成分的差异引起的。有人推测，由于表面活性物质在小粒径乳液中所占比例较大，也可能起作用。

聚结（3）是在粒子变形（2）的过程中开始的。由于聚结过程存在许多变量，可以预测不同变量之间存在相互作用。相互扩散速率主要由（$T-T_g$）驱动。只有当粒子的 T_g低于成膜温度时，才会发生适当的相互扩散。聚结的理论和实验研究表明，分子相互扩散的距离只需要与单个分子旋转半径的距离相当，涂膜就可以得到最大强度（Winnk，1997）。这个距离远小于典型乳胶粒子的直径。相互扩散的速率与 T_g 直接相关，因此由有效自由体积控制（Winnik，1997）。影响自由体积的主要因素是成膜温度与粒子 T_g 之间的差异。可以大致推测，靠近原始粒子表面的材料的 T_g 是最重要的。一般情况下，除非温度至少略高于 T_g，否则聚结将非常缓慢。涂料用乳胶通常是丙烯酸酯和乙烯基酯的共聚物，其 T_g 远低于室温，因此它们在通常的施工温度范围内易于聚结。

大多数关于成膜机理的研究使用的都是精心制备的均匀涂膜。在实验室中，这些涂膜是在适宜的湿度和少量空气流经表面的条件下干燥的。但是实际情况完全不同：乳胶被配制成含有颜料和许多添加剂的漆料，并且干燥条件也各不相同。在许多情况下，涂膜厚度是不均匀的。另一个复杂的情况是，水很少在整个涂膜区域均匀蒸发。其结果通常是从干燥的前端开始的一种水平（或横向）干燥，可能是从一个小点或边缘开始，横向扩展到整个平面（Salamanca 等，2001）。当这种情况发生时，水和聚合物粒子都会在干燥前端附近横向移动，粒子越小越难得到均匀的涂膜。这一发现的实际意义尚未完全理解。这或许能部分解释在炎热、有风、低湿度的天气下，施工建筑外墙涂料时，成膜性能不佳的原因。

第一种方法是添加能溶于聚合物的增塑剂，可以降低配方的 T_g 和 MFFT。由于非挥发性的增塑剂能永久降低 T_g，因此，大多数乳胶漆中含有被称为成膜助剂的挥发性增塑剂，但是它们会加速涂料的变形和聚结。成膜助剂必须溶于聚合物中，并且具有较低的但显著的蒸发速率。成膜助剂作为增塑剂降低 MFFT，但在涂膜形成后，它扩散到涂膜表面并挥发。由于涂膜中的自由体积相对较小，成膜助剂的残留部分的挥发速率很慢。虽然涂膜在短时间内看起来已经干燥，但在施工成膜数天甚至数周后，仍有可能会粘连。通过荧光衰减测量跟踪聚结时聚合物在膜中的扩散程度，定量研究了成膜助剂对成膜的影响（Winnik 等，1992）。不同成膜助剂的效率差异很大：一个较为有效的例子是丙二醇单丁基醚（PnBA）的醋酸酯（Geel，1993）。从涂膜中挥发的速率也有所不同。例如，二丙二醇二甲醚比 PnBA 更快地挥发离开涂膜，但加入量可能要多一些。一种广泛使用的成膜助剂是 Texanol，2,2,4-三甲基戊烷-1,3-二醇的异丁酯。在北美，一些常见的成膜助剂都被归为 VOC，但在欧洲则不划归为 VOC（第 18 章）。

当温度高于 MFFT 时，乳胶会迅速成膜，而完全聚结是一个相对较慢的过程。在许多情况下，涂膜可能永远不会达到平衡，得到完全均匀的膜。平衡速率受（$T-T_g$）影响。从快速聚结的观点来看，希望乳胶的成膜温度远低于 T_g。一些综述论文讨论了从乳胶粒子到成膜的内聚强度增长的影响因素（Daniels 和 Klein，1991；Winnik，1997）。小角中子散射、荧光染料标记粒子的直接能量转移以及扫描探针显微镜都可用于研究聚结的程度（Butt 和 Kuropka，1995；Rynders 等，1995）。Berce 等（2015）还采用了电化学阻抗谱（EIS）和原子力显微镜（AFM）来观察苯乙烯/丙烯酸酯和丙烯酸酯类乳胶的变形和聚结过程。

通常，建筑涂料的配方应确保在低至 2℃ 的温度下形成涂膜。在这样的低温下成膜需要低 T_g 的乳胶。但是，如 2.3 节的引言段落所述，（$T-T_g$）也影响所得的涂膜是否为固体。据估计，要使涂膜能经受上述相对温和的抗粘连试验，（$T-T_g$）必须在 21℃ 附近。如果要在温度为 50℃ 时对胶膜进行抗粘连试验（直接暴露于夏日阳光下也是可能的），则 T_g 应该为 29℃ 或更高。因此，涂料配方设计师面临着一项艰巨的挑战，即设计一种在 2℃ 下施工时可以成膜，而在 50℃ 下仍能抗粘连的体系。

成膜助剂有助于解决此问题，但是环境相关法规限制了 VOC 允许的排放量。第二种方

法是设计 T_g呈梯度变化的核-壳乳胶粒子，粒子中心的 T_g相对较高，而外围的 T_g相对较低（Hoy，1979；9.1.3 节和 9.2 节）。在低温下，低 T_g外壳的涂料能够成膜，但经过一段时间，聚结成膜的 T_g接近总聚合物的平均 T_g。较高的平均 T_g降低了粘连的可能性，只需少量成膜助剂就足以解决这种乳胶的成膜。

第三种方法是使用高 T_g和低 T_g乳胶的混合物，不用成膜助剂就可以降低 MFFT（Winnik 和 Feng，1996）。已有研究表明，涂膜中的高 T_g聚合物粒子分散在较低 T_g聚合物的基体中，相当于给基体增强，进而增加了模量，因此减少了粘连。必须有足够的软聚合物形成连续涂膜将硬粒子包围。这些研究中没有使用颜料，事实上颜料也可以增强涂膜。第四种方法涉及使用核-壳乳胶（Juhue 和 Lang，1995；9.1.3 节）。

另一个复杂之处是在聚结形成的涂膜内存在应力增长的可能性。Price 等（2014）的研究表明，核-壳乳胶粒子在涂膜中产生的应力会严重影响涂膜的性能。

聚氨酯分散体（PUD；12.7.1 节）的 MFFT 值要比干膜的 T_g低，这是由于氢键与水的增塑作用所致。因此，PUD 不需要成膜助剂。当 PUD 与高 T_g丙烯酸酯共混时，MFFT 会降低，而硬度不降低（12.7.2 节）。

可交联（热固性）乳胶是解决低温成膜问题和抗粘连性问题的另一种方法。该主题将在此处作简要介绍，在 9.4 节将进行更充分的讨论。通常，在这种涂料中可以使用 T_g较低的乳胶，可以使用更少甚至不使用成膜助剂进行聚结。交联不会显著增加 T_g，但确实改善了涂膜的力学性能和耐溶剂性。Taylor 和 Winnik（2004）对该主题进行了详细的综述，阐明其中的理论以及各种可能的交联化学反应。在那种情况下，通常需要使用双组分的涂料，它们仅适用于工业应用。

如今，化学家和涂料配方设计师已经学会制造贮存稳定的交联乳胶漆，适用于建筑和特殊用途涂料。这种涂料通常被称为自交联涂料。尽管此术语表明交联反应物已共聚到乳胶中，但情况往往并非如此。通常，交联是由乳胶中的一个活性基团与单独的双官能团或多官能团交联剂反应而产生的。这种组合的一个例子是含有酮或醛官能团的单体和单独的水溶性二酰肼交联剂的胶乳共聚物（17.11 节）。

为了使该体系有实用价值，必须很好地控制各个不同过程的速率。除了热塑性乳胶所需的蒸发速率、变形速率和聚结速率（聚合物分子相互扩散）等速率以外，交联剂扩散进入聚合物的速率和化学交联反应的速率必须控制恰当的时间（Winnik，2002）。将交联剂置于水相中，共反应物嵌入聚合物粒子中，可以避免发生过早的交联。为了得到良好的性能，在聚结和交联剂扩散进入聚合物期间，必须发生聚合物分子的大幅度相互扩散，才能出现较多的交联反应。$(T-T_g)$ 和乳胶分子的链长决定了它们的相互扩散和扩散的速率。因此，为了促进相互扩散，可将热固性乳胶设计为具有稍低的 T_g和分子量。直链比支链分子扩散得更快。

注意：大多数关于成膜机理的研究都是用乳胶进行的，而不是用完全配制好的乳胶漆。可以预期漆料的其他成分，如颜料、颜料分散剂和用作增稠剂的水溶性聚合物等都会影响 MFFT、成膜速率和抗粘连能力。关于乳胶漆的进一步讨论见第 31 章。

其他涉及粒子聚结的涂料类型，包括水性 PUD、有机溶胶、水稀释性树脂和粉末等，将在之后的章节进行讨论。

（袁金颖　译）

综合参考文献

Mark, J. E., Ed., *Physical Properties of Polymers Handbook*, American Institute of Physics, Woodbury, 1996.

Odian, G. W., *Principles of Polymerization*, 4th ed., Wiley-Interscience, New York, 2004a.

Provder, T.; Urban, M. W., *Film Formation in Coatings: Mechanisms, Properties, and Morphology*, American Chemical Society, Washington, DC, 2001.

Provder, T.; Winnik, M. A.; Urban, M. W., *Film Formation in Waterborne Coatings*, American Chemical Society, Washington, DC, 1996.

参 考 文 献

Andrews, R. J.; Grulke, E. A., Glass Transition Temperatures of Polymers in Brandrup, J.; Immergut, E. H.; Grulke, E. A., Eds., *Polymer Handbook*, 4th ed., John Wiley & Sons, Inc., New York, 1999, pp 193-198.

Aronhime, M. T.; Gilham, J. K., *J. Coat. Technol.*, 1984, 56(718), 35.

Auschra, C., et al., *Prog. Org. Coat.*, 2002, 45, 83.

Berce, P.; Skale, S.; Slemnik, M., *Prog. Org. Coat.*, 2015, 82, 1-6.

Billmeyer, F. W., Jr., *Textbook of Polymer Science*, 3rd ed., Wiley-Interscience, New York, 2007.

Blair, H. E., *Polym. Prepr.*, 1985, 26(1), 10.

Boyer, C., et al., *Chem. Rev.*, 2016, 116(4), 1803-1949.

Brunsveld, L., et al., *J. Polym. Sci. A Polym. Chem.*, 1999, 37, 3657.

Burrell, H., *Off. Digest*, 1962, 34(445), 131.

Butt, H. -J.; Kuropka, R., *J. Coat. Technol.*, 1995, 67(848), 101.

Chang, W. L.; Karalis, W. L., *J. Polym. Sci. A Polym. Chem.*, 1993, 31, 493.

Chiefari, J., et al., *Macromolecules*, 2005, 38, 9037.

Croll, S. G., *J. Coat. Technol.*, 1987, 58(734), 41.

Daniels, E. S.; Klein, A., *Prog. Org. Coat.*, 1991, 19, 359.

Darling, T. R., et al., *J. Polym. Sci. A Polym. Chem.*, 2000, 38, 1706.

Dickinson, L., et al., *Macromolecules*, 1988, 21, 338.

Dobler, F.; Holl, Y., Mechanisms of Particle Deformation During Latex Film Formation in Provder, T. et al., Eds., *Film Formation in Waterborne Coatings*, American Chemical Society Symposium Series 648, American Chemical Society, Washington, DC, 1996.

Dusek, K.; Havlicek, I., *Prog. Org. Coat.*, 1993, 22, 145.

Eckersley, S. T.; Rudin, A., *J. Coat. Technol.*, 1990, 62(780), 89.

Elias, H. G., Structure and Properties in *Macromolecules*, Plenum Press, New York, 1984, pp 301-371.

Ferry, J. D., *Viscoelastic Properties of Polymers*, 3rd ed., John Wiley & Sons, Inc., New York, 1980, p 487.

Flory, P. J., *J. Am. Chem. Soc.*, 1939, 61, 3334.

Fried, J. R., *Polymer Science and Technology*, 3rd ed., Prentice Hall, Englewood Cliffs, 2014.

Geel, C., *J. Oil Colour Chem. Assoc.*, 1993, 76, 76.

Gonzales, E., et al., *Langmuir*, 2013, 29(6), 2044-2053.

Gromer, A., et al. *Langmuir*, 2015, 31(40), 10983-10994.

Gupta, M. K., *J. Coat. Technol.*, 1995, 67(846), 53.

Hill, L. W.; Wicks, Z. W., Jr., *Prog. Org. Coat.*, 1982, 10, 55.

Hoy, K. L., *J. Coat. Technol.*, 1979, 51(651), 27.

Juhue, D.; Lang, J., *Macromolecules*, 1995, 28, 1306.

Kan, C. S., *J. Coat. Technol.*, 1999, 71(896), 89.

Keddie, J. L.; Routh, A. F., *Fundamentals of Latex Film Formation*, Springer, Dordrecht, 2010.

Kendall, K.; Padget, J. C., *Int. J. Adhes. Adhes.*, 1982, 2(3), 149.

Krol, P.; Chmielarz, P., *Prog. Org. Coat.*, 2014, 77, 913-948.

Kumanotani, J., et al., *Org. Coat. Sci. Technol.*, 1984, 6, 35.

Lesko, P. M.; Sperry, P. R., Acrylic and Styrene-Acrylic Polymers in Lowell, P. A.; El-Aasser, M. S., Eds., *Emulsion Polymerization and Emulsion Polymers*, John Wiley & Sons, Inc., New York, 1997, pp 622-623.

Lin, F.; Meier, D. J., *Prog. Org. Coat.*, 1996, 29, 139.

Lutz, J. -F., et al., Eds., *Sequence-Controlled Polymers: Synthesis, Self-Assembly and Properties*; SCS Symposium Series, American Chemical Society, Washington, DC, 2014.

Mathias, L. J., Colletti, R. F., *Polym. Prepr.*, 1989, 30(1), 304.

Matyjaszewski, K., Ed., *Controlled Radical Polymerization*; ACS Symposium Series, 685, American Chemical Society, Washington, DC, 1999.

Matyjaszewski, K., *Macromolecules*, 2012, 45(10), 4015-4039.

Mayer, W. P.; Kaufman, L. G., *XVII FATIPEC Congress Book I*, Federation of Associations of Technicians for Industry of Paints in European Countries, Paris, 1984, p 110.

Mengqiu, Z.; Xin, X., *Zou Mengqiu Int. J. Eng. Res. Appl.*, 5(7), 2015, 121-123.

Muller, A. H. E.; Matyiaszewski, K., *Controlled and Living Polymerizations*, Wiley-VCH, Weinheim, 2009.

Neumann, C.; et al., Proceedings of the International Waterborne, High-Solids, and Powder Coatings Symposium, New Orleans, LA, 2004, Paper No. 32.

Odian, G. W., *Principles of Polymerization*, 4th ed., Wiley-Interscience, New York, 2004a, pp 39-197.

Odian, G. W., *Principles of Polymerization*, 4th ed., Wiley-Interscience, New York, 2004b, pp 313-330.

Odian, G. W., *Principles of Polymerization*, 4th ed., Wiley-Interscience, New York, 2004c, pp 40-62.

Odian, G. W., *Principles of Polymerization*, 4th ed., Wiley-Interscience, New York, 2004d.

Pappas, S. P.; Feng, H. -B., *International Conference in Organic Coatings Science and Technology*, Athens, Greece, 1984, pp 216-228.

Pappas, S. P.; Hill, L. W., *J. Coat. Technol.*, 1981, 53(675), 43.

Perrier, S., et al., *Macromolecules*, 2004, 37, 2709.

Price, K., et al., *J. Coat. Technol. Res.*, 2014, 11(6), 827.

Provder, T.; Urban, M. W., *Film Formation in Coatings: Mechanisms, Properties, and Morphology*, American Chemical Society, Washington, DC, 2001.

Provder, T.; Winnik, M. A.; Urban, M. W., Eds., *Film Formation in Waterborne Coatings*; Symposium Series, 648, American Chemical Society, Washington, DC, 1996.

Roe, R. J., *Encyclopedia of Polymer Science and Technology*, 2nd ed., John Wiley & Sons, Inc., New York, 1987, Vol. 7, pp 531-544.

Routh, A. F.; Russel, W. B., *Ind. Eng. Chem. Res.*, 2001, 40, 4302.

Rynders, R. M., et al., *J. Coat. Technol.*, 1995, 67(845), 59.

Salamanca, J. M., et al., *Langmuir*, 2001, 17, 3202.

Salez, T., et al., Proc. Natl. Acad. Sci. U. S. A., 2015, 112(27), 8227-8231.

Simon, S. L.; Gilham, J. K., *J. Coat. Technol.*, 1993, 65(823), 57.

Smeets, N. M. B., et al., *Polym. Chem.*, 2012, 3, 514-524.

Sogah, D. Y.; Hertler, W. H.; Webster, O. W.; Cohen, G. M., 1987, *Macromolecules*, 20, 1473.

Song, H.; Xiao, J.; Huang, Y., *Ind. Eng. Chem. Res.*, 2015, 55(12), 3351-3359.

Sperling, L. H., *Introduction to Physical Polymer Science*, 3rd ed., Wiley-Interscience, New York, 2001.

Stutz, H., et al., *J. Polym. Sci. B Polym. Phys.*, 1990, 28, 1483.

Sullivan, C. J., et al., *J. Coat. Technol.*, 1990, 62(791), 37.

Sulyanova, E. A., et al., *Langmuir*, 2015, 31, 5274-5283.

Taylor, J. W.; Winnik, M. A., *JCT Res.*, 2004, 1, 3.

Vandezande, G. A.; Rudin, A., *J. Coat. Technol.*, 1996, 68(860), 63.

Viosscher, K. B.; McIntyre, P. F., US patent publication 6599973 B1 (2003).

Webster, O. W., *J. Polym. Sci., A Polym. Chem.*, 2000, 38, 2855.

White, D., et al., US patent 6,462,125, 2002.

Wicks, Z. W., Jr., *J. Coat. Technol.*, 1986, 58(743), 23.

Wicks, Z. W., Jr., et al., *J. Coat. Technol.*, 1986, 57(725), 51.

Winnik, M. A., The Formation and Properties of Latex Films in Lovell, P. A., El-Aasser, M. S., Eds., *Emulsion Polymerization and Emulsion Polymers*, John Wiley & Sons, Inc., New York, 1997, pp 467-518.

Winnik, M. A., *J. Coat. Technol.*, 2002, 74(925), 49.

Winnik, M. A.; Feng, J., *J. Coat. Technol. Res.*, 1996, 68(852), 39.

Winnik, M. A., et al., *J. Coat. Technol.*, 1992, 64(811), 51.

Young, J. R., *Polymer Science and Technology*, 3rd ed., Prentice Hall, Upper Saddle River, 2014.

Young, R. J.; Lovell, P. A., *Introduction to Polymers*, 3rd ed., CRC press, Boca Raton, 2001.

第3章 流动

流变是涉及流动和形变的科学。本章所讨论的主要是液体材料的流动，固体材料的形变是流变的另一种表现形式，将在第 4 章讨论。

涂料的流动性能对于能否合理地施工和漆膜的外观非常关键。以采用刷涂施工的涂料为例，贮存阶段颜料的沉降、刷子能够蘸取多少涂料、施工后的漆膜厚度、漆膜的流平效果、漆膜的流挂控制，这些都和涂料的流动性能有关。按照对液体施加作用力的方式，流动可分为几种类型。在涂料中最为重要的是剪切应力下的流动性能。我们首先阐述剪切流动，然后再扼要地讨论其他类型的流动。

3.1 剪切流动

理解和定义剪切流动，可以参考图 3.1（Patton，1979）所示的模型。在底部的薄板是静止的，在上部的平行薄板是可以移动的，两块薄板被厚度为 x 的液体层所分离，在最上部面积为 A 的可移动薄板面施加横向力 F，薄板以速度 v 横向移动。该模型假设界面之间无滑动，且无液体惯性。当薄板发生移动时，最靠近上部的液体移动速度接近于顶部薄板的移动速度，而靠近底部的液体速度则接近于零。速度的梯度 dv/dx 在液体的任一部分都是不变的，即等于 v/x。这一比值就定义为剪切速率 $\dot{\gamma}$，剪切速率的单位是 s^{-1}。

$$\dot{\gamma}=\frac{dv}{dx}=\frac{v}{x};\quad \frac{cm/s}{cm}=s^{-1}$$

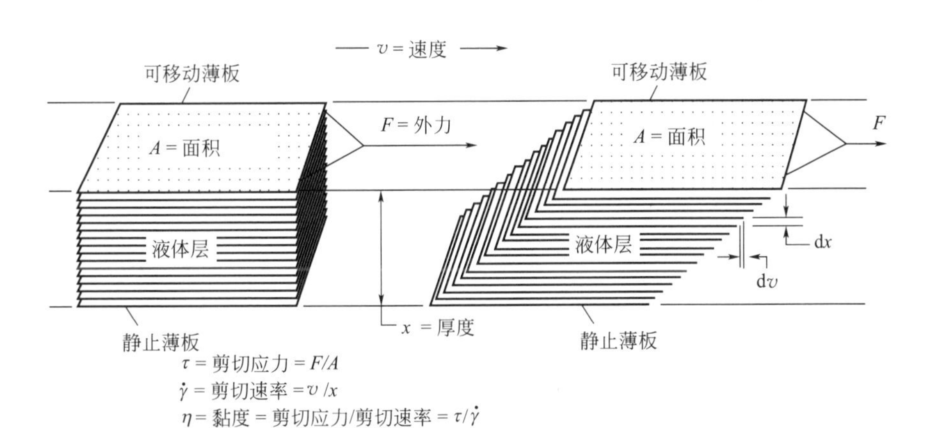

图 3.1 理想液体的剪切流动模型

来源：Patton (1979)，经 John Wiley&Sons 许可转载

在最上部薄板施加的作用力 F，薄板面积是 A，由此产生剪切应力 τ，剪切应力的单位是帕斯卡（Pa）。

$$\tau=\frac{F}{A};\quad 单位\frac{\mathrm{m}\cdot\mathrm{kg/s^2}}{\mathrm{m}^2}=\frac{\mathrm{N}}{\mathrm{m}^2}=\mathrm{Pa}$$

液体对流动产生的抵抗力被称为黏度 η，定义为剪切应力和剪切速率的比值。这种类型的黏度准确地应称为简单剪切黏度，由于此类黏度能经常遇到，因而被简称为黏度。在流动中分子会发生分离，耗散能量，通常是热能。由此，黏度是为达到单位速度梯度，每单位体积所耗散的能量，其单位是帕斯卡·秒（Pa·s)。旧单位是 Poise（泊，P)，目前仍在使用，1Pa·s 相当于 10P，1mPa·s 相当于 1cP。

$$\eta=\frac{\tau}{\dot{\gamma}};\quad \frac{\mathrm{Pa}}{\mathrm{s}^{-1}}=\mathrm{Pa}\cdot\mathrm{s}$$

当液体流过的是一个孔或者某根毛细管，其部分能量转变为动能；那么，对剪切流动的阻力被称为运动黏度，ν，单位 $\mathrm{m^2/s}$。以前称之为斯托克斯（St），$1\mathrm{m^2/s}=10^4\mathrm{St}$。如果加速运动是因重力作用而产生，那么运动黏度就等于简单剪切黏度除以液体的密度 ρ。

$$\nu=\frac{\eta}{\rho}$$

3.2 剪切流动的类型

当剪切应力与剪切速率的比值是常数时，流体为牛顿型流体，即黏度和剪切速率（或剪切应力）无关。剪切速率与剪切应力作图，是线性关系［图 3.2(a)］，其斜率相当于黏度的倒数。在某些文献中，将此图的纵轴横轴对换，这时斜率就是黏度。牛顿型流动是由可混溶性小分子组成的液体的一种流动形式。大多数低聚物树脂的溶液接近于牛顿型流体。

许多液体都是非牛顿型液体，也就是说，其剪切应力和剪切速率的比值不是常数。有一类非牛顿型流体表现出其黏度随剪切速率（或剪切应力）的增加而下降，这些液体称为剪切变稀液体。当施加应力时，分子平行于流动方向排成一列，从而减少了后续位移所需的能量。如果液体带有分散相，颗粒排列成珠链状，同样也减少了后续进一步位移所需要的能量。剪切变稀被称为剪切诱导有序。当分子或颗粒全部沿着流动的方向排列，黏度则再次和剪切速率无关，相应曲线变为线性［图 3.2(b)］。

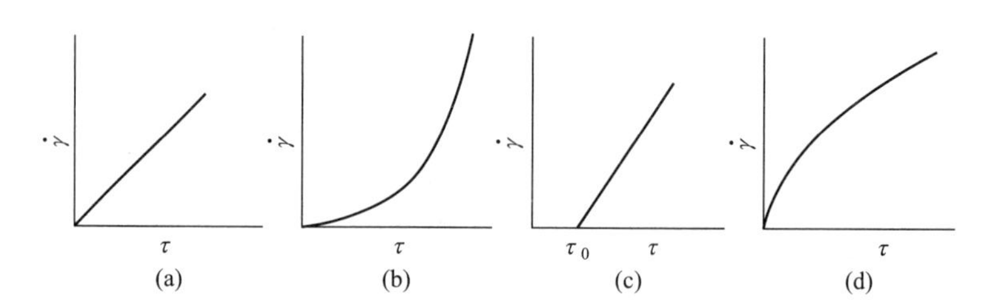

图 3.2　不同液体的流动图示

(a) 牛顿型；(b) 剪切变稀；(c) 塑性；(d) 剪切变稠

某些液体，只有在剪切应力超过一个最小值后才能出现可察觉到的流动。这些物质呈现塑性流动，有时也被称为宾汉体。这一最小剪切应力值称为屈服值或屈服应力，用符号 τ_0 表示。

$$\tau-\tau_0=\eta_p\dot{\gamma}$$

塑性流动的示意图见图 3.2(c)。屈服值在很大程度上取决于剪切应力增长的速度。剪切应力增长的速度越快，测试得到的屈服值越高。一般常将曲线的线性部分外推，与剪切应力轴相交，将交点处的值称为屈服值。

另一类液体表现出黏度随剪切速率（剪切应力）的增加而上升，详见图 3.2(d)。这类液体是剪切变稠型液体，剪切变稠被称为剪切诱导无序。如果剪切变稠液体在剪切作用下体积变大，则被称为是膨胀型流体。膨胀型流体中含有分散相，在剪切作用下变得更为无序，因此占有更大的体积。例如，在颜料和树脂的分散体中，分散相部分浓度非常高，足以使颗粒靠近，形成无规密堆积。当施加足够的剪切应力使之流动，就会产生微观的空穴，体积增加，并使诱导流动所需的能量增加，从而使黏度上升。另一个例子是流沙，Mewis 和 Vermant（2000）进一步阐述了影响膨胀型流动的因素。

Casson 公式[式(3.1)]，将剪切变稀或剪切变稠液体的黏度/剪切速率的数值进行了线性化；线的斜率是屈服应力，外推给出在无限剪切速率下的黏度 η_{∞}。在许多情况下，公式中的 n 值为 0.5，通常，Casson 公式表示为平方根关系式。常以黏度的对数和剪切速率作图，曲线的曲率和 τ_0 的数值相关。在图 3.3 中，η 和 η_{∞} 的数值保持常数，从而显示 τ_0 的变动对流动响应的影响（Hester 和 Squire，1997）。对于牛顿型流体而言，τ_0 等于零，是一条平行于剪切速率轴的直线。

$$\eta^n = \eta_{\infty}^n + \left(\frac{\tau_0}{\dot{\gamma}}\right)^n \tag{3.1}$$

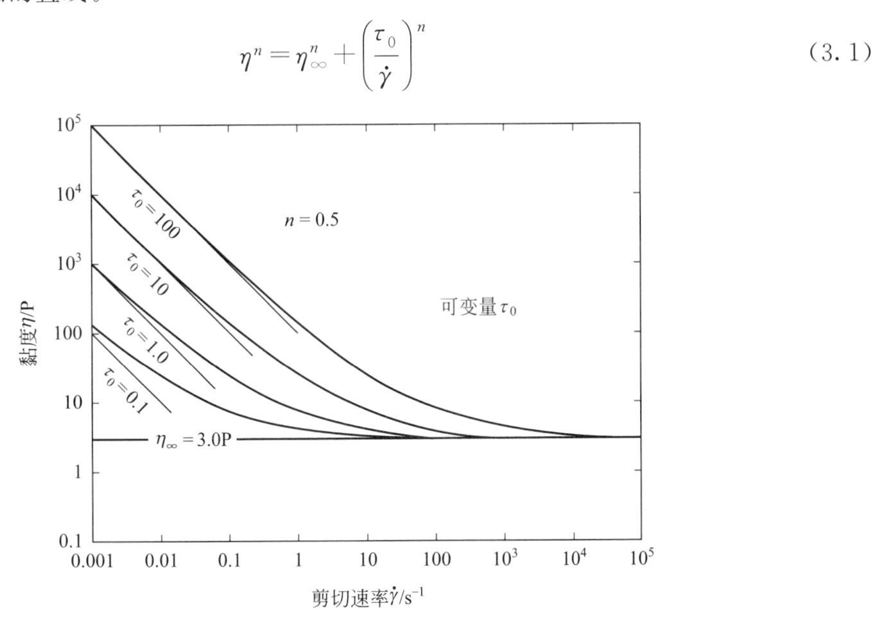

图 3.3　Casson 黏度随剪切速率变化的曲线，显示了 τ_0 与常数 η 和 η_{∞} 的依赖关系

资料来源：Patton（1979），经 John Wiley & Sons 许可转载

某些流体的黏度显示与时间变化的历程有关，如图 3.4(a) 所示。图中的曲线是先逐步增加剪切速率一直达到某个上限时的剪切应力读数（右侧曲线），然后立即逐步降低剪切速率时的剪切应力读数（左侧曲线）。在任何剪切速率下，曲线开始部分的剪切应力都将随着时间的延长而减小，达到在两条曲线之间的一个平衡值，也就是说黏度将降低。另外，如果在测量过程中这样的体系先经受了高剪切速率，然后降低剪切速率，剪切应力将会增加至一个平衡值。也就是说，黏度会随时间上升。这种行为被称为触变型流动。

Armstrong 等（2016）将触变性定义为“……使原本静止的样品产生流动，其黏度随时间持续降低，当流动停止，随后黏度回复。”触变性液体是剪切变稀的液体，并且它们的黏度和时间以及前期的剪切经历有关，触变性液体是剪切变稀的液体，但并不是所有剪切变稀

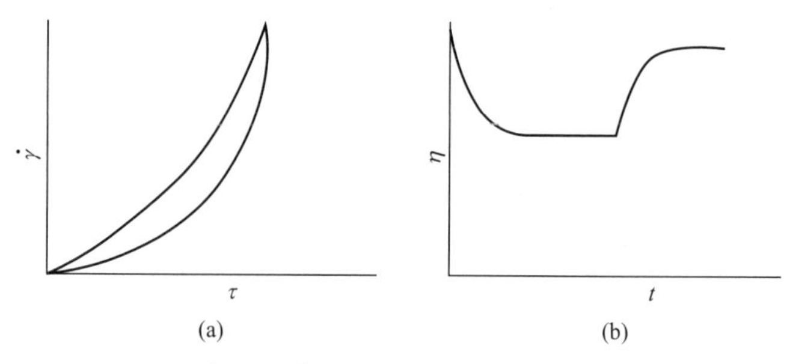

图 3.4　触变型流动体系的示意图

（a）右边的曲线是增加剪切速率时的剪切应力读数，而左边的曲线是降低剪切速率时的剪切应力读数；
（b）黏度随着剪切的持续进行而下降，然后随着剪切速率的降低而增加

的体系都具有触变性。遗憾的是触变性这词经常使用不当，变为剪切变稀的同义词。

触变性是许多涂料的理想特性，涂料配方设计师运用这一特性可以防止涂料的沉淀，优化施工特性并在施工后最大程度地减少流挂和滴落。触变性来源于流体内部形成的可逆性结构，例如被分散的颗粒通过弱作用力又相互缔合在一起。如果剪切作用的时间足够长，触变性的结构被破坏，而当剪切停止后，触变性的结构又会随时间重新恢复。有些触变型流体的黏度下降至平衡值需要较短的时长，并且在剪切停止后黏度可以迅速恢复，有些则随时间变化较为缓慢。在早期的工作中，用滞后环内面积的大小［如图 3.4(a) 所示］来比较评估触变性的高低。但是，这种比较方式可能会产生一些误导，因为环内面积的大小和剪切的历程、剪切力的峰值、连续测量中的时间间隔有关。一种较为恰当的方法是在一系列剪切速率下将黏度与时间（t）的关系作图，见图 3.4(b)。从高剪切转变到低剪切的过程中，比较黏度恢复所需要的时间是一种有用的方法，用于对比不同的涂料。在通常的涂料配方设计中，希望黏度恢复要足够快，避免流挂，但也要足够慢，兼顾流平。

使涂料具有触变性的助剂包括用季铵盐处理过的黏土，季铵盐与黏土的片层结构相结合形成盐，使其呈现亲有机性。这种助剂广泛用于溶剂型涂料中。凹凸棒黏土可同时用于溶剂型和水性涂料，这种黏土的针状颗粒相互结合，使黏度增加，但在搅拌时又会下降。在水性涂料中，黏土还通过吸水作用使颗粒溶胀，又在应力作用下变形。细颗粒二氧化硅也已使用多年。蓖麻油衍生物和粉末聚乙烯是烘烤型涂料中有效的触变剂，醇胺可以使醇酸部分胶凝，所以聚酰胺可以用作触变剂。碱性磺酸钙衍生物是液体增稠剂，不会降低光泽，在涂料加热时仍保持其有效性。它们在湿固化聚氨酯涂料中特别有用，因为它们的碱性可以中和异氰酸酯与水反应产生的二氧化碳，从而减少气泡问题，并赋予触变性。在乳胶漆中，如 3.5.1 节所述，可使用水溶性聚合物和缔合增稠剂。Hare（2001）综述了改进涂料流动性的触变剂和添加剂。

流变学家经常从黏弹性的角度讨论触变性流体的性质，这种流动兼有黏性流动和弹性变形（黏弹性在 4.2.2 节中讨论），这种解释是有效和有用的，但从历史上看，它们很少在涂料工业中应用。用黏弹性可以很好地解释黏度的时间依赖性，参阅 Hester 和 Squire（1997）及 Boggs 等（1996）对此进行的分析。触变性的物理学是相当复杂的，Armstron 等（2016）最近发表了一篇综述，其中阐述了各种模型，并进行了实验测试。

另一种显示剪切对触变流体影响的方法是使用一种不同类型的 Casson 图，如图 3.5 所示（Schoff，1988）。将黏度的平方根与剪切速率倒数的平方根作图，坡度越陡，剪切变稀

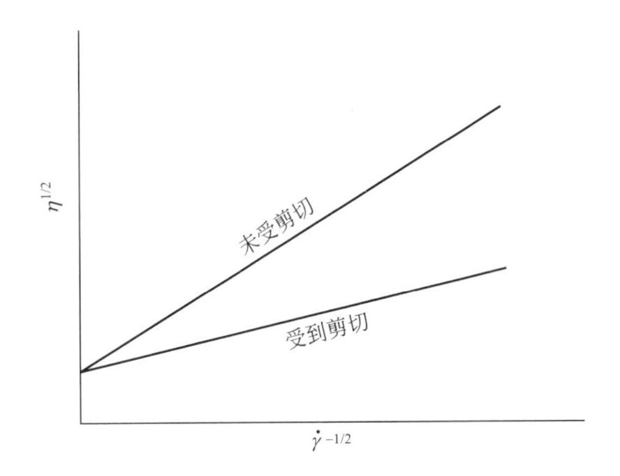

图 3.5 触变涂料受到剪切和未受剪切的 Casson 示意图

两条直线的差异可以用来估计触变性的程度

资料来源：Schoff（1988），经 John Wiley & Sons 许可转载

的程度越大。如果样品一直受到剪切，直到所有触变结构都被破坏，而且在结构恢复之前进行测量，剪切的曲线将是线性的，并且平行于 X 轴。虽然通过对这些直线的斜率进行比较可定性显示触变的程度，但直线的斜率与先前的剪切历程、剪切加速度和样品处于最高剪切强度的时间长短等都有关。

3.3 剪切黏度的测定

有多种仪器可用于测定黏度。它们在成本、测量所需的时间、对操作的技能要求、坚固性、精度、准确性和测量剪切速率变化或时间依赖性影响的能力方面各不相同。使用不同仪器在同一样本上获得的数据以及使用相同仪器由不同操作人员获得的数据，可能会有很大差异，特别是对于低剪切速率下的剪切变稀液体（Anwari 等，1989）。一些偏差可能是由于对细节关注不够，特别是温度控制和可能出现的溶剂挥发；对具有不同剪切历程的样品进行比较可能会导致重大误差。近期对仪器进行了改进，有助于解决这一问题，但需要多加注意。

温度必须小心控制。由于黏度和温度关系很大（3.4.1 节），因此一定要在恒定的已知温度下测量样品的黏度，这一点至关重要。当以高剪切速率剪切高黏度流体时，要求黏度计的热交换效率足够高，否则放出的热量会使样品温度升高。如果在剪切速率和温度都增加的情况下测定黏度，则可能无法判断流体是否是剪切变稀性的。

Mezger（2014）介绍了数十种测量液体流变性的仪器。黏度计最适合于测量牛顿型流体的剪切黏度，而流变仪最适合于分析非牛顿型流体的流动行为。黏度计可分为三大类：①可以非常精确地测定黏度的黏度计；②可以测定合理近似值黏度的黏度计；③提供与黏度相关性不大的流动数据的黏度计。我们仅限于讨论以上各类黏度计的主要品种。进一步信息可从本章末尾的综合参考文献获取。

3.3.1 毛细管黏度计

毛细管黏度计的示例见图 3.6（Schoff，1991），用于测量已知量的液体流过毛细管所需的时间（Posieuille，1840）。可以根据毛细管的直径计算黏度。通常每个仪器都是用已知黏度的液体进行标定；然后，仅需根据仪器的常数和流过的时间就可进行计算。

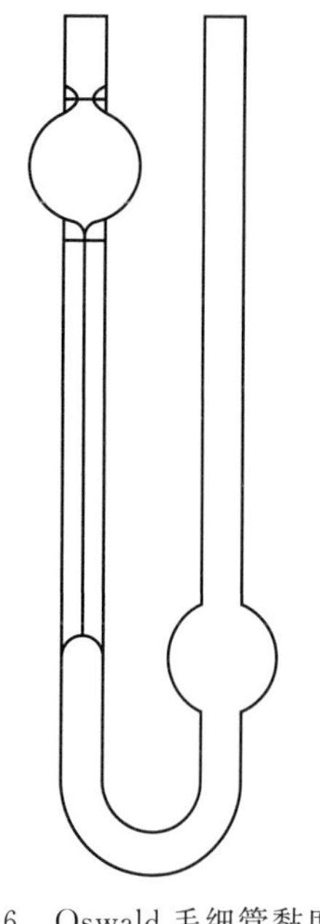

图 3.6 Oswald 毛细管黏度计
来源：Schoff (1991)，经 John Wiley & Sons 允许转载

由于毛细管流动是由重力驱动的，因此测量的是运动黏度(3.1 节)。可以通过校正密度来计算简单的剪切黏度。毛细管黏度计有一系列直径范围，可以测定 10^{-7}～10^{-1} m^2/s 的黏度。对于密度为 1 的液体，相对应值在 1mPa・s～1000Pa・s 的范围。

从以往来看，毛细管黏度计因其准确性高，一直是研究工作的首选仪器。它们仅适用于牛顿型流体，不适用于日常工作，因为测量过程比较耗时。特别是当需要测定黏度和温度的依赖关系时，由于需要的样品量相对较多，玻璃的热传导速率又较低，因此温度达到平衡很慢。还必须要进行仔细的清洁。毛细管黏度计特别适合用于测定挥发性液体或含有挥发性溶剂的溶液黏度，因为此类黏度计基本上是一个封闭系统。

已有改进型的仪器，可以克服标准型毛细管黏度计的局限性。真空黏度计是将样品吸入毛细管中，并测量从下部标记到上部标记的时间。由于流动不受重力驱动，因此密度不会影响测试的时间，黏度值以 Pa・s 为单位进行表示，从而无需测定密度。类似的黏度计可以用于不透明液体，因为可以很容易地看到液体从下部标记通过到达上部标记。

3.3.2 流变仪

对于非牛顿型液体，包括含有颜料的液体，使用旋转流变仪可以在较宽的剪切速率范围内获得更高的精度，例如锥板流变仪。图 3.7 是它的示意图。将样品放在平板上，然后升高

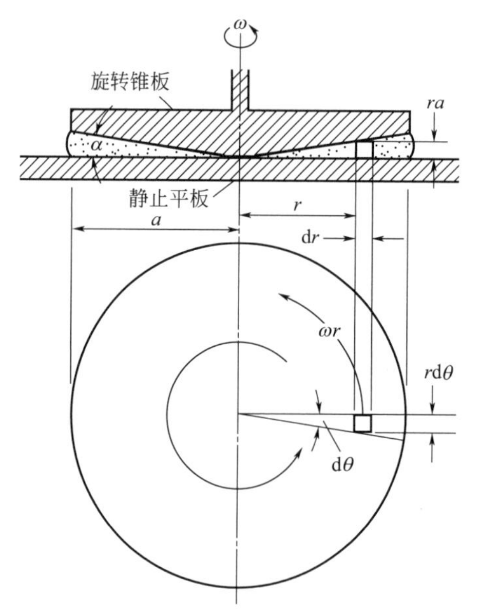

图 3.7 锥板流变仪几何示意图
来源：Schoff (1991)，经 John Wiley & Sons 允许转载

平板，使其平面与锥形转子之间形成很小的间隙。锥形转子的旋转可以任意控制每分钟所需的转数（r/min），并测量扭矩。锥形转子的倾斜角度非常小，旨在使整个间隙中的样品的剪切速率保持恒定。剪切速率与转速成正比；剪切应力与扭矩有关。温度的控制是通过在平板腔体内通水实现的，减少测试的样品量，可以减少温度的控制问题。

流变仪的剪切速率和提高或降低剪切速率所需的时间可以变化［详细讨论参见综合参考文献和 Schoff（1988，1991）］。即使最便宜的仪器也很结实，使用方便，测量快速，适用于质量控制。多功能的流变仪是一类灵敏的科学仪器，需要一定的操作技能，适用于科学研究。测量含有挥发性溶剂的溶液时，要将整个锥板黏度计置于饱和溶剂蒸气的环境中，防止溶剂挥发。

也有可以控制应变和应力的流变仪，后一种类型更适合用于涂料，因为它在非常低的剪切速率下测量更有优势。也有带两种模式的混合流变仪。

高黏度材料的黏度可以通过使用小型的大功率混合器的混合流变仪在高剪切速率下测定。测试样品被限制在一个相对较小的空间内，并通过西格玛（sigma，Σ）形状的双转子叶片进行强烈混合。用测功仪测量输入功率，转速仪测量转速。新款的仪器可用计算机控制。这些仪器最初设计用于研究塑料的成型，但也可用于研究颜料对黏度的影响。对于高黏度流体，可能会产生热量的积聚。微型双螺杆流变仪也可以使用，其中螺杆的转速可以在很宽的范围内变化，从而可以测量剪切应力与转速的函数关系。

3.3.3 转盘式黏度计

转盘式黏度计带有电动马达装置，可以驱动浸没在液体中的圆盘在一定范围的转速下旋转，并测量所得的扭矩，如图 3.8 所示。仪器必须使用标样进行校准。样品和标样的测量应在相同尺寸的容器中进行，这是因为圆盘浸入液面的深度与容器底部和侧壁之间的距离都会影响测试结果。在报告黏度的测试结果时，应注明测试时的转速条件。尽管这类仪器耐用且相对便宜，但是必须定期校准。较新的型号具有触摸屏控制和电脑界面。如果使用正确，转盘黏度计可为牛顿型液体提供相对准确的黏度测量值。对于非牛顿型液体，黏度读数可以表示在相对应的剪切应力范围内所测得的黏度平均数值。

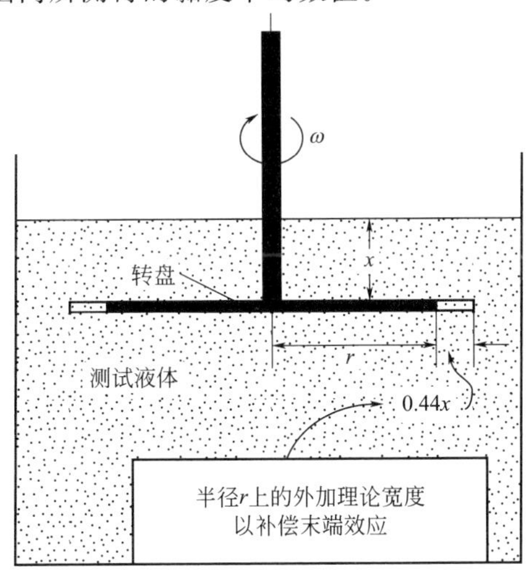

图 3.8　转盘式黏度计的示意图

来源：Patton（1970），经 John Wiley & Sons 允许转载

转盘式黏度计可以通过在不同转速下进行测量，检测液体是剪切变稀还是剪切变稠。它们可以通过在相同的转速设置下测定黏度随时间的变化来检测是否有触变性。也可以先施加高剪切速率，然后突然将剪切速率降低至较低值，并测量在该较低速率下黏度达到平衡所需的时间，对触变性进行比较。

有几种黏度计是为生产上的应用而设计的。在某些情况下，可以连续监控黏度。

3.3.4 气泡黏度计

气泡黏度计广泛用于质量控制，以估测树脂溶液的黏度（15.5.2 节）。该测量基于液体管中气泡的上升速率；黏度越高，气泡上升越慢。如图 3.9 所示，在玻璃管中填充液体至刻度线，然后用塞子塞住，这样在顶部封入了一定量的空气。将该管放置在恒温浴中，并保持足够长的时间以使温度达到平衡。平衡很慢，但是这对于有效测量至关重要。然后将试管倒置，并记录气泡在试管上的两个校准标记之间移动所需的时间。如果气泡的长度大于其直径，则上升速率与气泡的大小无关。液体的密度会影响气泡的上升速度，因此测量的是运动黏度。一套标准管可标示为 A、B、C 等。在 Z 之后将这些管分别标示为 Z_1、Z_2 等。运动黏度范围大约 10^{-5}～$0.1m^2/s$。气泡黏度计仅适用于牛顿型透明液体。它们成本低，使用方便。如果气泡有拖尾，则表明树脂即将胶化。

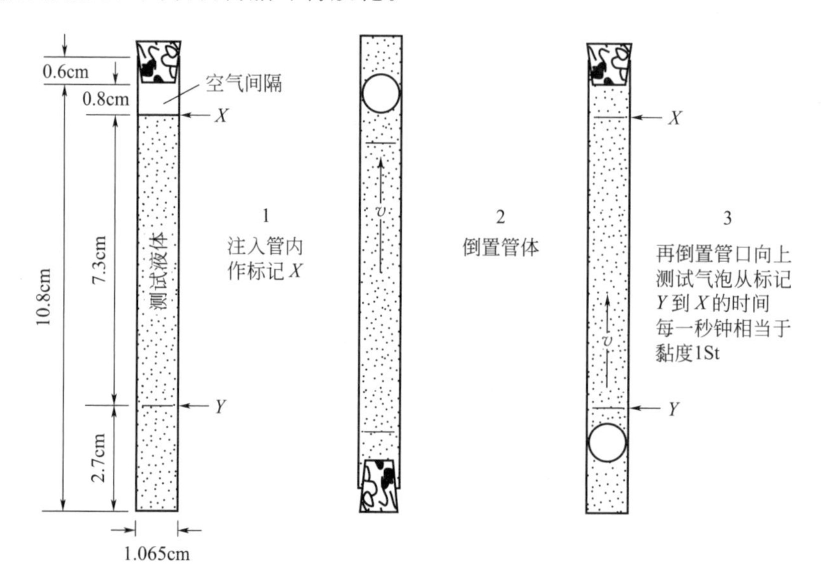

图 3.9 用气泡黏度计测试黏度

来源：Patton（1970），经 John Wiley & Sons 允许转载

3.3.5 流出杯

流出杯是测量控制工业涂料流动性使用最广泛的仪器，尤其是喷涂施工的涂料。流出杯有多种。Schoff（1988，1991）比较了大约二十余种。图 3.10 显示了最常见的一种流出杯——福特 4 号杯的示意图。用拇指挡住杯子底部的孔，在杯中注满涂料，移开拇指并同时计时，以流过该孔涂料出现中断为计时结束，结果以秒表示。数据不可以转换为运动黏度值，因为大量的作用力会转换为动能，尤其是对于低黏度涂料。虽然流出杯经常用于剪切变稀很小的涂料，但是该方法不适用于非牛顿型液体。虽然有其局限性，但流出杯还是非常有

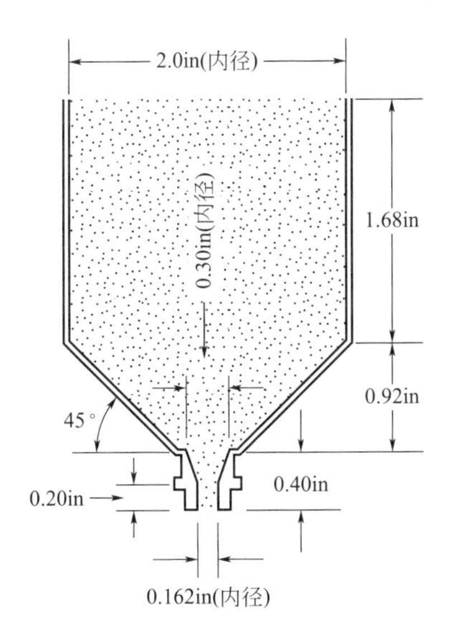

图 3.10　福特 4 号杯的示意图

(1in=0.0254m)

来源：Patton (1970)，经 John Wiley & Sons 允许转载

用的质量控制仪器。它们价格低廉，构造简单且易于清洁，测量简单快速，但重现性差，据报道仅在 18%到 20%之间（Scoff，1991）。

正确使用流出杯的方法是要实现控制涂料喷涂时的黏度，例如，通过加入溶剂来调节涂料的黏度，直到涂料正常喷涂为止，然后用流出杯测定流出的时间（参见上述段落）。该流出时间可作为用指定喷枪将指定涂料喷涂到指定距离物体时涂料黏度的一个参照标准。不同涂料在同一喷涂体系中会呈现不同的流出时间，即使是同一涂料，在不同的喷涂体系中，其流出时间也会呈现差异。

3.3.6 桨式黏度计

斯托默（Stormer）黏度计广泛用于建筑涂料。将该仪器的桨叶浸入涂料中，并以 200r/min 的速度旋转，保持此旋转速度所需的力是通过在滑轮上方绳索末端的平台上施加重量来实现的，滑轮由滑轮组连接至桨叶。示意图如图 3.11 所示。加载的重量通过换算表换算成 Krebs Units（KU）。在早期，认为 KU 值为 100 是可以实现良好刷涂的黏度。而在当前的实践中，涂料通常配制成较低的 KU。该仪器对牛顿型流体几乎没有用处。读数对于非牛顿型流体没有实际意义，其中包括了大多数建筑涂料。即使仅用于质量控制，桨式黏度计也不十分令人满意。

确定零售涂料流动性的正确方法是用漆刷或辊筒涂漆，然后调整黏度，直到易于刷涂，流平、流挂、沉降等各种性能实现最佳平衡。这样做之后，就可以建立一种测试方法用于质量控制。最合适的质量控制仪器是锥板黏度计（其中某些价格合理），如果没有则可采用旋转黏度计。遗憾的是，斯托默黏度计仍一直被广泛使用。数年前，美国一家大型零售涂料生产商的研究主管说，20 年来，乳胶涂料一直无法配制出单道涂层具有遮盖力的配方，这与使用斯托默黏度计有很大关系。

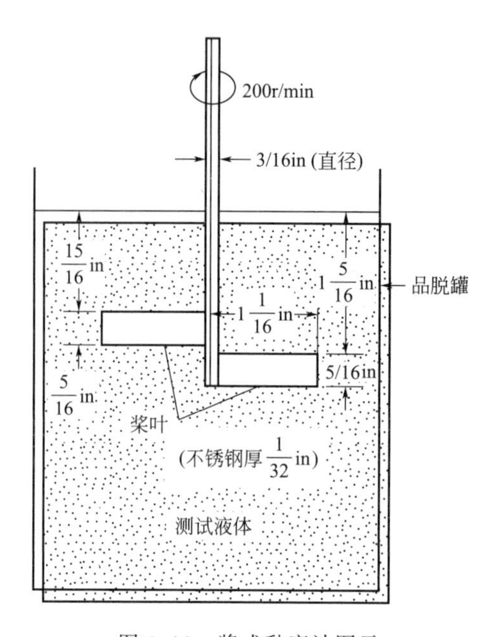

图 3.11 桨式黏度计图示

来源：Patton (1979)，经 John Wiley & Sons 允许转载

3.4 树脂溶液的剪切黏度

液体的黏度和自由体积的存在有关。简而言之，在液体中一些具有自由体积的孔穴可以快速打开和关闭；分子可以在这些自由体积孔穴中随机地运动。当施加应力时，运动会朝着有利于释放应力的方向进行，液体产生流动。因此，控制树脂溶液黏度的因素在于自由体积的可利用性。许多涂料都是聚合物或低聚物的溶液。尚未完全了解影响这些高浓度溶液流动行为的变量。影响极稀浓度聚合物溶液流动的变量已得到广泛的研究，并得到了较深入的认知。在 3.4.2 节中讨论了影响稀溶液流动的因素，在 3.4.3 节中讨论了影响较高浓度溶液流动的因素。

3.4.1 黏度的温度依赖性

一系列低分子量（MW）树脂及其溶液的黏度随温度的变化规律已证明符合 Willians-Landel-Ferry（WLF）方程（2.3 节）（Wicks 等，1985；Toussaint 和 Szigetvari，1987；Jones，1996；Haseebuddin 等，1997）。在式(3.2) 中，T_r是参照温度，是可获得实验数据的最低温度，η_r是参照温度下的黏度。如果 η_r假定为 10^{12} Pa·s，数据都符合式(3.2)，极稀的溶液除外（Wicks 等，1985）。

$$\ln\eta=\ln\eta_r-\frac{c_1(T-T_r)}{c_2+(T-T_r)}\approx 27.6-\frac{A(T-T_g)}{B+(T-T_g)} \tag{3.2}$$

较高分子量的聚合物在高于 T_g+100℃ 的温度下，黏度的温度依赖性大致符合 Arrhenius 方程，如式(3.3) 所示，其中 E_v是黏性流体的活化能。[请注意，式(3.3) 中的 Arrhenius A 值与式(3.2) 中的常数 A 不同。]

$$\ln\eta=K+B/T=\ln A+\frac{E_v}{RT} \tag{3.3}$$

如果使用低分子量树脂及其溶液已有的数据，按 Arrhenius 方程将 $\ln\eta$ 与 $1/T$ 的函数关系作图，发现得到的是曲线而不是直线（Wicks 等，1985；Jones，1996）。另外，数据确实符合 WLF 方程。从实际的角度来看，如果温度范围较小，则两种模型之间的差异较小。但是在温度范围较宽的情况下，则差异较大。

控制树脂溶液黏度的主要因素是（$T-T_g$），但不是唯一因素。如果 T_g之间的差异较小，WLF 方程中常数 A 和 B 的差异可能会掩盖较小的（$T-T_g$）差异。常数 A 取决于高于和低于 T_g的热膨胀系数之间的差异，但是尚未有关于控制这些系数的结构因素的报道。常数 B 是黏度为无穷大时的（T_g-T）值。该常数的所谓通用值是 51.6℃，但是该“常数”随组成的不同会有较大的变化。没有关于结构与常数 B 值之间关系的研究报道。

通常，在设计树脂时，预测较低的 T_g将导致树脂及其溶液黏度较低是合乎常理的。(有关控制聚合物 T_g的因素的讨论，请参见 2.1.2 节。）线型聚二甲基硅氧烷类产品具有低 T_g和低黏度。线型聚乙二醇产品的 T_g和黏度几乎都很低。聚甲基丙烯酸甲酯树脂溶液比同等的聚丙烯酸甲酯树脂溶液具有更高的 T_g值和黏度。BPA 环氧树脂类比相应的氢化衍生物具有更高的 T_g值和黏度。对 T_g的影响的例外情况的报道是某些高固体分丙烯酸树脂（8.2.1 节）。据报道，用带有大体积基团的共聚单体制得的丙烯酸树脂，如甲基丙烯酸-3,3,5-三甲基-环己基酯（Kruithof 和 van den Haak，1990）或甲基丙烯酸异冰片酯（Wright，1996），在高固体分含量下，其黏度也较低。但是它们的均聚物具有较高的 T_g值，其原因尚未有任何解释。

3.4.2 聚合物稀溶液的黏度

高度稀释的聚合物溶液黏度的测量在聚合物科学的早期发展中起着重要作用，因为它们是最早估算分子量的方法。但是，该方法在涂料技术中已过时，因此此处不再涉及这一较复杂的主题。它在本书的前几版中和高分子化学教科书（例如 Allcock 和 Lampe，1990）中均有所描述。

3.4.3 聚合物浓溶液的黏度

聚合物的浓溶液的行为与稀溶液完全不同。溶剂型涂料的树脂基料通常都是聚合物的浓溶液，其黏度会影响施工性能。此类溶液的黏度受许多因素的影响，部分影响因素如下：

- 浓度；
- 聚合物的分子量及其分子量分布；
- 聚合物结构——线型与支化；
- 黏弹性效应；
- 各种溶剂的黏度——出乎意料的一个重要变量；
- 聚合物分子之间及它们和溶剂之间的氢键；
- 温度；
- 施工过程中和施工后溶剂组成的变化；
- 颜料的作用；
- 触变剂等助剂的作用。

聚合物和树脂等更浓溶液的黏度，是影响它在涂料中应用的因素，对它的基础研究相对较少，这并不奇怪。已经提出了几种经验关系，如式(3.4）所示的相对黏度与浓度的关系，

其中 w_r 是树脂的质量分数，各种 k 值都是常数。

$$\ln\eta_r = \frac{w_r}{k_1 - k_2 w_r + k_3 w_r^2} \tag{3.4}$$

相对黏度是表征溶液黏度与溶剂黏度之比的无单位数值。通过研究相对黏度，研究人员可以排除溶剂黏度这一重要变量（请参见后续内容），并获得对浓溶液行为更深入的了解。对 1985 年发表的文献中得到的有限数据作非线性回归分析，在较宽的浓度范围内基本都符合式(3.4)（Wicks 等，1985）。尽管有这么多常数，但与极低浓度的模型之间也存在一些系统偏差。常数 k_1 是质量特性黏度 $[\eta]_w$ 的倒数，形式上无单位，它是含 1g 树脂的溶液的克数。通过除以浓度 $w_r = k_1$ 时溶液的密度，可以将质量特性黏度转换为更熟悉的体积特性黏度 $[\eta]$。其他两个常数 k_2 和 k_3 的物理意义未加说明。它们可能与进一步的溶剂-树脂相互作用和自由体积有关。

在较窄的浓度范围内，实验数据与简化方程式(3.5) 非常吻合。甚至更简化的公式(3.6) 也已被广泛用于计算黏度范围为 0.01～10Pa·s 的近似相对黏度。

$$\ln\eta_r = \frac{w_r}{k_1 - k_2 w_r} \tag{3.5}$$

$$\ln\eta_r = \frac{w_r}{k_1} = [\eta]_w w_r \tag{3.6}$$

聚合物树脂稀溶液的相对黏度随着溶剂的溶解性“更好”而增加。但是在浓溶液中，弱溶剂中的相对黏度通常高于在良溶剂中的相对黏度。在良溶剂中溶剂分子和树脂分子之间的相互作用比在弱溶剂中强。在极稀浓度的溶液中，这表明在良溶剂中分子链要比在弱溶剂中变得更为伸展，形成较大的流体力学体积。但是，在高浓度的溶液中，树脂分子的流动受到相邻树脂分子形成的流体动力学体积的限制。从理论上讲，当溶剂与树脂之间的相互作用强于树脂与树脂之间的相互作用时，分子可以容易地流过相邻分子的流体力学体积（假设自由体积足够大），并且相对黏度较低。但是，当树脂与树脂的相互作很强时，会形成瞬态聚合物的团聚，这时相对黏度会增加。在含有良溶剂的溶液中，流动通常是牛顿型的。在许多情况下，在弱溶剂中流动的高浓度的树脂“溶液”的行为有点像分散体系；它们是非牛顿型的，因为剪切力会破坏树脂聚集体或使之变形。

虽然已充分认识到树脂溶液在良溶剂和弱溶剂中的黏度有差异，但是在文献中很少有明确的报道，比较溶液在各种良溶剂中，哪些溶剂比其他溶剂来得“更好”。Erickson (1976) 研究了几种低分子量树脂在一系列溶剂中溶液的相对黏度。他得出结论，从一种极为良好的溶剂变为一种好的溶剂时，相对黏度会降低，经过一个最低值，然后在非常弱的溶剂中又迅速增加。式(3.4)～式(3.6) 将相对黏度与浓度、孤立的树脂分子以及它所缔合的溶剂分子的流体力学体积进行了关联。流体力学体积是决定黏度的一个因素，不仅适用于稀溶液，也适用于高浓度溶液。从极为良好的溶剂变为弱溶剂时，这些方程预测的黏度和相对黏度的可靠性降低；这一预测符合 Erickson 的假设。但因为 Erickson 实验的误差范围还不够小，不足以证明他的结论是不容置疑的。

溶剂对树脂分子之间的氢键作用影响非常大（Schoff，1999）。图 3.12 显示了丙烯酸酯环氧化亚麻籽油在三种溶剂中的黏度，选择这三种溶剂是因为它们的黏度相似，但氢键特性却差异很大（Hill 和 Wicks，1982）。树脂分子本身具有多个羟基，值得注意的是二甲苯的溶液黏度最高，二甲苯是不良的氢键受体，因此有利于树脂分子之间的氢键作用。甲乙酮

（MEK）是良好的氢键受体，可以减少分子间的氢键作用，比二甲苯能更有效地降低黏度。尽管甲醇是比 MEK 强得多的氢键溶剂，但在降低黏度方面只是略占优势。由于甲醇既是氢键供体又是受体，因此甲醇可能会作为氢键供体与一个树脂分子架桥，也可能作为氢键受体与其他树脂分子架桥。这种架桥作用会抵消降低黏度的效果。

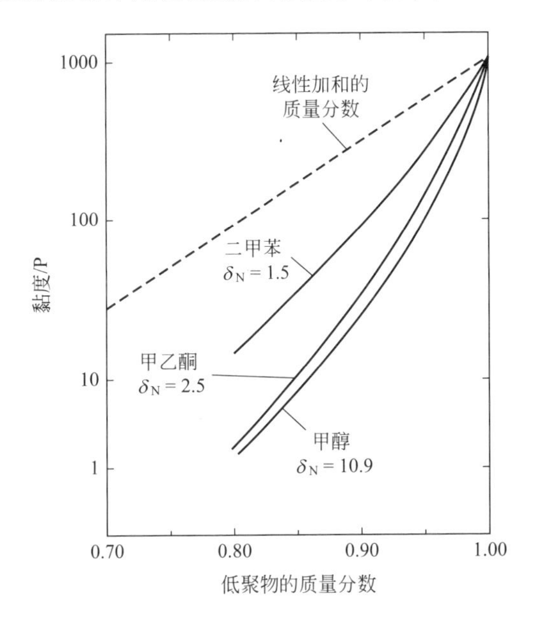

图 3.12　如果黏度的降低是对数线性加权相加关系，含羟基官能团 UV 固化低聚物用二甲苯、MEK 和甲醇降低的黏度和预测的黏度对比

来源：Hilland Wicks（1982），经 Elsevier 允许转载

在不良的氢键溶剂中，含有羧酸基团分子间的氢键作用特别强（Sherwin 等，1981）。简单的羧酸（如乙酸）在不良的氢键受体溶剂（如苯）中以二聚体形式存在，而二聚体在良好的氢键受体溶剂（如丙酮）中会离解。在一项由一元羧酸取代丙烯酸低聚物的研究中，证明了在树脂溶液中出现的类似作用（Wicks 和 Fitzgerald，1985）。

在文献报道的少量案例中，相对黏度的对数随着以较高浓度溶解在良溶剂中的树脂分子量的平方根而增加（Wicks 等，1985；Mewis 和 Vernant，2000）。

特定树脂的 θ 溶剂（或溶剂混合物），是溶剂-溶剂、树脂-树脂和溶剂-树脂之间相互作用的自由能相等的溶剂。在 θ 溶剂溶液中，相对黏度仅与树脂的质量分数和分子量的平方根相关，如式(3.7) 所示。

$$\ln\eta_r = Kw_r M^{1/2} \quad 或 \quad \ln\eta = \ln\eta_s + Kw_r M^{1/2} \tag{3.7}$$

对于分子量分布较窄、黏度为 0.01～10Pa・s 之间的树脂溶解在良溶剂中的溶液而言，这种关系似乎是正确的，但是需要进一步研究。

据推测，低聚物的特性黏度呈现 θ 条件响应，也就是说遵循式(3.7)。

从式(3.7) 可以得出一个重要结论，即溶剂的黏度是影响树脂溶液黏度的主要因素。乍一看，似乎溶剂黏度的差异微小，对树脂溶液的高黏度产生的影响应该是微不足道的。但是，也有一些例子，几种溶剂的黏度相差不到 0.2mPa・s，然而，50%（质量分数）浓度的树脂在这几种溶剂中的溶液黏度相差高达 2Pa・s，相当于黏度相差达千倍之多。

溶剂对黏度的另一种影响是溶剂的 T_g。树脂溶液的 T_g 取决于浓度及树脂和溶剂两者的

T_g。在聚合物中添加增塑剂时已认识到这一效应，但在涂料的浓度和黏度范围内的树脂溶液中尚未广泛研究。在一项研究中，发现数据符合式(3.8)，式中 T_{gs}是溶剂的 T_g，T_{gr}是无溶剂树脂的 T_g（Wicks 等，1985）。在这项研究中，式(3.8) 适用于从纯溶剂到纯树脂的整个浓度范围内的数据。式(3.8) 用于其他体系时，要进行试验。

$$\frac{1}{T_g}=\frac{w_s}{T_{gs}}+\frac{w_r}{T_{gr}}+kw_r w_s \tag{3.8}$$

由于树脂的分子量和每个分子中极性基团的数量会进一步影响溶剂-树脂之间的相互作用，因此关系更加复杂。例如，可参考一下表 3.1 中有关两种苯乙烯/烯丙醇（SAA）共聚物在 MEK 和甲苯中的溶液黏度的数据（Hill 和 Wicks，1982）。SAA-Ⅰ比 SAA-Ⅱ具有更高的分子量，但官能团含量较低。数据对比表明，极性基团的数量是决定在甲苯中黏度的主要因素，在较强的氢键溶剂 MEK 中，两种树脂的黏度都大幅降低，而分子量在高浓度下有显著影响。溶剂对高固体分丙烯酸树脂溶液黏度影响的示例见表 18.5。

表 3.1 分子量和官能团含量对黏度的影响

特性		SAA-Ⅰ	SAA-Ⅱ
$\overline{M}_n$		1600	1150
$\overline{M}_w/\overline{M}_n$		1.5	1.5
OH 含量(质量分数)/%		5.7	7.7
黏度/mPa·s	在甲乙酮中,80%溶液	10000	6500
	在甲乙酮中,70%溶液	300	230
	在甲乙酮中,60%溶液	80	65
	在甲乙酮中,50%溶液	34	30
	在甲苯中,50%溶液	760	3840

从表 3.1 中的数据可以预期，氢键树脂在混合溶剂中的黏度将取决于混合物的氢键能力，方式更为复杂（Rocklin 和 Edwards，1976；Erickson 和 Garner，1977）。

通过在涂料中添加溶剂将黏度降低至喷涂黏度时，一直希望有一个综合考虑温度和浓度对黏度影响的方程式。可以将温度和浓度范围有限的方程式(3.3) 和式(3.6) 组合成方程式(3.9)，给出这样的关系（Eiseman，1995）。在方程式(3.9) 中，将溶剂黏度的对数值并入常数 K 中。

$$\ln\eta=K+\frac{B}{T}+\frac{w_r}{k_1} \tag{3.9}$$

成膜过程中涂层内的流动对最终涂膜的外观和均一性有重大影响，但由于涉及许多变量，包括涂膜内的不均匀性，因此已被证明是一个很难研究的领域，不过正在取得进展。例如，Eley 和 Schwartz（2002）使用数学建模和数值模拟来创建与两种建筑涂料的行为相关的理论。

3.5 含有分散相的液体黏度

由于许多涂料含有分散的颜料和/或树脂颗粒，因此考虑分散相对液体黏度的影响是很重要的。当只存在少量分散相时，这种影响很小（除非分散相发生絮凝）。但是，随着分散相体积的增加，这种影响会急剧增加。颗粒旋转需要更多的能量，并且颗粒的存在越来越多地干扰其他颗粒移动的能力。当体系中的颗粒变成密堆积时，黏度接近无穷大。

已有许多方程式来模拟分散相对黏度的影响，最早提出的是爱因斯坦。在这里，我们使用穆尼（Mooney，1951）提出的方法。式(3.10）是穆尼方程一种十分有用的形式，穆尼方程可用于理解各种变量对黏度的影响因子。式中，η_e是连续相或外相的黏度，K_E是形状常数，V_i是内相的体积分数，ϕ 是堆积因子。方程式中两个主要的假设前提是：①粒子都是刚性的；②除了物理碰撞之外，粒子与粒子之间没有相互作用。

$$\ln\eta=\ln\eta_e+\frac{K_E V_i}{1-(V_i/\phi)} \tag{3.10}$$

堆积因子（ϕ）是指当颗粒无规密堆积，颗粒间所有空隙被外相填满时，内相可被外部介质容纳的最大体积分数。当 V_i 等于 ϕ 时，体系的黏度接近无穷大。图 3.13 显示了分散相体系中对数黏度和 V_i 之间的关系。

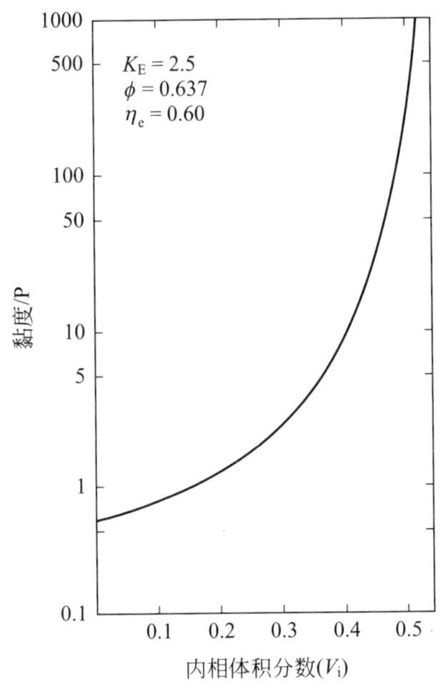

图 3.13　无相互作用的球形颗粒体积分数增大对分散体黏度的影响

来源：Hill 和 Wicks（1982），经 Elsevier 允许转载

球形颗粒的形状常数 K_E为 2.5。涂料中的某些颗粒接近于球形，但许多颜料的形状不规则。在球体直径均匀（即单分散系统）的情况下，ϕ 值为 0.637。该值就是堆积因子，是根据立方形和六边形密堆积球体的随机混合物计算出的，并已经过实验证实。单分散球的堆积因子与粒径大小无关，这令许多首次接触这一问题的人感到惊讶。篮球的堆积因子是 0.637；玻璃弹珠的堆积因子为 0.637。但是，玻璃弹珠可以装进密堆积篮球之间的空隙中，乳胶粒子可进入在密堆积的玻璃弹珠之间的空隙中。换句话说，堆积因子在很大程度上取决于粒径分布，粒径分布越宽，堆积因子越高。

非刚性颗粒分散体的黏度不遵循穆尼方程。当对这种分散体（例如乳液）施加剪切应力时，颗粒会变形。当颗粒变形时，形状常数变成较低的值，堆积因子值增大（Jones 等，1992）；两种变化都会导致黏度降低。通常，这种体系都是触变性的，这是合乎逻辑的，因为由于内相和外相黏度之间存在差异，所以颗粒的变形会随时间发生变化。因此，在给定的剪切速率下，黏度会随时间的变化而降低。Nielsen（1977）修改了穆尼方程来解释两相体系的黏度，而没有考虑时间依赖性。时间依赖性可以使用黏弹性变形分析（Boggs 等，1996；Schoff，1988）或使用可控应变流变仪通过大振幅振荡剪切（Armstrong 等，2016）来研究。

内相容易变形的流体包括乳液、水可稀释的丙烯酸和聚酯树脂、聚氨酯分散体、某些乳胶（颗粒的外层和吸附层均被水溶胀）、某些颜料分散体（吸附了相对较厚被溶剂溶胀的聚合物）。参见 Mewis 和 Vernant（2000）关于吸附层对颗粒流变学的影响的讨论。

尽管可能涉及其他因素，但许多所谓的触变剂都通过产生一个可变形的溶胀分散相起作用。例如，粒径非常小的 SiO_2 会吸附一层被溶剂溶胀的聚合物层，比颜料的吸附层厚，并且在剪切力作用下会变形。变形程度随着剪切应力以及剪切时间达到极限而增加。当剪切停止或减小时，聚合物层恢复到原来的平衡状态，黏度又会上升。轻度交联的聚合物可用作触变剂，颗粒被溶剂溶胀，形成可变形的分散相。剪切变烯行为取决于分散相的粒径、浓度和其内部的黏度。较小的颗粒要实现剪切变稀需要较高的剪切速率。剪切变稀随着浓度的降低和颗粒内部黏度的增加而减小。

分散体的黏度还受到颗粒-颗粒之间相互作用的影响。如果停止搅拌分散体时形成团聚颗粒，则分散体的黏度增加；如果施加剪切时这些颗粒团又被分离，则黏度下降。这种剪切变稀体系的例子是絮凝的颜料分散体和絮凝的乳胶。另一个例子是在含有处理过的黏土分散体的涂料中，水引起的所谓的胶凝——真正的絮凝（Jones 等，1992）。当形成颗粒团聚时，连续相被困在团聚体中，从而在低剪切速率下产生高 V_i。在高剪切速率下，团聚体被打开，V_i 值降低，一直降低到分散体中不再含连续相的单个粒子。随着 V_i 值的上升，黏度增加，反之亦然。

人们还可以从另一个角度来考虑分散：原级粒子的 V_i 保持恒定，并且聚集效应可以通过 K_E 和 ϕ 的变化来加以解释［见方程式(3.10)］。一个例子如图 3.14 所示（Hill 和 Wicks，1982）。纵轴是分散体的黏度与外相的黏度之比（η/η_e）。分散体的黏度随着聚集体中颗粒数量 n 的增加而迅速上升。

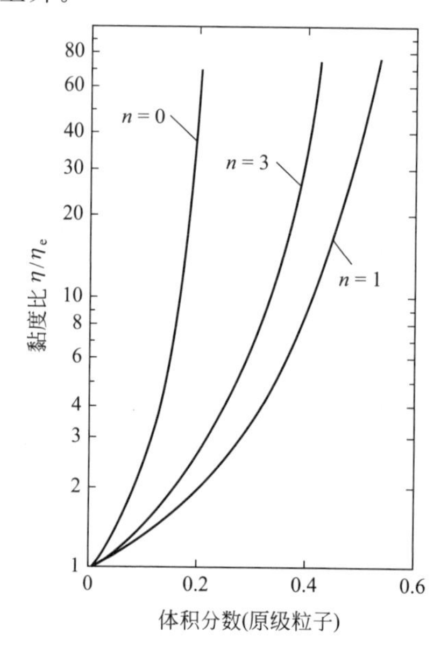

图 3.14　颗粒团聚的形成对黏度的影响

来源：Hill 和 Wicks（1982），经 Elsevier 允许转载

含有分散相的聚合物溶液是一个复杂的物理体系，其流动性仍在继续研究中。在本节讨论中，我们使用了穆尼方程。但是其他的一些处理方法，诸如 Krieger 和 Dougherty（1959）以及 Russel 和 Sperry（1994）的研究方法也是有用的。Goodwin 和 Hughes（1997）详细分析了颗粒之间的相互作用对分散体流变学的影响。

乳胶漆需要使用增稠剂来控制流变行为。涂料的黏度随剪切速率会发生变化，这会影响涂刷的容易程度、漆膜厚度、流平性、流挂性和沉降性。通常，采用水溶性增稠剂和缔合性增稠剂的组合来平衡这些性能。以下讨论在某种程度上适用于所有的基料分散或乳化在水中的涂料，例如聚氨酯分散体。

历史上，水溶性聚合物羟乙基纤维素（HEC）作为唯一的增稠剂被广泛使用，在控制流挂和沉降方面非常有效。此外，HEC 通过提高水相的黏度，减少了水渗透到多孔基质（如木材）中的程度；这种渗透可能会造成施工后黏度的迅速上升，从而降低流平性。但是，HEC 也带来了一些问题。高分子量 HEC 是一种有效的增稠剂，但会导致拉伸黏度的增加（见 3.6.3 节），因此会导致在辊涂涂料时出现严重的飞溅。因此，它被大量效率较低的中低分子量 HEC 所取代。虽然减少了飞溅，但是增加了成本，并且过度的剪切变稀，很难实现厚涂层的施工。同样，HEC 增稠涂料的黏度在剪切后会很快恢复，这会影响流平效果。在数十年前的乳胶漆膜上就能见到很明显的高低不平。

缔合增稠剂在减少这些问题方面取得了进展。这种增稠剂是缔合聚合物的一个分支，缔合聚合物是在溶液中形成超分子结构的水溶性聚合物（Winnik 和 Yekta，1997）。这样的聚合物具有许多终端用途，所以被广泛研究（Lara-Ceniceros 等，2014）。在涂料中常用的缔合增稠剂通常是水溶性聚合物，带有两个或更多个长链非极性烃基，沿主链分隔分布或位于聚合物链的末端。典型的例子有疏水改性的乙氧基化聚氨酯（HEUR）、苯乙烯马来酸酐三元共聚物（SMAT）、疏水改性的碱溶胀乳液（HASE）和疏水改性的乙氧基化氨基（HEAT）聚合物。HASE 增稠剂的一个例子是 MAA、EA 和改性 TMI 的共聚物，其中一个 NCO 基团与乙氧基化的硬脂醇预先反应（Wu 等，2002）。

HEUR 增稠剂似乎是涂料中研究最广泛的一种。典型的 HEUR 增稠剂在合成时，先将聚环氧乙烷二元醇（M_w 8000～10000）与过量的二异氰酸酯反应，然后，异氰酸酯的末端用疏水性基团封闭，如 C_{12} 烷基或壬基酚（van Dyk 等，2014；Nan 等，2015）。在由乳胶和这种 HEUR 组成的简化模型体系中，van Dyk 证实了增稠的主要模式是当疏水基团可逆地吸附在乳胶颗粒表面上时形成瞬态网络，从而造成桥连絮凝，该絮凝易于被剪切力破坏。在实际涂料中使用时增稠剂的浓度较低，所以增稠剂分子自身的缔合是很少的。在含大量颜料的涂料中，情况要复杂得多，详见后文所述。

使用缔合增稠剂可配制出剪切变稀较弱的乳胶漆，从而在较高剪切速率下的黏度可以更高。因此，通常施工可以达到较厚的湿膜（Fernando 等，1986）。湿膜的厚度大有助于流平，因为流平的速度取决于湿膜的厚度，如 24.2 节所述。和 HEC 一起使用，还可以将较低的剪切黏度保持在适当的水平，以控制流挂和沉降。为了在较宽的剪切速率范围内达到所需的黏度，与 HEC 的组合使用可以提高中等剪切黏度。含有缔合性增稠剂的良好配方不仅流平比 HEC 增稠剂配方好，而且光泽度也更高（Hall 等，1986）。32.1 节中介绍了将 HEC 与缔合性增稠剂组合使用的配方。

对乳胶漆总配方体系增稠的机理可能非常复杂，可能包括与颜料颗粒以及乳胶颗粒的缔合。Reynolds（1992）综述了缔合增稠剂增稠的可能机理，以及它们在配制乳胶漆时所涉及的因素。他强调说，与常规的水溶性增稠剂相比，使用缔合增稠剂设计配方时需要更加谨慎和熟练的技能。最终的效果可能取决于特定的乳胶和增稠剂的组合，以及配方中表面活性剂的含量和类型（Chen 等，1997）。Santo 等（2016）对增稠机理进行了最新的研究。在用缔合增稠剂增稠的涂料中，当选择用于调色色浆的表面活性剂时，相容性特别重要，以避免调色后黏度的下降。

缔合增稠剂在聚氨酯分散体配方中也很有效（Nan 等，2015），在其他涂料配方中也可能有效，包括树脂在水中的分散体或乳液。

在乳液涂料和乳胶涂料中，缔合增稠剂会与颜料和乳胶相互作用，可能会将一些表面活性剂置换出来。它们与其他涂料添加剂也会发生相互作用，这可能会给在油漆零售店中调色的涂料带来愈加复杂的问题。从专利文献中可看到正在进行的旨在改善缔合增稠剂技术的广泛研究。供应商定期推出新的缔合增稠剂，声称进行了各种改进。

3.6 其他流动形式

尽管受到剪切应力而产生的流动是涂料在制造和施工时最常遇见的流动类型，但有时还会涉及其他形式的流动。

3.6.1 湍流

湍流发生在很高的剪切速率下，或不规则形状的容器中和管道内。低剪切速率时形成的流动是层流，如图 3.1 所示。但是，随着剪切速率的增加达到临界点时，流动突然变得十分混乱无章。层流受到破坏，出现涡流和旋涡，流动变成湍流。即使是牛顿型流体，当剪切速率高于此临界点时，黏度增加的比例也大于剪切速率上升的比例。

3.6.2 法向力流动

当使用旋转搅拌器搅拌牛顿型流体时，由于离心力的作用，在靠近搅拌器轴中心附近的液位变低，而在容器壁处变高。其示意图见图 3.15(a)。

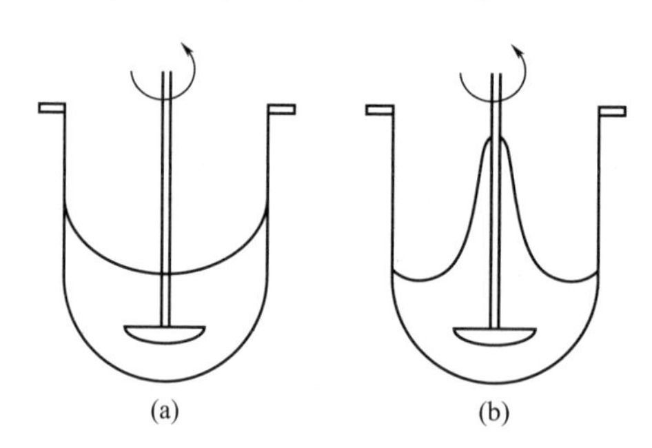

图 3.15 搅拌过程中液体的流动

(a) 常规流动方向；(b) 法向力流动方向

但是，有些液体会爬到搅拌器的轴上，而不是容器的侧壁，如图 3.15(b) 所示。这种流动是与作用力平面成法向（垂直）的流动。这种法向力的流动行为是黏弹性材料和开始胶凝的体系的典型特征。在树脂合成的初期，其流动模式如图 3.15(a) 所示。但是，如果过早发生交联导致出现凝胶，则流动模式可能会突然改变为图 3.15(b) 所示。一旦发生这种情况，应停止加热，并且应在凝胶变得难以处理之前尽可能快并安全地将反应混合物进行放料。

在某些具有黏弹性流动涂料的使用和施工中，可观察到法向力流动的影响。在外应力的作用下，这些涂料的流动既具有弹性成分，又具有黏性成分（Aidum 和 Trianafillopoulos，2012）。可以合理地推测，弹性的程度太高可能会对喷涂中的雾化、辊涂中漆膜的缩线，以及流平产生负面影响。要研究法向力流动需要专门、昂贵的仪器，例如振荡平板流变仪。直到最近才出现具有良好测量能力的仪器。

3.6.3 拉伸流动

在某些涂料施工方式中遇到的另一种流动形式是拉伸流动，也称为伸长流动。当流体变形是由于伸展而产生时，就会发生拉伸流动。可以通过拉伸橡皮筋将其形象化。拉伸的类型有很多种。例如，在旋涂施工中，拉伸是二维的。在大多数其他的施工过程中，更重要的拉伸流动是单轴的，即一个方向的拉伸。在单轴流动中，黏度应正确地称为单轴拉伸黏度。我们把它简称为“拉伸黏度”，但应记住，存在几种类型的拉伸黏度。

拉伸黏度是液体抵抗拉伸力的度量。拉伸流动和剪切流动之间的差异首先是在纤维拉伸中观察到的。当纤维材料通过喷丝头时，流动模式为剪切流动。但是，当纤维丝在离开喷丝头后被拉伸时，这时没有进一步的剪切作用；但是，纤维丝被拉长了。这种流动是拉伸流动，而流动受到的阻力是拉伸黏度。拉伸黏度使用的符号是 η_e。对于牛顿型流体，$\eta_e/\eta=3$。

在进行正向辊涂施工时会遇到拉伸流动（23.4 节）。将要涂覆的材料通过两个辊筒之间的辊隙，其中一个辊筒上带有一层涂料。在进入辊隙之前，涂料受到环境的压力，当涂料通过辊隙时，压力升高，离开辊隙后，压力开始下降，并可能下降到环境压力以下。压力下降会导致溶剂挥发和/或释放涂层内溶解的空气，从而导致气穴现象。气穴导致涂料产生气泡线，这种涂层上的气泡线在离开辊隙区域时受到拉伸变形而被拉长。如果拉伸黏度相对较低，则薄膜会迅速裂开，留下带气泡线的涂膜。然而在较高的拉伸黏度下，则会形成拉丝，一些较长的拉丝会断裂成两段，形成液滴，这些液滴被抛到空气中。此过程称为工业涂料中的起雾或建筑涂料中的飞溅。图 3.16 显示了在拉伸黏度高得不切实际时涂料辊涂时产生拉丝的极端情况（Glass，1978）。Soules 等（1988）讨论了辊涂中各变量与拉伸黏度效应之间的关系。

图 3.16　一种高拉伸流动涂料在辊涂中产生拉丝的状态

来源：Goodwin 和 Hughes（1997），经 American Chemical Society 允许转载

很大一部分乳胶亚光墙面涂料是采用漆辊施工的。在辊涂过程中，乳胶涂料会产生飞溅，具有高拉伸黏度的涂料可能会出现严重的飞溅（Massouda，1985）。当采用主链非常柔软的高分子量水溶性聚合物（例如高分子量 HEC）作乳胶漆的增稠剂时，拉伸黏度会增加

(Glass，1978)。随着涂料产生的气泡线被拉伸，可溶性增稠剂分子沿拉伸方向排列，导致对拉伸的抵抗力增加。通过使用在聚合物主链中具有刚性链段的低分子量水溶性增稠剂（例如低分子量 HEC)，可以极大地减少飞溅。如 3.5.1 节所述，在当今技术中，通常是将 HEC 与缔合型增稠剂组合使用来解决飞溅问题。

拉伸流动在喷涂施工中也可能是个关键因素。例如，如果喷涂分子量大于 100000 的热塑性丙烯酸树脂溶液，则溶液会以纤维丝状而不是液滴的形式从喷枪孔中喷出。随着纤维丝状物被拉伸，流动的方式也是拉伸流动。这种现象称为拉丝。虽然拉丝不是汽车漆施工时所希望的状态，但它可以为在圣诞树上装饰或制作棉花糖时提供理想的效果。Soules 等(1991) 讨论了喷涂中其他可能出现的拉伸黏度现象。拉伸黏度高的乳胶漆采用无气喷涂施工时会产生大颗粒的液滴，导致漆膜外观较差（Fernando 等，2000)。这篇轮文还综述了涂料中拉伸黏度效应的各个方面。

测量液体的拉伸（伸长）黏度一直很困难，更为实用的测量装置正在开发中。市场上也有拉伸测试仪出售。麻省理工学院的 McKinley 实验室在该领域发表了大量文章。例如，Sharmar 等（2015）用三种类型的仪器比较了拉伸黏度的测量：毛细管断裂流变仪、强制射流拉伸流变仪和十字槽拉伸流变仪。他们都表明，疏水改性的纤维素衍生物（一类缔合增稠剂）在需要喷射（喷墨打印机）或喷涂的施工中表现良好。

筛网黏度计是一种简单的设备，它使溶液流经一叠筛网（Prud'homme 等，2005)。ASTM 开发了一种测试农药分散体的伸展喷雾特性的方法（E 2108-04)，该方法采用了筛网黏度计。这种设备可能适合用来研究涂料。

（沈　岚　译）

综合参考文献

Eley, R. R., Rheology and Viscometry in Koleske, J., Ed., *Paint Testing Manual: Gardner-Sward Handbook*, 14th ed., ASTM, Philadelphia, 1995, pp 333-368.

Mezger, T. G., *The Rheology Handbook*, Vincentz, Hanover, 2014.

Patton, T. C., *Paint Flow and Pigment Dispersion*, 2nd ed., Wiley-Inter science, New York, 1979.

Reynolds, P. A., The Rheology of Coatings in Marrion, A., Ed., *The Chemistry and Physics of Coatings*, Royal Society of Chemistry, London, 1994.

Schoff, C. K., *Rheology*, Federation of Societies for Coatings Technology, Blue Bell, PA, 1991.

Schweizer, P. M.; Kistler, S. F., Eds., *Liquid Film Coating Scientific Principles and their Technological Implications*, Springer, Dordrecht, 2012.

Tadros, T. F., *Rheology of Dispersions, Principles and Applications*, Wiley-VCH, Weinheim, 2010.

参考文献

Aidun, C. K.; Trianafillopoulos, N., High-Speed Blade Coating in Schweizer, P. M.; Kistler, S. F., Eds., *Liquid Film Coating: Scientific Principles and their Technological Implications*, Springer, Dordrecht, 2012, pp 661-666.

Allcock, H. P.; Lampe, F. W., *Contemporary Polymer Chemistry*, 2nd ed., Prentice Hall, Englewood Cliffs, 1990.

Anwari, F., et al., *J. Coat. Technol.*, 1989, 61(774), 41.

Armstrong, M. J., et al., *J. Rheol.*, 2016, 60(3), 433-450.

Boggs, L. J., et al., *J. Coat Technol.*, 1996, 68(855), 63.

Chen, M., et al., *J. Coat. Technol.*, 1997, 69(867), 73.

Eiseman, M. J., *J. Coat. Technol.*, 1995, 67(840), 47.

Eley, R. R.; Schwartz, L. W., *J. Coat. Technol.*, 2002, 74(932), 43.

Erickson J. R., *J. Coat. Technol.*, 1976 48(620), 58.

Erickson, J. R.; Garner, A. W., *ACS Org. Coat. Plast. Chem. Prepr.*, 1977, 37(1), 447.

Fernando, R. H., et al., *J. Oil Colour Chem., Assoc.*, 1986, 69, 263.

Fernando, R. H., et al., *Prog. Org. Coat.*, 2000, 40, 35.

Glass, J. E., *J. Coat. Technol.*, 1978, 50(641), 56.

Goodwin, J. W.; Hughes, R. W., Particle Interactions and Dispersion Rheology in Glass, J. E., Ed., *Technology for Waterborne Coatings*, ACS Symposium Series 663, American Chemical Society, Washington, DC, 1997, pp 94-125.

Hall, J. E., et al., *J. Coat. Technol.*, 1986, 58(738), 65.

Hare, C. H., *J. Protective Coat. Linings*, 2001, April, 79.

Haseebuddin, S., et al., *Prog. Org. Coat.*, 1997, 30, 25.

Hester, R. D.; Squire, Jr., D. R., *J. Coat. Technol.*, 1997, 69(864), 109.

Hill, L. W.; Wicks, Jr., Z. W., *Prog. Org. Coat.*, 1982, 10, 55.

Jones, F. N., *J. Coat. Technol.*, 1996, 68(852), 25.

Jones, D. A. R., et al., *J. Colloid Interface Sci.*, 1992, 150(1), 84.

Krieger, I. M.; Dougherty, T. J., *Trans. Soc. Rheol.*, 1959, III, 137.

Kruithof, K. J. H.; van den Haak, H. J. W., *J. Coat. Technol.*, 1990, 62(790), 47.

Lara-Ceniceros, T. E., et al., *J. Polym. Res.*, 2014, 21, 511.

Massouda, D. B., *J. Coat. Technol.*, 1985, 57(722), 27.

Mewis, J.; Vermant, J., *Prog. Org. Coat.*, 2000, 40, 111.

Mezger, T. G., *The Rheology Handbook*, Vincentz, Hanover, 2014.

Mooney, M., *J. Colloid Sci.*, 1951, 6, 162.

Nan, G.; Zhuo, Z.; Quingzhi, D., *J. Nanomater.*, 2015, doi: 10. 1155/2015/137646.

Nielsen, L. E., *Polymer Rheology*, Marcel Dekker, New York, 1977, pp 56-61.

Patton, T. C., *Paint Flow and Pigment Dispersion*, 2nd ed., Wiley-Interscience, New York, 1979.

Prud'homme, R. K., et al., *Polym. Mater. Sci. Eng.*, 2005, 92, 241.

Reynolds, P. A., *Prog. Org. Coat.*, 1992, 20, 393.

Rocklin, A. L.; Edwards, G. D., *J. Coat. Technol.*, 1976, 48(620), 68.

Russel, W. B.; Sperry, P. R., *Prog. Org. Coat.*, 1994, 23, 305.

Santos, F. A., et al., *Proceedings of the American Coatings Conference*, Indianapolis, IN, April, , 2016, paper 9. 2.

Schoff, C. K., Rheological Measurements in Mark, H. F.; Bikales, N. M.; Overberger, C. G.; Menges, G.; Kroschwitz, J. I. Eds., *Encyclopedia of Polymer Science and Engineering*, 2nd ed., John Wiley & Sons, Inc., New York, 1988, Vol. 14, pp 454-540.

Schoff, C. K., *Rheology*, Federation of Societies for Coatings Technology, Blue Bell, PA, 1991.

Schoff, C. K., Concentration Dependence of the Viscosity of Dilute Polymer Solutions in Branderup, J., et al., Eds., *Polymer Handbook*, 4th ed., John Wiley & Sons, Inc., New York, 1999, VII/265.

Sharma, V., et al., *Soft Matter*, 2015, 11, 16, 3251-3270. Available as an MIT open access article.

Sherwin, M. A., et al., *J. Coat. Technol.*, 1981, 53(683), 35.

Soules, D. A., et al., *J. Rheol.*, 1988, 32, 181.

Soules, D. A., et al. Dynamic Uniaxial Extensional Viscosity in Glass, J. E., Ed., *Polymers as Rheology Modifiers*, American Chemical Society, Washington, DC, 1991, pp 322-332.

Toussaint, A.; Szigetvari, I., *J. Coat. Technol.*, 1987, 59(750), 49.

van Dyk, A., et al., *Proceedings of the American Coatings Conference*, Atlanta, GA, April 7-9, 2014, paper 5. 3.

Wicks, Jr. Z. W.; Fitzgerald, G., *J. Coat. Technol.*, 1985, 57(730), 45.

Wicks, Jr., Z. W., et al., *J. Coat. Technol.*, 1985, 57(725), 51.

Winnik, M. A., Yekta, A., *Curr. Opin. Colloid Interface Sci.*, 1997, 2, 424-436.

Wright, A. J., *Eur. Coat. J.*, 1996, 32, 696.

Wu, W., et al., *Proceedings of the Waterborne High-Solids Powder Coating Symposium*, New Orleans, LA, 2002, pp 343-355.

第4章 机械性能

4.1 简介

尽管一些结构材料，如高强度钢材或纤维增强聚合物，它们的机械性能对于其使用价值起着至关重要的作用，附着其上的表面涂层的机械性能看起来似乎并不那么重要。然而，涂层在整个使用过程中会面临各种机械应力的综合破坏。为了达到所预期的功能，涂层必须能经受得住这些应力的破坏。汽车的外部涂层应该能经得起飞行的碎石撞击而漆膜不开裂。啤酒罐外面的涂层必须具有一定的耐磨性，以便抵抗在用火车运输过程中啤酒罐相互之间的摩擦。户外木制品的涂层，当冬天温度变化或因木材含水率变化而导致木材膨胀或收缩时，涂层也需保持不开裂。铝护板的涂层必须具备一定的柔韧性，才能抵抗在后加工过程中的影响，同时能抵抗在房子安装过程中的刮擦。除此之外，许多涂层还必须具备耐气候老化（第5章）、保持附着力（第6章）及保护基材防止其发生腐蚀（第7章）的能力。

4.2 基本的机械性能

在研究涂层的机械特性前，必须先确定大多数材料都通用的一些基本的机械特性。从最基本的层面来看，机械性能的关键是了解施加在材料上的外力与材料因此外力作用而发生的尺寸改变之间的关系。例如：当一个人拉一条橡皮筋，橡皮筋会变长，橡皮筋长度的改变与施加的力成比例（在一个合理的长度范围内）。虽然力和长度的改变很容易理解，但为了使这些参数具有使用价值，它们必须是以发生形变物体的初始尺寸为基准。

材料可发生不同模式的形变，拉伸形变是最直观的。前面提到的拉一条橡皮筋就是拉伸形变的一个例子。在这个模式中，施加到材料上的力使材料变长，而伸长发生在施加力的同一轴线方向。通常，施加的力垂直于材料的端面（图4.1）。当施加的作用力能使材料在力的方向上发生收缩时，就产生了压缩形变。

施加在材料上的力 F 通常可以转换为拉伸应力 σ，即把力除以对应的截面积 A：

$$\sigma=\frac{F}{A} \tag{4.1}$$

在国际单位制（SI）中，力的单位是牛顿（N），面积的单位是 m^2，因此拉伸应力的单位是 N/m^2，也被称为帕斯卡（Pa）。材料因应力而产生的尺寸变化被称为应变 ε。应变 ε 的定义为：

$$\varepsilon=\frac{\Delta L}{L_0} \tag{4.2}$$

式中，L_0 是材料的初始长度；ΔL 是施加拉伸应力后材料发生的长度改变。

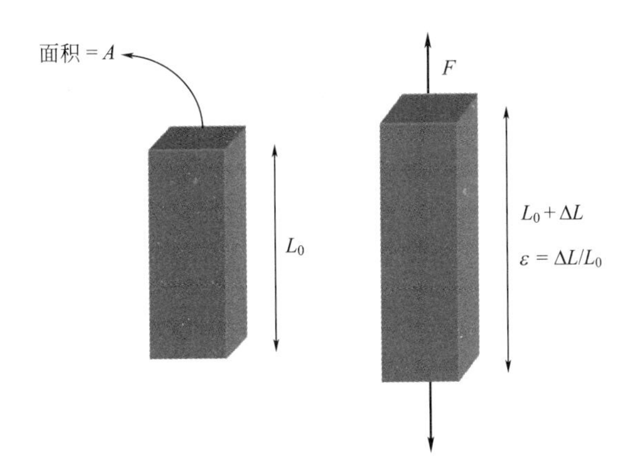

图 4.1　施加在横截面积为 A 的材料上的拉力 F，引起的延伸及由此得到的应变 ε

应变是无量纲量。当拉伸应力和拉伸应变很小时，它们之间存在一个简单的比例关系：

$$\sigma=E\varepsilon \tag{4.3}$$

这个等式即著名的胡克定律，比例常数 E 为杨氏模量，有时也称拉伸模量，或者简称为模量，用来表示材料的刚性。模量的单位同应力一样，也是 Pa。不同工程材料的模量见表 4.1。模量是材料的一种固有特性，它取决于材料的组成及加工工艺。

表 4.1　不同工程材料的模量

材料	模量/GPa
橡胶	0.001～0.1
高密度聚乙烯	0.8
环氧树脂	3.0
镁	45
铝	70
钢铁	205
碳纤维	200～700

拉伸形变很直观，另一种机械形变——剪切形变，也是很常见的。当在与材料表面平行的方向上施加一个力 T 时，就会发生剪切形变（图 4.2）。

剪切应力 τ，定义为剪切力除以其施加的整个面积。剪切应变 γ 为材料形变的角度。在拉伸形变中，剪切应力和剪切应变成正比，其比值称为剪切模量 G，即：

$$\tau=G\gamma \tag{4.4}$$

剪切模量是衡量材料抵抗剪切形变的一种能力。G 和 E 并不是独立的两个量，它们的相互关系如式(4.5) 所示：

$$E=2G(1+\nu) \tag{4.5}$$

这里，ν 是泊松比。当一种材料在一个方向伸展时（如拉伸形变过程中），它会明显在另一个方向收缩。对于橡皮筋的拉伸，其厚度会随长度的增加而减小。橡皮筋变薄与变长的比例定义为泊松比，可以写成以下数学公式：

$$N=\frac{\varepsilon_x}{\varepsilon_y} \tag{4.6}$$

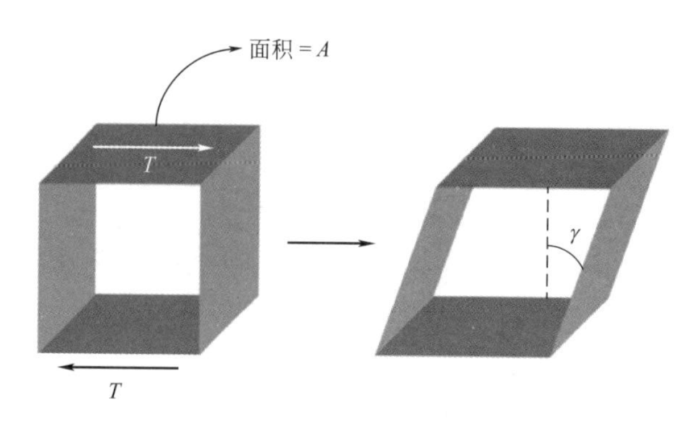

图 4.2 材料的剪切形变

平行表面的力 T 引起了材料形状改变，剪切形变可通过角度的改变 γ 来量化

这里的 ε_x 和 ε_y 分别表示平行与垂直拉伸应力施加方向上的应变（图 4.3）。注意此处要用到负数，因为材料是朝与应力施加方向垂直的方向收缩。为了评估一种材料的机械性能，最简单的试验是当材料被拉伸时，记录因负载而导致其尺寸产生的变化。这种方法最简单的形式就是拉伸试验，其测试结果可以绘制出典型的应力-应变曲线。图 4.4 展示了一种典型材料的应力-应变曲线。曲线中有许多特性非常重要，如曲线的初始斜率即为材料的模量 E，应变较小时，该曲线的初始部分近似一条直线。这样模量就可以清楚地计算出来。曲线的终点是材料发生断裂的地方。尽管材料最后断裂的方式各异，但所有材料均存在一个确定的断裂强度。把断裂时的应力定义为拉伸强度，它也经常被称为材料的极限强度（σ_u）或极限应力，或者被称为断裂强度。断裂时的应变被称为极限应变或断裂应变，如果把它说成是断裂伸长率就有点不准确。

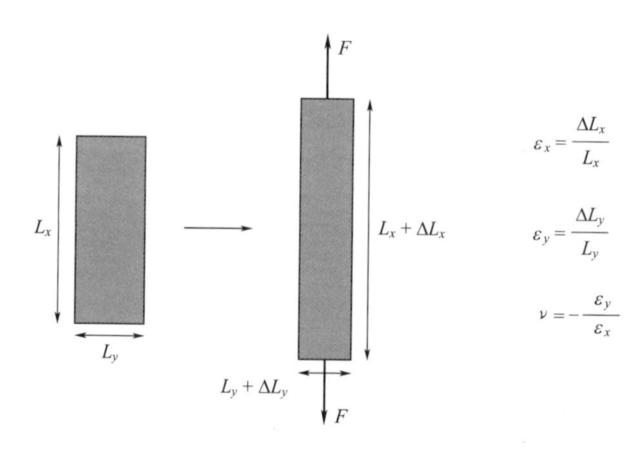

图 4.3 材料两个维度的泊松效应，当材料在一个方向伸展时，会在另一个方向发生收缩

应力-应变曲线因材料的组成、试验时的温度、形变速率的不同而呈现出不同的形状。在某些条件下，可以发现一些材料的曲线图的中间存在一个最大应力值。这个值通常被称作屈服强度（σ_y）或屈服应力，因它大致位于材料发生永久形变的起点，所以也称为塑性形变。

如果施加在材料上的应力相对比较小，材料发生的形变可以恢复，撤除应力后材料可恢复到初始的尺寸。当这种现象发生时，我们说这种材料具有弹性。但是，如果对材料施加一个较大的应力，材料发生的形变可能是永久性的，这种形变则被称为塑性形变。若撤除应

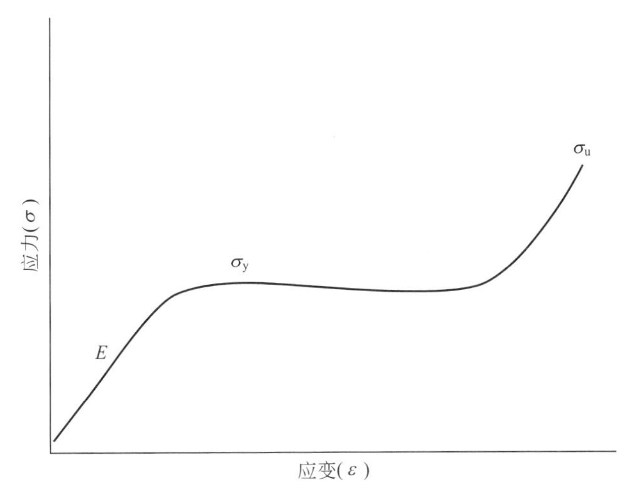

图 4.4　一种韧性聚合物典型的应力-应变曲线

初始斜率是模量 E，中间最大的应力即屈服应力 σ_y，最终断裂应力为 σ_u

力，材料恢复到它弹性形变时的原状，但因存在塑性形变，材料会保持永久性的形状改变。可以设想一个回形针，它可以很容易地实现弹性弯曲，但如果施加的力太大，回形针可能变为一个新的形状，它已经发生了塑性形变。这个过程可以借助图 4.5 形象地解释：图中展示了一种发生塑性形变的材料在施加应力和撤除应力时的应力-应变曲线。

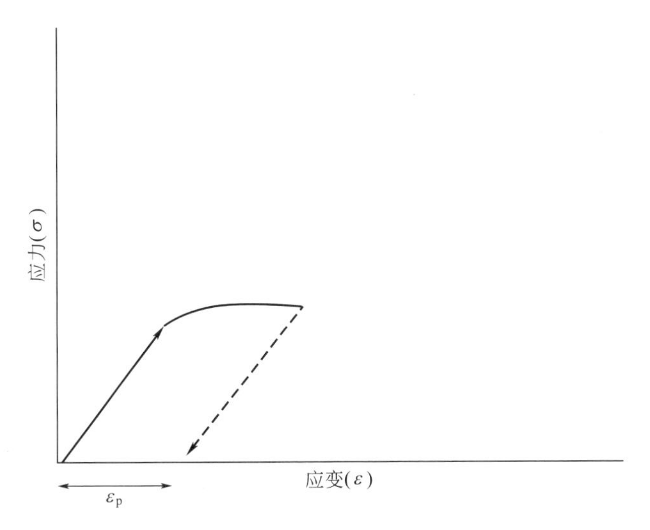

图 4.5　某聚合物施加应力和撤除应力时的应力-应变曲线

即先发生塑性形变然后应力撤除，塑性应变用 ε_p 来表示

这些基本概念——应力、应变、模量、拉伸、压缩和剪切，构成了对任何材料，包括涂层的机械性能进行讨论的基础。

4.2.1　玻璃化转变温度

2.2.1 节已介绍过 T_g，这里再将它与机械性能这一主题相关的几个方面进行一个回顾。所有材料的机械性能都受温度影响，高分子聚合物的玻璃化转变温度 T_g 对其机械性能有非常显著的影响。当温度高于 T_g 时，聚合物分子的热能足够高，可使聚合物主链上的一些链段能围绕主链自由旋转。

这种特征导致聚合物表现得更像一种黏性流体，而根本不像当温度在 T_g以下时表现的那种弹性固体。因此，当温度低于玻璃化转变温度时，诸如模量、强度这些机械性能，它们的数值要比在玻璃化转变温度以上时高。

T_g不同于熔融温度，它不是一个热力学一级转变温度，它是一种非常难以简单描述的复杂转变。如图 4.6 所示，在玻璃化转变温度点，聚合物的体积与温度关系的曲线经历了一个斜坡式的变化。T_g以上，曲线斜率更大；T_g以下则曲线斜率变小。这是因为聚合物的分子链段更容易四处运动。这种转变并不是像图 4.6 展示的那样突变，而是在几摄氏度的范围内逐步变化的。

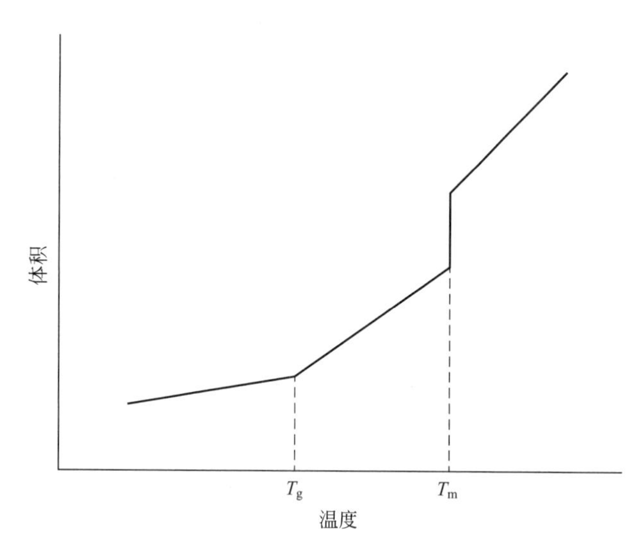

图 4.6　半晶质聚合物的体积随温度的变化关系

注意：体积在熔融温度点 T_m处发生了阶跃式变化；在玻璃化转变温度点 T_g处发生的则是斜坡式的变化

资料来源：Nichols 和 Hill (2010)。经 American Coatings Association 许可复制

另外，T_g与熔融温度不同，它与检测方法及测试时的升温速率有关。一个很好的经验法则是：升温速率或形变速率每增加 10 倍，聚合物的 T_g会增加 5～7℃ (Nichols 和 Hill，2010 年)。因此，当用差示扫描量热仪（DSC）测试丙烯酸的 T_g时，当样品温度按 1℃/min 的升温速率上升时，测得的 T_g为 30℃，但当升温速率变为 10℃/min 时，测得的 T_g大约为 35℃。这并非仪器的问题，而是说明 T_g与一个动态影响因素（升温速率）有关。我们可以想象，若升温速率很慢，或者升温时间很长，聚合物有效的玻璃化转变温度要比正常时间下观察到的低很多。当通过机械方式检测 T_g时也能看到同样的现象，这点很快将在后面讨论。注意一点：用 DSC 测量时，是通过热容量的逐步改变测出 T_g值，而不是像热力学一级转变的熔化或结晶过程那样由放热或吸热峰来得出。

通过测试得到的聚合物的机械性能和聚合物的 T_g值与测量温度之间的关系十分密切。在 T_g以下，聚合物呈现类似玻璃的状态，此时分子的运动受到阻碍，只有经过很长时间才能观察到聚合物的流动。在 T_g以上，聚合物的表现非常类似一种黏性流体，很容易发生分子的运动。因此，同一种聚合物，在 T_g以上的刚度比在 T_g以下的刚度至少要低 1～3 个数量级（几乎所有不含填料的玻璃态聚合物在 T_g以下的模量都大约为 3GPa）。

图 4.7 展示了一种热塑性聚合物的模量随温度的变化关系。因模量的变化非常大，这些图通常用其对数函数在纵坐标上表示。

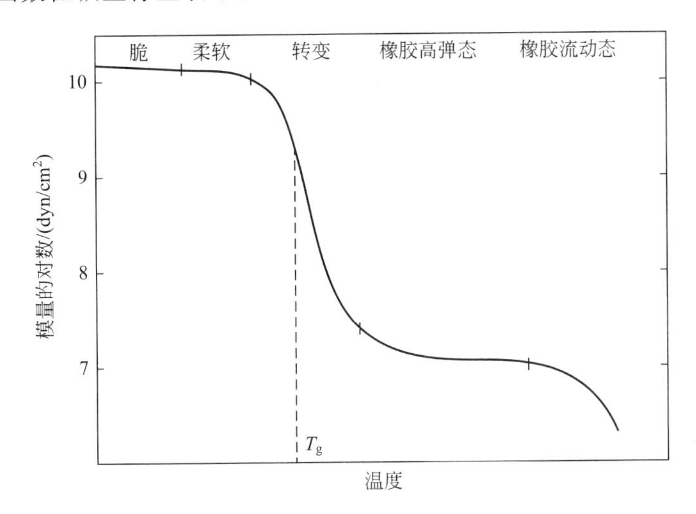

图 4.7　热塑性聚合物的模量随温度的变化关系（1dyn=10^{-5}N）

来源：Nichols 和 Hill（2010）。经 American Coatings Association 许可复制

4.2.2　黏弹性

前面 1.2 节讨论过，有机涂料中的树脂是一种典型的高分子量聚合物，在涂料中，它的周围还有各种颜料和其他添加剂。这种聚合物的长链导致其呈现很高的黏弹性，这种黏弹性意味着材料的机械性能既有类似固体的弹性特性，也有类似液体的黏性特性。事实上，聚合物或涂料的机械性能很大程度取决于它们的温度和形变速率。相反，金属和离子晶体则在它们被使用的整个温度范围内始终都展示出固有的弹性和塑性特性。

通过考察聚合物的蠕变和应力松弛行为，并与像金属一类的弹性材料进行比较，就很容易识别出黏弹性的影响。在蠕变试验中，施加一个机械载荷在材料上，载荷随时间变化始终保持不变。这很容易联想到：在某材料样品一端悬挂一个固定的重物，样品另一端被牢牢地夹在一个固定的物体上，图 4.8 同时展示了金属和聚合物的应力和应变过程与时间的关系。这两种材料在施加载荷后，应力立即上升，然后整个实验过程中都始终保持不变。对于金属，加载载荷之后应力也会立即上升，并在整个实验过程中也始终保持不变。对金属或离子晶体而言，这点也完全正确，除非在它们熔融温度的大约一半温度下进行试验。

然而，对聚合物或有机涂料而言，应力随时间的推移而不断增加，这是由聚合物长链的固有特性直接导致的。它不同于那些直接由原子构成的固体，当施加外力时，它们的原子会迅速作出反应。而聚合物的长分子链只能缓慢地改变自身形状，来响应施加的载荷。同时，只要施加载荷，聚合物的分子会持续运动直至达到一个新的平衡位置。

研究者提出过很多理论来描述聚合物在流动或在应力作用下产生重排的机理。目前，约束管理论似乎能最准确预测聚合物分子的运动。该理论提出长链分子以蠕动的方式运动，蠕动是指模仿蛇（爬行动物）爬行的一种动作（De Gennes，1979）。链分子沿一个假想的管道滑动，这个管道围绕着聚合物的分子链并同其轮廓一致。因为链的运动被大大地约束，且只允许在沿着管的轴向方向运动，所以大多数聚合物对施加的载荷响应缓慢。瞬间应变是分子内部运动的结果，而在蠕变试验中，分子间运动和分子链自身的解缠绕运动都较慢，这会

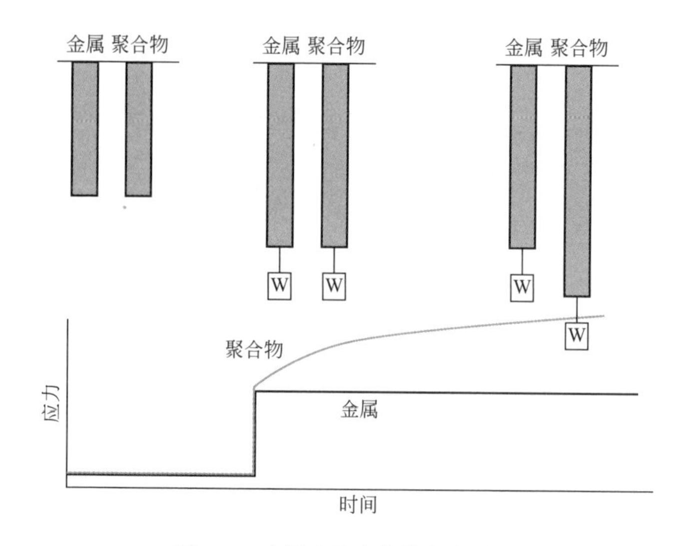

图 4.8 金属和聚合物的蠕变特性

注意：聚合物会随时间的推移而不断延伸

来源：Nichols 和 Hill（2010）。经 American Coatings Association 许可复制

使应变随时间的推移而不断增大。

涂层的这种黏弹性在应力松弛测试中十分明显（图 4.9）。在应力松弛测试中，给材料快速加载一个固定的应变，并在一定的时间内保持不变。

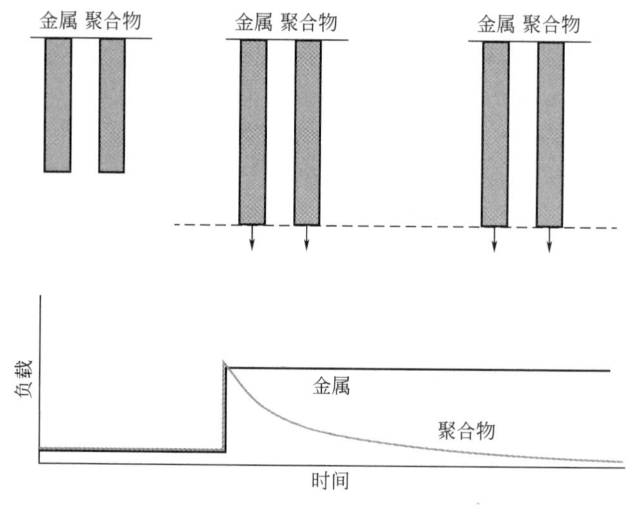

图 4.9 金属和聚合物的应力松弛

注意：聚合物的应力随时间推移而下降

可以设想把材料拉伸到一个新的长度，并在一个规定的时间内始终保持这个长度。对金属而言，当施加应变时，应力立即增加，并在整个测试剩余的过程中始终保持不变。然而对聚合物而言，应力也瞬间增加，但然后却随时间延长而下降。这点也是因为聚合物的固有黏弹特性，这种特性来自它的长链。当被施加应变时，聚合物的分子随施加外力的时间长短稍微改变下它们的排列位置，因此，应力响应速度非常快。但是，随着时间推移，聚合物分子有足够的时间来按最低能量状态重新排列，从而减小材料内部的应力。

在涂层的蠕变或应力松弛试验中，知道其所展示的特性与时间相关这点对了解它们的黏弹性行为非常重要。然而，涂层的机械性能随温度变化而改变，这一特性实际上对涂层的黏弹性影响更大，因为当温度升高时，涂层聚合物分子的振动加剧，从而使分子重组所需时间更短。

在所有的涂层性能中，机械性能通常都与温度有密切的关系，该结论可通过简单的应力-应变试验加以验证（见图 4.10）。当温度升高时，涂层性能会出现许多改变。首先，初始斜率随温度的升高而减小。因此温度升高时，涂层变得更易屈服（更柔软）。其次，断裂应变随温度的升高而增大。高温时，聚合物分子更容易发生重组，因此在温度升高时分子能重排成更为有利的构型，以承受更大的应变。最后，某些涂层在高温时可能表现出显著的屈服点（中间的最大应力）。中间的屈服现象仍缺乏完善的理论解释，其样品会出现局部塑性（不可恢复的）应变现象以及显著的颈缩（变细）现象。

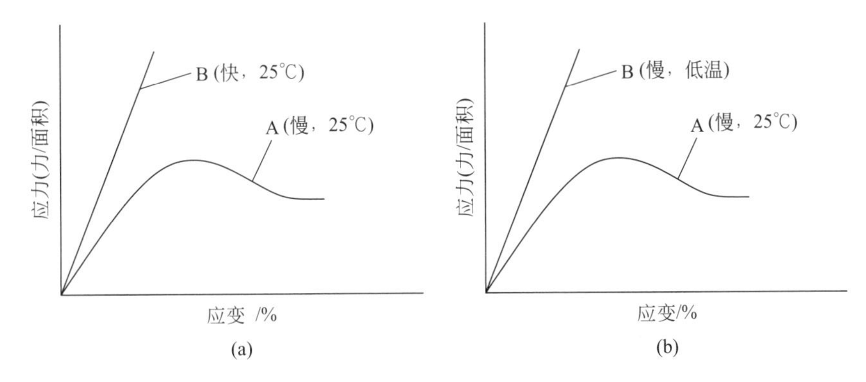

图 4.10　应力施加速度和温度对应力-应变响应的影响

(a) 应力施加速度；(b) 温度

黏弹性的最终表现形式是温度和形变速率之间的对应关系。如前文所述，聚合物分子在受到外力时，需要一定的时间来进行分子重组，对施加的载荷作出响应。然而，如果时间足够长，分子会通过运动，最终适应外力。可以设想，如果形变发生得足够缓慢，聚合物就有能力在受力的时间范围内作出调整，因此在形变的时候几乎没有应力响应。相反，如果形变非常迅速，聚合物分子就没有时间进行自我重组，将产生较大的应力响应。这种情况正好是我们在改变聚合物温度时所观察到的响应。在高温时，材料对形变响应迅速。尽管出现的应力并不高，但断裂伸长率比较大，这是因为聚合物分子能够在彼此之间流动。这种响应是黏性的和类似流体状的。而在低温时，材料则呈现出强的弹性响应。

速率和温度之间的关系通常被称为时间-温度叠加，因为通过描述聚合物对不同形变速率响应的特征，可帮助人们预测聚合物对不同温度的响应，反之亦然。这个关系非常有用，因为要通过实验来描述材料在高形变速率下的特性并不容易，而形变速率非常低时，需要过长的时间来收集数据，也是不现实的。时间-温度叠加的例子如图 4.11 所示，不同温度下产生的一系列应力松弛曲线组合在一起，组成一个涵盖多个不同数量级时间的完整应力松弛叠合曲线。制图时，各个曲线沿着 x 轴移动，直到它们叠合连接。这种移动叠合的方法可通过各种数学理论描述，其中最常用的是 Williams、Landel 和 Ferry 提出的经验方程，也称为 WLF 方程。该方程试图预测移动因子 a_T 是如何将不同温度曲线叠合的。一般来说，曲线随 T_g 移动（一般选择 T_g 作为参考温度，但也可以选择其他温度作为参考温度）。WLF 方程形

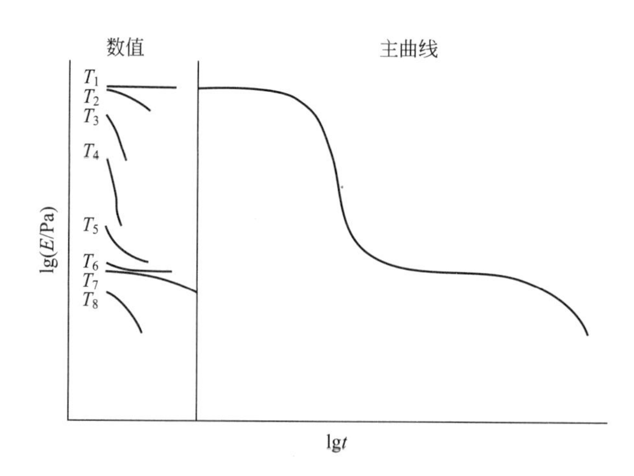

图 4.11　把在不同温度下产生的蠕变曲线进行时间-温度叠加，生成的主曲线随时间横轴移动

来源：Nichols 和 Hill（2010）。经 American Coatings Association 许可复制

式如下：

$$\lg(a_{\mathrm{T}})=\frac{-C_1(T-T_{\mathrm{g}})}{C_2+T-T_{\mathrm{g}}} \tag{4.7}$$

式中，C_1和C_2最初被认为是通用常数，但随后被证实对于大部分聚合物，C_1和C_2会有小幅度变化；T 为获得每一个数据组时的温度。

4.2.3 动态机械性能

前文概述的测试与性能通常称为静态力学性能，这些性能是在应力（或应变）恒定或递增条件下测得的，例如简单的拉伸试验。然而，一种聚合物或涂层的许多性能需要在动态应变过程中讨论。最常见的是在样品上施加一个随时间变化的正弦应变，并测量不同时间点的应力响应。这类测试被称为动态机械分析（DMA）或动态机械热分析（DMTA）。

典型 DMA 试验的应力和应变信号如图 4.12 所示。实验中对样品施加一个动态的应变，然后测量应力响应。同时测量应变和应力之间的时间滞后 δ，该时间滞后通常被称为相位滞后，与涂层的黏弹性有关。由于在 DMA 试验中的形变非常小，并且只探讨可恢复的应力-应变响应（不包括塑性变形），因此涂层的模量是最常被量化的特性。模量中既有弹性成分又有黏性成分，因此被分为两部分探讨，分别是储能模量 E' 和损耗模量 E''，它们相互关联，它们与 δ 的相互关系如下：

$$\tan\delta=\frac{E''}{E'} \tag{4.8}$$

在 DMA 试验中，对样品施加一个正弦交替变化的应变，相位滞后常由施加的应力和外加载荷之间的角度差来量化。当相位滞后为 0 时，损耗模量为 0，材料表现为完全的弹性。当相位滞后为 90°时，储能模量为 0，材料表现为完全的黏性。除非温度接近 T_{g}，否则储能模量一般都远大于损耗模量。根据仪器不同以及几何结构不同，DMA 试验可以是拉伸模型也可以是剪切模型，并可测得相关的剪切模量 G' 和 G''。

在典型的 DMA 试验中，样品在固定振荡频率（例如 2Hz）下产生形变，并且在测量黏弹性响应时，将温度缓慢升高，得到的结果如图 4.13 所示。值得注意的是，储能模量 E' 曲线与应力松弛曲线相似（见图 4.11），当温度升高经过 T_{g}时，两者的表现都会从坚硬、刚

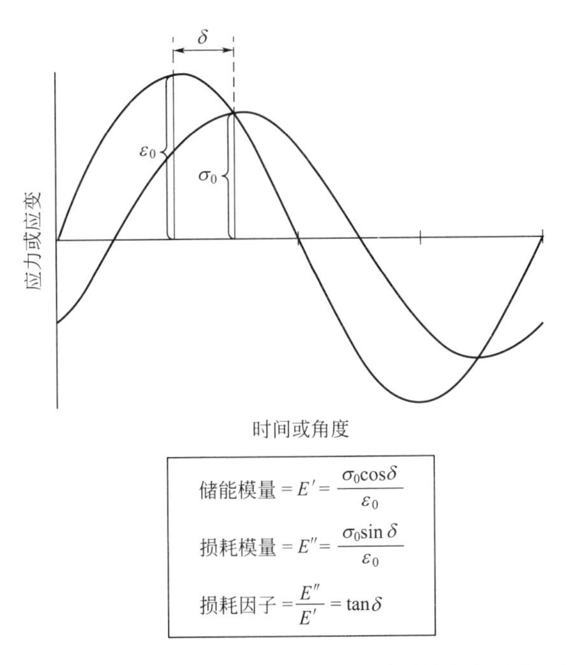

图 4.12　一种黏弹性材料在施加动态正弦波应变时所测到的应力响应，如在 DMA 试验中

来源：Nichols 和 Hill（2010）。经 American Coatings Association 许可复制

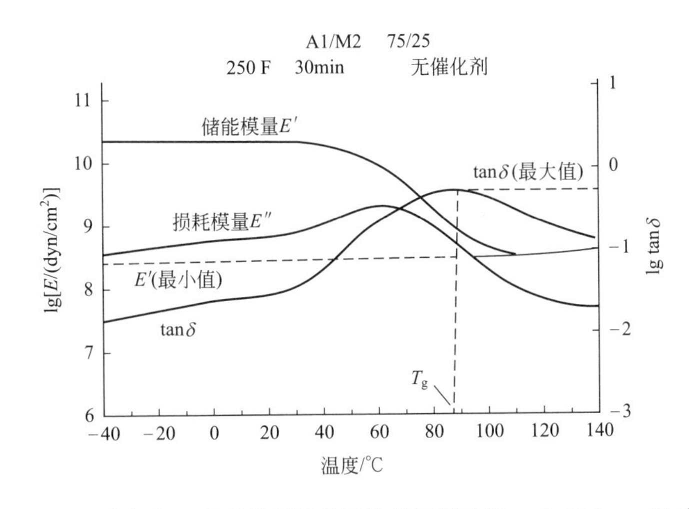

图 4.13　一种聚酯-三聚氰胺清漆涂层的储能模量和 $\tan\delta$（$1\mathrm{dyn}=10^{-5}\mathrm{N}$）

当 $\tan\delta$ 值最大时所对应的温度即为 T_g，E'的最小值可用于计算其交联密度

来源：Nichols 和 Hill（2010）。经 American Coatings Association 许可复制

性向柔软、屈服转变。事实上，DMA 试验通常是确定 T_g的最终测量方法，当 $\tan\delta$ 值最大时所对应的温度即为 T_g。但也有学者将损耗模量曲线的峰值定义为 T_g，两者的区别是显而易见的。损耗模量曲线的峰值通常接近于以 DSC 法测量所得的 T_g。如前文所述，T_g取决于 DSC 试验中的升温速率（见 2.1.2 节）、应力的施加速率（即振荡频率）以及在动态试验中的升温速率。由于 T_g的取值跟实验方法有关，有人可能会质疑 T_g有无意义。毫无疑问，T_g是有意义的，但在对比 T_g值的时候，一定注意其测量方法要统一。另外，DMA 试验可在固定温度下进行，并对其频率进行扫描。这是生成主曲线数据（见图 4.11）的最常用

方法。

除了简单的与模量相关的温度/频率以外，DMA 试验中还能获取很多有用的数据信息。曲线（远高于 T_g）中的橡胶态平台区模量（见图 4.13 E'_{min}）用于评估涂层的交联密度(XLD)。对于橡胶材料而言，XLD 与剪切模量的关系如式(4.9) 所示：

$$\upsilon_e = \frac{G'}{RT} \quad 或 \quad \upsilon_e = \frac{E'}{3RT} \tag{4.9}$$

式中，R 为气体常数；T 为热力学温度；υ_e为涂膜中单位体积内有效弹性网链的物质的摩尔数（Hill，1997）。

有效弹性网链是指两端均连接在不同交联点上的链——短的环状链和自由末端都不是有效弹性的。由于 XLD 与涂层的许多性能密切相关，测量 XLD 可以为配方设计者提供许多有价值的信息，但在测量过程中需非常仔细，因为涂层中的颜料会使模量值增大，尤其当温度高于 T_g时。因此，测量 XLD 最好用无颜料的涂膜进行。非交联型涂层并不呈现太多典型的平台区，因为热塑性状态下的分子是自由流动的，直到所有的应力都得到释放。因此，XLD 的概念不适用于这些聚合物。

需要注意，υ_e与涂膜密度的比值等于单位质量中网链的摩尔数。υ_e的倒数是单位摩尔网链的克数，与网链的平均分子量相对应，因此也常被称为交联点之间的平均分子量 $\overline{M}_c$。很多时候，$\overline{M}_c$被错误地认为是每个分支点的平均分子量，因此在阅读文献时要小心区分网链的分子量和 XLD。XLD 可通过计算得出，并与通过溶胀方式的测量相关。相关性虽好，但必须假定涂膜被溶剂溶胀时存在一个相互作用参数。虽然交联涂膜不溶于溶剂，但溶剂会溶入交联涂膜中，当交联点变得很紧密时（即交联密度很高时），溶胀程度会变低。

除 XLD 外，交联的均匀性可以通过 $\tan\delta$ 峰值的宽度来评估。当 XLD 分布狭窄时，$\tan\delta$ 峰值的宽度就小，而 XLD 分布宽广时，$\tan\delta$ 峰值的宽度就大。举个极端例子，某个聚合物含有两相，测得两个 $\tan\delta$ 峰，分别代表两个相的 T_g。因此，DMA 可以为聚合物的形态及其黏弹性性能提供线索。最终，通过 DMA 测得在玻璃化转变温度下的主峰值的同时，也能测得其他较低温度下的峰值。这些低温峰值通常被称为次级松弛，是聚合物在特定温度时变得活跃，产生的次级链段运动。次级松弛通常分为 β 松弛、γ 松弛和 δ 松弛，在低于玻璃化转变温度（即 α 松弛）下依次降低。目前已充分确认，塑料中的高强度耐冲击材料通常具有低温损耗峰；由双酚 A（环氧树脂和聚碳酸酯）合成的聚合物是其中的典型例子。可以合理地推测，如果附着力良好，具有低温损耗峰的涂层可能具有良好的耐冲击性，但两者的关系目前还没有足够的文献记载。

XLD 也可以通过核磁共振（NMR）图来测定。该技术的优点是可以通过涂膜厚度函数来确定 XLD（Hellgren 等，2001）。例如，与预测的一样，只含钴催干剂的气干型醇酸树脂涂层的面层可以观察到部分交联现象。同时，也可以看到 UV 固化胶乳涂层表面干燥不充分是空气抑制的结果。

通过式(4.9) 和 XLD 也可预测温度高于 T_g时的储能模量。在一个体系中，若两种反应物按化学计量比混合，使两种官能团完全反应，就可以从当量和平均官能度来估算 XLD。反应混合物中含有多种不同官能度的分子时，计算将变得复杂，可通过斯坎伦方程(Scanlan equation) 进行计算（Hill，1992）：

$$\nu_c = \frac{3}{2}C_3 + \frac{4}{2}C_4 + \frac{5}{2}C_5 + \cdots \tag{4.10}$$

C 表示官能团为3～5个（或更多）的反应物浓度，以固化后涂膜计，单位是 mol/cm^3。涂膜的最终体积与其固化后的密度以及反应中逸出的挥发副产物有关。式(4.10) 并不适用于双官能团反应物，因为这些反应物在网络中并不形成连接点，仅能扩链而已。最近的一些修订可允许用不完全转化。虽然斯坎伦方程用于化学计量的反应十分方便，但并不适用于其他情况。对于非化学计量混合物和/或不完全转化而言，一般可用多个 Miller-Macosko 方程。Bauer 1988 年选用了对涂料最有用的几个 Miller-Macosko 方程，并列举了具体应用的例子，还提供了相关电脑程序。

涂层性能受交联反应程度的影响。反应不完全则 XLD 较低，T_g以上的储能模量也较低。交联反应程度可通过储能模量-反应时间的函数来确定（Skrovanek，1990）。随着交联反应的进行，储能模量升高，直至达到最终值。

至少，理论上可通过选择合适的各种反应物和官能度，并控制他们的比例来设计一种交联网络，以获得期望的 T_g以上的储能模量。通过合理选择交联结构以及 XLD，便可设计交联网络的 T_g。

分子间氢键可为涂膜提供理想的性能，这些性能与共价交联相关。例如，氨基甲酸酯基团间的氢键使聚氨酯涂层具有高耐磨性（见第 12 章）。在应力作用下，氢键发生离解，且在不破坏化学键的情况下释放应力。当应力释放后，氢键重新形成，涂层恢复原来的性能。

树脂中存在介晶基元时就会出现上述现象，因此在涂膜固化时形成液态晶畴。施加应力时，晶体结构被破坏；而应力消失时，晶体结构又重新形成。这种涂层体系最初的例子是由介晶二醇与六甲氧基甲基三聚氰胺（HMMM）交联合成（Dimian 和 Jones，1987）。随后也研究了各类树脂材料，包括环氧/胺树脂、聚酯树脂、醇酸树脂和具有对羟基苯甲酸侧链的丙烯酸树脂，另外还研究了含介晶基团的非交联型丙烯酸涂料、Ⅰ级三聚氰胺-甲醛（MF）交联热固性涂料以及水性涂料。适当的介晶基元含量为漆膜提供了高抗冲击性能和高硬度，而这些性能是很难单靠组合获得的（Dimian 和 Jones，1987）。

Yoshida 等人（2005）研究了 MF 树脂，其中介晶（如 1,6-已二醇的羟基三苯基醚）与 HMMM 发生反应，取代 HMMM 中的部分甲氧基。树脂表现出液态晶畴特性，在用于卷钢车辆涂料时，对其进行测试，它们表现出高的柔韧性和硬度。另外一种配方中含有液晶畴乙醇的丙烯酸酯的 UV 固化涂料也表现出高硬度与良好柔韧性（Yoshida 和 Kakuchi，2005），但高昂的成本限制了这些涂料的广泛应用。

了解漆膜组成与基本机械性能之间的关系，是改进配方的基础。而现实中多数涂料配方师都是化学师而非工程师，因此很少会接受正规的机械性能方面的课程教育。

多数时候，一个被涂漆的金属物体，会在以下情况受到机械力的作用：一是加工过程中，比如瓶盖成型或钣金加工；二是应用过程中，比如汽车车身受碎石撞击导致钢板变形。为了避免涂膜在膨胀时出现开裂，其断裂伸长率必须大于它在加工或变形时的伸长率。

在研究含羟基树脂与 MF 树脂交联过程及其性能时，动态机械分析法（DMA）意义重大。选取 MF 作为交联剂，并使其甲氧基甲基与树脂羟基的化学计量配比从小于 1 开始逐渐提高，在 T_g以上的漆膜储能模量也随之增大；当配比提高至 1 时，储能模量达到最高值，相当于完全固化。在 11.3.2 节中提到，MF 树脂上的所有官能团都能与羟基发生反应，且不受空间位阻限制。在动态机械试验中，当交联剂 MF 进一步增加时，过量的甲氧基甲基基团出现，T_g以上的储能模量随温度的升高而增大。该现象的基本原因是，过量的甲氧基甲基在试验过程中会发生自缩合反应。自缩合反应相对缓慢，且在用烘烤方法制备漆膜时反应不完全，因此，若在 DMA 测量过程中使用较高的温度，反应会继续从而导致储能模量增大。如果体系中 MF 树脂过量，在涂层烘烤时也会出现自缩合现象，随烘烤时间的增长以及温度的升高，自缩合的程度增大。

着色也会影响涂层的机械性能。很多时候，颜料体积浓度（PVC）升高至临界颜料体积浓度时，涂层的拉伸强度会提高（见 22.2.1 节）。在一项 DMA 研究中，含铝颜料底色漆的颜料体积浓度从 0 开始，分五档逐渐提高到 0.13，其储能模量 E' 升高了十倍。但某些类型的颜料也有可能导致裂纹的扩展，形成涂膜缺陷。然而，在大多数情况下，颜料的存在会大大提高 T_g 以上的储能模量。对色漆涂层而言，其 T_g 以上的储能模量 E' 与 XLD 并非成正比关系；但是，如果涂层中颜料含量恒定而聚合组分改变，那么储能模量 E' 与其 XLD 仍然存在相对的对应关系。一般来说，降低颜料含量会使 $\tan\delta$ 的峰变宽，同时偏移到较高的温度，储能模量 E' 提高；超过临界颜料体积浓度（CPVC）后，E' 开始下降。拉伸强度通常也伴随 PVC 的升高而升高，超过 CPVC 后迅速下降。然而，如果颜料颗粒与树脂黏合不佳（如在丙烯酸树脂中加入 $CaCO_3$），涂层的拉伸强度将随 PVC 的增大而持续下降（Perera，2004），在 22.2.1 节会详细探讨。

纳米颜料（见 20.5 节）对涂层的机械性能有本质的影响。纳米颜料颗粒尺寸小，有些学者将纳米颜料的颗粒尺寸定义在 100nm 以下，而更常见的定义是尺寸在 25nm 以下。虽然纳米颜料是个新概念，但其实在涂料行业已应用多年，比如高色素炭黑颜料的粒径范围在 5～15nm 内，有一篇文献综述了纳米材料技术在涂料中的应用（Baer 等，2003）。

纳米颜料能增强涂层性能，主要因为其具有很高的比表面积。科研人员认为，聚合物分子被固定在颜料颗粒表面附近，从而增加了涂层的强度和刚度，使涂层表现出更好的耐划痕性、耐渗透性、耐腐蚀性以及其他性能。某些涂层具有 2 个 T_g，一个为主体树脂，另一个为固定在颜料表面附近的树脂。纳米颜料能使 E' 升高，并提高某些清漆涂层的 T_g（Schlesing 等，2004）。当纳米颜料的粒径小于光的波长时，涂层将变得透明（Perera，2004）。在丙烯酸树脂中加入纳米硅酸铝及市售分散剂，并用球磨机分散，可制成耐擦伤的清漆（Vanier 等，2005）。

涂层的不均匀性越来越被认为是影响涂层机械性能的一个重要因素（Kivilevich，2004）。最明显的是，当漆膜 PVC 增加时，颜料的增强作用使漆膜弹性模量上升；当 PVC 相同时，含有非球形颜料漆膜的模量比含有球形颜料的漆膜模量上升更快。这是因为当颜料颗粒的长宽比大于 1 时，增加的应力更容易从聚合物分子转向颜料颗粒，因此纤维状颜料的增强效果是最好的，其次是扁平状颜料，最后是球状颜料。如果颜料含量高于 CPVC，拉伸强度则会迅速下降（见第 22 章）。

通过在涂层中加入弹性粒子，可以显著影响涂层的机械性能。将高 T_g 组分与低 T_g 组分混合制成的漆膜具有更高的抗粘连性与更长的延伸率。

涂层的机械性能通常比大多数塑料复杂。原因之一是涂层是涂覆在底材上的一层膜，漆膜与底材的相互作用会影响其机械性能，底材会限制漆膜的形变程度。受到冲击时，底材可吸收部分能量，从而减小能量对漆膜的影响。附着力对耐磨性影响很大。如果附着力好，漆膜的耐后加工性和耐冲击性一般都非常优秀。漆膜内应力可将其从底材上剥离。例如，涂漆后再次加工的金属瓶盖，放在超市货架上时漆膜可能会脱落。成膜时，在溶剂挥发或交联反应的最后阶段，漆膜内部会形成内应力（Perera 和 Schutyser，1994），因为溶剂挥发或交联都会使漆膜收缩。如果收缩发生的温度在漆膜 T_g 附近，由此形成的内应力可能无法消除

（详见 6.2 关于内应力对附着力影响的讨论）。

涂膜厚度也是影响其在后加工过程中抗开裂承受能力的因素之一，薄膜比厚膜更适合于深冲加工（见 4.3 节）。在制备涂有涂层的外墙护板时，可通过控制涂膜厚度来提高漆膜硬度，且同时不产生裂纹。当然，涂膜越薄，遮盖效果越差；一般采用折中的厚度范围为20～25μm。为了减少鱼油引起的涂层溶胀，使用交联密度高（很脆）的酚醛涂料对用于两片罐鱼罐头的预涂板进行涂覆。这种涂料很脆，因此可最大限度地减少鱼油的溶胀现象；要保证加工这种罐听时涂层不开裂，则涂层厚度要达到约 5μm 或更薄些。

对于预涂后有可能遭受变形的基材，涂层固化后进行后加工或弯曲的时间是一个重要的变量，因为随着时间的推移，多数漆膜的柔性下降。尤其是在空气中干燥的漆膜，可能会有溶剂残留在涂膜中。由于大多数卷材涂料的 T_g温度接近或略高于室温，故溶剂挥发的速度可能非常缓慢（详见 18.3.4 节）。溶剂一般会起增塑剂的作用，因此随着溶剂挥发，漆膜的 T_g和储能模量上升，导致涂料的柔性降低。在交联涂料中，如果交联反应不完全，成膜后交联反应可能会继续缓慢进行，使漆膜 XLD 和储能模量升高、柔性降低。这种持续的交联反应在气干涂料中尤其可能发生，因为反应速率可能受分子的活动性控制，所以最后阶段的反应非常缓慢。涂层在使用时发生的各种反应会导致漆膜脆化，尤其是在户外曝晒时。多种清漆的 DMA 结果显示，在经过佛罗里达曝晒及 QUV 测试后，漆膜的机械性能会发生变化（Hill 等，1994）。曝晒对机械性能的影响会在第 5 章进一步讨论。

烘烤型交联的涂层随时间发生后固化也是常见的现象。在某些情况下可能是由于挥发物进一步逸出或交联的继续进行，但也有可能是因为致密化所致。如果聚合物加热到 T_g以上之后迅速冷却（淬火），其密度往往会低于缓慢冷却的样品。由于玻璃态聚合物不处于热动力平衡状态，因此随着时间的推移，聚合物将缓慢向平衡状态发展。而快速冷却会“冻结”聚合物的分子结构，相对于缓慢冷却的样品，其远未达到平衡状态，因此其密度比理想平衡状态时要低。在贮存过程中，淬冷的漆膜中的分子会缓慢移动，从而导致致密化。由于这些性能的改变随时间推移发生，并非化学变化，因此这种老化过程称为物理老化。物理老化使大多数聚合物发生脆变，因此如果高分子材料在低于 T_g的温度下放置了很长时间，再进行后加工时就更容易出现裂纹。这种现象在塑料中很普遍，但在涂料领域中刚刚引起注意。例如涂覆在金属上的涂层经过高温烘烤，然后从烘箱取出并迅速冷却，就会发生上述现象。致密化可能是烘干漆贮存过程中发生脆化的普遍原因。Greidanus（1988）曾研究聚酯/MF 漆膜在 30℃的物理老化现象。试验中，漆膜经 180℃烘烤，然后淬冷至 30℃，发现其模量在 30℃时随时间的推移有小幅度的增加，且这一试验结果具有重现性。老化速率（即模量增长速率）随时间延长而降低。如果样品再次加热到 180℃然后淬冷至 30℃，其模量重新回到较低值，并再次发生物理老化。Perera（2003）提出，相对湿度（RH）也会影响物理老化；在高湿度环境下贮存的样品的老化速率比在绝对干燥（0% RH）环境下贮存的样品快得多，这是因为水分子会使聚合物分子链松弛，使其重新排列，恢复到“正常状态”。前文的参考文献综述了物理老化的相关知识。目前物理老化还需进一步研究，但很明显物理老化是一种非常重要的现象。

涂料的烘烤在工业上更复杂。炉温不仅能改变整个炉内的空气温度，也能改变烘炉内部的温度。涂层的升温速率与底材的厚度有关。例如车顶金属板的涂层温度上升速率比接缝处的涂层温度上升速率快，因为接缝处的底材较厚。为了获得预期性能，在某一恒定温度下对保温时间的长短有要求，时间过长会导致过度交联。对任何烘干涂层都有一个固化窗口，即在一定的温度范围和时间范围内烘烤，涂层就能获得理想的性能。在 11.3 节中讨论到，高固体分丙烯酸三聚氰胺涂料的固化窗口比常规固体分的窄。另外，Dickie 等（1997）还为加热过程中某些变量的影响建立了模型。

4.3 断裂力学

许多涂层在应用时出现的力学失效来自裂纹的扩展。裂纹要么存在于涂层内部，要么存在于涂层与底材间的界面处。断裂力学理论可定量描述裂纹的扩展。断裂力学用于描述裂纹尖端或其附近的应力状态，并计算多大的应力和形变会导致材料内部（或界面间）的裂纹扩展。涂层的裂纹扩展很常见，特别是许多曝露在户外的涂层，会脆化或从底材上剥落。常见的缺陷案例有：汽车清漆涂层老化后的裂纹，或用在木制品上的建筑涂料经多年户外曝晒后出现裂纹。

促使裂纹扩展的应力主要源于涂层受到约束的自然特性。对于金属材料上的涂层，温度升高时由于有机涂层的膨胀速度比金属底材快，从而导致了应力产生。对于木器上的涂层，湿度的变化会导致木材产生非均匀的膨胀或收缩，从而产生应力。此外，物理老化或继续固化导致涂层的致密化，从而在漆膜中产生更大的残余应力，促使漆膜开裂。如果裂纹早已存在，这些应力往往足以让裂纹扩展。有研究表明，在聚合反应中加入膨胀单体，可抵消户外环境老化所导致的应力，这可能是减少开裂的长效策略（Bailey，1973）。

人们通过断裂力学方法广泛研究了汽车清漆的失效。汽车清漆在户外老化一段时间后，环境会使涂层内部产生应力，并使涂层脆化，便会产生缺陷。脆化产生的主要原因是紫外辐射引起了涂层的光敏氧化。虽可通过添加紫外吸收剂来缓解脆化（详见第 5 章），但不可能完全避免。汽车罩光清漆的交联密度一般较高，可以防止划痕，并具有耐溶剂性。然而，高交联密度通常容易导致裂纹产生，因为这种材料反应程度大，残余应力随之变大，从而使得其塑性形变空间极小。

任何材料的韧性（脆性的反义词）都可通过测量其断裂能 G_c 来量化。G_c 为裂纹在材料中扩展所需的能量。对于块体材料，可通过多种几何学方法和测试技术来测量 G_c。然而，对涂层的韧性进行评估却是一件十分棘手的工作，无论是剥离膜还是涂覆于底材上的涂层。一些涂料科学家将材料应力-应变曲线下方的面积称为韧性，这在纺织学或纤维学领域也很常见。另一些学者则在提及韧性时并没有具体说明其意思。虽然应力-应变曲线下方的面积可能与涂层的某些性能紧密相关，但它并不等同于表征耐断裂性能的韧性。

在测量涂料性能时，最好将涂料涂覆在最合适的底材上。因此有人设计出一个方法，将脆性涂层紧密附着在底材或其他涂层上，然后测量其断裂能。通过对底材/涂层进行拉伸试验，测得开裂时的应变值，然后通过式(4.11) 计算出涂层的断裂能（G_c）：

$$G_c=\frac{\varepsilon^2 hE_f\pi g(\alpha,\beta)}{2} \tag{4.11}$$

式中，ε 为开裂发生时的应变值；E_f 为涂层模量除以（$1-\nu^2$）；$g(\alpha,\beta)$ 为涂层与底材间模量不匹配的相关参数；h 为涂层厚度（Nichols 等，1998）。对于金属底材上的有机涂层，其 $g(\alpha,\beta)$ 大概为 0.72。试验证明，环境老化使许多涂层的断裂能下降，并随时间的推移发生脆化。在应用过程中，前文详细介绍过的应力是裂纹出现的驱动力，该驱动力（G）可由式(4.12) 表示：

$$G=\frac{Z\sigma^2 h}{E_f} \tag{4.12}$$

式中，Z 为与裂纹几何形状有关的参数（对于漆膜裂纹，$Z=3.951$）；σ 为漆膜应力（Hutchinson 和 Suo，1991）。当 $G>G_c$ 时，裂纹出现。两个关系式可用于根据应力大小和涂层厚度来计算断裂点轨迹，因为裂纹的驱动力和裂纹的固有性质都与涂层的厚度成正比。

上述方程适用于相对脆性的漆膜；而对于韧性较高的涂层，其裂纹扩展与塑性形变伴随出现，上述方程并不适用。对于那些柔软的或弹性涂层，已经有其他方法，这些方法要求制备剥离膜，在已存在并已知尺寸的裂纹的剥离膜上进行拉伸试验。接下来，将使裂纹扩展的能量从漆膜塑性形变的能量中分离出来，这一技术被认为是测量断裂基本功的方法。

$$w_{total}=w_e lt+\beta w_p l^2 t \tag{4.13}$$

式中，w_e 为断裂的基本功；l 为韧带长度（未开裂的漆膜长度）；t 为漆膜厚度；β 为形状系数；w_p 为塑性功（Ryntz 等，2000）。通过绘制多个总断裂功与韧带长度的关系图，可以计算出破裂的基本功，即 y 轴截距。研究表明，该方法适用于汽车保险杠上的聚烯烃热塑性（TPO）的低温烘烤涂层（Ryntz 和 Britz，2002）。

4.4 耐磨损、耐划痕和耐擦伤

讨论涂层的耐磨损、耐划痕和耐擦伤性能时，很容易发生混淆。磨损是指涂层表面被磨耗，即在一个面积相对比较大的表面，有明显的材料被磨耗掉。划痕更多是发生在涂层局部的一种现象，即当另一个锋利的物体在涂层表面施加一个法向力时，出现的又窄又深的破坏。钥匙在汽车涂层上形成的划痕就是一个很好的实例。擦伤是指因涂层表面形变引起的损坏，这些损坏通常发生在涂层局部出现塑性形变的地方，但这些地方的涂层并没有破裂或从表面移除。这三种现象均属于摩擦学领域，及滑动接触的科学。目前，这些专业术语并无统一标准，有时像磨亮、刨削和磨蚀这些术语在意义上与磨损、划痕和擦伤有些重叠。

4.4.1 耐磨损

人们可能认为硬的材料比软的材料出现因磨损而造成的损坏的概率更小。在某些情况下，确实如此，但在很多其他情况下，软的材料更具耐磨损性能，例如，橡胶轮胎比钢铁轮胎的耐磨损性要好很多。

Evan（1969）研究了一系列地板涂层的机械性能，这些涂层在实际应用中的耐磨寿命是已知的，他将所测的断裂时的拉伸强度、断裂伸长率及断裂功，按磨损寿命从小到大列于表 4.2。人们可能认为拉伸强度越大的涂层，其耐磨损性能越好，但实验数据恰好相反（当然，不应该只根据这些有限的数据就认为耐磨损性能总是与拉伸强度相反）。

表 4.2 地板涂层的机械性能①

地板涂层	拉伸强度/psi	断裂伸长率/%	断裂功/(in·lb/in³)	Taber 磨耗/(rev/mil)
硬环氧树脂	9000	8	380	48×10^3
中等环氧树脂	4700	19	600	33×10^3
软环氧树脂	1100	95	800	23×10^3
聚氨酯弹性体	280	480	2000	36×10^3

注：1psi=6894.76Pa，1in=0.0254m，1lb≈0.454kg，rev 指砂轮旋转圈数，1mil≈25μm。

① 见 4.6.3.4 节关于这些结果的讨论。

断裂伸长率数据与涂层耐磨损性能相一致。Evans 推断断裂功——他定义为应力-应变关系曲线中的面积，能很好地代表涂层相对的磨损寿命。

然而，在研究另一系列涂层时，Evan 和 Fogel（1977）断定涂层的断裂功并不总是与其耐磨损性能相关，此处耐磨性能是在常温下进行的应力-应变试验，并通过一个球磨型磨耗仪来测试，以涂层的光泽损失来表示。他们解释是因为其使用的测试仪器的应变速率相对于试验时施加的应力速率而言太低了。他们通过使用时间-温度的叠加关系计算：在合理的应变速率下，如果期望获得一个仪器在常温难以达到的高的应力施加速率，试验就必须在－10℃ 下进行。对玻璃化转变温度等于或大于－10℃的聚氨酯涂层而言，断裂功的大小的确与其耐磨损性能有关。

聚氨酯涂层通常具有卓越的耐磨损性能及良好的耐溶剂性能，同时具备这两种特性是因为聚氨酯分子链段间存在氢键与共价键。应力比较低时，氢键行为表现为交联，从而减少了因曝露在溶剂中发生的膨胀。应力比较高时，氢键开始解离，使分子伸长且同时共价键不发生断裂。当应力得到释放后，分子发生松弛并形成新的氢键。聚氨酯经常被用作地板的耐磨涂层，或者航空应用时的面涂层，这些场合经常需要兼具这两种性能。

除断裂功外，还有一些因素也与耐磨损性有关。涂层的摩擦系数可能是其中一个重要的变量。例如啤酒罐在运输途中，其外部的涂层磨损可以通过在涂料中添加少量不混溶的蜡或含氟表面活性剂来降到最低。当两种涂装表面相互摩擦时，不混溶的添加剂可以减小它们的表面张力及摩擦系数，故两表面间的剪切力减小，从而磨损也相应降低。

另一个变量是表面接触面积。对用于塑料镜片的薄有机硅涂层，如果添加少量小粒径的 SiO_2 颜料，则可以增强有机硅的低表面张力的作用，减少磨损，颜料的加入能降低涂层表面的接触面积，可以使镜片在表面上很容易滑动。另一个同样原理的例子是通过在墙面涂料中添加少量的粗 SiO_2 惰性颜料来减少磨光现象。如果一种没有添加这种颜料的墙面涂料被频繁地摩擦，如在电源开关周围，涂层表面会被摩擦得更为光亮，即它被磨光了，粗的惰性颜料通过降低接触面积减少了涂层的磨光磨损。

在织物用树脂印花浆中加入弹性乳胶这种方法已经使用了多年。乳胶粒子不溶于树脂，因此在树脂中它始终同颜料粒子一样以独立的粒子存在，这就显著地提高了其耐磨损性能。为提高连续涂层的耐磨性能，类似的工作正在开展。可以推测：相对软的橡胶胶粒在漆膜中可消散应力，最大限度地减少因应力集中而发生的漆膜开裂。玻璃微珠被证实可以有效增加环氧涂层的耐磨性能，因为它可让冲撞在涂层表面所释放的能量衰减（Kotnarowska，1997）。Lee（1984）从聚合物在磨损时产生断裂和表面能的角度，对磨损进行了综述。

4.4.2 耐划痕和耐擦伤

划痕和擦伤的区别目前还不是很明确，一个人认为是划痕，也许在另一个人看来是擦伤。它们两者都是汽车涂层面临的非常重要的问题，也是车主抱怨的主要问题。划痕与在缺陷区域发生的涂层破裂明显相关，然而涂层擦伤时并不发生破裂，它只与永久塑性形变有关。两种缺陷的剖面图见图 4.14。当法向力较小时，塑性形变只是把材料从犁沟处移动到台肩区域。这足够引起局部光散射。由于这些缺陷非常小，人们经常需要用照明和一定的观察角度才能观察到。当法向的力变大时，材料在划痕内部或边缘发生破裂，且经常伴随材料被移除，导致涂层对下一层基面的附着力变差。

划痕和擦伤的物理现象复杂，每个人用不同的术语来描绘。黏弹性影响非常大，不同涂

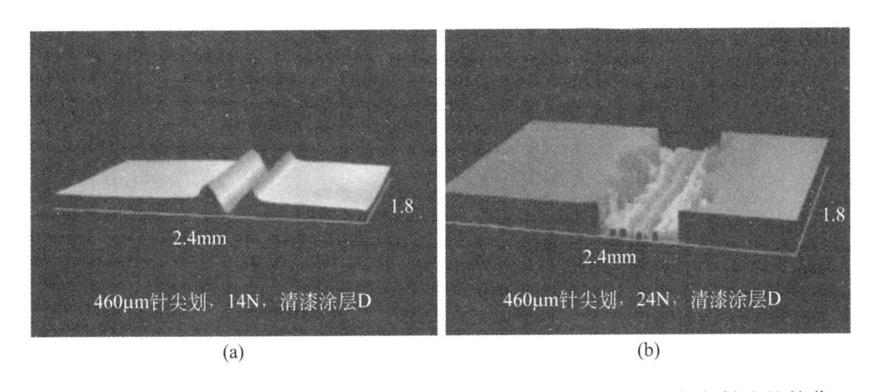

图 4.14 在汽车清漆涂层中，非接触式轮廓仪观测到的用 14N 法向力制造的擦伤（a）和用 24N 的法向力制造的划痕破裂（b）的图像

层表现出迥然不同的响应，即使是同一种涂层，随擦伤应力大小或速率的变化也有可能响应大不一样。更复杂的是：有些涂层的擦伤会因逐渐再流动（蠕变）而愈合（Seubert 等，2012）。

耐擦伤性与涂层的化学结构的关系正在研究，但几乎没有系统性的研究报道。一般而言，MF 交联的丙烯酸树脂清漆比异氰酸酯交联的耐擦伤性好，但 MF 交联的涂料耐环境腐蚀性能差，这也是汽车制造商和消费者所担心的。MF 交联的聚氨基甲酸酯是个例外，它兼具了耐腐蚀和耐擦伤性（见 11.3.4 节）。聚氨酯一般都有比较优越的耐磨损性能，然而令人奇怪的是其耐擦伤性却差，可能是因为其表面特性与整体特性的不同。在使用扫描探针显微镜的一项研究中指出：丙烯酸聚氨酯清漆涂层表面有一层薄的可形变的塑性材料，而 MF 丙烯酸清漆涂层表面有一层弹性材料（Jones 等，1998）。Osterhold 和 Wagner（2002）综述了耐擦伤测试方法，并通过对性能主观判断进行了比较，包括了两种模拟汽车洗车的测试方法，以及最初用来评估有色织物耐磨损性的摩擦牢度试验、耐洗刷试验、微压痕硬度试验、Rota-Hub 试验、整理机校验试验、纳米划痕试验和 DMA 试验。Yaneff 等（2001）在用于塑料的交联型丙基三甲氧基硅烷功能性清漆涂层上比较了各种划痕试验。一种新仪器——纳米力学分析仪（纳米硬度计），可以表征涂层附近表面的机械性能，非常适合展示并提高我们对划痕和擦伤的理解（Lin 等，2000；Schulz 等，2001）。一些试验人员已经观察到造成涂层划痕粗糙度的尺寸是产生划痕的一个因素，但还不是太清楚纳米尺寸的划痕为什么能准确模拟现实世界里由较大粗糙度产生的划痕（Seubert 和 Nichols，2007）。

提高涂层的耐划痕或耐擦伤性能比较困难。大体上可以通过增加涂层的屈服强度来提高其耐擦伤（耐塑性形变）性能，这可以通过加入填料（不适用于清漆）或增加 XLD 来达到。在汽车清漆涂层中加入纳米二氧化硅和其他纳米粒子可提高其耐划痕性和控制流变性，后者更有效，这在很多研究中均已得到证实。然而，如果 XLD 变得太高，涂层发生脆化，且抗划痕破裂的性能会降低。因此，想同时缓解这两种破坏模式非常困难。Courter（1997）提出，最高耐擦伤性的涂层能在没有脆化的情况下尽可能具有高的屈服应力，其理论是高屈服应力可以把塑性流动降到最低，因此，避免脆化的同时也把破裂降到最低。Courter 的论文提供了一个好的思路：即尝试把涂层的主体机械性能与耐划痕和耐擦伤联系起来，但这些研究并没有产生一个能广泛应用的理论。

漆膜柔韧性是影响其抗破裂性能的一个重要因素，因此，在用 MF 交联的丙烯酸树脂中，用丙烯酸-4-羟基丁酯替代丙烯酸-2-羟乙酯可以提高其耐划痕性能；在聚氨酯涂料中，用多元醇与 HDI 异氰脲酸酯来替代 IPDI 异氰脲酸酯也能收到同样的效果（Gregorovich 和 Hazan，1994）。使用硅树脂改性丙烯酸树脂还可得到进一步提高，这大概是因为降低了摩擦系数。

Hara 等（2000）为模拟汽车洗车时的情形，对 49 种不同清漆面涂层的耐划痕性能进行了研究，得出了实验室测试与目视评定具有非常高的相关性的结论。对涂层进行动态机械性能的测定发现，当松弛时间为 1s 时的储能模量高，应变小，可减少漆膜的塑性形变，涂层呈现最佳的性能。

另一与擦伤性相关的问题是金属痕迹（metal marking）。当金属边缘擦过涂层时，有时会在涂层表面留下一条黑线，这是被擦下的金属。常用的测试方法是用硬币擦划涂层的表面，然后观察是否有黑线留下。涂料的经验告诉我们，使用加拿大镍币是最好的方法。金属痕迹通常发生在相对比较硬的涂层上面。降低涂层的表面张力而使摩擦系数降低可以减少或避免该现象，因为金属可以在涂层表面滑过去。添加某些助剂可以增加滑动。已经有报道称改性的聚硅氧烷非常有效（Fink 等，1990）。选择使用有机硅助剂，可以减少擦伤、划痕和金属痕迹，同时又不发生其他损坏如龟裂，但其等级及添加量必须特别慎重。

虽然可以改善涂层的耐划痕性能，但若想彻底消除有机涂层对划痕的敏感性是愚蠢的做法。大部分引起划痕的材料都是无机物，例如脏物（氧化物和硅酸盐）或金属。表 4.3 是莫氏硬度等级的一个简单测试，由表可看出，除滑石粉之外的其他材料，只要施加的力足够大，均有可能使涂层产生划痕。

表 4.3　不同材料的莫氏硬度值

材料	硬度	材料	硬度
滑石粉	1	磷灰石	5
大部分聚合物	1～2	玻璃	5.5
石膏	2	石英	7
钢铁	4～5	钻石	10

4.5　机械性能的测试

许多用于评估涂层机械性能的方法都需要使用剥离膜，但使用剥离膜有两个主要缺点：①漆膜与底材的相互作用对漆膜某些性能有重要的影响；②剥离膜有时难制备和操作。相比薄的剥离膜，厚的漆膜测试结果通常更具有重现性，然而，厚漆膜的测试结果并不适用薄的漆膜。制备无支撑的薄涂层可能有点困难，有时候可用以下这种方法制备薄涂层：把涂料通过线棒涂布器涂布在离型纸上。离型纸表面涂覆有低表面张力的材料，可把附着力降到最低，但如果离型纸的表面张力比所施涂涂料的表面张力更低，涂层则可能产生龟裂，这是因为涂料总是在往球形方向收缩来把表面自由能降到最低（见 24.4 节关于龟裂的讨论）。所以试验人员需尽量找到一种具有足够低的表面张力的离型纸，这种纸的附着力差，但也需有一定的附着力来保证涂层不发生龟裂。一种更有效的方法是把涂料直接涂布在马口铁板上，涂层干燥后，把马口铁的一端放在盛有汞的浅槽中，汞潜入涂层底下并与锡形成汞齐，从而漆膜可以很容易地从马口铁板上脱离。因汞蒸气有毒，为把风险降到最低，故操作时必须非常小心。一些实验室的安全规程中已经禁止了这种使用汞的方式。漆膜从底材分离后，就可以裁取测试样品了。裁取得到的剥离膜可能会在其裁取边缘位置有一些缺口或裂纹，当受到应力时，这样的漆膜很容易在有缺陷的部分被撕裂，从而导致测试结果无任何意义。处理 T_g 在室温以上的涂层样品时尤为困难，它们非常脆且很容易破裂。用模具裁取样品时，若缓慢加热漆膜会很有帮助。

试验人员必须谨慎对待测试开始前漆膜在贮存期内所发生的变化，如漆膜中残留溶剂的挥发，发生的化学变化或物理老化。测试结果会随时间发生改变，因此漆膜的贮存条件要求是非常苛刻的。大部分漆膜都会从空气中吸收水分，如果该漆膜的 T_g 接近室温，特别是存在与水能形成很强氢键的聚氨酯基团时，此贮存环境的湿度对 T_g 和漆膜性能影响非常大，这是因为水在中间充当了增塑剂。所以进行比对测试时需保证样品的贮存温度和湿度相同。但实际应用中，漆膜总会遇到不同的湿度条件，这可能导致漆膜表现出不同的性能。

有多种类型的仪器可用于测定涂层的机械性能。机电一体式的（螺杆传动）负载模框可用于静态拉伸试验。把单独的样品安装在测试仪的两个夹具上，必须注意并确保漆膜同拉伸方向在一条直线上。仪器可用不同速度拉伸，但相对涂层在许多实际情况下被施加的应力速度，即使最大的拉伸速度也是慢的。当然，可以通过在低温状态下操作该试验来部分解决这个问题。这个方法的优点是应力可以逐步增加直至漆膜断裂，从而可以测试出样品的拉伸强度、拉伸模量、断裂伸长率及断裂功。但是，操作者不能区分涂层机械性能的黏性和弹性部分。

热机械分析仪（TMA）是一种针入式测量仪，可以测试压痕深度随时间和温度的变化关系。比大多数拉力机有优势的是 TMA 包含一个可以程序控温的加热炉，它可用来加热、冷却或恒温样品。热分析仪可以用于测试底材上的漆膜，也可以用于测试样品的软化点，这是一个与漆膜的交联固化程度相关的性能参数。图 4.15 是在固化不足和固化完全两种条件下，针对厚 25μm 的丙烯酸卷材涂层，仪器探针的针入度与温度的关系。图中标出了这两种样品的软化点，软化点不同于 T_g，但却与 T_g 有关，它经常被用来表示材料的柔韧性指数（Skrovanik 和 Schöff，1988）。

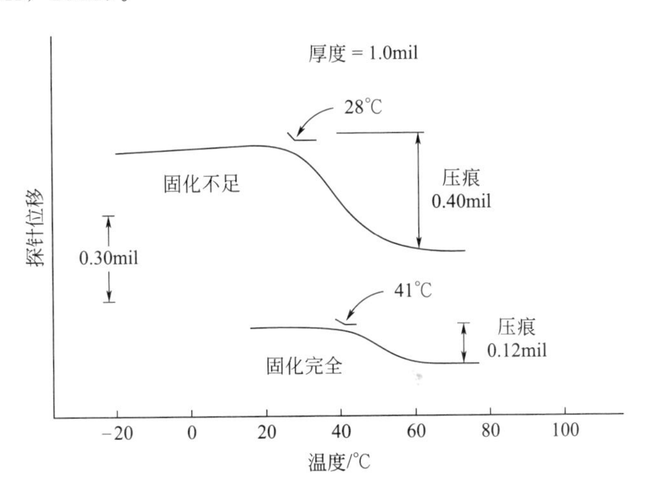

图 4.15　固化不足和固化完全的丙烯酸卷材涂料的 TMA 探针位移对温度的曲线

来源：Skrovanik 和 Schöff（1988）

$1\text{mil}=25.4\times10^{-6}\text{m}$

也可用各种各样的动态热机械分析仪（DMA）进行测试，最通用的方法是，在张力状态下将剥离膜的一端系于一固定夹具上，另一端系于一振动的夹具上，使它产生振荡应变。在样品上施加一定的振荡应力，可以使用一系列大小的振荡频率来测试很宽温度范围下材料所展示的性能。最典型的仪器是配备电脑来分析数据，并能给出储能模量和损耗模量，以及通过电脑所附软件所分析得到的 $\tan\delta$ 数据。

4.6 底材上的涂层测试

涂料界已经建立了各种各样的测试方法来表征涂层的性能。一般而言，这些方法都不能通过计算得到涂层基本的机械性能，而只能提供涂层综合性能的信息。Hill（1998）提出了涂层的基础性能与涂层实际应用需要的性能，即性能-性能的关系。有两种非常实用的测试方法：一种可以预测涂层的实际应用性能，另一种只适合于质量控制。涂料行业都真正需要这两种方法。但是，非常普遍的情况是：可能非常适合质量控制的涂料测试方法却被用来预测涂料实际应用性能的评估，即使都知道不能把测试结果作为性能预测的依据。关于涂层测试有三种应用非常广泛的方法：现场曝露测试、实验室模拟测试和实证测试。

4.6.1 现场曝露测试

了解涂层性能的唯一可靠方法就是使用它并观察它的性能。其次好的方法是在一些应用领域小规模地使用涂层，特别是在一些可能加速涂层破坏的苛刻条件下。测试越受限制，破坏加速程度越大，预测就越不可靠。但是经过精心设计和分析的一些测试还是非常有用的，有许多这方面的例子，这里我们仅举几个例子来说明这个原理。第一个例子，高速公路上的马路标志涂层的测试需要使用与车流方向垂直的涂层条纹，而不是与车流方向一致的条纹。这样，隆起的涂层被磨损得更厉害。许多涂层的性能均可在一小段高速公路上同时进行测试和对比，在那里它们受到相同数量的车辆磨损。把已知性能的涂层与待测涂层一起进行测试，此测试应该在一年中不同时间进行，因为炙热的阳光、扫雪车、撒盐等因素都必须考虑。同时，也必须涂在不同种类材料的路面上进行试验，如混凝土和沥青，也可用此方法对繁忙走廊的地坪涂料进行类似的评估。第二个例子，涂装有新涂层用于测试的车辆在一个条件非常严酷的马路上行驶，这些严酷条件包括一片碎石地、越过水滩及不同的气候条件等。第三个例子，准备一些罐装食品的包装样品，经过不同的贮存期后再来检测包装罐内衬是否失效及里面的食品是否变味。

4.6.2 实验室模拟测试

在实验室内，已经开发了许多种测试方法来模拟涂层的实际应用场景。这些测试方法的有效性取决于是否有严谨且验证过的程序来很好地模拟涂层的实际应用。用于预测涂层性能的任何测试方法，其有效性最重要的关键点是，要能把已知性能且涵盖了从劣到优的整个范围系列产品同时进行评价。只使用某些极端的标准去评价产品是远远不够的。尽管这些信息也只是评估这个测试方法适用性的第一步，但性能预测要求至少有两个标准的数据点。同时，为保证测试结果落在规定的置信区间内，须进行足够多的重复试验来确定具体需多少次重复试验。化学家通常想到的是标准偏差，但这仅有67%的置信区间，剩余33%在标准偏差范围之外。这点可以查阅 Martin 等（2008）发表的对预测材料使用寿命的综述。

有一个被充分验证过的测试方法实例：用实验室振荡机来模拟当用有轨车（Vandermeerche，1981）运输 6 组包装的啤酒时，啤酒罐上面涂层的耐磨性能。6 组啤酒包装放置在一个振荡机上，这个机器完全同火车运输啤酒罐时的情形一样，可以模拟挤压、振荡速度、振荡距离等。这个试验通过啤酒罐在已知工况下的耐磨性能得到了确认，并依此建立了达到不同磨损程度的试验次数。在一项未发表的研究中，几个涂料厂和制罐厂的实验室，把已知耐磨性能样品的结果与标准磨损试验的结果进行比较，发现与振荡磨损试验相比，根本没有一种标准实验室磨耗测试方法能给出满意的预测结果。

汽车工业使用抗石击测试仪来评估涂层抵抗被飞行的碎石击破的能力。许多标准尺寸的碎石通过标准条件（通常是低温）的压缩空气弹击到涂层表面。通过比较一系列的实际测试结果，确认该方法对涂层实际应用能提前给出一个很合理且非常好的判断，故该测试已经被标准化。也有更复杂的仪器——精密涂层碰撞仪，该仪器可以在不同的温度下，提供对涂层不同角度和不同冲击速度的撞击（Ramamurthy 等，1999）。此测试主要用于研究由不同塑料聚合物制成的汽车保险杆上不同涂层的耐撞击性能。有时是塑料表层发生内聚破坏，有时是涂层直接从塑料上脱落。

一些实验室的设备，只要能大致模拟板材冲压或成型加工过程的工况，均可以用于测试带涂层金属板材的耐加工性能。也有些公司按照他们工厂板材成型的加工条件，设计了一些尽可能与之一致的测试方法。

一般而言，这些模拟测试只能评估涂层的一个或少数几个要求的性能，因此，为了全面预测涂层的性能，还需同时进行其他测试。例如，啤酒罐的振荡测试很显然不能给出涂层在巴氏杀菌过程中的耐久性这一重要性能的任何信息，故还需对其巴氏杀菌过程的涂层耐久性另做模拟试验。

大多数情况下，模拟测试是用于预测涂层在实际应用中的性能而不是质量控制。一般而言，对检验某批次产品是否符合标准要求来说，这种方法的样品制备及测试过程显得太长。

4.6.3 实证测试

有很多实证测试都适用于涂层，有时实证测试的结果可以用作预测涂层性能的一部分数据，特别是在用新配方去对标那些已知性能的类似配方时。大多数情况下，实证测试更适合于质量控制，且经常被用作产品技术规范中要求进行的检验，当它仅用于质量控制时尤为合适。但是，针对某一涂层建立的质量控制测试方法，如果被应用到另一种新的涂层时，操作者必须重新认证其有效性。一般而言，将会有比较大的误差范围，所以必须进行多次的重复测试。

ASTM 每年出版的标准书籍介绍了这一类实证测试，涂层领域大部分重要的测试方法都列在 06.01、06.02 和 06.03《配方产品和涂覆涂层的测试》（*Paint Tests for Formulated Products and Applied Coatings*）这些卷中。尽管这些书籍每年要出版，里面大部分的测试方法都不会修改，但要求每 4 年重新修订一次。每个测试方法都有一个数字编号，如 ASTM D-2794-93（1999），“93（1999）”表示这个测试方法在 1993 年通过并发布，在 1999 年被重新修订并再次发布。如果发现参照的一个测试方法是 D-1876-71，但在查阅 1997 年新版的 ASTM 书籍时，发现里面该标准的版本为 D-1876-88，即说明这个测试方法在近期被修订过，且可能就是在 1988 年被修订的。一般而言，操作者都必须使用最新版本的测试方法，但有时，如果一个测试方法被编号为 D-459a，字母“a”则表示它有过很小的改动但未改变基本方法。一个十分常见的设想是，试验测试都规定采用 ASTM 的标准方法，因为它不仅可用于质量控制，也可以用于预测涂层的实际使用性能，但情况往往并非如此，如果按照ASTM规定的方法进行测试，他确实极有可能会给出可比性很高的结果。一些ASTM方法都有精度的说明。一般都是根据不同实验室中获得的重复性和重现性数据确定的。绝不要忽视这些方法的精度。许多人认为他们的测试要比ASTM的对比测试精度更高。在欧洲，由德国标准化研究所（Deutsches Institut für Normung，DIN）建立的测试方法使用十分广泛。

《涂料与涂层测试手册》（*Paint and Coating Testing Manual*）（*Gardner-Sward Hondbook*）是一本必备的参考书，现在已经发行到了第16版（Koleske，2012）（H. A Gardner著，他可能是20世纪早期的涂料带头科学家）。这本书介绍了一系列范围非常广的测试方法，并汇总了各种主要的性能，也比较了多种不同测试方法的实际用途及相关背景知识。Nichols和Hill（2010）在他们关于机械性能的专题论文中也提供了一些重要测试方法的简短讨论信息。

4.6.3.1 硬度

测量黏弹性材料的硬度不像看起来那么简单。一些硬度测试中的硬度单位——单位面积承受的力（N/m^2）同模量单位一致。当在解读硬度和模量数值时，了解力的施加方式（拉伸、剪切、弯曲或压缩）、应力的施加速度及温度等都是非常重要的。因涂层形变过程中面积会发生变化，故在硬度测试前、测试中及形变后均需测试其面积。按Guevin（1995）的综述中提出的，共有三种经经验验证过的测试可以用于评估涂层硬度：压痕硬度、划痕硬度以及摆杆硬度。

其中一种压痕测试是用Tukon压痕测试仪来完成（ASTM D-1473-13）。金刚石形状的针尖作为压头，以一定的重量压在漆膜表面，一段时间后，提起压头，用校准过的显微镜测量漆膜表面留下的压痕。测试结果以Knoop硬度指数（KHN）来表示，此数据为重量除以压痕面积。涂层厚度影响该测试结果，在硬底材上，薄涂层比同种涂料的厚涂层测试结果更高。当然，此项测试只对那些具有较高T_g的涂层才有意义。中等T_g的漆膜，在将样品移至显微镜下测量的过程中，制造出来的部分压痕可能会复原。低T_g涂层的结果变化相当大，比如在测试橡胶类材料时，压头可能根本不会留下任何压痕。粗心的试验人员可能下结论认为橡胶类的材料非常硬，但实际上它明显非常软。Tukon硬度测试最适合于烘烤型涂层，这些涂层的T_g温度一般高于测试温度。

铅笔硬度测试（ASTM D-3363-05）是目前最通用的一种划痕硬度测试方法。从6B（最软）到9H（最硬），不同硬度等级的一组铅笔均有市售。铅笔中的“铅笔芯”——实际是石墨与黏土的混合物，测试时无需像书写那样要求削尖，而是让笔芯先垂直在砂纸上摩擦直至尖端为一平面。测试时，铅笔与试板呈45°角，以不引起笔尖折断的力在试板表面推动。以未在涂层表面出现划痕的铅笔硬度来表示该涂层的硬度。经验丰富的测试人员可以保证测试数据的重现性在1个硬度等级之内。该测试结果也反映了涂层的模量、拉伸强度及附着力的综合影响。

另一种在美国应用特别广泛的摆杆硬度测试仪器是斯华德（Sward）摇摆仪［ASTM 2134-93（2012）］。该仪器的摆环为一圆形结构，它由两个圆环（两圆环之间由一个玻璃水平计连接）组成，其重量是偏心的。测试时，将摆环的环边放置在试板上，然后滚动摆环至规定的角度后释放。测试摆环衰减至另一规定的小角度位置的摇摆次数。该仪器的校准是在抛光的平板玻璃上能给出50次摇摆（读数为100）。摆动衰减主要是因摆环在涂层上的滚动摩擦和机械损耗。测试结果受漆膜厚度及漆膜表面平整度的影响。斯华德（Sward）摆杆硬度对跟踪记录那些在室温下固化的涂料干燥过程中的硬度的增加非常有用，但对于比较不同涂层的硬度，它具有一定的局限性。

欧洲地区主要使用科尼格（Konig）和珀萨兹（Persoz）两种摆杆硬度计。摆杆上的两个球形钢珠与试板的涂层接触。当摆杆在小角度范围内来回摆动时，钢珠的运动会使其接触的涂层表面附近产生一定的形变。测试结果以摆针从高的角度衰减到低的角度（与垂直线的夹角）——如科尼格（Konig）从6°到3°，珀萨兹（Persoz）从12°到4°的阻尼时间（秒）来表示。通常越硬的涂层摆动的时间越长，但软的或橡胶类的涂层可能也会表现出更长的时间。这里有一个合理的猜想：摆针摆动幅度的衰减主要是因为涂层吸收了机械能，这些明显矛盾的测试结果可以用模量损耗来解释。如图4.13所示，模量损耗值在低于或大大高于T_g这两个区域时非常小，低的模量损失即可解释那些T_g在环境温度以下的软的或橡胶类弹性涂层，或T_g比环境温度高很多的涂层，均有更长的阻尼时间的原因。这个假设很好地预测了涂层的阻尼时间在环境温度附近的过渡区域内，对温度特别敏感，这是因为模量损耗在此区域内会经历一个最大值。

4.6.3.2 后加工性和柔韧性

其中一种柔韧性测试是绕轴棒弯曲试验，即将涂层样板绕一条圆柱轴棒或圆锥轴棒弯曲，试板有涂层一侧朝外绕轴棒弯曲。被弯曲的涂层出现任何裂纹均被认为不通过。在轴棒弯曲试验时，使用一系列不同直径大小的轴棒，以弯曲时未引起涂层破坏的最小轴棒的直径表示试验结果。圆锥弯曲测试时，夹紧试板的一端，用仪器的操作杆将试板绕锥形轴进行弯曲，记录从锥形轴最细端至涂层开始出现裂纹的轴位置的距离。此距离与出现裂纹位置的轴曲率半径成正比，可用于评估涂层的断裂伸长率。厚的涂层相对薄的涂层更容易出现开裂，这是因为厚涂层沿圆锥轴棒同样距离的伸长率更大。试验完成后立即用放大镜仔细检查被弯曲部位是否出现毛细裂纹，同时隔天后也应再次检查弯曲样板，因为有时裂纹会在弯曲后一段时间才出现。如果涂层附着力差，试板上涂层将会脱落。在低温状态下进行柔韧性测试（测试前将试板和测试仪器同时放入冰箱）可以提高测试的苛刻程度，此外，测试的苛刻程度也受试板弯曲速率的影响。

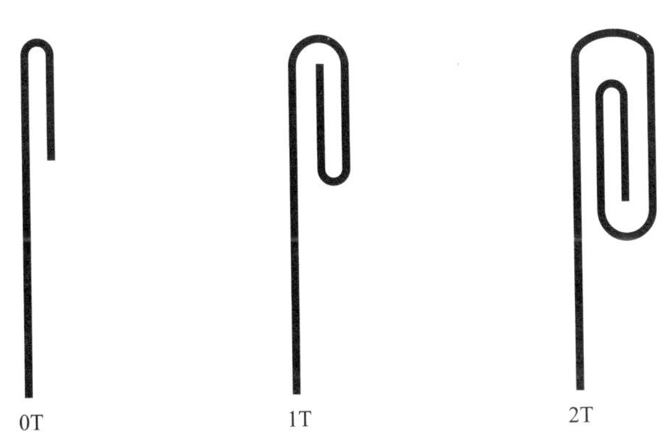

图4.16 卷材涂料的T弯试验

另一种弯曲测试——T弯试验，在卷材涂料行业应用十分广泛。将带有涂层的试板绕自身弯曲（涂层面在外侧），如果弯曲边缘部位没出现裂纹，则记录结果为0T，“0”表示弯曲部位内侧无其他金属板层。相反，如果涂层出现裂纹，则将试板再次绕自身往回弯曲，并按以上方法在上一个折弯处重复弯曲，直到涂层不出现开裂（参见图 4.16）。随着弯曲次数的增加，曲率半径会逐渐变大。试验结果记录为 0T、1T、2T、3T 等，计算弯曲部位内金属板层的数量。测试的严厉程度受温度和弯曲速率的影响，同样，也须在弯曲试验完成一段时间后再次检查试板。

4.6.3.3 耐冲击性

冲击测试可用于评估涂层发生快速形变时所产生的延伸而涂层不发生开裂的能力[ASTM D-2794-09 (2014)]。冲击仪导管中的重锤直接落在放置在涂层样板上的半球形冲头上，正对冲头下面是一个凹孔冲击模座，试板放置在模座上面以允许试板产生一定程度的形变。如果试板的涂层面朝上，即涂层直接被冲头撞击，这种称为正向冲击试验；如果涂层面向下，这种称为反向冲击试验。

重锤从越来越高的位置下落，直到试板上的涂层发生开裂。在美国，测试结果以 in・lb（1in＝0.0254m，1lb≈0.454kg）表示，即用重锤下落的高度乘以重锤质量。大部分的冲击仪，最大值为 160in・lb。一般而言，反向冲击测试时，涂层延展比正向冲击时涂层被挤压的程度更严重。涂层厚度、涂层机械特性及底材的表面状态均会大大影响测试结果。比较不同底材上涂层的冲击性能无任何意义。即使同一型号，大量不同的测试样板之间也可能存在非常细微的差别，从而影响测试结果。另外，冲击测试前，试板必须至少放置一天进行养护，冲击后应立即检查试板，然后隔天再次检查。

4.6.3.4 耐磨损测试

Taber 磨耗测试，即摩擦砂轮通过在试板上滚动产生一个圆形的摩擦轨迹，持续摩擦直至涂层被磨穿漏出底材。试验结果以磨损 1mil（25μm）厚的涂层所需要的砂轮旋转圈数来表示。它与涂层的实际应用并无关联。例如：表 4.2 中列出的四种地板涂料，“硬环氧”涂层的耐磨性在实际应用中是最差的，但在 Taber 磨耗测试时却能得到较高的摩擦次数。另一个相关性较差的实例是前面提到的啤酒罐耐磨测试。另外，也有一些研究者提出 Taber 磨耗测试与汽车表面的清漆涂层被自动洗车装置清洗时所产生的磨损目视观测有关，然而其他人并不同意这一观点。一般来说，软的涂层容易表现出更差的 Taber 磨耗测试结果，这可能是因为摩擦砂轮以恒定的速度旋转时，越软的涂层能获得越多的能量。但是，太软的涂层可能会阻碍砂轮的摩擦，从而得到不真实的测试结果。

还有一种磨耗测试被称为落砂耐磨试验，砂砾从仪器漏斗通过一根导管下落到一带有涂层的试板上，该试板被固定在与砂流束呈 45°角的位置。测试结果以磨穿单位厚度涂层所需要的砂的体积（L）来表示。也出现过更复杂版本的落砂测试（Rutherford 等，1997）。

4.6.3.5 耐溶剂测试

涂层的耐溶剂测试并不属于机械性能，列在此处是因为它也是涂层的一个重要性能，因为在许多应用中，涂层的耐溶剂性能必须与机械性能取得平衡。它也非常适合在本章提到，这是因为交联漆膜的溶胀性与 XLD 相关，而 XLD 又影响许多机械性能。

最通用的耐溶剂测试是为甲乙酮（MEK）来回擦拭。这个测试用浸润了 MEK 的砂布在试板上擦拭，也可通过用一个装满溶剂的具有毡尖的记号笔来更方便地完成测试。该测试能完全实现机械化操作，每秒机器在涂层上进行一次来回运动（一次双向摩擦），另有一个计数器来记录往复次数。软的热塑性涂层可能只需很少的擦拭次数就会被擦穿。热固性涂层擦穿的次数随反应的程度而增加。此项测试在交联密度较低时对交联密度（XLD）的增长很敏感，但当XLD变得很高时，再改变就不敏感了。通常，进行200次往复擦拭后即停止试验，因此，那些交联密度很高的涂层都可以报告为200＋的耐溶剂擦拭次数但是这些涂层在交联程度方面还是有非常明显的差异。较高交联密度的涂层可用DMA或溶剂溶胀来测定交联程度，这在4.2节讨论过。

还有一种耐溶剂测试是把涂层直接与溶剂接触一定的时间，例如15min，然后对接触过的区域进行铅笔硬度测试。例如：飞机蒙皮涂层的测试就规定在经过15min与液压油接触后，其涂层的铅笔硬度不能损失两个等级。

（王崇武　译）

综合参考文献

Koleske, J. V. Ed., *Paint and Coating Testing Manual (Gardner-Sward Handbook)*, 15th ed., ASTM, Philadelphia, 2012.

Mark, J. E., Ed., *Physical Properties of Polymers Handbook*, American Institute of Physics, Woodbury, NY, 1996. (Particularly, Brostow, W., Kubat, J., and Kubat, M. M., Mechanical Properties, pp. 313-334.)

Nichols, M.; Hill, L. W., *Mechanical Properties of Coatings*, 2nd ed., American Coatings Association, Washington, DC, 2010.

Rubenstein, M.; Colby, R. H., *Polymer Physics*, Oxford University Press, New York, 2004.

Sperling, L. H., *Introduction to Physical Polymer Science*, 3rd ed., Wiley-Interscience, New York, 2001.

参 考 文 献

Baer, D. R., et al., *Prog. Org. Coat.*, 2003, 47(3-4) 342-356.

Bailey, W. J., *J. Elastomers Plast.*, 1973, 5(3), 142-152.

Bauer, D. R., *J. Coat. Technol.*, 1988, 60(758), 53.

Betz, P.; Bartelt, A.. *Prog. Org. Coat.*, 1993, 22(1), 27-37.

Courter, J. L., *J. Coat. Technol.*, 1997, 69(866), 57-63.

De Gennes, P. -G., *Scaling Concepts in Polymer Physics*, Cornell University Press, Ithaca, 1979.

Dickie, R. A., et al., *Prog. Org. Coat.*, 1997, 31(3), 209-216.

Dimian, A., Jones, F., *Polym. Mater. Sci. Eng.*, 1987, 56, 640-644.

Evans, R. M., in Meyers, R. R.; Long, J. S., Eds., *Treatise on Coatings*, Marcel Dekker, New York, 1969, Vol. 2.

Evans, R. M.; Fogel, J., *J. Coat. Technol.*, 1977, 47(639), 50.

Fink, F., et al., *J. Coat. Technol.*, 1990, 62(791), 47-56.

Gregorovich, B. V.; Hazan, I., *Prog. Org. Coat*, 1994, 24(1-4), 131-146.

Greidanus, P., FATIPEC Congeress Book, Vol. I, 1988, 485.

Guevin, P., *J. Coat. Technol.*, 1995, 67(840) 61-65.

Hara, Y., et al., *Prog. Org. Coat.*, 2000, 40(1-4), 39-47.

Hellgren, A. C., et al., *Prog. Org. Coat.*, 2001, 43(1-3), 85-98.

Hill, L. W., *J. Coat. Technol.*, 1992, 64(808), 28-42.

Hill, L. W., *Prog. Org. Coat.*, 1997, 31, 235-243.

Hill, L. W., *Polym. Mater. Sci. Eng.*, 1998, 79, 405.

Hill, L., et al., *Prog. Org. Coat.*, 1994, 24(1), 147-173.

Hutchinson, J. W.; Suo, Z., *Adv. Appl. Mech.*, 1991, 29, 63-191.

Jones, F. N., et al., *Prog. Org. Coat.*, 1998, 34(1-4), 119-129.

Kivilevich, A., *J. Coat. Technol.*, 2004, 1(4), 38-48.

Kotnarowska, D., *Prog. Org. Coat.*, 1997, 31(4), 325-330.

Lee, L. H., *Polym. Mater. Sci. Eng.*, 1984, 50, 65.

Lin, L., et al., *Prog. Org. Coat.*, 2000, 40(1-4), 85-91.

Martin, J. W., et al., *Service Life Prediction of Polymeric Materials*, Springer, New York, 2008.

Nichols, M. E.; Hill, L. W., *Mechanical Prorpeties of Coatings*, 2nd ed., American Coatings Association, Washington, DC, 2010.

Nichols, M., et al., *Polym. Degrad. Stab.*, 1998, 60(2), 291-299.

Osterhold, M.; Wagner, G., *Prog. Org. Coat.*, 2002, 45(4), 365-371.

Perera, D. Y., *Prog. Org. Coat.*, 2003, 47(1), 61-76.

Perera, D. Y., *Prog. Org. Coat.*, 2004, 50(4), 247-262.

Perera, D.; Schutyser, P., FATIPEC Congress Book, Vol. I, 1994, 25.

Ramamurthy, A. C., et al., *Wear*, 1999, 225-229, 936-948.

Rutherford, K. L., et al., *Wear*, 1997, 203-204, 325-334.

Ryntz, R. A.; Britz, D., *J. Coat. Technol.*, 2002, 74(925), 77-81.

Ryntz, R. A., et al., *J. Coat. Technol.*, 2000, 72(904), 47-53.

Schlesing, W., et al., *Prog. Org. Coat.*, 2004, 49(3), 197-208.

Schulz, U., et al., *Prog. Org. Coat.*, 2001, 42(1-2), 38-48.

Seubert, C. M.; Nichols, M. E. *J. Coat. Technol. Res.*, 2007, 4(1), 21-30.

Seubert, C., et al., *Coatings*, 2012, 2(4), 221-234.

Skrovanek, D. J., *Prog. Org. Coat.*, 1990, 18(1), 89-101.

Skrovanik, D. J.; Schöff, C. K., *Prog. Org. Coat.*, 1988, 16(2), 135-163.

Vandermeerche, G. A., *Closed Loop*, 1981, April 3.

Vanier, N. R., et al., Google Patents, US6916368 B2, 2005.

Yaneff, P. V. et al., Proceedings of the Waterborne, High Solids, and Powder Coatings Symposium, New Orleans, LA, 2001.

Yoshida, K.; Kakuchi, T., *Prog. Org. Coat.*, 2005, 52(3), 165-172.

Yoshida, K., et al., *Prog. Org. Coat.*, 2005, 52(3), 227-237.

第5章 户外耐久性

涂层的户外耐久性是指其曝露于户外时能够抵御各类危害作用的能力，其中包括模量变化、强度下降、脆化、变色、附着力下降、粉化、失光和环境腐蚀等。它涵盖了涂料的外观美学和功能特性，也可称为室外耐久性或耐候性。腐蚀防护是指另外一方面的耐久性，将在第7章进行讨论。

涂层降解的化学过程通常是，涂层曝露于阳光、空气和水环境中时，发生光氧化及水解作用。这些过程有时可能是耦合发生的，因此总体降解速率可能会大于单因素作用的总和。光氧化和水解作用都是热活化过程，其速率会随着温度上升而加快。当涂层曝露于酸雨等酸性环境，或涂层中残留有酸性物质（如用于提高交联速率的酸性催化剂）时，水解速率可能会增大。大气中的其他降解剂有臭氧、氮氧化物和硫的氧化物，但与光氧化和水解过程相比，它们作用有限。

当前文提及的化学反应进行到一定程度时，它们的作用效果可明显观察到，即出现物理失效。涂层失效的定义跟涂料类型及最终用途有关，例如，建筑外墙涂料开裂和剥落，通常认为是大气老化导致涂层失效。汽车外表涂层明显变色，也通常认为是大气老化引起的失效。尽管没有一种外部涂料能够提供无限期的保护，但大多数涂料确实有一个预期的使用寿命。耐久性学科专门有一个分支就是使用寿命预测（SLP），稍后在本章中将会讨论。

5.1 光引发的氧化降解

光化学反应的第一个原则就是必须吸收光子来引发光化学反应。因此，减少基料树脂的光子吸收量对于降低涂层的光氧化速率至关重要。设计户外耐久性涂料配方时，应排除或尽量减少那些能够吸收波长大于295nm紫外辐射的树脂组分，以及那些容易被氧化的树脂组分。高层大气中的臭氧薄层会吸收波长小于295nm的所有辐射，因此，波长小于295nm的紫外线对涂层的影响作用较小。尽管很多聚合物对波长大于295nm的辐射可以透过，但细小的杂质甚至聚合过程中残留的基团都会对树脂的光氧化速率产生显著的影响。

示意图5.1中列出了聚合物光引发氧化的链式反应。聚合物（P）或其他涂层组分吸收一个光子后会生成光激发高能态（P^*），并促使键的断裂，生成自由基。自由基与O_2发生链式反应（自氧化），引发聚合物的降解。过氧化氢（POOH）和过氧化物（POOP）是光氧化反应的不稳定产物，在太阳光的照射和适度加热下离解成烷氧基（PO·）和羟基自由基（HO·），因此降解反应是一个自催化反应。这些自由基活性很高，很容易夺氢而变为聚合物自由基（P·），从而进入聚合物降解的链传递阶段。叔烷氧自由基会分解成酮和一种低分子量的聚合物自由基（P·），最终导致聚合物链的断裂。如示意图5.1所示，引发氧化降解的链增长反应是通过自催化作用，从聚合物中夺氢实现的。

为实现良好的户外耐久性，应尽量避免和减少涂层中容易夺氢的官能团。常见可降低自光引发反应：

$$P(\text{聚合物}) \xrightarrow{\text{光照}} P^{*} \tag{5.1}$$

$$P^{*} \xrightarrow{\text{光照}} P\cdot(\text{自由基}) \tag{5.2}$$

链式反应：

$$P\cdot + O_2 \longrightarrow POO\cdot \tag{5.3}$$

$$POO\cdot + P—H(\text{聚合物}) \longrightarrow POOH + P\cdot \tag{5.4}$$

链终止反应：

$$2POO\cdot \longrightarrow POOP + O_2$$

$$2P\cdot \longrightarrow P—P\text{或歧化产物}$$

$$POO\cdot + P\cdot \longrightarrow POOP\text{或歧化产物}$$

$$2POO\cdot \longrightarrow \text{酮(醛)} + \text{醇}$$

自催化反应：

$$POOH\ (P) \xrightarrow{\text{光照}} PO\cdot + \cdot OH\ (\cdot OP)$$

$$POO\cdot + P—H(\text{聚合物}) \longrightarrow POH + (H_2O) + P\cdot$$

链断裂反应：

$$PO\cdot \longrightarrow \text{酮} + P\cdot$$

示意图 5.1

由基夺氢能力的总体排序如下：

胺（$—\underline{CH_2}—NR_2$）≈ 1,5 己二烯（$—CH═CH—\underline{CH_2}—CH═CH—$）≈ 烯丙醚($—CH═CH—\underline{CH_2}—O—$）＞醚，醇［$—\underline{CH_2}—O—R(H)$］≈ 聚氨酯($—\underline{CH_2}—NH—CO—OR$) ≈ 烯丙基（$—CH═CH—\underline{CH_2}—$）≈ 苯甲基（$Ph—\underline{CH_2}—$）＞酯($—\underline{CH_2}—CO—O—\underline{CH_2}—$）≈ 叔烷基($R_3\underline{CH}$) ＞亚甲基($—\underline{CH_2}—$）＞甲基($—\underline{CH_3}$）≫ 甲基硅氧烷［$—Si(CH_3)_2—O—$］。

该排序的主要依据是文献中的键离解能以及已确认的杂原子和芳基/乙烯基的激活效应；同时还应考虑相邻的基团、空间位阻以及统计效应。例如，聚偏二氟乙烯［$—(CH_2—CF_2)_n—$］比其他含有$—CH_2—$基团的聚合物有更好的耐候性，可能主要是由于相邻 F 基团的电负性作用（这将在下面进行讨论），以及$—CH_2—$基团数量的减少。再如，亚麻酸酯含有 1,4,7-三烯基，比含有 1,4-二烯基的亚油酸酯更容易氧化，这可能归因于亚麻酸酯中第三烯基的邻位效应，以及亚麻酸酯中双键之间有两个高活性的$—CH_2—$基团，而亚油酸酯中只有一个$—CH_2—$基团。通常情况下，叔烷基由于极易受到空间位阻效应影响，不易发生夺氢反应。

N 和 O 给电子基团对夺氢具有强化作用，F 吸电子基团对夺氢呈现很强的阻滞作用，其原因是夺氢过程中过渡态的极性作用。由于大部夺脱氢物质是电负性的，例如，过氧和烷氧基自由基，过渡态将通过夺氢剂上部分负电荷来稳定；反之，被夺 H 后的 C 上将会携带部分正电荷，如下图所示，这里的 RX 代表夺氢剂。因此，给电子基团将会降低过渡态能量，它能稳定部分正电荷；但是吸电子基则会提高过渡态能量，它不能稳定部分正电荷。

$$\gt C—H + XR \longrightarrow \gt \overset{\delta^+}{C}\cdots H \cdots \overset{\delta^-}{X}R \longrightarrow \gt C\cdot + H—XR$$

上述官能团中无一能直接吸收太阳能。如果没有吸收性芳香族基团，则主要通过偶然出现的过氧化物和酮基来吸收太阳光中波长大于295nm的紫外线。从本质上讲，涂层中采用的所有树脂都含有微量的过氧化氢，同大多数有机物一样。过氧化物、酮和醛也是光引发氧化反应的产物（示意图5.1）。过氧化物和酮的光解过程可分别参见示意图5.1和示意图5.2。如示意图5.2所示，醛和酮的光氧化会产生过氧酸，一种有机强氧化剂。过氧酸在氧化降解中可能起着重要的作用。

$$P-\overset{\overset{O}{\|}}{C}-P \xrightarrow{\text{光照}} P-\overset{\overset{O}{\|}}{C}\cdot + P\cdot$$

$$P-\overset{\overset{O}{\|}}{C}\cdot + O_2 \longrightarrow P-\overset{\overset{O}{\|}}{C}OO\cdot$$

$$P-\overset{\overset{O}{\|}}{C}OO\cdot + PH \longrightarrow P-\overset{\overset{O}{\|}}{C}OOH + P\cdot$$

$$P\cdot + O_2 \longrightarrow POO\cdot$$

$$P-\overset{\overset{O}{\|}}{C}H + POO\cdot \longrightarrow P-\overset{\overset{O}{\|}}{C}\cdot + POOH$$

$$P-\overset{\overset{O}{\|}}{C}OO\cdot + P-\overset{\overset{O}{\|}}{C}H \longrightarrow P-\overset{\overset{O}{\|}}{C}OOH + P-\overset{\overset{O}{\|}}{C}\cdot$$

示意图 5.2

聚甲基硅氧烷和有机硅改性树脂（第16章）对光氧化作用稳定，稳定性一般与树脂中的有机硅含量成正比。氟树脂具有优异的户外稳定性，部分原因是不含C—H基团（或含量很少）。

芳基直接连接杂原子时，如芳香族聚氨酯（Ar—NH—CO—OR）和双酚A（BPA）环氧化物（Ar—O—R）中的芳基，能吸收波长大于295nm的紫外线，通过直接光裂解作用产生自由基，参与氧化降解反应。双酚A（BPA）环氧树脂中直接与醚和醇的氧原子连接的碳原子上的氢很容易被夺走。因此，双酚A（BPA）环氧树脂是很容易被氧化降解的，对模型化合物及其实际配方的研究证实了这一点（Timpe等，1985）。耐候性聚氨酯必须用脂肪族异氰酸酯才能实现可接受的户外耐久性。

以芳香族异氰酸酯制备的涂层经短时间的紫外线曝晒后就会严重黄变。双酚A（BPA）环氧树脂在户外曝晒后通常会快速粉化。粉化是一个通用术语，是指涂层表面变粗糙和发白。最常见的原因是基体树脂降解后从表面脱落，颜料暴露出来（见5.2.4节）。然而，这个术语也适用于无颜料的清漆老化后表面被侵蚀和微裂后呈粉化状时的描述，当然失效机理稍有不同。酮会吸收紫外线，因此应避免使用酮。当丙烯酸树脂在酮类溶剂如甲基戊基酮中聚合时，酮基会通过链转移植入树脂中（Gerlock等，1988）。最好选用酯类或甲苯作聚合溶剂，避免引入酮基。用某些引发剂，如过氧化苯甲酸叔丁酯和过氧化氢异丙苯，聚合的基料的光氧化速率要比用AIBN（偶氮二异丁腈）引发聚合的同样基料高出一倍。主要是因为用偶氮二异丁腈引发的聚合物中没有留下促进光氧化作用的基团。

高氯化树脂如氯乙烯共聚物、偏氯乙烯共聚物和氯化橡胶在受热或紫外线照射时，会经自催化作用脱氯化氢降解。这类涂料在配制时应加入稳定剂，这将在5.3节中进行讨论。

5.2 光稳定

配制高耐候涂料的主要步骤是从耐光氧化和耐水解的树脂开始。通过使用光稳定剂往往可使涂层的光稳定性得到大幅改善。抑制光引发氧化降解的方法有：用紫外线吸收剂，减少聚合物对紫外线的吸收［如示意图 5.1 中反应式(5.1) 所示］、用激发态猝灭剂终止 P* 的裂解［如示意图 5.1 中反应式(5.2) 所示］、用抗氧化剂降低氧化降解［如示意图 5.1 中反应式(5.3) 和式(5.4) 所示］以及使用受阻胺光稳定剂（HALS）（如示意图 5.5 所示）。有关涂层光稳定、热稳定及包括降解路径的综述可参考相关书籍（Wypych，2013）。

紫外线吸收剂(A)：

$$A \xrightarrow{\text{光照}} A^*$$

$$A^* \longrightarrow A + \text{热量}$$

$$\text{总：辐射} \longrightarrow \text{热量}$$

激发态猝灭剂(Q)：

$$P \xrightarrow{\text{光照}} P^*$$

$$P^* + Q \longrightarrow P + Q^*$$

$$Q^* \longrightarrow Q + \text{热量}$$

$$\text{总：辐射} \longrightarrow \text{热量}$$

示意图 5.3

$$POOH + CO^{2+} \longrightarrow POO\cdot + H^+ + CO^{3+}$$

$$POOH + CO^{3+} \longrightarrow PO\cdot + OH^- + CO^{2+}$$

$$\text{总：} 2POOH \longrightarrow POO\cdot + PO\cdot + H_2O$$

示意图 5.4

$$R_2N - R' + O_2 \xrightarrow{\text{紫外线}} R_2NO\cdot + \text{其他产物}$$

$$R_2NO\cdot + P\cdot \longrightarrow R_2NOH + R_2NOP + P(\text{脱氢}) \quad (5.5)$$

$$R_2NOH(P) + PHOO\cdot \longrightarrow R_2NO\cdot + POOH(P) \quad (5.6)$$

示意图 5.5

5.2.1 紫外线吸收剂和激发态猝灭剂

吸收剂（A）和猝灭剂（Q）两种紫外线稳定剂的重要特征是光稳定性和它的化学、物理性能。光稳定性要求通过将紫外线能量转换成热能，使光激发态稳定剂（A* 或 Q*）能够返回基态（如示意图 5.3 所示）。这一过程通常通过可逆的分子内氢原子的交换，或双键的顺反异构化来实现。

激发态猝灭剂的一个重要特征是其有效猝灭容积，在其猝灭容积内可高效猝灭经光激发的聚合物。有效猝灭容积取决于能量转移的机理。有学者已在涉及芳香族聚合物的稳定性中探讨并引用了这些机理（Pappas 和 Winslow，1981）。紫外线吸收剂的稳定作用要求在聚合物和/或微量杂质也具有吸收的波长范围内有强烈的吸收作用。由于猝灭剂是通过转移激发态聚合物和/或杂质的能量而起作用的，要使聚合物具有光稳定性，需要猝灭剂的吸收波长和激发态聚合物和/或杂质的发射波长具有光谱重叠性。光稳定剂在一些涂层中表现出紫外线吸收剂的功能，而在其他涂层中却可能表现出激发态猝灭剂的功能。最有效的稳定剂可能兼具两种功能。

在树脂中加入紫外线吸收剂并不能消除树脂对紫外线的吸收，而只能减少对紫外线的吸收，从而减缓光降解反应速率。随着紫外线辐射光程的增加，紫外线能量被逐渐吸收，入射辐射通过面涂层的吸收而在底层逐渐减弱，所以紫外线吸收剂对漆膜底层或基材的保护作用是最有效的。例如含有吸收剂的透明面漆对其下面的底色漆、木器或塑料基材保护效果最好，而对与空气相接触的涂层界面的保护效果最差。因此，含有紫外线吸收剂透明面漆的厚度可能是影响底色漆或基底塑料防护效果的一个重要变量，因为涂膜越厚，透过的辐射量越少。与紫外线吸收剂相比，猝灭剂本身并不吸收入射辐射。可光降解的聚合物或杂质确实会吸收入射辐射，但是，激发态聚合物（P^*）或激发态杂质（I^*）的双分子猝灭与光降解之比和 P^* 或 I^* 的浓度无关，因此也与通过涂层时吸收的辐射量无关。猝灭剂的猝灭效率和其浓度决定了猝灭的程度。在设计和选择紫外线稳定剂时要考虑的关键问题是它们的吸收光谱。一般来说，理想的吸收剂应在 295～380nm 内具有非常高的紫外线辐射吸收能力。为了避免稳定剂对颜色产生影响，理想情况下，吸收剂应不吸收 380nm 以上的辐射。

取代的 2-羟基二苯甲酮、2-(2-羟基苯基)-2*H*-苯并三唑、2-(2-羟基苯基)-4,6-苯基-1,3,5-三嗪、亚苄基丙二酸酯和草酰苯胺为不同类型的紫外线稳定剂。这些稳定剂中有一些可用作紫外线吸收剂，或用作激发态猝灭剂，也可两者兼用，但在涂料文献中它们常被称为紫外线吸收剂或 UVA。

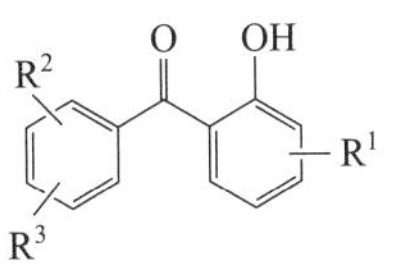

二苯甲酮 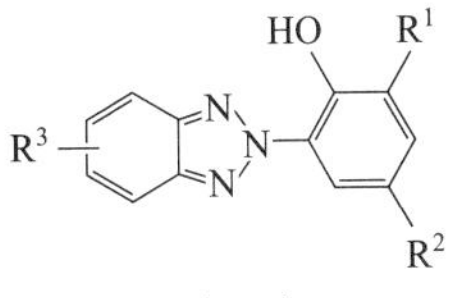　　苯并三唑

均三嗪 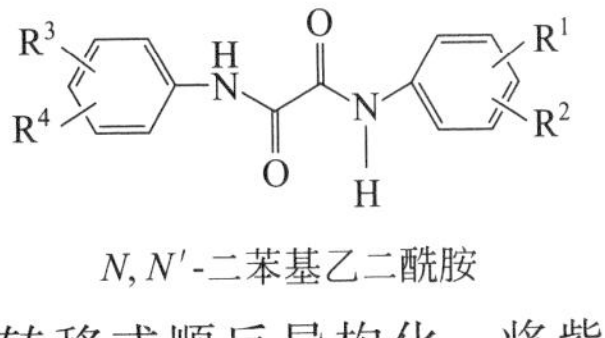　　*N*,*N*′-二苯基乙二酰胺

这些紫外线稳定剂通过分子内氢原子的转移或顺反异构化，将紫外线能量转化为热量。例如，2-羟基苯基取代的稳定剂对紫外线的吸收，或对激发态的猝灭，可以产生一个光激发状态，可以通过分子内氢原子的转移将过量的电子能转化为化学能，产生一个不稳定的中间体；不稳定的中间体自发地进行氢原子的反向转移，重新生成紫外线稳定剂，并伴随着化学能转变为热能。以 2-羟基二苯甲酮为例来说明这个变化过程。

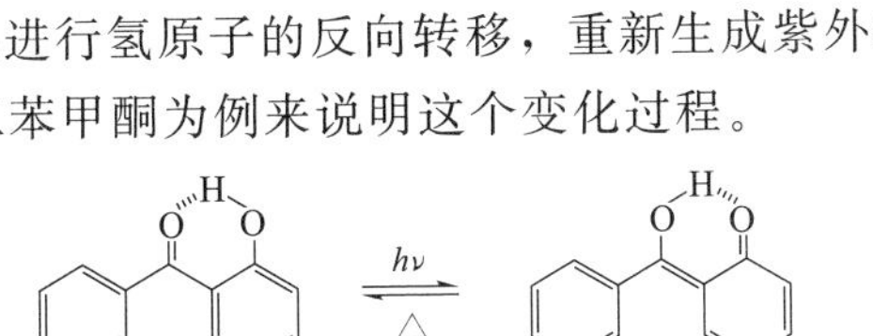

紫外线稳定剂必须能溶于涂膜中。（第 5.2.4 节讨论的用作紫外线吸收剂的颜料是不溶性的。）现在已有不同类型的紫外线稳定剂，在芳环上有不同的取代基，可以满足不同聚合物体系对溶解度的要求。

通常，稳定剂是加到多层涂料体系的面漆中。但是分子迁移可能导致稳定剂分布于整个涂层体系中，从而降低面漆中稳定剂的浓度，这种现象在烤漆体系中尤为明显。这种现象已经通过对汽车罩光漆-底色漆漆膜的剖面分析得到证实（Bohnke 等，1991）。在一个多层涂层体系中，紫外线稳定剂只添加到了清漆面层中，但剖面分析表明，稳定剂的含量在整个涂膜中的分布基本上是均匀的，无论是罩光清漆还是底色漆。采用另一类型的底色漆，发现稳定剂大部分保留在罩光清漆层中。在塑料涂料中，已有研究表明，涂层中的稳定剂可以迁移到塑料底材中（Haacke 等，1996）。即使是不高的温度也足以引起紫外线稳定剂在固化后的涂层之间迁移（Peters 等，2007）。因此要使清漆层含有足够浓度的稳定剂，一种可能的解决方案是在清漆的下层漆中也添加稳定剂。

紫外线稳定剂的一个关键要素是它的持久性。稳定剂的减损可能由两种机理造成。一是可能由于蒸发、析出或迁移而造成的物理减损；二是可能由于稳定剂的化学或光化学降解而造成化学减损。在涂料中后一种原因占大多数。即使紫外线稳定剂的蒸气压很小，它也会在要求的较长耐久期限内，慢慢地从表面挥发。更重要的是，在热固化涂层中，紫外线吸收剂在烘烤过程中会挥发。在烘烤过程中，紫外线吸收剂的这种减损会导致它在涂层中的浓度远低于配方设计的预期浓度。

大多数羟基苯基三嗪的蒸气压都非常低。它们在烘烤过程中减损最小，通常是最佳的长效光稳定剂，其次是苯并三唑类、苯并苯酮和草酰苯胺。使用低聚光稳定剂可获得更长效的物理稳定性。也可以使用高聚物键接的稳定剂，以保证稳定剂的物理持久性（Cliff 等，2005）。

比物理减损更重要的是，有机紫外线吸收剂在老化过程中会出现化学减损。这种紫外线吸收剂并不吸收光，也不会发生解离，但是易受到基料中产生的自由基的攻击。抗自由基攻击的紫外线吸收剂在涂层中往往具有最好的持久性。降解速率高的涂层会缩短紫外线吸收剂的寿命。Valet（1997）对影响紫外线吸收剂性能的复杂因素进行了详尽的讨论。

由于紫外线吸收剂在老化过程中逐渐被化学消耗，经过长时间的户外曝晒后，涂层中的紫外线吸收剂浓度经常呈现梯度分布状态。因为紫外线吸收剂不能保护最顶层的涂料，最顶层的降解速率通常最高，因而涂层表面紫外线吸收剂受到的攻击率也是最高的（Gerlock 等，2001b；Smith 等，2001）。虽然紫外线吸收剂和受阻胺光稳定剂（HALS）在未老化涂层中均会有一定的迁移，但老化过程中树脂 T_g 的升高会明显地阻碍这些稳定剂的迁移。因此，在短短几年的户外曝晒后，就可以明显观察到稳定剂浓度的梯度分布。如前所述，如果紫外线吸收剂在底层或基材中的溶解度高于其在涂层中的溶解度，则可观察到梯度的反向分布。这种迁移预计会降低涂层体系的稳定性，特别是当涂层用于起初未经测试的基材上时，可能会导致意想不到的不良耐久性。

随着涂层的老化，紫外线吸收剂浓度的梯度分布往往与其在涂层表面减损的增加相关，其在涂层中的降解程度也通常是涂层深度的函数。由于紫外线吸收剂和颜料限制了紫外线在涂层中的穿透性，所以涂层表面附近的降解最为严重。近期的模拟和试验研究工作均表明，长期被认为对涂层降解影响不大的氧扩散，也会导致紫外线吸收剂的浓度随涂层厚度变化呈梯度分布（Kiil，2012；Adema 等，2015）。

5.2.2 抗氧化剂

抗氧化剂可分为两类：预防型抗氧化剂和链断裂型抗氧化剂。预防型抗氧化剂中的一种是过氧化物分解剂，它们可将过氧化氢还原分解为醇类，自身则被氧化成无害的产物。硫化物和亚磷酸盐都是过氧化物分解剂，反应式(5.7) 和式(5.8) 分别为硫代双丙酸二月桂酯(LTDP) 和亚磷酸三苯酯分解的反应式。其最初的氧化产物分别是亚砜和磷酸酯，可能会分别发生进一步的反应。

$$POOH+S(CH_2CH_2CO{-}OC_{12}H_{25})_2 \longrightarrow POH+O{=}S(CH_2CH_2CO{-}OC_{12}H_{25})_2 \quad (5.7)$$

$$POOH+(PhO)_3P \longrightarrow ROH+(PhO)_3P{=}O \quad (5.8)$$

金属络合剂是另外一种类型的预防型抗氧化剂。它们会与在涂层中以污染物存在的过渡金属离子络合，从而防止金属离子通过氧化还原反应催化过氧化氢转变为过氧基和烷氧基，如示意图 5.4 所示。产生的过氧基和烷氧基自由基是不期望的产物，因为它们会促进氧化降解，如示意图 5.1 所示。对于干性油和醇酸的氧化固化（14.2.2 节），可有目的地加入过渡金属离子作为催化剂（干料）来加速固化。因此示意图 5.4 中的反应既包括氧化交联，又涉及氧化降解。所以应尽量降低干料的浓度，以减少涂层体系在户外曝晒时的后续降解。

据报道，由邻羟基苯甲醛（水杨醛）和四氨基甲基甲烷衍生得到的四官能双配位亚胺可有效地络合大量过渡金属离子，包括 Co、Cu、Fe、Mn 和 Ni［在复合物（**1**）中用 M^{n+} 表示］(Shelton 和 Hawkins，1972)。

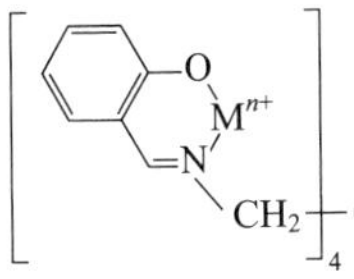

Ar = 1, 2-双取代苯

1

链断裂型抗氧化剂的功能是直接干扰自氧化的链增长，如示意图 5.1 所示。位阻苯酚［2,2′-亚甲基-双(4-甲基-6-叔丁基苯酚)］就是一个典型的链断裂型抗氧化剂，它与过氧化自由基反应，与从聚合物（PH）中夺氢的反应进行竞争，形成一个共振稳定、活性较低的酚氧自由基，如反应式(5.7) 所示。

然而，在反应式(5.9) 中也产生了不期望的过氧化氢。通过链破坏断裂酚类抗氧剂和过氧化物分解剂的组合，使聚合物稳定具有协同作用的基础。这种协同稳定作用意味着稳定剂的组合使用要比它们各自单独使用的效果更好。

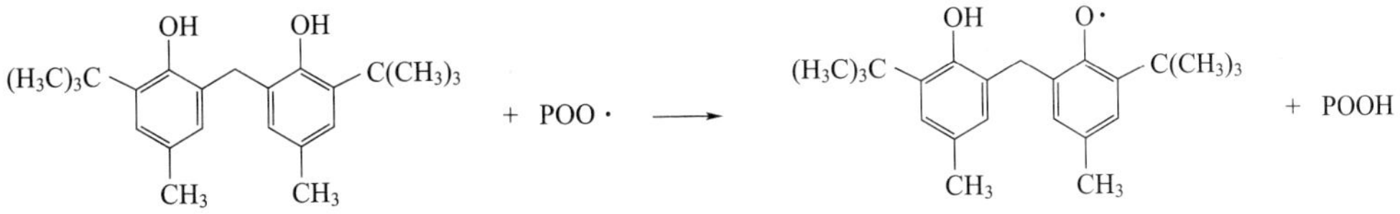

(5.9)

5.2.3 受阻胺光稳定剂

受阻胺光稳定剂（HALS）是在两个 α 碳上分别带有两个甲基的胺，大多是 2,2,6,6-四甲基哌啶的衍生物，如通式（**2**）所示。据报道它们兼具断裂抗氧剂的功能（Carlsson 等，

1984）和过渡金属络合剂的功能（Fairgrieve 和 MacCallum，1984）。前者的作用显得更为重要。要注意，是 2,2,6,6-位置上的甲基基团阻止了与氮原子相邻的碳环结构的氧化。

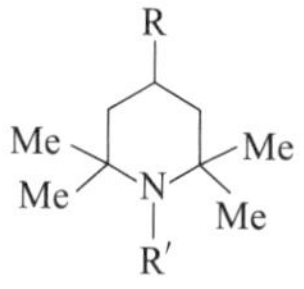

R′= H, 烷基，烷醇，烷氧基

2

受阻胺光稳定剂（HALS）衍生物经过光氧化作用转化为硝酰基自由基（$R_2NO\cdot$），与碳中心自由基发生歧化反应和化合反应，分别生成相应的羟胺和醚，如示意图 5.5 中的反应式(5.5) 所示。羟胺和醚与过氧自由基反应生成硝酰基，如示意图 5.5 的反应式(5.6) 所示。在这种情况下，受阻胺光稳定剂（HALS）衍生物干扰了自氧化过程中碳中心自由基和过氧自由基的链传递反应（示意图 5.1）。与硝酰基不同，位阻酚不直接与碳中心自由基发生反应。如需将碳中心自由基转化为过氧自由基，需以氧作为助稳定剂，如反应式(5.9) 所示。硝酰基自由基也可与烷氧基自由基发生反应，降低光氧化速率。

在户外曝晒的涂层中，受阻胺光稳定剂（HALS）衍生物必须经过快速氧化形成硝酰基后，才能有效地发挥作用。在漆膜光曝晒过程中，只有很少部分（约 1%）的受阻胺稳定剂衍生物转化为硝酰基，大部分是相应的羟胺（R_2NOH）和醚（R_2NOP）。要保持持续的稳定性，一定要有硝酰基的存在，硝酰基一旦消失，很快就会引起聚合物快速降解。硝酰基的氧化伴随着哌啶环的打开，受阻胺光稳定剂（HALS）才可能会部分或完全耗尽。过渡金属离子和过氧酸是这一过程的潜在氧化剂。最新研究表明，通过从头计算法可推算出，受阻胺光稳定剂（HALS）可能是通过过氧化自由基，从烷氧胺中夺取一个氢而起作用（Gryn′ova 等，2012）。

现在已有很多受阻胺光稳定剂（HALS）化合物品种。在通式（**2**）中，“R′”一般是指双酯基团，它将两个哌啶环连在一起；这样既增加了分子量，又降低了挥发性。第一代商业化的受阻胺光稳定剂（HALS）化合物中的 R′为 H，目前在一定程度上仍在使用。后期位阻胺光稳定剂（HALS）化合物中的 R′改为烷基，其表现出更好的长期稳定性。这两类受阻胺光稳定剂（HALS）都呈碱性，均会干扰酸催化的交联反应，例如三聚氰胺-甲醛（MF）树脂的交联反应。R′为 C(═O)R″的烷酰基受阻胺光稳定剂（HALS）化合物虽不是碱性的，但它们初始反应形成硝酰基的速度较慢（5.6.2 节）（Valet，1997）。近来，羟氨基醚（R′为 OR″）已被普遍接受。如辛基醚可赋予受阻胺光稳定剂（HALS）低碱性，能快速转换为硝酰基（Bauer，1994）。受阻胺光稳定剂（HALS）化合物，尤其是当 R′为 H 时，会加速聚碳酸酯塑料的降解，可能是因为发生了碱催化的水解反应所导致。

紫外线吸收剂和受阻胺光稳定剂一起使用时可产生协同效应（Gerlock 等，1985）。紫外线吸收剂可减慢自由基的生成速率，而受阻胺光稳定剂（HALS）化合物则可减慢自由基引发的氧化降解的速率。另一原因是，紫外线吸收剂对涂膜外表面不能起保护作用；相反地，受阻胺光稳定剂（HALS）化合物却能有效清除表面上的自由基。与紫外线吸收剂一样，仅需几年的户外曝晒，就可以在含有受阻胺光稳定剂（HALS）的涂层中观察到其浓度的梯度分布，如 5.6.1 节所述（Gerlock 等，2001c）。

在汽车仪表板上使用时，在涂有底漆的 TPO（聚丙烯-EPDM 橡胶掺混物）上涂装底色漆和清漆。如丙烯酸-MF 底色漆和丙烯酸聚氨酯清漆。在清漆中添加紫外线吸收剂和受阻胺光稳定剂（HALS）化合物，可以确保户外耐久性。然而，与同一涂料涂在钢材上的情况完全相反的是紫外线吸收剂和受阻胺光稳定剂可以穿透 TPO 上的涂层，迁移至 TPO 塑料内，使涂层耐久性远远不如涂覆于钢材上的涂层耐久性。为尽量减小这一效应，有研究采用了带有羟基的紫外线吸收剂和受阻胺光稳定剂化合物，它们能与清漆中的异氰酸酯发生反应，将稳定剂与聚合物链相键合。由于稳定剂键合在聚合物上，它们在清漆中的保留率会高很多，涂层耐久性也会相应提高（Yaneff 等，2004）。这种迁移问题在反应注射成型（RIM）聚氨酯材料中更为严重，与 TPO 相比，这种材料对添加的稳定剂亲和力更大。用丙烯酸酯-MF 底色漆和 2K 聚氨酯清漆进行了详细的研究，也表明使用活性的紫外线吸收剂和受阻胺光稳定剂时，要比使用非活性同类稳定剂的稳定性有显著提高（Cliff 等，2005）。

木材曝露于户外紫外线和可见光下会很快变色，而在室内则要慢得多。室外曝晒效应的主要原因是木材中木质素具有光反应活性。Hayoz 等（2003）建议采用两道涂层体系以防止木材的变色。底色漆中添加 4-羟基-2,2,6,6-四甲基哌啶的硝酰基衍生物，用于捕获辐射形成的自由基。如前所述在大多数情况下，虽然最好在面漆中添加受阻胺光稳定剂（HALS），但在这种情况下，尤为重要的是，含有受阻胺光稳定剂（HALS）的涂层必须与含有木质素的木材直接接触。在面涂层中可添加一种 2、3 和 4 对位取代的 3-间苯二酚三嗪的混合物作为紫外线吸收剂来屏蔽辐射。Teaca 等人针对目前关于木材降解和保护机制的不同观点作了详细综述（Teaca 等，2013）。

4-甲氧苯基亚甲基丙二酸的 *N*,2,2,6,6-五甲基羟基哌啶二酯能将丙二酸苯亚甲基酯的紫外线吸收剂功能和受阻胺光稳定剂衍生物的抗氧化性能结合起来。此外，在户外曝晒时，这种双功能紫外线吸收剂/受阻胺光稳定剂与 MF 反应，与丙烯酸涂料和 2K 聚氨酯丙烯酸涂料发生交联反应，可以防止稳定剂因挥发或析出而造成减损。Avar 和 Bechtold（1999）报道了双功能稳定剂与紫外稳定剂邻羟基苯基-*s*-三嗪组合使用，在很长时间内为涂层提供了良好的稳定性。有研究比较了三种类型的紫外稳定剂与双功能稳定剂组合的光稳定性，其性能优劣顺序为：邻羟苯基-*s*-三嗪类＞邻羟苯基三嗪类＞草酰苯胺类。

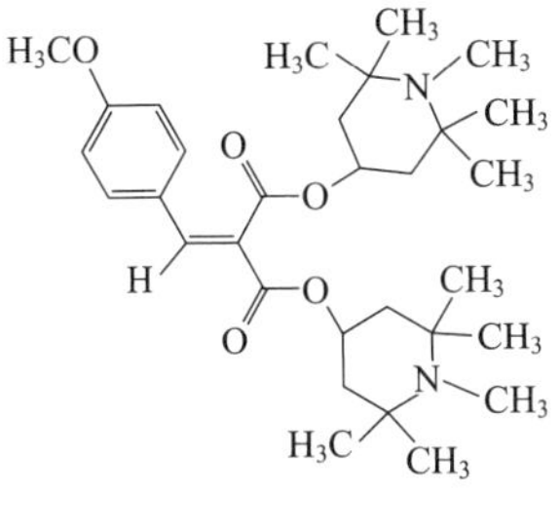

5.2.4 颜料化效应

许多颜料能吸收紫外线的辐射。其中细粒度的炭黑是最强的紫外线吸收剂。许多炭黑的结构上都会带有多个芳香稠环，有时在颜料表面还有苯酚基团。在后一种情况下，这些黑色颜料既是紫外线吸收剂又是抗氧化剂。以炭黑为颜料的涂层户外耐久性可得到很大的提高。亨利·福特（Henry Ford）说过：“顾客对车的颜色没有任何要求，只要是黑色的就行。”这倒并非是他的奇思怪想。黑色涂层是到目前为止最耐候的涂层，黑色也是最易干燥的颜色。

其他颜料也能不同程度的吸收紫外线辐射。例如，添加细粒度透明氧化铁颜料的涂层，厚度 50μm，几乎能完全吸收波长小于 420nm 的辐射（Sharrock，1990）。这种强大的吸收作用特别适用于木器着色剂，因为透明着色涂层可保护木材，防止光降解。

设计涂料配方时还必须考虑涂料中颜料和有机稳定剂之间的相互作用。Haacke 和他的同事（Haacke 等，1999）研究表明，紫外线吸收剂可以物理吸附到许多颜料（包括炭黑和有机颜料）的表面，从而降低它们在涂层中的有效浓度，导致某些色漆的性能比预期的要差。

有研究在许多类型的涂料和着色剂中，采用纳米氧化锌和纳米氧化铈作为无机持久性紫外线吸收剂。尽管吸收辐射很有效，但这些纳米颜料会影响涂层的外观，因此与有机紫外线吸收剂相比，并未获得显著的市场份额（Lima 等，2009；Saadat-monfared 等，2012）。

金红石型 TiO_2 白色颜料吸收紫外线的能力很强。吸收作用不仅和波长及浓度有关，还和颜料的粒径大小有关（Stamatakis 等，1990）。金红石型 TiO_2 吸收 300nm 波长紫外线的最佳粒径为 50nm，而吸收 400nm 波长紫外线的最佳粒径提高到 120nm。这两个粒径都比具有遮盖力的最佳粒径 190nm 要低（19.2.3 节）。平均粒径为 230nm 的金红石 TiO_2 仍能强烈吸收紫外线。锐钛矿型 TiO_2 吸收紫外线的能力也很强，但在近紫外线区域，其吸收能力不如金红石 TiO_2。因此，TiO_2，尤其是金红石 TiO_2，可在涂料中用作紫外线吸收剂。然而，在户外曝晒时，TiO_2 会加速涂膜的光降解，导致涂层粉化，即漆膜表面有机基料发生降解，使颜料颗粒失去与基料结合的能力，曝露在表面，这些颜料就像黑板上的粉笔灰一样容易被擦掉。光激发的 TiO_2 与氧和水相互作用生成氧化剂，加剧了基料的降解，如示意图 5.6 所示（Voelz 等，1981）。TiO_2 的光激发使低能价带的电子跃迁到高能导带，产生独立的电子/空穴对（e/p），如示意图 5.6 中 TiO_2^*（e/p）所示。O_2 捕获电子（还原）和 H_2O 捕获空穴（氧化）可使 TiO_2 回到基态，生成的过氧化氢和羟基自由基能够参与氧化降解，如示意图 5.1 所示。锐钛矿型 TiO_2 比金红石型 TiO_2 具有更强的光化学活性，更能促进氧化降解。所以，除需要漆膜呈现粉化的个别情况外，锐钛矿型 TiO_2 通常不适用于户外涂料（20.1.1 节）。

$$TiO_2 + \text{光照} \longrightarrow TiO_2^*(e/p)$$

$$TiO_2^*(e/p) + O_2 \longrightarrow TiO_2(p) + O_2^- \cdot$$

$$TiO_2(p) + H_2O \longrightarrow TiO_2 + H^- + HO\cdot$$

$$H^+ + O_2^- \cdot \longrightarrow HOO\cdot$$

$$2HOO\cdot \longrightarrow H_2O_2 + O_2$$

$$TiO_2^*(e/p) + H_2O_2 \longrightarrow TiO_2 + 2HO\cdot$$

示意图 5.6

在 TiO_2 颗粒上包覆一层薄薄的二氧化硅、氧化铝或氧化锆，形成一层阻挡氧化还原反应的屏蔽层，可防止出现氧化还原反应（20.1.1 节）。通过这种包覆的方式，金红石型 TiO_2 就可用于合适的涂料中，来确保涂层在多年户外曝晒后仍具有优异的耐久性。Watson 等（2012）开发了一种实验室的测试方法，并建立数据库，用于比较不同等级 TiO_2 的光反应活性。也有相关研究报道了不同稳定剂的光反应活性，包括受阻胺光稳定剂（HALS）（Braun，1990）。

以 TiO_2 为主要颜料的外墙涂料的粉化，会在很长的一段时间后导致漆膜最终完全被侵蚀。粉化会使涂膜变得粗糙，从而导致失光。然而，失光与粉化之间不存在必然的内在联系

(Braun 和 Cobranchi，1995)。有研究表明，一些含 TiO_2 的涂料，其初始失光是由涂膜收缩引起的，在某些情况下，若使用耐候等级较高的 TiO_2，初始失光会大一些。对于同时含有 TiO_2 和其他颜料的涂料，粉化会引起因失光而导致的变色。漆膜光泽低，表面反射较强，涂膜外观变得颜色较浅。

由于颜料和基料之间存在相互作用，所以户外用涂料的配方设计十分复杂。在某些情况下，一种颜料用于某一树脂中时，经户外曝晒后表现出极佳的保色性能，但用于另一种树脂中时，涂层耐久性却表现不佳。例如，硫靛紫红在硝基漆中具有极好的保色性，但在丙烯酸清漆中其颜色的稳定性较差。研究中经验可作为选择新树脂体系所用原料的初始依据，最终需要通过现场测试来考察颜料和树脂组合的匹配性。

5.3 氯化树脂的降解

高氯化树脂受热或紫外线照射下会脱去氯化氢。这是个自催化过程。随着涂层中连续的共轭双键数量增多，聚合物会逐渐变色，直至完全变成黑色。产生的不饱和度高的聚合物会发生自氧化，产生交联和脆化。以聚氯乙烯为例，其脱氯化氢后形成的产物为共轭的多烯烃。

大量针对聚氯乙烯降解机理的研究表明，当氯与叔碳原子相连，或与烯丙基碳相连时，会与相邻的氢结合脱去氯化氢。有人提出，当氯乙烯单体以头-头方式加入正在增长的聚合物链中后，至少会形成一个薄弱点，如示意图 5.7 中的反应式(5.10) 所示，然后通过链转移，氯转移到单体上，见方程式(5.11) (Starnes，1985；Georgiev 等，1990)。所生成的烯丙基氯化物非常容易脱去氯化氢，产生一个具有两个共轭双键的新的烯丙基氯化物［如方程式(5.12) 所示］。而共轭双键数目的增多降低了烯丙基氯化物的稳定性，使得脱氯化氢的反应更容易发生。

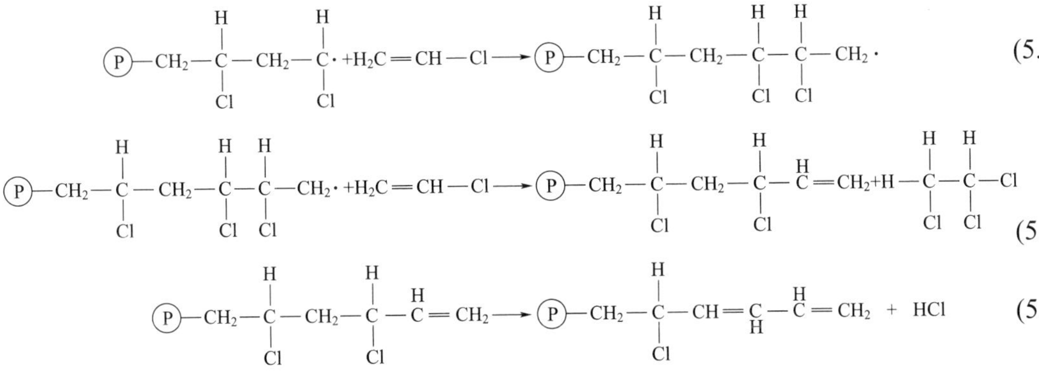

$$\text{(P)}-CH_2-\underset{Cl}{\overset{H}{C}}-CH_2-\underset{Cl}{\overset{H}{C}}\cdot + H_2C=CH-Cl \longrightarrow \text{(P)}-CH_2-\underset{Cl}{\overset{H}{C}}-CH_2-\underset{Cl}{\overset{H}{C}}-\underset{Cl}{\overset{H}{C}}-CH_2\cdot \qquad (5.10)$$

$$\text{(P)}-CH_2-\underset{Cl}{\overset{H}{C}}-CH_2-\underset{Cl}{\overset{H}{C}}-\underset{Cl}{\overset{H}{C}}-CH_2\cdot + H_2C=CH-Cl \longrightarrow \text{(P)}-CH_2-\underset{Cl}{\overset{H}{C}}-CH_2-\underset{Cl}{\overset{H}{C}}-\overset{H}{C}=CH_2 + H-\underset{Cl}{\overset{H}{C}}-\underset{Cl}{\overset{H}{C}}-Cl \qquad (5.11)$$

$$\text{(P)}-CH_2-\underset{Cl}{\overset{H}{C}}-CH_2-\underset{Cl}{\overset{H}{C}}-\overset{H}{C}=CH_2 \longrightarrow \text{(P)}-CH_2-\underset{Cl}{\overset{H}{C}}-CH=\underset{H}{C}-\overset{H}{C}=CH_2 + HCl \qquad (5.12)$$

示意图 5.7

针对上述问题，多种稳定剂可供选择。由于氯化氢会催化脱氯化氢的反应，所以一些氯化氢捕集剂，如环氧化合物和碱性颜料都是十分有用的。亲二烯体能够与共轭双键发生 Diels-Alder（双烯加成反应）反应，也可作为稳定剂使用。Diels-Alder 反应会破坏树脂中的共轭双键链。二丁基锡二酯也是一类有效的稳定剂。有人提出，锡化合物中的酯基可与活性的氯原子发生交换，形成更稳定的酯取代的聚合物分子。在众多稳定剂中，马来酸二丁基锡特别有效，它既可以充当酯交换化合物，又可以作为亲二烯体。除此之外，还有钡、镉、锶等金属皂类也可作稳定剂，稳定剂组合的选择要根据体系而定。要看是要求热稳定还是UV稳定进行选择。如果要实现UV稳定，紫外线吸收剂能进一步增强材料的稳定性。

5.4 水降解

具有良好户外耐久性的涂层，其水解速率通常比光氧化速率低得多，因为即使水解速率适中，也很难配制成耐久性涂层。光氧化作用可以通过添加稳定剂来减弱，但水解性却很难通过添加剂来缓和。官能团发生水解的顺序通常为酯>碳酸盐>脲>氨基甲酸酯≫醚，酯最容易水解，而醚最难水解。然而，活化后的醚类物质，例如本书中提到的醚化三聚氰胺-甲醛（MF）交联剂（第11章）、醚化甲阶酚醛树脂（13.6节）以及它们与羟基化树脂的交联产物，水解速率均高于脲和氨基甲酸酯。通过空间位阻效应可以降低各类基团的水解倾向。比如，可在水解敏感基团如酯类（10.1.1节）附近放置烷基，烷基的存在能够降低材料的亲水性以降低水解速率。研究表明，用于合成聚酯的二元酸或二元醇水溶性越低，其耐水解能力越强（Jones和McCarthy，1995）。基团水解速率亦受邻位基团的影响，例如，邻苯二甲酸半酯在酸性条件下（常见于户外曝晒期间）比间苯二甲酸半酯更易水解（10.1.2节）。“超耐久性”聚酯树脂也已变得司空见惯，其中一部分原因就是可能采用了耐水解的多元醇与多元酸（第10章）。

聚酯的水解会导致主链断裂降解。相反，甲基丙烯酸树脂的主链则完全耐水解，因为其主链由碳-碳键组成。由于丙烯酸主链的空间效应，丙烯酸酯（尤其是甲基丙烯酸酯）的酯侧基也非常耐水解。碳酸酯则比羧酸酯更耐水解。

涂层中残留的用于催化交联的酸催化剂（通常是磺酸）可促进三聚氰胺-甲醛交联的羟基树脂的水解（11.3.1节）。一般来说，增加磺酸浓度能够降低涂料的固化温度，但是涂层中残留的磺酸则会提高材料的亲水性。使用过渡性或逃逸性酸催化剂是较为理想的解决方案，该类催化剂会在固化后离开漆膜或被中和。Nguyen等在2003年便利用傅里叶变换红外光谱（FTIR）与原子力显微镜（AFM）研究了50℃时丙烯酸-三聚氰胺-甲醛涂层在不同湿度下的降解。结果发现降解过程伴随着—NH_2与—COOH的产生，且材料有所损失。有趣的是，该降解过程并不均匀，涂层表面出现凹坑，随着曝晒时间的延长，逐渐变深和变大。其他科研工作者通过模拟也证实了涂层的降解是不均匀的，在降解过程中会形成空洞。这种不均匀性可能是由于聚合物网络固化过程中，局部交联密度不同所引起的（Zee等，2015）。

汽车用底色漆和罩光清漆也常受到环境腐蚀。在温暖潮湿，伴随有酸雨或露水的气候里，例如美国佛罗里达州的杰克逊维尔曝晒场，有时罩光清漆表面在几天后就会出现难看的小斑点。这些难看的小斑点是罩光清漆表面不规则的、很浅的凹痕。这些凹痕就是在含有高浓度酸的水滴区域的树脂水解形成的。且随着水分子蒸发，酸浓度升高，水降解速率加快。尽管在杰克逊维尔曝晒场14周的挂板试验已被广泛用于评价涂层的耐酸性，但观察到这种方法存在很大的可变性，每年的雨、露、日照、酸度均存在较大变化（Schulz等，2000）。因此，人工老化试验便被提上日程。美国最近开发的一项实验室试验（ASTM D7356），可有效模拟涂层在杰克逊维尔曝晒场呈现的性能，综合了紫外线、酸、温度以及湿气等各种曝露环境。

有相关研究明确了影响涂层耐环境腐蚀的几个因素（Betz和Bartelt，1993；Gregorovich

和 Hazan，1994)。聚氨酯交联结构与醚化-三聚氰胺-甲醛交联的羟基树脂相比，前者更具有耐酸水解性。因此，聚氨酯-多元醇类涂层的耐环境腐蚀性通常要优于三聚氰胺-甲醛-多元醇类涂层。当使用三聚氰胺-甲醛树脂作为固化剂交联氨基甲酸酯树脂时（8.2.2 节），制备的新型聚氨酯材料既有良好的耐环境腐蚀性，又有优异的耐划伤性。除此之外，环境温度、聚合物玻璃化转变温度（T_g）、面漆的表面张力等影响因素也很重要。有人提出了多种措施来说明和解决涂层的环境腐蚀等问题，进一步的讨论见 30.1.2 节。

Bauer 等（1988）曾报道称受阻胺光稳定剂（HALS）对丙烯酸-聚氨酯涂层的稳定效果要好于丙烯酸-三聚氰胺涂层。这一发现至少部分反映了丙烯酸-三聚氰胺对水降解的敏感性更高，且受阻胺光稳定剂（HALS）衍生物无助于防止水解。聚氨酯类涂层与三聚氰胺类涂层均会发生氧化降解。主要是因为氨基甲酸酯上与氮原子相连的 C—H 键以及三聚氰胺上与氮原子和醚氧基相连的 C—H 键都容易受自由基攻击而脱去氢原子，形成新的自由基。事实证明，三聚氰胺类涂层自由基形成速率较低，其氢过氧化物含量要明显低于氨基甲酸酯类涂层。该结果可归因于丙烯酸-三聚氰胺具有较好的分解氢过氧化物的能力（Mielewski 等，1991)，也可能是由于三聚氰胺上的 C—H 基团不太容易被氧化。

Bauer 等（1988）还报道了紫外线曝晒会加速丙烯酸-聚氨酯涂层和丙烯酸-三聚氰胺涂层的水降解。这可能是由于光氧化导致氢过氧化物、醇、酮和羧酸等亲水基团的产生，增加了涂层的亲水性。光氧化也可能发生在特殊的位置，生成更容易水解的基团。Bauer（1986）的另一项研究证实了高湿度条件会加速丙烯酸-三聚氰胺涂层光降解，这主要是由于高湿度环境下涂层水解产生甲醛，继而进一步被氧化为过甲酸，一种强氧化剂，促进了涂层的光降解。

含硅涂料特别耐光降解，在硅与三个氧的连接部位的交联结构容易水解（Brown，1972；Hsiao 等，1975；Pappas 和 Just，1980)。显而易见的是，氧的电负性促进了水分子对硅的亲核反应（16.1.2 节)。该反应是可逆反应，因此交联结构可发生水解和重整。如果有机硅改性丙烯酸涂层或有机硅改性聚酯涂层长时间与水接触或处于湿度很高的环境，涂层会逐渐变软。为了解决这一问题，可在涂料配方中添加一些三聚氰胺-甲醛树脂作为辅助交联剂，很明显，氨基树脂-丙烯酸-聚酯的交联结构要比有机硅树脂与聚酯或丙烯酸树脂之间形成的化学键更耐水解。

5.5 户外曝晒后所产生的其他失效模式

这一章重点讨论了涂层在户外曝晒过程中化学组合发生的各种变化。更为重要的是，这些化学变化会导致涂层发生物理外观或性能的变化，如黄变、变色、失光、开裂、剥落和粉化。另外，环境和气候与涂层之间的相互作用通常是因化学组分变化而影响最终物理外观的决定因素。

例如，当涂层中的拉伸应力超过涂层的断裂阻力时，就会发生开裂。如第 4 章所述，随着老化的进行，大多数涂层的断裂能（韧性）降低，并且涂层内部应力增加。此外，涂层脆化的速率与化学组成的变化速率也密切相关。对于汽车涂料和有机硅硬涂料而言（Nichols 和 Peters，2002)，光氧化速率与脆化速率直接相关。在老化过程中，化学组成变化较慢的涂层，它的脆化速率也较慢（Nichols 等，1999；Nichols 和 Peters，2002)。

气候的微观变化也会影响涂层开裂失效。“丹佛（Denver）开裂”就是在干燥、高海拔气候条件下观察到的，因为那里每年的紫外线剂量很高。相对较高的光氧化速率会导致涂层开裂，这种开裂一般在较温暖的气候条件下是观察不到的，原因简单，因为涂层内部应力只有在寒冷、干燥的冬季月份才会特别高（Nichols 和 Frey，2014）。

当在木材表面涂漆时，漆膜必须能够承受木纹受潮后由于不均匀膨胀造成的伸长；否则，就会发生木纹开裂现象，即沿着与木纹平行的方向发生开裂。这种失效模式可能会发生在室内用漆上，但更容易发生在户外漆中，尤其是醇酸或干性油制备的涂料，经户外曝晒后容易脆化。而丙烯酸乳胶漆膜具有较好的户外耐久性和可延展性，很少发生此类现象。

脱层或剥离与化学组成的变化也是相关的。当涂层之间或涂层与基材之间的界面开始发生化学降解时，附着强度就会持续降低。通过红外光谱和飞行时间二次离子质谱（TOF-SIMS）检测发现，界面上化学变化的程度与户外老化过程中的剥离失效直接相关。那些在界面上几乎没有发生化学变化的涂层在老化后也会表现出优异的耐剥离性（Gerlock 等，1999）。

涂层出现失效的曝晒时间是由环境负载（紫外辐射、温度、湿度）之间的复杂作用以及特定涂层对这其中每一项负载的响应决定的。例如，已知同种涂料在南佛罗里达州曝晒比在亚利桑那州凤凰城地区曝晒失光要快。凤凰城的年紫外线剂量比南佛罗里达州高约 10%。测量结果表明，在凤凰城地区曝晒的涂层体系比在佛罗里达州曝晒的涂层体系更容易发生表面降解。然而，涂层的失光是由于表面材料被侵蚀而造成的，留下的粗糙表面使反射光离开镜面反射角，形成散射光，这就被认为是失光。而表面被侵蚀的主要机理是通过液态水（雨或露）将已经降解的、松散的物质冲洗掉。南佛罗里达州的年降雨量是凤凰城地区的 10 倍。因此在南佛罗里达州曝晒的涂层失光更严重，是因为下雨时涂层表面的大部分降解物质会被雨水冲洗掉（Nichols 和 Misovski，2009）。

住宅外墙木护板油基漆的起泡会导致涂层失去附着力。起泡是由于涂层下方木材中的水分积累所致。随着太阳光的照射加热，水的蒸气压上升，形成水泡以释放压力。由于乳胶漆通常比油基漆具有较高的水汽渗透性，水蒸气可以通过乳胶漆膜，在水泡形成之前压力就被释放了。然而，乳胶漆膜的水汽渗透性高，也可能会导致其他类型的失效。例如，如果外墙乳胶漆中用碳酸钙作填料，就有可能出现起霜现象。水和二氧化碳渗透到漆膜中，溶解碳酸钙，形成可溶性的碳酸氢钙，其溶液可从漆膜中渗出来。而在漆膜表面反应平衡出现转向，碳酸氢钙又变成碳酸钙沉积物。

积垢（沾污）可能是建筑乳胶漆的一个棘手问题。乳胶漆必须设计成能够在相对较低的施工温度下聚结成膜。在较暖和的温度下，那些落在漆膜表面上的烟尘和污垢颗粒可能会牢固黏附其上，雨水难以冲去。Gilbert（2016）讨论了与此有关的配方和测试问题。在硬度和光泽相似的涂层上，沾污情况可能会有很大差异，这个问题必须通过对涂料中每一个组分进行测试才能解决。沾污情况会随着曝晒而变化，需用涂层样板在户外或加速试验设备中进行曝晒试验。在燃烧软煤的区域，这种现象特别严重。如所预料的那样，高 T_g 聚合物配制的涂料沾污较少（Smith 和 Wagner，1996；Wagner 和 Baumstark，2002）。研究还表明，憎水性的苯乙烯/丙烯酸乳胶漆要比纯丙烯酸乳胶漆在相同的 T_g 下沾污较少（Gilbert，2016）。

真菌（霉菌）的生长会导致涂层表面出现斑点，沉积黑色。关于如何防止霉菌的生长将在 32.1 节中讨论。

通常人们需要通过一些检测手段来发现涂层失效的原因。例如，在北达科他州的俾斯麦

（Bismarck）曾经报道过关于房屋上突然出现许多难看的污渍。原来是从俾斯麦机场起飞的飞机的飞行模式发生了改变。飞机排放的油滴落在涂层上，软化了涂层表面，使涂层很容易被污垢牢固黏附。所以户外可能发生的各种事件都会使基于实验室测试评价的涂层性能预测变得更加复杂。

5.6 户外耐久性测试

确定涂层寿命的最佳预测方法首先是将涂料涂于产品基材上，然后再将其曝露在实际应用的环境/位置进行试验。然而由于种种原因，对于待试涂层来说这是不切实际的。首先，要根据实际的耐候数据来开发产品，在经济上是不可行的，因为涂层的性能反馈一个周期可能就需要花费多年的时间，相当于涂层的预期寿命。其次，涂层并非被用于单一环境/位置。无论客户是住在阿拉斯加或是佛罗里达，他们的车辆上涂装的都是同样的涂层。涂层在这两个地区都必须呈现良好的性能。

因此，为方便配方设计和改进，涂层长时间的耐候性能实验数据必须通过加速降解的试验获得。我们可以通过三种不同的方法获得这些数据，下文中将会分别讨论。此外，我们也将讨论用于检测涂层耐候性能的工具，这些工具的使用会大幅增加耐候曝晒试验中收集到的数据信息。

5.6.1 天然老化

涂层在室外环境中的曝晒试验，最初看上去不像加速曝晒试验，但确实加速了在平均位置上曝晒的老化速率。南佛罗里达已成为天然户外曝晒的标准试验场，该位置提供了高紫外线曝晒（>300MJ/m^2，295～385nm）、高温（平均温度24℃）、高湿（平均湿度75%）以及美国大陆地区最高的平均年降雨量（有时超过1m）。对于大多数涂层体系来说，这种综合性的气候条件相当于最苛刻的情况，在美国其他位置或世界上大多数地区曝晒的涂层老化速度都不会超过在南佛罗里达州曝晒老化的速度。例如，美国东北部地区的涂层老化速率大约是南佛罗里达州观测到的大部分涂层老化速率的一半。当然这一规则也有例外，例如前面提到的Denver开裂，但是对于涂层的耐候性试验，南佛罗里达与大部分其他地区相比，是首选的最佳试验地点，可以提供加速曝晒条件。请注意我们区分了长周期耐老化试验和酸蚀试验，长周期耐老化试验通常会在南佛罗里达进行，而酸蚀试验通常上会在佛罗里达州的杰克逊维尔进行，这都是由当地特殊的环境因素决定的。

曝晒的一些细节也会影响天然老化性能。当涂层在北半球进行曝晒试验时（例如南佛罗里达），涂层试板通常要面朝南方，这样太阳光在白天可以直射涂层表面。但也有明显的例外，当有人需要测试建筑涂料的耐霉菌性时，涂层试板要面朝北方，这样霉菌才能在阴面生长。除了朝南，涂层可以在不同的倾角下进行曝晒。汽车涂料通常在与水平面成5°的倾角进行曝晒。这样不仅可以保证较高的紫外线剂量，同时也可以保证下雨和露水天气时，一些水可以聚集在样板表面。当涂层在等同于“纬度”的倾角下曝晒时，总是能获得最大的紫外线剂量照射。例如，在南佛罗里达（北纬25°）曝晒的试板若在与水平方向呈25°夹角面朝南的位置上进行曝晒，将会接收到最大的太阳辐射量。对于卷材涂料，主要供应商将侧护板的试板在90°夹角位置进行曝晒，而将屋面板试板在45°倾角位置进行曝晒（Pilcher，2001）。建筑涂料和工业涂料通常都在45°倾角位置进行曝晒。在整个曝晒过程中做好气候条件的记录很重要。现代试验中会采用光谱辐射计记录照射在测试样板表面的辐射累积量。由于不同颜色会吸收不同量的红外辐射，因此曝晒过程中涂层能达到的最高温度与颜色有关，这些差别都会影响曝晒的试验结果。Johnson 和 Mclntyre（1996）对各种不同的测试方法进行了分析。Hicks、Crewdson 和 Koleske（1996）综述了不同曝晒方法和曝晒样板的测试方法。

需定期对测试样板进行检查，比较曝晒前后涂层外观的变化。一般需清洁出涂层的部分表面以便进行比较，然后出报告，列出清洁的难易程度，失光、变色、粉化程度以及严重的漆膜失效。颜色的变化尤其难以进行评估，因为即使涂料组分的颜色没有发生变化，失光和粉化也会影响颜色的变化。通过清洗样板，然后在每块样板的部分区域上涂覆一层薄薄的透明罩光漆，可使失光和粉化对涂料组分颜色的影响降至最低程度。罩光漆层可减少表面反射差异对颜色的影响。

大部分曝晒试验都是将样板直接安装在支架上，无任何背板支撑（见图 5.1），也有带背板进行样板曝晒的情况，这种情况会稍微提高样板表面的温度，从而可能会提高降解速率。这种模拟试验否是有意义，取决于涂层的最终用途。一些汽车配件都是在玻璃框中进行测试，主要是模拟汽车内部的环境。这些配件显然不会暴露在雨中，但当汽车停在气候晴朗的环境中时，会经受高温和太阳光照射，引起汽车内部剧烈加热的环境。前后风挡玻璃和两侧的玻璃都可作为玻璃罩，其夹层的聚乙烯缩丁醛中含有 UVA。

(a) 5° 曝晒

(b) 45° 曝晒

图 5.1　南佛罗里达的样板曝晒试验架
资料来源：Atlas 材料测试有限责任公司

天然老化曝晒试验当然也可以在其他地区进行。与南佛罗里达相比，亚利桑那州凤凰城的太阳辐射量增加了 10%，降雨量减少了一个数量级。一些由紫外线引起的涂层失效在这个地区会比南佛罗里达更加严重。在澳大利亚北部地区也可以找到类似于南佛罗里达的气候条件，因此涂层可以一直曝露在夏季环境中进行试验。这主要是通过在佛罗里达州和澳大利亚之间物理切换曝晒地点的方法来充分利用每个地区的夏季曝晒条件。也可利用其他的曝晒地点来研究不同的失效模式，例如利用海岸环境进行腐蚀性能的研究，这将在后续章节中进行讨论。

5.6.2　户外加速曝晒

老化装置供应商已经利用 Fresnel 镜发明了将太阳光辐射聚焦在测试样板上的设备。这些装置的设计使得直接照射到涂层体系的太阳光强度是环境辐射的好几倍。这些曝晒试验也保证了辐射都在合适的波长范围内，以免对老化过程作出不正确的解释。装置中的镜子都是电脑控制来追踪太阳轨迹，由此保证始终有最大的太阳光辐射反射到涂层表面（图 5.2）。Fresnel 反射装置的商品名有 EMMAQUA（艾马卡）（equatorial mount with mirrors for acceleration plus water）、FRECKLE 和用于亚利桑那州的 Sun-10（Verma 和 Crewdson，1994）。这些设备增强样板表面太阳光辐射的强度，是直接曝晒强度的 8 倍以上。据报道，其加速降解速率是未加速曝晒试验的 4～16 倍（Hicks、Crewdson 和 Koleske，2012）。通过在样品上、下方吹气来冷却样板。由于沙漠地区的降雨量和湿度均低，该试验设施还可以定期向样板表面喷水。此外，研究表明，直接在样板表面喷水并不能模拟在佛罗里达曝晒的同种涂层体系的吸水量。因此，涂层失效的物理表现可能与天然老化试验中观察到的有所不同（Nichols 和Misovski，2009）。

图 5.2　菲涅耳反射户外加速老化装置

资料来源：Atlas 材料测试有限责任公司

Fresnel 反射老化装置记录单位面积上的实际曝晒能量，单位为 MJ/m^2。为方便比较，可根据相对太阳光强度（单位时间内的曝晒能量），将该结果换算成在亚利桑那或是佛罗里达曝晒场曝晒的时间，经比较发现，紫外线波长在 313nm 附近 10nm 范围内的曝晒强度与实际曝晒场的结果最接近。由户外加速曝晒结果可以得出一个重要的结论：如果光谱功率分布（SPD）就像 Fresnel 反射器装置中那样准确，在不发生化学组成变化的情况下就会加速涂层老化，而天然老化试验中其化学组成是会发生变化的（Gerlock 等，2003）。相同曝晒原理也可简易地应用于加速老化试验装置中，如将样品移动到更靠近人工光源，或提高灯的功率来提高光的强度。

由于耐久性数据的积累往往是涂料开发周期中的关键控制步骤，因此急需更快的加速试验。不改变化学组成且能实现最快的加速仍是目前未解决的问题。超快的户外加速老化试验是目前仍需加强研究的领域，包括可过滤掉可见光谱和红外光谱、仅仅集中在紫外光谱部分的冷反射镜技术的潜在应用（Hardcastle，2015）。

5.6.3　实验室加速老化试验装置

加速老化试验的需求促进了开发模拟户外曝晒作用的实验室仪器。通常，这些仪器都会将光、热、湿度以及液态水的作用组合在一起来模拟户外条件。已制定了许多不同的技术规范，规定了光、水和热的不同组合，来实现户外环境的最佳模拟效果。然而，它们都并不能

100%地重现天然老化的试验结果。

为在加速老化装置中精确重现户外曝晒的效果，必须考虑每一个老化变量的影响。与户外加速老化试验一样，首要的一个原则是加速老化装置中发生的化学变化应与户外天然曝晒中的变化一致。否则，加速试验的结果可能有很大的误导性。在各种不同的加速老化试验中都发现了许多假正面或假负面的案例。一些含有烷酰基 HALS（5.2.3 节）的汽车用底色漆——罩光清漆涂层在以荧光紫外线为光源的加速试验设备中表现良好，但在实际使用中却很容易剥离。结果表明，在以荧光紫外线为光源的加速试验设备中，短波长紫外光源可比太阳光更快地将烷酰基 HALS 转化为活性硝酰基自由基。所以我们不能盲目相信加速老化的数据（Bauer 等，1990）。虚假的负面结果会导致错过商机，而虚假的正面结果会造成昂贵的保修索赔。

加速老化试验有效性的重中之重就是试验箱中的光源。在工业上使用的有氙弧灯和荧光管光源，未来可能会普遍使用 LED 光源。最初加速老化试验装置采用的是碳弧光源，但这类设备几乎已经淘汰。图 5.3 所示为天然太阳光和氙弧灯光源通过不同的玻璃滤波器过滤后的光谱功率分布（SPD）谱图对比。

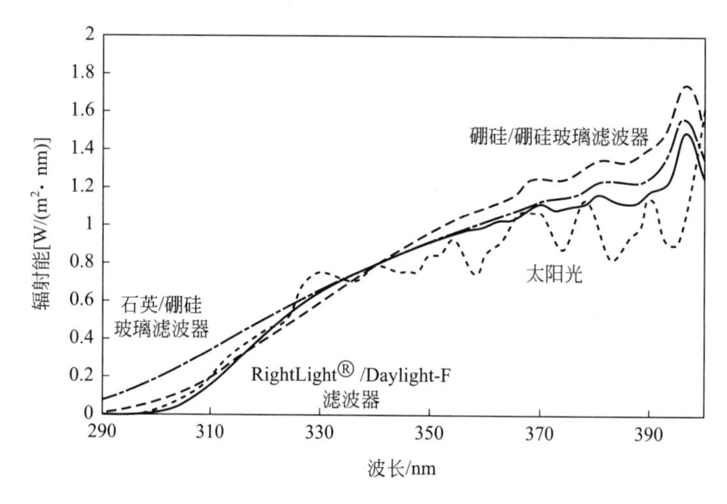

图 5.3　典型组合滤波器过滤后的太阳光和氙弧光的光谱功率分布（SPD）

所有光谱功率统一归一化在 340nm 处为 $0.8W/m^2$

一个理想的加速老化装置应能发射与地面太阳光谱完全匹配的辐射。实际上并不存在这样的光源，因为任何一台简单的装备都不能准确重现太阳中核聚变产生的辐射经过地球大气过滤后的情况（Adema 等，2016）。但是，经特种玻璃滤波器过滤的氙灯辐射可以很好地与太阳光辐射相匹配。按照惯例，氙弧灯老化装置由两种滤波器组合而成，一种由石英玻璃制成，另一种由硼硅酸盐玻璃制成，因此通常也被称为石英/硼硅老化仪。这种组合的滤波器可以产生一种模拟波长高于 300nm 太阳光的 SPD，但也允许波长低至 280nm 的辐射到达样品表面，这相当于曝露在低于地面太阳光的最低波长以下。300nm 波长以下的高能辐射通常是被地球表面的臭氧层阻隔在地表之外的，曝露在这些辐射下可能会引起不符合实际的老化反应。因此应避免使用石英/硼硅滤波器组合。要想更好地匹配太阳光辐射，可使用硼硅/硼硅滤波器组合，它们可提供既合理又接近太阳光的一种辐射。但即使是这种滤波器组合也会允许一些非自然波长的光到达样品表面，也被证明会改变某些涂料体系的老化反应机理（Gerlock 等，2003）。最近一套新的滤波器，商品名为 RightLight® 或 Daylight-F，可提供一种几乎精准匹配太阳光谱的辐射。这些滤波器已被证实准确重现了那些对光源高度敏感的涂料体系的老化化学过程（Nichols 等，2013）。最近一份关于这些滤波器的新制定的老化标准 ASTM D7869 已编制完，证明这些滤波器可重现绝大多数在天然老化过程中观察到的失效机理。

除需重现一个精确的太阳光曝晒环境外，像在户外环境中测试的涂层样板经受的那样，老化装置还需要提供相似的水环境曝露。如前所述，水环境可能因地理位置不同差异很大。由于南佛罗里达曝晒场是最常见的老化地点，加速老化试验中的水环境可与南佛罗里达观察到的情况作对比，在那里涂层老化过程中水发挥的作用相当复杂（Baukh 等，2010；Lee 等，2011；Hinderliter 和 Sapper，2015）。除了被雨水淋湿，涂层在晚上也经常处于水饱和的状态，因为日落后样板表面会快速形成露水。在夜间，水分子渗透到涂层体系内部，同时把其他小分子也带入涂层体系内部，涂层被塑化，导致溶胀引起的机械应力，表面降解产物可能会被清洗掉。日出后，体系快速升温，水又会从涂层体系中扩散出来。

一些加速老化程序设置提供了白天（灯亮）夜间（灯灭）交替循环模式，大部分都指定了在灯亮周期模式时进行水喷淋。然而，涂层在此循环时通常相当热，几乎没有水分能够扩散进入涂层体系。较新的一种方法，如 ASTM D7869，提供了更长时间的夜间周期模式，这样水分可以较深地渗透至涂层体系内部，与实际失效机制具有更好的对应关系。

加速老化过程中的温度分布是至关重要的，因为老化时大部分降解机理都是热激活过程。降解速率可能会随着温度升高而加快，但是温度过高时其降解化学机理可能会发生转变。大多数加速老化程序设定的样板温度都在 60～70℃ 范围内。试验箱内的空气温度通常会略低，因为样板同时也会受到强烈的热辐射被加热。在天然老化过程中，深色涂层的温度被证实会在夏季一天中的阳光峰值时升到最高。很明显，无论是户外试验还是在老化试验机中，涂层的温度都与它们的颜色息息相关。

先前讨论的都是使用氙弧灯光源的加速老化装置。大部分考虑的因素同样也适用于使用荧光灯管提供辐射的老化装置。这些装置通常操作更简便，价格也较低。然而，正是由于它们比较简单，也降低了它们模拟户外曝晒变量能力的可控性和真实性。

荧光装置辐射的光谱功率分布（SPD）是由荧光管内壁涂层中的荧光粉组分决定的。最常见的类型有 UV-B，其峰值强度位于 313nm；以及 UV-A，其峰值强度位于 340nm。UV-B 灯管发射的辐射波长远低于地面（实际）太阳光波长的最低值，并已被反复证实，它改变了实际阳光老化的化学机理（Bauer 等，1990）。UV-A 灯管发射的辐射更接近于地面紫外线，但会发射少量的可见光和红外辐射。因此，几乎没有与天然老化完全符合的温度关系。

5.6.4 老化过程中涂层变化的分析

失光和变色都是天然或加速老化试验中最常测定的响应变量。这两种性能是任何特定涂层耐久性的重要早期指标，因为涂层外观的变化往往是长期曝晒过程中最早的降解信号。

虽然颜色和光泽的测试值可能是长期耐久性一个很好的指标，但这些测试值并不能提供正在发生以及即将发生的潜在的化学变化信息。这些化学变化与物理表现在预测长期老化性能方面更具有信息价值，也许更重要的是，可以为延长涂层的使用性能提供解决对策。

许多化学标志物都在各种化学分析技术中用作定量分析。大多数光氧化和水解反应都会在树脂中产生羟基和羧基官能团。可以通过测量红外光谱中相应的吸收峰强度来直接确定它们的浓度。可以通过衰减全反射（ATR）附件收集游离膜、加入盐晶体中的粉末、涂层表面透射的红外光谱，或通过光声（PAS）傅里叶变换红外光谱（FTIR）从全涂层体系中收集红外光谱。羰基峰的增益已被广泛应用于研究涂层树脂和其他聚合物的氧化速率（Bauer等，1991）。虽然这种方法提供了一种灵敏的测量降解的方法，但结果却有些许模棱两可，因为有些降解过程可能同时会生成羰基峰，也会破坏羰基峰。一个更具有代表性的降解测试方法是测量聚合物在 2900～3600cm^{-1}波数范围内对应—OH、—NH 和—COOH 基团的峰宽值。所有的涂层降解时通常都会产生这些基团，因此可用这些基团的浓度来定量表示涂层的老化程度。研究人员已成功地应用该方法研究了汽车涂料和环氧涂料的降解动力学（Gerlock 等，2001a）。

由于光氧化是一个自由基过程，用电子自旋共振光谱（ESR）可定量测定自由基的存在。Gerlock 等（1985）建立了在佛罗里达长期曝晒过程中稳定的硝酰基自由基减少速率与失光之间的对应关系。在该技术中，硝酰基自由基前驱体被加入有 TiO_2 颜料的丙烯酸-三聚氰胺涂层中，涂层在天然或加速环境下进行短周期的紫外线曝晒试验。这些研究可以用自由基形成来计算光引发速率（PR），发现光引发速率与失光率（GLR）有如下的对应关系：$GLR \propto (PR)^{1/2}$。这种 GLR 和 $(PR)^{1/2}$ 对应的比例关系与自由基反应过程是一致的，是二阶自由基终止反应的结果。用这种方法确定的光引发速率 PR，也被用来评估由自由基聚合得到的丙烯酸多元醇试验条件的分析，包括引发剂、温度以及溶剂对丙烯酸-三聚氰胺涂层预期的户外耐久性的影响（Gerlock 等，1987）。

Okamoto 等人（1986）利用电子自旋共振光谱（ESR），对含有 BPA 环氧树脂的丙烯酸-三聚氰胺涂膜在紫外线照射下苯氧基的生成速率和同种涂膜在 QUV 老化设备中曝晒的开裂现象进行了相关性研究。QUV 技术用于评价紫外线稳定剂。早期检测硝酰基的方法也被用来研究苯并三唑紫外稳定剂和 HALS 衍生物在丙烯酸-聚氨酯涂料中的协同稳定作用。紫外线稳定剂降低了自由基形成的光引发速率，而 HALS 衍生物则通过降低自由基的浓度来降低光引发速率（Gerlock 等，2001a）。

在确定涂膜的光稳定性方面，有个更直接一些应用电子自旋共振光谱（ESR）的方法，就是在远低于 T_g 的 140K 温度下用紫外线照射涂膜，这时候自由基是稳定的（Sommer 等，1991）。该方法主要通过对比有无稳定剂时的自由基浓度来评价诸如 HALS 化合物类稳定剂的有效性。Gerlock 等（1985）确认了能在 3h 内完成有效的对比评价。

另一种使用昂贵的电子自旋共振光谱的方法就是将曝晒过的涂膜在低温条件研磨至细粉状，然后采用高碘酸盐滴定法测定氢过氧化物的生成量。通过这种方法以及之前被电子自旋共振光谱确定的 $GLR \propto (PR)^{1/2}$ 关系，Gerlock 等（1985）建立了丙烯酸-聚氨酯和丙烯酸-MF 涂层中光氧化速率与氢过氧化物浓度间的线性关系。

许多涂料体系的长期耐久性取决于它们配方中是否添加了稳定助剂（UVA 和 HALS）。因此那些稳定剂的有效性和寿命对于涂层的长期耐久性是至关重要的。如前所述，有机 UVA 在户外曝晒的涂层中并不是无限期存在的。紫外光谱可以用来测量这些添加剂的浓度和老化时间的关系，从而来确定它们的消耗速率（Pickett 和 Moore，1995；Smith 等，2001）。通过刮取或从溶液中提取样品，利用超薄切片紫外和透射紫外光谱法进行分析。完整的涂层体系可以通过微量紫外光谱法以及飞行时间二次离子质谱仪（TOF-SIMS）进行分析，TOF-SIMS 可以确定 UVA 含量以及在涂层中的分布。

HALS 的浓度更难通过简单的光谱技术进行定量。然而，已被开发的一种过氧酸氧化技术，可以用来定量测定涂层中活性 HALS（Kucherov 等，2000）。结合超薄切片法，可以确定涂层的老化时间与涂层不同深度 HALS 浓度的关系。与前面提到的 UVA 一样，飞行时间二次离子质谱仪现在也可以用来直接成像和绘制 HALS 的浓度分布（Nichols 和 Kaberline，2013）。Adamsons（2013）回顾了各种分析技术的运用情况。

Gebhard 等（2005）提供了一份关于各种曝晒试验和分析手段的研究，研究中给出了七种已知户外耐久性的含颜料乳胶漆保光性的早期预测。通过 X 射线光电子能谱（XPS）可获得最有用的结果。XPS 用于研究在户外曝晒前后钛、铝和硅包膜表面与聚合物碳的关系。（对 TiO_2 进行表面处理时涂层中存在的铝和硅。）曝晒导致了涂膜表面的聚合物降解，从而使得金属/聚合物碳的比例增加。起初表面活性剂在表面析出并干扰分析，但是 2 周曝晒后表面活性剂就会消失。在佛罗里达曝晒 12 周后（表面活性剂消失后）获得的结果可以很好地预测在佛罗里达曝晒 96 周后的失光率。

除了前面详细介绍的化学分析技术外，也可测定涂层的物理性能和老化时间的关系，来评估涂层老化速率和化学变化对物理性能的影响。动态机械热分析仪（DMTA 或 DMA）已被成功应用追踪老化过程中的涂层模量变化。特别是，可以用交联涂层在橡胶态时的模量来评估老化过程中交联密度的变化（Hill 等，1994；Mitra 等，2014）。化学流变技术也被用来评估交联密度的变化（Nichols 等，1997）。

如第 4 章讨论的，许多涂层在老化过程中会变脆。这些变化可以通过测量断裂强度或涂层断裂所需的功来进行量化。脆化可能与交联密度的变化以及由化学和物理老化引起的内部应力积聚有关。许多涂层在其使用的早期会快速脆化，然后在整个老化过程中脆化速度比较缓慢。特别是使用 HALS 已被证明可以大大降低脆化的速率（Nichols 和 Gerlock，2000）。

AFM（原子力显微镜）已被建议用来研究涂膜表面机械和化学性能随时间的变化关系（Gu 等，2004）。在这些方面，不同的作者都已证明在老化过程中随着树脂的不均匀化，涂膜表面的粗糙度也会增加。

5.7 使用寿命预测

美国国家标准和技术研究院（NIST）的研究人员提出了一种新的评估涂层耐候性的方法（Martin 等，2008）。该方法采用的是使用寿命预测（SLP）模型，已被成功应用于微电子和其他现代材料/系统学科。这种方法强调要对降解机理充分了解，并要知道这些机理是如何对温度、湿度和紫外线辐射等环境载荷作出响应的。涂层及其组分对于这些环境载荷响应的相互作用、可叠加性以及精确的测量是这种方法的基础。相互作用是指一种涂层对光强度的响应值与其输入值成正比。如若涂层曝晒于两倍光强下，其降解速率也加倍，则表明涂层符合相互作用规律。在这种情况下，光强和时间的乘积（即剂量）就是控制降解程度的因素。可叠加性是指由一种给定波长辐射引起的损伤可与其他波长辐射引起的损伤相加，从而得到降解总量。这些原理的实际应用取决于对所有曝晒变量以及涂层响应值的精确测量。

NIST 已使用其高能辐射曝晒模拟光降解仪（SPHERE）收集了很多数据。利用该设备，可以很好地控制各种曝晒参数，包括光强、SPD、温度和湿度，来进行许多不同涂层材料的曝晒试验。现已用此方法推断出少数涂层材料的降解机理并预测出其寿命（Chin 等，2005）。显然，这是一个值得进一步研究的领域。这种方法的概述可在一系列会议论文集中找到（Bauer 和 Martin，1999；Martin 和 Bauer，2002；Martin 等，2009）。

（王晶晶　译）

综合参考文献

Bauer, D. R.; Martin, J. W., *Service Life Prediction of Organic Coatings—Methodologies and Metrologies*, American Chemical Society, Washington, DC, 2001.

Valet, A., *Light Stabilizers for Paints*, translated by Welling, M. S., Vincentz, Hannover, 1997.

Wypych, G., *Handbook of Material Weathering*, 5th ed., ChemTec, Toronto, 2013.

参考文献

Adamsons, K., *J. Coat. Technol. Res.*, 2013, 9, 745-756.

Adema, K. N., et al., *Phys. Chem. Chem. Phys.*, 2015, 17(30), 19962-19976.

Adema, K. N. S., et al., *Polym. Deg. Stab.*, 2016, 123, 121-130.

Ávár, L.; Bechtold, K., *Prog. Org. Coat.*, 1999, 35(1-4), 11-17.

Bauer, D. R., *Prog. Org. Coat.*, 1986, 14(3), 193-218.

Bauer, D. R., *J. Coat. Technol.*, 1994, 66(835), 57-65.

Bauer, D. R.; Martin, J. W. E., *Service Life Prediction of Organic Coatings: A Systems Approach*, American Chemical Society, Washington, DC, 1999.

Bauer, D. R., et al., *Ind. Eng. Chem. Res.*, 1988, 27(1), 65-70.

Bauer, D. R., et al., *Polym. Deg. Stab.*, 1990, 28(1), 39-51.

Bauer, D. R., et al., *Ind. Eng. Chem. Res.*, 1991, 30(11), 2482-2487.

Baukh, V., et al., *Macromolecules*, 2010, 43(8), 3882-3889.

Betz, P.; Bartelt, A., *Prog. Org. Coat.*, 1993, 22(1), 27-37.

Bohnke, H., et al., *J. Coat. Technol.*, 1991, 63(799), 53-60.

Braun, J. H., *J. Coat. Technol.*, 1990, 62(785), 37-42.

Braun, J. H.; Cobranchi, D., *J. Coat. Technol.*, 1995, 67(851), 55-62.

Brown, L. H., in Meyers, R. R.; Long, J. S., Eds., *Treatise on Coatings*, Marcel Dekker, New York, 1972, Vol. 1, pp. 536-563.

Carlsson, D. J., et al., *Die Makromol. Chem.*, 1984, 8(Suppl. 8), 79-88.

Chin, J., et al., *J. Coat. Technol. Res.*, 2005, 2(7), 499-508.

Cliff, N., et al., *J. Coat. Technol. Res.*, 2005, 2(5), 371-387.

Fairgrieve, S. P.; MacCallum, J. R., *Polym. Deg. Stab.*, 1984, 8(2), 107-121.

Gebhard, M. S. et al., *Waterborne High Solids Powder Coating Symposium*, New Orleans, 2005.

Georgiev, G., et al., *J. Macromol. Sci. Chem.*, 1990, 27(8), 987-997.

Gerlock, J., et al., *J. Coat. Technol.*, 1985, 57(722), 37-46.

Gerlock, J., et al., *Prog. Org. Coat.*, 1987, 15(3), 197-208.

Gerlock, J. L., et al., *Macromolecules*, 1988, 21, 1604-1607.

Gerlock, J. L., et al., *Polym. Deg. Stab.*, 1999, 65(1), 37-45.

Gerlock, J., et al., A Brief Review of Paint Weathering Research at Ford in Martin, J.; Bauer, D. R., Eds., *Service Life Prediction Methodologies and Metrologies*, ACS Symposium Series 805, American Chemical Society, Washington, DC, 2001a, pp 212-249.

Gerlock, J. L., et al., *J. Coat. Technol.*, 2001b, 73(918), 45.

Gerlock, J. L., et al., *Polym. Deg. Stab.*, 2001c, 73(2), 201-210.

Gerlock, J. L., et al., *J. Coat. Technol.*, 2003, 75(936), 35-45.

Gilbert, J. A., *Coat. World*, 2016, 21(9), 117-122.

Gregorovich, B.;, Hazan, I., *Prog. Org. Coat.*, 1994, 24(1), 131-146.

Gryn'ova, G., et al., *J. Am. Chem. Soc.*, 2012, 134, 12979-12988.

Gu, X., et al., *J. Coat. Technol. Res.*, 2004, 1(3), 191-200.

Haacke, G., et al., *J. Coat. Technol.*, 1996, 68(855), 57-62.

Haacke, G., et al., *J. Coat. Technol.*, 1999, 71(1), 87-94.

Hardcastle, H. K., Ultra-Accelerated Weathering II: Considerations for Accelerated Data-Based Weathering Service Life Prediction in White, C. C., et al., Eds. *Service Life Prediction of Exterior Plastics: Vision for the Future*, Springer International Publishing, Basel, 2015, pp 165-184.

Hayoz, P., et al., *Prog. Org. Coat.*, 2003, 48(2), 297-309.

Hill, L., et al., *Prog. Org. Coat.*, 1994, 24(1), 147-173.

Hinderliter, B. R.; Sapper, E. D., *J. Coat. Technol. Res.*, 2015, 12(3), 477-487.

Hsiao, Y. C., et al., *J. Appl. Polym. Sci.*, 1975, 19(10), 2817-2820.

Johnson, B.; McIntyre, R., *Prog. Org. Coat.*, 1996, 27(1), 95-106.

Jones, T. E.; McCarthy, J. *J. Coat. Technol.*, 1995, 67(844), 57-65.

Kiil, S., *J. Coat. Technol. Res.*, 2012, 9(4), 375-398.

Koleske, J. V. Ed., *Paint and Coatings Testing Manual*, ASTM, Conshohocken, 2012.

Kucherov, A. V., et al., *Polym. Deg. Stab.*, 2000, 69(1), 1-9.

Lee, S., et al., *J. Mater. Res.*, 2011, 18(09), 2268-2275.

Lima, J. F. d., et al., *Appl. Surf. Sci.*, 2009, 255(22), 9006-9009.

Martin, J. W.; Bauer, D. R. Eds., *Service Life Prediction Methodologies and Metrologies*, ACS Symposium Series 805, American Chemical Society, Washington, DC, 2002.

Martin, J. W., Ryntz, R. A., Chin, J.; Dickie, R., Eds., *Service Life Prediction of Polymeric Materials: Global Perspectives*. Springer Science & Business Media, New York, 2008.

Martin, J. W., et al., *Service Life Prediction of Polymeric Materials*, Springer, New York, 2009.

Mielewski, D., et al., *Polym. Deg. Stab.*, 1991, 33(1), 93-104.

Mitra, S., et al., *Prog. Org. Coat.*, 2014, 77(11), 1816-1825.

Nguyen, T., et al., *J. Coat. Technol.*, 2003, 75(941), 37-50.

Nichols, M. E.; Gerlock, *J.*, *Polym. Deg. Stab.*, 2000, 69(2), 197-207.

Nichols, M. E.; Kaberline, S. L., *J. Coat. Technol. Res.*, 2013, 10(3), 427-432.

Nichols, M. E.; Misovski, T., The Influence of Water on the Weathering of Automotive Paint Systems in Martin, J. W. et al. Eds., *Service Life Prediction of Polymeric Materials: Global Perspectives*, Springer, New York, 2009, pp 295-308.

Nichols, M. E.; Peters, C. A., *Polym. Deg. Stab.*, 2002, 75(3), 439-446.

Nichols, M., et al., *Polym. Deg. Stab.*, 1997, 56(1), 81-91.

Nichols, M. E., et al., *Prog. Org. Coat.*, 1999, 35(1-4), 153-159.

Nichols, M., et al., *J. Coat. Technol. Res.*, 2013, 10(2), 153-173.

Nichols, M. E.; Frey, J. R., *J. Coat. Technol. Res.*, 2014, 12(1), 49-61.

Okamoto, S., et al., *XVII FATIPEC Congress*, 1986, pp 239-255.

Pappas, S. P.; Just, R. L., *J. Polym. Sci. Polym. Chem.*, 1980, 18(2), 527-531.

Pappas, S. P.; Winslow, F. H., *Photodegradation and Photostabilization of Coatings*, American Chemical Society, Washington, DC, 1981.

Peters, C., et al., *Prog. Org. Coat.*, 2007, 58(4), 272-281.

Pickett, J. E.; Moore, J. E., *Die Angew. Makromel. Chem.*, 1995, 232(1), 229-238.

Pilcher, G., *J. Coat. Technol.*, 2001, 73(921), 135-143.

Saadat-Monfared, A., et al., *Coll. Surf. A*, 2012, 408, 64-70.

Schulz, U., et al., *Prog. Org. Coat.*, 2000, 40(1), 151-165.

Sharrock, R. F., *J. Coat. Technol.*, 1990, 62(789), 125-130.

Shelton, J. R.; Hawkins, W. L., Environmental Deterioration of Polymers in Hawkins, W. L., Ed., *Polymer Stabilization*, Wiley-Interscience, New York, 1972, p 110.

Smith, A.; Wagner, O., *J. Coat. Technol.*, 1996, 68(862), 37-42.

Smith, C. A., et al., *Polym. Deg. Stab.*, 2001, 72, 89-97.

Sommer, A., et al., *Prog. Org. Coat.*, 1991, 19(1), 79-87.

Stamatakis, P., et al., *J. Coat. Technol.*, 1990, 62(789), 95-98.

Starnes, W., *Pure Appl. Chem.*, 1985, 57(7), 1001-1008.

Teaca, C. -A et al., *BioResources*, 2013, 8(1), 1478-1507.

Timpe, H. -J., et al., *Polym. Photochem.*, 1985, 6(1), 41-58.

Valet, A., *Light Stabilizers for Paints*, Vincentz Verlag, Hannover, 1997.

Verma, M.; Crewdson, L. F., A study of the color change of automotive coatings subjected to accelerated and natural SAE weathering tetsts for exterior materials, SAE Technical Paper, #940856, 1994.

Voelz, H. G. et al., in Pappas, S. P.; Winslow, F. H., Eds., *Photodegradation and Photostabilization of Coatings*, ACS Symposium Series 151, American Chemical Society, Washington, DC, 1981, pp 163-182.

Wagner, O.; Baumstark, R., *Macromol. Symp.*, 2002, 187, 447-458.

Watson, S., et al., *J. Coat. Technol. Res.*, 2012, 9(4), 443-451.

Wypych, G., *Handbook of Material Weathering*, 5th ed., ChemTec, Toronto, 2013.

Yaneff, P. V., et al., *J. Coat. Technol. Res.*, 2004, 1(3), 201-212.

Zee, M., et al., *Prog. Org. Coat.*, 2015, 83, 55-63.

第6章 附着力

根据定义，涂层必须附着在基材上。没有下面的基材，薄膜就不能称为是涂层。由此而见，附着力显然是十分重要的。如果涂层和基材之间的结合力很弱或变差，则涂层将不能再附着在基材上，涂层就会失效。因此，附着力可能是涂层最为关键的性能。然而，几乎可以肯定的是，附着力目前仍然是涂层一个最未被充分了解的特性，也是最难量化的特性。这背后的原因是多方面的，在本章中，除了对附着力已有的理解和可以做出的推断，以及附着力与涂料配方和性能的关系外，我们还会对这些原因进行逐一的探讨。

讨论附着力这个问题的一个难点是如何给附着力下定义。在大多数情况下，涂料配方设计者会以这样的问题来考虑附着力：去除涂层有多难？但是，物理化学家却认为附着力是分离两个黏附在一起的界面所需要做的功。这两种观点可能是基于不同的考虑，后者只是前者的一个方面。去除涂层需要破坏或切割涂层，然后剥开涂层，使涂层与基材分离。举一个极端的例子，如用于电气连接的塑料包覆电线的附着力。这种包覆层必须拥有良好的“附着力”才能保留在电线上，以防止短路和电击。但是，当要将电线连接到固定器件上时，在切开包覆层后，又需要塑料涂层能轻松地从金属上滑脱。理想状态是塑料与铜之间有最小的相互作用力，但涂层内部具有较高的韧性，以避免发生意外脱落。像这样复杂的情况使得涂层附着力难以量化，甚至难以具体说明。

6.1 附着机理

人们提出了许多不同的机理来解释一个表面与另一个表面的黏附。在大多数情况下，任何基材与涂层之间的黏结都存在多种机理。这些机理将分别在6.2～6.5节中进行讨论。但是，一个最重要的前提是大部分表面必须进行仔细的预处理后才能进行涂装。如果不对基材表面进行清洁、机械打磨、化学改性或其他旨在提高涂层与基材表面附着力的前处理，它就不适合涂覆涂层。这些表面处理几乎总能改善涂层与基材之间的化学或物理相互作用，并且为获得良好的附着力奠定基础，这对于获得良好的防腐蚀性能和长期耐久性是至关重要的。

6.1.1 表面机械咬合作用对附着力的影响

通过对基材表面进行粗糙化处理，可以增强涂层与基材分离时的抵抗力。粗糙化能增加涂层与基材表面的接触面积。从理论上讲，附着强度取决于涂层与基材表面的接触面积，而不是可能导致涂层失效的应力。如图6.1所示，如果涂层和基材之间的界面非常平整[图6.1(a)]，那么能将基材与涂层黏结在一起的唯一的力是单位几何面积上的界面吸引力。如果是微观尺度上很粗糙的表面[图6.1(b)]，则接触面积明显增大。另一个可能很重要的影响因素是：在某些地方，基材上可能存在凹槽，如果要将涂层从基材上剥离，必须破坏基材或涂层才能将它们分开。这种卯-榫机理类似于将两块木头固定在一起的燕尾榫接头。

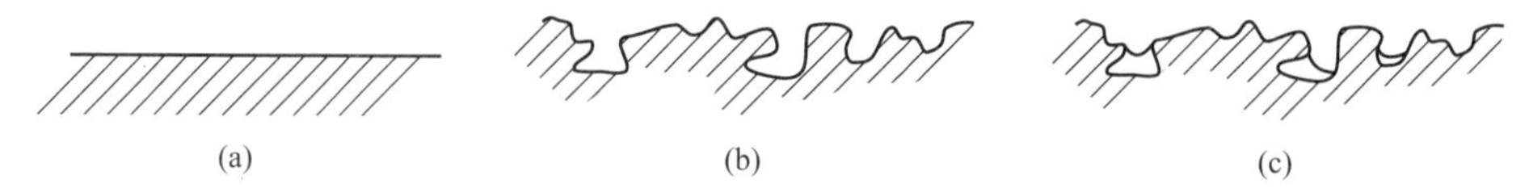

图 6.1　涂层和基材表面之间相互作用的几何图解

(a) 涂层和基材之间的平整界面；(b) 微观尺度上粗糙的表面；(c) 涂层未完全渗入粗糙表面

粗糙化的作用是有争议的。例如，Abbott（2015）曾质疑过表面粗糙度的重要性。他认为，粗糙化通常不会显著地增加表面积，从而使附着力产生重大变化；此外，他认为表面粗糙度很难形成显著的卯-榫效果。但是，如果表面粗糙度被证明对附着力不怎么重要的话，那么将会使几十年来在涂料领域工作具有丰富经验的人们感到十分意外。

经验表明，如果在涂覆前对基材表面进行粗糙化处理，涂层通常会获得更好的附着力。但是，如图 6.1(c) 所示，表面粗糙化也可能是一个不利因素。如果涂料没有完全渗透到基材表面的微观孔隙中，则无法实现卯-榫效果，那么实际的界面接触面积就会减小，甚至在极端情况下反而会小于实际的几何面积。此外，当水透过涂层渗透到基材时，会与未被涂层覆盖的基材区域相接触，当涂层被用于钢材的防腐蚀时，这可能会是一个严重的问题。

表面粗糙度的尺寸可以从宏观到微米乃至亚微米级。从微米和亚微米尺度来考虑表面粗糙度是很重要的。这种情况类似于液体渗入微米尺寸的毛细管中，但可能没有达到纳米尺度。式(6.1) 显示了在时间 t（s）内，渗透进半径 r（cm）毛细管的距离 L（cm）的影响因素。式中，γ 为表面张力（mN/m），θ 为接触角，η 为黏度（Pa·s）：

$$L=2.24\left[\frac{\gamma r t}{\eta}(\cos\theta)\right]^{\frac{1}{2}} \tag{6.1}$$

渗透速率 L/t 随着涂层表面张力的增加而增加。但是由于渗透速率受接触角的影响极大，因此该表面张力效应存在一个上限。当接触角的余弦 $\cos\theta$ 为 1 时，即接触角为 0°时，渗透速率最快。如果液体涂料的表面张力小于固体基材的表面张力，那么余弦值只能为 1。毛细管的半径是基材的一个变量，而不是涂层的变量。

因此，配方设计者能控制的变量就是黏度（η）了。临界黏度是涂层中连续（外）相的黏度，而不是涂料的总体黏度。总体黏度还包括内相黏度，涂层内相中的颜料和聚合物颗粒的尺寸太大，无法有效地渗透进表面微米和亚微米级的不规则缝隙中。连续（外）相黏度越低，渗透越快。在大多数情况下，施工后漆料的黏度会增大，所以重要的是要有足够长的时间保持漆料的低黏度，才能实现充分的渗透。由于树脂溶液的黏度会随着分子量的变大而增大，所以在其他条件相同的情况下，可以认为较低分子量的树脂在交联后具有更好的附着力。这一假设已经在钢材上的环氧树脂涂层中得到了验证（Sheih 和 Massingill，1990）。与高分子量的树脂相比，低分子量树脂可能具有的另一个优势是它们的分子有更大的概率渗透到更小的缝隙中。人们发现连续相黏度低、溶剂挥发性慢和交联速率较低的涂层通常会具有更好的附着力。一般来说，烘烤固化的涂层比气干型涂层具有更好的附着力。气干这一术语被广泛使用，但可能会引起混淆，气干通常是指固化膜是在环境温度下形成的，并不一定意味着交联时需要氧气。被涂工件进入烘炉后，温度上升，涂料外相黏度降低，就会更容易渗透进基材表面的不规则缝隙。这只是当附着力至关重要时对烘烤固化涂层优点的一种可能的解释。

尽管对表面进行粗糙化处理（例如打磨或喷砂）通常都会提高涂层的附着力，但作业人员必须注意，粗糙化操作所残留的碎屑或表面污染物会显著降低后续涂覆涂层的附着力。松散或轻度结合的颗粒将会与涂层发生相互作用，但它们自身并不会黏附在基材上，从而使涂层易于从基材上脱除。

6.1.2 润湿与附着力的关系

润湿是影响附着力的主要因素，也是一个限制性因素。要使基材与涂层的分子之间有良好的接触，首先要求涂料能自发地在基材表面上铺展。如果没有分子间的接触，就不会有相互作用，也就对附着力不会有任何促进作用。Zisman（1972）对润湿与附着力之间的关系作了系统研究。如果液体的表面张力低于固体的表面自由能，那么液体能自发地铺展在基材上（固体表面自由能的量纲与表面张力相同，见 24.1 节）。如果液体的表面张力足够低，它会自发地铺展在基材上，接触角为 0°。如果液体的表面张力远远大于固体基材的表面自由能，一滴液体会以液滴的形式停留在固体基材表面，接触角为 180°。如果表面张力处于中间值，接触角就处在 0°～180°之间。图 6.2 所示为具有中间表面张力液滴的示意图。

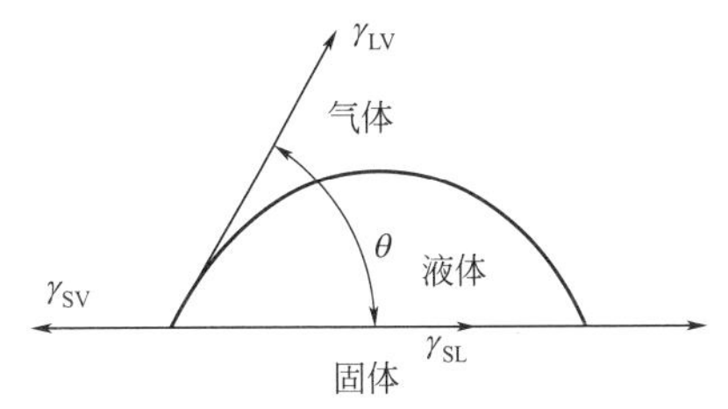

图 6.2 接触角示意图

γ_{LV}为液-气界面张力，γ_{SV}为固-气界面张力，γ_{SL}为液-固界面张力

式(6.2) 给出了接触角 θ 与平面基材表面自由能 γ_S、液体表面张力 γ_L 及液-固界面张力 γ_{SL} 之间的关系。

$$\cos\theta = \frac{\gamma_S - \gamma_{SL}}{\gamma_L} \tag{6.2}$$

接触角越接近于 0°，附着越好。通过实验来测定复杂体系（比如涂料）的接触角是很困难的，尤其对于具有非均质组成的粗糙基材（Yekta-Fard 和 Ponter，1992）。通常认为，要实现附着，液体的表面张力一定要低于被涂覆基材的表面自由能，这从概念上说已经足够了。但从实用的角度来看，做一些粗略但比较简单的实验更为有效。实验者可以在基材上滴一滴涂料液滴，将样品置于涂料所用溶剂的饱和溶剂环境中，观察其铺展情况。如果涂料液滴呈小球状，铺展困难，则预计涂层具有较差的附着力。如果液滴铺展成一个又薄又宽的圆圈，则该涂层至少符合一个良好附着的评定标准。此外，还可以做第二个实验，在饱和溶剂的氛围下，利用机械方法将涂层铺展在基材上，然后进行观察。一般来说，在第一个实验中能自发铺展的液滴在第二种实验中肯定也会铺展。但是有时，如果溶剂不挥发，铺展在基材上的液体放置一段时间后也会收缩成液滴，或至少在基材上会部分收缩。

设想一下，如果将正辛醇滴在一块干净的钢板表面，由于正辛醇的表面张力比钢板的表面自由能低，那么它会自发地在钢板上铺展。但是，如果将正辛醇在钢板上涂布成膜，涂膜会在钢板表面收缩成液滴。正辛醇的低表面张力是由其线型烃链引起的。然而，当它在钢板表面被铺展开后，正辛醇分子的羟基就会与钢板的极性表面发生相互作用，进而形成一个具有取向的正辛醇单分子层，从而就形成了一个新的脂肪烃表面层，它具有比正辛醇更低的表面张力，因此导致正辛醇在这个单分子层表面出现反润湿。正辛醇的这种行为说明了在涂料配制时的一个重要原则：在直接与金属相接触的涂层中使用具有单极性基团和长烃链的助剂时要格外小心。例如，使用十二烷基苯磺酸作为催化剂时，会导致涂层与钢板之间具有较差的附着力（见 11.3.1 节）。乳胶涂膜的附着力会受到涂层与基材界面上形成的表面活性剂层的影响（Charmeau 等，1996）。

6.1.3 涂层与表面的化学作用

虽然机械咬合和良好的润湿性对获得良好的附着力是必不可少的，但是基材与涂层之间也需要某种形式的化学作用。基材和涂层漆基之间最强的化学作用是共价键。如果基材表面上的某些结合位点（例如金属氧化物表面上的羟基）能与基料中合适的官能团反应，就会形成这些共价键。

由于氢键供体和受体之间的相互作用，涂层与基材之间也能形成相对不太强的氢键作用，例如羧酸（强氢键供体）、胺（强氢键受体）、羟基、氨基甲酸酯、酰胺和磷酸盐（后四个同时是氢键供体和受体）。有些人可能会认为分子上需要大量这样的取代基。但是，从吸附研究可知，如果存在大量的极性基团，吸附层在达到平衡时可能会非常薄。可以通过描述一个具有脂肪族主链且主链上每个碳原子都连有极性基团的聚合物分子来说明这一原理。在平衡状态下，空间上有利于相邻极性基团的吸附，因而会形成一层很薄的吸附层，其中极性基团分布在钢板表面，烃基则主要暴露于涂层的其余部分中。涂层其余部分与烃基之间的相互作用又很弱，导致边界层较弱，内聚力较差。如果是少量的氢键供体基团分散在树脂分子链上，那么只有一部分极性基团会吸附在表面，而另一部分极性基团则位于表面伸出来的环状分子链和分子链尾端上，就可以与涂层其余部分发生相互作用。在树脂分子环状分子链和尾端上的基团，既可以是能与涂料中的分子发生氢键作用的基团，也可以是能与涂料中的交联剂进行反应的官能团。

双酚 A（BPA）环氧树脂（见 13.1.1 节和 15.8 节）以及它们的衍生物通常对钢材具有优异的附着力。这些树脂主链上同时含有羟基和醚基，既能够与钢材表面，也能与涂层中的其他分子发生相互作用。这些树脂中使用的交联剂通常会引入额外的氢键基团，例如氨基。另外很重要的是环氧树脂的主链是由柔性的 1,3-缩水甘油醚和刚性的双酚 A 基团交替组成的。下面的说法似乎是合乎逻辑的，即这种组合具有实现多重羟基在钢材表面吸附所需的柔韧性，同时又具有防止所有羟基都吸附在钢材表面的刚性。剩余的羟基就能参与涂层其余部分的交联反应或氢键作用。Massingill 等（1990）、Sheih 和 Massingill（1990）讨论了环氧树脂组成变化对附着力的影响。

很多关于聚合物分子在金属表面吸附的研究结果通常都与前文中所示图片一致。但是，这些研究大多涉及的是稀溶液中的吸附行为，而且是在相对较长的时间间隔内进行的观察，可以看到平衡状态的发展变化。对于分子量具有多分散性的吸附剂，低分子量分子会优先吸附，但在平衡状态下，它们会被含有大量极性基团的较高分子量的分子所取代。然而，树脂是在一个相对较浓的溶液中，而且溶剂会在较短时间内蒸发，因此可能来不及达到平衡状态。这样在涂布时恰好出现在表面附近的基团可能仍会保留在那里，并导致较差的附着力，当然不同的涂料情况不完全一样。但同样的树脂，如果能获得恰当的取向和实现平衡，也能具有良好的附着力。与取向和平衡作用一样，采用低挥发性溶剂可以让树脂更充分地渗透到表面的缝隙中，也可以改善涂层的附着力。在高温下基材与涂层界面处的分子有更大的取向机会，这也可能是烘烤通常会提高涂层附着力的另一个原因。涂层与基材界面的相互作用和取向还有待于进一步研究。

6.2 机械应力和附着力

涂层可以通过先前讨论的各种机理黏附到基材上。但是，即使是附着力很弱的涂层也不会自发地从基材上脱离，需要施加应力才能去除涂层，特别是需要剥离应力。这些应力中有一个垂直于表面的法向分量，导致涂层从基材表面脱离。拉伸应力并不会导致涂层剥离。然而，涂层中的缺陷和边缘会宏观地改变拉伸应力，从而在那些位置上产生剥离应力。

尽管涂层中的大部分应力都是通过外部加载的，但内应力通常在成膜和固化时产生。根据定义，涂层是被涂覆在基材上的，在涂装过程中应力相伴而生。在热固性涂层中，交联反应会导致生成共价键，其键长比两分子反应前距离更短。当这种反应在涂膜的玻璃化转变温度附近发生时，由于涂层不能收缩就会产生应力。交联速率增加，应力也会增加，因为这时聚合物能发生松弛的时间会变得很短。一个极端的例子是在环境温度下仅需几秒就发生自由基聚合的光固化丙烯酸树脂体系（见 29.8 节）。热机械分析（TMA）结果显示，收缩过程明显滞后于聚合反应（Kloosterboer，1988）。聚合速率快以及双键聚合伴随产生较大的收缩常会导致紫外线固化丙烯酸树脂在平整金属表面的附着力较差。在紫外线固化后进行加热处理能使交联网络发生松弛，从而提高附着力。

对于挥发性清漆，当溶剂从涂层中挥发并形成涂膜时，内应力就会产生。通常，只有当涂膜形成且挥发了足够多的溶剂使得涂层处于玻璃化转变温度以下时，才会产生明显的应力。如果涂层处于玻璃化转变温度以上，那么链的移动性足够大，能释放大部分的应力。

6.3 金属表面的附着

金属和金属的表面特性对金属表面附着有很大的影响。Perfetti（1994）对金属的表面特性、表面清洁和表面处理进行了综述。洁净金属表面（通常是金属氧化物）的表面张力高于任何潜在涂层的表面张力。然而，金属表面经常被油污染，造成金属表面的表面张力非常低。但凡有可能，在涂覆涂料之前，最好清洁一下金属表面。人们有时会用蘸有溶剂的抹布擦拭金属。尽管这样可以去除一些污染物，但通常只是将污染物在表面上四处涂抹。另一种较为有效的方式是蒸汽脱脂：将被涂物悬挂在传送装置上，然后运送到沸腾的含氯溶剂储罐上方；冷钢板表面起冷凝器的作用，使溶剂在钢板表面冷凝并溶解油污。溶剂滴落，油污除去，溶剂可以通过蒸馏提纯后重复利用。表面活性剂溶液也可用于清除金属表面的油污（Perfetti，1994），但必须小心选择表面活性剂，且清洁完成后需要彻底淋洗表面。因为一些表面活性剂可能会吸附在表面上，从而在金属表面上形成链烃层。

Perfetti（1994）还提出了利用喷射磨料颗粒来清理钢材表面，钢材表面包括铁锈都会被除去，留下一个粗糙的表面。喷砂工艺已被广泛应用于桥梁和槽罐等（见 33.1 节）钢结构上，但这类钢材表面对于汽车和家用电器等产品而言过于粗糙。喷砂是一种有效的方式，但是二氧化硅粉尘和旧涂料碎片会对环境和工人的健康造成危害。特别是当旧涂料中含有铅颜料时，还需要采取昂贵的防尘措施。Elsner 等（2003）研究了磨料颗粒的种类对钢材腐蚀性能的影响。钢砂或水溶性磨料（包括碳酸氢钠和盐）等其他干燥的磨料也能代替沙子。对于低温喷射清洁和真空喷射清洁，可以分别使用干冰和氧化铝颗粒。此外，清洁诸如铝之类的软金属时，可以采用塑料丸喷射法。175MPa（25000psi）以上压力的超高压喷水清洗法可以有效地去除油污和诸如盐之类的表面污染物。

配方试验可以在实验室的试板上进行，但这些试板的表面与将要涂覆涂层的产品表面是不同的。此外，市售的试板也存在差异，例如，贴近试板包装材料的试板面与试板的内侧面呈现不同的表面分析结果（Skerry 等，1990）。涂覆前使用温水清洗试板面并用丙酮冲洗，通常能够改善附着力。如有可能，最好在最终实际使用的基材上，或至少要在用于生产的金属样板上进行实验室试验，并尽可能模拟工厂的清洁和表面处理工艺。

当需要在铝基材上有良好的附着力时，通常会对铝基材进行碱性或酸性浸蚀。这些方法可以去除表面污染物和天然氧化铝层。在原来氧化层的位置上，一个更可控的氧化铝层会很快取代天然的氧化层。通常采用碱清洗和酸性“去污”相结合的处理方法，可以得到最结实耐用的卷涂铝材表面。

6.3.1 金属基材的转化层和预处理

当需要一个有良好的附着力和防腐蚀性能以及相对平整的表面时，通常要对金属表面进行化学处理。这些处理方法被称为转化层或化学预处理。在过去，采用六价铬的预处理方法很常见，对于钢铁类和非铁金属基材都能提供出色的防腐性能。但是，六价铬化合物具有很高的致癌性，所以在大多数国家的许多行业中都禁止使用。然而民航和军用航空工业仍在使用这些化合物，这是因为目前尚未发现可替代的预处理方法能满足这些领域所需的保护寿命。无铬预处理法是目前很活跃的一个研究领域。

有很多种采用磷酸盐的转化层被用在了钢铁基材上。其中一种是喷涂或浸入一种含磷酸的“磷酸铁”溶液。这种方法可以对钢材表面进行温和的浸蚀，并沉积上一种磷酸铁/亚铁单层膜。涂层的附着力明显提高，但防腐蚀性能仅略微增加。而磷酸锌转化层通常能更好地提升涂层的防腐蚀性能。如式(6.3) 所示，将钢制品浸入酸性的磷酸锌溶液浴中，在钢表面会生成一种磷酸锌和磷酸铁的共沉淀物。涂层的附着力和防腐性均能得到提高。共沉淀物在基材表面形成紧密附着的晶体网，在微观尺度上增加了表面积。通过调控处理液中锌离子的浓度，可以沉积各种不同的晶体。如果锌离子的浓度较高，晶体主要成分是水合磷酸锌$Zn_3(PO_4)_2 \cdot 4H_2O$，是一种磷锌矿。如果晶体中缺锌，晶体结构被认定为磷叶石，$Zn_2Fe(PO_4)_2 \cdot 4H_2O$（Dyett，1989）。转化层的性能取决于表面处理的均匀性和处理的程度。磷酸锌层的沉积量通常在 1.5～4.5g/m^{2}范围内。也可以使用其他多种磷酸盐层。［有关转化层的进一步讨论请参见 Perfetti（1994）及 7.4.2 节、27.1 节、27.2 节和 30.1.1 节。］现代磷酸锌层更应被称作三阳离子磷酸锌层，因为镀液中还包含镍和锰的阳离子，它们能增强沉积及改善性能。为了达到最佳的预处理效果，必须严格控制这些阳离子的比例。

$$
\left.\begin{array}{lcl}
HPO_4^{2-} & \rightleftharpoons & H^+ + PO_4^{3-} \\
2H^+ + Fe & \longrightarrow & Fe^{2+} + H_2 \\
Fe^{2+} + [Ox] & \longrightarrow & Fe^{3+} \\
3Zn^{2+} + 2PO_4^{3-} & \longrightarrow & Zn_3(PO_4)_2\downarrow \\
Fe^{3+} + PO_4^{3-} & \longrightarrow & FePO_4\downarrow
\end{array}\right\} \tag{6.3}
$$

图 6.3 展示的是一个现代的汽车磷酸锌磷化处理系统。这个过程从喷雾和浸渍清洗两个步骤开始，会使用碱性清洁剂和表面活性剂来去除车身上的冲压润滑剂、焊球和其他污垢。

然后，先用自来水，再用去离子（DI）水彻底淋洗车辆，再通过浸没或喷涂的方式将“表调剂”沉积在车辆表面。“表调剂”中包含纳米级 TiO_2 或磷酸锌分散液。这些小颗粒会在下一步磷酸锌磷化层中充当成核中心。磷酸盐磷化反应后，淋洗车辆。最后一步通常是“后淋洗”或对磷酸锌磷化表面层进行封闭。后淋洗可以是有机层（一种硅烷）或 ZrO_2 薄膜。表面封闭是通过将物体浸入六氟锆酸（H_2ZrF_6）的稀溶液中形成的，六氟锆酸与表面反应形成氧化锆的无定形薄膜（约 50nm），从而封闭磷酸锌晶体之间的间隙。

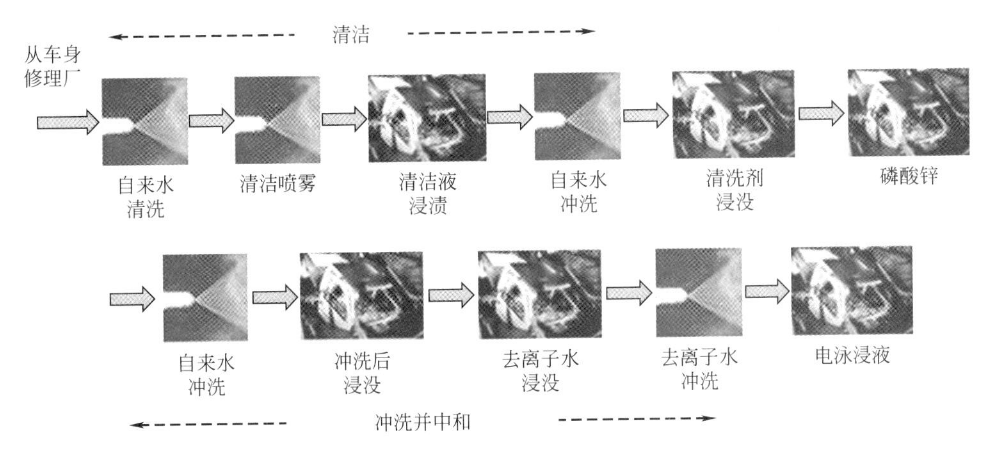

图 6.3　现代汽车磷酸锌磷化处理系统的流程图

资料来源：Nichols 和 Tardiff（2016），经 Springer 许可转载

式(6.3) 中所示的反应是依次进行的。要实现表面处理过程中停留的时间尽可能短，需要很高的反应速率，这是十分困难的。采用专利配方可将时间缩短到几分钟甚至几秒钟。处理质量取决于时间、温度和 pH 值。必须严格控制这些变量和其他变量，才能确保形成所需晶体的类型和尺寸。经过处理的表面必须进行彻底的淋洗，除去任何可溶性盐，因为当水蒸气渗透过涂层到达可溶性盐上时，这些盐可能会导致起泡；淋洗也可以除去那些松散附着的晶体。

磷酸盐晶体层的作用机理尚未完全清楚。其中一个因素是涂层能渗入晶体网络，从而对附着在基底表面的晶体产生机械咬合附着（6.2 节）。此外，相互作用的界面面积大于比较平整的钢材表面。也可能是这些晶体和树脂分子之间的氢键作用比钢材表面与树脂分子之间的氢键作用更强（即更不易被水分子置换）。

磷酸锌磷化一般不能用于铝表面的预处理，因为铝表面在浸蚀时会产生大量的磷化渣。在过去，都使用铬酸盐对铝基材进行预处理来提高附着力和防腐性能。但是，随着此类预处理方法的逐步淘汰，新的预处理方法正在取代它们。采用诸如 ZrO_2、Ce_2O_3 和 Ti-Zr 等氧化物的混合金属氧化物的薄膜预处理法已经在卷铝上得到应用。采用硅烷的预处理（16.2 节）也已证明能有效提高铝基材的附着力。工业界和美国海军都对三价铬化合物的使用进行了研究，但发现它们普遍不如六价铬和其他薄膜预处理的效果好。当铝暴露于空气中会自然形成一个氧化铝-氢氧化铝薄层表面，所有这些铝材的预处理都是为了去除这个表面。酸性或碱性清洗可去除天然的氧化物-氢氧化物表面，并在该处生成一个经过人为设计的新的表面，这个表面层是一个很薄、致密的、内聚力很强的薄层，由天然氧化铝和前面已提到的金属氧化物组成。许多新的铝材表面预处理方法都基于溶胶-凝胶技术（16.3.1 节）。最近一篇综述提供了更多的信息（Figueira 等，2015）。

为了提供更好的防腐性能，在建筑业与汽车行业中广泛采用在钢材上涂覆锌的方法。已经有很多种涂覆锌的钢材得到应用，其中最有名的是镀锌钢。根据镀锌钢上锌层的状况，附着力可能会有很大的变化。如果镀锌钢在涂覆涂层前曝露于雨水或高湿度环境下，则锌层可能会发生某种程度的氧化，从而导致形成一个含有 ZnO、$Zn(OH)_2$ 和 $ZnCO_3$ 的混合氧化层。这些氧化层都是碱性的且部分溶于水。因此，必须要在镀锌钢底漆中使用耐皂化的树脂。像醇酸树脂这类容易皂化的树脂，在使用过程中很可能会出现附着力不良的问题。

不锈钢表面很平滑，而且缺少氧化物和羟基，所以很难附着。在某些情况下，可以采用表面粗糙化处理来提供锚定点；在其他情况下，也可以采用电化学方法生成铬-铬氧化物粗糙层的预处理方法（Lori 等，1996），但这个方法由于先前提到的含铬预处理槽液的毒性问题已不太使用了。

已有研究将等离子体处理方法用于金属表面的清洁和处理（Lin 等，1997）。首先利用等离子体放电对金属进行清洗，然后将三甲基硅烷引入等离子体室，使之聚合成一层与金属表面紧密结合的聚合物薄层。实验室试验结果表明，与传统的镀锌钢预处理方法相比，相同的基材经过等离子体处理后，电沉积涂层（第 27 章）在上面具有更优异的附着力。以前，等离子体表面处理只能在高真空室中进行。然而，常压等离子体处理的最新进展使这种表面制备技术向体积更大和更便宜的应用领域扩展，包括一些简单的等离子体羽流表面活化，以及硅烷单体在表面通过等离子体聚合成聚合物薄膜等。

6.4 表面的表征

如前所述，良好的附着始于良好的清洁和表面处理。表面分析技术对于评估这两个因素特别有用，它能定量评估基材表面的化学性质以及分析附着力不佳的起因。

虽然光学显微镜能鉴别某些表面缺陷和污染问题，但许多有可能破坏附着力的物质的尺寸小于光学显微镜所能观测到的尺寸。扫描电子显微镜（SEM）能观察基材表面上较小的污染物或观察金属预处理的品质。一般可通过 SEM 监测磷酸锌晶体的大小和形态以确保预处理过程正常进行。如果发现过大或形状不完美的磷酸锌晶体就证明某一阶段预处理槽液的化学组成超出了允许值。

将 SEM 与能量色散 X 射线分析（EDX）的结果相结合可以在亚微米尺度上绘制表面元素组成图。用磷酸锌预处理的钢表面的元素组成如图 6.4 所示，显微照片中的不同区域显示了不同的元素组成。这是 EDX 能谱给出的典型数据类型，对于评估无机基材表面的组成非常有用。

为了更定量地确定元素组成，俄歇电子能谱（AES），特别是当它与溅射深度剖面相结合时，可以提供更好的表面元素分布信息（Simko，2011）。溅射深度剖面分析允许人们使用离子以已知的速率烧蚀掉表面，从而得到组分随深度的变化情况。当想要确定污染物或氧化物薄层是否只存在于基材表面或基材在不同厚度上的组成是否均匀时，这种方法特别有用。溅射深度剖面分析也特别适用于 EDS 无法提供足够分辨率的氧化物层或薄膜预处理层厚度的测定。

在所有基材上，用 X 射线光电子能谱（XPS）不仅能确定涂层表面（1～2nm）的化学组分，还能确定其化学状态（键）信息（Haack，2011）。在涂覆涂层前，如果没有清除基材表面上的有机物层就有可能出现严重的附着问题，因此 XPS 常被用于研究附着力不佳的

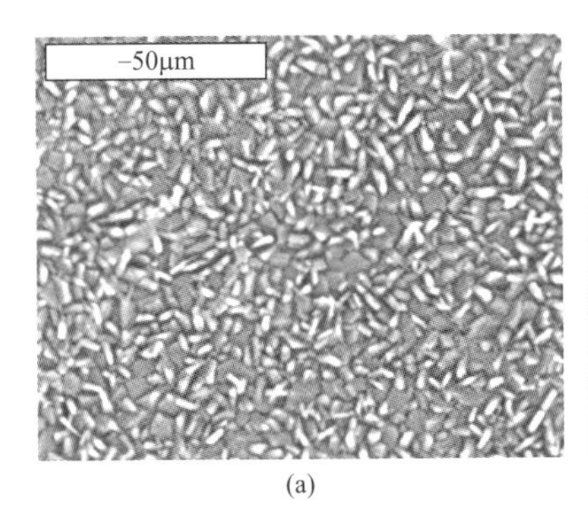

(a)

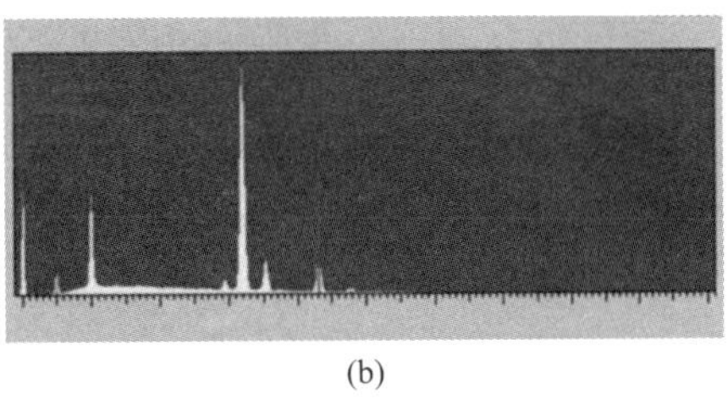
(b)

图 6.4 磷酸锌表面的扫描电镜照片（a）和磷酸锌表面的 EDX 谱图（b）

注意：Zn、Mn 和 P 的峰来自转化层，Fe 的峰来自涂层下方的冷轧钢。

资料来源：经福特汽车公司 Steven J. Simko 许可转载

问题。XPS 不仅能提供元素信息，还能提供化学键合信息，因此能帮助识别特定的有机化合物。例如，XPS 光谱可将脂肪碳和那些与羧基、醚或酮等基团相连的碳加以区分。这些化学结构信息还可用于确定一些特殊表面处理（如火焰或等离子体处理）是否已达到涂装所需要的表面活化程度。与 AES 一样，现代的 XPS 仪器也可以通过离子溅射对表面进行深度剖析。此外，机械超薄切片和角度分辨 XPS 还能定量测定涂层组成随深度的变化。

为了得到具有最佳空间分辨率的表面组分分析结果，飞行时间二次离子质谱（TOF-SIMS）是首选的分析仪器（Kaberline 等，2011）。TOF-SIMS 能在 150nm 或更小的横向分辨率下分析单层厚度的表面组分，因此能以非常精细的比例绘制表面的化学组成。尽管不能像 XPS 一样直接生成化学键相关信息，但可以将 SIMS 中离子束轰击产生的分子片段与已知离子质量相匹配，从而对表面成分进行推断。此外，如果怀疑表面上有污染物，可将可疑污染物的质量“指纹”与受污染表面的质量“指纹”进行比对，以确定两者是否一致。与 XPS、AES 或 EDX 不同，TOF-SIMS 很难定量测定表面的组分，但它的灵敏度是无与伦比的。

传统的红外光谱对许多的表面品质评估仍是有用的。虽然它不具备上述几种表面检测技术的灵敏度，但样品制备更简单，不需要高真空，且大多数涂层组分的指纹图是我们所熟知的。当与衰减全反射（ATR）晶体一起使用时，可以检测到表面最上层几微米的化学组成信息，但仅限于那些占总成分百分之几以上的组分（Adamsons，2012）。

6.5 有机化学处理以增强基材的附着力

与容易被置换的氢键相比，通过共价键可以与基材表面形成更强的相互作用。其中有一种形成共价键的方式是使用活性硅烷（16.2 节），这在增强涂层与玻璃的附着力方面非常有效，现在也越来越多地用于提高涂层与金属的附着力（Plueddemann，1983）。可供选择的活性硅烷有很多种，大多数活性硅烷分子都含有一个与烃链相连的三烷氧基硅烷基团，且在分子另一端含有如胺、硫醇、环氧、乙烯基等官能团。其中的烷氧基硅烷基团可与基材表面上的羟基反应，或者在水解后与其他烷氧基硅烷基团反应，从而在基材的表面共价连接一层仍带有反应性基团的烃类化合物，而这些反应性基团能与涂层进行化学交联。

为了提高双组分环氧-胺涂层对玻璃基材的附着力，可以在胺组分中加入 3-氨基丙基三甲氧基硅烷。如式(6.4)中第一步所示，三甲氧基硅烷能与基材表面上的硅羟基反应生成硅氧烷键。如式(6.4)中第二步所示，三甲氧基硅烷也可以与水分子反应生成硅羟基，这些生成的硅羟基会继续与剩余的甲氧基硅烷反应，最终在基材表面生成聚硅氧烷。如式(6.4)中第三步所示，末端的氨基能与树脂中的环氧基团反应，从而使涂层与基材表面形成多重共价结合。

$$\text{—O—}\underset{|}{\overset{\text{OH}}{\text{Si}}}\text{—O—}\underset{|}{\overset{\text{OH}}{\text{Si}}}\text{—O—} + (\text{MeO})_3\text{Si}(\text{CH}_2)_3\text{NH}_2 \longrightarrow$$

$$\begin{array}{cc} \text{NH}_2(\text{CH}_2)_2\text{CH}_2 & \text{CH}_2(\text{CH}_2)_2\text{NH}_2 \\ | & | \\ (\text{MeO})_2\text{Si} & \text{Si}(\text{OMe})_2 \\ | & | \\ \text{O} & \text{O} \\ | & | \\ \text{—O—Si} & \text{—O—Si—O—} \end{array} \xrightarrow{H_2O} \begin{array}{cc} \text{NH}_2(\text{CH}_2)_2\text{CH}_2 & \text{CH}_2(\text{CH}_2)_2\text{NH}_2 \\ | & | \\ \text{—O—Si—O} & \text{—Si—O—} \\ | & | \\ \text{O} & \text{O} \\ | & | \\ \text{—O—Si—O} & \text{—Si—O—} \end{array} \xrightarrow{\text{BPA环氧树脂}} \quad (6.4)$$

$$\begin{array}{cc} \text{BPA — CH}_2\text{CH(OH)CH}_2\text{HN}(\text{CH}_2)_2\text{CH}_2 & \text{CH}_2(\text{CH}_2)_2\text{NHCH}_2\text{CH(OH)CH}_2\text{ — BPA} \\ | & | \\ \text{—O—Si—O} & \text{—Si—O—} \\ | & | \\ \text{O} & \text{O} \\ | & | \\ \text{—O—Si—O} & \text{—Si—O—} \end{array}$$

当水蒸气穿过涂层到达基材与涂层的界面时，一些 Si—O 键就会发生水解。但由于多重键合作用的存在，另一些保持完好的 Si—O 键仍能防止涂层脱落。此外，水解反应是可逆的，所以硅氧键水解后又能重新生成。这个可逆反应平衡强烈地促进了界面处 Si—O 键的形成。硅烷的使用极大地提高了涂料科学家增强涂料对基材（尤其是玻璃）附着的能力，而利用传统方法实现如此优异的附着力和耐湿性是很困难的。

活性硅烷的加入也能提升涂层对钢和其他金属表面的附着力（Plueddemann，1983）。可以将活性硅烷直接加到涂料中提升附着力，也可以在涂层涂覆之前利用活性硅烷对金属基材进行预处理。

理论上，三烷氧基硅烷能与金属表面氧化铁或氧化铝上的羟基反应。因为磷酸锌和磷酸铁的使用面临着严重的环境和能源问题，硅烷化预处理便成了一个快速发展的领域，尤其是活性硅烷作为铝基材的预处理剂具有巨大的市场前景。这些预处理通常是将活性硅烷的水溶液采用喷涂、浸涂或辊涂实施。其稳定性、水解程度及反应活性可通过溶液的 pH、温度和成分来控制。电化学阻抗谱研究表明，这些硅烷能形成牢固的耐扩散腐蚀屏蔽层（Trabelsi 等，2005；Naderi 等，2013）。硅烷又能与后续涂覆的涂层共价结合，从而给涂层带来优异的附着力和防腐蚀性能。尽管硅烷化预处理尚未能达到六价铬预处理的性能，但是添加了腐蚀抑制剂的硅烷预处理具有良好的防腐蚀性能，且与磷酸盐预处理相比，对环境的影响也小得多。有几篇期刊和专利文献对此做了全面的讨论（van Ooij 等，2005；Chico 等，2012）。

6.6 在玻璃和金属基材上的共价键合

与钢基材共价键合的另一种方法是在树脂分子中引入能与三价铁化合物形成络合物的基团。例如，在树脂结构中引入乙酰乙酸酯取代基（17.6 节）。这种酯是高度烯醇化的，能与包括铁（三价）盐在内的很多金属离子进行络合。初步研究表明，这种络合作用能提高涂层的附着力和防腐性能（Del Rector 等，1996）。但由于乙酰乙酸酯有可能会水解，还需在相对较长的时间内进行评估后才能投入市场应用。

6.7 在塑料和涂层上的附着

与洁净的钢材和其他金属基材不同，涂料对塑料基材表面的润湿通常是个问题。塑料基材的表面自由能低，而且模制塑料产品表面上还残留脱模剂，因此塑料基材很难被润湿。如果后续需要涂覆涂层，则应尽可能避免使用脱模剂。如果必须使用脱模剂，应选择那些容易从模塑件上去除的脱模剂，并应小心去除所有微量的残留。利用动力清洗机清洗是去除微量脱模剂和其他残留污染物的标准做法。

即使经过清洗，一些塑料件的表面自由能仍比许多涂料的表面张力低，导致涂层与基材的接触角大于 0°，这会阻碍涂料在基材上的铺展。使用达因笔或更合适的方法——计算机控制的接触角测量及图像分析系统是测量基材表面能的标准方法。

聚烯烃具有较低的表面自由能，要获得令人满意的涂层附着力，通常需要对其表面进行处理以增加表面自由能（31.2.2 节）。这可以通过表面氧化处理来实现，使聚烯烃表面生成羟基、羧基和酮等极性基团。这些基团的存在不仅增加了聚烯烃的表面自由能，使得很多的涂料能对聚烯烃表面进行润湿，还提供了能与涂料树脂分子上的互补基团发生氢键作用的氢键供体和受体基团。表面氧化处理的工艺有很多种（Lane 和 Hourston，1993；Ryntz，2005）。薄膜、平板和圆柱形物体的表面都可以用火焰处理法氧化，这需要对气体燃烧器的空气-燃气比进行调节以得到氧化火焰。氧化也可以通过将物体表面置于电晕放电环境中来实现。电子在空气中释放所产生的离子和自由基能够氧化塑料表面。尽管上述两种技术都很有效，但都容易受到工作场所法规的限制，因为在某些环境中明火具有危险性，而使用电晕放电系统则会产生有害的臭氧。

常压等离子体系统（31.2.2 节）越来越受欢迎，它能提供与电晕处理和火焰处理相同类型的表面改性。处理过程是空气（或其他气体）通过喷嘴时在高压电源作用下产生等离子体。等离子流所带有的能量足以对大多数塑料的表面进行清洁和化学改性。该过程基本在室温下进行，可以通过改变气体成分和流速调控等离子体的组成和功率。尽管单个等离子流的尺寸很小（约几厘米），但可以将这些等离子流组合在一起以处理较大的面积。经过处理的基材表面的组分能稳定存在数周的时间，这为运输和涂层涂覆预留了充足的时间。

传统上，人们常在未经处理的聚烯烃表面涂一层氯化聚烯烃或氯化橡胶的低固含量溶液作为连接层来提高附着力。其作用机理是连接层中的溶剂使基材表面溶胀，然后氯化聚烯烃基料会扩散到溶胀的基材中。对于热塑性聚烯烃（TPO）基材，基料树脂能高效地扩散到其 EPDM 橡胶相中。相同的附着力增强机理也适用于其他聚合物基材-涂层体系，前提是涂层涂覆是在基材的玻璃化转变温度（T_g）以上进行的。这个增强很大程度上归因于涂层中的溶剂。溶剂会使塑料溶胀，降低其 T_g并促使涂料树脂分子渗入塑料表面。溶剂应缓慢挥发，以使树脂分子有足够的时间进行渗透。挥发过快的溶剂（如丙酮）会导致高 T_g热塑性塑料（例如聚苯乙烯和聚甲基丙烯酸甲酯）的表面出现银纹。银纹是大量细微表面裂纹的扩展，有关银纹、塑料涂层和表面处理的更多讨论，见 31.2.2 节和 Ryntz（1994）的论述。

理论和实验研究均表明，聚合物表面上的分子比其本体内的分子具有更强的活动能力（Garbassi 等，1998）。一项理论研究表明，可移动分子链段层的厚度约为 2nm（Mansfield 和 Theodorou，1991）。由于聚合物表面是动态的，所以它们会根据环境条件进行自我调整。

极性基团会从聚合物-空气界面迁移到聚合物主体中来降低表面自由能。然而，诸如 T_g、结晶度和表面组成的改变等因素可以阻止或极大地延缓这种迁移。

涂层在其他涂层上的附着（通常称为层间附着）是在聚合物基材上附着的另一个例子。对于涂层间的附着，以上的原则同样适用。为了能实现润湿，涂覆涂层的表面张力必须低于基材涂层的表面自由能。两个涂层中均存在极性基团时可形成涂层间氢键作用。对于热固性涂料，可通过共价结合来增强涂层间的附着力。经验表明，树脂上若有少量的氨基，通常能增强层间附着力。例如，在制备丙烯酸树脂时加入甲基丙烯酸 2-（*N*,*N*-二甲基氨基）乙酯和甲基丙烯酸-2-氮丙啶基乙酯之类的共聚单体能提高涂层间的附着力。

在金属基材上，固化温度高于 T_g 会增加涂层良好附着的概率。在底漆和面漆中采用相容性好的树脂也能促进附着。在面漆中使用能溶胀底部涂层的溶剂是增强涂层间附着力的常用技术。面漆通常更容易附着到交联密度较低的下层涂层上，这是因为交联密度较低的涂层要比交联密度高的涂层更容易被溶剂溶胀。有时，可以先让下层涂层固化不完全，这样在涂面漆时下层涂层的交联密度较低，当固化面漆时再让底部涂层一起完全固化。而导致涂层间附着失效的一个常见原因是前面一道涂层的交联密度过高。

高光泽涂层的表面比较光滑，因此难以附着。在那些老化后过度交联的高光泽涂层表面上再黏附一层涂层尤其困难。为了实现层间附着，可能需要打磨以增加表面粗糙度，但必须在涂覆第二层涂层之前进行彻底清洁。所以这就是要配制低光泽底漆的原因，它们的表面较粗糙，能提高附着力。若有可能，把底漆中颜填料的添加量提高到临界颜料体积浓度（CPVC）之上，将有助于面漆的附着（第 23 章）。在 CPVC 之上，干涂膜中富含孔隙。涂覆面漆时，漆料会渗入底漆涂层的孔隙中形成机械咬合，因此可以促进涂层间的附着。但必须注意不要让底漆的 PVC 超过 CPVC 太多，否则会有太多的漆料从面漆中渗到底漆中，使面漆的 PVC 增加，将导致面漆的光泽下降。

许多工业涂料有一个基本要求——复涂时的附着力，即涂料能与自身的涂层有很好的附着，无需太多的表面处理就可以在有缺陷或损坏的物件上进行复涂。即使再好的涂装车间也无法完美地涂刷所有物件而没有缺陷。当首次合格率（FTT）为 98%时，剩余 2%的物件就需要进复涂。已涂基材在复涂前所需要做的处理工作越少越好。这对于具有高交联密度的高光泽涂层来说是一个挑战。另外，许多涂料含有少量的助剂，这些助剂在固化过程中会迁移至涂层表面以减少缩孔或改善涂层润湿性。这些表面活性化合物会使涂层特别难以获得良好的复涂效果。

6.8 附着力测试

优异的附着力是建立卓越涂层体系的核心基础之一，因此迫切需要能对涂层附着力进行量化的及可重复的测试。遗憾的是，涂层的附着力很难量化。众所周知，较差的附着力较容易测量，因为要使附着力较差的涂层剥离所需的力较小，并且几何和机械方面的考虑因素相对容易控制。然而，较强的附着力很难测量。当附着强度接近基材或涂层的内聚强度时，该附着强度的量化就十分困难。因此，涂料行业传统上更多的是对涂层附着力进行定性测量。

配方师评估附着力最简单的方法是根据用铅笔刀从基材上刮除涂层的难易程度来判断。也可以对新涂层-基材的组合与已知实际性能的这种组合进行比较，通过比较哪一个组合更耐刮除来判断，这样配方师就有了一些预测涂层性能的依据。虽然铅笔刀在经验丰富的人手中可能是一个很有价值的工具，但它作为一种测试方法却还是存在很多缺点。经验难以相传，再说测试技术也不是那么容易传授的。另外，也没有很好的方法能将测试结果数据化。因此，它无法根据涂层组成变化引起附着力微小的变化来提出各种假设。

使用最广泛的附着力规范测试方法可能是划格试验法。使用一个带有 6 或 11 个锋利刀片的设备，在样品上划一组平行切割线，然后垂直于第一组平行切割线再划第二组平行切割线。随后将一条压敏胶带压在网格图案上并拉开。对一组照片的结果进行比较，根据从切口处微量的剥落到大部分区域的剥落状况，分为 5 到 0 级，对附着力进行定性评估。通常要将样品浸在水里或在高湿度环境下处理几天后再进行测试。曝露在水中总是会让涂层对基材的附着力降低，这是因为被吸附到基材表面上的水分子能取代涂层与基材的键合。

划格法附着力试验有许多误差来源，其中一个是切割速度。如果切割速度很慢，划线可能比较均匀。但是，如果切割速度太快，有可能在切割线的两侧出现裂纹，这是由于涂层在较高的应力速率下会表现出更脆的特性。另外一些重要的因素包括压敏胶带、对胶带施加的压力、胶带从表面被拉开时的角度和速率、在试验过程中底材的弯曲（如果有的话）和被胶带所粘贴的涂层表面等因素。某些助剂似乎能改善附着力，实际上只是通过降低胶带与涂层之间的黏结力来提高试验结果。该测试方法对于区分附着力差的样品和附着力相当好的样品可能是有用的，但对于区分都具有较高附着力的样品没有太大的作用。关于影响测试的相关变量更详细的讨论，请参见 Koleske（2012）。

类似的测试还可以通过在涂漆面板上划一个 X 形线（不同于十字交叉网格）来进行，其广泛应用于建筑涂料的测试中，它与划格法一样属于定性测试方法。即便如此，划格-胶带拉拔测试法依旧是评估涂层附着力最常用的方法。

有很多令人满意的测试方法可用于评估黏合剂的黏结强度，但这些方法很少适用于涂料体系。研究人员尝试了各种不同的方法，试图设计出有意义的试验方法来评估涂层的附着力（Bullett 和 Prosser，1972；Koleske，2012）。困扰大多数涂层附着力测试的核心问题是涂层本身的内聚强度较低。所有的附着力测试都需要在涂层-基材界面上施加一个应力，而应力通过涂层本身几乎是均匀地进行传递。然而，如果涂层附着力良好，涂层往往在施加的应力使界面失效之前自身就破裂了。因此，用于胶黏剂的剥离试验等测试方法通常不适用于涂层，除非涂层的附着力非常差。

由于大多数涂层对缺陷非常敏感，因此涂层会因为表面附近的微小缺陷而失效，发现将涂层限制在更坚固、更坚硬的材料上可以成功地测量涂层的附着力。其中一种测试方法就是直接拉开法试验，它也有很多其他的名字。首先用胶黏剂将一试柱（也称为柱桩）垂直固定在涂层样品表面。然后将样板固定在一个支座上，支座的背面也有一个垂直的试柱，这样两个垂直的试柱正好同轴相对在一中心线上。将组件放入拉力试验机的夹口中（4.5 节），并记录将涂层从基材上拉开所需的拉力。由于试验过程存在很多的实验误差，因此必须测试多次。经验丰富的操作员可以达到±15%的精度。试柱与涂层之间的黏结力必须比涂层对基材的附着力大。此外，胶黏剂不能渗透到涂层中干扰涂层与基材的界面。氰基丙烯酸酯胶黏剂总体上令人满意。两个试柱必须彼此精确同轴对准并垂直于涂层。如果试柱与表面存在轻微夹角，则应力仅集中在基材与涂层界面的一部分面积上，只需要很小的力就能破坏界面黏结。有时，最薄弱的部分是基材，这对做广告来说非常好，但它并没有反映真正的附着强度。

即使样品是在基材和涂层界面上出现附着失效，在解读结果时也必须特别谨慎。有时，即使在测试后的基材表面看不到涂层，但是涂层在基材表面还是会残留一个单层（或薄层）的物质。在这种情况下，不是涂层与基材表面附着失效，而是基材表面吸附物与涂层其余部分之间的附着失效。表面分析（6.4 节）可用于确定失效区域和辨别表面吸附物。附着力失效和内聚破坏同时发生的情况很常见。对这种失效的一种解释是在涂层内部的某些缺陷处首先出现断裂失效，然后初始裂纹继续向下扩展一直到界面。在这种情况下失效样品的拉力值与因附着失效样品的拉力值没有可比性。

如本章开头所述，直接拉开法测试无法区分涂层被破坏和涂层被拉开的难度之间的差异。尽管在区分两种破坏时均有困难，但直接拉开法测试仍是最有用的方法。现已设计开发出了能在现场条件下进行直接拉开法测试的仪器。该方法已广泛用于高性能维护涂料和船舶涂料的质量控制。但在实际产品上使用这种方法的一个严重缺点是测试具有破坏性，必须对测试后的区域进行重涂。Koleske（2012）更详细地讨论了变量对测试结果的影响。

除了直接拉开法测试外，人们还对其他几何结构的受限测试进行了评估，其中一些有望被应用。例如，开发了起泡试验来测量材料的黏结强度（Islam 和 Tong，2015）。在这个试验中，会在基材和胶黏剂（或涂层）的界面处制造一个微小的圆形缺陷。这可以通过在基板表面放置少量的低表面能材料（如脱模剂）来实现，然后将涂层涂覆上去。在缺陷所处区域，钻一个小孔穿过基材但不穿过涂层，然后使用压缩空气从背面穿过小孔施加一个压力。利用线性可变位移传感器（LVDT）测量表面挠度随空气压力的变化。当缺陷开始蔓延时，可以通过表面位移、涂层的模量、涂层的厚度以及起泡的大小来计算缺陷蔓延所需的能量。但与其他大多数附着力测试一样，涂层往往会在缺陷蔓延之前失效。为了解决这个问题，可以进行反向起泡试验，在涂层上的孔中施压，这时基板受到压力。这些试验对于涂层更为有效，但并未得到广泛采用（Fernando 和 Kinloch，1990）。

最近的研究表明，将涂料涂在一个坚硬上层的下方，可以防止涂层破裂并能将裂纹机械地扩展到界面。这一方法已成功用于测量塑料和金属基材上无机涂层和溶胶-凝胶涂层的黏结断裂能，如果该技术能在更传统的有机涂层（其附着强度通常大于无机涂层）中得到应用，则有望获得成功。Chen 等（2014）对用于评估涂层附着力的各种机械方法进行了出色的综述。

Meth 等（1998）开发了一个独特的方法来测量汽车底色漆上罩光清漆层的黏结断裂能。这个测试采用了可见光激光脉冲穿过罩光清漆层。由于清漆层对激光基本上是透明的，因此激光能量只能被有色底色漆吸收。当底色漆被激光加热时，一些物质被汽化，导致底色漆与罩光清漆之间生产气泡。气泡的大小与清漆-底色漆界面的断裂能直接相关。该测试方法除了需要使用精密设备外，主要缺点是仅适用于有色底涂-清漆的体系，并且必须非常准确地知道清漆层的厚度，因为断裂能计算公式与清漆层厚度的四次方相关。

（李小杰　译）

综合参考文献

Abbot, S., *Adhesion Science*, DEStech Publications, Lancaster, 2015.

Baghdachi, J. A., *Adhesion Aspects of Polymeric Coatings*, Federationof Societies for Coatings Technology, Blue Bell, PA, 1996.

Hartshorn, S. R., *Structural Adhesives: Chemistry and Technology*, Plenum, New York, 1986.

Mittal, K. L., *Adhesion Aspects of Polymeric Coatings*, Plenum, New York, 1983.

Nelson, G. L., Adhesion in Koleske, J. V., Ed., *Paint and Coatings Testing Manual*, 15th ed., ASTM, Philadelphia, 2012.

参 考 文 献

Abbott, S., *Adhesion Science: Principles and Practice*, DEStech Publications, Inc, Lancaster, 2015.

Adamsons, K., *J. Coat. Technol. Res.*, 2012, 9(6), 745-756.

Bullett, T.; Prosser, J., *Prog. Org. Coat.*, 1972, 1(1), 45-71.

Charmeau, J., et al., *Prog. Org. Coat.*, 1996, 27(1), 87-93.

Chen, Z.; Zhou, K.; Lu, X.; Lam, Y. C., *Acta. Mech.*, 2014, 225, 431-452.

Chico, B., et al., *J. Coat. Technol. Res.*, 2012, 9(1), 3-13.

Del Rector, F., et al., *J. Coat. Technol.*, 1996, 61(771), 31-37.

Dyett, M., *J. Oil Colour Chem. Assoc.*, 1989, 72(4), 132-138.

Elsner, C. I., et al., *Prog. Org. Coat.*, 2003, 48(1), 50-62.

Fernando, M.; Kinloch, A., *Int. J. Adhes. Adhesiv.*, 1990, 10(2), 69-76.

Figueira, R., et al., *J. Coat. Technol. Res.*, 2015, 12(1), 1-35.

Garbassi, F., et al., 1998, *Polymer Surfaces: From Physics to Technology*, John Wiley & Sons Ltd, Chichester.

Haack, L. P., *Coat. Technol.*, 2011, 8(2), 42-51.

Islam, M. S.; Tong, L., *Int. J. Adhes. Adhesiv.*, 2015, 62, 107-123.

Kaberline, S. L., et al., *Coat. Technol.*, 2011, 8(4), 34-43.

Kloosterboer, J. G., *Electronic Applications*, Springer, Berlin, 1988, pp. 1-61.

Koleske, J. V., 2012, *Paint and Coatings Testing Manual*, ASTM, Conshohocken.

Lane, J.; Hourston, D., *Prog. Org. Coat.*, 1993, 21(4), 269-284.

Lin, T., et al., *Prog. Org. Coat.*, 1997, 31(4), 351-361.

Lori, L., et al., *Prog. Org. Coat.*, 1996, 27(1), 17-23.

Mansfield, K. F.; Theodorou, D. N., *Macromolecules*, 1991, 24(23), 6283-6294.

Massingill, J., et al., *J. Coat. Technol.*, 1990, 62(781), 31-39.

Meth, J., et al., *J. Adhes.*, 1998, 68(1-2), 117-142.

Naderi, R., et al., *Surf. Coat. Technol.*, 2013, 224, 93-100.

Nichols, M.; Tardiff, J., *Active Protective Coatings*, Springer, Dordrecht, 2016, pp. 373-384.

Perfetti, B. M., *Metal Surface Characteristics Affecting Organic Coatings*, Federation of Societies for Coatings Technology, Blue Bell, PA, 1994.

Plueddemann, E. P., *Prog. Org. Coat.*, 1983, 11(3), 297-308.

Ryntz, R. A., *Painting of Plastics*, Federation of Societies for Coatings Technology, Blue Bell, PA, 1994.

Ryntz, R. A., *J. Coat. Technol. Res.*, 2005, 2(5), 351-360.

Sheih, P.; Massingill, J., *J. Coat. Technol.*, 1990, 62(781), 25-30.

Simko, S. J., *Coat. Technol.*, 2011, 8(3), 52-58.

Skerry, B. S., et al., *J. Coat. Technol.*, 1990, 62(788), 55.

Trabelsi, W., et al., *Prog. Org. Coat.*, 2005, 54(4), 276-284.

van Ooij, W., et al., *Tsinghua Sci. Technol.*, 2005, 10(6), 639-664.

Yekta-Fard, M.; Ponter, A., *J. Adhes. Sci. Technol.*, 1992, 6(2), 253-277.

Zisman, W. A., *J. Coat. Technol.*, 1972, 44(564), 42.

第7章 涂层防腐蚀

腐蚀是金属材料经过电化学作用转变为金属氧化物的过程。腐蚀造成的经济损失估计为美国国内生产总值（GDP）的3%。这个估值的有效性很难确定，但是它告诉技术专家必须清楚，全球耗费了大量的资源用于防止腐蚀，并且一旦腐蚀开始就要想尽办法减轻其影响。

防止腐蚀的主要途径是在金属表面涂装有机涂层，因此在本章将着重讨论腐蚀原理和有机涂层的保护作用。控制腐蚀的各类专用涂料将分别在第27章、30章和33章中讨论。应该指出的是，利用无机涂层控制腐蚀也是一个相当好的技术，如在钢材表面镀一层锌（镀锌钢）可有效增强底层钢材的防腐蚀性能。但是无机涂层的应用超出了本书的范围。

7.1 腐蚀基础

因为腐蚀科学领域有自己的术语名称，它有时可能让人感到困惑及让新手望而生畏，这里我们首先介绍一下腐蚀科学的简单背景。

简单来说，金属的腐蚀就是金属元素通过氧化形成其金属氧化物。经常还会发生后续反应，氧化发生的化学途径很大程度上依赖于pH值、温度、环境和其他因素，但是归根结底，腐蚀过程就是一个氧化-还原反应。腐蚀过程中在两个不同的位置发生互补的反应，即阳极和阴极。阳极和阴极必须通过导电通路连接，这通常由允许电子和质量输送的水相环境提供。在阳极，金属（M）被电离并释放电子到周围的介质中（通常是水）：

$$M \longrightarrow M^{n+} + ne^-$$

腐蚀过程中，金属在阳极上被消耗或转化成氧化物。在相应的阴极，水、电子和氧结合形成氢氧化物阴离子：

$$O_2 + H_2O + 4e^- \longrightarrow 4OH^-$$

通常在水中溶解有充足的氧，提供了现成的腐蚀源，在正常大气环境下，氧在水中的平衡浓度约为6mL/L。当带正电的金属和带负电的羟基离子迅速反应时，第一种腐蚀产物就形成了：

$$M^+ + OH^- \longrightarrow MOH$$

在某些情况下，金属氢氧化物是稳定的，但它常常与氧和水进一步反应形成金属氧化物。

$$MOH + O_2 \longrightarrow MO + H_2O$$

当然反应细节比这要复杂得多，但重点是金属溶解发生在阳极，在有水和氧的情况下，就会形成金属氧化物，从而导致金属的弱化和在很多情况下难看的外观。

7.2 裸钢的腐蚀

因为钢是社会经济中最常用的金属合金，我们将从钢腐蚀的机理开始讨论防腐蚀。

钢是一种主要由铁和一些少量成分如碳、铝、钛、硅及其他元素组成的合金，其主要电化学反应是铁的氧化。由于钢的微观结构不均匀，其表面成分就处处不同，因此一些区域表现为阳极，而另外的区域就相对为阴极。金属表面的应力和形态结构也可能是形成阳极-阴极对的因素。冷轧钢的内应力比热轧钢大，一般会更易腐蚀。但由于冷轧钢强度更大，因此应用更广。在金属加工过程中，就像一块碎石对车身的冲击一样，也会产生内应力。

像大多数金属一样，钢的表面吸附了一层很薄的水，水中有少量可溶性盐，提供电化学反应所需的电解质。若无氧存在，则钢在阳极腐蚀的原始产物是亚铁离子，在阴极形成氢，它引起阴极的极化而停止铁的进一步溶解，除非电解质的 pH 值很低：

阳极： $$Fe \longrightarrow Fe^{2+} + 2e^-$$

阴极： $$2H^+ + 2e^- \longrightarrow H_2$$

但在通常情况下，氧是存在的，这时会发生阴极的去极化，在阴极生成氢氧根离子，铁继续溶解。

$$O_2 + 2H_2O + 4e^- \longrightarrow 4OH^-$$

$$2Fe + O_2 + 2H_2O \longrightarrow 2Fe^{2+} + 4OH^-$$

钢的腐蚀速率取决于其表面水中溶解氧的浓度，如图 7.1 所示（Revie 和 Uhlig，2011）。在低浓度时，溶解氧浓度增加则腐蚀速率增加。在高浓度时，由于钝化，腐蚀速率降低（7.3.1 节）。

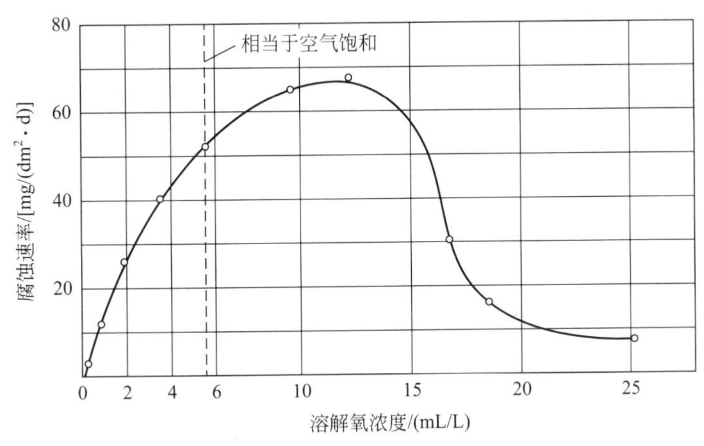

图 7.1 氧浓度对低碳钢在缓慢流动的蒸馏水中腐蚀的影响（25℃，48h）

源自：Revie（2011）

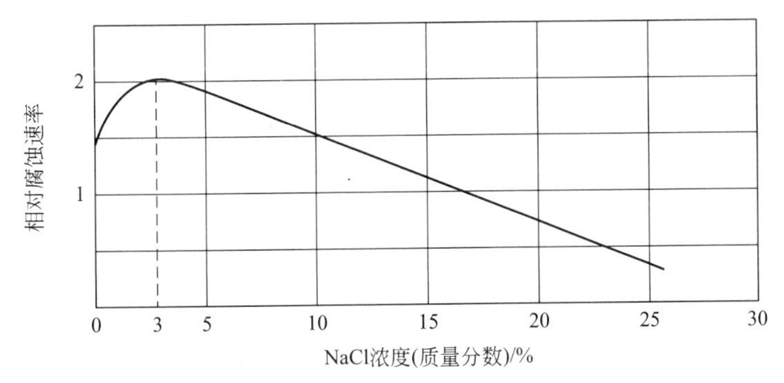

图 7.2 NaCl 浓度对铁腐蚀的影响（室温下，铁在鼓入空气的 NaCl 溶液中）（几项考查的综合数据）

源自：Revie（2011）

只有在形成完整的电路时腐蚀才能以显著速率发生。腐蚀速率取决于钢表面的水的电导率。溶解的盐会增加电导率，这也是盐会增加钢腐蚀速率的原因。盐类对腐蚀速率的影响很复杂，读者可参考文献 Revie 和 Uhlig（2011），或其他有关腐蚀的书籍，进行详细讨论。NaCl 浓度和腐蚀速率之间的关系可见图 7.2，图中垂直虚线表示海水中 NaCl 的浓度。NaCl 浓度更高时则腐蚀速率降低，这是因为当 NaCl 浓度增加时氧的溶解度降低。

腐蚀速率也取决于 pH 值，见图 7.3。因为即使没有电化学作用，铁也会在强酸中溶解，故毫不奇怪，在低 pH 值时腐蚀也是非常快速的。在 pH 值 4～10 之间，腐蚀速率几乎与 pH 值无关。在此 pH 值区域，初始的腐蚀形成一层氢氧化亚铁沉积在阳极附近，然后腐蚀速率受控于氧通过此层时的扩散速率。在这层氢氧化亚铁的下面，铁表面与碱性溶液接触，

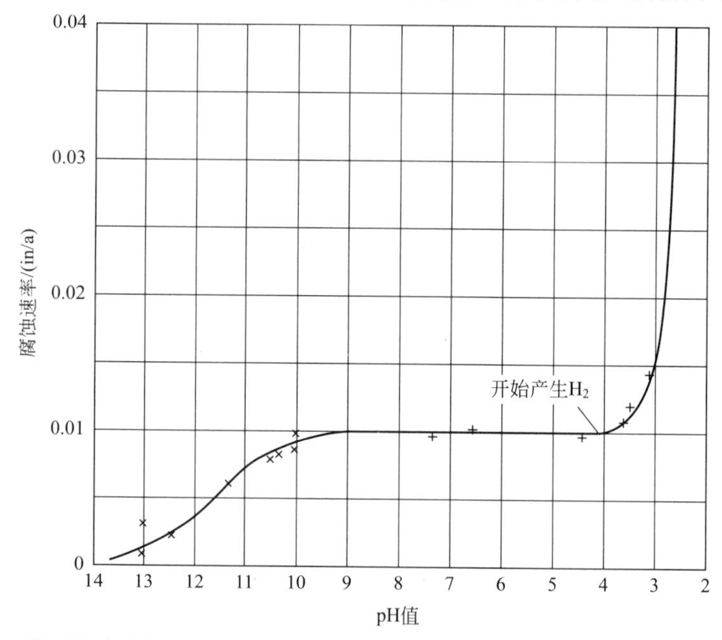

图 7.3　pH 值对铁腐蚀的影响（室温下，铁在鼓入空气的软水中）（几项考查的综合数据）

源自：Revie（2011）

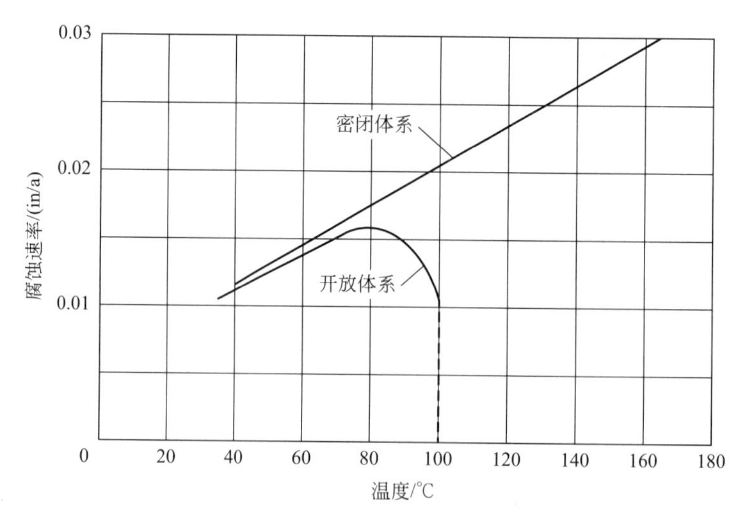

图 7.4　温度对铁在含溶解氧体系中腐蚀的影响

源自：Revie（2011）

其 pH 值约为 9.5。当环境的 pH 值超过 10，增加的碱性提高了铁表面的 pH 值，于是由于表面钝化而腐蚀速率降低（7.5.2 节）。

腐蚀速率还取决于温度，如图 7.4 所示。温度高则反应进行得更快，如在密闭体系中腐蚀速率增大。但是，当温度升高时，氧在水中的溶解度降低，所以在氧能逸出的开放体系中，腐蚀速率在中间温度时经过一个最大点。腐蚀速率最大时的温度和体系有关。

7.3 金属的防腐蚀

为了阐述有机涂层防腐的原理（7.4 节和 7.5 节），本节首先讨论在不使用有机涂层情况下控制电化学腐蚀的方法。一种是抑制阳极反应（在 7.3.1 节讨论）；另一种是抑制阴极反应（在 7.3.2 节讨论）；还有一种是阻止水、氧、腐蚀促进剂等与表面接触（在 7.3.3 节讨论）。

7.3.1 钝化：阳极保护

如图 7.1 所示，增加氧浓度直至约 12mL/L 时会增加腐蚀速率，因为如 7.2 节所讨论的，其作用是使阴极去极化。在更高浓度时，达到表面的氧比阴极反应消耗的氧更多，腐蚀将减缓。减缓/钝化的机理尚未完全搞清。有一种理论的解释是，若靠近阳极的氧浓度足够高，在阳极表面形成的亚铁离子（Fe^{2+}）迅速被氧化成铁离子（Fe^{3+}）。因为氢氧化铁的水溶性比氢氧化亚铁低，在阳极表面上生成了水合氧化铁屏蔽层。这种延缓阳极反应抑制腐蚀的现象就称为钝化。在这里，铁被钝化了。

钝化所需的临界氧浓度取决于多种条件，它随溶解盐浓度及温度的上升而增加，而随 pH 值和流过表面水速的增加而降低。在 pH 值约为 10 时，临界氧浓度达到空气饱和水中的值（6mL/L），若 pH 值更高则临界浓度更低。其结果是，若 pH 值足够高时，铁被空气中的氧所钝化而不发生腐蚀。pH 值约低于 10 时，用氧钝化以控制腐蚀是不切实际的，因为所需氧浓度超过水与空气平衡时溶解氧的浓度。但有多种氧化剂可作为钝化剂，如铬酸盐、亚硝酸盐、钼酸盐、铅酸盐及钨酸盐等。像氧一样，这些氧化剂需达到一定的临界浓度才可以起到钝化作用；若浓度太低，则会通过阴极去极化而促进腐蚀。对铬酸盐的反应研究得最多。部分水合的铁和铬的混合氧化物沉积在表面，其可能作为屏蔽层，从而阻止阳极反应。

某些非氧化性酸盐，如硼酸、碳酸、磷酸和苯甲酸的碱金属盐也可用为钝化剂，其钝化作用可能来自其碱性。通过提高 pH 值，它们可以降低钝化所需的临界氧浓度，使之低于与空气平衡所达到的浓度。或者，这些盐的阴离子可能与亚铁或铁离子化合，形成低溶解度的络合盐沉积于阳极上，形成屏蔽涂层。很可能以上两种机理均在某些程度上起作用。

一种新的钝化方法是在钢表面涂一层导电的聚合物薄膜防止其腐蚀。聚苯胺（PANI）可以在金属表面形成致密、非常薄的金属氧化物钝化层而起作用，已经工业化生产。PANI 粉末不溶于任何溶剂、不熔，同时因表面张力高，非常难分散，但还是可以分散在许多漆料中。有很多文献讨论了导电聚合物涂层对金属的影响（Sitaram 等，1997；Spinks 等，2002）。PANI 从磷酸盐缓冲液中通过电化学聚合和沉积到不锈钢可以增加钢的耐腐蚀性（Mousik 等，2003）。电化学聚合的聚噻吩涂层钢也可提供耐腐蚀保护（Kousik 等，2001）。另一篇导电聚合物涂层的综述重点讨论了聚[2,5-双（*N*-甲基-*N*-丙基氨基）苯基乙烯] 对铝的防护（Zarras，1999）。尽管这个方面的腐蚀防护是研究的活跃领域，但由于与导电聚合物技术相关的加工和成本问题，其商业价值还很小。

铝比铁在电位序中占位高，更易被氧化。因此人们预想铝会比铁或其他合金更容易腐蚀。然而，现实中铝通常比铁腐蚀要慢。新鲜暴露的铝表面会迅速氧化生成致密连贯的氧化铝层，即铝被与空气浓度平衡的氧所钝化。铝在中性 pH 值时腐蚀很慢，但在低（酸性）和高（碱性）pH 值条件下腐蚀就很快。

和铁的腐蚀不同，铝的腐蚀通常是局部和表观的。丝状腐蚀是铝的一种特殊腐蚀，一般发生在涂漆的铝表面（图 7.5）。这种腐蚀通常在有氯离子存在时发生。我们观察到细小的丝状腐蚀痕迹从有缺陷的部位开始向外蔓延。这些腐蚀细丝通常沿铝合金板轧制方向展开。这些丝状腐蚀就是一个局部腐蚀电池，其腐蚀丝的头就是阳极，阴极则位于腐蚀丝头的后面。腐蚀反应产物的比体积要大于铝金属，从而造成腐蚀丝头部涂料的局部剥离。随着腐蚀的蔓延，由于腐蚀丝头处涂料的不断剥离而形成细丝，在其尾部就留下剥离后的痕迹。丝状腐蚀也能发生在涂漆的钢材上。

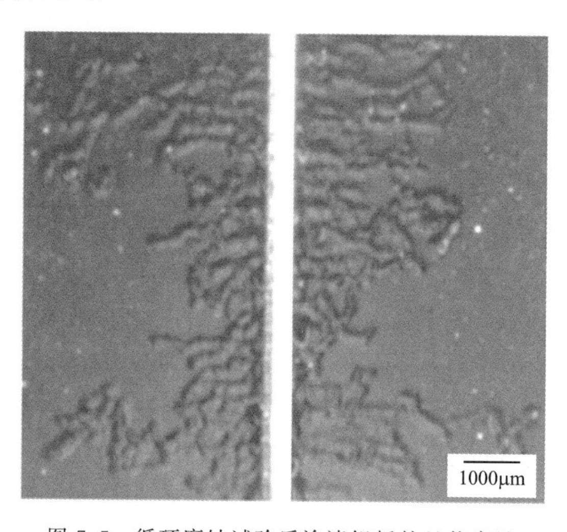

图 7.5　循环腐蚀试验后涂漆铝板的丝状腐蚀

7.3.2　阴极保护

将钢与直流电源或电池的正极相连接，而负极接于碳电极，如果将两个电极都浸入盐水中，钢则不会腐蚀。外加电位使钢表面相对于碳阳极而成为阴极，其结果是水被电解，而不是钢的腐蚀。这就是阴极保护的一个例子。

一个与此相关的方法是将钢与一块在电位序中占位高于铁的金属如镁、铝和锌相连接。当一块此类金属与钢连接并浸入电解质中时，此类活泼的金属在电路中就成为阳极，所有的腐蚀就会在阳极进行。此类较活泼的金属就称之为牺牲阳极。这种方法经常用于保护管线、船体钢壳和热水器水箱。牺牲阳极会渐渐消耗用完，必须定期更换。锌和镁是较佳的牺牲阳极金属。由于铝表面会生成氧化铝屏蔽层，所以它作为牺牲阳极的效果通常不好（7.3.1 节）。然而，铝适用于完全浸没在海水中作业船舶的牺牲阳极，因为它在海水中很容易被腐蚀。

另一种阴极保护方法是用锌将钢制成镀锌钢。钢受到两方面的保护，锌作为牺牲阳极，也作为屏蔽层，阻止水和氧到达钢表面。因为锌容易氧化，在氧浓度低于 6mL/L 时它被钝化。若镀锌钢的表面受破损，暴露出裸钢和锌，则锌腐蚀而钢不会腐蚀。在暴露于大气后，锌表面覆盖着氢氧化锌和碳酸锌的混合物。二者均略溶于水，且呈强碱性。

7.3.3 屏蔽保护和抑制

钢产生腐蚀，其表面必须有氧和水与之进行直接的分子接触。任何能阻止氧和水到达其表面的屏蔽层都可以防止腐蚀。镀锌钢上面的锌层就是屏蔽层。我们也可以认为一层不可逆吸附着的小分子就是屏蔽层。经常有人错误地认为罐听马口铁与镀锌钢相似，其表面的锡层能起电化学保护作用。然而，在电位序中锡占位低于铁，即铁是阳极而锡是阴极。在镀锡的食品罐开启以前，锡涂层是完整的，起屏蔽作用，阻止氧和水到达钢表面。食品罐一旦开启，割开的裸边将钢和锡都暴露于水和氧，则钢会很快腐蚀。

许多有机化合物是钢的缓蚀剂。大多数是极性物质，更容易吸附在高能表面上（Leidheiser，1981）。胺类的用途就特别广泛。将纸用挥发性胺或弱酸性的铵盐浸渍，包裹在洁净的钢上能防止钢腐蚀。胺类也用于锅炉水以降低腐蚀。它们阻止腐蚀的机理尚不清楚。由于胺是碱性的，可中和酸而作为缓蚀剂。也可能是胺通过氢键，或与钢表面的酸性部位生成盐而牢固地吸附在钢表面，此吸附物可以作为屏蔽层，阻止氧气和水到达钢表面。然而后一种机理只有在水介质中含抑制剂的情况下才能说得通。

在水溶液中，一些芳香族化合物也是有效的腐蚀抑制剂。苯并三唑类已被证明是一种有效的缓蚀剂。一些天然产物和提取物在低浓度下也是腐蚀抑制剂。因为希望找到无毒和/或天然抑制剂的需求增加，所以在这个领域的研究还在进行。

7.4 完整涂层的防腐蚀

当有机涂层能完全覆盖基体表面并在使用期内保持完整无损，它就是可以保护钢腐蚀的有效屏蔽层。当预期基体不能被完全覆盖，或者涂层在使用中会破损，最好选择能抑制腐蚀中电化学反应的方法，这将在7.5节中讨论。很少在同一涂层中采用两种防腐的方法，由于效果不好，通常只会选择一种。然而，Sorensen等（2009）报道称有时同时采用两种方法也是可行的。

7.4.1 关键因素

1950年以前，人们普遍认为涂料是作为屏蔽层来保护钢，阻止水和氧到达钢表面。然而Mayne（1952）研究发现，水和氧透过漆膜的渗透率远远高于裸钢腐蚀的消耗速率。因此，Mayne推断不能用涂料的屏蔽作用来解释涂料的有效性。他认为漆膜的导电性可能是控制防腐蚀程度的一个变量。据推测，高导电性涂层防腐蚀性差，低导电性涂层防腐蚀性较好。实验也证实了具有非常高导电性的涂层，其防腐蚀性也差。然而，在比较了一些相对低导电性的涂膜时，其导电性和防腐蚀性之间的关联性不大。高导电性涂膜的失效也可能是由于其高透水性。然而一些学者相信有机涂层的导电性至少是防腐蚀的影响因素之一（Mayne，1976；Leidheuser，1979）。

现在人们对完整涂膜对钢的腐蚀保护的认识很大程度上是基于Funke的研究（1979，1983，1985，1987）。他发现在早期的工作中有一个重要因素没有被足够重视，就是当水存在时涂层对钢的附着力。Funke认为当水透过完整的涂膜时能置换钢表面上的一些涂膜。在此情况下，涂膜呈现很弱的湿附着力。此时水和溶解于水中的氧直接与钢表面接触，因而引起腐蚀。当腐蚀进行时，产生亚铁离子和氢氧根离子，在涂膜下形成渗透池。产生的渗透压可以提供足够的力从底材上剥离更多的涂层。渗透压的范围可在2500～3000kPa之间，而有机涂层抗剥离的力非常低，仅为6～40kPa（Funke，1979）。因而将产生很多气泡并扩延，从而暴露出更多未保护的钢表面。Martin等人（1990）认为气泡也可通过非渗透压机理而形成，由于气泡在涂层中的张力较小，在涂层模量足够高时，可压制气泡的形成（Chuang等，1999）。

无论是渗透压机理还是非渗透压机理，屏蔽涂层能防腐蚀的关键是要具有足够的附着力，才能抵抗取代作用力。从两种机理可预测，若涂层在微观上及宏观上均覆盖钢的全部面积，并且，若在所有的界面上都能达到很强的湿附着力，则该涂层能无限地保护钢不被腐蚀。然而，在实际施工时要使涂料达到上述这两个要求是困难的。例如，由于金属表面纳米级或微米级的粗糙度，这些表面的空穴因空间位阻的原因不能完全被基料分子填满。这些没被保护的空穴，尽管小，但也足够允许局部水分子的积聚，形成腐蚀电池的介质（Funke，1996）。因此，Funke（1985）发现，除了湿附着力之外，低的透水性和透氧性也有助于防腐蚀。在任何场合，若是附着力差，防腐蚀性也差。但若是附着力尚好，低的透水性和透氧性可使附着力丧失的时间延长到足够长，从而在许多实际环境下具有足够的防腐蚀性。

7.4.2 防腐蚀的附着力

附着力已在第6章进行了详尽的讨论，本章将讨论对防腐蚀性极为重要的湿附着力。欲获得良好的防腐蚀性，好的干附着力是先决条件。若底材上没有涂层保留，肯定就不能保护钢。但良好的湿附着力的作用看起来没那么明显。良好的湿附着力要求在水透过涂膜后，原来附着在基材上的涂层不能脱附。

欲获得良好的湿附着力，涂装前首先要清洁钢材表面，特别要除净任何油脂和盐分。在钢材防腐方面，采用磷酸盐转化型涂层则会更有利（6.3.1节）。各类不同的钢和镀层钢会要求不同的清洁和表面处理方法（Perfetti，1994）。在过去，铬酸溶液经常用作对磷酸盐转化型涂层处理后的“封闭层”。然而，由于六价铬被认为具有致癌性，而受到严格控制使用。在一些西方国家，六价铬仅允许在一些航空和军用方面使用，但在这些领域中的应用也随着一些其他具有相等性能转化型涂层技术的开发而急速减少。常用于三阳离子磷酸锌转化涂膜的镍化合物也在接受由于其潜在毒理作用的严格审查，在欧洲和其他地区可能很快会面临淘汰。

有很多不同的封闭或后清洗化学处理技术都在积极的研究中，以取代六价铬化学处理方法。有机硅烷化合物对封闭磷酸锌转化涂层特别有效。ZrO_2或ZrO_2/TiO_2混合物对磷酸锌转化处理也十分有效。氧化锆沉积是通过使用六氟锆酸水溶液实现的，在金属或预处理的表面上形成无定形的ZrO_2沉积层。Nair和Subbaiyan（1993）报道，将聚乙烯亚胺加到钙（Ca）-锌（Zn）磷化处理槽中，在不需要铬酸盐冲洗时也可以达到满意的表面转化处理效果。在汽车车身表面处理中，ZrO_2和/或硅烷的薄膜正在逐渐取代传统的磷酸锌预处理，实际使用性能相同，但减少了环境问题。

在大多应用领域，由于铝自身已形成氧化铝表面，一般不需要为了腐蚀控制而进行处理。但如果要曝露在盐、低或高的pH值环境中，在涂装前铝表面就必须要进行处理。同样，铬酸盐表面处理是标准的方法，但像其他工业领域一样，这种处理技术已被其他技术所取代（不包括前面提到的已被实践证明可以达到完全相等性能的技术）。在民用或商务飞机上要达到同等性能是很难验证的，这是因为飞机上一些部位的技术规格可能需要40年的防腐保护，而这些区域又很难检查。因此，性能的验证可能需要花费大量时间才能完成。用于评估钢表面预处理的一些类似技术也可用来评估铝表面处理。ZrO_2或ZrO_2/TiO_2混合物的表面处理技术最受工业界关注，并已在许多行业获得应用，如卷材和汽车行业。硅烷预处理技术引起很多人的兴趣，并已证明单独使用是有效的，也可与其他添加剂配合使用。三价铬在腐蚀保护方面的应用也显示了一些希望，但还没有被广泛接受。铈、镧、钒及其他金属盐的效果也是褒贬不一。关于硅烷预处理技术在钢、镀锌钢及铝中的潜在应用的综述可查阅文献（Child 和 van Ooij，1999）。

表面经过清洗和处理之后，切勿触碰，并应尽可能快地涂漆。手印会在表面留下油脂和盐分，当曝露于高湿度环境下，会促进微泡的生成。有一艘船只经过一次海洋和湖泊的航行就观察到锈斑手印（Leidheiser，1981）。当在近海区域涂装时，避免金属表面被盐污染是非常关键的。

涂装的另一关键要素是涂料要尽可能地完全渗透入钢表面的微孔和不平整的凹孔中，以防止这些微孔和凹孔成为水和氧气的聚集坑（7.4.1节）。要实现渗透的关键因素是液态涂料的连续相（即外相）黏度必须尽可能低，并且能保持足够长时间，保证实现完全的渗入（6.1节）。为达到这样的目的，希望采用低挥发性溶剂和慢交联的涂料，可能的话采用烘烤底漆。与微小的缝隙相比，大分子会显得太大，故较低分子量的组分易渗透，防腐蚀性较好。

湿附着力要求涂层牢固地吸附在钢的表面，即使当水透过涂层时也不会被置换。经验表明，在树脂的主链上如散布有若干个吸附基团，可以提高湿附着力，同时树脂主链中部分链段十分柔软，很容易发生各种取向；而其他部分有足够的刚性，以保证有链环和链尾从表面竖起，可以和涂层的其他部分互相搭接。烘烤底漆防腐性较好，可能也是由于在较高温度时树脂分子有较大的机会在钢表面取向。如果涂层T_g低于腐蚀保护需要的温度，可以降低解吸附现象，湿附着力将会提高。然而，如7.4.3节所讨论的，为了减少氧和水的渗透性，还是希望涂层的T_g要高一些。氨基是一种特别有效的极性取代基，能促进湿附着力。这可能是与其他基团相比，氨基不易从钢表面被水置换。磷酸酯基也能促进湿附着力。例如环氧磷酸酯曾被用以提高环氧涂层在钢表面的附着力（Massingill 等，1990）。作为共聚单体的（甲基）丙烯酸磷酸酯也会提高溶剂型和乳胶涂料的湿附着力（Yang 等，2005）。

耐皂化性是影响湿附着力的另一重要因素（Holubka 等，1980；Holubka 和 Dickie，1984）。腐蚀会在阴极产生氢氧根离子，会使 pH 提高甚至达到14，因此会增加酯皂化的可能性。如果酯基在树脂的主链上，皂化会导致靠近界面的聚合物降解，降低湿附着力。环氧-酚醛底漆是一种高温烘烤底漆，能完全耐水解。在一些环氧-胺底漆中，没有可以水解的基团。广泛用于室温固化的环氧底漆中，与环氧树脂反应的氨端基聚酰胺主链上含有可以水解的酰氨基基团。然而与酯键相比，酰氨基更能抗碱催化的水解。当耐腐蚀要求不高而低成本较为重要时，可采用醇酸树脂涂料。环氧酯底漆的优良防腐性能（15.8节）通常归因于其环氧酯超强的耐皂化性。采用芳香族封闭异氰酸酯交联剂的芳香族环氧化合物阴极电泳底漆（第27章）也具有良好的湿附着力，这是由于其具有非常好的耐皂化性及对水和氧极佳的屏蔽性。

漆膜中应避免残留水溶性组分，因为其会导致起泡。例如底漆中不宜使用氧化锌填料，其表面会与水和二氧化碳反应，生成微溶于水的氢氧化锌和碳酸锌，而导致渗透压起泡。同时也要避免不溶性填料表面吸附上水溶性的污染物。在7.5.2节将要讨论的钝化填料，除非其微溶于水，否则不能起作用，它们在金属表面漆膜中的存在可能会导致起泡。Funke 研究表明，其他溶剂挥发后，亲水性的溶剂在干漆膜中变得不相容并作为分离相保留下来，从而导致起泡（Funke，1979）。

7.4.3 影响氧和水渗透性的因素

许多因素影响涂层的透水性和透氧性（Thomas，1991）。即使涂膜没有裂缝或小孔等缺陷，水和氧还会在一定程度上渗透过无定形的聚合物膜。小分子透过漆膜是通过从一个自由体积空穴跳至另一自由体积空穴实现的。当温度达 T_g 以上则自由体积增加，因此通常在设计涂膜时其 T_g 应超过防腐蚀需要的温度。当交联聚合物的 T_g 接近反应温度时，其交联反应速率变慢，在 $T<T_g$ 时会变得非常慢，因为室温干燥漆膜的 T_g 值不能高于室温。再者，由于 T_g 值较低的漆膜其湿附着力会提高（7.4.2 节），因此在漆膜设计时就需要采取折中方案。渗透性又受氧和水在漆膜中溶解度的影响。水的溶解度变化很大。Sangaj 和 Malshe（2004）在其研究中对氧和水在漆膜中的渗透性进行了详尽论述。

氧在漆膜树脂中的溶解度非常有限，但有很多其他因素影响漆膜对氧的渗透性。高交联密度和低极性是降低氧扩散的两个因素。侧链会增加自由体积，从而增加渗透性。环境温度 T 接近 T_g 是其主要因素，这就是烤漆普遍有优异防腐性能的原因。

影响漆膜对水的渗透性与漆膜对氧的渗透性的因素是相同的，但还有一些其他的影响因素。相比氧而言，水在很多漆膜中更易溶解，溶解的水会增加渗透性。如水可作为环氧-胺和聚氨酯涂料的增塑剂，水引起的溶胀会增加内应力，而导致涂层脱落（Negele 和 Funke，1996）。由于漆膜吸收水分后通常会溶胀，而大多数金属底材结构相对稳定，因此当漆膜经历干、湿循环时，内应力增大。

聚合物中的盐类基团会增加水在漆膜中的溶解度。因此，很难制备出含有羧酸铵盐类的室温干燥、水稀释性优异防腐涂料。若树脂含有聚环氧乙烷链段，尽管比盐类好一些，但其水渗透性仍很高。水在卤代聚合物中的溶解度低，因此氯乙烯和偏氯乙烯的共聚物以及氯化橡胶常用以制备防腐涂层的面漆。含氟聚合物具有低的可渗透性，而且不易被水润湿。据报道，以多异氰酸酯交联的含羟基的聚偏氟乙烯，即使仅单道涂层也有良好的防腐蚀性（Barbucci 等，1996）。尽管有机硅树脂表面张力低，可用作防水剂，但由于极低的 T_g 和低交联密度，有机硅树脂的漆膜具有较高的水渗透性。

颜料对水和氧的渗透性有显著影响。氧和水分子不能穿过颜料颗粒，所以当 PVC 增加时渗透性降低。然而若 PVC 超过 CPVC，漆膜中有空隙，则有助于水和氧透过漆膜（第 22 章）。某些颜料表面极性高，容易吸水，这种情况下水能置换吸附在其表面的聚合物。随着这种颜料量增加，水的渗透性增大。如上一节提到的，所用的颜料应该是不溶性的，并尽量减少可溶性杂质。理论上讲，应避免使用亲水性颜料分散剂，或至少应尽量减少。片状颜料颗粒若平行排列于涂层表面，能大大降低渗透率（Funke，1983；Bieganska 等，1988）。氧和水蒸气不能穿过这些颜料颗粒，而必须绕过它们才能透过涂层。对于片状颜料，其排列非常重要，若未排齐，透过率可能会增加，特别是漆膜的厚度相对于片状粒子尺寸较薄时尤是如此。溶剂挥发时漆膜的收缩是利于片状颜料定向排列的因素（30.1.4 节）。云母粉、滑石粉、云母氧化铁、玻璃鳞片、黏土及金属片都是这类颜料的典型例子。片状铝粉在防腐漆膜中广泛应用，不锈钢片和镍片虽较贵，但能抵抗极端程度的 pH 值。若外观容许，面漆采用浮型铝粉更为有效（20.2.5 节）。浮型铝粉经表面处理以降低其表面自由能，这样在成膜时铝片漂浮至表面，形成一个几乎连续的屏障。在配制含浮型铝粉的涂料时必须避免那些会置换铝片表面处理剂的树脂和溶剂。

使用剥离态黏土制备纳米复合涂层的例子不断增加。如果黏土片能适当分散和稳定的话，构成这些黏土片的薄层（<1nm）就可以成为剥离态，即在原子水平上单独分散。这种纳米复合涂层表现出对小分子扩散显著增强的阻抗力（Tomic 等，2016）。良好分散的关键是黏土结构体内阳离子与其他阳离子的交换，以扩张和稳定剥离态的黏土。为了达到这个目的，已经研究了许多方法。最成功的是在蒙脱土中使用有机阳离子，使得在很多情况下，对水和氧渗透的阻抗力提高了几倍。

已经建立了一个 Monte Carlo 模拟模型，可以表达几种变量对色漆涂层渗透性的影响（Bentz 和 Nguyen，1990）。此模型表明，如我们所预料的，微细分散的片状颜料粒子在其浓度接近但低于 CPVC 时可提供最好的屏蔽性。

由于水的传输作用对腐蚀性能相当重要，因此人们设计了一个水渗透涂层体系的计算机模型。这种模拟对理解加速腐蚀试验的真实性，以及试验与实际表现的比较是非常有用的（Hinderliter 和 Sapper，2015）。

采用多道涂层有很多优势。如果不考虑其他性能，可以将底漆设计成对底材表面有优良的渗透性，并具有最佳的湿附着力。中间漆和面漆可以设计为透过性最小，并且有其他所需要的性能。只要面漆能提供屏蔽性，底漆涂层的厚度只要能保证完全覆盖底材表面就足够了。Funke（1987）研究发现，在底漆厚度为 0.2μm 时得到了良好结果；在使用一层能提高湿附着力的聚合物时，即使厚度低到 10nm 也得到了良好的结果。多道薄涂层的另一个优势是降低底材任何区域漏涂的概率。

漆膜厚度影响透过漆膜所需的时间。可以预期，较厚的漆膜会延长水和氧到达界面的时间，但不会影响平衡条件。如果平衡条件是唯一影响因素，完整涂层的腐蚀保护就基本与膜厚无关。然而，膜厚也影响漆膜的机械性能。很显然，随着膜厚增加，需要更长时间的腐蚀损失才能出现露裸钢。另一方面，随着膜厚增加，弯曲开裂的概率也会增加，因此，要维持一个完整的涂层需要一个最佳的膜厚。对于一些室温干燥的重防腐维修涂料，根据不同涂料，一般会有最佳膜厚，其提供的防腐蚀性能较之薄漆膜有远超比例的提高。这个最佳膜厚通常可达 400μm 或以上。Funke（2005）建议，在一定的涂层厚度以下，可能会有一些微观缺陷穿过漆膜一直延伸到底材。漆膜可能看似完整，但可能有比自由体积空穴大的微观缺陷，渗透就通过这些“完整漆膜”中的缺陷而发生。一种潜在的缺陷来源是漆膜中最后阶段的残留溶剂挥发损失时引起漆膜的收缩而导致裂纹，在“无溶剂”体系中当其 T_g 接近室温时这种现象更为明显。Funke 提出，如果漆膜足够厚，这些缺陷可能达不到底材界面，因此会大大减少水和氧渗透到底材界面的通道。此假设也符合通常观察到的事实，即采用多道涂层较之相同厚度的单道涂层有更好的防腐保护。与此想法类似的是使用屏蔽性片状颜料，可降低涂层厚度而不会降低防腐蚀性能。片状颜料能使缺陷透过漆膜延伸到底材的概率降至最低。对于烘烤漆膜就不易发生这样的缺陷，这也是常见的烘烤漆膜即使在膜厚较小时也能提供更好防腐蚀性的另一个原因。

7.5 不完整漆膜的防腐蚀

有些情况下，即使屏蔽性涂层也不可能保证完全覆盖所需要的整个金属表面。再者，即使设计了机械损伤概率最低的涂料，初始完整的涂层也可能在使用期内受到破损。在这种情况下，常需设计能抑制电化学反应的涂层，而不是主要依靠增强涂层的屏蔽性。

7.5.1 减少缺陷的生长：阴极剥离

若漆膜有磕伤，且深度达到裸露金属，水和氧就会到达金属表面开始腐蚀。若底漆对金属的湿附着力不好，水就会进入涂层下，则涂层从金属剥离，面积会越来越大。水解稳定性差会加剧这种情况。这种模式的失效被称为阴极剥离。要控制阴极剥离就需要涂层具有好的湿附着力和耐皂化性。研究也表明近磕伤处的涂膜下很容易起泡（Leidheiser，1981；Funke，1983）。

当湿附着力在局部范围内有变化时，就会发生丝状腐蚀（Bautista，1996），其特征是腐蚀细丝在涂层下随机地蔓延发展，但其丝迹永远不会与另一条丝交叉，如前面图 7.5 所示。这些细丝的形成通常是从擦伤的边缘起始。如 7.3.1 节所介绍的，氧在这些细丝的头部渗入透过漆膜而发生阴极剥离。这些细丝头会沿湿附着力最弱的方向发展蔓延，通常也是金属轧制的方向。在这些细丝头后面，随着亚铁离子的氧化，氧被消耗，生成的氢氧化铁沉淀在金属表面，使该表面钝化，这也说明了为什么这些细丝永不交叉。由于离子浓度变小，渗透压降低，因此这些细丝塌陷下去，而留下可见的锈蚀痕迹。但在含颜料的漆膜下难以见到丝状腐蚀。在铝材上可以观察到丝状腐蚀，这是丝状腐蚀的一个好例子。一些商用飞机专门需要“未喷漆”的铝合金色彩。如果不喷漆，由于稳定氧化物的自身钝化作用，裸铝一般不会锈蚀。如果在同样的铝合金上喷涂一层清漆，按前面讨论的机理，将会发生丝状腐蚀。同样现象也可以在未喷涂的铝制露营车/拖车上观察到。

7.5.2 含钝化颜料的底漆

钝化颜料有利于在阳极区形成屏蔽层，使表面钝化（7.3.1 节）。为了起到钝化作用，这类颜料必须要有一定的水溶性，但也只在有限的范围内。如果溶解性太高，则颜料会从漆膜中渗出太快，缩短其防腐蚀的有效时间。要使颜料有效，则基料必须容许水透过以使部分颜料溶解。所以使用钝化颜料的漆膜如果曝露于潮湿环境会导致起泡。因此，这类颜料最适用于漆膜破损时对钢材保护的需求大于防止起泡需求的场合。当不可能除净所有表面沾污物（也可能发生起泡）时，或涂料不可能完全覆盖钢表面时，这类颜料也是很有效的。

自 19 世纪中期起，含有 2%～15% PbO 的红丹颜料 Pb_3O_4 就作为钝化颜料被用于室温干燥的油基底漆，应用于锈蚀、油腻的钢上。尽管其作用机理尚未完全被理解，但很可能包括将亚铁离子氧化成铁离子，然后混合的铁-铅盐或其氧化物共沉淀。稍可溶的 PbO 提高了 pH 值，并将干性油经过水解生成脂肪酸予以中和。然而，由于红丹有毒性，已被广泛禁止使用。

铬酸盐颜料在钢和铝材中的钝化机理已经很成熟了。Leidheiser（1981）提出了几种机理来解释其钝化效果，所有这些机理都需要水溶液中有铬酸盐离子。与其他钝化剂相同，铬酸盐离子浓度低时会加速腐蚀。在 25℃时的最低临界钝化浓度（CrO_4^{2-}）约为 10^{-3} mol/L。温度升高或 NaCl 浓度增大则临界浓度增高。重铬酸钠是一种有效的钝化剂，但由于其在水中的溶解度（CrO_4^{2-}）太高（3.3mol/L），因而不是一种理想的钝化颜料。它会自漆膜中迅速渗出，并可能导致大量起泡。另一个极端情况，如铬酸铅（铬黄）的水溶性（CrO_4^{2-}）极低（5×10^{-7} mol/L），它没有电化学作用。

“铬酸锌”（zinc chromates）广泛用作钝化颜料，但如下面的解释一样，其应用急剧减少。这个术语本身就不是很好，因为铬酸锌本身的水溶性太低，会促进腐蚀而不能钝化。锌黄颜料 [$K_2CrO_4 \cdot 3ZnCrO_4 \cdot Zn(OH)_2 \cdot 2H_2O$] 广泛用于底漆中，其 25℃时的溶解度（$CrO_4^{2-}$）约为 1.1×10^{-2} mol/L。[另一种表达相同组成的化学式为 $Zn_4K_2Cr_4O_{20}H$（$4ZnO \cdot K_2O \cdot 4CrO_3 \cdot 3H_2O$）]。四碱式铬酸锌 [$ZnCrO_4 \cdot 4Zn(OH)_2$，或 $Zn_5CrO_{12}H_8$] 的溶解度（CrO_4^{2-}）低于期望值（2×10^{-4} mol/L）。铬酸锶（$SrCrO_4$）在水中有适当的溶解度（CrO_4^{2-}）（5×10^{-3} mol/L），可用于水性底漆，特别是乳胶底漆，而水溶性更大的锌黄会引起包装贮存稳定性问题。

已证明铬酸锌及其他可溶性铬酸盐（六价铬）对人类有致癌性，所以必须谨慎使用。在一些国家它们已被禁用，将来可能会在全世界禁用。科学家进行了大量努力开发毒性较低的钝化颜料（Smith，1988）。几乎发达国家的所有行业都禁用含六价铬的涂料，但商用/军用航空及海军领域除外，在这些领域，可替代的无毒颜料的涂料性能得到证实前，六价铬还可以继续使用。

人们一直在努力寻找与铬酸盐性能相当的替代物。有时，将一个只优化了一种颜料的配方与另一个只变更了此颜料的配方进行比较。但是这个配方不一定是替代颜料的最优配方(通常的例子是将一种颜料按等重量取代，而不是按相同 PVC/CPVC 之比重新配方，结果会导致错误，因为底漆的性能对 PVC/CPVC 的比例是非常敏感的，请参见第 22 章的解释)。很多发表的数据都是基于盐雾试验（或其他实验室测试）来比较耐腐蚀性，而不是基于实际现场经验。加速试验的其中一个问题是很难模拟颜料从漆膜渗出的速率，而颜料渗出速率是影响其性能的一个重要因素。在 7.6 节会讨论到，目前没有一种实验室测试法可以可靠地预测现场的性能。

非铬酸盐类防腐颜料包括磷酸盐、钼酸盐、硝酸盐、硼酸盐和硅酸盐（Sorensen 等，2009）。与铬酸盐相同，这些盐的水溶性必须适当才有效，但又要足够低，才能使渗出最小。Sorensen 认为其有效性源于钝化层的形成，但不排除其他机理的作用。碱式钼酸锌和钼酸锌-钙在氧存在时可作为钝化剂，显然它们会导致在阳极区沉淀形成铁和钼的氧化物（氧化钼铁）屏蔽层。偏硼酸钡是强碱和弱酸的盐，它通过提高 pH 值、降低钝化所需的氧的临界浓度起到钝化作用。颜料级的偏硼酸钡需用二氧化硅包覆，才能降低其水溶性，即使如此，若用于长期曝露环境下其水溶性可能还是太高。磷酸锌 $Zn_3(PO_4)_2 \cdot 2H_2O$，可以通过在阳极区域形成屏蔽沉淀层起作用。但对其作用效果有不同的观点。磷硅酸钙和钡以及硼硅酸钙和钡的应用在显著增长，这些化合物可能是腐蚀抑制剂和/或通过提高 pH 值起作用。也有研究者推荐三聚磷酸钙作为抑制剂（Vetere 等，2001）。

Del Amo 等（2002）评估了用于水性环氧涂料的一系列钝化颜料。磷酸铁锌、磷酸锌铝、磷酸锌钼，以及碱性磷酸锌等在实验室测试中都表现良好；碱性磷酸锌性能稍微差些。现场性能表现还有待验证。Bethencourt 等（2003）研究指出，这些双金属磷酸盐在酸性条件下的钝化效果优于铬酸锌，但在碱性条件下就不如铬酸锌。Galliano 和 Landolt（2002）证实了磷酸锌铝在水性环氧-胺涂层中是有效的腐蚀缓蚀剂。Zubielewicz 和 Gnot（2004）报道了关于磷酸锌、磷酸锌钙、铁酸锌以及钙交换二氧化硅颜料分别在苯丙乳胶和脂肪酸改性聚氨酯分散体中对钢腐蚀防护的研究。用电化学阻抗谱（EIS）和 Prohesion 循环试验等一系列测试对其抗腐蚀性进行了评估。聚氨酯漆料比乳胶的防腐性能更好，聚氨酯分散体与铁酸锌的组合表现最佳，其次是与磷酸锌钙的组合。

有些尖晶石类颜料是由金属氧化物组成，在其晶格中含有两种或最多的不同阳离子，可能会提供低毒腐蚀抑制作用，但还未经大规模的实践验证（Sorensen 等，2009）。

上面讨论的都是无机颜料，有机颜料也可以作为潜在的氧化剂和碱，扩大了氧化剂和碱的品种范围。例如 5-硝基间苯二甲酸的锌盐就是一种市售的有机颜料，据报道其在低浓度时与锌黄一样有效。但经过一段时间后，任何钝化颜料都会随时间的推移，出现渗出而造成损失，因此大幅度降低颜料含量而又想要获得等效的性能是不可能的。2-苯并噻唑硫化丁二酸的锌盐也可推荐作为钝化剂。有机钝化剂经常出现的一个问题是大多数在初期表现非常好，但随着时间的推移由于其渗出或挥发而逐渐失去效果。

Sinko（2001）综述了钝化颜料的研究进展得出结论：没有任何一种实用的无机颜料可以达到或超出铬酸锶的性能，但无机/有机复合颜料可以达到或超越其性能。他同时给出了无机/有机复合防腐蚀颜料的制造工艺，如 $Zn(NCN)_2$/Zn(2-硫基苯并噻唑)。还发现 2,5-二巯基-1,3,4-三噻唑的锌盐在防护铝材时的性能超越铬酸锶，而含有掺锶无定形二氧化硅和二环己胺的三聚异氰脲酸铵盐的组合在镀锌钢上的性能也优于铬酸锶（Sinko，2002）。

Braig 等人（2000）报道了甲苯丙酸吗啉盐、甲苯丙酸锆复合物、苯并噻唑硫代丁二酸金属盐及苯并噻唑基硫代琥珀酸十三烷基铵盐等均具有缓蚀性，另外，受阻胺光稳定剂（HALS）和 UV 吸附剂可以提高腐蚀防护性能。他们进一步指出，苯并噻唑硫化丁二酸和钙交换二氧化硅颜料可以增强粉末涂料的防腐性，甲苯丙酸吗啉盐可以提高 2K 环氧-胺底漆的防腐性。

Visser 等（2015）的最新研究发现，使用锂盐，特别是草酸锂及碳酸锂，可以明显抑制铝和钢的腐蚀。其对铝材的缓蚀机理还在探讨中，但锂在电解质中具有一定的溶解性，导致形成氢氧化锂/铝的混合氢氧化物层，实现表面钝化。采用这些颜料的底漆已经被批准应用在之前仅基于六价铬颜料底漆的航空航天应用领域。

7.5.3 富锌底漆的阴极保护

使用富锌底漆是作为不完整涂层对钢进行保护的另外一种方法，这将在 33.1.2 节中进一步讨论。这种底漆起初是设计用来取代镀锌钢方法防护的，但却发现其对钢结构加工后具有极佳的防腐性能（Mayne 和 Evans，1944）。此类底漆的粉末锌粉含量高，通常其质量分数超过 84%。锌含量超过 CPVC，以保证锌粒与钢材之间的良好电接触。此外，当 PVC 超过 CPVC 时，则漆膜是多孔的，这就容许水进入，形成完整的电路。富锌底漆的 CPVC 会根据锌粉的形状和粒径分布有所变动，有报道其值在 67%左右（Leclercq，1990）。在这个体系中，锌作为牺牲阳极，空隙中则产生氢氧化锌。锌粉的结构会影响其防腐性能。粒径较小的球形锌粉比大的锌粉粒子具有更好的防腐效果。片状锌粉可赋予更好的漆膜力学性能，与球状锌粉相比，在相对低的含量时也会表现出满意的防腐蚀性能（Kalendova，2003）。

富锌漆的漆料必须能耐皂化，对碱性敏感的树脂，如醇酸类树脂不适合此应用。有机和无机类树脂在富锌底漆中都有广泛的应用。在有机树脂中，环氧树脂是应用最广泛的，聚氨酯树脂也开始受到青睐。最主要的无机基料是通过使用少量水控制部分水解产生的正硅酸乙酯低聚物（16.3 节）。其溶剂主要是乙醇或异丙醇，因醇类能有助于保持其贮存稳定性。涂装之后，醇挥发掉，空气中的水完成低聚物的水解，产生聚硅酸膜，其中部分则转化为锌盐。交联反应受相对湿度（RH）的影响，若施工时相对湿度（RH）太低，将会对漆膜性能产生负面影响。

富锌底漆若经正确配制和施工，对钢腐蚀会有有效的防护。其有效使用期并不是如人们首先想象的那样完全受含锌量的限制。尽管由于电化学反应金属锌会逐渐消耗掉，但若涂层保持完整，这种底漆仍会继续保护钢一段时间。这可能是由于锌在初期电化学腐蚀时产生的部分水合氧化锌填塞了空隙，它与残留的锌一起形成了屏蔽涂层（Feliu 等，1989）。也有可能是氢氧化锌提高了 pH 值，达到了能使氧对钢实现钝化的程度。

锌的价格较贵，尤其是按体积计时。早期曾试图用便宜的惰性颜料取代即使 10%的锌，但漆膜性能严重下降，这可能是由于虽然 PVC 超过 CPVC，但金属与金属间的接触减少了。一种相对能导电的惰性颜料，磷化铁（Fe_2P）是很有希望的颜料，有望获得应用。有报道说（Fawcett 等，1984），在硅酸乙酯基的涂料中磷化铁 Fe_2P 可以取代达 25%的锌粉。而在环氧-聚酰胺涂料中磷铁取代部分锌粉会导致防腐性能降低（Feliu 等，1991）。

富锌底漆膜上通常要涂面漆，以降低锌粉腐蚀、保护其不受外力损伤，及改进外观。在设计面漆的配方和施工时必须小心。若面漆的基料渗透到底漆膜的孔中，会导致其导电性显著降低，使其阴极保护性能失效。这将在 33.1.2 节中进一步讨论。富锌底漆可以配制成一种底漆，涂覆在工件上时不会影响焊接。这是汽车涂装工业的一大优势，这样就可以使卷涂富锌底漆应用于多种汽车的涂装。由于富锌底漆的焊接性能通常优于含磷铁粉的底漆，故富锌底漆是首选。

因为要降低 VOC，人们开发出了水性无机富锌底漆。Parashar 等（2001）综述了水性硅酸盐基料的化学特性。其基料是硅酸钾、硅酸钠、硅酸锂和胶体二氧化硅的分散体（Montes，1993）。其中硅酸盐与 SiO_2 的比例至关重要；如果碱性不够，可能会发生相分离。一般来说，1～4 或 5 的比例是合适的。这个比例也可以通过添加无定形二氧化硅而改变。高温时会加速干燥，但高湿会降低干燥速度。涂装前用胺对金属表面进行阳极抑制，可以降低高湿状况下的干燥问题。与添加甲基三甲氧基硅烷一样，羟基聚硅氧烷也可促进与水的相容性。重要的一点是要注意使用的锌粉不能和 CO_2 及水发生反应，否则会产生碳酸锌和氢氧化锌的表层（Szokolik，1995）。环境中的 CO_2 也会降低 pH 值，从而导致硅酸盐溶液稳定性下降。有报道称，水性硅酸盐富锌底漆在海洋环境油气生产设施腐蚀防护中有极佳的表现（Montes，2001）。采用水性环氧树脂的有机富锌底漆也有报道。

与典型的富锌底漆保护钢相似，富镁底漆可以用于铝材的防护。相对于铝，镁作为牺牲阳极。Bierwagen（Nanna 和 Bierwagen，2004；Battocchi 等，2006）是这类底漆开发的领先者。当 Mg 氧化为 MgO 时，涂膜的体积会发生显著变化，而导致漆膜外观发生变化，即使作为底漆也会带来很多问题。再者，由于 CO_2 在 Mg 氧化成 MgO 的反应中可作为缓冲剂，因此环境中 CO_2 的浓度，特别是在加速腐蚀试验中，必须在正常的范围内，否则可能会得到错误的结论。

7.5.4 智能防腐蚀涂料

最近，研究者发明了可以感知初期腐蚀存在的“智能”涂料。其基料中掺入了对 pH 值敏感的分子传感器（Augustyniak 和 Ming，2011）。当铝基材发生腐蚀时，早在肉眼可见之前，局部 pH 值降低会引起传感器分子发荧光。实践证明这类涂料对那些需要经常检查但又很难检查的，如基础设施和飞机等结构是非常有帮助的。

对于涂层中机械损伤反应的其他智能涂料也已经开发出来了（第 34 章）。当涂层发生破裂时，其中的小微胶囊就会发生破裂。胶囊里的物质通常可以愈合裂痕。或者胶囊里含有缓蚀物质，如有机缓蚀剂，它能钝化新暴露出的金属从而减缓腐蚀过程。智能涂料的这类应用是一个令人兴奋的研究领域，并有希望在未来取得重大优势。

7.6 评定和测试

一直以来有很多人试图开发实验室测试方法来预测涂层防腐蚀性能，而且还在努力中。然而至今尚无实验室测试方法能用以预测新涂料体系的防腐蚀性能。这种很遗憾的情况是研究和开发新涂料体系的巨大障碍，但我们也必须要认知它并适应它。

要进行可靠、准确的腐蚀试验，有很多障碍。首先，腐蚀发生在不同的环境中。缝隙腐蚀，其反应物的提供可能会受到严重限制，它与露天大气腐蚀截然不同，与海洋腐蚀也有很大不同。因此，我们不能指望任何一种腐蚀测试方法可以准确地模拟一种涂料/基材体系在各种情况下的防腐蚀性能。再者，腐蚀通常是通过非常复杂的一系列化学反应进行的，其中很多化学反应还不是很清楚。因此必须通过各种实验室方法或任何户外曝晒控制反应条件，这可能会加速一些反应，但也会抑制一些其他的反应。加速腐蚀试验通常是通过在涂膜中制造一个人工缺陷进行的，典型的是划一条线来提供开始腐蚀的地方。然而实际中，腐蚀通常会在比腐蚀试验的宏观缺陷小很多的地方开始。因此实际的腐蚀潜伏期与腐蚀试验发现的相比会有很大的不同。最后，涂装工艺条件对腐蚀性能的影响也往往不受重视。当人们在进行涂料/基材组合的防腐蚀性能检测时，涂料化学师常常会准备好涂料样品——基材清洁良好，涂覆合适的膜厚，并在适当条件下固化干燥。然而现实中，工业涂料通常是在非理想条件下施工的，因此其防腐性能就不会与所宣传的一样。

使用测试仍然是唯一可靠的方法，即用该涂料体系进行涂覆，然后观察实际使用多年后的情况。对于桥梁、船舶、化工厂和汽车等的应用，多年来主要涂料供应商和用户已收集了不同涂料体系性能的有关数据。这些数据可作为针对特定用途，选择当下涂料体系的基础。它们也提供了不少研制新涂料配方的见解，从而提高成功的机会。尽管这些数据对于了解当前性能及对配方和工艺进行微调十分具有参考价值，但由于这些数据收集的时间范围很宽，所以在大多数产品的开发周期内没有太大的参考价值。现在计算机在评估实验数据中几乎是必不可少的；Milmo（2016）介绍了“大数据”方法可能会为最终在海洋产业中的应用提供有价值的分析基础。

模拟试验或加速测试是第二种最可靠的预测性能的方法。一个常用方法是将在实验室制备的样板曝露于美国佛罗里达州南部内陆的曝晒架上，或佛罗里达州南部海滩或北卡罗来纳州海滩。Lee 和 Money（1984）讨论了开发模拟海洋环境腐蚀试验的困难。测试条件必须尽可能模拟实际应用条件。例如，曝晒温度高会加速腐蚀反应；然而氧和水的渗透性会受（$T-T_g$）的影响。如果实际应用温度是在 T_g 以下，但测试温度是在 T_g 以上，则不会有任何的关联性。

由于湿附着力对防腐蚀至关重要，研究湿附着力的技术会非常有用。

电化学阻抗谱（EIS）被广泛用来研究钢和铝材上的涂层。有许多研究报道了 EIS 的应用，更为重要的是提供了对这些数据的解读（Cano 等，2009）。简单来讲，阻抗是对交流电流的表观阻力，是表观电容的倒数。当漆膜开始剥离时，其表观电容会增加。电容的增长率与因湿附着力丧失而剥离的面积成正比。高性能涂层体系的电容上升得很慢，所以测试必须延续较长时间。EIS 测试在检测涂层缺陷时很灵敏，但它不能确定是由于涂层体系本身的特性，还是由于不良施工的原因。EIS测试在比较不同涂料配方时非常有用，但是由于实际应用的曝露条件不同，并不能可靠地预测实际性能。有关电化学、物理化学和物理测试评估涂料的方法可参见文献（Sekine等，2002）。

在北美，最广泛应用的耐腐蚀性检测方法是盐雾试验（ASTM B117-95）。在涂层的样板上按标准方式进行人工划线，穿过涂膜至裸钢，悬于箱中，暴露于35℃、相对湿度100%的5%盐溶液的盐雾中。定期检查未划伤处起泡情况，及从划线处漆膜自底剥离或丧失附着力的距离。然而这些盐雾试验的结果与实际应用的性能被反复证明缺少关联性（Mazia，1977；Funke，1979；Wyvill，1982；Athey等，1985）。一个众所周知的盐雾试验（B117-95）的失败案例是，其预测含Zn涂料涂装的钢比未涂装的钢腐蚀要快，这显然是不对的。尽管与现场结果的相关性很差，但因为涂料供应商和用户都有大量的试验数据库和实用记录，这个试验方法在很多行业还在继续应用。欧洲采用了各种ISO测试方法，Sorensen等（2009）对其进行了总结。

盐雾试验的不可靠性涉及很多因素。一个主要缺陷是其试验条件是恒定的，未能复制大多数现场曝露期间条件的变化（热/冷，潮湿/干燥）。再者，户外曝晒对漆膜性能有显著影响，各地环境条件（如酸雨）差异也很大。试验样板上的划线也是一个重要的变数，狭窄的划线要比宽划线对腐蚀的影响小。还有，若划线是迅速划割，则沿主划线会有开裂处，而慢慢划割则形成光滑的划线。一种溶解性高的钝化颜料可能在实验室试验很有效，但在实地条件下因渗出或蒸发可能失去钝化性能，而只能提供有限的保护。

因为对于完整的漆膜，通常最早的失效是起泡，所以耐潮湿试验被广泛采用（ASTM D-2247-94）。将未划线的样板表面曝露于38℃、相对湿度100%的环境中，而样板背面则曝露于室温，这样水会不断地冷凝于涂膜表面。此潮湿试验条件下起泡比盐雾试验更严重，因为纯水在漆膜上引起的渗透压高于盐雾试验的盐溶液。此试验常在60℃温度下进行，"因为这是更为苛刻的试验。"鉴于之前讨论过（$T-T_g$）的重要性，这种测试方法的弊端也是显而易见的。潮湿试验并不能提供防腐期限的预测，但可用来对比湿附着力。Funke（2005）推荐的湿附着力的试验方法是：将样板置于湿热箱中，经不同时间曝露后取出划线，然后立即用压敏胶带贴于划线处，将胶带从样板拉开。McKnight等（1995）介绍了湿附着力的剥离测定方法。湿附着力也可通过将样板浸没在水箱中进行测定（Hemmelrath和Funke，1988）。

通过观察经常发现，高、低湿度交替变化比持续曝露于高湿度下会更快地起泡。对此可能的解释是：腐蚀的中间产物形成了胶体膜，导致极化，腐蚀只能得到暂时的抑制。此膜不够稳定，不能经受住干燥和老化。还有报道称（Negele和Funke，1996），经历湿和干的循环会引起内应力增加，这可能是另一个影响因素。曾报道过许多湿热循环测试法，通常是重复浸入热水中再取出几小时。在某些产业中，这些方法已被接受用以筛选涂料，但是其预测价值尚有问题。将它们简单地与盐雾试验进行关联是没有任何意义的。

有报道称（Timmins，1979），一种名为Prohesion（英国石油BP化学公司的注册商标）的测试法，与实际性能的关联性要比标准的盐雾试验法好。其操作包括仔细选择底材使之能反映实际产品，应用低膜厚，侧重附着力的检验，以及改性的盐雾曝露方法。此方法不用5%NaCl溶液，而用含0.4%硫酸铵和0.05%NaCl的溶液。人工划线的样板在24h内喷混合盐溶液，每3h一次，空气干燥1h，如此循环6次，测试在室温条件下进行。在这些循环中，水渗入漆膜比盐雾试验更多，因在此测试中相对湿度永远保持100%，而5%的盐溶液由于反渗透压作用会减少水的渗透。在一些实验室，在这种循环测试中会再加上QUV曝露循环（5.6.3节）（Skerry和Simpson，1991）。

大多数大型汽车公司都开发了自己的循环腐蚀测试方法，他们认为其测试法与整车腐蚀测试及实际现场表现的关联性较好。这些测试主要是为了预测冷轧镀锌钢的腐蚀响应，以及设计用于预测车辆在恶劣腐蚀环境下的性能（近海或除冰盐区域）。大量的研究表明，尽管用于预测车辆现场腐蚀的循环腐蚀试验数量有限，但由于使用了中性盐溶液，所以没有一个循环腐蚀试验适合于涂漆铝基材的腐蚀预测。因此，人们正在研究改进这些试验以适合相应的有色金属基材。

盐雾试验和湿热试验的重现性均不理想。经常发现同种涂料制备的样板之间的差别要大于不同涂料制备的样板间的差别。对每种涂料体系测试5～8块重复样板，可提高正确性（很遗憾的是人们经常只凭2块或3块样板的测试结果就做出判断）。评定样板防腐蚀性的另一个问题是如果不揭开漆膜，就难以检测出小泡以及色漆膜下面出现的腐蚀区域。红外热成像法（infrared thermography）被推荐作为一种非破坏性的测试方法（McKnight和Martin，1989）。相对于手工划线，使用自动控制划线工具，可以提高加速腐蚀试验的重现性。

其他一些腐蚀试验或实验室评估方法也取得了不同程度的成功。人们花了很多精力研究漆膜的电导性测试方法，以及涂膜样板的电化学测试方法［请参见Murray（1997）的详细综述］。ASTM制定了专门用于管道涂层的各种阴极剥离的试验方法，包括ASTM G-8-96、ASTM G-42-96和ASTM G-80-88（1992年重新批准）。试验中将涂膜穿透一个洞，浸泡在碱性pH值的含有溶解盐的水中，洞中裸露出的金属是电池的阳极。记录涂层剥离（附着力丧失）随时间的变化。此种测试方法本身就存在相当多的变数，这些方法在预测实际性能方面的作用值得怀疑，但是它在改善涂层湿附着力方面可提供有用的指导。这些测试方法不仅适用于管道涂料，也可作更广泛的应用。对阴极剥离研究的探讨，包括对阳离子穿过或在漆膜下迁移的研究可参见Parks和Leidheiser（1984）的综述。

总体来说，腐蚀试验的状态类似于30年前涂料老化试验的状态。大家都知道现有的测试方法尽管有用，但在大多数使用场景下远达不到预测的目的。腐蚀过程中发生的一系列化学反应现在基本上都清楚了。然而，从设备上看还是缺少正确的加速腐蚀试验方法。需要学术界、政府和工业界的共同努力来制订并扩大新的能准确再现现场性能的测试方法，才能使腐蚀试验方法更有效地预测实际现场性能。另外，还必须开发依据正确的化学反应和环境条件的模拟方法。这些模拟方法对预测工件和涂料在更广泛的应用中的腐蚀性能将非常有益。

（王　健　译）

综合参考文献

Dickie, R. A.; Floyd, F. L., Eds., *Polymeric Materials for Corrosion Control*, ACS Symposium Series, 322, American Chemical Society, Washington, DC, 1986.

Munger, C. C., *Corrosion Prevention by Protective Coatings*, National Association of Corrosion Engineers, Houston, 1997.

Revie, R. W., Ed., *Uhlig's Corrosion Handbook*, 3rd ed., John Wiley & Sons, Inc., New York, 2011.

Sorensen, P. A., et al., *J. Coat. Technol. Res.*, 2009, 6(2), 135-176.

参考文献

Athey, R., et al., *J. Coat. Technol.*, 1985, 57(726), 71.

Augustyniak, A.; Ming, W., *Prog. Org. Coat.*, 2011, 71(4), 406-412.

Barbucci, A., et al., *Prog. Org. Coat.*, 1996, 29(1), 7-11.

Battocchi, D., et al., *Corros. Sci.*, 2006, 48(8), 2226-2240.

Bautista, A., *Prog. Org. Coat.*, 1996, 28(1), 49-58.

Bentz, D.; Nguyen, T., *J. Coat. Technol.*, 1990, 62(783), 57-63.

Bethencourt, M., et al., *Prog. Org. Coat.*, 2003, 46(4), 280-287.

Biegańska, B., et al., *Prog. Org. Coat.*, 1988, 16(3), 219-229.

Braig, A., et al., *Proceedings of Waterborne High Solids and Powder Coating Symposium*, New Orleans, LA, 2000, pp 360-372.

Cano, E., et al., *J. Solid State Electrochem.*, 2009, 14(3), 381-391.

Child, T. F.; van Ooij, W. J., *Trans. Inst. Met. Finish.*, 1999, 77(2), 64-70.

Chuang, T. -J., et al., *J. Coat. Technol.*, 1999, 71(895), 75-85.

Del Amo, B., et al., *Prog. Org. Coat.*, 2002, 45(4), 389-397.

Fawcett, N., et al., *J. Coat. Technol.*, 1984, 56(714), 49-52.

Feliu, S., et al., *J. Coat. Technol.*, 1989, 61(775), 63.

Feliu, S., Jr., et al., *J. Coat. Technol.*, 1991, 63(793), 31-34.

Funke, W., *J. Oil Colour Chem. Assoc.*, 1979, 62(2), 63-67.

Funke, W., *J. Coat. Technol.*, 1983, 131-138.

Funke, W., *J. Oil Colour Chem. Assoc.*, 1985, 68(9), 229-232.

Funke, W., *Farbe Lack*, 1987, 93(9), 721-722.

Funke, W., *Prog. Org. Coat.*, 1996, 28(1), 3-7.

Galliano, F.; Landolt, D., *Prog. Org. Coat.*, 2002, 44(3), 217-225.

Hemmelrath, M.; Funke, W., *FATIPEC Congress Book*, 1988, Vol. IV, p 137.

Hinderliter, B., Sapper, E., *J. Coat. Tech. Res.*, 2015, 12(3), 477-487.

Holubka, J.; Dickie, R., *J. Coat. Technol.*, 1984, 56(714), 43-46.

Holubka, J., et al., *J. Coat. Technol.*, 1980, 52(670), 63-68.

Kalendová, A., *Prog. Org. Coat.*, 2003, 46(4), 324-332.

Kousik, G., et al., *Prog. Org. Coat.*, 2001, 43(4), 286-291.

Leclercq, M., *Mater. Technol.*, 1990, (March), 57.

Lee, T.; Money, K., *Mater. Perform.*, 1984, 23, 28.

Leidheiser, H., *Prog. Org. Coat.*, 1979, 7(1), 79-104.

Leidheiser, H., Jr., *J. Coat. Technol.*, 1981, 53(678), 29-39.

Martin, J., et al., *J. Coat. Technol.*, 1990, 62(790), 25-33.

Massingill, J., et al., *J. Coat. Technol.*, 1990, 62(781), 31-39.

Mayne, J., *Off. Dig.*, 1952, 24, 127-136.

Mayne, J., in Shreir, L. L., Ed., *Corrosion*, Butterworth, Boston, 1976, Vol. 2, pp 15:24-15:37.

Mayne, J.; Evans, U. R., *Chem. Ind.*, 1944, 63, 109.

Mazia, J., *Met. Finish.*, 1977, 75(5), 77-81.

McKnight, M.; Martin, J., *J. Coat. Technol.*, 1989, 61(775), 57-62.

McKnight, M. E., et al., *J. Prot. Coat. Linings*, 1995, 12, 82.

Milmo, S., *Coat. World*, 2016, 21(11), 26-27.

Montes, E., *J. Coat. Technol.*, 1993, 65(821), 79.

Montes, E., *Proceedings of Waterborne High Solids and Powder Coating Symposium*, New Orleans, LA, 2001, pp 211-216.

Moraes, S. R., et al., *Prog. Org. Coat.*, 2003, 48(1), 28-33.

Murray, J. N., *Prog. Org. Coat.*, 1997, 31(3), 255-264.

Nair, U.; Subbaiyan, M., *J. Coat. Technol.*, 1993, 65(819), 59.

Nanna, M. E.; Bierwagen, G. P., *JCT Res.*, 2004, 1(2), 69-80.

Negele, O.; Funke, W., *Prog. Org. Coat.*, 1996, 28(4), 285-289.

Parashar, G., et al., *Prog. Org. Coat.*, 2001, 42(1), 1-14.

Parks, J.; Leidheiser, H., Jr., *FATIPEC Congress Book*, 1984, Vol. II, p 317.

Perfetti, B. M., *Metal Surface Characteristics Affecting Organic Coatings*, Federation of Societies for Coatings Technology, Blue Bell, PA, 1994.

Revie, R. W.; Uhlig, H. H., *Uhlig's Corrosion Handbook*, John Wiley & Sons, Inc., New York, 2011.

Sangaj, N. S.; Malshe, V., *Prog. Org. Coat.*, 2004, 50(1), 28-39.

Sekine, I., et al., *Prog. Org. Coat.*, 2002, 45(1), 1-13.

Sinko, J., *Prog. Org. Coat.*, 2001, 42(3), 267-282.

Sinko, J., Google Patents, US7662241 B2 (2002).

Sitaram, S. P., et al., *J. Coat. Technol.*, 1997, 69(866), 65-69.

Skerry, B.; Simpson, C., *NACE Corrosion'97*, Cincinnati, OH, 1991.

Smith, A., *Inorganic Primer Pigments*, Federation of Societies for Coatings Technology, Blue Bell, PA, 1988.

Sørensen, P. A., et al., *J. Coat. Technol. Res.*, 2009, 6(2), 135-176.

Spinks, G. M., et al., *J. Solid State Electrochem.*, 2002, 6(2), 85-100.

Szokolik, A., *J. Prot. Coat. Linings*, 1995, 12(5), 56.

Thomas, N. L., *Prog. Org. Coat.*, 1991, 19(2), 101-121.

Timmins, F., *J. Oil Colour Chem. Assoc.*, 1979, 62(4), 131-135.

Tomi , M. D., et al., *J. Coat. Technol. Res.*, 2016, 13(3), 439-456.

Vetere, V., et al., *J. Coat. Technol.*, 2001, 73(917), 57-63.

Visser, P., et al., Faraday Discuss., 2015, 180, 511-526.

Wyvill, R., *Met. Finish.*, 1982, 80(1), 21-26.

Yang, H. S., et al., *J. Coat. Technol.*, 2005, 2(13), 44.

Zarras, P., et al., Semiconducting Polymers, ACS Symposium Series 735, American Chemical Society, Washington, DC, 1999, pp 280-292.

Zubielewicz, M.; Gnot, W., *Prog. Org. Coat.*, 2004, 49(4), 358-371.

第 8 章
丙烯酸树脂

丙烯酸聚合物作为主要的基料，广泛应用于各种工业涂料和民用涂料领域，其主要优点是具有优异的光稳定性和耐水解性。丙烯酸树脂包括热塑性、热固性、水稀释性和非水分散型四种类型，主要使用（甲基）丙烯酸酯单体在溶剂中通过链增长的溶液聚合制备（2.2.1 节）。而在第 9 章中讨论的丙烯酸乳胶，则是使用（甲基）丙烯酸酯单体在水相中通过乳液聚合制备的。

8.1 热塑性丙烯酸树脂

采用热塑性丙烯酸树脂制备的溶剂型丙烯酸涂料具有许多优异的性能，尤其是户外耐久性。但是，热塑性丙烯酸涂料在施工时，需要大量溶剂才能降低至合适的施工黏度，因此，它的用量越来越小。在北美，这种热塑性涂料通常被称为 lacquer，而在欧洲，lacquer 这个词除了用于热塑性涂料，有时也用于热固性涂料。20 世纪 50～70 年代，汽车面漆采用热塑性丙烯酸树脂制备，它们的显著特征是具有明亮的金属闪光色，这是因为溶剂含量高，使得铝片颜料能够在漆膜中以平行于表面的方式更好地取向（30.1.2 节）。当前，这类热塑性丙烯酸漆仍在一定程度上用于汽车修补漆（33.3 节）和其他专用涂料，但随着挥发性有机化合物（VOC）法规日趋严格，其用量正在逐步减少。

热塑性丙烯酸树脂通常是由各种（甲基）丙烯酸单体，一般还有苯乙烯单体组成的共聚物。单体的选择要综合考虑对成本和漆膜性能的影响，特别是户外耐久性和 T_g。对于汽车面漆来说，T_g 必须高于 70℃。常使用甲基丙烯酸甲酯（MMA）、苯乙烯（S）、丙烯酸正丁酯（*n*-BA）作为共聚单体，这类丙烯酸共聚物一般与增塑剂一起使用。分子量的控制在树脂合成过程中尤为重要，漆膜强度常随着分子量的增加而增大，但当重均分子量（$\overline{M}_w$）$>$ 90000 后，分子量的进一步增大对漆膜性能的提升影响很小。当丙烯酸聚合物的 $\overline{M}_w >$ 100000 以上时，其溶液会出现喷涂拉丝现象，这样漆料会像丝一样从喷枪喷口中喷出，而不是雾化成小液滴，因此分子量的增大是有上限的。此外，聚合物溶液的黏度随分子量的增加而增加，为了降低黏度便于喷涂施工，往往需要增加溶剂用量，但也降低了聚合物溶液的固体分。在这类丙烯酸聚合物中，高分子量的部分对黏度影响特别大，因此，将分子量分布（$\overline{M}_w/\overline{M}_n$）控制在一个较窄的范围内至关重要（2.2.1 节）。市售热塑性丙烯酸树脂的 $\overline{M}_w$ 一般为 80000～90000，$\overline{M}_w/\overline{M}_n$ 为 2.1～2.3。达到施工黏度时，热塑性丙烯酸树脂漆的体积固体分为 11%～13%。

MMA　　S　　*n*-BA

8.2 热固性丙烯酸树脂

热塑性丙烯酸涂料的固体分含量太低，为提高固体分含量，可以使用低分子量的热固性丙烯酸树脂。这种树脂在施工后可以发生官能团间的化学反应，反应后形成交联聚合物网络，理想的交联分子具有很高的分子量，可产生良好的漆膜性能（2.2 节），交联后的漆膜不溶于任何溶剂。热固性树脂从字面上理解，意味着树脂在加热的条件下本身是可以交联固化的，实际上，大多数热固性丙烯酸树脂上所带的官能团可以和带不同官能团的聚合物或交联剂发生反应，有时还可以在室温下发生反应。

8.2.1 带羟基官能团的丙烯酸树脂

羟基丙烯酸树脂是由不含羟基的单体，如 MMA、S、BA 等与含羟基官能团单体共聚制备的，它可与氨基树脂（第 11 章）、多异氰酸酯（第 12 章）、反应性硅烷（16.2 节）或多种反应性官能团发生交联反应。常规固体分的热固性溶剂型羟基丙烯酸树脂于 20 世纪 50 年代首次被开发出来，对于常规（低）固体分涂料配方，其数均分子量（$\overline{M}_n$）通常为10000～20000，$\overline{M}_w/\overline{M}_n$ 介于 2.3～3.3 之间。如 2.2.1 节中描述的那样，该类树脂是在单体“饥饿”条件下（即在反应溶液中单体浓度很低），通过自由基引发的链增长聚合反应来制备的。合成常规的热固性丙烯酸树脂比热塑性丙烯酸树脂更容易控制，因为热固性丙烯酸树脂的应用和漆膜性能不像热塑性丙烯酸树脂那样依赖于分子量的大小。由于热固性丙烯酸树脂的分子量较低，可以选用便宜的芳烃溶剂作为聚合介质。但热固性丙烯酸树脂较低的分子量，意味着每单位质量中有更多的末端基存在，因此，与热塑性丙烯酸树脂相比，热固性丙烯酸树脂末端基的结构对漆膜性能有更大影响。传统的自由基聚合过程可发生各种各样的化学反应，而这些反应可引入多种不同的末端基团（Chung 和 Solomon，1992；Moad 等，2002；Moad 和 Solomon，2006），偶氮类引发剂在使用中占主导地位，其副反应较少，且形成的末端基光化学活性很低。某些过氧化物引发剂也具有这些特点，但使用其他过氧化物引发剂产生的末端基会降低漆膜的户外耐久性。另外，向溶剂进行链转移反应后也会形成降低户外耐久性的末端基，例如使用酮类溶剂（如甲戊酮），发生链转移后形成的末端基对户外耐久性产生不利影响（Gerlock 等，1988）。

羟基基团是通过使用带羟基的共聚单体，如甲基丙烯酸羟乙酯（HEMA）时被植入树脂中的。如果需要低 T_g的羟基单体，可以选用丙烯酸羟乙酯（HEA），但由于其毒性大，提高了操作成本。降低 T_g的有效方法是增加体系中低 T_g非活性单体的使用比例，如丙烯酸正丁酯。商品级 HEMA（和 HEA）中含有少量的双酯，在 HEMA 中含乙二醇二甲基丙烯酸酯（EGDMA），单酯和双酯因沸点接近难以完全分离。当体系中羟基单体用量不大时，少量的双酯产生支化反应后危害不大，但当双酯量大时会出现分子量高、分子量分布更宽，甚至出现胶化等不理想现象。

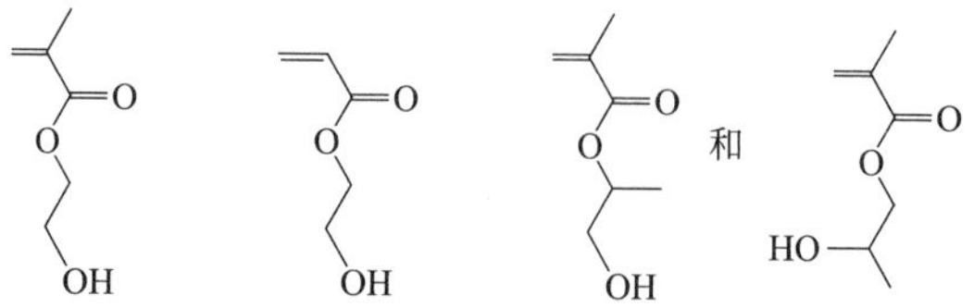

HEMA　　HEA　　HPMA（两种异构体，以“和”连接）

甲基丙烯酸-2-羟丙酯（HPMA）也是一种常用的羟基单体，它的成本低于 HEMA，而且双酯含量较低。HPMA 是以仲醇占主导地位的同分异构体的混合物。因为仲醇的反应活性低于伯醇，因此用 HPMA 代替 HEMA 制备的热固性丙烯酸树脂与氨基树脂反应，要达到同样的交联密度（XLD），则需要更高的烘烤温度、更长的烘烤时间或更多的催化剂。通常情况下，烘烤温度可能需要提高 10～20℃。含 HPMA 的热固性丙烯酸树脂与异氰酸酯交联剂的反应速率也较慢，但这带来的好处是双组分体系的适用期较长。理论上，因叔碳上的氢原子更容易被夺取，用 HPMA 代替 HEMA 会降低抗光氧化作用。

8.2.1.1 常规涂料用丙烯酸树脂

一种典型的常规涂料用含羟基的热固性丙烯酸树脂是由 MMA/S/BA/HEMA/MAA 组成的共聚物，其质量比为 50∶15∶20∶14∶1，对应的摩尔比为 54.3∶15.6∶16.9∶11.7∶1.5。典型的 $\overline{M}_w$ 和 $\overline{M}_n$ 分别为 35000 和 15000，分子量分布 $\overline{M}_w/\overline{M}_n$ 为 2.3。按此给定比例的共聚单体，$\overline{P}_w$ 为 320，$\overline{P}_n$ 为 140。为了进行化学当量的比较，常使用数均分子量 $\overline{M}_n$，该树脂的羟基当量略大于 900，每个聚合物分子中平均带有 16 个羟基官能团（数均官能度）。此外，在树脂制备中加入少量羧酸单体［甲基丙烯酸（MAA）］，可减少液体涂料中颜料絮凝（21.1 节）的风险。

本例中选用了几种无官能团单体（MMA、S 和 BA），选用的原则是根据它们对 T_g、户外耐久性和成本的影响进行确定的。这些单体的组合提供了良好的户外耐久性和相对较高的 T_g，成本适中，适用于汽车面漆。该树脂中羟基单体含量相对较高，适合用于交联密度要求较高的漆膜。对需要漆膜柔韧性较高的应用领域，如卷材涂料或罐听外壁涂料等，则在树脂组成中应使用较少量的 HEMA。通过调整 T_g 和官能度，可设计制备出满足各种用途的热固性丙烯酸树脂。

另外一种引入羟基的方法是将甲基丙烯酸（或丙烯酸）的羧基共聚物与环氧化物（如环氧丙烷）反应。使用环氧丙烷代替 HPMA 成本更低，但工艺控制要求更精细。与此相关的另一种制备羟基丙烯酸树脂的途径是将丙烯酸或甲基丙烯酸共聚物与缩水甘油酯（如叔碳酸缩水甘油酯）反应（Ryan 和 Walt，1994）。叔碳酸是含有 11 个碳原子的羧酸混合物，具有高度支化结构。用于汽车修补漆快速固化的羟基丙烯酸树脂可由叔碳酸缩水甘油酯先与 MAA 预反应，然后再和剩下的 BA、S、MMA 混合单体共聚来制备。控制 MAA 与叔碳酸缩水甘油酯的反应条件，使生成的伯醇比例最大化，实现快速固化（Petit 等，2001）。用于高固体分涂料的丙烯酸树脂，可以在共聚单体 BA、BMA、S、AA 和 HEMA 中加入叔碳酸缩水甘油酯来制备。在聚合过程中，叔碳酸缩水甘油酯和羧酸官能团反应，产生一个新的羟基和一个长的烷基侧链，该树脂的 T_g 低于具有相似分子量的常规丙烯酸树脂，因而更适合制备高固体分的涂料。为了进一步增加树脂固体分含量，还可以将三羟甲基丙烷与叔碳酸缩水甘油酯的反应物作为活性稀释剂来实现此目的，交联剂是多异氰酸酯（Slinckx 等，2000）。据报道，使用甲基丙烯酸叔丁酯（BMA）可以获得更好的漆膜外观，由此可制得 VOC 排放 3.5lb/gal（1gal＝3.78541dm^3）的透明修补漆（Ball 等，2002）。

热固性树脂和交联剂必须作为一个体系来进行选择和配方设计。最合适的含羟基的热固性丙烯酸树脂组成取决于所选用的交联剂。适合热固性丙烯酸/氨基烤漆体系的热固性丙烯酸树脂，通常不一定适合采用多异氰酸酯交联剂的涂料体系。对于同一热固性丙烯酸树脂，选择不同的多异氰酸酯交联剂，其交联后最终漆膜的 T_g 可能高于或低于其与氨基树脂交联

后漆膜的 T_g。对于用多异氰酸酯交联或用氨基树脂交联的热固性丙烯酸树脂分子设计来说，前者倾向于选择更低的 T_g 和更低的羟基官能度，这是因为分子间氨基甲酸酯基团的氢键作用进一步增强了共价键交联强度，同时这种分子间氢键的可逆性提供了更多优势（12.4节）。另一个区别是，与氨基树脂交联的热固性丙烯酸树脂含有羧基官能团，羧基的存在有助于颜料的分散（而与多异氰酸酯交联的热固性丙烯酸树脂通常没有）。

8.2.1.2 高固体分涂料用羟基丙烯酸树脂

从 20 世纪 70 年代开始，人们着力开发高固体分溶剂型丙烯酸树脂，以满足更低 VOC 排放的要求。从表面上看，这个问题很简单，不就是把分子量 $\overline{M}_n$ 从 15000 降至 1500 吗？事实上，这个问题非常复杂。随着分子量的降低，聚合过程、涂料配制和施工应用的每个环节都必须更加谨慎。在聚合过程中，无官能团树脂或单官能团树脂所占的比例必须控制在一个非常低的水平。由于体系中存在大量链端基，对溶剂（如酮类）产生的链转移反应会引入大量光活性的末端基，可能引起严重的影响。在涂料配方中必须保证准确的交联剂当量比，如 25.2.2 节所述，固化窗口会变得更窄。固体分愈高，对施工时漆膜缺陷的控制难度愈大（第 24 章），尤其是要避免烤漆在喷涂时出现流挂更为困难。

介绍一个高固体分热固性丙烯酸树脂的配方实例，其组成为 S/MMA/BA/HEA；质量比为 15∶15∶40∶30；$\overline{M}_w$ 为 5200；$\overline{P}_w$ 为 54；$\overline{M}_n$ 为 2300；$\overline{P}_n$ 为 20；$\overline{P}_w/\overline{P}_n=2.7$；羟基当量为 400；平均官能度 $f_n=5.7$（Hill 和 Kozlowski，1987）。该树脂是在甲基戊基酮（MAK）中制备的，应用于制备质量固体分为 65% 的高固体分丙烯酸氨基烤漆。与本章前面描述的常规热固性丙烯酸树脂比较后发现，该树脂 $\overline{M}_n$ 降低至常规热固性丙烯酸树脂 $\overline{M}_n$ 的 1/13，而 f_n 为 5/14。高固体分树脂中必须要使用更高含量的羟基单体，才能在最终漆膜中获得与常规树脂同样的交联密度，因为低分子量树脂会经历更多的反应。该树脂配制的涂料的施工体积固体分为 45%，这个固体分相当于金属闪光汽车面漆的高固体分要求。然而，该固体分还是太低，不能满足当前美国环保署对于一些现行涂料应用领域的 VOC 排放的法规要求，未来可能会出台更严格的 VOC 排放法规。

如 2.2.1 节所述，传统自由基聚合反应从本质上限制了热固性丙烯酸树脂可以降低的分子量的程度。为了满足较高的性能需求，通常要求绝大多数热固性丙烯酸树脂分子上至少要含有两个羟基，但随着分子量的降低，这一要求难以得到满足。这个问题可以通过在相同单体比例的前提下，对比常规热固性丙烯酸树脂（$\overline{M}_n=15000$，$\overline{P}_n=140$，在 8.2.1.1 节提到的）和假想中的高固体分热固性丙烯酸树脂（$\overline{M}_n=1070$，$\overline{P}_n=10$）来说明。涂料配方的 VOC 按要求约为 300g/L，常规热固性丙烯酸树脂的平均官能度为 16，虽然单个分子上多于或少于 16 个羟基的情况都会存在，但是单个分子上出现少于两个羟基的概率非常小，实际上所有的分子都能参与交联。相反，假想中的高固体分热固性丙烯酸树脂的平均官能度只有 1.2，这意味着相当大一部分分子不能参与交联反应。没有羟基的分子要么挥发，要么作为增塑剂残留在漆膜内损害漆膜性能。带有一个羟基的分子会终止交联反应，在涂层中留下自由活动的链端。弹性理论认为自由活动的链端会严重降低聚合物网状结构的机械性能。实验研究也证实自由活动的链端对初期漆膜性能有很大的影响（Spinelli，1982；Nakamichi 和 Shibato，1986）。例如，在热固性丙烯酸树脂中单羟基低聚物的质量每增加一个百分点，将使热固性丙烯酸树脂氨基磁漆漆膜的 T_g 降低约 1℃（Nakamichi 和 Shibato，1986）。

这个问题与分子量和官能团的分布有关。图 2.1 中列出了 3 种低聚物的聚合度分布，这些树脂的数均聚合度 $\overline{P}_n$ 都是 12，聚合度分布分别是 $\overline{P}_w/\overline{P}_n=1.07$、1.5、3.0。通过阴离子聚合，理论上可获得最小的聚合度分布是 1.07，自由基引发的聚合理论上可获得的最小聚合度分布是 1.5。在实践中很难实现理论上的最小值，$\overline{P}_w/\overline{P}_n=2.5$ 是一个典型的控制良好的自由基聚合反应。另一个涉及的因素是序列长度分布，即将官能团单体分开的不同长度无官能团单体链的序列分布。如果这些序列长度短于树脂中低分子量部分的链长，那么分子中就会包含多个官能团。但如果这些无官能团单体的序列长度长于树脂中低分子量部分的链长，那么树脂中将产生只有一个官能团或没有任何官能团的分子。

统计学方法可以用来计算无官能团分子所占的比例，这些无官能团的聚合物是按不同比例混合的单体通过无规共聚而形成的，具有不同的分子量和分子量分布（Hill 和 Wicks，1982；O'Driscoll，1983）。由于统计方法基于某些假设，因而计算结果是一个近似值。表 8.1 为 S/BA/HEA 按照 30%∶50%∶20%（质量分数）的比例组成的共聚物在不同的 $\overline{P}_n$ 值下，无官能团分子所占比例的统计结果预测。当 $\overline{P}_n=9.5$（$\overline{M}_n=1125$）时，在所有分子中，无官能团分子约占 36%（摩尔比），相当于 13%（质量比）。（因分子量分布而造成这两个百分比不同，低分子量的分子不带官能团的概率比高分子量的分子更大。）要计算单官能团低聚物的质量分数难度较大，但预计会超过无官能团低聚物所占的质量分数。但是当 HEA 含量提高到 30%，$\overline{P}_n$ 增加到 20 时，单官能团低聚物分子所占的比例会最小。如果想要制备体积固体分为 70%的树脂，就需要 $\overline{P}_n$ 在 10 左右，分子量分布很窄才能达到。计算结果表明，这样做的话，带官能团单体的含量将会非常高。这种情况下，按照当量计量加入交联剂会使漆膜的交联密度太大，无法满足漆膜的性能要求；若在涂料配方中大幅度降低交联剂的用量，则会在漆膜中留下很高比例的未反应羟基，这会引起漆膜耐水性变差以及其他弊病。

表 8.1　丙烯酸共聚物中无官能团分子的统计学预测

$\overline{P}_n$	$\overline{M}_n$	无官能团分子(摩尔分数)/%	无官能团分子(质量分数)/%
36.8	4357	15	1.8
19.2	2273	24	5.8
9.5	1125	36	12.8

来源：Kruithof 和 van den Haak（1990）。

通过调整共聚单体的比例来降低 T_g 可以使丙烯酸树脂的黏度降低。但是，在其他条件不变的情况下，采用这种方法也同样降低了交联漆膜的 T_g。增加交联密度，可在一定程度上弥补因降低 T_g 对漆膜性能所造成的不利影响，但交联密度增加过度，会适得其反，导致漆膜综合性能不理想。由相对刚性较大的醇制备的甲基丙烯酸酯单体，如 3,3,5-三甲基环己醇的甲基丙烯酸酯（Kruithof 和 van den Haak，1990）和甲基丙烯酸异冰片酯（Wright，1996）具有紧凑的环状结构和高 T_g，此类单体可部分替代 MMA 和 S 用于制备黏度相对低的树脂。

合成有使用价值的分子量低和分子量分布窄的丙烯酸树脂是一个长期的目标。下文将讨论几种方法。

使用链转移剂可以降低分子量，但有些链转移剂会影响户外耐久性（Spinelli，1982）。使用带有一个官能团的链转移剂是一种令人感兴趣的方法。例如，当使用 2-巯基乙醇作为链转移剂时，引发形成链端含羟基的巯基自由基，从而降低树脂中无官能团分子和单官能团分子的比例（Gray，1985）。2-巯基乙醇虽然能提高漆膜性能，但在使用时会散发出难闻的气味，而且气味很可能会残留在树脂中。

提高引发剂用量，加上在聚合过程中严格控制温度和引发剂浓度，可以使聚合物分子量分布最小。实验表明，在较高的引发剂浓度下，聚合物的分子量分布比理论预测的要窄。引发剂的选择十分关键，由于会发生夺氢反应形成链转移到聚合物上，选择过氧化苯甲酰作为引发剂会使聚合物分子量分布变宽。使用偶氮类引发剂如偶氮二异丁腈（AIBN）时很少发生支化，另外，由于形成的漆膜具有更优异的户外耐久性，AIBN一般比过氧化苯甲酰更适合作引发剂。以叔戊基类过氧化物引发剂为例，如3,3-双(叔戊基过氧化)丁酸乙酯，据报道能形成分子量分布较窄的聚合物（Kamath和Sargent，1987）。其他推荐的引发剂还有叔丁基过氧化物，如过氧乙酸叔丁酯（Myers，1995）。分别使用偶氮二异戊腈（ABMBN）和过氧辛酸叔丁酯作为引发剂并进行对比，结果表明，偶氮引发剂获得的分子量分布更窄（Ziemer等，2002）。

8.2.1.3 高温丙烯酸聚合

降低数均分子量和分子量分布的一个重要方法是在高温高压下进行自由基聚合，该方法生产的系列丙烯酸树脂用于多种汽车涂料（Wang和Hutchinson，2008）。在高压釜中聚合是一种间歇式生产工艺，还可以在压力反应釜上安装控制原料滴加的装置，从而实现通用型的半连续间歇式生产工艺。

许多专利文献中介绍了丙烯酸单体在压力反应器中的聚合。例如，Brand和Morgan（1985）使用压力釜采用间歇式生产工艺，在190～270℃的温度范围内做了大量实验。实验结果各不相同，但在某些情况下，可以获得分子量分布远低于2.0的树脂。

Burja等（2015）的研究提供了一个最新的例子。他们将相同单体比例的S、HPMA和AA分别在140℃常压下和170℃高压下进行聚合，并对比了实验结果。140℃条件下树脂的$\overline{M}_w$为12000，分子量分布为3.0；而170℃高压下树脂的$\overline{M}_w$为4000～5500，分子量分布为1.9～2.3。高压下制备的树脂黏度更低，与二异氰酸酯交联剂反应，固化速度快且漆膜的耐腐蚀性能更好。

尽管有关聚合工艺的细节是专有技术秘密，但几种市售丙烯酸树脂所具有的特性证实它们是采用压力工艺制备的。例如，一种$\overline{M}_n$为1300、$\overline{M}_w/\overline{M}_n=1.7$的市售丙烯酸树脂，可与Ⅰ类MF树脂制备出质量固体分为77%的白色涂料。该树脂所形成的漆膜坚硬，具有耐化学性及其他许多优良性能，但漆膜有些发脆。

高温聚合的动力学显然不同于第2章中描述的标准链增长动力学。如果温度太高，加成聚合反应将变成可逆的反应（解聚反应），从而影响反应动力学。Srinivasan等（2010）通过计算化学预测高温聚合总会伴随一些副反应，例如回咬反应（同一聚合物链内的链转移反应）。回咬反应会导致生成支化聚合物，但分子量分布不变宽。在高固体分涂料中，在分子量和分子量分布相同的情况下，支化聚合物的黏度低于未支化的聚合物。有些情况下，丙烯酸酯的高温聚合可以自引发。

8.2.1.4 受控自由基聚合（CRP）

正如在2.2.1.1节中所讨论的，CRP能够合成具有各种拓扑（几何）结构的丙烯酸聚合物，包括嵌段和高度支化的结构。分子量分布可以很窄，官能团可以根据需要引入聚合物内特定的位置（Kroll和Chmielarz，2014；Boyer等，2016）。CRP工艺为涂料领域带来了令人振奋的应用前景，制备具有优异性能的高固体分丙烯酸涂料是完全可行的，并开始对市场产生影响。该类产品由于生产成本太高，以前在涂料领域中的应用主要局限于一些特殊化学品，例如颜料分散剂。目前大量针对 CRP 的应用研究，更多的是集中在不太关注成本的非涂料领域。但是低成本的丙烯酸 CRP 工艺研究仍然是一个十分有前途的研究目标。

8.2.1.5 其他考虑因素

丙烯酸类涂料对金属基材的附着力不好，通常在底漆的上面使用。然而据报道，用1%～4%的（甲基）丙烯酸磷酸酯单体制备的丙烯酸涂料，在大部分金属基材上有良好的附着力（Yang 等，2005）。

在涂料配方中，将丙烯酸树脂与其他通用类型树脂混拼是相当常见的。提高固体分的一种常用方法是将丙烯酸多元醇与低黏度的多元醇混拼（如聚酯多元醇），这种方式可以在一定程度上降低 VOC，但也存在可能造成漆膜性能下降（如户外耐久性和耐化学性）的风险，不过性能还是可以满足很多应用领域。这种类型的高耐候涂料已有报道（Okada，1997）。

8.2.2 含有其他官能团的丙烯酸树脂

含有氨基甲酸酯官能团的丙烯酸树脂是某些汽车罩光清漆的重要组分。它们与Ⅰ类 MF 树脂进行交联形成的漆膜在耐环境腐蚀方面要比与 MF 交联的羟基丙烯酸树脂更好，同时仍保持优异的耐擦伤性（Green，2001）（11.3.4 节）。氨基甲酸酯丙烯酸树脂可以通过异氰酸酯丙烯酸树脂与氨基甲酸羟丙酯反应（Rehfuss 和 St. Aubin，1994，1997）、丙烯酸树脂与脲反应（Rehfuss 和 St. Aubin，1997），以及羟基丙烯酸树脂和丙二醇单甲醚制备的氨基甲酸酯之间的酯交换来制备（Barancyk 等，1995）。Ohrbohm 等（2000）报道了混合使用氨基甲酸酯丙烯酸树脂、聚氨酯和氨基树脂的研究，氨基甲酸酯丙烯酸树脂可以与羟基丙烯酸树脂混合，降低成本，同时保持良好的耐刮擦性。

三烷氧基硅烷丙烯酸树脂可通过使用甲基丙烯酰氧基烷基三烷氧基单体作为共聚单体来制备（Chen 等，1997），它们可以通过在空气中的湿固化或与羟基官能团的醚交换反应，获得高性能的透明涂层（16.2 节）。还可以通过乙烯基三甲氧基硅烷和丙烯酸丁酯的共聚反应，合成三烷氧基硅烷丙烯酸树脂。该树脂可在酸催化下通过与空气中的水反应，形成 Si—O—Si 键交联固化而形成漆膜（Douskey 等，2002）。丙烯酸酯与硅烷的其他共聚物和共混物正变得越来越重要（第 16 章）。

带有羧基的丙烯酸树脂由丙烯酸或甲基丙烯酸作为单体共聚而成，可与环氧树脂交联（13.3.2 节），这是市场上汽车罩光清漆的化学基础。必须要严格控制丙烯酸单体的质量。

带有酰氨基的丙烯酸树脂有多种使用方法。含有丙烯酰氨基的丙烯酸共聚物可以与 MF 树脂交联生成—NH—CH_2—NH—CO—键，固化温度要高于羟基丙烯酸树脂。酰氨基与甲醛反应，然后进行醚化，可制备烷氧基甲基丙烯酰胺共聚物，类似于 11.4.4 节中氨基树脂的制备（Christson 和 Hart，1961；Kelly 等，1963）。这些树脂可用作羟基热固性丙烯酸树脂的交联剂。还可以使用烷氧基甲基丙烯酰胺作为共聚单体，例如，*N*-(异丁氧基甲基）甲基丙烯酰胺与羟基丙烯酸单体共聚制备共聚物，该共聚物可在低温下与羟基或羧基树脂固化（Rietberg 和 van Roon，1991）。含有丙烯酰胺和 HEMA 的丙烯酸共聚物也可以与甲醛反应，然后与醇类反应制成自交联树脂。

以甲基丙烯酸缩水甘油酯（GMA）为共聚单体，可制备环氧丙烯酸树脂（13.3.2 节）。此类树脂用于汽车罩光清漆和粉末透明涂料中（Ooka 和 Ozawa，1994；Kenny 等，1996；

Agawa 和 Dumain，1997）（28.1.4 节）。环氧丙烯酸树脂可与二元羧酸，如十二酸（Ooka 和 Ozawa，1994；Kenny 等，1996）或羧基丙烯酸树脂发生交联（Agawa 和 Dumain，1997）。使用含有丙烯酸-4-羟基丁酯（HBA）和 GMA 的丙烯酸共聚物，可与羧基丙烯酸共聚物（马来酸酐半甲酯为共聚单体制备）混合配制涂料。在固化期间，羧基共聚物上的半酯通过环化反应重新生成酸酐基团，酸酐基团与 GMA 共聚物及 HBA 中的羟基交联，羧基与 GMA 共聚物上的环氧基交联。用于汽车罩光清漆，漆膜具有优异的耐擦伤性和耐酸性（Fushimi 等，2001）。有人报道了基于 GMA 丙烯酸共聚物的另外三类体系。第一类，GMA 共聚物可以与羧基聚酯交联。第二类，GMA 共聚物制备时可以同时使用 GMA 和 AA 作为共聚单体，可以实现自交联。第三类，使用 GMA 和丙烯酸叔丁酯作为共聚单体制备丙烯酸树脂，叔丁酯基团经过热消除异丁烯的反应后产生的羧基可以与 GMA 上的环氧基发生自交联。据报道应用该树脂体系的涂料具有优异的耐擦伤性和耐酸性，不仅可用于高固体分溶剂型涂料和粉末涂料，用非离子乳化剂分散后，还可用于水性涂料（Flosbach 和 Schubert，2001）。

间异丙烯基二甲基苄基单异氰酸酯（*m*-TMI）与丙烯酸酯共聚，可以制得异氰酸酯丙烯酸树脂（12.3.2 节）（Alexanian，1994）。它们可以与多元醇和羟基丙烯酸树脂交联。

8.3 水稀释性热固性丙烯酸树脂

另一种能减少热固性丙烯酸涂料 VOC 排放的方法，是制备可以被水稀释的热固性丙烯酸树脂。这种树脂有时被称作“水溶性树脂”，这一术语容易引起误导，因为实际上它们并不溶于水中。这种树脂在有机溶剂中用有机胺中和后能被水稀释，溶液中的聚合物聚集体会被溶剂和水溶胀，形成相当稳定的分散体。为了避免概念混淆，可对术语做以下解释：水性（waterborne）泛指用于所有以水为介质的涂料，包括乳胶漆；水稀释性（water-reducible）仅用于所有（或绝大多数）分子中带亲水基团的树脂为基料的水性涂料，不包括乳胶漆；而水溶性（water-soluble）只专门限于能真正溶于水的物质。

一种典型的水稀释性丙烯酸树脂由 MMA、BA、HEMA 和 AA 的共聚物组成，质量比为 60∶22.2∶10∶7.8。在偶氮类引发剂作用下，通过自由基聚合反应制备（Watson 和 Wicks，1983），该反应在高固体分（质量固体分在 70%或更高）条件下进行，使用可与水混溶的有机溶剂。应用最广泛的是醇醚类溶剂，丙二醇丙醚、乙二醇单丁醚和正丁醇也都是很常用的溶剂。除了溶剂不同和使用更高比例的 AA 单体以外，这种树脂和传统固体分热固性丙烯酸树脂（8.2.1.1 节）很相似，$\overline{M}_w$和 $\overline{M}_n$分别约为 35000 和 15000。

水稀释性丙烯酸树脂酸值一般在 40～60 之间（酸值用滴定法测得，酸值的定义是中和 1g 固体树脂需要多少毫克的 KOH，当量＝56100/酸值）。树脂以浓溶液状态存放，制备涂料的第一步是加胺，如 2-二甲氨基乙醇（DMAE）。通常加胺量会低于理论上中和所有羧酸基团所需胺的量，原因后面会讨论。其比值称为中和度（EN），例如，当胺的用量为理论值的 75%，那么 EN 为 75。其他的涂料组分（颜料，MF 树脂和磺酸催化剂）被溶解或分散在水稀释性丙烯酸树脂溶液中，涂料在施工前用水稀释。

水稀释性树脂用水稀释后，其黏度变化出现异常。图 8.1 为一个样本树脂黏度的对数值随树脂浓度的变化曲线（Hill 和 Richards，1979）。稀释曲线峰值的高低取决于特定的树脂和配方，在峰值区域，体系处于高度剪切变稀状态（3.2 节）。水稀释性丙烯酸树脂的另一个异常现象是，尽管中和羧酸使用胺的量低于理论值，但体系的 pH 值仍大于 7（一般在 8.5～9.5）。为了方便对比，将同一树脂的有机溶剂（这里是叔丁醇）稀释曲线以及丙烯酸乳胶的典型稀释曲线同时列在图中。

已经对水稀释性热固性丙烯酸树脂形态学进行了相当广泛的研究，图 8.1 中的水稀释性树脂是 54%的丙烯酸共聚物溶液，由 BMA 和 AA 按 9∶1 的比例在叔丁醇中共聚后，用 DMAE 中和，中和度为 75。对于大多数溶解于良溶剂中的树脂溶液来说，溶液黏度的对数和树脂浓度是很好的线性关系。水稀释曲线展示了水稀释性树脂的一种异常响应，这是水稀释性树脂特有的行为。这是因为在用水稀释时，两种变化同时发生，一个是树脂的浓度在降低，另一个是溶剂与水的比例也在降低。

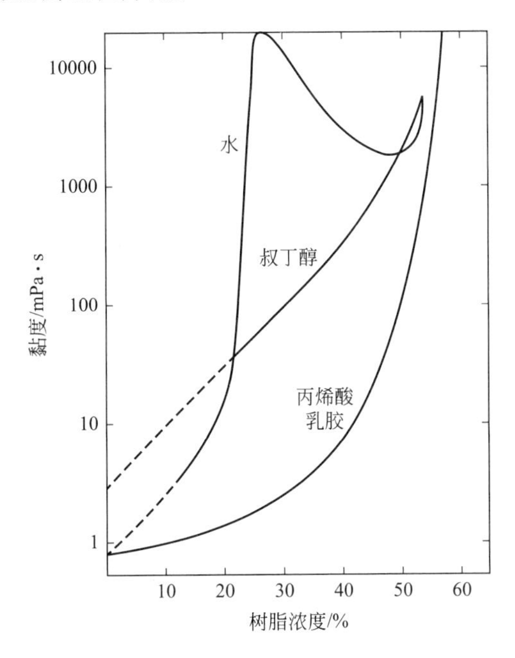

图 8.1　10%（摩尔分数）水稀释性丙烯酸共聚物，中和度为 75%（DMAE 为中和剂），溶解在叔丁醇溶剂中，然后用水稀释，黏度和聚合物浓度关系曲线

图中同时列出了该树脂在叔丁醇中的黏度稀释曲线和典型的丙烯酸乳胶在水中的黏度稀释曲线

来源：Hill 和 Richards（1979），经美国涂料协会允许复制

在稀释的初期阶段，用水稀释的体系黏度下降比用溶剂稀释的体系更快。假设在稀释前，由于不同分子之间的离子对存在缔合作用，使树脂体系黏度较高。当水加入以后，水与离子对之间有更强的缔合作用，把多数树脂分子间的离子对缔合分开，导致黏度快速下降。然而，随着水稀释的进一步进行，溶液的黏度趋于平衡，然后回升，达到最高值，再进一步稀释会使黏度急剧下降。施工时的黏度为 0.1Pa·s 时，这些体系的质量固体分一般在 20%～30%。因此用这类树脂制备的涂料施工固体分会很低，尽管如此，由于主要的挥发成分是水，VOC 排放仍然是很低的。

水稀释时黏度的变化可以作如下的解释：中和后的树脂铵盐可溶于叔丁醇或者叔丁醇和水的混合溶液中，其中叔丁醇相对于水的比例还很高。但是，随着水的继续加入，叔丁醇和水的比例逐渐降低，直到一部分树脂分子不再溶于混合溶液中。虽然这部分分子不会以单独聚集体的方式沉淀析出，但是各种分子中的非极性链段会互相缔合形成聚集体。分子中非极性部分主要在聚集体的内部，而高极性的羧酸盐基团存在于聚集体的外围。进一步稀释后，更多的分子形成聚集体。因为溶剂可溶于树脂中，一些溶剂在聚集体中溶解，使聚集体的体积溶胀。水主要与盐基团缔合，少量水溶解在聚集体内的溶剂中，使聚集体的体积进一步溶胀。随着聚集体的形成，体系从一个溶液体系转变为一个聚集体分散在连续相中的分散体体系。随着聚集体的数量增多、体积增加，内相中的体积分数提高，同时聚集体堆积变得更加紧密，从而导致黏度上升（3.5 节讨论了含有分散相液体黏度的影响因素）。当黏度达到最大值时，体系中主要是高度被溶胀的聚集体在含少量溶剂的水中的分散体。黏度高会造成搅拌的困难。如果再进一步稀释，黏度会快速下降。其原因有两个：第一是稀释效应，也就是内相体积分数的降低，但是仅考虑这一因素，下降速度不会有这么大。第二是聚集体溶胀的减少，在整个稀释过程中，溶剂和水的比例在聚集体和连续相之间的分配在不断变化，继续加水，溶剂/水的比例就会下降，到达某一点后，就会导致溶胀的聚集体体积收缩。

对前面曾提到的 pH 值反常现象，可以用水稀释性丙烯酸树脂体系的形态学来解释（Hill 和 Wicks，1980）。当用胺（如 DMAE）理论当量的 75%去中和一种简单的有机羧酸（如乙酸）时，体系的 pH 值为 5.5。然而，中和聚合物链上羧酸基团的情况是不同的。AA 结构单元是无规间隔分散在聚合物链上，有时，一些羧酸基团相互间离得很近，有时，单独的 AA 结构单元被几个相连的疏水性丙烯酸酯单体单元隔开。随着聚集体在稀释过程中形成，许多羧酸基团聚集在表面附近，几乎所有在表面的羧酸基团都能被水溶性的胺中和。然而从几何排列上看，一部分羧酸基团会处于聚集体的内部，那些被疏水性单体残余部分分隔开的羧酸基团，很可能被“藏”在了聚集体的内部。DMAE 分布于连续相（水/溶剂）、聚集体表面区域和聚集体的内部。因为 DMAE 及其盐均易溶于水，因此 DMAE 集中在前两个区域，导致一部分在聚集体内部的羧酸基团未被中和。即使只使用了中和所有羧酸基团所必需胺用量的 75%，也足够中和所有在聚集体表面附近的羧酸基团，残留在连续相中的胺导致体系 pH 值呈碱性。因为是弱碱和弱酸之间的中和反应，胺的加入导致的 pH 值变化响应速度较慢，由于这种不灵敏性，pH 值不适合作为产品质量的控制指标。

有很多因素会影响这些体系的形态，因此黏度-浓度稀释曲线的形状是多种多样的。有时候，黏度的峰值非常高——高于初始状态未经稀释时树脂原始的黏度，而有时候稀释曲线中可能只有一个肩峰。黏度对分子量的依赖性除了浓度之外，还取决于溶剂的结构和溶剂与水的比例（Wicks 等，1982）。分子量对黏度的影响在不同的稀释阶段是不同的。所有溶剂型溶液黏度的对数值近似地随分子量的平方根而变化，稀释曲线峰值附近的黏度与分子量关系很大。当分子量增大时，聚集体颗粒内部的黏度也增加，因此它们难以扭曲变形，而稀释过程中的黏度随着分子量的增加而增加。黏度峰值过高会导致稀释过程困难，这种情况下就必须限制分子量，这样涂料在稀释过程中才能被混合设备充分搅拌，完成整个稀释过程。用水稀释至施工黏度后的体系，其黏度与分子量无关。这种树脂的优势在于涂料施工时，树脂的分子量与传统溶剂型热固性丙烯酸树脂相当，但 VOC 含量更低，可与高固体分涂料的 VOC 相当。

1979 年 Hill 和 Richards 研究了典型的热固性丙烯酸树脂的稀释行为，在一系列的 BA/AA 共聚物中 AA 的摩尔浓度范围为 10%～50%。当 AA 的含量为 50%时，其盐溶液表现出黏度对稀释行为的依赖性接近溶剂体系。当 AA 含量下降时，异常的流变行为表现越来越显著，因此当这种类型的树脂被设计成具有最低丙烯酸含量（酸值为 40～60），其在施工黏度下仍然提供一个稳定的分散体。低酸值有利于生成相对不溶胀的聚集体，保持低黏度。但如果酸值太低的话，体系将出现宏观相分离的状态，而不是形成一个稳定的微相分散体。

当提高树脂的羟基含量后，可以制备出酸值更低的树脂。尽管羧酸盐比羟基的亲水性更强，但羟基的亲水性已经足以影响树脂在水/溶剂混合溶液中的溶解性，正如丙烯酸-2-羟乙酯均聚物的水溶性所示。因此，当提高树脂的羟基含量后，所需酸含量的最低值会进一步降低。

本节前面曾介绍过水稀释性涂料呈现很复杂的流变学特征，所以通过加水稀释该类树脂大规模工业化生产水稀释性涂料时，需要特别注意，在有些情况下，把树脂溶液加入水中更容易加工（Schoff，2013）。

在水稀释性树脂合成中，可以使用各种类型和数量的胺（Wicks 和 Chen，1978；Hill 和 Richards，1979；Ferrell 等，1995）。胺的用量越低，体系完全稀释后的黏度就越低，在固定施工黏度下的涂料固体分也就越高。图 8.2 为 BMA/AA（90∶10）树脂的稀释黏度和中和度 EN（中和剂 DMAE）的关系。对于任何一种树脂-胺的组合，为了保证在施工黏度下形成稳定的分散体，也就是防止发生宏观相分离，都存在一个胺的最低用量。图 8.2 所示中和度为 50%的树脂，完全稀释时将发生宏观相分离。在一个类似的实验中，使用 DMAE 中和 BMA/AA（80∶20）树脂，中和度同样为 50%，即使稀释至黏度小于 0.1Pa·s，还可以产生一个稳定的分散体。在施工黏度时，黏度随树脂浓度的变化而迅速变化，有可能超出所预期的下降程度。黏度同样对胺的浓度也很敏感，因此如果涂料用了太多的水稀释，导致黏度降得过低时，通常在体系中加入少量的胺，可使黏度回升。

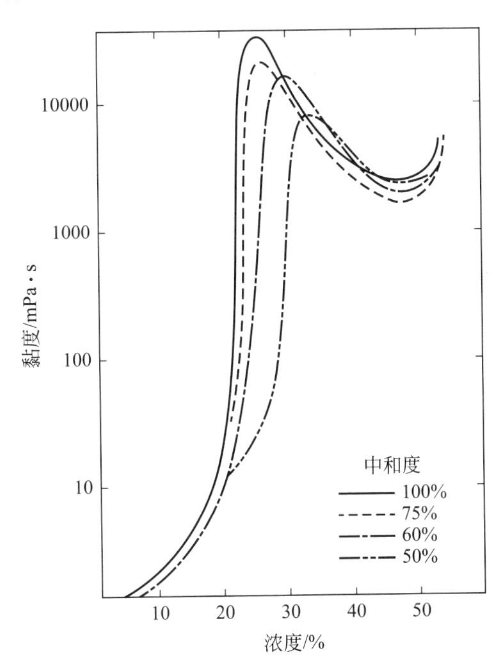

图 8.2　在不同中和度（中和剂为 DMAE）时，树脂黏度和浓度的关系曲线

树脂中丙烯酸的摩尔分数为 10%；开始稀释前固体分为 54%

来源：Hill 和 Richards（1979），经美国涂料协会允许复制

尽管胺的碱性强度也会有影响（碱性强的胺可能用量会少一些），但是胺在水中的溶解度影响更大。形成稳定的分散体所需胺的用量排序为：DMAE<三乙胺(TEA)<三丙胺(TPA)。羟基取代的胺最常用，但吗啉衍生物，如 *N*-乙基吗啉（NEM）也同样有效。胺的潜在毒性危害必须仔细评估。

$$(CH_3)_2N-CH_2-CH_2-OH$$

DMAE

$$N(C_2H_5)_3$$

TEA

$$N(C_3H_8)_3$$

TPA

$$HO-CH_2-C(CH_3)_2-NH_2$$

AMP

$$O(CH_2CH_2)_2N-C_2H_5$$

NEM

在选用胺时，很重要的是不仅要考虑对分散体稳定性的影响，还要考虑对贮存稳定性和涂料固化的影响（Hill 和 Wicks，1980）。在贮存期间，胺会减少 MF 树脂可能发生的反应，这样可以提高涂料的贮存稳定性。如果使用Ⅱ类 MF 树脂，那么必须选用叔胺。如果使用更常用的Ⅰ类 MF 树脂，则伯胺和仲胺都可以使用。另一个需要考虑的是胺在 VOC 方面的影响，在北美，有机胺 AMP 受 VOC 法规的豁免，因为它的光化学活性低，其他的胺则属于 VOC 范畴。胺的使用成本也是一个需考量的因素，因为胺的价格相对较高。

三聚氰胺-甲醛树脂（第 11 章）是最常用的热固性丙烯酸涂料交联剂。Ⅰ类和Ⅱ类单体的甲醚化 MF 树脂均可与这些水稀释体系混溶，它们通过与热固性丙烯酸树脂中的羟基和羧基反应而实现交联。与羟基的反应更容易进行，与羟基反应生成的醚键的耐水解性比与羧基反应形成的酯键更好。因此，尽管最终涂膜的交联密度取决于羟基和羧基官能度的总和，但一般都希望尽可能多地通过羟基实现交联，通过改变羟基的官能度来调整交联密度。尽可能少用羧基交联的另一个好处是减少中和所需要胺的用量。

采用异氰酸酯交联剂固化的水稀释性丙烯酸双组分聚氨酯涂料将在 12.7.3 节讨论。

GMA 单体可以进行乳液共聚（第 9 章），生成的乳胶可以与多元胺或多元羧酸等进行交联。自交联的丙烯酸乳胶可以通过 GMA、羧酸单体（如 MAA）和非反应单体共聚来制备。8.2 节中描述的许多树脂设计思路也都可以用于乳液聚合。

（申　亮　译）

参考文献

Agawa, T.; Dumain, E. D., *Proceedings of the International Waterborne, High-Solids, and Powder Coatings Symposium*, New Orleans, LA, 1997, p 342.

Alexanian, V., DE patent 68918315 D1 (1994).

Armat, R., et al., *J. Appl. Polym. Sci.*, 1996, 60, 1927.

Ball, P. A., et al., *Proceedings of the International Waterborne, High-Solids, and Powder Coatings Symposium*, New Orleans, LA, 2002, pp 119-124.

Barancyk, S. V., et al., International patent application, WO 95/29947 (1995).

Boyer, C., et al., *Chem. Rev.*, 2016, 116(4), 1803-1949.

Brand, J. A.; Morgan, L. W., US patent 4,546,160 (1985).

Burja, K., et al., *Prog. Org. Coat.*, 2015, 78, 275-286.

Chen, M. J., et al., *J. Coat. Technol.*, 1997, 69(870), 43.

Christson, R. M.; Hart D. P., *Indust. Eng. Chem.*, 1961, 53(6), 459.

Chung, R. P. -T.; Solomon, D. H., *Prog. Org. Coat.*, 1992, 21, 227.

Douskey, M. C., et al., *Prog. Org. Coat.*, 2002, 45, 145.

Ferrell, P. E., et al., *J. Coat Technol.*, 1995, 67(851), 63.
Flosbach, C.; Schubert, W., *Prog. Org. Coat.*, 2001, 43, 123.
Fushimi, H., et al., *Prog. Org. Coat.*, 2001, 42, 159.
Gerlock, J. L., et al., *Macromolecules*, 1988, 21, 1604.
Gray, R. A., *J. Coat. Technol.*, 1985, 57(728), 83.
Green, M. L., *J. Coat. Technol.*, 2001, 73(918), 55.
Hill, L. W.; Kozlowski, K., *J. Coat. Technol.*, 1987, 59(751), 63.
Hill, L. W.; Richards, B. M., *J. Coat. Technol.*, 1979, 51(654), 59.
Hill, L. W.; Wicks, Z. W., Jr., *Prog. Org. Coat.*, 1980, 8, 161.
Hill, L. W.; Wicks, Z. W., Jr., *Prog. Org. Coat.*, 1982, 10, 55.
Kamath, V. R.; Sargent, J. D., Jr., *J. Coat. Technol.*, 1987, 59(746), 51.
Kelly, D. P., et al., *J. Appl. Polym. Sci.*, 1963, 7(6), 1991.
Kenny, J. C., et al., *J. Coat. Technol.*, 1996, 68(855), 35.
Krol, P.; Chmielarz, P., *Prog. Org. Coat.*, 2014, 77, 913-948.
Kruithof, K. J. H.; van den Haak, H. J. W., *J. Coat. Technol.*, 1990, 62(790), 47.
Moad, G.; Solomon, D. H., *The Chemistry of Radical Polymerization*, 2nd ed., Elsevier, Amsterdam, 2006.
Moad, G., et al., *Macromol. Symp.*, 2002, 182, 65-80.
Myers, G. G., *J. Coat. Technol.*, 1995, 67(841), 31.
Nakamichi, T.; Shibato, K., *J. Jpn. Soc. Colour Mater.*, 1986, 59, 592.
Nylund, J. E.; Pruskowski, S., *Resin Rev.*, 1989, 39, 17.
O'Driscoll, K., *J. Coat. Technol.*, 1983, 57(705), 57.
Ohrbohm, W. H., et al., US patent 6,165,618 (2000).
Okada, K., *Proceedings of the International Conference on Organic Coating Science and Technology*, Athens, Greece, 1997, Vol. 23, p 337.
Ooka, M.; Ozawa, H., *Prog. Org. Coat.*, 1994, 23, 325.
Petit, H., et al., *Prog. Org. Coat.*, 2001, 43, 41.
Rehfuss, J. W.; St. Aubin, D. L., US patent 5,356,669 (1994).
Rehfuss, J. W.; St. Aubin, D. L., US patent 5,605,965 (1997).
Rietberg, J.; van Roon, J. C., US patent 5,011,740 (1991).
Ryan, R. W.; Walt, M. B., *Proceedings of the International Waterborne, High-Solids, and Powder Coatings Symposium*, New Orleans, LA, 1994, p 786.
Schoff, C. K., *CoatingsTech*, 2013, 10(6, June), 48.
Slinckx, M., et al., *Prog. Org. Coat.*, 2000, 38, 163.
Spinelli, H. J., *Org. Coat. Appl. Polym. Sci.*, 1982, 47, 529.
Srinivasan, S., et al., *J. Phys. Chem. A*, 2010, 114, 7975-7983.
Wang W.; Hutchinson R. A., *Macromol. React. Eng.*, 2008, 2, 199-214.
Watson, B. C.; Wicks, Z. W., Jr., *J. Coat. Technol.*, 1983, 55(698), 59.
Wicks, Z. W., Jr.; Chen, G. F., *J. Coat. Technol.*, 1978, 50(638), 39.
Wicks, Z. W., Jr., et al., *J. Coat. Technol.*, 1982, 54(688), 57.
Wright, A. J., *Eur. Coat. J.*, 1996, 696.
Yang, H. S., et al., *J. Coat. Technol.*, 2005, 2(13), 44.
Ziemer, P. D., et al., *Proceedings of the International Waterborne, HighSolids, and Powder Coatings Symposium*, New Orleans, LA, 2002, pp 99-107.

第9章 乳胶

乳胶是聚合物颗粒在水中的分散体。大多数合成乳胶的制备工艺过程如下，首先将单体在水中搅拌乳化成为乳液，之后经自由基引发剂引发，通过链增长聚合而得到乳胶，这一过程被称为乳液聚合。所以并不奇怪，有人常常会将乳胶漆（latex paints）误称为乳液漆（emulsion paints），但这样会混淆乳胶和真正的乳液，所以这种误称还是要尽量避免。聚合物的水分散体也可用其他方法来制备，例如，聚氨酯的水分散体就是通过逐步增长聚合来合成聚合物，然后经水分散制得的。这类材料（将在 12.7.1 节中讨论）一般被称为水分散体而不称为乳胶。通过乳化分散工艺制备的醇酸树脂乳液/分散液通常又称为醇酸乳胶（第 15 章）。还有一些作者把乳胶称为胶体分散液或聚合物胶体，由于名称不规范，很容易引起混淆。

用乳液聚合制得的聚合物的分子量很高，通常重均分子量 $\overline{M}_w$ 高达 10^6 以上。然而，与溶液聚合物不同，乳胶粒中聚合物的分子量对乳胶的黏度没有影响。乳胶的黏度取决于分散介质（连续相）的黏度、颗粒的体积分数及其堆积因子（见 3.5 节对 Mooney 方程的讨论）。乳胶黏度不依赖于分子量，这使得乳胶涂料的固体分可以显著高于含有高分子量聚合物的溶剂型涂料。在美国，大部分建筑涂料都是以乳胶作为主要基料的乳胶漆。在一部分原厂涂料和特种涂料市场中，以乳胶为基料的产品应用也在不断增长。大部分乳胶漆的成膜是在环境温度下由乳胶颗粒的聚结而实现的（2.3.3 节），VOC 排放一般较低，其漆膜的耐久性一般优于干性油和醇酸漆，但不能获得很高的光泽度是其一个很大的应用限制。

9.1 乳液聚合

乳液聚合是以水为分散介质，由单体、表面活性剂和水溶性引发剂构成的聚合体系，其合成工艺过程容易改变。许多用于溶液聚合的单体也适用于乳液聚合，两种聚合反应在分子水平上也大致相似，但是聚合的物理环境却大不相同。不同的聚合环境也会影响乳胶性能。就这个问题，van Herk（2013）有一篇很有价值的综述文章可供参考。

对乳液聚合的机理已经进行过大量的研究工作，然而，过多的变量使得至今仍然难以形成普适性的乳液聚合理论，实现对所有的乳液聚合反应的预测。单体的结构、溶解度和浓度、表面活性剂结构和浓度、引发剂浓度和自由基生成速率、外加电解质和浓度，以及聚合温度等，这些仅仅是其中的一些关键变量而已；反应器的设计和搅拌速率同样影响乳液聚合结果。在 9.1.2 节会对相关的机理进行定性讨论。读者可以参阅本章末的综合参考文献，里面有更全面的讨论，以及预测乳胶颗粒数目和粒径的方程。

早期的许多实验室研究使用的是小规模间歇工艺，就是将所有组分装入封闭的玻璃瓶中，然后在温控水浴中摇动，这种操作工艺常被称为汽水瓶法（pop-bottle process）。在许多文献中所描述的乳液聚合机理，都是基于这种间歇合成得到的。然而，因为放热聚合反应过程产生的热量可能得不到控制，所以一次投料的间歇工艺不能用于大规模生产。工业化的乳胶制备采用的是半连续间歇工艺，其设备如图 9.1 所示（Hoy，1979），单体和引发剂以一定的比例和速率加入反应器使其快速聚合。用这种方法，在任何时刻单体浓度都很低，被称为“单体饥饿态”乳液聚合，这有利于温度控制。而且，在“单体饥饿态”下形成的共聚物组成，与单体投料组成大致相同，而与不同单体的相对活性无关。半连续间歇工艺还可在聚合过程中改变单体的组成，将在 9.1.3 节中详细讨论。通常需要在种子乳胶存在下开始进行乳液聚合（9.1.2 节），Jones 等（2005）讨论了在种子乳胶存在下的实验室规模乳液聚合过程。

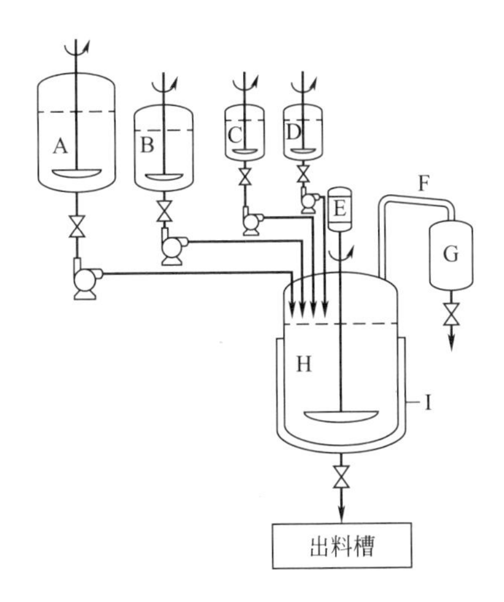

图 9.1　半连续间歇生产单元示意图

A—主要单体投料槽；B—辅助单体投料槽；C,D—引发剂投料槽；E—搅拌电动机；

F—冷凝器；G—接收槽；H—反应釜；I—冷、热夹套

未画出的：安全阀、压力计和温度计，过滤机、投料槽冷却管

来源：Hoy（1979）。经美国涂料协会许可复制

即使单体相同，通过间歇和半连续乳液聚合工艺所合成的产品往往也是不同的。用这两种方法制备共聚物乳胶时，这种差异会进一步放大（9.1.2 节和 9.1.3 节）。所以在阅读文献时必须注意，不能将间歇工艺研究的结论用于半连续工艺，否则往往会出现误导，反之亦然。因为许多变量影响着乳胶的组成和性质，所以在实验室进行聚合反应设计时，至关重要的是应尽可能地模拟、接近最终生产过程，以减少在生产设备放大时出现的问题。

9.1.1　乳液聚合的原料

9.1.1.1　单体

许多单体都可以通过乳液聚合转化成乳胶。对单体的主要要求是可以进行自由基聚合反应，而且最好不与水反应或者反应速率要相当慢。微溶于水的单体最适合于乳液聚合，在水中具有非常高或非常低溶解度的单体，乳液聚合时会存在困难，但是可用于乳液共聚合。涂料用乳胶有两大类，第一类是用丙烯酸酯和甲基丙烯酸酯（9.2 节）单体制备，第二类是用乙烯酯（9.3 节）单体制备。苯乙烯是常用于与丙烯酸酯共聚的单体。最早用于涂料生产的乳胶是苯乙烯与丁二烯的共聚物，它们已不再用于建筑涂料，但是在纸张涂料中仍然有重要

应用。多种带有官能团的单体也用于共聚合。甲基丙烯酸（MAA）和丙烯酸（AA）可改善乳胶的稳定性、调控流动性、提高涂层附着力和提供羧基交联点。丙烯酸羟乙酯（HEA）和甲基丙烯酸羟乙酯（HEMA）可以提供羟基，用于与氨基树脂（第 11 章）和多异氰酸酯（第 12 章）交联。具有酮或醛官能团的单体可以提供与二酰肼交联的反应点（17.6 节和 17.11 节）。还有可增进对涂层表面湿附着力的单体，如广泛使用的甲基丙烯酰胺乙基乙烯基脲。磷酸酯功能化（甲基）丙烯酸酯共聚单体可以提高涂层与金属的附着力（Yang 等，2005）。偏二氯乙烯/丙烯酸酯共聚物乳胶可以赋予漆膜极低的透水性。

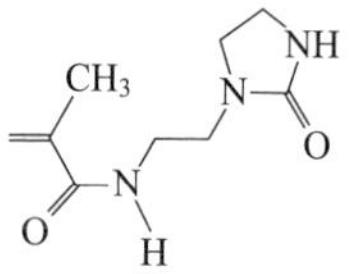

CH_3 NH N O N H O

甲基丙烯酰胺乙基乙烯基脲

9.1.1.2 引发剂

用于乳液聚合的引发剂以水溶性为主。最常用的是过硫酸盐，尤其是过硫酸铵（更确切地说是过氧双硫酸铵）。过硫酸盐在水相中受热，分裂成硫酸盐阴离子自由基［方程式(9.1)］而引发聚合。引发丙烯酸乙酯（EA）的反应如方程式（9.2）所示，注意，端基是硫酸半酯阴离子。

$$^{-}O_3S-O-O-SO_3^{-} \longrightarrow {}^{-}O_3S-O\cdot \quad (9.1)$$

$$^{-}O_3S-O\cdot + H_2C=C\begin{matrix} CH_3 \\ CO_2CH_2CH_3 \end{matrix} \longrightarrow {}^{-}O_3S-O-CH_2-\overset{\displaystyle CH_3}{\underset{\displaystyle CO_2CH_2CH_3}{C\cdot}} \quad (9.2)$$

硫酸盐阴离子自由基还能夺取水分子上的氢，形成硫酸氢盐和氢氧自由基（HO·），尽管这个反应在热力学上并不占优势，然而也会有一定程度的发生，尤其是在单体浓度很低的情况下。HO·引发聚合会形成端羟基。硫酸氢盐会降低 pH 值，所以常常需要加入缓冲剂。

$$^{-}O_3S-O\cdot + H_2O \longrightarrow HSO_4^{-} + HO\cdot$$

过硫酸盐的半衰期，在 0.01mol/L 的过硫酸铵溶液中，当 pH 值为 10 时，50℃下自由基的生成数目为 $8.4\times10^{12}mL^{-1}\cdot s^{-1}$，90℃下为 $2.5\times10^{15}mL^{-1}\cdot s^{-1}$。要实现在较低温度下快速聚合，可添加还原剂加速自由基的产生。例如，硫代硫酸盐（$S_2O_3^{2-}$）、亚铁盐和过硫酸盐的混合物会发生一系列的氧化还原反应，反应速率比单独使用过硫酸盐更快。采用这种类型引发剂引发的聚合工艺过程被称为氧化还原乳液聚合。

使用氧化还原引发体系，聚合可在室温引发，反应放热可将反应物自加热到期望的聚合温度（一般是 50～80℃），通常需要冷却以免反应温度过高。有时候，氧化还原引发会用于聚合的初始引发阶段，后续阶段则采取热引发方式。可选用的还原剂有多种，过去曾被广泛使用的甲醛次硫酸氢钠，因为会产生甲醛，所以现在大部分已经被替代。实际应用中也常使用抗坏血酸、异抗坏血酸和异抗坏血酸钠盐，但它们容易导致产物黄变。据报道，由 2-羟基-2-亚磺酰乙酸二钠盐、亚硫酸钠和 2-羟基-2-磺酸基乙酸二钠盐组成的混合还原剂体系非常有效，而且不会引起黄变（Rothmann 等，2001）。

通常在半连续工艺后期会再加入第二种更亲油的“追加”引发剂（消除残余单体的引发剂），以提高单体转化率，最好大于 99%。这类引发剂，例如叔丁基过氧化氢，相比于水更容易溶解在聚合物颗粒中，用于聚合后期比过硫酸铵更加有效，原因在于此时大部分未反应的单体都溶入了聚合物颗粒中。即使后期使用了“追加”引发剂，乳胶仍然会含有一些未反应的单体。叔丁基过氧化氢也是唯一被推荐的、可与甲醛次硫酸氢钠配合使用，代替过硫酸钾的引发剂。该体系可以获得更高的单体转化率，并且过硫酸根离子残留的问题也可得到解决（Anderson 和 Brouwer，1996）。

9.1.1.3 表面活性剂

表面活性剂是乳液聚合中的重要组分。有多种阴离子和非离子表面活性剂可供使用。现在市面上有很多阴离子表面活性剂，其中一例是月桂基硫酸钠（SLS），等同于十二烷基硫酸钠（SDS），两者通常被误称为十二烷基磺酸钠。

$$CH_3CH_2CH_2CH_2CH_2CH_2CH_2CH_2CH_2CH_2CH_2CH_2OSO_3^- Na^+$$

在非离子表面活性剂中，壬基酚聚氧乙烯醚（NPEs）一直很受欢迎。它们属于烷基酚聚氧乙烯醚（APEs）类，是清洁产品如洗涤剂中的主要成分。但是，APEs（包括 NPEs）具有生态毒性，可能对人体有害。一项欧盟的法令基本禁止了 APE 的使用，在美国，它们的使用也受到限制。Fernandez 等（2005）评述了 NPEs 经生物降解形成有毒产物的问题，并提出了替代方案。$C_{12/14}$伯脂肪醇和仲脂肪醇的混合聚氧化乙烯醚是有效的表面活性剂，可生物降解，不需要特殊标签。这类非离子表面活性剂有着不同的氧化乙烯基链长，以适应不同的聚合单体需要。例如，合成丙烯酸系乳胶，在种子乳液中初引发时可以使用 SLS 作为表面活性剂，然后再加入平均氧化乙烯基数为 40 的非离子表面活性剂（Fernandez 等，2005）。Santos 等（2015）使用不含 APE 的表面活性剂进行了非种子乳液聚合和种子乳液聚合。

$$CH_3(CH_2)_{11\sim13}O(CH_2CH_2O)_{40}H$$

通常，非离子和阴离子表面活性剂复配使用可产生最佳效果，在本节后续内容中将有详细论述。使用非离子表面活性剂在控制乳胶粒径和稳定乳胶颗粒方面表现出色。尤其是当涂料中存在二价阳离子时，使用非离子表面活性剂可以提高乳胶的稳定性。此外，非离子表面活性剂还有利于改善乳胶的流变性，增强冻融稳定性。

可用的阳离子表面活性剂也有很多，但它们在乳胶中仅适用于不常见的低 pH（3～4）的情况下。

表面活性剂在水中的溶解度有限。高于此溶解度限值，即临界胶束浓度（CMC），表面活性剂分子的非极性端相互缔合成分子簇，称为胶束。胶束是亚微观的聚集体，一般由30～100 个表面活性剂分子组成，其中每个分子的疏水部分朝向中心，亲水部分向外与水接触。不同表面活性剂的 CMC 差距很大，其范围约为 $10^{-7}\sim10^{-3}$g/L。表面活性剂对聚合物颗粒的分散稳定和防止贮存时乳胶絮凝起到关键作用。如果颗粒间相互距离过于靠近，范德华力会促使它们连在一起，产生乳胶颗粒絮凝。如 3.5 节中所指出的，分散相的絮凝会改变乳胶的流动性，引起乳胶黏度增大和流动时的剪切变稀。Lynn 和 Bory（1997）对表面活性剂进行了综述。

分散体的一般稳定化机制有两种。第一种稳定化机制是电荷排斥，即颗粒表面有过量的同种静电荷，最常见的是负电荷。例如，乳胶通过阴离子表面活性剂吸附在聚合物颗粒表面实现稳定。表面活性剂分子会发生取向，以长的疏水碳氢链尾端定位在聚合物中，亲水的盐基团在周边与水缔合。其结果就是，颗粒的表面覆盖着阴离子层，每个阴离子之外都缔合着部分阳离子，形成一个缔合层，被称为 Stern 层，有一定的刚性，其运动行为犹如颗粒的一部分。由于这阳离子缔合层的存在，部分阳离子向水相扩散形成阳离子扩散层，最终形成带负电荷的双电层。当两个颗粒相互接近时，它们扩散的、带负电荷的外层会产生静电排斥。这样稳定的分散体在加入可溶盐时一定会受到影响。电荷排斥带来的稳定性对带有与稳定化电荷相反电荷的多价离子特别敏感，因而乳液聚合通常需要使用去离子水。通过将少量酸性单体共聚在乳胶中，可增强电荷排斥，酸性基团的成盐离子会聚集到表面并加入 Stern（吸附）层中。

第二种稳定化机制是通过颗粒外层相斥来实现的。这类稳定化机制在文献中有三种广泛使用的表述：空间位阻排斥、熵排斥和渗透排斥。

空间位阻排斥：如果颗粒的外表面是亲水的，那么吸水后表面会溶胀，当溶胀层足够厚时，颗粒将不能相互接近到足以絮凝的程度，即为空间位阻排斥。

熵排斥：如果一种非离子表面活性剂，例如，具有憎水的非极性链段和相当长的聚氧乙烯醚作为亲水链段，吸附在乳胶颗粒表面上，亲水的聚氧乙烯醚则位于外表面。聚氧乙烯醚通过和水的氢键作用，从而吸附更多的水形成水合层。该吸附层中有非常大的构象数，而且水分子可以在该层中迁入或迁出。当两个颗粒相互接近时，吸附层被压缩，导致层内分子能容纳的构象数减少。其结果就是体系的无序性降低，这相当于熵的减少。为了对抗熵减少所产生的排斥，即被称为熵排斥。

渗透排斥：有些作者认为粒子相互接近发生压缩，使得外层中水含量减少，层中的水有回复到平衡浓度的倾向，对此，有人认为这与渗透作用相似，因而称之为渗透排斥。其他一些作者为了避免名词上的争议，简单将其称为空间位阻排斥，其中既包括熵，也包括焓的因素。本书倾向于使用熵排斥，原因在于其主因子被认为是熵。在工业实践中，电荷排斥和熵排斥并用，对乳胶中聚合物颗粒分散稳定化作用最为有效。

表面活性剂是控制乳胶粒径及其分布的主要因素（9.1.2 节）。对于只使用一种表面活性剂的聚合反应，阴离子表面活性剂的用量一般是聚合物量的 0.5%～2%（质量分数）。阴离子表面活性剂比非离子表面活性剂价格低，而且在相同质量用量下，对降低粒径更为有效。另外，使用非离子表面活性剂时，当用量是聚合物的 2%～6%（质量分数）时，可以更有效地稳定乳胶，防止乳胶在冻融循环时发生胶凝，同时可降低胶乳对盐（特别是多价阳离子盐）和 pH 值变化的敏感性，防止出现凝胶。有时还可以降低对泡沫的稳定化作用。一般来说，对于阴离子表面活性剂，其稳定化作用主要是通过电荷排斥来实现的，而非离子表面活性剂则主要是通过熵排斥。两类表面活性剂赋予乳胶不同的流变特性。阴离子表面活性剂会形成颗粒刚性表面层，这样的乳胶可在固体分相对高时呈现较低的黏度。非离子表面活性剂在颗粒表面会形成更厚的、溶胀的熵稳定化层，这就会导致在给定固体分下较高的乳胶黏度，或者只能降低乳胶固体分以保持低黏度。熵稳定化的乳胶颗粒表面层不是刚性的，因此，在施加剪切应力后会变形，从而具有剪切变稀特性。

如本节上面所述，在一般乳液聚合的配方中，同时包含阴离子和非离子表面活性剂。关于表面活性剂在乳液聚合中的选用规则，目前尚无法给出更明确的、普适性的说明，对这方面的任何陈述几乎都可找出例外情况。

表面活性剂的存在会给乳胶漆膜带来一定的水敏感性。这种敏感性表现在，比如房屋漆在施工后即受到雨淋所产生的水斑，还有钢铁上大多数乳胶漆膜的耐腐蚀性能不高等。如何合理选择表面活性剂的组合，以将这些问题降至最小，是当前正在研究的课题。已经发展起来的所谓“无皂”乳胶，即不用传统表面活性剂的乳液聚合，也许可以降低由表面活性剂引起的水敏感性问题。Aslamazova（1995）对无皂乳胶作了全面的综述。最广泛使用的方法是引入亲水性共聚单体，例如甲基丙烯酸（MAA），羧基盐富集在聚合物乳胶粒子表面形成Stern（吸附）层。

解决漆膜水敏感性问题的另一途径是用可聚合的表面活性剂（E-Aasser 等，2001）。Holmberg（1992）报道过一种表面活性剂，由烯丙醇、丁氧基、乙氧基和磺酸盐端基组成，通过共聚合反应使之完全结合到乙酸乙烯酯（VAc）/丙烯酸丁酯（BA）共聚物乳胶中。可以推测，从表面活性剂上夺去一个氢原子所形成的自由基会引发另一聚合物链的增长，从而实现表面活性剂分子和聚合物分子的共价键合，使表面活性剂植入乳胶中。据报道，含有乙烯基官能团的表面活性剂在乳胶聚合过程中与单体共聚，可以使乳胶具有出色的剪切稳定性和冻融稳定性。用这种乳胶制备的涂料克服了使用常规表面活性剂所产生的问题，例如表面活性剂起霜的问题（Grade 等，2002）。Tamer 等（2016）对可聚合的非离子表面活性剂进行了报道，其结构中包含可聚合的丙烯酰胺基团。

在聚合配方中加入少量的、易形成接枝共聚物的水溶性聚合物（有时被称为保护胶体），能够提供额外的熵稳定性。这里最常用的水溶性聚合物是聚乙烯醇（PVA），它有许多可被夺取的氢。在聚合中，引发自由基离子从 PVA 夺取氢原子，从而在 PVA 链上形成自由基，单体在 PVA 链上聚合增长形成接枝链。当接枝链变长时，就变得疏水并与颗粒中其他聚合物分子缔合，将分子中的 PVA 部分带到颗粒的表面。PVA 链段与水缔合形成与非离子表面活性剂相似的熵稳定化层。PVA 接枝层比表面活性剂吸附层更厚，对提高稳定性更有效。这样对水溶性表面活性剂的需求量就少了，其漆膜的水敏感性可能会降低。Nguyen 和 Rudin（1986）证实了羟乙基纤维素（HEC）也可以发生接枝反应，制得的乳胶具有触变性，比不用水溶性聚合物的乳胶剪切变稀程度更大。单体与 HEC 的接枝在改进乳胶稳定性的同时，还有利于获得大粒径、宽粒径分布和低透明度的膜（Craig，1989）。

9.1.1.4 水质：其他助剂

水质的变化会引发各种问题，尤其是在使用阴离子表面活性剂时，其影响更为显著。因此，在乳液聚合以及常规乳胶漆生产中，要用去离子水。水在某种程度上可溶解在某些聚合物中，并起到增塑剂的作用，降低成膜温度。在乳液聚合工艺中，有时会加入其他成分，其中包括增稠剂，用于控制黏度；还有缓冲剂，用来保护敏感单体防止其水解，以及避免敏感表面活性剂的失活。

9.1.2 乳液聚合的变量

关于乳液聚合的机理，当前已经提出了许多定量理论，但尚没有一种理论已被证明可用于所有体系，原因在于涉及的变量范围太广。因为还没有被证实具有普遍适用性的理论模型，所以下面仅对一些需要重点考虑的内容开展定性讨论。

起初，单体是乳化在水中的，通过表面活性剂分子在乳液液滴表面的取向来稳定乳液。还有一些表面活性剂溶于水中，另外一些过量的表面活性剂存在于胶束中。在大多数与涂料相关的乳液聚合体系中，至少有一种单体在水中有一定的溶解性，所以在水中和乳液液滴中都存在单体分子。例如，甲基丙烯酸甲酯（MMA）和丙烯酸乙酯（EA）在水中都有约为1%的溶解度。当引发剂加入后，它也溶解在水中。

聚合反应的引发和初始链增长可能发生在三个场所：①在单体溶胀的胶束中（胶束引发）；②在水相中（称为均相成核）；③在乳液液滴中。在任一乳液聚合过程中，在这三个场所都有可能会发生反应，发生的比例取决于聚合体系。按三种不同的方式（或三者组合）所预测的颗粒数目和粒径各不相同。但是，可以定性认为，随着表面活性剂浓度提高，粒径会下降，颗粒数目会增加。单体在水中的溶解度、表面活性剂组成和乳液液滴尺寸都可以是其中特别重要的变量。

当至少有一种单体在水中有一定溶解度时，通常假设引发主要发生在水相中。引发自由基与一个单体分子反应，形成可溶于水的新自由基；这些自由基可进一步与溶解的单体反应，形成末端带有自由基的低聚物。随着低聚物链的增长，分子量增大，其在水中的溶解度下降，这可能会导致下面三种情况其中之一的发生：①增长链可以进入胶束，因为单体分子也进入了胶束，所以链增长可以继续进行；②水中溶解的表面活性剂可以吸附在低聚物分子增长的表面上，形成新的胶束；③增长链可进入单体液滴。不管在哪种情况下，都能形成一个以表面活性剂稳定的、含有单个自由基的聚合物颗粒。这种颗粒迅速吸取单体，链增长在颗粒内继续进行。

当所有单体都具有低溶解度时，在胶束内引发可能会成为主要反应。单体在胶束内迅速聚合，也形成了由表面活性剂稳定的、含有单个自由基的聚合物颗粒。

链终止（通过偶合或歧化方式，见 2.2.1 节）只有在第二个自由基进入颗粒后才能发生。链终止后，此时表面活性剂所稳定的聚合物颗粒中不含自由基，暂时失去反应活性。更多的单体会进入惰性的聚合物颗粒，当第三个自由基（IMMMMM·）进入该单体溶胀的颗粒时，聚合反应再次被引发，链增长会继续进行，直至第四个自由基进入颗粒导致终止反应。从单体液滴中溶解出的单体补充了水溶液中单体的消耗。该过程不断重复，使得颗粒中的聚合物分子不断增多。（当聚合物 T_g 高于聚合温度时，该模型是不适用的，但通常不会发生该种情况。）

随着聚合物颗粒增长，表面积的扩大需要额外的表面活性剂。通过从水溶液中吸附更多的表面活性剂分子才能满足这种需要。相应地，水中表面活性剂的消耗又通过尚未发生聚合反应的胶束的溶解来获得补充。最终结果是，早期获得聚合物分子的颗粒继续增长，而没有聚合物的胶束消失。聚合物颗粒的增长会持续到未反应的单体或引发剂被消耗殆尽，也就是说，需要用足够量的引发剂才能保证高的单体转化率。在聚合过程早期阶段结束后，大部分的聚合反应发生在固定数目的聚合物颗粒内。单位体积内的颗粒数取决于早期阶段的胶束浓度，如果胶束浓度高，颗粒数目就多，由此在聚合停止时的乳胶粒度就小。在相同的表面活性剂浓度下，相比于高 CMC 的表面活性剂，使用低 CMC 的表面活性剂会形成更小粒径的乳胶。

在均相成核机理中，表面活性剂被吸附在增长低聚物链的表面上。当颗粒数目和大小同时增大时，表面活性剂的量不足以实现其稳定。颗粒之间会聚结形成较大的粒子，粒子数目随之减少，直至表面活性剂浓度恰好能达到颗粒稳定要求为止。

第三种机理，即在单体乳液液滴中引发，通常条件下是难以发生的（细乳液聚合和悬浮聚合属于特殊情况，将在后文讨论）。在大多数情况下，单体乳液液滴尺寸较大，它们的表面积要小于数目庞大的胶束的表面积，所以引发剂自由基或增长低聚物的自由基进入单体乳液液滴的概率就小。然而，如果搅拌速率特别高和/或使用了高浓度的表面活性剂，单体乳液液滴变小，液滴内发生链增长的概率会增大。如果在聚合早期使用的是不溶于水的引发剂，则大部分聚合会发生在乳液液滴中，形成大的、不稳定的颗粒。这就是另外一种聚合方法的基础，被称为悬浮聚合。

在间歇工艺中，颗粒的数目以及粒径也受引发速率的影响（是引发剂类型、浓度和温度的函数）。当其他条件都相同时，引发自由基形成的速率越快，所得到的颗粒数目越多，尺寸越小。

乳胶的制备常常从种子乳胶开始，在这里，种子乳胶是指小粒径的乳胶（Gardon，1997）。随着单体和引发剂的慢慢加入，聚合主要发生在种子颗粒中，使得在聚合反应中颗粒数目接近于常数。制备种子乳胶可以作为聚合反应的第一步，或者，通常一次性制备大量的种子乳胶，然后分别用于后续多个批次中。将固体分10%～20%的种子乳胶稀释到固体分3%～10%，在其他因素相同的条件下，增加种子颗粒数量，可以得到平均粒径更小的乳胶。因此控制种子颗粒数就为控制最终乳胶粒径提供了一种简便方法。采用这种方法可改进批次之间的重现性，这在顺序聚合反应中尤其重要（见下文）。

采用间歇和半连续工艺制得的乳胶，一般 $\overline{M}_w$ 非常高，通常超过 10^6。在许多情况下，分子量分布较宽。$\overline{M}_w$ 高可以归因于以下几个因素。第一，在聚合反应中，含有一个以上自由基的聚合物颗粒在给定时刻所占比例很低，这就造成颗粒内链终止反应速率下降，单个增长链极有可能在链终止前耗尽存在于颗粒内的大部分单体。第二，颗粒内的黏度非常高，降低了聚合物链的迁移率，这种情况相对更有利于迁移性高的单体通过扩散加成到增长链上实现分子量的增长，而不利于迁移性较差的两个增长链之间发生链终止反应。第三，在聚合物链上的氢原子可被夺去，导致向聚合物上的链转移反应的发生，从而形成支链分子。由于聚合物颗粒内部的自由基浓度低（常是每个颗粒一个），而聚合物浓度接近100%，这种环境有利于发生向聚合物的链转移。向聚合物的链转移增大了 $\overline{M}_w$ 和 $\overline{M}_w/\overline{M}_n$，原因在于当增长中的短链经链转移反应终止时，自由基有一定的统计概率转移到高分子量的聚合物上，作为支链继续增长。有时候，为了降低分子量，会向单体混合物中加入专门的链转移剂；还有时候需要增加分子量，这时会添加非常少量的双官能度单体。

El-Aasser 等（1983）比较了间歇法和半连续法工艺中 VAc 和 BA 的均聚和共聚的结果，发现间歇法得到的均聚物和共聚物的分子量分布（$\overline{M}_w/\overline{M}_n$）较宽，分布范围从15到21；半连续法的分子量分布范围更宽，从9到175。半连续工艺产物中含有一些分子量低的聚合物，通常分子量出现双峰分布。半连续工艺制备的聚乙酸乙烯酯均聚物的分子量分布最宽，GPC 分析结果表明其中有很大部分分子量低于660和高于 1.7×10^6 的产物。

粒径分布是乳胶漆配方中的一个重要变量。测定粒径分布常用光散射，也可以通过流体动力学色谱、超速离心或透射电子显微镜测定。测量结果可以用数均直径（$\overline{D}_n$）和体均直径（$\overline{D}_v$）表示。二者之间的比值 $\overline{D}_v/\overline{D}_n$，是一种实用的、用于表征粒径分布的指数。宽的或双峰的粒径分布通常是有优势的，主要体现在对堆积系数的影响上，在黏度相同条件下，胶乳的粒径分布越宽，则颗粒的体积分数越大（3.5节）。

乳胶的粒径由颗粒的数目和单体用量的相对值决定。颗粒的数目主要由表面活性剂和引发剂的用量和类型决定。在重量相等时，阴离子表面活性剂要比非离子表面活性剂产生更多的颗粒，所以粒径更小。使用不同的阴离子表面活性剂也会影响粒径。举例来说，用 NP-$(OCH_2CH_2)_{20}OSO_3^-NH_4^+$（NP 代表分子中的非极性部分）制得的丙烯酸乳胶的粒径为190nm，而使用亲水性较弱的 NP$(OCH_2CH_2)_9OSO_3^-NH_4^+$，制得的乳胶的粒径为100nm（Alahapperuma 和 Glass，1992）。一般而言，使用阴离子表面活性剂得到的乳胶粒径分布宽，非离子表面活性剂得到的乳胶粒度更接近单分散。在乙酸乙烯/顺丁烯二酸二丁酯共聚中，改变非离子表面活性剂（含 40mol 乙氧基的壬基酚聚氧乙烯基醚）与阴离子表面活性剂（十二烷基苯磺酸钠）的比例将影响乳胶的粒径和粒径分布，该配比越小，粒径越小，粒径分布越宽（El-Aasser 等，1983）。

粒径还受聚合过程中搅拌强度和湍流的影响，高湍流度会导致较大的粒径，从而影响流变性能。这种影响增加了从实验室合成到工业化放大生产中的问题，需要对实验室设备进行设计，使其和工厂反应器中的搅拌尽量相似。Oprea 和 Dodita（2001）研究了苯乙烯/丙烯酸乳胶聚合过程中搅拌与粒径的关系。

通过乳液聚合生产的乳胶颗粒基本上是球状粒子。在 20 世纪 80 年代，出现了由几个颗粒相互融合而成的非球形多瓣颗粒乳胶商品（Chou 等，1987）。在相同浓度下，因为堆积因子比球状的小，所以这种非球形乳胶的黏度比球状颗粒乳胶高。用这种乳胶制漆剪切后会变稀，而且，与常规乳胶相比，在相同的低剪切黏度下，表现出了较高的剪切黏度。在通常涂料施工的剪切速率下具有更高的黏度，意味着可以在低增稠剂用量下获得更厚的漆膜，所以降低了成本。相比于传统乳胶，使用多瓣乳胶来制漆，可以提高对粉化表面的附着力。

根据 van Herk（2013）的综述，受控自由基聚合（CRP）可以通过乳液聚合实现（第 2 章），这方面已经有了很多研究。

常规乳液聚合在起始时，体系中存在相对较大（10～100μm）的单体液滴，而细乳液聚合则始于相对小得多的液滴（50～500nm）（Sudol 和 El-Aasser，1997；Schork 等，2005；Mittal，2010）。液滴尺寸变小会导致成核和聚合物增长机制发生重大改变。绝大多数表面活性剂都在液滴表面，胶束的数量很低。因此，与先前讨论的胶束成核机理不同，大部分成核发生在液滴内或在其表面。在这种情况下，所得到的聚合物与常规乳液聚合物存在显著差异。细乳液聚合产物是非常小的聚合物颗粒的分散体，它们具有相对均一的组成。聚合过程中，单体与水的接触较少，这使得细乳液聚合可适用于对水敏感的单体（9.4 节）。微乳液聚合（Chow 和 Gan，2005）中使用的液滴更小。根据文献报道，通过这些方法，已经制备出了各种各样的小颗粒分散体。

悬浮聚合是制备颗粒形态固体丙烯酸树脂的方法。在悬浮聚合中，含有引发剂的相对较大的单体液滴悬浮在水中，通过加热而引发聚合。

9.1.3 顺序聚合

当在单体饥饿条件下采用半连续聚合方法制备乳胶时，在聚合过程中可以改变单体投料的组成。合成的乳胶颗粒也可以具有不同的形态，这取决于多个合成变量。在某些情况下，通过一些变量的调整，包括从初始单体进料组成到聚合中不同阶段的不同投料方式的改变，可以获得具有核-壳形态的乳胶。许多这样的核-壳乳胶在聚结后显示出两个不同的 T_g，位于颗粒中心（核）的聚合物的组成反映的是单体初始投料的组成，而近表面（壳）的聚合物组成反映的是二次投料的单体组成。在另一些情况下，可以获得核-壳反转的形态，其中核聚合物的组成与第二次投料单体的组成相对应，而壳聚合物则来自初始投料单体。也有些情况下虽然投料的单体组成有所变化，但是颗粒中聚合物组成是均一的。还有一些情况下，通过在聚合中连续地改变单体投料的组成，有可能制得梯度形态的乳胶颗粒。顺序聚合文献很多，对涂料用胶乳，Padget（1994）专门对相关文献进行了总结，并讨论了涉及的各个变量。

在顺序聚合中有多个因素会影响颗粒形态。体系总倾向于形成颗粒与水之间界面张力最小的外表面，因此当不同投料组成的单体被加入聚合介质中时，极性最高的单体组分有可能最终出现在壳的表面，而与其投料顺序无关。颗粒形态会受聚合中存在的游离单体量的影响，这些单体可以起到增塑剂的作用，并促进相态反转。所以，在高度单体饥饿条件下，有利于核-壳形态的形成。当投料单体组成中包含二或三官能团交联单体时，粒子中相分离形态的出现概率会有所提高。在涂料用乳胶中，因为良好成膜聚结的需要，对多官能度单体的用量一般都有限制。但是，在实际应用中，通常会将少量交联单体添加在第一批单体组成中，来提高其留在核内的可能性。对顺序聚合的应用，将在 9.2 节举例阐述。

含有无机纳米粒子核的核壳胶乳也有一些研究报道。Arai 等（2016）制备并研究了 MMA/BA/MAA 乳胶，他们首先将 20～30nm 的二氧化硅纳米颗粒分散在可聚合的非离子表面活性剂中，并在少量单体存在下进行聚合。然后，按照种子核-壳聚合方法，使用饥饿投料半间歇聚合法加入剩余单体。这些产品中，有些可以形成透明的“纳米复合”薄膜，其刚度和韧性要高于纳米二氧化硅和相同单体制成的普通胶乳共混得到的涂膜。

9.2 丙烯酸乳胶

丙烯酸乳胶耐光降解，比乙酸乙烯酯乳胶更耐水解和皂化，这些性质是户外涂料的关键，所以丙烯酸乳胶被广泛用于户外涂料、碱性底材如砖墙面和镀锌金属，以及高湿度环境中。丙烯酸和苯乙烯-丙烯酸乳胶在工业维护涂料中的应用日益增长。丙烯酸乳胶在木器罩面漆和汽车主机厂涂料的应用也引起了越来越多的兴趣。例如，水性底色漆在汽车主机厂涂料的应用正处于逐步发展中，其中部分就是由乳胶组成的。除此以外，丙烯酸酯/聚氨酯杂化分散体也越来越受到重视（12.7.2 节）。

单体的选择是乳胶设计的关键，其中的重点是要选择单体组合以获得具有合适 T_g 的共聚物。涂料行业里存在激烈的价格竞争，所以，单体的价格也很重要。对于价格较低的涂料，通过将丙烯酸与低成本的单体（如苯乙烯或乙烯基酯）共聚来获得足够的膜性能。其中，T_g 必须要足够低，才能使乳胶在预期的最低应用温度下聚结；同时又要足够高，以保证足够的漆膜硬度和柔韧性。户外房屋涂料的 T_g 常在 5～10℃，可在低至 2℃ 时施工。乳胶的最低成膜温度（MFFT 或者 MFT）（2.3.3 节）与 T_g 相关，但也受其他因素影响，比如，颗粒大小、颗粒内的相分离、水和表面活性剂的增塑作用等。MFFT 比 T_g 稍低些。要使 T_g 和 MFFT 处于理想的范围内，经常需要几种单体共聚，这些单体均聚物的 T_g 有的远高于目标值，有的则比目标值低得多。

MMA 是一种高 T_g 的共聚单体，可以带来优异的户外耐久性和水解稳定性，并且价格适中。价格更低的苯乙烯常用来部分或全部替代 MMA，它和 MMA 具有相似的 T_g 效果。这种苯乙烯共聚产品有时被称为苯丙乳胶，但通常也被称为丙烯酸乳胶。苯乙烯可以带来优异的耐水解性，但它对整体户外耐久性的影响尚不明确。尽管苯乙烯均聚物在户外降解相对较快，然而在共聚物中，用苯乙烯替代一些 MMA，并不会导致户外耐久性的显著下降。苯乙烯的替代用量也不是固定的，而是取决于其他共聚单体及一些可能的其他变量，如工艺条件等。例如，有的工艺会产生均聚苯乙烯嵌段，需要尽量避免。在应用前对每个配方开展充分的户外测试，这是最保险的方案。有趣的是，相比较气候曝露条件更严苛的南欧，苯乙烯-丙烯酸乳胶在北欧使用的可能性更大些。还有些其他性质也可能会受到苯乙烯的影响，例如，虽然它们具有大致相同的 T_g，但是当 MMA 被苯乙烯替代后，共聚物的机械性质是不可能没有差异的。尽管聚苯乙烯的 T_g 只是略低于 PMMA，然而聚苯乙烯的脆-韧转变温度却明显要高出很多（4.2 节）。

丙烯酸酯一般用作低 T_g 单体，其选择受到价格和耐久性等因素的影响。如果通用丙烯酸酯的价格在 MMA 和苯乙烯之间，那么在不含苯乙烯的纯丙烯酸酯乳胶中用 EA（均聚物 $T_g=-24℃$）比用 BA（均聚物 $T_g=-54℃$）更经济合算，因为 EA 可在组成中占据更高的份额。但是，在苯丙乳胶中，用 BA 会更经济，因为苯乙烯比 EA 或 BA 更便宜。大概而言，在给定的 T_g 下，使用不同丙烯酸酯得到的漆膜性质也不同，但是公开发表的数据不足，还不能对其效果进行评估。最近几十年中，相比于 EA，工业界更优先使用 BA（Learner，2001）。尽管公开发表的数据很少，然而可以推测，BA 在专门测试中应该已经表现出了更好的耐久性以及抗水解性。

表 9.1（匿名，未注明日期）提供了一个实验室半连续间歇工艺制备 MMA/EA/MAA＝40∶59∶1 共聚物乳胶的例子。表 9.1 中指出，制备得到乳胶的 MFFT 测定值为 9℃，比用 Fox 公式按 MMA/EA＝40∶60 计算出的 $T_g=17℃$ 低。表中还提到当配比调整为 MMA/EA＝50∶50 时，MFFT 提高到 21℃，而按 Fox 式计算 $T_g=28℃$。由这些数据，可以得出 T_g 与 MFFT 和组成之间的大致关系。在互联网上，从供应商提供的资料中，可以获得许多典型的示例。Jones 等（2005）则为具有更现代成分的实验室规模的种子乳液聚合，提供了非常详细的指导。

表 9.1　制备 MMA/EA/MAA 共聚物乳胶的实验室操作

原料
1L 去离子水
96g Triton X-200(烷基芳基聚醚硫酸酯的钠盐)[Union Carbide Co.(联碳公司)]
320g 甲基丙烯酸甲酯(10×10^{-6} MEHQ 稳定剂)(MEHQ 是对苯二酚单甲醚)
480g 丙烯酸乙酯(15×10^{-6} MEHQ 稳定剂)
8g 甲基丙烯酸(100×10^{-6} MEHQ 稳定剂)
1.6g 过硫酸铵
操作
将所有的反应物加入 800mL 的水中制备成乳液。把 200mL 乳液和 200mL 水加入配有惰性气体进气管、温度计、搅拌、加料口和回流冷凝器的 3L 烧瓶中。在搅拌下于 92℃的水浴中加热至内部温度达到 82℃。混合物开始回流，温度会在几分钟内上升到 90℃左右，说明发生了快速的聚合反应。当回流下降时，连续滴加剩下的乳液，加料时间控制在 1.5h 以上。继续加热维持回流，内部温度控制在 88～94℃。在单体完全加入后，将体系加热至 97℃以完成单体转化。
性质
不挥发物质量分数(NVW)42.9(计算值 43.1)；pH 2.7；黏度(Brookfield)11.5mPa·s；MFFT 9℃；膜硬度(Tukon)，1.2KHN。
用相似的方法制备 50∶50 MMA/EA 共聚物乳胶(无 MAA)，MFFT 为 21℃，膜硬度 6.2KHN，其余性质相似。

来源：De Bruyn 等（2002）。

乳胶供应商对他们所供应的产品的组成，提供的信息很少。表 9.1 所述的简单丙烯酸乳胶虽可能用来制成房屋涂料，但产品竞争力不足。工业生产中，涉及的许多工艺上的细微差别，乳胶生产公司都是保密的。即便是单体和表面活性剂组成可被精确的剖析出来，也很难实现对市售乳胶的复制。

丙烯酸（AA）或水溶性稍差的甲基丙烯酸（MAA）常用于制备丙烯酸乳胶，一般用量为单体加入量的 1%～2%（质量分数）。这些单体中含有的羧基官能团提高了乳胶漆湿态下的机械稳定性，并降低了表面活性剂的使用量。

当将羧酸单体在聚合反应后期加入体系中，并且聚合反应介质是酸性时，它对体系稳定性和黏度的影响达到最大（Hoy，1979；Emelie 等，1988）。用该方法得到的乳胶，其黏度取决于 pH 值。当加入氨水时，在 pH 值达到 7 之前，黏度几乎没有变化；大于 7 后黏度急剧增大，一直至 pH 值达到 9 或 10；然后再进一步增高 pH 值时，黏度会降低。丙烯酸乳胶漆的 pH 值一般调节到 9 附近，在此点有显著性的黏度效果，不仅黏度高，而且漆料呈现剪切变稀，这通常有利于施工（3.5 节和 32.1 节）。

Hoy（1979）用一种乳胶来说明这种效果，该乳胶是 MMA/EA/BA/AA（40∶52∶6∶2，按质量计算）共聚物，共聚物 T_g为 15℃，其中丙烯酸是在工艺的后阶段加入。乳胶用氨水中和至 pH＝9，导致颗粒表层膨胀，颗粒直径增加为 pH＝7 时的约 1.8 倍，对应的体积增加约为 6 倍。这种膨胀是水与颗粒近表面聚合物中高极性的盐基团缔合的结果。在 pH＝9 的条件下，膨胀层的存在提高了低剪切速率下的黏度。但是，由于该层很容易在剪切力下变形，所以乳胶会剪切变稀。

在同一文献中，Hoy 还研究了在半连续聚合工艺中顺序聚合的效果。其中一个实验采用共聚单体 MMA/BA 比为 40∶60，同时有 2%（质量分数）的 AA 在聚合后期加入。当单体投料比例始终维持在 40∶60 时，得到的产品称为均一投料乳胶，其 T_g为 20℃。在总配方不变的条件下，作者另外制备了一种两步分段投料乳胶，希望能得到核-壳颗粒的乳胶（9.1.3 节）。在第一次投入的一半单体中，单体 MMA/BA 比为 70∶30；第二次加入另一半单体，单体 MMA/BA 比为 10∶90。制得的乳胶表现出两个 T_g，一个在 60℃，另一个在 −10℃。因为这种乳胶壳层 T_g低，所以 MFFT 显著地低于均一投料的乳胶，但是，核-壳颗粒聚结成膜后发雾。因为核与壳的组成相差太大，这使得两种聚合物不能混溶。由于两种聚合物的折射率不同，因此穿过薄膜的光会发生散射，从而使薄膜雾度增加。同时，因为漆膜的连续相 T_g低，所以分段投料乳胶的抗粘连性也比均一投料乳胶的差，很明显，高 T_g的核没有发生聚结。

Hoy（1979）的第三种乳胶是在相同的单体组成下用线性幂级投料工艺制得的，所用的设施如图 9.2 所示。在该工艺中有两个单体混合槽，近槽投有一半单体，MMA/BA 组成比为 70∶30，远槽投有另一半单体，MMA/BA 组成比为 10∶90。

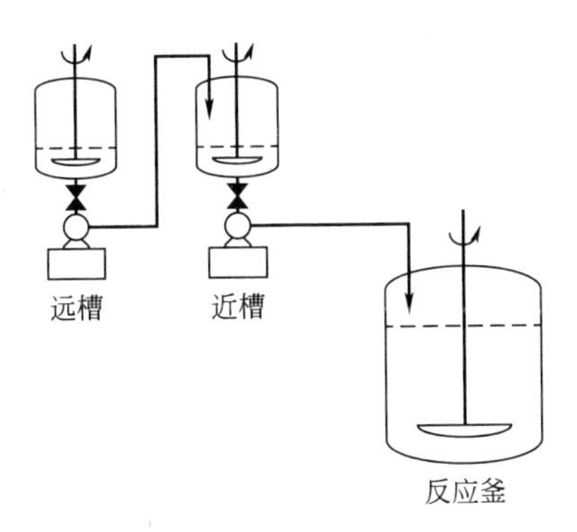

图 9.2　用线性幂级投料工艺的半连续乳液聚合设施示意图

来源：Hoy（1979）。经美国涂料协会许可复制

在聚合过程中，近槽单体按常规方式泵入反应釜，与此同时，远槽中的单体也以相同速率泵入近槽。同样，有 2%（质量分数）的 AA 在工艺后续阶段投入。在该操作中，单体 MMA/BA 的起始投料比为 70∶30，终止投料比为 10∶90，但在过程中，该比例是连续变

化的。可以认为，每一乳胶颗粒的中心是高 T_g 聚合物，近表面的是低 T_g 聚合物（含有 COOH 基团）。与一般核-壳乳胶不同，它的组成和 T_g 是从中心到表面线性梯度渐变的。用这种乳胶浇注的膜，其清晰度与均一投料乳胶相同，而且两者还有相同的 T_g，约 20℃。更理想的是，线性幂级投料乳胶的玻璃化转变区显著变宽了，MFFT 下降，同时还有较高的抗粘连温度。

在北美，大面积使用的户外房屋用涂料配方一般为低光泽的，该配方中含有大量颜料。涂料对抗粘连性的要求中等，而且颜料的加入也有助于提高抗粘连性能，所以共聚物 T_g 值约 3～10℃就已经足够满足需要。乳胶漆膜比油酸或醇酸漆膜更透水，用于木材可减少起泡，但作为金属用漆却是一个不利因素。

对于诸如有光饰条和门的涂料，以及户内饰条漆（用于厨房的、窗台等）之类的应用，其要求则有所不同。这些漆膜需要有光泽，所以颜料含量必须较低，但同时需要更高的抗粘连性。这种要求对乳胶的设计者而言，是一种挑战。Mercurio 等（1982）发现一种乳胶的 T_g 需要达到约 55℃才可实现足够的抗粘连性。这类具有相对高 T_g 的丙烯酸乳胶的聚结，可以通过使用小粒径的乳胶，并配合相当量的、经过精细选择的成膜助剂来实现。使用成膜助剂后会将涂料中的 VOC 提高到 250g/L（扣除水），这在某些地区符合 VOC 法规要求，但是在另外一些地区则达不到法规的要求（第 18 章）。

虽然乳胶漆通常比溶剂型涂料的 VOC 低，但进一步降低 VOC 的压力也在不断增大。显然，减少成膜助剂使用量是最终的趋势。调整不同组成的单体在聚合中的投料顺序，让含有较高份数的低 T_g 单体组分在后续阶段投料，如前文述及的幂级加料方法，可以减少成膜助剂的使用（9.1.3 节）。在后续投料的共聚单体中加入 AA，也可能降低成膜助剂用量。水与被中和的羧酸盐缔合而对颗粒表面增塑，可以促进聚结，减少对成膜助剂的需要量。另一方法是用可交联的低 T_g 的乳胶，其在成膜后交联，可以提高抗粘连性，抵消低 T_g 的影响（9.4 节和 2.3.3 节）。也可以对成膜助剂进行设计，使其在成膜后发生交联。此外，还可以通过将分别具有高 T_g 和低 T_g 的乳胶共混（Winnik 和 Feng，1996；Eckersley 和 Helmer，1997），来减少对成膜助剂的需要。当这种共混膜干燥后，高 T_g 的乳胶并不聚结，而是分散在低 T_g 聚合物的连续相中。硬颗粒能对低 T_g 聚合物膜增强，提高漆膜的模量，从而得到比低 T_g 乳胶更优越的抗粘连性。其中，两种乳胶的混合比例是关键因素，需要有足够多的低 T_g 乳胶，才能对高 T_g 颗粒实现完全包覆。

用颜料代替高 T_g 乳胶被包覆在低 T_g 乳胶内，可以形成核-壳乳胶，有很多工作者对此开展了研究。9.1.3 节所描述的就是其中一个例子（Arai 等，2016），研究者通过二氧化硅纳米颗粒的使用提升了涂膜性能。

类似地，还可以制备纳米聚合物/纳米黏土复合乳胶（Lorah 等，2004）。这种乳胶是由低 T_g 的丙烯酸单体，在黏土的水分散体中经乳液聚合制备的。乳胶制成的涂膜具有超常的韧性，同时成膜性能也未受到影响。产物用于零 VOC 涂料，表现出低黏性和低沾污性。

丙烯酸乳液聚合的另一种不同的用途是制备微凝胶颗粒（现在更流行称为纳米凝胶）。例如，Nair（1992）用乳液聚合，以少量二乙烯基苯为共聚单体，用水溶性偶氮引发剂（4,4′-偶氮二氰基戊酸）制备出丙烯酸乳胶。增长粒子中的交联限制了单体对其溶胀，进而限制了粒径。干燥的乳胶聚合物可分散在脂肪烃溶剂中而得到丙烯酸微凝胶分散体。在其他应用中，丙烯酸微凝胶可用于高固体分涂料的防流挂助剂（24.3 节）。

9.3 乙烯基酯乳胶

乙酸乙烯酯（VAc）单体比（甲基）丙烯酸酯单体价廉。但是，VAc 乳胶在光化学稳定性和耐水解方面都比丙烯酸乳胶差。当 PVAc 链上的一个乙酸基发生了水解，释放出的乙酸会催化更多的乙酸酯基水解，生成的羟基还可以作为相邻基团（邻位效应），对相邻的乙酸基水解起到促进作用。因此，PVAc 乳胶主要用于不需要高湿度曝露或不常受潮湿的户内涂料。

其中一个应用如平光内墙漆，这在北美，可能还有其他地区，都是销售量最大的涂料类型。PVAc 均聚物的 T_g为 29℃，这对环境温度下成膜来说过高。所以，必须加入增塑剂或用共聚单体来降低 T_g。使用最广泛的共聚单体是丙烯酸正丁酯（n-BA），尽管其他单体例如丙烯酸-2-乙基己酯和马来酸二正丁酯也有使用。如下文所述，具有更长碳链的乙烯基酯也可以用作共聚单体，所得乳胶比 PVAc 乳胶具有更好的耐久性和水解稳定性。

VAc 与 BA 共聚时的竞聚率差异较大，这带来了潜在的问题。具体而言，链末端的 BA 自由基和另一个 BA 分子的反应速率大于它与 VAc 的反应速率；同时，链末端的 VAc 自由基和 BA 的反应速率大于其与 VAc 单体的反应速率。结果是，在间歇聚合中，由 BA∶VAc＝50∶50 的混合单体制得的共聚物，在刚开始聚合时得到的产物富含 BA 单元，但在后续阶段产物则含有非常高含量的 VAc 单元。该问题可通过半连续间歇聚合工艺解决，使混合单体加入的速率等于聚合的速率。该过程可以达到稳态，其中未反应的 VAc 处于低浓度，但是 BA 浓度甚至更低。在这种单体饥饿态下，可以得到相对均一的、与单体投料组成相似的共聚物。这种共聚物已经实现了大规模工业化。对于 VAc 与 BA 的间歇和半连续间歇共聚工艺过程，以及相关共聚物的表征，已经有广泛的研究报道（El-Aasser 等，1983；Misra 等，1983），部分已在 9.1 节讨论。因为反应速率相对低，所以单体加入必须很慢。如果初始投料部分中低活性的单体多，那么投料可以加快，仍可制得具有结构均一性的共聚物。数学模拟可以用于预测不同投料方式的影响（Arzamendi 和 Asua，1989）。

VAc 在水中的溶解性比丙烯酸酯更大，在等链长的前提下，初始形成的 VAc 低聚物自由基也比丙烯酸酯低聚物自由基的溶解度高。这个因素增大了富含 VAc 的低聚物在水中链终止的概率，形成产物中的低分子量组分。另外，聚乙酸乙烯酯更易发生向聚合物的链转移，形成高分子量组分，导致分子量分布变宽。VAc 的高水溶性更需要有效的引发剂体系来去除残余单体。Vandezande 等（1997）对乙酸乙烯酯乳胶的研究进行了综述，其中包括不同引发剂组合的应用效果。

碳酸氢钠之类的缓冲剂是 VAc 聚合配方中的必要组分，用来保持 pH 值接近 7。必须使用缓冲剂，因为 VAc 单体无论在酸性或碱性条件下，都有可观的水解速率。这种水解是不可逆的，其产物是乙醛和乙酸。当 pH 值小于 7 时，水解是自催化的，生成的乙酸会催化进一步的反应。此外，乙醛还会被过硫酸盐氧化，这不但消耗引发剂，而且会产生更多的乙酸，进一步催化水解。

$$CH_3CO_2CH{=}CH_2 + H_2O \rightleftharpoons CH_3CO_2H + CH_3CHO$$

VAc 和（甲基）丙烯酸类单体的共聚乳胶已经被设计用于室内及户外双用途平光涂料。其目的是从两方面节约成本，即降低户外用涂料的原料成本和通过在所有生产中采用单一树脂而降低库存和存贮成本。虽然，毋庸置疑，这种乳胶对户外和户内用途来说，其性能都不是最优的，但是该方案在工业上是成功的。通过顺序聚合，可以提高丙烯酸乳胶中的乙酸乙烯酯含量，形成反相核-壳乳胶，在降低成本同时，将对性能的负面影响降到最低（Vandezande 和 Rudin，1994）。例如，在用过硫酸盐引发剂制得的 MMA/BA/MAA 种子乳胶中加入乙酸乙烯酯，并用偶氮二异丁腈引发乳液聚合反应，因为原始种子聚合物中带有极性的丙烯酸盐基团，所以丙烯酸酯聚合物会成为壳而聚乙酸乙烯酯成为核。

C_{10} 支链酸乙烯基酯（叔碳酸乙烯酯，注册名为 Vinyl Versatate®）与 VAc 的共聚物乳胶可用于室内和户外涂料。这类共聚物具有比常规 VAc 共聚物更好的水解稳定性（Bassett，2001）。十一烷基醇聚氧乙烯基醚、纤维素醚和乙烯基磺酸钠的组合体系可以在乳胶制备中用作表面活性剂/保护胶体。Heldmann 等（1999）研究了聚氧乙烯单元的链长变化对乳胶和相应涂料性能的影响。他们发现，随聚氧乙烯段聚合度的提高，乳胶颗粒的粒径减小，黏度升高。在平光涂料中，当乳化剂的浓度为 2%～3%，聚氧乙烯段聚合度为 17～28 时，可获得最佳性能。在高光和半光涂料中，在乳化剂含量处于 4%以下时，光泽度会随着乳化剂含量的增加而上升。把聚氧乙烯段的聚合度增加到 17 时，也可以提高光泽度。但在聚氧乙烯段的聚合度为 17 的条件下，进一步提高乳化剂浓度到超过 4%时，粘连性急剧增加。在 VAc/乙烯乳胶中，也有类似的结果。

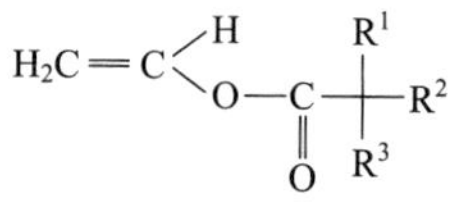

$$H_2C{=}C(H){-}O{-}C({=}O){-}C(R^1)(R^2)(R^3)$$

叔碳酸乙烯酯

（R^1、R^2 和 R^3 为烷基，总计为 C_8H_{19}）

根据 Vanaken 等（2014）的报道，VAc/叔碳酸乙烯酯乳胶可以提供很好的耐候性，适用于巴西的屋顶涂料。对此，他们提出了“伞效应”，即叔碳酸乙烯酯庞大的 C_{10} 基团可以为相邻的 VAc 基提供保护，使其不被水解。

由于叔碳酸乙烯酯的水溶性非常低，所以 VAc 与叔碳酸乙烯酯的乳液共聚有一定的难度。当前已经开发出了令人满意的解决方法，并且对共聚的机理也进行了清楚的阐释（De Bruyn 等，2002）。

Webster 和 Crain（2002）以及 Prior 等人（1996）对在 VAc 共聚物乳胶中所使用的、包括新戊酸乙烯酯和 2-乙基己酸乙烯酯在内的各种乙烯基酯进行了讨论。用此类单体共聚，得到的聚合物比 VAc 均聚物更疏水，具有更优异的水解稳定性和耐擦洗性。

乙烯和 VAc 的共聚物是通过高压下的自由基乳液聚合制备的，Choi 等（2015）描述过一个典型的工艺，对此有所涉及。所得共聚物被称为 EVA 或 VAE 乳胶。该类聚合物在非涂料领域已经有大量应用，在涂料，特别是在室内平光涂料中也越来越多地得到使用。乙烯和乙酸乙烯酯的比例是相当多变的，通用的比例在 10∶90 到 20∶80 之间。用 EVA 乳胶制成的涂料不需大量的成膜助剂即可成膜，而且据称具有优异的耐刷洗性能。其他单体也可以引入 EVA 的共聚，第二种疏水性共聚单体的引入可以增强涂料的耐水、抗粘连和耐擦洗性。比如 VAc/乙烯/叔碳酸乙烯酯（Avramidis 等，2001）就是这种三元共聚物乳胶的例子，用该乳胶可以把配方中的 VOC 含量降到极低。

9.4 热固性乳胶

虽然大多数乳胶是热塑性的，根据 Taylor 和 Winnik（2004）的综述，热固性乳胶也有其应用领域。该综述强调了在热固性乳胶研究中的实验结果，说明热固性乳胶膜中相互扩散速率和交联速率的重要性。为了形成良好的性能，在全面交联之前必须在乳胶颗粒之间发生明显的相互扩散。膜的性质取决于聚合物颗粒间的相互扩散与交联反应的相对速率。如果交联速率比扩散速率快，则颗粒内的交联会干扰成膜；如果交联速率太慢，则实现涂膜性能又可能需要耗费大量的时间；两者之间需要保持平衡。在有些情况下，乳胶颗粒上的官能团在颗粒表面，可以使用外加交联剂来交联颗粒。在另外的情况下，官能团是在同一聚合物上，需要通过颗粒之间的相互扩散才能实现颗粒的融合交联。2.3.3 节对热固性乳胶已经有所介绍，而对交联化学的介绍可见第 11～14 章和第 16 章、第 17 章。

9.4.1 烘烤固化的单组分热固性乳胶涂料

许多化学反应均适用于这种类型的涂料。通常，相互扩散的速率受到（$T-T_g$）和乳胶链长的控制。因此，热固性乳胶的分子量会设计得比较低，这既降低了 T_g，又缩短了链长。直链的扩散要远比支化链的更快。Taylor 和 Winnik（2004）对异丁氧基甲基丙烯酰胺（IBMAA）与 MMA 和 BA 的共聚物进行了研究，其中，IBMAA 含量为 2%，$\overline{M}_w$ 为 200000。通过使用十二烷基硫醇作为链转移剂降低了分子量。IBMAA 基团可以在酸催化条件下自身发生相互反应，形成—CO—NH—CH_2—O—CH_2—NH—CO—交联键。结果发现，随着温度的升高，相互扩散速率比交联速率增加更快。在 80℃ 和 0.5% 对甲苯磺酸（pTSA）存在的条件下，在 40min 内发生交联。

9.4.2 无需烘烤的双组分（2K）热固性乳胶涂料

这类涂料的例子有很多，而且大多都有工业应用。通常，这类涂料会使用较低 T_g 的乳胶，这样就可以在不添加成膜助剂和/或在较低的成膜温度下发生聚结成膜。物理成膜的速率必须比化学交联反应快，但是化学交联速率也不能太慢，否则难以满足实际需求。

针对带有羟基和羧基官能团的乳胶，有多种交联剂可以使用。其中，羟基聚合物很容易通过使用（甲基）丙烯酸羟乙酯作为共聚单体来制备。所得的胶乳可用脲醛（UF）或三聚氰胺-甲醛（MF）树脂作为交联剂配合使用。与 MF 树脂相比，UF 树脂更易水解，甲醛释放量更多。MF 树脂可溶于 BA/HEMA/MAA 乳胶聚合物中，因此树脂可充当增塑剂以促进相互扩散（Taylor 和 Winnik，2004）。随着温度升高，在潜在的反应位点大量发生反应之前，相互扩散速率的增加要快于交联反应速率的，但是，当交联密度（XLD）上升到某个特定水平时，相互扩散将停止。交联速率可以通过添加催化剂，例如 pTSA，来获得提升。尽管加速交联可以缩短固化时间，但是也会导致涂料的适用期缩短，同时，最终膜中的残留酸还是水解反应的催化剂，会造成漆膜耐水解性的下降。

为了确保 MF 树脂分布在所有聚合物颗粒内，可以在聚合之前将 MF 树脂溶解在单体混合物中（Huang 和 Jones，1996）进行乳液聚合。通过将 pH 值控制在 5 或以上，可以抑制提前的交联。成膜交联可以通过添加催化剂来实现，适用期为 1～2 天。

含乙酰乙酸酯官能团的（17.6 节）乳胶可以与多胺交联，但适用期短，不利于聚结成膜（Geurink 等，1996）。

碳化二亚胺（17.8 节）也可用作交联剂（Taylor 和 Bassett，1997）。有一种以二乙二醇甲醚和聚乙二醇甲基醚混合封端的聚碳化二亚胺，在水中可乳化，被用作含 COOH 官能团乳胶的交联剂。其中，乳胶的设计对性能有显著影响，在制备中，在核层引入 2%MAA，在壳层引入 1%MAA，由此得到的 BA/MMA/MAA 乳胶可获得最佳性能。供应商声称该技术最近有所改进。

另一种可行方案是将带有不同官能团的两种乳胶组合使用。例如，可以将甲基丙烯酸叔丁基碳化二亚胺基乙酯和甲基丙烯酸-2-乙基己基酯（EHMA）的共聚物乳胶与 MA、EHMA 和 MAA 的共聚物乳胶混合。混合物中，碳化二亚胺基团和 COOH 基团发生反应，形成 *N*-酰基脲基团。所生成的接枝共聚物据称可以增加一种乳胶在另一种乳胶中的溶解度。该反应可以在环境温度下发生，但因为相互扩散速率随温度的增加比交联反应要快（Taylor 和 Winnik，2004），所以在 60℃时性能更优。

多官能度氮丙啶（17.7 节），例如季戊四醇三丙烯酸酯与丙烯亚胺的加成物，是含羧基官能团乳胶的交联剂（Pollano，1996）。据报道其适用期为 48～72h。这些交联剂可靠有效，并且当量低，可以在相对小用量下使用。所以，尽管存在潜在的毒性风险，仍被广泛使用。

含羧基官能团的乳胶也可以与环氧硅烷交联，例如，β-(3,4-环氧环己基）乙基三乙氧基硅烷（Chen 等，1997）。将这种交联剂的乳液添加到乳胶中，乳胶膜耐溶剂性和硬度都有提高，特别是在 116℃烘烤 10min 后，效果更为显著。对含有高 COOH 含量和等当量环氧硅烷的乳胶，这种性能提升程度最大。据报道称上述体系的贮存稳定性至少 1 年。该交联反应可以被催化，例如，1-(2-三甲基硅基)丙基-1H-咪唑就可以用作催化剂。

各种具有水可分散性的多异氰酸酯可用作有效的交联剂。例如，间异丙烯基-α,α-二甲基苄基异氰酸酯（TMI）（12.3.2 节）与水反应缓慢，可用于制备热固性乳胶（Inaba 等，1994）。

要制备 2K 室温固化乳胶，还有一种方法，那就是配制热塑性乳胶与热固性树脂的杂化体系。为达到该目的，有各种化学反应可供使用。Fu 等（2014）将低分子量环氧树脂与丙烯酸乳胶进行混合，环氧树脂被吸收到乳胶颗粒中，当添加反应性水溶性胺交联剂并浇注薄膜时，环氧树脂最初起成膜助剂的作用，然后与胺交联。如果丙烯酸具有较低的 T_g，则可用作抗冲击改性剂。该方法有可能在低 VOC 配方下实现优异的涂膜性能。

9.4.3 无需烘烤的单组分热固性乳胶涂料

开发能在室温下交联、并能长期稳定贮存的、用于建筑涂料的热固性乳胶实用技术已经成为一项挑战。使用己二酸二酰肼（ADH）作为含酮或醛官能团乳胶的交联剂（17.11 节）就是一个成功的方案。涂料体系能保持稳定的一个关键在于，反应基团几乎被完全隔离——ADH 在水相，而醛或酮在聚合物颗粒中。乳胶介质的碱性 pH 可以抑制酸催化的反应，也可能对稳定性有一定贡献。Kessel 等（2008）介绍了双丙酮丙烯酰胺（DAAM）功能单体的合成，并广泛研究了其与 ADH 的交联反应。这些作者通过对模型化合物的研究，表明交联点结构是亚氨基。Zhang 等（2012）和 Pi 等（2015）通过将含有 DAAM 的核-壳乳胶与 ADH 交联，进一步完善了这方面的研究工作。Pi 等人的结论是当 DAAM 位于乳胶颗粒的壳中时，可以实现最快的固化速率和最高的交联密度。这种涂料还被发现在聚乙烯膜上有良好的附着力。关于 DAAM 在乳胶中的分布位置对长期稳定性的影响，尚无报道。

另一种方案是通过自氧化实现交联。含有烯丙基取代结构的乳胶在施工后，烯丙基在空气中曝露从而会发生交联反应（Collins 等，1997；Monaghan，1997）。通过将氧化型醇酸（15.1 节）溶解在单体中，用乳液聚合已经制备出醇酸/丙烯酸杂化胶乳，其中，醇酸接枝到了丙烯酸主链上（Nabuurs 等，1996；van Hamersfeld 等，1999）。Elrebii 等（2015）通过含 COOH 丙烯酸酯与大豆油酸醇酸树脂的熔融缩合反应，制备了醇酸/丙烯酸杂化乳胶。产物可在无溶剂条件下分散在含氨水溶液中。所得分散体可以用于配制自氧化交联的色漆产品。

硅烷化学（第 16 章）为该问题提供了又一解决途径。使用甲基丙烯酸三异丁氧基硅丙基酯作为共聚单体，可以制备出稳定的热固性乳胶（Chen 等，1997）。与乙氧基衍生物不同，异丁氧基硅烷衍生物具有足够的水解稳定性，可在 80～90℃下进行乳液聚合，其与水的反应不会超出可接受的范围。所得的乳胶的包装稳定性可达一年以上，但通过使用有机锡催化剂，可以在施工后一周内实现交联。高贮存稳定性和高反应性这一反常的组合表明，三烷氧基硅基在贮存过程中水解，但在大量水存在下，不会发生交联；交联只会在涂料经涂装、水分蒸发后才会发生。Guyer 和 Gai（2006）以乙烯基三乙氧基硅烷作为共聚单体制备了丙烯酸乳胶，这种乳胶与不含硅烷共聚单体的类似乳胶相比，具有更高的耐溶剂性和户外耐久性，以及更好的耐热性和抗流挂性。据报道，如果用 $NaHCO_3$ 作为缓冲剂，硅烷改性的乳胶也具备包装稳定性。Bergman 等（2016）用三种（甲基）丙烯酸酯单体共聚合成了乳胶，提升了涂膜性能和附着力，但是没有报道产物的长期稳定性。

细乳液聚合（9.1.2.1 节）因为可以将水敏感性单体包覆在分散的颗粒中，最大程度地减少其曝露在水中的机会，所以有望用于制备稳定的、可交联的乳胶。有多位作者都对此提出过相关建议（Marcu 等，2003；Rodriguez 等，2008），但似乎还没有被充分采纳。

具有速干特征的乳胶交通标志涂料的相关内容可见于 33.4 节。

（李效玉　译）

综合参考文献

El-Aasser, M. S.; Lovell, P. A., Eds., *Emulsion Polymerization and Emulsion Polymers*, *John* Wiley & Sons, Inc., New York, 1997.

Gilbert, R. O., *Emulsion Polymerization*, *A Mechanistic Approach*, Academic Press, New York, 1995.

van Herk, A. M., *Chemistry and Technology of Emulsion Polymerization*, John Wiley & Sons, Inc., New York, 2013.

参　考　文　献

Alahapperuma, K.; Glass, J. E., *Prog. Org. Coat.*, 1992, 21, 53.

Anderson, L. L.; Brouwer, W. M., *J. Coat. Technol.*, 1996, 58(855), 75.

Anonymous, Emulsion Polymerization of Acrylic Monomers, *Tech*, *Bull.* CM-104 A/cf, Rohm & Haas Co. (Now Dow Chemical Co. Midland, MI) Philadelphia, undated.

Arai, K., et al., *Prog. Org. Coat.* 2016, 93, 117-119.

Arzamendi, G.; Asua, J. M., J. *Appl. Polym Sci.*, 1989, 38, 2019.

Aslamazova, R., *Prog. Org. Coat.*, 1995, 25, 109.

Avramidis, K. S., et al., US patent 6,339,447 (2001).

Bassett, D. R., *J. Coat. Technol.*, 2001, 73(912), 43.

Bergman, S. D., et al., *Proceedings of the American Coatings Conference*, *Indianapolis*, IN, Paper 16. 3, 2016.

Chen, M. J., et al., *J. Coat. Technol.*, 1997, 69(875), 49.

Choi, H. C.; Kim, J. B.; Lee, W. J., Patent publication WO2015147352 A1 (2015).

Chou, C. -S., et al., *J. Coat. Technol.*, 1987, 59(755), 93.

Chow, P. Y.; Gan, L. M., in Okubo, M., Ed., *Miniemulsion Polymerization* Advances in Polymer Science 175, 2005, pp 257-298.

Collins, M. J., et al., *Polym. Mater. Sci. Eng.*, 1997, 76, 172.

Craig, D. R., *J. Coat. Technol.*, 1989, 61(779), 49.

De Bruyn, H., et al., *Macromolecules*, 2002, 35, 8371.

Eckersley, S. A.; Helmer, B. J., *J. Coat. Technol.*, 1997, 69(864), 97.

El-Aasser, M. S., et al., *J. Polym. Sci.: Polym. Chem. Ed.*, 1983, 21, 2363.

El-Aasser, M., et al., *J. Coat. Technol.* 2001, 73(920), 51.

Elrebii, M.; Kamoun, A.; Boufi, S., *Prog. Org. Coat.*, 2015, 87, 222-231.

Emelie, B., et al., *Makromol. Chem.*, 1988, 189, 1879.

Fernandez, A. M., et al., *Prog. Org. Coat.*, 2005. 53, 246.

Fu, Z. et al., *Proceedings of the American Coatings Conference*, Atlanta, GA, Paper 5. 1, 2014.

Gardon, J. L., A perspective on Resins for Aqueous Coatings in Glass, J. E., Ed., *Technology for Waterborne Coatings*, ACS Symposium Series 663, American Chemical Society, Washington, DC, 1997, p 27.

Geurink, P. J. A., et al., *Prog. Org. Coat.*, 1996, 27, 73.

Grade, J., et al., *Proceedings of the Waterborne High-Solids Powder Coatings Symposium*, New Orleans, LA, 2002, pp 145-157.

Guyer, K. L.; Gai, W. J., *Proceedings of the Waterborne High-Solids Powder Coatings Symposium*, New Orleans, LA, 2006, pp 85-96.

Heldmann, C., et al., *Prog. Org. Coat.*, 1999, 35, 69.

Holmberg, K., *Prog. Org. Coat.*, 1992, 20, 325.

Hoy, K. L., *J. Coat. Technol.*, 1979, 51(651), 27.

Huang, Y.; Jones, F. N., *Prog. Org. Coat.*, 1996, 28, 133.

Inaba, Y., et al., *J. Coat. Technol.*, 1994, 66(833), 63.

Jones, F. N., et al., *Prog. Org. Coat*, 2005, 52, 9.

Kessel, N.; Illsley, D. R.; Keddie, J. L., *J. Coat. Technol. Res.*, 2008, 5, 285-297.

Learner, T., *Stud. Conserv.*, 2001, 46, 225-241.

Lorah, D. P., et al., *Proceedings of the Waterborne High-Solids Powder Coatings Symposium*, New Orleans, LA, 2004, Paper No. 19.

Lynn, Jr., J. L.; Bory, B. H., in Kirk, R. E.; Othmer, D. F., Eds., *Encyclopedia of Chemical Technology*, 4th ed., Vol. 23, John Wiley & Sons, Inc., New York, 1997, pp 478-541.

Marcu, I., et al., *Macromolecules*, 2003, 36(2), 328-332.

Mercurio, A., et al., *J. Oil Colour Chem. Assoc.*, 1982, 65, 227.

Misra, S. C., et al., *J. Poly. Sci.; Polym. Chem. Ed.*, 1983, 21, 2383.

Mittal, K., *Miniemulsion Polymerization Technology*, John Wiley & Sons, New York, 2010.

Monaghan, G., *Polym. Mater. Sci. Eng.*, 1997. 76, 178.

Nabuurs, T., et al., *Prog. Org. Coat.* 1996, 27, 163.

Nair, M., *Prog. Org. Coat.*, 1992, 20, 53.

Nguyen, B. D.; Rudin, A., *J. Coat. Technol.*, 1986, 58(736), 53.

Oprea, S.; Dodita, T., *Prog. Org. Coat.*, 2001, 42, 194.

Padget, J. C., *J. Coat. Technol.*, 1994, 66(839), 89.

Pi, P. et al., *Prog. Org. Coat.*, 2015, 81, 66-71.

Pollano, G., *Polym. Mater. Sci. Eng.*, 1996, 77, 73.

Porzio, R. S., et al., *Proceedings of the Waterborne High-Solids Powder Coatings Symposium*, New Orleans, LA, 2003, pp 129-143.

Prior, R. A., et al., *Prog. Org. Coat.*, 1996, 29, 209.

Rodriguez, R., et al., *Macromolecules*, 2008, 41(22), 8537-8546.

Rothmann, H., et al., *Proceedings of the Waterborne High-Solids Powder Coatings Symposium*, New Orleans, LA, 2001, pp 465-479.

Santos, J. P., et al., *Paint & Coatings Industry*, 2015, No. 6.

Schork, F. J., et al., Miniemulsion Polymerization in Okubo, M., Ed., *Miniemulsion Polymerization*, Advances in Polymer Science, 175, 2005, pp 129-258.

Sudol, E. D.; El-Aasser, M. S., Miniemulsion Polymerization in Lovell, P. A.; El-Aasser, M. S., Eds., *Emulsion Polymerization and Emulsion Polymers*, John Wiley & Sons, West Sussex, 1997, p 699.

Tamer, Y.; Yamak, H. B.; Yildirim, H., *J. Surfactant. Deterg.*, 2016, 19(2), 405-412.

Taylor, J. W.; Bassett, D. W., in Glass, J. E., Ed., *Technology for Waterborne Coatings*, *American Chemical Society*, Washington, DC, 1997, p 137.

Taylor, J. W.; Winnik, M. A., *JCT Res.*, 2004, 1(3), 163.

Vanaken, D., et al., *Proceedings of the American Coatings Conference*, 2014, Atlanta, GA, Paper 9. 2.

Vandezande, G. A.; Rudin, A., *J. Coat. Technol.*, 1994, 66(828), 99.

Vandezande, G. A., et al., Vinyl Acetate Polymerization in Lovell, P. A.; El-Aasser, M. S., Eds., *Emulsion Polymerization and Emulsion Polymers*, John Wiley & Sons, Inc., New York, 1997, pp 563-587.

van Hamersfeld, E. M. S., et al., *Prog. Org. Coat.*, 1999, 35, 235.

van Herk, A. M., *Chemistry and Technology of Emulsion Polymerization*, 2nd ed., John Wiley & Sons, Inc., New York, 2013.

Webster, D. C.; Crain, A. L., *Prog. Org. Coat*, 2002, 45, 43.

Winnik, M. A.; Feng, J., *J. Coat. Technol.*, 1996, 68(852), 39.

Yang, H. S., et al., *J. Coat. Technol.*, 2005, 2(13), 44.

Zhang, X., et al., *J. Appl. Polym. Sci.*, 2012, 123(3), 1822-1832.

第10章 聚酯树脂

在纤维和塑料领域，聚酯是指由短链二元醇和对苯二甲酸（TPA）酯化聚合而成的高分子量、部分结晶的线型热塑性聚合物。但在涂料领域，聚酯指的是一种不同的材料。大多数涂料用聚酯分子量相对较低，具有无定形和支化结构，必须通过交联以形成有用的漆膜。而且，这个名称也只应用于由多元醇和多元酸制备的特定聚酯。按照字面的化学含义，醇酸树脂也是聚酯，但它们在涂料领域不称为聚酯。如在第15章中讨论的，醇酸由多元醇、二元酸以及通常由植物油衍生而来的单元酸制备而成。涂料用聚酯有时也称为无油聚酯或无油醇酸，以区别醇酸树脂。它们有时也被称为饱和聚酯，以区别不饱和聚酯。不饱和聚酯常用于增强塑料，偶尔也应用于涂料中（17.3节）。

聚酯通过逐步增长聚合反应制得，其一般原理在2.2.2节中有详细讨论。用于涂料的较低分子量的聚酯通常由二元醇、三元醇和二元酸的混合物制备而成。聚酯最常用羟基封端，因此要求多元醇过量。端羟基聚酯常用于和三聚氰胺-甲醛树脂（MF）（第11章）或多异氰酸酯（第12章）交联。也可以制备羧酸封端的聚酯，其通常和环氧树脂（第13章）、三聚氰胺-甲醛树脂或2-羟烷基酰胺（第17章）进行交联。也可以制备同时含有端羟基和端羧基的水可分散聚酯，它们通常也和MF树脂进行交联（10.5节）。

支链化聚酯由包含一个或多个官能度$F>2$的单体的混合物制备而成。这种聚合的动力学分析是复杂的，但能得出一些概论。随着$F>2$的单体的比例增加，$\overline{M}_n$、$\overline{M}_w/\overline{M}_n$和数均官能度$\overline{f}_n$都增加，并且必须控制平均$\overline{F}$以防止在高反应程度时发生胶化。

一般说来，相比于热固性丙烯酸（TSA）（8.2节），热固性聚酯赋予涂料更好的金属底材附着力和耐冲击性。另外，基于热固性丙烯酸的涂料比普通聚酯具有更好的耐水性和户外耐久性。一般而言，这些区别可以归因于聚酯主链上存在着酯键，这些酯键赋予漆膜柔韧性和附着力，但耐水解性较弱。因此，聚酯通常用于金属底面合一涂料，而热固性丙烯酸用于对户外耐久性和耐水性要求比较高的应用中，并通常配合底漆以保证涂料体系对金属底材的附着力。热固性丙烯酸出色的户外耐久性，部分源于紫外线稳定剂在丙烯酸中比在聚酯中有更好的效率。当然，这些概括也存在着很多例外（5.2.1节）。据说由超耐候聚酯树脂配制的涂料可以表现出接近甚至等同于丙烯酸涂料的户外耐久性（Pilcher，2012）。

还有一个增长趋势是聚酯树脂越来越多地和其他通用树脂混拼，常见的是羟基丙烯酸。在最优条件下，这种混拼能综合这两类树脂的优势性能。随着高固体分涂料用树脂的分子量减小（10.2节），也增加了找到相容的混拼体系的可能性。丙烯酸和超耐久聚酯树脂的共混体系已经被推荐并可能应用于要求苛刻的领域比如汽车清漆。

10.1 应用于常规固体分涂料的端羟基聚酯树脂

大多数端羟基聚酯由四类单体共酯化制成：两个多元醇（一个二元醇和一个三元醇）和

两个二元酸（一个脂肪族二元酸或它的酸酐和一个芳香族二元酸或它的酸酐）。三元酸和脂环族酸也有一定程度的应用。二元酸对多元醇的摩尔比必须小于1，以提供封端的羟基并且防止胶化。分子量通过这个比例来控制；比例越小，分子量越低。分子量分布 $\overline{M}_n$ 和 $\overline{f}_n$ 都通过二元醇和三元醇的比例来控制；$\overline{f}_n$ 很关键，因为它影响到固化后可能的交联密度。在二元酸对总多元醇的摩尔比相同的条件下，增加三元醇组分会提高单个分子的平均羟基数，降低羟基当量，加宽分子量分布，并且提高漆膜充分交联后的交联密度。芳香族和脂肪族二元酸的比例是控制树脂 T_g 的主要因素，但是多元醇的结构差异也影响 T_g。多元醇和二元酸的混合还会减少树脂的结晶倾向。

在工业化的工艺中，单体混合物在220～240℃酯化脱水。通常使用有机锡化合物，钛原酸酯或乙酸锌作催化剂。强质子酸也能催化酯化反应，但会引起副反应和变色。酯化反应会持续进行直至达到高的转化率。用于和MF树脂交联的聚酯树脂的酸值（8.3节）通常是5～10，而用于和多异氰酸酯交联的聚酯树脂的酸值通常小于2。用多官能度反应物制得的聚酯树脂在聚合时能交联，引起胶化。因为胶化概率随转化率提高而增加，且通常我们又希望得到高的转化率，因此一个涉及配方组成、反应程度和胶化概率的公式是非常有用的。在所有羟基和羧基的反应性都相等的简单体系中，对胶化的预测取得了一些进展。但即使在这些“简单”体系中，公式也只能给予谨慎的预测值，因为他们没有把环酯的形成考虑进去。在涂料用聚酯中，官能团不同的反应性和副反应使情况进一步复杂化，因此教科书式的胶化公式价值更小，Odian（2004）对此有过讨论。如果二元酸对多元醇的摩尔比超过1，甚至接近于1，在酯化基本完成之前可能已经发生胶化。这在制造涂料用羟基聚酯的时候很少成为问题，但在合成醇酸（15.1节）时很关键。

Misev（1989）发表了公式，制备在预期的羧基反应程度下达到所需的 $\overline{M}_n$ 和 $\overline{f}_n$ 的聚酯时，这些公式可以计算多元醇和多元酸的比例。公式是复杂的并且需要反复地计算机求解，但可以通过限制原材料的选择进行简化，通常限制在二元醇、三元醇和二元酸，并假设所有的羧酸基最终都被酯化。后者的假设是合理的，因为在商业实践中，聚酯一般需要熬炼到98%～99.5%的羧基都被酯化。在这些简化的公式中，N_{p2} 表示二元醇的物质的量；N_{p3} 表示三元醇的物质的量；N_a 为二元酸的物质的量。M_{p2} 表示二元醇的分子量；M_{p3} 表示三元醇的分子量；M_a 为二元酸的分子量。如果使用一种以上的二元酸（或其他组分）时，在公式里每个额外组分将增加额外项。在实验室最初合成聚酯以获得所需的 $\overline{M}_n$ 和 $\overline{f}_n$ 时，用这些公式可以计算出所需的二元醇、三元醇和二元酸的量。

在制造端羟基的聚酯时，多元醇的物质的量比二元酸的多1，如式(10.1)和式(10.2)所示：

$$N_{p2}+N_{p3}=N_a+1 \tag{10.1}$$

或

$$N_a=N_{p2}+N_{p3}-1 \tag{10.2}$$

平均官能度和反应物物质的量之间的关系可以用式(10.3)表示：

$$f_n=2N_{p2}+3N_{p3}-2N_a \tag{10.3}$$

从式(10.2)得来的 N_a 值代入式(10.3)，得出式(10.4)，可以重排为式(10.5)：

$$f_n=N_{p3}+2 \tag{10.4}$$

或

$$N_{p3}=\overline{f}_n-2 \tag{10.5}$$

在酯化过程中，每摩尔二元酸脱除2mol的水（总分子量为36），导出关于 $\overline{M}_n$ 的公式[式(10.6)]。如果用酸酐，则每摩尔酸酐脱除1mol水（$M=18g/mol$），式(10.6)需要作适当调整：

$$\overline{M}_n = N_{p2}M_{p2} + N_{p3}M_{p3} + N_a(M_a - 36) \tag{10.6}$$

将从式(10.2)得到的 N_a 和式(10.5)得到的 N_{p3} 代入式(10.6)，得出式(10.7)，把 $\overline{M}_n$ 和 $\overline{f}_n$ 联系起来：

$$\overline{M}_n = N_{p2}M_{p2} + (\overline{f}_n - 2)M_{p3} + (N_{p2} + \overline{f}_n - 3)(M_a - 36) \tag{10.7}$$

工业化使用的聚酯范围很广。在常规的聚酯-MF 涂料中，常用的聚酯 $\overline{M}_n$ 约为 2000～6000，$\overline{M}_w/\overline{M}_n$ 约为 2.5～4，并且每个分子的羟基官能团 $\overline{f}_n$ 为 4～10。表 10.1 给出了一个例子，用式(10.1)～式(10.7)计算的实验室初始配方制备 $\overline{M}_n$ 为 5000、$\overline{f}_n$ 为 5 的聚酯。NPG 是新戊二醇，TMP 是三羟甲基丙烷，IPA 是间苯二甲酸，AA 是己二酸。在 10.1.1 节和 10.1.2 节给出了这些化合物的结构式。

表 10.1　常规聚酯树脂的起始配方

原料	用量/g	用量/mol	当量/eq
NPG	2050	19	38
TMP	270	3	9
IPA	1740	10.5	21
AA	1530	10.5	21

表 10.1 中那样的配方并未计入聚酯化的所有复杂性，因此，它只能提供实验用的初始配方。一个常见的复杂性是由挥发造成的反应釜中单体的部分损耗。二元醇通常是最容易挥发的组分，因此一般有必要使用过量的二元醇。二元醇过量部分取决于具体的反应釜和条件、分离水和二元醇的效率、惰性气体的流速以及反应的温度等。一个实验室建立的配方在放大到中试车间生产时，必须进行调整，放大到生产反应釜时又需要调整，从一个反应釜转到另一个反应釜生产时还需要再作调整。

酯化是可逆反应，因此形成高得率的聚酯需要脱水。可以加入几个百分点的回流溶剂，例如二甲苯来加速脱水并帮助挥发的二元醇回流入反应釜中。另一种方法是，在工艺后期用惰性气体吹洗来帮助脱除最后的水。工艺过程中形成的酯基可能会发生水解或酯交换并重整许多次，从而最终产品的形成是动力学和热力学混合控制的结果。另一个复杂因素是多元醇能进行自缩合反应形成聚醚，从而产生水并减少可供酯化的羟基数。

10.1.1　多元醇的选择

多元醇的选择基于多种因素，包括成本、酯化速率、高温工艺过程中的稳定性（最少分解和变色）、工艺过程中分离水的容易性、在相同分子量和官能度下酯的黏度、对 T_g 的影响、与 MF 树脂（或其他交联剂）的交联速率，以及其酯的水解稳定性。显然，综合平衡是必然的。下列多元醇是可供选择的代表：

$HOCH_2-C(CH_3)_2-CH_2OH$

新戊二醇(NPG)

$HOCH_2-C_6H_{10}-CH_2OH$

环己烷二甲醇(CHDM)

$HO(CH_2)_6OH$

己二醇

$CH_3CH_2-C(CH_2OH)_3$

三羟甲基丙烷(TMP)

$HOCH_2-C(CH_2OH)_2-CH_2OH$

季戊四醇(PE)

用得最广的二元醇可能是 NPG，三元醇是 TMP。环己烷二甲醇（CHDM）酯化比 NPG 快很多，而 NPG 的酯化又快于 2,2,4-三甲基-1,3-戊二醇（TMPD）（van Sickle 等，1997）。总的来说，酯化速率越慢，酯的耐水解性越好，但也不能一概而论。由 NPG 和 TMP 形成的酯水解稳定性比由位阻小的二醇如乙二醇和丙二醇形成的酯要好。NPG（沸点 213℃）在酯化温度易挥发，所以需要设计优良的分馏和冷凝装置，使得在 220～240℃操作时，做到脱水的同时 NPG 的损耗也降到最低。大部分二元醇在强酸存在下，超过 200℃就开始分解，因此应避免使用强酸类的酯化催化剂。有机锡化合物和钛原酸酯是合适的催化剂。

尽管从基础原理方面来看，人们已经广泛研究了酯化和水解反应的动力学和机理，但文献很少载有关于涂料树脂最关注的多元醇的基础数据。Turpin（1975）在 Newman 的“六的法则”的基础上提出了经验“空间因数”，或许在预测酯的相对水解稳定性上是有用的。以羰基氧作为 1 开始，空间因数是基于一个酯的 6 和 7 位上的取代数：

空间因数＝4×(6 位上的原子数)＋(7 位上的原子数)

例如：一个 NPG 的酯的空间因数是 21，如下：

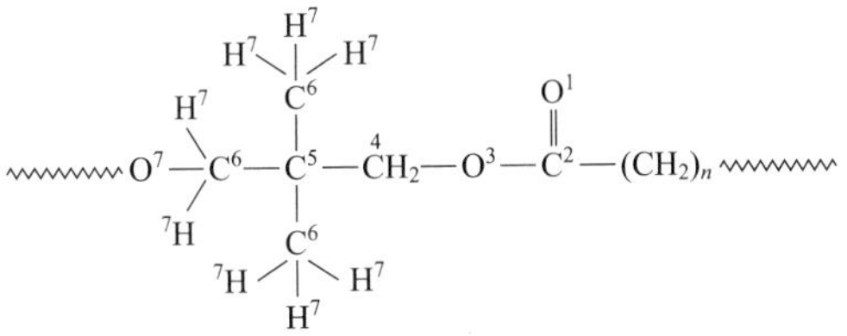

$$\sim O^7-C^6H^7_2-C^5(C^6H^7_3)_2-\overset{4}{C}H_2-O^3-C^2(=O^1)-(CH_2)_n\sim$$

3个6位上的原子数×4 = 12

9个7位上的原子数= 9

总计 = 21

NPG 的酯空间因数的值是 21，TMP 的酯也是一样，但对乙二醇和 1,6-己二醇的酯，空间因数分别只有 13 和 15。Turpin 的空间因数似乎和经验以及有限发表的关于丙烯醇的酯的数据关联得相当好。Turpin 还指出邻位效应，或邻近基团效应，也许对此也有影响。例如，乙二醇的半酯中的羟基可能会通过环状过渡态促进相邻酯的水解，使得乙二醇酯比 1,6-己二醇酯的水解性差（Turpin，1975）。TMPD 也是常用的二元醇，其相应的酯有优良的户外耐久性。漆膜中的酯基耐水解（还有耐 UV）的能力是户外耐久性的关键因素。脂环族二元醇（例如 CHDM）得到的酯，似乎具有比用 Turpin 的空间因数预测的更好的耐水解性。Golob 等（1990）测试了用不同多元醇制得的一系列聚酯漆膜。基于 CHDM 的聚酯与 MF 树脂交联得到的涂料在与水解稳定性相关的性能中表现出最好的结果。和一般行为相反，CHDM 也比 NPG 酯化得更快（van Sickle 等，1997）。(顺,反)1,3-环己烷二甲基醇和(顺,反)1,4-环己烷二甲基醇的 1∶1 混合液形成的聚酯也提供了优良的涂料性能（Argyropoulos 等，2003）。环己烷环的疏水性或许对 CHDM 耐水解性的提高有所增益。

线型或支化多元醇可以由己内酯与二醇或三醇开环反应和后续聚合反应制得（Union Carbide Corp.，1986）。有很多种这类材料可供选择。

对具有优异耐水解性的聚酯（提供户外耐久性，以及作为 BPA 在环氧树脂中的替代物）的探求引起了对其他类型多元醇的关注。一个很有希望的选择是 2,2,4,4-四甲基-1,3-环丁二醇（TMCD）。Feng（2016）的研究显示，基于该单体的聚酯与 MF 和 PU 交联后，在氙灯和其他加速耐候测试中表现出非同一般的结果。尽管 Feng 没有明确指出具体的树脂构成，但 Marsh 等（2013）提供了组分的范例。

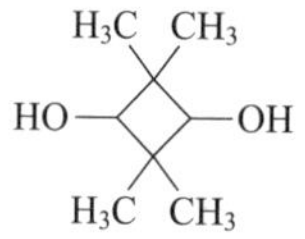

TMCD 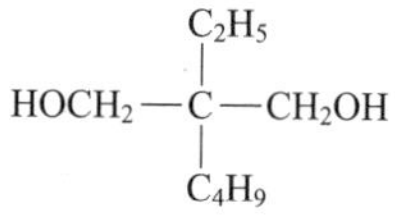　　BEPD

另一个具有优异的户外耐久性的二元醇是2-丁基-2-乙基-1,3-丙二醇（BEPD）。据推测，烷基基团提供了羟基的疏水性和空间位阻，使其相对于NPG而言，水解的弱点得以降低。BEPD的应用在10.5节和10.6节中有具体描述。

10.1.2　多元酸的选择

大多数涂料用的聚酯由芳香族和脂肪族二元酸的混合物制得，其比例是控制树脂的 T_g 以及涂料最终性能的主要因素。

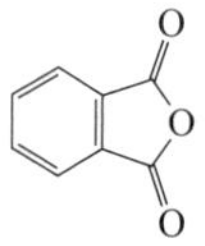

邻苯二甲酸酐(PA) 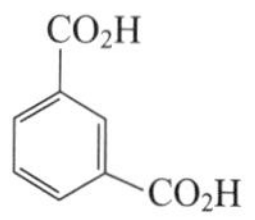　　间苯二甲酸(IPA) 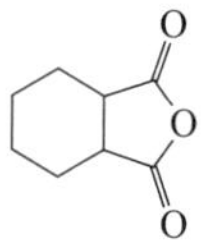　　六氢邻苯二甲酸酐(HHPA)

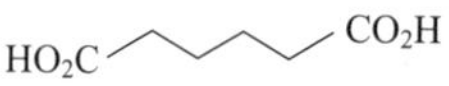

己二酸(AA) 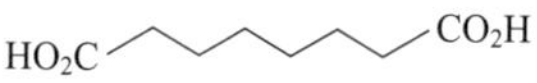　　壬二酸(AzA)

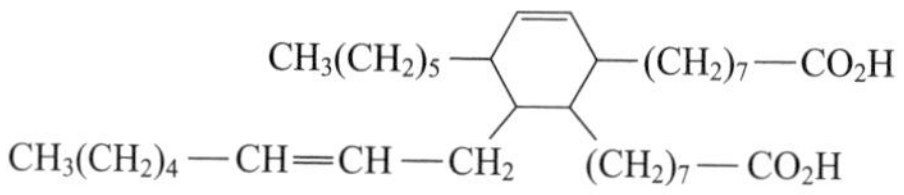

二聚脂肪酸(异构体混合物中的一个)

由芳香族酸得到的酯比脂肪族酸的酯水解慢，除非有邻位效应存在。邻苯二甲酸酐（PA）相对低的熔点（131℃）使它在工艺上具有成本优势，可以在熔融液态下使用。PA很容易溶解在反应混合物中，它的活性酸酐结构在160℃时很快能形成单酯。IPA（熔点>300℃）工艺上比较难操作，因为它在反应介质中溶解比较慢，反应活性也较低。由于在高温下需要较长的时间，因此IPA挥发损耗和酸催化副反应（如醚化或多元醇脱水）的问题比PA更严重（15.5.2节）。

尽管如此，IPA仍然是主要使用的芳香族酸（用于聚酯而不是醇酸），虽然PA的工艺成本更低。IPA受欢迎是由于IPA聚酯制得的涂料有优异的户外耐久性，这归因于间苯二甲酸酯出色的水解稳定性。在pH为4～8的范围内，（邻）苯二甲酸的半酯比IPA的半酯更容易水解（Bender等，1958）。这种差异是由邻位羧酸基团的邻位促进水解效应导致的。户外曝露时，接触pH范围在4～6的雨水条件下的耐水解性是最重要的。在这些条件下，间苯二甲酸聚酯比邻苯二甲酸聚酯更耐水解。另一方面，在碱性条件下间苯二甲酸的单酯和双酯比邻苯二甲酸的酯更快水解（Cambon和Jullien，1973；Jones和McCarthy，1995）。

相关的专利是现成可用的并可在网络上查阅。关于具体技术它们提供了非常好的信息来源。专利中的“公开项”常常提供对技术现状的看法和存在的缺点，而“示例”则提供实施的细节。例如，Marsh等（2013）提供了用NPG、TMP、IPA和AA制备常规聚酯过程的细节描述。反应混合物加热到160℃溶解IPA，然后在230℃驱使酯化朝向反应完成，预留一半的 TMP 直到工艺过程后期再加入，丁基锡酸作催化剂。该专利还继续举例描述了基于 TMCD（10.1 节）的超耐候聚酯的发明。美国专利法要求在申请时公开实现发明的最佳方法。当然，在申请后也可能发现更好的方法。

AA 可能是使用最广泛的脂肪族二元酸。琥珀酸和戊二酸形成的酯水解稳定性较差，可能是邻位效应的缘故（Turpin，1975）。更长链的酸，比如壬二酸和癸二酸可能提供比己二酸稍好的水解稳定性并能大幅度降低 T_g（在摩尔基础上），但价格较贵。二聚酸也有广泛使用，其主要是从干性油脂肪酸二聚化衍生来的 C_{36} 二元酸。脂肪酸的二聚化在 14.3.1 节中有讨论。二聚酸相对便宜且有多种规格提供。聚酯中通常使用高质量规格的二聚酸，具有低含量的一元酸或三元酸，并且通过氢化使双键饱和以减少氧化分解。二聚酸和 IPA 混合制备的聚酯和 MF 交联得到的卷材涂料被赋予了极其平衡的性能，包括高耐擦伤性以及在涂覆后的金属板材加工过程中优异的抗开裂性。

脂环族二元酸或其酸酐也可以应用。六氢邻苯二甲酸酐（HHPA）或许能提供与 IPA 相当的户外耐久性。除了脂肪族以外，HHPA 的半酯可能比邻苯二甲酸的半酯不太容易发生邻位促进的水解，这可能是由于加工过程中异构化为反式异构体。1,4-环己烷二甲酸（CHDA）在硬度、柔韧性和耐沾污性之间取得了良好平衡。在 pH 为 8～9 之间，CHDA 的酯具有远比 IPA 的酯要好的水解稳定性，但在 pH 为 4～5 之间，它的水解稳定性稍弱（Cambon 和 Jullien，1973；Jones 和 McCarthy，1995）。

对影响 IPA/AA 聚酯-MF 涂料户外耐久性的因素进行统计设计，评估结果表明主要的影响因素是 IPA/AA 的比例。多元醇用的是 NPG 和 TMP。更高的 IPA 含量赋予涂料耐久性的提升（Heidt 等，2000）。

10.2 高固体分涂料用聚酯树脂

降低 VOC 释放需要低黏度聚酯，高浓度聚酯的黏度取决于几个变量。分子量和分子量分布是两个重要的因素。每个分子上官能团的数目也影响黏度，增加羟基数目（在一个更大的范围内，甚至也包括羧酸基的数目）会增加分子间氢键键合的概率，从而增加黏度。通过使用氢键受体类的溶剂，例如酮类溶剂，可以使氢键效应最小化，但不可能消除。在确定的浓度下，使用更高 T_g 的树脂也会增加黏度。基于这个原因，降低芳香族相对脂肪族二元酸的比例，并使用无环多元醇而不是环状多元醇（比如 CHDM）（Golob 等，1990），能达到较低的黏度。但是通常 T_g 的降低需要通过增加交联密度得到补偿，而且 T_g 的降低有一个下限，低于下限则不能获得所需的漆膜性能。

在高固体分涂料中，聚酯比热固性丙烯酸树脂具有显著的优势。合成基本上所有分子都有至少两个羟基的低分子量热固性丙烯酸树脂是困难的，与此相反，合成基本上所有分子都有两个或更多羟基的聚酯树脂比较容易。由于制造低分子量的树脂需要低的二元酸对多元醇摩尔比（典型为 2∶3），发生环化反应形成非功能性材料的概率较小。事实上所有的最终反应都导致端羟基。尽管双官能团树脂能得到最低的黏度，但这类树脂也需要最精心的配方设计和固化才能达到良好的漆膜性能。在每个分子上平均有 5 个左右羟基的常规聚酯中，即使有一个羟基没反应，对漆膜的不利影响可能还是比较小。但是对每个分子上只有两个羟基的树脂而言，如果不能使所有的羟基都反应，不利影响就会放大。因此需要折中：通常采用每个分子有 2～3 个羟基的 $\overline{f}_n$，夹杂三官能团的多元醇会增加 $\overline{f}_n$。

控制聚酯 $\overline{M}_n$ 的主要因素是二元酸对多元醇的摩尔比，2∶3 是比较典型的比例。聚酯生产过程中多元醇的损耗会导致分子量比用最初比例推算所得的要高。冷凝器的设计可用于快速脱水，并回流大部分的 NPG（或其他多元醇），但无法达到完全效果，必须额外添加一些二元醇来补偿损耗。由于生产设备和条件不同，最终的投料摩尔比必须依据具体的反应釜和具体的配方。损耗的二元醇的量可以通过检查从反应中脱除的水的折射率来估算。除了多元醇的挥发性损耗以外，醚化反应也会消耗羟基。精选的有机锡和有机钛酸酯催化剂能使这个问题的影响降到最低。

当薄漆膜被烘烤时，树脂中的一些低分子量成分可能挥发出来。这些损耗和挥发的溶剂一起被算作 VOC 排放。Belote 和 Blount（1981）研究了在含有和没有交联剂的情况下这一挥发性。他们用 NPG 和 AA 与 IPA 1∶1 摩尔比的混合物制备了一系列模型树脂；多元酸和多元醇的比例在 1∶2 到 1∶1.15 之间变化。交联剂的存在（Ⅰ级 MF 树脂）降低了挥发损耗。他们得出结论，对正常分子量分布的聚酯树脂，为达到最低的 VOC，最优的 $\overline{M}_n$ 约为 800～1000。当 $\overline{M}_n$ 为 600 左右，这么多的低分子量馏分挥发出来，即使需要加入的溶剂量减少了，总 VOC 仍高于 $\overline{M}_n$ 为 800 时。宽的分子量分布不仅由于低分子量物质而增加了挥发损耗，而且由于高分子量部分对黏度的不成比例的影响而使黏度更高。因此要达到最低的 VOC，分子量分布要尽可能窄。

不对称二元醇也提供了一个降低黏度的方法。一个例子是 2,2,4-三甲基-1,3-戊二醇（TMPD），它有一个伯羟基和一个空间位阻的仲羟基。用这个二元醇与用两步法加入的三元醇 TMP 配合，能赋予聚酯更低的黏度和更好的涂膜性能（Hood 等，1986）。据推测，不对称二元醇由于两个羟基的反应性不同，分子量分布缩窄。一个缺点是相应的涂料需要更高一些的烘烤温度，推测是由于树脂大部分的羟基官能度是低反应性的羟基（表 10.2）。

表 10.2　高固体分聚酯配方（当量）

原料	树脂 1	树脂 2	树脂 3
2,2,4-三甲基-1,3-戊二醇(TMPD)	11.96	11.96	12.24
三羟甲基丙烷(TMP)	1.72	0.86	0.88
间苯二甲酸(IPA)	4.56	4.56	4.38
己二酸(AA)	4.56	4.56	4.38
第二阶段			
三羟甲基丙烷(TMP)	—	0.86	0.88
树脂 $\overline{M}_n$	1500	1075	1000
涂料 NVW	75.6	76.5	77.6

很低 $\overline{M}_n$ 的低聚二元醇常常用来作为活性稀释剂，比如分子量分布很窄的聚酯二元醇，报告的 $\overline{M}_n$ 为 425（Calbo，1986），推测是在制备聚酯的过程中加入过量的 CHDM，然后再用真空薄膜蒸发器蒸去低分子量的部分而得来的。通过己内酯和二元醇或二、三元醇混合物反应也可以制得低黏度聚酯的二元醇和三元醇。单独使用 $\overline{M}_n$ 很低的树脂很少能够提供令人满意的涂料，但它们在和较高分子量的聚酯或丙烯酸涂料混拼时可以提高固体分。

借助基质辅助激光解吸电离飞行时间质谱（MALDI-TOF-MS），使研究涂料用聚合物分子复杂混合物的细节成为可能。例如，Willemse 等（2005）研究了为超高固体分和无溶剂液体配方设计的聚酯。其中一种聚酯用 1,4-丁二醇、AA 和 IPA 在1：0.375：0.375 摩尔比下以有机锡催化制得。图 10.1(a) 显示了产品总的 MALDI 图谱，每一簇峰代表了某一聚合度的分子。图 10.1(b) 显示了扩展图谱，聚焦于由 7 个二元醇和 6 个二元酸单体组成的分子。数值标出了分子中残留的 AA 和 IPA 的数目；例如，指名为4-2，质量为 1369.57Da 的峰含有 4 个 AA 和 2 个 IPA 残留。这里的峰是成簇的，因为有包含同位素的分子的存在（比如 ^{2}H，^{18}O）。进一步扩展使识别环状结构和链端一个酸及一个羟基的分子的小峰成为可能。这项研究的一个重要发现是，在这个聚酯中的分子组成接近于无规，正如 Bernoullian 统计计算所得。单独用 MALDI-ToF-MS 不能测定分子中单体的排序。

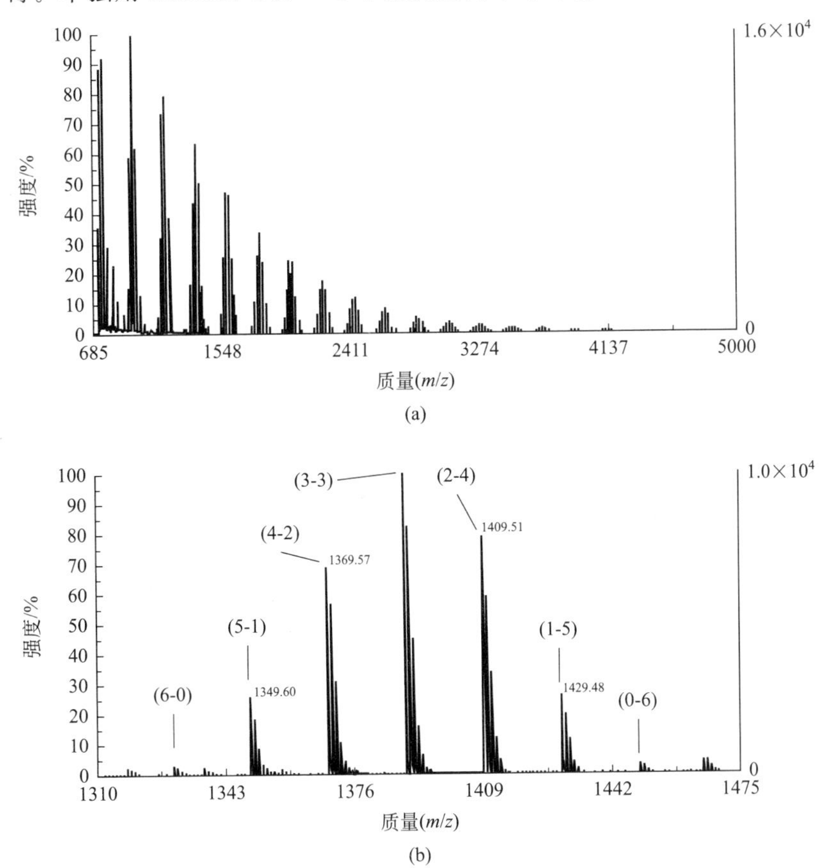

图 10.1 用 1,4-丁二醇、己二酸（AA）和间苯二甲酸（IPA）在 1：0.375：0.375 摩尔比下制得的聚酯的 MALDI-ToF-MS 图谱（a）及由 7 个二元醇和 6 个二元酸单体单元组成的分子的扩展图谱（b）

来源：Willemse 等（2005），取得美国化学学会许可后复制

在另一项研究中，Arnould 等（2002）用 MALDI-ToF-MS、串联质谱（MS/MS）和凝胶渗透色谱（GPC）研究一种较高分子量的聚酯。它由 NPG、TMP、TPA 和 AA 在 50：1：45：5 的比例下制得，其组成类似于粉末涂料用树脂（10.6 节）。用 GPC 对聚合物进行分离，这样更容易研究较高分子量的部分。只检测出很少的环状生成物。MS/MS 谱图显示，在个别分子中对单体的某些特定排序有倾向性。

枝状聚酯和超支化聚酯的研究已经有几十年了。在涂料中它们提供了低溶液黏度和高官能度的可能性。多种方法都能容易地合成超支化聚酯，包括使用超出常规水平的 3 或 4 官能度反应物。Dhevi 等（2014）报告了它们在工业化涂料中的应用。也可能有无限的变化，包括高固体分、水性（Singh 等，2016）、辐射固化和粉末涂料。

生物基聚酯多元醇正引起研究人员的重视。通常它们是基于不饱和脂肪酸的酯，经环氧化和开环形成羟基。例如，Nelson 等（2013）把蔗糖大豆酸酯经环氧化并用甲醇或乙醇开环后制得多元醇。这些完全生物基的多元醇每个分子上有大概 10 个羟基。它们和 MF 树脂交联后能赋予涂料引人注目的性能。

聚碳酸酯多元醇关系到一类特定聚酯，其中的二元酸，名义上是 H_2CO_3。聚碳酸酯在第 12 章和 17.9 节中分开论述。

10.3 羧酸封端聚酯树脂

羧酸封端聚酯是二元醇和摩尔比过量的二元酸的共聚物。为了提高 $\overline{f}_n$，几乎总是会用到适量的三官能度或多官能度的单体，最常见的是偏苯三酸酐（TMA）。当用到高比例的高熔点二元酸例如 IPA 时，通常建议用两步法工艺。在一步法中，当 IPA 过量添加使用时，因其溶解速率较慢，熔点较高，不可能一下子发生真正的反应。首先，用 IPA 制备一个含羟基官能团的聚酯，然后用较低熔点的酸或酸酐反应掉端羟基。需要小心控制来保证产品的重现性，因为在第二阶段会发生不同程度的酯交换。由于最终产品同时受动力学和热力学因素管控，因此树脂的性能受反应时间以及其他工艺变量的影响。含羧酸官能团的聚酯可以和 MF 交联，但大多数情况下是和环氧树脂或 2-羟基烷基酰胺交联，如分别在 13.3.2 节和 17.5 节的讨论。

10.4 含氨基甲酸酯基的聚酯树脂

含氨基甲酸酯基的树脂和 MF 树脂交联可以赋予清漆更好的耐刮擦性和耐酸性、户外耐久性和耐水解性。一个例子是由柠檬酸和新癸酸缩水甘油酯反应制备低聚物，再和氨基甲酸甲酯进行酯交换（Green，2001）。

10.5 水稀释性聚酯树脂

聚酯也用于低 VOC 的水性涂料中。大部分这类聚酯同时有羟基和羧基作为端基。和其他水稀释性树脂一样，酸值要求在 35～60 范围内，以获得在水可稀释的溶剂中形成铵盐溶液，使被水和溶剂溶胀的树脂分子聚集体形成相当稳定的分散体。这些树脂显示出不规则的黏度稀释曲线，如同在 8.3 节所描述的关于水稀释性丙烯酸树脂一样。

理论上，在达到所需的酸值时将二元醇、三元醇、AA 和 IPA 的组合物的酯化反应停止就可以很简单地制得这样的水稀释性聚酯；然而在实践中这么做几乎没有重现性。相反，有必要使用有着完全不同反应性的多元酸的组合来控制未反应的羟基和羧基的比例。一个广泛使用的方法是制备一种含羟基官能团的树脂，然后加入足够的 TMA 去酯化一部分的羟基，从而在每个反应位置引入两个羧基。这里利用的是 TMA 的酸酐基团在 180℃ 比羧基的反应性更高。表 10.3 给出了一个制备水稀释性聚酯的配方示例（Anon，1984）。

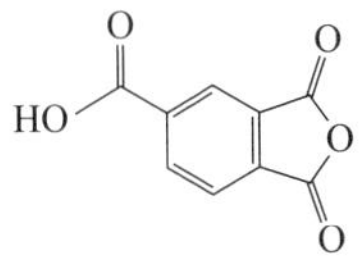

HO—C(=O)—[苯环]—酸酐环（O=C—O—C=O）

偏苯三酸酐
(TMA)

表 10.3 水稀释性聚酯配方

原料	质量/g	摩尔比	当量比
NPG	685	1.0	1.0
己二酸	192	0.2	0.2
TMA	84	0.067	0.1
IPA(IPA 对 TPA 85：15)	655	0.6	0.6
在 235℃反应直到酸值为 16～18；冷却到 180℃，然后加入：			
TMA	84	0.067	0.1
在 180℃反应直至酸值为 40～45；冷却到 160℃，然后用二乙二醇单丁醚稀释到 80%固含量			

这个方法已经在大规模使用了，但也有缺点。最严重的是，在配制好的涂料贮存期间树脂中的酯键容易水解。由于相邻羧基的邻位促进效应，部分酯化的 TMA 的酯基对水解特别敏感。TMA 中偏酯的水解使得可溶的羧基脱除，从而使树脂分散体不稳定，漆膜性能也可能受到不利的影响。另外，使用伯醇作为溶剂，如表 10.3 中推荐的，是不可取的。发现伯醇会酯化羧基，并会在 160℃稀释新合成的聚酯时与酯基发生酯交换，在树脂贮存期间，该反应速率虽然缓慢但仍然相当可观。这种问题可以通过使用仲醇作为溶剂，并小心控制工艺温度将影响降到最低。CHDA 的酯在碱性条件下比 IPA 的酯具有更好的水解稳定性（Jones 和 McCarthy，1995）。水稀释性聚酯使用在不需要长期贮存稳定性和水解稳定性的应用中，例如快速周转的工业涂料。

一个稍好但仍有限的水解稳定性的替代方案是用 2,2-二羟甲基丙酸作为其中的一个二元酸组分。这个单体上的羧基由于处在叔碳位置上而被高度位阻化，所导致的反应性差异使得酯化羟基的同时保留很多未反应的酸基成为可能。尽管酸基由于过度位阻化而不能很容易地酯化，但还是很容易成盐。这一类的聚酯通常作为聚氨酯分散体的基本材料（12.7.1 节）。

多元醇的选择也影响水解稳定性。除了之前讨论的位阻效应以外，还发现水溶性低的多元醇形成的聚酯比水溶性高的多元醇在碱性条件下对水解更稳定，据推测是因为该聚合物更疏水。例如，用 2-丁基-2-乙基-1,3-丙二醇（BEPD）制得的聚酯比 NPG 的酯对水解更稳定。

水稀释性聚酯另一个可能的问题来自端羟基和羧基的分子内自反应形成低分子量非官能性的环状聚酯。当烘烤涂料时，少量环酯会从涂料中挥发出来并逐渐聚集在烘道的阴凉处。最终，足够多的树脂会富集并滴至通过烘道的产品上，损坏涂层。因为量少，滴落可能在涂装线运转几周或几个月后才开始。

水稀释性聚酯涂料可用低分子量的羟基封端聚酯低聚物配制得到（Jones，1996）。最高达 20%的水溶解在聚酯-MF 树脂基料中，可将黏度降低大约一半。这就使得制造无溶剂涂料成为可能。虽然还需要做进一步工作，但这个概念是吸引人的，不仅是因为不需要助溶剂降低了 VOC，而且也因为不需要胺，有望减少水解的问题。

10.6 粉末涂料用聚酯

第 28 章会专门讨论粉末涂料。粉末涂料用聚酯树脂是脆性固体，有相对较高的 T_g（50～60℃），以保证粉末涂料在贮存期间不至熔结（部分熔融）。用 TPA 和 NPG 作为主要单体能达到这些要求。树脂中用 IPA 大取代量 TPA 有可能赋予涂料优异的户外耐久性（Merck，2001）。有时加入较少量其他单体来增加 $\overline{f}_n$ 和降低 T_g 至所需的范围。使用 BEPD（10.1.1 节）来降低 T_g，还能改善户外耐久性。相对较高的 T_g 使制备硬而韧且具有相对较低的交联密度的漆膜变得可能。广泛使用的工业化产品是无定形的，而不是结晶的。羟基封端和羧基封端的聚酯二者都很重要，前者普遍用于和封闭型异氰酸酯交联（12.5 节），而后者和环氧树脂交联（第 13 章）。其他交联剂还有 2-羟烷基酰胺（17.5 节）和四甲氧基甲基甘脲（11.4.3 节）。

有人提出用 CHDA 代替 IPA（Johnson 和 Sade，1993）。CHDA 的聚酯具有较低的 T_g 和熔融黏度；如果 T_g 太低，则会损害贮存稳定性，可以用氢化双酚 A 全部或部分取代 NPG 来改善贮存稳定性。TPA 直接酯化的工艺也有使用，但因 TPA 熔点非常高，通常会用对苯二甲酸二甲酯的酯交换反应来生产羟基封端聚酯。钛酸四异丙酯是一种合适的酯交换催化剂。如果需要，羟基封端 TPA 聚酯可以接着和其他多元酸反应，在下一阶段形成羧酸封端的产品。

据评估，回收的聚对苯二甲酸乙二醇酯（PET）可用来生产粉末涂料用聚酯的原材料。Kawamura 等（2002）在 200℃时，将 PET 碎片溶解在含有催化剂的 NPG 和 TMP 混合物中，冷却到 180℃后，加入 IPA，并将反应混合物加热到 240℃直至达到要求的酸值。粉末涂料涂布的漆膜的性能和由 IPA、乙二醇、NPG 和 TMP 制得的聚酯的性能非常相似。

（敖飞龙　译）

参 考 文 献

Anon., Amoco Chemicals Corp., Tech. Bull. TMA109e, 1984.

Argyropoulos, J., et al., *Proceedings of the Waterborne High-Solids Powder Coatings Symposium*, New Orleans, LA, 2003, pp 107-113.

Arnould, M. A., et al., *Prog. Org. Coat.*, 2002, 45, 305.

Belote, S. N.; Blount, W. W., *J. Coat. Technol.*, 1981, 53(681), 33.

Bender, M. L., et al., *J. Am. Chem. Soc.*, 1958, 80, 5384.

Calbo, L. J., *Proceedings of the Waterborne Higher-Solids Coatings Symposium*, New Orleans, LA, 1986, p 3.

Cambon, A.; Jullien, R., *Bull. Soc. Chim. France*, 1973, 2003.

Dhevi, N., et al., *Polym. Bull.*, 2014, 71(10), 2671-2693.

Feng, L., *Proceedings of the American Coatings Association Conference*, Paper 13.6, Indianapolis, IN, 2016.

Golob, D. J., et al., *Polym. Mater. Sci. Eng.*, 1990, 63, 826.

Green, M. L., *J. Coat. Technol.*, 2001, 73(918), 55.

Heidt, P. C., et al., *Proceedings of the Waterbortne High-Solids Powder Coatings Symposium*, New Orleans, LA, 2000, pp 295-307.

Hood, J. D., et al., *Proceedings of the Waterborne Higher-Solids Coatings Symposium*, New Orleans, LA, 1986, p 14.

Johnson L. K.; Sade, W. T., *J. Coat. Technol.*, 1993, 65(826), 19.

Jones, F. N., *J. Coat. Technol.*, 1996, 68(852), 25.

Jones, T. E.; McCarthy, J. M., *J. Coat. Technol.*, 1995, 67(844), 57.

Kawamura, C., et al., *Prog. Org. Coat.*, 2002, 45, 185.

Marsh, S. J., et al., Patent no. 2 US 8,524,834 B2 (45), date of patent: September 3, 2013.

Merck, Y. *Surf. Coat. Intl.* [*B*]: *Coat. Trans.* 2001, 84(*B*3), 231.

Misev, T. A., *J. Coat. Technol.*, 1989, 61(772), 49.

Nelson, T. J., et al., *J. Coat. Technol. Res.*, 2013, 10(6), 757-767.

Odian, G. W., *Principles of Polymerization*, 4th ed., Wiley, New York, 2004, pp 40-62.

Pilcher, G. W., *CoatingsTech*, 2012, 9(10), 26-38.

Singh, A. P., et al., *JCT Res.*, 2016, 13(1), 41-51.

Turpin, E. T., *J. Paint Technol.*, 1975, 47(602), 40.

Union Carbide Corp., Specialty Polymers and Composites, *Tech. Bull.*, *TONE Polyols*, 1986.

van Sickle, D. E., et al., *Polym. Mater. Sci. Eng.*, 1997, 76, 288.

Willemse, R. X. E., et al., *Macromolecules*, 2005, 38, 6877.

第11章 氨基树脂

氨基树脂，也称氨基塑料树脂，是烘烤型热固性涂料的主要交联剂。采用三聚氰胺和脲制备的氨基树脂还具有许多其他的用途，在此不作介绍。涂料中最常用的氨基树脂是从三聚氰胺（2,4,6-三氨基-1,3,5-三氰）、甘脲、苯代三聚氰胺、脲以及（甲基）丙烯酰胺类共聚物（见后续章节）衍生而来的。

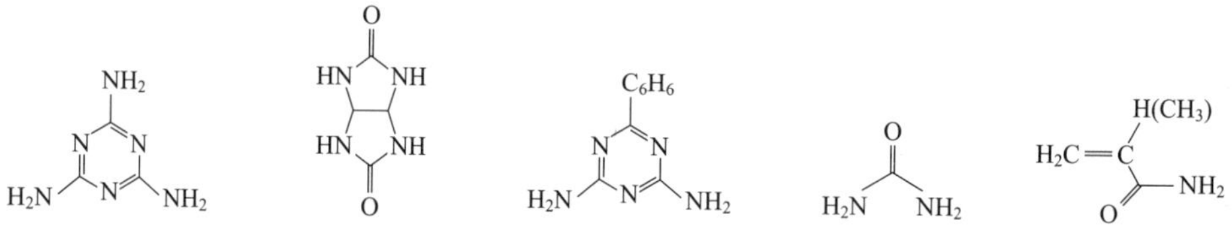

三聚氰胺　甘脲　苯代三聚氰胺　脲　(甲基)丙烯酰胺

上面提到的五种化合物和共聚物都是弱碱。它们通过与甲醛（$H_2C=O$）反应，接着再与醇（ROH）反应，生成结构通式为 $\rangle NCH_2OR$ 的活化醚，转化为涂料用氨基树脂。这种醚的活性可以在相邻氮原子上实现亲核取代反应，并且其活性比脂肪醚类高得多。当亲核试剂为多元醇（POH）的羟基时，可以发生如反应式(11.1）所示的醚交换反应，结果生成交联聚合物。该反应是用酸作催化剂的。也可与羧酸、氨基甲酸酯以及具有未取代邻位的苯酚反应，如反应式(11.2)～式（11.4）所示。

$$\rangle N-CH_2-OR+P-OH \rightleftharpoons \rangle N-CH_2-OP+ROH \tag{11.1}$$

$$\rangle N-CH_2-OR+P-CO_2H \rightleftharpoons PCO_2-CH_2-N\langle +ROH \tag{11.2}$$

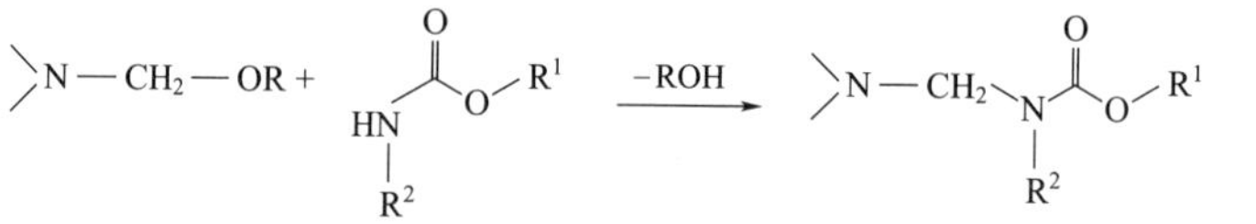

$$\rangle N-CH_2-OR+R^2NH-C(=O)-O-R^1 \xrightarrow{-ROH} \rangle N-CH_2-N(R^2)-C(=O)-O-R^1 \tag{11.3}$$

$$-N(CH_2OR)_2+HO-C_6H_4-R' \xrightarrow{-2ROH} \text{(苯并噁嗪，含 R')} \tag{11.4}$$

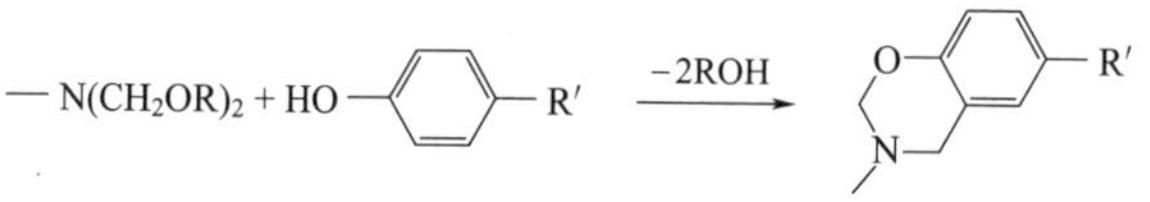

下文将重点讨论由三聚氰胺衍生的氨基树脂，其他类型的氨基树脂在11.4节作简要讨论。在讨论其他类型的氨基树脂时，许多（但不是全部）考虑是相同的。

11.1 三聚氰胺-甲醛树脂的合成

合成三聚氰胺-甲醛树脂（MF）的第一步是羟甲基化，也就是三聚氰胺与甲醛在碱性条件下进行反应。如果甲醛过量，反应会形成含有大量六羟甲基三聚氰胺（**1**，式中R为H）的混合物。当每摩尔三聚氰胺中甲醛的化学计量小于6mol时，则会形成部分羟甲基化衍生物的混合物，其中包含对称的三羟甲基三聚氰胺（TMMM）（**2**，式中 R 为 H）。这种类型的羟甲基化三聚氰胺树脂通常用于制造层压板和塑料，很少用于涂料。

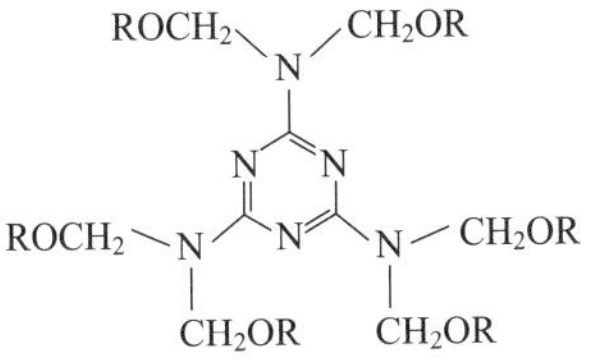

ROCH₂ N CH₂OR / N N / ROCH₂ N N N CH₂OR / CH₂OR CH₂OR

1

H N CH₂OR / N N / H N N N H / CH₂OR CH₂OR

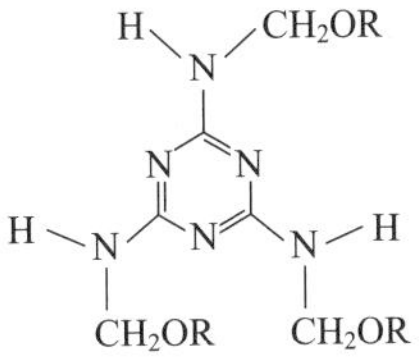

2

若要用于涂料，第二步是在酸催化下进行羟甲基化三聚氰胺与醇（例如甲醇或丁醇）的醚化反应。羟甲基化三聚氰胺（**1** 和 **2**，式中 R 为 H）经完全醚化反应后，生成烷氧基甲基衍生物（**1** 和 **2**，式中 R 是烷基）。许多市售 MF 树脂仅部分醚化。除了单体外，市售 MF 树脂中还含有低聚物，低聚物中的三嗪环通过亚甲基桥（$>NCH_2N<$）和二亚甲醚桥（$>NCH_2OCH_2N<$）连接在一起。

11.1.1 羟甲基化反应

三聚氰胺与甲醛的碱催化反应可能的机理如图 11.1 所示，其中—NH_2 代表三聚氰胺的氨基。第一步反应是氨基对甲醛中亲电性 C 的亲核进攻，该反应可通过碱（B^-）从 N 上夺取质子而加快。接下来是从产生的 BH 上将质子转移到负电性的氧原子上，这样就产生了羟甲基化产物，碱催化剂实现再生。这两步反应都是可逆反应。

主反应

$$—NH_2 + H_2C{=}O + B^- \rightleftharpoons —NH—CH_2—O^- + BH$$

$$—NH—CH_2—O^- + BH \rightleftharpoons —NH—CH_2—OH + B^-$$

副反应

$$—NH—CH_2—O^- + H_2C{=}O \rightleftharpoons —NH—CH_2—O—CH_2—O^-$$

$$—NH—CH_2—O—CH_2—O^- + BH \rightleftharpoons —NH—CH_2—O—CH_2—OH + B^-$$

图 11.1 羟甲基化的化学反应式

早期的反应动力学研究表明，若 N 上带有一个羟甲基，会使该基团的第二步反应失活，其失活系数为 0.5～0.6。不过取代一个氨基对其他氨基的反应活性影响较小。这些动力学因素有利于形成对称的 TMMM（**2**），式中 R 为 H。但是，这种有利因素还不足以克服生成混合产物的动力学和热力学倾向。因此，达到平衡时，6mol 甲醛与 1mol 三聚氰胺反应，会生成一种混合物，它包含了所有不同羟甲基化程度的产物和游离甲醛（Santer，1984）。一种副反应是在氧原子上进行羟甲基化，如反应式(11.1) 所示。

11.1.2 醚化反应

羟甲基化反应后，碱催化剂被过量的酸中和，并加入适量的醇。酸催化的可逆反应会导致烷氧基甲基基团的形成。通常，以硝酸作为催化剂，因为硝酸盐副产物相对容易去除。

文献对于醚化反应的机理以及与之密切相关的醚交换反应的机理有不同看法。这些取代反应的竞争机理是 S_N1 和 S_N2，这两种机理都在图 11.2 中显示了，式中 R 为 H，R′OH 为

S_N1机理

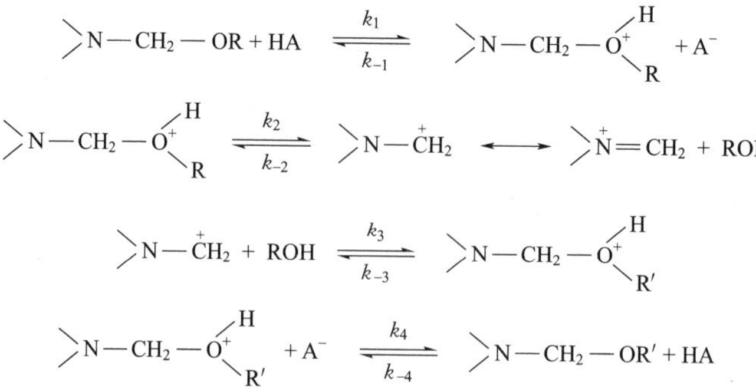

$$\rangle N-CH_2-OR + HA \underset{k_{-1}}{\overset{k_1}{\rightleftharpoons}} \rangle N-CH_2-\overset{+}{O}\begin{smallmatrix}H\\R\end{smallmatrix} + A^-$$

$$\rangle N-CH_2-\overset{+}{O}\begin{smallmatrix}H\\R\end{smallmatrix} \underset{k_{-2}}{\overset{k_2}{\rightleftharpoons}} \rangle N-\overset{+}{C}H_2 \longleftrightarrow \rangle \overset{+}{N}=CH_2 + ROH \tag{11.5}$$

$$\rangle N-\overset{+}{C}H_2 + ROH \underset{k_{-3}}{\overset{k_3}{\rightleftharpoons}} \rangle N-CH_2-\overset{+}{O}\begin{smallmatrix}H\\R'\end{smallmatrix}$$

$$\rangle N-CH_2-\overset{+}{O}\begin{smallmatrix}H\\R'\end{smallmatrix} + A^- \underset{k_{-4}}{\overset{k_4}{\rightleftharpoons}} \rangle N-CH_2-OR' + HA$$

S_N2机理

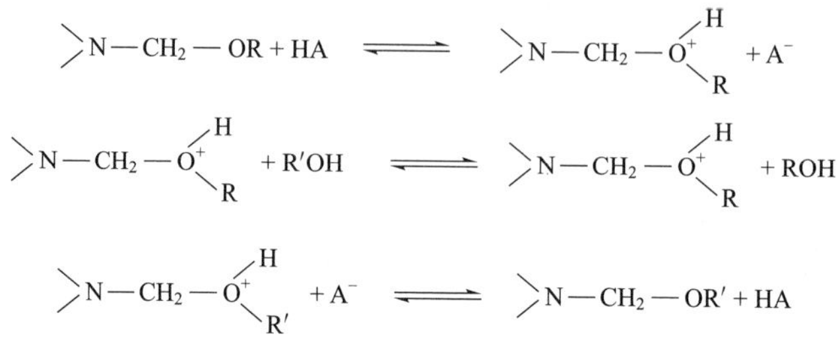

$$\rangle N-CH_2-OR + HA \rightleftharpoons \rangle N-CH_2-\overset{+}{O}\begin{smallmatrix}H\\R\end{smallmatrix} + A^-$$

$$\rangle N-CH_2-\overset{+}{O}\begin{smallmatrix}H\\R\end{smallmatrix} + R'OH \rightleftharpoons \rangle N-CH_2-\overset{+}{O}\begin{smallmatrix}H\\R\end{smallmatrix} + ROH \tag{11.6}$$

$$\rangle N-CH_2-\overset{+}{O}\begin{smallmatrix}H\\R'\end{smallmatrix} + A^- \rightleftharpoons \rangle N-CH_2-OR' + HA$$

图 11.2　不含 N—H 基团的羟甲基化氨基（包括两个羟甲基化氨基）的醚化反应的可能机理

甲醇或丁醇。注意在中间步骤中省略了共轭碱（A^-）。

区别之处在于，在与醇反应前［如反应式(11.5) 所示，S_N1 机理的特征］，或直接与醇反应时［如反应式(11.6) 所示，S_N2 机理的特征］，质子化羟甲基是否离解成中间体共振稳定的碳阳离子。有关 MF 树脂合成机理的争论也适用于以多元醇交联 MF 树脂的醚交换反应，式中 R 通常是甲基或丁基，R′OH 是多元醇。与此争议有关的实验证据主要是在涂料研究中获得的，并在 11.3.2 节中进行了讨论。根据现有证据，我们倾向于 S_N1 机理。

单取代 N（即带有 H 的一个 N）上羟甲基的醚化被认为遵循图 11.3 所示的机理，式中 R 为 H，R′OH 为甲醇或丁醇。不同之处在于形成了中性亚胺中间体，如反应式(11.7) 所示，这可能是由于存在 N—H 基团。在相对弱的酸（例如羧酸）催化下，通过脱水会形成亚胺。无论是通过协同的推-拉机理（如图 11.3 所示），还是逐步机理，羟甲基化三聚氰胺与酸（AH）的络合足以生成亚胺。活性亚胺与酸的络合也足以影响随后醇的加成，从而导致水全部被醇取代。该反应也是可逆的。由于图 11.3 中的催化也涉及络合作用，而不是酸的质子化，其速率取决于 HA 的性质和浓度。实际上，HA 中正电性的 H 端和负电性的 A 端都可以分别促进 C—O 和 N—H 键的断裂而参与催化。习惯上称为一般酸催化。图 11.3 中的机理也适用于带有 N—H 基团的 MF 树脂与多元醇之间通过醚交换进行的交联反应，式中 R 为甲基或丁基，R′OH 代表多元醇。

相反，通过 S_N1 或 S_N2 机理（如图 11.2 所示），从缺少 N—H 基团的羟甲基三聚氰胺上脱出水，需要羟甲基经过质子化，这就需要一种强电离酸，如硝酸、硫酸或磺酸。这种需要质子化的催化作用称为特殊酸催化，表明反应速率仅取决于质子（H^+）的浓度，而与共轭碱（A^-）无关。

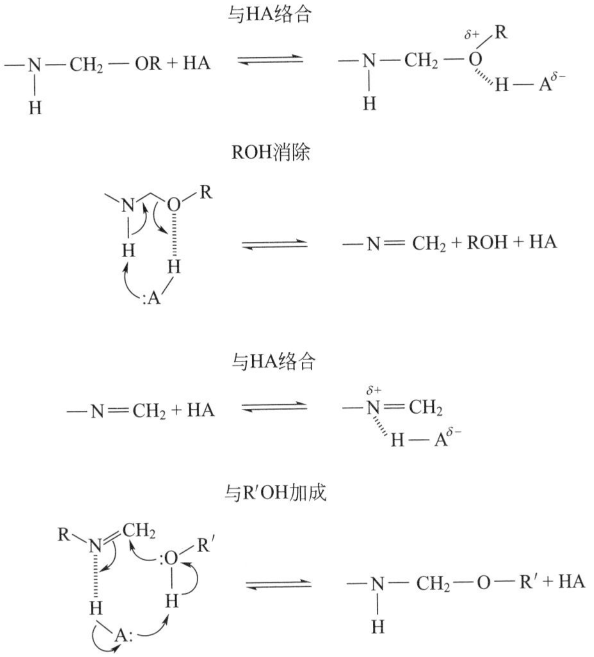

与HA络合

$$-\underset{\large H}{\underset{|}{N}}-CH_2-OR + HA \rightleftharpoons -\underset{\large H}{\underset{|}{N}}-CH_2-\overset{\delta+\ R}{O}\cdots H-A^{\delta-}$$

ROH消除

$$\rightleftharpoons -N{=}CH_2 + ROH + HA$$

$$(11.7)$$

与HA络合

$$-N{=}CH_2 + HA \rightleftharpoons -\overset{\delta+}{N}{=}CH_2 \cdots H-A^{\delta-}$$

与R′OH加成

$$\rightleftharpoons -\underset{\large H}{\underset{|}{N}}-CH_2-O-R' + HA$$

图 11.3　单个羟甲基化氨基的醚化反应的可能机理

11.1.3　自缩合反应

自缩合是指在三嗪环之间形成桥连的反应，结果会生成二聚体、三聚体、更高聚合度的低聚物，以及最终的交联聚合物。这些反应的程度取决于各种工艺参数，包括 pH、反应物的比例、反应温度、脱水的速率，可能还有其他。三嗪环之间存在两种类型的连接：亚甲基桥（$>NCH_2N<$）和二亚甲基醚桥（$>NCH_2OCH_2N<$）（Chang，1996；Subrayan 和 Jones，1996；Lavric 等，2015）。酸催化有利于形成二亚甲基醚桥，而碱催化有利于形成亚甲基桥（Nastke 等，1986）。

11.2　三聚氰胺-甲醛树脂的种类

工业上可以生产各种 MF 树脂，它们的区别在于官能团之间的比例、醚化所用的醇和平均聚合度 $\overline{P}$。为了便于讨论，我们将采用一个极为普遍的惯例，将 MF 树脂分为两大类。Ⅰ类树脂采用相对较高的甲醛与三聚氰胺比例，结果是大多数氮原子上带有两个烷氧基甲基取代基。Ⅱ类树脂是以较低的甲醛比例制备的，结果是相当一部分氮原子上只有一个取代基。

从大约 1940 年到 20 世纪 50 年代，主要的三聚氰胺树脂属于Ⅱ类树脂，其中的醇通常为正丁醇或异丁醇。这种树脂有足够多的桥，平均聚合度 $\overline{P}$ 等于或大于 3。这类树脂成本较低，使用时自由度较大。也就是说，涂料并不需要严格控制配方，就可达到期望的施工特性和涂膜性能。Ⅱ类 MF 树脂主要用作醇酸树脂配方中的交联剂，混溶性很好。

Ⅰ类 MF 树脂是 20 世纪 50 年代实现产业化的。醚化时常用的醇有甲醇、正丁醇、异丁醇及它们的混合物。甲醚化Ⅰ类 MF 树脂与某些共反应性树脂的相容性要比丁醚化树脂好，在某些情况下，获得的涂膜更加坚韧。20世纪70年代期间，水性和高固体分涂料的问世，加速了向甲醚化Ⅰ类MF树脂的转变。这些甲醚化MF树脂通常被称为HMMM树脂，即六甲氧基甲基三聚氰胺，但是高HMMM树脂这一术语更为合适。甲醚化MF树脂更容易与水性涂料中的水、溶剂和树脂混合物混溶。$\overline{P}$ 低的Ⅰ类MF树脂能使高固体分涂料的黏度更低。但这也并不是绝对的，某些Ⅱ类MF树脂也可用于低溶剂涂料中。

在合成中，可能会形成多种结构。Hill和Kozlowski（1987）报道了一种市售的甲醚化MFⅠ类树脂，它含有62%的单体（即一个三嗪环）、23%的二聚体和15%的三聚体及更高聚合度的低聚物。与纯HMMM的65g/当量相比，这种树脂的当量为80g/当量，因为存在二聚体、三聚体和更高聚合度的低聚物。在估计当量时，需要做一个假设，即 $>NCH_2N<$ 和/或 $>NCH_2OCH_2N<$ 桥是否反应形成交联。（在这个计算中，假设是不会反应交联的，严格来讲这是不对的。）

van Dijk等（1980）发表了类似的高HMMM树脂的色谱图（图11.4）。正如所料，$-N(CH_2OCH_3)_2$ 基团是主要的，但是也存在甲醛化和醚化不完全的基团。

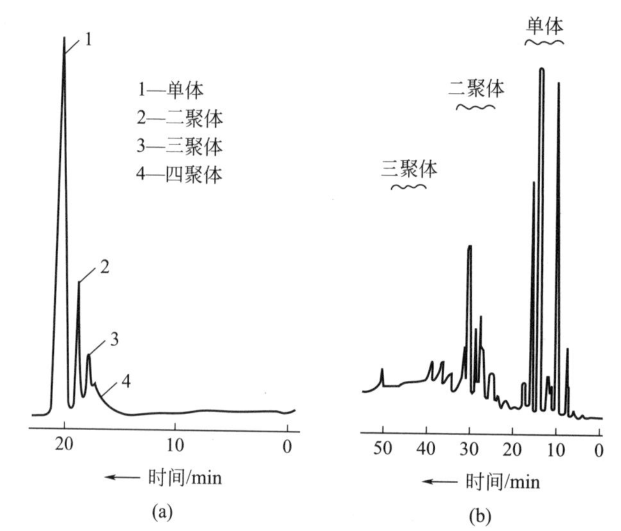

图11.4 典型Ⅰ类高HMMM树脂的高效液相色谱图（HPLC）

（a）SEC色谱图；（b）梯度HPLC色谱图

MF树脂的表征一直是分析化学家面临的挑战。Lavric等（2015）在前人工作的基础上，采用先进的高效液相色谱、质谱、核磁共振和傅里叶变换红外光谱（FTIR）法研究了一种高HMMM树脂。他们检测到57种物质，并精确测量了十几种单体和二聚体的质量。他们证实了在自缩合产物中同时存在 $>NCH_2N<$ 和 $>NCH_2OCH_2N<$ 桥。

现在市面上有许多不同的Ⅰ类MF树脂，它们具有不同的聚合度 $\overline{P}$ 和不同的甲醛化和醚化程度。除了甲醚化衍生物，也可以得到丁醚化以及混合的甲醚化/丁醚化、甲醚化/异丁醚化、甲醚化/乙醚化和甲醚化/异辛醚化的衍生物。Ⅰ类树脂的 $\overline{P}$ 通常较低，因此在同样的固含量下，其黏度比Ⅱ类树脂低。如果存在少量的极性基团，黏度也会降低。在给定的 $\overline{P}$ 下，丁醚化树脂的黏度比甲醚化树脂低，因为丁醚化树脂的 T_g 低。

Ⅱ类树脂的品种范围更宽，因为MF和醇/甲醛的比例可以在更宽的范围内变化。在合成Ⅱ类树脂时，很难抑制形成桥的反应，也很难生成$\overline{P}$极低的树脂。Ⅱ类树脂中的主要活性基团为—$NHCH_2OR$。因此，它们通常称为高NH树脂。树脂中也含有—NH_2、$\rangle NCH_2OH$和—$N(CH_2OR)_2$基团。为了降低黏度和提高反应活性，树脂生产商力求减小$\overline{P}$，并尽量提高对称TMMM（**2**）的含量，式中R为甲基。这在一定程度上是可能的，因为—NH_2羟甲基化生成—$NHCH_2OH$要比$NHCH_2OH$经羟甲基化生成—$N(CH_2OH)_2$在动力学上更为容易。随着高效液相色谱（HPLC）分析技术的发展，可以跟踪工艺条件的微小变化对组成的影响。工艺的持续改进使得工业化生产具有高达50% TMMM的树脂成为可能。使用不同的醇可制造不同等级的树脂。

氨基树脂通常含有少量未反应的甲醛，这些甲醛可能在涂料的施工和烘烤过程中挥发。在涂料生产的贮存期和/或烘烤过程中，有可能进一步产生更多的甲醛气体。这些少量的甲醛气体对每天接触的工人来说是一个潜在的危害。2016年，欧盟加强了对游离甲醛含量超过0.1%产品的监管。在美国，甲醛曝露限量也受到严格的管控，并于2012年在部分区域进一步地限制。目前的技术似乎足以符合这些法规。尽管目前的法规已十分严格，但是允许曝露的限量可能会进一步降低，目前正在开展深入的研究，以找到减少甲醛排放的途径。除了改善通风外，其他的方法包括改变树脂、改变配方、焚烧烘炉的废气，以及使用甲醛清除剂，如肼。MF树脂生产商优化了许多关键树脂的生产工艺，获得了低甲醛［<0.1%（质量分数）］级树脂。

11.3 涂料中的MF-多元醇反应

MF树脂可用来交联含有羟基、羧基、氨基甲酸酯基（carbamate）、酚基和/或酰氨基的共反应树脂。丙烯酸酯类树脂（第8章和第9章）、聚酯（第10章）、醇酸树脂（第15章）、环氧树脂（第13章）和聚氨酯（第12章）是最重要的共反应树脂类型。使用组合交联剂是一种广泛采用的方法，例如，MF树脂和其他类型的氨基树脂、（封闭的）多异氰酸酯（第12章）、酚醛树脂（13.6节）或带有活性硅氧烷的树脂（16.2节）。

多元醇（羟基丙烯酸树脂、羟基聚酯等）是最常见的用MF树脂交联的树脂。通过与活性烷氧基甲基的醚交换反应或通过羟甲基的醚化反应，多元醇的羟基与MF树脂反应形成醚交联键。与酚类的反应，如反应式(11.4)所示，其优点是形成了C—C键，这使得产物对水解稳定。强酸催化剂，例如磺酸，用于Ⅰ类树脂；而弱酸催化剂，如羧酸，用于Ⅱ类树脂。这些反应都是可逆的，但由于产生的单官能度醇或水的挥发，使反应趋向交联，如反应式(11.8)所示，式中R为烷基或H，POH为多元醇。

$$\rangle N-CH_2-OR+\textcircled{P}\sim\sim OH \xrightleftharpoons{H^+} \rangle N-CH_2-O\sim\sim\textcircled{P}+R-OH \qquad (11.8)$$

与羟基的反应速率取决于多元醇和MF树脂的结构、催化剂的类型和用量以及温度。MF树脂和多元醇交联的速率随着产物醇的挥发性的增加而加快，顺序如下：甲醇>乙醇>正丁醇。这些产物醇的挥发速率可能受到醇在反应物中的扩散速率和从涂膜中挥发速率的影响。在与酸催化多元醇的交联过程中，MF树脂也会发生自缩合反应，形成亚甲基桥和二亚甲基醚桥。MF树脂与多元醇（或其他共反应物）的反应称为共缩合反应（Blank，1979）。

自缩合和共缩合反应对交联聚合物网络的结构和涂膜性能都会产生影响。

一个广为接受但却是错误的结论是，因空间位阻的作用，会使高 HMMM 树脂上可参与涂膜交联的活性醚基团的数量限制到六个基团中的三个或最多四个。这一结论显然是基于下列考虑：需要使用超过多元醇化学计量的 MF Ⅰ类树脂的量，才能在烘烤条件下达到所需的涂膜性能，例如 120℃/30min，使用约 0.3%（按聚合物的总质量计）的对甲苯磺酸（pTSA）。然而，Hill 和 Kozlowski（1987）提供了强有力的证据，证明—NCH_2OCH_3基团可以与某些多元醇基团达到完全反应，这表明如果存在足够多可反应的羟基的话，高 HMMM 树脂的所有—NCH_2OCH_3基团都可以实现共缩合。他们的结论是基于机械性能变化的研究，在第 4.2 节中有讨论。这些结果进一步证实了以下假设：即在大多数配方中要完成共缩合交联，没有必要使用过量的 MF 树脂，达到所需涂膜性能可能必须允许一定程度的自缩合交联。

选择 MF 树脂时，除了它的固化性能外，还必须考虑其他因素。例如，用Ⅰ类混合醚类树脂代替 HMMM 类树脂，可以降低在给定固含量下的黏度。在混合醚树脂中，所用的醇通常为正丁醇或异丁醇与甲醇的混合醇，比例为 1∶6 至 1∶3。由于混合醚树脂含有较高质量分数的挥发性副产品，VOC 的降低不大；丁醚化树脂中挥发性副产品的含量比甲醚化树脂更高。也许，混合醚化树脂的一个较大的优势在于它们比高 HMMM 类树脂能赋予涂层更低的表面张力（Albrecht，1986）。表面张力高通常与涂膜产生缺陷有关，例如回缩、缩孔、流平差（第 24 章）和层间附着力差（6.5 节）。

Chu 和 Jones（1993）及 Jones 等（1994）报道了一种用分级获得的低 NH Ⅰ类树脂交联聚酯树脂［分别用环己烷二甲醇（CHDM）、新戊二醇（NPG）和 1,6-己二醇制备］时，涂层的耐溶剂性和硬度的增长速率。涂膜性能增长最快的是 CHDM 聚酯，其次是 NPG 聚酯（性能与 CHDM 很接近）和己二醇聚酯。研究还发现，丙烯酸酯类多元醇的涂膜性能通常比聚酯类多元醇的涂膜性能增长得快。

在强酸催化下，Ⅰ类树脂与大多数多元醇共缩合的表观反应速率比自缩合的快。但是，对于Ⅱ类树脂，共缩合和自缩合的表观反应速率相近似。Ⅱ类树脂中—$NHCH_2OR$ 和 $\rangle NCH_2OH$ 基团的相对含量较高，促进了自缩合反应。羟甲基也会和多元醇的反应一样，发生自反应。—$NHCH_2OR$ 基团可以脱醇，生成活性三聚氰胺亚胺（—N ═CH_2）基团，它们通过与—NCH_2OH 基团反应形成二亚甲基醚键桥，通过与 $\rangle NH$ 基反应形成亚甲基桥。根据达到硬涂膜所需的时间和温度，把Ⅰ类和Ⅱ类树脂分别分类为高温固化和低温固化树脂，这至少部分反映了Ⅱ类树脂会促进自缩合反应。

如前所述，Ⅰ类树脂可用于涂料配方中，其中烷氧基甲基的量超过了多元醇羟基的量，因此涂膜性能的最终增长取决于自缩合和共缩合反应的程度。在某些情况下，使用过量的 MF 树脂的成本要比一些多元醇的低。自缩合交联也可以改善涂膜性能。MF 树脂和催化剂的用量是凭经验确定的，针对特定的烘烤时间和温度进行优化。如果使用条件与配方设计的条件不同，那么自缩合和共缩合的程度将会与最佳水平相差甚远。涂层性能，如硬度、附着力、户外耐久性和抗冲击性可能都会受到影响。当共缩合几乎完成且自缩合部分完成时，许多设计的配方便获得最佳性能。

与传统涂料中使用的高分子量多元醇相比，高固体分涂料中多元醇的羟基当量和平均官能度要更低，这使得涂膜性能对固化温度和时间的变化非常敏感。这些考虑已经体现在固化窗口这一术语，固化窗口就是涂膜性能达到可接受程度时固化的时间和温度的范围（Bauer和Dickie，1982）。对于高固体分的MF-多元醇涂料，尤其是在使用Ⅱ类树脂时，固化窗口似乎更小。

11.3.1 MF-多元醇反应的催化

用强酸催化剂［通常是芳基磺酸，用量一般为MF树脂的0.5%～1%（质量分数）］，MF Ⅰ类树脂与多元醇的反应，在110～130℃、10～30min内形成固化膜。MF Ⅰ类树脂与多元醇的共缩合可用弱酸催化（如羧酸）。但是用弱酸催化时，需要提高固化温度，通常需要高于140℃（Lazzara，1984）。对于Ⅱ类树脂，根据方程式(11.3)提供的机理，羧酸能更有效地催化共缩合。由于很多多元醇树脂中还含有羧酸基，它们的存在有利于提高附着力，并有助于颜料分散，采用Ⅱ类树脂交联时，不需要添加催化剂。在用于卷涂烘炉的高温（空气温度高达375℃）下，由于固化时间短，即使是Ⅱ类树脂也需要使用强酸催化剂。

通过增加催化剂的浓度，可以缩短固化时间和/或降低固化温度。但是，这种方法也降低了存贮（或包装）的稳定性，因为这种反应在常温下也可被酸催化。增加酸催化剂浓度来缩短固化时间和/或降低固化温度的另一个危险与固化涂层的耐久性有关。除了催化MF树脂与多元醇的醚交换（和醚化）反应外，残留酸还能催化固化涂层中交联键的水解。水解反应过程参见图11.2和图11.3，图中 >N—CH_2—OR 表示交联聚合物，R′OH表示水。水解反应使交联键发生断裂，并生成羟甲基，这样至少部分释放出甲醛，如方程式(11.9)所示（Blank，1979）。

$$>N-CH_2OH \rightleftharpoons >N-H + H_2C=O \qquad (11.9)$$

游离酸（例如对甲苯磺酸）可以在室温条件下催化交联，其速率可能会将液体涂料的黏度增加到6个月内（这是需要的贮存期）贮存的黏度范围。单包装体系通常使用潜酸催化剂，也称为酸前体和封闭酸。通常使用挥发性叔胺（R_3N）的芳基磺酸盐。芳基磺酸是强酸（对甲苯磺酸的pK_a=−6），而它们的叔胺盐是弱酸（pK_a=8～10），具有低得多的催化活性。如方程式(11.10)所示，对甲苯磺酸铵盐与质子化MF树脂之间存在平衡。

$$R_3NH^+ \; {}^-O_3S\text{-}C_6H_4\text{-}CH_3 + >N-CH_2-OH \rightleftharpoons \left[>N-CH_2-\overset{H}{\underset{R}{O^+}} \; {}^-O_3S\text{-}C_6H_4\text{-}CH_3 \right] + R_3N \qquad (11.10)$$

虽然平衡强烈地偏向左侧，但由于胺的挥发，平衡移向右侧，从而增加了质子化MF树脂的浓度，它是醚交换反应中的初始活性中间体（图11.2）。一般来说，含有封闭催化剂涂料的贮存稳定性可以达到未催化涂料的稳定性。在某些情况下，采用封闭酸的固化速率接近以游离酸催化的涂料。而在其他情况下，固化速率有所降低（Mijs等，1983）。据报道，*N*-苄基-*N*,*N*-二甲基苯胺磺酸盐对于贮存稳定性和固化速率的平衡特别有利（Morimoto和Nakano，1994）。在这种情况下，MF树脂可能是通过苄基阳离子的O-烷基化来活化的，因为苯胺磺酸季铵盐没有可用的质子。

介质的酸强度不可能比质子化三聚氰胺树脂的强，质子化三聚氰胺树脂对酸强度产生了均化作用，就像水中的最强酸是水合氢离子一样。显然，对甲苯磺酸（TsOH）几乎完全被

MF 树脂离子化，这就解释了为什么甚至更强酸，如六氟磷酸，也呈现出类似的催化活性。另外，对Ⅰ类 MF 树脂来说，对甲苯磺酸比弱酸（例如羧酸或丁基磷酸）更为有效。当希望增强对金属的附着力时，有时使用后一种酸。据报道，使用对甲苯磺酸时，HMMM 树脂与丙烯酸酯类多元醇的共缩合速率与酸浓度的平方根成正比（Bauer，1986）。

虽然强酸催化剂的酸强度对固化速率的影响不大，但酸（或封闭酸）催化剂的选择会导致固化涂层膜性能的差异。最广泛使用的催化剂是对甲苯磺酸。对甲苯磺酸的等级很重要，因为有些等级的产品中含有大量的硫酸，这会导致在烘烤过程中涂膜明显黄变。过量的对甲苯磺酸也可使固化涂层表面起霜。使用更疏水的磺酸，如二壬基萘二磺酸（DNNDSA），可以提高膜的耐水性，据报道，所形成的涂膜在曝露于高湿度条件下不太容易起泡（Calbo，1980）。对于直接涂覆于金属上的涂层，DNNDSA 特别有效，因为采用对甲苯磺酸时，在潮湿环境下很容易起泡。

对十二烷基苯磺酸（DDBSA）用于底漆上面的涂层时，其催化活性和漆膜性能与 DNNDSA 相似。然而，当直接在钢上使用 DDBSA 催化涂层时，涂层的附着力很可能会受到影响。可能是 DDBSA 上的磺酸基会强烈地吸附在钢表面，导致在表面上形成一层十二烷基。十二烷基长碳氢链的表面张力很低，可能导致涂层其余部分出现反润湿，形成较弱的界面层，从而降低附着力。DNNDSA 催化的涂层附着力较好，可能与两个磺酸基的存在，或较弱的表面活性剂性质有关。

酸（或封闭酸）催化剂的活性会受到涂层中颜料的影响。某些等级的二氧化钛颜料会使催化剂活性随着贮存时间而损失。这种损失与二氧化钛表面处理剂的成分有关。在这方面，二氧化硅处理的二氧化钛比氧化铝处理的二氧化钛更好，这可能是由于氧化铝的碱性与酸发生中和。如果由于其他的原因，需要采用氧化铝处理过的二氧化钛时，就需要采用更高浓度的酸催化剂，以抵消这一影响。

在水性 MF-多元醇涂料中，酸催化剂也会被用于中和多元醇中的溶解性羧酸基的胺中和（见 8.3 节的讨论）。研究还表明，常用的羟基胺，如 *N*,*N*-二甲基乙醇胺（DMEA），可参与贮存期或固化初始阶段 MF 树脂的醚交换和/或多元醇中酯基的酯交换。在这种情况下，在固化过程中，可延缓或避免胺的挥发，从而延缓固化过程（Wicks 和 Chen，1979）。研究还表明，2-氨基-2-甲基丙醇（AMP）促进了固化，因为伯胺能与丙烯酸酯树脂反应形成酰胺，从而降低总碱度。与 AMP 形成酰胺以及与伴随的羟基的酯交换反应导致了交联。此外，已证明 AMP 与甲醛反应形成噁唑烷，也降低了碱度和与 DMEA 有关的固化抑制作用（Ferrell 等，1995）。动态机械分析（DMA）也证明 AMP 可以减少对交联的抑制和辅助交联作用（Hill 等，1996）。除了这些固化优势外，AMP 被美国和加拿大的 VOC 法规所豁免（18.9.1 节）。

11.3.2 MF-多元醇共缩合的动力学和机理

许多研究关注的都是 MF 树脂与多元醇的反应机理。直到最近，大多数的研究都是跟踪达到一定程度的涂膜硬度所需的时间。然而，共缩合和自缩合都会提高硬度。因此，必须对这些研究得到的仅适用于多元醇基团与 MF 树脂之间共缩合反应的结论进行仔细的评估。此外，许多研究也隐含地假设涂膜结构是均一的，实际上，在涂膜中可能有组成上的梯度和其他非均一性，如后文所述。

使用硬度结果来研究Ⅰ类树脂的动力学而导致的一个误解是认为共缩合反应要比后来发

现的慢得多。通过 FTIR 跟踪多元醇羟基的消失表明，反应要比涂膜性能的增长快很多（Lazzara，1984；Nakamichi，1986；Yamamoto 等，1988）。涂膜性能的增长相对较慢是逐步增长聚合过程的特点，也可反映自缩合反应较慢的速率，这种自缩合有助于获得优化的交联密度。

已经开发了直接测量共缩合程度的方法。红外光谱（IR）和傅里叶变换红外光谱（FTIR）已经被用来跟踪采用Ⅰ类 MF 树脂功能基团浓度随时间和温度的变化关系（Bauer，1986）。在这些研究中，在对结果进行解读时必须特别小心，因为羟基区域的谱带有重叠现象。气相色谱（Blank，1979；Lazzara，1984）和热重分析（Mijs 等，1983）已可用来跟踪挥发性反应产物（包括甲醛和甲醇）的释放速率。将 DMA 应用于 MF-多元醇交联涂层，已经取得了重要进展（Hill 和 Kozlowski，1986，1987），另见 4.2.3 节。山本等（1988）采用了平行板振荡流变仪进行研究。

在Ⅰ类树脂中，已经发现由于树脂中存在亚氨基（ $>NH$ ），降低了反应活性。通过对市售 HMMM 树脂进行分级，基本去除所有这些基团后，可使其与羟基树脂的反应活性显著增加，并使固化温度降低（Jones 等，1994；Hill 和 Lee，1999）。据推测，大多数工业 HMMM 树脂中的—$NHCH_2OCH_3$基团都相对偏碱性，它会消耗一部分催化剂。

关于 MFⅠ类树脂与多元醇的共缩合机理与实验证据仍存在争议，这已经被解释成是支持（或反对）S_N1 或 S_N2 机理，如图 11.2 所示。然而，这两种机理并不是相互排斥的，有可能同时发生。对于 S_N1 反应（2.3.2 节和图 2.5），由于预期活化参数 E_a和 A 更高，随着温度升高，对 S_N1 机理更为有利。

使用手性单官能度醇，为伯醇和仲醇与高 HMMM 树脂的反应速率相等提供了动力学证据，但在与仲醇反应的逆反应中反应活性更高（Meijer，1986）。这些发现都支持 S_N1 机理，并且与涂料中伯醇比仲醇活性更高的一般顺序一致，因为固化反应发生在可逆条件下。但是，使用过于简化的速率表达式可能会使结论打折扣。

使用 HMMM-丙烯酸酯组合物，采用 FTIR 跟踪共缩合反应，Bauer（1986）为 S_N1 机理提供了支持。他还解释了甲醇在反应动力学级数中的作用，并且速率对多元醇的依赖性支持了 S_N1 机理。一个关键点是，如果由 HMMM 形成的甲醇与多元醇竞争中间碳阳离子，则 S_N1 机理的共缩合速率预计将取决于多元醇的浓度，参见图 11.2。水也会与多元醇竞争这一碳阳离子。对 S_N1 机理的这一有效解释是十分重要的，因为速率对多元醇的依赖曾被错误地认为是反对 S_N1 机理的证据。随着反应的进行，甲醇对中间碳阳离子的竞争将变得相对重要，因为随着转化率的增加，甲醇浓度增加（至少是暂时的），而多元醇浓度降低。因此，根据对硬度或其他涂膜性质的动力学研究（通常仅在高转化率下进行）预计将表现出对多元醇浓度和性质的强烈依赖性。这些结果通常被解释为有利于 S_N2 机理，但同样与 S_N1 机理一致。

更复杂的是，与 MF 树脂的交联很可能导致涂膜内成分和性能出现梯度。虽然用这种方法研究的涂膜不多，但大多数研究都检测到了梯度。例如，Haacke 等（1995）使用切片机分离了丙烯酸酯类树脂/MF 透明涂层中的各层，发现不同的层具有不同的组成。此外，Haacke 等人发现表面的 T_g 比涂膜内的 T_g 高出 15℃，并且表面附近的交联密度几乎是涂膜内部的两倍。他们将这种梯度归因于副产品醇的不同逸出程度对膜内不同层中交联平衡反应的影响。另外还有一种可能性，即在涂膜内催化剂浓度可能不均匀，特别是当使用挥发性胺封闭催化剂时。Hiurayama 和 Urban (1992) 观察到在某些情况下，三聚氰胺在涂膜/空气界面处比较富集。其他研究表明，涂层表面可能存在一层非常薄的材料，其成分和性能与本体材料有很大不同 (Jones 等，1998)。这些零散的报告表明，为了充分了解氨基树脂交联涂料的性能 (可能还有其他类型)，可能有必要了解涂膜内成分和性能梯度的影响。

也有人推测，由于固化过程中自缩聚三聚氰胺树脂纳米团簇的生长，MF 交联膜可能是不均匀的。可以想象，过度烘烤导致脆化时部分原因可能是这种团簇的生长。

11.3.3 贮存稳定性

含有 MF 树脂的涂料的贮存稳定性受催化剂用量以外的各种因素的影响，见 11.3.1 节讨论。含有Ⅱ类树脂的配方通常表现出比Ⅰ类树脂更差的贮存稳定性，原因是 $>NH$ 和 $>NCH_2OH$ 基团占多数，这些基团参与了在室温下贮存期间缓慢发生的弱酸催化反应。少量叔胺的加入在一定程度上提高了稳定性。伯胺或仲胺能与甲醛发生反应，故不能与Ⅱ类树脂一起使用。游离甲醛与这些树脂中的三聚氰胺羟甲基保持平衡。甲醛与伯胺或仲胺的反应取代了平衡反应，有利于甲醛的形成 (即脱羟甲基化反应)，从而降低 MF 树脂的羟甲基官能度。

当 MF 树脂自缩合和与多元醇反应时，都会发生交联和黏度增加。因此，提高贮存稳定性的一个重要途径是在含有任一种 MF 树脂的配方中尽可能多地使用单官能度醇。配方中单官能度醇的存在延长了贮存稳定性，因为它与 MF 树脂的反应不会导致交联。通常，最好使用与合成 MF 树脂相同的醇。如果使用不同的醇，可能会发生不希望的变化。例如，如果在含有甲氧基甲基三聚氰胺树脂的溶剂中使用正丁醇，则随着丁基醚比例的增加，固化会逐渐变慢。由于与相应的甲氧基甲基三聚氰胺相比，丁氧基甲基三聚氰胺的黏度更低 (其 T_g 更低)，所以涂层的黏度在贮存期间可能会降低。黏度的降低也可能是由于过量的乙醇导致二甲醚桥发生断裂所致。

11.3.4 MF 树脂与羧酸、聚氨酯、氨基甲酸酯和丙二酸酯封闭异氰酸酯的反应

羧基树脂与 MF 树脂反应形成相应的酯衍生物 [方程式(11.2)]，该反应要比与羟基的酯交换反应慢。在水性羟基树脂中羧基的量很大，可以提高分散性。在一些溶剂型多元醇中也有少量的羧基，可以提高颜料分散体的稳定性。当存在大量的羧酸基团时，应当在羧酸基团发生反应的条件下固化，因为残留的羧酸基团会增加固化膜的水敏感性。

如方程式(11.3) 所示，MF 树脂与氨基甲酸酯基团 [—OC(=O)NH—] 反应，也称为仲氨基甲酸酯的反应。含有这些基团并且不含羟基的聚氨酯可在温度仅略高于用于交联多元醇的温度下，与 MF 树脂交联 (Higginbottom 等，1999)。因此，相应地，当羟基封端的氨基甲酸酯与 MF 树脂一起使用时，两个基团都参与交联。当聚氨酯多元醇用作活性稀释剂时，两种基团都与 MF 树脂反应 (Hill，1997)。各种 MF 树脂可以交联仲氨基甲酸酯。Ⅰ类树脂比Ⅱ类树脂活性更高 (Higginbottom 等，1999)。尽管仲氨基甲酸酯具有较大的空间位阻，但其活性几乎与羟基相同。这一惊人结果的一个可能解释是氨基甲酸酯的反应是不可逆的 (Blank 等，1997)。因此，氨基甲酸酯的正向反应可能比羟基的正向反应慢得多，但

如果氨基甲酸酯不发生逆向反应，则总体反应速率可能基本相等。

以 MF 和多异氰酸酯树脂混合物与多元醇的交联（第 12 章）的做法已越来越普遍。配方设计人员应考虑异氰酸酯/羟基反应形成的一些氨基甲酸酯进一步与 MF 树脂反应的极大可能性。

具有侧链—OC(═O)NH_2结构的聚合物（伯氨基甲酸酯）比仲氨基甲酸酯受到的阻碍较小，预计会交联得更快。这种预期缺乏确凿的证据，但在专利实例中已经披露了支持的证据，特别是具有伯氨基甲酸酯基的聚合物在与具有伯羟基聚合物相同的条件下与Ⅰ类 MF 树脂固化（Rehfuss 和 Ohrbom，1994；Rehfuss 和 St. Aubin，1994）。伯氨基甲酸酯的树脂可以用含端异氰酸酯树脂（Rehfuss 和 Ohrbom，1994）或含—N ═C ═O 官能团的丙烯酸树脂（Rehfuss 和 St. Aubin，1994）与羟丙基氨基甲酸酯反应制成。含有异氰酸酯的树脂可以与Ⅰ类 MF 树脂交联，但交联密度太高，不适合某些应用。通过用氨基甲酸丁酯封闭Ⅰ类树脂的一半官能团可以降低官能度（Rehfuss 和 St. Aubin，1994）。由这种组合制成的汽车罩光清漆（30.1.5 节）兼具 MF-多元醇交联涂层通常的高耐磨性和优异的耐环境腐蚀性。这种罩光清漆在汽车涂装中发挥了重要作用。许多改进技术已有介绍了，例如，见 Jhaveri（2015）。

He 和 Blank（1998）的研究表明，Ⅰ类 MF 树脂能与丙二酸酯衍生物和异氰酸酯加成衍生而来的加成物反应，其速率与它们和—OH 基反应的速率类似。对模型化合物的核磁共振研究，确认了在该过程中不可逆地形成了耐环境性碳-碳交联键，这表明 MF 在加成物的高活性 CH 基上发生反应，CH 基团接在三个羰基上。因此，由三异氰酸酯的丙二酸酯衍生物和Ⅰ类 MF 树脂制成的涂层具有优异的耐环境腐蚀性。通过酯交换反应，异氰酸酯的丙二酸酯衍生物也可作为羟基树脂的交联剂，如 12.5 节所述。

11.4 其他氨基树脂

其他氨基树脂在涂料中的使用规模较小。前体化合物的结构已在本章开始部分介绍了。虽然这些树脂的化学性质与 MF 树脂相似，但它们之间是有区别的，特别是由于树脂碱性不同带来的不同结果（Parekh，1979）。

11.4.1 脲醛树脂

由于脲醛树脂成本低和反应活性高，在涂料中被大量使用。脲与甲醛反应生成羟甲基衍生物。第一个和第二个甲醛单元很容易加成。但是如果有的话，脲的三羟甲基和四羟甲基衍生物的形成非常慢。类似于三聚氰胺的羟甲基化，羟甲基化脲可以通过与醇反应而发生醚化。在酸性和碱性两种情况下，都会发生自缩合反应。采用不同比例的甲醛和脲以及用不同的醇进行醚化，可用于制备各种醚化脲醛树脂。

一般来说，脲醛树脂是最便宜和活性最高的氨基树脂。在某些情况下，它们的反应性太强，因此被用作双组分涂料体系。使用足够的酸催化剂，用脲醛树脂和多元醇配制的涂料可以在室温或中等高温下固化。然而，这种涂层的户外耐久性和耐水解性较差，这可能是由于交联键具有一定的反应活性造成的。脲醛树脂用作温度敏感性基材的涂料，如木质家具、镶板和橱柜。在这些应用中，低温烘烤是必不可少的，而耐腐蚀性（与交联键的水解稳定性有关）并不重要。脲醛树脂和 MF 树脂的共混物兼具初始固化快、成本低和可接受的涂膜性能等特性（Vaughan 和 Jacquin，1999）。

11.4.2 苯代三聚氰胺-甲醛树脂

用苯代三聚氰胺可以制备一系列类似于 MF 树脂的树脂。与三聚氰胺一样，苯代三聚氰胺可以不同程度地进行甲醚化和/或丁醚化。因为每个分子只有两个—NH_2基团，其平均官能度更低。相对于 MF 树脂，醚化苯代三聚氰胺-甲醛（BF）树脂制备的交联膜具有更强的耐碱性和耐碱性洗涤剂，如三聚磷酸钠，它们还具有极好的韧性。但是，BF 树脂基涂层户外耐久性比 MF 涂层的差。因此，BF 树脂的应用包括用于洗衣机和洗碗机的涂料，在这里耐碱性洗涤剂和韧性比户外耐久性更重要。BF 涂层的户外耐久性差，可能反映出由于苯代三聚氰胺三嗪环上存在苯基，导致光稳定性差，但是似乎还没有得到支持这个合理假设的证据。除了苯基的疏水性，还不能直观而令人信服地解释耐碱性的增强。

11.4.3 甘脲-甲醛树脂

甘脲与甲醛反应生成四羟甲基甘脲（TMGU）（Parekh，1979）。在 4～8 的 pH 范围内，TMGU 水溶液的平均含量为每份甘脲约含 3.6 份羟甲基和 0.4 份游离甲醛。在 pH 8.5 以上，有利于脱羟甲基化。例如，在 pH 11，存在大约等量的羟甲基和游离甲醛。pH 低于 3 时，会发生自缩合，形成带有亚甲基醚桥的甘脲二聚体，如方程式(11.11）所示，其中 $>N-CH_2-OH$ 表示羟甲基化甘脲基团。

$$>N-CH_2-OH \xrightleftharpoons{pH<4} >N-CH_2-O-CH_2-N< + H_2O \qquad (11.11)$$

这种行为不同于 MF 或 UF 树脂。TMGU 在 pH 4 以上不会自缩合，而羟甲基化的三聚氰胺和脲在 pH 7 及以上会自缩合。

TMGU 在强酸催化剂存在下与醇反应形成四烷氧基甲基甘脲（GF）树脂。四甲氧基甲基甘脲是一种熔点较高的固体，在粉末涂料中用作交联剂（28.1.3 节）。在溶液型涂料中使用了二甲氧基甲基二乙氧基甲基甘脲和四丁氧基甲基甘脲，因为它们是液体，并且更容易处理。混合的甲醚化/乙醚化的衍生物是水溶性的。

与其他氨基树脂相比，用 GF 树脂制备的涂料在类似的交联密度下，具有更大的柔韧性。因此，GF 树脂用于柔性特别重要的场合，如卷材涂料和罐听涂料。与 MF 树脂相比，GF 树脂具有固化过程中甲醛释放量更少的优点。另外，在酸性条件下，甘脲交联多元醇比 MF 交联多元醇更耐水解，据报道还能抗紫外线辐射（Parekh，1979）。GF 树脂的成本高，限制了其应用。

11.4.4 聚甲基丙烯酰胺-甲醛树脂

N-异丁氧基甲基丙烯酰胺的丙烯酸酯共聚物可由两条路线制备：①合成 *N*-异丁氧基甲基丙烯酰胺单体（由丙烯酰胺与甲醛和异丁醇逐步反应合成），然后与丙烯酸酯单体共聚；②丙烯酰胺共聚，接着与甲醛和异丁醇进行逐步反应。采用其他醇和甲基丙烯酰胺，可进行类似的反应。

这种烷氧基甲基（甲基）丙烯酰胺树脂可用作卷材涂料，只要设计合理，耐候性优良，并且柔性比 MF/丙烯酸酯多元醇树脂更好。可以推测，由于不存在具有刚性三嗪环的自缩合 MF 树脂的交联团簇，所以它们的柔韧性得到增强。

（唐黎明　译）

参考文献

Albrecht, N., *Proceedings of the 13th International Waterborne and Higher-Solids Coatings Symposium*, New Orleans, LA, 1986, p 200.

Bauer, D. R., *Prog. Org. Coat.*, 1986, 14, 193.

Bauer, D. R.; Dickie, R. A., *J. Coat. Technol.*, 1982, 54(685), 57.

Blank, W. J., *J. Coat. Technol.*, 1979, 51(656), 61.

Blank, W. J., et al., *Polym. Mater. Sci. Eng.*, 1997, 77, 391.

Calbo, L. J., *J. Coat. Technol.*, 1980, 52(660), 75.

Chang, T. T., *Prog. Org. Coat.*, 1996, 45, 211.

Chu, G.; Jones, F. N., *J. Coat. Technol.*, 1993, 65(819), 43.

van Dijk, J. H., et al., *FATIPEC Congress Book*, 1980, Vol. *II*, p 326.

Ferrell, P. E., et al., *J. Coat. Technol.*, 1995, 67(851), 63.

Haacke, G., et al., *J. Coat. Technol.*, 1995, 67(843), 29.

He, Z. A.; Blank, W. J., *Proceedings of the 25th International Waterborne, High-Solids, and Powder Coatings Symposium*, New Orleans, LA, 1998, p 21.

Higginbottom, H. P., et al., *J. Coat. Technol.*, 1999, 71(894), 49.

Hill, L. W., *Polym. Mater. Sci. Eng.*, 1997, 77, 387.

Hill, L. W.; Kozlowski K., *Proceedings of the International Symposium on Coatings Science and Technology*, Athens, 1986, p 129.

Hill, L. W.; Kozlowski, K., *J. Coat. Technol.*, 1987, 51(751), 63.

Hill, L. W.; Lee, S. -B., *J. Coat. Technol.*, 1999, 71(897), 127.

Hill, L. W., et al., Effect of Amine Solubilizer Structure on Cured Film Properties of Water-Reducible Thermoset Systems in Provder, T. A., et al., Eds., *Film Formation in Waterborne Coatings*, ACS Symposium Series 648, American Chemical Society, Washington, DC, 1996.

Hiurayama, T.; Urban, M. W., *Prog. Org. Coat.*, 1992, 20, 81-96.

Jhaveri, S. B., Patent Publication WOA1 (2015).

Jones, F. N., et al., *Prog. Org. Coat.*, 1994, 24, 189.

Jones, F. N., et al., *Prog. Org. Coat.*, 1998, 34, 119.

Lavric, S., et al., *Prog. Org. Coat.*, 2015, 81, 27-34.

Lazzara, M. G., *J. Coat. Technol.*, 1984, 56(710), 19.

Meijer, E. W., *J. Polym. Sci. A Polym. Chem.*, 1986, 24, 2199.

Mijs, W. J., et al., *J. Coat. Technol.*, 1983, 55(697), 45.

Morimoto, T.; Nakano, S., *J. Coat. Technol.*, 1994, 66(833), 75.

Nakamichi, T., *Prog. Org. Coat.*, 1986, 14, 23.

Nastke, R., et al., *J. Macromol. Sci.*, 1986, *A*23, 579.

Parekh, G. G., *J. Coat. Technol.*, 1979, 51(658), 101.

Rehfuss, J. W.; Ohrbom, W. H., US patent 5,373,069 (1994).

Rehfuss, J. W.; St. Aubin, D. L., US patent 5,356,669 (1994).

Santer, J. O., *Prog. Org. Coat.*, 1984, 12, 309.

Subrayan, R. P.; Jones, F. N., *J. Appl. Polym. Sci.*, 1996, 62, 1237.

Vaughan, G. D.; Jacquin, J. D., *Proc. Int. Coat. Exhib.*, 1999, 288.

Wicks, Z. W., Jr.; Chen, G. F., *J. Coat. Technol.*, 1979, 50(638), 39.

Yamamoto, T., et al., *J. Coat. Technol.*, 1988, 60(762), 51.

第12章
聚氨酯和多异氰酸酯

聚氨酯是含有氨基甲酸酯结构单元（—NH—CO—O—）的聚合物。英语单词 carbamate（氨基甲酸酯）是 urethane（氨基甲酸酯）的同义词。氨基甲酸酯通常以醇和异氰酸酯反应生成，也有其他方法。英语中常把以非异氰酸酯方法生成的氨基甲酸酯称为 carbamate。常用氨基甲酸酯和聚氨酯统称所有从异氰酸酯衍生出来的化合物，包括只有部分反应产物是氨基甲酸酯的化合物，这种术语的命名方法容易使人混淆。

多异氰酸酯交联剂用途很广，可以和很多树脂发生交联反应，也可以作为制备其他树脂的主要反应物，量体裁衣，用于成千上万种大小不同的应用。本章中探讨的主要内容有聚氨酯基本化学、常用的多异氰酸酯以及溶剂型和水性聚氨酯涂料配方。第 15 章、28 章和 29 章详细介绍了氨基甲酸酯树脂和多异氰酸酯交联剂在醇酸涂料、粉末涂料和电泳漆中的应用。17.10 节介绍了另外一种十分有前途的以非异氰酸酯制备聚氨酯的方法。为方便起见，本书中把二异氰酸酯也叫作多异氰酸酯。

氨基甲酸酯聚合物分子间可以形成两种氢键，分别是非环状氢键或环状氢键。

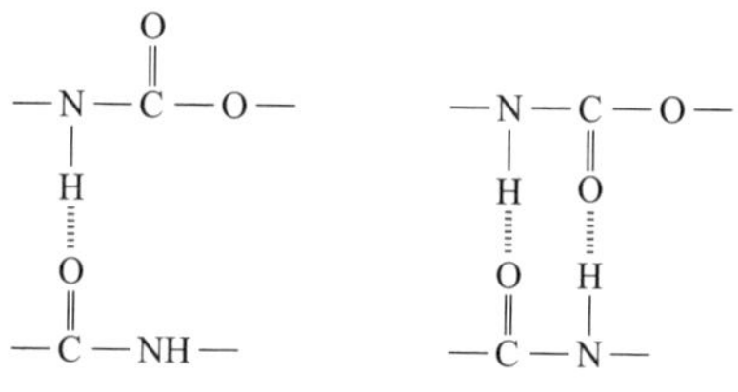

```
           O
           ‖
   —N—C—O—            —N—C—O—
    |                   |   ‖
    H                   H   O
    ⋮                   ⋮   ⋮
    O                   O   H
    ‖                   ‖   |
   —C—NH—              —C—N—
```

非环状氢键　　　　环状氢键

在机械应力下，将非环状氢键分离需要吸收能量（约 20～25kJ/mol），应力消除后，又能重新形成氢键（可能在不同位置上），这个过程是可逆的。氢键断裂/再形成过程中要吸收能量，降低了因共价键的不可逆断裂导致聚合物降解的可能性。另外，氨基甲酸酯可以设计成由软段和硬段结构组成，即氨基甲酸酯结构单元上有低 T_g 的软段和高 T_g 的硬段，当施加机械应力时，软段可以在硬段之间延伸拉长。氨基甲酸酯结构单元上的软段和硬段的结构，加上氨基甲酸酯分子间的氢键作用，可制备兼具高硬度和高延伸率特点的聚氨酯涂料，例如可以制备涂层硬度为 2H 和伸长率为 300%的聚氨酯涂料。正因为具备这些特点，可以设计出耐磨性好、耐溶剂溶胀性能优异的聚氨酯涂料。聚氨酯容易吸水，与水形成的氢键会促进吸水，对涂料起增塑作用。

异氰酸酯基团反应活性很高，多异氰酸酯常用于室温或者中低温固化的涂料。脂肪族异氰酸酯涂料中添加受阻胺光稳定剂后，呈现极为优异的户外耐久性（5.2.3 节）。据文献报道（Nordstrom 和 Dervan，1993），氨基甲酸酯涂料耐环境腐蚀性优于许多三聚氰胺-甲醛交联的涂料。

异氰酸酯的主要问题是成本和毒性限制了它的使用（特别是低分子量异氰酸酯），任何能与羟基、氨基和羧基在接近室温下反应的交联剂都可能有毒性，因为人体含有蛋白质和其他含有上述结构的物质。重要的问题不在于是否有毒性，而在于是否容易中毒。因为分子量越高，它的蒸气压越低，因此随着分子量的变大，它对人体生物膜的渗透性降低，中毒的可能性也变小。只要采取像化工厂和树脂车间经常采用的措施一样，充分通风，操作人员穿戴防护工作服和防护面具，即使含有低分子量的异氰酸酯，也可以安全操作。大多数低分子量二异氰酸酯是过敏物，长时间接触有可能导致过敏，过敏情况因人而异，导致过敏的接触时间长短不同，有些人反复接触几年才过敏。最常见的症状是荨麻疹和哮喘病。在极端的情况下，易过敏的人不能进入有异氰酸酯的房间，甚至同一建筑物。异氰酸酯供应商应该提供使用异氰酸酯的安全须知，涂料工业领域使用的大多数异氰酸酯是低聚合度或高聚合度的多异氰酸酯聚合物。涂料施工人员，特别是不熟练的使用者，没有像职业化学师一样的保护措施，甚至不能完全遵守安全须知，为了减少危害，涂料中使用的异氰酸酯都是低聚体或聚合衍生物。化学师在设计含有高活性交联剂的配方时，应该考虑用户了解和操作有毒物料的能力。

12.1 异氰酸酯的反应

异氰酸酯可以和含有活性氢的化合物反应，醇和酚与异氰酸酯反应生成氨基甲酸酯，如下面反应式所示，式中 R 和 R′是芳香族基团或者脂肪族基团，在高温下会发生逆反应。

$$R{-}N{=}C{=}O + R'{-}OH \rightleftharpoons R{-}N(H){-}C({=}O){-}OR'$$

醇和异氰酸酯反应生成氨基甲酸酯，通常来说，反应速率按下列顺序降低：伯醇＞仲醇＞2-烷氧基乙醇＞1-烷氧基-2-丙醇＞叔醇。一般来说，逆反应的难易程度和活性相反，叔醇和异氰酸酯反应生成的氨基甲酸酯不稳定，加热可能会分解成烯烃、二氧化碳和胺，而不是醇和异氰酸酯。

氨基甲酸酯可以继续和异氰酸酯反应，形成脲基甲酸酯，这个反应比异氰酸酯和醇的反应慢得多，但可以用催化剂对反应进行催化，如氯化 2-乙基己酯可以催化这个反应，脲基甲酸酯具有优异的耐水解性。

$$R{-}N{=}C{=}O + R{-}N(H){-}C({=}O){-}OR' \longrightarrow R{-}N[C({=}O){-}NH{-}R]{-}C({=}O){-}OR'$$

异氰酸酯与伯胺和仲胺反应很快，生成脲。此反应比异氰酸酯和醇的反应快很多，对许多涂料应用来说这个反应太快。据文献报道（Wicks 和 Yeske，1997），已开发出有位阻的仲胺，反应速率稍慢，可用于双组分涂料，在 12.4.1 节中有详细介绍。

$$R{-}N{=}C{=}O + R'{-}NH_2 \rightleftharpoons R{-}N(H){-}C({=}O){-}N(H){-}R'$$

异氰酸酯和脲反应生成缩二脲，生成缩二脲的反应比生成氨基甲酸酯的反应慢，但比生成脲基甲酸酯的反应快。

$$R{-}N{=}C{=}O + R{-}N(H){-}C({=}O){-}NH{-}R' \longrightarrow R{-}N[C({=}O){-}NH{-}R]{-}C({=}O){-}NH{-}R'$$

异氰酸酯和水反应生成氨基甲酸，氨基甲酸并不稳定，会继续分解为二氧化碳和胺。胺的反应活性比水高，所以胺会和第二个异氰酸酯基团反应形成脲，即使在有过量的水存在时也是如此。在有些情况下，水和异氰酸酯反应稍慢于仲醇，但比脲快。

$$R-N=C=O+H_2O \longrightarrow \left[R-\underset{H}{N}-\overset{O}{\overset{\|}{C}}-OH \right] \longrightarrow R-NH_2$$

$$\xrightarrow{R-N=C=O} R-\underset{H}{N}-\overset{O}{\overset{\|}{C}}-\underset{H}{N}-R$$

异氰酸酯和羧酸的反应比较慢，生成酰胺和二氧化碳。有位阻的羧酸基团，例如2,2-二羟甲基丙酸（DMPA），它的反应速率非常慢，常被用来将COOH基团引入聚氨酯树脂中。

$$R-N=C=O+R^1-CO_2H \longrightarrow \left[R-\underset{H}{N}-\overset{O}{\overset{\|}{C}}-O-\overset{O}{\overset{\|}{C}}-R^1 \right] \xrightarrow{-CO_2} R-\underset{H}{N}-\overset{O}{\overset{\|}{C}}-R^1$$

异氰酸酯和硫醇反应生成含硫聚氨酯。硫醇是比醇更强的亲核试剂，硫醇和异氰酸酯反应很快，特别是在碱催化下。据文献报道（33.3节；Dogan等，2006），基于这种化学反应机理的涂料已经被用于汽车修补漆市场。

异氰酸酯自身之间也可以互相反应，生成异氰酸酯二聚体（脲二酮）和三聚体（异氰脲酸酯），有机膦能催化异氰酸酯反应生成脲二酮，季铵化合物催化反应生成脂肪族异氰酸酯三聚体，叔胺催化反应生成芳香族异氰酸酯三聚体。脲二酮热分解又生成异氰酸酯，利用这个特点，可以把脲二酮当作封闭型异氰酸酯（12.5节）。异氰脲酸酯非常稳定，被广泛用作制备其他多异氰酸酯的结构单元（12.3节）。另外一个比较有用的多异氰酸酯交联剂是含有亚胺基团的不对称异构三聚体（结构见12.3.2节），这个不对称异构三聚体可以稳定存在，据文献报道（Richter等，2000），三烷基有机膦或季铵氟化磷催化反应，生成不对称异构。

脲二酮　　　异氰脲酸酯

12.2 异氰酸酯和醇的反应动力学

尽管多异氰酸酯反应活性很高，但是无论是作为交联剂还是作为合成树脂的起始反应物，反应都常常使用催化剂。一个原因是要达到理想的反应速率；另一个原因是没有催化的反应经常按照三级动力学进行，反应非常慢，除非反应是自催化（反应产物本身可以作为催化剂）；还有一个原因是增加反应的选择性，减少副反应的发生，使反应向设计的方向进行。

异氰酸酯和醇的催化反应机理很复杂。尽管已经有很多反应动力学的研究文献，但是在引用文献中的反应速率数据时必须小心，特别是对来源不同的速率常数表进行解读时。应查阅原始文献，确保数据是在同一溶剂和原始浓度下得出的，因为反应速率取决于这些因素。常通过检测异氰酸酯消耗量来计算氨基甲酸酯的反应速率，如果反应过程中也生成了其他产物，例如脲基甲酸酯和异氰脲酸酯，消耗的异氰酸酯和生成的氨基甲酸酯并不完全对应。另外很多公开文献的数据并没有提供重复试验的次数，或没有提供数据的统计置信度。化学师经常通过测定涂层耐甲乙酮（MEK）双向擦拭的次数与时间、温度及催化剂的关系，来对比交联的速率，通常建议在200次擦拭后涂层没有被擦伤的情况下停止实验。这种测试用于反应初期的交联密度是比较灵验的，但是对于高度交联、固化几乎快完成的涂层并不灵验，对此有更好的办法可以使用。Higginbottom等（1998）通过动态机械分析（DMA，4.2.3节）发现，通过MEK 200次以上擦拭的涂层并没有完全固化，甚至与涂层达到完全固化的时间没有关系，换句话说，较快通过MEK 200次擦拭的涂层并不意味着它比慢些通过200次擦拭涂层的交联固化更快。除了DMA分析外，溶剂溶胀法是另外一种测试固化程度高的涂层是否完全固化的简便方法，可以通过测量三元醇和二异氰酸酯溶液达到胶化的时间，来与较慢的固化速率进行比较，也可以通过观察NMR光谱的变化来对比。

12.2.1 非催化反应

通常认为氨基甲酸酯的反应是二级反应，如方程式(12.1)所示，反应速率和各反应物的浓度成正比。据文献报道（Schwetlick等，1994），正丁醇和苯基异氰酸酯在偶极非质子溶剂乙氰中的反应是二级反应。

$$r=k[\mathrm{R{-}N{=}C{=}O}][\mathrm{R'{-}OH}] \tag{12.1}$$

其他的动力学研究证明，反应的情况更复杂，随着反应进行，反应的动力学级数往往会发生变化。在一些非极性或者低极性的溶剂中，至少在初期，反应是三级反应，如方程式(12.2)所示，反应速率与异氰酸酯浓度一次方成正比，与醇浓度二次方成正比。假设涂料中的反应通常是在低极性溶剂中进行的，反应式(12.2)所示的反应速率是符合这种情况的，从式(12.2)可看出，有两个醇分子和一个异氰酸酯分子反应。

$$r=k[\mathrm{R{-}NCO}][\mathrm{R'{-}OH}]^2 \tag{12.2}$$

这个反应能用图12.1进行合理的解释。异氰酸酯和醇（反应速率与k_1成正比）反应生成一个两性离子型反应中间物（RI），反应中间物（RI）可以逆反应生成原始反应产物（k_{-1}），或者继续反应生成产物氨基甲酸酯（k_2）。要生成氨基甲酸酯产物，要把质子从氧原子转移到氮原子上。第二个醇分子可能会通过生成六元环活性络合物（A）促进质子的转移。

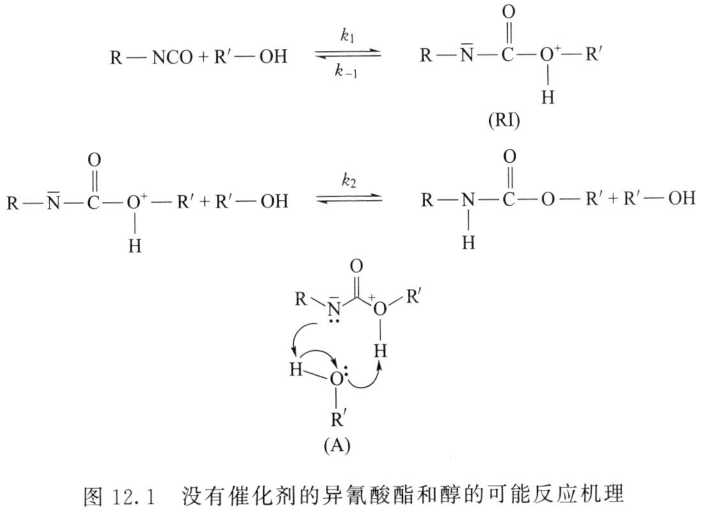

$$\mathrm{R{-}NCO + R'{-}OH} \underset{k_{-1}}{\overset{k_1}{\rightleftharpoons}} \mathrm{R{-}\bar{N}{-}C({=}O){-}O^{+}(H){-}R'}\quad \text{(RI)}$$

$$\mathrm{R{-}\bar{N}{-}C({=}O){-}O^{+}(H){-}R' + R'{-}OH} \overset{k_2}{\rightleftharpoons} \mathrm{R{-}N(H){-}C({=}O){-}O{-}R' + R'{-}OH}$$

(A)

图12.1 没有催化剂的异氰酸酯和醇的可能反应机理

方程式(12.3)是图12.1的反应速率公式。

$$r=k_1[\mathrm{RNCO}][\mathrm{R'OH}]\frac{k_2[\mathrm{R'OH}]}{k_2[\mathrm{R'OH}]+k_{-1}} \tag{12.3}$$

如果 k_2[R′OH] 远远大于 k_{-1}，方程式(12.3) 可简化为方程式(12.1)。当反应刚开始，醇浓度很高时，就是这种情况。反之，如果 k_{-1} 项显著地大于 k_2[R′OH]，方程式(12.3) 可简化为方程式(12.2)，反应速率与醇浓度的二次方成正比，整个反应是三级反应。随着反应的进行，醇被消耗，[R′OH] 减小，反应速率下降很快（因为反应速率与醇浓度的二次方成比例）。从图 12.1 可以看出强溶剂对反应的影响很大，反应速率随着溶剂接受氢键能力的增加而降低，下降顺序如下：脂肪烃＞芳香烃＞酯类＞酮醚类＞乙二醇二醚。在脂肪烃中的反应速率比在乙二醇二醚中快两个数量级。两性离子型反应性中间物 RI 和/或醇溶剂可能形成分子间的氢键，降低六元环活性络合物（A）的浓度，从而降低反应速率。图 12.1 所示的机理也和芳香族异氰酸酯反应活性高的机理相符。当 R 是芳香族基团时，反应性中间物 RI 氮原子上的负电荷在芳香环上的 π 电子体系中离域，造成反应性中间物 RI 能量较低（因为共振稳定性），生成氨基甲酸酯的反应速率要比脂肪族异氰酸酯更快。文献报道的醇和异氰酸酯的反应速率常数通常是二级反应的表观初始反应速率常数。初始反应速率常数是一个比较反应活性的有效方法，比较的前提条件是在同样的溶剂、同样的反应物浓度下，不考虑反应动力学的复杂性。但有时反应速率常数是在不同溶剂和不同反应物原始浓度下测定的，如果简单引用文献中的反应速率常数进行比较会出现误导。

实际情况中异氰酸酯和醇的反应动力学比上述的更复杂，因为在反应过程中生成的氨基甲酸酯可以自动催化反应，可能会存在另一种环状中间活性络合物（B），其中一个氨基甲酸酯分子会促进质子从氧原子转移到两性离子反应性中间物 RI 的氮原子上。

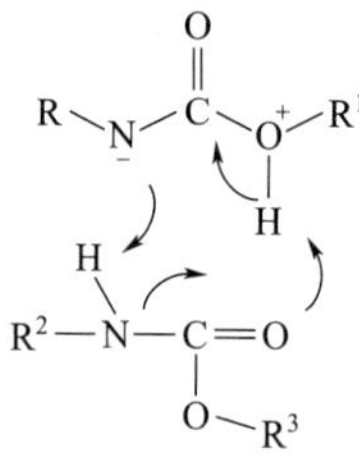

(B)

自动催化反应是三级反应，反应速率与醇浓度的一次方成正比。如果氨基甲酸酯的自动催化有效，而且分子运动不受阻，能到达反应部位，那么随着反应进行，醇浓度的下降对反应速率的影响会被氨基甲酸酯浓度的增加所抵消。表观反应速率在整个反应过程中不断变化，与活性络合物（A）和活性络合物（B）的反应速率常数有关。Sato（1960）研究了各种异氰酸酯和甲醇在二正丁醚中的反应，未添加催化剂时，其结果可以用方程式(12.4) 表示，式中 a 和 b 分别是异氰酸酯和甲醇的原始浓度，x 是产物（氨基甲酸酯）浓度，k_2 表示自动催化反应的速率常数。

$$\frac{\mathrm{d}x}{\mathrm{d}t}=k_1(a-x)(b-x)^2+k_2(a-x)(b-x) \tag{12.4}$$

假定没有副反应，方程式(12.4) 中的 $(a-x)$ 相当于方程式(12.2) 中的[R—N═C═O]，$(b-x)$ 相当于 [R′OH]。Sato 的研究发现，大多数情况下 k_2 大于 k_1，但在少数情况，它们是接近的。当 k_2 特别大时，方程式(12.4) 的第二项在反应后期占优势（当氨基甲酸酯浓度变大时）。Sato 的研究是在二正丁醚中进行的，必须了解的是溶剂极性的变化将造成速率常数什么样的变化。Sato 认为自动催化对脂肪族异氰酸酯比芳香族异氰酸酯更重要。虽然两者自动催化的速率常数是相似的，但是因为芳香族异氰酸酯和醇的反应活性（k_1）更高，降低了自动催化对芳香族异氰酸酯的重要性。

12.2.2 催化剂

很多催化剂可以催化异氰酸酯和醇的反应，包括碱（叔胺类、醇盐类、羧酸盐类）、金属盐和螯合物、金属有机化合物、酸和氨基甲酸酯。大多数脂肪族伯胺和异氰酸酯在室温下的反应非常快，无法测定其反应速率和催化剂的效果。常用来催化仲胺和异氰酸酯的催化剂有羧酸和水。

叔胺类催化剂和有机锡类催化剂在聚氨酯涂料中应用很广泛，最常用的叔胺类催化剂是二氮杂二环辛烷（DABCO[1]），最常用的有机锡类催化剂是有机锡（Ⅳ）化合物二月桂酸二丁基锡（DBTDL）。欧洲从 2015 年开始限制 DBTDL 的添加量和某些其他类型的锡催化剂，本节的后面将会讨论有机锡催化剂的替代物。

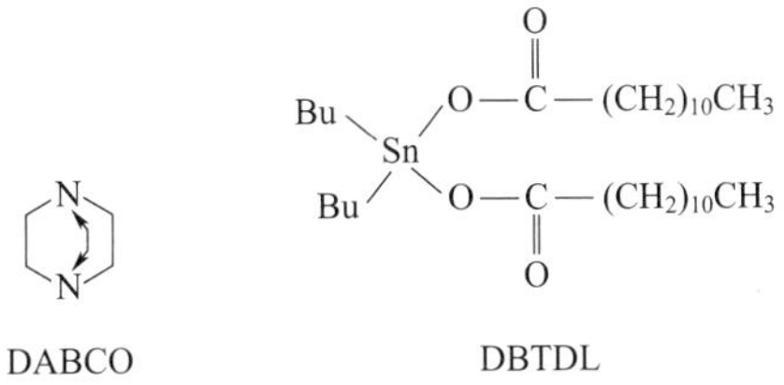

DABCO　　DBTDL

对这些催化剂和其他一些催化剂的催化机理是有争议的。胺催化剂可能的催化机理是：它促使质子从醇转移到异氰酸酯（与醇和氨基甲酸酯类似）。在醇和异氰酸酯反应时，胺从醇上夺取质子，避免在氧原子上形成正电荷，降低了活性中间体的能量，带质子的胺继续将质子转移到氨基甲酸酯上的氮原子上，使反应继续进行到生成产物，如图 12.2 所示。由于胺的碱性很强，在反应初期用胺夺取质子比由醇和异氰酸酯更容易。

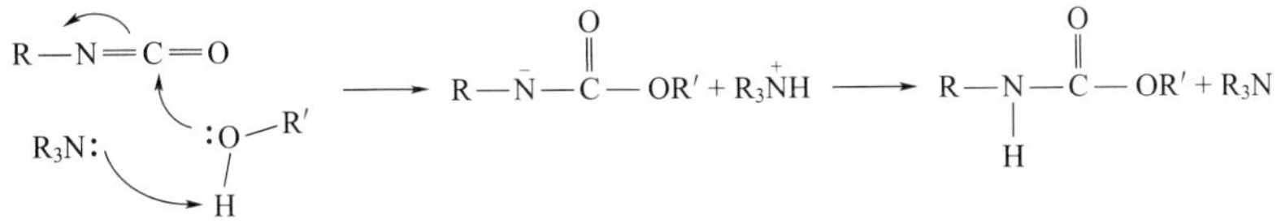

图 12.2　胺催化异氰酸酯和醇反应的可能机理

在 12.2.1 节中，Sato（1960）研究了催化剂的催化，在三乙胺催化异氰酸酯和甲醇的反应中，Sato 的数据符合方程式(12.5)，式中 k_3 和（cat）分别表示催化反应的速率常数和催化剂的浓度。

$$\frac{\mathrm{d}x}{\mathrm{d}t}=k_1(a-x)(b-x)^2+k_2(a-x)(b-x)+k_3(\mathrm{cat})(a-x)(b-x) \tag{12.5}$$

如果催化剂有效，k_3 大于 k_1 或 k_2，催化剂浓度足够时，反应速率受公式中第三项的控制，反应速率分别与［R′OH］和［R—N═C═O］浓度的一次方成正比，这在胺催化反应中是常见的，图 12.2 的机理和速率方程式(12.5) 中的第三项相一致。胺的碱性不是影响反应速率的唯一因素。虽然 DABCO 是弱碱，但是 DABCO 是比三乙胺更强的催化剂。因为它更容易与氮原子上的电子配对。这可能是 DABCO 催化活性更高的原因。氮原子的碱性和它的电子配对性都是影响催化活性的重要因素，这个观点可由 1-氮杂二环［2.2.2］辛烷

[1] DABCO 是空气化学公司一系列不同催化剂的通用商品名，其中包括了商品名为 DABCO L-33 的二氮杂二环辛烷。但是，DABCO 这一缩略语一直被广泛用来表示二氮杂二环辛烷。

（奎宁环）具有更高的催化活性来证明，它有类似 DABCO 氮原子电子配对能力和三乙胺的高碱性。

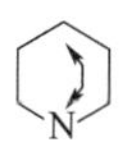

奎宁环

据文献报道（Hira 等，1983），1-8-二氮杂二环[5.4.0]十一碳-7-烯（DBU）对生成氨基甲酸酯有催化作用，其原因是它能和多元醇反应，生成铵离子和一种氢键型的络合物。

Wang 等（2013）研究了 1,3-丙二醇和苯基异氰酸酯在除水后的乙酸丁酯中的反应，他们对比了两种催化剂 DABCO 和四甲基乙二胺（TMEDA），确证了尽管 TMEDA 电负性更大（碱性更强），但是 DABCO 是更有效的催化剂。这可能是由于 DABCO 的空间位阻更小，超过 TMEDA 电负性的影响。这个反应是二级反应，反应后期会出现预期的偏差。Wang 等（2013）的结果与 Sato 的一致：他们从熵的原理出发，认为并不是图 12.2 中表示的一种三方参与的机理，而是一个三步反应机理，DABCO 分别与 R′OH 和 R—N═C═O 反应。

催化剂会在不同程度上催化芳香族异氰酸酯生成脲基甲酸酯的反应，也会催化芳香族异氰酸酯生成异氰脲酸酯的三聚化反应，因此要对两者进行比较非常复杂。例如，Wong 和 Frisch（1986）测定了用五甲基二亚丙基三胺（PMPTA）催化的苯基异氰酸酯和正丁醇的反应（50℃在乙腈中），生成 30%的氨基甲酸酯，而 70%的异氰酸酯转化为三苯基异氰脲酸酯。如果使用 DABCO 作催化剂，主要产物是氨基甲酸酯，也生成少量脲基甲酸酯。可能是因为使用了空间位阻较小的胺（例如 DABCO），有利于生成氨基甲酸酯，这个因素对生成脲基甲酸酯作用不大。Schwetlick 和 Noack（1995）测定了用不同催化剂和助催化剂，催化生成氨基甲酸酯、脲基甲酸酯和异氰脲酸酯的反应常数。2,4-戊烷二酮的锌络合物、辛酸锡和季铵化合物（四甲基辛酸胺）作催化剂时，有利于生成脲基甲酸酯的反应。

酸也能催化生成氨基甲酸酯的反应，可能是因为酸可以使异氰酸酯基团质子化。据文献报道（Berlin 等，1993），乙酸比带羧酸基团的聚醚聚酯催化更有效。羧酸作催化剂时，强酸更有效（Nordstrom 等，1997）。磷酸苯酯在温度低于 100℃时催化效果不如 DBTDL，但在 130℃时比 DBTDL 更有效。可以考虑用易挥发的胺和它反应生成铵盐封闭此酸，延长了适用期，但不会降低在 130℃时的固化速率。

据报道，许多金属有机化合物可作为催化剂，在这些金属类催化剂中，DBTDL 在涂料领域用途最广。它可溶于许多溶剂，价格较低，无色，添加质量分数为 0.05%时一般已经很有效。DBTDL 催化有利于生成氨基甲酸酯，不利于脲基甲酸酯的生成（Yilgor 和 McGrath，1985），也不利于三聚体的生成（Wong 和 Frisch，1986）。DBTDL 憎水，即使在潮气存在时，也会催化生成氨基甲酸酯，而不是异氰酸酯的水解反应。对于有空间位阻的异氰酸酯，二甲基二乙酸锡（DMTDA）催化比 DBTDL 更有效。在没有催化剂时或用胺催化时，芳香族异氰酸酯比脂肪族异氰酸酯更易反应，但用 DBTDL 催化异氰酸酯和醇反应时，脂肪族异氰酸酯和芳香族异氰酸酯的反应活性大致相当。

人们提出了许多锡化合物的催化机理，但是没有一个被普遍接受。其中有一个似乎可取的机理，它是基于苯基异氰酸酯和过量甲醇的反应，使用二乙酸二丁基锡（DBTDA）作催化剂（van der Weij，1981；Lou 等，1997）。反应速率与异氰酸酯浓度一次方成正比，与醇和催化剂浓度的 1/2 次方成正比。动力学公式参见方程式(12.6)。

$$\frac{dx}{dt}=k_3(\text{cat})^{1/2}(a-x)(b-x)^{1/2} \tag{12.6}$$

根据动力学研究结果和实验中观察到添加酸能抑制反应速率的这一结果，提出了图12.3表示的反应过程和机理。这一机理涉及醇（失去 H^+）和异氰酸酯先后与锡生成络合物。质子的损失和锡催化剂在羧酸的存在下活性降低相一致。估计 H^+ 的添加有利于醇的去络合化，并回复到起始反应物。这个结论和观察到的锡化合物不能有效催化异氰酸酯和胺反应的现象相一致。

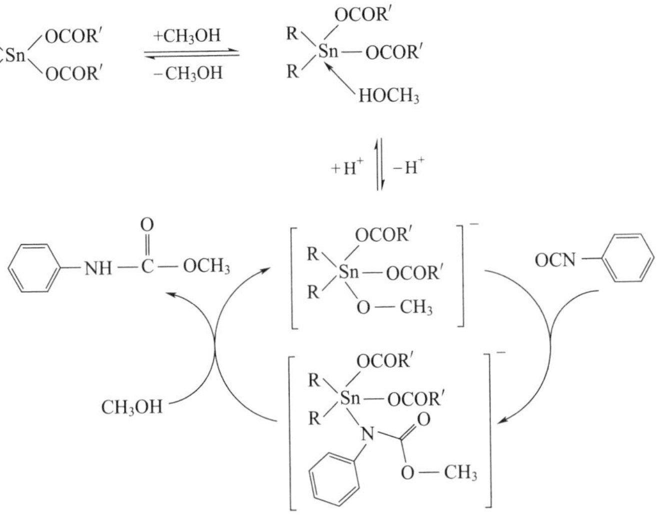

图 12.3　有机锡催化异氰酸酯和醇反应的推荐机理

异氰酸酯能和锡配位，脂肪族和芳香族异氰酸酯与锡催化剂的活性大致相等，这与异氰酸酯和锡的络合作用是一致的，一个主要的原因是芳香族环上的电子离域化反应中间体的作用被消除。锡类催化剂能和醇以及异氰酸酯生成络合物，可以同时活化醇和异氰酸酯，而胺催化剂由于只能促使醇分子上质子消除，仅能活化醇。

反应速率与醇浓度的相关性对适用期和与异氰酸酯的固化条件是十分重要的。若这种相关性从一次方关系变成二次方（这是未催化反应的特征），那么反应在接近完成时，反应速率会突然下降。据报道，在加入有机锡催化剂后，这一相关性就会变弱，只有1/2次方的关系。因此在高浓度（在存贮时）时的反应速率就不会下降到像反应接近完成时那么慢。因此既有利于延长适用期，又有利于缩短固化时间（或降低固化温度）。胺催化的速率相关性是一次方关系，结果是在二次方和1/2次方关系的中间。

另外一个可能的机理是从有机锡酯通过醇化成为有机锡醇盐，得到了一定的认可：

$$R—OH+R'_2Sn(O_2CR'')_2 \rightleftharpoons R'_2Sn(OR)(O_2CR'')+R''CO_2H$$

$$R—OH+R'_2Sn(OR)(O_2CR'') \rightleftharpoons R'_2Sn(OR)_2+R''CO_2H$$

从中可看到，二丁基二异辛酸锡和醇反应生成醇盐（单或者双），接着和异氰酸酯反应生成络合物，这些络合物接着又和醇反应生成氨基甲酸酯（Draye等，1999）。苯基异氰酸酯和环戊醇催化反应在不同溶剂里的溶剂效应证明这个反应的路径是通过二烷基锡单氧化物单酯实现的。Devendre等（2015）用反应动力学和计算化学研究了生成氨基甲酸酯的反应，得出的结论是在极性介质中主导催化的是有机锡醇盐。

为了延长湿固化涂料的贮存稳定性，可以采用保护型催化剂的方法（Richter等，1991），即将DBTDL和对甲苯异氰酸磺酰酯反应，涂料施工之后，催化剂慢慢会和水发生水解，或者和醇发生醇解。

2,4-戊二酮（acetylacetone，AcAc）的金属螯合物也可以作为催化剂。AcAc 的金属衍生物例如 $Zr(AcAc)_4$ 可以激活羟基基团，然后和异氰酸酯反应（Blank 等，1999）。这个催化反应有选择性，特别有利于羟基基团和异氰酸酯的反应，而不是水和异氰酸酯的反应，因此特别适合双组分水性聚氨酯涂料。

许多金属盐已经被证明可以作催化剂。对 NCO/OH 反应的催化程度差异很大，主要取决于二异氰酸酯和催化剂的种类。辛酸亚锡和辛酸铅也很有效，但是要比 DBTDL 的催化差一些。

针对 DBTDL 和 DABCO 的毒性（可能有点言过其实）进行了大量的研究工作，去寻找替代它们的其他催化剂。欧洲从 2015 年开始就严格限制锡催化剂的添加量。已市售的不含锡催化剂主要有羧酸锌盐、羧酸铋盐（例如异辛酸铋）和一系列的取代咪唑盐（Schaefer 等，2015）。Belmokaddem 等（2016）建议采用五氟苯基膦酸酯作为一种无锡催化剂。

另外一个顾虑是涂层中残留的催化剂可能会对涂层的耐久性有负面作用。增加催化剂的用量不但会催化反应，同时也会降低施工固化后涂层的耐水解性能，特别是共反应物不耐水解时，含聚酯和聚醚的涂层表现特别明显。表 12.1 列出了一些基于 $H_{12}MDI$、聚酯三元醇的涂层，采用不同的催化剂 DMTDC、DBTDL 和 DBTM，经过相对湿度 95%和温度 70℃的环境老化测试，观察涂层模量（可表征涂料的交联密度）的变化（Squiller 和 Rosthauser，1987）。观察到模量下降，这是合理的，因为水解破坏氨基甲酸酯的交联，产生胺、醇和二氧化碳。同样，胺催化剂不但会催化氨基甲酸酯的生成，也会催化交联的氨基甲酸酯发生热降解。Okumoto 等（1995）曾报道，聚氨酯弹性体在超过 105℃下曝露 400h，物理性能会大大下降，这主要是由于存在残留的 DABCO。

表 12.1 一些涂层模量和断裂伸长率的变化

催化剂	起始	一周	四周
DMTDC	2450psi(270%)	1900psi(300%)	800psi(330%)
DBTDL	1900psi(270%)	450psi(400%)	200psi(436%)
DBTM	1400psi(280%)	450psi(330%)	250psi(400%)

注：1psi＝6894.76Pa。

12.2.3 催化剂的协同效应

组合使用 DBTDL 和 DABCO 会产生协同效果，催化效果会好过单独使用两种催化剂的总和。Bechara（1981）研究了催化机理，认为 DBTDL 和 DABCO 会发生络合，形成一个高活性络合物，从而促进羧酸锡盐的醇化，生成高活性的锡醇盐加成物。接下来当锡醇盐中加入异氰酸酯时，通过锡醇键形成氨基甲酸锡加成物，它会和醇反应生成氨基甲酸酯，同时又生成锡醇盐。

在第 10 章里曾讲到有机锡和有机钛酸盐经常被用来作为合成聚酯多元醇的催化剂，聚酯多元醇中的残留催化剂会继续催化多元醇和多异氰酸酯的反应，这会造成聚酯多元醇自身比丙烯酸多元醇活性更高的假象。

为了延长适用期同时又不大幅度降低固化速率，通常会在双组分涂料中加入可挥发的抑制剂。用 DBTDL 催化的涂料，加入少量羧酸可以延长适用期，比如甲酸或者乙酸；施工后，酸挥发，固化速度速率不会受到很大影响（Draye 和 Tondeur，1999）。加入少量 2,4 戊二酮（乙酰丙酮）也可延长适用期。当用强酸作催化剂时，可以添加铵盐来延长双组分涂料的适用期。

12.3 用于涂料的异氰酸酯

芳香族和脂肪族异氰酸酯均可用于涂料，前者成本较低，后者有较好的保色性和户外耐久性。

异氰酸酯通过伯胺（RNH_2）和光气（$Cl_2C{=}O$）反应生成，因为光气具有毒性和腐蚀性，必须在安全的环境下进行操作。过去70年中出现了有关这种工艺的大量文献，足以证明这个制造工艺是非常有挑战性的。非光气法制备异氰酸酯的工艺已有报道（Takamatsu等，2015）。

12.3.1 芳香族异氰酸酯

在涂料中用得最广的芳香族异氰酸酯是MDI和TDI。MDI有几个不同的品种，二苯甲烷二异氰酸酯是含量为55%的2,4′-同分异构体和45%的4,4′-同分异构体的混合物，以及含有长链苯亚甲基的MDI低聚物（通常称为聚合MDI），结构见下图。MDI也可用聚醚制备预聚物，它的挥发性（特别是低聚级）比TDI低，毒性也低。

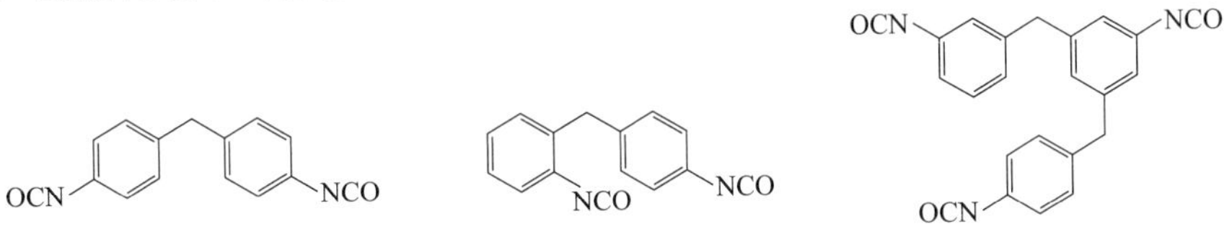

4, 4′-MDI和2,4′-MDI及低聚物

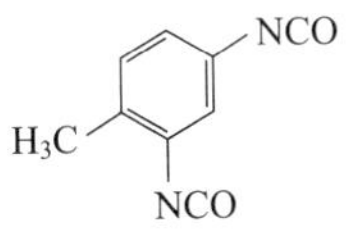

2,4-TDI

工业上常用的TDI是含量为80%的2,4-甲苯二异氰酸酯异构体和含量为20%的2,6-甲苯二异氰酸酯异构体的混合物。纯2,4-甲苯二异氰酸酯价格较高。TDI单体毒性较大，在涂料应用里，很少用到TDI单体。对于需要使用未反应异氰酸酯基团的涂料，需要将TDI单体转化为分子量更高和官能度更高的衍生物。较高分子量的TDI异氰酸酯毒性较小，较高官能度的TDI多异氰酸酯反应更快，涂层耐溶剂更好。

2,4-甲苯二异氰酸酯的优点是邻位和对位异氰酸酯基团和醇的反应活性不同。这种活性的差异使它可以用来合成比活性相同的二异氰酸酯分子量分布更窄的多异氰酸酯和预聚物。在40℃下反应，TDI的对位异氰酸酯基团比邻位基团的反应快7倍。不管哪一个异氰酸酯基团先反应，第二个异氰酸酯基团总是更难反应。对位异氰酸酯基团反应后，剩下的邻位基团的反应活性是对位异氰酸酯基团的1/20。随着温度的升高，这种活性的差异缩小。温度高于110℃时，邻位和对位异氰酸酯基团反应活性相同。因此如果想使反应具有选择性，应考虑在低温下制备预聚物，当然，这时候反应较慢。

虽然可以使用催化剂，但它会改变反应的选择性，另外，催化剂会留在产品中，因此配方中催化剂的使用量要低。在一项TDI和正丁醇于20℃下在苯中反应的研究中，报道了不同催化剂对生成对位和邻位氨基甲酸酯比例的影响。使用 $SnCl_4$ 得到的比例最低（2.8∶1），辛酸锡、DBTDL 和三异戊基磷化氢得到的比例最高（9.9∶1），而没有催化剂的比例是 11.5∶1（Korzyuk 和 Zharkov，1981）。Palyutkin 和 Zharkov（1985）的研究表明，用胺催化剂催化 TDI 反应时，对位和邻位基团的反应速率接近一致。

几乎所有多羟基化合物都能和过量的 TDI 反应生成预聚物，常用的有低分子量端羟基聚酯，或二元醇和三元醇的混合物。最终预聚物产品中未反应的 TDI 单体含量必须很低。使用 NCO∶OH 小于 2∶1 的配比，可确保低 TDI 含量，可以促使反应全部完成；部分 TDI 分子上的两个 N═C═O 基同时反应，会引起链增长，提高产物的分子量。如果要合成低分子量的预聚物，可使用另一种方法，即将多羟基化合物（通常是 TMP）和过量的 2,4-甲苯二异氰酸酯反应，然后用带真空的薄膜蒸发器除去过量的 TDI 单体，可获得游离 TDI 含量很低的预聚物。这种预聚物的链增长有限，适用于高固体分涂料。

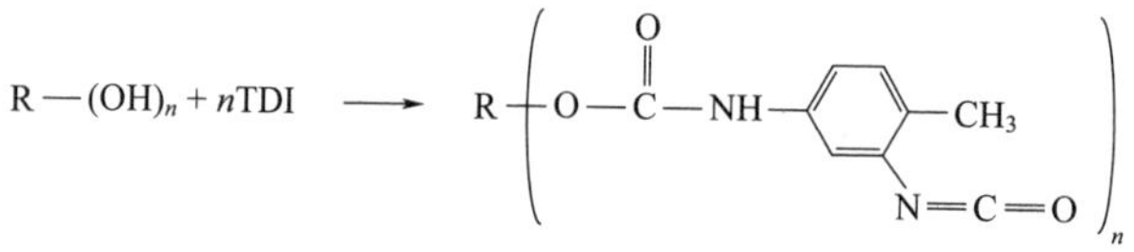

$R-(OH)_n + n\text{TDI} \longrightarrow R\left(O-\overset{O}{\overset{\|}{C}}-NH-C_6H_3(CH_3)-N{=}C{=}O\right)_n$

TDI预聚物的理论反应式

用 TDI 合成的异氰脲酸酯三聚体毒性远远低于 TDI 单体（12.1 节），只有对位异氰酸酯基团可以进行三聚化反应。

12.3.2 脂肪族异氰酸酯

脂肪族异氰酸酯比常用芳香族异氰酸酯成本更高，但是具有更好的户外耐久性和保色性。

常用的脂肪族异氰酸酯有 1,6-六亚甲基二异氰酸酯（HDI）、二环己基二异氰酸酯（$H_{12}MDI$）、异佛尔酮二异氰酸酯（IPDI）、四甲基苯二亚甲基二异氰酸酯（TMXDI）、间异丙烯基-α,α-二甲基苄基异氰酸酯（TMI）和 2,2,5-三甲基己烷二异氰酸酯（TMHDI）。在用于涂料领域之前，二异氰酸酯往往被转化为低聚体衍生物，增加官能度，降低毒性。

$O{=}C{=}N-(CH_2)_6-N{=}C{=}O$

HDI

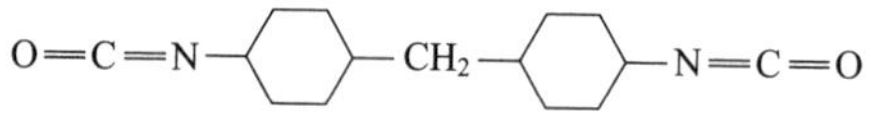

$O{=}C{=}N-C_6H_{10}-CH_2-C_6H_{10}-N{=}C{=}O$

$H_{12}MDI$

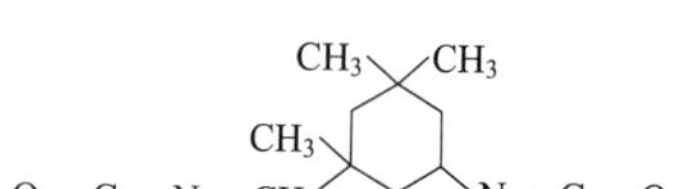

IPDI

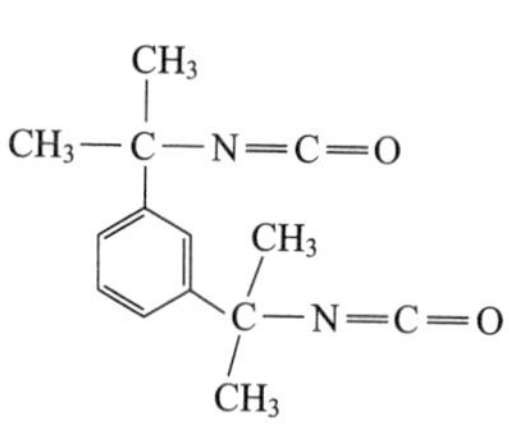

TMXDI

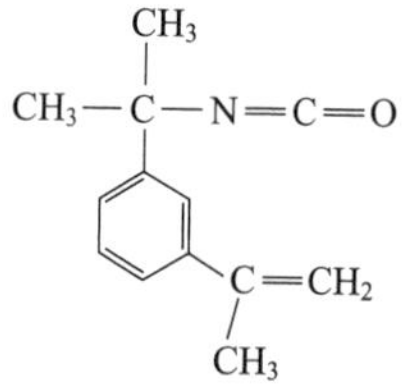

TMI

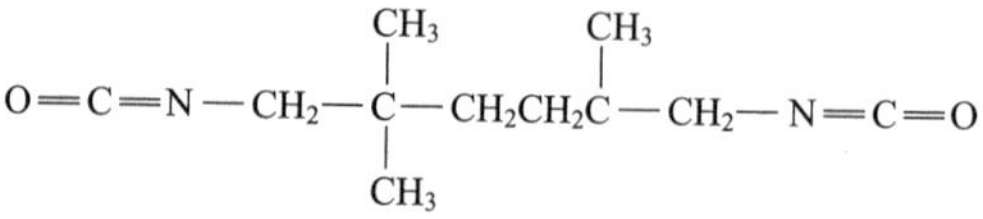

$O{=}C{=}N-CH_2-C(CH_3)_2-CH_2CH_2C(CH_3)H-CH_2-N{=}C{=}O$

TMHDI

HDI 单体毒性较大，只能在有安全保证的化工厂大规模使用。它的第一种毒性较小的低聚衍生物是缩二脲，用 HDI 和少量水反应，除去过量 HDI 单体，生成缩二脲。下式是 HDI 缩二脲理想的结构，工业缩二脲产品中含有不同聚合度的低聚物（平均官能度高于 3），多官能度的多异氰酸酯可以用来制备有良好保色性和耐候性的涂料。早期工业产品的黏度约 11.5Pa·s（20℃），低分子量（平均官能度接近 3）的产品黏度可低至 1.4Pa·s。

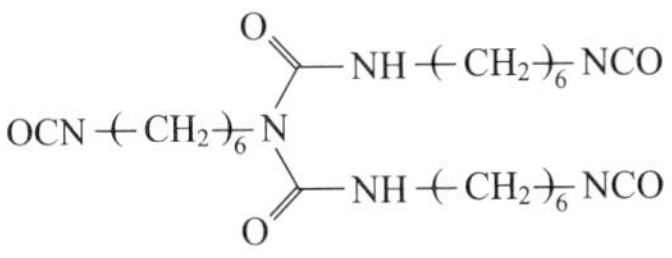

HDI缩二脲(和低聚加成物)

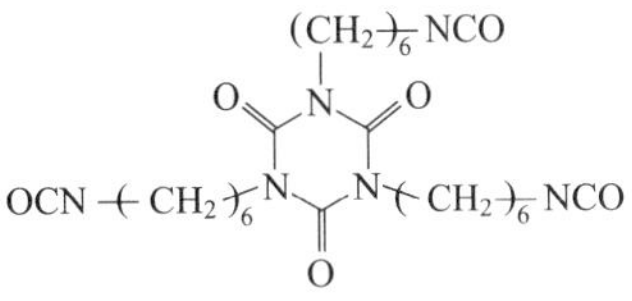

HDI异氰脲酸酯(和低聚加成物)

HDI 异氰脲酸酯的使用量大于 HDI 缩二脲，基于 HDI 异氰脲酸酯的涂料比基于 HDI 缩二脲的涂料在耐热性和长期户外耐久性方面更好。有些异氰脲酸酯低聚物的市售产品平均官能度超过 3，并含有低聚物。一些低聚物含量较低的异氰脲酸酯产品已有市售，黏度可低至 1Pa·s。

纳米二氧化硅的表面可以用—N═C═O 基团进行改性，并分散在 HDI 异氰脲酸酯里，改性后的产品可以进行众多的进一步开发（Maganty 等，2016）。参见 12.6 节和 16.2 节。

使用氟化铵作为催化剂，可以制备 HDI 异构三聚体-亚氨基噁二嗪二酮（称为 HDI 的不对称三聚体），反应产物是 50/50 的不对称三聚体和 HDI 异氰脲酸酯的混合物。异构三聚体的优点是黏度（1Pa·s）远低于对应的 HDI 异氰脲酸酯的黏度（3Pa·s）（Richter 等，1998）。在相同低聚物含量时，现在已有黏度低至 0.7Pa·s 的异构三聚体市售，适用于固体分特别高的涂料产品。

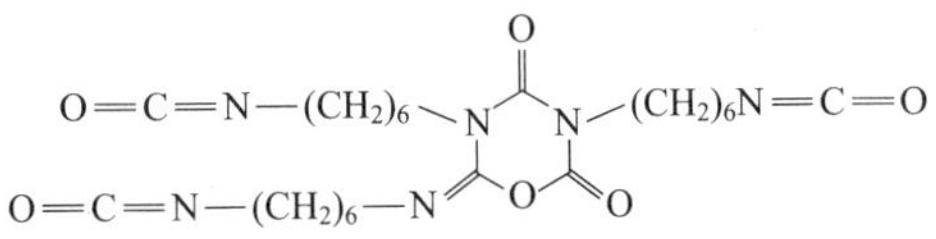

HDI异构三聚体

现在也有黏度（＜100mPa·s）很低的 HDI 脲二酮产品，可以用来制备低 VOC 涂料（Wojcik，1994），这种涂料可以常温固化（脲二酮的结构在 12.1 节和 12.5.2 节里面有说明）。

HDI 和 IPDI 的脲基甲酸酯衍生物也常被用于涂料，用醇或二醇和过量的二异氰酸酯反应生成，然后用薄膜蒸发器除去未反应的二异氰酸酯（Potter 和 Slack，1992）。由一元醇和 HDI 制备的脲基甲酸酯的结构如下式所示。使用的醇和 R 基团不同，性能有差异。例如，用 HDI 和十六醇制备的单氨基甲酸酯，可以生成脲基甲酸酯二异氰酸酯，它可以溶于脂肪烃里。常用乙二醇和过量的二异氰酸酯反应制备具有高官能度的脲基甲酸酯。

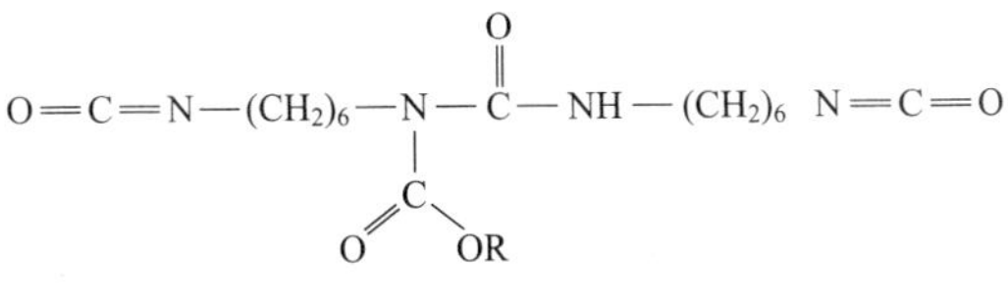

HDI脲基甲酸酯

市售 IPDI 是顺式和反式异构体的混合物，两者的比例是 75∶25，两种异构体很难分离。IPDI 有两个不同类型的 N═C═O 基，伯和仲 NCO 基团，在不同的条件下，它们的反应具有选择性。用 DBTDL 作催化剂，顺式和反式异构体两者中的仲 N═C═O 基比伯

N ═C ═O 基更易反应，与异丁醇反应的选择性比与正丁醇反应更大（Ono 等，1985；Hatada 等，1990；Lomoelder 等，1997）。用 DABCO 作催化剂，伯 N ═C ═O 基更易反应，这与 DBTDL 和其他胺催化剂的情况正好相反。在所有情况下，随着温度的升高，选择性下降。如果希望制备低分子量和分子量分布较窄的 IPDI 预聚物，高选择性十分重要。研究证明，合成 IPDI 预聚物的最佳条件是：温度为 40～60℃，催化剂是 DBTDL。

IPDI 异氰脲酸酯衍生物像 HDI 异氰脲酸酯一样，广泛地用作涂料的交联剂。IPDI 的刚性大，可以制备高 T_g 的涂层，将 IPDI 和 HDI 异氰脲酸酯混合使用，可以制备具有不同 T_g 的涂层。

二环己基二异氰酸酯（$H_{12}MDI$）比 HDI 和 IPDI 更不易挥发，因此它可以用作辊涂施工涂料中的游离二异氰酸酯，但是不能喷涂施工。它是立体异构体的混合物，反应活性比 HDI 或 IPDI 低。

TMXDI 和 TMI 虽有芳香环（结构见前），但其保色性和户外耐久性与脂肪族异氰酸酯类似，主要原因是它们的异氰酸酯基团没有直接连接在芳香环上，靠近氮原子的碳原子上没有可夺取的氢原子，这与芳香族异氰酸酯不同。它们的异氰酸酯基团连接在叔碳原子上，反应活性比立体位阻较低的脂肪族异氰酸酯低。如果允许，这一问题可以通过提高催化剂用量和选择对空间位阻效应不敏感的锡催化剂，例如用 DMTDA 替代 DBTDL 来解决。TMXDI 可以和三羟甲基丙烷反应生成预聚物，基本上无游离二异氰酸酯。可以用摩尔分数 40%～50%的 TMI 和丙烯酸酯单体反应生成分子量为 2000～4000 的共聚物，这个产物每个分子带有几个异氰酸酯基团（Alexanian 等，1993）。

人们对生物基聚氨酯的兴趣越来越大。Noreen 等（2016）的一篇综述文章里列举了 41 种生物基聚氨酯的例子，很多是基于改性蓖麻油（为了含羟基）或者其他植物油的预聚物。Narute 和 Palanisamy（2016）介绍了采用环氧化的棉花籽油经水解后生成的多元醇。Li 等（2015）提出了一个不同的思路，用两种市售的二异氰酸酯合成了生物基聚氨酯聚脲分散体，一种用妥尔油脂肪酸制备，另外一种从赖氨酸（天然的含两个氨基的氨基酸）制备的赖氨酸乙酯制备，将这两种异氰酸酯混合可以得到理想的 T_g。当然，部分生物基的醇酸树脂可以用多异氰酸酯交联，已有几十年历史了。

12.4 双组分溶剂型聚氨酯涂料

大部分聚氨酯涂料都是双组分体系，异氰酸酯组分和多元醇组分分别包装，在施工之前混合。一个组分含有多元醇树脂（或者其他共反应物）、颜料、溶剂、催化剂和助剂，另外一个组分含有多异氰酸酯和除水溶剂。催化剂可以单独包装成另外一个组分，这样在室温条件下有变化时，可以用催化剂组分调整固化速率。尽管主要的交联反应是生成氨基甲酸酯，但异氰酸酯和空气中的湿气反应会生成聚脲的交联结构。双组分聚氨酯涂料可以设计成室温固化或烘烤型涂料。

在很多应用中，双组分溶剂型聚氨酯涂料在一个生产班次开始时混合，混合后黏度开始增加，涂料须保证混合后 4h 或者 8h 仍然可以喷涂，这就是通常说的 4h 或者 8h 的适用期。如果在工厂有特殊的双组分混合喷涂设备，混合后可立即施工时，适用期可以很短。如果要求涂料在低温下快速固化，可选用高活性的共反应物或者提高催干剂用量，这种情况下适用期很短。这样的涂料需要考虑使用双组分混合喷涂设备，使用这种喷涂设备时，涂料的两个组分分别用各自的比例泵输送到特殊的喷枪里，并在喷枪里完成混合，然后喷涂施工；或者在喷涂时进行混合。这样的喷涂设备比较昂贵，使用这些喷涂设备时，必须确保每个组分按照设计的比例输送和实现充分的混合。

多异氰酸酯和多元醇双组分涂料一个很重要的参数是 NCO/OH 的当量比。室温干燥时，常用的 NCO/OH 当量比是 1.1∶1，这时涂层性能会比当量比是 1∶1 的涂层性能更好，一个可能的原因是部分 NCO 会和溶剂、颜料里的水和湿气反应生成聚脲键。当 NCO/OH 的当量比是 1∶1 时，因为每反应掉一个水分子，就会留下两个未反应的羟基，而生成的中间产物胺很容易和第二个 NCO 反应（12.1 节），使用过量的 NCO 会使未反应的羟基很少，提高耐溶剂性能。常用的多异氰酸酯的黏度普遍低于多元醇，过量的 NCO 可以降低涂料的 VOC（Wicks 和 Yeske，1997）。某些涂料，比如飞机涂料，NCO/OH 当量比可以高达 2∶1。大气中的水与过量的 NCO 反应，生成脲键，完成交联固化。水分子的迁移性强，加上胺的活性高，就会产生水与异氰酸酯的反应，结果使涂层的 T_g 比羟基与多异氰酸酯反应的涂层的 T_g 更高。羟基含量的降低也会延长适用期。

由于异氰酸酯的反应速率按如下顺序下降，伯醇＞仲醇＞二羟乙基醚醇＞羟丙基醚醇，所需 NCO 高出 OH 的过量顺序也一样。

有很多市售的合适的含羟基共反应物，最常见的有端羟基聚酯树脂和羟基丙烯酸树脂。一般来说，用羟基聚酯制得的聚氨酯涂料固含量更高，涂层的耐溶剂性能更好，对金属的附着力更好。而羟基丙烯酸树脂制得的聚氨酯涂料干燥更快，耐久性较好，水解稳定性和光稳定性更好。羟基丙烯酸树脂与 NCO 的当量比可以比羟基聚酯更高，减少昂贵的异氰酸酯的用量，降低涂料体系的成本。

Zhang 等（2013）研究了用第 10 章详细介绍的普通单体制备的聚酯多元醇和由此制备的聚氨酯涂料。他们的发现和第 10 章论述的原理完全一致，并提供了更多的分析数据，以及这类聚酯树脂设计的细节。一个重要的发现是用宽角 X 射线分析聚氨酯涂层，没有发现结晶结构，提出了短程有序结构的设想。

聚酯多元醇制备的双组分溶剂型聚氨酯涂料的耐候性可以通过采用耐水解性能较好的由 BEPD 和 TMCD 制备的多元醇来加以提高（10.1.1 节）。

除了聚酯多元醇和丙烯酸多元醇以外，其他树脂也可以用于双组分聚氨酯涂料。低油度和中油度的醇酸树脂中含有羟基，施工之前加入多异氰酸酯可以加快干燥速率，例如添加 IPDI 三聚体。硝化纤维素（运输时用增塑剂代替乙醇或异丙醇加湿）可以和异氰酸酯一起用于交联型木器清漆。双酚 A 环氧树脂中的羟基可以和异氰酸酯发生交联反应。羟基聚醚树脂一般用于聚氨酯发泡，也可以用于涂料，经常和其他多元醇配合使用。但是湿气穿透性高和室外耐候性差。

分子运动受阻。随着交联反应的进行，涂层的 T_g 增加。在反应过程中，当部分反应的涂层 T_g 接近于反应温度时，氨基甲酸酯基形成的速率受分子运动的影响，反应速率降低。如果充分反应的涂层 T_g 远远高于固化温度，在交联反应达到完全以前，固化反应实际上已经停止（Fiori 和 Dexter，1986）。在大多数室温固化涂料里，如果需要涂层的 T_g 高于固化温度，这时候要选择合适的多异氰酸酯和多元醇，这是涂层的 T_g 达到设计 T_g 的关键点。可以选择比较柔韧的多异氰酸酯（比如 HDI 缩二脲）和高 T_g 的丙烯酸树脂和聚酯树脂配合。另外，可以生成硬段结构单元的多异氰酸酯（例如 TMP/TMXDI 预聚物）需要 T_g 低的丙烯酸树脂和聚酯树脂配合使用。分子运动受阻在常温下比高温烘烤时更常见。T_g 可以用较硬和较软的异氰酸酯搭配来调节，基于这些理论，Wang 等（2015）研究了采用两种不同脂肪族二异氰酸酯制备的混合异氰脲酸酯。

双组分聚氨酯涂料常常要考虑适用期和固化时间之间的平衡（2.3.2 节）。可以用几个配方参数来延长适用期而不大幅度影响固化时间。降低反应基团的浓度可以延长适用期，但是会增加 VOC。湿固化体系替代双组分体系，可以延长适用期，但是反应会受到环境湿度的影响。氢键接受能力强的溶剂（聚氨酯级别的酮和酯）会使异氰酸酯和醇的反应更慢，加入更多此类溶剂可以延长适用期，施工后，溶剂挥发，反应速率会加快。

如果允许的话，用有机锡催化剂要比胺催化剂好（12.2.2 节），因为在用锡催化剂催化时，反应速率与醇浓度的 1/2 次方成正比，而用胺催化剂催化时，和醇浓度的一次方成正比。羧酸会降低锡催化剂的有效性，涂料中加入乙酸或者甲酸，在适用期期间会抑制反应，施工后，酸挥发，抑制效果消失。类似地，戊二酮可以和锡催化剂形成螯合物从而延长适用期，施工后会挥发。12.2.2 节中介绍了不含锡和胺的其他催化剂。

低黏度的异氰酸酯固化剂可以制备高固体分的双组分聚氨酯涂料（12.3.2 节）。涂料的黏度不仅仅取决于固化剂，也要看多元醇，更要看配合后的异氰酸酯和固化剂体系。如果是一种低黏度的固化剂，当量也很低，那么必须降低固化剂和树脂的质量比，这时多元醇的黏度显得更加重要。

活性稀释剂可以用来增加涂料固体分。聚三甲基碳酸酯多元醇（17.9 节）被推荐作为用 HDI 多异氰酸酯固化的丙烯酸多元醇的活性稀释剂（Zhou 等，2000）。使用通过三甲基碳酸酯和 TMP 制备的低分子量的三元醇，可获得最好的结果。降低 VOC 的同时，增加涂层的柔韧性，又不会降低硬度、耐候性和机械性能。

聚天门冬氨酸酯（Wicks 和 Yeske，1997）是一种受阻胺，可以用来和三聚体固化剂配合制备高固体分涂料。它们是马来酸酯和常用二胺通过 Michael 加成反应生成。尽管主要反应是生成聚脲的反应，但是这类涂料习惯上还是被称为聚氨酯涂料。这类涂料有优异的户外耐久性和良好的机械性能，主要应用在汽车修补漆和维护涂料（第 33 章）。它们也可以用于汽车原厂清漆。

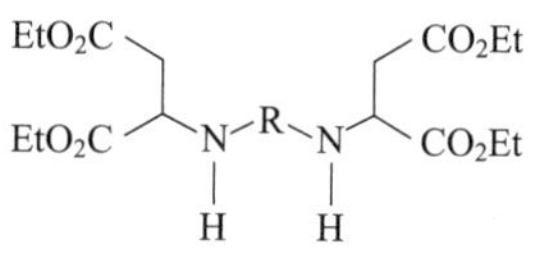

EtO_2C CO_2Et EtO_2C N R N CO_2Et H H

聚天门冬氨酸酯：R见表12.2

表 12.2 不同取代基的聚天门冬氨酸酯的黏度（100%固含量，23℃）**和胶化时间**

R	黏度/mPa·s	胶化时间
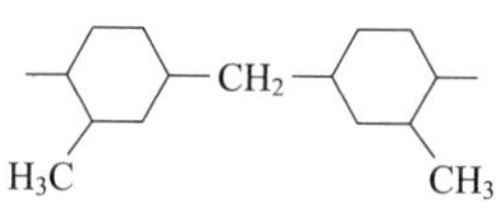 CH_2 H_3C CH_3	1500	＞24h
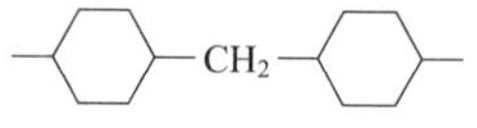 CH_2	1200	2～3h
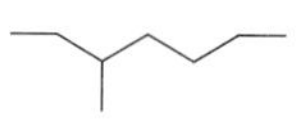	150	＜5min

如表 12.2 所示，多异氰酸酯和聚天门冬氨酸酯体系的胶化时间取决于聚天门冬氨酸酯的结构。令人惊奇的是加入 DBTDL 后会延长适用期（Wicks 和 Yeske，1997）。另外，羧酸和水会加速反应。通过选用合适的多异氰酸酯和聚天门冬氨酸酯，调整阻聚剂和催化剂，可以得到有合适适用期，同时又能快速固化的高固含双组分聚氨酯涂料（Squiller 等，2014）。

氯胺酮和醛亚胺也可作为生成聚脲的交联剂，在本书的第三版中 Bock 和 Halpaap（1987）及 Wicks 和 Yeske（1997）介绍了它们复杂的化学，聚醛亚胺的优点是可以得到黏度非常低的涂料。

美国加利福尼亚州的环保法规只允许某些双组分工业维护涂料的 VOC 排放在 100g/L 以下。Seipke 等（2016）研究了用合适的配方满足这个限量，利用了豁免溶剂的优点（18.9.1 节）。在它们的配方中，多元醇是 80/20 的丙烯酸和聚酯树脂混合体，多异氰酸酯是 HDI 异氰脲酸酯，溶剂是快干的豁免溶剂丙酮和慢干的豁免溶剂对氯三氟甲苯，同时用了部分不能豁免的慢干溶剂。

在前面章节提到过，大多数双组分聚氨酯涂料都含有脲键，受阻胺反应生成的全部是聚脲，也被称为聚氨酯。聚脲涂料是指最终交联反应是由异氰酸酯和反应速率极快的胺基发生反应的一类涂料——双组分聚脲涂料，它主要应用于维修涂料领域，其他的应用包括用异氰酸酯和受阻胺配制的汽车修补清漆（12.4 节），也称为双组分聚氨酯涂料。湿固化涂料也能生成聚脲，这种涂料一般也被叫作聚氨酯涂料。

双组分聚脲的适用期取决于所使用的胺和多异氰酸酯。脂肪族伯胺反应太快，不能用工业化的喷涂设备施工，但是芳香族伯胺可以用特殊喷涂设备施工。受阻胺也可用于双组分聚脲涂料。在一些应用领域，希望固化尽可能快，例如屋面涂料、地坪涂料、道路标志涂料和防流挂厚膜维护涂料（第 33 章）。超快干涂料的需求刺激了开发合适的喷涂设备，喷涂设备可以喷涂适用期短到一秒的涂料。采用 MDI/聚氧化丙烯预聚物和芳香胺制备的双组分聚脲涂料，可以用于对保色性和耐候性要求不高的维护涂料。该涂料的优点是即使在零摄氏度也可快速固化，零 VOC，涂层在低温下柔韧性很好（Takas，2004）。屋面和地坪涂覆聚脲涂料 30s 后，就可以在上面行走。聚脲涂料在预处理良好的金属和水泥底材上具有良好的附着力，不需要底漆。芳香族异氰酸酯和胺制成的黑色涂料可厚涂在皮卡车的后车厢，室温下几秒固化，保护皮卡车的后车厢避免被划伤和磨损，它们提供了替代聚乙烯底垫的另外一个方案。

12.5 封闭型异氰酸酯

封闭型异氰酸酯是用于高温烘烤体系的交联剂。它们一般通过异氰酸酯和一个封闭剂反应，常温下贮存稳定，在高温下释放出异氰酸酯。封闭型异氰酸酯的主要应用有阴极电泳漆、粉末涂料、漆包线涂料和日益增长的单组分汽车漆。常用的封闭剂包括电泳漆中使用的 2-乙基己醇和 2-丁氧基乙醇及粉末涂料中常用的 ε-己内酰胺、丁酮肟和脲二酮，详细的内容见 27.2 节和 28.1.3 节。

Wicks 和 Wicks（1975，1981，1999，2001）发表了一系列关于封闭型异氰酸酯的文章。封闭型异氰酸酯（blocked isocyanate）是最常用的名字，英语中有时也用“masked isocyanate”和“capped isocyanate”表示。异氰酸酯可以用不同的方法进行“封闭”。

12.5.1 封闭和脱封的原理

封闭型异氰酸酯和醇的反应有两种方式：①封闭型异氰酸酯脱封释放出异氰酸酯和封闭剂，异氰酸酯和醇反应（消除-加成反应）；②醇和封闭型异氰酸酯反应，产生一个四面体的中间产物，接着脱除封闭剂（加成-消除反应）。从图 12.4 可以看到两种方式的反应式，在图中 B—H 代表封闭基团。温度升高有利于消除-加成反应，这和 2.3.2 节和图 2.5 里面所描述的动力学参数 E_a 和 A 是一致的。

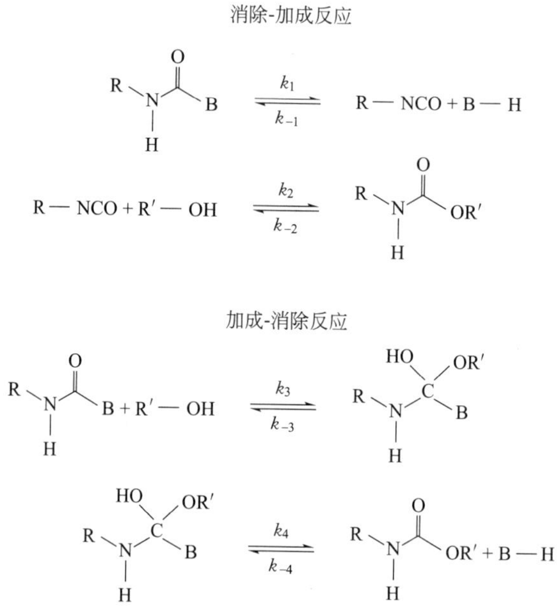

消除-加成反应

$$\mathrm{R{-}NH{-}C({=}O){-}B} \underset{k_{-1}}{\overset{k_1}{\rightleftharpoons}} \mathrm{R{-}NCO + B{-}H}$$

$$\mathrm{R{-}NCO + R'{-}OH} \underset{k_{-2}}{\overset{k_2}{\rightleftharpoons}} \mathrm{R{-}NH{-}C({=}O){-}OR'}$$

加成-消除反应

$$\mathrm{R{-}NH{-}C({=}O){-}B + R'{-}OH} \underset{k_{-3}}{\overset{k_3}{\rightleftharpoons}} \mathrm{R{-}NH{-}C(OH)(OR'){-}B}$$

$$\mathrm{R{-}NH{-}C(OH)(OR'){-}B} \underset{k_{-4}}{\overset{k_4}{\rightleftharpoons}} \mathrm{R{-}NH{-}C({=}O){-}OR' + B{-}H}$$

图 12.4 封闭型异氰酸酯和醇可能的反应路径

常温下，封闭型异氰酸酯封闭和脱封的反应平衡必须在封闭这一侧，当温度升高时，脱封反应速率增加，释放异氰酸酯，和共反应物发生反应。脱封的温度取决于异氰酸酯和封闭剂，也取决于共反应物反应产物的稳定性和相对活性。一般来说，如果反应的最终产物比封闭型异氰酸酯稳定，脱封反应会更快。如果最终产物的稳定性较差，那么在较低的温度下也会发生脱封。交联反应的速率取决于共反应物与异氰酸酯和封闭剂反应竞争的效果，也取决于封闭剂从涂膜中挥发的速率。反应动力学研究发现封闭型异氰酸酯的反应很复杂，几乎所有的反应都是可逆的，而且有几种副反应可能发生。即使单独加热封闭型异氰酸酯，也会有异氰酸酯的副反应发生。在高温下，临时释放出的异氰酸酯可能会三聚化或者和封闭型异氰酸酯本身发生反应，形成脲基甲酸酯或者缩二脲。这些产品又可通过不同的途径发生热降解。

封闭型异氰酸酯和多核亲核试剂的固化条件取决于很多因素，如：

- 异氰酸酯、封闭剂和亲核试剂的结构；
- 亲核试剂和异氰酸酯的反应速率与异氰酸酯和封闭剂逆反应的相对速率；
- 封闭剂的扩散和挥发速率；
- 涂层厚度；
- 反应介质的极性和氢键（溶剂和共反应物）；

• 反应基团的浓度；
• 催化剂的种类和浓度；
• 副反应的程度，是否会导致交联和反应的终结；
• 达到最佳涂层性能的交联程度。

通常，在每个具体的应用中这些影响因素要单独评估。在265℃下几秒内能固化漆包线涂料的固化条件，可能不适用在140℃下20min固化的汽车清漆。

在考虑不同的影响因素时，在比较文献里提到的不同脱封温度时，必须要小心对待，特别是数据是用不同的方法获得的时候。尽管文献里一些特殊的测试方法得到过脱封或者交联反应的温度，但实际上脱封反应没有最低临界温度。

因为涉及很多不同的封闭剂、异氰酸酯、催化剂和反应条件，所以如果使用常规方法研究封闭和脱封反应需要大量的时间和精力，还要有足够的配方设计知识，甚至要采用统计实验设计技术。这样的体系是使用组合式化学装置进行高通量实验的前提。Wicks（2002）阐明了这些实验的背景和它们在涂料工业可能的应用领域。Bach等（2002）利用四种异氰酸酯、五种封闭剂和一个丙烯酸多元醇，在从80℃到200℃之间12个温度条件下，评估了不同的催化剂。若用3,5-二甲基吡唑作为封闭剂制成四种封闭型异氰酸酯，DBTDL的催化效果最好（固化温度110℃）。若用MEKO封闭的HDI异氰脲酸酯，DBTDL和异辛酸钛催化的结果一样（固化温度140℃）。丙二酸二乙酯封闭的HDI异氰脲酸酯不受催化剂影响（固化温度90℃）。获得所需要数据的128个实验在一天内就完成了。

当然这些脱封温度和分析方法、加热速率以及其他因素有关。不同的分析技术，对同一样品，可能会得到不同的脱封温度。

• 常用的方法是根据物理性质的变化来测定"脱封温度"，例如胶化时间。胶化时间是指在规定温度下封闭型异氰酸酯和共反应物达到胶化所需的时间（Katsamberris和Pappas，1990）。据文献报道，另外一个普遍的方法是测定涂层能耐200次丁酮双向擦拭所需的时间（Huang等，1995）。但是就像在12.2节的概述部分讲到的，达到200次丁酮擦拭的涂层，有可能会继续发生交联反应。

• 据报道，可采用异氰酸酯的红外光谱图上出现的强烈吸收峰（2250cm^{-1}）来表征脱封温度，这个结果取决于对样品的加热速率，加热速率越快，出现的脱封温度越高。曾有人用FTIR单次动态扫描来研究反应动力学（Carlson等，1984）。

• 将FTIR和DMA结合起来研究固化交联反应特别有效，可以单独观察固化反应和脱封过程（Kuo和Provder，1998）。也有用FTIR测试固化过程气体的组成和释放速率；封闭剂释放的速率可用来计算动力学常数。

• 恒温热重分析TGA也可以用来测定脱封反应的动力学参数，通过跟踪因封闭剂释放而造成的质量损失，可得知反应的程度（Kordomenos等，1982）。

• DSC通过测试脱封过程中的热流变化，来研究反应动力学（Provder等，1984）。

• 固态核磁共振NMR可以用来直接跟踪化学碎片。固态^{13}C NMR核磁共振可以测试封闭基团里碳原子的强度，脱封后碳原子强度变得更大（Cholli等，1983）。

• 胺和肟封闭异氰酸酯的反应是一级反应，所以封闭型异氰酸酯脱封的反应速率常数可以用与胺反应的速率来测定（Witzeman，1996）。

• 异氰酸酯和水反应会生成CO_2，有报道说，当有饱和水的分子筛存在时，加热封闭异氰酸酯，CO_2释放的最低温度是脱封温度（Monhanty和Krishnamurti，1998）。

Guo 等（2016）最近报道了用 TGA、DSC 和 CO_2 方法进行脱封动力学的研究。

反应速率和反应程度与封闭剂的挥发性关系极大。用红外光谱测试了在开放和封闭的测量池中 MEKO（丁酮肟）封闭 HDI 多异氰酸酯的洁净样品在加热到 140℃时的情况（Wicks 和 Wicks，1999），结果完全不同，可以想象涂层厚度不同，结果也会不同。

通常，封闭型芳香族异氰酸酯的脱封温度比对应的封闭型脂肪族异氰酸酯低。这是芳香环和异氰酸酯发生了 π 共轭的结果。吸电子基在芳香环上的取代，例如 Cl、NO_2 和 COOR，会提高反应速率，而给电子基，例如烷基，会降低反应速率。空间位阻效应也会影响反应速率，异氰酸酯基团在叔碳原子上的封闭型异氰酸酯（例如 MEKO 封闭的 TMI）脱封温度较低。在 110℃下，在邻位 MEKO 封闭的 TDI 脱封速率比空间位阻较小的对位产品快 3.2 倍（Lucas 和 Wu，1993）。在 110℃下，MEKO 封闭的 TMI 的脱封速率比空间位阻较小的 MEKO 封闭环己基异氰酸酯快 7.9 倍。在 110℃下，双异丙基酮肟封闭 TMI 的脱封速率比 MEKO 封闭 TMI 快 5.5 倍（Pappas 和 Urruti，1986）。

利用受控自由基聚合技术制备新型封闭型异氰酸酯，为进一步的发展提供了很多新的机遇。

12.5.2 封闭基团

封闭基团的结构对脱封温度和涂料的固化速率有明显的影响。

尽管许多醇类的脱封温度较高，但还是一直在用作封闭剂，特别是在对稳定性要求较高的应用场合。因为电泳槽需要长期稳定的涂料，阴极电泳底漆常用 2-乙基己基醇作封闭剂，主要原因是它在水中的稳定性（第 27 章）。据文献报道（Hoppe-Hoeffler 等，1991），用乙二醇单醚，例如 2-丁氧基乙醇，可以得到较低温固化的产品。

苯酚封闭的异氰酸酯的脱封温度比醇封闭的氨基甲酸酯低，这和它们的加成反应慢是一致的。各种烷基苯酚也被用作封闭剂。

酮肟解封温度比醇、苯酚和 ε-己内酰胺都低，它们非常适合溶剂型脂肪族异氰酸酯，首先被用在汽车面漆里。几乎所有的醛或者酮可以和醇胺反应生成酮肟，所以酮肟的结构繁多。

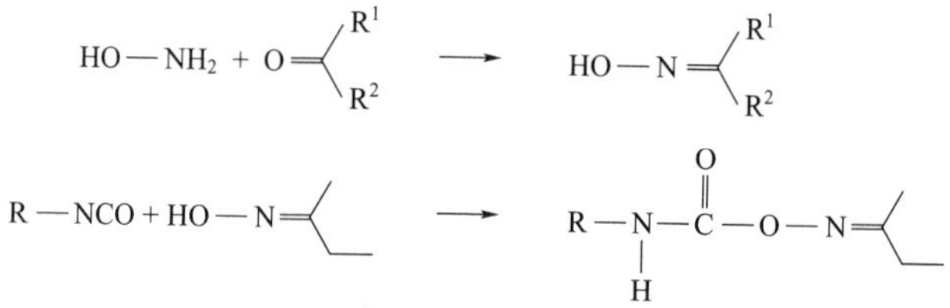

$$\mathrm{HO-NH_2 + O{=}C(R^1)(R^2) \longrightarrow HO-N{=}C(R^1)(R^2)}$$

$$\mathrm{R-NCO + HO-N{=}C(CH_3)(C_2H_5) \longrightarrow R-NH-C({=}O)-O-N{=}C(CH_3)(C_2H_5)}$$

肟的优势是与异氰酸酯反应活性高，不需要催化剂就可以生成封闭型产品。MEKO 和环己基异氰酸酯的反应速率是辛醇的 50～75 倍（Witzeman，1996）。MEKO 的反应活性高，也带来了脱封时的不足，在脱封时会和醇竞争与异氰酸酯的反应，降低反应速率。MEKO 的潜在毒性是另外一个缺点。

ε-己内酰胺是常见的封闭剂，常用在粉末涂料（第 28 章），它的脱封温度比肟高。2-吡咯烷酮的脱封温度比 ε-己内酰胺还要高（Regulski 和 Thomas，1983），这可能是由 7 元环内酰胺的空间位阻效应造成的。

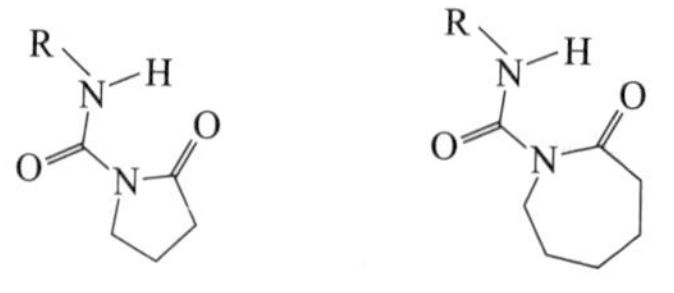

2-吡咯烷酮和 ε-己内酰胺封闭的异氰酸酯

封闭剂的释放速率取决于它们的分子量。ε-己内酰胺封闭的 IPDI 产品，封闭剂的挥发物占加成物质量损失的 50%，高温烘烤时己内酰胺挥发生成的蒸气在烘道温度较低的部分冷凝，导致烘道需要特殊维护。

吡唑（Cooray 和 Spencer，1998）和 1,2,4-三唑（Keck 等，1997）的脱封温度较低。如下所示，吡唑的消除反应通过环上的质子转移完成，吡唑封闭剂的碱性越强，脱封反应越快，这和上述假设完全一致。DBTDL 催化苯酚封闭异氰酸酯的脱封反应是消除-加成反应。DABCO 会阻碍脱封反应，可能是环状结构的原因。3,5-二甲基吡唑和 1,2,4-三唑的耐黄变性比肟好。

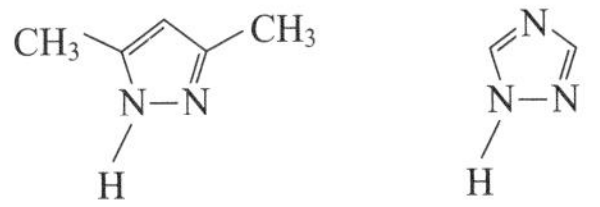

3, 5-二甲基吡唑和1, 2, 4-三唑

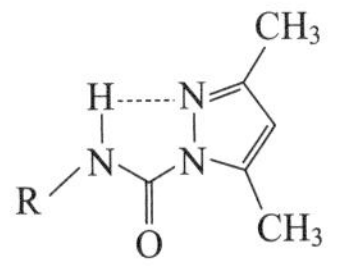

有氢键形成的3, 5-二甲基吡唑封闭异氰酸酯

仲胺可以作封闭剂，而伯胺不能作封闭剂。伯胺参与的反应不是脱封反应，伯胺和异氰酸酯生成的脲可以离解异氰酸酯或 C ═O 基团一侧的封闭剂，会从伯胺封闭基释放出易挥发有毒的单异氰酸酯。

很多受阻胺可作为封闭剂用于粉末涂料，最合适的是双(2,2,6,6-四甲基-4-哌啶基)胺，因为烘烤后大部分会留在涂层中，可以提高涂层的耐 UV 稳定性能（Gras 和 Wolf，1997）。

很多带活性亚甲基的产品可以和异氰酸酯反应，活性亚甲基加成到异氰酸酯基团的碳原子上。最合适的产品是丙酸二乙酯（DEM）。DEM 封闭的异氰酸酯脱封时并不会释放异氰酸酯，但一般也认为它是封闭剂。对一模型化合物的研究表明，DEM 封闭的环己基异氰酸酯和正己醇反应，首先会发生酯交换，还有其他产品（图 12.5）（Wicks 和 Kostyk，1977），可能的反应是烯醇离解成烯酮，烯酮再形成不同的产品。这类产品固化温度相对比较低，有足够的水解稳定性，可以用于水性单组分体系（Daude 和 Girard，1996）。据文献报道（Blank 等，1997），DEM 封闭的异氰酸酯上的活泼氢也可以和 MF 树脂反应。

在粉末涂料中有一个技术趋势是，用在固化时无挥发性封闭剂释放的化合物代替常用的封闭型异氰酸酯。异氰酸酯脲酮封闭的产品就很有前途，脂肪族异氰酸酯脲酮有良好的户外稳定性，很受青睐。制备 HDI 脲酮的过程中主要的产物是异氰脲酸酯，而 IPDI 脲酮的制备过程中只有少量异氰脲酸酯产生（Schmitt 等，1998）。脲酮中的游离异氰酸酯基团必须在使用前反应掉，Schmitt 推荐加入二元醇和三元醇的混合醇，可以提高平均官能度，达到 2.3～2.5。Schmitt 推荐 HDI 和 IPDI 可以一起二聚化生成脲酮，在这个过程中，一些 HDI 可以三聚化，这样产物的官能度总体可大于 2。IPDI 脲二酮的脱封见图 12.6。

另外一个实现单组分聚氨酯涂料的途径是制成异氰酸酯胶囊颗粒，这些胶囊材料表面经过处理，在介质中贮存时不溶解，在加热过程中可以溶解，释放出异氰酸酯基团，和羟基聚合物反应。一个制备方法是在水中制备异氰酸酯小粒径的分散体，颗粒表面的异氰酸酯和水反应生成聚脲的壳，过滤干燥后成粉体，把粉体分散在涂料中（Kopp 等，1994）。

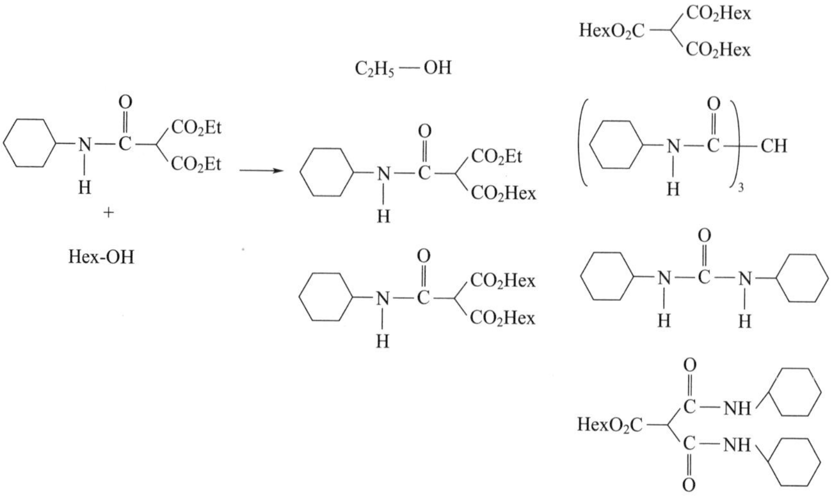

HexO$_2$C—CH(CO$_2$Hex)$_2$

C$_2$H$_5$—OH

环己基—NH—C(=O)—CH(CO$_2$Et)$_2$ + Hex-OH → 环己基—NH—C(=O)—CH(CO$_2$Et)(CO$_2$Hex)

环己基—NH—C(=O)—CH(CO$_2$Hex)$_2$

(环己基—NH—C(=O))$_3$—CH

环己基—NH—C(=O)—NH—环己基

HexO$_2$C—CH(C(=O)—NH—环己基)$_2$

图 12.5　DEM 封闭的环己基异氰酸酯和正己醇的反应

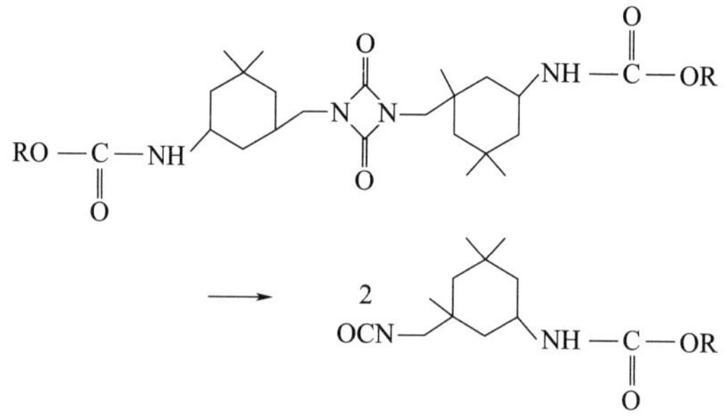

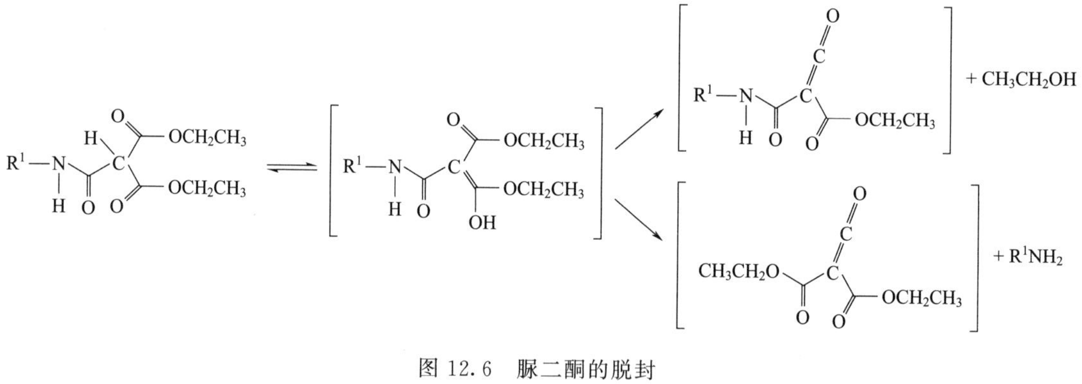

RO—C(=O)—NH ... N N ... NH—C(=O)—OR

→ 2 OCN ... NH—C(=O)—OR

R^1—NH—C(=O)—CH(C(=O)OCH$_2$CH$_3$)$_2$ ⇌ [R^1—NH—C(=O)—C(C(=O)OCH$_2$CH$_3$)=C(OH)OCH$_2$CH$_3$]

→ [R^1—NH—C(=O)—C(=C=O)—C(=O)OCH$_2$CH$_3$] + CH$_3$CH$_2$OH

→ [CH$_3$CH$_2$O—C(=O)—C(=C=O)—C(=O)OCH$_2$CH$_3$] + R^{1}NH$_2$

图 12.6　脲二酮的脱封

另外一个胶囊包覆的异氰酸酯的应用是自修复涂料（Wu 和 Baghdachi，2015）。全球对自修复涂料有很多研究，已经有市售产品。很多方法用到了胶囊包覆的异氰酸酯，胶囊在涂层中保持完好，直到被机械或者其他应力破坏。例如，Huang 和 Yangon（2011）介绍了一个简单可行的胶囊包覆 MDI 预聚物的方法。把 1,4-丁二醇加入预聚物的水包油的乳液中，在液滴表面聚合，形成一种可以包覆未反应预聚物的外壳，这种包覆物以粉体形式进行收集，并被分散到环氧涂料中，赋予自修复功能。在 34.3 节中详细介绍了这个方法和其他自修复涂料的方法。

12.5.3 封闭型异氰酸酯涂料的催化

在封闭型异氰酸酯涂料配方中经常会加入催化剂，但是通常不知道它会影响哪一个或哪些反应。双组分涂料常使用与封闭型涂料同样的催化剂，但加入量更多。如前所述，会发生很多反应，催化剂可能会参与一种或者几种以下的反应：

- 脱封反应；
- 游离异氰酸酯和亲核共反应物的反应；
- 加成-消除反应；
- 副反应。

Carlson 等（1987）研究了 DBTDL 在没有共反应物的情况下对封闭型 IPDI 异氰酸酯脱封的影响，发现 DBTDL 对脱封没有任何催化效果，经过一段时间后，因副反应的发生导致异氰酸酯浓度降低。如前所述，DBTDL 催化异氰酸酯和羟基的脱封反应，同时也催化生成脲基甲酸酯。

研究了几种催化剂催化 MEKO 封闭 HDI 甲基脲酸酯以及其他封闭型异氰酸酯与羟基丙烯酸树脂的反应（Blank 等，1998），为了观察不同的催化效果，有意让涂层不完全固化（130℃烘烤 20min），在所有测试的催化剂中，三异辛酸铋、双异辛酸钴和 $Ti(AcAc)_4$ 最有效。

水性封闭型异氰酸酯和多元醇的催化反应要特别注意。众所周知，羧酸会抑制有机锡的催化反应，但是大多数水性涂料都含有通过羧酸铵盐分散在水中的共反应物。DBTDL 能催化封闭型异氰酸酯阴离子型涂料，但催化效果逊于双组分溶剂型涂料，需要更高的烘烤温度（或更长的时间）才能达到同样的交联程度（Lomoelder 和 Reichel，1998）。造成这个结果的原因，至少部分原因是，羧酸对 DBTDL 催化的抑制作用。另外，DBTDL 比较容易水解，因此是否合适做水性涂料的催化剂是一个问题。

12.6 湿固化氨基甲酸酯涂料

湿固化聚氨酯涂料是指单组分溶剂型异氰酸酯与空气中的水反应固化的涂料。它们可以在 0℃固化，英语有时也用不同的词汇表示，例如“moisture-cure”“hydrocure”“moisture-hardening”或“moisture-tempered”。

以羟基聚酯或聚醚树脂和过量的多异氰酸酯反应生成 NCO 端基的异氰酸酯树脂，为了控制未反应二异氰酸酯单体的量，NCO/OH 的当量比远低于 2∶1。使用 MDI 低聚物时，NCO/OH 当量比可以大于 2∶1，因为 MDI 的毒性低，可得到低黏度的树脂。

几乎各种类型的多元醇都可以用作湿固化聚氨酯树脂的主链，但如果官能度太高，制备过程容易胶化。因为聚醚成本低，被广泛使用，聚醚结构耐水解。这些树脂一般 T_g 很低，因此可以用来增加柔韧性，但是户外耐久性相对较差。Niesten 等（2013）曾详细介绍过这种涂料的制备方法，包括 MDI 和 TDI 混合的预聚物。聚酯多元醇也被广泛用来制备湿固化异氰酸酯树脂，但涂层的耐皂化性能不够好。由于聚酯结构的差异，这类树脂的 T_g 范围很宽，聚碳酸酯多元醇制备的树脂耐水解性能优于聚酯多元醇。Kozakiewicz（1996）在文献里报道了过量异氰酸酯、多元醇和羟基硅树脂反应制备含硅共聚物。

涂层的耐水解性能受几个因素的影响，包括交联密度、自由体积和里面的功能基团。对模型化合物的研究证明，在中性和酸性条件下取代脲比氨基甲酸酯更容易水解（Chapman，1989）。脂肪族异氰酸酯制备的脲和聚氨酯比芳香族异氰酸酯制备的更耐水解，脲和氨基甲酸酯基团比没有位阻的聚酯更耐水解。

湿固化涂料在无水环境下贮存稳定。施工后，异氰酸酯和潮气反应形成胺，胺很快和其他异氰酸酯反应生成脲。漆固化速率与空气中的相对湿度有关，低温下固化需要较高的湿度，因为当水含量相同时，温度降低，相对湿度会增加。高温高湿有利于固化反应，异氰酸酯和水反应生成的CO_2会滞留在涂膜中，形成气泡，特别是当涂膜较厚时，造成漆膜针孔和其他缺陷（Gardner，1996）。Gardner也谈到了湿固化树脂的其他应用。

尽管大多数湿固化聚氨酯涂料都是利用NCO和水的直接反应，但也有可以避免产生CO_2的办法。如下图所示，噁唑烷水解产生游离胺和羟基，它们可以和异氰酸酯反应生成脲和氨基甲酸酯。双官能度的噁唑烷可以提高官能度（Howartl，1996），它们事实上是“封闭胺”，会与水发生反应，不会或者很少产生CO_2，但是会产生含羰基副产物。

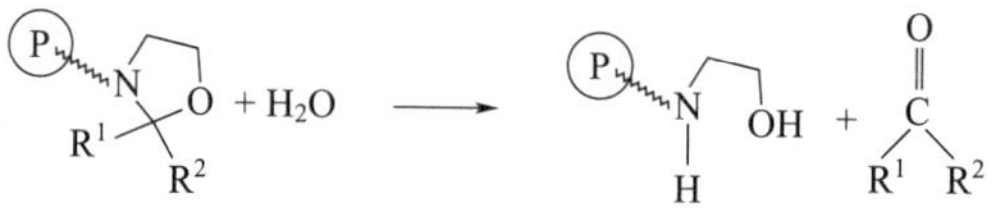

$$\text{(P)-N(oxazolidine; } R^1, R^2\text{)} + H_2O \longrightarrow \text{(P)-NH-CH}_2\text{CH}_2\text{-OH} + R^1\text{-C(=O)-}R^2$$

湿固化异氰酸酯能和3-氨丙基三乙氧基硅烷反应，生成一个含三乙氧基硅烷封端的湿固化树脂。这个树脂的优点是乙醇可以作为部分溶剂。在有少量外来水存在的情况下，例如溶剂或颜料中含有的少量水，乙醇可以确保一个合理的适用期。当然，如果有游离异氰酸酯存在，那么在有醇和水存在时，这个涂料很不稳定。3-氨丙基三乙氧基硅烷的方法也是另外一种避免产生CO_2的方法，在16.2节里有进一步讨论。

很多研究人员都在研究通过树脂基料中引入纳米粒子来增强湿固化和其他聚氨酯涂料的性能。Maganty等（2016）综述了过去的研究进展，研究了含有下列组分的掺混体：①聚氨酯预聚物；②NCO改性的二氧化硅粒子分散在HDI异氰脲酸酯中的分散体，粒径为20nm。混合以后的涂料与未加颜料的体系相比，极大地提高了涂层的模量、强度、韧性和纳米硬度。加入9.75%的二氧化硅就呈现很好的增强效果。二氧化硅颗粒在涂膜中分散良好。

12.7 水性聚氨酯涂料

12.7.1 水性聚氨酯分散体

水性聚氨酯分散体（PUD）的市场还在增长，它们主要用在纸张、纺织和油墨上，有机涂料的成膜树脂是它们最大的市场。PUD常和丙烯酸乳胶拼用，称为掺混或杂化（12.7.2节）。

PUD树脂是直链或轻度支链化的聚合物分散体，分子量较高。它们是分散在水中的材料，按照定义应该被称作乳胶，但是在涂料领域，它们常被叫作聚氨酯分散体，而不称乳胶。大多数乳胶是通过乳液聚合工艺制备的，这和聚氨酯分散体的制备不一样。聚氨酯分散体通过逐步增长聚合法合成，然后用水稀释，和水稀释丙烯酸树脂制备工艺类似（第8章）。因为氨基甲酸酯和水的氢键作用很强，分散体颗粒会在水中出现溶胀，对聚合物产生增塑作用。可以保证高T_g的聚合物在室温下成膜，对于丙烯酸乳胶来说是不太可能的（Noble，1997）。

Kozakiewicz（2015）在综述中介绍了很多生产 PUD 的方法，这里简述一个比较老的工艺，然后再来探讨其中的影响因素和参数。这个老工艺是将一种柔性聚酯二元醇溶解在 *N*-甲基吡咯烷酮（NMP，与水互溶）介质中，和过量二异氰酸酯反应，生成异氰酸酯基团封端的预聚物溶液，然后加入 DMPA 和 1,4-丁二醇与预聚物反应，DMPA 有两个活性羟基和一个羧基，由于空间位阻原因，羧基不能和预聚物反应，反应生成具有一个聚酯软段和一个能缔合赋予弹性的硬段聚合物。该聚合物的主链上还带有未反应的羧基（来自 DMPA）。加入叔胺使其成盐，用水稀释羧基和溶液，形成离子铵盐稳定的分散体。因为 DMPA 溶于 NMP，所以 NMP 是理想的溶剂。但是 NMP 的沸点超过 200℃，生产中很难从 PUD 中除掉。用 NMP 工艺制备的 PUD 通常含有 10%～15% 的 NMP 共溶剂（Long-Susewitz，2016）。

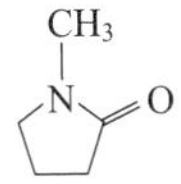

CH_3 HO O HO OH CH_3 N O

NMP 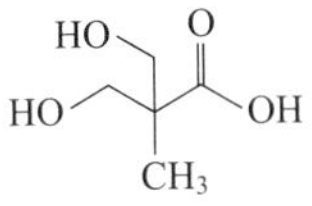　　DMPA

因为 NMP 具有毒性，在北美和欧洲开始考虑限制 NMP 的使用。NMP 也会增加 PUD 的 VOC。已经开发出用丙酮或其他与水互溶的溶剂代替 NMP 的工艺，丙酮的沸点低，可以从 PUD 里面蒸馏出来，因此用丙酮法制备的 PUD 的 VOC 非常低。

上述工艺中涉及很多因素和参数，主要因素和参数总结如下：

- 聚酯二元醇可以是直链或者微支链化。在侧链上可能含有聚乙二醇低聚物基团和有位阻效应的酸，有助于在水中分散。
- 为了达到涂层的柔韧性，异氰酸酯预聚物常用二元醇，例如 1,4-丁二醇进行扩链，提高聚氨酯硬段的弹性，也可以用二元胺或肼进行扩链形成聚脲链（Satguru 等，1994）。组合使用醇和胺作扩链剂也很有效（Kozakiewicz，2015；Peng 等，2015）。
- 使用聚酯二元醇制备的 PUD，附着力好、坚韧、耐磨和户外耐久性好，不同结构的聚酯二元醇可以获得不同机械性能的涂层。聚酯的耐水解性能不够好，采用耐水解的聚酯多元醇（第 10 章）搭配使用聚碳酸酯（第 17 章），可以提高水解稳定性、柔韧性和耐磨性能，但是成本较高。聚丙二醇可以得到柔韧、耐水解和低成本的涂层，但是涂层的附着力差，户外耐久性差，耐溶剂性能差。聚四氢呋喃二元醇可以改善耐溶剂性能，但是成本较高。
- 聚乙二醇单醚常用来作非离子亲水链段，来提高 PUD 在不同 pH 值下、不同可溶性离子浓度下的稳定性和冻融稳定性。它们也可以降低预聚物的黏度，但是因为亲水性增加，户外耐久性会受到影响。
- 可以加入少量三官能度异氰酸酯，增加分散体的支链化。在不影响聚集成膜的情况下，可以用二乙基三胺扩链，提高分散体的支链度或者交联程度。
- PUD 的粒径大小取决于初期参与反应的聚酯中的 DMPA 的含量。Peng 等（2015）在文献综述中介绍了很多制备不同粒径 PUD 的方法。作者也提出了一种一步法工艺制备双粒径分布 PUD 的方法，双粒径分布 PUD 可以提高 PUD 的固体分，改善成膜时颗粒的空间堆积。
- 可交联的 PUD 通过在分散在水和有机溶剂混合介质中的异氰酸酯预聚物里加入二乙醇胺或者乙醇胺上的胺和异氰酸酯反应生成端羟基，羟基可以和 MF 树脂或异氰酸酯反应。含有多不饱和键的 PUD 也可以交联（15.7.2 节）。带有醛和酮官能团的 PUD 可以用二肼交联（17.11 节）。

• 硅烷可以提高 PUD 涂层的性能，可以通过二氨基硅氧烷低聚物对二异氰酸酯预聚物的扩链反应实现。

可以用两步法工艺制备低黏度 PUD。第一步用二异氰酸酯、二元醇和 DMPA 制备异氰酸酯端基的线型异氰酸酯预聚物；第二步，异氰酸酯端基的预聚物和三元醇反应（Hegedus 和 Kloiber，1996）。Satguru 等（1994）提出了用不同的方法制备 PUD。很多专利里有制备 PUD 的例子。

用 PUD 已经开发出很多单组分水性涂料。一个例子是柔感涂料，常用在轿车和卡车的内饰塑料件上。柔感的效果是通过低 T_g 的树脂和大量微米级的颜填料形成的，PUD 的这种柔感效果至少部分是由于微米级的 PUD 颗粒发生部分聚集，形成一个较粗糙的表面造成的（Swaans 等，2016）。现在也有 UV 固化和双组分聚氨酯的柔感涂料。

很多文献报道生物基 PUD 的制备方法，例如 Li 等（2015）和 Mannari（2015）。

12.7.2 丙烯酸/聚氨酯共混和杂化分散体

有三种制备水性丙烯酸/聚氨酯体系的方法：①PUD 与丙烯酸乳胶或者水分散丙烯酸树脂分散体的冷拼（掺混）；②在 PUD 分散体中聚合乙烯基单体（例如丙烯酸酯），得到丙烯酸/聚氨酯杂化物；③丙烯酸/聚氨酯交联体系。

PUD 和丙烯酸乳胶两种体系的掺混可以得到很多单独使用不具备的优势。通常来说，由于分子间的氢键作用，聚氨酯聚合物具有良好的耐磨性能和附着力。因为原材料和生产成本低，丙烯酸树脂的成本低。另外一方面，丙烯酸乳胶中的乳化剂会浮在涂层表面影响光泽，而 PUD 使用的乳化剂是接在聚合物上的。PUD 的最低成膜温度（MFFT）比干膜 T_g 要低。原因是 PUD 的氢键与水作用，起到增塑剂的作用。同样由于氢键的作用，PUD 涂膜的性能与 T_g 的关系不大，不像丙烯酸乳胶那样依赖性大。因此可以在不降低涂层硬度的情况下，实现很低的最低成膜温度。一种含羧基的丙烯酸乳胶和 T_g 为－40℃的 PUD 制备的涂料，涂料的湿膜开放时间很长，可以进行重涂，提高遮盖和搭接性能（Gray 和 Lee，2001）。丙烯酸乳胶在低温下需要成膜助剂溶剂帮助成膜，而 PUD 并不需要。NMP 工艺制备的 PUD 里面会残留 NMP 溶剂，成为成膜的助溶剂。PUD 的涂层比丙烯酸的涂层的水汽透过性更好，这个性能对木器涂料很重要。

尽管 PUD 和价格较低的丙烯酸乳胶掺混的目的是降低成本，有时也可提高性能，但是性能改善的程度有时候和混合比例不成正比关系。例如，丙烯酸乳胶/PUD 单独树脂的抗张强度分别是 2000psi 和 6400psi，等比例混合，按照线性理论，抗张强度应该是 4200psi，实际测试结果却是 2900psi。其他性能例如机械性能和耐化学品性能也和混合比例不成正比关系。可能是丙烯酸乳胶/PUD 混合并没有形成均一的涂层，丙烯酸和聚氨酯都存在各自单独的区域，结果达不到期望的性能提高的要求。这种不均匀性可能会造成涂层过大的内应力，和/或颗粒聚集不充分，导致渗透性上升，内聚强度降低（Hegedus 和 Kloiber，1996）。

丙烯酸酯在聚氨酯中的聚合反应可以提高涂层性能。初期的方法是把 PUD 作为“种子”来聚合丙烯酸酯。有人报道了各种反应参数对用 NMP 法生成的聚酯阴离子 PUD 作种子，MMA 和 BA（50∶50）的聚合反应速率的影响（Kukanja 等，2002）。很多文献报道了其他的方法。例如，Jahns 等（2016）概述了目前的技术，提出了利用稳定的 PUD 粒子作种子，进行丙烯酸酯的乳液聚合。Long-Susewitz（2016）介绍了用丙烯酸和聚氨酯杂化体制备的涂料，里面不含 NMP，因为是用丙烯酸单体作溶剂进行 PUD 的合成，而没有使用 NMP 作溶剂。

丙烯酸和聚氨酯分散体的交联有两种方法：①丙烯酸和聚氨酯树脂上可交联基团的反应；②外加交联剂，可以和丙烯酸以及聚氨酯树脂上可交联的基团的反应。下面列举了几个技术体系和应用：

• 用大豆油醇酸树脂和 HDI 制备 PUD，用氢氧化胺中和，分散在水中，然后和水分散丙烯酸树脂混合制备自氧化交联的涂料（Schneider 等，1997）。

• 文献研究了用肼端基的 PUD 和含酮官能团的丙烯酸乳胶混合（Okamoto 等，1996）。水从涂层挥发后，肼和酮基团反应生成腙（亚胺）交联（17.11 节）。

• 外加交联剂和丙烯酸及聚氨酯树脂上可交联的基团反应。例如，一个耐石冲击汽车底漆配方，里面含有用 $H_{12}MDI$/HDI 和聚酯多元醇制备的 PUD、含羧基和羟基的丙烯酸乳胶、2-氨基-2-甲基丙醇（AMP，中和羧基）和 MF 树脂（Gessner 和 Kandow，2002）。

12.7.3 双组分水性聚氨酯

因为异氰酸酯可以和水反应，过去的经验认为异氰酸酯不能直接用于水性涂料，到 20 世纪 80 年代末，这种观点受到了质疑。由此开始了双组分水性聚氨酯涂料在涂料领域的开发研究，最终实现了大规模工业化生产（Melchiors 等，2000）。主要的交联剂是多异氰酸酯，也有少量交联剂是碳化二亚胺、氮丙啶和二肼（第 17 章）。Wicks 等（2002）综述了双组分水性聚氨酯涂料的进展。

12.7.3.1 双组分水性聚氨酯涂料的组分

能用于双组分水性聚氨酯涂料的固化剂有两种：传统的多异氰酸酯和经过亲水改性的多异氰酸酯。亲水改性的多异氰酸酯容易分散在涂料里，没有改性的异氰酸酯成本较低，可以赋予涂层更好的户外耐久性。

改性多异氰酸酯的目的是让它们可以更好地分散在水中，促进两个组分的混合。早期的方法是用三聚体（HDI 或 IPDI）上的 NCO 和聚乙二醇单醚反应改性，生成非离子型多异氰酸酯。改性多异氰酸酯可以和共反应物搅拌形成不均相的分散体，它们的粒子独立分散在水中。重要的一点是所有的组分都是非结晶态。分散的难易程度和体系的稳定性随着聚醚链长度的增加和聚醚量的增加而提高（Shaffer 和 Bui，1998）。使用 5～10 个碳原子的单醚可以生成没有结晶、分散性足够好的多异氰酸酯（Laas 等，1993）。

聚醚改性多异氰酸酯在室内用涂料中的应用非常成功，特别是低 VOC 木器家具涂料。但是聚醚改性降低了三聚体的官能度，同时聚醚的引入增加了亲水性，这种改性多异氰酸酯有上述的缺点。

涂层的对水敏感性可以通过聚醚改性多异氰酸酯和氨基烷基三烷氧基硅烷反应得到改善，例如，马来酸二乙酯和 3-氨基丙基三甲氧基硅烷反应制备的氨基硅烷，与 HDI 和聚乙二醇（$n>10$）单醚反应生成的硅烷聚醚改性多异氰酸酯。据文献报道，三烷氧基硅烷改性的多异氰酸酯和水分散丙烯酸树脂制备的底漆和面漆有更好的保光性，浸泡时涂层的起泡性也比没有添加硅烷的低（Hovestadt 等，1998）。参见第 16 章。

含有聚酯主链和 DMPA 的 PUD 广泛地用在双组分水性涂料中，但是酯基容易水解，会导致聚合物链断裂。含有聚酯和 DMPA 的 PUD 自身含有的羧酸和 DMPA 会自动催化水解反应，原因是酯基水解生成的酸会催化水解（DMPA 也会）。含有聚碳酸酯的 PUD 耐水解性能优于聚酯二元醇的 PUD（17.9 节）。

丙烯酸乳胶也可用在双组分水性涂料里面。Feng 等（1999）用统计学方法研究了各种变量对羟基丙烯酸树脂和非离子改性多异氰酸酯制备的木器厨柜面漆性能的影响。研究表明，使用高羟基含量的乳胶（羟值 52）、小粒径乳胶、具有核-壳结构的乳胶和较低的 T_g（通过提高成膜助剂的用量），可以提高涂层性能。

异氰酸酯除了和含羟基共反应物反应外，也和水反应。尽管异氰酸酯首先和伯醇反应，但是水性涂料有大量水，异氰酸酯也会和水反应。与水反应会消耗异氰酸酯（生成脲而不是氨基甲酸酯），使用过量的异氰酸酯可以消除这个反应的负面影响，所谓的“当量比”，就是将异氰酸酯和羟基的当量比调整达到 2∶1 甚至更高，然而，由于脲的相容性差和具有结晶性，在固化后的涂层里脲可能会导致涂层浑浊。过量的异氰酸酯增加体系的成本，与水反应产生的 CO_2 导致涂层发泡或产生气泡。双组分水性涂料一般希望尽可能降低异氰酸酯与水的反应，这样当量比可以降低。

所需过量的水受共反应物的羟基平均官能度 $\overline{f}_n$ 的影响，NCO 及羟基和水反应的相对反应速率与催化剂有关。催化剂 $Zr(AcAc)_4$ 比 DBTDL 有更好的选择性（Blank 等，1999）。关于催化剂异氰酸酯与水和醇的相对反应速率影响的更详细的论述，参见 12.2.2 节。

12.7.3.2 混合和施工要点

在实验室制备具有良好性能的双组分水性聚氨酯涂料相对较容易，但大规模的工业化生产和施工具有相当大的难度。有几个潜在的问题，在某些情况下，很难保证在施工过程中涂层能够保持均匀的化学当量比。如果施工之前交联反应程度已经很高，聚集就很难了，导致涂层性能很差。溶剂型双组分涂料的适用期可以通过测试黏度的上升加以判断。然而，这个方法不适合水性双组分涂料，当 NCO 和 OH 反应时，聚集的颗粒中的黏度上升，但是涂料的黏度并不一定上升。

为了解决混合时出现的问题，两个组分开始混合前黏度应该尽可能接近。通常来说使用的异氰酸酯黏度应该尽量低。官能度为 3.3 的 HDI 异氰脲酸酯 28℃时的黏度是 1.7Pa・s，而同样官能度的 HDI 缩二脲的黏度是 8.5Pa・s，HDI 异氰脲酸酯更容易分散（Reiff，1993）。使用一种专用的水稀释丙烯酸树脂和 HDI 异氰酸酯可以达到理想的性能（Bassner 和 Hegedus，1996）。当然，最终的结果也取决于混合的工艺。搅拌速度要高，但不能过度搅拌，使用的剪切力要能获得相对均匀的颗粒，粒径大约为 150nm（Bui 等，1997）。

在混合双组分涂料的两个组分时（一个含有异氰酸酯，另一个含有共反应物），通常来说粒径最小时分散的物理稳定性最佳。要获得较小粒径的颗粒，需要高强度的搅拌，会将原始颗粒打碎，这会导致异氰酸酯官能团和水接触的可能性增加，形成同时包含两个组分反应物的新粒子的可能性也会增加，结果会造成涂层不均匀。Dovorchak（1997）研究报道了亲水改性多异氰酸酯在水稀释丙烯酸酯分散体中的分散，在低剪切速率搅拌时，形成大粒径和小粒径的双粒径分布；而在高剪切速率搅拌时，形成单一很宽的细粒径分布；过度搅拌时，单一粒径分布变得更宽广，同时平均粒径增加。根据施工方法来加大分散混合的强度可以减少这一问题。

施工后涂膜中水的挥发速率会影响涂层性能。水挥发过慢，更多的异氰酸酯会和水反应。涂层越厚，水的挥发速率越慢，更多的异氰酸酯会和水反应，需要更高的当量比（Dewhurst等，1999）。对室温固化涂料来说，相对湿度会影响水的挥发速率和表面固化。

据文献报道（Urban，2000），在相对湿度超过70%时，因为CO_2的形成，涂层形成微泡，光泽下降。用FTIRATR分析双组分水性涂料，相对湿度增加时，异氰酸酯和水在涂层表面形成的脲增加。

烘烤条件下，水从涂层表面挥发很快，异氰酸酯/共反应物的当量比较低。一个重要的影响因素是湿涂层表面的空气流动速率，大部分水在闪蒸和烘烤开始阶段就从涂层挥发掉了，减少了异氰酸酯和水的反应，产生较少的CO_2，NCO/OH当量比可以低一些。据文献报道（Hegedus等，1998），一个体系在室温固化时的当量比为1.3～1.8，而在热固化时，可以降低到1.1～1.3。

12.8 端羟基聚氨酯

人们经常希望在传统烘烤型涂料里引入聚氨酯的性能。多异氰酸酯和含异氰酸酯基团的共聚物在NCO/OH当量比小于1的条件下，与二元醇和三元醇反应，得到端羟基聚氨酯树脂。这个树脂可以用MF或者其他可以与羟基反应的交联剂交联。这种树脂可以单独使用，也可以和其他树脂如羟基聚酯和羟基丙烯酸酯等搭配使用。与聚酯相比，这些树脂可以提高涂层的耐水解性、韧性和耐磨性能，均与聚氨酯有关。然而，在溶剂型配方里面，由于受分子间氢键的影响，同等分子量和黏度下，它的固含量和黏度较低，涂层里面残留的氨基甲酸酯键会增加湿气的吸收。由于受到要保证每个低聚物分子上至少要有两个羟基基团的限制（8.2.1节），加上因为是分步链增长聚合反应，在分子量很低的情况下（跟聚酯一样），要保证端羟基聚氨酯上有两个（或者更多）端羟基基团，所以通过传统自由基聚合的丙烯酸树脂的分子量不能高。另外，聚氨酯树脂也可以和氨基树脂有一定程度的反应（11.3.4节），从而增加了交联官能度。

（李金旗　译）

参考文献

Alexanian, V., et al., US patent, 5,254,651 (1993).

Bach, H., et al., *Farbe Lack*, 2002, 108(4), 30.

Bassner, S. L.; Hegedus, C. R., *J. Prot. Coat. Linings*, 1996, *September*, 52.

Bechara, I. S., The Mechanism of Tin-Amine Synergism in the Catalysis of Isocyanate Reaction with Alcohols in *Urethane Chemistry Applications*, ACS Symposium Series, 172, American Chemical Society, Washington, DC, 1981, pp 393-402.

Belmokaddem, F. -Z., et al., *Des. Monomers Polym.*, 2016, 19(4), 347-360.

Berlin, P. A., et al., *Kinet. Katal.*, 1993, 34, 640.

Blank, W. J., et al., *Polym. Mater. Sci. Eng.*, 1997, 77, 391.

Blank, W. J., et al., *Polym. Mater. Sci. Eng.*, 1998, 79, 399.

Blank, W. J., et al., *Prog. Org. Coat.*, 1999, 35, 19.

Bock, M.; Halpaap, R., *J. Coat. Technol.*, 1987, 59(755), 131.

Bui, H., et al., *Eur. Coat. J.*, 1997, 97, 476.

Carlson, G. M., et al., Cure Kinetics Characterization of Blocked Isocyanate Coatings by FTIR and Thermal-Mechanical Analysis in Frisch, K. C.; Klempner, D., Eds., *Advances in Urethane Science and Technology*, Technomic, Lancaster, 1984, Vol. 9, p 47.

Carlson, G. M., et al., *Polym. Sci. Technol.*, 1987, 36, 197.

Chapman, T. M., *J. Polym. Sci. A Polym. Chem.*, 1989, 27, 1983.

Cholli, A., et al., *J. Appl. Polym. Sci.*, 1983, 28, 3497.

Cooray, B.; Spencer, R., *Paint Resin*, 1998, *October*, 18.

Daude, G.; Girard, P., US patent 4,623,592 (1996).

Devendre, R.; Edmonds, N. R.; Sohnel, T., *RSC Adv.*, 2015, 5, 48935-48945.

Dewhurst, J. E., et al., *Polym. Mater. Sci. Eng.*, 1999, 81, 195.

Dogan, N., et al., *RadTech Rep.*, 2006, 20, 43.

Draye, A. -C.; Tondeur J. -J., *J. Mol. Catal. A Chem.*, 1999, 140, 31.

Draye, A. -C., et al., *Main Group Met. Chem.*, 1999, 22, 367.

Dvorchak, M. J., *J. Coat. Technol.*, 1997, 69(866), 47.

Feng, S. X., et al., *J. Coat. Technol.*, 1999, 71(899), 51.

Fiori, D. E.; Dexter, R. W., *Proceedings of the International Waterborne, High-Solids, and Powder Coatings Symposium*, New Orleans, LA, 1986, p 186.

Gardner, G., *J. Prot. Coat. Linings*, 1996, *February*, 81.

Gessner, M. A.; Kandow, T. P., US patent 6,437,036 (2002).

Gras, R.; Wolf, E., Canadian patent application 2,186,089 (1997).

Gray, R. T.; Lee, J., US patent 6,303,189 (2001).

Guo, S., et al., *Materials*, 2016, 9, 110.

Hatada, K., et al., *J. Polym. Sci. A Polym. Chem.*, 1990, 28, 3019.

Hegedus, C. R.; Kloiber, K. A., *J. Coat. Technol.*, 1996, 68(860), 39.

Hegedus, C. R., et al., *Proceedings of the International Waterborne, High-Solids, and Powder Coatings Symposium*, New Orleans, LA, 1998, p 391.

Higginbottom, H. P., et al., *Prog. Org. Coat.*, 1998, 34, 27.

Hira, Y., et al., *Mater. Sci. Eng.*, 1983, 49, 336.

Hoppe-Hoeffler, M., et al., Ger. Offen., DE 3,938,883 (1991).

Hovestadt, W., et al., US patent 5,854,338 (1998).

Howartl, G. A., *Proceedings of the International Waterborne, High-Solids, and Powder Coatings Symposium*, New Orleans, LA, 1996.

Huang, M.; Yang, J., *J. Mater. Chem.*, 2011, 21, 11123.

Huang, Y., et al., *J. Coat. Technol.*, 1995, 67(842), 33.

Jahns, E., et al., Patent publication WO2016016286 A1 (2016).

Katsamberis, D.; Pappas, S. P., *J. Appl. Polym. Sci.*, 1990, 41, 2059.

Keck, M. T., et al., US patent 5,688,598 (1997).

Kopp, R., et al., *Angew. Makromol. Chem.*, 1994, 223, 61.

Kordomenos, P. I., et al., *J. Coat. Technol.*, 1982, 54(687), 43.

Korzyuk, E. L.; Zharkov, V. V., *Kinet. Katal.*, 1981, 22, 522.

Kozakiewicz, J., *Prog. Org. Coat.*, 1996, 27, 123.

Kozakiewicz, J., *Polimerey*, 2015, 60(9), 525-535.

Kukanja, D., et al., *J. Polym. Sci.*, 2002, 84, 2639.

Kuo, C.; Provder, T., *Polym. Mater. Sci. Eng.*, 1988, 59, 474.

Laas, H. -J., et al., US patent 5,252,696 (1993).

Li, Y., et al, *Prog. Org. Coat.*, 2015, 86, 134-142.

Lomoelder, R.; Reichel, D., *FATIPEC Congress Book*, 1998, Vol. *D*, p D-25.

Lomoelder, R., et al., *J. Coat. Technol.*, 1997, 69(868), 51.

Long-Susewitz, J., *Proceedings of the American Coatings Association Congress*, Indianapolis, IN, April, 2016, paper 10. 3.

Lucas, H. R.; Wu, K. -J., *J. Coat. Technol.*, 1993, 820, 59.

Luo, S. -G., et al., *J. Appl. Polym. Sci.*, 1997, 65, 1217.

Maganty, S., et al., *Prog. Org. Coat.*, 2016, 90, 243-251.

Mannari, V. M., US patent publication US8952093 B2 (2015).

Melchiors, M., et al., *Prog. Org. Coat.*, 2000, 40, 59.

Mohanty, S.; Krishnamurti, N., *Eur. Polym. J.*, 1998, 34, 77.

Narute, P.; Palanisamy, A., *J. Coat. Technol. Res.*, 2016, 13(1), 171-179.

Niesten, M., et al., Canadian patent publication CA2502406 C (2013).

Noble, K. L., *Prog. Org. Coat.*, 1997, 32, 131.

Nordstrom, J. D.; Dervan, A. H., *Proceedings of the International Waterborne, High-Solids, and Powder Coatings Symposium*, New Orleans, LA, 1993, p 3.

Nordstrom, J. D., et al., *Proceedings of the International Waterborne, High-Solids, and Powder Coatings Symposium*, New Orleans, LA, 1997, p 70.

Noreen, A., et al., *Prog. Org. Coat.*, 2016, 91, 25-32.

Okamoto, Y., et al., *Prog. Org. Coat.*, 1996, 29, 175.

Okumoto, T., et al., *Nippon GomuKyokaishi*, 1995, 68(4), 244.

Ono, H. -K., et al., *J. Polym. Sci. C Polym. Lett.*, 1985, 23, 509.

Palyutkin, V. G.; Zharkov, G. M., *Kinet. Katal.*, 1985, 26, 476.

Pappas, S. P.; Urruti, E. H., *Proceedings of the International Waterborne, High-Solids, and Powder Coatings Symposium*, New Orleans, LA, 1986, p 146.

Peng, S. -J., et al., *Prog. Org. Coat.* 2015, 86, 1-10.

Potter, T. A.; Slack, W. E., US patent 5,124,427 (1992).

Provder, T., et al., Cure Reaction Kinetics Characterization of Some Model Organic Coatings Systems by FT-IR and Thermal Mechanical Analysis in Johnson, J. F.; Gill, P. S., Eds., *Analytical Calorimetry*, Plenum Press, New York, 1984, Vol. 5, p 377.

Regulski, T.; Thomas, M. R., *Org. Coat. Appl. Polym. Sci. Proc.*, 1983, 48, 1003.

Reiff, H., US patent 5,258,452 (1993).

Richter, R., et al., US patent 5,045,226 (1991).

Richter, F., et al., US patent 5,717,091 (1998).

Richter, F., et al., US patent 6,090,939 A (2000).

Satguru, R., et al., *J. Coat. Technol.*, 1994, 88(830), 47.

Sato, M., *J. Am. Chem. Soc.*, 1960, 82, 3893.

Schaefer, H. et al., US patent publication US2A1 (2015).

Schmitt, F., et al., *Prog. Org. Coat.*, 1998, 34, 227.

Schneider, V., et al., US patent 5,688,859 (1997).

Schwetlick, K.; Noack, R., *J. Chem. Soc. Perkin Trans.*, 1995, 2, 395.

Schwetlick, K., et al., *J. Chem. Soc. Perkin Trans.*, 1994, 2(3), 599.

Seipke, C., et al., *Proceedings of the American Coatings Association Congress*, Indianapolis, IN, April, 2016, paper 10. 2.

Shaffer, M.; Bui, H., *Proceedings of the International Waterborne, High-Solids, and Powder Coatings Symposium*, New Orleans, LA, 1998, p 93.

Squiller, E. P.; Rosthauser, J. W., *Mod. Paint Coat.*, 1987, *June*, 26.

Squiller, E. P., et al., Patent publication WOA1 (2014).

Swaans, R., et al., *Proceedings of the American Coatings Association Congress*, Indianapolis, IN, April, 2016, paper 10. 6.

Takamatsu, K., et al., US patent publication US2A1 (2015).

Takas, T. P., *JCT Coat. Technol.*, 2004, 1(5), 40.

Urban, M. W., *Prog. Org. Coat.*, 2000, 40, 195.

van der Weij, F. W., *J. Polym. Sci. A Polym. Chem.*, 1981, 19, 381.

Wang, J., et al., *J. Coat. Technol. Res.*, 2013, 10(6), 859-864.

Wang, G., et al., *J. Coat. Technol. Res.*, 2015, 12(3), 543-553.

Wicks, Z. W., Jr., *Prog. Org. Coat.*, 1975, 3, 73.

Wicks, Z. W., Jr., *Prog. Org. Coat.*, 1981, 9, 3.

Wicks, D. A., *Proceedings of the International Waterborne, High-Solids, and Powder Coatings Symposium*, New Orleans, LA, 2002, p 1.

Wicks, Z. W., Jr.; Kostyk, B. F., *J. Coat. Technol.*, 1977, 49(634), 77.

Wicks, D. A.; Wicks, Z. W., Jr., *Prog. Org. Coat.*, 1999, 36(3), 148-172; 2001, 41, 1-85.

Wicks, D. A.; Yeske, P. E., *Prog. Org. Coat.*, 1997, 30, 265.

Wicks, Z. W., Jr., et al., *Prog. Org. Coat.*, 2002, 44, 161.

Witzeman, J. S., *Prog. Org. Coat.*, 1996, 27, 269.

Wojcik, R. T., *Polym. Mater. Sci. Eng.*, 1994, 70, 114.

Wong, S. W.; Frisch, K. C., *J. Polym. Sci. A Polym. Chem.*, 1986, 24, 2867, 2877.

Wu, L.; Baghdachi, J., Eds. *Functional Polymer Coatings*, John Wiley & Sons, Inc., New York, 2015.

Yilgor, I.; McGrath, J. E., *J. Appl. Polym. Sci.*, 1985, 30, 1733.

Zhang, J.; Tu, W.; Dai, Z., *J. Coat. Technol. Res.*, 2013, 10(6), 887-895.

Zhou, L., et al., *Proceedings of the International Waterborne, High-Solids, and Powder Coatings Symposium*, New Orleans, LA, 2000, pp 262-281.

第13章 环氧和酚醛树脂

环氧和酚醛树脂通过逐步聚合制备，具有广泛的终端应用领域。其中应用于涂料的环氧树脂超过40%，而且它适用于所有的低VOC涂料技术。本章仅介绍高固体分和水性环氧涂料，环氧树脂在电沉积涂料、粉末涂料和辐射固化涂料中的应用主要在第27～29章讨论。

13.1 环氧树脂

环氧这一术语容易让人混淆，环氧基团（也称环氧化合物）为三元环醚。IUPAC命名法与化学文摘将其命名为环氧乙烷，大多数重要的市售环氧树脂均源自氯甲基环氧乙烷，更通俗地讲为环氧氯丙烷（ECH），或简称为“epi”，这些树脂通常含有环氧乙烷基甲基醚或酯，分别称为缩水甘油醚或酯。除本章讨论的环氧树脂外，本书还在15.8节讨论了环氧酯，其制备工艺和涂膜干燥方式与醇酸树脂相似；并在29.2.5节讨论了丙烯酸环氧树脂。

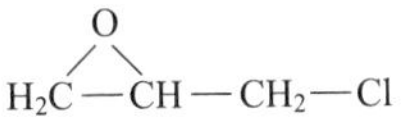

$H_2C(O)—CH—CH_2—Cl$ 环氧氯丙烷　$H_2C(O)—CH—CH_2—OR$ 缩水甘油醚　$H_2C(O)—CH—CH_2—O—C(=O)—R$ 缩水甘油酯

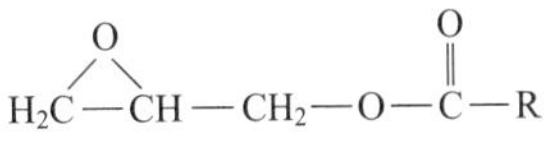

大量性能各异的缩水甘油醚与缩水甘油酯现已面世，其中不乏已商品化的特种树脂。以ECH和双酚A（BPA）为原料制备的环氧树脂量最大，Pham和Marks（2012）介绍了很多其他缩水甘油基化合物的结构。

13.1.1 BPA环氧树脂

BPA与ECH反应制得的BPA环氧树脂是在涂料中使用的第一代环氧树脂。经历了大量的改性和优化，它们仍为涂料用主力树脂，因为它们具有出色的韧性、附着力和耐腐蚀性。

图13.1详细介绍了制备BPA环氧树脂的化学过程，在碱性条件下，BPA先反应形成BPA阴离子（BPA^-），BPA^-进攻ECH的环氧乙烷得到两者的加成物，加成物再脱去氯离子形成新的环氧乙烷。

反应的初始产物为BPA单缩水甘油醚（MGEBPA），MGEBPA上未反应的酚羟基与NaOH和ECH发生上述类似反应后，得到BPA的二缩水甘油醚（DGEBPA），也称为BPA二缩水甘油醚（BADGE）。BPA环氧树脂的分子量由ECH与BPA的比例控制。当ECH大大过量时，可制得以DGEBPA为主的环氧树脂，即，通式中的$n=0$。纯粹的$n=0$的化合物为结晶性固体。用量最大的市售液体环氧树脂的n值为0.1～0.2，即所谓的标准液体树脂，常用作环氧胶，在这个n值范围内，因生产工艺和应用目的不同，存在很多不同牌号的市售环氧树脂。

如图13.1所示，MGEBPA和DGEBPA可与BPA^-进一步反应扩链，此反应将醇羟

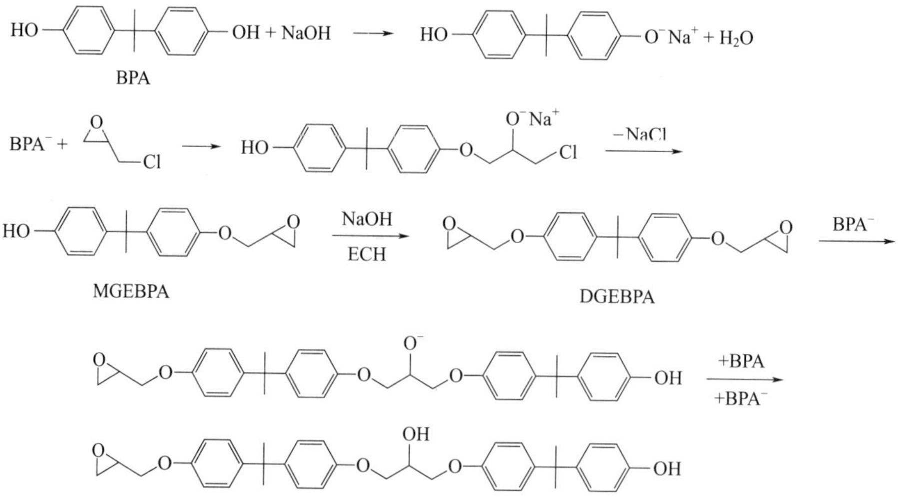

图 13.1 一步法制备 BPA 环氧树脂的化学反应过程

基引入环氧树脂的结构中，由于 BPA 和 ECH 都是双官能团化合物，两者经逐步聚合反应后生成线型聚合物。BPA 环氧树脂是使用过量的 ECH 制备的，因此端基为缩水甘油醚，BPA 环氧树脂的结构通式如下所示，式中的 n 值为平均值，大小取决于 ECH 与 BPA 的摩尔比。

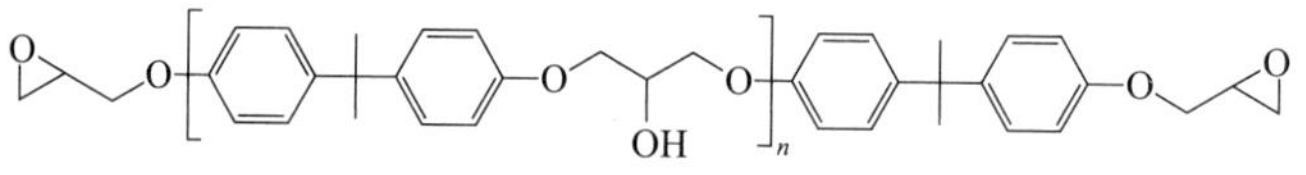

BPA环氧树脂的结构通式，$n \geqslant 0$

图 13.1 所示的制备 BPA 环氧树脂的方法称为“一步法”（taffy process），在反应中需使用 NaOH，NaOH 的加入导致形成大量的 NaCl，后期要通过多次水洗除去。由于标准液体树脂的黏度较低，水洗操作相对容易。但随着 ECH 与 BPA 的投料摩尔比下降，环氧树脂的分子量增大，树脂黏度随之增大，使得水洗除 NaCl 的操作难度加大；而且，随着树脂分子量和黏度的上升，树脂的支化可能性增加。早期曾使用一步法制备高分子量环氧树脂，但现在只局限于制备液体树脂和某些特定的低分子量固体树脂。现在，高分子量 BPA 环氧树脂通常通过“两步法”制备，即在高温和催化剂存在下，以标准液体树脂和 BPA 为原料反应制备。

在这个催化反应过程中，BPA 先封闭标准液体树脂两端的环氧基，形成分子量较大的中间产物，中间产物再与标准液体树脂反应，生成环氧基封端的更大分子量产物，此产物再与 BPA 和标准液体树脂进行多轮反应，树脂的分子量进一步增大。其最终分子量主要取决于标准液体树脂和 BPA 的摩尔比，所以最好采用精制的高纯度 BPA。此方法的反应温度比“一步法”工艺更高，因此反应体系黏度较低、物料混合更均匀、支化更少、不产生 NaCl，省去了较为困难的水洗除盐步骤。

过去是使用两步法工艺批量生产环氧树脂，然而，大批量生产会遇到如何快速冷却大量熔融环氧树脂的问题。因为一旦一批产品已达到所需的参数，就需要迅速冷却整个物料，以获得尽可能均匀的产品。连续工艺（Bochan 等，2004）作为替代方案已在一定程度上用于工业生产。

反应条件和催化剂对树脂的结构有很大的影响，已使用的催化剂有咪唑、乙基三苯基氢氧化膦、亚胺盐和烷基膦盐。催化剂的反应活性、选择性以及促进高分子量树脂形成的趋势各不相同（Dante 和 Parry，1969），如设计某些烷基膦盐催化剂在峰值反应温度附近失活，就可以提高产品的稳定性（Pham 和 Marks，2012）。

用一步法制备的树脂由 n＝0、1、2、3、4、5 等低聚物组成，而用两步法制备的树脂基本上是 n 值为偶数的低聚物，即 n＝0、2、4、6 等。两步法工艺中，从 DGEBPA 开始，聚合过程中的每一个重复步骤，都会将 1mol BPA 和 1mol 液体树脂接入正在生长的聚合物上，即在每个步骤中添加两个重复单元，导致 n 值为偶数的低聚物占优势。但因液体树脂中含有约 10%的 n＝1 的树脂，所以生成约有 10%（质量分数）的 n 为奇数的低聚物。

n 大于 1 的树脂在室温下为无定形固体，其 T_g 随着分子量的增大而升高，这些树脂可能认为具有的熔化点，实际上是在具体测试条件下的流动温度。但由于环氧树脂是无定形固体，它不像晶体那样会熔融，所以用软化点更准确，这也是常用的术语。市售高分子量环氧树脂一般有 1001、1004、1007 和 1009 等型号，表 13.1 给出了常用市售 BPA 环氧树脂的平均 n 值、环氧当量（EEW）和软化点。EEW 是指含 1mol 环氧基团的环氧树脂的质量，EEW 可通过滴定法或核磁共振（NMR）测定。随着分子量的增大，EEW 和平均羟基官能度随之增大，对于分子量很大（n＞60）的环氧树脂，环氧基的占比很小，树脂近似为多元醇，一般称之为苯氧基树脂。

表 13.1　市售 BPA 环氧树脂的常用分类

树脂类型	近似平均 n 值	环氧当量/(g/eq)	软化点/℃
液体	0.1～0.2	172～195	液体
1001	2	450～560	70～85
1004	5	800～950	95～110
1007	15	1600～2500	120～140
1009	25	2500～6000	145～160

来源：Pham 和 Marks（2012）。

实际上，由于生产厂家的工艺不同，表 13.1 中的数据可能会有很大的变化。一家指定的供应商往往能提供各种子类型的树脂，每一种子类型产品的 EEW（或 WPE）会差别很大。例如，供应商可以提供专门用于粉末涂料不同等级的 4 型树脂，或者用于其他领域的其他等级的树脂。另外，不同供应商提供的同一类型的树脂可能会测出不一样的结果。

据说，1001 和 1004 等型号源于 Sylvan Greenlee 的实验记录本页码，Sylvan Greenlee 是环氧树脂的先驱者之一。

尽管理论上每个环氧树脂分子有两个环氧基，但也会存在少量的其他端基。但这些端基的数量变化可显著影响树脂的性能。树脂中可能存在很少量未反应的苯酚和 1-氯-2-丙醇端基。当然，副反应也会导致生成其他非环氧端基，如反应式(13.1) 所示，1,2-乙二醇端基可能是微量环氧基或氯醇基团的水解所致。

$$H_3C-C_6H_4-O-CH_2-\underset{O}{CH-CH_2} \xrightarrow{H_2O} H_3C-C_6H_4-O-CH_2-CH(OH)-CH_2OH \qquad (13.1)$$

1-氯-2-丙醇的羟基可与 ECH 分子反应，生成反应式(13.2) 所示的加成产物，而不是闭环形成环氧基。

$$—O—CH_2—\underset{\underset{OH}{|}}{CH}—CH_2—Cl + H_2C\overset{O}{—}CH—CH_2—Cl \longrightarrow —O—CH_2—HC\begin{cases}CH_2—Cl\\ O—CH_2—HC\overset{O}{—}CH_2\end{cases} \quad (13.2)$$

另一副反应是由聚合物苯氧基阴离子端基开环 ECH，此反应点的空间位阻较大，如反应式(13.3) 所示。质子转移后不能闭环得到环氧乙烷，而是得到 1-氯-3-丙醇衍生物，其在反应条件下相对稳定。这个基团是不可水解氯存在的主要位置，即市售环氧树脂通常给出的含氯量。

$$—C_6H_4—O^- + H_2C\overset{O}{—}CH—CH_2—Cl \longrightarrow —C_6H_4—O—CH\begin{cases}CH_2—O^-\\ CH_2—Cl\end{cases}$$
$$\xrightarrow{—C_6H_4—OH} —C_6H_4—O—CH\begin{cases}CH_2—OH\\ CH_2—Cl\end{cases} + —C_6H_4—O^- \quad (13.3)$$

聚合物主链上的羟基也可与环氧氯丙烷反应，生成环氧官能度（$\overline{f}_n$）为 3 的支化分子，如反应式(13.4) 所示。

$$RO—CH_2—\overset{\overset{O^-\ \ Na^+}{|}}{CH}—CH_2—OR + H_2C\overset{O}{—}CH—CH_2—Cl \longrightarrow RO—CH_2—\overset{\overset{O—CH_2—HC\overset{O}{—}CH_2}{|}}{CH}—CH_2—OR + NaCl \quad (13.4)$$

如果没有副反应，BPA 环氧树脂的环氧基团的平均官能度 $\overline{f}_n$ 应该为 2.00，然而，副反应似乎不可避免，导致市售 BPA 环氧树脂的 $\overline{f}_n$ 通常小于 2，一般为 1.8～1.9。在某些情况下，这个较低的 $\overline{f}_n$ 可能会对涂膜性能产生重要影响。末端乙二醇基团可导致链终止，从而降低分子量和树脂黏度。但少量的、数量可控的末端乙二醇基团可提高附着力（Sheih 和 Massingill，1990）。反应过程中添加少量三官能团的酚类物质代替 BPA（13.6 节），可以将 $\overline{f}_n$ 增大到 1.8～1.9 以上。

高效液相色谱（HPLC）和凝胶渗透色谱（GPC，SEC）分析技术的发展，已可以实现对环氧树脂的工艺开发和控制进行改进。根据 Scheuing（1985）的研究，HPLC 不仅可区分单个低聚物（n=0、1、2、3 等），还可区分其中一个或两个末端具有 1,2-二羟基或 1-氯-3-丙醇的低聚物，也可以将它们进行分离［反应式(13.1) 和式(13.3)］。

GPC 对高分子量树脂特别有用，因为它可以测量每种树脂的 M_n、M_w、M_z 和其他特性，这些参数的变化会影响树脂应用和涂膜性能。在反应条件及工艺改变较小时，对产物进行分析，可以设定能满足分子量分布相对较窄的产品规格要求的工艺参数。严格的工艺控制对于在电子行业和粉末涂料中使用的环氧树脂至关重要（第 28 章）。

BPA 环氧树脂在需要附着力、电性能、韧性都很优异和耐腐蚀性的涂料应用中表现特别好，它的局限性在于户外耐久性差，主要原因是其结构中的芳香醚基直接吸收紫外线，导致树脂被光氧化降解。分子量较低的树脂需要较少的 VOC 来溶解和降黏，其与胺交联后具有很好的耐化学性，因为涂膜的交联密度高。然而，分子量更高的树脂与可和羟基反应的交联剂（如酚或氨基树脂）一起使用时，涂膜的耐化学品性和柔韧性更好，交联的高分子量树脂还可加快涂膜的干燥速率和提高耐腐蚀性。

BPA 环氧树脂含有微量未反应的 BPA，研究表明，大量的 BPA 可能会导致动物的各种健康问题，包括内分泌系统的破坏。经过大量研究，美国食品和药物管理局（FDA）于 2014 年宣布，在环氧作内壁涂层的食品和饮料罐中发现微量的 BPA 是安全的。在全球范围内，BPA 法规各不相同：法国在 2015 年有效禁止了 BPA 环氧树脂用于和食品接触的场合。

但事实证明替代品并不令人满意（Gander，2016），从而促使人们重新考虑禁令。即使在没有法规禁止的地区，一些涂料用户也向环氧涂料供应商施压，要求开发不含 BPA 的替代品，由于 BPA 涂层的性能优异，所以问题极具挑战性。更多讨论请参见 30.3.1 节。

13.1.2 其他环氧树脂

BPA 环氧树脂可用其他环氧树脂代替。使用替代树脂的主要目的是降低高固体分涂料的黏度、增加 f_n 以提高交联密度，消除对 BPA 可能的毒性危害的担忧，并改善 BPA 环氧树脂的耐候性。替代树脂可以单独使用，也可与 BPA 环氧树脂共混使用。双酚 F（BPF）环氧树脂通过 ECH 与代替 BPA 的 BPF 反应制备，与 BPA 环氧树脂相比，其具有以下优点：相同的 n 值下黏度较低，标准液态 BPA 环氧 25℃的黏度为 12～14Pa·s，而同类 BPF 环氧的黏度为 2.5～4.5Pa·s。大部分的 BPF 树脂为低分子量液体，低黏度是它们最有价值的特点。BPF 树脂和其他低黏度树脂，在极低 VOC 和无溶剂环氧涂料中发挥着越来越重要的作用（第 25 章和第 33 章）。

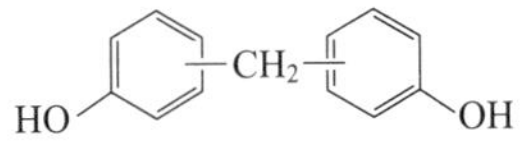

HO—C₆H₄—CH_2—C₆H₄—OH

BPF

4,4′-磺酰基二酚（双酚 S，BPS）在某些食品接触塑料中用作 BPA 的替代品，并且至少在实验中已被用作涂料用环氧树脂（Chen 等，2016），但 BPS 对健康的潜在影响尚不清楚。

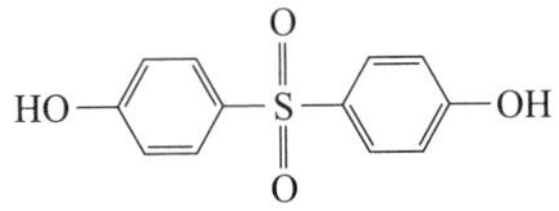

HO—C₆H₄—SO_2—C₆H₄—OH

BPS

在两步法中，用柔性二元醇部分代替 BPA 制备的环氧树脂，即所谓的共聚物环氧树脂，其黏度低于 BPA 环氧，如由丙二醇或二丙二醇和 BPA 反应制成的环氧树脂（Massingill 等，1990）。这些树脂与酚醛树脂交联形成的涂膜比仅使用 BPA 环氧树脂的涂膜具有更好的柔韧性和附着力。在双酚的两个酚环之间，插入低聚的乙二醇和丙二醇等柔性长链段，可制备 T_g 更低、黏度更低和链段更柔软的环氧树脂（Dubois 和 Sheih，1992）。在实验室以一系列此类双酚和 DGEBPA 为原料，以乙基三苯基膦醋酸盐/乙酸的甲醇溶液为催化剂制备了此类树脂，证实了上述想法。

氢化 BPA 环氧的 T_g 和黏度比相同 n 值的 BPA 环氧更低，且因不含有可吸收紫外线的芳醚基，其户外耐性优于 BPA 和 BPF 环氧树脂。

溴化 BPA 环氧树脂用于阻燃涂料和电子线路板。

通过 ECH 与线型酚醛树脂反应可制备酚醛环氧树脂（13.6.2 节），其可满足每个分子至少具有两个环氧基的环氧树脂的应用要求，特别是在需要固体环氧树脂的粉末涂料中。邻甲酚、对甲酚衍生物——甲醛酚醛树脂与 ECH 反应也可制备酚醛环氧树脂，其环氧基的 $\bar{f}_n$ 为 2.2～5.5。高官能度导致更高的交联密度，所以酚醛环氧涂料比 BPA 环氧涂料的耐化学腐蚀性更好。酚醛环氧树脂的一般结构如下所示：

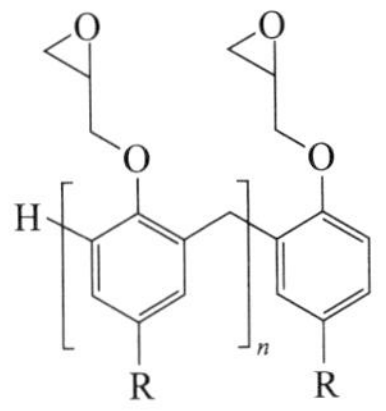

O O O H R R n

ECH 与具有多个酚基的化合物或芳族二胺反应，可以制得具有更高官能度的环氧树脂，如基于四缩水甘油基亚甲基二苯胺制备的四官能度环氧树脂。它们主要用于复合材料。

异氰脲酸三缩水甘油酯（TGIC）是一种用于粉末涂料的固体三官能团环氧交联剂（第 28 章）。与 BPA 环氧树脂相比，TGIC 的三个官能团可提供更高的交联密度，且固化涂层的光化学稳定性更优异。但是，人们担心使用 TGIC 可能会产生毒性危害。

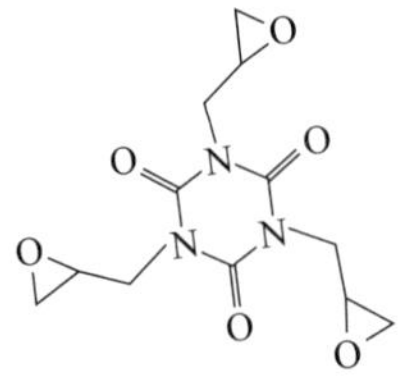

异氰脲酸三缩水甘油酯

使用活性稀释剂可降低 VOC。用三羟甲基丙烷（TMP）的三缩水甘油醚和酚醛环氧树脂配制的涂料，对二氯甲烷、乙酸和硫酸的耐性比使用 BPF 树脂配制的涂料更高（Kincaid 和 Schulte，2001）。常用的还有新戊二醇、丁二醇和环己烷二甲醇二缩水甘油醚。

单官能环氧化合物，如正丁醇缩水甘油醚、邻甲酚缩水甘油醚和新癸酸缩水甘油酯，在高固体分涂料中用作活性稀释剂，此类单官能环氧化合物会降低交联密度，与 BPA 环氧树脂一起使用时，通常会导致某些性能的下降。它们对降低酚醛环氧树脂的 VOC 特别有效，酚醛环氧树脂的官能度和黏度均高于 BPA 环氧树脂。多功能脂肪族环氧树脂，包括蓖麻油（每分子的平均羟基数为 2.7）缩水甘油醚，也可用作活性稀释剂，其对涂膜的交联密度没有重大影响，但可降低黏度和涂膜 T_g。

多元醇如甘油、山梨糖醇和聚乙二醇或聚丙二醇，可与 ECH 在碱催化下反应制得其他环氧产品，生物基脂肪族环氧产品的制备方法与此类似。用环氧大豆油和亚麻籽油制造的丙烯酸酯衍生物，可用作 UV 固化树脂（29.2.5 节）和阳离子热固化树脂（13.3.5 节）。

通过对二环己烯衍生物的环氧化，可制备低分子量的脂环族二环氧化合物，如 3,4-环氧环己基甲基-3′,4′-环氧环己基甲酸酯（**1**）和 1,2-环己烷二羧酸二缩水甘油酯（**2**），一般采用过乙酸作氧化剂。这类低分子量环氧衍生物特别适合用作阳离子涂料中的活性稀释剂（13.3.6 节和 29.3.1 节）。它们也可用作多元醇（13.3.3 节）、羧酸和酸酐（13.3.2 节）的交联剂。

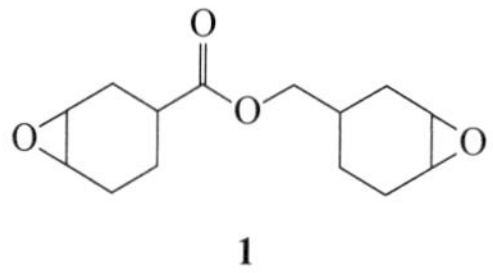

1 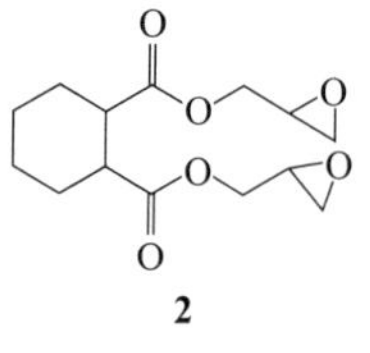 **2**

氨基硅烷如氨基丙基三甲氧基硅烷（APS）可用来改性环氧树脂，如标准环氧树脂与 APS 反应可得到以下通用结构式（CN103468095 A，2013）。此类树脂可与环氧固化剂交联（13.2 节），也可通过湿固化交联（第 16 章）。

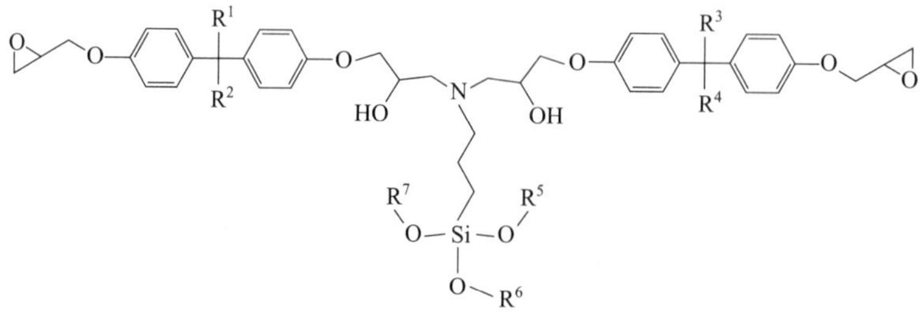

丙烯酸酯与甲基丙烯酸缩水甘油酯（GMA）的自由基共聚，是一种广泛使用的制造环氧官能树脂的方法，通过溶液聚合和乳液聚合均可实施。通过改变共聚单体种类、GMA含量和分子量，可以制成多种具有优异耐候性和耐酸性的材料。GMA改性的丙烯酸树脂用作汽车罩光清漆，也可替代BPA环氧用作食品接触涂料的候选产品。

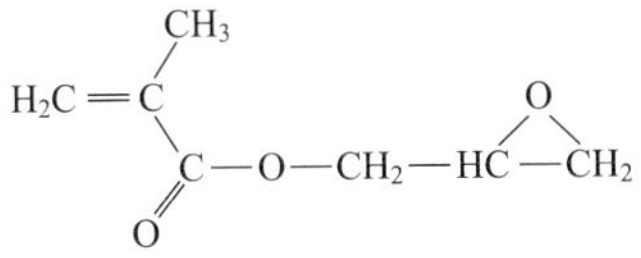

甲基丙烯酸缩水甘油酯(GMA)

13.2 胺交联环氧树脂

环氧基在室温下与伯胺反应形成仲胺，与仲胺反应形成叔胺，与叔胺在较高的温度下反应形成季铵化合物。

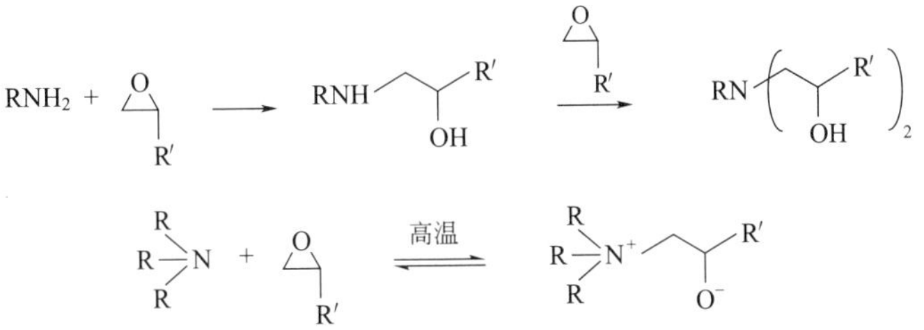

反应速率取决于环氧和胺的结构与浓度、催化剂及介质效应。末端环氧基（缩水甘油醚和酯）比内部环氧基［脂环族二元环氧化合物（**1**）］的反应活性大，因为后者的空间位阻更大。

胺的反应活性随自身的碱性增强而趋于增大，随空间位阻增大而降低。反应的一般顺序是：伯胺＞仲胺≫叔胺，也可归因于空间效应以及叔胺没有可转移的质子。脂环族胺的反应活性较低，这种胺的第二反应特别慢。脂肪胺比碱性较低的芳香族胺活性高。该反应由水、醇、叔胺和弱酸（最主要是酚）催化，它们通过质子与环氧环上的氧形成络合，促进开环。强酸不是有效的催化剂，因为强酸优先使胺而不是环氧基质子化。氢键受体溶剂往往会降低反应速率，可能因为它可络合氢质子而与环氧基产生竞争反应。

仲胺的孤立电子对环氧基的进攻如图13.2所示，进攻主要发生在环氧基空间位阻较小的末端。图13.2还显示了弱酸（HA）的催化作用，其通过氢质子络合环氧上的氧而促进开环。氢质子转移后，共轭碱（A^-）从胺氮上除去质子使催化剂再生。共轭碱还可通过在开环反应中协助去除胺质子来参与催化。尽管我们没有实验证据直接支持环氧-胺反应中的这一假设，但弱酸-弱碱协同催化的普遍重要性已经得到认可（Jencks，1969）。

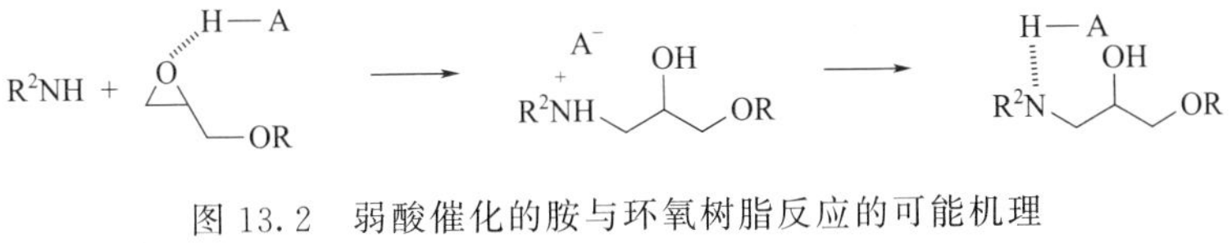

图 13.2　弱酸催化的胺与环氧树脂反应的可能机理

2,4,6-［三(二甲氨基甲基)］苯酚同时带有酚和叔氨基，是环氧-胺反应的重要催化剂。

环氧-胺的反应活性在室温下太高，导致多胺和多环氧化合物组成的涂料在同一包装内没有足够的贮存稳定性，需要制成双组分（2K）涂料。许多脂肪族胺的适用期仅为数小时，但该涂料在环境温度下通常需要大约一周才能固化。

13.2.1 适用期和固化时间

环氧-胺涂料的配方可最大程度地延长适用期并缩短固化时间。但必须考虑许多因素，如活性基团浓度，胺、环氧和溶剂的结构对反应速率的影响，环氧与胺的当量比和分子量，反应物的 $\overline{f}_n$。随着 BPA 环氧树脂分子量的增大，每升环氧树脂所含环氧基的数量减少，反应速率变慢。此外，随着分子量的增加，黏度增大，需增加溶剂的量才能保持原有的黏度，从而导致氨基和环氧基的浓度降低，适用期延长。减少 VOC 排放的需求催生了更高固体分的涂料，但这种涂料的适用期较短，有时还会降低涂膜性能。在 2.3.2 节中讨论了有关单包装环氧-胺涂料，既要具有较长的贮存稳定性，又能在中等固化温度下固化的动力学限制，以及消除这些限制的各种方法。

使用封闭型胺交联剂可延长适用期但又不缩短固化时间。酮与伯胺反应生成酮亚胺，后者不易与环氧基反应。然而，酮亚胺遇水会水解，释放出游离胺和酮，即通过逆反应释放出胺。在排除湿气存在的情况下，湿固化的酮亚胺-环氧涂料在涂料罐中是稳定的，但在施工或曝露于环境湿气后会固化。采用甲乙酮（MEK）的酮亚胺最为常见，因为在薄涂膜中 MEK 的高挥发性减小了其与胺的逆反应。

RN= (酮亚胺) + H_2O ⇌ RNH_2 + MEK

在没有水的情况下，酮亚胺-环氧系统可以无限期保持稳定，理论上可配制单包装涂料。然而，由于难以干燥涂料中的所有组分，因此它们最常用于适用期较长的 2K 涂料。许多环氧-胺涂料都含有颜料，在分散之前，颜料表面都吸附有一层水，分散后，这些保留在涂料中的水可水解酮亚胺，颜料表面的水可以去除，但会增加成本。水的量不高，通常小于颜料质量的 1%，但由于水的分子量低，因此少量的水便可水解大量的酮亚胺。普通溶剂也含水，使用无水溶剂同样会增加成本。更大的困难是固化速率取决于相对湿度以及温度。

McCarthy（2016）介绍了克服酮亚胺固化剂缺点的研究进展，其报道了一种在 48.9℃ 下可稳定贮存 12 周，室温下可稳定贮存一年的溶剂型单包装环氧涂料，其盐雾和附着力性能与常规的 2K 环氧-胺固化剂配方基本相同。McCarthy 提到 Mower 和 Sheth（2010）申请的专利，该专利提出了一种稳定酮亚胺固化剂的配方，即在采用酮亚胺封闭的胺作固化剂的环氧配方中，加入硅氧烷水分清除剂（如乙烯基三甲氧基硅烷）（第 16 章）。配方中还含有烃类树脂，有时还加入烷氧基硅烷树脂，涂料的 VOC 为 312g/L。

叔醇（如叔丁醇）封端的氨基甲酸酯相对不稳定，受热可能会分解生成烯烃、二氧化碳和胺。可以利用该反应的产胺特性，使用叔丁醇封闭的异氰酸酯作为胺源，来交联环氧树脂。

双氰胺（DICY）是环氧粉末涂料常用的交联剂，它是一种结晶性化合物（熔点 205℃），通过不溶性实现延迟固化。环氧树脂与 DICY 复杂的反应已成为众多研究的主题（Gilbert 等，1991；Fedtke 等，1993），Pham 和 Marks（2012）认为多步 Gilbert 机制最为合理。

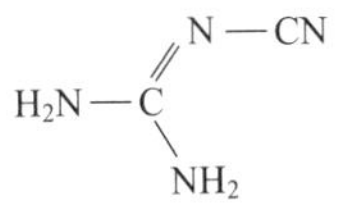

$$H_2N-C(=N-CN)-NH_2$$

双氰胺(DICY)

含 DICY 的环氧配方的固化温度接近 200℃。可以通过添加促进剂来降低固化温度，如叔胺（例如苄基二甲胺）、各种咪唑（例如 2-甲基咪唑）或取代脲。最常用的是咪唑及其衍生物，它们可能既充当 DICY 与环氧反应的催化剂，又充当次级交联剂。

许多研究的目的是希望找到一种实用的方式，将氨基硅氧烷交联剂和硅氧烷增韧剂加入环氧涂料中，以降低 VOC、增强柔韧性、改善耐候性，而不降低附着力（Geismann 等，2014；Honaman 和 Witucki，2014）。

13.2.2 毒性和化学计量

除了反应速率外，胺的选择还涉及其他因素。许多胺是有毒的，虽然在化工厂中可以安全处理它们，但如果由相对缺乏经验、粗心大意或不了解情况的人员，去混用并涂覆包含某些胺的 2K 环氧涂料，则可能会产生毒性危害。例如，二乙烯三胺（DETA）是一种有效的环氧树脂交联剂，但操作危险性很高。所以一般通过增加分子量和降低水溶性来减少毒性危害。随着分子量的增加，胺的挥发性降低，减小了吸入危险剂量胺的机会。同样，随着水溶性的降低和分子量的增加，胺通过体膜（如皮肤）的渗透性降低，通常会降低毒性危害。当然，除了这些常见的情况也有例外。应始终将制造商提供的安全数据表作为安全操作建议的参考。

使用低分子量、高官能度胺的其他缺点是它们的活泼氢当量（EW）和黏度均低。纯 DETA 的 EW 只有 21。如果将 DETA 与 EEW 约为 500 的环氧树脂一起使用，则两种组分的质量比约为 25∶1，在 2K 涂料中使用时，由于两者质量相差太大，导致不能精确地按化学当量混合，并增大了体系均匀混合的难度。

制备具有较高 EW 和较低毒性危害的胺交联剂的一种方法是环氧-胺加成物。如标准液态 BPA 环氧树脂（$n=0.13$）与过量的多官能胺（如 DETA）反应，去除反应产物中过量的胺即可得到端氨基的加成物，其理想结构如下所示。低分子量的 DETA 只能在化工厂中进行脱除，并需做好防护措施。使用不同种胺可以制备类似的胺加成物，它们具有不同固化速率和适用期。环氧-胺加成物不含可水解基团，因此具有潜在的耐腐蚀优势。

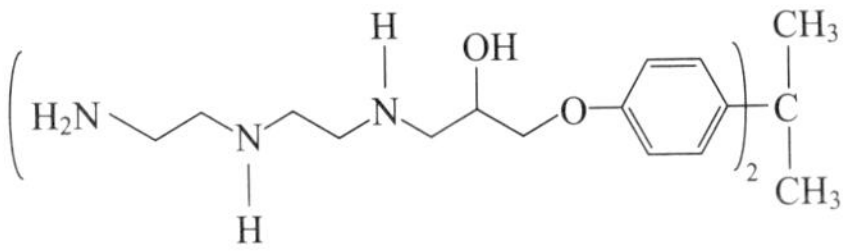

$$\left(H_2N\diagup\diagdown N(H)\diagup\diagdown N(H)\diagup CH(OH)\diagdown O-C_6H_4\right)_2 C(CH_3)_2$$

环氧-胺加成物

另一种方法是使用脂肪族一元或二元羧酸与多官能胺（如 DETA）反应形成端氨基酰胺，这种产品在涂料行业被称为“聚酰胺”。但是“聚酰胺”的官能团还是胺。二聚脂肪酸被广泛用作制备“聚酰胺”的原料，它们是复杂的混合物，主要为 C_{36} 二元羧酸，其由酸催化 C_{18} 不饱和脂肪酸的二聚反应制得（14.3.1 节）。二聚酸与胺反应生成带有胺官能团的“聚酰胺”，如二聚酸与过量的 DETA 反应，获得的是混合产物，其中含有如下式所示的最简单的聚酰胺。胺的 EW 等于胺的分子量除以活性 NH 基团的个数（下图所示的聚酰胺有六个）。酰氨基不与环氧树脂反应，但可能会提高附着力。现有一系列的多官能胺用于制备聚酰胺，包括 DETA、三乙烯四胺（TETA）、氨乙基哌嗪和芳族二胺如间苯二胺。与仅使用未改性胺（如 DETA）作固化剂相比，二聚酸的长脂肪链可提高涂层的柔韧性、润湿性和附着力。

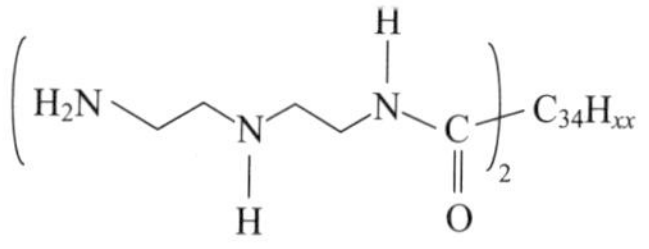

$$\left(H_2N-CH_2CH_2-NH-CH_2CH_2-NH-C(=O)\right)_2-C_{34}H_{xx}$$

聚酰胺固化剂

在使用胺如 DETA 制备聚酰胺时，聚酰胺可以进一步通过脱水反应形成末端咪唑啉基团，其反应程度依反应条件而变化。咪唑啉基团的比例会影响聚酰胺的溶解度、相容性和适用期（和逆向反应活性）。咪唑啉的形成降低了聚酰胺的平均官能度和固化膜的交联密度（Brytus，1986；Brady 和 Charlesworth，1993），在某些情况下，降低官能度是可取的，因为它提高了涂膜的柔韧性。市售的聚酰胺中含有 35%～85% 的咪唑啉官能度，配方设计师可根据具体应用要求进行选择。酰氨基也可以被水解，但比酯基难。

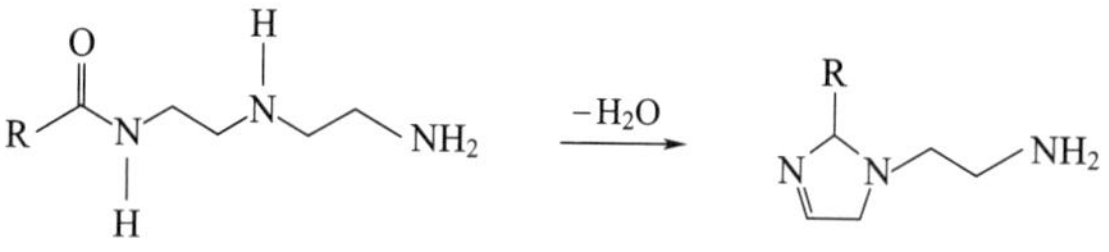

$$R-C(=O)-NH-CH_2CH_2-NH-CH_2CH_2-NH_2 \xrightarrow{-H_2O} \text{(2-R-咪唑啉)}-N-CH_2CH_2-NH_2$$

咪唑啉

第三种方法是采用 DETA 与一元羧酸（通常为脂肪酸）反应形成交联剂。该产品通常称为酰氨基胺。像聚酰胺一样，它们也含有不同数量的咪唑啉。酰氨基胺的黏度低于聚酰胺，在配制高固体分涂料中具有优势。

“多环胺”固化剂是一个相对前沿的品种。它们是含有几个环己胺单元以及芳族结构的低聚物（Winter，2011）。据说这种固化剂即使在低温下，也能相对快速地固化环氧或环氧/酚醛树脂，并可在油田应用中提供良好的保护（Idlibi 等，2016）。

在低于 5℃的温度下固化环氧涂料时，由于固化速率太慢，常规的胺类固化剂很难达到要求，用羟甲基苯酚与过量的多胺反应制备的曼尼希碱可解决这个问题，生成的氨基甲基苯酚降低了多胺的官能度，但是酚羟基，特别是具有邻氨基甲基的酚羟基，会加速环氧-胺反应。

13.2.3 涂膜起粒与胺白

BPA 环氧树脂和胺类固化剂在环氧-胺类涂料所用的溶剂中可互溶，但在没有溶剂的情况下，大多数都互不相容。因此，随着溶剂的蒸发，涂膜会发生相分离形成粗糙表面，称为起粒。在施工前将两组分熟化 30min 至 1h，可以避免起粒。因为在此时间内，两组分会发生部分反应形成可改善相容性的产物，并增加体系黏度。使用液体标准树脂时，混合后需要熟化更长的时间以避免相分离。采用与环氧树脂相容性好的胺类固化剂，可将起粒问题降到最低（Tess，1988）。

在环氧-胺涂膜表面上出现的灰色、油腻沉积物称为胺白，此现象通常伴有表面固化不完全。低温、高湿条件会增加出现胺白的可能性。胺白会降低涂膜光泽、增加黄变现象及使重涂能力变差，并且可能会干扰涂层间的附着力。据说胺白是由于某些氨基与大气中的二氧化碳和水汽反应，形成相对稳定的氨基甲酸酯铵盐所致（Tess，1988）。

$$RNH_2 + CO_2 + H_2O \longrightarrow RNH-CO_2H \xrightarrow{RNH_2} RNH-CO_2^{-}\,H_3\overset{+}{N}R$$

与起粒现象一样，在施工前 1h 左右混合环氧和胺组分，可以最大程度地减少胺白。在熟化期间，一些活性最强的氨基（最可能形成氨基甲酸酯的基团）会与环氧基反应，在此之后施涂，不太可能出现明显的胺白。但熟化时间不宜过长，否则黏度增加过多。采用胺加成物和曼尼希碱作固化剂的环氧涂料几乎不存在胺白。

13.2.4 T_g 有关注意事项

环氧树脂和胺交联剂的配套性非常重要，在施工温度下，配套性好的组合才能使胺和环氧基反应相对完全。随着聚合和交联的进行，涂膜 T_g 增加。当一个均匀聚合物网络的 T_g 接近固化温度（T）时，（$T-T_g$）和自由体积均会降低，反应速率受反应物分子的活动能力而不是反应活性的限制。如果 T_g 比反应温度高约 40～50℃，则剩下的官能团就不能反应，反应将基本停止（2.3.3 节）。未反应的官能团会对涂膜的机械性能和耐溶剂性产生不利影响。一种能在马六甲海峡赤道附近的海上石油钻井平台上使用，并能很好地固化的涂料，未必能用于北海的石油钻井平台结构的防护，因为那里的夏季水温也不会超过 4℃，涂料可能会固化不完全。T_g 对涂膜性能产生影响的一个可能例子如下：据报道，由丁醚改性的 BPA 环氧树脂与胺加成物交联制成的涂膜（13.1.2 节），在 25℃下固化 7d 后，与未改性的 BPA 环氧树脂和相同的胺加成物制成的涂膜相比，具有更好的耐甲醇性（Payne 和 Puglisi，1987；Bozzi 和 Helfand，1990）。用化学组成无法对这些结果进行清晰的解释。可能是在因分子的活动能力受限使反应变慢之前，T_g 较低的丁基化衍生物更高的反应程度或官能团转化率，赋予了其优异的耐甲醇性。

13.2.5 其他配方注意事项

溶剂型环氧-胺涂料可用于水下石油钻井平台、桥梁等。在这些配方中，胺组分必须不溶于水，并且水在胺组分中的溶解度必须最小，因为水可增塑环氧-胺涂料，导致 T_g 降低。

环氧-胺涂料的耐溶剂性有限，并且特别容易受到酸性溶剂（例如乙酸）的侵蚀。部分原因是乙酸扩散到涂膜中，与氨基形成亲水性乙酸盐，增加了水在涂膜中的溶解度和水的渗透性，水增塑涂膜降低 T_g，使涂膜更易于损坏。当交联密度低时，这种情况会加剧。BPA 环氧树脂的 $\overline{f}_n$ 约为 1.9，即使采用具有高官能度的胺组分，交联密度也会受限，尤其在偏离化学计量比的情况下，由于胺通常是高官能度的，因此通常使胺少量过量（约 10%），以确保环氧基团反应完全。使用官能度较高的环氧树脂也可以缓解该问题，如 $\overline{f}_n$ 高达 5 的酚醛环氧树脂。由于酚醛环氧树脂具有较高的官能度和更大黏度，必须格外小心地选择胺类固化剂，以确保两组分充分反应。有时，也会使用 BPA 环氧和酚醛环氧树脂的混合物。

根据第 16 章相关内容，可采用多种方法将环氧树脂与硅烷结合使用。例如，在 BPA 环氧/聚酰胺涂料中添加［3-(2-氨乙基氨基)丙基］三甲氧基硅烷偶联剂，由于水解和随后的硅烷基团偶合而产生的额外交联，可提高涂膜耐热性，并使涂料因受热引起的颜色变化情况减少、硬度增加和耐溶剂性提高（Kiatkamjornwong 和 Yusabai，2004）。

据报道，硅氧烷改性的环氧树脂具有优异的涂层性能。羟基封端的二甲基硅氧烷改性的 BPA 环氧树脂，在与胺交联后，涂膜的抗冲击性、棒轴弯曲性、耐刮擦性、耐湿性和耐 NaOH 性能都得以提高；且由于涂膜的表面张力较低，薄膜表面不易落灰（Ahmad 等，2005）。

据报道，脂环族环氧树脂与氨基硅烷结合使用的涂料，具有出色的耐候性（Echeverria

等，2016）。

据 Witucki（2013）报道，二氨基硅烷可用作环氧树脂的高活性扩链剂或交联剂，添加了脂环族环氧树脂的低 VOC、2K 配方，具有良好的涂膜性能，包括优异的保光性和耐化学品性。

配制环氧-胺涂料时，还需考虑的另一个因素是溶剂组分对涂料的影响。如前所述，氢键受体型溶剂可延长适用期。但是，应避免使用酮类和酯类溶剂，因为酮可能形成酮亚胺，酯类则会发生氨解，尤其是在室温下与伯胺发生氨解，这会降低活性氨基的浓度。但乙酸叔丁酯是个例外，采用它为溶剂时，胺的损失速率与使用二甲苯时一样慢（Cooper 等，2001）。乙酸叔丁酯除了对氨解稳定外，其光化学反应活性也可忽略不计，从而使其成为免受 2005 年美国 VOC 法规限制的豁免溶剂，并且不在 HAP 名单中。

醇和水可催化胺与环氧树脂的反应，也可直接与环氧基反应，从而影响环氧组分的贮存稳定性。配方工程师一般通过黏度的变化来判断环氧组分的稳定性，但是若将一元醇用作溶剂，则环氧官能度可能会降低，而黏度不会发生明显变化。在一定程度上，因为环氧基团与醇溶剂反应而损失，从而降低交联的可能性。本来 BPA 环氧树脂的 $\bar{f}_n$ 略小于 2，官能度的进一步降低可能会使涂膜的性能变差。当然，也有些体系影响不大，例如一些以乙二醇单醚的溶液形式出售的环氧树脂。然而，在其他情况下，贮存几个月后，环氧含量会下降。

水也会出现类似情况。与醇一样，环氧基与水的反应较慢，但是环氧基还是被消耗掉了。在某些情况下，用 TiO_2 着色的环氧组分的环氧基含量会随贮存时间的延长而降低，这大概是由于 TiO_2 表面的水参与反应而引起的，该反应及环氧与醇的反应，均可被碱性和/或酸性杂质或对 TiO_2 进行表面处理的氧化铝（碱性）和二氧化硅（酸性）催化。在大多数情况下，环氧组分适用于制备含颜料的涂料。显然，醇和水对包装稳定性的影响需系统看待。鉴于此，建议通过定期检测环氧基含量的方法来检查环氧组分的稳定性，而不仅仅依靠监测黏度的变化。

13.2.6 水性环氧-胺体系

为了减少溶剂用量，水性环氧-胺涂料已经得到了广泛研究。Klippstein 等（2012）综述了这一主题，并重点介绍了专利类文献的进展。

采用液体环氧树脂和特殊的水性固化剂制备 2K 涂料，是一种早期的方法（Zhang 和 Procopio，2014）。这些涂料有时被称为Ⅰ型水性环氧树脂，它们的固体组成与溶剂型体系的固体组成相似，但 VOC 较低，因为其中大部分挥发物是水。由于含水量高，在混合涂料的适用期中，会损失一些环氧基。根据配方，此类涂料往往固化缓慢，可形成具有耐化学品性的硬质涂膜，但由于使用了低分子量的液态环氧树脂，会导致涂膜的交联密度较高而可能发脆。

Ⅱ型 2K 水性环氧涂料包含 A、B 组分，A 组分由分子量较高的环氧树脂水分散体、颜料和各种助剂组成；B 组分是胺类固化剂的水分散体（Zhang 和 Procopio，2014）。固化剂由 DETA 或 TETA、液态环氧树脂和非离子表面活性剂制成。水性环氧涂料可以达到与溶剂型环氧-胺涂料相同的涂膜性能。将表面活性剂与环氧树脂或胺预先反应，可制得“自乳化”型环氧树脂和胺类固化剂，其涂膜性能接近溶剂型涂料（Wegmann，1993）。

制备水性体系的另一种方法是采用具有伯氨基的树脂，先将这类树脂溶解在有机溶剂中形成浓溶液，再用盐酸中和其氨基。当用水稀释浓溶液时，聚合物被溶剂和水溶胀，形成悬浮在水（连续相）中的聚集体，亲水的铵盐基团位于聚集体外围，类似 8.3 节中讨论的水可稀释性树脂的“油转水”过程。将有机溶剂溶解的环氧树脂溶液加入体系后，其会进入树脂聚集体。因此，环氧基与铵盐基团保持分开，适用期为数天。此涂料施工后，随着水和溶剂的蒸发，盐酸铵盐和环氧基团处于同一相，两者反应生成氯醇和游离的伯胺，伯胺可与其他环氧基反应两次。由于每分子 BPA 环氧树脂的环氧基少于两个，并且其中约 1/3 会被转化为氯醇，因此可将 $\overline{f}_n$ 接近 5 的酚醛环氧与 BPA 环氧共混使用，此时，在 1/3 的环氧基转化为氯醇后，平均每个分子仍然有两个以上的环氧基与氨基交联。

还有另一种方法是使用弱酸性溶剂，例如硝基烷（Albers，1983；Lopez，1989）。硝基烷形成的铵盐如下面的方程式所示。铵盐稳定了环氧-胺乳液，因此该体系可用水稀释。施工后，硝基烷溶剂蒸发，酸碱平衡移至方程式的左侧而产胺。因此，胺-硝基烷组合物可作为瞬态乳化剂，在贮存过程中稳定乳液，但不会对涂膜的最终性能产生不利影响。将氨基转化为盐，可延长混合组分的适用期，因为极性盐基向外定向到水相中，而环氧基在乳液粒子的内部。

$$R-NH_2 + R_2CH-NO_2 \rightleftharpoons R_2C=NO_2^- \overset{+}{H_3N}-R$$

Liu 等人（2016）提供了一种将石墨烯均匀分散在常规 2K 水性环氧配方中的方法（20.5 节）。石墨烯（3～10 层厚）预先分散在水中，并用聚丙烯酸钠稳定。将占分散体 0.5%（质量分数）的石墨烯添加到环氧涂料中，涂层的电化学阻抗谱（EIS）性能（参见 7.5 节）可提高一个数量级，耐盐雾性也大大提高。

汽车底漆使用的阴极电沉积涂料用树脂，也是通过环氧树脂和胺类树脂反应制备的。27.2 节中讨论了这类树脂的羧酸盐水分散体的应用。水性环氧丙烯酸接枝共聚物和环氧杂化丙烯酸乳胶将在 13.4 节中讨论。

13.3 环氧树脂的其他交联剂

Massingill 和 Bauer（2000）综述了各种环氧交联反应，包括对其机理的讨论。

13.3.1 酚类

BPA 环氧树脂和线型酚醛环氧树脂均可与酚醛树脂交联。如下图所示，酚主要与环氧化合物（如缩水甘油基衍生物）的不对称环氧环上位阻较小的 CH_2 反应。据推测，空间位阻也影响酚基的反应活性。未催化的反应相对较慢，因此常用 *p*TSA 或磷酸等进行酸催化。

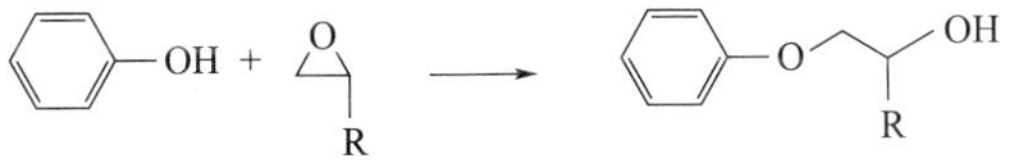

$$C_6H_5-OH + \underset{R}{\overset{O}{\triangle}} \longrightarrow C_6H_5-O-CH_2-CH(OH)-R$$

甲阶酚醛树脂和线型酚醛树脂中的酚羟基（在 13.6.1 节和 13.6.2 节中进行了描述）都可与环氧基反应。此外，甲阶酚醛树脂的羟甲基可自缩合，可与环氧树脂的羟基反应，还可与环氧树脂和酚反应生成的羟基反应。因此，它与环氧树脂反应可得交联密度更高的涂膜。此涂料需要烘烤，它的包装贮存稳定性相对有限，但可用醚化甲阶酚醛树脂来延长包装贮存稳定性（13.6.3 节）。据报道，使用丁醚化羟甲基化 BPA 代替酚醛树脂可提高涂料固体分和涂膜的功能性（Payne 和 Puglisi，1987；Bozzi 和 Helfand，1990）。

如 13.1.1 节所述，未着色的环氧-酚醛涂料可用作饮料罐和某些类型的食品罐内壁。关于能否从使用 BPA 环氧作内壁涂料的食品或饮料罐中提取出微量 BPA 的问题，Howe 等(1998) 和 Wingender 等 (1998) 综述了这方面的开创性研究。

环氧-酚醛色漆用作高性能底漆，主要优点是即使在有水的情况下，其对金属仍具有优异的附着力及出色的抗水解能力。在这些应用中，烘烤时发生的变色或外部耐久性差的问题都不重要。

现已开发出了乳液型环氧-酚醛涂料。由于常规的表面活性剂会残留在涂膜中从而导致耐水性降低，因此推荐使用甲基丙烯酸共聚物的水溶性铵盐作为乳化剂 (Kojima 等，1993)，如甲基丙烯酸/甲基丙烯酸甲酯/丙烯酸乙酯/苯乙烯 (40∶20∶20∶20) 共聚物的铵盐。

13.3.2 羧酸和酸酐

根据 Ooka 和 Ozawa (1994) 的综述，羧酸是最广泛使用的环氧树脂固化剂之一。羧酸与环氧基反应产生羟基酯。开环反应主要发生在位阻较小的 CH_2 上，但在位阻较大的 CH—R 位点上的反应也很明显。这类反应已被用于生产高耐候性涂料，包括用于汽车和卡车的高固体分透明涂料。采用羧酸作固化剂的单组分和双组分涂料是非常重要的市售商品 (第 30 章)。

$$R'-\overset{\overset{O}{\|}}{C}-OH + \underset{\diagdown O \diagup}{CH_2-CH}-R \longrightarrow R'-\overset{\overset{O}{\|}}{C}-O-CH_2-\overset{\overset{OH}{|}}{CH}-R$$

反应速率方程表明该反应对于羧酸为二级反应，最有可能的原因是：一个羧基通过亲核进攻 CH_2 基团；另一个羧基起亲电试剂的作用，与环氧基团的氧络合而协助开环，如图 13.2 中环氧-胺反应所示。反应速率对酸浓度的二阶依赖性还会导致转化率迅速降低，从而加剧了实现高转化率的难度。

$$速率=k[环氧][RCOOH]^2$$

反应的三阶依赖性 (对环氧为一阶，对羧基为二阶) 也导致较小的 Arrhenius A 值，原因是过渡态所需的环氧基团和两个羧基分子的高度有序性，降低了其在所有温度下的反应活性。GMA 共聚物和脂环族环氧化物如 3,4-环氧环己基-甲基-3′,4′-环氧环己基甲酸盐和 1,2-环己烷二羧酸二缩水甘油酯，与羧基的反应速率比 BPA 环氧快。叔胺可催化羧酸与环氧的反应，据报道三苯基膦特别有效，在三苯基膦催化下，采用过量的环氧基与羧基配比，可制备在 25℃交联的涂料 (Shalati 等，1990)。

Merfeld 等人 (2005) 研究了催化剂对 TGIC/羧酸官能化聚酯的固化温度和膜性能的影响，此体系可用于粉末涂料。研究表明：苄基三甲基氯化铵具有最佳的催化效果组合，其在 120℃固化最快，在 80～90℃固化最慢且过度烘烤时泛黄最少。而在 80～90℃相对缓慢的固化对粉末涂料挤出过程中的稳定性很重要。

胺类潜催化剂，是为由 BPA 环氧树脂和羧酸官能化聚酯配制的粉末涂料设计的 (Pappas 等，1991)，其为结晶性固体酰胺酸 (如由 3-甲基邻苯二甲酸酐与 N,N-二甲基氨基丙胺反应生成的酰胺酸)。酰胺酸是两性离子，其中的叔胺被质子化，从而使它们在粉末涂料中的溶解度和催化活性都达到最小。加热时，酰胺酸熔融并进行分子内环化，生成具有游离叔胺的酰亚胺，从而催化羧酸-环氧反应。

羟基会与羧基竞争和环氧化合物反应。当使用羧酸作交联剂时，环氧树脂的原始羟基或环氧-羧酸反应生成的羟基会与环氧反应，产生部分交联。此外，羟基与羧基的酯化也可能发生。

羧酸官能化的丙烯酸可与 BPA 环氧树脂，及具有环氧侧基的丙烯酸共聚物反应交联（13.1.2 节）。将甲基丙烯酸和 GMA 共聚在同一聚合物中可制备自交联丙烯酸。在贮存温度下，虽然环氧与羧基的反应速率很慢，但不为零，这是自交联树脂的缺点，即树脂的贮存稳定时间需从制造时开始计算。若活性官能团分布在两种不同的树脂上，则贮存稳定时间从树脂混合形成液体涂料时开始计算。

环酐也可用作环氧树脂的交联剂（Ooka 和 Ozawa，1994）。酸酐先与环氧树脂的羟基反应，生成酯和羧酸，所得的羧基再与环氧基反应生成新的羟基，以进一步反应。环氧基也可直接与酸酐反应，通常用叔胺作催化剂，其主要作用可能是先与环氧反应形成瞬态两性离子，再与酸酐反应。

13.3.3 羟基

虽然 BPA 环氧与甲阶酚醛树脂、羧酸和酸酐反应时也会与羟基反应，但是羟基官能化树脂与 BPA 环氧的活性不足，因此它在没有催化剂的情况下不可用作交联剂。然而，在适当的催化下，脂环族环氧树脂可作为 120℃烘烤的烤漆中多元醇的交联剂，根据这个反应特点，可制得以三氟甲磺酸二乙铵为封闭催化剂，以己内酯多元醇和 3,4-环氧环己基甲基 3′,4′-环氧环己基甲酸盐为反应物的水性涂料（Eaton 和 Lamb，1996）。活性催化剂三氟甲磺酸的酸性强，不会因与环氧基直接加成而被消耗掉。（参见 13.3.5 节的相关讨论。）

较高分子量的 BPA 环氧可通过主链的羟基反应交联。如 MF 和 UF 氨基树脂与 BPA 环氧可以通过醚交换作用交联（第 11 章），反应主要发生在 MF 或 UF 树脂的活化醚基与环氧树脂的羟基之间。通常，采用 *p*TSA 或其他磺酸的铵盐或酯作潜催化剂，这种交联反应在容器用涂料中很重要（13.4 节和 30.3 节）。

多异氰酸酯也可交联环氧树脂的羟基，优选封闭型异氰酸酯，因为它们可做成单组分涂料（12.5 节）。

13.3.4 硫醇

硫醇（或含巯基化合物）（RSH）与环氧树脂反应生成硫化物。该反应被叔胺强烈催化，叔胺将硫醇转化为活性更高的硫醇盐阴离子 RS^-，RS^- 与环氧加成形成醇盐阴离子中间体，经铵阳离子质子化后，可使催化剂再生，反应过程如下所示：

$$RS—H + R_3N \rightleftharpoons RS^- R_3\overset{+}{N}H$$

$$RS^- R_3\overset{+}{N}H + H_2C\overset{O}{—}CH—R^1 \longrightarrow RS—CH_2—\underset{OH}{CH}—R^1 + R_3N$$

巯基阴离子的反应活性高，配制的 2K 涂料可在环境温度下固化。聚硫橡胶是硫醇封端的低分子量聚合物，其已用作飞机底漆中 BPA 环氧树脂的交联剂。难闻的气味一直是硫醇交联剂的缺点，但已有气味相对低的多官能团硫醇用于硫醇-烯辐射固化涂料（29.2.5 节）。

13.3.5 均聚

在叔胺、路易斯酸和非常强的质子酸（超强酸）存在下，环氧基会发生均聚反应形成聚醚。酸前体是最常用的引发剂，其有两种类型：热分解后生成游离酸的封闭酸或潜伏酸和光致产酸剂，29.3.1 节讨论了紫外光固化的环氧涂料。聚合的引发和第一步反应如下：

$$\underset{\text{O}}{H_2C-CH-R} + H^+ \rightleftharpoons \underset{\overset{|}{O^+H}}{H_2C-CH-R} \xrightarrow{\underset{\text{O}}{H_2C-CH-R}}$$

$$R-\underset{\underset{OH}{|}}{CH}-CH_2\overset{+}{O}\langle\begin{matrix}CH-R\\|\\CH_2\end{matrix} \xrightarrow{\underset{\text{O}}{H_2C-\underset{H}{C}-R}} R-\underset{\underset{OH}{|}}{CH}-CH_2O-\underset{\underset{R}{|}}{CH}-CH_2\overset{+}{O}\langle\begin{matrix}CH-R\\|\\CH_2\end{matrix}$$

仅超强酸对环氧树脂的均聚有效，如三氟甲基磺酸（三氟甲磺酸）（F_3CSO_3H）、高氯酸（$HClO_4$）、六氟锑酸（$HSbF_6$）、六氟砷酸（$HAsF_6$）、六氟磷酸（HPF_6）和三氟化硼（BF_3）醚化物。由于强酸的共轭碱弱，因此相应的反离子是非亲核性的。相对强的酸（例如 HCl 和 *p*TSA）无效，因为此类酸的共轭碱具有足够的亲核性，可以加到质子化的环氧基上，从而阻止了均聚反应所需的第二个环氧基的接入。若采用 HCl，则形成氯醇，而不是聚合，如反应式(13.5) 所示。类似地，采用 *p*TSA 则形成磺酸酯。

$$\underset{\text{O}}{H_2C-CH-R} + HCl \longrightarrow R-\underset{\underset{OH}{|}}{CH}-CH_2-Cl \tag{13.5}$$

均聚反应也可用于热固性涂料。如采用 α,α-二甲基苄基吡啶鎓六氟锑酸盐作为封闭催化剂、3,4-环氧环己基甲基-3′,4′-环氧环己基甲酸酯（**1**）作为活性稀释剂，与 GMA 共聚物可在 120℃固化，同时保留足够的适用期（Nakano 和 Endo，1996）。脂环族环氧化物如（**1**），已与多元醇一起用于阳离子热固化涂料中（13.3.3 节），涂膜交联的一部分来自均聚，另一部分来自与羟基的反应，可加入环氧亚麻籽油来提高涂膜的抗冲击性（Eaton，1997）。

Walker 等人（2002）验证了由 BPA 环氧乳液在水中流延的薄膜可在高氯酸催化下进行阳离子聚合，得到更高分子量的多元醇，同时结构中仍保留一些环氧基。此多元醇可与 MF 树脂交联。与使用常规环氧树脂相比，该树脂的优点在于：游离 BPA 和 $n=0$ 的 BPA 环氧树脂的量较少，从而降低了毒性危害。

13.4 水稀释性环氧树脂/丙烯酸接枝共聚物：环氧树脂/丙烯酸杂化物

环氧树脂被大量用于制造水分散性丙烯酸接枝共聚物（Woo 等，1982；Woo 和 Toman，1991）。制备这种接枝共聚物的第一种方法：先用丙烯酸乙酯、苯乙烯和甲基丙烯酸共聚得到含羧基的丙烯酸共聚物，此共聚物再与 BPA 环氧树脂在乙二醇醚溶剂中反应，然后添加酚醛树脂或Ⅰ类 MF 树脂作为交联剂，用胺中和未反应的羧基后，加水分散。所得分散体可用于喷涂二片式饮料罐内衬里。

第二种方法：在 BPA 环氧树脂的乙二醇醚溶液中，使用过氧化苯甲酰（BPO）为引发剂，丙烯酸乙酯、苯乙烯和甲基丙烯酸为单体，在约 130℃下进行聚合。此方法适用于大批量生产。反应时，BPO 裂解产生苯甲酰氧基自由基和苯基自由基，这些自由基既可引发烯类单体的聚合反应，又可从环氧树脂骨架上夺取氢原子（Woo 和 Toman，1993），形成环氧树脂主链自由基，其可作为乙烯基单体共聚的起始位点，形成侧链含羧基的聚丙烯酸/苯乙烯的接枝共聚物。该方法的产物为环氧/丙烯酸接枝共聚物、未接枝的丙烯酸共聚物和未反应的环氧树脂的混合物，将其与胺、交联剂和水混合可形成分散体。此类分散体中，可采用分子量较高的环氧树脂作主链，这对于必须具有高柔韧性的涂料而言是一个优势。此方法中，树脂的亲水基通过C—C键而不是酯基连接，因此贮存过程中的耐水解性较第一种方法好。将乳胶混入环氧/丙烯酸分散体中可以降低成本。

后续的许多研究都是基于杂化改性的思路开展的，如用于卷材底漆的磷酸化环氧/丙烯酸酯分散体（添加磷酸可增强附着力）（13.5节）（Yu等，2014），和用于增强涂膜防腐蚀性能的水性环氧树脂与导电聚苯胺纳米颗粒的组合物（Chen和Liu，2011；Jadhav等，2011）。

将酸化丙烯酸乳胶与环氧树脂的分散体（或乳液）直接混合，即可制成环氧/丙烯酸杂化物。然后将这种共混物（A组分）与胺类交联剂（B组分）混合，进行涂料施工。这种产品的用途之一是墙壁涂料。Leman（2016）对比了这类商用涂料和多胺固化环氧树脂的涂膜性能，发现两者存在很大的差异。Leman还介绍了一种制备丙烯酸杂化环氧树脂乳胶的方法，即在环氧乳液存在下进行丙烯酸乳液聚合。通过选择原料和反应条件，使得环氧树脂在聚合时迁移到乳胶粒中。在这种杂化乳胶与多胺组成的2K涂料的成膜过程中，环氧会从乳胶粒中迁移出来形成环氧基固化物，固化物中包含均匀分散的丙烯酸乳胶颗粒。与未改性的丙烯酸乳胶涂膜相比，该膜具有更好的附着力和耐腐蚀性；与直接共混制得的环氧/丙烯酸杂化物相比，它们也具有优势。

13.5 环氧树脂磷酸酯

磷酸与BPA环氧树脂反应生成环氧磷酸酯。反应比较复杂，产物种类较多，其主要产物是伯醇的单磷酸酯。大多数环氧基在反应过程中会水解，得到相应的1,2-二元醇（Massingill，1991）。

低分子量环氧磷酸酯用作附着力促进剂（Massingill和Whiteside，1993）。较高分子量的环氧树脂也可用少量磷酸水溶液反应改性，改性树脂用在环氧-酚醛涂料中，可使涂料的附着力和柔韧性高于相应的未改性环氧-酚醛涂料，而无需加入磷酸催化剂（Massingill，1991）。

13.6 酚醛树脂

当苯酚在适当的条件下与甲醛反应时，会形成高度交联的固体，即电木（胶木），它是第一种投入工业生产的热固性合成塑料，由贝克兰（Baekeland）于1907年发明。交联的发生是因为苯酚具有三个反应位点，甲醛具有两个。然而，用于涂料的酚醛树脂一般是可溶性分子或低聚物。它们通常是由封闭了一个反应位点的二官能度酚制成，产物结构取决于所用酚的类型、酚与甲醛的化学计量比以及反应过程中的pH。酚醛树脂分为两大类：甲阶酚醛树脂，是采用碱催化剂和高比例的甲醛与苯酚制得；线型酚醛树脂，是用酸催化剂和低比例甲醛与苯酚制得。

13.6.1 甲阶酚醛树脂

在碱性条件下，苯酚和甲醛的初始反应产物是邻和对羟甲基苯酚的混合物。当甲醛大量过量且反应时间相对较短时，羟甲基化苯酚与甲醛的反应活性高于未取代苯酚，从而导致快速形成2,4-二羟甲基苯酚，随后迅速形成2,4,6-三羟甲基苯酚，后者是主要产物。当甲醛与苯酚的比例较低（但仍过量），且反应时间较长时，有利于形成较高分子量的甲阶酚醛树脂。其主要通过一个酚上的羟甲基与另一个酚的邻位或对位反应，形成连接这两个酚的亚甲基桥而聚合。连接两个酚的二苄基醚桥则通过两个羟甲基的相互反应而形成。与过量的甲醛反应后，甲阶酚醛树脂的末端酚基上会生成羟甲基。

这种苯酚基甲阶酚醛树脂在加热时会交联，可用于黏合剂和塑料。但不适合应用在涂料中，主要因为它们的交联密度比任何涂料都高。此外，树脂的贮存稳定性有限。可用于涂料的甲阶酚醛树脂由单取代苯酚，或单取代苯酚与苯酚的混合物制得，因使用取代苯酚会降低潜在的交联密度。这类树脂分为两大类：①溶于醇和其他低分子量含氧溶剂的树脂，通常称为醇溶型、热反应性酚醛树脂；②溶于植物油的树脂，称为油溶型、热反应性酚醛树脂。

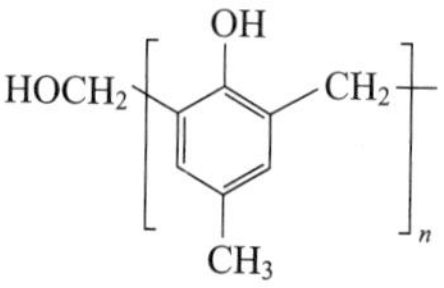

甲阶酚醛树脂的理想结构

在碱催化下，苯酚、邻甲酚或对甲酚和甲醛在60℃以下反应，真空脱水可制得醇溶型、热反应性甲阶酚醛树脂。反应结束时，先中和催化剂后加入醇稀释，再过滤除去中和催化剂产生的盐。潜在的交联密度由苯酚与甲酚的比例控制，分子量则由甲醛与酚的比例和反应时间控制。

这种甲阶酚醛树脂用于罐内部和衬里涂料。为了在短时间内固化，涂料需要烘烤，并加入酸催化剂。将其与作为增塑剂的低分子量聚乙烯醇缩丁醛共混，可增强涂层的柔韧性和附着力。此类涂层可抵抗油溶胀，并且完全抗水解。这些树脂和其他具有热反应性的酚醛树脂在烘烤过程中会因形成醌甲基化合物而变色，因此它们仅限于应用在允许涂层出现黄棕色的场合。

在热固性涂料中，甲阶酚醛树脂也可与环氧树脂共混，用于底漆和罐头涂料（13.3.1节）。它们的主要优点是不存在可水解键和优异的附着力。

13.6.2 线型酚醛树脂

酸催化邻或对位取代的苯酚制得的线型酚醛树脂可用于涂料。分子量由苯酚与甲醛的摩尔比控制，其摩尔比始终大于1。与甲阶酚醛树脂不同，线型酚醛树脂的末端酚基团不会被羟甲基化，其理想结构如图所示：

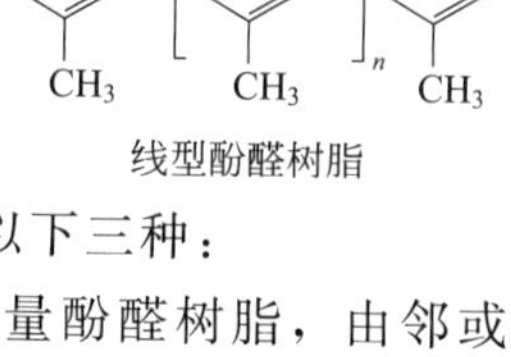

线型酚醛树脂

可用于涂料的线型酚醛树脂有以下三种：

① 醇溶型、非热反应性低分子量酚醛树脂，由邻或对甲酚的衍生物与甲醛反应制备，其重要用途是与ECH反应制备线型酚醛环氧树脂（13.1.2节）。

② 油溶型、非热反应性线型酚醛树脂，可通过低比例的甲醛与取代的苯酚（例如对苯

基苯酚、对叔丁基苯酚或对壬基苯酚）在酸催化下制得。这类树脂可与干性油，尤其是桐油或桐/亚麻籽油混合物一起使用调制清漆。由于这种清漆的耐用性在海上游艇 DIY 涂料市场中声誉很高，因此仍在一定程度上用作船用清漆。酚醛清漆的耐久性，至少可以部分归因于酚基的抗氧化活性（5.2.2 节有关酚类抗氧化剂的讨论）。

③ 现在使用的主流改性酚醛树脂为松香改性酚醛树脂，其在涂料中的应用仅限于低成本的清漆。使用量最大的是印刷油墨，油墨用酚醛树脂是一类具有高熔点的烃溶性树脂，在松香酯和/或松香的锌或钙盐存在下制备得到，其结构尚不完全清楚。其一个重要的应用是作为凹版印刷油墨，印刷邮购目录和某些杂志。

13.6.3 酚醛树脂的醚衍生物

将醇溶型甲阶酚醛树脂中的部分羟甲基转化为醚，可提高其包装贮存稳定性及其与环氧树脂的相容性。在酸催化下，醚基会与环氧树脂的羟基发生交换反应，烯丙基醚化的酚醛树脂与环氧树脂组成的交联体系已在罐内涂料中使用多年。

低分子量的正、异丁基醚化酚醛树脂，也可用于交联环氧树脂和其他羟基取代的树脂，反应主要通过醚化和醚交换进行（Gardner 和 Mallalieu，1992）。典型的醚化酚醛树脂的每个分子平均含有 2.2 个芳香环，平均分子量（约 320）较低，因此该树脂具有适中的黏度，能以丁醇溶液的形式供货。树脂中的活性基团主要是丁醚化甲基，但也有苄氧基和一些游离的羟甲基。此外，酚基可与环氧基反应，但因存在空间位阻，反应可能较慢。通常使用酸催化剂，例如磷酸或磺酸，封闭的酸可以延长贮存期。

（付长清　译）

综合参考文献

Dornbusch, M.; Christ, U.; Rasing, R., *Epoxy Resins*, Vincentz, Hannover, 2016.

Ellis, B., Ed., *Chemistry and Technology of Epoxy Resins*, Blackie Academic & Professional, London, 1993.

Massingill, Jr., J. L.; Bauer, R. S., Epoxy Resins, in Craver, C. D.; Carraher, Jr., C. E., Eds., *Applied Polymer Science 21st Century*, Elsevier, Amsterdam, 2000a, pp 393-424.

May, C. A., Ed., *Epoxy Resins-Chemistry and Technology*, Marcel Dekker, New York and Basel, 1988.

Pham, Ha Q.; Marks, M. J., Epoxy Resins in Elvers, B., *Ullmann's Encyclopedia of Industrial Chemistry*, Wiley-VCH, Weinheim, 2012a, Vol. 13, pp 112-244.

参　考　文　献

Ahmad, S., et al., *Prog. Org. Coat.*, 2005, 54, 248.

Albers, R., *Proceedings of the Waterborne Higher-Solids Coatings Symposium*, New Orleans, LA, 1983, pp 130-143; US patent 4,352,898 (1982).

Bochan, A.; Mallen, T. R.; Lucarelli, M. A., US patent 6,803,004 (2004).

Bozzi, E. G.; Helfand, D., *FSCT Symposium*, Louisville, KY, May 1990.

Brady, Jr. R. F.; Charlesworth, J. M., *J. Coat. Technol.*, 1993, 65(816), 81.

Brytus, V., *J. Coat. Technol.*, 1986, 58(740), 45.

Chen, F.; Liu, P., *ACS Appl. Mater. Interfaces*, 2011, 3(7), 2694-2702.

Chen, Y., et al., Exposure to the BPA-Substitute Bisphenol S Causes Unique Alterations of Germline Function, *PLoS Genet.*, 2016.

Cooper, C., et al., *J. Coat. Technol.*, 2001, 73(922), 19.

Dante, M. F.; Parry, H. L., US patent 3,477,990 (1969).

Dubois, R. A.; Sheih, P. S., *J. Coat. Technol.*, 1992, 64(808), 51.

Eaton, R. F., *Polym. Mater. Sci. Eng.*, 1997, 77, 381.

Eaton, R. F.; Lamb, K. T., *J. Coat. Technol.*, 1996, 68(860), 49.

Echeverria, M., et al., *Prog. Org. Coat.* 2016, 92, 29-43.

Fedtke, M., et al., *Polym. Bull.*, 1993, 31, 429.

Gander, P., Bisphenol A-free can coating in limbo, 2016, from http://www. foodpackagingforum. org/news/bpa-free-can-coatings-progressing-slowly.

Gardner, K. J.; Mallalieu, G. T. X., US patent 5157080 A (1992).

Geismann, C.; Kumar, V.; Kondos, C., US patent Appl. 2A1 (2014).

Gilbert, M. D.; et al., *Macromolecules*, 1991, 24, 360.

Honaman, L. A.; Witucki, G. L., 2014, from http://www. dowcorning. com (accessed April 19, 2017).

Howe, S. R., et al., *J. Coat. Technol.*, 1998, 70(877), 69.

Idlibi, Y., et al., *J. Prot. Coat. Linings*, 2016, November.

Jadhav, R. S., et al., *Polym. Adv. Technol.*, 2011, 22(12), 1620-1627.

Jencks, W. P., *Catalysis in Chemistry and Enzymology*, McGraw-Hill, New York, 1969, pp 199-211.

Kiatkamjornwong, S.; Yusabai, W., *Surface Coat. Int. Part B: Coat. Trans.*, 2004, 87-B3, 149.

Kincaid, D. S.; Schulte, J. A., *Proceedings of the Waterborne Higher Solids Coatings Symposium*, New Orleans, LA, 2001, pp 127-141.

Klippstein, A.; Cook, M.; Monaghan, S., *Polymer Science: A Comprehensive Reference*, *Vol.* 10, *Polymers for a Sustainable Environment and Green Energy*, Elsevier, Amsterdam, 2012, pp 519-539.

Kojima, S., et al., *J. Coat. Technol.*, 1993, 65(818), 25.

Leman, A. A., Acrylic-Epoxy Hybrid (AEH) Coatings for Commercial and Institutional Wall Applications, *Proceedings of the International Conference on Coatings*, Indianapolis, IN, 2016.

Liu, S., et al., *J. Mater Sci. Technol.*, 2016, 32, 425-431.

Lopez, J. A., US patent 4,816,502 (1989).

Massingill, J. L., *J. Coat. Technol.*, 1991, 63(797), 47.

Massingill, Jr., J. L.; Bauer, R. S., Epoxy Resins, in Craver, C. D.; Carraher, Jr., C. E., Eds., *Applied Polymer Science 21st Century*, Elsevier, Amsterdam, 2000b, pp 393-424.

Massingill, J. L.; Whiteside, R. C., *J. Coat. Technol.*, 1993, 65(824), 65-71.

Massingill, J. L., et al., *J. Coat. Technol.*, 1990, 62(781), 31.

McCarthy, J., *J. Prot. Coat. Linings*, 2016, July.

Merfeld, G., et al., *Prog. Org. Coat.*, 2005, 52, 98.

Mower, N. R.; Sheth, K., US patent application 2A1 (2010).

Nakano, S.; Endo, T., *Prog. Org. Coat.*, 1996, 28, 143.

Ooka, M.; Ozawa, H., *Prog. Org. Coat.*, 1994, 23, 325.

Pappas, S. P., et al., *J. Coat. Technol.*, 1991, 63(796), 39.

Payne, K. L.; Puglisi, J. S., *J. Coat. Technol.*, 1987, 59(752), 117.

Pham, Ha Q.; Marks, M. J., Epoxy Resins in Elvers, B., *Ullmann's Encyclopedia of Industrial Chemistry*, Wiley-VCH, Weinheim, 2012b, Vol. 13, pp 112-244.

Scheuing, D. R., *J. Coat. Technol.*, 1985, 57(723), 47.

Shalati, M. D., et al., *Proceedings of the International Conference on Coatings and Science Technology*, Athens, 1990, p 525.

Sheih, P. S.; Massingill, J. L., *J. Coat. Technol.*, 1990, 62(781), 25.

Tess, R. W., Epoxy Resin Coatings in May, C. A., Ed., *Epoxy Resins—Chemistry and Technology*, Marcel Dekker, New York and Basel, 1988, p 743.

Walker, F. H., et al., *Prog. Org. Coat.*, 2002, 45, 291.

Wegmann, A., *J. Coat. Technol.*, 1993, 65(827), 27.

Wingender, R. J., et al., *J. Coat. Technol.*, 1998, 70(877), 75.

Winter, M., *NACE International Corrosion Conference*, Houston, TX, 2011, paper 11040.

Witucki, G., Practical Applications of Polysiloxane Coatings, 2013, from http://webcache.googleusercontent.com/search? q=cache: bBAx5UwndPcJ: http://docslide.net/documents/practical-applications-of-polysiloxane-coatings-Gerald-l-wituckiaugust-2013. html%2BPractical+Applications+of+Polysiloxane+Coatings&hl=enIN&gbv=2&ct=clnk(accessed April 20, 2017).

Woo, J. T. K.; Toman, A., *Polym. Mater. Sci. Eng.*, 1991, 65, 323.

Woo, J. T. K.; Toman, A., *Prog. Org. Coat.*, 1993, 21, 371.

Woo, J. T. K., et al., *J. Coat. Technol.*, 1982, 54(689), 41.

Yu, J.; Pan, H.; Zhou, X., *J. Coat. Technol. Res.*, 2014, 11(3), 361-369.

Zhang, Y.; Procopio, L., *Proceedings of the American Coatings Conference*, 2014, Atlanta, GA Paper 14.5.

第14章 干性油

油和脂肪都是甘油三酯——甘油与脂肪酸反应形成的三酯。它们也被称为脂类。干性油是一些能与空气中的氧反应生成交联涂膜的甘油三酯。甘油三酯在空气中的交联能力是脂肪酸中存在多个双键的结果。干性油是可再生资源，因为它们可从植物种子和鱼类中提取。

Galen 曾在 1800 年前对干性油清漆作过描述（Eastlake，1848），几位中世纪作者也曾有过类似的论述（Orna，2013），但是几乎没有 1400 年前的油漆或者清漆样品被保存下来。19 世纪和 20 世纪初，多数油漆的基料都是干性油。在 20 世纪，由于合成基料的优异性能，大多数干性油基料被合成基料所取代。干性油仍有一定的作用，例如在特殊的防腐涂料和艺术家用的油画颜料中。

目前干性油依然是醇酸树脂、环氧酯和氨基甲酸酯改性醇酸树脂等重要基料的原材料（第 15 章）。了解干性油化学是了解这类树脂的基础，这些树脂可认为是合成干性油。

14.1 天然油脂组成

自然界中存在许多脂肪酸的酯类。含 18 个碳原子的脂肪酸很普遍。下文提供了涂料中一些重要脂肪酸的结构。括号的数字表示双键中第一个碳原子的位置，随后的字母 c 或 t，表示顺式或反式。

硬脂酸 $CH_3(CH_2)_{16}COOH$

棕榈酸 $CH_3(CH_2)_{14}COOH$

油酸 $CH_3(CH_2)_7CH{=}CH(CH_2)_7COOH$(9c)

亚油酸 $CH_3(CH_2)_4CH{=}CHCH_2CH{=}CH(CH_2)_7COOH$(9c12c)

亚麻酸 $CH_3CH_2CH{=}CHCH_2CH{=}CHCH_2CH{-}CH(CH_2)_7COOH$(9c12c15c)

十八碳-(5,9,12)-三烯酸

$CH_3(CH_2)_4CH{=}CHCH_2CH{=}CH(CH_2)_2CH{=}CH(CH_2)_3COOH$(5c9c12c)

蓖麻油酸 $CH_3(CH_2)_5CH(OH)CH_2CH{=}CH(CH_2)_7COOH$

α-桐酸 $CH_3(CH_2)_3CH{=}CHCH{=}CHCH{=}CH(CH_2)_7COOH$(9t11c13t)

这些油是数百种结构的甘油三酯的混合物。要将这些结构不同但非常相似的甘油三酯分子进行分离，几乎是不可能的。油的性质依脂肪酸的含量决定。首先将油进行酯交换，形成单一脂肪酸的甲酯。由此产生的甲酯混合物再用高效液相色谱（HPLC）或气相色谱（GC）（Ackman，1972；Khan 和 Scheinmann，1977；King 等，1982）进行准确的分析。气相色谱与质谱（GC-MS）联用是进行这项分析的有效工具（Izzo，2010）。所选油类的典型脂肪酸含量见表 14.1。因植物油品种、气候、土壤和其他生长条件方面存在差异，所以各种油的组成彼此不同，有时差异相当大。例如葵花油的差异特别大，明尼苏达州和得克萨斯州的葵花籽油的差异见表 14.1。通常从寒冷气候下生长的种子所提取的油具有较高的不饱和度并导致较低的凝固点。市售的工业用油和脂肪酸有多种规格，代表原料油被生产商精制（提炼）的程度。

表 14.1 中的妥尔油脂肪酸（TOFA），它不来源于干性油，但却是重要的涂料用原料。TOFA 是从硫酸盐法造纸制浆过程中的副产品里得到的。妥尔（tall）一词是指瑞典语中松树之意。TOFA 有一系列组成，特别是源自北美与欧洲地区的酸组分有差异，如表 14.1 所示。有些 TOFA 的混合物与豆油脂肪酸相似。

表 14.1　部分油的典型脂肪酸的组成

油类	脂肪酸				
	饱和脂肪酸①	油酸	亚油酸	亚麻酸	其他
亚麻籽油	10	22	16	52	
红花籽油	11	13	75	1	
大豆油	15	25	51	9	
葵花油，明尼苏达州	13	26	61	微量	
葵花油，得克萨斯州	11	51	38	微量	
桐油	5	8	43		80②
妥尔油脂肪酸③	8	46	41④	3	2⑤
妥尔油脂肪酸⑥	2.5	30	45	1	14⑦
蓖麻油	3	7	3		87⑧
椰子油	91	7	2		

① 饱和脂肪酸主要是硬脂酸（C_{18}）和棕榈酸（C_{16}）混合物；椰子油也含有 C_8、C_{10}、C_{12} 和 C_{14} 饱和脂肪酸。

② α-桐酸。

③ 源自北美地区。

④ 亚油酸＋共轭异构体。

⑤ 松香。

⑥ 源自欧洲地区。

⑦ 松脂酸。

⑧ 蓖麻油酸。

大多数干性油是通过压榨植物种子释放出液体油获得的。它们含有多种高度不饱和脂肪酸甘油三酯，包括 C_{18}～C_{26} 不超过 5 个非共轭双键的脂肪酸，每个双键由一个亚甲基分开。干性油也可从鱼类中获得。

14.2　自氧化与交联

在非共轭油类中，对自氧化而言最活跃的反应部位是 1,4-二烯结构的二烯丙基亚甲基（$—CH═CHCH_2CH═CH—$）。对于共轭油类，与 1,3-二烯（$—CH_2—CH═CH—CH═CH—CH_2—$）结构相邻的亚甲基活性很高。每种油的反应活性大致取决于这些结构的丰富程度。连接在孤立双键上的亚甲基基团，活性相对较低。早期的作者根据碘值对油类进行了定义与分类，碘值是指使 100g 油的双键饱和所需碘的克数，具体如下：干性油的碘值大于 140；半干性油的碘值在 125～140 之间；不干性油的碘值小于 125。然而，尽管碘值可以作为令人满意的质量控制指标，但在预测干性油的活性时，碘值可能有很大的误导性，因为该测试不能区分活性与相对活性差的不饱和油。

14.2.1 非共轭干性油

非共轭干性油类中含有被亚甲基基团分开的双键，而共轭干性油与之不同，如桐油，将在下一节中讨论。亚油酸和亚麻酸每个分子分别含有一个和两个二烯丙基亚甲基（$—CH═CHCH_2CH═CH—$）。这些最明显的亚甲基是干燥初期的反应基团，每个分子的二烯丙基亚甲基的平均数目就相当于官能度 $\overline{f}_n$。如果 $\overline{f}_n$ 约大于 2.2，即是干性油，有足够的活性基团形成交联网络。如果数值略小于 2.2，则是半干性油，它会干燥到一定程度，留下一个强度很弱、黏性的薄膜（Rheineck 和 Austin，1968）。根据表 14.1 中数据，亚麻籽油的 $\overline{f}_n$ 是 3.6，是一种干性油。豆油的 $\overline{f}_n$ 约为 2.07，它是半干性油。在其他因素相同的情况下，干性油的 $\overline{f}_n$ 值越高，在空气中曝露时，形成耐溶剂的交联膜的速度就越快。

二烯丙基亚甲基基团，其反应活性与丙烯基和两个双键（$—CH═CHCH_2CH═CH—$）相连接有关，它要比仅与一个双键（$—CH_2CH═CHCH_2CH_2—$）相连接的亚甲基烯丙基基团的反应活性更强。

合成的三油酸甘油酯（甘油三酯）、三亚油酸甘油酯和三亚麻油酸甘油酯，其自氧化反应速率是 1∶120∶330，反映了在三个甘油三酯中二烯丙基亚甲基的相应数目是 0、3 和 6（Chipault 等，1951）。甘油三酯相应的理论碘值为 86、173 和 262，它们的反应顺序也相同，但相应数值（1∶2∶3）与相应反应活性数值的大小不是很准确。因此，干燥能力与每个分子中二烯丙基亚甲基的平均数目有关，与用碘值测定来确定每个分子中双键的平均数目无关。

官能度的概念适用于合成干性油和天然油类。由于二烯丙基亚甲基是最初的反应位点，所以很方便将甘油三酯或合成干性油的平均官能度 $\overline{f}_n$ 看作是每个分子中这一基团的平均数目。这一点很重要，因为据此就可能用产量很高的半干性豆油去合成干性油。例如，每个分子平均含有 6 个豆油脂肪酸残基的合成干性油的 $\overline{f}_n$ 是相应豆油甘油三酯的两倍，从而十分有利于成膜，这将在 14.3.4 节中讨论。

在干燥过程中发生的反应是复杂的。然而，分析仪器的出现为解决这一问题提供了工具（Hartshon，1982；Falla，1992；Muizebelt 等，1998）。从亚麻籽油到形成交联膜经历了以下几个阶段：①诱导期，在此期间存在的天然抗氧化剂（主要是生育酚维生素 E）逐渐被消耗；②快速吸氧期，质量会增加约 10%（FTIR 显示此阶段形成了氢过氧化物和出现了共轭二烯烃）；③发生一系列复杂的反应，氢过氧化物被消耗并形成交联膜。Hartshorn（1982）发现，阶段①、②和③分别于 4h、10h 和 50h 内在催干剂的催化下进行（14.2.2 节）。Sands（2011）曾报道，含白色颜料的亚麻籽油油画颜料在固化过程中质量增加了 15%以上。

在薄膜形成的后期，因裂解反应生成了低分子量副产物。在薄膜的整个使用期限内，缓慢连续的裂解会导致脆化、变色和生成易挥发的副产物。油中的脂肪酸含量很高，其中的三个双键被亚甲基分隔（如亚麻酸），因此变色很严重。

下面的示意图说明了发生在交联期间的许多反应中的部分反应。交联初期，天然存在的氢过氧化物分解形成自由基：

$$ROOH \longrightarrow RO\cdot + HO\cdot$$

$$HO\cdot\ (或RO\cdot) + -CH{=}CH-CH_2-CH{=}CH- \longrightarrow$$

$$-CH{=}CH-\dot{C}H-CH{=}CH- + ROH\ (或\ H_2O)$$

1

$$-CH(OO\cdot)-CH{=}CH-CH{=}CH-$$

2

高活性的自由基首先和天然存在于亚麻籽中稳定油的抗氧剂发生反应，当抗氧剂被消耗完后，自由基才会与其他化合物发生反应。二烯丙基亚甲基上的氢特别容易被夺取，生成高度离域的共振稳定的自由基（**1**），它再与氧反应，主要生成共轭过氧化自由基，如（**2**）。

过氧化自由基可以从其他二烯丙基亚甲基中夺取氢，形成更多的氢过氧化物，并再生成自由基，如（**1**）。这样就形成了一个链式反应，导致自氧化。至少有一部分交联反应的发生，是由自由基-自由基的结合反应形成 C—C 键、醚键与过氧化物键所致。这些反应也使得自由基结合而导致链增长聚合反应的终止（2.2.1 节）。

$$R\cdot + R\cdot \longrightarrow R-R$$

$$RO\cdot + R\cdot \longrightarrow R-O-R$$

$$RO\cdot + RO\cdot \longrightarrow RO-OR$$

交联反应

类似于链增长聚合反应的加成反应也可以产生交联。例如，自由基可以加成到共轭双键上，这些双键可以是最初存在的，也可以是由二烯丙基基团的氧化形成的，都可得出（**3**）的反应。

$$R\cdot + -CH{=}CH-CH{=}CH- \longrightarrow -CH(R)-\dot{C}H-CH{=}CH-$$

3

这种加成反应产生了 C—C 或 C—O 链，它取决于自由基的结构。随后自由基（**3**）可以发生重排，加氧形成过氧自由基，从二烯丙基亚甲基中夺取氢，与另一个自由基结合，或加成到共轭双键上。通过^{1}H NMR 和^{13}C NMR 核磁共振对亚油酸乙酯与氧的催化反应（14.2.2 节）的分析表明，主要的交联反应是形成醚和过氧交联反应（Falla，1992；Muizebelt 等，1998）。Falla 用傅里叶变换红外光谱与 FT 拉曼（Raman）光谱分析的结论是，干性亚麻籽油只形成 C—O—C 和 C—C 键。Muizebelt 用质谱法研究表明，约 5%的交联是新的 C—C 键。Mallegol 等（1999，2000）在反应混合物中检测到大量的环氧基，5d 内达到最大值，100d 内几乎消失。随着膜的老化，环氧基团可能与膜中的羧基反应而生成酯类。

氢过氧化物的重排与裂解生成醛和酮等产物，导致形成低分子量副产物。还表明，随着膜的老化，低分子量的羧酸从亚麻籽油膜中缓慢释放（van den Berg 等，2001）。油和醇酸漆在干燥过程中呈现的特殊气味就是这种挥发性副产物和有机溶剂的气味所引起的。

特别是在室内施工时产生的不良气味，是促使用乳胶代替涂料中的油和醇酸的原因。已结合烹饪植物油味道的变化对导致这些气味的反应进行了广泛的研究（Frankel，1980）。醛类已被证明是油酸甲酯、亚油酸甲酯和亚麻酸甲酯在催化自氧化，以及干性油醇酸树脂固化过程中的主要副产物（Frankel，1980；Hartshorn，1982）。Honcock 等（1989）发现，C_9 脂肪酸酯仍然存在于非挥发性反应混合物中。Mallegol 等（2000）指出，在亚麻籽油膜老化过程中，形成醛、酮和羧酸是光氧化的结果。

干膜随着老化而变黄或呈棕色，这一过程被称为黄变。亚麻籽油膜黄变明显，通常是因为它含有约 50%三个双键的亚麻酸。当曝露在日光下时，黄色明显变白，所以当涂膜被遮盖时，如挂在墙上的图片，黄变较为严重。导致黄变的反应很复杂，并未得到很好的了解。黄变的一个原因是膜中含有含氮化合物，曝露在氨的氛围中会显著促成变色，而氨是家庭清洁剂中常见的成分。Robey 和 Rybicka（1962）指出，氨与在自氧化过程中生成的 1,4-二酮发生反应生成吡咯，它会被氧化生成深的有色产物。Mallegol 等（2001）观察到罂粟籽油的黄变程度几乎与亚麻籽油一样；然而，罂粟籽油几乎不含具有三个双键的脂肪酸。根据他们的研究，作者们提出黄变是油中污染物所致，但具体的污染物尚未确定。黄变似乎是一个多重因素的作用过程。

14.2.2 自氧化与交联的催化

未催化的共轭干性油与氧反应的速率很慢。几个世纪以前，人们发现某些油溶性金属盐（催干剂、干料）能催化干燥。常见的催干剂是油溶性的 2-乙基己酸或环烷酸的钴、锰、铅、锆和钙盐。包括稀土在内的许多其他金属盐的络合物也是有效的。尽管进行了许多研究，但催干剂的作用机理并没有被完全了解。Soucek 等（2012）对催干剂作过综述，Hage 等（2016）对钴、铁与锰的催干剂也作过综述。

油溶性钴和锰盐，在膜表面开始催化干燥，被称为顶部催干剂或表层催干剂。铅和锆盐催化整个薄膜的干燥，称为内层催干剂。钙盐的活性很低，但它起到助催干的作用，并可减少活性催干剂的用量。据报道，钴作为表层催干剂的催化作用是加速氧与亚甲基的反应形成氢过氧化物，而锰盐主要加速氢过氧化物的分解形成自由基（Verkholantsev，2000）。对醇酸树脂的核磁共振深度剖析，提高了对干燥过程的理解（Erich 等，2006）。当使用钴催干剂时，可观察到明显的交联状态，从曝露的膜表面开始，不断向膜内延伸。对锰系催干剂就没有观察到这一现象。据推测，钴催干剂是最有效的催干剂，其速率仅受干燥膜内氧传输的控制。

如果没有表层催干剂，内层催干剂就不能很好地发挥作用。因此，几乎总是使用组合的金属盐。铅与钴和/或锰的混合物特别有效，但由于铅具有毒性，铅催干剂在北美、欧洲和其他一些国家已不再用于消费品涂料。替代的催干剂包括钴和/或锰与锆的组合，通常包括钙。Co/Zr 和 Co/Zr/Ca 复合催干剂非常有效（Mallego 等，2002；Soucek 等，2012）。锆能抑制羧酸引起钴催干剂的失效，而钴本身可能主要是催化氧化反应而不是聚合反应。一项研究表明，锆比铅更有效（MeneghеHi 等，1998）。Hein（1999）研究了高固含量醇酸树脂的催干剂，推荐了钴和铵盐的组合，以及 2,2′-联吡咯络合剂。1,10-菲咯啉等螯合剂可以提高钴与锰催干剂的活性。钴对催化氧化还原的可能机理如下：

$$Co^{2+} + ROOH \longrightarrow RO\cdot + OH^- + CO^{3+}$$

$$CO^{3+} + ROOH \longrightarrow ROO\cdot + H^+ + CO^{2+}$$

氢过氧化物的催化分解

最终结果生成水与自由基。钴在两个氧化阶段之间循环。内层催干剂的活性尚未有充分的解释。

人们怀疑钴盐可能具有致癌性/或遗传毒性，因此可能被禁止使用。许多欧洲的制造商已经取代了它们（Najdusak 和 Goi，2016）。再者，它们在水性涂料中的长期稳定性也有限。Soucek 等（2012）、de Bear 等（2013），以及 Najdusak 和 Goi（2016）都综述过正在进行的工作，期望寻找钴的替代物，及可能替代金属盐催干剂的工作。铁和锰是有效的，但容易引起变色。发现四核簇［Mn_4O_2(2-乙基己酸)$_6$(联吡啶)$_2$］和乙酰丙酮锰/2,2′-联吡啶复合物是非常有效的（Warzeska 等，2002；Oyman 等，2005）。非金属和生物基催化剂也正在研究中（Soucek 等，2012）。据称铁（Ⅱ)-bispidon 催化剂与钴一样有效，使用浓度很低，其变色几乎可以忽略不计（de Boer 等，2013）。Pirs 等（2015）用钴催干剂在高固体分醇酸涂料中和铁(Ⅱ)-bispidon 催干剂进行了对比。干燥时间相似，但反应动力学不同；铁催干剂也能形成较均匀的薄膜，表明它既是表面干燥剂，又是内层催干剂。铁(Ⅱ)-bispidon 催干剂还具有在水性涂料配方中稳定性好的优点。bispidon 是一个复杂的络合物配体家族的专用术语（Hage 等，2016）。

钙离子不会发生氧化还原反应，它优先吸附在颜料表面，减少活性催干剂的吸附，从而促进干燥。

最合适的催干剂类型和用量与使用的体系有关。溶剂型、水性和高固体分涂料需要不同的催干剂组合。催干剂的用量应是最低的有效量，因为它们不仅催化干燥，而且也会引起后固化过程中出现的脆化、变色和开裂。

颜料对干燥速率有较大的影响，铅颜料（目前大多数已禁用）经常会加速干燥，而其他颜料可能吸收部分催干剂而延缓干燥。

当用干性油或用氧化型醇酸树脂制成的液体涂料，加入了催干剂又曝露在大气中时，会发生结皮现象。因此通常需要添加防结皮剂。甲乙酮肟（MEKO）是一种有效的防结皮剂（Bielman，2000）。MEKO 与钴离子形成一种非活性的络合物［$Co(MEKO)_{1\sim8}$］$^{3+}$，与两个组分处于一种平衡状态。当涂刷涂料后，MEKO 相对挥发较快，平衡状态发生逆转，释放出活性钴催干剂。MEKO 应在灌装桶之前加入。添加 0.2%的 MEKO 即可在超过 250d 的贮存期内防止结皮，但它会适度延长干燥时间，这取决于因 MEKO 的挥发而打破平衡实现可逆反应所需的时间。MEKO 也在受到法规的关注，其潜在的代用品正在研发中（Najdusk 和 Goi 等，2016）。

14.2.3 共轭干性油

含有共轭双键的油类，如桐油（中国木油），其共性是比其他非共轭油干燥更快。Muizebelt 等（2000）对人工合成的共轭亚油酸乙酯进行了研究。最初的交联确定是过氧化物的链接，随着时间的推移，成了醚键的链接。与非共轭亚油酸乙酯在相同的条件下相比生成了分子量更高的低聚物。

通常，共轭油类形成的膜，具有优异的耐水与耐碱性，这可能是由于稳定的醚键交联所致。然而，因桐油中 α-十八碳脂肪酸有三个双键，烘烤时变色与老化均较为严重。

14.3 合成与改性干性油

在至少 600 年的时间里，艺术家们通过对使用的油类进行预处理，来提高油画的质量。

例如，在日光下、在水中和空气中曝露几周或几个月（Meyer 和 Sheehan，1991）。这些预处理能使油漂白，提高黏度，加快其干燥速率。De Vigueric 等（2016）回顾了历史上的一些做法，这些做法常涉及铅催干剂。古老的方法不适用于工业的规模。这个过程将在 14.3.1 节中论述与利用。化学改性将在第 15 章论述。

14.3.1 热聚合厚油、吹制油与二聚酸

共轭与非共轭干性油类，在惰性气体下加热发生热聚合生成厚油（或称定油）。此工艺可提高黏度与改善涂料的性能和施工性能。虽然在稍低温度下也有明显的聚合反应，但一般对于非共轭油类可在温度高达 300～320℃下进行，而共轭油一般在 225～240℃温度下进行热聚合。自然界中的油含有氢过氧化物，至少有部分在热炼过程中会出现热分解，产生自由基。这一过程使分子量升高，且可能导致有限的胶粒的形成。研究还表明，基于 Diels-Alder 反应热重排形成的共轭体系，导致生成二聚物（Wheeler 和 White，1967）。因桐油含有较多的共轭双键，它比非共轭（如亚麻籽油）油的热聚合更快，所以必须小心地控制桐油的加热，以防止完全胶化。

在适当的温度（140～150℃）下，当向干性油中吹入空气时，也会提高黏度，生成吹制油。据推测，其反应如同在空气中干燥引起油的自氧化低聚反应。吹制油在剪切作用下变稀（Gueler 等，2004），也可能有胶粒出现。

多不饱和脂肪酸用酸催化剂进行热处理也可二聚或低聚化。如妥尔油脂肪酸（TOFA）中的脂肪酸，有 1,3-二烯烃结构，能发生二聚或低聚化，未反应的一元酸通过蒸馏除去。其产品称作二聚酸，主要是 C_{36} 二元羧酸，还有少量的一元羧酸及 C_{54} 三聚酸。在某些用途中，可以用氢化工艺消除残留的双键。二聚酸用于制造聚酯（10.1.2 节）和聚酰胺（13.2.2 节）。

14.3.2 清漆

在油中加入可溶的固体树脂并用烃类溶剂稀释，能加速油的表观干燥速率。此类溶液称作清漆。这种固态树脂可以提高无溶剂涂膜的 T_g。即使交联速率没有增加，较高的 T_g 也能加快涂膜硬度的增长速率。因此清漆膜比相应油膜的硬度增长得快，但是这并不能缩短涂膜达到耐溶剂性所需的时间。几乎任何一种高“熔点”溶于干性油中的热塑性树脂均可达到此目的。树脂的“熔点”越高，对 T_g 的影响越大。自然界发现的树脂，如刚果树脂、柯巴树脂、达玛树脂、贝壳杉酯；合成树脂，如酯胶（松香甘油酯）；酚醛树脂（13.6 节）；苯并呋喃茚树脂等均被使用过。

清漆的传统制造过程，是将干性油（通常是亚麻籽油、桐油或是二者的混合物）与树脂在高温下一起加热得到均匀的溶液。过去加入少量的氧化铅（黄丹，密陀僧）作为催干剂，目前因严格限制清漆中铅的含量，已被禁用。清漆用烃类溶剂稀释以达到施工黏度。在干性油的热炼过程中，会发生某些二聚或低聚反应；某些情况下，发现在油与树脂之间也发生了反应。这些清漆被广泛应用了几个世纪，但是在 20 世纪它们逐渐被各种其他产品所取代，特别是被醇酸树脂、环氧树脂和聚氨酯改性醇酸所取代，清漆一词已被广泛用作透明涂料，尽管今天清漆是用于木器上的一个历史名词。传统的桅杆清漆依然是海洋环境中保护木器的一个受欢迎的品种。

14.3.3 合成共轭油

桐油干燥迅速，但它价格昂贵且易于变色，可能是它含有三个双键的缘故。这种推测促使共轭油的合成，共轭油中的脂肪酸仅含有两个共轭双键。有一种方法是用酸催化剂将蓖麻油脱水。蓖麻油甘油三酸酯最主要的脂肪酸含量是蓖麻油酸（87%），即 12-羟基-(*Z*)-9-十八烯酸，它脱水生成 9,11-共轭与 9,12-非共轭脂肪酸酯的几何异构体混合物。脱水蓖麻油在室温下干燥相对快些，而随着膜的老化，其表面变得发黏。这种回黏性是在脱水过程形成不干燥的几何异构体的缘故。另一种可能性是老化裂解反应产生油类产品的结果。脱水蓖麻油及其脂肪酸主要用于制备烘烤型涂料用的醇酸树脂和环氧酯，这种涂料不会出现回黏。

通过将非共轭油和各种催化剂（如碱性氢氧化物）一起加热，可部分异构化生成共轭油。类似的过程也可使 TOFA（妥尔油脂肪酸）的双键共轭。在高温下用碱性氢氧化物水溶液处理油可合成共轭脂肪酸，同时完成异构化与皂化（Bradley 和 Richardson，1942）。此类共轭油和脂肪酸主要用于制造醇酸树脂与环氧酯。

14.3.4 高官能度多元醇酯

当油类脂肪酸与每个分子中有多于三个羟基的多元醇酯化时，每个分子上的交联点数目要比相应的天然甘油三酯多。豆油是半干性油，因 $\overline{f}_n$ 是 2.07，豆油脂肪酸的季戊四醇（PE）四酯是干性油，其 $\overline{f}_n$ 是 2.76。亚麻籽油脂肪酸的季戊四醇酯的 $\overline{f}_n$ 约为 5，干燥比亚麻籽油更快，涂膜耐溶剂。通过与更多官能度的多元醇，如一缩或二缩季戊四醇反应，可以使干燥速率更快。由这些源自高官能度油脂肪酸制成的醇酸树脂、环氧酯与聚氨酯改性醇酸树脂（第 15 章），常被看作是高官能度的合成干性油。

14.3.5 顺丁烯二酸改性油

共轭与非共轭两种油及其脂肪酸都可以与顺丁烯二酸酐反应生成加成物。如脱水蓖麻油这种共轭油在中等温度下可以发生 Diels-Alder 反应：

R—CH═CH—CH═CH—R′ + (顺丁烯二酸酐) ⟶ (Diels-Alder 加成物)

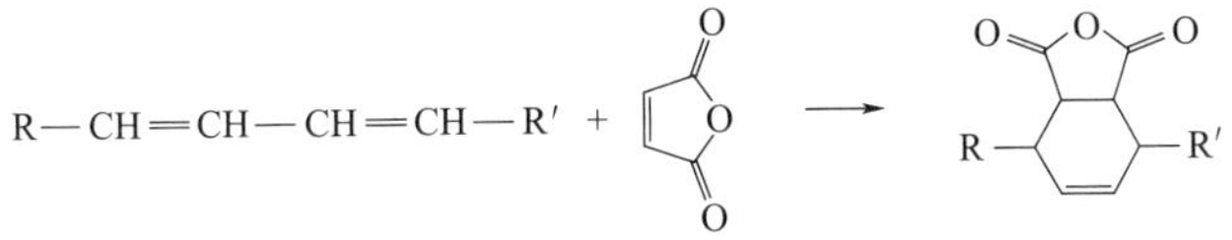

如豆油和亚麻籽油这种非共轭油，需要在较高温度（>100℃）下形成各种加成物。用亚油酸甲酯的模型化合物研究表明，顺丁烯二酸酐发生了烯反应，生成琥珀酸酐加成物。烯反应经常产生共轭键，通常结构如（**4**）所示；随后与第二个顺丁烯二酸酐按 Diels-Alder 反应生成二酸酐，其通常结构如（**5**）所示（Rheineck 和 Khoe，1969）。

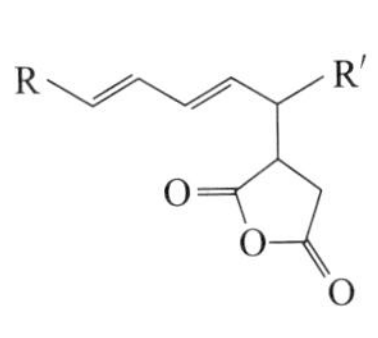

4 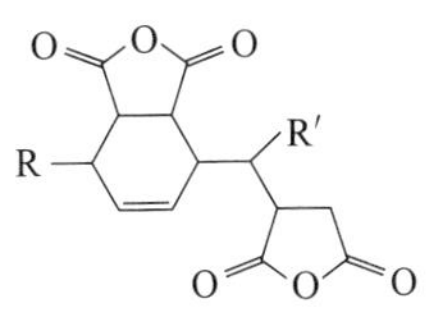　　　　**5**

这些反应产物称为马来化油，有时亦称作顺丁烯二酸改性油，它与多元醇反应形成中等分子量的衍生物，它比未改性的干性油干燥快。例如，用甘油酯化的顺丁烯二酸改性豆油其干燥速率与相同黏度的亚麻籽油热聚合油相当。

顺丁烯二酸改性油经氨水水解，将酸酐基团转化成二元酸的铵盐，可用水稀释。此工艺被用于制作水稀释性的醇酸树脂与环氧酯（15.3 节及 15.8 节）。顺丁烯二酸改性油及环氧酯是早期阴离子电沉积涂料的重要漆基，但目前已被淘汰。

14.3.6 乙烯基改性油

共轭与非共轭干性油在自由基引发剂的存在下，可与不饱和单体如苯乙烯、乙烯基甲苯，以及（甲基）丙烯酸酯进行反应。高度的链转移形成多种结构，包括单体或混合单体的低分子量聚合物、短链接枝共聚物和二聚干性油分子等。干性油与这类单体的反应并没有太大的商业价值，但同样的原理却可以用于制造改性醇酸树脂（15.6 节）。

用环戊二烯改性亚麻籽油具有相当大的商业价值。该产品是亚麻籽油与双环戊二烯在170℃下加压反应制成。在此温度下，环戊二烯单体按逆向 Diels-Alder 反应快速地被释放，使环戊二烯与亚麻籽油进行反应。此产品比亚麻籽油干燥速率快且价廉，但是它的气味和颜色深限制了它的应用。

（段质美　译）

综合参考文献

Fox, F. L., *Oils for Organic Coatings*, Federation of Societies for Coatings Technology, Blue Bell, PA, 1965.

Rheineck, A. E.; Austin, R. O., Drying Oils in Myers, R. R.; Long, J. S., Eds., *Treatise on Coatings*, Marcel Dekker, New York, 1968, Vol. *I*, *No.* 2, pp 181-248.

Wicks, Z. W., Jr., Drying Oils in Kirk, R. K.; Othmer, D. F., Eds., *Kirk- Othmer Encyclopedia of Chemical Technology*, 5th ed., John Wiley &Sons, Inc., New York, 2003.

参考文献

Ackman, R. G., *Prog. Chem. Fats Other Lipids*, 1972, 12, 165.

Bielman, J., Antiskinning Agents in Bielman, J. H., Ed., *Additives for Coatings*, Wiley-VCH, Weinheim, 2000.

van den Berg, J. D. J., et al., *Prog. Org. Coat.*, 2001, 41, 143.

de Boer, J. W., et al., *Eur. J. Inorg. Chem.*, 2013, July, 3581.

Bradley, T. F.; Richardson, G. H., *Ind. Eng. Chem.*, 1942, 34, 237.

Chipault, J. R., et al., *Off. Dig.*, 1951, 23, 740.

Eastlake, C. L., (London) *Quarterly Review American Edition*, Leanord Scott & Co., New York, 1848, p 213.

Erich, S. J. F., et al., *Prog. Org. Coat.*, 2006, 55(2), 105.

Falla, N. A. R., *J. Coat. Technol.*, 1992, 64(815), 55.

Frankel, E. N., *Prog. Lipid Res.*, 1980, 19, 1.

Gueler, O. K., et al., *Prog. Org. Coat.*, 2004, 51, 365.

Hage, R.; de Boer, J. W.; Maaijen, K., *Inorganics*, 2016, 4(2), 11.

Hancock, R. A., et al., *Prog. Org. Coat.*, 1989, 17, 321, 337.

Hartshorn, J. H., *J. Coat. Technol.*, 1982, 54(687), 53.

Hein, R. W., *J. Coat. Technol.*, 1999, 71(898), 21.

Izzo, F. C., 20th Century Artists' Oil Paints: A Chemical-Physical Survey, Doctoral Dissertation, University of Venice, 2010.

Khan, G. R.; Scheinmann, F., *Prog. Chem. Fats Other Lipids*, 1977, 15, 343.

King, J. W., et al., *J. Liq. Chromatogr.*, 1982, 5, 275.

Mallegol, J., et al., *J. Am. Oil Chem. Soc.*, 1999, 76, 967; 2000, 77, 249.

Mallegol, J., et al., *J. Am. Oil Chem. Soc.*, 2000, 77, 257.

Mallegol, J., et al., *Stud. Conserv.*, 2001, 46, 121.

Mallegol, J., et al., *J. Coat. Technol.*, 2002, 74, 113.

Meneghetti, S. M. P., et al., *Prog. Org. Coat.*, 1998, 33, 219.

Meyer, R.; Sheehan, S., *The Artist's Handbook of Materials and Techniques*, 5th ed., Viking, New York, 1991, pp 173-174.

Muizebelt, W. J., et al., *J. Coat. Technol.*, 1998, 70(876), 83.

Muizebelt, W. J., et al., *Prog. Org. Coat.*, 2000, 40, 121.

Najdusak, R.; Goi, F., *Coat. World*, 2016, June, 8.

Orna, M. V., *The Chemical History of Color*, Springer, New York, 2013, pp 54ff.

Oyman, Z. O., et al., *Polymer*, 2005, 46, 1731.

Pirs, B., et al., *J. Coat. Technol. Res.*, 2015, 12(6), 965-974.

Rheineck, A. E.; Austin, R. O., Drying Oils in Myers, R. R.; Long, J. S., Eds., *Treatise on Coatings*, Marcel Dekker, New York, 1968, Vol. *I*, *No.* 2, pp 181-248.

Rheineck, A. E.; Khoe, T. H., *Fette Seifen Anstrichm.*, 1969, 71, 644.

Robey, T. L. T.; Rybicka, S. M., *Paint Res. Sta. Tech. Paper* 217, 1962, 13(1), 2.

Sands, S., *Just Paint*, *No.* 25, 2011, Golden Artist Colors, from http://www.goldenpaints.com (accessed April 22, 2017).

Soucek, M. D.; Kattab, T.; Wu, J., *Prog. Org. Coat.*, 2012, 73, 435-454.

Verkholantsev, V., *Eur. Coat. J.*, 2000, 12(1-2), 120.

de Viguerie, L., et al., *Prog. Org. Coat.*, 2016, 93, 46-60.

Warzeska, S. T., et al., *Prog. Org. Coat.*, 2002, 44, 243.

Wheeler, D. H.; White, J., *J. Am. Chem. Soc.*, 1967, 44, 298.

第15章 醇酸树脂

醇酸树脂虽然不再是涂料中用量最大的漆料，但仍然是较重要的。全球每年醇酸树脂的用量高达 100 万吨。2013 年，欧洲、中东和非洲醇酸树脂消费总量预计为 30.5 万吨（Hofland，2012），而在 2016～2024 年间，全球醇酸树脂产量将以每年 5.3%的速度增长（Diamond，2016）。据推测，醇酸乳液技术的成熟（15.3.2 节）及对生物基涂料需求的持续增加是醇酸树脂产量增长的两大驱动力。

醇酸树脂以多元醇、多元酸及脂肪酸为主要成分通过缩聚反应制备，但有时也可使用其他种类的单体制备。醇酸树脂的本质是聚酯，但在涂料领域，聚酯这个术语是留给第 10 章的“无油聚酯”使用的，而“醇酸树脂”术语则是由醇和酸衍生而来的。醇酸树脂具有易施工、涂层缺陷少、附着力优、空气氧化交联等特点。然而，固化后的醇酸树脂与空气的持续氧化交联将导致醇酸树脂涂层耐久性（特别是在户外）不及丙烯酸、聚酯和脂肪族聚氨酯，但优于双酚 A 环氧树脂和芳香族聚氨酯。

醇酸漆的发展始于 1910 年左右，当时通用电气公司寻求电线绝缘性的提高，由于当时高分子基础科学并不发达，进展十分缓慢（Lanson，1975）。1927 年 Henry Reichhold 成为第一个醇酸树脂供应商（Danneman 和 Chu，2016），他与其他人一起根据支化聚合物与凝胶化的关系（Kienle 和 Hovey，1929）发展了醇酸树脂技术。大约从 20 世纪 40～60 年代，醇酸树脂逐渐取代植物油，成为涂料用主体树脂。不过 60 年代后，几乎全部来自化石燃料的丙烯酸树脂、乙烯基树脂、聚酯、聚氨酯和环氧树脂逐步取代了醇酸树脂的主体地位。然而，目前低 VOC 醇酸树脂涂料技术的发展（15.3.2 节）以及人们对生物基代替化石燃料（醇酸树脂都含有 50%以上的生物基材料）兴趣的增加，再次吸引了人们去研究醇酸树脂。

醇酸树脂具有多种分类方法。第一种分类法是将醇酸树脂分为氧化型醇酸树脂和非氧化型醇酸树脂，氧化型醇酸树脂的成膜机理类似于第 14 章讨论的干性油氧化交联机理。非氧化型醇酸树脂用作聚合物增塑剂或用作羟基官能树脂，以三聚氰胺-甲醛树脂、脲醛树脂或异氰酸酯为固化剂进行交联固化。

第二种分类法源于对清漆进行的分类，是基于在制备醇酸树脂工艺中使用一元脂肪酸的比例。高脂肪酸比的醇酸清漆称为长油度清漆，中脂肪酸比的醇酸清漆称为中油度清漆，而低脂肪酸比的醇酸清漆则称为短油度清漆。醇酸树脂的油长是通过将“油”的质量除以最终醇酸树脂的质量（以百分比表示）来计算的，如式(15.1) 所示。式(15.2) 中的 1.04 则是将脂肪酸的质量换算成甘油三酯的质量所需要乘的系数。按油长不同，醇酸树脂可分为长油度（>60）、中油度（40～60）和短油度（40 以下）。各类文献中油度分类界限有所差别。

$$\text{油长}=\frac{\text{油质量}}{\text{原料质量}-\text{生成}H_2O\text{的质量}}\times100 \tag{15.1}$$

$$\text{油长}=\frac{1.04\times\text{脂肪酸质量}}{\text{原料质量}-\text{生成}H_2O\text{的质量}}\times100 \tag{15.2}$$

第三种分类法是根据设计的醇酸树脂是用于传统固体分涂料、高固体分涂料还是水性涂料而进行分类的。据 Hofland（2012）预测，欧洲、中东和非洲对这三类醇酸树脂的消费大致相等。

最后一种分类法是将醇酸树脂分为改性醇酸树脂和未改性醇酸树脂。改性醇酸树脂除含有多元醇、多元酸和脂肪酸外，还含有其他单体，如苯乙烯改性醇酸树脂（15.6 节）和有机硅改性醇酸树脂（16.1.2 节）。

15.1 氧化型醇酸树脂

氧化型醇酸树脂是由一种或多种多元醇、一种或多种二元酸和一种或多种来自干性或半干性油的脂肪酸合成的聚酯。因此，醇酸树脂也可看作是合成干性油。最常用的多元醇和二元酸分别是甘油和苯酐（PA），常用的脂肪酸则是由大豆油水解而来的大豆油脂肪酸。一种最简单的等当量的理想醇酸树脂组成是各组分的摩尔比为苯酐∶甘油∶大豆油脂肪酸＝1∶2∶4，采用表 14.1 中列出的豆油脂肪酸组分的数据，可以计算出醇酸树脂的官能度为 2.76［即每个分子中的活性二烯丙基亚甲基（$—CH═CHCH_2CH═CH—$）的平均数目为 2.76］，因此该醇酸树脂能够在空气中自干（14.2.1 节和 14.3.4 节对官能度 $\overline{f}_n$ 的讨论）。该醇酸树脂同大豆油脂肪酸的季戊四醇酯（14.3.4 节）形成耐溶剂膜的时间大致相同，因为它们具有相同的 $\overline{f}_n$。但是，由于来自 PA 的刚性芳香环增加了涂膜的 T_g，该醇酸树脂可以更快地形成指触干涂膜。

当 PA 与甘油的摩尔比为 2∶3，等效摩尔比为 4∶9 时，需要 5mol 大豆油脂肪酸酯化得到 $\overline{f}_n$ 为 3.45 的醇酸树脂。这种原料摩尔比为 2∶3∶5 的醇酸树脂较原料摩尔比为 1∶2∶4 的醇酸树脂交联速率更快，涂膜形成指触干时间更短，因为前者的芳香环与长脂肪链的比例是 2∶5（40%），而后者是 1∶4（25%）。虽然这些简单的关系看起来不是那么直观，但它们表明，PA 与甘油摩尔比的增加，会引起 PA 和脂肪酸比例的增加以及可与脂肪酸反应的羟基比例增加。因此，PA 与甘油比例的进一步增加，不仅能够提高自氧化醇酸树脂的平均官能度，也能使溶剂挥发后的涂膜 T_g增加（由于芳香环/长脂肪链比增加），这两者都可促进涂膜的快速干燥。

理论上，由甘油、PA 和脂肪酸各 1mol 制备的醇酸树脂油长约为 60。然而，当我们试图制备该配比的醇酸树脂时，树脂会在完全反应前就发生凝胶。凝胶是由三官能团的甘油与双官能团的 PA 分子反应形成的交联聚合物被部分未完全反应的组分溶胀而成的。使用过量的甘油来减少醇酸树脂合成过程中的交联程度可避免凝胶。这是因为，当过量甘油反应进行到接近完成时，未反应的羧基很少，而未反应的羟基则较多。

醇酸树脂一般是在 200℃ 以上通过间歇式缩聚反应制备的（15.5 节）。在制备工艺中，通常需要调整原材料组成和工艺条件，以使聚合反应结束时接近反应终点但不凝胶。因为醇酸树脂如果在反应釜中发生了凝胶，就需进行费用极高的清釜工作。曾经有许多醇酸配方设计者尝试计算官能团的比例，以使达到需要的反应程度时而不发生凝胶，但都没有完全成功，因为在制备醇酸树脂工艺中引起凝胶的原因是复杂多样的。如甘油中的伯羟基和仲羟基的反应活性不同、酯化条件下多元醇分子会自缩合形成醚或脱水形成挥发性醛（15.5.2 节）；同时羧基的反应活性也是不同的，如环酐第一个酯的形成速率比第二个酯的形成速率快、脂肪族酸的酯化速率比芳香族酸快；多不饱和脂肪酸及其酯可以二聚或低聚形式交联。

在此领域发表的许多论著中，Blckinton（1967）认识到醇酸树脂的凝胶化除了包括上述复杂性，还应特别重视分子内酯化反应形成环状化合物的程度。Misev（1989）报道的方法（10.1节）可用于计算醇酸树脂配方。

醇酸树脂配方设计师在实践中发现二元酸/多元醇的摩尔比小于1可以避免凝胶。那么到底比1低多少呢？这取决于很多变量，本章在15.1.1节到15.1.3节讨论组成变量的影响，在15.5节讨论反应条件的影响。

就中油度醇酸树脂而言，油长60的醇酸树脂的二元酸/多元醇的摩尔比一般变化不大，但脂肪酸的含量降低到所要求的程度。这种方法最终导致醇酸树脂中的羟基严重过量。普遍认为，氧化型醇酸树脂的油长尽量低于60，特别是油长为50时具有最短的干燥时间。然而，这种惯性思维应该慎重，因为芳香环与脂肪链比例的增加，尽管升高了溶剂挥发后的涂膜 T_g，缩短了指触干时间，但是在醇酸树脂分子量相同时，当油长降低到60以下，每个醇酸树脂分子链上的脂肪酸酯数量会减少（更多的羟基未被脂肪酸酯化），因此，达到足够耐溶剂性所需的交联时间也就增加了。

长油度醇酸树脂能够溶于脂肪烃溶剂，随着油长降低，醇酸树脂需要脂肪族和芳香族混合溶剂才能溶解，特别是油长低于50的醇酸树脂需要价格高于脂肪烃的芳香族溶剂才能溶解。长油度醇酸树脂（特别是油长低于65）溶解在脂肪族溶剂中的黏度是高于溶解在芳香族溶剂中的；同理，中油度醇酸树脂需要混合溶剂进行溶解，其在混合溶剂中的黏度随着芳香族溶剂所占比例的增加而降低。以往甚至现在，希望使用混合溶剂使醇酸树脂溶液具有更高的黏度，这样在施工时就需要更多的溶剂进行开稀，从而降低固体分及单位体积的原材料成本，其实这是假节约，但却是以往的惯例。现在人们越来越重视VOC含量降低，因此如何设计符合VOC要求而非高稀释潜力的醇酸树脂就成为挑战。此外，如15.2节所述，芳香族溶剂被列入了有害空气污染物（HAP）清单，导致含氧溶剂通常优先用于高固体分醇酸树脂。

15.1.1 一元酸的选择

由于自干性醇酸树脂中的 $\overline{f}_n$ 可设计成远高于2.2，因此可以使用半干性油中的脂肪酸来制备自干性醇酸树脂。在单甘油酯工艺中（15.5.1节），大豆油是制备醇酸树脂的主要植物油，因为大豆油是一种大规模种植的农产品，经济实惠、供应可靠，且用于生产醇酸树脂的大豆油仅占世界供应量的几个百分点。对于由脂肪酸工艺（15.5.1节）制备的醇酸树脂，妥尔油脂肪酸有时比大豆油脂肪酸更经济。大豆油脂肪酸和妥尔油脂肪酸均含有大约40%～60%的亚油酸和一定量的亚麻酸（表14.1），而含有亚麻酸酯的白色涂料具有黄变倾向。优质高价的“耐黄变”醇酸树脂一般是由红花油或葵花油制备的，因为红花油或葵花油中的亚油酸含量高，而亚麻酸含量低。

在实际应用中，干性油制备的醇酸树脂赋予涂膜快速氧化交联，因此，醇酸树脂的氧化交联速率受所用干性油官能度的影响。在油长和分子量相同的情况下，醇酸树脂达到特定交联度所需的时间随着二烯丙基亚甲基数（$\overline{f}_n$）的增加而缩短。因此，长油度亚麻籽油醇酸树脂较同样油长的大豆油醇酸树脂氧化交联更快，不过它的保色性不如后者，这是因为前者中大量的脂肪酸酯链上含有三个双键。在油长远高于60%的超长油醇酸树脂中，交联效应特别显著，如由大豆油制备的醇酸树脂其 $\overline{f}_n$ 也很高，使用更高官能度的亚麻籽油较大豆油进一步增加交联度的效果不明显。这种作用在油长为60%的大豆油醇酸树脂中更不明显。

桐油脂肪酸链上的高比例共轭双键赋予了桐油基醇酸树脂更快的干燥速率，但也引起了更差的耐黄变性。脱水蓖麻油醇酸树脂则具有较好的保色性，但由于其含有较少的双键，导致涂膜干燥较慢，主要用于烤漆。

正如14.3.1节所讨论的，干性油及其脂肪酸在高温时将发生二聚，脂肪酸的二聚反应与酯化反应在醇酸树脂合成工艺中同时发生，且生成的二聚酸增加了二元酸与多元醇的摩尔比。脂肪酸的二聚化速率正比于脂肪酸分子链中活泼亚甲基和共轭双键数，因此，原材料配比相同的醇酸树脂分子量和黏度因脂肪酸的不同而各异，一般不饱和度越高，二聚化程度越大，黏度也就越高。因此，在相同配比和工艺条件下，亚麻籽油醇酸树脂比大豆油醇酸树脂具有更高的黏度。桐油的二聚化程度更高，因为其不饱和双键是共轭的，因此仅用具有高凝胶风险的桐油很难制备出符合要求的醇酸树脂，而亚麻籽油和桐油的混合使用则可以避免凝胶，且制备出的醇酸树脂具有较高的氧化交联能力。

成本是选择脂肪酸的关键因素。由于干性油是农产品，价格容易波动，因此在制备醇酸树脂时经常根据干性油价格的差异而相互替换，同时通过调整官能度来消除干性油替换后产生的性能差异。

对于中油度醇酸树脂的制备，经常加入苯甲酸酯化剩余的羟基。苯甲酸的加入提高了醇酸树脂分子结构中芳香族结构与脂肪链结构的比例，从而提高醇酸树脂涂膜的 T_g，缩短涂膜指触干时间，同时，游离羟基含量的降低也会在一定程度上提高涂膜的耐水性。松香也可以起到同样的效果，尽管松香不是一种芳香酸，但其分子中的多个环状结构赋予醇酸树脂涂膜足够的刚性，从而升高了涂膜的 T_g 并缩短了指触干时间。尽管如此，苯甲酸和松香改性对于发展涂膜的初期耐溶剂性是没有帮助的，这是因为指触干后的涂膜在早期并没有足够多的交联。通常，苯甲酸改性的醇酸树脂被称为封端醇酸树脂，这意味着苯甲酸阻止了链的增长。但情况并非如此，苯甲酸只是与羟基发生了酯化，若没有苯甲酸，羟基就不会被酯化，因此苯甲酸对聚合度的影响可以忽略不计。

15.1.2 多元醇的选择

甘油是最常用的多元醇，因为它存在于合成醇酸树脂的天然植物油中（15.5.1节）。其次常用的多元醇是季戊四醇（PE）。为了防止凝胶，使用PE代替甘油时，必须注意PE的四官能度。使用等摩尔的PE取代甘油比使用等当量PE取代甘油具有更低的凝胶风险。如前所述，在醇酸树脂制备中，二元酸/多元醇的摩尔比应小于1，通常使用PE比使用甘油应该具有更低的二元酸/多元醇摩尔比，当二者二元酸/多元醇的摩尔比相同时，PE可酯化更多的脂肪酸。因此，在长油醇酸树脂中，PE较甘油可酯化更多的脂肪酸，从而提高PE醇酸树脂的平均官能度，赋予PE醇酸树脂涂膜优异的早期耐溶剂性。由于这种差异，在比较甘油和PE的油长时必须谨慎。

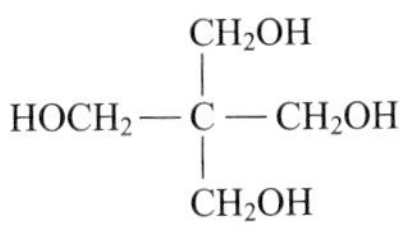

$$\begin{array}{c} CH_2OH \\ | \\ HOCH_2-C-CH_2OH \\ | \\ CH_2OH \end{array}$$

季戊四醇

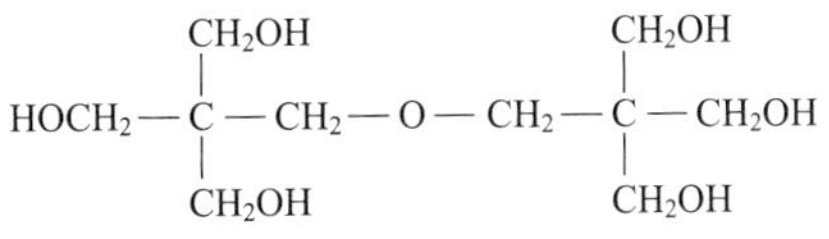

$$\begin{array}{ccccccc} & CH_2OH & & & & CH_2OH & \\ & | & & & & | & \\ HOCH_2- & C & -CH_2-O-CH_2- & & & C & -CH_2OH \\ & | & & & & | & \\ & CH_2OH & & & & CH_2OH & \end{array}$$

二季戊四醇

$$\begin{array}{ccccccc} & CH_2OH & & CH_2OH & & CH_2OH & \\ & | & & | & & | & \\ HOCH_2- & C & -CH_2-O-CH_2- & C & -CH_2-O-CH_2- & C & -CH_2OH \\ & | & & | & & | & \\ & CH_2OH & & CH_2OH & & CH_2OH & \end{array}$$

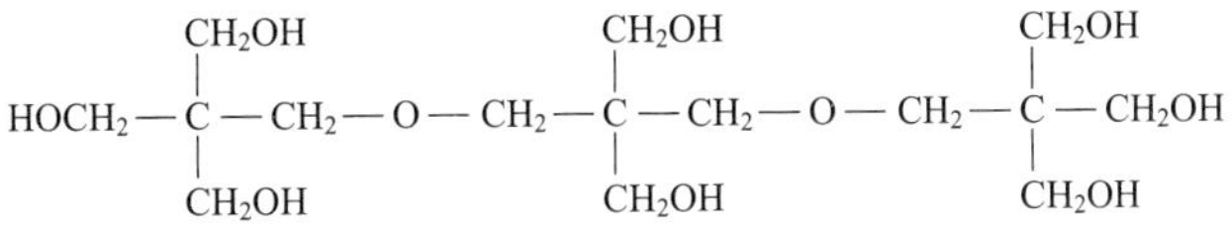

三季戊四醇

二季戊四醇和三季戊四醇是季戊四醇合成过程中的副产物，市售 PE 含有这些多元醇副产物。因此 PE 来源改变时，由于二季戊四醇和三季戊四醇含量或有不同，必须特别谨慎。由于二季戊四醇（diPE）和三季戊四醇（triPE）（官能度分别为 6 和 8）官能度很高，因此对于制造快干低分子量的醇酸树脂是有利的（15.2 节）。

苯乙烯和烯丙醇可以共聚形成高官能度的醇酸树脂用多元醇。例如，由苯乙烯和烯丙醇共聚形成的高官能度多元醇可与季戊四醇配合使用，制成黏度相对较低、硬度和耐湿性较好的长油醇酸树脂（Porreau 和 Smyth，2004）。

为了降低成本，有时可以用季戊四醇和乙二醇或丙二醇的混合物代替甘油，因为四官能度和二官能度多元醇的摩尔比为 1∶1 时，其平均官能度为 3，相当于甘油的官能度。相应制备的醇酸树脂性能与甘油制备的醇酸树脂性能类似，但不完全相同。

三羟甲基乙烷（TME）和三羟甲基丙烷（TMP）也是常用的三元醇。尽管 TMP 的所有羟基都是伯羟基，但由于它们在一定程度上受到新戊基结构的空间位阻作用（Kangas 和 Jones，1987），导致 TMP 的酯化率低于甘油。然而，采用 TMP 制备的醇酸树脂分子量分布较窄，黏度较甘油制备的醇酸树脂低。动力学研究表明，TMP 的一个或两个羟基的酯化对第三个羟基的酯化速率常数几乎没有影响（Bacaloglu 等，1988）。因此可以推测，PE 与 TMP 的酯化行为类似。

甘油是生物基的，但部分来源于化石燃料。PE 通常是以化石燃料为基础的，但是它也可以由生物基的乙醇或甲醇合成。前景较好的生物基多元醇有蔗糖（Nelson 和 Webster，2013）和山梨糖醇（Yin 等，2014）。山梨糖醇是六官能度的，价格低廉，但它在醇酸树脂传统高温制备工艺条件下容易变为棕色，因此，开发一种无需高温的醇酸树脂制备工艺显得尤为重要。

15.1.3 二元酸的选择

用于制备醇酸树脂的二元酸通常是芳香族的，因为它们的刚性芳香环能够提高醇酸树脂的 T_g。脂环族苯酐也有使用，如六氢苯酐，虽然它不像芳香环那样坚硬，但脂肪环也会提高树脂的 T_g。

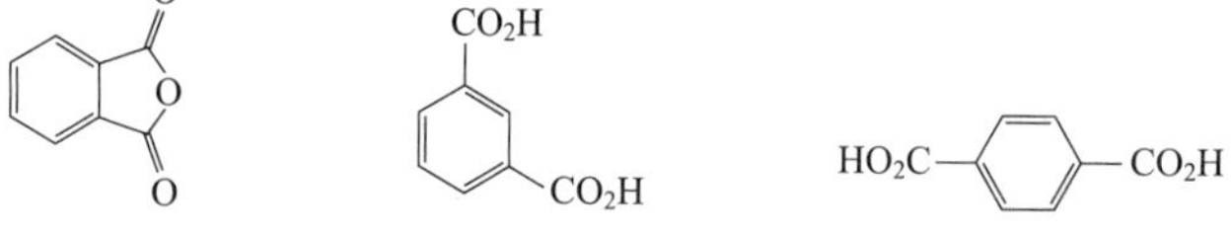

邻苯二甲酸酐(PA)　　间苯二甲酸(IPA)　　对苯二甲酸(TPA)

目前使用最广泛的二元酸是苯酐（PA），它的优点是酸酐开环，快速酯化第一个羧基，水释放量少，反应时间短。其相对较低的熔点（131℃）有利于 PA 晶体熔化并溶解在反应混合物中。在工业生产中，使用熔融 PA，可以节约包装、运输和搬运成本。

第二种广泛使用的二元酸是间苯二甲酸（IPA）。如 10.1.2 节所述，在 pH 值为 4～8（户外耐久性的最重要范围）时，IPA 形成的酯比 PA 形成的酯更耐水解，但在强碱性条件下，邻苯二甲酸酯比间苯二甲酸酯更耐水解。IPA 的原材料成本与 PA 差别不大（即使对脱水的额外物质的量进行调整），但制造成本较高。因为 IPA 的熔点为 330℃，与 PA 相比，IPA 需要更高的温度和更长的时间才能溶解在反应混合物中，因此，使用 IPA 将导致脂肪酸发生更多的二聚反应，从而产生更高的黏度。另外，温度越高，反应时间越长，多元醇组分的副反应程度也将越大，见 15.5.2 节（Brown 等，1961）。因此，当使用 IPA 替换 PA

时，必须使用较低的IPA与多元醇摩尔比，才能制得黏度相近的醇酸树脂。

对苯二甲酸不适合于制备醇酸树脂，因为即使在最高可行的工艺温度下，它的溶解也非常缓慢。然而，对苯二甲酸对应的酯（通常是对苯二甲酸二甲酯）可用于酯交换法合成醇酸树脂，如使用废旧聚对苯二甲酸乙二酯（PET）制备醇酸树脂。Kawamura等（2002）介绍了将PE、少量乙二醇、大豆脂肪酸和二丁基氧化锡加热至熔融，然后添加废旧PET醇解，且温度升高至240℃反应直到黏度和酸值达到醇酸树脂要求。用醇解PET制备的醇酸树脂涂膜与采用PET原材料制备的醇酸树脂涂膜性能基本相同。Guclu和Orbay（2009）通过更复杂的工艺回收PET并用作制备醇酸树脂的原材料，制备得到的醇酸树脂较采用PET起始原材料制备的醇酸树脂具有更优异的涂膜性能。

15.2 高固体分氧化型醇酸树脂

为了减少VOC的排放，人们正努力提高醇酸树脂涂料的固体分，如通过改变溶剂增加固体分。脂肪烃（少量的芳香烃）类溶剂能够促进分子间形成氢键，特别是羧基间、羟基间的氢键，从而提高树脂溶液的黏度。使用氢键受体溶剂（如酮或酯）或氢键受体-供体溶剂（如醇），即使作为混合溶剂的一部分，也会显著降低相同固体分下的黏度，特别是这种含氧溶剂能够代替二甲苯等溶剂（二甲苯已列入HAP清单）。

另一种增加固体分的方法是降低分子量，这可通过降低二元酸与多元醇的比例或设计较高的油度来实现。然而，降低分子量的方法虽然可以显著降低VOC，但也将引起醇酸树脂具有低$\overline{f}_n$和低比例的芳香族结构，这两种方法都将增加涂膜干燥时间，并使最终的涂膜性能劣化。使用具有较高平均官能度的干性油，可将较长的油度对涂膜干燥慢的影响降至最低。然而，含有亚麻酸或α-烯酸的油容易变色，而葵花油或红花油则不易变色，因为它们的亚油酸含量高而亚麻酸含量低，因此含78%亚油酸的专有脂肪酸也已商品化。虽然增加催干剂的用量（14.2.2节）会加速漆膜干燥，但也会加速漆膜的黄变和脆化。

通过制造分子量分布较窄的树脂也可以提高固体分。例如，在醇酸树脂制备结束时加入酯交换催化剂，可以得到更均匀的分子量和更低黏度的产物。Kangas和Jones（1987）利用二环己基碳二亚胺作为酯交换剂，制备并评价了分子量分布较窄的醇酸树脂。由于在较低的温度下通过双键反应的二聚反应和多元醇的自醚化反应可以忽略不计，因此该窄分布的醇酸树脂干得更快，但其涂膜性能，特别是抗冲击性能，不如通常具有宽分子量分布的醇酸树脂。该问题将在15.5节结尾处进一步讨论。

由树枝状或超支化多元醇制备的醇酸树脂形成的溶液黏度通常低于相应的传统醇酸树脂（Ikladious等，2015）。例如，由超支化聚酯多元醇和TOFA制成的醇酸树脂比类似的传统醇酸树脂黏度更低，且涂膜性能优异（Murillo等，2010，2011）。由树枝状前驱体制备的醇酸是单分散的，而超支化前驱体制备的醇酸是多分散的且成本较低。

另一种制备高固体分醇酸树脂的方法是使用活性稀释剂代替部分溶剂。该方法是使用一种比醇酸树脂分子量和黏度更低的组分稀释醇酸树脂，且该组分在干燥过程中能够与醇酸树脂发生反应而不作为VOC排放。Zabel等（1999）列出了活性稀释剂的关键特性：黏度低、相容性好、挥发性低（沸点＞300℃）、无毒性、无色、便宜及具有氧化交联能力。

一些含有烯丙基醚的活性稀释剂可作为交联位点，但人们担心烯丙基醚在干燥过程中可能会释放出有害蒸气，因此开发了一些烯丙基醚的替代品：

• 含有丙烯酸和干性油脂肪酸酰胺基的三聚氰胺衍生物（Strazik 等，1981）。这种活性稀释剂含有高浓度的 $\rangle NCH_2NHCOCH=CH_2$ 和 $\rangle NCH_2NHCOC_{17}H_x$ 基团，能促进涂膜快速干燥。

• 据报道，顺丁烯二酸 2,7-辛二烯酯、富马酸 2,7-辛二烯酯与琥珀酸二(辛二烯醚)酯的组合尤为有效（Zabel 等，1999）。

• 钛酸四(2,7-辛二烯)酯既能增加涂层固体分，又能改善涂层性能（Alidedeoglu 等，2011）。

• 一种由二季戊四醇（diPE）、干性油脂肪酸和脂肪族二异氰酸酯制成的低黏度聚合物（Bracken，2000）。

• 使用钴和铵复合催干剂的高固体分醇酸树脂，可采用环氧大豆油作为活性稀释剂（Kuang 等，1999）。

研制性能优异的高固体分醇酸树脂涂料非常具有挑战性，因为这种涂料主要通过氧化交联干燥，即使使用特殊的组合催干剂，指触干时间也很长，而传统固体分的醇酸树脂则包括物理干燥和氧化交联干燥。高固体分涂料有流挂倾向，且涂膜能够从边角处拉开。与传统的醇酸树脂相比，高固体分醇酸树脂涂膜的物理性能往往较弱，这是因为高固体分醇酸树脂分子量低，需要更充分的交联固化才能产生同传统醇酸树脂等效的性能。Hofland（2012）列出了解决上述涂膜性能变弱的方法，他指出，在高固体分涂料中 VOC 的下限约为 160～200g/L，但实际可能更低，在不受 VOC 法规约束的司法管辖区内，使用乙酸叔丁酯作为溶剂可以实现较低的 VOC 目标。Pirs 等（2015）比较了钴和铁（bispidon）催干剂在长油高固体分醇酸涂料配方中的应用（14.2.2 节），发现铁催干剂提供了更均匀、渗透性更低的膜。

提高高固体分醇酸漆涂膜物理性能的一个潜在途径是在涂料中使用各种纳米颜料（Dederichs，2013）。

15.3 水性氧化型醇酸树脂

15.3.1 水稀释性醇酸树脂

制备水性醇酸树脂的一种方法是：

① 在水溶性溶剂（如乙二醇醚）中溶解酸值在 35～50 之间的醇酸树脂，保证溶解后固含量约为 75%。

② 用氨或胺中和醇酸树脂上的酸性基团。

③ 用水稀释，使溶剂溶胀的醇酸树脂在水中形成分散体。

水性醇酸树脂的稀释行为类似于 8.3 节中讨论的水稀释性丙烯酸树脂。但必须避免使用伯醇溶剂，因为它们在树脂生产和贮存期间更容易与醇酸树脂发生酯交换，从而导致分子量和平均官能度的降低（Bouboulis，1982）。水溶性溶剂将持续保留在水性醇酸树脂中，并最终成为涂料的部分 VOC。

水解不稳定性是水稀释性醇酸树脂面临的问题。如果羧基来源于连接在邻苯二甲酸或偏苯三甲酸的半酯结构，那么对于需要几个月以上保质期的涂料来说，水解稳定性明显不足，因为邻近羧基的邻位效应导致这些酯基容易水解。当水解发生时，助溶的羧酸盐从树脂分子上脱离，导致水性醇酸树脂不稳定。一种引入游离羧基而防止水解更有效的方法是将马来酸酐与醇酸树脂反应，如14.3.5节所述，部分顺丁烯二酸酐加成到不饱和脂肪酸酯的分子链上，发生Diels-Alder和/或烯键反应。然后酸酐基先后用水和胺进行水解和中和，得到所需的羧酸盐，该羧酸盐通过C—C键而不是C—O酯键（该种情况下，水解会导致水溶性基团的损失）连接在树脂分子上。虽然醇酸主链仍然存在水解稳定性问题，但水解不会导致水性醇酸树脂分散体不稳定。

在醇酸树脂脂肪酸链上接枝羧基化的丙烯酸树脂，制备醇酸/丙烯酸杂化树脂，同样可以提高水解稳定性（15.3.2节）。

涂料施工后，随着水、溶剂和胺的挥发，涂层将发生自氧化交联。由于在水性醇酸树脂中残留了大量的羧基，因此涂层的耐水性，特别是耐碱性将下降，但在某些应用中仍然可以达到令人满意的效果。早期耐水性是水性树脂涂层需要面临的问题，如中和胺未完全从涂层中挥发之前就被雨水淋湿。通常，人们常选用氨水作为中和胺，因为氨的挥发速率比其他任何胺都快。然而，如果醇酸涂膜的T_g在所有胺挥发之前就已经足够高，那么胺的逸出将受扩散速率而不是挥发速率的控制。胺在羧基化涂层中的扩散速率主要受其碱性控制，如吗啉，尽管它的挥发性远低于氨水，但作为一种碱性不太强的胺，仍可以比氨水更快地从涂层中逸出。

异佛尔酮二异氰酸酯（IPDI）与醇酸树脂的羟基和二羟甲基丙酸（DMPA）反应制备的水性聚氨酯分散体（PUD），在贮存期间具有优异的水解稳定性（Hofland，2012），更详细的讨论请参阅15.7.2节的自氧化型聚氨酯分散体。

15.3.2 醇酸乳液

醇酸乳液技术自20世纪30年代开始商业化应用（Cheetham和Pearce，1943；Osterberg等，1994；Osterberg和Bergenstahl，1996），并不断发展。该项技术为极低VOC的生物基涂料提供了可行性，对醇酸树脂乳化和配方研究起到了重要的推动作用。Hofland（2012）指出，“只要树脂黏度不太高，醇酸树脂在足够的剪切力下均可乳化为小粒径的稳定醇酸乳液，避免了共溶剂和胺中和剂的使用。”

熔融醇酸树脂经常在乳化剂和少量溶剂存在下于80～95℃的水中乳化。有效的乳化剂包括某些阴离子和非离子表面活性剂以及聚丙烯酸，这些表面活性剂会引起涂层一定程度的水敏性，而非离子表面活性剂的水敏性从理论上讲是最低的。早期开发的醇酸乳液的稳定性是存在问题的，尤其是醇酸乳液的粒径较大时。使用能够与醇酸树脂在氧化过程中发生共聚的反应性乳化剂可缓解醇酸乳液稳定性差的问题（Palmer，2014）。

Kan等（2014）报道了醇酸树脂的乳化工艺：使用定子-转子分散混合机将醇酸树脂乳化至粒径为18～26μm，并加入表面活性剂稳定乳液。Arendt和Kim（2014）报道了一种不外加乳化剂的无溶剂醇酸乳液，实际上使用了一种丙烯酸共聚物代替乳化剂，用该乳液制备的低VOC涂料涂层性能（特别是ASTM B 117标准下的耐盐雾性）与溶剂型醇酸涂料涂层性能相当，优于传统水性醇酸涂料的涂膜性能。

早期使用醇酸乳液配制的色漆涂层干燥时间较长，这是因为钴催干剂在颜料表面发生了吸附或者钴催干剂水解为氢氧化物沉淀，可能的解决方法是使用不同的催干剂，例如：

- 新癸酸钴与2,2′-联吡啶的混合使用（Weissenborn和Motiejauskaite，2000）。

- Fe(Ⅱ)-bisphidon 络合型催干剂（de Boer 等，2013），见 14.2.2 节。

Vogel 等（2015）报道了使用两步法连续工艺，将醇酸树脂机械乳化。大多数黏度不是十分高的醇酸树脂都可以乳化，且乳化后的乳液粒径分布窄，在 100～300nm 之间，而固体分可达 50%（质量分数）以上。该机械乳化法所需的乳化剂量非常少，有时不需要加。Vogel 也使用该乳化后的醇酸乳液配制了接近零 VOC 的涂料，其涂膜性能（特别是光泽、附着力和耐盐雾性）优于常用市售水性醇酸树脂性能，可媲美溶剂型醇酸树脂。同样，Vogel 也介绍了 Co、Zr、Mn 和 Fe 组合催干剂的使用，有利于缩短干燥时间，但并未对涂层长期耐候性试验进行介绍。

根据几十年的实践经验，在乳胶漆中加入少量（几个百分点）的醇酸-表面活性剂混合物可提高涂层在粉化表面（32.1 节）和金属表面的附着力（33.1.3 节），因此，使用水解稳定性更高的醇酸树脂就显得尤为重要，特别是消费者希望涂料可以存放多年时。

最近，在美国市场出现了生物基的建筑涂料。它们可能采用了丙烯酸乳胶与醇酸乳液冷拼或醇酸与丙烯酸接枝形成的杂化树脂。15.6 节讨论了甲基丙烯酸聚合物接枝醇酸树脂。醇酸/丙烯酸杂化树脂是乳胶漆中的理想基料，下面列出了一些典型的例子：

- 甲基丙烯酸化的脂肪酸大单体可用于合成水稀释性杂化树脂（Zuchert 和 Biemann，1993；Weger，1990），存在的羧基官能团将不会被水解，理论上，丙烯酸树脂在醇酸树脂外面形成一层壳，可在一定程度上保护醇酸树脂不被水解。

- 将氧化型醇酸树脂溶于甲基丙烯酸酯单体中，然后进行乳液聚合，可以制备丙烯酸接枝醇酸的乳胶（Nabuurs 等，1996；Guyot 等，2007）。

- 采用乳液聚合法制备油/醇酸/丙烯酸杂化乳胶，例如，用过氧化的葵花油作为引发剂引发葵花油、长油醇酸和甲基丙烯酸乙酯的聚合，该乳胶形成的涂层可快速干燥，因为它的初期干燥为乳胶的物理成膜，后期干燥则是双键的自氧化交联（van Hamersfeld 等，1999）。

- Elribii 等（2015）通过简单熔融混合醇酸和带有羧基的丙烯酸预聚物制备了醇酸/丙烯酸杂化树脂，并研究了产物的分散性，发现产物粒径随着丙烯酸含量的增加而减小。

使用醇酸乳液配制的水性涂料在实际应用中面临诸多挑战，然而水性醇酸涂料的成功商业化表明，配方设计师正面临应用中的许多挑战，如推荐使用非离子型缔合型增稠剂控制水性涂料的流变性能，将纳米氧化铝加入水性醇酸涂料中提高了涂层的电化学阻抗谱（EIS）性能，这表明涂层的耐腐蚀性能得到了提高（Dhoke 和 Khanna，2012）。

15.4 非氧化型醇酸树脂

某些低分子量的短油和短-中油醇酸树脂能与硝化纤维素和热塑性丙烯酸酯聚合物相容，因此，这些低分子量的醇酸树脂可用作硝化纤维素和热塑性丙烯酸酯聚合物的增塑剂。与单体型增塑剂（如邻苯二甲酸二丁酯或邻苯二甲酸二辛酯）相比，低分子量醇酸树脂的优势在于，当涂膜烘烤时，它们不会明显挥发。用作增塑剂的醇酸树脂一般是非氧化型的，因为氧化型醇酸树脂的氧化交联将引起涂膜的黄变和脆化，特别是在户外曝晒条件下，因此，增塑剂用醇酸树脂一般是由不干性油（或脂肪酸）制备的。壬酸（n-$C_8H_{17}COOH$）制备的醇酸树脂兼具有优异的耐光降解性及与热塑性丙烯酸树脂的良好相容性，因此可用于户外丙烯酸漆的增塑剂。蓖麻油基醇酸树脂是室内用硝化纤维素涂料的增塑剂，因为蓖麻油酸的羟基促进了相容性。

所有的醇酸树脂，特别是短油度和短-中油度醇酸树脂，都含有过量的羟基以避免凝胶，这些羟基可以与三聚氰胺-甲醛树脂或多异氰酸酯交联。少量的丁基醚化三聚氰胺-甲醛树脂可增加中油度氧化型醇酸树脂在烘烤过程中的交联，因此，这种加入了三聚氰胺-甲醛树脂的醇酸树脂涂层具有更好的耐久性和更快的固化速率，而成本几乎没有增加。此外，醇酸树脂作为成膜物的一个重要优点是醇酸树脂涂层一般不存在涂膜缺陷（第 24 章）。然而，醇酸树脂的缺点是固化膜中残留的双键会导致高温烘烤时变色，以及在户外长曝时变色、失光和脆化。使用不饱和脂肪酸含量最低的不干性油可以减少上述黄变等问题，如椰子油就是一个常见的例子。另外，通过氢化不干性油中的低含量不饱和脂肪酸，也可进一步降低涂层黄变的问题。

由于 IPA 形成的酯在 pH 范围为 4～8 时比 PA 形成的酯更稳定，因此，使用非氧化型 IPA 醇酸树脂与三聚氰胺-甲醛树脂制备的氨基烤漆具有更优异的性能。目前，为了改善涂膜的整体性能，氨基丙烯酸烤漆或氨基聚酯烤漆取代了氨基醇酸烤漆在许多领域中的应用。然而，随着生物基涂料需求的增加，这一趋势将会逆转。

采用聚酰胺改性的醇酸树脂作为触变剂，可以提高醇酸漆的低剪切黏度。例如，采用芳香族二胺为原料制备的聚酰胺改性高固体分触变型醇酸树脂，在高固体分醇酸树脂涂料中具有优异的性能（Bakker 等，2001）。

15.5 醇酸树脂合成工艺

醇酸树脂的应用不同，其合成方法与工艺也各异。Anonymous（1962）、Kaska 和 Lesek（1991）以及 Wicks（2002）分别综述了醇酸树脂的制备工艺，醇酸树脂可以直接由油或使用游离脂肪酸为原料制成。

15.5.1 用油或脂肪酸合成

单甘油酯法：为了制备含甘油主链的醇酸树脂，首先皂化植物油以获得脂肪酸和甘油，然后以不同的摩尔比再重新酯化相同的物质，这看起来是荒谬的。相反，应首先用足够的甘油对油进行酯交换，以得到所需的总甘油含量，包括油中的甘油。由于 PA（最常用的二元酸）不溶于油，而溶于甘油，因此在加入 PA 之前，油与甘油的酯交换必须作为单独的步骤进行；否则，邻苯二甲酸甘油凝胶颗粒将在该过程的早期形成。因此，上述分两步制备醇酸树脂的工艺称为单甘油酯法。第一步中的酯交换反应在催化剂存在下于 230～250℃ 进行，黄丹（PbO）是该反应的常用催化剂，且残留的铅可用作醇酸树脂催干剂。然而，随着环保法规对铅的严格限制使用，在美国也出现了钛酸四异丙酯、氢氧化锂和蓖麻油酸锂等催化剂的使用。使用比甘油便宜的 PE 与油进行酯交换反应从而获得混合酯也是常见的。为了降低干性油在酯交换工艺中的变色和二聚化，常用 CO_2 和 N_2 等惰性气体作保护气。

尽管这一工艺被称为单甘油酯法，但油与甘油酯交换反应得到的是单甘油酯、二甘油酯、未反应的甘油和未反应的干性油混合物。使用 PE 后得到的“单甘油酯”则更为复杂，最终的“单甘油酯”混合物取决于 PE 与油的比例及催化剂的种类、反应时间和反应温度。一般来说，上述酯交换反应不会达到平衡。加入 PA 前的酯交换程度会影响最终醇酸树脂的黏度和性能。虽然已经设计了许多实验来评价酯交换的程度，但没有一个是万能的，甘油与油的起始比也可在相当大的范围内变化，因为这和所制醇酸树脂的油长是有关的。（计算二元酸与多元醇的摩尔比时，必须计入已酯化在油里的甘油。）“单甘油酯”合成后，操作员必须决定何时向反应器中添加PA来启动第二步，一种经验做法是测试跟踪熔融PA在第一步中的溶解性。此经验做法的优点在于它与醇酸树脂最终必须达到的性能要求直接相关。

第二步，即“单甘油酯”与PA的酯化反应，在220～255℃的温度下进行，两步反应均需惰性气体保护。

脂肪酸法：通常希望使用除甘油以外的多元醇（通常是PE）制备醇酸树脂。在脂肪酸法制备醇酸树脂工艺中，使用的是脂肪酸而不是油。皂化反应可以在反应釜中以较短的时间一步完成，任何干性、半干性或不干性的油都可以皂化生成脂肪酸，但从反应混合物中分离脂肪酸的成本会增加醇酸树脂的制备成本。一种更经济的替代方法是使用妥尔油脂肪酸，因为它们是以脂肪酸的形式生产的，且妥尔油脂肪酸的成分与大豆油脂肪酸的成分相类似（表14.1），尽管不同地区的妥尔油脂肪酸可能差异较大。因此，经精制的妥尔油具有较高的亚油酸含量，或经碱性催化剂处理使双键异构化部分为共轭结构的妥尔油脂肪酸适合用于制备醇酸树脂。通常，在脂肪酸工艺中，反应开始时就将多元醇、脂肪酸、二元酸和催化剂一起加入，在220～255℃范围内同时进行脂肪酸和芳香酸的酯化反应。

15.5.2 工艺控制

由于酯化反应是可逆反应，影响酯化速率的一个重要因素是反应器中水的脱除速率。大多数醇酸树脂在生产过程中都会使用回流溶剂（如二甲苯），因为回流溶剂与水的共沸可以促进水的脱除。根据经验，二甲苯的含量一般低于5%，但也需考虑反应器的结构和容量。为了回流充分，足够的二甲苯是需要的，但也不要多至引起二甲苯在冷凝器中出现溢流，因为醇酸树脂的合成温度是远高于二甲苯沸点的。共沸带出的二甲苯和水在油水分离器中进行分离，上层分离出来的二甲苯可以回到反应器中继续进行共沸带水，水被分离出。据报道，甲基异丁基酮（MIBK）也可作为回流溶剂，且降黏效果比二甲苯好。这两种溶剂的回流还可降低回流冷凝器中升华出来的固体单体（主要是PA）发生积聚的概率，且其蒸气还可用作惰性气体，从而减少所需惰性气体量。

制备醇酸树脂所需的反应时间受反应温度影响。图15.1列出了反应温度、反应时间对醇酸树脂黏度的影响。图15.2则列出了反应温度与反应时间对醇酸树脂酸值（即滴定消耗1g树脂固体所需氢氧化钾的毫克数）的影响。较短的反应时间在经济上是非常有利的，因为这不仅降低了生产成本，且较短的反应时间允许一年内生产更多批次的醇酸树脂，增加了产能，而无需对更多反应器进行投资。因此希望在尽可能高的温度下操作，但需谨防凝胶。

决定反应何时结束是醇酸树脂制备的关键，用滴定分析跟踪酸值降低及黏度测定跟踪分子量上升的方法可用来判断醇酸树脂的反应终点，这些测定是需要时间的，在测定酸值和黏度的过程中，反应釜中的醇酸树脂是在继续反应的。当酸值和黏度达到规定要求，决定将醇酸树脂放料至含有溶剂（溶剂型醇酸树脂用溶剂或水稀释性醇酸树脂用溶剂）的更大的稀释罐期间，稀释罐中的醇酸树脂也是在继续反应的。因此，在取样、酸值和黏度测定之前，就必须作出放料的决定，这样才能保证该批醇酸树脂的酸值和黏度达到设定值。在反应后期，酸值和黏度的测定对于控制醇酸树脂的生产非常重要，如果可以快速测定酸值和黏度的话，则反应可以在240℃或更高的温度下进行，而不会超过目标酸值和黏度，相反，如果

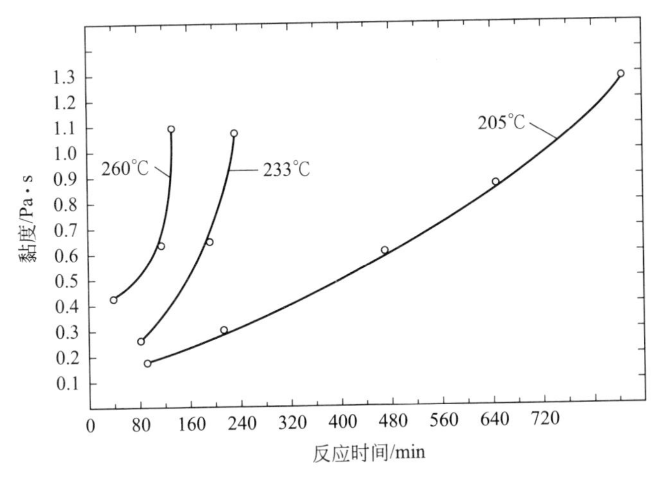

图 15.1　反应温度和反应时间对醇酸树脂黏度的影响

资料来源：经孟山都化学公司许可使用

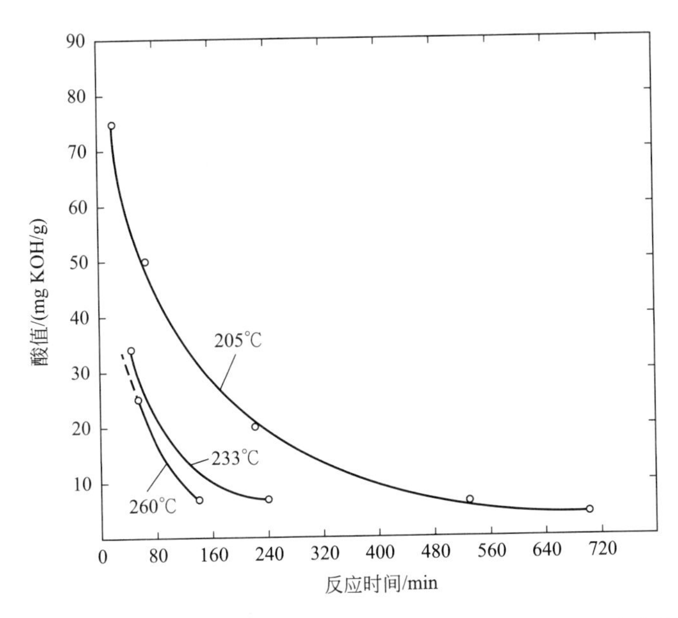

图 15.2　反应温度和反应时间对中油度亚麻籽油醇酸树脂酸值的影响

资料来源：经孟山都化学公司许可使用

酸值和黏度测定的时间较长，则可能需要在较低的温度（例如 220℃）下进行反应，但这将延长反应时间 2h 或更长（图 15.1 和图 15.2）。自动滴定仪可以快速测定酸值，因此通常的限速步骤是黏度的测定。虽然有人尝试通过用反应温度下的黏度来监控分子量的变化，但在高温下黏度对分子量的依赖性不敏感，因此不太实用。由于黏度必须在较低的标准温度下测定，且很大程度上取决于溶液浓度和温度，因此在测定黏度时必须谨慎控制这些变量。

在制造醇酸树脂乳液时，必须尽快将熔融醇酸树脂冷却至 100℃左右，然后加入乳化剂，并在高剪切设备（如定子-转子混合器）中将热树脂与热水（但不是沸水）混合，以确保树脂液滴尺寸较小（Kan 等，2014），使用特别改装的挤出机可以降低乳化温度（Vogel

等，2015）。

在醇酸树脂生产中，黏度通常使用3.3.4节中讨论的气泡黏度计测定。醇酸树脂必须熬制到黏度足够高，这样出料后的醇酸树脂才能符合相关的黏度要求，这就要求当醇酸树脂样品的测定黏度稍低于规定黏度时就开始出料。醇酸树脂取样测定的黏度究竟要比规定黏度低多少并无具体规定，这取决于特定醇酸树脂的组成、反应温度、测定所需时间及放料所需时间等因素。使用锥板黏度计（3.3.2节）比使用气泡黏度计能够更快速地测定黏度，此外，锥板黏度计所需的样品量少，可以更快地在测量温度下冷却并达到平衡。

影响醇酸树脂酸值和黏度的一个变量是反应物之间的比例，二元酸与多元醇的摩尔比越接近1，树脂主链的分子量越高，凝胶化的可能性也就越大。一个实用的经验方法是设定二元酸与多元醇的起始摩尔比为0.95，最终的摩尔比则是通过结合实测酸值和黏度与规定酸值和黏度的差别而调整出来的。羟基与羧基的比例越大，酸值降低的速度越快。黏度和酸值是表征醇酸树脂反应程度的重要指标，一般希望酸值要低一些，如溶剂型醇酸树脂的酸值一般希望控制在5～10mg KOH/g，水稀释性醇酸树脂的酸值则希望控制在35～50mg KOH/g。

脂肪酸的组成是影响醇酸树脂黏度的一个重要因素，而油的组成或TOFA的纯度可能也会因批次而异。在酯化反应相同的温度范围内不饱和脂肪酸会发生二聚和低聚反应（14.3.1节），含共轭双键脂肪酸比不含共轭双键脂肪酸的二聚速度快，且二聚化速率随脂肪酸不饱和度的增加而增加。在邻苯二甲酸、多元醇和脂肪酸的配比相同的情况下，相同酸值和溶液浓度的醇酸树脂黏度将按大豆油＜亚麻籽油＜桐油的顺序增加。

一些多元醇、PA和脂肪酸会从反应釜中挥发出，这取决于反应器的设计、共沸溶剂的回流速度、惰性气体的流速及反应温度等因素。这些损耗量和比例会影响标准酸值下的黏度，因此，反应物的确切比率必须根据实际应用于合成醇酸树脂的反应器来设定。如果二元酸与多元醇的比例过高，可能发生凝胶，因此，使用脂肪酸工艺制备醇酸树脂的起始阶段，谨慎做法是不要将所有PA都加入反应釜中，因为当酸值接近标准值而黏度过低时，可以随时补加PA。随着在特定反应器中制备特定醇酸树脂经验的积累，可以减少PA的后加入量。

其他副反应也会影响黏度和酸值的关系，例如，甘油和其他多元醇在反应过程中形成的少部分醚，或者甘油的连续脱水形成有毒的丙烯醛都会对酸值产生影响。

$$HOCH_2-\overset{OH}{\overset{|}{C}H}-CH_2OH \longrightarrow HOCH_2-\overset{OH}{\overset{|}{C}H}-CH_2OCH_2-\overset{OH}{\overset{|}{C}H}-CH_2OH$$

$$HOCH_2-\overset{OH}{\overset{|}{C}H}-CH_2OH \longrightarrow H_2C=CH-\overset{O}{\overset{\|}{C}}-H$$

当这些副反应发生时，二元酸与多元醇的摩尔比增加，羟基数目减少，因此，在相同的酸值下，分子量会更高，最终会导致黏度过大，甚至凝胶。醚的形成是由强质子酸催化的，因此，最好避免使用质子酸作为酯化催化剂，而对醚的形成无显著催化作用的单丁基氧化锡可用作酯化催化剂。如前所述，PE和TMP发生不良副反应（如生成醚）的概率要比甘油低，且甘油是唯一能分解形成丙烯醛的多元醇。另外，正在增长的聚酯链一端的羟基可以与其分子链上另一端的羧基发生反应，从而成环，大分子链的酯交换反应也有同样的结果。由于环状化合物的形成，缩短了链长和减少了极性基团的比例，最后的效果是降低了树脂黏度。

许多醇酸树脂具有宽而不均匀的分子量分布，图15.3为醇酸树脂的体积排阻色谱（SEC）图，这让人联想起Kumanotani等（1984）介绍的性能最佳醇酸树脂，如2.1.1节和图2.2(b)所述。即使反应条件的微小变化也会引起分子量分布的巨大差异，并可能对最终涂膜性能产生重大影响。在醇酸树脂制备过程中，会形成非常小的凝胶颗粒，即微凝胶，这对于最终涂膜的力学性能起着重要作用（Kumanotani等，1984）。使醇酸树脂分子量更均匀的工艺是不可取的，例如，在加入PA之前允许单甘油酯的形成接近平衡，在酯化的最后阶段使用酯交换催化剂，都有利于分子量分布变窄和降低黏度，但是由分子量更均匀的醇酸树脂制成的涂膜会呈现出较差的机械性能。

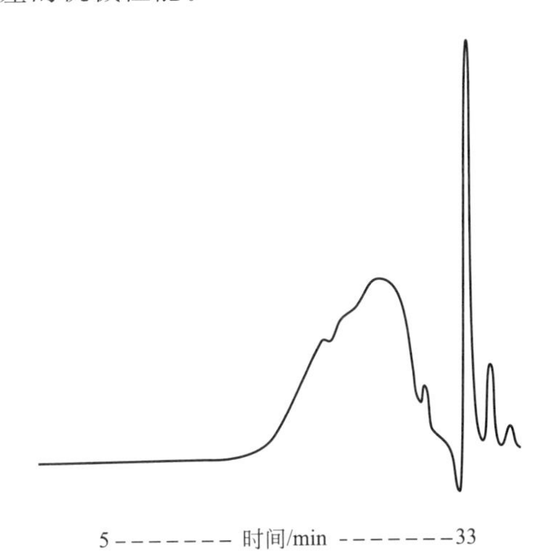

5-------- 时间/min --------33

图15.3 醇酸树脂的体积排阻色谱图

注意：分子量分布很宽和在高分子量区的不规则性

资料来源：经安捷伦科技有限公司许可使用

15.6 改性醇酸树脂

氧化型醇酸树脂可通过与乙烯基单体反应而改性，最广泛使用的单体是苯乙烯、乙烯基甲苯和甲基丙烯酸甲酯，以及用于水性醇酸树脂改性的甲基丙烯酸（15.3.2节）。基本上任何乙烯基单体都可以在醇酸树脂存在下反应得到改性醇酸树脂，甲基丙烯酸甲酯比苯乙烯具有更好的耐热性和耐候性，但成本较高。Wang（2013）使用先进的核磁共振（NMR）技术证实，通过夺取醇酸树脂脂肪酸链双烯丙基—CH ═CHCH$_2$CH ═CH—上的氢，丙烯酸酯可接枝于该位置。对于没有双键的醇酸树脂，丙烯酸酯接枝于甘油酯单元上，通常反应要更慢一些。

在制备苯乙烯改性醇酸树脂时，首先以传统方式制备氧化型醇酸树脂，然后加入苯乙烯和自由基引发剂，如过氧化苯甲酰，由此产生的自由基引发了多种链反应，包括低分子量苯乙烯均聚物的形成、聚苯乙烯在醇酸树脂上的接枝以及醇酸树脂分子的二聚反应。该反应通常在约130℃下进行，这有利于过氧化苯甲酰分解形成苯基自由基，而苯基自由基具有较强的夺氢能力，有利于接枝。醇酸树脂与苯乙烯的比例可以在很宽的范围内变化，通常约为50%醇酸树脂和50%苯乙烯。随着芳香环与脂肪链的比例大大增加，苯乙烯改性的醇酸树脂T_g增大，指触干时间缩短。苯乙烯改性醇酸树脂可在1h或更短时间内形成“干”膜，而相应的非苯乙烯改性醇酸树脂则需在 4～6h 内形成“干”膜。尽管如此，苯乙烯改性醇酸树脂能够发生氧化交联的平均官能度降低，不只是因为苯乙烯的稀释，还因为在苯乙烯改性过程中消耗了一部分活泼的亚甲基基团，因此，涂膜达到耐溶剂性要求的时间比传统未改性的醇酸树脂更长。苯乙烯改性醇酸树脂对于快干和低成本的应用非常具有吸引力，但对于需要短时间就高度交联的应用则无吸引力。

苯乙烯改性醇酸树脂常常用作气干底漆，在这种情况下，面漆必须在涂了底漆后立即就进行涂装或者等底漆完全交联后再涂装，因为在上述两种情况外的其他时间涂面漆都将可能引起底漆的不均匀溶胀，导致咬底（咬底的结果是在干膜的表面形成褶皱）。习惯使用醇酸底漆的终端用户，如果改用苯乙烯改性的醇酸底漆，特别容易遇到咬底的问题，因为醇酸底漆在交联程度达到一定程度后才会形成硬膜。

15.7 氨酯油和其他自氧化型聚氨酯

二异氰酸酯可用于制造各种树脂，这些树脂具有与醇酸树脂相似的特性，如本节所述的氨酯油等，有关异氰酸酯的介绍见 12.3 节。

15.7.1 氨酯油

氨酯油也称为油改性的聚氨酯。传统上，它们是溶剂型的，但也有 VOC 含量较低的水性氨酯油，氨酯油主要用作工程承包商用涂料及自用漆（DIY）市场的漆料。氨酯油清漆的耐磨性和耐水解性优于传统清漆或醇酸树脂漆。目前市场上销售给消费者的许多清漆都是氨酯油（见 14.3.2 节清漆的历史定义），它们可用作家具、木制品、体育馆地板和硬木地板的罩光清漆，在这些应用中，良好的耐磨性、耐擦伤性、耐化学性和耐皂化性非常重要。氨酯油也广泛用于维护涂料。

氨酯油是通过干性油与甘油或 PE 等多元醇酯交换制备的“单甘油酯”，再与二异氰酸酯反应制备的。NCO/OH 比值略小于 1，为了进一步确保不存在未反应的 NCO 基团，通常在工艺结束时添加甲醇（或其他低分子醇）。为了降低成本，可以使用 PA 和二异氰酸酯的混合物。

由芳香族二异氰酸酯，主要是 TDI（少数情况下使用 MDI）制备的氨酯油，即使在室内，也会随着时间的推移而变色。由脂肪族二异氰酸酯制备的氨酯油具有良好的保色性，但成本更高。例如，用脂肪族 H_{12}MDI（氢化 MDI）与亚麻籽油和 PE 酯交换后的多元醇反应制备的氨酯油，与用 TDI 制备的氨酯油相比，具有更好的保色性（Mountfield 等，1967）。更多的异氰酸酯介绍可参阅相关综述文章（Wicks 和 Wicks，2005）。

Narayan（1998）比较了氨酯油、醇酸树脂和 2K 聚氨酯涂料的性能。以 TDI 和 MDI 为原料，分别与亚麻籽油和红花油反应制备了 4 种氨酯油，并与采用亚麻籽油和红花油的醇酸树脂（所有的醇酸树脂和氨酯油的油长都是 60%）及两种 2K 聚酯/MDI 树脂的体系进行了比较。八种树脂都用于配制了底漆和着色面漆，结果表明，采用氨酯油涂层的内聚强度大于醇酸树脂涂层，接近 2K PU 涂料。在氨酯油涂层中，采用亚麻籽油/TDI 树脂涂层的内聚强度最高。抗划伤性和拉伸强度测试表明，这八种树脂所制涂层的等级相同。采用氨酯油涂层的耐盐雾性和耐湿性优于醇酸树脂涂层，但低于 2K PU 涂层。特别值得注意的是，采用氨酯油涂层的耐化学性和耐溶剂性明显优于醇酸涂层，但略低于 2K PU 涂层。

对氨酯油涂膜和醇酸涂膜的水渗透速率进行了研究，结果表明，醇酸涂膜比氨酯油涂膜具有更高的水渗透性（Xu 等，2002）。另外，表面处理后的蒙脱石黏土的加入可降低氨酯油涂膜的水渗透性（Kowalczyk，2014）。

与醇酸树脂相比，氨酯油的一个优点是易于制造。在氨酯油的制备工艺中，异氰酸酯基的反应时间大大缩短了，反应温度也较低，约为 70℃，而醇酸树脂的酯化温度为 220～245℃。这不仅降低了生产成本和设备利用率，而且减少了不饱和链的二聚反应，从而降低了相同摩尔配比下的黏度。

传统溶剂型氨酯油清漆的 VOC 已超过 500g/L，通过降低氨酯油的分子量可以降低其清漆的 VOC，在这种情况下，通过平衡催干剂和促进剂的用量，其涂膜性能可以达到高 VOC 时的氨酯油涂膜性能。另一种降低 VOC 的方法是使用豁免溶剂，如 4-氯三氟甲苯（PCBTF）（18.1 节）替换部分石油溶剂。高固体分氨酯油清漆的优点是涂覆两层就足够了，无需传统的涂覆三层，但是，也须非常小心，避免形成过厚的涂层。

与其他涂料一样，限制 VOC 的排放也促进了水性氨酯油的发展。如各种制备水性醇酸树脂的方法也适合于水性氨酯油的制备，市场上已有 VOC 低于 250g/L 的水稀释性氨酯油。自氧化丙烯酸/聚氨酯杂化分散体（7.7.2 节）可以以更高的成本制备高质量的产品。2K 水性聚氨酯在工业漆和工程承包商市场上有许多优势，但不适合 DIY 市场（Caldwell，2004），见 12.7.3 节。

15.7.2 自氧化型聚氨酯分散体

水稀释性 PUD（12.7 节）可以通过引入适当的脂肪酸制备成自氧化型，因此，制备的产品有时被称为脂肪酸改性聚氨酯分散体（FAPUD）。Patel 等（2010）介绍了 FAPUD 的合成工艺，并研究了组分变化对涂膜性能的影响。这个比较复杂的工艺可以概括如下：

（1）以亚油酸、PA 和各种多元醇为原料，制备高羟基含量的低分子量醇酸树脂。

所得的醇酸树脂在 *N*-甲基吡咯烷酮（NMP）溶剂中与过量的 IPDI、DMPA 和更多的聚酯多元醇反应，形成含有—COOH、—NCO 和脂肪酸官能团的聚合物。

（2）生成的聚合物用胺中和，然后分散于水中。

（3）NCO 基团与水的进一步反应（12.6 节）提高了脂肪酸改性聚氨酯分散体的分子量和平均官能度，而高 $\overline{f}_n$ 的脂肪酸增强了 FAPUD 的氧化交联能力。

大量研究表明，通过优化原材料组成配比，用 FAPUD 可以获得优异的涂层性能。然而，上述工艺的一个缺点是 NMP 仍留在分散体中，增加了 VOC，不过通过改变工艺可以将这种溶剂除去（Hofland，2012）。

Liu 等人（1999）介绍了具有优异水解稳定性的 FAPUD，用其制备的涂层具有优异的耐磨性，而涂膜的干燥速度、颜色和成本则取决于所用的干性油和二异氰酸酯。

其他例子包括使用脱水蓖麻油制成的 FAPUD（Prantl 等，1994）及使用蓖麻油和大豆油制成的 PUD 用作地板漆（Irle 等，2003），据说这种涂层能耐溶剂、磨损和鞋跟印。

在丙烯酸/聚氨酯杂化分散体中，部分昂贵的聚氨酯被相对便宜的丙烯酸酯取代。Coogan 和 Damery（2003）报道了该种分散体的制备：首先，将二乙醇胺与植物油反应形成的酰胺酯二醇与 2,2-二羟甲基丙酸、环己烷二甲醇、聚乙二醇单甲醚、TDI 在 NMP 中反应。然后加入甲基丙烯酸甲酯，并用二丙二醇单甲醚稀释，用 *N*,*N*-二甲基乙醇胺中和，在加入水稀释后，丙烯酸酯单体开始聚合，得到的丙烯酸/聚氨酯杂化分散体可通过空气氧化而交联固化成膜。

15.8 环氧酯

环氧酯是由双酚 A 环氧树脂（13.1.1 节）与脂肪酸反应制备的。由于使用的是干性或半干性脂肪酸，因此环氧酯可通过自氧化而交联固化成膜。在环氧酯制备工艺中，环氧基与羧酸发生开环反应，生成酯和羟基（13.3.2 节），生成的羟基，以及最初存在于环氧树脂上的羟基，可以进一步被脂肪酸酯化。

在环氧酯的制备工艺中，通常先通过一个改进的工艺，用双酚 A 对低分子量环氧树脂（标准液体环氧树脂，$n=0.13$）进行扩链，选用的低分子量环氧树脂可以是不合格的、低成本环氧树脂，然后将脂肪酸添加到已扩链的热熔的环氧树脂中进行酯化反应，直到酸值小于 7mg KOH/g。在环氧树脂与脂肪酸的酯化反应中，反应位点的平均数为 n，对应于树脂上羟基的数目加上两倍的环氧基数目。环氧酯需在高温（220～240℃）下合成，随着羟基浓度的降低，酯化速度减慢，并且有副反应发生，特别是干性油脂肪酸（或其酯）的二聚反应，因此，要将超过 90%的羟基（包括那些环氧基开环形成的羟基）都酯化是不现实的。

妥尔油脂肪酸已广泛用于制备环氧酯，因为成本低。亚麻籽油脂肪酸制备的涂料交联速度快，因为平均官能度高。但是黏度也很高，这是因为亚麻籽油脂肪酸在酯化工艺中更易二聚化，且亚麻籽油脂肪酸的价格也较妥尔油脂肪酸高。为了要更快地交联，可以使用桐油脂肪酸代替部分亚麻籽油脂肪酸，但这会进一步提高黏度和成本。另外，亚麻籽油脂肪酸和亚麻籽油脂肪酸-桐油脂肪酸混合物制备的环氧酯的颜色比妥尔油脂肪酸制备的环氧酯颜色深。脱水蓖麻油脂肪酸制备的环氧酯能更快地固化，可用于烤漆。与醇酸树脂一样，环氧酯形成干膜的固化速度取决于两个因素：二烯丙基亚甲基的平均官能度 $\overline{f}_n$ 和芳香环/长脂肪酸链的比例。使用足量的脂肪酸同分子量较高的双酚 A 型环氧树脂中的环氧基和羟基充分反应，可使 $\overline{f}_n$ 最大化。而使用高分子量环氧树脂和仅酯化环氧树脂中少量的环氧基和羟基，就能使芳香环/脂肪酸比例最大化。

环氧酯用于对金属附着力要求比较高的涂料，虽然原因并不完全清楚，但环氧涂层（包括环氧酯）通常与金属具有良好的附着力，并在涂层金属曝露于高湿环境（腐蚀保护中要考虑的一个重要环境因素，第 7 章）后仍保持附着力。与醇酸树脂相比，环氧酯的一个显著优点是具有更强的耐水解和耐皂化能力，因为醇酸树脂主链是以 PA 和多元醇形成的酯键结合在一起的，而环氧酯主链是以 C—C 键和醚键结合在一起的。当然，在这两种树脂中，脂肪酸均与主链上的羟基形成酯键而连接于主链上，但在环氧酯中，干膜固化后易水解的酯键少得多。尽管如此，环氧酯涂层的户外耐久性还是较差，这是所有使用双酚 A 环氧树脂制成涂膜后的通病。根据环氧酯的优缺点，其主要用途是作为金属底漆，用于罐听涂料和瓶盖涂料，因为这些应用要求涂层具有良好的附着力、柔韧性和水解稳定性。在烘烤底漆中，有时需要在配方中加入少量的三聚氰胺-甲醛树脂，通过 MF 交联环氧酯上的游离羟基来补强环氧酯的氧化交联。

通过脂肪酸和环氧改性丙烯酸树脂（例如，含有甲基丙烯酸缩水甘油酯的共聚物，13.1.2 节）的反应制备的环氧酯具有优异的户外耐久性（优于醇酸树脂），因为该环氧酯是具有多个脂肪酸酯侧链的丙烯酸树脂。通过选择合适的丙烯酸酯共聚单体和分子量，可以设计出符合要求的 T_g，从而溶剂蒸发后就可得到指触干涂膜，然后再进行氧化交联固化。适用于要求在室温下对汽车进行重涂等应用，可能不需要金属催干剂，尽管无催干剂的涂层交联固化速度较慢，但户外耐久性有所提高。

环氧酯也可制成水稀释型，例如，通过将马来酸酐与由脱水蓖麻油脂肪酸制备的环氧酯反应，生成具有酸酐基的加成物，随后加入叔胺，如 *N*,*N*-二甲基乙醇胺引发酸酐在水中开环生成铵盐。与其他水稀释性树脂（8.3 节）一样，水稀释性环氧酯不溶于水，而是溶剂溶胀后在水连续相中形成的分散体。水稀释性环氧酯的水解稳定性优于相应的醇酸树脂，完全可用于阴离子电沉积底漆（27.1 节），但目前阴离子电沉积底漆大部分都被阳离子底漆取代。水稀释性环氧酯除了仍用于喷涂烘烤型底漆和中涂外，还可用于浸涂底漆，不燃性是其一大优点。

（丁永波　译）

综合参考文献

Anonymous, *The Chemistry and Processing of Alkyd Resins*, Monsanto Chemical Co. (now Solutia, Inc.), St. Louis, 1962a.

Wicks, Z. W., Jr., Alkyd Resins in Mark, H. F.; Bikales, N. M., Eds., *Encyclopedia of Polymer Science and Technology*, 3rd ed., John Wiley & Sons, Inc., New York, 2002a, pp 318-340.

参　考　文　献

Alidedeoglu, A. H., et al., *JCT Res.*, 2011, 8(1), 45.

Anonymous, *The Chemistry and Processing of Alkyd Resins*, Monsanto Chemical Co. (now Solutia, Inc.), St. Louis, 1962b.

Arendt, J.; Kim, J., *Proceedings of the American Coatings Conference*, 2014, April 7-9, Atlanta, GA.

Bacaloglu, R., et al., *Angew. Makromol. Chem.*, 1988, 164, 1.

Bakker, P. J., et al., *Proceedings of the 28th International Waterborne Higher-Solids and Power Coatings Symposium*, New Orleans, LA, 2001, pp 439-453.

Blackinton, R. J., *J. Paint Technol.*, 1967, 39(513), 606.

de Boer, J. W., et al., *Eur. J. Inorg. Chem.*, 2013, 2013(21), 3581.

Bouboulis, C. J., *Proceedings of the International Waterborne Higher-Solids and Power Coatings Symposium*, New Orleans, LA, 1982, p 18.

Bracken, J., US patent 6,075,088 (2000).

Brown, R., et al., *Off. Dig.*, 1961, 33, 539.

Caldwell, R. A., *JCT Coat. Tech.*, 2004, 2(3), 30.

Cheetham, H. C.; Pearce, W. T., Alkyd Emulsion Paints in Mattiello, J. J., Ed., *Protective and Decorative Coatings*, John Wiley & Sons, Inc., New York, 1943, p 488.

Coogan, R. G.; Damery, S., US patent 6,548,588 (2003).

Danneman, J.; Chu, J., *CoatingsTech*, 2016, 13(9), 30-39.

Dederichs, F., *Adv. Coat. Surf. Technol.*, 2013, September, 8.

Dhoke, S. K.; Khanna, A. S., *Prog. Org. Coat.*, 2012, 74, 92-99.

Diamond, C., *Coat. World*, 2016, 21(11), 31-34.

Elribii, M., et al., *Prog. Org. Coat.*, 2015, 87, 222-231.

Guclu, G.; Orbay, M., *Prog. Org. Coat.*, 2009, 65(3), 362.

Guyot, A.; Landfester, K.; Schork, F. S.; Wang, C., *Prog. Poly. Sci.*, 2007, 32, 1439-1461.

van Hamersfeld, E. M. S., et al., *Prog. Org. Coat.*, 1999, 35, 235.

Hofland, A., *Prog. Org. Coat.*, 2012, 73, 274-282.

Ikladious, N. E., et al., *Prog. Org. Coat.*, 2015, 89, 252-259.

Irle, C., et al., US patent 6,559,225 (2003).

Kan, C. S., et al., US patent 8,709,607 (2014).

Kangas, S. L.; Jones, F. N., *J. Coat. Technol.*, 1987, 59(744), 89.

Kaska, J.; Lesek, F., *Prog. Org. Coat.*, 1991, 19, 283.

Kawamura, C., et al., *Prog. Org. Coat.*, 2002, 45, 185.

Kienle, R. H.; Hovey, A. G., *J. Am. Chem. Soc.*, 1929, 51, 509.

Kowalczyk, K. J., *Coat. Technol. Res.*, 2014, 11, 421.

Kuang, Z., et al., *Proceedings of the International Waterborne Higher-Solids and Power Coatings Symposium*, New Orleans, LA, 1999, pp 126-141.

Kumanotani, J., et al., *Adv. Org. Coat. Sci. Technol. Ser.*, 1984, 6, 35.

Lanson, H. J., Chemistry and Technology of Alkyd Resin in Craver, J. K.; Tess, R. W., Eds., *Applied Polymer Science*, American Chemical Society, Washington, DC, 1975, pp 531-547.

Liu, W., et al., *Proceedings of the International Waterborne Higher-Solids and Power Coatings Symposium*, New Orleans, LA, 1999, p 202.

Misev, T. A., *J. Coat. Technol.*, 1989, 61(772), 49.

Mountfield, B. A., et al., UK patent GB 1,059,936 (1967).

Murillo, E. A.; Vallejo, P. P.; Lopez, B. L., *Prog. Org. Coat.*, 2010, 69, 235-240.

Murillo, E. A., Vallejo, P. P.; Lopez, B. L., *J. Appl. Polym. Sci.*, 2011, 120(6), 3151-3158.

Nabuurs, T., et al., *Prog. Org. Coat.*, 1996, 27, 163.

Narayan, R., et al., *Paint India*, 1998, September, 116.

Nelson, T. J.; Webster, D. C., *JCT Res.*, 2013, 10(4), 515-525.

Osterberg, G.; Bergenstahl, B., *J. Coat. Technol.*, 1996, 68(858), 39.

Osterberg, G., et al., *Prog. Org. Coat.*, 1994, 24, 281.

Palmer, C., *Proceedings of the American Coatings Conference*, 2014, April 7-9, Atlanta, GA.

Patel, A., et al., *Prog. Org. Coat.* 2010, 67, 255.

Pirs, B., et al., *J. Coat. Technol. Res.*, 2015, 12(6), 965-974.

Porreau, D. R.; Smyth, S. E., *JCT Coat. Technol.*, 2004, 1(2), 40.

Prantl, B., et al., US patent 5,319,052 (1994).

Strazik, W. F., et al., US patent 4,293,461 (1981).

Vogel, E., et al., *American Coatings Conference*, Indianapolis, IN, April 11-13, 2015.

Wang, Q., *Investigation of Acrylated Alkyds*, Thesis, University of Akron, 2013, from https://etd.ohiolink.edu/rws_etd/document/get/akron1366047898/inline (accessed April 22, 2017).

Weger, W., *Fitture e Vernici*, 1990, B66(9), 25.

Weissenborn, P. K.; Motiejauskaite, A., *Prog. Org. Coat.*, 2000, 40, 253.

Wicks, Z. W., Jr., Alkyd Resins in *Encyclopedia of Polymer Science and Technology*, 3rd ed., John Wiley & Sons, Inc., New York, 2002b, pp 318-340.

Wicks, D. A.; Wicks, Z. W., Jr., *Prog. Org. Coat.*, 2005, 54. 141.

Xu, Y., et al., *Prog. Org. Coat.*, 2002, 45, 331.

Yin, X., et al., *Prog. Org. Coat.*, 2014, 77, 674-678.

Zabel, K. H., et al., *Prog. Org. Coat.*, 1999, 35, 255.

Zuchert, B.; Biemann, H., *Farg Lack Scand.*, 1993, (2), 9.

第16章 硅衍生物

用于涂料的硅衍生物通常有三类：有机硅树脂、反应性硅烷以及正硅酸酯。有机硅既可用以合成性能优良的聚合物，也可以作为交联剂、改性剂和助剂使用，未改性的有机硅通常作为涂料的黏结剂和助剂使用，反应性硅烷可用于聚合物的合成（尤其是硅烷封端树脂）以及作为偶联剂使用，正硅酸酯则作为黏结剂用于有机/无机杂化涂料中。通常而言，有机硅涂料价格昂贵，但它的性能（尤其是耐久性）尤为卓越。目前有机硅涂料在汽车透明涂层中已得到很好的应用，并逐渐扩展到工业维修应用以及海洋船舶涂料。

16.1 有机硅树脂

有机硅树脂，准确地讲应称为聚硅氧烷，是以$\{Si(R)_2—O\}$为重复单元组成主链的聚合物，通常由氯硅烷为单体制得。主要的商品化单体有如下的甲基硅烷和苯基硅烷。

- Me_3SiCl　三甲基氯硅烷
- Ph_2SiCl_2　二苯基二氯硅烷
- $PhSi(Me)Cl_2$　苯基甲基二氯硅烷
- Me_2SiCl_2　二甲基二氯硅烷
- $PhSiCl_3$　苯基三氯硅烷
- $MeSiCl_3$　甲基三氯硅烷

氯硅烷与水反应生成硅醇，硅羟基进行脱水缩合而得到硅氧烷。例如，二甲基二氯硅烷与水反应通常可得到线型结构的聚硅氧烷。如下面例子，有机硅工业中最常见的聚二甲基硅氧烷（PDMS）。

$$Me_2SiCl_2 + H_2O \longrightarrow -\!\!\!\left[Si(CH_3)_2—O \right]_n\!\!-$$

聚二甲基硅氧烷

聚合物的结构可能远比此线型结构复杂。如果需要进行接枝，少量的$MeSiCl_3$可以参与前述的水解缩合反应形成支链。硅氧烷相对于碳氢化合物更易形成较大的环状结构，例如八元环$(Me_2SiO)_4$。这种环状化合物通常是聚合反应过程中的中间产物，并或多或少地存在于最终成品中。三氯硅烷除了可以形成主链的支化，也可以与水反应而形成三维簇状化合物（笼形倍半硅氧烷，通常简称为POSS）。通过燕麦壳或稻壳的热解也能够以低成本的方式得到特定的POSS结构。下图所展示的$Si_8O_{12}R_8$结构常被用作研究。

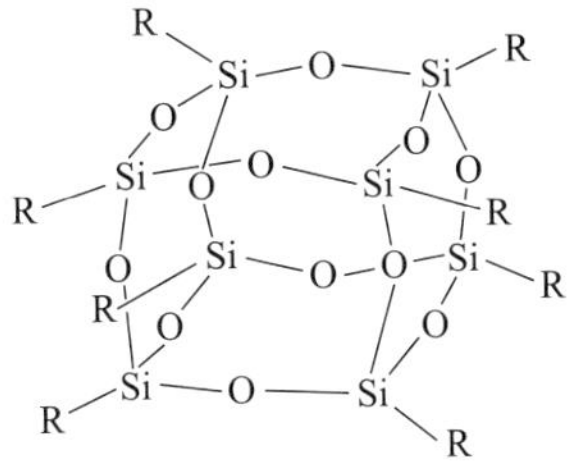

八面体结构

1990 年，欧文总结了 PDMS（聚二甲基硅氧烷）的优异性能主要得益于以下四个方面：

① 甲基基团分子间作用力小；

② 硅氧烷主链优异的柔性；

③ 硅氧键能较高；

④ 硅氧键具有部分离子性质。

另外，我们也可以补充第五点，即：出色的耐 UV 性。

这些特征结合起来解释了 PDMS（聚二甲基硅氧烷）的属性，包括表面张力低、独特的柔性、热稳定性以及优异的耐候性。另外，硅氧键的部分离子属性也导致其在较低 pH 值或较高 pH 值的环境下容易水解。正如我们将看到的，PDMS 可以与碳基聚合物以多种方式结合，并赋予其一些理想的性能。

以一氯硅烷作链终止剂可以得到低聚物：一氯硅烷与二氯硅烷的比值越高，低聚物的分子量越低。低聚的产品通常被称作液体有机硅或硅油。如第 23 章所述，少量的液体有机硅可以用作涂料添加剂。因为 Si—O—Si 键易于旋转，PDMS 的甲基在表面快速定向排列从而能够降低涂料的表面张力。甲基赋予表面非常低的表面张力。另外，低分子量的硅油也可以作为零 VOC 的溶剂使用。

$$(CH_3)_3Si—O\left[\begin{array}{c}CH_3\\|\\Si—O\\|\\CH_3\end{array}\right]_n Si(CH_3)_3$$

液体有机硅的结构

PDMS 与众多涂料树脂的相容性有限，许多通过对硅油进行化学改性来提高其与树脂相容性的例子被报道（Fink 等，1990）。其中很多例子是聚硅氧烷-聚醚嵌段共聚物，在聚硅氧烷上也有较长烷基链的共聚物，以及有酯基和芳香基取代烷基改性的 PDMS。以聚醚作为端基或侧链的聚硅氧烷可以作为出色的表面活性剂来消除水性涂料的成膜缺陷。这一类的表面活性剂可以通过端烯丙基聚醚与带 Si—H 的 PDMS 通过加成反应制得（Spiegelhauer，2002）。

16.1.1 有机硅橡胶和有机硅树脂

有机硅橡胶是交联后的聚硅氧烷，而有机硅树脂则是支化的聚硅氧烷。无论是硅树脂还是硅橡胶都是以三氯硅烷进行链的支化反应，并最终交联成硅橡胶。诚然，硅橡胶价格较高，但是硅橡胶却可以带来很多独特且实用的性能，例如优异的耐氧化性以及低温下良好的弹性。Si—O—Si 键易于旋转，并由此带来非常低的玻璃化转变温度（T_g）。

一氯硅烷、二氯硅烷和三氯硅烷混合物的聚合反应，以硅烷单体在与水不相容的溶剂中进行水解反应开始，最终得到含有未反应的羟基的有机硅树脂。将有机硅树脂从酸性水相中分离出来，并通过萃取去除残留的酸，在相对较低的温度及无催化剂残留的条件下将剩余的水分去除，最终得到稳定的有机硅树脂溶液。这种树脂的数均分子量（$\overline{M}_n$）通常为 700～5000，且不同的共聚过程能得到不同比例的线型、支化、环状以及 POSS 结构；其不同组成将影响最终产品性能。典型的分子官能度为 3～4。

这种有机硅树脂可以烘烤交联成膜，通常在 225℃下烘烤 1h，添加催化剂（如辛酸锌）可以降低烘烤温度并节约时间。由于有机硅的交联反应是可逆的，所以有机硅膜对水比较敏感，尤其是碱性条件下。氨水和胺类对这种膜的破坏性较大。有证据表明，氨解反应会选择性地发生在连有三个氧原子的 Si 上（即交联点），或许是由于连有三个氧原子的硅原子吸电子能力太强导致（Hsiao 等，1975；Pappas 和 Just，1980）。

有机硅树脂的分子量和黏度取决于一氯硅烷、二氯硅烷和三氯硅烷的比例，以及合成工艺。最终的交联密度则取决于配方中三氯硅烷的比例以及反应过程中三氯硅烷形成支链的比例，而与反应中形成的环状结构或 POSS 结构的比例无关。

用作涂料的有机硅树脂通常是甲基氯硅烷和苯基氯硅烷的共聚物，有时也会有其他的烷基氯硅烷单体。表 16.1 总结了苯基/甲基含量对有机硅树脂性能的影响（Finzel 和 Vincent，1996）。甲基取代基多的有机硅树脂交联反应速率较快。苯基含量相对高的有机硅树脂由于聚合反应之前低分子量组分在烘箱中会发生一定程度的挥发而导致最终固化损耗较大。反应速率的差异也导致高甲基含量的有机硅树脂的快速固化性能以及高苯基含量树脂较长的贮存稳定性。由于苯基具有吸收紫外线的特性，高甲基含量有机硅相对高苯基含量的有机硅在经户外曝晒时能更好地保持光泽。调配良好的有机硅涂料的户外持久性要优于丙烯酸-三聚氰胺脲醛树脂、聚酯-三聚氰胺脲醛树脂或者聚氨酯涂料，并接近高氟化聚合物的性能（第 17 章）。

表 16.1　高甲基与高苯基有机硅树脂的性能对比

高甲基含量有机硅树脂	高苯基含量有机硅树脂
固化时质量损失少	固化时质量损失多
固化速率快	较长的存贮时间(固化速率慢)
耐紫外线性好	耐温性好
低温柔性好	耐氧化性好

来源：Finzel 和 Vincent（1996）。

高甲基含量有机硅树脂的耐候性表现比较好，而高苯基含量的有机硅树脂在耐高温方面的性能则优于高甲基含量有机硅树脂。在耐热方面，有机硅树脂优于其他有机树脂，当然除了特定的含氟聚合物外。高甲基含量有机硅树脂耐热性虽然差于高苯基含量有机硅树脂，但比含长链烷基的有机硅树脂要好得多。据报道，高苯基含量有机硅的 250℃失重半衰期可以超过 100000h，与之对照，甲基有机硅超过 10000h，丙基有机硅仅 2h（Finzel 和 Vincent，1996）。甲基有机硅在 350℃的有效使用时间为 1000h，作为比较，聚酯膜（以三聚氰胺脲醛树脂交联）在 223℃下才仅仅拥有 1000h 的使用时间。

键的离解能不同造成了甲基有机硅和丙基有机硅热稳定性的巨大差异。甲基有机硅的键离解能在 100kcal/mol（1cal=4.1868J）以上（Si—O 键约 110kcal/mol，Si—C 键约 104kcal/mol，甲基 C—H 键约 105kcal/mol），而丙基中的 C—C 键的离解能只有约 86kcal/mol。

当有机硅热分解时，其最终产物为二氧化硅，虽然质地脆，但可作为耐热涂料的黏结剂使用。例如，由片状铝粉作为颜料的有机硅涂料制得的烟囱涂料的使用温度为 500℃。在如此高的工作温度下，有机物烧尽，只剩下含有铝粉颜料的二氧化硅——本质上是含有部分硅酸铝的玻璃。虽然涂层变得很脆，但只要没有机械损伤就能继续对基材提供保护。Finzel 和 Vincent（1996）综述了具有不同耐热性的涂料。

含有甲基有机硅树脂的涂料展现出的低温柔韧性要优于含苯基有机硅树脂的涂料，同时也优于其他大多数有机涂料。含甲基的有机硅树脂还实现了涂层对液态水的排斥性与对水蒸气的透过性的完美结合。

16.1.2 改性有机硅树脂

端甲氧基—OCH_3在碱性或酸性催化剂下可以水解成端羟基—OH（Osterholtz 和 Pohl，1992），产物应被称作硅醇。硅醇既可通过辛酸锌催化剂直接交联，也可以通过钛酸酯类催化剂与三烷氧基硅烷进行交联（Finzel，1992）。Florio 和 Ravichandran（2016）讲述了其他催化剂以及硅醇基团的自缩合反应。

有机硅树脂可以在表面活性剂的帮助下乳化于水中。乳化的甲基有机硅树脂、氨基聚硅氧烷乳液以及苯丙乳胶的混合物用作配制具有优异耐久性的外墙涂料（Mangio 等，2002）。Jiang（2016）针对该应用专门设计了相关的有机硅树脂。

有机硅树脂可以通过各种官能团进行改性。例如，2002 年 Greene 已经报道通过甲基苯基二甲氧基硅烷、苯基三甲氧基硅烷以及二甲基二甲氧基硅烷与水在 KOH 催化下反应，再与 3-缩水甘油醚丙基三乙氧基硅烷反应可以制得环氧封端的有机硅树脂，再配合二氨基二烷氧基硅烷作为交联剂可以制得热固性涂料。环氧有机硅树脂配以带羧酸官能团的丙烯酸树脂作固化剂可以制得具有非常出色耐久性的海洋船舶涂料（Fransehn 等，2004）。Florio 和 Ravichandran（2016）列举了不同官能团改性的有机硅树脂，有肟基、乙酰氧基、氨基和环氧基。

八面体 POSS（$Si_8O_{12}R_8$—，见 16.1 节）带有的 8 个 R 基团可以都是反应基团，如羟基（—OH）、氨基（—NH_2）、环氧基团或其他基团，也被称作章鱼单体。功能化的 POSS 衍生物可以用作特殊的聚合物单体和交联剂。例如，Markevicius 等（2012）描述了基于脂肪族聚氨酯/脂肪族二醇/POSS 的涂料在铝基材上具有出色的防腐性能。另一个例子，Yari 和 Mohseni（2015）在丙烯酸-三聚氰胺透明涂层中添加了 9%的羟基 POSS 结构的组分，不仅提高了交联反应速率，也增加了交联密度。即使在配方中的羟基含量保持不变的情况下，依然表现出了上述性能。

16.1.3 有机硅改性树脂

将有机硅与其他涂料树脂进行结合既可以降低高昂的成本，又可以缩短固化时间，降低固化温度。最早的方法是在合成醇酸树脂的最后将有机硅树脂加入反应釜与醇酸树脂混合均匀。在这个过程中有机硅树脂和醇酸树脂会形成一些化学结合，也可能大部分的有机硅树脂只是简单地溶解在醇酸树脂中。这种方法制得的有机硅改性醇酸树脂的户外耐久性要远好于未改性的醇酸树脂。对耐久性的提高程度大约正比于所添加有机硅树脂的用量，有机硅树脂的用量通常为 30%。对于这个应用，所设计的有机硅树脂可能含有较高含量的烷基以及甲基和苯基以改善相容性。相对于甲基有机硅树脂，以苯基有机硅树脂改性的醇酸树脂具有更快的常温干燥性能及更优异的热塑性和溶解性。其原因主要是芳香环具有刚性，造成干燥初期就会形成“固态”涂膜，导致交联程度要比甲基改性有机硅的低。

在醇酸树脂的合成过程中，与有机硅中间体共反应可以进一步提高户外耐久性，这些含有官能基团的中间体极易与醇酸的自由羟基反应。以这种方式制得的有机硅改性醇酸树脂具有比冷拼的有机硅改性醇酸树脂更好的耐久性。这种改性醇酸树脂主要用于户外常温固化涂料，虽然对其应用来说成本比较高（如钢制石油储罐面漆），但较长的涂层使用寿命将更多地抵消添加有机硅所带来的额外的成本。

有机硅改性聚酯和丙烯酸树脂也可通过有机硅中间体与带羟基的树脂反应制得。带有硅醇基团（Si—OH）的有机硅中间体可以与树脂的羟基进行共缩合反应，也可以和其他带有Si—OH的有机硅之间发生自缩合反应。这两个反应的比例由催化剂的选择来控制。促进树脂和有机硅中间体共缩合的有效催化剂是钛酸酯，如钛酸四异丙酯或四异丁酯。在模型化化合物的研究中，钛酸四异丙酯能够催化使反应倾向于共缩合而非自缩合，反应产物中共缩合产物和自缩合产物的比例为3.4∶1，而不加催化剂的反应产物中，共缩合产物和自聚合产物的比例为0.23∶1。下式显示的是羟基官能有机硅中间体与丙烯酸多元醇的共聚合。有机硅中间体之间的自缩合也会发生并造成一些Si—O—Si—的交联。多官能有机硅中间体和多官能树脂的过度共缩合或自缩合都会导致胶化。

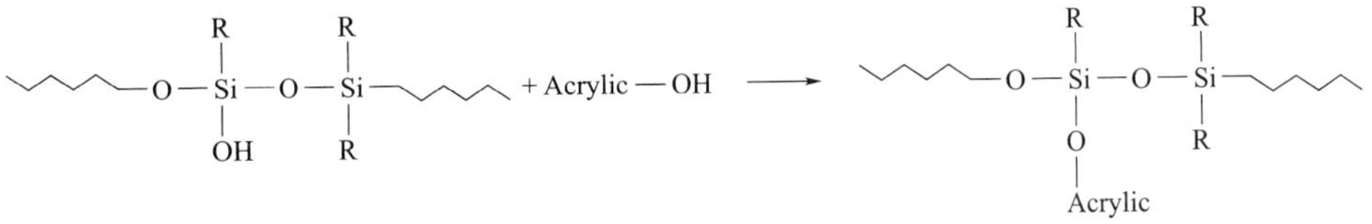

$$\sim\sim O-\underset{OH}{\overset{R}{Si}}-O-\underset{R}{\overset{R}{Si}}\sim\sim + \text{Acrylic}-OH \longrightarrow \sim\sim O-\underset{O-\text{Acrylic}}{\overset{R}{Si}}-O-\underset{R}{\overset{R}{Si}}\sim\sim$$

当有机硅中间体上的反应性官能团是硅甲氧基（Si—OMe）而非硅醇（Si—OH）时，反应更易控制。1996年Finzel和Vincent描述了一种甲氧基有机硅中间体，其重均分子量M_w为470，当量为155。该中间体的理想结构为：

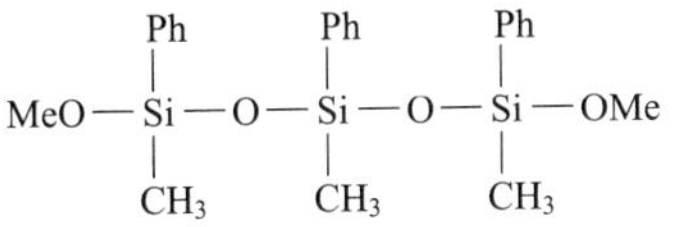

$$MeO-\underset{CH_3}{\overset{Ph}{Si}}-O-\underset{CH_3}{\overset{Ph}{Si}}-O-\underset{CH_3}{\overset{Ph}{Si}}-OMe$$

将聚酯或丙烯酸树脂溶液和所需的有机硅中间体及钛酸酯催化剂加热至140℃，直至达到预定黏度。在140℃下，反应相对较慢，更高的温度可以缩短反应时间并降低成本，但是增加了超越预定黏度甚至胶化的危险。典型的有机硅改性聚酯和丙烯酸树脂的有机硅含量的质量分数为30%～50%。当有机硅含量低于25%时，其对户外耐久性的提高就不那么明显了。有机硅含量增加到30%以上，户外耐久性得到增强，但成本也相应增加。

涂料完成施工后交联时，共缩合和自缩合的反应同样会发生。通常使用辛酸锌作为涂料交联催化剂，因为钛酸酯会被颜料带入的水分水解。最主要的应用是烤漆，特别是金属卷材涂料（30.4节），其中典型的固化条件为金属板温300℃/90s。这种涂料长期暴露于高湿度环境下会软化，这种软化称作逆转，主要是由于交联的可逆水解导致的。如前所述，水解主要发生在连接三个氧原子的硅原子上。如果环境湿度下降，涂膜又会硬化，但是当涂膜软化时易受到物理损伤。为使该问题最小化，可以添加少量的三聚氰胺脲醛树脂作为第二交联剂。

水性有机硅改性树脂可由水稀释性丙烯酸和聚酯树脂制得。还有以（甲基）丙烯酸羟乙酯作为共聚单体的丙烯酸乳胶可以用有机硅中间体改性。有机硅改性环氧树脂也已制得（Ogarev和Selector，1992）。Finzel（1992）提供了各种有机硅树脂的配方和制备的例子。

16.2 反应性硅烷

反应性硅烷专指一个硅原子上有三个烷氧基和一个带有反应性取代基的烷基的化合物。反应性硅烷起初是为了提高纤维增强塑料中塑料对玻璃纤维的黏结力。目前有几十甚至上百种商品化的反应性硅烷，其中在涂料中较为重要的有3-甲基丙烯酰氧基丙基三甲氧基硅烷（MPS）、3-氨基丙基三乙氧基硅烷（APS）、*N*-(2-氨乙基)-3氨丙基三甲氧基硅烷，以及3-

缩水甘油醚丙基三甲氧基硅烷。文献综述了上述硅烷以及其他硅烷在涂料中的应用（Plueddemann，1991；Ogarev 和 Selector，1992；Witucki，1993；Mittal，2007）。

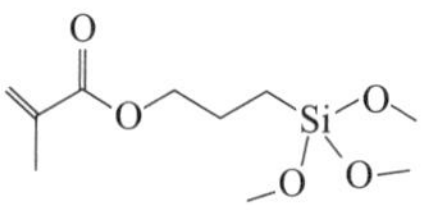

MPS

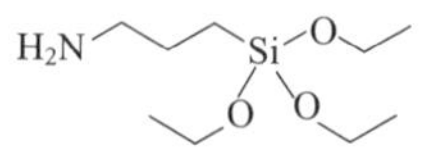

APS

反应性硅烷的一项重要应用是提高涂料对玻璃基材的黏结，并且越来越多用于提高对带氧化表面金属的黏结，如 6.8 节所述。由于这个原因，它们被称为偶联剂。简而言之，反应性硅烷分子上的三个烷氧基形成共价键连到玻璃或金属氧化物表面，另一端的反应性基团与涂料树脂形成共价键连接，从而将涂料黏附在表面。反应性基团需要与涂料树脂的官能团相匹配。

反应性硅烷有时也会以部分水解于水中的形式供应，用作附着力促进剂，尽管会被描述为水性硅烷溶液。其组分中实际上会含有胶体分散体的溶胶成分（16.3.1 节）。

反应性硅烷除了作为附着力促进剂外，也可被用于树脂的改性。其中一个非常重要的应用是含有三烷氧基硅烷基团的树脂可以用作湿固化涂料的树脂。例如，由多元醇和 MDI 制得的端异氰酸酯-聚氨酯通过 3-氨基三甲氧基硅烷进行封端，制得用于湿固化涂料的树脂（Baghdachi 等，2002）。该涂料在施工后会在潮湿空气中进行固化。多官能异氰酸酯化合物常被用作制备高交联密度树脂。相对于异氰酸酯树脂，三乙氧基硅烷化树脂的优势之一是可以用乙醇作溶剂，乙醇可以在有水存在的情况下延长涂料使用时间，避免对较贵的无水颜料、填料的需求。三烷氧基硅烷化处理也可以避免湿固化聚氨酯体系因 CO_2 的产生而导致的涂膜缺陷，如针眼等。待乙醇挥发后，与水的反应在室温下即可快速进行。

Noh 等（2012）也用反应性硅烷对聚氨酯进行了改性。IPDI 三聚体（第 12 章）部分用硅烷封端，部分用常规封闭剂封端。该材料添加到丙烯酸-三聚氰胺透明涂层中，可明显提高涂层的耐刮擦性。文献中亦可见其他相关案例。

氨基硅烷如 APS 可被用作环氧树脂改性。例如标准环氧树脂与 APS 反应可得到如下结构的化合物（Min 等，2013）。

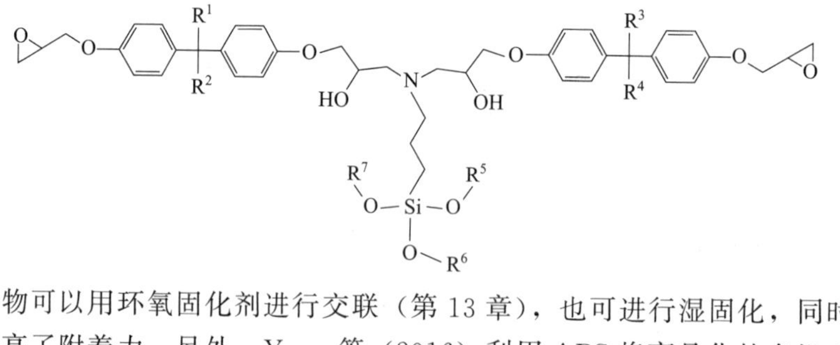

这种化合物可以用环氧固化剂进行交联（第 13 章），也可进行湿固化，同时理论上三烷氧基硅烷也提高了附着力。另外，Yuan 等（2016）利用 APS 将商品化的有机硅环氧树脂与羟基官能化的有机硅改性聚丙烯酸酯进行交联，用以制备航空级铝材的防腐涂料。

已有多篇报道指出基于硅烷改性脂环族环氧树脂的涂料具有出色的耐候性（Echeverria 等，2016），其中反应性硅烷扮演重要角色。例如，Witucki（2013）介绍双氨基硅烷可作为环氧树脂的高活性扩链剂或交联剂。一款基于脂环族环氧树脂的低 VOC 含量双组分涂料（见 13.1.2 节）具有较好的涂膜性能，包括出色的保光性和耐化学性。但在此应用中，脂环族环氧树脂所含有的酯基会带来其他的问题。

三烷氧基硅烷官能化的丙烯酸树脂可以由三烷氧基硅烷化的甲基丙烯酸酯（如 MPS）与其他丙烯酸单体共聚制得（Ooka 和 Ozawa，1993；Furukawa 等，1994；Nordstrom，1995）。由这种树脂制得的涂料在遇到空气湿气时进行固化，固化反应以有机锡或有机酸作为催化剂。所得的涂层展现出出色的耐久性、耐环境腐蚀性、耐划伤性以及对铝材的黏结力。它们被用作汽车原厂罩光漆或修补漆。三甲氧基丙基硅烷官能化的丙烯酸树脂也可被用作汽车塑料件的罩光漆。硅甲氧基在室温下水解出硅醇基团，接着进行烘烤自缩合形成硅氧键交联。老化前后的耐刮擦和抗划痕性能都明显优于三聚氰胺-脲醛树脂交联的涂层（Yaneff 等，2002）。

汽车罩光漆是以三烷氧基硅烷官能和羟基官能的丙烯酸树脂与三聚氰胺-脲醛树脂或封闭型异氰酸酯组合制成的（Nordstrom，1995）。关于交联反应的详细研究并未公开，但是可以推测包含了三烷氧基硅烷的水解缩合形成硅氧烷交联、羟基与三聚氰胺-脲醛树脂或封闭型异氰酸酯的反应，以及羟基和三烷氧基硅烷基团的醚交换反应。据报道，所制得的涂料具有优良的户外耐久性以及出色的耐环境腐蚀和破坏的性能。另外一个优点是可以减少三聚氰胺-脲醛树脂的用量，从而降低了甲醛的排放。

以 3-甲基丙烯酰氧基丙基三异丁氧基硅烷作为乳液聚合的共聚单体可以制得三烷氧基硅烷化的丙烯酸乳胶和乙酸乙烯乳胶（Chen 等，1997）。位阻效应更大的异丁氧基硅烷衍生物在聚合反应和贮存过程中展现了更好的水解稳定性。如此一来，乳胶可以稳定贮存，直至水挥发并成膜后再开始交联。贮存过程中烷氧基也会发生一定程度的水解，但是所生成的硅醇基团由于水的过量并不会发生缩合反应，直至成膜。由此树脂制得的涂料具有出色的黏结力、耐化学性、耐溶剂性以及耐刮伤性。

反应性硅烷的第三个重要应用是对颜料表面进行处理以提高其分散性。这种方法对于纳米颜料尤为有效。Ribeiro 等（2014）综述了利用硅烷处理纳米二氧化硅以提高分散性的各种方法，并继续介绍了以 MPS 表面改性的纳米二氧化硅粒子作为乳液聚合种子制备核壳乳胶粒子的方法（第 9 章），可以实现二氧化硅粒子在涂层中几乎均匀的分散。

16.3 正硅酸酯

正硅酸乙酯［$Si(OEt)_4$，或 TEOS］用于制备钢材防腐用的富锌底漆基料（7.4.3 节和 33.1.2 节）。遇到环境中的水汽时，$Si(OEt)_4$在酸性或碱性催化剂的作用下水解，形成复杂的聚硅酸网络。

在 $Si(OEt)_4$的乙醇溶液中加入少量的水使其发生部分水解和缩合反应，水量仅够使硅酸乙酯发生水解和缩合反应形成低聚物，并控制低聚物的黏度至所设计的黏度，接着将锌粉颜料分散进所生成的低聚物溶液中，即制得富锌底漆。贮存过程中，乙醇溶剂会延缓配方中外来水分所导致的聚合反应。涂料施工完后，乙醇挥发，涂层从空气中吸收水分，交联反应在室温下持续进行，直至交联完全。在体系中，聚硅酸与锌盐形成配合物作为交联的基料，这些盐类来自锌粉颜料表面氢氧化锌和碳酸锌的反应。来自钢铁表面的铁离子也会被引入到交联体系中。Parashar 等（2001）综述了基于 $Si(OEt)_4$的富锌底漆的化学原理和性能。关于水性富锌底漆，通常使用硅酸钾、硅酸钠、硅酸锂的水溶液作为基料。

溶胶-凝胶技术（Brinker和Scherer，1990）是指将金属烷氧基化合物通过水解缩合制得溶胶的技术，溶胶即金属氧化物聚合体或粒子在水中形成的胶体颗粒的分散液，一般胶体粒径在1～1000nm之间。其中研究最多的是$Si(OEt)_4$，但是其他金属的烷氧基化合物包括钛、铝以及锆也同样重要。在一篇综述中（Danks，2016）提到溶胶可通过多种机理形成凝胶，包括进一步水解缩合或者有机分子的引入，例如柠檬酸。随后随着水的脱除，生成各种物理形式的无机材料。溶胶-凝胶技术对于陶瓷、无机涂料和纳米粒子的制备非常重要，虽然无机涂料不在本书的讲述范围内。

溶胶-凝胶技术已被用作制备有机/无机涂料。它们通常被称为溶胶-凝胶涂料、杂化溶胶-凝胶涂料或有机改性硅酸盐。Wang和Bierwagen（2009）以及Figueira（2016）综述了杂化溶胶-凝胶涂料。其出色的阻隔性能非常有潜力，但是技术上和经济上的障碍妨碍了其广泛应用。一个典型的方法是以3-缩水甘油醚丙基三甲氧基硅烷（一种反应性硅烷，16.2节）和四丙氧基锆为原料分别制成溶胶，再将两种溶胶混合，将混合物以浸渍法或其他方法进行施工。可以加入双胺交联剂与环氧基团进行反应，也可加入防腐颜料或者纳米颜料。Alvarez等（2016）发现添加0.5%的功能性氧化锌纳米颜料可大幅度提高防腐性能。该文献和其他该领域的相关文献广泛利用各种分析手段，如电化学阻抗谱分析（EIS）以及带EDS的扫描电子显微镜，能够检测涂层破坏区域的形貌和成分（6.7节）。这些方法被用来证明氧化锌可以通过形成锌和其他金属氧化物形成共沉积层保护受损区域，从而降低腐蚀速率（Alvarez，2016）。

近年来，人们在把溶胶-凝胶技术用于铝的钝化处理以替代六价铬的使用方面开展了大量的研究工作，已取得实质性的进展，最终有望得到具有可行性的产品。

溶胶-凝胶技术也被延伸到其他类型的涂料。例如，以乙基硅烷和四甲基四乙烯基环四硅氧烷通过缩合得到的溶胶-凝胶，结合TEOS可以制得溶胶-凝胶透明涂层。应用于汽车漆，相对于没有溶胶-凝胶的涂料，该涂料可以提高涂料的耐刷洗性和耐硫酸点蚀性能（Hofacher，2002）。另一个例子是将溶胶-凝胶与水性聚氨酯技术的结合（12.7节）（Alber，2016）。不难想象溶胶-凝胶技术蕴含了无限的创新机会。

（高志晓　译）

综合参考文献

Mittal, K. L., Ed., *Silanes and Other Coupling Agents*, Leiden, Boston, 2007, Vol. 4.

Plueddemann, E. P., *Silane Coupling Agents*, 2nd ed., Springer Science+ Business Media, New York, 1991; reprinted in 2013.

Ziegler, J. M.; Fearon, F. W. G., Eds., *Silicon-Based Polymer Science AComprehensive Resource*, American Chemical Society, Washington, DC, 1990.

参　考　文　献

Albert, P., European patent Publ. EP2987836 A1 (2016).

Alvarez, D., et al., *Prog. Org. Coat.*, 2016, 96, 3-12.

Baghdachi, J., et al., *J. Coat. Technol.*, 2002, 74(932), 81.

Brinker, C. J.; Scherer, G. W., *Sol-Gel Science*, Academic Press, Boston, 1990.

Chen, M. J., et al., *J. Coat. Technol.*, 1997, 69(870), 43.

Danks, A. E.; Hall, S. R.; Schnepp, Z., *Mater. Horiz.* 2016, 3, 91-112.

Echeverria, M., et al., *Prog. Org. Coat.*, 2016, 92, 29-43.

Figueira, R. B., et al., *Coatings*, 2016, 6, 12.

Fink, F., et al., *J. Coat. Technol.*, 1990, 62(791), 47.

Finzel, W. A., *J. Coat. Technol.*, 1992, 64(809), 47.

Finzel, W. A.; Vincent, H. L., *Silicones in Coatings*, Federation of Societies for Coatings Technology, Blue Bell, PA, 1996.

Florio, J.; Ravichandran, R., *Coatings Tech* 2016, February, 46-57.

Fransehn, P., et al., *Proceedings of the Waterborne High-Solids, and Powder Coatings Symposium*, New Orleans, LA, 2004, Paper No. 7.

Furukawa, H., et al., *Prog. Org. Coat.*, 1994, 24, 81.

Greene, J. D., US patent 6,344,520 (2002).

Hofacher, S., et al., *Prog. Org. Coat.*, 2002, 45, 159.

Hsiao, Y. -C., et al., *J. Appl. Polym. Sci.*, 1975, 19, 2817.

Jiang, P., et al., *Proceedings of the American Coatings Conference*, Indianapolis, Indiana, April 11-13, 2016; Paper 12. 1.

Mangio, R., et al., *Proceedings of the Waterborne High-Solids and Powder Coatings Symposium*, New Orleans, LA, 2002, pp 41-56; Paint and Coatings Industry, 2001, January, 50.

Markevicius, G., et al., *Prog. Org. Coat.*, 2012, 75(4), 319-327.

Min, Q., et al., Canadian patent publication CN103468095 A (2013).

Mittal, K. L., Ed., *Silanes and Other Coupling Agents*, Leiden, Boston, 2007, Vol. 4.

Noh, S. M., et al., *Prog. Org. Coat.*, 2012, 74, 192-203.

Nordstrom, J. D., *Proceedings of the Waterborne, Higher-Solids, and Powder Coatings Symposium*, New Orleans, LA, 1995, p 192.

Ogarev, V. A.; Selector, S. L., *Prog. Org. Coat.*, 1992, 21, 135.

Ooka, M.; Ozawa, H., *Prog. Org. Coat.*, 1993, 23, 325.

Osterholtz, F. D.; Pohl, E. R., *J. Adhes. Sci. Technol.*, 1992, 6(1), 127-149.

Owen, M. J., Siloxane Surface Activity in Ziegler, J. M.; Fearon, F. W. G., Eds., *Silicon-Based Polymer Science A Comprehensive Resource*, American Chemical Society, Washington, DC, 1990, pp 705-739.

Pappas, S. P.; Just, R. L., *J. Polymer Sci.* [A], 1980, 18, 527-531.

Parashar, G., et al., *Prog. Org. Coat.*, 2001, 42, 1.

Ribeiro, T.; Baleizao, C.; Farinha, J. P. S., *Materials*, 2014, 7, 3881-3900.

Spiegelhauer, S., *Proceedings of the Waterborne High-Solids, and Powder Coatings Symposium*, New Orleans, LA, 2002, pp 161-170.

Wang, D.; Bierwagen, G. P., *Prog. Org. Coat.*, 2009, 64(4), 327-338.

Witucki, G. L., *J. Coat. Technol.*, 1993, 65(822), 57.

Witucki, G. L., 2013, from http://www. paintsquare. com/education/branding_images/gwwebinar. ppt (accessed April 21, 2017).

Yaneff, P. V., et al., *J. Coat. Technol.*, 2002, 74(933), 135.

Yari, H.; Mohseni, M., *Prog. Org. Coat.*, 2015, 87, 129-137.

Yuan, X., et al., *J. Coat. Technol. Res.*, 2016, 13(1), 123-132.

第17章
其他树脂和交联剂

第8～16章介绍了涂料中使用量最大的树脂和交联剂。本章将介绍其他重要的且已工业化的原料以及一些有前景的新研究成果。

17.1 卤代聚合物

卤代聚合物具有一些良好的性能，如低水蒸气渗透性。它们有一些用于防腐面漆，其他也有用作促进附着力的塑料底漆的基料，还有一些含氟聚合物具有优异的耐候性和热稳定性。以卤代树脂为基料的产品可用于溶剂型、分散体、乳胶或粉末涂料。

17.1.1 可溶性热塑性氯乙烯共聚物

涂料用氯乙烯树脂是氯乙烯与共聚单体，如乙酸乙烯酯或乙烯基异丁基醚的共聚物。这里的共聚单体主要用于降低聚氯乙烯（PVC）均聚物的玻璃化转变温度（约80℃）和结晶度。通过添加其他一些共聚单体可以赋予其更好的附着力、交联等特性。氯乙烯与共聚单体质量比范围一般为（90∶10）～（60∶40）。此外，氯乙烯本身具有很好的耐水性。氯乙烯共聚物树脂通常采用悬浮聚合或乳液聚合生产，主要用于工业涂料、热封涂料和油墨。

氯乙烯共聚物需要很好的稳定性，以防止热降解和光化学降解。如5.3节所述，这类聚合物在自催化连锁反应中容易脱去氯化氢。常用稳定剂包括有机锡酯，如二月桂酸二丁基锡，钡皂、镉皂和锶皂，马来酸盐，以及环氧乙烷（环氧）化合物。

比如质量比为86∶13∶1（摩尔比81∶17∶1）的氯乙烯、乙酸乙烯酯和马来酸三元共聚物，就是一种典型的可溶性氯乙烯树脂，重均分子量大约75000。这种树脂被广泛用于饮料罐的内壁涂料，其中的马来酸可以提高附着力。其他可溶性乙烯基树脂大多通过含羟基功能单体制备。对这类可溶性乙烯基树脂的需求正逐步下降。因为这类涂料薄涂时，固体分很低，通常不挥发体积固体分（NVV）只有10%～12%。

17.1.2 氯乙烯共聚物分散体

大分子量的分散型氯乙烯共聚物可用于高固体分涂料。它们由悬浮聚合法制备而得，平均粒径在微米级。典型的合成方法是在强烈搅拌下，将单体/引发剂混合物溶液加入已加热的聚乙烯醇（PVA）水稀释液中。单体被分散成小液滴，然后在小液滴中引发聚合反应并完成聚合，形成分散体颗粒。与乳液聚合中使用水溶性引发剂不同，悬浮聚合中使用的是在单体中可溶的引发剂。在此聚合反应中，当反应温度高于 T_g 时，PVA可以减少粒子的聚结，从而稳定悬浮液。这是因为PVA分子中有许多易夺取的氢，可以在氯乙烯共聚物链上形成接枝的侧链。聚合反应完成后，通过过滤、洗涤和干燥将聚合物颗粒分离，得到最终产物。悬浮聚合制得的聚合物分子量主要取决于引发剂的结构，以及反应温度与引发剂浓度的综合调整。通常，它们的分子量在100000数量级。

在塑料应用中，分散型氯乙烯共聚物常被用作塑溶胶，塑溶胶是分散在增塑剂中的聚合物颗粒。由于这种共聚物的 T_g 远高于室温，且部分结晶，所以在室温下，它不能很快地溶解在增塑剂中。但当加热到共聚物 T_g 及其结晶区的熔点以上时，共聚物就溶解在增塑剂中，颗粒聚结成熔融状态。冷却后形成由共聚物和增塑剂均相溶液组成的塑料产物。在涂料中，塑溶胶的黏度通常太高而不能正常使用，因此需要通过加入溶剂来降低黏度。需要注意的是，必须选择能溶解增塑剂，而不使共聚物颗粒显著溶胀的溶剂。通常可以用20%或更少的溶剂就可以获得合适的施工黏度。而这种含有挥发性溶剂的涂料应该称为有机溶胶，习惯上经常称为塑溶胶，但是它含有挥发性溶剂。

17.1.3 氯化橡胶、氯化乙烯/乙酸乙烯酯共聚物和氯化聚烯烃

氯化橡胶由于极低的水渗透率而具有良好的阻隔性能，被广泛用于重防腐维护涂料和船舶涂料的面漆中。许多砖石结构的游泳池就采用氯化橡胶类涂料，它也常用作聚烯烃塑料的底漆（连接层）。氯化橡胶可与一些醇酸树脂相容，使醇酸树脂道路标志涂料具有快速干燥特性。氯化橡胶与聚氯乙烯一样，也会脱氯化氢，需要与聚氯乙烯类似的稳定剂。需要注意的是，当氯化橡胶在生锈的钢材上使用时，某些金属盐，特别是铁的金属盐，往往会促进其降解（Morcillo等，1993）。

氯化橡胶由合成聚异戊二烯、聚丁二烯或天然橡胶制成。通常方法是首先将天然橡胶进行碾磨，降低其分子量，然后将碾磨的橡胶在 CCl_4 溶液中与氯或其他氯化反应物反应。这其中的反应是非常复杂的：双键的加成、取代和环化反应都会发生。为了消除橡胶中的大部分双键，最终产品会含有65%～68%（质量分数）的氯。可以制备各种不同分子量的产品，其强度随着分子量的增大而增加，同时溶液的黏度也随之上升。针对特定的应用，配方设计者通常会平衡涂料固体含量与涂层性能之间关系。

后续开发的氯化乙烯/乙酸乙烯酯共聚物，在某些应用中可以代替氯化橡胶。而开始开发的氯化乙烯/乙酸乙烯酯共聚物树脂不含双键，氯含量无须像氯化橡胶那样高，通常为52%～58%（质量分数）。较高的氯含量虽然可以提高阻隔性，但也降低了柔韧性和抗冲击性。它的性能与氯化橡胶相当，但具有更好的贮存稳定性。

氯化聚烯烃（CPO）在塑料，如聚丙烯和“热塑性聚烯烃”（TPO）底漆中是一类重要的附着力促进剂（31.2.2节）。TPO在汽车工业中大量使用，如保险杠。用作附着力促进剂的CPO主要通过马来酸酐（Manh）进行改性。

17.1.4 含氟聚合物

含氟聚合物在成百上千种涂料中都有应用，其结构和氟含量各不相同。它也会有特别的例外，氟含量越高，涂料的性能越优异，但涂料的制备和施工成本也越高。

聚四氟乙烯（PTFE）（$\lbrack CF_2CF_2 \rbrack_n$）具有有机涂料所使用聚合物中最好的户外耐久性和耐热性。但是聚四氟乙烯不溶于任何溶剂，并且它的熔点非常高，因此它仅限应用于能够承受高温的基材（Munekata，1988）。例如，聚四氟乙烯水分散体常用于化学加工设备的内衬涂层和炊具（Batzar，1989）。施工后，聚合物颗粒在高达425℃的温度下熔融烧结。聚四氟乙烯因为具有非常低的表面能，既不亲水也不亲油，因此可以提供“不粘”的烹饪界面。此外它还具有优良的耐化学品和耐潮气性，以及非常低的摩擦系数。

然而，PTFE的附着力是有问题的。通常被涂覆的金属表面必须十分粗糙，以便在涂层和基材烘烤时形成“卯-榫咬合”（“锁扣”）结构（6.1节）。但是即使这样也很难获得优异的长效附着力。正是因为这个问题，开发了其他更易处理的高氟化聚合物。比如全氟乙烯丙烯共聚物（FEP）以及四氟乙烯（TFE）与全氟丙基乙烯基醚（PFA）的共聚物。用它们以及其他高氟聚合物的涂料都被归类为PTFE涂料。这些涂料在食品和化学加工、医疗、军事、工业、电子以及其他应用和不粘锅等领域广泛应用。这类涂料的全球市场近年来持续增长，预计到2019年将达到10亿美元。

过去生产聚四氟乙烯，通常会使用全氟羧酸（PFCA），特别是全氟辛酸（PFOA），这类物质由于不能生物降解，被认定将对环境和人类健康造成持久的危害，正在被逐步淘汰。现在大多数不粘锅广告都会宣称不含全氟辛酸。但Schlummer等（2015）在将不含PFOA的锅过加热过程中仍检测到PFCA。尽管其含量似乎太小，不会立即对健康造成危害，但是PFCA对环境的污染始终是一个令人关注的问题。因为这些酸会在鱼类和动物体内不断积累，造成长久的潜在危害，特别是在北极地区（Prevedouros等，2006；Wang等，2014）。

聚偏氟乙烯（PVDF）（$\left[CH_2CF_2 \right]_n$）由于熔点比聚四氟乙烯（PTFE）略低，具有更广泛的用途。例如，在卷材涂料中PVDF作为塑溶胶分散体在丙烯酸树脂溶液中使用（Gaske，1987；Munekata，1988）。其涂膜熔融温度一般为230～250℃。它们的户外耐用性非常突出，但成本较高。此外，偏氟乙烯（VDF）的共聚物也可用作粉末涂料。

在PVDF乳胶中进行丙烯酸单体聚合，可以制备混合型VDF/丙烯酸共聚物乳胶。这类产品可以在室温下成膜。如果加入含有羟基的丙烯酸单体，就可以与脂肪族多异氰酸酯交联成膜，这种方案已被用于水性涂料（12.7.3节）。据报道这种涂膜具有优异的涂层性能和户外耐久性（Beaugendre等，2014）。

另有研究报道，氟化乙烯（VF）（$CH_2=CHF$）聚合物及共聚物具有优异的耐日光降解、耐化学侵蚀、耐溶剂性和很低的吸水率。此外，还具有很高的太阳能透过率（Ebnesajjad，2013）。尽管高氟化聚合物在这些方面可能更优越，但VF聚合物及共聚物确实也非常耐候。它们的用途包括用于金属建筑面板和太阳能面板的涂料。VF聚合物可以通过本体聚合、悬浮聚合和乳液聚合合成。

此外，还有含卤素氟乙烯（$CF_2=CFX$）/乙烯基醚共聚物（通常$X=Cl$），它们被用于建筑钢面板涂料（卷钢涂料），并在汽车罩光清漆也有一定应用（Munekata，1988）。这种聚合物中乙烯基醚和$CF_2=CFX$交替共聚。而通过将含有羟基和/或羧基取代的乙烯基醚单体进行共聚，可以引入官能团。其T_g由含氟单体与乙烯基醚单体的比例，以及乙烯基醚上烷基的链长决定。带有羟基的共聚物可以与三聚氰胺-甲醛（MF）树脂或多异氰酸酯交联。Masuda等（2015）将这种含氟聚合物为基础的聚氨酯涂料与传统的聚氨酯、醇酸树脂涂料相比较，在越南和冲绳桥梁使用6年后，发现氟化聚氨酯具有更好的保光性。化学阻抗测试表明，这种氟聚合物和聚氨酯组合具有很好腐蚀保护作用，当然也可能是由于与环氧底漆配套使用的缘故。

目前，带有氟化侧链的甲基丙烯酸单体已商品化，例如甲基丙烯酸-2,2,2-三氟乙酯和全氟丙烯酸烷基酯。含有这类单体的聚合物通常都具有非常低的表面能，一直在研究用于防污、防涂鸦涂料等。其中全氟烷基丙烯酸酯可以与甲基丙烯酸羟乙酯（HEMA）共聚，可制备溶剂型树脂。Munekata（1988）曾报告过聚全氟丙烯酸烷基酯在长期户外曝晒后具有比丙烯酸涂料更为优异的保光性。但是这些单体价格昂贵，侧链上的氟代醇可被氧化为PF-

CA，这将引起本节前面讨论的环境风险问题。

17.2 纤维素衍生物

纤维素是一种天然存在的聚合物，由重复的脱水葡萄糖单元组成。由于它是植物结构的主要组成部分，所以在大自然中广泛存在。虽然纤维素本身不溶于水和有机溶剂，但通过纤维素中羟基的反应可以获得水溶性衍生物，还有一些可溶于有机溶剂的其他衍生物。

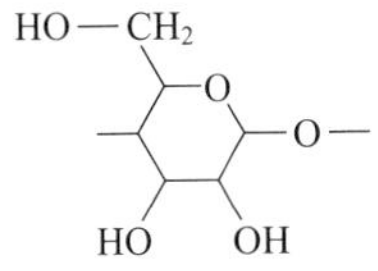

$HO—CH_2$
O
—O—
HO　OH

脱水葡萄糖单元

目前，许多溶剂型纤维素衍生物已被开发出来。在涂料中最重要的是硝化纤维素（NC）和醋酸丁酸纤维素（CAB）。其他如乙基纤维素、醋酸纤维素和丙酸纤维素也有一定应用。此外，水溶性纤维素衍生物通常被用来改善乳胶漆的流变性能（第 32 章）。

17.2.1 硝化纤维素

NC 不是硝基化合物，而是硝酸酯，所以它实际上也是一个命名不当的典型。通常有三种不同酯化程度的 NC。

表 17.1 各类硝化纤维素的组成

类型	氮含量/%	每个脱水葡萄糖单元中的—ONO_2基团/%
SS(醇溶)	10.7～11.2	1.9～2.0
RS(常规溶解)	11.8～12.3	2.15～2.25
炸药	12.3～13.5	2.25～2.5

它们的组成如表 17.1 所示。NC 的异构二硝基脱水葡萄糖单元之一是：

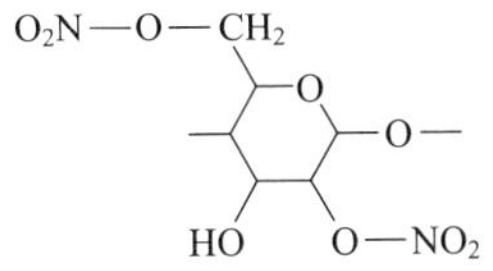

$O_2N—O—CH_2$
O
—O—
HO　$O—NO_2$

二硝基脱水纤维素

SS 型是醇溶性的，是柔版印刷油墨的基料，但在涂料中几乎没有用途。RS 型溶于酯类和酮类溶剂，通常用于涂料。表 17.1 中显示 NC 还包括爆炸型的炸药，说明 NC 极具危险性。这其中 RS 型并不易爆，但是高度易燃。因此，为了减少运输的危险，NC 通常采取与非良溶剂混合的湿法运输。大多数情况下，RS 型以 NVW 70（溶剂为乙醇或异丙醇）运输。需要强调指出的是，尽管 RS 型 NC 不溶于醇，但可溶于酮、酯和醇的混合溶剂（18.2 节）。

硝化纤维素是由纤维素与硝酸反应而成的。因为其中有少量的水存在，导致纤维素会发生一定程度的水解，降低分子量。因此硝化纤维素具有不同分子量等级的产品。较高分子量的 NC 可以提高聚合物强度，但会降低涂料的固体含量。NC 溶液的黏度采用落球黏度计测定，以小球在规定浓度的 NC 溶液中在规定长度距离下落的时间来计算。用 1/4s、1/2s、1s 等来表示各种分子量等级的产品，这些秒数（s）和落球黏度试验中的时间成正比。秒数

(s) 越大，分子量越大。

NC 在醇酸磁漆和丙烯酸清漆之前就被用于汽车面漆（第 30 章）。虽然丙烯酸清漆的户外耐久性要好得多，但是采用 NC 制备的修补漆仍长期用于汽车修理。这是因为它们比室温干燥的丙烯酸清漆更容易抛光，并具有更通透的光泽外观。因此 NC 清漆在一定程度上仍将继续用于汽车修补。

目前 NC 漆仍在应用的主要领域是木器清漆（31.1 节）。这类漆虽然固体分较低，但仍在继续使用，很大程度上是因为它们比任何其他涂层都更能突现木纹的外观效果。另外，热塑性涂膜的快干性也是其优势，可以允许在木器加工和简单损坏修复后，很短的时间内就能处理和装运。但是日益严格的 VOC 排放法规有可能进一步限制 NC 的应用。

NC 清漆的其他应用还包括油墨、指甲油和皮革涂料。NC 的快速干燥和良好的附着力在油墨工业应用中非常重要，因此油墨工业是 NC 的最大用户。

总体而言，由于 NC 漆 VOC 很高，北美和欧洲已很少使用。但在世界其他地区，NC 仍在大量使用。比如，汽车修补漆就仍在继续使用 NC。

17.2.2 醋酸丁酸纤维素

许多有机纤维素酯多用于纤维、薄膜、塑料，也有部分用于涂料。涂料用纤维素酯主要是乙酸酯、丁酸酯的混合物（CAB）。CAB 漆与 NC 漆相比，具有色浅、保色性较好的优势。此外操作风险也低，因此应用较为广泛，比如它是丙烯酸汽车涂料的主要组分之一。这是因为 CAB 有助于控制湿膜的流动性，特别是有助于在施工和成膜过程中，促进片状铝粉平行于涂膜表面的定向排列。最终涂膜中铝粉的定向排列可以增强金属闪光的外观效果（McBane，1987）。参见第 30 章。

CAB 具有多种类型，不同的分子量，以及不同的醋酸、丁酸、非酯化羟基含量。这些组分因素也直接影响聚合物的溶解度和相容性。丁酸酯的比例越高，混合溶剂中可加入的芳烃量就越大。同时，随着丁酸含量的增加，T_g 呈下降趋势。而其与丙烯酸树脂的相容性同时取决于 CAB 和丙烯酸聚合物。在一个用于丙烯酸漆的典型 CAB 结构中，在每个脱水葡萄糖单元中平均含有 2.2 个醋酸酯基团、0.6 个丁酸酯基团和 0.2 个未反应的羟基。这相当于聚合物的总重量中有约 30% 的乙酰基、17% 的丁酰基，以及 1.5% 的羟基。因各地区政策不同，CAB 具体应用时，比如在北美地区应当考虑在豁免溶剂（18.2 节）中的溶解度。

17.3 不饱和聚酯树脂

不饱和聚酯树脂一般采用马来酸酐或富马酸这些不饱和单元，与多元醇和二元酸一起聚合而得。通常被人们称为“玻璃钢”的玻璃纤维增强塑料，就是以这种树脂的苯乙烯溶液为基料的，它可通过自由基聚合反应交联形成塑料。这类树脂在涂料中的应用规模总体较小。

许多二元酸和二元醇都可以用来制备不饱和聚酯，最常见的是邻苯二甲酸酐（PA）、马来酸酐和丙二醇（或丙二醇与环氧丙烷的混合物）。其优势是这些原料成本很低，并且开始的酯化反应可以在中等温度下进行。在聚合过程中，马来酸酐与二元醇反应生成马来酸酯，其聚合物主链中会发生部分异构化，生成马来酸［Z-(顺式)构象］和富马酸［E-(反式)构象］基团的混合物。异构化取决于反应条件，也可能取决于聚酯的其他组分。整个酯化过程的反应条件必须小心控制，以确保异构化程度的批次稳定性。在交联反应过程中，富马酸基团比马来酸基团更活泼。因此，使用富马酸代替马来酸酐得到的富马酸二酯含量更高的聚酯，通常比采用马来酸酐获得的塑料更硬。而使用脂肪族二元酸（例如己二酸）代替部分苯酐，可以降低 T_g，得到更柔性的塑料。此外，固化材料的性能还会受聚酯与苯乙烯比例的影响，通常设计为70：30。

Dai等（2015）介绍了全生物基不饱和聚酯树脂的合成方法，及用其制备的水性涂料。Wojcieszak等（2015）综述了采用生物基马来酸酐的树脂合成。但是，目前采用石油化工原料制备的不饱和聚酯树脂成本较低，因此只有当客户的喜好需求超过对成本因素的考虑时，才可能采用生物基的不饱和聚酯树脂。

这种树脂/苯乙烯的溶液通常采用自由基引发剂进行交联。其产物是复杂的混合物，包括苯乙烯与马来酸或富马酸的双键共聚合、接枝共聚物，以及苯乙烯的均聚物。产物的交联密度受树脂中马来酸酐/苯酐的比例影响，通常马来酸酐的比例为15%～40%（摩尔分数）。使用的引发剂一般为过氧化物，如过氧化苯甲酰，在70～100℃的温度下引发。对于需要在室温下交联的应用，则需要使用活性更高的引发剂，如甲乙酮（MEK）过氧化物和促进剂，如二甲基苯胺和环烷酸钴的混合物，加入树脂/苯乙烯溶液中后立即施工。这种组合在室温下会迅速反应，产生自由基，引发交联。如下式所示，甲乙酮过氧化物是一种复杂的混合物，其主要成分中同时含有过氧化物和过氧化氢基团（Sheppard，1988）。钴盐作为氧化还原催化剂，将过氧化物和过氧化氢基团分解为自由基，而其中的二甲基苯胺则会进一步促进这一反应。

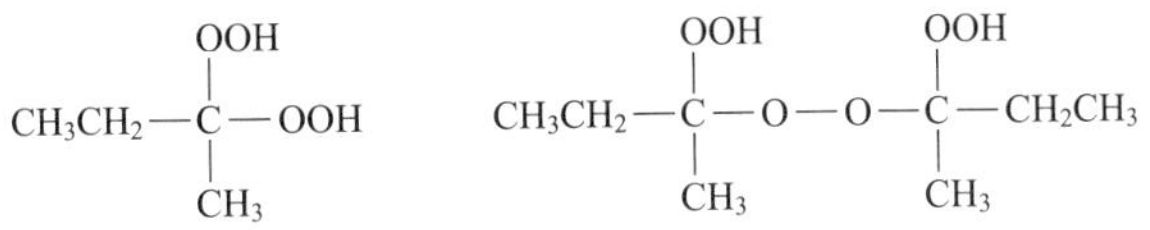

$$CH_3CH_2-C(OOH)(CH_3)-OOH \qquad CH_3CH_2-C(OOH)(CH_3)-O-O-C(OOH)(CH_3)-CH_2CH_3$$

MEK过氧化物的主要组分

可以作为“胶衣”使用的是一种含颜料的不饱和聚酯/苯乙烯涂料（含有引发剂和促进剂）。喷涂在模具内表面（31.2.1节）；然后将加入玻璃纤维的不饱和聚酯/苯乙烯混合物涂覆到露在外面的“胶衣”的背表面上，并覆上塑料薄膜，让其交联；最终在脱模后，“胶衣”的前表面在无氧条件下固化。许多玻璃钢物件，从预制淋浴间到船壳，都是用这种方法制成的。而在船壳制造的应用中，材料的水解稳定性是特别重要的，需要保证在户外曝晒以及浸泡于水中的使用条件下，保持表面光泽。采用新戊二醇、马来酸酐、间苯二甲酸制得的不饱和聚酯的保光性要比采用丙二醇、苯酐制得的产品更好，但成本较高。

众所周知，氧对自由基固化反应具有抑制作用。但对于塑料应用来说，因为反应通常在模具中进行，树脂表面并不会曝露在空气中，所以这并不是问题。而在大多数涂层应用中，其表面是曝露在空气中的，因此当表面的下层聚合已经完成，其表面仍未完全反应，通常还是呈发黏的状态。涂层应用的另一个问题则是苯乙烯的挥发性。这些问题可以通过在涂料配方中加入不溶的半固态石蜡来加以解决。当涂料被涂覆后，低表面张力的蜡粒子很容易迁移到表面。蜡层可以降低苯乙烯的挥发速率，同时也降低了正在聚合的涂层表面附近的氧浓度，从而降低涂层表面发黏的程度。然而，使用蜡后会形成相对不均匀的低光泽表面，因此在某些应用场合适用，在某些场合不适用。

一般来说，“胶衣”与普通涂料一样，可以通过加入颜料来达到不同的颜色和外观效果。还经常加入气相和/或沉淀二氧化硅来控制其流变性（Toth和Romaine，2009）。

此外，可以在制备不饱和聚酯过程中使用带有烯丙基醚基团的共反应物来降低氧的抑制作用（Traencknerm 和 Pohl，1982），每个自由基可以从被相邻双键和醚氧共同活化的亚甲基上夺取一个氢原子。这样，反应产生的自由基与氧反应生成过氧自由基，进而从活化的亚甲基中夺氢，形成过氧化氢。因此反应会消耗涂层表面的氧，并在一个链式反应中产生新的过氧化氢基团，从而降低空气对反应的抑制作用。

烯丙基醚的反应已被扩展应用到水性不饱和聚酯树脂。例如，首先用 2mol 马来酸酐与 1mol 低分子量二元醇和聚乙二醇的混合物反应制备低分子量酯；然后将所得的偏酯与 2mol 三羟甲基丙烷二烯丙基醚进一步酯化（Dvorchakm 和 Riberi，1992）。这其中聚亚烷基乙二醇酯链段可以促进树脂在水中的乳化。采用这种树脂制备的涂料可以用过氧化氢/钴引发剂固化，也可以用光引发剂和紫外辐射固化。

早期的紫外光固化涂料大多采用不饱和聚酯/苯乙烯溶液体系，目前这类不饱和聚酯大部分已被活性更高的官能丙烯酸酯组合物所取代，见 17.4 节。此外，不饱和聚酯也可以通过迈克尔加成反应实现交联，见 17.10 节。

17.4 （甲基）丙烯酸酯低聚物

含有碳碳双键的（甲基）丙烯酸酯可作为交联剂，与（甲基）丙烯酸多元醇、环氧树脂、聚氨酯和硅氧烷等树脂一起使用，制备热固性树脂体系，用于辐射固化涂料（29.2.5 节）。通过使用自由基引发剂，这类树脂也可以在室温或在一定的高温（强制干燥）下固化。而空气对丙烯酸酯和（甲基）丙烯酸酯聚合物的反应均具有抑制作用，特别是（甲基）丙烯酸酯体系，因此通常需要较高的固化温度来减弱这种氧的抑制作用。

如 17.10 节所述，通过迈克尔加成反应，丙烯酸低聚物也可以与多官能伯胺交联。此外，如 17.6 节和 17.10 节所述，它们还可以与乙酰化树脂及其烯胺衍生物发生迈克尔加成反应。

17.5 2-羟烷基酰胺交联剂

大多数醇类与羧酸的酯化反应速度太慢，不适合作为实际的交联反应。然而，2-羟烷基酰胺的酯化反应速率比普通的醇要快，多官能 2-羟烷基酰胺可用作羧基丙烯酸酯或聚酯树脂的交联剂（Lomax 和 Swift，1978）。例如，己二酸二甲酯与二乙醇胺氨解反应得到四官能羟烷基酰胺（结构见下文）。类似的交联剂还可由二异丙胺制成。

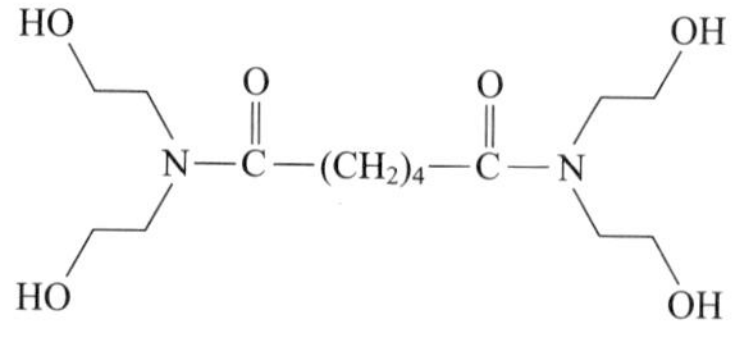

$$(HOCH_2CH_2)_2N-\overset{O}{\overset{\|}{C}}-(CH_2)_4-\overset{O}{\overset{\|}{C}}-N(CH_2CH_2OH)_2$$

N, *N*, *N*′, *N*′-四(2-羟乙基)己二酰胺

羧基丙烯酸树脂与 2-羟基烷基酰胺交联得到的涂料性能，可以与其和 MF 树脂交联得到的涂料性能相媲美。当然采用 MF 交联剂的优点是后期使用不会有甲醛，因为甲醛在 MF 基涂料烘烤时已经以低浓度释放了。但它的缺点是需要较高的烘烤温度。因此这种交联剂非常适合于粉末涂料领域（第 28 章）。

此外，2-羟烷基酰胺可溶于水和常用的涂料溶剂。因此，它在水性或溶剂型涂料中都可用作交联剂。如 28.1.3 节所述，N,N,N',N'-四(2-羟乙基)己二酰胺是一种固体，非常适合用于粉末涂料（Mercurio，1990）。然而，它在烘烤过程中会发生变色（Stanssens 等，1993）。研究表明，这可能是由于羟烷基酰胺出现加热重排，形成了一些游离氨基团的缘故。现在已有不易变色的专用羟烷基酰胺交联剂市售。

与一般的酯化反应相比，2-羟基烷基酰胺的酯化反应具有一些独特的特点。例如，含有仲羟基的 2-羟烷基酰胺的酯化要比相应的伯醇衍生物快；酸对此反应没有催化作用；芳香族羧酸的酯化速度比脂肪族羧酸更快。所有这些特征都与其他醇类的现象相反。2-羟烷基酰胺与芳香羧酸除了反应更快以外，其产物的耐皂化能力也强于相应的脂肪羧酸酯。2-羟烷基酰胺/羧酸酯化反应及相关反应的机理研究已有研究报道（Wicks 等，1985），已有直接证据表明，反应过程中形成了具有高活性的噁唑啉羧酸盐的中间体（Stanssens 等，1993）。

此外，2-羟烷基酰胺也可与环氧化合物发生反应，在高温下，酰胺重新排列成氨基酯，生成的氨基与环氧发生反应（Jones 和 Lin，1984）。

$$R-\overset{O}{\overset{\|}{C}}-\underset{H}{N}-CH_2CH_2OH + \underset{\text{环氧}}{\triangle}\!\!-CH_2OR' \longrightarrow R-\overset{O}{\overset{\|}{C}}-OCH_2CH_2-\overset{H}{\overset{|}{N}}-CH_2-CH(OH)-CH_2OR'$$

17.6 乙酰乙酸酯交联体系

目前已有大量关于 β-酮酯的研究。比如乙酰乙酸酯，它们是弱酸，通常以互变异构的烯醇形式存在。

$$CH_3-\overset{O}{\overset{\|}{C}}-CH_2-\overset{O}{\overset{\|}{C}}-OR \rightleftharpoons CH_3-\overset{OH}{\overset{|}{C}}=CH-\overset{O}{\overset{\|}{C}}-OR$$

它们可以进行很多反应，其中一些可以应用在涂料领域。因此，人们通过一些方法制备了含有乙酰乙酸酯基团的树脂。比如，采用甲基丙烯酸乙酰乙酸乙酯（AAEM）与其他丙烯酸酯单体（Rector 等，1989；Witzeman 等，1990；Li 和 Graham，1993）的共聚反应，可制备乙酰乙酸基官能团的丙烯酸树脂。另外，尽管乙酰乙酸酯聚合物在水相中的长期稳定性受到质疑，也还是可以使用 AAEM 来制备丙烯酸乳胶（Geurnik 等，1996）。

当然还有很多种合成乙酰乙酸基官能化树脂的方法。比如，用羟基官能团树脂与双乙烯酮反应，或与乙酰乙酸甲酯进行酯交换反应，就可以生成乙酰化树脂。用极性较小的乙酰乙酸基团取代羟基，可降低黏度，提高溶剂型涂料的固含量。

研究人员通过很多实验考察了用于乙酰化树脂的各种共反应物。如在酸性催化剂存在下，MF 树脂能与乙酰乙酸基团发生反应（Rector 等，1989）。但是在一定程度上比与羟基反应要慢一些。使用乙酰化树脂制备的涂膜性能，与使用羟基官能团树脂的基本相当。此外，可能因为与金属表面会产生螯合作用，还可以提高涂膜的湿附着力。

异氰酸酯同样可以与乙酰乙酸酯基团反应。当然固化速度比与羟基反应要慢，因此这种 2K 涂料的适用期更长，据报道涂膜性能与传统聚氨酯相当。但是在其他一些 MDI 的 2K 涂料应用实例中，与传统羟基树脂相比，在同等黏度下使用乙酰化树脂的固含量可高出 10%左右，并且涂膜性能非常优异（Narayan 和 Raju，2002）。

$$2\ \text{Polymer—O—}\overset{\text{O}}{\overset{\|}{\text{C}}}\text{—CH}_2\text{—}\overset{\text{O}}{\overset{\|}{\text{C}}}\text{—CH}_3 + \text{OCN—R—NCO}$$

$$\xrightarrow{25^{\circ}\text{C}}$$

$$[\text{Polymer—O—C(=O)}](\text{CH}_3\text{—C(=O)})\text{CH—C(=O)—NH—R—NH—C(=O)—CH}(\text{C(=O)—CH}_3)[\text{C(=O)—O—Polymer}]$$

胺类物质与乙酰乙酸酯的反应非常迅速，已有研究表明，多胺可用作乙酰乙酸官能化乳胶的交联剂（Geurnik 等，1996）。还有报道认为，胺也是乙酰乙酸官能化水稀释丙烯酸树脂的优良交联剂。虽然在大多数条件下这类反应太快，以至于用作 2K 涂料时没有足够的适用期。但还是有研究发现，如果用氢氧化铵（NH_4OH）中和树脂，并且将固体分限制在 15%～20%范围内，其稳定性是可以提高的。例如，AAEM、MAA、BA 和 MMA 的共聚物树脂，在固含 18%条件下先用等当量的 NH_4OH 中和，与 1,6-己二胺混合可以稳定贮存一年。分析认为，NH_4OH 与部分乙酰乙酸基团反应，实现酮亚胺-烯胺之间的平衡，从而起到封闭作用。而在施工后，随着氨的挥发，脱封的树脂与已二胺发生交联反应（Esser 等，1999）。

与乳胶和水稀释树脂的反应情况相反，乙酰乙酸酯-胺之间的反应在常温溶液中速度极快，因此适用期非常有限。这个问题可以通过使用酮封闭氨基的方法来解决（13.2.1 节）。生成的酮亚胺在有水的情况下会发生水解，进而使交联反应得以进行（Clemens 和 Rector，1989）。参与交联的是互变异构的酮亚胺/烯胺基团，它们被认为与金属表面有强烈的相互作用效应（Zabel 等，1998）。据报道，有一种酮亚胺/乙酰乙酸酯交联底漆，用于无铬前处理的航空铝合金，可获得优异的附着力和耐腐蚀性。

$$\underset{\text{酮亚胺}}{\text{RO—}\overset{\text{O}}{\overset{\|}{\text{C}}}\text{—CH}_2\text{—C(CH}_3\text{)=N—R}'} \rightleftharpoons \underset{\text{烯胺}}{\text{RO—}\overset{\text{O}}{\overset{\|}{\text{C}}}\text{—CH=C(CH}_3\text{)—N(H)—R}'}$$

酮亚胺/烯胺互变异构体也可用作聚丙烯酸酯的迈克尔反应物交联剂（Schubert，1993）。

正是由于迈克尔加成反应（17.10 节），以及与二酰肼的反应（17.11 节），乙酰乙酸基团类的交联体系变得越来越重要。

17.7 聚氮丙啶交联剂

氮丙啶是环氧乙烷的氮三元环的另一个名称，它的衍生物已被研究多年。三官能的氮丙啶通常称为聚氮杂环丙啶，常被用作交联剂。氮丙啶俗称乙烯亚胺，是一种毒性很强，可能致癌的物质。而丙烯亚胺毒性则较小。聚氮丙啶对皮肤有刺激作用，有些人可能会过敏。目前关于聚氮丙啶的致突变性尚存争议，在涂料中经过漆料的稀释，可以降低其可能的毒性（Pollano，1997）。在反应机制方面，乙烯亚胺与酸的反应比与环氧乙烷的反应还要剧烈。

因此在较强的酸存在下，乙烯亚胺会迅速发生自聚，生成聚乙烯亚胺［$\leftarrow CH_2CH_2NH \rightarrow_n$］。

在氮丙啶的众多反应中，双官能氮丙啶与多官能羧酸反应生成2-氨基酯的交联反应是涂料应用中最受关注的反应之一。部分2-氨基酯可以自发地重排，成为相应的2-羟基酰胺，这种反应并不会破坏交联。

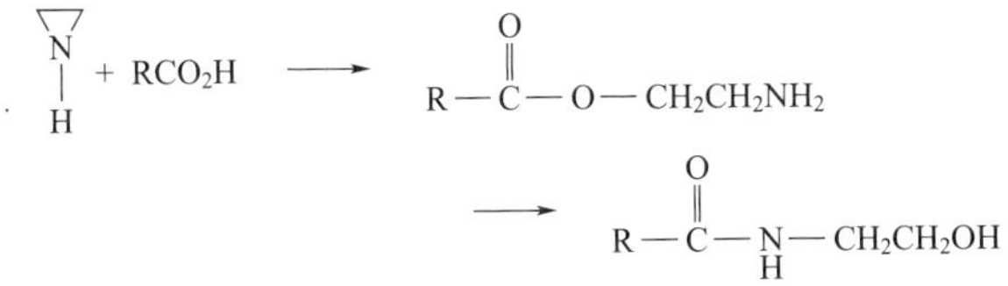

$$\text{(aziridine, N-H)} + RCO_2H \longrightarrow R-\overset{O}{\overset{\|}{C}}-O-CH_2CH_2NH_2 \longrightarrow R-\overset{O}{\overset{\|}{C}}-\underset{H}{N}-CH_2CH_2OH$$

一个典型的三官能氮丙啶作为交联剂的实例是：3mol氮丙啶与1mol三羟甲基丙烷三丙烯酸酯发生迈克尔反应的产物。

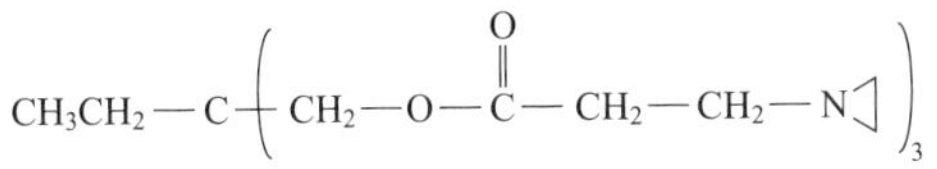

$$CH_3CH_2-C\left(CH_2-O-\overset{O}{\overset{\|}{C}}-CH_2-CH_2-N\triangleleft\right)_3$$

Roesler和Danielmeier（2004）介绍了三[3-(1-氮丙啶)]丙酸酯及其用途，并对三羟甲基丙烷三[3-(2-甲基-1-氮丙啶)] 丙酸酯、三羟甲基丙烷三[3-(1-氮丙啶)]丙酸酯和季戊四醇三[3-(1-氮丙啶)] 丙酸酯进行了评价。值得注意的是，2-甲基-1-氮丙啶同类物是用丙烯亚胺制备的，而不是乙烯亚胺。一些市售产品是丙烯亚胺衍生物，这可能是出于健康考虑。

羧基可以使氮杂环开环，得到一个仲胺，并由此来形成交联。如前所述，随后可能发生结构重排。酸可以催化该反应。这种多官能团氮丙啶主要是与乳胶和水性聚氨酯上的羧基团交联。它们特别适合用于工厂涂装的木橱柜、地板漆，这些涂料主要使用含COOH官能团的乳胶。与非交联乳胶相比，适度的交联能改善漆膜性能。需要注意的是，在这些2K涂料中，氮丙啶是在临近施工前才添加的。因为氮丙啶基团与羧酸的反应要比与水的反应快得多，与水的反应可以使适用期长达48～72h（Pollano，1997）。

多官能氮丙啶也可以用来交联聚氨酯分散体（PUD）。固化涂膜的溶剂溶胀试验表明，PUD与氮丙啶的交联程度比与碳二亚胺（17.8节）或MF树脂更为完全（进一步讨论见12.7.1节）。

但是鉴于潜在的毒性危害，用户应严格遵循涂料制造商的安全操作规范。

17.8 聚碳二亚胺交联剂

碳二亚胺与羧酸反应生成*N*-酰脲的速率，明显大于它与水的反应速率。这使其可以被广泛用作水性涂料（包括乳胶）的交联剂，与羧酸反应形成的产物是*N*-酰脲。

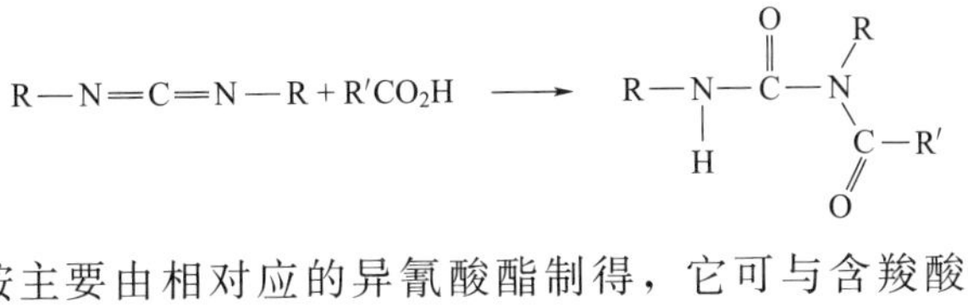

$$R-N=C=N-R+R'CO_2H \longrightarrow R-\underset{H}{\underset{|}{N}}-\overset{O}{\overset{\|}{C}}-N(R)-\overset{}{C}(=O)-R'$$

多官能的碳二亚胺主要由相对应的异氰酸酯制得，它可与含羧酸官能团的树脂交联固化，主要包括乳胶、PUD及二者的混合物（Taylor和Basset，1997）。在室温下，这种交联反应需要几天才能完成，而在高温下交联反应速率会很快。有一项关于关于固化条件的研究（Taylor和Basset，1997）：使用碳二亚胺交联固化乳胶，固化温度为60～127℃，时间5～

30min。结果显示，在较高的温度下，可以获得更好的涂膜性能。这表明涂膜性能不仅仅取决于化学交联的程度，还取决于反应温度导致的物理成膜效应。目前市场上正在不断推出新型碳二亚胺交联剂。

17.9 聚碳酸酯

聚碳酸酯属于聚酯（第10章）大类的一个子类，其中的二元酸单体是 H_2CO_3。与聚酯一样，用于涂料的聚碳酸酯与常见的热塑性聚碳酸酯塑料有很大不同。涂料所用的聚碳酸酯分子量通常较低，并带有羟基官能团，可用于随后的扩链或交联。

Webster（2003）曾撰文综述了聚碳酸酯树脂的制备和反应机理。聚碳酸酯多元醇树脂一般可通过二元醇或多元醇与碳酸酯（比如碳酸二甲酯）的酯交换反应（Kainz 等，2014）来制备，或者通过环状碳酸酯的开环聚合（Hult 等，2005）制备，又或者是环氧树脂与 CO_2 的反应制备（Wang 等，2014；Willkomen 等，2014）。这些反应通常要在加压反应器中完成。

与其他树脂一样，可以通过改变结构、支化度、官能度及分子量，使聚碳酸酯具有一系列不同的性能。聚碳酸酯多元醇可以和任何羟基官能团树脂的交联剂交联。例如，有报道说，由聚碳酸酯多元醇（有时与聚醚多元醇混合）和多官能异氰酸酯通过2-pack（双组分）反应制成的聚氨酯，具有优异的耐磨性、机械性能及水解稳定性（Anon，2014）。另外，采用1,4-环己烷二甲醇（CHDM）和丁基乙基丙二醇（BEPD）混合物制备的聚碳酸酯二元醇，可与脂肪族多异氰酸酯（第12章）或HMMM反应（第11章），所得涂膜具有优异的机械性能，其耐水解性能优于普通聚酯（Zhou 和 J. Ohnson，2012）。

聚碳酸酯二元醇也可以用二异氰酸酯进行扩链，制备热塑性树脂。例如用聚碳酸酯二元醇和丁二醇与脂肪族二异氰酸酯反应制备一种树脂。用这种树脂制成的涂料具有很好的机械性能，以及管道内衬所需的优异耐磨性（Jofre Reche 等，2016）。

H. Zhou 等（2014）报道了由聚碳酸酯树脂和脂肪族异氰酸酯制成的水性聚氨酯在防潮性、柔韧性和耐候性等方面显示出优异的性能。如果在体系中添加3-氨基丙基三乙氧基硅烷可进一步提高性能。

L. Zhou 等人（2000）建议将聚碳酸三亚甲基多元醇用作涂料中丙烯酸多元醇的活性稀释剂，与HDI异氰脲酸酯交联（12.3.2节）。实验发现以碳酸三甲酯与TMP反应，可以生成相对较低分子量的三元醇，具有很好的应用效果。可以降低VOC，增强涂膜柔韧性，同时保持涂膜的硬度、耐候性和机械性能。

17.10 非异氰酸酯的双组分基料

正如第12章所介绍的，双组分聚氨酯即使在室温下固化，也具有优异的涂膜性能。但由于这类涂料中可能含有未反应的异氰酸酯，人们一直担心工人在施工时会与其接触，对身体健康有所影响。虽然通过合理的使用方法可以减轻这些危害，但人们的担忧似乎仍在不断增加，美国加州和一些地区已经提出了严格限制双组分聚氨酯的法规。由此促进了人们对不含未反应异氰酸酯的双组分基料进行研究开发。这里主要介绍两种已面市的双组分体系。

17.10.1 氨基甲酸酯-醛交联反应

如 11.3.4 节所述，氨基甲酸酯［ROC(O)NHR′］可与氨基树脂交联。此外，伯氨基甲酸酯（R′＝H）也可与醛反应生成亚胺。在酸催化下，这种反应可以在室温下快速进行。因此，具有多个伯氨基甲酸酯基团的树脂可在低至 0℃的温度下，与多官能的醛（例如戊二醛）发生交联反应（Argyropoulos 等，2016）。当用多异氰酸酯制备聚氨基甲酸酯时，由此配制的涂料具有类似于聚氨酯的性能（包括良好的耐候性）。这样就消除了除生产厂以外的工人与有毒异氰酸酯接触的危害，在生产厂本来就对异氰酸酯的接触进行了有效的控制。此外，氨基树脂与氨基甲酸酯反应的副产物甲醛也被消除了。

Argyropoulos 等（2016）介绍了使用含氨基甲酸酯的醇酸树脂与脂环族二醛通过交联反应来制备面漆和底漆的技术实施方法。

17.10.2 迈克尔加成反应

如下文所示的单官能反应物一样，甲基丙烯酸酯类低聚物和聚合物（17.4 节）可以通过迈克尔加成反应与多官能伯胺发生交联反应。这种反应非常快，所以早期实用的体系是采用封闭胺，通常是酮亚胺（Noomen，1989）来制备的。如 13.2.1 节所述，当涂层曝露于大气中的湿气时，酮亚胺与水反应，释放出游离的伯胺。

$$R-N=C\begin{matrix}R'\\R''\end{matrix} + H_2O \longrightarrow R-NH_2 + O=C\begin{matrix}R'\\R''\end{matrix}$$

$$R-NH_2 + H_2C=CH-\overset{O}{\overset{\|}{C}}-OR \longrightarrow R-NH-CH_2CH_2-\overset{O}{\overset{\|}{C}}-OR$$

甲基丙烯酸低聚物（17.4 节）、丙烯酸酯聚合物和不饱和聚酯树脂（17.3 节）也可以通过迈克尔反应，与乙酰化树脂及其烯胺衍生物交联固化（17.6 节）。这里的丙烯酸树脂可以通过丙烯酸与甲基丙烯酸缩水甘油酯共聚物反应制备。其迈克尔反应如下式的二丙烯酸酯反应所示。

$$2\ \text{Polymer}-O-\overset{O}{\overset{\|}{C}}-CH_2-\overset{O}{\overset{\|}{C}}-CH_3 + H_2C=CH-\overset{O}{\overset{\|}{C}}-O-R-O-\overset{O}{\overset{\|}{C}}-CH=CH_2$$

$$\big\downarrow \text{碱}$$

$$\begin{matrix}CH_3-\overset{O}{\overset{\|}{C}} \\ \text{Polymer}-O-\underset{O}{\underset{\|}{C}}\end{matrix}\Big> C-CH_2-CH_2-\overset{O}{\overset{\|}{C}}-O-R-O-\overset{O}{\overset{\|}{C}}-CH_2-CH_2-C\Big<\begin{matrix}\overset{O}{\overset{\|}{C}}-CH_3 \\ \underset{O}{\underset{\|}{C}}-O-\text{Polymer}\end{matrix}$$

迈克尔加成反应的催化剂通常是强有机碱，如苯并三嗪或四甲基胍（Geurnik 等，1996）。使用这种催化剂，对于涂料应用来说，反应速率太快，使用价值不大，因为适用期太短。研究表明，通过使用挥发性酸的铵盐，如 1,8-二氮杂二环［5.4.0］十一碳七烯甲酸盐，可以延长适用期（Li 和 Graham，1993）。Noomen 等（1991）和 Noomen（1997）将其应用于不饱和聚酯树脂（17.3 节）和丙烯酸聚合物。此外，他们还研究出了延长适用期的多种方法。

Brinkhuis 等（2013，2014）进一步改进碱性催化剂加酸性抑制剂这样的化学组合，可以帮助使用者调整适用期和固化速率，以满足用户要求。这项技术的一个特点是配方中含有碳酸盐，它们形成 CO_2，在施工后 CO_2 迅速挥发。

17.11 二酰肼

酰肼的结构与酰胺类似，但它们是由肼（H_2NNH_2）而不是胺制备的。酰肼在高温下可以与环氧基反应，在室温下也可与异氰酸酯、酮和醛反应。

二酰肼作为交联剂的重要性日益增强，并有几种已面市。其中最常见的就是己二酸二酰肼（ADH）：

$$H_2NHN-C(=O)-(CH_2)_4-C(=O)-NHNH_2$$

在环氧粉末涂料领域，采用 ADH 作为交联剂已有数十年（第 28 章），特别是用于钢质管道。

现在 ADH 也被用作乳胶涂料的一种交联剂。例如首先采用少量的酮或醛单体，如二丙酮丙烯酰胺，共聚成乳胶。然后在涂料配方中加入易溶于水的 ADH。因此在液相涂料，特别是核壳结构乳胶中（Zhang 等，2012），酮和肼是物理分离的。此外，乳胶涂料中含有挥发性碱（如氨），它会阻碍酸催化反应的。在成膜过程中，水和挥发性碱挥发，ADH 扩散到聚合物中，在室温下发生交联。其交联反应机理是酮和酰肼基团反应形成酰亚胺。Kessel 等（2008）解释了这种交联化学机理，并指出挥发速率、变形、聚结（2.3.3 节）、交联剂的扩散以及交联化学反应，都可能影响涂膜的结构和性能。

此外，酰肼很容易与甲醛反应，被用作甲醛清除剂。

（谭伟民　译）

参 考 文 献

Anon., *Coatings World*, December 25, 2014.

Argyyropoulos, J. N., et al., US patent publication US20160289386 A1 (2016).

Batzar, K., *Proceedings of the 15th International Conference in Organic Coatings Science and Technology*, Athens, Greece, 1989, p 13.

Beaugendre, A.; Skilton, R. W.; Wood, K., *Coatings Tech*, 2014, July, 34-39.

Brinkhuis, R. H. G., et al., *Crosslinkable composition crosslinkable with a latent base catalyst*, EP2556107 A1 (2013).

Brinkhuis, R. H. G., et al., *Composition crosslinkable by a real Michael addition (rma) reaction*, WOA1 (2014).

Clemens, R. J.; Rector, F. D., *J. Coat. Technol.*, 1989, 61(770), 83.

Dai, J., et al., *Prog. Org. Coat.* 2015, 78, 49-54.

Dvorchakm M. J.; Riberi, B. H., *J. Coat. Technol.*, 1992, 64(808), 43.

Ebnesajjad, S., *Polyvinyl Fluoride: Technology and Applications of PVF*, Elsevier, Amsterdam, 2013, p 6.

Esser, R. J., et al., *Prog. Org. Coat.*, 1999, 36, 45.

Gaske, J. E., *Coil Coatings*, Federation of Societies for Coatings Technology, Blue Bell, PA, 1987.

Geurnik, P. J. A., et al., *Prog. Org. Coat.*, 1996, 27, 73.

Hult, A., et al., *Prog. Org. Coat.*, 2005, 54, 269.

Jofre -Reche, J. A., et al., *Proceedings of the American Coatings Conference*, Indianapolis, IN, 2016; paper 10.4.

Jones, F. N.; Lin, I. -C., *J. Appl. Polym. Sci.*, 1984, 29, 3213.

Kainz, B., et al., US patent application US2A1 (2014).
Kessel, N.; Illsley, D. R.; Keddie, J. L., *J. Coat. Technol. Res.*, 2008, 5, 285-297.
Li, T.; Graham, J. C., *J. Coat. Technol.*, 1993, 65(821), 864.
Lomax, J.; Swift, G. F., *J. Coat. Technol.*, 1978, 50(643), 49.
Masuda, K., et al., *Proceedings of the CORCON Conference*, 2015, Chennai, Paper CL-01.
McBane, B. N., *Automotive Coatings*, Federation of Societies for Coatings Technology, Blue Bell, PA, 1987.
Mercurio, A., *Proceedings of 16th International Conference in Organic Coating Science and Technology*, Athens, Greece, 1990, p 235.
Morcillo, M., et al., *Prog. Org. Coat.*, 1993, 21, 315.
Munekata, S., *Prog. Org. Coat.*, 1988, 16, 113.
Narayan, R.; Raju, K. V. S. N., *Prog. Org. Coat.*, 2002, 45, 59.
Noomen, A., *Prog. Org. Coat.*, 1989, 17, 27.
Noomen, A., *Prog. Org. Coat.*, 1997, 32, 137.
Noomen, A., et al., European patent EP0448154 A1 (1991).
Pollano, G., *Polym. Mater. Sci. Eng.*, 1997, 77, 383.
Prevedouros, K., et al., *Environ. Sci. Technol.*, 2006, 40(1), 32-44.
Rector, F. D., et al., *J. Coat. Technol.*, 1989, 61(771), 31.
Roesler, R. R.; Danielmeier, K., *Prog. Org. Coat.*, 2004, 50, 1.
Schlummer, M., et al., *Chemosphere*, 2015, 129, 46-53.
Schubert, W., *Prog. Org. Coat.*, 1993, 22, 357.
Sheppard, C. S., Peroxy Compounds in Mark, H.; Bikales, N., Eds., *Encyclopedia of Polymer Science and Engineering*, 2nd ed., John Wiley & Sons, Inc., New York, 1988, Vol. 11, pp 1-21.
Stanssens, D., et al., *Prog. Org. Coat.*, 1993, 22, 379.
Taylor, J. W.; Basset, D. R., The Application of Carbodiimide Chemistry to Coatings in Glass, J. E., Ed., *Technology for Waterborne Coatings*, American Chemical Society, Washington, DC, 1997, p 137.
Toth, J.; Romaine, M., Canadian patent publication CN101348686 A (2009).
Traencknerm, H. -J.; Pohl, H. U., *Angew. Makromol. Chem.*, 1982, 108, 61.
Wang, Z., et al., *Environ. Int.*, 2014, 70, 62-75.
Webster, D. C., *Prog. Org. Coat.*, 2003, 47, 77.
Wicks, Z. W., Jr., et al., *J. Coat. Technol.*, 1985, 57(726), 51.
Willkomen, W., et al., *Proceedings of the American Coatings Conference*, Atlanta, GA, 2014, paper 6. 2.
Witzeman, J. S., et al., *J. Coat. Technol.*, 1990, 62(789), 101.
Wojcieszak, R., et al., *Sustain. Chem. Process.*, 2015, 3, 9.
Zabel, K. H., et al., *Prog. Org. Coat.*, 1998, 34, 236.
Zhang, X., et al., *J. Appl. Polym. Sci.*, 2012, 123(3), 1822-1832.
Zhou, J.; Johnson, A., US patent application publication 2012/0041143 (2012).
Zhou, L., et al., *Proceedings of the Waterborne High-Solids and Powder Coatings Symposium*, New Orleans, LA, 2000, pp 262-281.
Zhou, H., et al., *Prog. Org. Coat.*, 2014, 77, 1073-1078.

第18章 溶剂

多数液体涂料都含有挥发性物质，它们在施工和成膜过程中能挥发出来，可降低涂料的施工黏度，控制施工和成膜过程中的黏度变化。有时挥发物必须是所用树脂的溶剂，有时挥发物并非是树脂的溶剂。通常，不管其是否能溶解树脂，挥发性有机物都叫作溶剂。

据IHS（2013）报道，2012年全球溶剂的消费量为2800万吨，其中40%用于涂料。亚洲消费了溶剂总量的一半多。

通常情况下，配方设计师不会考虑溶剂的选择对涂料性能的影响。但挥发性组分的选择会影响施工和成膜过程中的爆孔、流挂和流平，进而影响漆膜的附着力、防腐蚀性和室外耐久性。

在北美、欧洲和亚洲的部分地区，溶剂的使用受到各种法规的限制。在美国，环境保护署（EPA）将大多数溶剂列为具有光化学活性的挥发性有机化合物（VOC）。自20世纪60年代以来，为了减少溶剂对空气的污染，它们的使用开始受到管制。不同溶剂对大气的危害程度不同，一个明显的趋势是根据它们的最大增量反应活性（MIR）和光化学臭氧生成潜势（POCP）来对其进行分类和管理。1990年，美国国会把一些常见溶剂列为有害空气污染物（HAP），并对它们的使用做了进一步的限制。VOC、MIR、POCP、HAP以及相关法规将分别在本章18.7节、18.8节和18.9节中予以讨论。

18.1 溶剂的组成

许多有机化合物及其混合物均可作为溶剂，它们可分为弱氢键型、氢键受体型和氢键供-受体型三大类。溶剂供应商会给出它们的主要性质，相关信息很容易从互联网上查到。

弱氢键溶剂是脂肪烃和芳香烃类碳氢化合物的混合物，它们源于石油蒸馏物，又叫石脑油，因挥发性和芳香烃含量不同而异。市售的脂肪族石脑油是直链、支链和脂环烃的混合物，芳烃含量很低。挥发性较强的组分用于生产清漆和色漆，称为VM&P（清漆制造和施工用）石脑油。挥发性较低的馏分称为石油溶剂油，其芳香族含量少，气味较小。由于脂肪族石脑油的密度小且单位质量价格低，因此它们的成本低，特别是按体积计算时，低成本的优势更为突出。

芳香烃类溶剂比脂肪烃类溶剂贵，但它们能溶解的树脂种类更多。甲苯、二甲苯和高芳烃含量的石脑油已得到了广泛应用。市售二甲苯是由二甲苯（二甲基苯）同分异构体和乙苯组成的混合物。沸点更高的芳香烃混合物（高闪点芳烃石脑油）主要是含有3～5个碳原子的烷基和二烷基取代苯。由于苯具有致癌性，已被禁止使用。尽管人们大量使用甲苯和二甲苯，但它们已被美国列为HAP（18.8节）。

由于大部分含氯溶剂会破坏大气平流层中的臭氧，一般涂料中不再使用。另外，它们也产生很强的温室效应。对氯三氟甲苯（PCBTF）是个例外，它属于VOC豁免溶剂，这将在

18.9节中予以讨论。

酯类、酯醚类和酮类等含氧溶剂都属于氢键受体类溶剂。酮类如甲乙酮（MEK）和甲基异丁基酮（MIBK）往往比挥发速率相似的酯类便宜。由于酮的密度较低，当按质量进行采购时，其成本上的优势尤其明显。在选择溶剂时，主要看它们是否在HAP清单上，或是否符合VOC免豁免条例（18.9.2节）。在2015年之前，美国将MEK和MIBK列为HAP，现已从HAP名单中移除。但人们仍然对MEK表示担忧，目前正在考虑对其增加监管。

对于酯类和酯醚类溶剂如2-丁氧基乙酸乙酯，由于它们的气味较淡，通常比慢挥发的酮类如异佛尔酮和甲基正戊基酮更受欢迎。有些酯类化合物如乙酸叔丁酯（TBAC）和碳酸丙二酯（PC）不属于HAP，不包括在VOC中。酯类不能用作含有伯氨基和仲氨基树脂的溶剂，因为酯可以与有机胺发生酯基的氨解反应，具有很大空间位阻的TBAC除外（Cooper等，2001）。

含有活泼氢的含氧溶剂如醇和醇醚，属于强氢键供-受体类溶剂。使用最广泛的挥发性醇有甲醇、乙醇、异丙醇、正丁醇、仲丁醇和异丁醇。许多乳胶漆都含有一种挥发缓慢的水溶性溶剂，如丙二醇，它主要溶解在水中，起防冻剂的作用（32.1节）。在水稀释性丙烯酸和聚酯树脂涂料中也加入了低挥发性的醇醚类溶剂，如丙二醇丙醚和乙二醇丁醚，其中乙二醇丁醚已于2004年从HAP列表中去除。

硝基烷烃如2-硝基丙烷是强极性的氢键受体类溶剂。其高极性能提高体系的导电性，在静电喷涂中可用来调节混合溶剂的组成（23.2.3节）。

为了可持续发展，以可再生资源为原料制成（或可能制成）的溶剂越来越受到人们的关注。这些溶剂包括甲醇、乙醇、乳酸乙酯、甘油和2-甲基四氢呋喃。

溶剂除了影响大气外，在全生命周期中的影响还贯穿于其整个生产和使用过程。溶剂可能会影响环境、人类健康和安全以及水生生物。溶剂对其他行业的总体影响也正在考虑之中。美国化学学会绿色化学研究所对制药过程中所用溶剂的25种特性进行了评估（Alfonsi等，2008；Constable，2013），以平衡它们对环境的影响和性能。制药业的首选溶剂包括1-丙醇、2-丙醇、1-丁醇、叔丁醇、乙酸乙酯和MEK，但MEK在加州受到限制。对产品制剂中所用溶剂也在进行类似的分析，预计将来会影响溶剂的选择。

18.2 溶解度

涂料工业早期很少有溶剂的选择问题，几乎所有的树脂都能溶解于碳氢化合物。但虫胶是一个例外，它只溶解在乙醇中。20世纪初出现了硝基漆（硝化纤维素漆）后，溶剂的选择才变得尤其重要。RS型硝化纤维素（17.2.1节）可溶于酯类和酮类溶剂，不溶于烃类或醇类溶剂，但它可溶于酮或酯与烃类组成的混合物中，这样可降低溶剂的成本。若向混合溶剂中再加入乙醇，溶剂中碳氢化合物的比例还可以增加，从而进一步降低成本。那时人们把酯和酮叫作真溶剂，碳氢化合物叫稀释剂，醇叫作助溶剂。

为了控制硝基漆在不同条件下的干燥速率，通常使用混合溶剂，混合溶剂中至少含有两种酯或酮、两种碳氢化合物和一种醇。所选混合溶剂必须保持在整个溶剂挥发过程中对硝化纤维素的溶解。如果挥发最慢的溶剂是碳氢化合物，那么硝化纤维素就会在所有的溶剂挥发完之前沉淀出来，导致漆膜不均匀，外观和物理性能变差。考虑到最低的体积成本，会用多达10种溶剂组成的混合溶剂来控制成膜过程中的干燥速率和溶解性。

18.2.1 溶解度参数

1930年以后，用于涂料的树脂品种越来越多，仅靠经验来选择溶剂和混合溶剂变得更加困难。人们根据从硝基漆中获得的经验，将“相似相溶”的一般规律加以扩展，发现将弱氢键的烃类与强氢键的醇类混合使用，也能获得类似于能形成中等强度氢键的酯类和酮类溶剂的溶解能力。Burrell（1955）运用Hildebrand（1916）的理论开始了这方面的研究工作，为溶剂选择和混合溶剂复配提供了更科学的依据。Hildebrand从热力学的角度分析了小分子有机化合物的混溶性，指出两种化合物自发混合的可能性可用Gibbs自由能公式来描述：

$$\Delta G_{\mathrm{m}}=\Delta H_{\mathrm{m}}-T\Delta S_{\mathrm{m}}$$

当混合自由能ΔG_{m}为负时，混合在热力学上是可行的。Hildebrand指出，由于混合后的溶液往往比混合前更加无序，所以熵变ΔS_{m}通常是正值。（也有例外，如果混合溶剂中不同分子之间出现很强的相互作用，它使体系变得比单独的溶剂更为有序，此时熵变为负值。但在多数情况下ΔS_{m}大于零有利于混合。）因此Hildebrand重点考察了混合热焓变化ΔH_{m}，因为它通常决定了ΔG_{m}是大于零还是小于零。ΔH_{m}的变化又与混合能的变化ΔE_{m}有关，如下式所示，R是气体常数，T是热力学温度：

$$\Delta E_{\mathrm{m}}=\Delta H_{\mathrm{m}}-RT$$

液体中分子间的吸引力足够大，能够把分子聚集在一起，不然就变成气体了。该作用力可通过测定在规定温度下汽化该液体所需的能量来得到，结果用摩尔汽化能除以摩尔体积V来表示。Hildebrand认为，使处于混合状态的分子彼此分开所需能量与内聚能密度$\Delta E_{\mathrm{v}}/V$有关，他还用下式来描述一理想溶剂的ΔE_{m}变化，式中V_{m}是混合物的平均摩尔体积，ϕ_1和ϕ_2分别是两个组分的体积分数：

$$\Delta E_{\mathrm{m}}=V_{\mathrm{m}}\phi_1\phi_2\left[\left(\frac{\Delta E_{\mathrm{v}}}{V}\right)_1^{1/2}-\left(\frac{\Delta E_{\mathrm{v}}}{V}\right)_2^{1/2}\right]^2$$

溶剂内聚能密度的平方根定义为溶剂的溶解度参数δ。若两种溶剂的溶解度参数之差接近零，则二者可以混溶。此时这一对溶剂的ΔE_{m}也趋于零，说明ΔH_{m}很小，ΔH_{m}小意味着混合自由能ΔG_{m}受控于ΔS_{m}。当ΔS_{m}大于零时，它们可混溶。由于ΔE_{v}和V_{m}受温度的影响，因此δ也随温度而变化。尽管一般不规定温度，但大多数溶解度参数表提供的是25℃时的值。

溶解度参数的单位容易引起混乱。较老的单位是$(\mathrm{cal/cm^3})^{1/2}$。在SI体系，正确的单位是$\mathrm{MPa^{1/2}}$；$1(\mathrm{cal/cm^3})^{1/2}=0.488\mathrm{MPa^{1/2}}$。SI单位还没有被广泛采用，虽然一般不加注明，但老单位$(\mathrm{cal/cm^3})^{1/2}$仍在使用。

当没有相关汽化能的数据时，溶解度参数可以用与沸点、蒸气压或表面张力有关的经验公式来估算（Patton，1979b）。也可以先将Small摩尔吸引常数G进行加和，再利用下式估算出溶解度参数。

$$\delta=\left(\frac{\rho}{M}\right)\Sigma G=\left(\frac{1}{V}\right)\Sigma G$$

式中，ρ为密度；M为分子量（MW）。

表18.1列出了部分Small常数（采用SI单位）。与溶解度参数一样，Small常数的单位通常不加注明，常用老单位。Hoy（1970）用Small常数计算出了640种化合物的溶解度参数。

氢键供-受型分子的 Small 常数和溶解度参数均随环境的变化而变化。表 18.1 中醇羟基的 Small 常数取决于溶剂中能与羟基形成氢键的其他基团，以及混合溶液中其他组分的极性。水是最极端的例子，虽然有时会看到水的溶解度参数的一个具体数值，但由于该值与介质密切相关，所以公布的数值会差别很大，其用途仅限于比较具有相似组成的体系。

表 18.1　Small 摩尔吸引常数（25℃）　　单位：$MPa^{1/2}\cdot cm^3/mol$

烃基	G	其他基团	G
$—CH_3$	284	O(醚)	236
$—CH_2$	270	O(环氧)	361
—CH—	176	Cl	420
═CH—	249	CO(酮)	539
$═CH_2$	259	COO(酯)	668
苯基	1400	OH	463
亚苯基	1370		

Burrell 曾首次将二维溶解度参数应用于涂料体系，相关工作在本书的前几版和他的出版物中均有介绍（Burrell，1955）。该方法在一定程度上是成功的，但已被三维方法所取代。

18.2.2　三维溶解度参数

另外一些研究者试图用三维体系改进 Hildebrandt 的二维方法，其中 Hansen（1967，1970，1995）的体系被人们广泛接受。Hansen 推断，由于分子之间有三种相互作用力，溶解度参数也应该包括三部分：即色散部分 δ_d、极性部分 δ_p 和氢键部分 δ_h，并将总溶解度参数人为地定义为各部分溶度参数平方和的平方根：

$$\delta=(\delta_d^2+\delta_p^2+\delta_h^2)^{1/2}$$

对于混合溶剂，可以计算出三个分溶解度参数的加权平均值：

$$\delta_{d(blend)}=(\phi\delta_d)_1+(\phi\delta_d)_2+\cdots+(\phi\delta_d)_n$$

$$\delta_{p(blend)}=(\phi\delta_p)_1+(\phi\delta_p)_2+\cdots+(\phi\delta_p)_n$$

$$\delta_{h(blend)}=(\phi\delta_h)_1+(\phi\delta_h)_2+\cdots+(\phi\delta_h)_n$$

可通过多种方法测定或计算三维溶解度参数。虽然通常给出的溶解度参数是三位数，但第三位数不重要。表 18.2 给出了从 Hansen 表和《聚合物手册》（*Polymer Handbook*）（Grulke，1999）中选出的代表性溶剂的溶解度参数。

表 18.2　三维溶解度参数　　单位：$MPa^{1/2}$

溶剂	$\delta_{总}$	δ_d	δ_p	δ_h
正己烷	14.9	14.9	0	0
甲苯	18.2	18.0	1.4	2.0
邻二甲苯	18.0	17.0	1.4	3.1
丙酮	19.9	15.5	10.4	7.0
甲乙酮	19.0	16.0	9.0	5.1
甲基异丁基酮	17.0	15.3	6.1	4.1
异佛尔酮	19.8	16.6	8.2	7.4

续表

溶剂	$\delta_{总}$	δ_d	δ_p	δ_h
乙酸乙酯	18.2	15.8	5.3	7.2
乙酸异丁酯	16.8	15.1	3.7	6.3
乙酸正丁酯	17.4	15.8	3.7	6.3
甲醇	29.7	15.1	12.3	22.3
乙醇	26.6	15.8	8.8	19.4
异丙醇	23.5	16.4	6.1	16.4
正丁醇	23.1	16.0	5.7	15.8
乙二醇丁醚	20.9	16.0	5.1	12.3

Hansen（1995）通过实验测定了34种聚合物在90种溶剂中的溶解度，并由此确定了一批树脂的三维溶解度参数。在此之前，Hoy（1969）也曾用类似Small常数的简便方法，计算了树脂的三维溶度参数。用不同方法测定或计算的数值往往不尽相同，大体上自洽的数据都曾有报道，并可从计算机数据库中查到。

三维溶解度参数理论的基础是热力学定律，但在推导和使用中涉及若干假设和人为选择，所以断言其“理论上合理”可能会产生误导（Patton，1979c）。最多可认为它是一种已被证实的经验方法，在寻找具有相似溶解性的混合溶剂时具有应用价值。

人们也曾尝试将溶解度参数用到其他问题上，但由于理论基础不牢，结果也没有规律。例如，当用溶解度参数来预测一种聚合物在另一种聚合物中的溶解度（相容性）时，常常会给出错误的结果。

即使是三维溶解度参数，也把涉及溶解度的复杂因素过度简化了。困难至少是由两个相互关联的因素造成的。首先是忽略了熵变，其次是氢键溶解度参数结合了供体和受体两种效应。特别是在含氢键的体系中，熵的变化可能是显著的。Hansen（1995）曾建议，在某些情况下，需要增加溶解度氢键参数的权重。

随分子量的升高，聚合物溶解的难度也增大。这是由于随着分子量的增加，溶剂分子和聚合物分子之间的相互作用必须增大，才能克服聚合物-聚合物分子间的相互作用。此时分子内相互作用也可能起一定作用。但在用基团吸引常数来估算聚合物溶解度参数时，没有考虑分子量的影响。

聚合物的溶解行为似乎正好与小分子的溶解行为相反。小分子的溶解度有上限。例如25℃下100g水能溶解36.1g的氯化钠，但通常聚合物的溶解度没有上限。若少量的聚合物能完全溶于某一溶剂，则可以断定，大量的聚合物也能溶于其中。但是，聚合物的溶解度往往有一个下限。高浓聚合物溶液也许能溶于某些溶剂，但在稀释时，部分聚合物可能会沉淀出来。这种现象可用来对聚合物进行分子量分级。最高分子量的组分首先析出，随着稀释的进行，析出聚合物的分子量逐渐降低。在某些情况下，可根据树脂的极性对其进行分级。许多高浓度的醇酸树脂溶液可溶于脂肪族溶剂中，但稀释时又会部分析出。最先析出的是高分子量醇酸树脂，且其羟基和/或羧基的数目大于平均数。为了加深对这一现象的理解，我们可以把事情反过来想：对于一个聚合物-溶剂体系，一部分溶剂可溶于聚合物（树脂）中，所有聚合物又都溶于由聚合物和溶剂组成的混合物中，形成稳定的聚合物溶液。随着溶剂量的增加，体系的溶解力发生变化，此时不溶于聚合物稀溶液的部分聚合物分子链发生卷曲，形成被溶剂高度溶胀的析出物。Hoy（1969）的研究表明，乙二醇醚类能改变体系的表观极性，根源在于其周围环境的极性。在极性溶剂中，它们相当于极性溶质。但在非极性溶剂中，它们会通过分子内键合或分子间氢键形成低极性的二聚体。由此看来，对溶解度的预测经常失败也就不足为奇了，因为树脂通常是多分散、多官能度材料，带有多个氢键供、受位点。

溶解度参数很可能将在涂料配方设计和重新设计中继续发挥重要作用。世界上许多国家正在考虑更严格的 VOC 法规（18.9.2 节），对溶剂毒性的控制也越来越受到重视（18.7 节）。幸运的是，溶剂供应商为配方设计师提供了获取最新数据和开始计算机配方设计的途径。

18.2.3 其他溶解度理论

对溶解度参数有许多改进建议。有些建议引入第四个参数，例如，把 δ_h 分成供体和受体两项。Huyskens 和 Haulait-Pirson（1985）提出了反映熵变的计算公式，并尝试考虑氢键受体和氢键供体带来的差异。这些公式提供了更好的预测结果，但只对相对简单的聚乙酸乙烯酯、聚甲基丙烯酸甲酯和聚甲基丙烯酸乙酯进行了研究。他们指出了三维体系的缺陷，但没有给出一个普适的替代方案。

几个实验室也曾开展合作，研究开发了一个技术新闻报道所称的“通用溶解度方程”。研究者自己也“认为这有点言过其实”（Kamlet 等，1986）。聚合物溶解性的复杂程度可以从这个通用方程中看到：该方程含有 5 项 13 个因子，即使这么复杂，也仍然有几个重要的因素没有考虑进来。在这些对涂料至关重要的局限性中，该方程迄今主要只能应用于单官能度的溶质。

18.2.4 实际考虑的因素

溶剂的变更是经常的事，主要原因是新的有毒危险信息的发布、成本的波动、新法规的出台、暂时缺货等因素的影响，这时溶解度参数大有用武之地。此时配方设计师能做什么？尽管三维溶解度参数是不完善的，但它们可能非常有价值。人们可以使用包含溶剂溶解度参数、挥发速率、成本、密度等数据库的计算机程序，为客户计算出既能保证挥发过程中性能基本没有变化，又满足单位成本最低的替代混合溶剂。这样的计算结果见表 18.3，其中溶解度参数单位为 $MPa^{1/2}$（ARCO Chemical Co.，1987）。混合溶剂 1 含有对健康有害的乙二醇乙醚醋酸酯，必须从配方中去除。经计算，混合溶剂 2 和 3 的平均溶解度参数和挥发速率几乎相等，但混合溶剂 2 由于其中挥发最慢的二甲苯不是树脂的溶剂，因此不理想。对于混合溶剂 3，由于挥发最慢的丙二醇甲醚醋酸酯是树脂的真溶剂，因此开始选它最好。溶剂的相对挥发速率也列于表 18.3。但要谨慎看待混合溶剂的相对挥发速率（18.3.3 节）。

表 18.3 混合溶剂组分和性质

项目		1	2	3
组分	甲乙酮(质量分数,下同)/%	9.9	6.1	14.7
	甲基异丁基酮/%	29.7	32.8	19.7
	二甲苯/%	21.9	25.2	24.3
	甲苯/%	20.1	18.4	18.2
	正丁醇/%	13.5	17.5	17.3
	乙二醇乙醚醋酸酯/%	4.9	—	—
	丙二醇甲醚醋酸酯/%	—	—	5.7

续表

项目		1	2	3
性质	溶解度参数,δ	19	19	19
	δ_d/$MPa^{1/2}$	18	18	18
	δ_p/$MPa^{1/2}$	5.7	5.7	5.3
	δ_h/$MPa^{1/2}$	5.7	5.1	5.3
	相对挥发速率	1.16	1.17	1.14
成本/(美元/kg)		0.7	0.68	0.68

注：成本是进行此项研究时的价格。

配方设计师面临的第二个问题是为一种新的树脂寻找合适的溶剂或混合溶剂。此时溶解度参数可能有用，但多数情况下，一开始就用“相似相溶”原理同样有效，而且更省时。现在为新树脂选择溶剂已经变得更容易了，因为要提高涂料的固体分一定要使用较低分子量的树脂，而随着树脂分子量的降低溶剂的选择范围变宽了。

18.3 溶剂的挥发速率

在施工和成膜过程中，挥发物会从涂层中挥发出来。它们的挥发速率不仅影响涂层的干燥时间，还会影响最终涂膜的外观和物理性能。像涂料领域的许多问题一样，挥发速率看似简单，其实很复杂。

18.3.1 单一溶剂的挥发

溶剂的挥发速率受温度、蒸气压、表面-体积比和表面气流速率四个变量的影响。水的挥发还受相对湿度（RH）的影响。

重要的是表面和表层的温度。最初表面的温度和周围空气的温度相同，然后随溶剂的挥发而降低，同时表层的空气也被冷却下来。根据不同的情况，液体内的热扩散可能会很迅速，此时挥发过程中的表面温度下降不大，但如果热扩散较缓慢，最终会导致表面温度急剧下降。溶剂挥发速率越快，温度降得越厉害。另外，在其他变量相同时，溶剂的汽化热越高，温度下降越明显。

溶剂挥发所在温度下的蒸气压是重要的。一个常见的错误是认为溶剂的沸点［溶剂蒸气压为1atm（101.3kPa）时的温度］与其他温度下的蒸气压成正比。其实沸点不能很好地反映蒸气压。例如，乙酸正丁酯和正丁醇的沸点分别为126℃和118℃，但在25℃下前者比后者挥发得更快。

由于溶剂的挥发发生在溶剂-空气界面上，因而表面-体积比很重要。将10g溶剂铺展在$100cm^2$上，其挥发速率比铺展在$1cm^2$上要快得多。因此，对于表面积相同的涂层，在溶剂挥发过程中，厚涂膜中树脂溶液浓度和黏度的升高比薄涂膜的要慢。当采用喷涂工艺时，涂料从喷枪中喷出时雾化成小颗粒。由于表面-体积比非常大，所以溶剂的挥发速率会很快，大部分溶剂在雾滴离开喷枪口到达基材表面前就挥发掉了。

因为溶剂的挥发速率取决于空气-溶剂界面上空气中溶剂的蒸气分压，因此表面气流速率也是影响挥发速率的重要因素。若不把挥发出的溶剂分子迅速带走，溶剂的分压就会升高，挥发就会被抑制。气流速率变化很大，与采用的施工方法有关，因此选择溶剂时必须考虑特定的施工环境。例如，当用空气喷枪喷涂时，由于在液滴表面的气流比用无气喷枪时大很多，所以溶剂的挥发速率也比用无气喷枪时要快得多（23.2.1 节和 23.2.2 节）。新涂层表面的溶剂挥发速率取决于喷漆室的气流速度。如果把同样的涂料涂在管子的内侧与外侧，除非管内也通风，否则外面涂层里的溶剂挥发得更快。气流会引起被涂工件上涂层中溶剂的不均匀挥发，涂层边缘处的挥发速率比中间快。

相对湿度除了对水的挥发速率影响巨大外，对多数溶剂的挥发速率影响很小。在其他条件相同时，相对湿度越高，水挥发越慢。当相对湿度接近 100%时，纯水的挥发速率趋于零。高湿条件下，溶液中水分的挥发甚至可以是负值。相对湿度随气温的升高而降低；由于升高温度可提高水的蒸气压，同时又能降低相对湿度，因此有时可适当提高空气温度，以补偿湿度对干燥的不利影响。

18.3.2 相对挥发速率

如 18.2 节所述，用硝化纤维素配制涂料时需要使用复杂的混合溶剂。选择溶剂的一个重要标准是挥发速率。从溶剂选择的角度，蒸气压是影响挥发速率的一个重要变量。然而，仅从蒸气压数据很难判断一种溶剂的挥发速率比另一种快多少。因此人们开发了测量绝对挥发速率的方法，但由于不同类型仪器中的气流和热流难以控制，所以只能测得相对挥发速率。因为当时乙酸正丁酯是硝化纤维素的标准溶剂，人们就将溶剂的挥发速率与乙酸正丁酯进行比较。相对挥发速率 E 由式(18.1) 决定，其中 t_{90} 为样品在给定仪器和受控条件下挥发 90%（质量分数）所需要的时间，乙酸正丁酯的 t_{90} 定义为 1。注意 t_{90} 与挥发速率成反比：

$$E=\frac{t_{90}(\text{乙酸正丁酯})}{t_{90}(\text{测试溶剂})} \tag{18.1}$$

也有人用百分数来表示 E，此时乙酸正丁酯的相对挥发速率为 100%。无论哪种表示方法，E 值越高，测试溶剂的挥发速率就越快。要明确所用参照点是哪个值，文献中至少有一篇论文的作者使用了来自两个不同表格的数据，却没有意识到他混淆了相差 100 倍的数据，所得结论当然是荒谬的。

相对挥发速率的测定要在严格控制的标准条件下进行。Shell 薄膜挥发测定仪（ASTM D3539）就是这类仪器的一个例子。为了减少天平盘表面气流的变化，专门设计了一个放置上载式天平的密闭装置。装置内保持 RH（相对湿度）小于 5%的 25℃空气，以 21L/min 的速度流动。将 0.70mL 的溶剂滴到天平盘上的滤纸上，测定样品减重 90%所需的时间。这样得到的是基于体积的相对挥发速率，文献中最常用。也有些实验规程是固定溶剂样品的质量而不是体积，注意不要将用不同仪器所得数据进行比较。因为挥发的条件不仅会改变绝对挥发速率，也会改变相对挥发速率，所以不同仪器测定的相对挥发速率不具可比性。

Rocklin（1976）比较了用标准方法所得 66 种溶剂的相对挥发速率（从滤纸上挥发）和直接从天平铝盘上挥发的速率。表 18.4 给出了其中几种溶剂的数据。注意，这两组数据都是以乙酸正丁酯作参比。从 $E_{纸}/E_{金属}$ 的比值可以看出，在同一仪器相同条件下，同一溶剂从滤纸上和从光滑金属表面的相对挥发速率存在显著差异。

$E_{纸}$ 和 $E_{金属}$ 最显著的差别发生在挥发速率较快的溶剂、水及醇。从滤纸上挥发时，表面积-体积比比从金属表面挥发时要高很多。因此，最初溶剂从滤纸上挥发得更快，导致温度急剧下降，降低了蒸气压，从而减缓了挥发速率。从金属表面挥发时，表面积要小很多，热

表 18.4 按体积计的相对挥发速率（25℃）

溶剂	$E_{纸}$	$E_{金属}$	$E_{纸}/E_{金属}$
正戊烷	12	38	0.32
丙酮	5.7	10	0.55
乙酸乙酯	4.0	6.0	0.67
甲乙酮	3.9	5.3	0.74
正庚烷	3.6	4.3	0.83
甲苯	2.0	2.1	0.92
乙醇	1.7	2.6	0.65
甲基异丁基酮	1.7	1.7	1.0
乙酸异丁酯	1.5	1.5	1.0
乙酸正丁酯	1	1	1
仲丁醇	0.93	1.2	0.81
间二甲苯	0.71	0.71	1.0
正丁醇	0.44	0.48	0.92
乙二醇乙醚	0.37	0.38	0.98
水	0.31	0.56	0.56
甲基正戊基酮	0.34	0.35	0.96
乙二醇乙醚醋酸酯	0.20	0.19	1.1
正癸烷	0.18	0.16	1.1
乙二醇丁醚	0.077	0.073	1.1
异佛尔酮	0.023	0.026	1.0
二乙二醇单乙醚	0.013	0.014	0.99

导率也高很多，二者均减小了温度下降的幅度，所以挥发速率降低较少。像正戊烷和丙酮这样能快速挥发的溶剂，与挥发较慢的乙酸正丁酯相比差异更大，所以 $E_{纸}/E_{金属}$ 比值小。注意，实验是在 25℃下做的，但这是空气温度，而控制挥发速率亦即相对挥发速率的温度是表面的实际温度。

水和醇的 $E_{纸}/E_{金属}$ 值也小，这是由于纸中纤维素的表面积比铝表面大很多，使得羟基之间的氢键相互作用程度更大。相对地，这可以使水和醇的挥发比乙酸正丁酯慢。同理，与乙酸正丁酯相比，仲丁醇从光滑的金属表面挥发得较快，从滤纸上挥发得较慢。

当配制适于喷涂工艺的烤漆时，通常将挥发快的和挥发很慢的溶剂混合使用。这样在雾滴到达基材表面之前，大部分挥发快的组分已挥发掉，提高了涂层黏度，降低了湿膜流挂的倾向。而挥发慢的组分使湿膜保持足够低的黏度，以促进流平，并使涂覆工件进入烘房时可能发生爆孔的概率降到最低。（流挂、流平和爆孔的进一步讨论见第 24 章。）在选择慢挥发溶剂时，配方设计师往往使用 25℃下的相对挥发速率和沸点的表，在这些表中列出了很多溶剂的数据。Jackson（1986）发表了部分在 75～150℃内慢挥发溶剂的挥发速率数据。这些数据是利用热重分析法（TGA）在一系列恒定温度下测定的。在不同的温度下的挥发速率差别会很大。例如，由丁二酸、戊二酸和己二酸的二甲酯组成的市售混合溶剂，它在 25℃下的挥发速率只有异佛尔酮的 1/5，但在 150℃时几乎一样。

那么哪些挥发速率数据是“正确”的呢？答案是都“正确”，因为这取决于测定这些数据的具体环境。然而我们既不会将涂料涂覆在滤纸（或天平铝盘或 TGA 盘）上，也不会在 Shell 挥发仪（或 TGA 炉）中干燥。溶剂从涂层中挥发的速度取决于 18.3.4 节中讨论的特定情况，首先需要考虑混合溶剂的挥发。

18.3.3 混合溶剂的挥发

与纯溶剂相比，混合溶剂的挥发更为复杂。对于理想均一的溶液，其蒸气压遵循拉乌尔定律。按该定律，溶液中 i 组分的蒸气压 p_i 等于该组分纯液体的蒸气压 p_i^0 乘以该组分在溶液中的摩尔分数：

$$p_i = x_i p_i^0$$

由于各溶剂的蒸气压不同，挥发出来的溶剂的组成与初始混合溶剂的组成不同。因此，随着溶剂挥发的进行，蒸气分压不断变化。拉乌尔定律为溶剂的许多组合提供了一个很好的近似处理法，特别是在结构相似和分子间相互作用极小的情况下。但许多混合溶剂受分子间相互作用的影响，并非处于理想状态，而且该影响随溶剂组成比例的变化而变化。任何可混溶的混合溶剂的蒸气压 $p_{总}$ 可由下式计算，其中 χ 为相互作用的经验调整因子，通常称为活度系数：

$$p_{总} = p_1 + p_2 + \cdots + p_i = \chi_1 p_1^0 x_1 + \chi_2 p_2^0 x_2 + \cdots + \chi_i p_i^0 x_i$$

许多溶剂的活度系数已计算出来并录入计算程序中，由此可计算混合溶剂在挥发过程中每种溶剂的蒸气分压，其中有个程序叫作 UNIFAC（Skjold-Jorgenson 等，1979）。计算结果通常以挥发过程中每挥发掉 10%溶剂间隔的蒸气分压来表示。计算蒸气压时有几个假设，为了将蒸气压与挥发速率进行关联，假定所有其他影响挥发速率的因素（温度、表面-体积比和气流）不变，所以计算结果只是近似值。但由于相对挥发速率本身的不确定性，也不需要很高的精度。有一篇综述（Yoshida，1972）对混合溶剂的挥发行为进行了全面论述。

混合溶剂的相对挥发速率（E_T）可用挥发仪测定，也可以根据各溶剂的体积分数 c、活度系数 a 和相对挥发速率 E 来计算（Patton，1979c，p 340）：

$$E_T = (caE)_1 + (caE)_2 + \cdots + (caE)_n$$

由于混合溶剂的组成随时间变化，E_T值也会一直在变，因此这样计算出的 E_T值的可信度值得怀疑。当将一种 E 值范围较窄的混合溶剂与另一种 E 值范围较宽的混合溶剂做对比时，实验值与计算值之差尤其大。例如，可计算出 E 值一高一低两溶剂的混合物的 E_T值等于单一溶剂的 E 值，但混合溶剂的挥发比单一溶剂要花费更长时间，因为挥发快的溶剂消失后，挥发慢的溶剂将比那种单一溶剂挥发得更慢。

这种描述听起来好像几乎不可能得到一个满意的涂料混合溶剂。然而，配方设计不是在知识的真空中开始的，那些在相似条件下获得的配方经验可以用于指导配方设计。利用这些经验配方和合适的挥发速率表，可以开始尝试调配一个合理的新配方。然后将涂料在特定环境下使用，并根据需要进行调整。最后的调整通常由用户所在工厂的人员进行，他们对所用喷枪和操作条件有丰富的经验。相对挥发速率表可帮助我们制订一个基本满足实际需要的配方。因为不管怎样都需要在工厂进行调整，使用哪个相对挥发速率表可能并不那么重要。

至少有四个理由需要对水-有机溶剂混合物的挥发速率予以特殊考虑。首先，很强的相互作用常常导致偏离拉乌尔定律；其次，相对湿度影响水的挥发速率，但对有机溶剂影响很小甚至没有影响；再次，可能发生共沸作用；最后，水的热容和蒸发潜热异常高。

湿度的影响可用事实予以说明：在 0～5%RH 和 25℃空气温度下，水的相对挥发速率（E）为 0.31，但当 RH 升至 100%时，E 等于 0。对于乙二醇丁醚（E=0.077）的水溶液，在低 RH 下水的挥发速率很快，溶液中乙二醇丁醚的浓度会升高；但在高 RH 下，乙二醇丁醚的挥发速率更快，溶液中水的浓度会升高；只有在适中的 RH 下，水和乙二醇丁醚的相对挥发速率相等，此时溶液的组成恒定。这个 RH 称为临界相对湿度（CRH）（Dillon，1977）。乙二醇丁醚水溶液的 CRH 约为 80%。如果一种溶剂的相对挥发速率大于水，即使在 RH 为 0～5%时也没有 CRH，因为溶剂在任何 RH 下的挥发速率都比水快。另外，如果溶剂的相对挥发率很低，CRH 接近 100%。

水溶液可能会发生共沸行为。Rocklin（1986）曾研究过在潮湿空气中共沸加速水/溶剂挥发的作用。他开发了一个计算机程序 AQUEVAP，可用于计算不同 RH 下水溶液的最快挥发速率。例如，在 40% RH 下，浓度为 20%（质量分数）的乙二醇丁醚水溶液挥发掉 90%需要 1820s，而纯水需要 2290s。可见，水和乙二醇丁醚一起挥发加快了挥发过程。水的高热容和高蒸发潜热也会影响烘箱中水和水溶液的挥发速率。例如，在室温下分别将乙二醇丁醚（沸点 171℃）、水以及乙二醇丁醚/水为 26/74 的溶液放入热重分析仪中，在 150℃下测得它们失重 99%的时间分别为 2min、2.6min 和 2.5min（Watson 和 Wicks，1983）。因炉内空气温度为 150℃，样品升温需要一定时间。另外，水的蒸发潜热（沸点时为 2260J/g）比乙二醇丁醚（沸点时为 373J/g）高得多，高蒸发潜热降低了水和混合溶剂的升温速率，而升温速率的降低足以抵消根据沸点或 E 值预期的挥发速率。

18.3.4 溶剂从涂膜中的挥发

除高固体分涂料（18.3.5 节）外，溶剂型涂料中的树脂或其他组分对施工时溶剂的初始挥发速率几乎没有影响。在实验误差范围内，同样条件下溶剂从树脂溶液中挥发的初始速率与纯溶剂的挥发速率相同或接近。该结果与拉乌尔定律并不矛盾，因为树脂的高分子量对蒸气压的影响很小。然而，随着溶剂从涂层中的逸出，其挥发速率急剧下降。这是由于随着涂层黏度的增加，有效自由体积减小，溶剂的挥发依赖于溶剂分子通过膜层扩散到表面的速率，而不再依赖于从表面挥发的速率。从挥发速率控制到扩散速率控制的固含量范围很大，但通常不挥发物体积分数在 40%～60%的范围。

依据上述情况，Hansen（1970）将溶剂的挥发分为第一阶段和第二阶段。在第一阶段，挥发速率受控于那些与混合溶剂挥发相关的因素，即蒸气压、表面温度、表面气流和表面-体积比，与湿膜厚度呈一次方关系。随后进入慢挥发的第二阶段，在该阶段挥发速率依赖于溶剂分子在膜中的扩散速率。在这一阶段，扩散速率与膜厚呈二次方的关系。根据黏度的变化，有时将第一阶段称为湿阶段，第二阶段称为干阶段。图 18.1 为甲基异丁基酮从氯乙烯共聚物溶液中挥发时，溶液质量随时间的变化曲线（Newman 和 Nunn，1975）。

在第二阶段，扩散速率主要由有效自由体积控制。即溶剂分子通过从漆膜中的一个自由体积空穴跳跃到另一空穴而穿过漆膜。控制有效自由体积最重要的因素是（$T-T_g$）。若溶剂挥发时的温度远高于树脂的 T_g，那么在干燥的任何阶段，扩散速率都不会限制溶剂的挥发速率。当树脂的 T_g接近于干燥温度时，随着（$T-T_g$）值的减小，溶剂的挥发逐渐受控于扩散速率。当以扩散速率控制为主时，文献上还没有可用的（$T-T_g$）实验数据，该值可能与体系有关。

进入第二阶段后，挥发速率取决于溶剂分子到达湿膜表面的速度，而不是它们的蒸气压。随着溶剂的继续挥发，树脂溶液变浓，T_g随之升高，扩散速率也进一步减慢。如果树脂的 T_g远高于漆膜温度，到时溶剂的挥发速率将趋近于零，这样几年后的漆膜中仍然会有溶剂残留。若想在合理的时间内把溶剂完全除去，必须将漆膜在高于树脂 T_g的温度下烘烤。

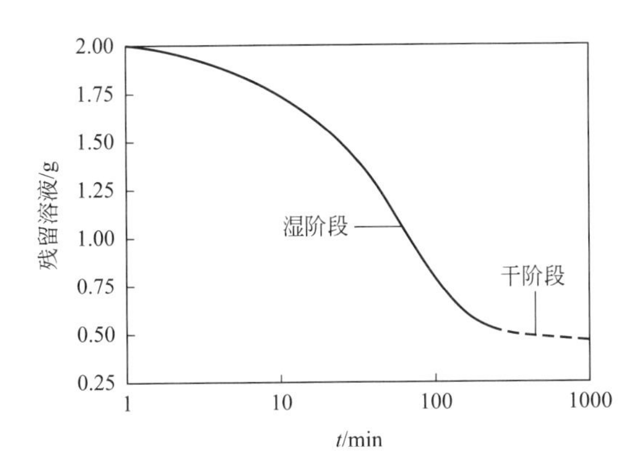

图 18.1 溶剂挥发的两个阶段：MIBK 在 Vinylit® VYHH 中，
23℃下初始聚合物浓度为 20%（质量分数）
来源：Newman 和 Nunn（1975），爱思唯尔许可转载

聚合物合成的新手常会犯一个错误，认为在低于 T_g下真空干燥可以提高溶剂从聚合物样品中的挥发速率。实际上，当溶剂的挥发速率与溶剂蒸气压无关时，它也与样品所处的大气压无关。

溶剂的挥发受增塑剂的影响。当溶剂挥发进入扩散控制阶段，溶剂浓度随着增塑剂浓度的增加而降低。一定时间间隔后，溶剂残留量随着增塑剂浓度的增加而减少。对于混合溶剂体系，随增塑剂浓度的增加，滞留在漆膜中慢挥发与快速挥发溶剂的比例也许会增加得不太明显。

关于挥发过程中溶剂分子从漆膜中的扩散问题，人们曾多次尝试对其进行定量分析，但成果有限（Hansen，1967；Waggoner 和 Blum，1989）。Lasky 等（1988）讨论了存在的一些问题，提出了一个通过标度分析来模拟扩散过程的可能方法。广泛的共识是，不论是第一阶段还是第二阶段，较小分子的挥发速率都快于较大分子的挥发速率，因为小分子在第一阶段挥发得更快，在第二阶段扩散得更快。然而，该过程还涉及其他因素。其一是分子构型，由于溶剂分子必须在空穴间跳跃，溶剂分子体积越小，越容易找到足够大的空穴。对于环己烷和甲苯，虽然前者的相对挥发速率大于后者，但由于前者的摩尔体积也比后者大，所以环己烷在漆膜中的残留量比甲苯大。

图 18.2 给出了溶剂分子横截面大小影响挥发速率的实验结果。用乙酸异丁酯（IBAc）与乙酸正丁酯（BAc）组成比为 60∶40 的混合物作溶剂，配制固含量为 20%（质量分数）的硝基漆和丙烯酸漆，并监测二者残留在漆膜中的比例。与其他支化-线型同分异构体对一样，支化 IBAc 的相对挥发速率高于线型 BAc。因此，在第一湿阶段，漆膜中 IBAc 与 BAc 之比下降到最小的 35∶65。在第二阶段，线型化合物扩散得更快，因此，与第一阶段相比，漆膜中 IBAc 与 BAc 之比升至接近 90∶10（Newman 和 Nunn，1975）。人们已基于聚合物自由体积理论建立了方程，用来模拟溶剂尺寸对扩散速率的影响（Vrentas 等，1996）。

对于气干型涂料，其 T_g有时会上升到环境温度以上，因而漆膜中会残留大量的溶剂。在这种情况下，溶剂的挥发变得极其缓慢，多年后可能仍然会在漆膜中检测到挥发性溶剂。残留溶剂会对漆膜的耐腐蚀、防潮等性能产生不利影响（7.3.1 节）。因此，选择不利影响最小的溶剂，可能是优化长期漆膜性能的一个因素。

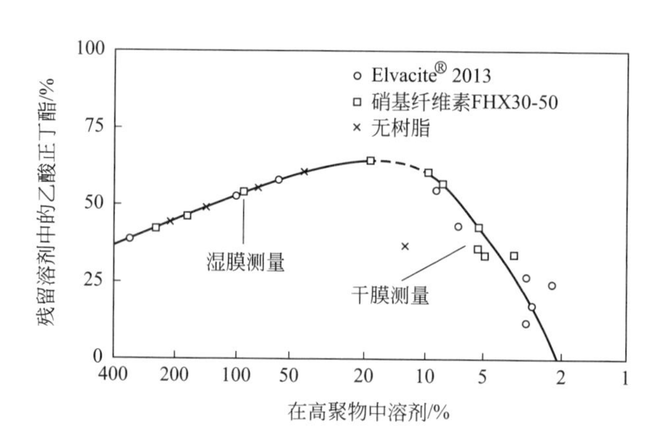

图 18.2 溶剂分别从丙烯酸树脂漆膜（Elvacite® 2013）、硝基漆膜及无树脂溶剂中于 23℃下挥发时，湿阶段和干阶段残留溶剂浓度的变化

溶剂初始组成为 IBAc∶BAc＝60∶40

来源：Newman 和 Nunn（1975），经爱思唯尔许可转载

18.3.5 高固体分涂料中溶剂的挥发

一般来说，与相应的低固体分涂料相比，喷涂高固体分涂料时的流挂更难控制（24.3 节和 25.2.2 节）。虽然可能涉及其他因素，但大量证据表明，当雾化的液滴在喷枪和被涂物体之间运动时，高固体分涂料挥发掉的溶剂比传统涂料要少得多（Wu，1978；Bauer 和 Briggs，1984），因此黏度增加较少，流挂倾向较大。对溶剂挥发量减少的解释似乎不够充分。一个因素是，高固体分涂料中因溶剂的摩尔分数较低引起的依数效应。举一计算实例来说明这种差异：设一常规涂料的固含量为 30%（质量分数），其中树脂的 $\overline{M}_n$ 为 15000，混合溶剂的 $\overline{M}_n$ 为 100，则溶剂的摩尔分数为 0.997；对于固含量为 70%（质量分数）的高固体分涂料，若其中树脂的 $\overline{M}_n$ 为 1000，混合溶剂的 $\overline{M}_n$ 还是 100，则溶剂的摩尔分数为 0.811。对于高固体分涂料，尽管溶剂的低摩尔分数会导致其挥发速率变慢，但这种差别似乎不大，还不足以解释已报道的溶剂挥发方面的巨大差别。

Hill 和 Wicks（1982）认为，与传统涂料相比，高固体分涂料从第一阶段到第二阶段经历了一个溶剂挥发相对少的转变。理由是高固体分涂料的 T_g 随浓度变化可能会更快，这样在溶剂损失相对较小的情况下即进入自由体积控制的第二阶段。与该假设一致，Ellis（1983）发现，当高固体分聚酯涂料的浓度超过转变浓度时，溶剂的挥发速率就开始受扩散控制。他还发现，用线型溶剂时，转变点的浓度比用相应支链型溶剂要高，线型和支链型溶剂的例子如正辛烷与异辛烷、乙酸正丁酯与乙酸异丁酯。由于流挂是高固体分涂料施工中潜在的严重问题，需要进一步研究。

18.3.6 水性涂料中溶剂的挥发

对于溶剂型涂料，依据性能和挥发性的不同，有各种各样的溶剂可供选择。但对于水性涂料，主要的挥发性成分是水，它只有一个蒸气压-温度曲线，一个汽化热等。另外，施工和干燥时的 RH 是影响水从涂层中挥发的主要因素。配方设计师会用少量有机溶剂来调节挥发速率，但在许多情况下，这种方法受到严格的政策法规的限制。

水性涂料的主要品种是基于水稀释性树脂，树脂本身并不溶于水（8.3 节）。它是先将成盐树脂溶于醇或醚醇中，然后加水稀释后得到的。在稀释过程中，树脂形成被溶剂和水溶胀的聚集体而分散在含有溶剂的连续相水中。水的相对挥发速率受 RH 的影响。因此，含有乙二醇丁醚的混合溶剂有一个 CRH。研究发现，涂料的 CRH 与不含树脂的混合溶剂的 CRH 不同。例如，含 10.6%（质量分数，按挥发组分计）乙二醇丁醚涂料的 CRH 为 65%，但计算出相同乙二醇丁醚/水比的混合溶剂的 CRH 为 80%（Brandenburger 和 Hill，1979）。一种可能的解释是，乙二醇丁醚在连续相水性中的浓度低于其平均浓度，在聚合物分散相中的浓度高于其平均浓度。这种分布以及上面蒸气的组成已经用挥发性更强的叔丁醇体系予以证实（Wicks 等，1982）。这种效应是控制水性涂料的流挂，尤其是爆孔的关键（24.3 节、24.7 节和 26.1 节）。

另一种主要的水性涂料是以胶乳为主要黏合剂的涂料。水从乳胶漆膜中的挥发受温度、湿度、挥发致冷以及表面气流速率的控制（Croll，1987），整个过程类似于溶剂型涂料中的第一阶段。大部分水逸出后，水的挥发速率因表层的聚结而减慢，因为水分子必须扩散过该聚结层才能逸出。当采用刷涂或滚涂工艺时，希望延缓已部分形成的表面聚结层的发展，以便于在湿膜上复涂。通常要加入一些像丙二醇一样重要的慢挥发性溶剂，这些溶剂不影响水的初始挥发速率，但可减缓表面皮肤层的形成。这类水溶性溶剂也促进了成膜助剂的挥发。这两种溶剂的使用以及缩减溶剂用量的方法将在第 31 章作进一步论述。

18.4 黏度的影响

溶剂对树脂溶液的黏度有重要影响。其影响来自两个方面：溶剂本身的黏度和溶剂-树脂间的相互作用。溶剂黏度对溶液黏度的直接影响遵循黏度-树脂浓度关系式，该最简关系式给出了溶液黏度对溶剂黏度的依赖关系，但它只对溶液黏度在 0.1～10Pa·s之间很窄的范围有效。

$$\ln \eta_{(溶液)} = \ln \eta_{(溶剂)} + K(\text{conc.})$$

式中，K 为常数；(conc.）是树脂浓度项。

该式的预测结果令人惊讶：例如，黏度分别为 1.0mPa·s 和 1.2mPa·s 的两种溶剂黏度差只有 0.2mPa·s，看似很小，但它会使浓度为 50%（质量分数）的树脂溶液（10Pa·s vs. 12Pa·s）产生 2000mPa·s 的黏度差（Patton，1979a，p 109）。树脂溶液浓度与黏度的关系在 3.4.3 节有更为详细的讨论。

在比较溶液黏度时要小心，因为文献中给出的比较数据有的是按质量，有的是按体积，有的是按单位体积涂料中溶剂的质量，还有的是按单位体积中树脂的质量。所以必须明确，基于哪一种比较更适合于特定目的。在考虑树脂溶液黏度时常用质量比，但这样会产生误导，因为空气污染法规是按单位体积涂料中溶剂的质量计算的。若基于质量来比较不同溶剂树脂溶液的黏度，但想要的是尽量减小单位体积涂料中溶剂的质量，这时就会出错。由于流动通常与体积相关，似乎以体积分数作对比更好，但聚合物溶液很少是理想溶液，所以体积分数数值本身具有不确定性。

Sprinkle（1983）研究了不同溶剂对溶剂浓度为 400g/L 丙烯酸树脂溶液黏度的影响（表 18.5）。作为对比，也给出了溶剂的密度和黏度。表中数据说明，对给定聚合物，溶剂种类对溶液黏度有显著影响。这些溶液的质量浓度不是常数，也许比较具有相同质量浓度的溶液的黏度会更有用。数据表明，正如理论所预测的那样，低密度和低黏度的溶剂倾向得到低黏度的溶液。但其中也涉及其他因素。

表 18.5　25℃下高固体分丙烯酸树脂溶液的黏度

溶剂	溶剂黏度/mPa·s	溶剂密度/(g/mL)	溶液黏度/mPa·s
甲基丙基酮	0.68	0.805	80
甲基异丁基酮	0.55	0.802	110
乙酸乙酯	0.46	0.894	121
甲基戊基酮	0.77	0.814	147
乙酸正丁酯	0.71	0.883	202
甲苯	0.55	0.877	290
异丁酸异丁酯	0.83	0.851	367
二甲苯	0.66	0.877	367

注：源自 Sprinkle (1983)。

溶剂-溶剂相互作用有时对混合溶剂的黏度有重要影响。总的来说，除了含醇或水的混合物外，影响一般很小。当适量（通常<40%）醇与其他溶剂混合时，溶液的黏度不会按它们相对高的纯黏度来成比例地增大（Rocklin 和 Edwards，1976）。这是由于其他溶剂分子减少了醇分子之间多种氢键的相互作用。这种效应在溶剂的水溶液中更大，而且不易预测。

溶剂-树脂间的相互作用对溶液黏度影响很大。为了区别于前面讨论的对溶剂黏度的影响，通常用溶液的相对黏度（η/η_s）来进行比较。这种相互作用的影响复杂，即使对相对简单的体系也没有完全搞清楚。至少有两个因素在起作用。第一个因素是，多数涂料用树脂都有极性基和能形成氢键的取代基，如羟基或羧基，它们倾向于和其他分子上的极性基缔合，一般会使体系的黏度大大升高。溶剂可通过与极性基团的相互作用来防止或减少这种缔合，使体系黏度降低。有单一氢键受体位点的极性溶剂如酮类、酯类和醚类，可以有效降低体系黏度。水也能降低能形成氢键的预聚体的黏度。无溶剂涂料（根据配方）中可溶解高达20%的水；加入5%～15%的水可以降低40%～60%的黏度（Jones，1996）。

第二个因素是，溶剂对与溶剂分子紧密缔合的单个树脂分子流体力学体积的影响。若树脂分子与溶剂分子之间的相互作用强，树脂分子链就更伸展，流体力学体积就增大。反之，若相互作用较弱，分子收缩，流体力学体积就变小。相对黏度往往与流体力学体积直接相关。但是，如果溶剂-树脂之间的相互作用弱到一定程度，树脂-树脂之间靠相互作用形成了分子簇，则相对黏度和黏度就会增大。对于大多数涂料，特别是含低分子量树脂的高固体分涂料，虽然流体力学体积的影响很显著，但在两种影响中，树脂-树脂间的相互作用较强。为了抵消树脂-树脂相互作用的影响，多数高固体分涂料中含有氢键受体型溶剂。使用混合溶剂时的情况更为复杂。Erickson 和 Garner（1977）研究了有限的体系，发现相对黏度主要受与树脂相互作用最强的溶剂的支配。

要注意，相对黏度对于了解影响黏度的因素是有用的，但在涂料施工过程中，黏度比相对黏度更重要，一种能降低相对黏度的溶剂可能会使溶液的黏度升高。树脂溶液的黏度在3.4节中有进一步讨论。

溶剂也会影响贮存稳定性。在三聚氰胺-甲醛树脂配方中加入醇，可减少贮存过程中的交联反应，使贮存期延长（11.3.3节）。聚酯在贮存过程中可与伯醇发生酯交换，这对于水稀释性聚酯体系来说更成问题（10.5 节）。在贮存过程中醇能缓慢地与环氧树脂反应，氢键受体溶剂能延长环氧-胺涂料的贮存期（13.2.5 节）。氢键受体溶剂可降低异氰酸酯与羟基的反应速率，延长贮存期（12.4 节和 Hazel 等，1997）。一般双组分聚氨酯要用只含极少量醇或水的氨酯级酯和酮作溶剂。

18.5 易燃性

可燃性涂料溶剂的着火和爆炸会引起可怕的大火。曾经发生过造成人员死亡或严重烧伤的悲惨事故。遗憾的是，这些事故本来是可以避免的。

大多数涂料用溶剂都是易燃的。在实验室、涂料厂和施工环境中使用溶剂时应小心谨慎。可燃性取决于结构和蒸气压。一般地，蒸气浓度有个引起燃烧和爆炸的上限和下限。如果溶剂的蒸气分压很低，燃烧时释放出的热量也低，此时就不能使汽-气混合物的温度高于其着火温度。如果溶剂的蒸气分压很高，则没有足够的氧气发生爆炸或着火。许多溶剂的上下爆炸极限都可以查到。装满溶剂的容器着火的危险性可能比刚空出的容器要小，因为前者的气相中溶剂浓度可能高于其爆炸上限，而“空”容器中溶剂浓度可能在爆炸极限范围内。

静电是涂料厂发生火灾最常见的原因。当溶剂靠重力从一个容器流入另一个容器时，摩擦产生的静电荷足以引起火花，从而引发火灾或爆炸。为了避免电荷积累，所有有溶剂和有溶剂混合物的容器、管道等都必须一直接地。另外的原因是电机或电气连接故障产生的火花。工厂和实验室应安装防爆电气装置，永远不要试图绕过这些防爆设施。当然，吸烟也是潜在的火源。

可燃性测试主要有开杯和闭杯两类，二者测量的都是闪点，即溶剂被热丝点燃的最低温度。ASTM 规定了这两种测试的标准条件。通常，开杯闪点适合指示液体暴露在空气中的场景，如泄漏时混合物的危险程度；闭杯闪点则更接近于指示封闭在容器中液体的火险程度。美国交通部易燃液体运输法规是基于闭杯闪点制定的。运输成本很大程度上受所运材料闪点的影响。闭杯闪点比开杯闪点低。建筑涂料用溶剂的闭杯闪点应高于 38℃。许多溶剂的闪点均可查到，不同来源的闪点有时会不一样。有些溶剂的闪点存在差异不足为奇，如石脑油和松节油等，因为它们本身就是组成不定的混合物，但如乙酸丁酯等单一成分溶剂也有差异。ASTM 法可精确到＋2.5℃，低于 0℃时重现性较差。

许多涂料使用混合溶剂，用实验来确定混合物的闪点最为安全。Ellis（1976，p 45）讨论了影响闪点的一些因素，包括混合溶剂中分子间的相互作用。Wu 等人（1988）使用只需要纯溶剂闪点和分子结构的 UNIFAC 计算程序，很好地预测了混合溶剂的闭杯闪点。利用由二元混合溶剂闪点导出的 UNIFAC 基团相互作用参数，可以得到最佳结果。用较简单的方法来估算混合溶剂的闪点也曾有过报道（McGovern，1992）。

只要满足两个条件之一，就可消除火灾或爆炸的危险。即空气中溶剂蒸气浓度保持远在可能着火的浓度范围以外，或者消除所有的引燃源，就不会着火。很不幸，许多已发生的事故就是因为这两个条件都不满足，结果导致严重烧伤和死亡。由于很难确定在所有情况下都能满足这两个条件中的一个，因此谨慎的做法是采取所有可能的措施来满足这两个条件。良好通风的重要性怎么强调都不过分，尤其是因为较重的溶剂蒸气可能会在静止的空气中分层。其结果是，尽管平均浓度低于爆炸下限，但溶剂蒸气会在工作区下方富集，很可能会高于爆炸下限而引发事故。

18.6 其他物理性质

密度是一个重要变量，对成本有很大影响。多数溶剂是按质量出售的，但在几乎所有情况下，涂料领域的关键因素亦即关键成本是按单位体积计算的。美国大多数空气污染法规（18.9节）是基于单位体积涂料中溶剂的质量，这也有利于在配方中使用低密度溶剂。

电导率会影响溶剂的选择。如23.2.3节所述，静电喷涂要求控制涂层的电导率。一般来说，有可观但低导电率的溶剂型涂料用起来最好。烃类溶剂的电导率太低，无法获得足够的静电电荷。醇类、硝基烷烃和少量胺是常见的溶剂或添加剂，可将电导率提高到所需的范围。

水性涂料的电导率相对较高，在静电喷涂中会带来一些麻烦，比如需要对喷涂设备进行绝缘处理，以及雾滴的电荷损失相对较快等。助剂可使后一个问题最小化。例如，配方中引入乙二醇醚类，通过显著降低水的表面导电性来改善水性涂料的喷涂性。据推测，喷涂过程中醚的烷基会迅速地定向到雾滴的表面。

表面张力（24.1节）是影响溶剂选择的另一个重要因素。溶剂会影响涂料的表面张力，而表面张力反过来又会对涂料施工过程中湿膜的流动性产生重要影响，这在第24章中有详细的论述。溶剂也是影响涂料施工和成膜过程中涂膜表面产生局部表面张力差的一个因素，该表面张力差会影响流动行为（Hahn，1971；Overdiep，1986）。由于表面张力与温度和树脂浓度有关，所以溶剂的挥发性对表面张力差的发展有很大影响。涂料要润湿基材，涂层的表面张力必须低于基材的表面张力。尤其对于水性体系，选择溶剂也很重要。虽然添加表面活性剂可以降低水性体系的表面张力，但通常更希望用乙二醇丁醚这样的溶剂来达到相同的目的。因为溶剂会挥发掉，而表面活性剂会残留在漆膜中，从而损害漆膜的附着力、耐水性等性能。如第24章所述，表面活性剂还会带来各种问题。

18.7 有毒危害性

在考虑挥发性溶剂的毒性风险时，必须结合毒性数据来研究暴露程度。所有溶剂在一定暴露程度上都有毒。显然要避免摄入，穿戴防护服可以防止与皮肤的接触。一般来说，最大的潜在风险来自吸入。

有三种重要的通用毒性数据。第一种是急性毒性数据，指致伤或致死的一次摄入剂量，这类信息在意外摄入或泄漏的情况下尤为重要；第二种毒性数据涉及长时间每天接触8h时的安全暴露水平，这类数据用来设定环境如喷漆房内溶剂的浓度上限；第三种毒性数据是指在低水平暴露多年会增大健康危害如癌变的风险。一般通过动物实验，当发现一种溶剂可能致癌时，就会把允许浓度设定的很低。由于这样低的浓度往往难以用经济可行的方法加以控制，所以禁止使用致癌溶剂。就是因为这个原因，多年前就已开始禁止将苯用于涂料中。曾测试过涂料中大量使用的多数溶剂，认为它们是非致癌的。谨慎的做法是让使用者了解所用材料的基本知识，尽量减少吸入和接触所有溶剂。上述三种毒性数据均可查到。

在对涂料进行系统说明时，必须考虑针对的是什么样的客户群。零售涂料要仔细地贴好标签，并标注上警示信息，必须假设许多人不会去阅读标签。卖给大公司时，可认为他们会阅读材料安全数据，并会建立适当的操作规程。但若是卖给像汽车修理店这样的小客户，就不能想当然地认为客户会充分注意到预防措施。将含有某种有毒溶剂的涂料卖给一类用户可能是合乎道德的，但卖给另一类用户，尽管可能是合法的，却未必合乎道德。一个常见的困难是要知道暴露的程度。Smith 等人（1987）描述了一种方法，用来评估零售用户涂装房间时可能的暴露水平。

自 1976 年以来，美国的化学品一直受到《有毒物质控制法》（ToSCA 或 TSCA）的管制。该法案于 2016 年修订，建立了新的基于风险的安全标准，并明确了 EPA 的执行程序。法案正在实施之中，这无疑将对涂料配方产生影响。

1990 年美国国会通过了一项法律，确定了要减少使用的 189 种 HAP 清单（Brezinski 和 Koleske，1995），许多重要的涂料用溶剂都在其中。该清单偶尔会被修改，例如，2004 年和 2005 年就把乙二醇丁醚和甲乙酮从清单里移除了。美国 EPA 法律的实施将在 18.9.2 节中讨论。

2007 年欧盟启动了一项为期 11 年的化学品注册、评估、授权和限制（REACH）计划。

展望未来，随着全球溶剂毒性法规的加强，涂料配方设计师和生产商将面临许多挑战。例如，2016 年美国对 ToSCA 进行了改革；加州有毒物质控制部门正在制定严厉的法规（DTSC，2014）；欧盟的 REACH 法规可能会被修改，变得更加严格。

18.8 大气光化学效应

20 世纪 50 年代以来，人们普遍认识到，大气中的有机化合物会导致严重的空气污染。术语有些混淆，在较早的文献中，这类化合物被称为“烃类”，指的是任何有机化合物，而不仅仅是未取代的烃类。最近，又称它们为 VOC。也有用反应性有机气体（ROG）和反应性有机化合物（ROC）的。美国加州根据 MIR 对溶剂进行分类。在欧洲，溶剂按 POCP 进行分类。

VOC 排放到大气中所产生的三个最终结果是重要的：眼睛刺激物、微粒和有毒氧化剂，特别是臭氧。虽然这三者都很重要，但对涂料而言，最主要的还是对对流层臭氧水平的影响，这是离地球表面最近的大气层。（在高层大气中，臭氧保护地球免受紫外线辐射的破坏。）臭氧是大气中自然存在的成分，它对动物和植物都是有毒的。当你走进高山上的深林，闻到美妙的“新鲜空气”，部分就是臭氧的气味。松树和橡树向大气中排放大量生物源 VOC，紫外线随着海拔的升高而增强，因而生成的臭氧也多。植物和动物是在有臭氧的环境中进化的，所以在一定程度上可以忍受臭氧的存在。据估计，全球生物源的 VOC 排放量是人为源排放量的 10 倍。但随着人为源 VOC 排放量的增加，世界上许多地方，特别是城市及其周边地区，每年有许多天的臭氧水平较高，已增加了危及人类健康的风险，特别是对易感人群。美国 EPA（2013）在“臭氧和相关光化学氧化剂的综合科学评估”中详细介绍了关于臭氧效应的基本知识。

美国的年生物源 VOC 排放量粗略估计为 4000 万短吨（1 短吨＝0.9072t——译者注），是人为源排放的 3 倍多，但大部分的人为排放集中在人口密集地区。根据美国 EPA 的报告，美国年均人为源 VOC 排放量 1970 年达到顶峰，约为 3370 万短吨，以后稳步下降，2004 年降到约 1600 万短吨［Anon.（US EPA），1900～1998］，2011 年降到约 1230 万短吨。这 63％的降幅是一项重大成就，尤其需要指出的是，这段时间里 GDP、人口和汽车行驶里程都在大幅增长。自 1970 年以来，涂料的 VOC 排放量大致按比例下降，占同期人为源排放总量的11%～15%。然而臭氧水平在1990年至2010年间仅下降了17%。涂料行业已做了大量工作来减少VOC排放，但还需要继续努力。

自1979年至1997年，美国国家环境空气质量标准规定，空气中臭氧浓度高于0.12μL/L的时间每年不得超过1h（3年以上的平均值）（US EPA，2015）。1997年改变了测量方案，标准降到0.08μL/L。2008年和2015年分别进一步降低到0.075μL/L和0.070μL/L（US EPA，2016）。尽管情况在逐步改善，但到2016年，几乎没有一个美国大都市达到2008年的标准（US EPA，2017），更不用说2015年的标准了。最严重的问题仍然在加州的大片地区存在。EPA的臭氧标准备受争议，对实施成本和效益的估算差异很大。

大气中的光化学反应很复杂，和许多因素有关。VOC的量和化学结构，以及各种氮氧化物的浓度都很重要。对这些反应的充分讨论不在本书范围内。

Dobson（1994）、Seinfeld（1989）和Atkinson（1990，2000）撰写了简明而详细的科学综述。产生臭氧的主要途径很可能是从VOC化合物上提取氢的反应。图18.3给出了生成臭氧的一些反应，其中RH表示VOC化合物。但这个示意图过于简单，许多复杂性没有反映出来。这一学科还在不断发展，欲知详情，读者可参阅2015年5月27日的《化学评论》特刊，其中有几篇大气化学的长篇评论。

从图18.3可以看出，氮氧化物（NO_x）参与了臭氧形成反应。美国国家研究委员会的一项研究（Anon.，1991）指出，在美国许多地区，要想大量减少臭氧，除了降低或替代VOC外，只有降低NO_x浓度。涂料几乎不排放NO_x，其主要来源是发电和交通。

影响从VOC生成臭氧速率的一个重要因素是自由基从ROG中夺氢的难易程度，如图18.3第一个反应中的羟基自由基夺取RH分子上H原子的难易程度。Atkinson（1999，2000）发表了大量有机化合物的反应速率常数。一般来说，胺或醚类化合物α碳原子的氢、叔碳原子的氢、烯丙基上的氢、苄基上的氢等都是容易被夺下来的（5.1节）。POCP值是通过羟基自由基与不同溶剂的反应速率确定的。

$$RH + \cdot OH \longrightarrow H_2O + R\cdot$$
$$R\cdot + O_2 \longrightarrow ROO\cdot$$
$$ROO\cdot + NO \longrightarrow RO\cdot + NO_2$$
$$NO_2 + h\nu \longrightarrow NO + O$$
$$O_2 + O \longrightarrow O_3$$

图18.3 大气中产生臭氧的简化方程式

羟基自由基对POCP中臭氧生成的影响和NO_x与ROC之比有关。因此，Atkinson测定了不同溶剂产生臭氧的能力，方法是将溶剂注入一个充满标准ROG混合物和含有适于该区域NO_x水平的烟雾室中，用生成臭氧的最大值除以溶剂量来计算溶剂对臭氧生成的增量效应。表18.6列出了一些溶剂的最大增量反应活性（MIR）值。关于气溶胶法规的讨论见18.9.2节。

表18.6 部分溶剂的MIR值

溶剂	MIR值/(g/g)
乙酸甲酯	0.07
PCBTF	0.11
乙酸叔丁酯	0.22
丙酮	0.43
乙酸正丁酯	0.89

续表

溶剂	MIR 值/(g/g)
净味溶剂油	0.91
异丁醇	1.60
1-甲基-2-丙基乙酸酯	1.71
VM&P 石脑油	2.03
甲苯	3.97
甲基异丁基酮	4.31
混合二甲苯	7.37

在喷涂施工中，VOC 的排放明显受涂料上漆率的影响。喷涂时，只有部分涂料涂覆到工件上。上漆率代表实际应用在产品上的涂料的百分数。随着上漆率的提高，浪费的涂料减少，相应也降低了 VOC 的排放量。上漆率取决于许多变量，特别是所用喷涂设备的类型（23.2 节）。对某些情况已建立了规则，要求使用某些类型的喷涂设备，或设置一个上漆率下限，例如 65%。

除了降低涂料中 VOC 含量和提高上漆率外，减少 VOC 排放常用的方法还有两种，即溶剂回收和焚烧。在某些情况下，从涂料中回收蒸发出的溶剂是可行的。它是将干燥室出来的气流先经活性炭吸附床吸附溶剂后再排出。当活性炭吸附达到饱和后，通过加热即可蒸出和回收溶剂。另外，也可将含有溶剂的空气通过一液氮冷凝器来回收溶剂。用该法的一个好处是，汽化了的液氮再引入干燥室，这样可降低干燥室氧的含量，使溶剂浓度得以提高而不超过爆炸下限。只要可行，溶剂回收就是可取的，但其可行性受气流中溶剂浓度必须低于爆炸下限的限制。喷漆室出来的气流中溶剂也必须低于可能有毒害的浓度，该浓度通常过低，使溶剂回收经济上不划算。

通过焚烧也可减少 VOC 排放，在催化剂存在下，将载有溶剂的气流加热到足够高的温度把溶剂烧掉。与溶剂回收一样，该方法只有在溶剂浓度较高时经济上才是可行性。焚烧法特别适用于卷材涂料（30.4 节）。在这种情况下，大部分溶剂从烘箱中挥发出来，从烘箱中出来的部分气流再进入烘箱，气流再循环的量以使溶剂浓度不接近其爆炸下限为度。多余的气流送入烘箱的燃烧器，将其中的溶剂与燃气一起烧掉，溶剂燃烧产生的热量降低了燃气的用量。这样，即降低了 VOC 的排放，又利用了溶剂的燃烧值。

在汽车和卡车装配厂排放的 VOC 中，很大一部分来自涂装作业。1970 年至 1995 年间，通过减少涂料 VOC、提高上漆率和焚烧处理，典型汽车装配厂的 VOC 排放量减少了 70%～80%（Praschan，1995）。减排仍在继续：从 2002 年到 2013 年，丰田在美国的 14 个制造厂减少了 63%的 VOC 排放。

18.9 涂料的溶剂排放法规

在欧洲、亚洲和北美，VOC 和 HAP 溶剂的排放受政府法规的限制。南美洲和非洲部分地区也正在制订或考虑制订相关法规。另外，也正在非常努力地来改善室内的空气质量。相关法规会定期修订，互联网上有大量关于当前形势的信息。在描述法规之前，首先要介绍 VOC 的测量问题。

18.9.1 VOC的测定

不含豁免溶剂或水的溶剂型涂料的VOC简单定义为：

$$\mathrm{VOC}=10(100-\mathrm{NVW})(\text{液体涂料密度})$$

式中，NVW是非挥发物的质量，将样品放在对流烘箱中在110℃下加热1h测得；密度以g/mL表示；10是要把VOC单位转换为g/L需要乘的系数。每加仑的磅数可用g/L乘以120来计算。

对含水和/或豁免溶剂的涂料，VOC有一个更通用的定义：

$$\mathrm{VOC}=\frac{10[\text{所有挥发物}(\%,\text{质量分数})-\text{水}(\%,\text{质量分数})-\text{豁免溶剂}(\%,\text{质量分数})](\text{涂料密度})}{\text{涂料升数}-\text{水升数}-\text{豁免溶剂升数}}$$

一个方便的VOC计算工具可从南岸空气质量管理区（South Coast Air Quality Management District，SCAQMD）网站下载。

VOC的定义是质量/体积，这是因为传统空气污染数据是按污染物的质量计算的，而液体涂料则是基于体积来出售和使用的。法规限制的是涂料在“施工”时VOC的含量。用户从涂料公司买到涂料后再加入一些溶剂也是常见的事，此时要按加了溶剂后的涂料来计算VOC。VOC公式中的水分项不包括低固含量的涂料，这些涂料用水稀释过，但相对于最终干膜厚度，VOC含量仍然很高。豁免溶剂分项主要是北美对此感兴趣。

豁免溶剂。早期美国EPA和加州法规将几乎所有涂料用溶剂一律列入不受欢迎之列。但人们很快意识到，某些溶剂在大气中的光化学反应性可以忽略不计，所以EPA现在对某些此类溶剂免除管制，即上述VOC公式中的豁免溶剂项。常用的豁免溶剂包括水、丙酮、TBAC、CO_2、4-氯三氟甲苯（PCBTF）、乙酸甲酯、碳酸二甲酯（DMC）、PC以及2-氨基-2-甲基-1-丙醇（AMP），AMP是水性涂料中常用的一种可溶性胺。许多州接受EPA的界定，但约一半的州在批准之前会审查EPA的数据资料。免除清单可以更改。如果新溶剂的反应活性可以忽略不计，则可以被豁免，但新信息也可能导致溶剂从清单中删除。CARB条例102（www.arb.ca.gov/.../r102）列出了在加州豁免的溶剂；TBAC只在某些类型的涂料中得到豁免。条例102经常修订。

多数豁免溶剂挥发太快，不能作为大多数涂料的唯一溶剂。PCBTF挥发较慢但很贵，其溶解能力类似于二甲苯。Ostrowski（2000）讨论了使用PCBTF的涂料配方。

美国几个州和加拿大将涂料稀释剂和脱模剂的VOC含量限制在50g/L或3.0%（质量分数）。为了满足要求，这些产品主要使用豁免溶剂。

一个回避不了的问题是：如何定义VOC中的V（挥发性）？计算或测量涂料VOC的释放量似乎很容易，其实不然。在大多数情况下，即使知道涂料的确切配方，也只能计算出潜在VOC排放量的近似值。原因有许多，溶剂可以在漆膜中滞留很长时间。在乳胶漆中，成膜助剂只是缓慢地从漆膜中释放出来。在交联涂料中，交联反应可能会产生挥发性的副产物。例如，三聚氰胺甲醛树脂-MF交联时，每一个共缩合反应都生成一个挥发性醇分子，自缩合反应会有醇、甲醛和甲缩醛排放。释放量取决于固化条件和催化剂用量。另一方面，当在MF交联体系中加入慢挥发性溶剂乙二醇醚时，部分乙二醇醚分子很可能与MF树脂发生醚交换反应而不会从膜中释放出来。水稀释性涂料中用作“增溶”的胺，依据条件和胺结构的不同，挥发出来的程度也不同（Wicks和Chen，1978；Hill等，1996）。如前所述，在美国和加拿大法规中，2-氨基-2-甲基-1-丙醇不作为VOC。

对于高固体分双组分涂料，挥发性物质的量会受许多变量的影响，其中两组分混合和施工之间的时间间隔最重要。超高固体分涂料含有低分子量聚合物，特别在烘烤时，一些低聚物可能会挥发。

在欧盟大部分地区、加拿大和亚洲的一些地区，认为沸点超过 250℃的溶剂都不是 VOC。虽然这一定义简单，但它允许配方设计师使用成膜助剂，它们至少能部分地挥发，并可能导致臭氧的形成。欧盟正在考虑将最高沸点提到 280℃。美国 EPA、加州空气资源委员会（CARB）以及跨州的臭氧运输委员会（OTC）规定，豁免溶剂为沸点高于 216℃、蒸气压小于 0.1mmHg(1mmHg=133.322Pa，译者注）的溶剂，或者是在许多消费品而不是多数涂料中使用的超过 12 个碳原子的有机物（www.arb.ca.gov/consprod/regs.pdf）。

从涂料配方计算 VOC 不准确，直接测定涂料中的 VOC 也是一样。VOC 释放量与施工条件有关。时间、温度、膜厚、表面气流，在某些情况下，交联催化剂的用量都影响测定结果。虽然在施工条件下确定似乎最合适，但不容易做到。对于气干涂料，测定所需的时间会很长。对于烤漆，相同的漆使用条件会有所不同。大家普遍认为，应该有一个测定 VOC 的标准方法，但对该标准方法究竟应该是什么样的没有达成一致。考虑到施工变量的影响，是否能开发出一个合适的标准方法值得怀疑。

Vo 和 Morris（2012）通过比较不同溶剂和液体在四种 VOC 测试方法中的情况来说明问题所在：

- 美国 EPA 方法 24：在 110℃的鼓风烘箱中干燥 1h 的失重。当有水或豁免溶剂时，必须对它们进行单独分析或根据公式计算。该方法由 ASTM D-2369-89 演变而来。欧洲对应的是 ISO 11890-1。
- SCAQMD 方法 313：气相色谱/质谱（GC/MS）法。其中所有洗脱速率快于高沸点标记物（棕榈酸甲酯沸点为 332℃）的化合物均计入 VOC，除非它们是豁免溶剂。[与 ASTM 法 D6886 类似；在欧洲，标准方法使用 GC，ISO 11890-2，但标记物的沸点（250℃）较低。]
- ASTM 方法 E-1868-10：热重分析法（TGA）。对水和豁免溶剂的限制与方法 24 相同。
- 1g 样品置于培养皿或铝盘中，测定在环境温度（20～30℃）下放置 6 个月以上的失重。测试是对“纯”液体样品，从漆膜中挥发几乎肯定会慢一些。

作者记录了四种测试方法所得结果，发现它们之间有许多差异。在室温失重实验中，作者将所研究的物质分为挥发性（6 个月内完全失重）、半挥发性（60%～5%的失重）和非挥发性（可忽略的失重）三类。室温测试法将两种常用的成膜助剂归为挥发性溶剂，但它们的沸点都高于 250℃，在欧盟不属于 VOC。C_{15}到 C_{17}的碳氢化合物沸点为 270～302℃，归类为半挥发性溶剂。

Arendt 等（2014）也评估了 VOC 的测试方法，并用这些方法对所选成膜助剂进行了分析。

通过 ASTM D-2369-89 的循环测试可以看出，用于测定 VOC 的失重法存在很大的实验误差。对于水性涂料，由于需要测定其含水量，误差会更大；水的分析方法尤其差。标准气相色谱法 ASTM D-3792-99 的重现率仅为 5%。相当复杂的 Karl Fischer 法（ASTM D-4017-02）的重现率只有 5.5%，比早期有了改进。用 ASTM D-3960-96 法对水性汽车漆进行循环测试，重现性仅为 9.75%，其中重现性差主要归因于水分析法。注意，在前面的公式中，随着水与管控溶剂比例的增加，水分析的误差在计算 VOC 时会被放大。这对于那些 VOC 含量极低，比如符合当前 VOC 限量为 50g/L 的涂料至关重要。现正在努力对测试方法进行改进。

前已述及，另一种方法是根据涂料配方来计算 VOC。计算需要知道所有涂料组分中的溶剂含量，并假设实际排放的溶剂比例，以及通过交联等化学反应额外产生的 VOC 的量。即便如此，在许多情况下，VOC 的计算值可能比实测值更可靠，特别是对于 VOC 含量极低的水性涂料。

在美国和其他地方，市场上有的涂料称为“零 VOC”，其依据是，有时用美国 EPA 方法 24 没有检测到 VOC。2017 年加州部分地区通过了“方法 313”，这是一种使用气相色谱和质谱法测定 VOC 的相当复杂的方法，有望提供更准确的测量结果。

18.9.2 法规

Cogar（2015）总结了北美、欧洲和亚洲的 VOC 法规。这些法规很复杂，而且不同国家和地区差别很大。在此我们给出几个建筑涂料的例子。

美国所有的州和地区都必须遵守 EPA 法规［Anon.（US EPA），2017］。地方政府也可以制订更严格的规定。多年来，加州实施了更严格的限制，其他许多州也纷纷效仿。Cogar（2015）提供的 2014 年表格说明了美国 VOC 监管的复杂性，该表格比较了在加州 23 个不同司法管辖区内美国 EPA 对几十种建筑和工业维护（AIM）涂料的 VOC 限值，以及这 23 个辖区的相应限值。这仅仅是在一个州。其他规则正在制订中，该表格需要经常更新（Anon.，2016）。

这里我们将简要介绍一下建筑涂料的法规。工业和特殊用途涂料的 VOC 也受到高度管制。读者可从大型涂料厂的网站上获取最新信息。

截至 2015 年，美国 EPA 允许建筑亚光漆的 VOC 为 250g/L，而加州关键地区只允许 50g/L，还可能会进一步降低。美国 EPA 允许“快干瓷釉漆”的 VOC 为 450g/L，但加州大部分地区限量为 250g/L，加拿大仅为 100g/L。EPA 允许非亚光和高光漆的 VOC 为 380g/L，加州是 50～250g/L，是 SCAQMD 设定的最低限。

CARB 和 SCAQMD 是监管 VOC 的先行者，因为臭氧和雾霾问题在加州非常严重，尤其是在洛杉矶地区。通过他们的努力，雾霾和臭氧问题得到了显著改善，特别是在沿海地区更为明显。但加州部分地区的臭氧问题仍然是美国最严重的。因为低 VOC 涂料在技术上是可行的，所以加州相关机构继续严格监管涂料，有时会采用“技术强制”规则。有时其他司法管辖区将这些规则视为典范。

到 2016 年，美国大约有一半的州已经采用了比美国 EPA 要求更严格的 VOC 法规。例如，涉及约 13 个东北部州的 OTC 制定了两套示范规则，规定了降低 VOC 的不同水平。多数会员州曾经颁布过不那么严格的示范规则，目前正在考虑制定更严格的法规（www. otcair. org）。

在欧盟，VOC 限量由理事会指令 2004/42/EC 制订，并在其后予以增补。水性亚光涂料的 VOC 限量为 30～40g/L。但由于将 VOC 定义为沸点低于 250℃的有机化合物，这样某些高沸点的成膜助剂就不是 VOC，所以实际限制比单从数据看起来更宽松一些。

亚洲对 VOC 的定义与欧洲大同小异。中国允许建筑涂料的 VOC 为 120～150g/L，韩国为 40g/L（欧盟，2010）。中国正在考虑更严格的限制，并于 2015 年开始对 VOC 征税。

日本自愿制订了非常低的限量。其他许多亚洲国家也有自己的VOC限量，范围在50～150g/L之间。

每个汽车装配厂都受“地方政府许可”的管制，不同地方的规定差别很大。通常是规定一个工厂挥发物排放的总量而不是单一涂料。与单独VOC管理方法相比，汽车制造商具有更大的灵活性；他们可以结合使用低VOC涂料、焚烧和溶剂回收等手段达标。在欧洲，工业排放一般以碳排放重量/涂层面积来规范，通常以g/m^2表示。这是一个明智的方法，值得推广。

除了控制VOC，溶剂的有毒危害也要控制。如18.7节所述，美国EPA于1990年开始对选定的HAP进行管制。1990年的HAP名单上包括MEK、MIBK、正己烷、甲苯、二甲苯、甲醇、乙二醇以及乙二醇醚类，这些都是当时重要的涂料用溶剂。针对1995～1999年间涂料用户的主要类别，颁布了“EPA统一空气有毒物质法规”，其中包括强制性的HAP限制。涂料中HAP分析的新方法已经公布（US EPA，2014）。

EPA已规定了任一设施HAP的排放量，每年每种HAP为10t，每年所有HAP总量不超过25t。对更危险的化学物质还设定了更低限量。多年来，包括TBAC、MEK和乙二醇丁醚在内的几种溶剂已从HAP清单中去除。同时去除的还有己内酰胺，尽管它不是溶剂，但对粉末涂料很重要。美国一些州制定了自己的清单，其中含有不在国家HAP名单上的溶剂。目前的HAP清单为人们用未列溶剂替代所列溶剂提供了动力。多数乙二醇、二甘醇和三甘醇的单醚和二醚都在HAP清单上，但丙二醇醚不在其中。当然，如果未列溶剂与所列溶剂同样有害，则这种替代可能对减少危害或改善空气质量没有什么作用。

在欧洲，对有毒溶剂的额外监管已经到位或正在进行之中，2007 REACH立法要求对所有主要化学品进行全面测试，于2018年全面实施。欧盟委员会的进展报告（Anon.，2017）描述说它相当成功。另外，Bergkamp和Herbatscheck（2014）指出，该计划设立了几个监管机制，它们本应是互补的，但往往不是。例如，有一个批准化学品的管理组织，还有一个限制化学品的单独组织。制造商很困惑，不知道该听谁的。作者以极性非质子溶剂为例阐述了这个问题。

在制订未来法规时，就像现在对非豁免溶剂的看法一样，它们是否在大气中也同样不受欢迎，大家有不同意见。然而，用反应性较弱的溶剂取代反应性较强的溶剂可能是有利的，这样它们至少可以有机会在大气中消散，把局部臭氧浓度过高的可能性降到最小。目前的方法是可行的，但可能不是最佳的。这方面已经采取了一些措施。欧洲的一些法规是按单一溶剂的POCP制订的。Atkinson（1990）提供了一份POCP值清单和溶剂重组的例子，以使POCP排放降到最低。利用反应动力学数据评估臭氧形成的变化，并在烟雾室中进行验证，已通过计算机建模计算出了POCP值。有大约200种VOC的POCP值可用。二甲苯和相关芳香烃的POCP值特别高。

CARB也已开始抛开总VOC的方法。CARB控制气溶胶涂料中溶剂（和推进剂）的法规是基于MIR值（表18.6），而不是基于溶剂总量。可以用MIR值来计算混合溶剂的MIR值，进而可算出每克涂料的MIR。在法规实施之前，加州气溶胶涂料的ROC排放量估计为每天26.5t，每天可产生56.3t的臭氧。表18.7列出了代表性气溶胶涂料每克产品臭氧的监管量。其他州也开始效仿CARB的做法。CARB计划在2017年收紧限制。

室内空气质量。VOC法规旨在保护受管制地区的室外空气，但室内空气质量也是一个问题（Cogar，2015）。许多组织提倡使用对室内空气影响最小的涂料，一个例子是“能源和环境设计先锋”（LEED）绿色建筑认证程序，通过使用低排放涂料，建筑商和改建者可以

表 18.7 气溶胶涂料的 MIR 限值

涂料	MIR 值/(g/g)
亚光漆	1.21
非亚光漆	1.40
底漆	1.11
汽车底漆	1.57
汽车面漆	1.77
汽车保险杠及装饰漆	1.75
路标漆	1.18
船舶桅杆清漆	0.87

获得绿色建筑认证分数。测量涂料排放的条款在施工后的第一个月内有效。

（阚成友　译）

综合参考文献

Chemical Reviews special issue "Chemistry in Climate," American Chemical Society, Ash, M.; Ash, I., *Handbook of Solvents*, 2nd ed., Synapse Information Resources, Endicott, 2003.

Washington, DC, May 27, 2015.

Ellis, W. H., Solvents, Federation of Societies for Coatings Technology, Blue Bell, 1986.

Lagowski, J. J., *The Chemistry of Nonaqueous Solvents*, a six-volume treatise, Academic Press, New York/London, 1970-2012.

Wypych, G., Ed., *Handbook of Solvents*, ChemTech/William Andrew, New York/Toronto, 2001.

参 考 文 献

Alfonsi, K., et al., *Green Chem.*, 2008, 10, 31-36.

Anon., Summary of Architectural Coating Rules in California as of December, 2016, from http://www.arb.ca.gov/coatings/arch/rules/VOClimits(accessed April 21, 2017).

Anon., from http://www.ec.europa.eu>EuropeanCommission>Environm ent>Chemicals(accessed March 20, 2017).

Anon. (National Research Council), *Rethinking the Ozone Problem in Urban and Regional Air Pollution*, National Academy Press, Washington, DC, 1991.

Anon. (US EPA), *National Air Pollution Emission Trends*, 1900-1998. *Air Emission Trends—Continued Progress Through 1994*. Detailed reports are accessible on the EPA web site, www.epa.gov and are updated periodically.

Anon. (US EPA), *Hazardous Air Pollutants Strategic Implementation Plan*, 2017, from http://www.epa.gov/ttn/atw/index.html(accessed March 20, 2017).

ARCO Chemical Co., ARCOCOMP Computer Solvent Selector Program, Newton Square, 1987.

Arendt, W.; Conner, M. M.; McBride, E., *Paint and Coatings Industry*, 2014, May 1.

Atkinson, R., *Atmos. Environ.*, 1990, 24A, 1.

Atkinson, R., *Atmos. Environ.*, 2000, 32, 2063-2101.

Bauer, D. R.; Briggs, L. M., *J. Coat. Technol.*, 1984, 56(716), 87.

Bergkamp, L.; Herbatschek, N., *Intl. Eur. Chem. Regul.*, 2014, 23(2), 221-245.

Brandenburger, L. B.; Hill, L. W., *J. Coat. Technol.*, 1979, 51(659), 57.

Brezinski, J. J.; Litton, R. K., Regulation of Volatile Organic Compound Emissions from Paints and Coatings in Koleske, J. V., Ed., *Paint and Coating Testing Manual*, ASTM, Philadelphia, 1995, pp 3-14.

Burrell, H., *Off. Digest*, 1955, 27, 726.

Cogar, J., *Paint and Coating Industry*, 2015, January 6. www.pcimag.com/events(accessed March 20, 2017).

Constable, D. J. C., Green Chemistry Innovation and Opportunity in the Pharmaceutical and Specialty Chemical Industries, 2013. www. industrialgreenchem. com(accessed April 17, 2017).

Cooper, C., et al., *J. Coat. Technol.*, 2001, 73(922), 19.

Croll, S. G., *J. Coat. Technol.*, 1987, 59(751), 81.

Dillon, P. W., *J. Coat. Technol.*, 1977, 49(634), 38.

Dobson, I. D., *Prog. Org. Coat.*, 1994, 24, 55.

DTSC. ca. gov, Priority Product Work Plan, 2014.

Ellis, W. H., *J. Coat. Technol.*, 1976, 48(614), 45.

Ellis, W. H., J. *Coat. Technol.*, 1983, 53(696), 63.

Erickson, J. R.; Garner, A. W., *Org. Coat. Plast. Chem. Prepr.*, 1977, 37(1), 447.

European Union, Directive 2010/75/EU of the European Parliament and of the Council, November 24, 2010.

Grulke, E. A., Solubility Parameter Values in Brandrup, J., et al., *Polymer Handbook*, 4th ed., John Wiley & Sons, Inc., New York, 1999, p VII/675.

Hahn, F. J., *J. Paint Technol.*, 1971, 45(562), 58.

Hansen, C. M., *The Three Dimensional Solubility Parameter and Solvent Diffusion Coefficient*, Thesis, Danish Technical Press, Copenhagen, 1967.

Hansen, C. M., *Ind. Eng. Chem. Prod. Res. Dev.*, 1970, 9, 282.

Hansen, C. M., Solubility Parameters in Koleske, J. V., Ed., *Paint & Coatings Testing Manual*, 14th ed., ASTM, Philadelphia, 1995, pp 383-404.

Hazel, N., et al., *Proceedings of the Waterborne High-Solids Powder Coatings Symposium*, New Orleans, LA, 1997, p 237.

Hildebrand, J., *J. Am. Chem. Soc.*, 1916, 38, 1452.

Hill, L. W.; Wicks, Jr., Z. W., *Prog. Org. Coat.*, 1982, 10, 55.

Hill, L. W., et al., Dynamic Mechanical Analysis of Property Development During Film Formation in Provder, T., et al., Eds., *Film Formation in Waterborne Coatings*, American Chemical Society, Washington, DC, 1996, p 235.

Hoy, K. L., *Tables of Solubility Parameters*, Union Carbide Corp., Chemicals & Plastics, R & D Dept., Charleston, 1969.

Hoy, K. L., *J. Paint Technol.*, 1970, 42(541), 76.

Huyskens, P. L.; Haulait-Pirson, M. C., *J. Coat. Technol.*, 1985, 57(724), 57.

Jackson, H. L., *J. Coat. Technol.*, 1986, 58(741), 87.

Jones, F. N., *J. Coat. Technol.*, 1996, 68(852), 25.

Kamlet, M. J., et al., *Chemtech*, 1986, September, 566.

Lasky, R. C., et al., *Polymer*, 1988, 29, 673.

Linak, E.; Bizzari, S. N., Global Solvents: Opportunities for Greener Solvents, 2013, from https://www. ihs. com(accessed April 21, 2017).

McGovern, J. L., *J. Coat. Technol.*, 1992, 64(810), 33, 39.

Newman, D. J.; Nunn, C. J., *Prog. Org. Coat.*, 1975, 3, 221.

Ostrowski, P., *Proceedings of the Waterborne High-Solids Powder Coatings Symposium*, New Orleans, LA, 2000, pp 448-459.

Overdiep, W. S., *Prog. Org. Coat.*, 1986, 14, 159.

Patton, T. C., *Paint Flow and Pigment Dispersion*, 2nd ed., Wiley-Interscience, New York, 1979a, p 109.

Patton, T. C., *Paint Flow and Pigment Dispersion*, 2nd ed., Wiley-Interscience, New York, 1979b, pp 306-310.

Patton, T. C., *Paint Flow and Pigment Dispersion*, 2nd ed., Wiley-Interscience, New York, 1979c, p 340.

Praschan, E. A., *ASTM Standardization News*, 1995, October, 24.

Rocklin, A. L., *J. Coat. Technol.*, 1976, 48(622), 4.

Rocklin, A. L., *J. Coat. Technol.*, 1986, 58(732), 61.

Rocklin, A. L.; Edwards, G. D., *J. Coat. Technol.*, 1976, 48(620), 68.

Seinfeld, J. H., *Science*, 1989, 243, 745.

Skjold-Jorgenson, S., et al., *Ind. Eng. Chem. Prod. Res. Dev.*, 1979, 18, 714.

Smith, R. L., et al., *J. Coat. Technol.*, 1987, 59(747), 21.

Sprinkle, Jr., G. F., *Modern Paint & Coatings*, 1983, April, 44.

Sullivan, D. A., *J. Paint Technol.*, 1975, 47(610), 60.

US EPA, EPA/600/R-10/076F, *Integrated Science Assessment for Ozone and Related Photochemical Oxidants*, Washington, DC, 2013, www.epa.gov/ord(accessed March 20, 2017).

US EPA, Method 311—*HAPS in Paints & Coatings*, Technology Transfer Network, Emission Measurement Center, 2014.

US EPA, *National Ambient Air Quality Standards (NAAQS) for Ozone*, 2015, from http://www.epa.gov(accessed March 20, 2017).

US EPA, *Table of Historical Ozone National Ambient Air Quality Standards (NAAQS)*, 2016, from http://www.epa.gov (accessed March 20, 2017).

US EPA, 2017, from https://www.epa.gov/green-book(accessed April 17, 2017).

Vo, U-U. T.; Morris, M. P., *Non-Volatile, Semi-Volatile or Volatile: Redefining Volatile for Volatile Organic Compounds*, South Coast Air Quality Management District, Diamond Bar, 2012, from http://www.aqmd.gov (accessed March 20, 2017).

Vrentas, J. S., et al., *Macromolecules*, 1996, 29, 3272.

Waggoner, R. A.; Blum, F. D., *J. Coat. Technol.*, 1989, 61(768), 51.

Watson, B. C.; Wicks, Jr., Z. W., *J. Coat. Technol.*, 1983, 55(698), 59.

Wicks, Jr., Z. W.; Chen, G. F., *J. Coat. Technol.*, 1978, 50(638), 39.

Wicks, Jr., Z. W., et al., *J. Coat. Technol.*, 1982, 54(688), 57.

Wu, S. H., J. *Appl. Polym. Sci.*, 1978, 22, 2769.

Wu, D. T., et al., *FATIPEC Congress Book*, Aachen, Vol. IV, 1988, p 227.

Yoshida, T., *Prog. Org. Coat.*, 1972, 1, 72.

第19章 颜色与外观

颜色和与颜色相关的光泽对涂料的装饰作用很重要，有时对其功能也很重要。我们自幼就开始接触颜色，但是大多数人对颜色知之甚少。许多技术人员只从涉及可见光分布的物理学的角度来看待颜色。虽然这确实是一个因素，但颜色其实是一种心理和生理现象。通过对颜色严谨定义并充分理解，就可以解决认识颜色的困难。颜色是光的一种特性，在与结构无关的视场中，观察者可通过颜色区分两个大小和形状相同的物体。实际上，人们说当将所有其他变量都减去后，只留下颜色这个变量，就可用来区分两个物体——这并不是一个非常令人满意的定义。

颜色有三个组成要素：观察者、光源和物体（唯一的例外是光源本身就是被观察的物体时）。在无人居住的岛上没有颜色，这并不只是一个语义上的表述，而是因为颜色需要观察者；颜色还需要光，在一个完全黑暗的房间里是没有颜色的，这并非是因为你看不见，而是因为它并不存在；颜色需要观察对象，如果你从宇宙飞船向窗外看，却没有看到一颗行星或恒星，那就没有颜色——因为此时有观察者，有光源，但没有物体。

涂层的外观受到光泽和颜色的影响。人眼能分辨的不规则表面粗糙度大约为 25μm，和人眼离物体表面的距离有关。在这个尺寸以下，表面的纹理就决定了它的光泽度，如果一个表面非常平整，其粗糙度在光的波长范围或更小的尺度，则表明其非常平整，表面呈现高光泽；如果表面较粗糙，其尺寸相当于照明光的波长或更大，则表面就会呈现低光泽。除了表面整体粗糙度外，在高光泽和低光泽表面都会存在不均匀性，如刷痕和橘皮。由于颜色与光会发生相互作用，改变其中一个就会改变另一个，这也增加了复杂性。

19.1 光

光是我们眼睛能感知到的电磁辐射。每个人可感知的可见光波长范围略有不同，但大多数情况下是在 390～770nm。眼睛的敏感度随着波长的变化而变化（图 19.1)，在绿光区域的敏感度最大（Billmeyer 和 Saltzman，1981）。图 19.1 还显示了光电倍增管和硅光电二极管的响应，这两种技术可用于检测光子。人眼对可见光的短波段和长波段不太敏感，眼睛对光波的反应取决于光源发出的光的波长分布。在单色光源中，随着波长的增加，我们看到颜色依次从紫色到蓝色、绿色、黄色及红色变化；对于多色光源，当光源的波长比发生改变时，我们会看到不同的颜色。如果一个光源各种波长光的比例都相同，则我们看到的是白色光。

太阳光被认为是标准光，但太阳光会受一天中时间、纬度、季节、云量等的影响。当要开始颜色的研究工作时，将来自北半球阴天天空的光作为标准。根据对能量分布［也称光谱功率分布（SPD)］的多次测量，采用一种规定的 D_{65} 光源作为标准，相当于平均日光。光源在数学上的术语称为照明体，D_{65} 标准光源的分布曲线如图 19.2（Billmeyer，1979）所

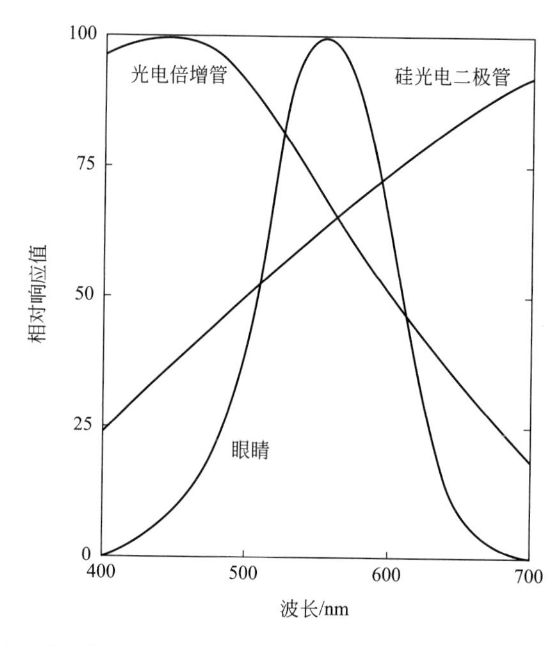

图 19.1　眼睛、光电倍增管和硅光电二极管的敏感度随波长变化的对应特征曲线

资料来源：Billmeyer 和 Saltzman（1981）。经 Elsevier 许可复制

示。能量分布随波长在 1～20nm 范围内的变化数据可参见文献（Wyszecki 和 Stiles，1982）。

钨灯光源的光谱功率分布（SPD）则不相同。另一种标准光源 A，是精心设计的在特定条件下工作的钨灯，它（A 光源）的相对光谱功率分布如图 19.2 所示，其相关的能量分布表也可从文献查到。荧光灯是另一种类型的光源，有很多种型号可选。如图 19.3 所示，由于荧光灯泡制造中使用了特殊荧光粉，它们呈现出连续的能量分布，在一系列波长处出现几个峰值。即使是下面的连续光谱与 D_{65} 相同，当把这些光源当作相当于日光的光源使用时，这些峰值也会导致颜色发生变化。

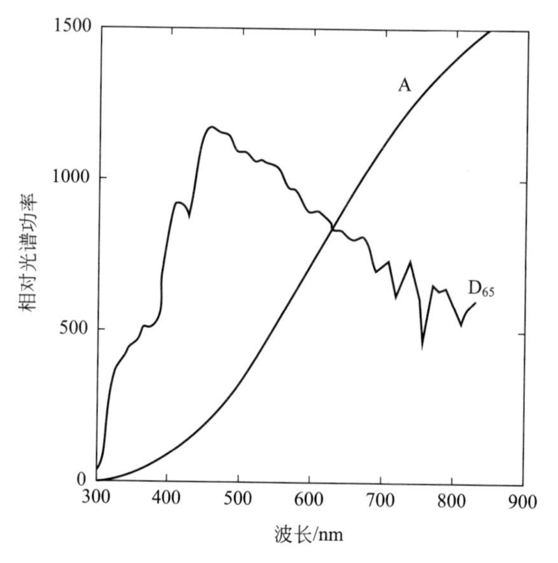

图 19.2　CIE 标准光源 A 和 D_{65} 的光谱功率分布

资料来源：Billmeyer（1979）。经 Elsevier 许可复制

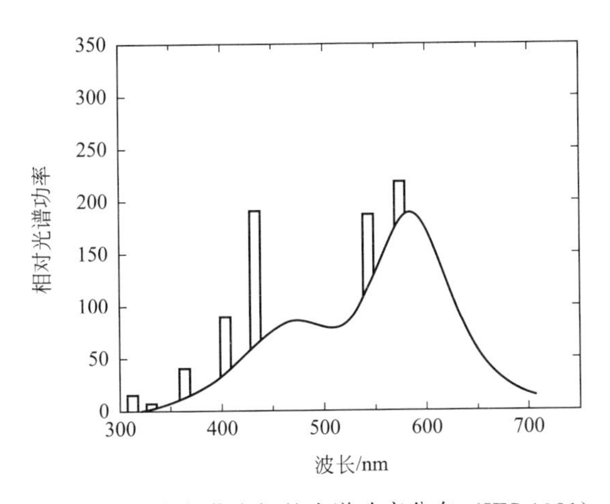

图 19.3　冷白色荧光灯的光谱功率分布（IES 1981）

资料来源：Billmeyer 和 Saltzman（1981）。经 Elsevier 许可复制

随着能源效率的不断提高，室内照明正在经历一场革命，发光二极管（LED）被越来越多地用作室内光源。用于室内照明的各种暖白光 LED 的 SPD 如图 19.4 所示。LED 本身产生的光波长分布非常窄。然而，白光是通过将不同颜色的 LED 混合在一个灯泡中产生的，而者更常见的是，在 LED 周围的玻璃上涂上一层荧光粉，当它被玻璃内部的蓝色 LED 激发时，荧光粉就会发光。

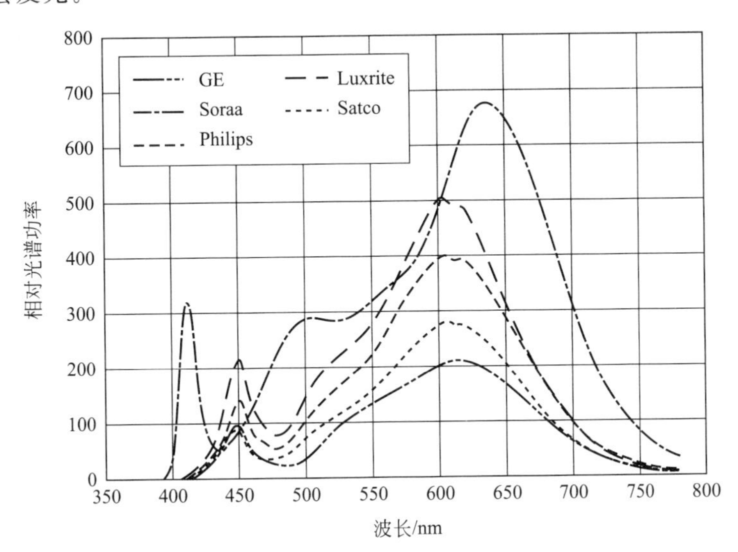

图 19.4　各种暖白光 LED 光源的光谱功率分布

资料来源：Rich (2016)。经 American Coatings Association 许可复制

19.2　光与物体之间的相互作用

影响颜色的一个重要因素是光和被观察物体之间的相互作用。

19.2.1　表面反射

当一束光射向一个表面时，一部分光线在表面上发生反射，一部分光线进入物体。如

图 19.5 所示，如果表面是光学平整的，则光束会以与入射角（i）相同的角度（r）发生反射（Greenstein，1988），这种反射称为镜面反射（如镜子一样）。按照惯例，垂直于表面的入射角为 0°，掠射入射角为 90°。反射光的比例（反射率，R）随入射角和两相间折射率（n）的差异而变化。如果界面两侧的折射率没有差别，界面上就没有光的反射；随着折射率差的增大，反射率也增大。对于近 0°的入射角，反射率 R 可采用以下两个简化的菲涅耳公式进行计算，式(19.1a）为一般形式，如果第一种介质是空气（$n_1=1$），公式可进一步转化为式(19.1b)。

$$R=\left(\frac{n_2-n_1}{n_2+n_1}\right)^2 \tag{19.1a}$$

$$R=\left(\frac{n-1}{n+1}\right)^2 \tag{19.1b}$$

式中，n 代表介质的折射率；n_1 为介质 1 的折射率（此处为空气）；n_2 为另一种介质（此处为薄膜）的折射率。

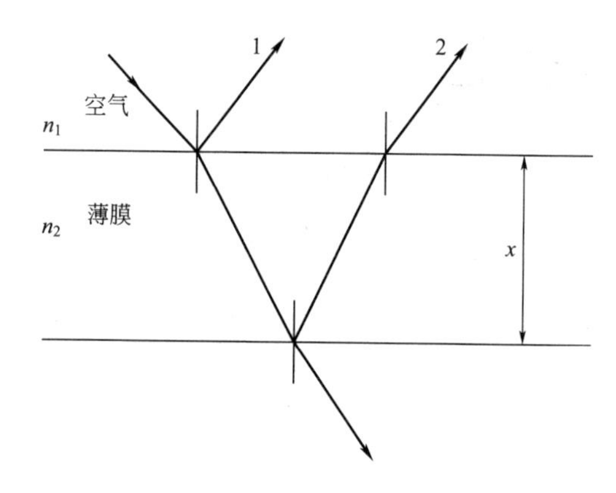

图 19.5 具有光学平整的平行表面的非吸收膜（折射率 n，厚度 x）对光的内、外反射和折射

资料来源：Greenstein（1988）。经 John Wiley & Sons 许可复制

大多数树脂的折射率约为 1.5，由式(19.1b）可知，当入射角接近 0°时，约有 4%的入射光被反射。反射率与入射角的相互关系如图 19.6 所示，入射角接近 90°时反射率接近 100%。图 19.6 中的曲线显示了折射率差和入射角对反射率的综合影响。

那些没有在表面发生反射的光会进入物体。当光束进入一个物体时，将发生折射，也就是说，光路将发生弯折，如图 19.5 所示。折射角随两种介质折射率的比值而变化，用斯涅尔定律［式(19.2)］表示：

$$\sin r=\frac{n_1}{n_2}\sin i \tag{19.2}$$

当光从空气中穿过非吸收性聚合物薄膜时（薄膜平行、光学平整，并且折射率为 1.5），折射角小于入射角（图 19.5）。当入射角接近 0°时，第一表面的反射率为 0.04，向膜内透射的比例为 0.96。如果没有吸收，透射的这部分光将到达第二个膜/空气界面。在这里，原始光的 0.96×0.96 被传播到膜的另一侧空气中。传播到空气中的光也会发生折射，这里折射角就等于原来的入射角。在第二表面也会有反射，0.04×0.96 的光反射回第一表面。同样，在第一个表面的背面有 4%的反射和 96%的透射。最后，原始光的（$0.96)^2\times(0.04$）以与初始入射角相等的角度射出膜，$(0.96)\times(0.04)^2$ 被反射回膜内。如果没有吸收作用，这种

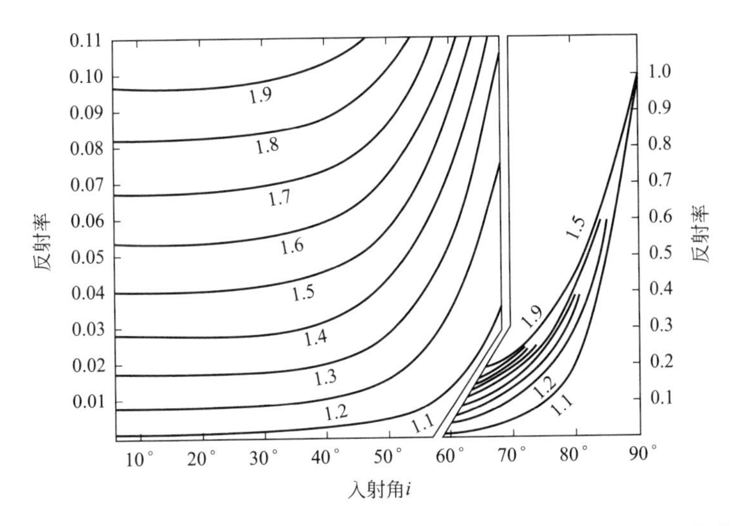

图 19.6 不同的折射率下，光在平整表面上的反射率随入射角 i 的变化曲线

资料来源：Judd 和 Wysecki (1975)。经 Elsevier 许可复制

来回反射就会继续，直到总透射等于 0.92，总反射率等于 0.08。

当光束从折射率较高的介质进入折射率较低的介质时，光束的角度增大。如果入射角足够大，所有的光都会被反射回来，而没有光被透射出去。假如折射率分别为 1.5 和 1，则计算出的临界角（全反射角度）为 41.8°。

光纤原理就是利用了全反射。如果光进入没有弯曲的非吸收纤维的末端，光与纤维内表面的入射角小于它的临界角，那么所有的光都将跟随着纤维传导，甚至能跨过海洋一直传播。

如果薄膜的厚度（60～250nm）很小，就会出现干涉色。某些波长的反射光的强度增强，而另一些波长的光则选择性地透射。若薄膜在空气中的折射率为 1.5，厚度为 66nm 时，蓝白色光发生反射，而黄白色光则发生透射；当厚度增加时，则其他颜色会优先反射。所见的颜色还会受到光的入射角的影响，这种现象很容易在被阳光照射的含有少量油的水坑中观察到，出现类似彩虹的颜色是由不同地方油膜厚度的微小差异和入射角的变化所引起的。

19.2.2 吸收的影响

几乎在所有涂料中，我们所观察到的颜色都受到涂料对不同波长的光吸收差异的影响。着色剂（colorant）、染料和颜料，以及在某种程度上，一些树脂对某些波长的光的吸收比其他树脂更强烈，这些吸收是由着色剂的化学结构决定的。我们来讨论透明体系的吸收效应，在这些体系中，着色剂在溶液中被极细地分离，以至于在着色剂-树脂界面上没有明显的反射光。吸收程度取决于化学成分、波长、颗粒大小、光程长度（薄膜厚度）、浓度和介质-着色剂的相互作用。

每种着色剂都有一个吸收光谱，它反映出对不同波长光的吸收。化学家们通常说的摩尔吸光系数 ε，单位为 L/(mol·cm)，相当于物质单位摩尔浓度下的吸光度。物理学家通常称为吸收系数，K，以 $cm^{-1}\cdot g^{-1}$ 为单位，相当于体系每单位质量的吸光度。

着色剂用量相同的情况下，颗粒越小，着色剂吸收的光的比例越大，溶液中单个分子的摩尔吸收率越高。以颜料为例，颜料的颗粒粒径越小，吸收的比例越大。光束通过含有吸收剂的介质所经过的光程越长，吸收的程度就越大。当光束在 0°发生透射时，光程等于薄膜的厚度；在任何其他角度下，光程长度都大于薄膜厚度。如果光束在通过单位光程长度时，某一特定波长的光有一半被吸收，一半被透过（忽略表面反射），则在通过两个单位光程长度时，有 3/4 被吸收，1/4 被传输。在数学上，这种关系可以用比尔-朗伯定律的指数方程来表示，如式(19.3a) 和式(19.3b) 所示，其中 X 为光程长度，I 为透射光强度，I_0 为原始光强度。

化学家习惯以 10 作为底数 [方程式(19.3a)]，物理学家习惯以 e 作为底数 [方程式(19.3b)]：

$$\frac{I}{I_0}=10^{-\varepsilon X} \tag{19.3a}$$

$$\frac{I}{I_0}=\mathrm{e}^{-KX} \tag{19.3b}$$

理想情况下，当着色剂在介质中的浓度发生变化时，也存在同样的关系 [式(19.4)]：

$$\frac{I}{I_0}=10^{-\varepsilon cX} \tag{19.4}$$

式(19.4) 仅在有限的浓度范围内成立，其范围的宽度取决于体系。当吸收剂是在溶液中时，在稀溶液中分子间的相互作用比在浓溶液中要小；而在颜料分散体中，浓度的影响可能更大。颜料与介质的相互作用可能是另一个难题，在溶液中，溶剂的变化有时会导致分子间产生缔合，就很容易使颜料的颗粒变大，因而减少吸收。水溶性染料分子与不同溶剂之间也可能存在氢键作用，这会改变染料的结构，导致吸收光谱的变化。在颜料的分散体中，介质的变化，如用溶剂进行稀释，会导致颜料颗粒的絮凝（附聚），这会使颜料颗粒变得更大，减少吸收。

图 19.7 为理想品红的透射光谱，光谱（a）和光谱（b）分别是光透射通过相同的透明涂层的结果，光程长度分别为 X 和 $2X$（忽略表面反射效应）。在图（b）中可看到，所有波长的光中只有少部分透射过较厚的涂层。从图中还可看出光谱中蓝色（B）、绿色（G）和红色（R）部分的相对透射程度也是不同的，在图（b）中所看到的紫色会比图（a）中看到的紫色更显红相。这说明尽管组分是相同的，但是颜色的深浅会受到光程长度的影响。如果在相同的膜厚下将染料浓度增加一倍，也会发生同样的变化，这是真实情况的一种理想化情形。洋红色是四色印刷中的一种油墨，可以套色印刷图片；洋红色油墨的膜厚影响洋红色印刷品的颜色，因此，也会影响套色图片的颜色。

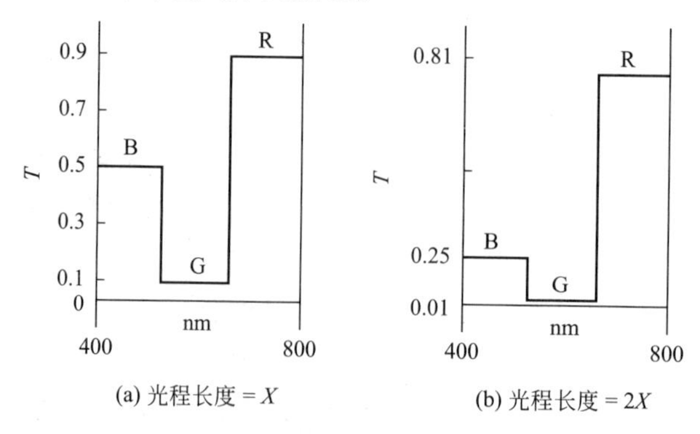

(a) 光程长度 = X　　(b) 光程长度 = $2X$

图 19.7　理想品红的透射光谱

19.2.3 散射

散射是光通过薄膜时可能发生的另一种现象。如果有小颗粒分散在薄膜中，而其折射率又与介质不同的话，光就会在颗粒与介质的界面处发生反射和衍射。物理学中的散射是十分复杂的，超出了本章讨论的范围，但其结果还是可以用一种简化的方法来表述。当一束光通过含有非吸收颗粒的薄膜时，光会向各个方向反射，因此它就会从一束光转变为薄膜内部的漫射光。凡是以大于临界角的角度到达顶表面下面的光都会被反射回到薄膜中，而部分以小于临界角达到顶表面下面的光则会离开涂膜。如果涂膜足够厚，没有光能够穿过涂膜，所有的光都从顶表面反射回到涂膜内部。然而，反射不只发生在镜面角度，而是发生在所有角度，也就是说，即使薄膜的表面是光学平整的，光线也是散射的。光由非吸收性颗粒造成散射的程度取决于颗粒与介质的折射率差、颗粒尺寸、薄膜厚度和颗粒浓度。

粒子和介质的折射率差别越大，则光的散射程度越大。随着折射率差值的增大，散射的程度急剧增加（图 19.8）。无论粒子的折射率是比介质高还是低，散射的程度都是相同的。例如，水滴在空气中（雾）的散射效率与同样大小的空气滴在相同浓度的水中（泡沫）一样。理想的白色颜料是不吸收光的，折射率很高，这样的白色颜料与基料的折射率差别很大，金红石型 TiO_2 接近于这种要求，它的平均折射率为 2.73，但它还是会吸收波长低于 420nm 的光；锐钛矿晶体类型的 TiO_2，吸收光较少，但它的折射率较低，为 2.55。折射率差值越小散射效率越低。

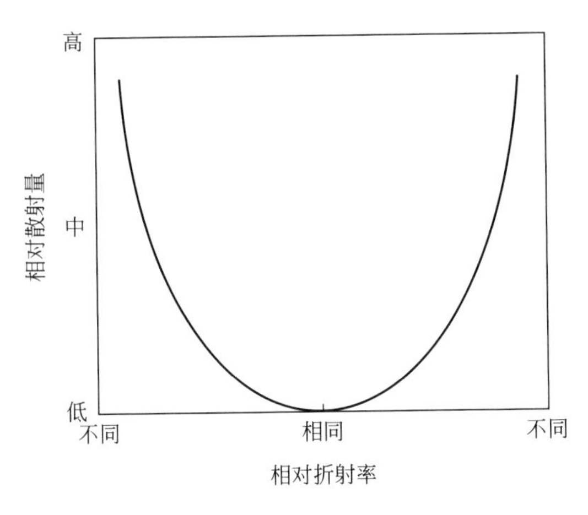

图 19.8 散射与折射率差的关系（粒子的折射率在曲线的右侧比介质高，而在左侧则比介质低）

资料来源：Billmeyer 和 Saltzman (1981)。经 Elsevier 许可复制

散射受到颗粒大小的影响（图 19.9）。以金红石型 TiO_2 分散在树脂（折射率 1.5，560nm）中为例。一定范围内，散射系数 S 随颗粒直径减小而增加，至直径为 0.19μm 后急剧下降（Mitton，1973）。市售 TiO_2 有一定的粒径范围，由于在粒径分布图中最大值的小粒径一侧效率下降更快，TiO_2 颜料生产的平均颗粒粒径稍大于 0.2μm。关于颜料的颗粒粒径分布和颗粒附聚对散射影响的计算见参考文献（Fields，1993）。最大散射的粒径取决于折射率差值。碳酸钙（$n=1.57$）的散射系数有一个最大值，此处的粒径约 1.7μm（注意使用了不同的尺度）。如前所述，由于折射率之差很小，即使是最佳粒径的散射系数也很低。

散射的程度受膜厚度的影响。如果没有发生光的吸收，那些到达顶部表面没有被反射回来的光将被透射，除非涂膜厚度足够大，能够使所有的光都被反射回来。散射也受颗粒浓度

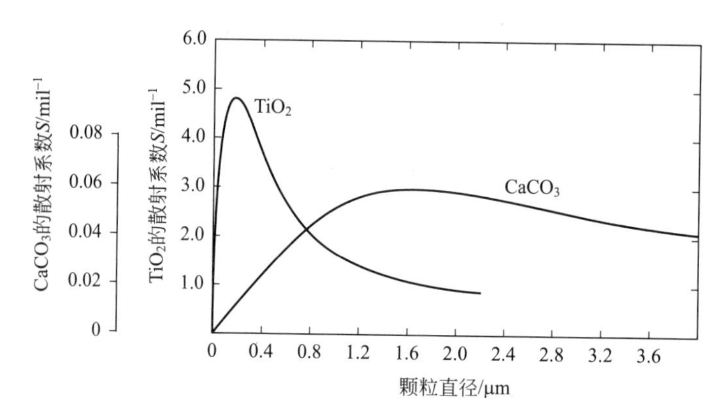

图 19.9 金红石型 TiO_2 和 $CaCO_3$ 的散射系数与颗粒大小的关系

资料来源：Mitton（1973）。经 John Wiley & Sons 许可复制

c 的影响。当颗粒浓度较低时，如金红石型 TiO_2，光透射（忽略表面反射作用）遵循类似于吸收的规律［式(19.5)］。

$$\frac{I}{I_0}=e^{-ScX} \tag{19.5}$$

随着颜料颗粒浓度增加，其散射效率达到最大值后会下降。对于含金红石型 TiO_2 的涂层来说，颜料浓度增加会导致散射效率大大降低，最终光的透射率增加，反射率降低，其结果可以从颜料的散射系数函数图中看出，如图 19.10 所示。图中显示了干膜中金红石型 TiO_2 的体积浓度（PVC）与散射系数 S 的函数关系（Sharma 等，2005）。PVC 定义为涂料干膜中颜料的体积分数。在实际操作中，当 TiO_2 的 PVC 含量超过 18%时，着色的成本效益会大幅下降，因此使用更高含量的 TiO_2 在经济上是不划算的，其最佳值因体系不同而异，这取决于颜料在涂层中的分散程度以及特定 TiO_2 颜料中的 TiO_2 含量，另外不同等级的 TiO_2 间的差异可能会超过 10%（20.1.1 节）。

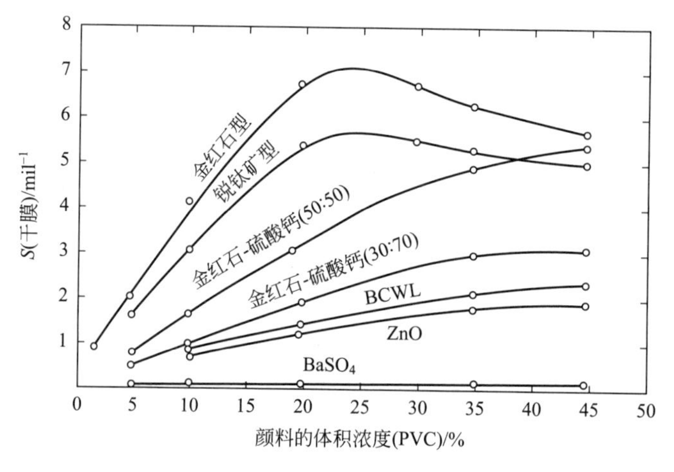

图 19.10 丙烯酸干涂膜中不同颜料的体积浓度与散射系数 S 的实验图［BCWL 是碱式碳酸铅（铅白）］

资料来源：Mitton（1973）。经 John Wiley & Sons 许可复制

随着颜料浓度的增加，由于拥挤效应导致颜料的散射效率下降。随着 TiO_2 颜料（或其他颜料散射体）的 PVC 增加，粒子之间的距离减小，当粒子非常靠近或接触时，它们作为

散射体的有效作用大幅降低，提高 PVC 的作用也就降低，最终导致不透明度随 PVC 的增加而降低。但一旦 PVC 达到涂层的临界颜料体积浓度（CPVC），被夹带进的空气开始充当额外的散射中心时，上述这种趋势就会急剧逆转。

19.2.4 多重交互效应

表面反射、吸收和散射的影响是相互依存的。光源一般不是窄束光源，而是宽束光源或漫射光源。通常表面不是光学平整的，在某些情况下，我们要求表面有粗糙度，如亚光涂层。在涂料中，我们很少使用只吸收或只散射光的颜料或颜料组合，通常都是两者同时发生作用。我们感兴趣的很少是单纯的膜，而是基材上的涂膜，这时涂膜底面的反射率就和上表面的反射率不一样了。眼睛无法分辨从涂膜表面、涂膜内部或涂膜底部反射的光，眼睛其实是对这三种光的组合光作出的反应。

表面反射率随着入射角的增大而增大（图 19.6）。如果用一束白光照射高光泽（平整的表面）蓝色涂层，除了镜面反射角度，在任何其他角度观察都会看到相对较暗的蓝色，这是涂层漫反射的结果。如果入射角接近 90°，在镜面反射角度观察，就会看到非常浅的蓝色，这是因为在这一角度所观察到的光包含很高比例的表面反射光和少量的来自涂膜内部的光。如果照明是漫射光而不是光束，从大多数观察角度看都是浅蓝色，因为看到的表面反射光的比例更高。如果蓝色涂料是低光泽的（粗糙的表面），其组成与前面完全相同，那么与高光泽涂料相比，在漫射照明下，大多数视角可以看到较浅的蓝色，这是因为到达眼睛的表面反射光的比例更大。而当粗糙涂料表面被水润湿后，在多数观察角度下颜色都会因水润湿而变暗，因为水填充了表面的粗糙处。

颜料浓度和涂膜厚度对吸收或散射光线弱的涂层的影响可以用简单的方程来模拟，这里假定涂层没有再度散射初级散射光，因为吸收和多次散射共同产生的相互作用会更复杂，所以模拟反射和透射的方程也更复杂些。目前在分析和计算机模型方面已取得了重大进展，可以准确预测简单的着色涂膜的散射和外观，最早成功的是 Kubelka-Munk 模型。图 19.11 给出了一组 Kubelka-Munk 方程，该方程模拟了含有光吸收物和散射体的半透明（或不透明）薄膜或平板材料的反射率 R_1、透射率 T_1 及厚度 X 的关系。观察者在空气中观察样品，而吸收物和散射体则被嵌入塑料或树脂等介质中。

在没有折射率边界时，Kubelka-Munk 模型中的反射率 R 和透射率 T 包括了吸收系数 K、散射系数 S 和涂膜厚度 X 的影响。顶部表面的两侧边界反射率 r_1，以及内部和薄膜的底边反射率 r，还有相应的边界透射率 t_1 及 t 都会影响观察者在空气中观察样品时的反射率 R_1 和透射率 T_1。两个边界反射率 r 和 r_1 是必需的，因为通常来自空气的光入射到薄膜上的反射率值为 0.04，而对于折射率为 1.5 的材料，从树脂内部入射到薄膜上的漫反射光的反射率值为 0.596。对于典型的塑料和树脂，R 和 R_1 以及 T 和 T_1 之间的差异非常显著。当涂膜顶部和底部内侧的反射率不同时，可以利用其他的 Kubelka-Munk 方程进行计算（Wicks 和 Kuhhirt，1975）。

由于对微观结构与颜料-光相互作用提出了假设，Kubelka-Munk 的模型相对简单。随着计算机性能的提升，现在可以针对附加辐射通量或更复杂的微观结构建立更先进的模型。Torrence 和 He 的模型提供了包含镜面反射和漫反射的表面的相对精确的表述。这些模型现在正被集成到计算机绘制软件中，以便于在电影、视频游戏和网络动画中真实地呈现出涂层的表面（He 等，1991）。

$$R_1 = r_1 + \frac{t_1 t[R(1 - rR) + rT^2]}{(1 - r_1 R)^2 - r^2 T^2}$$

$$T_1 = \frac{t_1 t T}{(1 - r_1 R)^2 - r^2 T^2}$$

$$t_1 = 1 - r_1;\ t = 1 - r$$

$$R = \frac{\sinh bSX}{a \sinh bSX + b \cosh bSX}$$

$$T = \frac{b}{a \sinh bSX + b \cosh bSX}$$

$$a = 1 + \frac{K}{S};\ b = (a^2 + 1)^{1/2}$$

对于完全不透明的平板或薄膜，可以使用简化方程：

$$\frac{K}{S} = \frac{(1 - R_\infty)^2}{2R_\infty}$$；R_∞是完全遮盖时的反射率

表面反射必须纠正使用桑德森(Saunderson)方程：

$$R_1 = r_1 + \frac{t_1 t R_\infty}{1 - rR_\infty}$$

假设条件：

① 该方程一次只适用于一个波长。

② 整个涂膜中的 K 和 S 相同。

③ 颜料颗粒是随机取向的。

④ 内部辐射通量完全散射。

⑤ 不考虑边缘效应。

图 19.11 Kubelka-Munk 方程和假设

19.3 遮盖力

颜色会受到到达基材并通过涂层反射回来的光的影响。一般在比较涂料的颜色时，是将涂料涂覆在有黑色条纹的白底材上，如果还能够看见黑色条纹的图案，则称该涂料的遮盖力（也称黑白格法遮盖力）较差。这种差异是由到达白色条纹的光的反射率和到达黑色条纹的光的吸收率不一样所引起的，其效果就好像在黑色条纹上方的涂料中加入了一些黑色颜料一样。如果所有进入薄膜的光在到达基材之前都被吸收或都被散射出薄膜外，那么基材对颜色没有影响，则遮盖力是很好的。简化的 Kubelka-Munk 方程可用于这种不透明涂膜（图 19.11）。

遮盖力是一种复杂的现象，它受许多因素的影响。随着涂膜厚度的增加，遮盖力也随之增加。遮盖力低的涂料需要更厚的膜，结果导致单位体积涂料能覆盖的面积较小，成本较高。遮盖力随光散射效率的增加而增加，也就是说，遮盖力受折射率差异、颗粒大小和散射颜料浓度的影响。对光的吸收增加，遮盖力也增加，炭黑颜料对所有波长的光都有很高的吸收系数，所以遮盖力很高；着色剂也可增加遮盖力，但没炭黑那么有效；表面粗糙度增加遮盖力，因为大部分的光在表面就被反射掉了，这减少了从底材反射到涂层的差异。在所有市售的白色颜料中，TiO_2具有最佳的遮盖效果。但由于 TiO_2 昂贵，涂料制造商总是力求使用最少的量来实现充分的遮盖，如在建筑涂料中使用其他颜料或空心聚合物球，其目的就是在保证足够的遮盖力的前提下尽可能减少 TiO_2 的用量。

影响涂层遮盖力的一个重要因素是涂膜厚度的均匀性，这在测试时常常会被遗忘。涂料在施工过程中经常会出现厚度不均匀的现象。一般通过调整涂料配方，提高流平性，即施工后的涂膜能流动，能使涂膜厚度更加均匀（24.2 节）。然而，流平常常不那么理想，这也可能会影响遮盖力。设想一个流平性差的涂料经刷涂后，涂料干膜厚度平均 50μm，但刷痕可能依然存在，导致相邻的涂膜厚度变成了 65μm 或 35μm，如果 50μm 的遮盖力是足够的，那么 35μm 的遮盖性能则不佳；若涂膜中薄涂层与厚涂层相邻，则会强化颜色的差异。这种对比强烈的结果使高低不平的涂膜比均匀的 35μm 厚同种涂料的遮盖力更差。涂膜所覆盖的底材不同会使遮盖力问题变得更加复杂。许多爱好自涂涂料（DIY）的家庭油漆工发现，在涂料施工过程中，在白色表面上再涂一层白色涂料，遮盖力非常好，而用相同的涂料涂在黑色底材上，遮盖力会变差。

目前一些质量控制试验可以比较不同批次相同或相似的涂料，但没有可提供绝对遮盖力度量的试验方法（Cremer，1981）。测量涂料涂覆率的唯一方法是将涂料涂覆于适当大小的表面，使其达到规定遮盖率的足够膜厚，然后计算实际覆盖面积，单位为 m^2/L 或 gal/ft^2。

在某些情况下是不需要遮盖力的。如圣诞塑料树装饰品的金属光泽涂料就是一个例子。有的人想要透明红、透明绿、透明蓝或其他颜色的涂料。一般来说透明涂料要求在涂膜内不存在光散射，因此着色剂的粒径必须非常小。

19.4 金属闪光颜色和干涉颜色

金属闪光涂料广泛应用于汽车，它们是由透明着色剂和非浮型铝粉配制而成的（20.2.5 节）。金属闪光涂层在不同光照角度和视角下会呈现出不同寻常的颜色变化（图 19.12），如果在接近垂直的角度观察，照明光也接近法线时，光通过涂膜然后被片状铝颜料反射回来的光程很短。此外，如果片状金属颜料能与涂层表面平行排列，那么大量的光会从金属薄片上反射出来，每一薄片都像一面小镜子，将大部分射入的光线直接反射回到观察者的眼睛。若观察者在一个较大角度的位置进行观察，大部分光线都会在远离观察者的镜面反射角反射，只有一小部分的光到达观察者眼睛。另外，能到达观察者眼睛的光线通常经过了较长的光程，因此颜色较暗。当以法线角度（接近垂直）观察时，金属闪光涂层的颜色较浅（表面颜色，又称面色）；在较大角度观察时，金属闪光涂层的颜色较深（掠视色）。

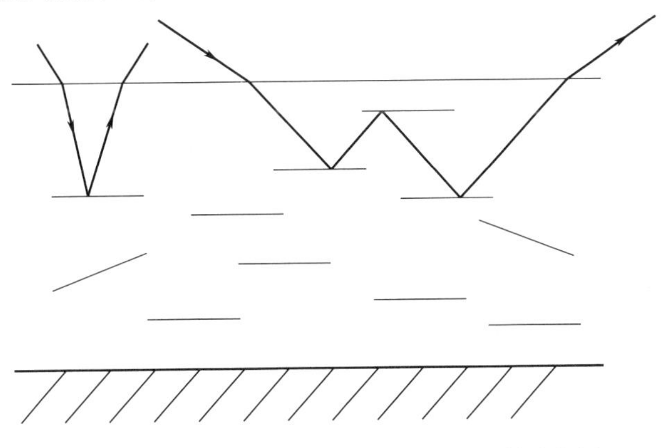

图 19.12 金属闪光涂层中理想的光反射示意图

金属闪光涂料都希望获得高度的随角异色效应，即面色和掠视色之间的颜色差异要大。实现随角异色需要一个平整的表面（高光泽），一个没有树脂或颜料分散体产生光散射的透明的涂膜，片状铝粉与涂膜的表面平行排列。随角异色的程度通常通过动态闪光指数来量化，如式(19.6)所示，其中不同的 L^* 值是涂层在镜面反射角度（°）处的亮度（Streitberger 和 Dossel，2008），参见 30.1.4 节关于铝粉在成膜过程中可能的取向机理的讨论，以及进一步关于汽车涂料中颜色效应的讨论。评价和量化高度随角异色的颜色是一个正在进行的研究领域（Mirjalili，2014）。

$$动态闪光指数=\frac{2.69(L^*_{15^\circ}-L^*_{110^\circ})^{1.11}}{(L^*_{45^\circ})^{0.86}} \tag{19.6}$$

通过干涉产生颜色的颜料，通常称为效应颜料，也可用于汽车涂料，有时和片状金属颜料结合使用。这类颜料在 20.2.5 节中有论述，通常由云母或玻璃组成，表面包覆有各种无机氧化物以产生不同的色相，这些色相也取决于光源和观察的角度。由真空沉积得到的薄膜也能提供较高的随角异色效果，原理是薄膜的衍射或干涉效应。

除了对颜色的影响和随角异色外，含有片状颜料的涂层还会产生闪烁或闪亮效应，这是当光源、片状颜料表面和观察者之间的角度精确对准时，强烈的镜面反射到达观察者的眼睛所引起的。这种闪烁效应正是金属闪光色的特征，但是它们很难进行表征。最近采用数码照片表征在特定照明条件下的金属闪光涂层表面已经取得进展，通过一定的图像分析算法对闪烁的数目和强度进行阈值处理。一些仪器可以测量金属闪光涂层的闪烁和闪光点（黑-白）效应。

19.5 观察者

颜色的第三个组成要素是观察者，包括眼睛和大脑。眼睛的视网膜上有两种类型的感光细胞，视杆细胞和视锥细胞。这些感光细胞一旦受到光的刺激，就会通过视神经向大脑发送信号。视杆细胞在低照度下对所有波长的光都很敏感，敏感度随着照度的增加而变低。视锥细胞在低照度时不敏感，但在高照度时敏感。视锥细胞的反应与波长有关，有三个相互重叠的灵敏度范围，一个峰在蓝光区，一个峰在绿色区，第三个峰在红光区，这些重叠的区域产生复杂的信号传到大脑，大脑将这些信号整合起来，这样我们就能看到成千上万种不同的颜色。在低照度下，只有视杆细胞有反应，视觉仅限于灰色；在中等水平的光照下，视杆细胞和视锥细胞都有反应，但是人们看不到明亮的颜色，只有带灰的颜色；在较高的照度下，视杆细胞是不活跃的，我们可以依靠视锥细胞的反应看到丰富多彩的颜色。

色彩视觉的机理是复杂的，人类目前只理解了其中一部分，这已超出本文的范围。不同的人对这三种区域敏感性的反应程度也不同，故不同观察者看到的颜色也不尽相同。通常这种差异很小，但在某些情况下差异会很大。例如，在极端的情况下，有些人是色盲，色盲有不同的类型，最常见的是红绿色盲，多达 8%的男性有色盲（Chan 等，2014）。

为了具体说明颜色并预测对混合着色剂的反应，国际专家委员会（法国名字的首字母缩写为 CIE）建立了一个标准人类观察者的数学模型。图 19.13 显示了色彩视觉的三个函数模型图。对于任何给定的波长，标准观察者对特定波长的 x、y 和 z 值的响应与对同一波长的单色光的响应相同。CIE 色彩匹配函数表可用作当带宽分别为 1nm、10nm、20nm 时波长的函数（Wyszecki 和 Stiles，1982）。

在较高的照度范围内，眼睛能适应照明水平的变化。如果一个白色的区域被黑色包围，

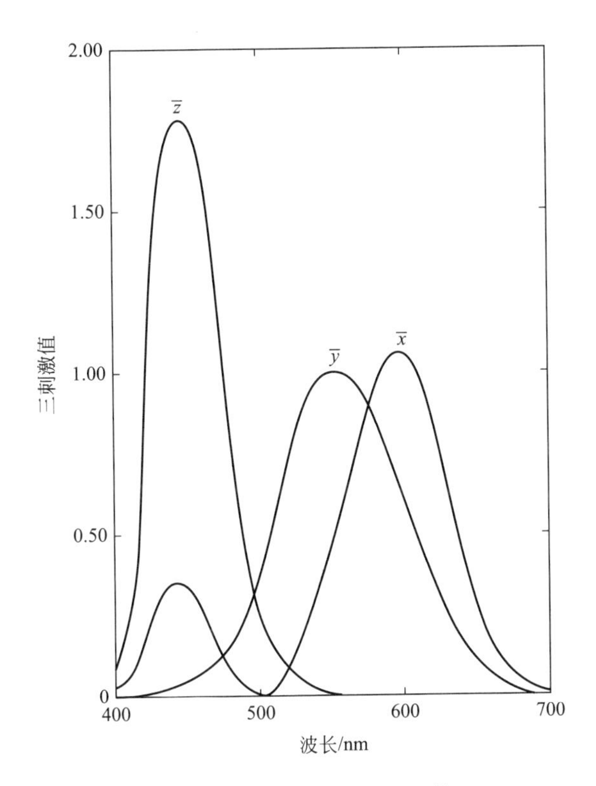

图 19.13　等能谱的 CIE 颜色匹配函数 x、y、z

资料来源：Billmeyer 和 Saltzman（1981）。经 Elsevier 许可复制

白色区域会比没有黑色区域时显得更白，眼睛可适应由黑白组合的反射光，并在黑色存在时对白色作出更多的反应。当两种强烈的色彩视场相邻时，也会出现类似的效果。黄色被蓝绿色包围时会比周围没有蓝绿色时显得更偏橙色。一般来说，一个人如果在选择涂料时看着色卡，则看到的涂层颜色将与一大片涂层的颜色有所不同，这是因为周围区域会对颜色产生影响。眼睛和表面颜色组合之间相互作用还会产生很多其他的作用，进一步讨论见参考文献（Judd 和 Wysecki，1975）。

19.6　光源、物体和观察者的相互作用

颜色取决于光源、物体和观察者三个因素的相互作用，任何因素改变颜色也会跟着改变。如果我们将在图 19.2 光源 A 下观察的物体移动到不同的光源下，例如光源 C（类似于 D_{65}），颜色就会改变。光源 A 在光谱的蓝色端发射率相对较低，在红色端发射率相对较高。当物体被光源 A 照射时，到达眼睛的光比同一物体被光源 C 照射时反射更多的红光和更少的蓝光，颜色是不同的。这种情况见图 19.4 中的光谱图，它表示一个物体在 A 光源和 C 光源下，由于光源×物体×观察者的综合作用，对乘积光谱的不同响应。Rich（2016）提出了一种关于各种光源的演变和在不同光源下匹配颜色的困难之处的精彩讨论，包括较新的 LED 光源。

确保一组涂料在所有光照条件下颜色都能匹配的唯一方法是使用化学成分和物理状态相同的着色剂。如果两种涂料中着色剂的化学成分和物理状态相同，则两种涂料的反射光谱相

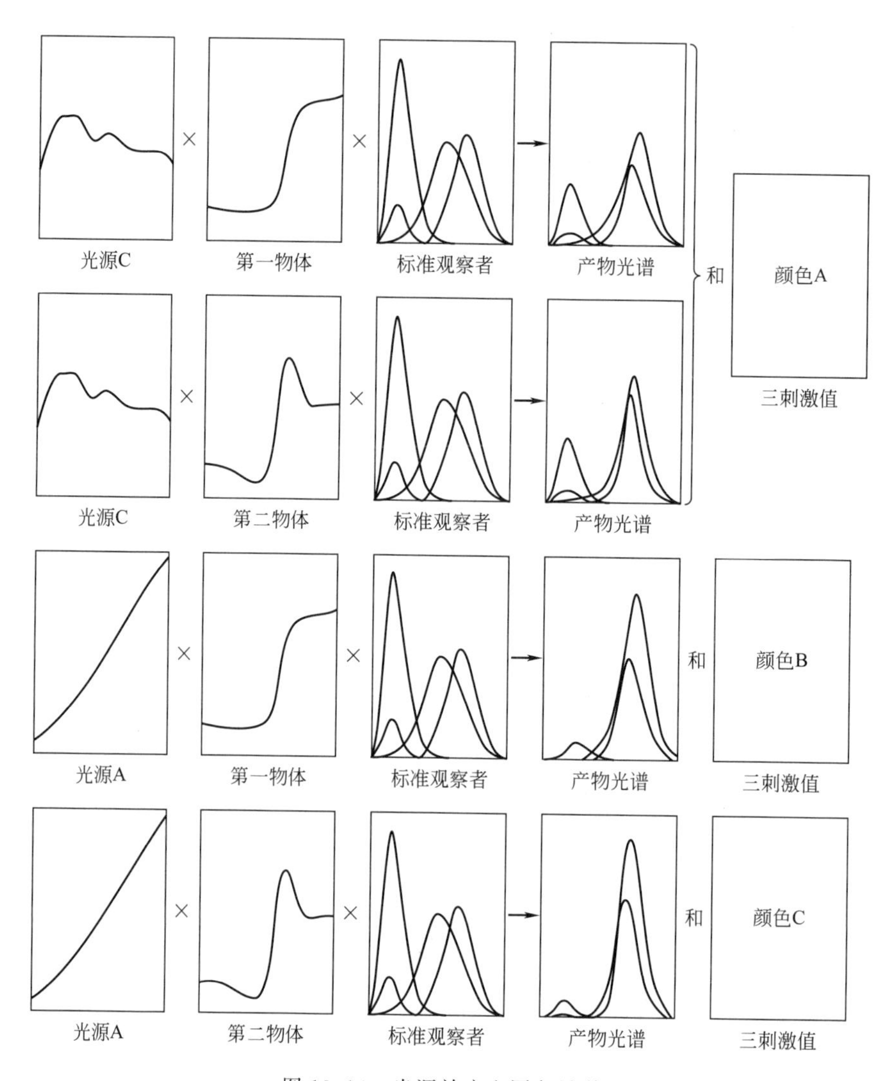

图 19.14　光源效应和同色异谱

资料来源：Billmeyer 和 Saltzman（1981）。经 Elsevier 许可复制

同，并且涂料在任何光源下都能匹配，除非涂料中的颜料分布存在差异。在给定的光源下，两种着色剂成分不同、进而具有不同反射光谱的材料可能呈现出相同的颜色。但是，在不同能量分布的 SPD 光源下，它们并不匹配，这种现象叫作“同色异谱”。在匹配情况下，两个面板在新的光源照射下会改变颜色，两种面板的颜料变化是相同的。在同色异谱情况下，即使在一个光源照射下的颜色是相同的，但当光源改变时，两个面板的颜色都将改变，且两个面板的颜色改变程度是不同的。图 19.14 显示了第二物体在光源 C 和光源 A 的作用下的响应，第一和第二物体（同色异谱对）在光源 C 下是相同的，但在光源 A 下它们的颜色不同。

19.7　颜色体系

人的眼睛能辨别成千上万种颜色。然而，一个人很难告诉另一个人他（她）究竟看到了什么颜色，诸如“淡灰蓝绿色”这样的颜色描述是非常困难的。已开发的许多颜色体系，能够对颜色进行定义和识别。目前有两种类型的体系：一种是按特定方式排列的颜色样卡；另一种是通过数学方法识别颜色。所有的颜色体系都要求至少有三个维度才能包含所有可能的颜色。

在美国使用最广泛的视觉色彩体系是孟塞尔色彩体系（Munsell color system），在这个体系中，精心准备和挑选的色卡在一个三维体系中被分成各种类别。孟塞尔体系的维度被称为：色相（hue）、明度（value）和色饱和度（chroma）。色相是指颜色的维数，描述为蓝色、蓝绿、绿色、绿黄色、黄色、黄红、红色、红紫色、紫色、紫蓝色，然后回到蓝色。明度表示该颜色与一系列灰色样本（灰度表）相比时的亮度特性。纯黑色的明度为 0，纯白色的明度为 10。浅蓝色具有较高的灰度值，而相同色相的深蓝色具有较低的灰度值。色饱和度是指颜色与具有相同明度和色相的灰度之间的差异，明亮的红色具有高的色饱和度，而相同色相和色值的灰红色有低的色饱和度。

孟塞尔体系中的色卡是这样准备的：所有相邻的色卡之间有相同的视觉差异，所有的色卡均进行系统标记。例如，标记为 G5/6 的色卡是色相为 5，色饱和度为 6 的绿色。人们看着一套孟塞尔色卡组，就能知道当做出这样的标记时，指的是什么颜色。这种说法有两个局限性：一是光源必须是规定的光源，色卡 G5/6 在 A 光源下与 D_{65} 光源下的颜色是不同的；二是必须在相同的光泽度下进行比较，这是因为表面粗糙度会影响颜色。孟塞尔体系有两套色卡，一套是高光泽的，另一套是低光泽的。若与那些半光材料的结果比较，则两套色卡中的任何一个都可能导致显著的误差。欧洲有一种不同的色卡体系，即自然色系统，应用最为广泛（Pierce 和 Marcus，1994）。

还有一种数学颜色体系即 CIE 颜色体系，它基于对光源、物体和标准观察者的数学描述。光源由其相对能量分布来确定，物体由其反射（或透射）光谱来确定，观察者由 CIE 标准人类观察者表来确定。在颜色的分析中，用分光光泽仪测量物体反射（或透射）的光，因为在大多数情况下反射是漫反射，所以需要使用积分球分光光泽仪，这样所有的反射光都被采集，而不是仅仅在一个狭窄的角度。为了获得最精确的数据，需要在每个波长处进行反射率测量，并对 380～770nm 范围内的值进行累加。对于大多数情况，在 400～700nm 范围内以间隔 20nm 测量 16 次，其精度就足够了。

为了识别由光源、物体和标准观察者相互作用产生的颜色，我们利用方程（19.7a）、方程（19.7b）和方程（19.7c），使用三个维度的数据计算三刺激值 X、Y 和 Z。

$$X=\sum_{380}^{770}\overline{x}_{\lambda}E_{\lambda}R_{\lambda} \tag{19.7a}$$

$$Y=\sum_{380}^{770}\overline{y}_{\lambda}E_{\lambda}R_{\lambda} \tag{19.7b}$$

$$Z=\sum_{380}^{770}\overline{z}_{\lambda}E_{\lambda}R_{\lambda} \tag{19.7c}$$

对于同一物体和同一观测者，如果使用能量分布不同的光源，三刺激值是不同的，这是毫无疑问的，因为我们知道颜色会随着光源的变化而变化，三刺激值独特而又明确地定义了颜色。例如，$X=14.13$、$Y=14.20$、$Z=51.11$ 是对颜色的明确描述，但到底是什么颜色呢？遗憾的是，即使是专家也不能通过这几个数据说出是什么颜色。这组三刺激值代表一种蓝色，但是很少有人看到这些数值就能告诉你它是蓝色的，更不用说它是浅灰蓝色还是接近紫蓝色了。

将 X、Y 三刺激值进行归一化，得到色饱和度值 x、y，如式(19.8) 所示：

$$x=\frac{X}{X+Y+Z},\ y=\frac{Y}{X+Y+Z} \tag{19.8}$$

如果有一对条件等色的涂漆样板，三刺激值和色饱和度在相同光源下是相同的。但是，如果在另一个不同能量分布的光源下来计算，它们就不一样了。当光源改变时，X、Y、Z 和两个面板的 x、y 值都会改变，但变化程度不同。

可以计算出光谱中每个波长下的色饱和度值，并将其绘制成 CIE 光谱轨迹图（图 19.15）。该轨迹的两端由一条称为紫色线的直线连接，光谱中并没有紫色；在 CIE 的色空间中，紫色的色相就在这条线上。如图所示，图中可以分为不同的颜色区域，这样可以查看 x 和 y 的值，并对颜色的深浅浓淡有一个合理的概念。第三维度垂直于平面，它是三刺激值 Y 轴，表示亮度；在光源的 x、y 值处 $Y=100$（在某些情况下为 1）。在光谱轨迹线处的 Y 趋于 0。在光谱轨迹和光源点之间的点（x,y）处，Y 总是小于 100。随着 Y 值的增大，其可能的色域会变窄（图 19.16）。

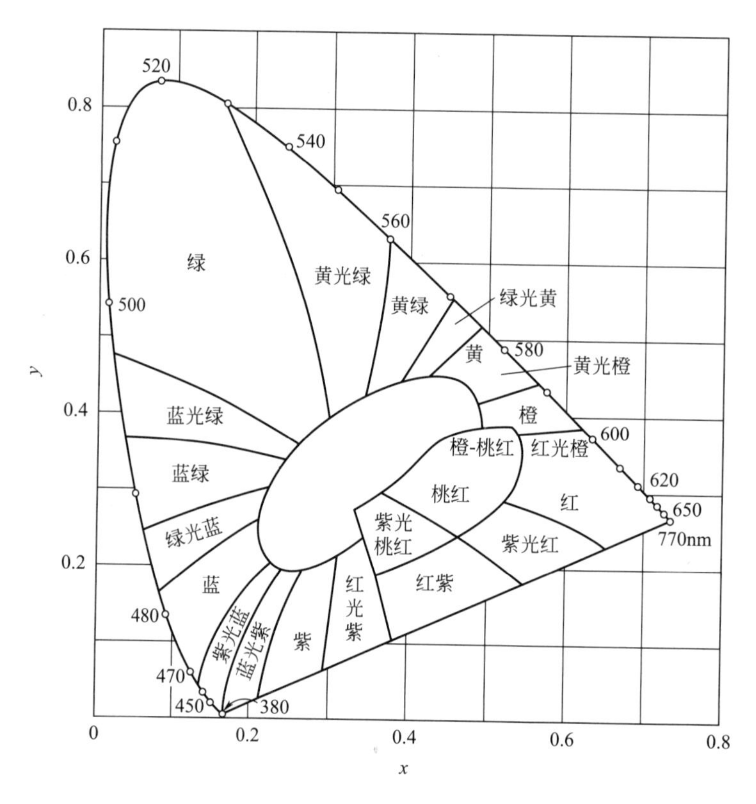

图 19.15　CIE 色饱和度图，显示了各种色相的位置

资料来源：Billmeyer 和 Saltzman (1981)。经 Elsevier 许可复制

如果通过源点延长一根线延伸到光谱轨迹的样品点，在截距处的波长称为颜色的主波长，这个维度与孟塞尔系统中的色相维度相对应，但是尺度不同。如果外推线与紫色线相交，进一步外推到相反方向，与光谱轨迹相交处的波长称为补色主波长。如果用从源点到样本点的距离除以从源点到光谱轨迹的总距离（有些工作者用百分比表示），就得到纯度。纯度与孟塞尔体系中的色饱和度维度相同，但尺度不同。垂直的 Y 维度是一个灰色的尺度，就像孟塞尔中的明度值维度一样，但尺度也是不同的。

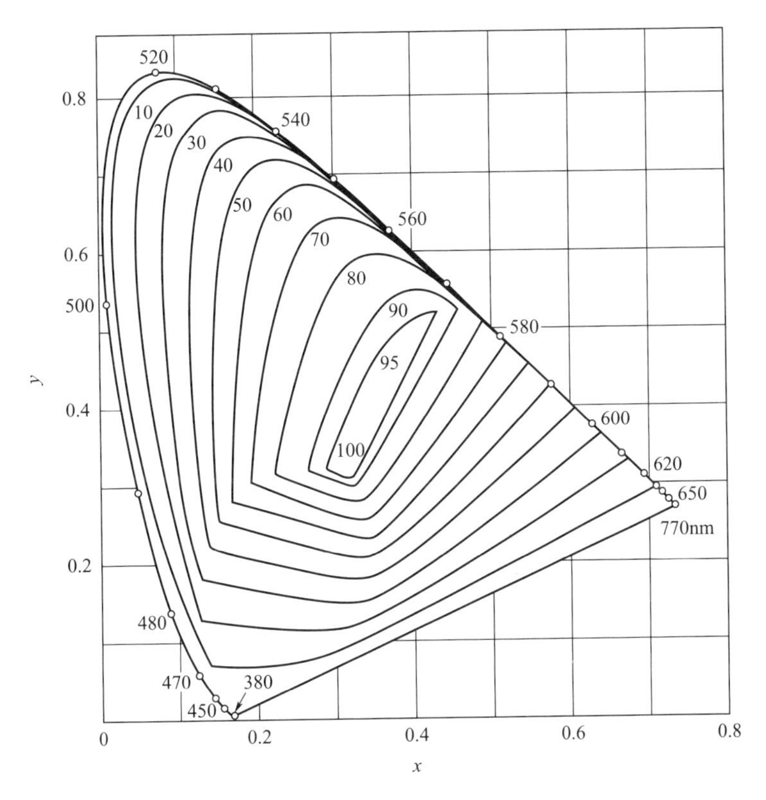

图 19.16　光源 C 的三维 CIE 色空间形貌图

资料来源：Billmeyer 和 Saltzman（1981）。经 Elsevier 许可复制

图 19.16 显示了带有光源 C 的三维 CIE 色空间的形貌图。光源 C 可以看到的所有真实的颜色都落在这个色空间内。在孟塞尔体系中，边界不受实际颜色的限制，而是受到制作参考色卡用颜料的颜色纯度的限制。CIE 颜色空间在视觉上并不均匀（图 19.15 和图 19.16）。例如，在色空间的蓝色部分中，x 和 y 的微小差异表示颜色上的显著差异，而在色空间的绿色部分中，相同的 x 和 y 值的差异表示颜色上的微小差异。在这个意义上，孟塞尔色空间更好一些，因为它在视觉上的差异是均匀的。然而，仪器配色需要对不同类型进行颜色计算，用在 CIE 色空间中是可行的，而在孟塞尔色空间中则不可行。如果是通过目视进行比较，通常使用孟塞尔体系。如果要进行数学上的比较并包括所有可能的色空间，则使用 CIE 体系。

人们已经做了很多尝试，通过数学方法将 CIE 色空间转化为视觉上相同的色空间，色差就可以用作有意义的指标，以达到规范目的。这些尝试已经取得了一些进展，而且色差（ΔE）可以使用 CIE 1976 $L^*a^*b^*$ 方程式计算，其中 L^* 代表亮度、a^* 代表红/绿相，b^* 代表黄/蓝相（Hardy，1936）。这些量是由三刺激值通过以下公式计算出来的：

$$L^*=116\left(\frac{Y}{Y_n}\right)-16 \tag{19.9a}$$

$$a^*=500\left[f\left(\frac{X}{X_n}\right)-f\left(\frac{Y}{Y_n}\right)\right] \tag{19.9b}$$

$$b^*=500\left[f\left(\frac{Y}{Y_n}\right)-f\left(\frac{Z}{Z_n}\right)\right] \tag{19.9c}$$

式中，X、Y、Z 为样本的三刺激值；X_n、Y_n、Z_n 为光源的三刺激值；当 $(Y/Y_n)>0.008856$ 时，$f(Y/Y_n)=(Y/Y_n)^{1/3}$；当$(Y/Y_n)\leqslant 0.00885$ 时，$f(Y/Y_n)=7.787(Y/Y_n)+16/11$。函数 $f(X/X_n)$ 和 $f(Z/Z_n)$ 的定义类似。

CIELAB 色差的经典方程（ASTM 2016）见式(19.10)：

$$\Delta E(L^* a^* b^*)=[(\Delta L^*)^2+(\Delta a^*)^2+(\Delta b^*)^2]^{\frac{1}{2}} \tag{19.10}$$

这些方程仍然不能表示完全均匀的色空间。如果给规范编写的整个颜色系列指定一个固定的$\pm\Delta E$ 范围，某些颜色的要求要比其他的更严格。即使有色差方程式可用，且视觉上是统一的，但是将它们作为规范，其作用都还是有限的。这种规范允许颜色从中心标准的任何方向均匀变化，然而，与其他方向相比，人们通常更关心颜色空间中某一个方向的偏差。例如，在白色偏差容忍度中，对蓝色方向的偏差容忍度通常比黄色方向的偏差更大。大多数未经训练的观察者对细微的颜色差异更敏感，而不是亮度差异。

CIE 对 CIELAB 色差公式进行了一系列改进，最近的改进是“CIEDE2000”（CIE，2001）。该系统的实现需要 22 步计算，易于使用计算机完成，不过这已超出本书的范围。汽车用涂料通常使用 ΔE_{CMC}进行评估，这是 ΔE 公式的一个简单变形，ΔE_{CMC} 测量色饱和度的差异比测量明度差异更准确（AATCC，2009）。

19.8 颜色的混合

颜色混合方法主要有两种：加色法和减色法。在加色法中，原色是红色、绿色和蓝色，加色混合法的应用就是在戏剧舞台上叠合色光的聚光灯，以及在彩色电视（TV）中，三种颜色的点（红、绿、蓝）在屏幕上相互靠近，当我们观察这些靠近的点时，它们发出的光被“叠加”出颜色，这一颜色取决于靠近的点中三种颜色的比例。在加色混合中，等量的蓝色和绿光产生蓝绿（青色），同样，蓝色和红色的光得到紫色（洋红色），绿色和红色的光混合会变成黄色，所有颜色加起来等于白光。只要有合适的光源，所有的颜色都可以显示出来。需要注意的是，我们看到的黄色是光谱中绿色、黄色、橙色和红色部分中所有波长的组合。

然而，在涂料中几乎所有的混色都不是加色混合而是减色混合。我们使用的着色剂可以吸收（减少）白光中某些波长的光，如果在含有彩色颜料的涂料中添加第二种彩色颜料，这样会减少更多波长的光，进一步增加着色剂的方法无法补回任何强度的波长的光。减色混合

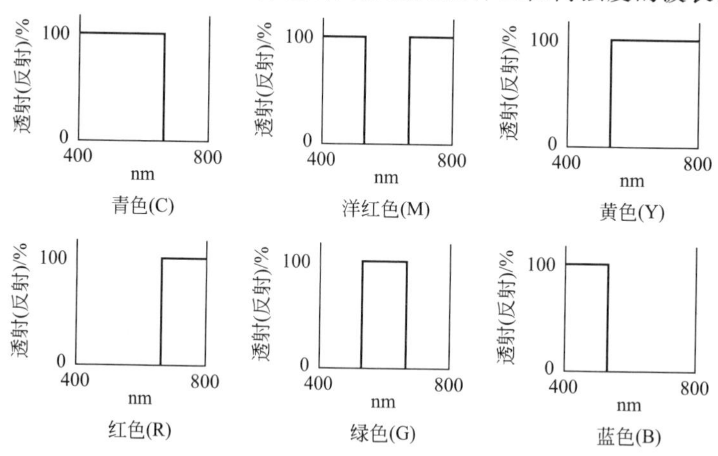

图 19.17 青色、品红和黄色着色剂及其互补色的透射（或反射）光谱

中的原色是青色、品红和黄色。如果我们混合等量的理想青色和理想品红色，结果是蓝色的。也就是说青色吸收红色，品红吸收绿色，所以保留下来的是蓝色。同样，由青色和黄色可以得到绿色，品红和黄色得到红色。三种理想的吸收性着色剂等量混合的话将吸收所有的光，会得到黑色。理想原色的透射（或反射）光谱说明了它们的互补性质，如图 19.17 所示。

19.9 配色

大部分的着色涂料都是通过配色得到的。客户为冰箱、汽车或其他产品选择某种颜色，涂料配方师拿到一种这种颜色的材料样品，并要求采用合适的配方，为最终应用调色。在配方师确定了合适的颜料比例并得到客户认可后，涂料工厂必须每批涂料都要达到这个标准。有时配方人员会先开发配方，客户再根据需求来确认是否合适。

19.9.1 配色资料需求

实验室开始配色之前，配色师需要收集大量的信息。

(1) 条件配色。光谱（非条件等色）配色可能吗？也就是说，可以使用与客户样品完全相同的颜色（包括白色和黑色）来建立匹配吗？如果不是，客户必须知道任何配色都将是条件配色的，也就是说，在某些光源下颜色会匹配，但在其他光源下则不匹配。例如，如果样品是一种染色织物，那么在所有的光线下，织物的颜色就不可能与任何一种有色涂层完全匹配，因为染料和颜料着色剂不可能完全相同。再举一个例子，如果客户一直在使用一种特别古老的涂料配方，该配方由一种或多种含铅颜料制成，但希望获得一种无铅涂料，那么只有一种条件等色的配方是可能的。

(2) 光源。如配色是条件配色，客户和供应商必须就用于评价颜色的光源达成一致。如果有多个光源，应做出决定是否希望在某一个光源下配色很接近就行，而不管在其他光源下颜色的差异；还是希望在几个光源下配色均差不多，而并不要求在某一光源下配色特别准。

(3) 光泽和纹理。涂层的颜色取决于它的光泽和纹理。到达观察者眼睛的光从涂膜表面反射，另一些从涂膜内部反射，观察者看到的颜色取决于两种反射光的比例。在大多数观察角度下，从低光泽涂层表面反射的光要比从高光泽涂层表面反射的光多。要使任何观察角度下低光泽和高光泽涂层的颜色配色都相同是不可能的，故必须就涂层的光泽达成一致意见。如果标准的光泽度与新涂层所需的光泽度不同，则必须就照明和观察角度达成一致。用于织物的颜色样品要与涂料颜色样品配色，即使是条件等色的配色，也无法在所有视角下都使织物样品的颜色与涂料达到同色异谱匹配，因为着色剂和表面纹理是不同的。当涂料制造商在电视上宣传他们的涂料店可以做到这一点时，他们一定是在做误导性的广告。

(4) 颜色性能。必须选择能够使涂料配方满足性能要求的着色剂，例如户外耐久性、耐溶剂性、耐化学性如耐酸耐碱性、耐热性、符合毒性法规定等。

(5) 涂膜厚度和基材。由于有时涂层可能不能完全遮盖基材，则基材的颜色会影响涂层的颜色，这种影响的程度会随着涂膜的厚度而变化。这一变量在应用中特别重要，如罐听涂料和卷材涂料使用相对较薄的涂层（如罐听内壁涂料膜厚$<25\mu m$）。在灰色底漆上颜色匹配的薄层涂料，在红色底漆上就不一定匹配。在铝材上使用的单层涂层如果直接应用在钢上，将不一定与标准颜色相匹配。

（6）烘烤条件。由于许多树脂和一些颜料的颜色会受到加热的影响，尤其是在高温下，涂料的颜色会受烘烤时间和温度的影响，因此必须规定在过度烘烤时对颜色的要求。

（7）成本。配色师应该知道成本的限制。对一些特定的应用来说，使用太贵的颜料，即使配制出了完美的颜色也是没有意义的。

（8）颜色偏差。配色需要多精确？用于外墙板涂层或汽车顶盖涂层需要非常精确的配色。对于许多其他应用，没有必要要求太精确，但是一些客户由于无知而设置了严格的公差限制，设置严格的偏差范围会增加成本，但不会带来性能上的提升。对于需要多次重复生产的涂料，设置颜色偏差的最合适方法是采用一套双方都认可的样板来设定颜色偏差的范围。例如，对于深黄色的涂层，应该对绿/红色相、明暗度和色饱和度的高低偏差进行限制。由于样板可能随着时间发生老化，必须应用标准样板和规定的样板进行分光光度法测定，并计算三刺激值，只要颜色在这个颜色空间限度之内，客户就应同意接受任何批次的涂料。如前所述，虽然 ΔE 色差（CIE 1976 LAB 色差方程）可用于确定某个颜色的偏差，但它们是有局限性的。将它作为一系列颜色一般情况下的颜色偏差限制是不可取的。此外，许可在标准颜色的任何方向上都可以有相同的变化，这通常也是不希望出现的。

19.9.2 配色程序

配色有两种方法：目视配色和仪器配色。采用目视配色的话，经验丰富的配色师首先要观察需要配色的样板，并根据他们的经验选择可以实现色彩相配的颜料分散体的组合。将配方组分混合后再进行涂覆，由于光泽会影响颜色，因此必须首先与标准板比较光泽，如有需要，进行调整，配色师将调节后的颜色与标准颜色进行比较，需要进一步添加一种或多种相同的颜料分散体，或者可能是不同的颜料分散体，以进一步改善配色效果。

原始标准样品的分光光谱曲线可用作一种分析手段，以帮助识别标准样品中着色剂的组分，从而简化颜料的筛选，便于目视配色。通常可以通过检查涂料样品中着色剂溶液的吸收光谱来鉴别有机颜料（Kumar 等，1985）。

以上分析过程一直要进行，直到选择出满意的颜料分散体的组合。配色必须用干膜进行，尽管比较湿涂层的样板对评估配色的进度可能很有用，但是由于在施工、成膜和干燥过程中，从湿膜到干膜颜色会发生很大变化，因此最终确定的配色方案必须按照在接近涂层实际使用的条件下制备的干膜。

目视配色者不仅要负责着色剂的选择和配比，进行配色，还要力求使配色的方法能够在工厂应用时尽可能方便、高效地生产出一批又一批的产品。对颜料制造厂商来说，连续批量生产出颜色完全相同、色强度完全相同的颜料在经济上都是不可能的。此外，由这些颜料制成的分散体也将会出现批次间的变化，针对这些颜料的变数，应制订可在工厂里调整的配方，使其能够与标准颜色样本匹配。最好是用四种颜料（包括黑色和白色，但不包括惰性色）来做最初的搭配，这为在三维色空间中向任意方向移动提供了必要的四个自由度。有时不可避免地只能使用单一的颜料，但这是不可取的，尤其是在需要精确地实现颜色匹配的场合。有时也会需要四种以上的颜料，但这会增加生产的复杂性，如果可能的话也应该避免。工厂不应该对配方中的颜料做任何更改，否则会导致出现条件等色的配色问题。

目视配色是一门需要多年经验的技艺，目前还在使用，仍然十分重要。但涂料行业已在很大程度上转向电脑仪器配色。可以利用仪器色彩数据库，连同计算机程序来选择着色剂及其比例，既可用于实验室的初始配色，也可以为工厂提供生产批料配色需添加的不同颜料分散体数量的信息。建立这样一个程序需要花费很大的努力，必须认真建立数据库。颜料必须被制成分散体，并且必须使用不同浓度的颜料分散在一系列合适的白色涂料中，制备许多单色涂料。必须在 16 个波长处测量反射率值，对于要求严格的配色，可能需要 35 个波长的值。有关创建颜料数据库的进一步讨论，请参见 Pierce 和 Marcus（1994）。市场上的涂料公司使用严格保密的算法来进行他们的配色工作。

计算机配色的分析超出了本文的范围。Pierce 和 Marcus（1994）及 Rich（1995）综述了计算机配色，并提供了详细的讨论（参见综合参考文献）。采用当前的计算机配色软件，可以对具有完全遮盖力的实色涂料做到精准的颜色匹配。这些程序的基础是图 19.11 中概述的 Kubelka-Munk 理论。这些程序在试样和标样或匹配物颜色之间实现三刺激值匹配，由于试样中着色剂浓度与试样和标样的三刺激值之间呈非线性关系，使这一操作的数学过程变得复杂。

典型的颜色测量包括在可见光谱波长范围内 16 或 35 个反射率组成的测量值。为了利用这些数据进行颜色匹配，必须通过桑德什（Saunderson）方程对边界反射进行校正，从而得到 Kubelka-Munk 反射率，如图 19.11 所示［方程（19.11a）、方程（19.11b）、方程（19.11c）］。这些反射率可以用来计算样品在每个波长上的匹配比 K/S。K 值和 S 值被假定为选择的用于匹配样品的颜料浓度的线性函数。就四个颜料配色而言：

$$K=k_1c_1+k_2c_2+k_3c_3+k_4c_4 \tag{19.11a}$$

$$S=s_1c_1+s_2c_2+s_3c_3+s_4c_4 \tag{19.11b}$$

$$\left[\left(\frac{K}{S}\right)s_1-k_1\right]c_1+\left[\left(\frac{K}{S}\right)s_2-k_2\right]c_2+\cdots+\left[\left(\frac{K}{S}\right)s_4-k_4\right]c_4=0 \tag{19.11c}$$

需要为每一个波长（16 个或 35 个）确定数值，因为在每个波长处测得的颜料的 K/S 比及 k_i 和 s_i 的值是不同的。此外，颜料浓度通常用百分数来表示，以满足方程：

$$c_1+c_2+c_3+c_4=100$$

这似乎很简单，只要选择三个波长，给出与颜料组分相结合的三个方程，然后得到四个含有四个未知数的线性方程，这样就可在溶液中得出与样品相匹配的所需颜料浓度。遗憾的是，实际情况并非如此。即使使用所有的 16(35) 个 K/S 方程，使用各种估算，如三刺激值四未知数的 17(36) 个方程所解得的加权平均或最小二乘解，在大多数情况下也不能给出近似的三刺激色的匹配。Allen（1974）设计了一种方法，大多数商业软件都使用这种方法来获得三刺激值匹配。从使用 K/S 比和三刺激值获得的颜料浓度的初始估计值开始，这些浓度被迭代地细化以近似三刺激值匹配。

ΔX 值是测量的拟配色物体的 X 值（三刺激值）与由最初浓度计算得来的匹配 X 值之间的差异。X 相对于浓度的偏导数由初始匹配浓度计算得到。Y 和 Z 的值以相同的方式计算。这些计算的细节可以在引用的参考文献中找到。由此得到的四个方程解出了四个未知 Δc_i 的值，一组新的匹配浓度是通过将 Δc_i 值与用于建立这些方程的 c_i 值的初始估计值相加来计算的。不断重复这个过程，直到获得三刺激匹配或在已有的配色上进行改进后的结果。通常情况下，所选四种颜料的三刺激值最佳匹配经过不到三次迭代就可以获得。

如果所选的四种着色剂与要匹配的对象中的着色剂相近或相同，则会产生非条件等色匹配结果。如果两种或两种以上光源的色差变化和匹配程度所决定的同色异谱的程度是不可接受的，那么可以尝试不同的颜料组合，直到达到可接受的匹配。

金属闪光颜色的匹配更难计算机化，因为颜色必须匹配多个“逆向反射角”角度，即照明角度和观察者视角之间的差异。样品和数据库中的所有着色剂的反射率必须从多个角度进行测定。现在有各种各样的仪器可以在各种逆向反射角下进行测量。照明角度是固定的，观察角度可以设置在不同的角度。在美国，公认的逆向反射角度是 15°、45°和 110°，见 ASTM E 2194-14：片状金属颜料材料的多角度颜色标准测量方法。用珠光粉片状颜料、干涉颜料和胆甾型颜料来调配颜色变得更加复杂，因为色相会随光照角度和观察角度而变化（20.2.5 节）。目前的仪器支持三种照明角度，分别为 25°、45°和 75°，以及每一种照明角度下对应的观察角度分别为＋15°和－15°，但研究仍在继续，可能需要更精细的几何图形。ASTM E2539-14 提供了标准的测量方法。

着色剂的其他信息，如成本、性能、法规限制等可以加入数据库中，之后计算机可以计算出一个序列以选择出成本最低、同色异谱程度最低、不含户外耐久性不佳的颜料的替代颜料组合。配方工程师可以选择最合适的组合，完成特定的配色任务，然后配制出一批实验用的涂料，将其涂在合适的基材上，烘烤或烘干，并测量其反射率值。第一次尝试的颜色匹配结果很少是令人满意的。将首次认为合适的反射率值与标准的反射率值进行仪器对比，然后用计算机算出所需各种着色剂的量，以便颜色能够匹配。已经证明使用计算机进行颜色匹配所需次数明显少于经验丰富的目视配色人员所需的次数。

同样的程序也可用于工厂生产的彩色涂料。使用的着色剂已被选定，不得更改。最初混合投料是用实验室配方，但每种着色剂都需要留出一小部分，作为后添加的。否则，如果某些批次的颜料分散体的颜色比标准的更强，则会投入过多的着色剂。将这批料混合，在试板上涂膜，并测量其反射率。这些数据被用来计算需要向批料中添加什么着色剂以获得相匹配的颜色。根据需要重复该过程。使用计算机配色可以节省大量的时间和成本，但是建立和维护数据库的成本是巨大的。由于颜料和颜料分散体的颜色因批次不同而不同，因此通常必须对每批颜料进行测量，以便与标准数据库值进行比较。可以编写计算机程序来纠正批次之间颜色的细微差异。金属闪光颜色的匹配，如汽车的修补漆，是严格通过修补漆供应商专有的分光光度测量和复杂的计算机分析得出的。

19.9.3 色彩再现

前面所有的讨论都集中在涂装后实物样品的外观上。然而越来越多的涂料颜色都要求在电脑屏幕上再现，人们可以在购买涂料或物品之前，足不出户直观地感知到某一种颜色将如何出现在房间或车辆上。在计算机屏幕上显示某种颜色叫作颜色的再现。在再现颜色时，颜色被转换成颜色的二进制表述，然后显示在计算机屏幕上，通常通过使用红/绿/蓝（RGB）颜色坐标系统。由于 RGB 系统不常用来表述实际涂料的颜色，涂料颜色必须转换为 RGB 值。这并不困难，许多在线工具能够从一个色空间（如 L^*、a^*、b^*）将颜色值转换为 RGB（easyrgb.com，2008）。在这里有必要定义 RGB 格式的位深度，8 位 2 进制深色彩的每个 R、G 或 B 值都有 $2^8=256$ 个可能的值。R,G,B=0,0,0 是完全黑色，而 R,G,B=255,255,255 是完全白色。

再现的颜色与实际物体之间颜色匹配的逼真度通常是不太理想的，主要是受到硬件和软件的限制。大多数计算机显示器的动态范围不够高，不足以显示出实际涂漆部分观察到的亮度变化。此外，色彩的微妙之处往往很难以计算方式高效地呈现。因此，在计算机屏幕上实时改变和显示颜色是具有挑战性的，但随着计算机计算能力的增加，这一技术将不断改进。

对于简单的纯色，计算机实现有效的再现可以使用像 Kubelka-Munk 方程式这样的方程来完成。因此，许多DIY画家现在可以通过在家里拍摄房间来再现他们新油彩的颜色，并通过涂料商店或互联网购到简化的计算机接口来“虚拟”地用一种新颜色来粉刷房间。对于更复杂的颜色，需要更复杂的模型。事实证明，He-Torrance模型在游戏和电影行业很受欢迎，因为它计算效率高，可以生成相对真实的图像。

对于高度随角异色的颜色，颜色的外观变化取决于照明和观察者的角度，只有通过双向反射分布（BRDF）函数关系才能充分描述这样的颜色，BRDF函数充分描述了来自材料的反射光与照明方向、观察方向以及方位角的关系，即反射与光的波长的关系。原则上，BRDF的测量值能对涂层的反射率特性给出完整的数学描述。然而，BRDF只能采用昂贵的角度分光光度仪来测量，且过程耗时。因此，BRDF的数据经常用采用多角度分光光度仪测得的数据近似表达。只需采用5个或20多个组合的照明和观察角度就可以得到一个近似完整的BRDF。图19.18为BRDF完整的二维剖面图。朗伯（Lambertian）表面是完全亚光的（非常低的光泽），并被描绘成一个半圆函数，而具有镜面反射和近镜面反射的金属闪光涂层也显示出来。配方的可变因素对BRDF的影响还只是刚刚开始探索。

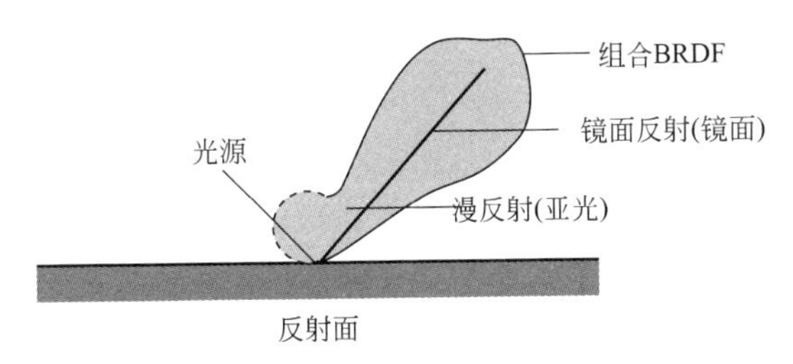

图19.18　BRDF的二维剖面（漫反射、定向漫反射和镜面反射相加产生复杂的BRDF）

计算机设计工具在设计新颜色和改变现有颜色方面的应用仍然是一个迅速发展的领域。通过计算机系统对简单的颜色和表面纹理的外观和调整进行模拟已经成为现实。橘皮和有限色迁移的简单的金属闪光色可以进行再现了，已连接到配方数据库，可以找到最接近的配色。

19.10　光泽

光泽是一种复杂的现象。对于光泽的目视评估每个人意见可能不一致，对光泽也没有一个清晰的定义，还有部分原因是光泽的类型有好几种。镜面光泽（specular gloss）是涂料中最常考虑的类型。高光泽的表面反射了从表面反射的大部分光，反射角度（镜面角度）与入射光束的角度相等。低光泽的表面在非镜面角度反射较大比例的光。在考虑光泽时，人们在视觉上比较了从镜面反射角反射的光量和其他角度反射的光量。如果镜面反射光占比高，光泽就高。请注意，光泽与表面反射光的比例没有直接关系。相反，在大多数照明角度下，低光泽表面的表面反射实际上大于高光泽表面。在物体表面反射光的比例随着λ射角度的增加而增加，而在镜面反射角的表面反射随物体折射率的增加而增加（图19.6）。

如果表面粗糙度比较小，但实际上仍大于光的波长，则光束的入射角不等于表面与光束形成的几何角度，光在光束和表面的单个粗糙面之间的镜面反射角上反射。如果一个表面有许多面向各个角度的小平面，光束就会向各个方向反射。如前所述，这样的表面是漫反射

（或称为朗伯反射器），具有低光泽，称为亚光或平光。平光不是一个什么好的术语，因为一个完全平坦的表面理应产生高光泽，而一个微观粗糙的表面会产生我们所说的“平坦表面”，中等粗糙表面，光泽是中等的，称为半光泽、蛋壳光、缎光或其他各种术语。

与镜面光泽相关的一个现象是图像鲜映度（distinctness of image，DOI）光泽。完美的镜面反射器其镜像完美，它的镜像与本体一模一样；如果一个表面有完全的漫反射，就看不出任何镜像；如果在二者之中，则随着镜面与漫反射之比的降低，图像变得越来越模糊。另外，较大的表面会因为不规正而导致图像失真，人们会看到某种程度的模糊和失真。DOI常用于汽车面漆，但现在较少使用。

掠角光泽（Sheen），在涂料工业中，指的是从掠角观察低光泽涂料时的反射光泽。高光泽涂层在低掠角反射的光的比例较高，低光泽的表面低掠角度时反射比例小。低光泽的涂层如果在低角度时有显著的反射则称其有较高的掠角光泽。这种效果很容易观察到，但很难描述，没有闪光（当一个有光泽的表面以低角度被照亮，并在低角进行度观察），而是一种“柔和的”相对较高的反射。

定向光泽（Luster，本书定义）是另一种类型的光泽效果。（为了进一步说明光泽的定义问题，词典对 Luster 的定义是光泽或掠角光泽。）Luster 是定向光泽，例如有些机织织物，从平行于经纱（纵向纱线）观察时，要比平行于纬纱（横向纱线）时更有光泽。这些织物在褶皱处表现出不同的光泽。如果反差很大，织物就会呈现很高的光泽。类似的效应有时可以在质感（纹理）涂层中观察到。

雾影（Haze）可以被认为是光泽的一种形式。当光线进入一个朦胧的涂膜时，它会产生一定程度的散射，导致一些漫反射到达观察者的眼睛。结果类似于让一些光以非镜面角度在表面上反射一样，降低了反射光与非反射光的比例。在含有颜料的涂料中，可能很难目视区分是由雾影引起的光泽降低，还是由颜料引起的光散射。对于配色师来说，总是希望用不含颜料的涂料来检查干燥的、交联的、无颜料的涂膜的清晰度。清漆涂层的雾影名义上可以在主光束附近的狭窄角度范围内测量外透射的光量来确定。通常用市售仪器测量时，可以测得主光束 1.5°以外的光线会导致形成雾影。

起霜（Bloom）的外观类似于“雾影”。如果涂膜中的液体成分不溶于树脂基料，它就会以小滴的形式从涂膜内部析出。这些物质会浮上表面，使表面变得不平整，当光束漫射到表面时会降低光泽度。与雾影不同的是，涂膜表面的“起霜”现象可用沾有溶剂的布擦拭掉，但“起霜”时常会重新出现。

斑驳（点）（Mottle）是涂膜表面可观察到的颜色或亮度变化超过一个相当长的尺度的情况，也许有几十厘米。斑点通常是由于施工差异而导致的，这些差异导致涂膜厚度发生变化，或颜料形貌发生变化。金属闪光涂层中片状铝粉排列不一致会导致汽车车身上产生斑驳。

从最小的尺度上来看，光泽是由光波/光子与表面的相互作用形成的。如果表面的粗糙度比光的波长大得多，则以几何光学占主导，可以将表面视为由一系列相连的小平面组成，每个小平面都会引起镜面反射。当表面粗糙度远远小于光波波长时，材料表面呈现光学平整（高光泽，镜面状），除了 Rayleigh（瑞利）散射外几乎没有散射。对于中间情况，即表面的粗糙度在光波的数量级上，不存在简单的近似方法来预测表面的光泽或散射，要用复杂的数学计算来模拟这些表面的散射行为，但已超出了本书的范围。这类散射在许多方面类似于海洋表面微波浪的散射，因为海洋表面微波浪的波长与辐射的波长相似。和光泽一样重要的是，它仍然没有被很好地理解或用数学方式来表达。

19.10.1 镜面光泽变量

镜面光泽的一些变量可以用图解来表示，在假设基础上用理想的测角分光光泽仪进行测量。测角分光光泽仪可以将一束光以任何角度射向表面并测量，并可测量从表面以不同角度反射的反射光数量。理想的仪器的示意图如图 19.19 所示。图 19.19(a) 显示了光束通过平面的侧视图。图 19.19(b) 是仪器的俯视图，这张图显示光泽仪探测到的唯一的光是光束照到平面上的反射光。没有办法制造出一种能够测量 90°处反射光线的仪器。在这种理想的仪器中，光束足够窄，只能将表面上的一点照亮，光泽仪可以检测到光束宽度接近于零的反射光束。

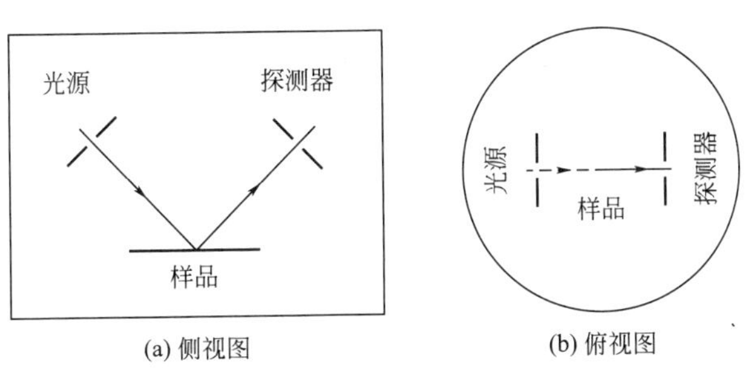

图 19.19　角度光泽仪的简化示意图

从理想反射镜反射的所有光都是在镜面反射角上，并与入射光在同一平面上。完美的漫反射器可以在所有平面上的所有角度上反射光线。图 19.20 中的曲线 S_0 显示了理想的漫反射器光电流与观察角的函数关系，照明角 45°，用角度光泽仪（Zorll，1972）测量。乍一看，结果似乎并不合理，但必须记住，光泽仪可以测量所有在 0°反射的光，但是在所有平面中在 90°反射的光只有很小一部分（接近零）。

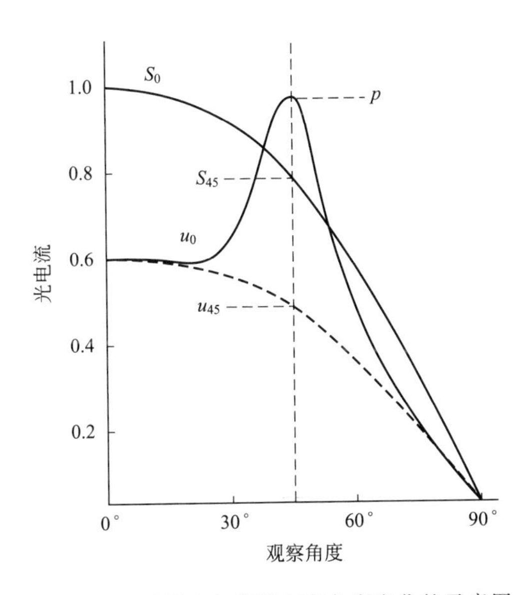

图 19.20　反射光电流随观察角度变化的示意图

资料来源：Zorll (1972)。经 Elsevier 许可复制

图 19.20 中还显示了半光白色涂层的理想响应曲线 u。这两条曲线的比较说明了在考虑镜面光泽时有三个重要因素。第一个因素是样品相对漫反射器的相对亮度 A，其中 A 是垂直方向 u_0/S_0 的光强比值；第二个因素是光泽度 h，由式(19.12) 的峰值高度 p 计算：

$$h=\frac{p-u_{45}}{S_{45}}=\frac{p}{S_{45}}-\frac{A}{100} \tag{19.12}$$

第三个因素是光泽 δ 时的鲜映度 DOI。按方程式(19.13) 计算，P 是样本曲线下的总面积；U 是从样品漫射背景反射的面积，S 是标准漫反射曲线下的面积：

$$\delta=\frac{h}{F};\ F=\frac{P-U}{S} \tag{19.13}$$

如果 A 大，观察者将认为样品的光泽低于 A 小的样品。如果 A 小，试板的光泽度低于具有更高 h 的样品。这对比较白色有光涂料和黑色有光涂料是有意义的。对于白色涂层，A 较大，h 较小，这是因为白色涂层会散射进入涂膜的光，从而呈现极高的漫反射。另外，黑色涂层吸收几乎所有进入其涂膜的光，因此涂膜内部几乎没有漫反射。如果两个涂膜的表面平整度一样，表面反射应该是相等的，但是即使黑色涂层反射的入射光较少，黑色涂层也会看起来光泽度更高一些。不可能使白色涂料具有与高光泽黑色涂料一样高的光泽度。有色涂料的光泽度中等。颜色越深，光泽度可能越高。在 19.2.4 节中，我们考虑了光泽对颜色的影响，现在我们看到颜色也会影响光泽。如果 δ 值很高，表面就像一面镜子，能呈现清晰的图像。随着 δ 值的减小，镜面反射图像越来越模糊。

所以当采用这些观察者对光泽目视评估的结果对这些数据进行比较时，必须格外小心。如前所述，不同的观察者对试板之间的光泽度有不同的评价。反射强度（峰值高度）并不是影响观察者评价光泽的主要因素，主要因素是镜面反射与图像清晰度之间的反差。光泽度还受观察者与物体之间距离的影响。观察者与一个表面靠得足够近，都能够目视分辨表面的不规则性，他一定会说表面是粗糙的，光泽很高。如果观察者在较远的距离观察同一表面，目视观察不到表面的不规则性，他就会说这是一个平整的、低光泽的表面。最近对人类观察者的研究表明，对光泽的感知（即使是无彩色的颜色），也会受到亮度的强烈影响，并且目视能感知的光泽与 60°光泽最靠近（Mirjalili 等，2014）。

影响涂料光泽的主要因素是颜料。当一层涂膜由于挥发性成分逸出而收缩时，颜料颗粒会在表面造成不规则性。干膜中 PVC 与 CPVC 的比值不同，表面粗糙度也不同（22.1 节）。Braun（1991）讨论了在溶剂挥发时颜料对光泽的影响。

在溶剂型高光泽涂料中，干膜的顶部微米级尺寸左右的涂层中几乎不含有颜料。这种颜料贫化层是由于溶剂蒸发时薄膜内的运动而产生的。最初，在膜内产生对流，树脂溶液和分散的颜料颗粒均可自由运动。随着涂膜的黏度增加，降低了颜料颗粒的可移动度。然而，树脂溶液的运动持续时间较长，导致顶部表面的颜料浓度降低。因此，除非罩光清漆本身含有消光剂，否则在底色漆上罩上一层清漆一定能提高光泽。

随着 PVC 的增加，表面的颜料量增加，光泽度降低。颜料的粒径也影响光泽，如果在分散过程中聚集的颜料颗粒没有被分离开，则光泽度会降低，因为絮凝颜料体系的 CPVC 较低。然而，由于大颗粒先被固定，然后才是小颗粒被固定，所以絮凝的颗粒可能会使低 PVC 涂料的光泽度增加。Braun 和 Fields（1994）及 Simpson（1978）讨论了颜料粒径和罩光清漆层厚度对镜面光泽的影响。

在某些涂料（例如家具涂料）中，要求光泽低和透明度高。这是通过使用少量非常细的二氧化硅作为颜料来实现的。只要浓度较低，小粒径和折射率差低两者的组合可减少光散射。当溶剂从这种涂料中蒸发时，在涂膜表面的黏度变高以前，SiO_2颗粒一直在不断运动。结果是在涂膜顶部的颜料浓度高于平均浓度，从而在相对较低的 PVC 下降低了光泽度。

流平性差会降低光泽度。如果不规则性很大，就像常见的刷痕一样，表面看起来是有光的，但是有波纹的表面；如果不规则性小，常见的是橘皮，则光泽度会较低。不规则的表面不仅是由于在平整的表面上流平性差导致，还可能是由于在粗糙的基材上涂覆涂料引起的，这种现象称为透印。已有研究表明，平整度和光泽度受底材的粗糙程度、涂膜厚度和黏度的影响（Ngo 等，1993）。关于流平的进一步讨论参见 24.2 节。

橘皮值很大程度上取决于施工参数、涂料配方、基材质量和干燥/固化条件。对于汽车涂料而言，橘皮值最小显得特别重要，因为高质量的汽车涂料与整体汽车质量息息相关。已开发出可测量表面粗糙度的振幅和横向尺寸（波长）的仪器，有助于对橘皮进行量化。粗糙度通常分为五类，横向尺寸逐渐增加：Wa(0.1～0.3mm)、Wb(0.3～1.0mm)、Wc(1.0～3.0mm)、Wd(3.0～10mm)及 We(10～30mm)。另一个参数是暗度（du），用于表述小于 0.1mm 尺度的粗糙度，与光泽的倒数相关。典型的外观谱图如图 19.21 所示，其中在 Wa 和 Wb 尺寸处可见到粗糙度程度很高，这表明了短程粗糙度值较差。虽然配方肯定会影响涂层的粗糙度，但 Wa～We 值经常用于调整施工参数，在一定的操作约束条件及给定的涂料配方下，将橘皮的粗糙度降到最低。

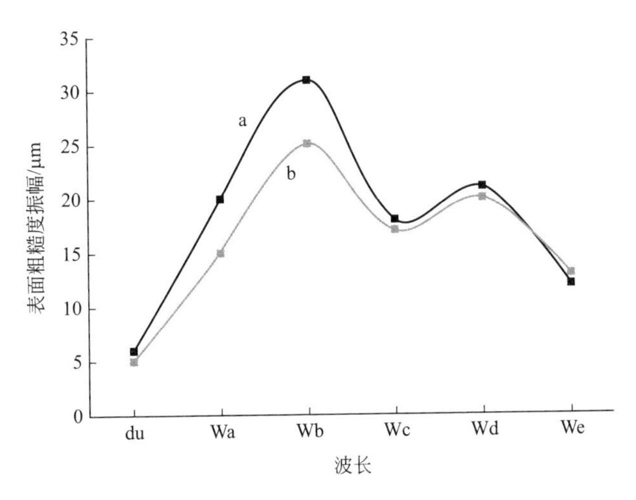

图 19.21　扫描仪器测量的表面粗糙度显示

在短波区域，涂层（a）Wa 和 Wb 的表面粗糙度振幅更高，而在长波区域，外观与涂层（b）相同

起皱影响光泽。如果涂膜表面比底层涂料先发生交联，就很可能发生起皱（24.6 节）。当下层涂膜随后发生交联时，则会引起收缩，导致涂膜顶部发生起皱。如果皱纹非常小，光泽就会很低，但当用显微镜检查时，可以看到该表面是不规则的有光表面。

由于在表面反射光的比例随折射率的增加而增加，因此高光泽涂层的光泽度随着涂层的折射率的增加而会增加，这是因为在镜面反射角反射的光比在其他角度反射的光更多。不同基料之间的折射率差异很小，所以虽然可以检测到，但与表面粗糙度相比，这种影响通常很小（Zorll，1972）。颜料的折射率也可能是一个因素。

在干膜中的颜料含量相同时，乳胶涂料的光泽通常比溶剂型涂料的光泽低（32.3 节）。

有如下几个原因：

① 树脂和颜料都分散在乳胶漆中。因此，在干燥过程中没有像在溶剂型涂膜中那样在膜层顶部生成颜料贫化薄层的机会。较小粒径的乳胶能形成光泽稍高的薄膜，因为随着薄膜干燥，粒径较大的颗粒会很快被固定住。

② 许多乳胶的无颜料干膜不是透明的。相反，由于不完全溶于乳胶聚合物中的分散剂和水溶性聚合物的存在而产生雾影，降低光泽度。

③ 通常表面活性剂在乳胶涂料的表面会起霜，从而降低光泽度。

④ 乳胶涂料通常很难达到良好的流平。表面粗糙度如刷痕会降低光泽度，刷痕的出现取决于观察者与表面的距离。如果距离足够近，可以目视分辨出刷痕，涂层就会看起来像一个有波纹、有光泽的表面。但从远处看光泽度似乎很低。在配方中添加缔合性增稠剂，可以改善流平性。

在涂膜使用期间，光泽可能会有变化。在有色膜中，随着基料的降解，光泽逐渐下降，最后完全失光，通常这是液态水的作用结果。当颜料颗粒裸露时，它们会沿镜面角方向散射光，从而降低光泽度。随着越来越多的颜料裸露出来，光泽进一步下降。最终，涂膜表面可能会变脆，然后随涂膜的膨胀和收缩而破裂。与彩色涂料相比，清漆中不含有颜料，这是其具有优异保光性的主要原因。由于没有颜料颗粒散射光，清漆的表面随着降解和腐蚀而保持相对平整。彩色涂膜中基料的降解可能一直会持续，直到颜料在表面上很容易被擦掉，这种现象称为粉化。粉化表面的光泽显著下降，因此，颜色变浅。随着涂膜的老化，挥发性成分的挥发，导致涂膜的收缩和表面粗糙度的增加，也可能导致光泽度下降。Braun 和 Cobranchi (1995) 对耐久性和光泽度进行了出色的综述。

在某些情况下，低光泽表面的光泽会随着不断地使用而增加。例如，在电灯开关附近的平光墙漆，因为经常受到摩擦，它的光泽通常会增加，这样增加的光泽被称为“磨光”。

19.10.2 光泽的测量

目前还没有完全令人满意的测量光泽度的方法，也没有开发出令人满意的用于目视评估光泽的等级。如果光泽差异大，所有的人都会一致同意哪个涂膜的光泽更高，但如果光泽差异小，他们的意见往往就会出现不一致。如果光泽的差异很小，即使是同一个观察者，想前后一致地评定一系列样板的光泽也是很难的。除非严格控制照明和观察条件，否则差异会很大。使用测量光泽的仪器时必须十分谨慎。

在 19.10.1 节中，我们讨论了一种理想化的多角度分光光泽仪。在实践中，人们不得不使用不这么理想化的仪器。光束直径实际上不能接近零，因为必须要能够从各个角度反射出足够的光强度，才能在现有的光电探测器上产生可测量的响应。在实际的仪器中，有一个光源照在距样品表面固定距离的狭缝光阑。反射光以固定距离穿过另一个狭缝光阑到达光电检测器。

镜面光泽仪被广泛使用，尽管有所改进，但其读数与目视观察结果之间的可比性非常有限（Leloup 等，2016）。尽管这种仪器在反射光强度上的读数差异很大，但观察者对这种差异不敏感。此外，光泽仪中狭缝的缝隙约为 2°，而人眼的分辨率极限约为 0.0005°（Braun，1991）。因此，光泽仪对 DOI 的敏感性不如眼睛（当观察者靠近物体时）。光泽仪的光圈和试板之间的距离是固定的，而人可以从任何距离观看试板。

应用最广泛的光泽仪（有时也称反射仪）是一类简化的可变角度光泽仪，它只能测量镜

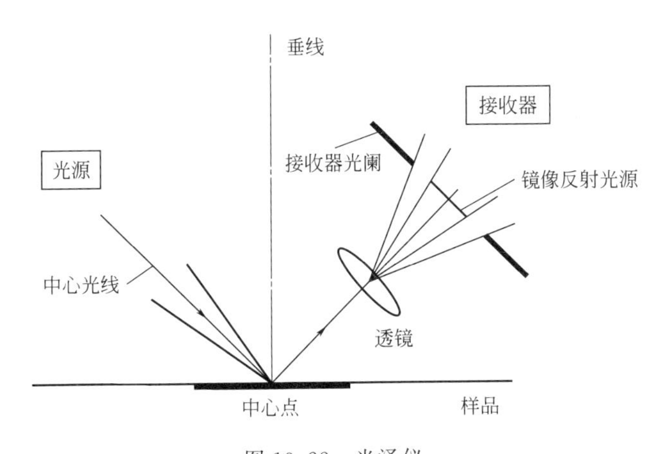

图 19.22 光泽仪

资料来源：Zorll (1972)。经 Elsevier 许可复制

面角处的反射光。在涂料行业中最常用的是 20°、60°、85°入射角和观察角的测量。图 19.22 给出了示意图。使用光泽仪的第一步是用两块标准板校准仪器：一个是高光泽度，另一个是低光泽度。如果将仪器用第一个标准校正设置后，第二个标准板没有能给出标准的读数，则说明存在问题。最常见的是一块或两块标准板都被沾污了或被刮伤了。其他可能的问题包括试板安装不正确、光源损坏或光泽仪故障。必须使用已在选定角度校准过的标准板。有黑色和白色的标准板。表面粗糙度相同的白色和黑色标准板，它们在镜面反射角的反射不一样（19.10.1 节）。要准备所有不同颜色的标准板是不现实的。白色标准板用于浅色涂料，黑色标准板用于深色涂料。（应该说明使用了哪一套标准。）标准可以由 NIST（美国标准和技术研究院）使用 Nadal 和 Thompson（2000）文章中介绍的研究型分光光泽仪进行认证。与光泽仪不同，这种研究仪器的照明和观察角度可以各自独立变化，但它们体积庞大，价格昂贵，而且维护起来相对困难。

通常的操作程序是，首先在 60°进行测量。如果获得的读数超过 70，则应在 20°而不是 60°下进行测量，因为在仪器读数范围的中点附近精度较高。低光泽试板的光泽通常是在 60°和 85°下测量读取。85°的读数可能与掠角光泽有关。报告读数的测量角度至关重要，应多次读数并进行统计分析，有一些光泽仪可以进行统计分析。这样可以减少局部的表面不规则或污垢颗粒影响仪器读数的可能性。如果刷痕的方向平行于入射光的平面，则轻微的刷痕可能不会影响读数。如果在两个实验室之间比较结果，则必须检查这些仪器之间的互换性是否良好。最好通过在每台仪器上测量至少三块黑色标样和三块白色标样来完成此操作。在经过仔细校准的仪器上读数的可再现性应为±3%，但用单位的偏差来表示更为合适，例如±2 个光泽度单位（Huey，1964）。这在低光泽范围内误差已是很高的了。

光泽仪提供 0 到 100 之间的数值结果，但这些数字的真实含义令人困惑。通常这些值以百分比表示。然而，这些数值并不是光在表面反射的百分比。它们近似于在光泽角反射光的读数与完全平整表面上测得的反射光读数的比值百分数。这些读数应称为光泽度单位或仅是仪器读数更合适。如前所述，在大多数照明和观察角度下，来自黑色亚光表面的总反射比来自高光泽黑色表面的总反射要高得多。这一点通过比较相同试板在 20°和 60°时的读数就一目了然了。同一试板在 20°时的读数低于 60°时的读数（图 19.23）（Freier，1967）。

如果你足够细心的话，镜面光泽仪可以用于大量相同或非常相似的涂层进行质量控制比

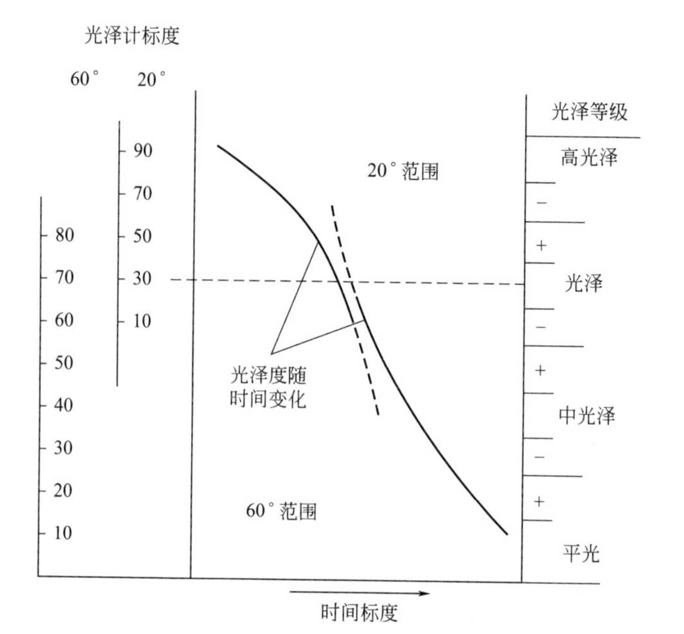

图 19.23 光泽读数的变化

资料来源：Zorll (1972)。经 Elsevier 许可复制

较，并可用于跟踪老化后的失光程度。这类仪器只适用于质量控制，而不适用于技术规格的测定。通常，必须依靠标准的目视样板。客户为每一种颜色挑选三块试板，一块是需要的光泽，另外两块是可以接受的光泽上限和下限的试板。

图 19.23 展示了高光泽试板曝露在室外环境气候下，跟踪失光过程的一个方法。最初在20°测定读数，然后同时在 20°和 60°下进行测定读数，最后仅对 60°时出现严重失光的试板进行测定读数。20°和 60°读数（左侧刻度）中的不同刻度单位提供了过渡点处的连续斜率。右边的刻度是目视观察时的光泽等级。

DOI 测量仪是使用一块像镜子一样的样板（图 19.24），用目视对试板表面上反射出的一个格栅，与一组标准照片进行比较，范围从近乎完美的镜面反射到无法看到格栅的模糊图像。检测报告要对模糊程度进行比较，并定性说明失真程度。在高光泽度范围内，目视评估

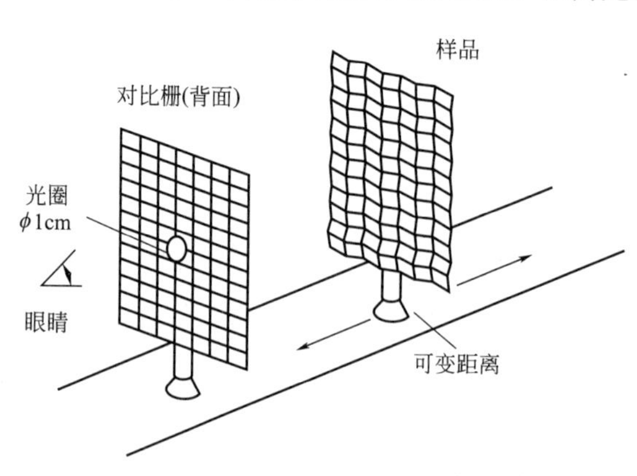

图 19.24 DOI 仪图示

资料来源：Zorll (1972)。经 Elsevier 许可复制

结果要比与用镜面光泽仪测定的结果对应性更好一些。现在已有可以根据光密度进行比较而不是根据目视评估的仪器了。

（刘娅莉　译）

综合参考文献

ASTM, *Standards on Color and Appearance Measurement*, 3rd ed., ASTM, Philadelphia, 1991.

Burns, R. S., *Billmeyer and Saltzman, Principles of Color Technology*, 3rd ed., John Wiley & Sons, Inc., New York, 2000.

Hammond, H. K., III; Kigle-Boeckler, G., Gloss in Koleske, J. V., Ed., *Paint and Coating Testing Manual*, 14th ed., ASTM, Philadelphia, 1995, pp 470-480.

Hunter, R. S.; Harold, R. W., *The Measurement of Appearance*, 2nd ed, John Wiley & Sons, Inc., New York, 1987.

Kuehni, R. G., *Color, an Introduction to Practice and Principles*, 2nd ed., John Wiley & Sons, Inc., New York, 2004.

Pierce, P. E.; Marcus, R. T., *Color and Appearance*, 2nd ed., Federation of Societies for Coatings Technology, Blue Bell, PA, 2003.

Westland, S.; Ripamonti, C., *Computational Colour Science using MATLAB*, John Wiley & Sons, Inc., New York, 2004.

Zorll, U., *Prog. Org. Coat.*, 1972, 1, 113.

参 考 文 献

AATCC, Test Method 173-2009, AATCC, 2009.

Allen, E., *J. Opt. Soc. Am.*, 1974, 64(7), 991-993.

ASTM D2244-16, *Standard Practice for Calculation of Color Tolerances and Color Differences from Instrumentally Measured Color Coordinates*, ASTM International, West Conshohocken, PA, 2016, www. astm. org.

Billmeyer, F. W., *Encyclopedia of Chemical Technology*, John Wiley &Sons, Inc., New York, 1979.

Billmeyer, F. W.; Saltzman, M., *Principles of Color Technology*, John Wiley & Sons, Inc., New York, 1981.

Braun, J. H., *J. Coat. Technol.*, 1991, 63(799), 43-51.

Braun, J. H.; Cobranchi, D., *J. Coat. Technol.*, 1995, 67(851), 55-62.

Braun, J.; Fields, D., *J. Coat. Technol.*, 1994, 66(828), 93-98.

Chan, X. B. V., et al., *Asia Pac. Fam. Med.*, 2014, 13(1), 1.

CIE, Publ. 142-2001, Central Bureau of the CIE, Vienna, Austria, 2001.

Cremer, M., *Prog. Org. Coat.*, 1981, 9(3), 241-279.

easyrgb. com, 2008, from http://www. easyrgb. com/(accessed April 22, 2017).

Fields, D. P., *Surf. Coat. Int.*, 1993, 76, 87.

Freier, H. -J., *Farbe Lack*, 1967, 73, 316.

Greenstein, L. M., in Lewis, P. A., Ed., *Pigment Handbook*, Wiley-Interscience, New York, 1988, Vol. 1, pp 829-858.

Hardy, A. C., *Handbook of colorimetry*. 1st ed., The Technology Press, MIT, 1936.

He, X. D. T., et al., *Comput. Graph. Forum*, 1991, 25(4), 175-186.

Huey, S., *Off. Dig.*, 1964, 36, 344.

Judd, D. B.; Wysecki, G., *Color in Business, Science, and Industry*, John Wiley & Sons, Inc., New York, 1975.

Kumar, R., et al., *J. Coat. Technol.*, 1985, 57(720), 49-54.

Leloup, F. B., et al., *J. Coat. Technol. Res.*, 2016, 13(6), 941-951.

Mirjalili, F., et al., *J. Coat. Technol. Res.*, 2014, 11(6), 853-864.

Mitton, P., in Patton, T. C., Ed., *Pigment Handbook*, John Wiley & Sons, Inc., New York, 1973, Vol. 3, pp 289-339.

Nadal, M. E.; Thompson, E. A., *J. Coat. Technol.*, 2000, 72(911), 61-66.

Ngo, P. -A. P., et al., *J. Coat. Technol.*, 1993, 65(821), 29-37.

Pierce, P. E.; Marcus, R. T., *Color and Appearance*, Federation of Societies for Coatings Technology, Blue Bell, PA, 1994.

Rich, D., *J. Coat. Technol.*, 1995, 67(840), 53-60.

Rich, D. C., *J. Coat. Technol. Res.*, 2016, 13(1), 1-9.

Saunderson, J. L., *J. Opt. Soc. Am.*, 1942, 32, 727.

Sharma, G., et al., *Col. Res. Appl.*, 2005, 30(1), 21-30.

Simpson, L., *Prog. Org. Coat.*, 1978, 6(1), 1-30.

Streitberger, H.-J.; Dossel, K.-F., *Automotive Paints and Coatings*, John Wiley & Sons, Chichester, 2008.

Wicks, Z. W., Jr.; Kuhhirt, W., *J. Paint Technol.*, 1975, 47(610), 49.

Wyszecki, G.; Stiles, W. S., *Color Science*, John Wiley & Sons, Inc., New York, 1982.

Zorll, U., *Prog. Org. Coat.*, 1972, 1(2), 113-155.

第20章
颜料

涂料中使用的颜料，是不溶性的微细颗粒材料。使用颜料的作用包括：呈现颜色、赋予涂膜遮盖力、改善涂料的施工性能、提高涂膜的应用性能、降低涂料的成本。颜料分为白色颜料、有色颜料、惰性颜料和功能颜料。颜料是用作胶体分散体的不溶性颗粒材料。染料是可溶性的有色物质，染料仅在少数特殊涂料中使用，如用于木制家具上的着色剂（31.1.1节）。一些有色颜料被称为色淀，其他的被称为色粉。色淀的原意是指一种染料，将其不可逆地吸附在不溶性粉体上，就转变成颜料。现在当一种着色颜料与一种惰性颜料混合使用时，有时会采用色淀这个词。色粉是指全部为有色颜料的颜料。

颜料的粒径会影响颜料的着色力、透明性（或不透明性）、户外耐久性、耐溶剂性和其他性能。对于任何特定的颜料，制造商都会根据颜料的综合性能，选择颜料的合适粒径，设计最佳的生产工艺，保证能获得平均粒径一致的颜料。通常颜料都有一个粒径和形状的分布。大多数颜料都是采用水相沉淀方法生产的，生产工艺不同会影响颜料的粒径大小和分布。许多颜料都经过表面处理，可以在沉淀过程中或沉淀后进行。将沉淀后的颜料进行过滤，滤饼干燥后，即可得到颜料。在干燥过程中，颜料粒子会团聚在一起，形成聚集体。涂料制造商从颜料制造商处购买的颜料，通常都是干粉状的颜料聚集体，在使用时必须将颜料聚集体分散，使颜料聚集体重新转变为原始粒径的颜料颗粒（参考第21章）。

近年来，市场上很少出现全新组成的颜料，但颜料改性的相关工作一直在进行中。颜料制造商通过改进生产工艺，努力提高颜料的现有质量，如通过对颜料的粒径分布、纯度、质量稳定性、遮盖力、色相和易分散性的优化，降低客户的生产成本，在一定程度上还能帮助客户提高产品质量。有许多专利介绍了用聚合物包覆颜料的技术。与这些颜料相关的专业书籍有Hunger等（2014）、Buxbaum和Pfaff（2005）、Faulkner和Schwartz（2009）及Patton（1973）等出版的专著。

20.1 白色颜料

大部分涂料都含有白色颜料。白色颜料不仅用于白色涂料中，也用于大部分有色涂料中，通过冲淡有色涂料的颜色，得到比单独使用彩色颜料颜色更浅的涂料。此外，许多彩色颜料的遮盖力较低，白色颜料在赋予涂料遮盖力时起主要作用。如19.2.3节所述，理想的白色颜料不吸收可见光，散射系数很高。由于决定散射效率主要因素是颜料和涂料用基料之间的折射率（n）差，因此折射率大小是白色颜料的关键性能。

20.1.1 二氧化钛

在涂料配方中，最重要的白色颜料是二氧化钛（钛白粉，TiO_2）。2020年全球钛白粉颜料的产值预计将达到170亿美元，其中约一半的钛白粉颜料用于涂料（Anonymous，

2015）。

有关钛白粉颜料的相关综述可见 Winkler（2013）和 Braun（1995）的文献。钛白粉颜料主要有金红石型和锐钛矿型两种不同晶体类型，涂料中主要采用金红石型钛白粉。金红石型钛白粉的遮盖力比锐钛矿型钛白粉高，这是由于金红石型钛白粉的平均折射率为 2.73，锐钛矿型钛白粉的折射率只有 2.55。尽管单独使用金红石型钛白粉颜料的涂层看上去是白色，但与锐钛矿型钛白粉颜料的涂层相比，金红石型钛白粉颜料着色的涂层带淡黄色。从图 20.1 可以看出，金红石型钛白粉可以吸收部分紫外线，锐钛矿型钛白粉在可见光区几乎没有吸收。

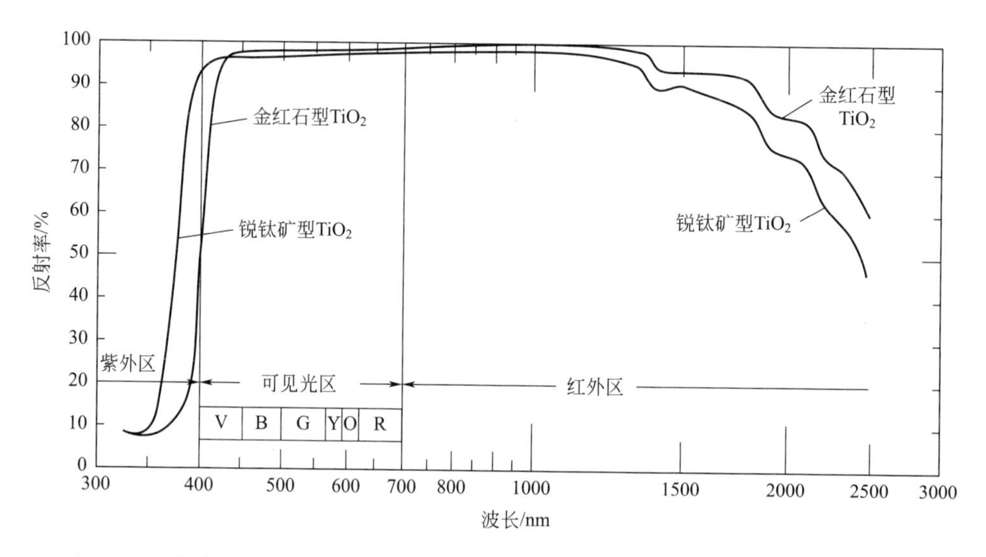

图 20.1　含有金红石型钛白粉和锐钛矿型钛白粉涂层的紫外-可见-近红外反射光谱

资料来源：Patton（1973），经 John Wiley & Sons 公司许可复制

金红石型钛白粉涂层的颜色和遮盖力大小可以通过调色进行调节。如添加少量紫色颜料（如咔唑紫）的分散体，涂层的黄色相会变浅，基本为白色。这是由于紫色颜料强烈吸收除紫色以外其他波长的光，与其他波长相比，减少了反射紫色与反射其他波长的差异。将其加入金红石型钛白粉涂料中，得到浅灰色涂层。如果不使用更高反射率的白色颜料作对比，看上去就是白色涂层。同时，由于额外（紫色颜料）的光吸收，涂料遮盖力也有所提高。酞菁蓝也类似于咔唑紫，可用于调节涂层颜色，涂层颜色虽然不如咔唑紫那样能使涂层“白上加白”，但酞菁蓝价格比咔唑紫便宜。令人惊讶的是，在白色涂料中，最常见的调色颜料是炭黑。炭黑比紫色或蓝色颜料更便宜，可以极大地提高涂层的遮盖力。这是由于炭黑可以吸收所有波长的光，虽然不会降低白色涂层的黄相，但是一种低廉的提高涂料遮盖力的方法。

锐钛矿型钛白粉的光活性比金红石型钛白粉高。在户外使用时，锐钛矿型钛白粉涂层容易出现粉化，粉化速度比金红石型钛白粉涂层快。涂层的粉化是由于钛白粉的光催化作用，使涂层基料发生降解和侵蚀，在涂层表面形成疏松的粉体颗粒（5.2.4 节）。在涂料使用中，我们不希望看到涂层的粉化现象，但在自清洁白色墙面涂料的配方设计中，有时会特意加入锐钛矿型钛白粉，使涂层容易粉化。因为涂层表面被粉化、侵蚀后，涂层表面的污垢也被一起清除，使涂层表面看上去显得更白。

在大多数外墙涂料中，为了尽量减少涂层粉化，一般使用金红石型钛白粉颜料。但金红石型钛白粉颜料仍具有光反应活性，会降低涂层的户外耐久性。在颜料制造过程中，可以对钛白粉颗粒表面进行包覆处理，尽量减小钛白粉的光反应活性（Braun，1995）。常用二氧化硅、三氧化二铝、其他金属氧化物等对金红石型钛白粉颜料进行包覆处理，一个典型的户外用二氧化钛的表面处理配方是用约 6%（质量分数）的二氧化硅和 4%（质量分数）的三氧化二铝对金红石型钛白粉颜料进行包覆处理，理想的表面处理是要在每个钛白粉颗粒上包覆连续均匀的壳层，使钛白粉表面与空气完全阻隔。虽然尚未获得完美的包覆型金红石型钛白粉颜料，但好的抗粉化级金红石型钛白粉颜料几乎不会加快涂层的降解。包覆处理的锐钛矿型钛白粉颜料，比包覆处理的金红石型钛白粉颜料的粉化速度快，但比未包覆处理的锐钛矿型钛白粉颜料要慢得多。由于钛白粉（特别是金红石型钛白粉）可以强烈吸收紫外线（图 20.1），将金红石型钛白粉加入涂料中，可以将钛白粉作为紫外吸收剂，提高涂层的户外耐久性，在一定程度上弥补钛白粉的光反应活性。

对钛白粉进行表面包覆处理，除了降低涂层粉化速度，还会影响钛白粉颜料的其他性能。用三氧化二铝对钛白粉进行表面包覆处理，可以提高钛白粉在溶剂型涂料中的分散性。但三氧化二铝会部分中和酸催化剂，如将其用于三聚氰胺-甲醛树脂涂料中（11.3.1 节），会降低涂层的固化速率。将特殊包覆处理的钛白粉颜料加入水性涂料中，可以得到稳定的水性涂料分散体。一种对钛白粉进行包覆处理的方法，是将小粒径聚合物微球吸附在钛白粉表面，增加钛白粉粒子之间的间距，提高涂层的遮盖力（Hook，2014）。关于粒子的间距问题，将在 20.3 节中讨论。

钛白粉的水分散体，称为钛白粉浆料，可替代干粉钛白粉颜料，用于生产乳胶漆（21.3 节）。钛白粉浆料可以由钛白粉制造商提供，通过槽车（货车或卡车）运输到涂料生产厂。钛白粉浆料的价格（按颜料计）与钛白粉颜料基本相同，但钛白粉浆料是液体，可以直接用泵输送，浆料中钛白粉颗粒的聚集程度低，在涂料生产中，可以节省原材料处理和颜料分散的成本。

因为锐钛矿型钛白粉对近紫外辐射区的吸收比金红石型钛白粉低，所以在含有白色颜料的紫外（UV）固化涂料中，对引发剂的紫外线吸收性干扰较小（29.5 节）。

每一家钛白粉制造商都会提供不同类型的钛白粉，配方设计师必须要了解不同类型钛白粉之间的差别。若不加选择地用一种类型的钛白粉替代另一类钛白粉，会导致涂层失效，造成经济损失。有些类型的钛白粉，可以为涂层提供良好的户外耐久性；某些类型的钛白粉，可以为涂层提供最好的光泽度；某些类型的钛白粉，更容易在水性涂料中分散；而其他类型的钛白粉，则更容易在溶剂型涂料中进行分散。不同类型的钛白粉颜料，钛白粉含量不同，从最高 98%到最低 75%不等。通常，涂料遮盖力大小随钛白粉含量不同而不同，要获得好的涂料遮盖力，需要的钛白粉用量随钛白粉类型不同而不同。另一个要考虑的因素是钛白粉的粒径范围，钛白粉的粒径分布越宽，其中遮盖力较低的部分越多。

纳米钛白粉颜料由于粒径太小（小于 100nm），无法实现光散射，无法为涂料提供遮盖力。但研究者发现它们具有其他特殊用途，见 20.5 节和 22.2.1.1 节。

20.1.2 其他白色颜料

不透明白色颜料具有悠久的发展历史（Steig，1975）。在涂料中，铅白［或称白铅，碱式碳酸铅，$2PbCO_3 \cdot Pb(OH)_2$］作为主要的白色颜料，应用已经有几个世纪。铅白的折射率较低，只有 1.94，遮盖力不到金红石型钛白粉的 1/10，但在亚麻籽油（1930 年之前是涂料的主要基料）涂料中有良好的着色力。铅白在涂料中的使用，从 1900 年前开始一直持续到 1940 年，但在 1940 年以后，铅白逐渐被遮盖力更好的颜料取代（见下文）。

铅白颜料微溶于水，有毒性。很多儿童出现铅中毒，就是因为他们吞食了旧建筑物墙壁上的铅白涂料、木制品剥落的铅白涂料或含铅白的粉尘。在美国，通过州际贸易销售给零售消费者的涂料，铅含量要求被限制在涂料干膜重的 0.06%以下；欧洲也有类似的限制。但在这些规定生效之前，铅白颜料就已经基本不用了。铅中毒不应完全归结为铅白涂料，还有其他铅源也可能引起铅中毒，如自来水的含铅水管、在含铅汽油时代汽车尾气中的铅污染等。

氧化锌（ZnO）在 1900～1950 年间是一种流行的白色颜料，但是氧化锌的折射率较低，仅为 2.02，遮盖力仅比铅白好一点。但在外墙涂料中，氧化锌颜料仍然用作防霉剂；在一些罐听内壁涂料中，氧化锌颜料可用作硫化物清除剂。在底漆中，尽量不要使用氧化锌颜料，因为氧化锌是微水溶性的，当水蒸气透过面漆进入底漆时，水蒸气与氧化锌接触，因为渗透压的作用，涂层会起泡。

在白色颜料中，过去常用但现在已基本被淘汰的，还有折射率为 2.37 的硫化锌（ZnS）、含铅锌白（含铅氧化锌）和立德粉（硫化锌与硫酸钡的共沉淀物）。在 20 世纪 20 年代后期到 30 年代，它是最畅销的白色颜料，但是立德粉仅适用于内墙涂料。到了 20 世纪 50 年代，立德粉就几乎从市场上消失了（Steig，1975）。

众所周知，钛白粉折射率高，是一种性能优异的白色颜料，但如何生产高品质的钛白粉，对颜料制造商来讲，是一个挑战。1916 年，第一个工业化的钛白粉产品正式问世，在随后 20 年时间里，随着生产技术的不断发展，钛白粉作为涂料颜料的市场份额逐渐增加。经过技术的不断改进，从 20 世纪 40 年代开始，建筑涂料常用锌白、铅白和钛白粉的混合颜料作为白色颜料。早期的钛白粉颜料是二氧化钛与硫酸钡或硫酸钙的复合物。到了 1939 年，第一种 100%金红石型的钛白粉颜料实现产业化，但第二次世界大战推迟了金红石型钛白粉的推广应用。20 世纪 50 年代开始，市场上出现了用二氧化硅和三氧化二铝包覆的钛白粉。到 20 世纪 70 年代初，金红石型钛白粉毫无争议地占领了涂料颜料市场（Steig，1975）。从那时起，颜料制造商通过改进钛白粉的包覆处理技术、改善钛白粉的粒度分布等，想尽办法提高钛白粉质量（Gao 等，2014；Veronovski 等，2014）。到目前，钛白粉颜料的技术发展已经近 100 年了，期待还会有进一步的发展空间。

在颜料发展的历史中，还有一段特别的故事，就是利用空气来呈现颜色。例如白色的花显示白色，就是利用这一原理散射光线的。在某些情况下，利用涂膜中存在的空气小气泡，可以散射光来降低涂料成本。空气折射率为 1.00，与典型基料的折射率差约为 0.50，基料与金红石型钛白粉之间的折射率差为 1.2；相比较而言，虽然空气与基料的折射率差较小，但利用光散射仍然可以增加涂料遮盖力。要在涂膜中形成空气泡的一种常见方法就是加入大量的颜料，这样在涂料成膜后，没有足够的树脂吸附在所有颜料的表面，也不能将颜料颗粒之间的空隙填满。涂膜中会出现大量空隙（空气泡），可以增加涂膜遮盖力。在这类涂料配方中，颜料体积浓度（PVC）大于临界颜料体积浓度（CPVC）（见第 22 章）。若涂料配方中有金红石型钛白粉，由于钛白粉与空气间的折射率差为 1.7，折射率差非常大，能大幅提高涂料遮盖力。涂膜中形成的空隙使涂膜变成多孔，会降低涂层的保护功能和耐沾污性。在天花板涂料中，可以利用空穴来提高涂料的遮盖力，因为天花板涂料对其他性能的要求没有那么高。

随着有色涂料的颜料体积浓度逐渐增加，当颜料体积浓度大于临界颜料体积浓度时，白色涂料的着色力增加。这是由于当颜料体积浓度大于临界颜料体积浓度时，涂膜中的空穴会增加光散射。这时干燥后涂膜的颜色相对于加入相同数量着色颜料但颜料体积浓度小于临界颜料体积浓度时，涂料的颜色更浅。

含有空气泡的粒子（中空聚合物微球），能提高空气/树脂界面的遮盖力，而不会在涂料中形成空穴。例如，将内含滞留水分、玻璃化转变温度（T_g）高的乳胶粒子用于乳胶漆，可以替代部分钛白粉（Fasano，1987）。这种乳胶粒子，可以通过顺序乳液聚合方法制备（Herbst 和 Hunger，2006）。第一步，先制备低 T_g 的丙烯酸-甲基丙烯酸酯的共聚物乳胶，这些乳胶粒子在 pH 值为碱性时，会发生水溶胀现象。第二步，以高玻璃化转变温度的交联聚合物，如苯乙烯/二乙烯基苯共聚物为壳，将这些溶胀的乳胶粒子核包封在壳内。含有这种乳胶粒子的涂料在施工时，水分蒸发。常规胶乳粒子这时就会聚结成膜，但这些高玻璃化转变温度胶乳粒子却不会聚结成膜，水从胶乳粒子核中扩散出来，在高玻璃化转变温度胶乳为壳的粒子内留下空气泡，形成中空聚合物微球。通过优化空气泡直径（约 250～300nm），可以有效实现光散射，每个空气泡外面的硬壳，可以防止出现群集效应（Hook，2014；Nuasaen 和 Tangboriboonrat，2015）。

20.2 有色颜料

涂料中使用各种各样的有色颜料，Lewis（1995）和 Hunger 等（2014）对有色颜料的化学结构、特性、价格和用途等方面进行了详细讨论。在涂料配方设计中，首先，有必要对特定用途中如何选择有色颜料作一个汇总。

（1）颜色。颜料的颜色是首先应该考虑的标准要求。颜料供应商提供的颜料产品手册中包含色卡，这些色卡显示每种颜料的颜色。通常，每种颜料有两个或三个色卡。其中，一个色卡显示这种颜料的原色相，是涂料中只使用这种颜料时呈现的颜色。另外一个或两个色卡，是将颜料与钛白粉以不同比例混合后显示的颜色，称为冲淡色。有时还会提供有色颜料与特种颜料混合使用效果的色卡（20.2.5 节）。英国染料和色彩学家学会与美国纺织化学师和色彩学家协会，合作开发并维护一套颜色索引系统，该系统为每种颜料或染料分配一个代码。例如，某种颜料可能被规定为 C.I. 颜料红 202，或简称 PR202；代码中的 P 代表颜料，R 表示色相，数字按年代顺序排列。

（2）着色力。根据颜料的颜色吸收系数和粒径大小不同，分为不同强度的着色剂，某些着色剂是强着色剂，而其他着色剂是弱着色剂。可能选用价格昂贵（单位体积的成本高）、着色力强的颜料，要比选用价格低廉、着色力弱的颜料更经济。

（3）不透明性或透明性。根据颜料在涂料中的最终用途，通过增加颜料的散射和对辐射的吸收，可以提高涂料遮盖力。若选用在涂膜中散射很小（若有的话）的颜料，可得到透明涂料。

（4）易分散性。涂料中，在其他参数都相同的情况下，应选用最易分散的颜料。颜料制造商对许多颜料进行了表面处理，提高颜料在涂料中的分散性（Hays，1984，1986，1990）。对颜料进行表面处理的方法很多，如 20.1.1 节讨论的，用二氧化硅、三氧化二铝和其他氧化物对钛白粉进行表面包覆。有机颜料也可采用同样的方法处理（Bugnon，1996）。将与有机颜料具有相似结构、带有极性基团的分子吸附在有机颜料表面，可以提高有机颜料在涂料中的分散性。也可用单层聚合物、聚合物颗粒等吸附在有机颜料表面，提高有机颜料在涂料中的分散性（Hook，2014）。关于颜料分散，在第21章中讨论。

（5）户外耐久性。有色颜料的光降解，会使颜色消失或颜色色相发生改变。颜料制造商提供的一些有关颜料的数据，可用于筛选颜料是否适合户外应用。但是，涂料的户外耐久性会有很大的变化，这取决于颜料和树脂（基料）的组合。因此，对于一些重要的涂料应用领域，必须测定涂料配方的户外耐久性（第5章介绍了涂料户外耐久性的测试方法）。与颜料户外耐久性相关的一个特性是颜料的耐光性。这一术语是指涂料在室内使用时颜料抗褪色的能力。ASTM标准将颜料分为五个耐光牢度等级（Ⅰ～Ⅴ）。只有耐光等级为Ⅰ或Ⅱ级的颜料，才可用于要求色彩长期稳定的应用场合，如油画颜料。但遗憾的是，许多艺术家（例如梵高）的绘画作品正在褪色，因为他们有意或无意使用了耐久性差的颜料（Everts，2016）。

（6）耐热性。烘烤型涂料，或长时间曝露于高温的涂料，需要选用耐热性好的颜料。少数颜料（如铁黄颜料）在加热时会发生化学变化，导致颜料变色。更常见的问题是，某些有机颜料在加热时会慢慢升华。

（7）耐化学性。许多涂料会与化学品接触，最常见的是酸和碱。例如，汽车长期在酸雨环境中使用，洗衣机长期在碱性洗涤剂环境下使用。在这些应用中，颜料必须具有良好的耐化学性，以抵抗颜色的变化。

（8）水溶性。大多数应用环境中，应避免使用水溶性很强的颜料，因为水溶性颜料会慢慢从涂膜中渗出，使涂膜性能下降。如果底漆中含有水溶性的颜料，一旦水渗入底漆后，它就会慢慢渗出，使涂膜起泡。若乳胶漆中含有水溶性材料，会降低乳胶颗粒分散体的稳定性。低浓度多价盐的存在也会大大降低胶体水分散体的稳定性。但对于通过钝化机理使涂料具有防腐性能的颜料，则需要具有一定的水溶性，这样才能起防腐作用（7.4.2节和20.4节）。

（9）在溶剂中的溶解度。若颜料在溶剂中部分溶解，会成为一个大问题。例如，自行车上使用的红色涂层，上面需要有一条白色条纹，红色颜料绝不能溶解在白色条纹涂料的溶剂中。一旦红色颜料稍微有一点溶解在溶剂中，白色条纹就会变成粉红色，也就是说，红色颜料出现了渗色。另外有一些颜料，当溶剂型涂料覆盖在这类有色颜料涂层表面时，不会出现有色颜料的渗色；但如果被水性涂料覆盖时，有色颜料会渗入水性面漆中，因为水性涂料配方中含有侵蚀作用的胺。

（10）含水量。大多数“干”颜料会吸附少量至中等量的水分，颜料中吸附的水会与水敏感性基料（如双组分涂料中的多异氰酸酯树脂）发生化学反应，出现严重的后果。

（11）毒性和环境危害性。在处理粉体颜料时，应始终佩戴过滤式口罩。即使微细的颜料粒子是化学惰性的，吸入微细粒子的粉尘也是危险的。大多数情况下，颜料一旦被加入涂料中后，就几乎或根本没有任何危害。但在某些情况下，要注意涂层中的有毒物质。前文对含铅颜料的危害已有描述，铬酸锌颜料也通常被认为是致癌物质。在一些国家，除了在飞机涂料中可以使用这些颜料以外，其余涂料都禁止使用这些颜料。法规将变得越来越严格。还有一个可能会影响颜料选择的因素是含重金属颜料废弃物的处理成本不断上涨。

（12）红外反射率。有多种颜色的无机颜料可反射（不吸收）红外辐射，相关内容见20.4节。若将可吸收全部可见光的有色颜料组合在一起，涂层颜色会变成黑色。因此可以将反射型无机颜料加入涂料配方中，制备灰色涂料，这种涂料的红外吸收明显低于添加吸收性颜料或炭黑颜料的灰色涂料。

（13）成本。颜料成本始终是重要的考虑因素。如前所述，仅考虑颜料的单位重量价格，是无法判定哪种颜料最便宜的。问题的关键是：按颜料体积计算，涂料的最终成本是多少？这取决于颜料的着色力和颜料的密度。

20.2.1 黄色和橙色颜料

(1) 无机黄和无机橙颜料

氧化铁黄［铁黄，FeO(OH)］是一种低色饱和度的棕黄色颜料。将铁黄颜料加入涂料中，得到不透明膜，涂膜遮盖力好，具有优异的户外耐久性、耐化学性和耐溶剂性。铁黄颜料在涂料中容易分散，价格比较便宜。当加热到150℃以上时，铁黄加热脱水后形成氧化铁红（Fe_2O_3），铁黄颜料逐渐变为低色饱和度的红色。如果将每个铁黄颗粒都封装在玻璃中，可以在200℃下保持稳定，颜色不变。大多数铁黄颜料是人工合成的，天然的铁黄或赭石颜料也有使用。在某些情况下，铁黄颜料特别是天然铁黄颜料中存在的可溶性铁盐和其他金属盐，会影响涂料的稳定性。超细氧化铁颜料也有市售，需要制备透明涂膜时，可以在涂料中添加。颜料的粒径大小对涂层透明性的影响，有力地证明了光散射与颜料粒子的粒径大小有关系（19.2.3节）。

铬黄颜料呈现明亮高色饱和度的黄色。中铬黄颜料的主要成分是铬酸铅（$PbCrO_4$）。还有一种是绿黄色的颜料，称为浅黄或柠檬黄，主要成分是铬酸铅（$PbCrO_4$）与硫酸铅（$PbSO_4$）的共结晶体。红黄色含铬颜料（铬橙）是铬酸铅（$PbCrO_4$）与氧化铅（PbO）的共结晶体。橙红色含铬颜料（钼酸橙）是铬酸铅（$PbCrO_4$）与钼酸铅（$PbMoO_4$）和硫酸铅（$PbSO_4$）的共结晶体。铬黄颜料的价格相对较低，但是比铁黄颜料要高，部分原因是铬黄颜料的密度较大。铬黄颜料涂层曝露在户外时会慢慢褪色，铬黄转变为低色饱和度黄色，但铬黄颜料的户外耐久性足以满足大多数户外涂料用途。涂料中的铬黄会出现渗色，但铬黄耐热性较好。由于铬黄颜料中含铅和铬酸盐，在美国和西欧已很少使用铬黄颜料。铬黄颜料在涂料中的主要应用是黄色交通标志涂料。铬黄颜料的主要替代品有单芳基黄颜料（monoarylide yellow）和钒酸铋颜料（bismuth vanadate）。

钒酸铋（$BiVO_4$）是高亮度的黄色颜料。在汽车漆中，钒酸铋的户外耐久性非常令人满意（Endriss等，2009）。含镉颜料，以锌镉黄颜料（CdS·ZnS，PY 35）为例，也是具有优异耐久性的颜料，广泛用于塑料着色（Dunning等，2009）。但在2014年，欧盟提议在欧洲禁止使用含镉颜料。

将其他金属离子引入锐钛矿型二氧化钛晶体的晶格中，煅烧后，转化为金红石型二氧化钛晶体结构，得到钛黄。浅黄色钛黄颜料是在颜料中引入锑和镍元素。橙色钛黄颜料是在颜料中引入锑和铬元素。钛黄颜料具有优异的耐候性、耐化学性、耐热性和耐溶剂性。但由于钛黄颜料的着色力较差，在涂料中呈现浅黄色，一般添加量较大，颜料的成本高。

(2) 有机橙颜料和有机黄颜料

典型的有机黄颜料的化学结构如图20.2所示。

联苯胺黄颜料是3,3′-二氯联苯胺的衍生物，例如PY 13双偶氮黄颜料，如图20.2所示。这些颜料的着色力和色饱和度高，颜料的色相和光稳定性可以通过调节联苯胺分子芳香环上取代基的数量、位置和结构进行调控。即使是光化学性质最稳定的联苯胺黄颜料加入涂料中，长期曝露在户外也会褪色，特别是联苯胺黄颜料作为调色颜料使用时。但这些颜料具有优异的耐溶剂性、耐热性和耐化学性。由于着色力高和密度小，联苯胺黄颜料的成本较低。室内涂料需要亮黄色调色时，可以将联苯胺黄颜料加入涂料中使用，这类颜料也可用于

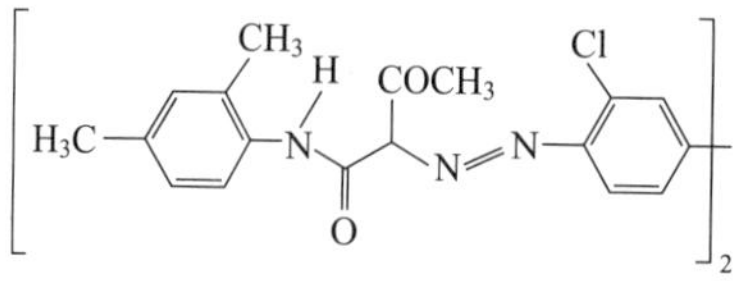

联苯胺黄
(PY 13)

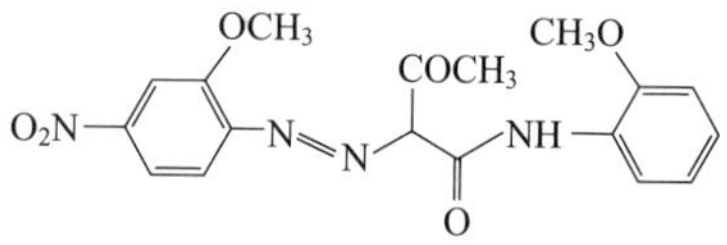

芳基黄
(PY 74)

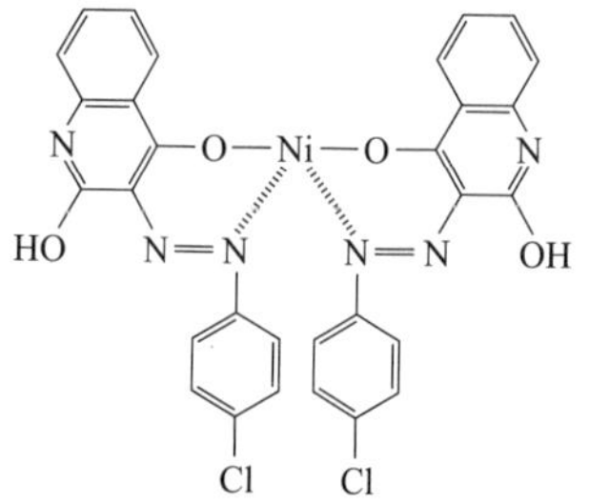

镍偶氮黄
(PG 10)

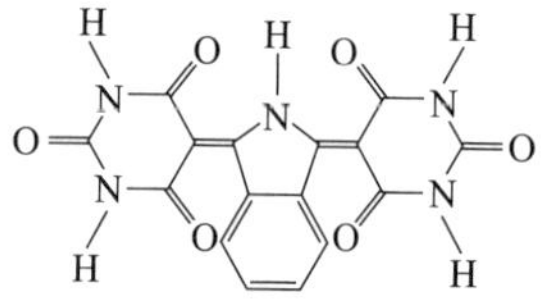

异吲哚啉黄
(PY 139)

图 20.2　典型的有机黄颜料的化学结构

铅笔涂料中，得到透明性优异的黄色铅笔涂层。联苯胺黄颜料也是黄色印刷油墨常用的颜料，特别在四色套印中使用的黄色油墨。

芳基黄（偶氮）颜料（如 PY 74）也具有较高的色饱和度。芳基黄颜料在高温下的耐渗色牢度和耐升华性较差，耐光性比联苯胺黄色颜料好，但比不上无机黄颜料。一些不透明等级的芳基黄颜料可以在户外涂料中使用，部分替代交通标志涂料中的铬黄颜料（33.4 节）。

镍偶氮黄颜料的颜色是浅绿黄色，从图 20.2 的 PG 10 可以看出，镍偶氮黄颜料属于绿色系颜料。镍偶氮黄颜料具有优异的户外耐久性和耐热性，可以为透明涂层提供颜色，主要用于汽车金属闪光涂料。有报道称，镍偶氮黄颜料会发生渗色，渗入上面的条纹漆中，应用前应先检查颜料是否发生渗色。

还原黄颜料，如异吲哚啉黄 PY 139 等颜料，透明性好，具有优异的户外耐久性、耐热性和耐溶剂性。但这些颜料价格昂贵，通常在需要优异的性能时才应用，如应用于汽车金属闪光涂料中。

苯并咪唑酮橙颜料（颜料橙）具有优异的耐光性、耐候性、耐热性和耐溶剂性。它们可替代钼酸橙颜料。

20.2.2 红色颜料

（1）无机红颜料

铁红颜料（Fe_2O_3）可以产生人们很熟悉的谷仓红颜色，铁红颜料的色饱和度较低，但具有优异的性能和低廉的价格。与铁黄颜料不同的是，铁红颜料热稳定性好。当颜料颗粒的粒径大小调控在最适合光散射时，铁红颜料具有很强的遮盖力。除了红色的铁红颜料，现在也有橙红色的铁红颜料，还有超细氧化铁红颜料，制备透明涂层。这些透明的超细铁红颜料具有优异的户外耐久性，可与铝粉一起用于汽车闪光面漆。透明氧化铁是非常好的紫外线吸收剂，用于透明木器着色剂中，可保护木材，防止木材的光氧化。

(2) 有机红颜料

甲苯胺红颜料（PR 3）是一种价格适中、色彩明亮的偶氮红颜料，着色力好，在深色颜料中，是一种具有良好户外耐久性、耐化学性和耐热性的有机颜料，可在烘烤型磁漆中使用。如图 20.3 所示，PR 3 甲苯胺红颜料是 *β*-萘酚的偶氮衍生物。甲苯胺红颜料在一些溶剂中可以溶解，会使涂层出现渗色。

在偶氮颜料中引入羧酸盐，可以提高偶氮颜料的耐渗色性。例如，2-羟基-3-萘甲酸（BON）可与重氮化合物进行偶联反应，将羧酸盐引入偶氮颜料分子链上。永固红颜料 2B 就是耐渗色、高色饱和度偶氮红颜料的一个实例，羧酸盐也可以是钙盐、钡盐或锰盐。锰盐比钙盐或钡盐颜料具有更好的户外耐久性，但价格较高。市场上也有不同颜色的偶氮颜料。偶氮颜料中有机红颜料是在涂料和油墨中用量最大的品种。但是其中有很多对碱敏感，不适合在某些乳胶漆中使用。

萘酚红颜料是在环上带不同取代基（如—Cl、—OCH_3、—NO_2 等）的一大类偶氮颜料，通用结构如图 20.3 所示。萘酚红颜料比永固红颜料具有更好的耐碱性、耐皂性、耐酸性，并且具有优良的户外耐久性和耐溶剂性。

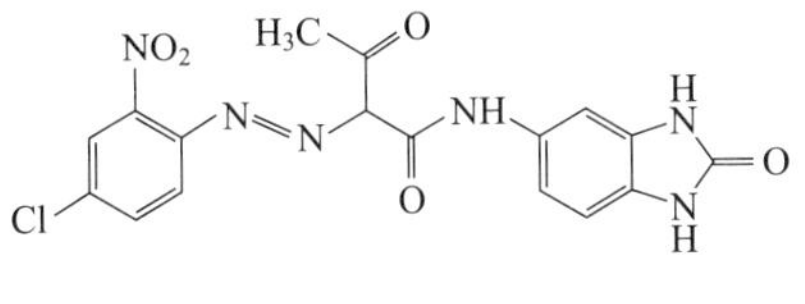

苯并咪唑酮橙PO 36

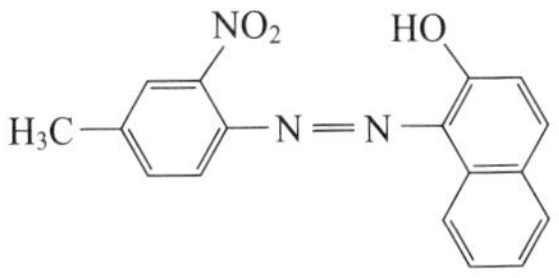

甲苯胺红
(PR 3)

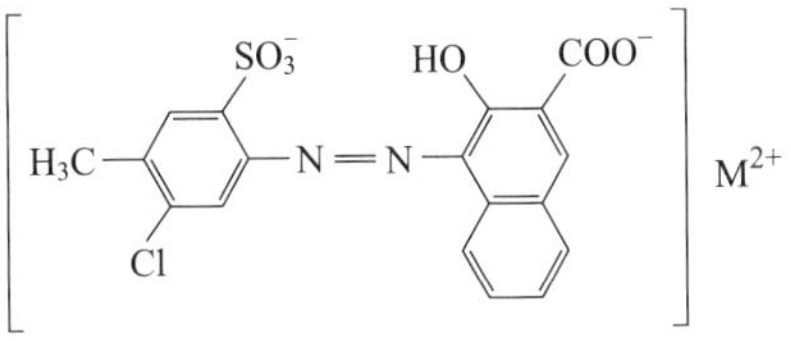

永固红 2B
钙盐：PR 48：1
钡盐：PR 48：2
锰盐：PR 48：4

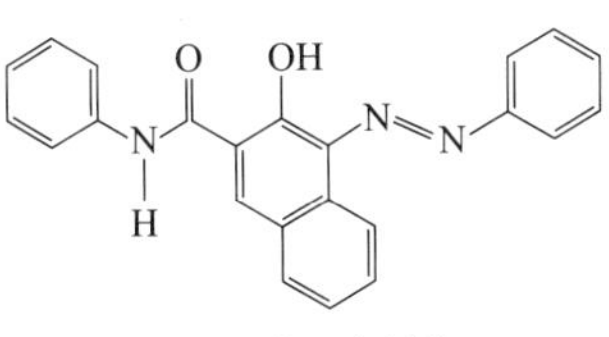

萘酚红的一般结构

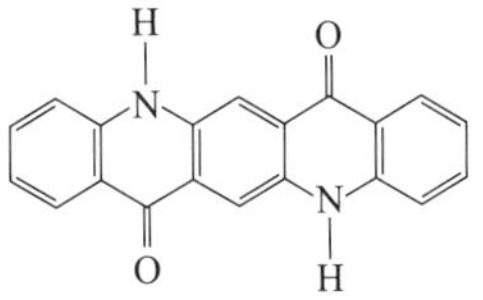

喹吖啶酮红的环状结构

图 20.3 常见有机红颜料的结构

喹吖啶酮颜料具有良好的耐热性和耐化学性，即使浅色调时也具有优异的户外耐久性，但成本很高。根据喹吖啶酮颜料的取代基和晶体结构不同，喹吖啶酮颜料可以呈现橙色、栗色、猩红色、品红色和紫色等不同颜色。当涂料中需要不透明颜料时，可使用大粒径的喹吖啶酮颜料。金属闪光汽车面漆的着色，可使用微细粒径的喹吖啶酮颜料。对喹吖啶酮颜料进行表面处理，可以提高颜料分散体的抗絮凝性（Jaffe 等，1994）。许多其他高性能的红色颜料也有市售（Faulkner 和 Schwartz，2009；Hunger 等，2014）。

20.2.3 蓝色和绿色颜料

（1）无机蓝颜料和无机绿颜料

铁蓝颜料是 Fe^{2+}、Fe^{3+} 和 CN^- 的一系列配位化合物。例如，亚铁氰化铁铵［$FeNH_4Fe(CN)_6$］就是一种性能良好、呈强烈红相的蓝色颜料。在历史上，铁蓝颜料是最早使用的合成颜料之一，是非常重要的一类颜料。但 20 世纪 30 年代以来，铁蓝颜料逐渐被具有更高着色力的酞菁蓝颜料所取代。

（2）有机蓝颜料和有机绿颜料

有机蓝颜料和有机绿颜料的主要代表是酞菁铜颜料，通常称为酞菁蓝颜料和酞菁绿颜料，它们的结构如图 20.4 所示。酞菁颜料具有优异的户外耐久性、耐渗色性、耐化学性、热稳定性和高着色力。复杂的酞菁颜料大分子以邻苯二甲酸酐、脲和铜盐为原料合成。尽管酞菁颜料的单位重量的成本较高，但由于酞菁颜料着色力好、密度小，因此使用成本中等。

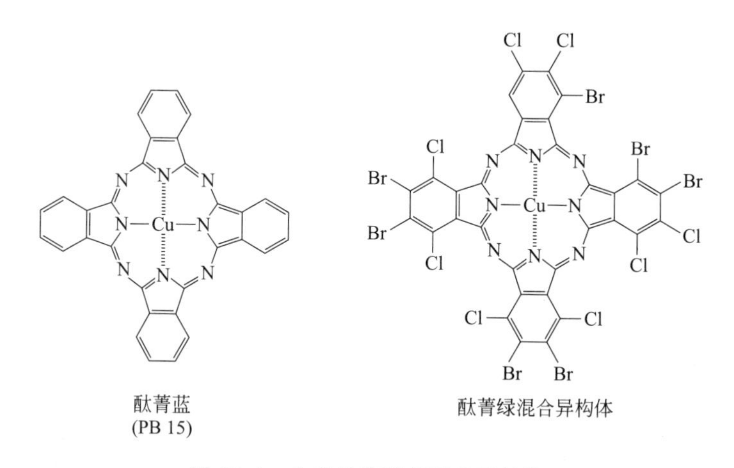

图 20.4 典型的酞菁颜料分子结构

工业化生产的酞菁蓝颜料有三种晶型，分别是 α 型、β 型和很少使用的 ε 型。其中，β 型酞菁蓝颜料是带绿相的蓝色，很稳定。α 型酞菁蓝颜料为带红相的蓝色，颜色稳定性较 β 型酞菁蓝颜料差一些。使用某些等级的 α 型酞菁蓝颜料时，在涂料贮存或烘烤时，可能出现严重的颜色和着色力的变化。通过添加各种助剂对 α 型酞菁蓝进行改性，可获得稳定性好的 α 型酞菁蓝颜料，这些助剂可以稳定酞菁蓝的晶型，最大程度降低酞菁蓝颜料分散体的絮凝。略经氯化的酞菁蓝颜料呈现绿相的蓝色。

酞菁绿颜料是通过酞菁铜的卤化，得到酞菁铜各种异构体的混合物，其中酞菁铜（CPC）分子链上的 16 个氢被不同数量的氯或氯和溴混合物取代。含有 13～15 个氯、无溴的酞菁绿颜料呈现蓝绿色相。用溴部分取代氯，酞菁绿颜料的颜色偏向黄绿色。酞菁绿颜料中溴/氯的比例越高，酞菁绿颜料越偏黄，如 PG 36 酞菁绿颜料，在酞菁绿大分子中平均含有约 9 个溴和 3 个氯。

20.2.4 黑色颜料

涂料中使用的黑色颜料大多数是炭黑颜料，炭黑可以吸收紫外线和可见光。很多涂料用基料与炭黑一起使用时，长期曝露在户外时，黑色涂层的稳定性最好。炭黑涂层能吸收红外辐射，从而能吸收热量。炭黑颜料是通过石油或天然气的部分燃烧和/或裂解等许多方法制备的。生产工艺不同，炭黑颜料的粒径大小和黑度（黑色的强度）也不同。最小粒径 5～15nm、高色素槽法炭黑颜料，黑度最高，可作为浓黑、高光涂层的着色颜料。炉法炭黑颜料的粒径比较大，成本较低，用于黑度要求不高的涂料。不同等级的炉法炭黑粒径不同，平均粒径约 50～200nm。灯黑颜料的粒径更大，平均粒径约 0.5μm，着色力低于其他类型的炭黑颜料，灯黑颜料主要是用于制备灰色涂料，在这方面比其他高色素炭黑颜料更合适。如果错选了高色素炭黑作为灰色涂料着色颜料，不小心多加了少量的高色素炭黑颜料，则需要将该批次涂料的总量增加 50%或更多，来弥补颜色太深的失误。若选用灯黑颜料为着色颜料，着色力不高，涂料的颜色会逐渐变成灰色，容易配色。

尽管所有的炭黑颜料都是碳元素，多核六元环排列，生产使用的原材料和生产工艺不同，不同炭黑颜料的表面化学结构也有差异。大多数炭黑表面是强极性的，在某些情况下为酸性。不同炭黑的孔隙率也不同。在制备黑色涂料过程中往往会遇到一些问题，特别是选用槽法炭黑为着色颜料时，由于槽法炭黑颗粒的平均粒径很小，仅为 5～15nm，颜料颗粒的比表面积（表面积/体积）很大，导致吸附到颜料表面的树脂比例很高，通常是树脂体积的许多倍，大大增加了树脂的体积，即使在颜料用量较少时，涂料的黏度也会大大增加。另外，由于炭黑表面具有极性和比表面积大，炭黑在涂料中会选择性地吸附一些极性助剂，如催化剂等。例如，在干性油和氧化型醇酸涂料配方中，金属盐催干剂会缓慢吸附在炭黑颜料上，阻碍涂层的干燥固化。

乙炔炭黑（乙炔黑）颜料可以增加涂膜的电导率。一些涂料需要导电性，如塑料零件的底漆需要通过静电喷涂进行涂覆（31.2.2 节）。

Kesler（2016）描述了一种有机黑颜料（PBk 32），它仅吸收较少的红外辐射，可用于高太阳能反射涂料中。

20.2.5 效应颜料：金属颜料、干涉颜料和胆甾颜料

效应颜料可以实现多种颜色效果，例如，这类颜料会产生随角异色的颜色效果，具有珍珠般的光泽和通透感（Pfaff，2008）。本节主要讨论三种类型的颜料：金属颜料、干涉颜料和胆甾颜料。

（1）金属颜料

最重要的金属颜料是片状铝粉颜料。这种颜料是将微细金属铝粉的矿物油悬浮液放在钢球磨机中，通过研磨得到薄铝片，从而得到不同粒径的片状铝粉颜料。在涂料中应用的主要有浮型片状铝粉颜料和非浮型片状铝粉颜料两类。

浮型片状铝粉颜料是经过表面处理的，例如，用硬脂酸对铝颜料进行包覆处理，可以降低铝颜料的表面张力。当涂料中加入表面处理过的浮型铝颜料，涂装后，片状铝粉会迁移到涂层表面，在涂层表面定向排列。获得的涂层除了具有闪亮的金属外观，还可屏蔽空气中的氧气和水蒸气的渗透。由于片状铝粉具有屏蔽作用，所以在钢结构用面漆中常加入浮型片状铝粉颜料，提高涂层的防腐能力（7.3.3 节）。

非浮型片状铝粉颜料具有较高的表面张力，在涂料中不会迁移到涂层表面，常用于汽车和卡车等金属闪光面漆。如 19.4 节和 30.1 节中所述，使用非浮型片状铝粉颜料的涂料配方，应最大程度提高平行于涂膜表面取向的片状铝颜料比例。用透明的有色颜料和非浮型片状铝粉颜料配制的涂料，使涂膜具有随角异色的色相，并改变涂层的通透感。非浮型片状铝

粉颜料进行过表面处理，降低了对环境中酸的敏感性。

在水稀释性涂料中使用的铝粉颜料是经过表面处理或包覆的，可减少水与铝的化学反应(生成氢气)。在早期的水稀释涂料配方中，在施工前，才能将铝浆混合后加入涂料中。现在已经开发了许多铝粉颜料的表面处理技术，如用低酸值的苯乙烯/马来酸共聚物对铝粉颜料进行表面处理，就可以制备预混合的铝粉涂料（Muller，1995）。

铝粉颜料的生产一般是在溶剂中进行，以铝粉颜料浆的形式销售，尽量减少铝粉的粉尘问题和爆炸危险。但溶剂型铝粉浆在水性涂料中使用时，会引入大量有机溶剂，提高涂料的VOC含量。若将铝粉与三聚氰胺-甲醛树脂一起造粒，对铝粉颜料进行表面包覆处理，可以降低铝粉与水的反应活性。处理过的铝粉颜料与水/乙二醇醚混合，可以在水性涂料中使用，涂料中VOC可以控制在较低水平（Ferguson，2004）。

一些类似于铝粉颜料的金属鳞片颜料，如青铜合金鳞片颜料、镍粉鳞片颜料、不锈钢鳞片颜料，均可在涂料中使用，但用量较少。青铜合金鳞片颜料可以为涂料提供亮丽的金色。根据青铜合金的成分不同，青铜合金鳞片颜料的色彩从绿黄相金色到浅红相金色。通常，这些金属颜料也需要进行包覆处理，提高其漂浮性。由于青铜合金颜料中含有铜元素，青铜合金颜料涂层在户外长期使用，涂层颜色发生变化，涂层表面出现土绿色斑点。

（2）干涉颜料

干涉颜料是通过干涉光产生颜色的片状颜料（19.2.1节和19.4节）。珠光颜料是用钛白粉或三氧化二铁包覆的云母片。当入射光照射在片状珠光颜料时，会产生干涉图案(Greenstein，1988；Maile等，2005)。在珠光颜料薄片表面的不同位置，某些波长的光会强烈反射，其他波长的光发生透射；而在其他一些位置，由于表面包覆层的厚度不同，反射和透射光的波长不同，结果就产生类似珠母一样的光泽和彩虹一样的光学深度效果。将这些颜料用于汽车涂料，可产生与铝粉颜料类似的效果，同时会形成随角异色效应。干涉颜料有时与铝片颜料或其他效果颜料搭配使用，可以产生各种不同的光学效果。

另一种干涉颜料是由光干涉效应产生颜色，也有市售的（Droll，1998）。这种干涉颜料由厚度约1μm的三明治结构薄片组成，将反射型金属薄片夹在两层透明塑料之间，在每层塑料表面，有非常薄的半透明金属涂层。颜料发生干涉反射后，某些波长的光被反射，而另一些波长的光被吸收（19.4节）。这种干涉颜料的颜色取决于膜厚、照明和观察角度。与其他片状颜料一样，这些片状颜料必须平行于涂层表面定向排列。

（3）胆甾颜料

胆甾颜料是由聚合物液晶结构产生颜色。制备胆甾颜料的一种方法，是将丙烯酸酯向列相液晶和螺旋结构丙烯酸酯手性化合物混合，然后将其溶解在乙烯基单体如二乙烯基苯中，加入光引发剂，混合均匀。将该混合溶液涂覆在聚乙烯基材上，施加线性应力以对齐螺旋线，然后UV固化成膜。将膜从聚乙烯基材上揭下来，研磨、按粒径大小分级，得到半透明的近白色薄片，这些薄片由高度交联的粉末组成，它们的螺旋结构会引起光学干涉，产生的颜色具有随角异色效应。改变手性助剂与液晶原料的比例，颜料的反射和透射光的波长会发生变化。胆甾颜料的薄片对紫外线敏感，只能在光稳定涂料体系中使用。在含UVA光稳定剂的水性汽车底色漆及含UVA和受阻胺的合适厚度的罩光清漆中，胆甾颜料具有优异的耐久性（Nowak，2004）。可以呈现亮丽的多彩颜色，颜色从红色到绿色发生梦幻般的变化。

在Maile等（2005）的综述中，介绍了上述颜料和各种效应颜料的应用。

20.3 惰性颜料

惰性颜料几乎不吸收可见光（如果有的话），颜料折射率与涂料用基料的折射率相近，在涂料中几乎没有光散射。惰性颜料也称为惰性物质、填料、体质颜料。大多数情况下，惰性颜料价格便宜，在涂料中使用可以降低成本。对于多数惰性颜料来说，它们的主要作用是增加涂膜体积。其他功能包括调节液体涂料的流变性、涂膜光泽和机械性能。如第 22 章的介绍，多数涂膜的性能受涂膜中颜料体积的影响。Solomon 和 Hawthorne（1983）、Patton（1973）、Lewis（1988）、Gyseau（2017）等详细介绍了大多数涂料中应用的惰性颜料。

粒径小于钛白粉颜料粒径的惰性颜料是否能通过增加涂膜中钛白粉颗粒的间距来提高涂层遮盖力数十年来一直存在争议。Diebold（2011）和 Hook（2014）回答了这个问题，他们的研究表明，所有惰性颜料都会因为粒子的群集效应，降低钛白粉的散射效率，不会提高涂层的遮盖力，但惰性颜料的粒径越小，对涂层遮盖力的不良影响越小。

碳酸钙（$CaCO_3$）是涂料中使用最广泛的惰性颜料，成本最低的是磨细的石灰石或白云石（碳酸钙镁石）。合成碳酸钙价格要高很多，但白度高。市售的碳酸钙颜料有各种不同粒径。碳酸钙会与酸反应（如酸雨），所以碳酸钙颜料在外墙乳胶漆中的应用是有问题的（32.1 节）。在酸存在下，例如，水和二氧化碳会渗透到乳胶漆涂膜中，与碳酸钙反应生成碳酸氢钙，碳酸氢钙是水溶性的，碳酸氢钙水溶液通过渗透又回到涂膜表面，随着水分蒸发，碳酸氢钙发生逆反应生成碳酸钙，沉积在涂膜表面，这种不溶性碳酸钙称为结霜。在深色涂料表面，结霜现象尤为明显。

各种不同的黏土（硅酸铝）都可作为惰性颜料使用。市售的黏土颜料有不同的粒径范围，成本通常与黏土的白度有关。如 20.4 节所述，膨润土和凹凸棒土可用于改变涂料的黏度。云母（硅酸铝钾）具有片状结构，在涂料中使用时，若在涂膜表面平行取向排列，可降低氧气和水蒸气对涂层的渗透，具有屏蔽作用。

除了石灰石和白云石外，其他粉碎矿物也可以用作惰性颜料，例如，石英粉和霞石粉（一种复杂的矿物），硅酸镁矿物粉也可作为惰性颜料。不同晶体结构的滑石粉对涂膜强度的影响不同，有些滑石是板状的，可以降低水蒸气对涂层的渗透性；有些滑石是纤维状的，可以增强涂膜的机械性能。石棉是一种纤维状的硅酸镁，在涂料中已不再使用，因为吸入人体后，会引起肺癌。

二氧化硅（SiO_2）颜料是一类重要的惰性颜料。经研磨的天然二氧化硅粉体，具有不同的粒径。硅藻土是比较少见的天然二氧化硅，由硅藻的化石骨架组成。硅藻土具有较大的比表面积，会影响涂料的流变特性和涂膜性能（22.2 节）。合成的超细二氧化硅，可以在亚光涂料中作为消光颜料使用（20.4 节和 31.1.1 节）。纳米二氧化硅是一种新型、重要的纳米颜料（20.5 节）。

重晶石（硫酸钡）也被用作惰性颜料，在汽车底漆和粉末涂料中，重晶石作为惰性颜料使用，据说可以得到硬度更高的底漆。重晶石的密度为 $4.5g/cm^3$，是多数惰性颜料密度的约两倍。在某些情况下，使用重晶石为惰性颜料，是与其他惰性颜料进行重量比较，而不是按常规进行体积比较。重晶石按重量计算并不贵，但按体积计算，它比大多数填料都贵。使用重晶石为惰性颜料，可以降低粉末涂料的成本，因为粉末涂料是按重量出售的。

尽管大多数惰性颜料是无机矿物，但有机材料也可以用作惰性颜料。例如，聚丙烯粉末是不溶性的。玻璃化转变温度（T_g）高的乳胶，如聚苯乙烯乳胶可在乳胶漆中作惰性颜料。合成纤维如芳香族聚酰胺纤维，可以提高涂膜的机械强度。

20.4 功能颜料

功能颜料可以改善涂膜的外观、施工性能或涂膜性能，最重要的应该是缓蚀颜料（Smith，1989）。将铬酸锌颜料、铬酸锶颜料、磷硅酸钡颜料、硼硅酸钡颜料、红铅颜料和磷酸锌混合，加入底漆中，利用阳极钝化作用，可以抑制钢铁的腐蚀。与其他颜料不同的是，缓蚀颜料必须要微溶于水，才能起到防腐作用。由于毒性危害，铬酸盐和红丹防腐颜料已基本不用。含锌缓蚀颜料用于富锌底漆中，通过阴极保护，可以为涂层提供腐蚀防护作用。有关缓蚀颜料的讨论，见 7.4.3 节和 33.1.2 节。Patton（1973）、Solomon 和 Hawthorne（1983）的文献提供了大量的相关信息。

消光颜料是一种可以降低涂层光泽的功能颜料。一般来讲，使用干膜颜料体积比高的涂料配方，可以得到低光泽的涂膜，但这种方法并非总是可行。例如，配制木器家具的亚光清漆时，要求涂膜具有很高的透明性，以免掩盖木材纹理的美观，就需要加入超细粒径的二氧化硅消光颜料。据报道，用硅烷对消光颜料进行处理，可以提高在液体涂料中的透明性，消光效果好，涂膜平整，又不影响涂料的流变特性（Christian，2004）。聚丙烯粉末也可以同样的方式在涂料中作为消光颜料。如 19.10.1 节所述，当溶剂型涂料的溶剂蒸发时，通过对流作用，细的聚丙烯粒子会富集到涂层表面，降低涂膜光泽。由于涂料中的消光颜料用量少、粒径小、折射率与基料相近，所以不会降低涂膜的透明性。

有一些颜料可作为杀菌剂使用，如：氧化锌可用作防霉剂。防污涂料的应用可以最大程度地减少藤壶、藻类和其他生物在船体外的生长，详见 33.2 节。氧化亚铜是目前防污损涂料中一个常用组分。有机锡颜料和有机锡化合物比氧化亚铜的防污损效果更好。但随着海洋环境的环保要求日益严格，有机锡因为有毒性，现在已禁止使用。

微细的银粉在抗菌涂料中十分有效，如厨房家电涂料和医院家具涂料。现已开发出一些其他类型的抗菌颜料，预计抗菌涂料会有一个快速的增长。进一步的讨论见 34.5 节。

氧化锌可用于马口铁罐内壁涂层中，马口铁罐主要用于包装蔬菜（如玉米等），在蒸煮过程中会产生硫化氢（H_2S）气体。氧化锌能与硫化氢发生化学反应，形成白色硫化锌沉淀，可防止硫化氢与马口铁罐表面的氧化锡反应，形成硫化锡黑色污渍。污渍虽然无毒，但看上去令人不安。

氧化锑（Sb_2O_3）是一种白色颜料。由于氧化锑折射率（2.18）较低，原料成本高，一般不作为遮盖颜料使用。氧化锑可作为阻燃颜料，可用于防火涂料。将氧化锑和氯化聚合物或溴化聚合物混合，当混合物加热到高温后，燃烧产生的副产物可以抑制火焰的传播，达到防火、阻燃的目的。

黏度调节剂是另一类功能颜料，它们可以提高涂料的低剪切黏度，既可以减少涂料贮存期间颜料的沉淀，又能降低涂料施工后的流挂。一个重要的例子是季铵盐处理过的膨润土，可用于溶剂型涂料（Memnetz 等，1989）。另一种可用于溶剂型和水性涂料的黏土是凹凸棒土（漂白土），一种纤维状黏土。将这种纤维状黏土加入涂料中，会发生缔合作用，增加涂料黏度，越搅拌黏度越高。在水性涂料中，凹凸棒土可以吸收水分，使颗粒溶胀，在应力作用下会变形。

多年来，超细二氧化硅一直被作为黏度改性剂。气相二氧化硅（也称热解二氧化硅）是一种超细二氧化硅，将其应用于涂料中，可以提高涂料的低剪切黏度。气相二氧化硅既可在溶剂型涂料中使用，也可在水性涂料中使用，使涂料具有触变性，防止涂料沉淀。也可形成具有触变性的黏度，在厚涂施工时防止涂料流挂。通常，聚二甲基硅氧烷对气相二氧化硅进行表面处理后，更适合在溶剂型涂料中用使用。未经亲水处理的气相二氧化硅，适合在水性涂料中使用（Ettlinger 等，2000）。这些颜料对流动性的影响，已在 3.2 节中讨论过。

在屋面涂料和外墙涂料中使用近红外反射（NIR）颜料，能减少热量吸收，降低空调成本。冷屋面技术是一个环境目标，一般是在涂料中加入铝粉颜料和白色颜料。但一些棕色、黑色和其他亮丽色彩的无机颜料，也具有较高的红外反射率，可在隔热涂料中使用（Detrie 和 Swiler，2009；White，2009；Decker 等，2012）。这些无机颜料也称无机复合彩色颜料，如金属氧化物复合颜料、陶瓷颜料等，它们一般是几种金属氧化物的熔融复合物。多数无机复合颜料具有优异的户外耐久性，它们在建筑物屋面涂料和外墙涂料中使用时，比传统的有色颜料具有更高的红外反射率。Kesler（2016）介绍了几种有机近红外反射（NIR）颜料，并提供了数学模型，预测了各种涂料配方的总太阳能反射率。

20.5 纳米颜料

有大量的关于纳米颜料的文献和专利，这反映了全球在涂料、塑料、化妆品、防晒霜、油墨、光子学、微电子学和其他应用领域生产和使用纳米颜料作出了巨大的努力。

“纳米颜料”是一种新材料，但已经存在很长时间了。古希腊人最早使用纳米颜料，纳米颜料在涂料中的应用也已有数十年。例如，高色素槽法炭黑和气相二氧化硅的粒径范围是 5～15nm，属于纳米颜料。某些在透明涂料和金属闪光涂料中使用的有机颜料也是纳米颜料。一些天然黏土是纳米颜料，它们可以被分离（剥离）为 1nm 厚的薄片，这些纳米片不透水汽和氧气。石墨烯片比这些纳米片更薄。Fernando（2004）综述了纳米材料在涂料中的应用。Fernando 和 Sung（2009）详细讨论了纳米颜料领域的方方面面。纳米颜料在涂料中具有广阔的应用前景。目前市场上已有几十种无机纳米粒子（包括 Si、Ti、Al、Fe、Zn 的氧化物）、金属纳米粒子等，一些纳米粒子的平均粒径仅 5nm 或更小。

为了对纳米颜料进行风险评估和监管，纳米颜料粒径大小的定义非常重要。许多作者将平均粒径小于 25nm 的颜料称为纳米颜料；另一些人将平均粒径小于 50nm 的颜料称为纳米颜料。在工业应用中，有时将平均粒径小于 100nm 的颜料称为纳米颜料。美国国家纳米技术计划（NNI）的战略计划将纳米材料（应包括纳米颜料）的直径范围定义为最小直径为“约 1～100nm”（http//www.nano.gov/sites/default/files/pub _ resources/2016-nni-strategicplan.pdf）。欧盟委员会卫生与消费者事务总局也同意使用这个定义（http：//www.ec.europa.eu/health/scientific _ committees/emerging/docs/scenihr _ o _ 030.pdf）。这些机构和其他机构也在进行纳米技术的安全评估，以制订相应的法规（Naidu，2014）。进行风险评估，必须回答一些难以回答的问题。例如，如果一种安全物质在生产时是以纳米颗粒形式制备的，那么在什么条件下，它会变得不安全？应避免吸入纳米颗粒的粉尘，但纳米颜料可以液体分散体形式使用。纳米颜料的平均粒径范围较宽，为 1～100nm，这有可能对含有较多粒径在 100nm 以下的常规颜料（平均粒径大于 100nm）也实施监管。预计未来会有相应的法规出台，但具体时间和涵盖范围尚无法预测（Bergeson，2015）。2015 年，美国环保署

（EPA）提出一条非常宽泛的规定，要求所有纳米尺寸材料的生产和使用均需要报告，结果，涂料行业和其他工业企业都反对该提议中的规定，理由是该规定导致企业负担过重，威胁到企业的技术创新。

纳米颜料的应用，将在 22.2.1.1 节中详细讨论。总之，纳米颜料在涂料中具有潜在的性能优势，有望在适当条件下提高涂料的各种性能（Fernando，2004；Fernando 和 Sung，2009；Lin 等，2010）。Fajzulin 等（2015）综述了一个值得注意的无机纳米粒子作为紫外吸收剂的应用；Nikolic 等（2015）综述了纳米填料在木器涂料中的应用。

纳米颜料的生产可能会遇到困难。随着纳米粒子的粒径变小，特别当纳米粒子的粒径小于 10nm 时，纳米材料的物理性质会发生变化，会出现各种复杂情况，这主要与纳米粒子的比表面积高有关。第 21 章将讨论常规颜料分散方法，这些分散方法通常无法将颜料颗粒分散到纳米尺度范围的低限。但已有一些报道，成功将颜料分散到纳米尺度（Perera，2004）。21.4.4 节将讨论研磨设备、研磨介质、研磨介质尺寸的选择，建议使用棒销式研磨机分散纳米颜料。用于汽车金属闪光涂料的纳米有色颜料，是将常规有色颜料与乙酸丁酯溶剂、市售分散剂混合，用小直径、高密度球为研磨介质，在研磨机中研磨分散，制成纳米颜料悬浮液，然后，将研磨料（纳米颜料悬浮液）制成色浆，进行金属闪光色的配色（Vanier 等，2005a）。采用市售分散剂，用球磨机即可将纳米硅酸铝颜料分散在丙烯酸酯树脂中，这种颜料分散液可用于制备耐划伤透明涂层（Vanier 等，2005b）。加热等离子体技术、溶胶-凝胶技术、各种喷涂技术等，均有望应用于纳米颜料的生产。

引入反应性官能团如—OH、—NH_2和—N ═C ═O，可对二氧化硅和其他金属氧化物纳米颜料进行表面处理。Riberio 等（2014）综述了反应性硅烷在纳米颜料改性处理中的应用（16.2 节）。纳米颜料进行功能改性后，有助于将纳米颜料用于复合材料中，相关讨论见 Maganty 等（2016）的文献和 12.6 节描述。

22.2.1.1 节中的进一步讨论表明，要制备稳定的纳米颜料分散液是非常困难的（Croll 和 Lindsay，2012）。

以下是各种形式的碳纳米材料，具有很多奇妙的用途：

① 石墨烯是蜂巢状单层石墨碳材料，是世界上已知最薄的材料，具有优异的强度、不可渗透性、透明性和导电性（Scott，2016），所有这些性能在涂料中都具有潜在应用前景。众所周知，石墨烯对聚合物具有增强作用。在 2005～2014 年期间，共申请了 26000 个与石墨烯相关的专利。工业石墨烯通常不是单层碳，是 5～30 层石墨烯的堆叠。对石墨烯进行表面氧化，可以提高石墨烯片与聚合物的键合作用。2016 年，1kg 石墨烯的价格已不到 100 美元，并且还在下降。

② 碳纳米管对聚合物也具有增强作用。Shen（2016）发现，碳纳米管可以增大环氧杂化涂料的电导率，提高涂层的耐腐性能。此外，使用等离子-增强化学气相沉积法，在基材表面制备碳纳米管膜（Sembukutiarachilage 等，2012），结果形成的碳纳米管的独特结构，使涂膜可以吸收高达 99.96％的入射光，形成非常显眼的外观，有时也称为“黑洞”。它们可用于天文设备，吸收仪器中的杂散光，也可以用来制造引人注目的艺术品。

（游　波　武利民　译）

综合参考文献

Braun, J. H., *White Pigments*, Federation of Societies for Coatings Technology, Blue Bell, PA, 1995.

Buxbaum, G.; Pfaff, G., *Industrial Inorganic Pigments*, 3rd ed., Vincentz, Hannover, 2005.

Faulkner, E. B.; Schwartz, R. J., Eds., *High Performance Pigments*, 2nd ed., Wiley-VCH Verlag, Weinheum, 2009.

Hunger, K., et al., *Industrial Organic Pigments*, 4th ed., Vincentz, Hannover, 2014.

Patton, T. C., Ed., *Pigment Handbook*, Wiley-Interscience, New York, 1973, Vol. 3.

Winkler, J., *Titanium Dioxide*, 2nd ed., Vincentz, Hannover, 2013.

参 考 文 献

Anonymous, *Paint and Coatings Industry*, June 28, 2015.

Bergeson, L., *ChemicalProcessing.com*, May, 2015, 19.

Braun, J. H., *White Pigments*, Federation of Societies for Coatings Technology, Blue Bell, PA, 1995.

Bugnon, P., *Prog. Org. Coat.*, 1996, 29, 39.

Buxbaum, G.; Pfaff, G., *Industrial Inorganic Pigments*, 3rd ed., Vincentz, Hannover, 2005.

Christian, H. -D., *Proceedings of the International Waterborne, High-Solids, and Powder Coatings Symposium*, New Orleans, LA, 2004, Paper No. 17.

Croll, S.; Lindsay, M., *Int. J. Nanotechnol.*, 2012, 9(10/11/12), 982.

Decker, E. L., et al., Canadian patent CA 2677255 C(2012).

Detrie, T.; Swiler, D., Infrared Reflecting Complex Inorganic Colored Pigments in Faulkner, E. B.; Schwartz, R. J., Eds., *High Performance Pigments*, Wiley-VCH Verlag, Weinheum, 2009, pp 467-488.

Diebold, M. P., *JCT Res.*, 2011, 8(5), 541.

Droll, F. J., *Paint. Coat. Ind.*, 1998, 14(2), 54.

Dunning, P., Cadmium Pigments in Faulkner, E. B.; Schwartz, R. J., Eds., *High Performance Pigments*, 2nd ed., Wiley-VCH Verlag, Weinheum, 2009, pp 13-26.

Endriss, H., Bismuth Vanadates in Faulkner, E. B.; Schwartz, R. J., Eds., *High Performance Pigments*, 2nd ed., Wiley-VCH Verlag, Weinheum, 2009, pp 7-12.

Ettlinger, M., et al., *Prog. Org. Coat.*, 2000, 40, 31.

Everts, S., *Chem. Eng. News*, 2016, February 1, 32.

Fajzulin, I.; Zhu, X.; Moller, M., *JCT Res.*, 2015, 12(4), 617-632.

Fasano, D. M., *J. Coat. Technol.*, 1987, 59(752), 109.

Faulkner, E. B.; Schwartz, R. J., *High Performance Pigments*, Wiley-VCH Verlag, Weinheum, 2009.

Ferguson, R. L., *JCT Coat. Technol.*, 2004, 1(7), 42.

Fernando, R., *JCT Coat. Technol.*, 2004, 1(5), 32.

Fernando, R. H.; Sung, L. -P., Eds., *Nanotechnology Applications in Coatings*, ACS Symposium Series no. 1008, Oxford University Press, Oxford, 2009.

Gao, B., et al., *Ind. Eng. Chem. Res.*, 2014, 53(1), 189-197.

Greenstein, L. M., Nacreous(Pearlescent)Pigments and Interference Pigments in Lewis, P. A., Ed., *Pigment Handbook*, 2nd ed., Wiley-Interscience, New York, 1988, Vol. I, pp 829-858.

Gyseau, D., *Fillers for Paints*, 3rd ed., Vincentz, Hannover, 2017.

Hays, B. G., Am. Inkmaker, 1984, June, 28; 1986, October, 13; 1990, November, 28.

Herbst, W.; Hunger, K., *Industrial Organic Pigments: Production, Properties, Applications*, 3rd ed., John Wiley & Sons, Inc., New York, 2006.

Hook, J. W., III, Modeling White Hiding Power Helps Deliver Decades of Innovation, *Proceedings of the American Coatings Conference*, Atlanta, GA, April 7-9, 2014.

Hunger, K., et al., *Industrial Organic Pigments*, 4th ed., Vincentz, Hannover, 2014.

Jaffe, E. E., et al., *J. Coat. Technol.*, 1994, 66(832), 47.

Kesler, W., *CoatingsTech*, 2016, 13(7), 36-44.

Lewis, P. A., Ed., *Pigment Handbook*, 2nd ed., Wiley-Interscience, New York, 1988, Vol. I.

Lewis, P. A., *Organic Pigments*, Federation of Societies for Coatings Technology, Blue Bell, PA, 1995.

Lin, F.; Yang, L.; Han, E., *JCT Res.*, 2010, 7(3), 301-313.

Maganty, S., et al., *Prog. Org. Coat.*, 2016, 90, 243-251.

Maile, F. J.; Pfaff, G.; Reynders, P., *Prog. Org. Coat.*, 2005, 54, 150.

Memnetz, S. I., et al., *J. Coat. Technol.*, 1989, 61(776), 47.

Muller, B., *J. Coat. Technol.*, 1995, 67(846), 59.

Naidu, D., *Biotechnology and Nanotechnology Regulation*, LexisNexis, New Providence, 2014.

Nikolic, M., et al., *JCT Res.*, 2015, 12(3), 445-461.

Nowak, P. J., *Proceedings of the International Waterborne, High-Solids, and Powder Coatings Symposium*, New Orleans, LA, 2004, Paper No. 13.

Nuasaen, S.; Tangboriboonrat, P., *Prog. Org. Coat.*, 2015, 79, 83-89.

Patton, T. C., Ed., *Pigment Handbook*, Wiley-Interscience, New York, 1973, 3 Vols.

Perera, D. Y., *Prog. Org. Coat.*, 2004, 50, 247.

Pfaff, G., *Special Effect Pigments*, Vincentz, Hannover, 2008.

Riberio, T.; Baleizao, C.; Farinha, J. P. S., *Materials*, 2014, 7, 3881-3900.

Scott, A., *Chem. Eng. News*, 2016, April 11, 28-33.

Sembukutiarachilage, R. S.; Jensen, B. P.; Gaun, Y. C., Nanostructure Production Methods, EP1885909(2012).

Shen, W., *Prog. Org. Coat.*, 2016, 90, 139-146.

Smith, A., *Inorganic Primer Pigments*, Federation of Societies for Coatings Technology, Blue Bell, PA, 1989.

Solomon, D. H.; Hawthorne, D. G., *Chemistry of Pigments and Fillers*, Wiley-Interscience, New York, 1983.

Steig, F. B., The Science and Technology of Opaque White Pigments in Coatings in Craver, J. K., Tess, R. W., Eds., *Applied Polymer Science*, Organic Coatings and Plastics Chemistry Division of the American Chemical Society, Washington, DC, 1975, pp 246-254.

Vanier, N. R., et al., US patent 6,916,368(2005a).

Vanier, N. R., et al., US patent 6,875,800(2005b).

Veronovski, N.; Lesnik, M.; Verhovsek, D., *JCT Res.*, 2014, 11(2), 255-264.

White, J., Complex Inorganic Pigments: An Overview in Faulkner, E. B.; Schwartz, R. J., Eds., *High Performance Pigments*, 2nd ed., Wiley-VCH Verlag, Weinheim, 2009, pp 41-52.

Winkler, J., *Titanium Dioxide*, 2nd ed., Vincentz, Hannover, 2013.

第21章 颜料的分散

有色液体涂料是由颜料分散浓浆与其他组分混合制成。本章主要介绍颜料浓浆的生产。对于涂料制造商来说，颜料分散体也称为研磨基料（研磨料）。从专业公司或颜料供应商购买颜料分散体时，它们被称为分散体（despersion）、色浆（colorants）、浆料（slurries）、色膏（pasters）或挤水颜料色膏（flushings）。

如第20章所述，生产出来的颜料由一定粒径分布的颗粒组成，加入涂料中应用时，可为涂料产品提供一定的性能。但在颜料生产、加工过程中，颜料颗粒通常会团聚在一起，形成粒子聚集体。如何将颜料聚集体分离开、获得有最佳粒径的稳定的颜料分散体，是涂料生产的关键工艺。颜料分散体的制备主要分为三个阶段：①润湿；②分离；③稳定。大多数学者都认同分散的三个阶段，但不同学者会使用不同术语，有时在含义上会有冲突，在阅读文献时要格外小心，特别是阅读早期的文献，应了解学者如何使用这些术语。一些学者将颜料分散体的制备增加了第四个阶段——兑稀调漆。颜料分散体必须有足够好的稳定性，才能在涂料制备过程中保持稳定。

21.1 有机介质中的颜料分散

这里主要介绍颜料在有机溶剂介质中的分散。颜料也可以在水性介质中分散，但由于水是极性分子，具有较高的表面张力，所以颜料的水性分散单独在21.3节中进行介绍。

21.1.1 润湿

润湿，是指液体介质（聚合物和助剂的有机溶剂溶液）与附着在颜料颗粒和聚集体表面的空气、水或其他杂质进行置换的过程。在某些情况下，液体介质可能就是漆料本身。要实现润湿，液体介质的表面张力必须低于颜料的表面自由能。有机介质对于所有的无机颜料和大多数有机颜料，都可以满足此要求。但润湿速率可能存在明显差异。将干颜料粉加入漆料中制备研磨料时，颜料往往会形成聚集体的团块。为了使颜料润湿，有机介质必须渗入颜料团块中，再渗透到颜料聚集体中。颜料的润湿速率取决于漆料的黏度、搅拌速率和表面张力。水性介质中，通过添加专用的混合表面活性剂，可以加速颜料的润湿，某些专用表面活性剂还可以降低稳泡作用。

21.1.2 分离

设计颜料的分离工艺，是希望将颜料聚集体分离成单个的晶体颗粒，而晶体颗粒不会再继续被研磨成更小的粒径。通常也不希望再减小晶体的尺寸，因为在颜料的生产中希望得到最佳的粒径。许多不同类型的机械设备可用于颜料的分离，在21.4节将详细介绍几种。分散设备的作用，主要是对悬浮在漆料中的颜料聚集体施加剪切应力，冲击造成的压力起次要作用。如果颜料聚集体很容易分离，分散仅需较小的剪切应力；如果颜料聚集体难于分离，则需要采用较高剪切应力的分散设备。颜料制造商在颜料的生产、加工和表面处理方面，已经取得很多成功的经验，可以对各种颜料聚集体进行分离。

从3.1节可知，剪切应力等于剪切速率乘以研磨料的黏度。对于任何分散设备，剪切速率均是由设备制造商预先设计和设置好的。涂料配方设计师只需选择合适的分散设备，设计研磨料的配方，就能够对颜料聚集体施加最大的剪切应力。为了使聚集体的分离速度达到最快，颜料研磨料应具有较高的黏度，这样研磨设备才能对聚集体施加最大的剪切力，在最短时间完成颜料聚集体的分离。Winkler 和 Dulog（1987）讨论了颜料分离相关的工程理论，并提供了分离作用力的模拟方程式。

21.1.3 稳定

颜料的润湿和分离，是制备颜料分散体的两个必要步骤，这两步在有机溶剂体系中几乎没出现过问题。而颜料的稳定常具有挑战性，是制备优良的颜料分散体的关键。如果颜料分散体稳定性差，分散的颜料颗粒会相互吸引，发生絮凝。絮凝物也是一类颜料聚集体，但絮凝形成的颜料聚集体比颜料粉体形成的聚集体要疏松。絮凝可以通过较低的剪切力重新分散。

颜料絮凝是不希望出现的现象。对于光散射颜料，絮凝产生的较大颗粒会减少颜料的散射，降低涂料的遮盖力；对于有色颜料，絮凝产生的较大粒径会降低光吸收，降低涂料的着色力。涂膜的光泽也会因为大尺寸的絮凝物而降低。一旦颜料（包括惰性颜料）发生絮凝，会改变临界颜料体积浓度（CPVC），影响涂膜性能（22.2节）。絮凝的颜料分散体呈现剪切变稀的特性，在低剪切速率下，比稳定的颜料分散体具有更高的黏度。絮凝的颜料分散体确实具有以下优势：一是任何沉淀都会形成软性颜料沉淀物，这些沉淀物通过搅拌很容易实现分散均匀；二是一般出现沉淀后，在涂料中添加触变助剂（如处理过的黏土或凝胶），可以减少涂料沉淀，不会出现絮凝的负面作用。

颜料分散体的稳定有两种主要机理：电荷排斥机理和熵排斥机理。如9.1.1节所述，一些学者喜欢用渗透排斥或空间排斥等术语，而不用熵排斥。Centeno 等（2014）介绍了颜料稳定的第三种机制，即硬核排斥机理，硬核排斥有时会对颜料起稳定作用。

根据电荷排斥理论，带相同静电荷的颜料粒子会相互排斥。钙皂和锌皂可以吸附在颜料表面，稳定颜料分散体，通过引入离子电荷，为颜料提供电荷排斥力。电荷排斥机理在水性颜料分散体中更为重要，将在21.3节中讨论。

大多数情况下，熵排斥机理是非水介质中颜料稳定的主要机理。熵排斥这一术语是指颜料分散体粒子表面的吸附层（材料吸附层）间呈现相互排斥作用，从而防止颜料粒子相互靠得太近而发生絮凝现象。在许多有机介质中的颜料分散体中，吸附层由被溶剂溶胀的聚合物或表面活性剂大分子组成。颜料粒子在体系中做快速的布朗（随机）运动，当它们彼此靠近时，颜料粒子表面的吸附层变得拥挤，吸附层中的聚合物或表面活性剂分子（加上溶剂）的构象数量减少，颜料粒子的运动变得有序，也就是熵减小。熵减小相当于能量增加，不利于体系稳定，就会促使熵排斥。熵排斥有利于分离的颜料粒子稳定，得到的颜料分散体趋向无序、低能状态。同样，若颜料表面吸附层中的溶剂被挤出，吸附层发生压缩，体系趋向有序，也就是熵减小。熵减小使能量增加，再次促使熵排斥。通常情况下，在颜料分散体中，聚合物或表面活性剂（吸附层）的某些部分（锚定基团）吸附在颜料粒子表面，其他部分

（“链环”和“链尾”）分散在溶液中。

颜料分散体的熵稳定理论，主要来源于Rehacek（1976）的开创性工作。他设计了一种实验技术，测定分散在聚合物树脂溶液中的颜料表面吸附层的厚度和组成。有关该方法的详细信息在本书第三版进行了描述（Wicks等，2007）。

有一个共识，如果颜料吸附层（聚合物树脂加溶剂）的平均吸附层厚度小于9～10nm，且分散稳定剂是常规的聚合物树脂，那么颜料分散体是不稳定的，容易发生絮凝（Rehacek，1976；Saarnak，1979；Dulog和Schnitz，1984）。若使用单官能团的表面活性剂和专门设计的颜料分散稳定剂，即使颜料表面吸附层更薄，也可以防止颜料絮凝。McKay（1980）发现，选用合适的表面活性剂和溶剂，即使颜料吸附层的厚度为4.5nm，也可以防止颜料絮凝。对此有两种解释：第一，聚合物树脂吸附在颜料上后会形成聚合物树脂“链环”和“链尾”伸向介质中，但表面活性剂或分散稳定剂的结构只能形成一个尾端，更有利于熵稳定；第二，聚合物树脂在颜料表面的吸附层可能不均匀，特殊的分散稳定剂在颜料表面的吸附层比较均匀，因此不需要太厚的吸附层厚度就能提高稳定性。

Rehacek发现，在树脂稳定的颜料分散体中，聚合物树脂和有机溶剂会在颜料上产生竞争吸附。树脂与溶剂之间的吸附平衡，取决于树脂和溶剂分子在颜料表面的亲和力和树脂的浓度。选用高浓度树脂溶液介质，可以得到稳定的颜料分散体，树脂溶液稀释后，会导致颜料分散体絮凝。

哪些因素会影响颜料吸附层厚度呢？若表面活性剂的极性端吸附在极性颜料表面，那么表面活性剂的非极性脂肪链的长度，就是影响颜料吸附层厚度的主要因素。对于带有多个吸附位点的聚合物树脂，树脂分子量是影响颜料吸附层厚度的最大因素。例如，Saarnak（1979）发现，将钛白粉颜料分散在含甲乙酮（MEK）溶剂的系列双酚A（BPA）环氧树脂中，随着环氧树脂分子量增加，颜料吸附层厚度从7nm增加到25nm。对于分子量最低的环氧树脂，颜料吸附层厚度仅为7nm，不能防止颜料絮凝，和我们预期的结果相同。选用较高分子量的环氧树脂，则可以得到稳定的分散体。

颜料平均吸附层厚度也受颜料表面特性的影响。选用不同的树脂-溶剂组合，有机颜料上吸附层的厚度与极性较大的无机颜料有极大不同。即使是无机颜料，不同的树脂-溶剂组合，吸附层厚度也会有明显的差异。例如，在长油度醇酸树脂溶液中，采用三氧化二铝包覆的钛白粉分散体，比二氧化硅包覆的钛白粉分散液更稳定（Brisson和Haber，1991）。作者认为，这可能是由于醇酸树脂溶液在二氧化硅包覆的钛白粉颜料表面有更致密的吸附层。通常认为颜料表面和吸附层分子之间的相互作用是氢键作用。但一些作者更倾向于将这种相互作用解释为酸-碱作用（Dasgupta，1991；Lara和Schreiber，1991）。

树脂分子链上官能团的数量和间距也会影响颜料吸附层厚度。举一个极端的例子，一种极性的线型脂肪族树脂，在树脂分子链上，每隔一个碳原子就有极性基团吸附在极性颜料（如钛白粉）表面。达到吸附平衡后，在颜料表面只吸附上一层紧密结合的单分子层，结果使吸附层很薄。但是如果树脂分子链上仅有少量极性基团，极性基团之间就存在较长的“链环”和“链尾”碳链，溶胀在溶剂中，在颜料表面甩出，达到吸附平衡后，在颜料表面形成较厚的吸附层。

溶剂-树脂的相互作用也会影响颜料的有效吸附层厚度。聚合物树脂的“链环”和“链尾”与溶剂的相互作用越强，就会有越多的溶剂分子进入颜料吸附层，树脂的平均构象就会越长，吸附层厚度越厚。含有多个可吸附基团的树脂分子在与溶剂分子的竞争中会有优势，如果溶剂与颜料表面相互作用很强、树脂与颜料表面相互作用很弱，就会有更多的溶剂分子“赢得竞争”。例如，用极性较小的甲苯作为溶剂就要比四氢呋喃极性溶剂更有利于聚合物树脂（如硝酸纤维素、聚氨酯、酚氧树脂）在磁性氧化铁颜料表面的吸附（Dasgupta，1991）。在某些情况下，将溶剂加入稳定的颜料分散体中，会导致颜料絮凝。如果树脂与溶剂的比例刚好能使树脂充分吸附在颜料表面，使颜料分散体保持稳定，这时若继续添加更多的同种溶剂，会使体系平衡发生移动，溶剂将颜料表面的部分树脂置换出来，颜料平均吸附层厚度降低到临界值以下，颜料就发生絮凝。此外，如果后加入的溶剂是树脂的不良溶剂，聚合物树脂的“链环”和“链尾”可能会塌陷收缩。无论出现哪一种情况，都认为颜料分散体受到了“溶剂冲击”。

Centeno 等（2014）利用计算机建模，评估了颜料熵稳定理论中涉及的各种因素。通过建立方程式，计算体系的平均力势，即多种胶体体系的总自由能。这个方程列出了影响胶体体系稳定性的各种因素，可应用于颜料-分散剂-溶剂体系的配方优化，定量预测体系变化对胶体稳定性的影响。

对于大多数传统溶剂型涂料，涂料中的树脂基料可以稳定颜料分散体。多数常规的醇酸树脂、聚酯树脂、热固性丙烯酸酯树脂，均可稳定大多数颜料分散体。过去，许多颜料分散体是在涂料用树脂中进行分散制得的。如果颜料分散体稳定性变差，常见的改性方法是提高研磨料用树脂的分子量，或增加树脂分子的极性基团（如羟基、酰氨基、羧基等）的数量。已经发现，分子量较高的树脂组分会选择性地吸附在颜料粒子表面（Lara 和 Schreiber，1991）。

高固体分涂料用树脂很难与颜料形成稳定的颜料分散体。一般来讲，如果要提高溶剂型涂料的固体分，需要降低树脂分子量，这样就减少了每个树脂分子上的官能团数量。树脂分子量降低，会造成树脂和溶剂分子在颜料表面的吸附层变薄。每个树脂分子的官能团数目减少后，也会降低树脂分子对颜料的吸附，反而增加了溶剂在颜料表面吸附的可能性，颜料更容易絮凝。下一节将讨论对此问题的解决方法。

21.1.3.1 非水性涂料的颜料分散稳定剂

现代涂料生产常在颜料分散过程加入颜料分散稳定剂。在颜料分散过程，分散稳定剂既可以与常规树脂一起使用，也可以单独使用。单独使用分散稳定剂，可为常规固含量涂料提供性能优异的颜料分散体，对于大多数高固体分涂料而言，这是必须采用的方法。常规的单官能团表面活性剂可作颜料分散稳定剂，但是如果表面活性剂浓度太低，尽管表面活性剂能更强烈吸附在颜料表面，但由于溶剂分子数量更多，因此溶剂比大多数表面活性剂分子更容易吸附在颜料表面。通过增加表面活性剂分子浓度，使吸附平衡偏向于表面活性剂，可以抵消溶剂的影响，但会在涂膜中残留过量的表面活性剂，降低涂膜性能，如降低在金属基材上的附着力。因此，在有机介质中，单官能表面活性剂通常不是颜料分散稳定剂的理想选择。常用的颜料分散稳定剂是卵磷脂，一种天然的磷酸甘油酯胆碱酯，它对许多颜料都具有较强的吸附性。

新设计的表面活性剂，一定要能强烈吸附在颜料表面，即使有大量溶剂存在，表面活性剂也能优先吸附在颜料表面。例如，利用脂肪烃侧链共价键合改性的酞菁蓝，可用作酞菁蓝颜料的分散稳定剂（表面活性剂）。这种表面活性剂分子的酞菁末端能与颜料粒子表面的晶体结构发生化学结合，几乎不会在溶液中存在（McKay，1980）。防止酞菁蓝颜料絮凝的平均吸附层厚度仅需约 4.5nm。对于其他颜料，也可设计专门的表面活性剂作为分散稳定剂。

这种方法虽然有效，但由于表面活性剂（分散稳定剂）价格昂贵，仅能与特定颜料一起使用，因此，该方法用途有限。为了解决这些困难，设计了一类特殊的颜料分散稳定剂，称为聚合物分散剂、A-B分散剂或超分散剂（Jakubauskas，1986；Schofield，1991；Sastry和Thakor，2009）。Jakubauskas介绍了超分散剂的设计参数，结果表明，最有效的一类超分散剂，聚合物有一个极性端基，带几个官能团（锚定基团），另一端极性较小的端基可溶于有机介质，具有足够长的链，可提供至少10nm厚表面吸附层。根据颜料的熵稳定理论，“链尾”比“链环”更有利于熵稳定。这类分散剂包括聚己内酯多元醇-聚乙烯亚胺嵌段共聚物、与三乙烯四胺后反应的甲苯二异氰酸酯封端的聚己内酯等。Schofield（1991）总结了其他类型的超分散剂，例如，以多羟基硬脂酸制备的低分子量聚酯树脂。另外嵌段聚合物、梳状聚合物和刷状聚合物均可作为超分散剂使用。受控自由基聚合技术（CRP）（2.2.1.1节）可用于合成超分散剂，详见21.3.1节。在某些情况下，可以对颜料进行表面处理，改性后的颜料表面存在与超分散剂的锚定基团相互作用的基团（Jaffe等，1994）。生物基分散稳定剂也已问世。

稳定化的另一种方法，是在颜料表面共价键接一个长链。例如，用三烷氧基硅烷对二氧化硅颜料粒子改性，然后再接上一个长长的烷基链（Hamann和Laible，1978）。通常，颜料制造商会提供经表面处理的颜料，即使将颜料直接分散在溶剂中，也能得到稳定的颜料分散体。Schroeder（1988）和Bugnon（1996）综述了颜料的表面处理技术。

只用一种颜料分散剂，就既能牢固吸附（锚定）在各种颜料粒子上，又能与所有类型的涂料相容，这是最理想的。这样可以避免生产大量不同种类的颜料研磨料，减少库存和支出，降低涂料的生产成本。这种理想情况目前还难于实现，但可以选用广谱有效的分散剂，或选用能与多种涂料相容性好的分散剂组合，实现涂料生产成本部分降低。

21.1.3.2 其他应注意的问题

高固体分涂料会带来的另一个问题是颜料表面吸附层的厚度。在传统的溶剂型涂料中，湿涂料中颜料的体积都相对较低（即使是颜料含量较高），因此吸附层厚度的差异不会对湿涂膜的黏度产生很大的影响（前提是颜料分散体稳定、无絮凝）。但在高固体分涂料中，尤其是颜料含量较高的高固体分涂料中，吸附层厚度对涂料黏度的影响很大。这一问题在设计高固体分底漆配方时会十分明显，因为底漆的颜料体积浓度（PVC）较高，接近临界颜料体积浓度（CPVC）（见第22章）。这种吸附层厚度对黏度的影响，将穆尼（Mooney）方程（3.5节）稍作修改就可清楚地看出［方程式(21.1)］。用颜料体积（V_p）和吸附层体积（V_a）之和代替内相体积（V_i），用方程式(21.1)进行模拟计算，说明颜料吸附层厚度对涂料黏度的影响（Hill和Wicks，1982）：

$$\ln\eta=\ln\eta_e+\frac{2.5(V_p+V_a)}{1-(V_p+V_a)/\phi} \tag{21.1}$$

从图21.1可以看出，两种涂料的体积固体分均为70%（不挥发物体积分数），涂料的计算黏度随涂料干膜颜料体积浓度（PVC）的变化关系，计算时假设：一种涂料V_i为$1.2V_p$，另一种涂料V_i为$2V_p$（相当于平均粒径为200nm的颜料表面吸附层厚度分别为8nm和25nm），颜料堆积因素$\phi=0.65$，溶剂的密度ρ为$0.8g/cm^3$，黏度η为0.4mPa·s；低聚物（树脂）的密度ρ为$1.1g/cm^3$，黏度η分别为40mPa·s（涂料体积固体分为70%）和4×10^5mPa·s（涂料体积固体分为100%）。涂料的黏度关系符合式(21.2)。式中，w_r代表树脂的质量分数；η_s代表连续相黏度。

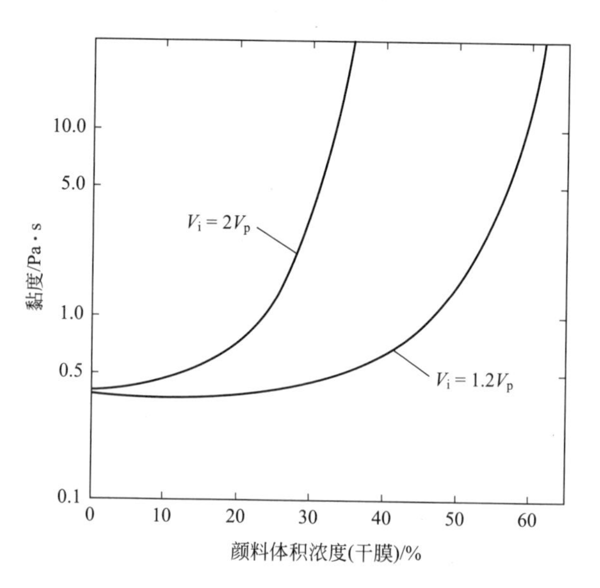

图 21.1 PVC 对两种涂料配方黏度的影响

资料来源：Hill 和 Wicks（1982）。经 Elsevier 许可复制

$$\ln\eta=\ln\eta_s+\frac{w_r}{0.963+0.763w_r} \tag{21.2}$$

如图 21.1 所示，随着颜料表面吸附层厚度变厚，可以加入的颜料量急剧减少。

在涂料零售店中，库存涂料通常为白色涂料和白色的基础漆。通过向白色基础漆中添加有色颜料分散体（“色浆”），可得到所需颜色的涂料。由于水性涂料和溶剂型涂料都需要着色，希望有“通用色浆”，即在这两种涂料中均能使用的颜料分散体。例如，这种通用色浆中使用的漆料由专用分散剂、水、丙二醇、改性烷基聚乙二醇醚表面活性剂、杀菌剂、消泡剂等组成（Bieleman，2004）。

21.2 非水性研磨料配方

如 21.1.2 节所述，涂料配方设计师必须设计出一种研磨料，以实现在分散设备中颜料的最有效分散。颜料分散设备无论从投资还是运营成本看都是涂料制造厂中最贵的设备。重要的是在单位时间内分散最多的颜料。增加颜料加入量，可以提高生产效率。研磨料中介质（溶剂加树脂）黏度越低，能加入的颜料量就越多。介质黏度低，还有助于颜料的润湿。稳定的颜料分散体为牛顿型流体，颜料分散体的黏度遵循穆尼（Mooney）方程，如方程式（21.3）所示：

$$\ln\eta=\ln\eta_e+\frac{K_EV_i}{1-(V_i/\phi)} \tag{21.3}$$

一般的研磨料只有一种颜料，但在某些情况下，将两种或多种颜料一起研磨，是十分有利的，这种研磨料称为“复合研磨料”。

尽可能选用低黏度（η_e）的介质，可以使颜料体积（内相体积）最大化。虽然仅用溶剂也可获得黏度低、颜料润湿快、颜料含量高的研磨料，但是仅用溶剂不能稳定颜料分散体，颜料会发生絮凝，研磨料中必须加入树脂或超分散剂。为了实现最大的颜料加入量，选用树脂溶液的浓度应在稳定颜料分散体的前提下尽可能低。多年前，弗雷德·丹尼尔（Fred Daniel）设计出了一种简单、快速的方法，虽然不十分准确，但可以估算树脂的最小有效用量（Patton，1979）。

21.2.1 丹尼尔流动点法

丹尼尔流动点法是设计研磨料配方的一种简单、有效的方法，尤其对球磨机、砂磨机等分散设备很有用。该方法可以估算分散特定颜料所需树脂的最合适浓度。先制备一系列具有不同浓度的树脂溶液，然后将每种溶液按不同用量加入一定量的颜料中，用调漆刀在平板玻璃上研磨物料，分散每种混合物，确定哪种颜料分散体的黏度低到刚好容易从调漆刀上流下，这个点就称为流动点。调漆刀既用作分散设备，又用作粗略的黏度计。调漆刀和玻璃板之间的间隙很小，剪切速率是很高的，是一种很好的小型分散设备。将达到流动点所需每种研磨料的体积与该研磨料浓度作图，得到等黏度曲线，即每种研磨料（颜料分散体）的黏度大致相同（实际低剪切黏度大约 10Pa·s）。具体实例如图 21.2 所示。在图中，除标出树脂溶液体积外，还标出了树脂溶液中溶剂的体积。

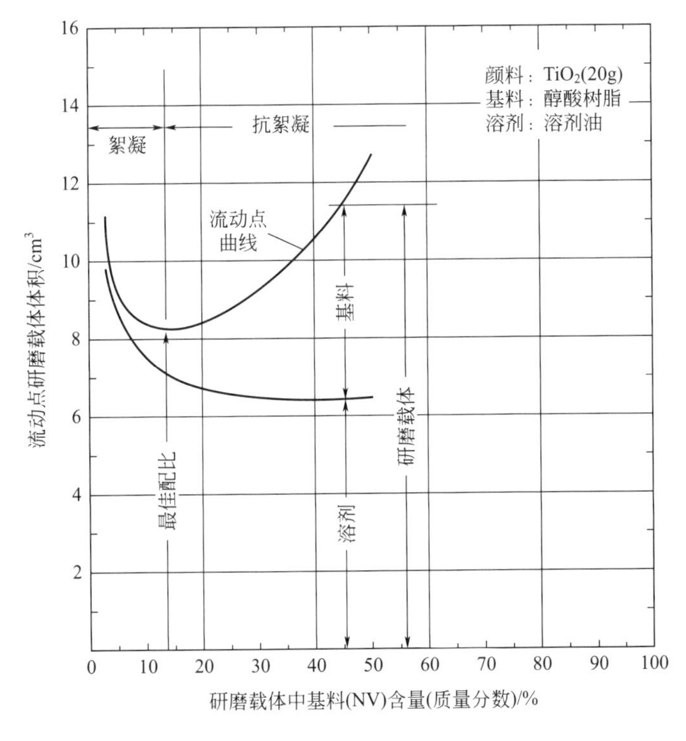

图 21.2　丹尼尔流动点图

分散 20g 钛白粉颜料，所需醇酸树脂在溶剂油中的溶液体积（毫升）与树脂溶液质量固体分的关系

资料来源：Patton（1979）。经 John Wiley & Sons 公司许可复制

如图 21.2 所示，对任何能稳定分散的树脂-溶剂-颜料研磨料，流动点曲线都有一个最低点，现在讨论一下这个最低点的重要性。曲线最低点右侧，随着树脂浓度增加，颜料分散体外相（溶液相）黏度增加。从方程（21.3）可以看出，如果漆料（树脂-溶剂）黏度 η_e 增加，颜料分散体黏度恒定，那么内相体积（V_i）就必须降低，也就是说，每单位量颜料所需漆料量必须增加。曲线最低点的左侧，即使漆料黏度 η_e 在降低，每单位量颜料所需漆料量

还是在增加，在这个区域，树脂浓度不能将颜料稳定分散。随着溶液中树脂浓度的降低，大量地出现絮凝，颜料分散体黏度急速上升，这时必须添加更多的树脂溶液，颜料分散体才能达到等黏度。曲线中的最低点，对应的是获得稳定的颜料分散体时，树脂在溶剂中的最低浓度。由于该测定方法的准确性不是太高，实际研磨料配方通常都是按略高于树脂的最低浓度开始试验。如果将更多的溶剂添加到接近树脂最低浓度的稳定颜料分散体中，颜料分散体会发生絮凝。在某些情况下，可能找不到曲线的最低点，随着树脂浓度增加，每单位量颜料所需的树脂浓度继续减少，那就说明，这种特定的树脂-溶剂组合无法实现颜料的稳定分散。

21.2.2 吸油量

在早年制备涂料时，发现加入亚麻籽油中的颜料量随着颜料种类的不同会发生很大的变化。为了使研磨料黏度都近似相等，可以先测定颜料的吸油量。将亚麻籽油缓慢加到一定量的颜料中，用调漆刀反复研磨，刚开始时，被亚麻籽油浸润的颜料会形成许多颜料小球，当加入足够量的亚麻籽油后，颜料就会逐渐形成一个整团，此时即为终点。吸油量的计算方法是：到终点时，100g（或 100lb）颜料所需的亚麻籽油的质量（g 或 lb）。到终点时，亚麻籽油完全吸附在所有颜料粒子表面，并将紧密堆积的颜料粒子空隙填满。

不同颜料的吸油量差别很大。颜料的粒径越小，吸油量越高。粒径小的颜料粒子具有更大的比表面积，需要大量亚麻籽油吸附在颜料表面。在某些情况下，例如，一些炭黑颜料粒子是多孔的，亚麻籽油会渗入这些孔隙中，亚麻籽油用量增加，吸油量也会增加。硅藻土（20.3 节）具有非常大的比表面积，它的吸油量非常高。颜料密度差异也会影响吸油量的大小，密度高的颜料仅需要较少质量的亚麻籽油就能吸附在单位质量颜料表面，将颜料粒子空隙填满，它们的吸油量较低。除了亚麻籽油外，其他漆料也具有相似的吸油量。选用亚麻籽油得到的颜料吸油量数据，可以作为选用其他漆料研磨料配方的参考用量。

用调漆刀测定吸油量的方法，精度较低，不同实验室操作人员测定的吸油量偏差可达±15%。经验丰富的同一操作人员，吸油量测定的偏差可降低到±(2%～3%)。尽管吸油量的测定存在一个误差范围，但吸油量的数据一般有三位有效数字。用混合流变仪代替调漆刀（3.3.2 节），可以提高吸油量测量的准确性和精密度，如使用布拉本德（Brabender）塑性仪测定颜料吸油量（Hay，1974）。将已知量的亚麻籽油加入混合仪中，缓慢加入颜料，慢慢搅拌，施加必要的剪切力将颜料聚集体分离，记录转动桨叶所需的功率。随着颜料量的增加，转动桨叶所需的功率也逐渐增加。当通过吸油量终点时，颜料分散体会被破碎成块，功率读数出现波动。用塑性仪测量吸油量时，数据重复性好，数值一般要比用调刀法高出百分之几。

涂料配方设计师可直接使用颜料供应商提供的颜料吸油量。这些吸油量值可以作为配制研磨料时的参考颜料用量。不同批次的颜料，吸油量可能会出现差异。吸油量也可用来估算这些颜料涂膜的临界颜料体积浓度（CPVC），详见 22.2 节。

21.3 水性介质中的颜料分散

颜料在水性介质中的分散，与颜料在有机介质中分散相似，分为三个阶段：润湿、分离和稳定。由于水性介质具有独特的性质，为颜料的分散增添了更多的复杂性。第一，水的表面张力高，低极性颜料粒子表面在水中润湿时，很有可能出现问题。第二，水可能与某些颜料表面之间产生较强的相互作用，因此稳定剂的锚定基团必须要与颜料表面具有更强的相互作用，才能与水进行竞争。第三，颜料的水分散体大多应用在乳胶漆中，因此乳胶体系的设计，必须使乳胶和颜料分散体之间不会产生不良相互作用。Peck（2014）综述了水性颜料分散体的配方设计，推荐了一个系统的设计方法。

无机颜料（例如钛白粉、氧化铁和大多数惰性颜料）的表面都具有较强的极性，水对它们的润湿几乎没有问题。但多数有机颜料，需要添加表面活性剂才能润湿颜料表面。对一些有机颜料进行表面处理，附着无机氧化物层，改性后的颜料表面具有极性，比较容易被水润湿（Bugnon，1996）。虽然无机颜料表面与水具有很强的相互作用，但颜料表面的水吸附层本身不能稳定体系，不能防止颜料絮凝。

下面重点介绍水性颜料分散体的稳定性。

与在有机介质中的颜料分散体不同，水性颜料分散体的稳定机理主要是电荷排斥机理（9.1.1 节）。水性颜料分散体的稳定性取决于体系的 pH 值，因为 pH 值会影响颜料的表面电荷。对于任何颜料-分散剂-水的水性颜料分散体组合，一定存在一个 pH 值，在此 pH 值时表面电荷为零，该 pH 值称为等电点（iep）。在等电点时没有电荷排斥作用。pH 值高于等电点，颜料表面带负电荷；pH 值低于等电点，颜料表面带正电荷。当 pH 值为等电点±1 时，水性颜料分散体的稳定性最低（Morrison，1985）。不同颜料的等电点不同，例如，高岭土的等电点为 4.8，碳酸钙的等电点为 9。

除了最终水性颜料分散体的稳定外，Peck（2014）认为，在颜料研磨过程中可以加入助剂，对已分离的颜料颗粒实现动态稳定，如加入某些非离子型分散剂就能达到此目的。

已经至少有一家颜料供应商在互联网上提供了一种公式（工具），可以计算一大系列颜料的水性研磨料配方，配方包括颜料、分散稳定剂、消泡剂和水。供应商强调，这些计算的配方只适合作为特定条件下的参考配方。

自从 20 世纪 50 年代乳胶漆问世以来，研究人员不断努力改进乳胶漆的色浆。到 90 年代，汽车水性底色漆开始应用（30.1.2 节），对高质量水性颜料分散体的需求越来越大。近年来，随着环保要求的日益严格，“零 VOC”涂料急需使用无溶剂色浆，激发了对高质量颜料分散体的深入研究。早期的研究目标，是找到能在水性介质中使用的聚合物分散剂，例如，聚丙烯酸钠盐和某些聚丙烯酰胺共聚物都能在乳胶漆中作高效分散剂使用（Farrokhpay 等，2006）。采用常规自由基聚合制备的各种丙烯酸酯共聚物，都可用作分散剂。例如，用下列组分制成的共聚物的效果与聚醚烷醇胺有同样的分散效果：①甲基丙烯酸；②带有一个或多个能吸附在颜料表面的高极性锚定基团的单体；③环氧乙烷的单甲基丙烯酸酯（Nguyen，2007）。这些共聚物经常与常规表面活性剂复配使用。

为了获得比常规自由基聚合效率更高、效果更好的聚合物分散剂，开发出了新的受控自由基聚合（CRP）技术。Perrier（2004）归纳了早期利用 CRP 技术制备分散剂的相关研究。CRP 技术可用于生产 AB 和 ABA 类型的嵌段共聚物，以及具有可控结构的接枝、星形和超支化共聚物。当共聚物带有吸附和稳定颜料的基团时，这些聚合物都可以用作颜料分散稳定剂。CRP 技术的详细信息见 2.2.1.1 节。

第一种 CRP 技术是原子转移自由基聚合（ATRP），可以合成规定分子量、分子量分布窄和可控嵌段结构的聚合物。例如，合成 AB 嵌段共聚物颜料分散剂：①将甲苯溶剂加入反应釜，然后加入 1-萘磺酰氯、铜粉、2,2′-联吡啶和甲基丙烯酸缩水甘油酯，80℃下反应 6h，形成 A 嵌段；②将甲基丙烯酸酯的聚乙二醇单甲醚溶液加入 2-羟丙基甲基醚中，80℃下继续反应 4h，在 A 嵌段上链接亲水性 B 嵌段；③利用产物中的缩水甘油基环氧基与十一烷酸反应，使 A 嵌段具有高的疏水性；④得到的产物中加入硅酸镁，进行沉淀、过滤，除去铜络合物。将得到的 AB 嵌段共聚物溶液浓缩到 70%（质量分数）固含量，分散在水中，用二甲基乙醇胺（DMAE）调节溶液 pH 值到 8，即可得到颜料分散剂（White 等，2002）。

第二种 CRP 技术是催化链转移聚合（CCTP），与 ATRP 聚合方法不同，将常规引发剂与钴（或其他金属）配合物复配使用，调节聚合反应（Visscher 和 McIntyre，2003）。例如，用偶氮引发剂与钴（Ⅱ）配合物作为链转移剂，合成一种接枝共聚物分散剂。首先，使用 CCTP 方法，制备 20%（质量分数）甲基丙烯酸的丙烯酸酯大分子单体；然后该大分子单体与一种亲水性非离子大分子单体和疏水性单体进行共聚反应，合成具有疏水性主链，阴离子和非离子亲水侧链的接枝共聚物。用 2-氨基-2-甲基-1-丙醇（AMP）中和得到的接枝共聚物，即可得到一种有效的颜料分散剂。在水性介质中，颜料分散剂的疏水性骨架（主链）将聚合物锚定在颜料粒子表面，亲水性接枝侧链充当“链尾”，提供熵稳定和电荷稳定。将钛白粉颜料与接枝共聚物（颜料分散剂）一起分散制备底色漆，涂覆罩光面漆后，涂层具有很高的光泽（Visscher 和 McIntyre，2003）。

第三种 CRP 技术是氮氧自由基调控聚合，将受阻氮氧化物用作调节剂，制备分子量分布很窄的嵌段共聚物。例如，可用作颜料分散稳定剂的丙烯酸丁酯和丙烯酸二甲基氨基乙基酯的嵌段共聚物，是用哌啶硝基氧醚作为调节剂，通过顺序本体聚合方法制备得到的（Auschra 等，2002）。

还有一种 CRP 技术是可逆加成-断裂链转移（RAFT）活性自由基聚合。Saindane 和 Jagtap（2015）使用这种聚合方法，合成了丙烯酸乙酯和丙烯酸的 AB 嵌段共聚物，数均分子量（M_n）为 5000～10000。这些共聚物已证明是白色丙烯酸酯乳胶漆非常有效的颜料分散稳定剂。

利用 CRP 技术几乎可以制备各种颜料分散稳定剂，但必须设计正确的聚合物结构，获得良好的颜料分散稳定效果。例如，采用活性离子聚合反应，制备甲基丙烯酸 2-(二甲氨基）乙酯和甲基丙烯酸叔丁酯的 AB 二嵌段共聚物，是非常有用的颜料分散稳定剂。相同成分的 ABA 三嵌段共聚物，两端均带氨基官能团，则会导致颜料粒子的粘连和严重的絮凝（Creutz 和 Jerome，2000）。通过对阴离子和非离子表面活性剂稳定的水性钛白粉分散体的研究发现，在高光乳胶漆的分散和干燥成膜过程中，用高分子量非离子共聚物作为颜料分散稳定剂，具有最好的抗絮凝效果（Clayton，1997），这是由于主要是熵排斥而非电荷排斥实现稳定，因此不受 pH 值变化的影响。通过对聚丙烯酸钠稳定的水性钛白粉分散体的研究发现，电荷排斥和熵排斥都会影响颜料分散体的稳定性。在水性介质中，吸附层厚度不必像溶剂型分散体中那么厚，甚至只需平均厚度 1nm 的表面吸附层，再加上电荷排斥就足以使颜料稳定。聚合物在钛白颜料表面的吸附层是平坦的，但“链环”和“链尾”均可延伸到水相。高分子量聚合物会在颜料表面形成较厚的吸附层，但对颜料分散的黏度产生不利影响（Banash 和 Croll，1999）。

颜料的表面处理会对水性颜料分散体的稳定产生很大的影响。已经开发出专门用于水性涂料的经特殊表面处理的钛白粉颜料。颜料表面处理剂的组成和表面处理程度的不同，会造成颜料分散稳定性的显著差异（Losoi，1989）。某些情况下，表面处理剂的含量会使钛白粉颜料含量降低 25%以上，由于颜料遮盖力的高低与钛白粉的实际含量有关，因此高度表面处理的钛白粉颜料，只有用量更大时才能获得同等的遮盖力。

固体分80%（质量分数）以上水性钛白粉浆料的大规模应用，可大大节省原料成本（20.1.1节）。水性颜料分散体常用含羧基官能团聚合物分散剂作为分散稳定剂，添加有机胺控制分散体的pH值。通过配方设计，使颜料分散体的絮凝最小化，尽量防止颜料沉淀，通过添加杀菌剂，抑制分散体中微生物的生长。

使用超细粒径颜料（如透明氧化铁）的水性分散体，很难制备得到无雾影的涂料。使用乙烯基醚封端的聚醚与马来酸酐共聚而成的分散剂，可以降低涂膜的雾影度，这种分散剂可以制备高显色率的水性颜料分散体，涂膜的雾影度比选用其他分散剂的涂膜低得多。若需要特殊霜白外观的涂膜，可以选用水性超细粒径“透明”钛白粉分散体（Silber等，2002）。

大多数乳胶漆配方都含有几种颜料和几种表面活性剂，表面活性剂包括阴离子和非离子表面活性剂。不同颜料的等电点不同，使颜料分散体的电荷稳定问题变得更加复杂。阴离子聚合物表面活性剂（如丙烯酸和丙烯酸羟乙酯单体共聚合成的丙烯酸共聚物盐）用作分散剂时，盐基团会强烈吸附在极性颜料表面，而羟基则会与介质水相互作用，非极性的中间链段会增加颜料表面吸附层的厚度。推荐使用氨水或铵盐，因为它们在涂膜干燥时会从涂膜中逸出，提高涂膜的耐水性。与小分子表面活性剂相比，聚合物表面活性剂对涂膜性能的不良影响较小。由于聚丙烯酸酯的润湿性较差，常将聚丙烯酸酯分散剂与非离子表面活性剂和/或阴离子表面活性剂复配使用。可在颜料分散体配方中加入三聚磷酸钾，它的碱性保证分散体的pH值高于所有颜料的等电点。但要注意的是，在涂料中使用的是三聚磷酸钾，而不是三聚磷酸钠，三聚磷酸钠可在洗衣粉配方中使用。三聚磷酸钾的钾盐不会因水的作用从干涂膜中析出，像盐渍一样沉积在涂膜表面。大型涂料制造商为自己的主要涂料产品系列开发有专用表面活性剂。阴离子表面活性剂也可用作杀真菌剂。

助剂有时会影响颜料的分散稳定性，已证明，乳胶漆中用作消泡剂的烃类溶剂会使颜料絮凝（Smith，1988）。涂料配方中一般包括几种表面活性剂，Smith发现，通过改变表面活性剂的添加顺序，可以控制颜料是否会发生絮凝。

有机颜料的表面自由能一般都低于水的表面张力，需要加入表面活性剂，降低水的表面张力才能使颜料润湿。可以在有机颜料分散时加入阴离子或非离子型表面活性剂。对于阴离子表面活性剂，颜料的稳定主要是电荷排斥机理。对于非离子表面活性剂，颜料的稳定主要是熵排斥机理，因为相对较长的聚醚醇末端会向外定向在水中，与多个水分子发生缔合。

Wilker（1999）发现，分散在水性聚氨酯分散体（PUD）中的有机颜料的着色力，比分散在溶剂型介质的有机颜料更高，不同有机颜料的着色力要高出10%～30%。有机颜料着色力提高的原因，主要是水能溶解颜料聚集体中的盐，而有机溶剂不能溶解盐，反而会使盐在颜料集聚体中结合得更牢。

单颜料分散体系的稳定性比较容易理解，但涂料通常含有几种颜料，既有极性颜料表面，也有非极性颜料表面，还含有一种或多种乳胶（第32章）。此外，乳胶漆配方中会添加一种或多种水溶性聚合物和/或缔合性增稠剂（32.3节），调节涂料的流变特性，它们可能会与分散剂和颜料发生相互作用。因此，至少需要根据经验选择一个合适的颜料分散剂组合。高通量筛选技术可以帮助涂料配方设计师理解各种成分之间的相互关系（Rosano，2014）。在任何情况下，实际经验都是配方设计成功的关键，因此，最好建立一个有效组合和无效组合的数据库，便于对新颜料复配体系或乳胶漆复配体系进行配方设计。

21.4 分散设备和分散过程

制备颜料分散体的分散设备很多，不同分散设备的区别在于作用于颜料聚集体上的剪切应力不同。容易分离的颜料聚集体，应选用低剪切应力的分散设备；结合力很强的颜料聚集体，需要很高的剪切应力才能分离。对这类分散设备及操作做全面介绍，超出了本书的讨论范围。Patton（1979）较详细地讨论了不同类型的分散设备。Winkler 和 Dulog（1987）从工程的角度分析了颜料分散设备的基本原理。这里仅讨论几种重要的分散设备，并重点讨论它们的优缺点。作为涂料配方设计师，必须熟悉自己工厂中生产用的分散设备，才能设计出利用现有分散设备生产涂料的配方。

可以从生产分散设备的企业获取机器的特性和操作程序的更新信息。从生产工艺的角度看，颜料分散体的生产和使用分为三个阶段：①预混合，将干颜料粉加入漆料中，通过搅拌基本消除大的块状颜料；②加入分散稳定剂，用分散设备施加足够高的剪切应力，分离颜料聚集体；③兑稀调漆，将颜料分散体与剩余的组分混合，制备涂料。一些分散设备只能操作第二步，另一些分散设备可以操作三个步骤中的两个步骤，还有的分散设备可以操作三个步骤。

一些颜料分散体是专门用于特定批次涂料的，将它们与其他组分一起兑稀调漆就得到最终的涂料产品。大多数情况下，颜料分散体可用于相近类型的各种涂料，或者用作色浆（研磨料），对各种涂料进行配色。为了最大程度减少颜料色浆的库存，往往会选择与公司生产系列中大多数涂料兼容的漆料和分散剂组合。

21.4.1 盘式高速分散机

盘式高速分散机（HSD）有一个转轴，转轴上装有一个转盘，可以在圆柱形分散罐中高速旋转。盘式高速分散机也称为高速叶轮分散机、溶解罐、高强度混合器。分散盘外围有锯齿状凸缘，凸缘与分散盘的平面成锐角弯曲。典型的分散盘示意图见图 21.3。越来越多的分散盘使用工程塑料制作，比钢质分散盘的耐磨性更好。分散机转动时，分散盘边缘流体的层流速度不同，产生剪切作用，分散盘旋转的圆周线速度为 20～26m/s。盘式高速分散机的转速也可用每分钟转数（r/min）表示，但重要的速度参数是圆周线速度，速度的快慢取决于分散盘的半径。盘式高速分散机的剪切应力较低，仅适用于分散容易分离的颜料。要得

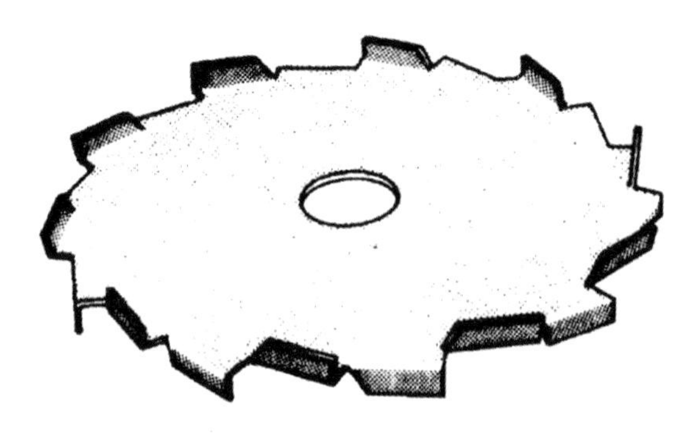

图 21.3 盘式高速分散机分散盘的示意图

资料来源：Patton（1979）。经 John Wiley & Sons 公司许可复制

到层流为主的流动，流体黏度要尽量小，由分散盘的大小进行调控。流体的黏度通常超过3Pa·s，流体黏度越高，施加在颜料聚集体上的剪切应力就越大，分散速度就越快。因此黏度的设定应以电机在满负荷功率下运行为最佳。

为了尽量提高颜料的分散效率，应尽量加大颜料的加入量。在溶剂型涂料中，可以使漆料中树脂浓度尽可能低，但仍能保持分散体的稳定、不出现絮凝来达到此目的。可以用丹尼尔流动点法估算树脂与溶剂的比例，然后设定高剪切黏度（即让分散机电机以最大功率运行时的黏度）时的漆料/颜料比。可以用颜料分散稳定剂（21.1.3.1节）代替漆料中的树脂。在乳胶漆的制备中，颜料分散阶段常加入水溶性聚合物，以提高体系的黏度。

盘式高速分散机的分散流动示意图如图21.4所示。分散盘高速旋转产生的离心力使流体沿着分散罐侧壁向上流动。如果研磨料是牛顿型流体，分散盘的尺寸和操作条件又都合适，所有物料都可以均匀混合，研磨料反复经过分散盘边缘附近的最高剪切力区。如果研磨料是剪切变稀型流体，在分散罐侧面物料的上边缘处，剪切速率较低，物料黏度较高，物料会挂壁，混合不完全。有些研磨料配方中使用了一种能使最终的涂料剪切变稀的颜料。要解决分散时物料挂壁的问题，可以先将除了剪切变稀颜料以外的所有颜料进行分散，完全分散、分离后，再缓慢加入剪切变稀颜料。还有一种避免物料挂壁的方法，是设计带有低速刮刀的分散罐，当高速分散盘在罐的中央转动时，刮刀绕着分散罐的内壁上部转动。

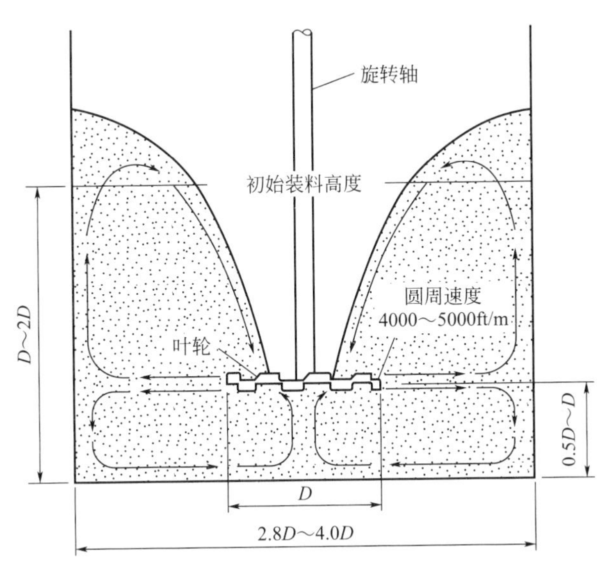

图21.4　盘式高速分散机分散流动示意图

图中显示了分散盘的正确位置和最佳尺寸比例

资料来源：Patton（1979）。经John Wiley & Sons公司许可复制

盘式高速分散机常用于涂料或颜料等物料的预混、分散和兑稀调漆。将漆料加入分散罐中，低速搅拌。然后在靠搅拌轴附近缓慢加入干颜料粉，加完后，提高搅拌速度进行分散。如果研磨料的配方合理，分散大约需要15min。然后降低转速，进入兑稀调漆阶段，加入配方中的其他组分。在生产乳胶漆时，乳胶不能在分散阶段加入，因为大多数乳胶在受到高速剪切时会破乳。乳胶一般是在兑稀调漆阶段低速搅拌下加入。

与其他分散设备相比，盘式高速分散机价格便宜，运行成本低，无需为预混单独设罐，兑稀、调漆都可在同一罐内进行。更换颜色时容易清洗。使用有盖的分散罐，可以减少溶剂损失。盘式高速分散机对颜料聚集体的剪切力较低，只能分散容易分离的颜料。颜料制造商在制备易分离颜料聚集体的研究方面取得不少进展。另外，也有实验室用盘式高速分散机，分散效果与生产设备一样。

21.4.2 棒销式研磨机

若用棒销式研磨机代替盘式高速分散机，可提高对颜料聚集体施加的剪切应力。棒销式研磨机在某种方面与盘式高速分散机类似，但它的旋转圆盘上的销与固定的棒靠得很近。这种混合器适用于大批量生产或在线生产。Paterson（2002）将棒销式研磨机与盘式高速分散机进行了对比，发现棒销式研磨机在水性介质中能制备优异的物料分散体，包括汽车底色漆的临界分散体。

21.4.3 球磨机

球磨机是一种水平放置的圆柱形容器，里面装了一部分研磨介质（磨球或卵石）。将研磨料放入球磨机中，球磨机以一定的速度旋转，刚好把磨球从球磨机一侧带到高处，然后瀑布般滚下，如图 21.5 所示。滚动的磨球之间夹有一层很薄的研磨料，在磨球相互滚动时产生很强的剪切力，将颜料聚集体分离。

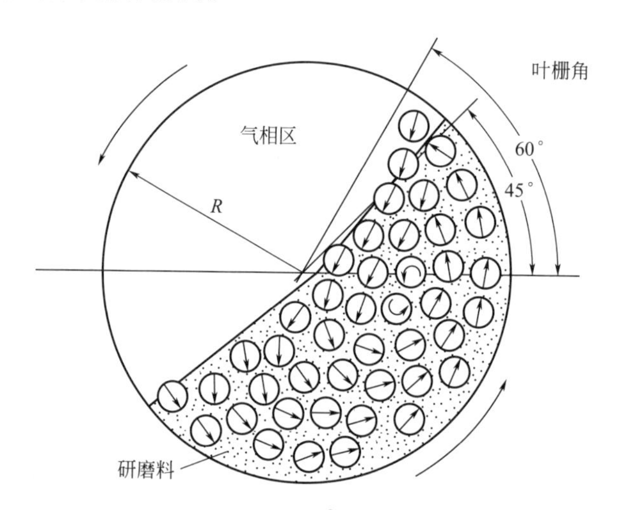

图 21.5 球磨机中磨球瀑布状滚落示意图

资料来源：Patton（1979）。经 John Wiley & Sons 公司许可复制

有两类常用的球磨机，钢球磨机和卵石球磨机。在钢球磨机中，圆柱形球磨机的磨球和衬里都是钢制的。在卵石球磨机中，磨球是陶瓷球，衬里也是陶瓷。早期的磨球是光滑的大卵石，因此称为卵石球磨机。有人用球磨机这一术语表示所有的球磨设备，而另一些人则仅指钢球磨机，本书选用前一种意义的球磨机，把钢球磨机和卵石球磨机分别归类为特殊的球磨机。钢球的优点是密度高，剪切力更高，可以缩短研磨时间。但钢球会发生磨损，使浅色研磨料产生轻微的变色，所以钢球磨机一般适用于深色颜料和对颜色要求不高的颜料（如底漆）的分散。若不希望物料发生变色，可以使用卵石球磨机。

大直径的球磨机，磨球滚落下的距离较长，物料分散效率更高。球磨机的生产效率取决于设备中的装载量。球磨机装约一半体积的磨球，可以得到最长的下落滚动距离。研磨料的加入量，应该是在球磨静止时刚好能覆盖所有磨球所需的体积。若研磨料过量，要得到满意的分散效果，必须延长研磨时间。假设磨球都是直径相同的球体，磨球体积约为32%，若装载量合适，则研磨料体积略高于18%。如果磨球或卵石不是球形和/或大小不均匀，则给研磨料留出的空间体积更少。

使用球磨机时，要特别注意球磨机转速的设定，转速太慢，不能将磨球带到一定的高度；转速过快，磨球被带高，超过图21.5中所示的60°角，这时有些磨球会直接自由落下，而不会形成瀑布式的滚动运动，使磨球产生的剪切力变小，磨球也可能会破裂。更有可能，磨球不仅不能剪切分离颜料的聚集体，还会破坏颜料的晶体结构。经验丰富的球磨操作人员，通过声音就能判断机器转速设置是否合理。研磨效率还受研磨料黏度影响，黏度过低，磨球磨损高；黏度过高，磨球滚动变慢，研磨效率降低。研磨料的最佳黏度取决于磨球的密度和研磨机的直径，黏度通常控制在1Pa·s左右。

丹尼尔流动点法（21.2.1节）原本就是为了帮助设计球磨机用研磨料的配方，估算在设计黏度下颜料的最大加入量。研磨料配方设计得是否合理、磨球和研磨料装填的体积是否合适，都会使达到满意分离效果所需要的球磨时间产生很大的差异。球磨时间取决于颜料聚集体的分散难易程度，最短的球磨时间一般为6～8h，难分散颜料也不应超过24h。若需要更长的球磨时间，表明研磨料配方不合理或球磨机中装填量不正确。

除了部分最难分散的颜料外，球磨机几乎可用于分散其他所有颜料。尽管球磨机投资成本较高，但它们的使用寿命很长，并且运行成本较低。球磨机无需预混合，可以无人值守运行，但设备难以清洗，适合用于一批又一批地生产同一分散体。使用球磨机的另一个问题是每批次研磨料的投料量不多，因为研磨料体积仅占球磨机体积的约18%。

实验室用球磨机是很有用的分散设备，但和生产装置之间无任何相关性。因为球磨机的生产效率主要取决于设备的直径大小。生产企业用球磨机直径范围在1.25～2.5m（4～8ft），实验室使用的球磨机只能称为罐磨机，直径通常小于30cm（1ft），转速远低于理想的运行转速。

在实验室，快速分散机（俗称“快手”）可以快速生产小批量研磨分散体，原理与生产用球磨机类似。将直径为30mm的钢球装填到一个钢制容器中，装一半多一点，研磨料刚好没过钢球，然后将钢制容器放在涂料商店用的涂料振荡机上振荡，容易分散的颜料需振荡5～10min，难分散的颜料可能需要振荡一个小时。也可以用装有玻璃珠、沙子或陶瓷球的玻璃罐或小瓶作为快手球磨机。

21.4.4 介质磨机

介质磨机（也称为搅拌磨机）是S. Hochberg发明的，目的是解决球磨机批量生产受限制的问题，可实现连续化生产。在最早的介质磨机中，研磨介质是平均直径约0.7mm的砂子，因此，介质磨机也称为砂磨机（下文中若无特殊情况一律简称为砂磨机）。后来用细小的陶瓷球取代了砂子，所以介质磨机又称为珠磨机。介质还可以是小型钢球，最初用的钢球是散弹枪中的弹丸，所以介质磨机又称为钢丸磨机。钢丸磨机通常用于分散炭黑或其他深色颜料。

立式砂磨机的示意图如图21.6所示，在筒体中装有一个带分散盘的高速转子，转子和缸体之间的空间用砂子或其他介质填充。将预混合的研磨料用泵送到砂磨机的底部，研磨料向上流过砂磨机，研磨料在快速移动的颗粒（介质）间穿过，受到剪切力的作用。最后通过一个筛网流出，研磨介质被截留在研磨机中。典型的立式砂磨机的转子圆周线速度为 10m/s，这能推动研磨介质颗粒高速运动，虽然介质颗粒的尺寸很小，但颗粒之间的剪切速率很高，因此当颜料聚集体通过砂磨机时，它一定会在许多介质颗粒之间通过。在研磨料的配方中，树脂浓度应比丹尼尔流动点曲线最低浓度稍高，研磨黏度范围为 0.3～1.5Pa·s。比较难分离的颜料，在一个砂磨机中需要经过 2～3 次循环，或经过几个串联的砂磨机。砂磨机可以设计成能自动循环部分研磨料的结构。

图 21.6 所示为垂直转子的立式砂磨机，但卧式砂磨机的使用越来越多，有多种设计可供选择。有一些是转子上带有简单的分散盘，转子的结构也多种多样。棒销式研磨机的使用也越来越广泛，每个销棒都是用耐磨钢加工的圆柱体，直径 1～2mm、高度 20mm。销棒安置在旋转筒体的对壁上，一侧棒销在另一侧的棒销之间旋转，棒销式研磨机高速运行时，可提高研磨效率和能效。

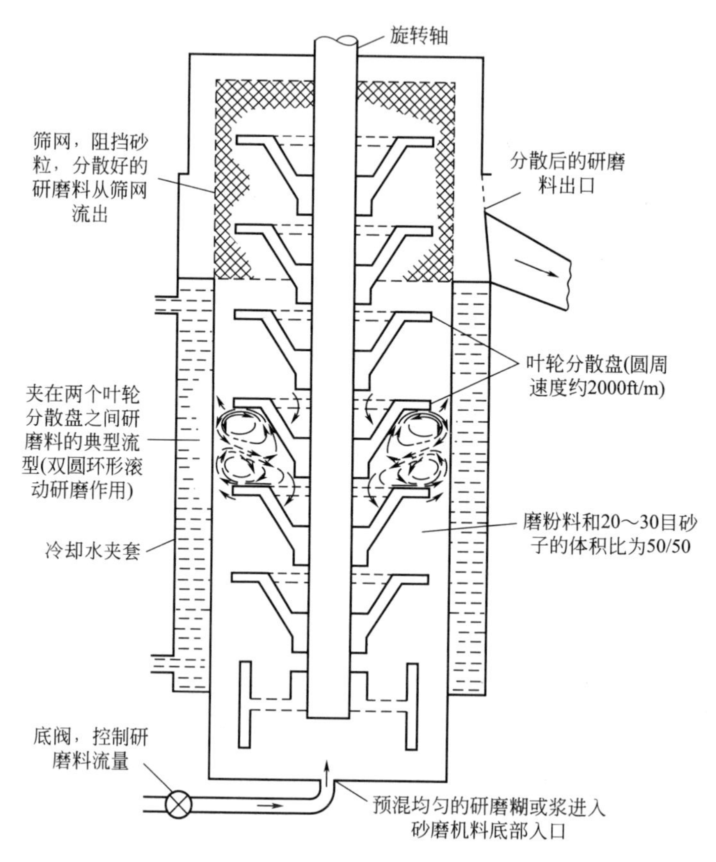

图 21.6　立式砂磨机示意图

资料来源：Patton (1979)。经 John Wiley & Sons 公司许可复制

Way (2004) 讨论了研磨珠尺寸减小时所涉及的一些影响因素。随着研磨珠尺寸的减小，被分散颜料的最终粒径也会减小，用最小粒径的研磨珠可在最短时间内获得最小粒径的颜料分散体。但随着研磨珠粒径的减小，研磨珠与颜料分散体的分离难度也会增加。影响研磨料与研磨珠分离的主要因素如下：

① 研磨料黏度。若研磨料黏度很高，会加大主轴旋转所需的功率，可能会超过设计极限。另外，随着研磨料黏度的增加，研磨珠会一起被带到筛网处，使筛网堵塞。

② 流速。如果流速高于研磨料与研磨珠的分离速度，研磨珠会堵在筛网处。

③ 研磨料的密度。随着研磨料密度增加，研磨分散体与研磨珠的分离变得愈加困难。

④ 研磨珠的大小和密度。随着研磨珠粒径减小，研磨珠的离心分离更加困难。当改变研磨珠密度，从玻璃珠（密度=2.6g/cm^3），到钇稳定的氧化锆珠（锆珠）（密度=6g/cm^3），到钢球（密度=7.8g/cm^3）和碳化钨珠（密度=14g/cm^3），研磨珠的密度不断增大，研磨珠的分离会变得更加容易，但高密度研磨珠会加大对分散设备的磨损。

⑤ 搅拌速度。搅拌速度越快，研磨珠的分离效果越好，但实际搅拌速度是有一个高限的。

⑥ 分离系统的设计。筛网大小非常重要，筛网面积要足够大，才能使物料通过筛网的速度不太高，否则研磨珠将会被带到筛网处，并堵塞筛网。

⑦ 设备的设计。卧式棒销砂磨机如果使用较小的研磨珠，比本节前面讨论的传统立式砂磨机分散效率高很多。

纳米颜料的分散非常困难，推荐使用棒销式砂磨机，要选用小粒径的研磨珠。Miranda（2011）指出，根据经验法则，研磨珠直径比分散后的目标物料颗粒直径大1000倍左右。他介绍了一种专门设计的卧式砂磨机，用30μm研磨珠，希望分散后的颜料颗粒粒径可控制在30nm以下。

砂磨机用的物料需要经过预混，兑稀调漆要单独进行。批次的大小可以根据需要进行控制。但设备清洗比较困难，通常工厂总会预留一些砂磨分散同一种颜色，最大程度减少设备的清洁。砂磨机可有效分离除最难分离颜料聚集体以外的所有颜料，但要求颜料聚集体的粒径小于研磨珠粒径。实验室的砂磨机与生产用砂磨机的相关性很好。但是预混料不是用泵从机器底部加入，而是直接从机器顶部倒入。也有实验室用的是卧式砂磨机。砂磨机和相关设备的使用相当普及，仅次于高速分散机。

21.4.5 三辊磨和双辊磨

三辊磨在油墨生产中仍十分重要，但随着易分散颜料的出现和砂磨机技术的改进，三辊磨在涂料生产中的应用已越来越少。

双辊磨比三辊磨的剪切速率更大，但需要的投入和运行成本非常高。双辊磨广泛用于橡胶工业，已很少用于现代涂料的颜料分散。以前，它们仅用于分散高档颜料和某些炭黑颜料，这些炭黑颜料只有在基本完全分散后，才能显示出所需的黑度，现在已出现易分散的高色素炭黑颜料了。

21.4.6 挤出机

挤出机已越来越多地用于颜料分散。几乎所有粉末涂料的颜料分散体和某些高黏度颜料分散体都可使用挤出机进行分散（28.4.1节）。挤出机中装有一个或两个螺杆，通过一个圆柱加料筒加料，物料从末端的模头中被挤出。挤出机的筒体工作温度范围很宽。挤出机的结构设计可以使螺杆产生非常高的剪切力，几乎所有的颜料聚集体都可以在挤出机中被分离和分散，难分散的颜料需要在挤出机中停留的时间较长。

21.4.7 超声分散

将液体/颜料预混物放在低频（$f \approx 20$kHz）超声波中，超声波强度超过空化阈值，会交替产生气泡和气泡的爆破，机械冲击将颜料聚集体分离为单个颗粒。van Eecke 和 Piens

(2000）发现，颜料经超声处理约15s，可以得到与常规颜料分散体相同的着色力。

21.4.8 直接调入颜料

某些颜料制造商可以提供直接调入颜料，制造商必须预先将颜料进行分散，将颜料分散体制成干粉或颗粒，其中含有聚氨酯分散剂（Johnson，2014）。涂料生产商只需进行简单的搅拌，即可将颜料分散体干粉分散到液体涂料中。

21.5 分散程度的评估

对颜料分散程度的评估，是制订涂料原始配方、生产方法的优化和质量控制的关键。颜料分散程度的差异来自两个方面：①原始颜料聚集体分离为单个晶体的过程不完全；②颜料聚集体分离后又出现絮凝。但涂料行业在颜料分散程度的评估这一关键环节上做得不太好。

对于白色颜料和有色颜料，最有效的评估颜料分散程度的方法，是通过与标准样品对比，确定颜料的着色力。对于白色颜料分散体，先称取少量颜料分散体样品，然后将一定量的少量标准的有色颜料分散体（例如蓝色）加入其中。另外再称取少量的白色颜料分散体标样，然后与上面同样比例的有色颜料分散体标样混合。充分混合后，从两种调好色的混合物中取出少量，并排放置在一张白纸上，用硬的平头调漆刀或线棒刮涂器将两个样品从上往下刮涂，让两个样品色条的边缘彼此接触，然后比较两个色条的颜色。如果白色颜料分散体样品的蓝色比标准分散体样品深，说明样品的着色力较差，颜料分散程度不够。为了测试有色颜料（如蓝色颜料）的分散程度，可以按相同的步骤测试，但是两个样本中都使用白色标样，以及蓝色标样或蓝色样品。

可以使用手指对一些湿的调色好的混合物进行指研擦，来检查颜料的絮凝情况。如果颜色发生了变化，说明颜料分散体出现了絮凝。例如，如果蓝色颜料分散体和白色颜料分散体的混合物在指研擦区变得更蓝，说明蓝色颜料分散体出现了絮凝。如果被指研擦部分变成浅蓝色，说明白色颜料分散体出现了絮凝。通过检查分散体的流动情况，也可以检测颜料是否发生了絮凝。稳定的颜料分散体具有牛顿型流体特性，如果颜料分散体出现剪切变稀的现象(但其本身不含有能使其发生剪切变稀的组分)，说明颜料分散体已絮凝。

有色颜料分散体的透明度也是一个重要的指标要求，如汽车金属闪光涂料在应用中就有此要求。可以在玻璃板上并排刮涂标样和样品，测试涂料的透明度。通过目视观察或用仪器测量涂膜的雾影度或样品与标样之间的色差。

评估颜料分散程度的另一种方法，是用沉降法或离心方法。颜料的沉降速率取决于颜料的粒径、颜料分散相与介质的密度差。分散良好、稳定的颜料分散体，沉降缓慢，沉降结束后，沉淀物的量也很少。分散良好，但稳定性差的颜料分散体会迅速沉降，形成大块沉淀物。颜料絮凝物由于其尺寸大，沉降更快，由于连续相（介质）被包裹在絮凝物中，形成大块沉积物。絮凝沉淀物与非絮凝颜料分散体得到的沉淀物不同，易于搅起，或通过摇晃可以重新分散成为均匀的悬浮液。颜料分散程度的测试可用离心分离加速。通过沉降或离心分离评估颜料分散程度，能得到定性或半定量信息，适用于涂料研发和产品质量控制。

也可以用显微镜来观察颜料分散体，在解絮凝的颜料分散体中能观察到颗粒的布朗运动，但一旦出现颜料絮凝，布朗运动就会停止。在准备待观察样品时，必须谨慎小心。一般样品要稀释后再使用。但若用溶剂稀释样品，可能会因加入溶剂使颜料发生絮凝。这种情况下，应该在报告中说明分散体发生了絮凝，但这是在制样时产生的絮凝。例如，用光学显微镜观察钛白粉分散体时，只能看到最大的颜料颗粒。

采用电子显微镜观察刻蚀过的干涂膜表面，可以评估颜料分散体的变化（Brisson 等，1991）。

激光散射法可能是测量颜料粒径和粒径分布最精确的方法（van 等，2001）。现在已有市售的激光散射仪，可以快速测量颜料粒径和粒径分布，重现性良好。测试前，先将颜料的浓分散体稀释，测量时对样品施加剪切力。与测量颜料的絮凝相比，这些仪器更适合测量颜料的解附聚。

Balfour 和 Hird（1975）率先采用红外后向散射技术研究了钛白粉分散体，又称为絮凝梯度法。后向散射技术可用于测量液体涂料和干膜中颜料的分散程度。测量涂膜对 2500nm 红外辐射的散射程度与膜厚度关系（通常，颜料粒子对较长波长辐射的散射要比对可见光更大）。在 2500nm 处，颜料和漆料的折射率有很大的差异，用后向散射与涂膜厚度的关系作图，得到一条直线，直线的梯度（斜率）随着颜料絮凝的增加而增加。Dasgupta（1991）和 Hall 等（1989）提供了红外后向散射技术测量的实例。

涂料行业中，广泛用于测量颜料研磨细度的方法是刮板细度计法，也称为赫格曼（Hegman）刮板细度计法。还有一些其他类似的细度计也可以使用。图 21.7（Patton，1979）是赫格曼细度计示意图。将颜料分散体样品放在赫格曼钢块零刻度的上面一点位置上，用钢刮刀向下刮，然后将细度计举起，快速检查刮过的样品，观察颗粒被拖动出现明显颗粒凸起或条纹时的刻度值。刻度读数越高，颜料分散得越好。

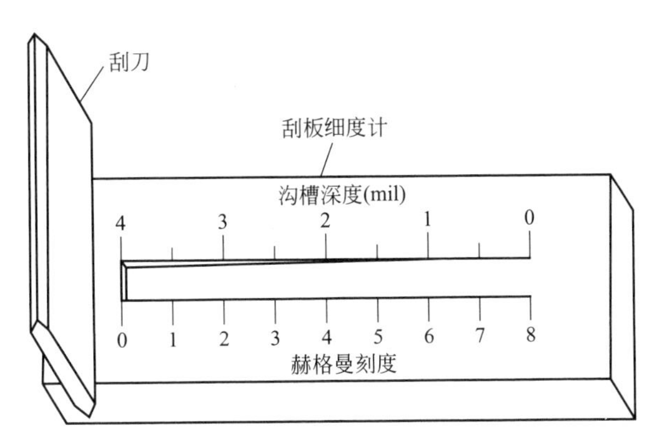

图 21.7　测量颜料分散体“研磨细度”的刮板细度计和刮刀的示意图

资料来源：Patton（1979）。经 John Wiley & Sons 公司许可复制

赫格曼细度计不能测量颜料的分散程度。它的目的主要是检查颜料分散体是否出现絮凝。赫格曼细度计也无法检测到颜料的絮凝，因为在刮的过程中所有颜料的絮凝体都被破坏了。分散良好的颜料粒径要比刮板上的沟槽深度小，图 21.7 所示的沟槽深度从 4mil（100μm）到 0，刻度间隔为 0.5mil（12.5μm）。钛白粉颗粒平均粒径约 0.23μm，比刮板最小刻度低约两个数量级，大约 10^4～10^5 个颜料粒子的聚集体会无法被检测到。许多有色颜料颗粒更细，如炭黑颗粒粒径小至 5nm。一些惰性颜料颗粒粒径较大，但仍比沟槽深度低一个数量级，用赫格曼细度计无法判断所有或大多数颜料颗粒是否小于沟槽深度。Blakely（1972）指出，在钛白粉分散体中，涂料的总颜料中仅有 0.1%的颜料达不到赫格曼细度计的研磨细度等级。

为什么要使用刮板细度计？因为这种细度计确实能快速判别大块颜料聚集体是否被分散、是否存在其他污物颗粒，判断时间仅需要约半分钟。有经验的人测定颜料着色力也只需要2～3min，而且可以用来评估颜料的分散程度，而不是得到一个毫无意义的细度数字。19世纪普遍使用粗颗粒、难以分离的颜料，刮板细度计在当时还具有使用价值，但在21世纪，已经没有任何理由再继续使用刮板细度计了。

（*游　波　译*）

综合参考文献

Parfitt, G. D., *Dispersions of Powders in Liquids*, 3rd ed., Applied Science Publishers, London, 1981.

Patton, T. C., *Paint Flow and Pigment Dispersion*, 2nd ed., Wiley-Interscience, New York, 1979a.

Winkler, J., *Dispersing Pigments and Fillers*, Vincentz Network, Hannover, 2012.

参　考　文　献

Auschra, C., et al., *Prog. Org. Coat.*, 2002, 45, 83.

Balfour, J. G.; Hird, M. J., *J. Oil Colour Chem. Assoc.*, 1975, 58, 331.

Banash, M. A., Croll, S. G., *Prog. Org. Coat.*, 1999, 35, 32.

Bieleman, J., *J. Oil Colour Chem. Assoc.*, 2004, 87(4), 173.

Blakely, R. R., *Proceedings of FATIPEC Congress*, 1972, p 187.

Brisson, A.; Haber, A., *J. Coat. Technol.*, 1991, 63(794), 59.

Brisson, A., et al., *J. Coat. Technol.*, 1991, 63(801), 111.

Bugnon, P., *Prog. Org. Coat.*, 1996, 29, 39.

Centeno, R. C.; Perez, E.; Goicochea, A. G., *J. Coat. Technol. Res.*, 2014, 11(6), 1023-1031.

Clayton, J., *Surf. Coat. Int.*, 1997, 94, 414.

Creutz, S.; Jerome, R., *Prog. Org. Coat.*, 2000, 40, 21.

Dasgupta, S., *Prog. Org. Coat.*, 1991, 19, 123.

Dulog, L.; Schnitz, O., *Proceedings of FATIPEC Congress*, 1984, Vol. II, p 409.

Farrokhpay, S.; Fornasiero, D.; Morris, G. E.; Self, P., *J. Coat. Technol. Res.*, 2006, 3(4), 275.

Hall, J. E., et al., *J. Coat. Technol.*, 1989, 61(770), 73.

Hamann, K.; Laible, R., *Proceedings of FATIPEC Congress*, 1978, p 17.

Hay, T. K., *J. Paint Technol.*, 1974, 46(591), 44.

Hill, L. W.; Wicks, Z. W., Jr., *Prog. Org. Coat.*, 1982, 10, 55.

Jaffe, E. E., et al., *J. Coat. Technol.*, 1994, 66(832), 47.

Jakubauskas, H. L., *J. Coat. Technol.*, 1986, 58(736), 71.

Johnson, M. W., European patent EP2057234 B1(2014).

Lara, J.; Schreiber, H. P., *J. Coat. Technol.*, 1991, 63(801), 81.

Losoi, T., *J. Coat. Technol.*, 1989, 61(776), 57.

McKay, R. B., *Proceedings of the International Conference OrganicCoatings Science and Technology*, Athens, 1980, p 499.

Miranda, S., *Powder and Bulk Engineering*, 2011, November, fromhttps://www.powderbulk.com (accessed April 18, 2017).

Morrison, W. H., Jr., *J. Coat. Technol.*, 1985, 57(721), 55.

Nguyen, D. T., *J. Coat. Technol. Res.*, 2007, 4(3), 2007.

Paterson, J., *Paint Coat. Ind.*, 2002, February 58, from http://www.pcimag.com(accessed April 21, 2017).

Patton, T. C., *Paint Flow and Pigment Dispersion*, 2nd ed., Wiley-Interscience, New York, 1979b.

Peck, K. M., *CoatingsTech*, 2014, 11(3), 50-57.

Perrier, S., *Surf. Coat. Int. Part B Coat. Trans.*, 2004, 87(B4), 235.

Rehacek, K., *Ind. Eng. Chem. Prod. Res. Dev.*, 1976, 15, 75.

Rosano, W., *Proceedings of the American Coatings Conference*, Atlanta, GA, April 7-9, 2014.

Saarnak, A., *J. Oil Colour Chem. Assoc.*, 1979, 62, 455.

Saindane, P.; Jagtap, R. N., *Prog. Org. Coat.*, 2015, 79, 106-114.

Sastry, N. V.; Thakor, R. R., *J. Coat. Technol. Res.*, 2009, 6(1), 11.

Schofield, J. D., *J. Oil Colour Chem. Assoc.*, 1991, 74, 204.

Schroeder, J., *Prog. Org. Coat.*, 1988, 16, 3.

Silber, St., et al., *Prog. Org. Coat.*, 2002, 45, 259.

Smith, R. E., *J. Coat. Technol.*, 1988, 60(761), 61.

van Eecke, M. C.; Piens, M., *Prog. Org. Coat.*, 2000, 40, 285.

van, S. T., et al., *J. Coat. Technol.*, 2001, 73(923), 61.

Visscher, K. B.; McIntyre, P. F., US patent 6,599,973(2003).

Way, H. W., *J. Coat. Technol. Res.*, 2004, 1(1), 54.

White, D., et al., US patent 6,462,125(2002).

Wicks, Z. W., Jr., et al., *Organic Coatings Science and Technology*, 3rd ed., John Wiley & Sons, Inc., New York, 2007, pp 437-439.

Wilker, G., *Proceedings of the International Waterborne, High-Solids, andPowder Coatings Symposium*, New Orleans, LA, 1999, pp 360-372.

Winkler, J.; Dulog, L., *J. Coat. Technol.*, 1987, 59(754), 55.

Winkler, J., et al., *J. Coat. Technol.*, 1987, 59(754), 35, 45.

第22章 颜料对涂膜性能的影响

颜料在涂料中的主要作用是着色和遮盖，此外还有许多其他作用。在这里，我们将讨论颜料对涂膜性能的影响。这些影响大部分与颜料体积浓度（PVC）以及临界颜料体积浓度（CPVC）有关。因此，我们先从这两个概念开始讨论。关于这两个概念已有大量的论述（Perera，2004；Lestarquit，2016），其中 Lestarquit 扩展了先前的工作并详细分析了“颜料/基料的几何形状”及其对涂膜性能的影响。3.5 节和 25.1.2 节讨论了颜料对液体涂料黏度的影响。

22.1 PVC 与 CPVC

传统上，涂料配方设计师在工作中经常用到质量关系，但体积关系通常更具基础重要性和实践意义。在以前只有个别研究中考虑了体积关系对涂料性能的重要性，对这一重要性的全面认识起始于 Asbeck 和 van Loo（1949）。他们观察了一系列不同 PVC 导致的性能变化，PVC 即干膜中的颜料体积百分比（PVC 这一术语不能用于表示湿膜中的颜料体积，文献中偶尔会出现这一现象并造成严重的误解）。PVC 通常表示为百分比，有时也表示为颜料体积分数 Φ_{pig}或 V_{pig}。

Asbeck 和 van Loo 观察到，在一系列配方中，随着 PVC 的增加，在某一特定的 PVC 值时涂膜性能会发生突变。他们将发生这种突变时的 PVC 称为临界颜料体积浓度（CPVC）。他们同时也将 CPVC 对应于基料刚好可以在颜料表面形成一个完整的吸附层并能填满紧密堆积体系中的颗粒间隙时的 PVC。当低于 CPVC 时，颜料颗粒没有紧密堆积，且基料在涂膜中占据了“过量的”体积。当高于 CPVC 时，颜料颗粒紧密堆积，但基料不足以填满颜料间的间隙，导致涂膜中出现空隙。稍高于 CPVC 时，空隙是涂膜中的气泡，但是随着 PVC 的进一步增加，空隙间相互连接，涂膜空隙率急剧增加。

由于颜料颗粒在干膜中的分布不均匀（粒子的随机分布不均匀），会出现涂膜局部颜料浓度高于平均颜料浓度的情况。因此，当 PVC 接近 CPVC 时，涂膜中就会形成分散的空隙（Bierwagen 等，1999）。此外，絮凝和流动等会导致颜料的非随机分布，进一步增加涂膜在 CPVC 以下时产生空隙的可能性。测量 CPVC 的方法不同（22.1.2 节）通常会得到不同的值。

22.1.1 CPVC 的影响因素

CPVC 的差异很大，具体取决于涂料中的颜料或颜料组合。颜料的分散会影响 CPVC，含有絮凝颜料的涂料其 CPVC 低于不含絮凝颜料的涂料，含有絮凝颜料的涂料更可能出现颜料浓度局部过高的情况。含溶剂的树脂被包裹在颜料絮凝团内，当涂膜干燥时，溶剂从被包裹在颜料絮凝团内的树脂溶液中扩散出来，留下的基料不足以填充间隙。Asbeck（1992）

在一个实例中指出，当絮凝增加时，CPVC 从 43% 下降到 28%。Asbeck 建议使用术语 UCPVC（ultimate CPVC）来表示非絮凝颜料组合的 CPVC。这使我们更好地认识到，絮凝是影响 CPVC 的众多因素之一，尤其是在我们很难通过实验来确定 UCPVC 的情况下。

颜料粒径也是一个影响因素。在其他条件相同的情况下，粒径越小 CPVC 就越低。涂膜干燥时，颜料的表面吸附一层基料，增加了颜料的有效体积。因为较小的颜料颗粒表面吸附的基料体积分数较高，它们成膜时的有效体积较大，并且涂膜中的颜料颗粒空间较小。Bierwagen 等（1999）提出了一种基于颜料的 OA（吸油量）值来校正不同厚度的吸附层的 CPVC 计算方法。这种方法已被证明是相当成功的。但是，在成膜过程中，有些吸附的原料可能会从颜料表面脱离或结合到基料中，似乎无法直接测量干膜中吸附的基料厚度。基料中的高分子量部分可能优先吸附在颜料表面。

尽管小颗粒会降低 CPVC，但较广的粒径分布通常会增加 CPVC。如 3.5 节所述，球形分散相系统较广的粒径分布会增加堆积系数。

在低光泽涂料中，干膜中最便宜的成分是体质颜料。为了使成本最小化，理想的方法是使体质颜料含量最大化。如 22.2.1 节所述，在重新配制以增加体质颜料的含量为目的时，应平衡 PVC 与 CPVC 的比例，最大程度地减少对涂膜性能的影响。在其他因素相同的情况下，成本最低的涂料是 CPVC 最高的涂料。因此，可以通过最小化细粒径的颜料的量来降低成本，因为 CPVC 随着颜料粒径的减小而降低，同时通过最大化粒径分布而增加 CPVC。当然必须折中考虑，但较广的粒径分布通常是有利的。

具有不同颜料的涂料的 CPVC 变化范围很大，至少可从 18% 至 68%。有人也许认为 CPVC 取决于基料的组成，因为该组成会影响吸附层的厚度，较厚的吸附层会导致 CPVC 降低。实际上，具有给定颜料或颜料组合的 CPVC 通常基本上与基料组成无关（乳胶漆除外，有关讨论见 22.2 节），可能是涂膜形成时的收缩力将颗粒彼此挤压到一定程度，使得在颗粒之间仅保留了最少的基料层，而与原始吸附层的厚度无关。也许存在的差异太小，通过不够精确的 CPVC 测量方法很难进行辨别。

22.1.2 CPVC 的测量

CPVC 可以通过许多不同的方法进行测定（Bierwagen 和 Hay，1975；Braunshausen 等，1992；Wang 等，2014）。在许多情况下，精度（即测量值的可重复性）相对较差，准确性有时也较差。更复杂的是，由于 CPVC 取决于测量方法，因此不存在单一的真实值。Bierwagen（1992）和 Fishman 等（1993）强调指出，当 PVC 等于或接近 CPVC 时形成的涂膜，其基料和颜料的体积分数可能会出现局部波动。因此，虽然平均 PVC 小于 CPVC，但仍可能会有一部分涂膜 PVC>CPVC。鉴于这些不确定因素，在评估 PVC 和 CPVC 值的细小差异的重要性时必须小心谨慎。

许多涂膜性能的变化被用作测量 CPVC 的手段，着色力是使用最广泛的一种。制备一系列 PVC 递增的白色涂料，再按相同比例加入着色颜料。高于 CPVC 的白色涂料，由于在高于 CPVC 时形成的“白色”空气泡，涂料的白色着色力增加。由于颜料分布的不均匀性使部分涂膜中 PVC 高于 CPVC，而其他部分低于 CPVC（Fishman 等，1993），因而通过这种方法或其他光学方法测得的 CPVC 值偏低，这是由于颜料的分布不均匀，导致涂膜的一部分在 CPVC 之上，而其他的在 CPVC 之下。该技术最容易应用于白色涂料，但也可以应用于彩色涂料。

另一种方法是测量膜密度与 PVC 的关系。由于大多数颜料的密度高于基料的密度，而空气的密度低于基料的密度，因此当 PVC 等于 CPVC 时密度达到最大值。Fishman 等人（1993）指出，由于颜料在涂膜中的分布不均匀，密度法测得的 CPVC 值偏高。可以通过过滤涂料并测量颜料滤饼体积来测量 CPVC。Asbeck（1992）设计了一种被称为 CPVC 盒的特殊的过滤器。

Wang 等（2014）列出了许多测定 CPVC 的方法，并介绍了一种新方法。用荧光染料给具有不同 PVC 的涂料涂层染色，使用切片机以接近水平的小角度切片，然后用荧光显微镜观察。涂层中的孔（如果有）当中的荧光染料很容易被看见，可以通过测量荧光面积的图像软件进行分析。正如所预测的，在 CPVC 以下就观察到小孔开始形成。

如方程（22.1）所示，颜料或颜料组合的 CPVC 可以通过吸油量（OA）值（见 21.2.2 节）计算。仅当 OA 值是基于非絮凝分散体或在足够高的剪切速率下测量以使得絮凝物可以被分散时，该方程式才有效。OA 和 CPVC 的定义均基于紧密堆积系统，其基料量足以吸附在颜料表面并填充颜料颗粒之间的空隙。OA 值表示为每 100g 颜料吸收亚麻籽油的克数；CPVC 表示为每 100mL 涂膜中颜料的毫升数；ρ 是颜料的密度；93.5 是 100 倍的亚麻籽油密度，因为 OA 和 CPVC 通常都用百分比表示。

$$\mathrm{CPVC}=\frac{1}{1+\frac{(\mathrm{OA})\rho}{93.5}} \tag{22.1}$$

只要颜料颗粒不絮凝，OA 和 CPVC 几乎不受基料影响。由于 CPVC 的计算精度取决于 OA 值测定的准确性，因此，用混合流变仪（例如 Brabender 塑性仪）测得的 OA 值（见 21.2.2 节），比用调墨刀研擦法（Hay，1974）测得的值更可靠。Huisman（1984）研究了测定 OA 值时各种变量变化的影响，包括使用亚麻籽油以外的其他液体。

由于 OA 值并不总是准确的，因此 Asbeck（1992）不建议使用此类计算方法，但是许多工作人员认为这些计算方法很实用。尽管可以从单个颜料的 OA 值计算出颜料组合的 CPVC，但由于颜料组合的粒径分布差异会影响堆积系数，这样的计算方法还存在问题。可以通过实验确定每种颜料组合的 OA 值。已经有各种方程式基于单个颜料的数据来计算 CPVC（Braunshausen 等，1992）。其中最成功的公式就是使用 OA 值、密度和各个颜料的平均粒径（Bierwagen，1972；Hegedus 和 Eng，1988）。这些方程式假设粒子是球体，这一假设对于某些颜料来说是合理的，计算值也与实验确定的 CPVC 值比较吻合，但对球状和片状颜料的组合计算目前还存在其他困难（Lestarquit，2016）。

22.1.3 乳胶漆的 CPVC：LCPVC

CPVC 概念在乳胶漆中的适用性一直存在争议，目前一致认为 CPVC 的概念在乳胶漆中有一定的适用性，但是会受到不同乳液和成膜助剂的影响。

Anwari 等人（1990）在一篇关于 PVC 对乳胶漆遮盖力影响的报道中指出，在相同颜填料组成的情况下，乳胶漆的 CPVC 比溶剂型的要低。Patton 建议使用术语乳胶 CPVC（即 LCPVC）来与溶剂型涂料的 CPVC 相区别。虽然在溶剂型涂料中 CPVC 几乎与基料无关，但在乳胶漆中 LCPVC 会随着乳液和其他组分的变化而变化。LCPVC 会随着乳液粒径的减小、乳液 T_g 的降低、成膜助剂的增加而有所提高。由于 LCPVC 比 CPVC 值要小，所以即使在相同的颜料组合情况下，溶剂型涂料中基料的体积百分比 V_S 与乳胶漆中的基料体积百

分比 V_1 的比值总是小于 1，如方程式(22.2）所示，这一比率被称为基料指数 e（Patton，1979)，有时也简称 BI：

$$BI=e=\frac{V_S}{V_1} \tag{22.2}$$

基料指数在 0.4 到 0.9 的范围内（Lestarquit，2016)。总的来说，这一比率与粉料组成无关。如果已知某乳液的基料指数，就可以计算使用该乳液和其他已知 CPVC 的颜料所制乳胶漆的 LCPVC 值。颜料的 CPVC 值可以通过吸油量 OA 来计算，对于颜料组合体系可以通过 OA、密度和粒径来计算。作为提醒，Bierwagen 和 Rich（1983）强调测定乳胶漆的 CPVC 的实验误差比测定溶剂型涂料的还要大。

乳胶漆和溶剂型涂料中的 CPVC 差异起因于不同的成膜情况。为了说明这一点，让我们来想象一个高度理想化的比较。假设溶剂型涂料中的颜料颗粒是具有相同直径的球体，其 CPVC 为 50%。在乳胶漆中，我们将采用相同的颜料以及与颜料直径相同的球形乳液颗粒。在溶剂型涂料中，所有颜料表面都有一层被溶剂溶胀的树脂层。理想状态下，当 PVC＝CPVC 时，溶剂挥发后，树脂包覆的颜料颗粒无规则紧密排列，同时基料将所有颜料之间的空隙填满。如同在溶剂型涂料中一样，如果具有相同的颜料/基料比，理想化的乳胶漆中将含有相同数量的乳液颗粒和颜料颗粒。当涂覆一层乳胶漆后，水分蒸发，就可得到一种球体紧密填充的体系，有些球体是颜料颗粒，有些是乳液颗粒，但它们不是一个乳液颗粒和颜料颗粒交互间隔排列的均匀三维网络，当然，会存在一个颗粒统计分布规律。在某些区域是颜料颗粒聚集体，在另一些区域是乳液颗粒聚集体。在成膜的过程中，颜料颗粒周围聚结着乳液颗粒。然而，聚结后的基料的黏度很高，聚合物难以渗透至颜料颗粒聚集体的中央。随着涂膜的形成，留在颜料聚集体中的水分蒸发至涂膜外，从而留下空隙。虽然溶剂型涂料中数值为 50%的 PVC 等于 CPVC，但乳胶漆中同样为 50%的 PVC 值会导致在涂膜中 PVC 大于 LCPVC。

出现颜料聚集的概率可以通过增加乳液颗粒的数量直至获得无空隙漆膜的方法来降低，但这样必须降低 PVC。如果聚合物的玻璃化温度较低，在同样的温度下聚合物的黏度较小，乳液渗透至颜料颗粒聚集体的距离会有所增加，这样，用较低玻璃化温度制成的乳胶漆的 LCPVC 就较高，虽然与溶剂型涂料的 CPVC 相比仍然较低。类似地，用聚结剂使聚合物的黏度下降能使 LCPVC 提高。可以设想，如果提高成膜过程中的温度，LCPVC 也应有所提高。此外，还可以推测 CPVC 也应该取决于成膜时间。虽然聚合物的黏度很高阻止了颗粒之间的流动，但黏度不是无穷大的，也许经过一段时间，空隙还是会被填满。

如果所使用的较小粒径乳液与颜料体积比相同，那么在理想化乳胶漆中的乳液颗粒数将比颜料颗粒数多，颜料颗粒形成聚集体的概率将会减小。结果正如所期望的那样，LCPVC 随乳液粒径的减小而提高。乳液粒径的分布影响了它的填充因子，也许还影响到 CPVC (Hoy 和 Peterson，1992)。del Rio 和 Rudin（1996）报道了使用一系列单分散的乙酸乙烯/丙烯酸丁酯乳液和钛白粉颜料制成的乳胶漆进行的关于乳液粒径对 CPVC 影响的定量研究。结果显示，CPVC 取决于乳液颗粒数与颜料颗粒数之比，以及它们之间的直径之比。这些作者还做了相关的文献综述。

不仅较大乳液粒径会降低 LCPVC，乳液颗粒的絮凝也会降低 LCPVC。如果用非絮凝乳液配制乳胶漆，那么 PVC 一般会稍低于 LCPVC，但若乳液絮凝，则 PVC 将高于 LCPVC。Nolan 和 Kavanaugh 在 1995 年利用乳液和颜料颗粒粒径分布开发出了一个模拟程序，并且对乳液颗粒的变形进行了测定，从而可以对简单的乳胶漆产品的CPVC进行预测。

Floyd和Holsworth（1992）对LCPVC提出了不同的观点。他们认为在LCPVC中发生了一种相转变，其中空气变成了外相，颜料/乳液变成了内相。该观点与乳胶漆涂膜在PVC值略低于LCPVC时具有一定的多孔性这一现象是一致的。如本节前面所述，孔隙是由颜料颗粒和乳液颗粒的聚集引起的。当乳胶漆涂膜干燥时，涂膜中会形成气孔，随着PVC的增加，越来越多的气孔结合在一起，使空气能够连续不断地通过涂膜。当PVC达到LCPVC时，随着PVC的继续增加，气孔形成的速率也迅速增加，而这造成在LCPVC时所有的性能并没有发生突变。例如，在高于LCPVC时，耐擦洗性能显示出较长的过渡期，依旧保持了良好的耐擦洗性能。另外，在LCPVC时，涂膜的不透明度急速增加。由于PVC在远低于LCPVC（PVC在20～30PVC范围内）时，孔隙率会增加，因此在PVC相对较低时，乳胶漆涂膜的一些屏蔽作用，如抗渗透性和防腐蚀性就会开始发生变化。

22.2 涂膜性能与PVC的关系

颜料体积关系的变化几乎总是会影响涂膜的物理性能，这就是根据体积关系而不是质量关系来配制涂料的优点。对于任何特定应用，PVC与CPVC有一合适的比值使得其适用于所需性能，该比值通常由希腊字母Λ表示，一旦比值已经确定，在应用中通常应更改该颜料组成而不是更改Λ值。Bierwagen和Hay（1975）详细阐述了这一重要概念。Bierwagen（1992）也强调，在CPVC附近调整PVC时，需要特别小心，在该区域中，颜料配比、填料或絮凝相对发生较小的变化都可以显著地影响成膜及其性能。

尽管需要精确测定CPVC，但合理的估计值也有其价值，因为它允许人们将一系列实验集中在所需的PVC与CPVC比率范围内。另外，在具体配方中确定颜料的用量应基于实际实验数据，而不是理论上最佳的PVC值。即使没有CPVC数据，该概念对于配方设计者也很有价值。最重要的是要认识到，涂膜性能随体积关系而不是质量关系变化，并且CPVC随着粒径分布的增加而增加。通过对各种颜料的OA值和密度值的应用，了解使用不同粒度分布的颜料混合物时CPVC会增加，可以帮助设计者在合理组成范围开发配方。而若根据质量关系，人们只能盲目地配制。

22.2.1 机械性能

在大多数情况下，涂膜的T_g会随PVC的增大而增大，但是有些例子中T_g会降低或保持不变。通常有两种T_g，一种是由基料中的连续相产生的，另一种是由颜料表面上吸附的树脂层产生的。

与不含颜料的基料的$\tan\delta$相比，具有较高颜料含量的涂料，$\tan\delta$通常较低且较宽，并且峰值向更高的温度偏移。峰宽和温度变化随PVC/CPVC的增大而增大，这一现象片状颜料比球状颜料更明显。图22.1表示了有颜料的涂料和无颜料的基料$\tan\delta$随温度的变化情况（Perera，2004）。

如图22.2所示，颜料的增加通常会增加弹性模量，尤其是在玻璃化转变区域和橡胶状区域（Perera，2004），这是由于硬质颜料替代了基料。在图22.2中，PVC在55%～60%的涂料在玻璃化转变区域中具有较低的E'值，表明CPVC位于PVC 45%～55%之间。

涂膜的拉伸强度通常随着PVC的增加而增加，增加到CPVC时达到最大值，当高于

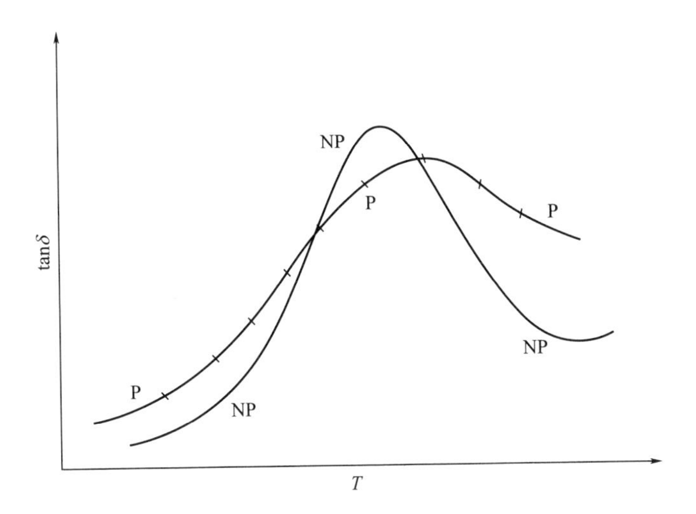

图 22.1　颜料涂层（P）与无颜料涂层（NP）的 tanδ 与温度 T 的关系

资源：Perera（2004）。经 Elsevier 许可复制

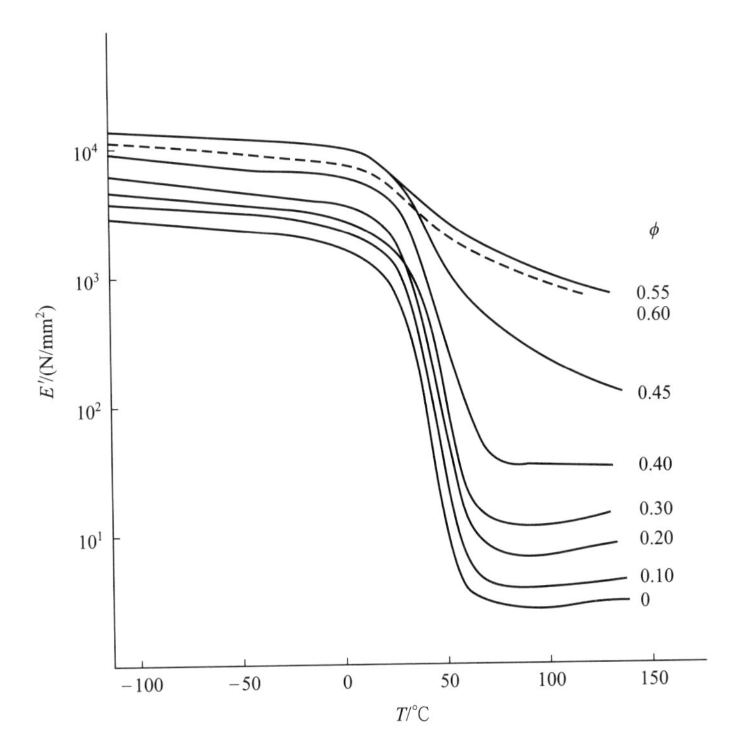

图 22.2　具有不同 PVC（ϕ）的含 TiO_2 聚丙烯酸酯涂料的储能弹性模量（E'）与温度（T）的关系

资料来源：Perera（2004）。经 Elsevier 许可复制

CPVC 时又开始下降。在 CPVC 之下，颜料颗粒充当增强颗粒并增加强度，可以认为聚合物分子吸附在多个颜料颗粒的表面上，提供了等效的交联。因此，随着颜料含量的增加，需要更强的力来破坏该物理网络。但是，在 CPVC 之上，空气间隙会弱化涂膜，涂膜的耐磨性和耐擦洗性会下降。

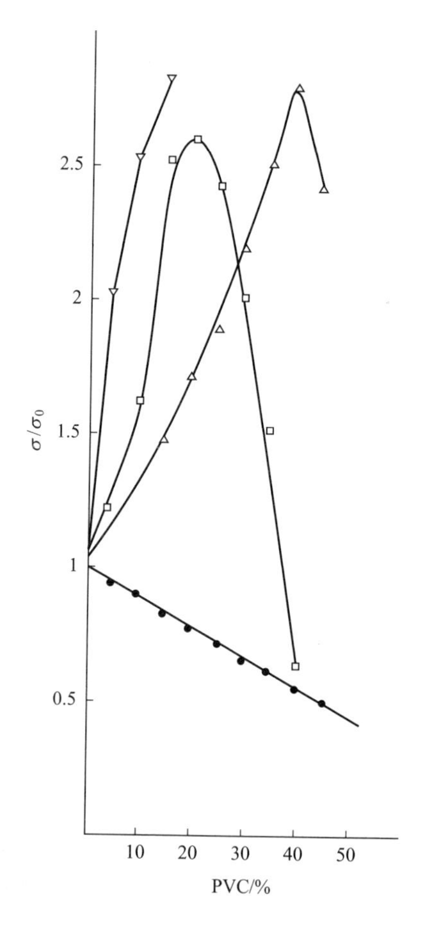

图 22.3 含 $CaCO_3$（•）、滑石粉（▽）、TiO_2（△）和重晶石（□）的丙烯酸体系中，相对拉伸强度（有颜料涂膜强度与无颜料涂膜强度的比）与 PVC 的关系

资料来源：Perera（2004）。经 Elsevier 许可复制

丙烯酸树脂与一系列颜料组合的相对拉伸强度如图 22.3 所示。如预期的那样，含 TiO_2 和重晶石的涂膜拉伸强度随 PVC 增加而增加，高于 CPVC 时开始下降。但是，如果颜料颗粒与树脂之间的结合力差（如 $CaCO_3$），则涂膜的拉伸强度会随着 PVC 的增加而稳定下降。使用滑石粉时，片状颜料可在低 PVC 下提供特别高的增强作用。

热膨胀系数受颜料的影响。如图 22.4 所示，含 TiO_2 颜料的环氧涂料的热膨胀系数随 PVC 的增加而降低。

$T_g > T$ 的干燥涂层中的内应力随着 PVC 的增加而增加，CPVC 时达到最高，然后开始降低。因此，由于应力作用，这种系统分层或涂膜破裂的可能性增加。

22.2.1.1 纳米颜料的影响

20.5 节中详细介绍了纳米颜料，4.3 节简要讨论了纳米颜料对机械性能的影响。与传统颜料相比，纳米颜料，尤其是纳米填料具有巨大的潜力，可以改善涂料的一些重要性能。纳米颜料可以改善划痕、擦伤、磨损、耐热性、耐辐射性、抗粘连性和溶胀性，降低透水性，并提高硬度、耐候性、模量和破坏应变等性能（Sung 等，2018）。

有一些纳米颜料已经研究和应用了很长时间。例如，丙烯酸微凝胶作为一种纳米颜料被应用于控制汽车面漆流挂性能已有数十年的历史。纳米氧化铁可以降低丙烯酸乳胶漆的渗透

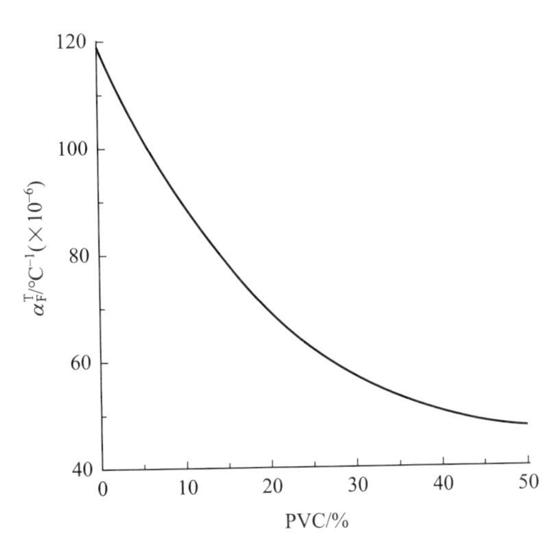

图 22.4 含 TiO_2的环氧涂料在 21℃和 0%RH 下的热膨胀系数与 PVC 的关系

资料来源：Perera（2004）。经 Elsevier 许可转载

性，尤其在含铅涂料中可以起到更好的包覆作用。纳米炭黑在汽车面漆中具有悠久的应用历史。众所周知，纳米银和纳米铜能赋予涂料抗菌性能（34.5 节）。

纳米颗粒的高表面积导致树脂在颜料表面上的吸附增加，因此，在漆膜中固定化树脂的比例更大。固定化的树脂可以通过原子力显微镜来检测（Gu 等，2012）。通常情况下，漆膜具有两个玻璃化转变温度 T_g，可以通过差示扫描量热仪测得。Fernando（2004）以 10nm 的吸附层为基础，计算了树脂在 300nm 颜料颗粒上的吸附率为 3%，在 50nm 纳米粒子上的吸附率为 22%。随着纳米颗粒变得更小，吸附的比例也会随之增加，二氧化硅和其他平均直径小于 5nm 的纳米颜料均可增加吸附比例。如果它们不易团聚和不易絮凝，即使很少部分的颗粒也会显著影响漆膜的性能。

纳米颜料具有强烈的絮凝和团聚倾向（Croll 和 Lindsay，2012）。当纳米粒子发生大量的絮凝和团聚时，将无法展现其优异的性能。为了解决此问题，研究出了多种应对方法：对颜料表面处理（例如使用特定的硅氧烷），包覆，在有颜料情况下进行原位聚合，使用特殊的颜料分散剂，超声分散（Perera，2004），在纳米颗粒表面接枝聚合物（Kumar 和 Jouault，2013），使用溶胶-凝胶技术原位形成纳米颗粒（16.3 节）。例如，使用球磨机将纳米硅酸铝与市售分散剂一起分散在丙烯酸树脂中，分散体赋予透明涂层抗擦伤性能（Vanier 等，2005）。

我们通常使用组分和平均粒径来界定纳米颜料。配方设计人员应该注意到它们可能在粒径分布、形状、孔隙率、表面处理、功能化和晶体形态方面也有所不同。例如，锐钛矿型和金红石型纳米二氧化钛有多种存在形式，市售的包括二氧化钛干粉产品，同时还有分散在溶剂中、树脂中的产品，以及固化在单体中的产品。

纳米颜料技术已在涂料领域得到广泛应用（Fernando 和 Sung，2009）。它们提高了汽车透明涂料的抗划伤性和耐擦伤性，以及耐候性。相似的应用可以推广到塑料和木器涂料中。Nikolic 等人在 2015 年综述了有关木器涂料中纳米填料的应用文献，认为纳米级 TiO_2、ZnO 和 CeO_2是有效持久的紫外线吸收剂。作者还总结了对机械性能的影响以及包含 Ag 或 Cu 纳米颗粒的抗菌和防霉涂层的研究（34.5 节）。

除了已知的用途外，纳米颜料在许多其他类型的涂料中也显示出了诱人的前景，例如：

① 仅添加1%的纳米颗粒即可显著提高水性1K和2K聚氨酯木器涂料的耐溶剂性和耐黏结性，加速了1K聚氨酯的成膜速度。Burgard等人认为颗粒的作用与交联剂的作用相似（Burgard和Herold，2014）。纳米粒子可能是经过表面处理的氧化锌（Pilotek等，2009）。

② 纳米ZnO可以将电沉积聚氨酯漆膜的耐腐蚀性提高两个数量级（Rashvand和Ranjbar，2013）。

③ 纳米复合氨基甲酸酯改性醇酸树脂清漆由于含有0.5%（质量分数）剥离型蒙脱土而提高了对木材的保护性能（Kowalczyk，2014）。

④ 环氧/黏土纳米复合涂料可显著提高耐盐雾性能（Tomic等，2013）。

⑤ 纳米TiO_2颗粒可通过活性异氰酸酯基团进行表面功能化处理（Li等，2012）。

⑥ 使用0.5%～2.5%的40nm $BaSO_4$纳米颗粒进行乳液聚合的乳液使漆膜中的纳米颗粒具有良好的分散性，提高漆膜性能（Kulkarni等，2013）。

⑦ 含有石墨烯（Kim等，2010）和碳纳米管（Moniruzzaman和Winey，2006）的聚合物纳米复合材料的性能已经发生了实质性变化。如果它们能在聚合物中良好地分散，那么只需要添加少量助剂即可。

⑧ 将含有CdS、CdSe和TiO_2纳米颗粒的糊状物刷到导电玻璃上，经过热处理后，该组件可以将太阳能转化为电能（Genovese等，2012）。尽管这种“太阳能涂料”远非实用的屋顶涂料，但却为进一步研究提供了方向。

当然，一种性能的显著改善可能会伴随着其他性能的损失，因此配方设计者在使用纳米粒子颜料和填料时必须谨慎。纳米颜料技术的应用较为复杂，存在许多尚未解决的问题。例如，纳米颜料涂料是否具有长期的包装稳定性？由于纳米ZnO在水中的溶解度很小（0.005g/L），因此对于含纳米ZnO的水性涂料尤其需要关注稳定性。纳米颜料在电泳底漆的超滤过程中将如何表现？最终，这些问题都将得到解答，并且将明确阐明纳米复合涂层的潜在应用范围，该领域前景广阔。

22.2.2 涂膜孔隙率的影响

高于CPVC时，耐沾污性会下降，因为污渍会渗入孔隙，留下难以清除的颜色。孔隙率还会影响其他性能，如果在钢板上涂覆一层PVC>CPVC的单层涂料，并使面板暴露在潮湿环境中，则可能会快速生锈，因为这些孔隙会导致水和氧气很容易地进入钢板表面。

人们几乎总是希望配制高PVC底漆，因为较粗糙的低光泽表面比光滑的光泽表面具有更好的涂层间附着力。在大多数情况下，金属用底漆应具有足够高的PVC，以使表面粗糙并使水和氧气渗透进入的可能性降到最低，但要低于CPVC，因为CPVC处渗透率增加。最小渗透率通常大约在PVC/CPVC=0.9时。

在配制非金属用底漆时，有时需要PVC>CPVC，因为面漆中的基料可以渗透到底漆的孔隙中从而产生机械互锁效应，可以增强面漆对此类底漆的附着力。底漆PVC应该仅稍高于CPVC，以确保良好的附着力。如果PVC太高，则过多的面漆基料会渗透到底漆的孔隙中，从而降低面漆的PVC，影响其性能，有人称这种底漆具有较差的磁漆光泽保持性。

常规的富锌底漆（33.1.2节）要求PVC>CPVC，孔隙的存在允许水进入涂膜，与钢表面建立导电电路。在含有导电添加剂（例如炭黑或聚苯胺）的富锌底漆中PVC相对不那么重要。双组分底漆或PVC>CPVC的湿固化聚氨酯涂料具有不易起泡的优势，因为孔隙

允许 CO_2 逸出。

PVC 还会影响遮盖力。随着颜料含量增加，遮盖力通常会提高。最初，遮盖力迅速提高，但随后趋于平稳。在使用金红石型 TiO_2 的情况下，遮盖力达到最大值后，随着 PVC 的进一步增加逐渐降低，CPVC 以上又开始提高。这种降低是由于 TiO_2 颗粒过度拥挤引起的。当 PVC 高于 CPVC 时，涂膜中的孔隙又使遮盖力提高。20.1.2 节中讨论了气孔的存在为何能提高遮盖力。

对于在木质基材上使用的醇酸涂料或底漆，PVC＞CPVC 的涂料与 PVC＜CPVC 的涂料相比，起泡的可能性较小。当水透过涂层到达木材表面时，如果 PVC 高于 CPVC，水可以通过醇酸涂料中的气孔逸出，而当 PVC 低于 CPVC 时，则不能逸出。

22.2.3 对固化和成膜的影响

在热固性涂料的固化过程中有许多颜料效应的例子。具有氧化铝涂层的二氧化钛会抑制涂料的酸催化固化，例如以 MF 树脂作为交联剂的涂料，碱性氧化铝会中和酸催化剂。二氧化硅涂层的 TiO_2 是酸性的，不会抑制固化。在粉末涂料中，羧基官能树脂和氧化铝涂覆的 TiO_2 可以相互作用，从而导致更高的屈服值和更高的黏度，对流平性造成不利影响。

当用过氧化二异丙苯催化时，使用二氧化硅颜料的邻苯二甲酸二烯丙酯预聚物的固化进展顺利，然而，高岭土颜料会消除固化，因为颜料表面的酸性基团分解了催化剂。另一个例子是，由于颜料中的污染物，使用天然氧化铁的液态 UV 固化涂料会在数小时内过早地凝固，使用合成的氧化铁颜料则没有此问题。

（唐　磊　译）

参考文献

Anwari, F., et al., *J. Coat. Technol.*, 1990, 62(786), 43.

Asbeck, W. K., *J. Coat. Technol.*, 1992, 64(806), 47.

Asbeck, W. K.; van Loo, M., *Ind. Eng. Chem.*, 1949, 41, 1470.

Bierwagen, G. P., *J. Paint Technol.*, 1972, 44(574), 46.

Bierwagen, G. P., *J. Coat. Technol.*, 1992, 64(806), 71.

Bierwagen, G. P.; Hay, T. K., *Prog. Org. Coat.*, 1975, 3, 281.

Bierwagen, G. P.; Rich, D. C., *Prog. Org. Coat.*, 1983, 11, 339.

Bierwagen, G. P., et al., *Prog. Org. Coat.*, 1999, 35, 1-9.

Braunshausen, R. W., Jr., et al., *J. Coat. Technol.*, 1992, 64(810), 51.

Burgard, D.; Herold, M., *Eur. Coat. J.*, 2014, March, 24-28.

Croll, S.; Lindsay, M., *Int. J. Nanotechnol.*, 2012, 9(10/11/12), 982.

Fernando, R., *J. Coat. Technol. Res.*, 2004, 1(5), 32.

Fernando, R. H.; Sung, L. -P., Eds., *Nanotechnology Applications in Coatings*, ACS Symposium Series 1008, Oxford University Press, Oxford, 2009.

Fishman, R. S., et al., *Prog. Org. Coat.*, 1993, 21, 387.

Floyd, F. L.; Holsworth, R. M., *J. Coat. Technol.*, 1992, 64(808), 63.

Genovese, M. P.; Lightcap, I. V.; Kamet, P. V., *ACS Nano*, 2012, 6(1), 865-872.

Gu, X.; Chen, G., et al., *JCT Res.*, 2012, 9(3), 251.

Hay, T. K., *J. Paint Technol.*, 1974, 46(591), 44.

Hegedus, C. R.; Eng, A. T., *J. Coat Technol.*, 1988, 60(767), 77.

Hoy, K. L.; Peterson, R. H., *J. Coat. Technol.*, 1992, 64(806), 59.

Huisman, H. F., *J. Coat. Technol.*, 1984, 44(574), 46.

Kim, H.; Abdata, A.; Macosco, C., *Macromolecules*, 2010, 43(16), 6515-6530.

Kowalczyk, K., *JCT Res.*, 2014, 11(3), 421-430.

Kulkarni, R. D.; Ghosh, N., et al., *Polym. Compos.*, 2013, 34(10), 1670.

Kumar, S. K.; Jouault, N., *Macromolecules*, 2013, 46(9), 3199-3214.

Lestarquit, B., *Prog. Org. Coat.*, 2016, 90, 200-221.

Li, D.; Liao, B., et al., *Mater. Chem. Phys.*, 2012, 135(2. 3), 1104.

Moniruzzaman, M.; Winey, K. J., *Macromolecules*, 2006, 39(16), 5194-5205.

Nikolic, M.; Lawther, J. M.; Sanadi, A. R., *J. Coat. Technol. Res.*, 2015, 12(3), 445-461.

Nolan, G. T.; Kavanaugh, P. E., *J. Coat. Technol.*, 1995, 67(850), 37.

Patton, T. C., *Paint Flow and Pigment Dispersion*, 2nd ed., Wiley-Inter-science, New York, 1979, p 192.

Perera, D. Y., *Prog. Org. Coat.*, 2004, 50, 247.

Pilotek, S.; Burgard, D., et al., *Proceedings of the International Waterborne, High-Solids, and Powder Coatings Symposium*, New Orleans, LA, February 18-20, 2009.

Rashvand, M.; Ranjbar, Z., *Prog. Org. Coat.*, 2013, 76, 1413-1417.

del Rio, G.; Rudin, A., *Prog. Org. Coat.*, 1996, 28, 259.

Sung, L. -P.; Comer, J., et al., *JCT Res.*, 2008, 5(4), 419.

Tomic, M. D.; Dunjic, B., et al., *Prog. Org. Coat.*, 2013, 77, 518-527.

Vanier, N. R., et al., US patent 6,916,368(2005).

Wang, J., et al., *Prog. Org. Coat.*, 2014, 77, 2147-2154.

第23章 施工方法

涂料施工方法的选择受很多因素（诸如设备成本、操作成本、漆膜厚度、外观需求以及待涂工件的结构）的影响，其中，减少VOC排放和提高涂装效率是改进施工方法和施工设备的两个主要推动力。涂料配方和施工方法的改进两者密切相关。电沉积、粉末和辐射固化涂料的涂装应用，将分别在第27、28和29章讨论。

这些涂装技术的发展需要涂料科学家、配方设计师以及涂装设备工程师们的通力合作。其他施工方法的详细资料和讨论可在本章末的综合参考文献中查阅。

23.1 用漆刷、平板漆刷和手工辊筒施工

漆刷、平板漆刷和手工辊筒是建筑涂料常用的施工工具。尽管一种涂料可以采用喷枪喷涂，但作为“自涂涂料”（DIY涂料）时，很少有人进行喷涂。相反，为了节省时间，专业施工人员会尽可能地使用喷枪。

23.1.1 用漆刷和平板漆刷施工

市面上有各种各样的漆刷：窄的、宽的，长柄的、短柄的，尼龙纤维的、聚酯纤维的，还有诸如用猪鬃、牛尾等天然鬃毛制作的漆刷（Levinson，1988）。天然鬃毛漆刷适合于溶剂型涂料，但不适用于水性涂料；尼龙漆刷适合于水性涂料，但它会被一些溶剂溶胀；聚酯漆刷则对这两种涂料都适用。高品质的漆刷只要每次使用后清洗干净，可以使用很多年。漆刷上通常固定有大量的硬质刷毛，涂料可以吸留在刷毛之间的间隙中。施工时，外力迫使涂料从刷毛中挤出来，刷子向前移动将涂料分成两部分，一部分涂覆在基材表面，另一部分留在刷子上。使用蜂巢状的发泡聚氨酯“漆刷”是另一种选择。

使用漆刷时涂料的黏度特性非常重要，漆刷上能蘸取的涂料量受较低剪切速率下涂料黏度的控制，所谓低剪切速率大约为15～30s^{-1}，它相当于漆刷在涂料罐中蘸取、沥干时所产生的剪切速率。如果低剪切黏度太高，漆刷每次蘸取的涂料就会太多；相反，若低剪切黏度太低，漆刷每次蘸取的涂料就会太少。低黏度的涂料易于涂刷，高剪切速率下的黏度决定了刷涂的难易程度。黏度过高会产生“粘刷”现象，刷起来很吃力（Schoff，1991）。高剪切速率下的黏度越大，涂层就越厚。对于大多数的施工而言，高剪切速率黏度在0.1～0.3Pa·s比较合适（详见第32章）。溶剂型涂料配方中一般选用挥发速率慢的溶剂，这样可以延缓漆刷上涂料黏度的上升。

当用漆刷刷涂时，湿膜表面会出现犁沟状的刷痕。只要比较刷痕和刷毛的尺寸和数量就会发现，这些刷痕并不是由单根硬质刷毛造成的。当使用发泡聚氨酯“漆刷”时，尽管没有硬质刷毛，刷痕依然存在。刷痕是在涂料施工时，漆刷与基材之间的湿膜分离而形成的。每

当液体湿膜被分离，初始的涂层表面是不规则的，由于漆刷在进行直线移动，所以就会出现不规则的直线纹路。因此应该设计出适宜的涂料配方，使这些刷痕能在涂料干燥前流平。黏度低有助于流平，但可能会引起流挂（24.2 节、24.3 节）。人们期望涂料具有触变性能（3.2 节），因为它能延缓刷涂后黏度升高的速度，从而可在流平与流挂之间取得平衡。这对于有光乳胶漆的配方问题会特别具有挑战性（32.3.2 节）。

涂刷自涂涂料（DIY 涂料）时也可以使用平板漆刷（Levinson，1988）。最常用的平板漆刷是将一块尼龙纤维绒贴在泡沫垫上，再连同泡沫垫一起贴在带有手柄的塑料平板上制成。对于低黏度涂料（如亚光清漆、有光清漆），非常适合采用羊绒平板漆刷施工。相比硬毛漆刷而言，平板漆刷有许多优点：比同样宽度的硬毛漆刷能蘸取更多的涂料，因而施工速度是硬毛漆刷的两倍；一般说来，用平板漆刷施工获得的涂层比硬毛漆刷更加平滑；手柄加长后（类似地板拖把）可以省去上墙施工时来回搬动梯子的烦恼；平板漆刷，尤其是填充型平板漆刷比一般硬毛漆刷更便宜。但是平板漆刷需要一个盛涂料的托盘，会造成一定量的涂料损耗和溶剂挥发，清洗平板漆刷要比清洗硬毛漆刷困难得多。

23.1.2 用手工辊筒施工

手工辊筒是所有手动刷墙和刷天花板工具中最快的一种，市面上有多种辊筒和辊筒套筒产品（Levinson，1988）。自储料式的辊筒可减少在托盘中蘸漆的次数，也有动力驱动供料的辊筒。

辊涂对涂料黏度的要求与刷涂相似，在辊涂时湿膜也会出现分离，即当辊筒运动时，涂膜被拉伸展开，流动是涂料在涂膜内的一种拉伸运动（3.6.3 节）。由于施工者用力不均衡，涂膜会出现时断时续的肋骨状态。有些涂膜被拉伸成丝状，远离肋骨的间隙，随着辊筒的移动，漆丝被越拉越长，直至最后断裂。漆丝断裂后，另一端又被拉回辊筒，已涂上的涂料因表面张力而减小了涂层的表面积，但如果在低黏度时没有足够的时间进行流平，就会在涂层上留下痕迹。如果漆丝较长，并断成两截，就会出现更复杂的现象，即辊筒上的涂料会不断以漆滴的形式飞落到施工人员身上或地板上，这种现象被称作飞溅。如果可以消除飞溅现象，辊涂施工速度就会大幅提升，而且节省了大量遮护和铺设防滴垫布的时间。但是，当今的涂料产品都会出现飞溅问题，只是某些涂料的飞溅问题比其他涂料更为严重而已。人们对这种现象还没有充分的了解。Glass（1978）、Fernando（1988）和 Fernando（2000）曾经指出：漆丝的拉伸会导致拉伸流动，而非剪切流动（3.6.3 节）。因此，在辊涂施工时，是拉伸黏度而不是剪切黏度影响漆丝的伸长，从而影响涂膜的粗糙度和飞溅程度。所有的涂料都会出现飞溅现象，而乳胶漆更是难以克服（32.2 节）。

23.2 喷涂

喷涂是在建筑特别是工业涂装和维修领域十分常见的施工方法。对于一个熟练的油漆工来说，喷涂施工的效率远高于刷涂或手工辊涂。喷涂可用于平面施工，但特别适合于外形不规则工件的涂装。喷涂设备种类繁多，其原理都是将液体涂料雾化成液滴喷洒出去。液滴的大小取决于喷枪和涂料的类型，影响因素有空气和液体的压力、流体流动性、表面张力、涂料黏度以及静电喷涂时的电压。喷涂系统的选择受设备成本、涂料利用率、劳动力成本、被涂工件尺寸和形状，以及其他一些可变因素的影响。针对特定的喷涂设备和工况，涂料配方也需要作出相应的调整。

喷涂施工的主要缺点是涂装效率低，因为只有一部分喷雾颗粒沉积在被涂工件表面，人们必须对不需要涂装的部位进行遮护，否则就会被漆雾所污染。所谓漆雾是一种在空气中飘浮的、没有到达工件表面的干涂料颗粒。一部分飞向工件表面的液滴被空气涡流反弹回来(暂且用一个不太规范的词“反弹”，液滴实际上没有达到工件表面)。气流压力越高、气体前冲的速度越快，反弹回的漆雾越多。一些没有到达被涂工件表面的液滴称为过喷漆雾（overspray)。有一些过喷漆雾在重力作用下离开喷漆扇面，散落到地上。喷漆扇面越大、喷枪与工件的距离越远，则散落在地面的过喷漆雾越多。所有这种过喷漆雾废料的总和决定了涂料的上漆率，其定义为实际沉积在被涂工件上的涂料占喷枪喷出涂料总量的百分比。

喷涂漆雾会造成很多问题，如果它飘落到湿膜表面，会破坏漆膜的外观；如果喷出的涂料液滴的表面张力与工件表面已涂装的湿膜的表面张力不一样，就会出现缩孔（24.4 节）。减少漆雾的主要手段包括选择施工设备、加强通风以及对设备精心维护和清洗。

涂料的上漆率是一个重要的成本因素，因为涂料的上漆率高，可以在相同面积上使用较少的涂料，即成本低、VOC 排放少。上漆率受多种因素的影响，被涂工件的尺寸和形状是主要因素。当喷涂一个铁丝网时，涂料的上漆率就很低；而喷涂一面大墙时，涂料的上漆率就很高。其他一些不太明显的影响因素有：传送带的速度、局部的气流和被涂工件在传送带上的挂装方法。无论手工喷涂或自动喷涂，无论是空气喷枪、无气喷枪还是旋转喷枪，也不管是否采用静电喷枪，喷涂方法对涂料的上漆率都起主要作用。对于手工喷涂系统来说，喷涂人员的技艺极为重要；对于自动喷涂系统而言，系统的设计是关键。涉及的一些影响因素有：喷枪与工件表面的距离、喷枪的角度、泵送速度的均匀性、搭接的宽度和均匀性以及喷枪开枪的精准度。

为了测定不同施工方法的涂料的上漆率，美国 EPA 会同喷枪和涂料制造商开发了一款用于比较基准上漆率的标准方法，并被 ASTM（美国材料试验学会）采纳，制定了 D 5009-96 标准。测定涂料的上漆率是十分困难的，因为微小的气流变化都会影响试验结果。表 23.1 提供了典型的基准上漆率（Adams，1990)。正如本节前面所述，除了喷涂方法，实际的涂料上漆率还受到诸多因素的影响。

高活性反应型涂料的适用期很短，例如某些双组分聚氨酯和聚脲涂料，需要双供料喷枪。最常见的是计量后的两个组分进入一个小的高效混合室，然后立即进入喷枪的喷嘴，物料在混合室中的平均停留时间只有几分之一秒，这样物料在枪体内停留时间就不会太长。要经常检查和维护设备以保证喷枪工作时的正确配比。一旦喷涂出现中断，设备会自动用溶剂清洗混合室和喷嘴，以防堵塞。另外还有一些设备，两个组分是由两个喷嘴喷出，雾化后，在枪嘴外混合，这样就不会造成在喷枪内的胶化堵枪问题。

表 23.1 典型的基准上漆率

喷枪类型	上漆率/%	喷枪类型	上漆率/%
空气喷枪	25	大流量低压空气喷枪	65
无气喷枪	40	静电空气喷枪	60～85
空气辅助型无气喷枪	50	静电旋转喷枪	65～94

注：来源于 Adams（1990)。

23.2.1 空气喷枪

空气喷枪是靠很细的压缩空气流将涂料进行雾化，它是最悠久的施工方法，一直沿用至今。图 23.1 是一把空气喷枪的剖面，涂料液流通过两种驱动方式从喷嘴喷出：以相对低的压力 10～50kPa（1.5～7psi）直接推动；或采用其他型式的喷枪，以快速气流通过喷口外部产生的虹吸间接推动。从喷嘴射出的涂料液流被 250～500kPa（35～70psi）的压缩空气雾化成小液滴，雾化程度受以下因素制约：①涂料黏度（通过喷口的高剪切黏度越高，雾化液滴的粒径越大）；②空气压力（压力越大，雾化液滴的粒径越小）；③喷嘴口直径（喷口直径越小，雾化液滴的粒径越小）；④涂料经过喷嘴口的压力或拉力（压力越大，雾化液滴的粒径越小）；⑤表面张力（表面张力越低，雾化液滴的粒径越小）。通过图中压缩空气的外部气流，可调整从喷枪喷出漆雾的形状。如果没有这些外部气流，喷出漆雾的横截面可能就是一个模糊的圆形。一般而言，椭圆形横截面的涂装效率较高，其漆雾的形状是一个扁平的圆锥体，经常称为扇面。喷枪有手持式的，也有固定在机器人上的。

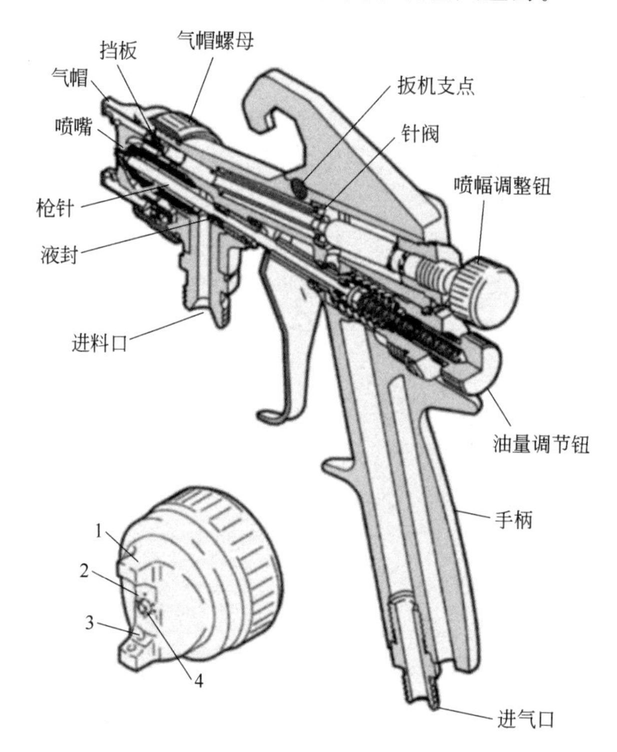

图 23.1 空气喷枪剖面和喷嘴示意图（Delta Spray™，Graco，Inc.）

1—旋翼；2—液体混合口；3—侧孔；4—环状气孔

源自 Graco 公司

空气喷枪比其他类型的喷枪便宜，雾化效果也比其他类型的喷枪更加细腻。空气喷涂系统具有通用性，任何可喷涂工件都可以用空气喷枪进行涂装。如果施工人员技术熟练，可很好地控制喷涂。但空气喷涂施工是所有喷涂施工方法中上漆率最低的（表 23.1）。

为了提高上漆率，一个实质性的改进措施是使用大流量低压（HVLP）空气喷枪，这些喷枪设计成能在较低压力 20～70kPa（3～10psi）下工作，但由于空气流量较大，所以进气道要大，使气流不受限制。由于压力低，漆滴反弹现象减少，涂料的上漆率可提高至 65%，甚至更高。HVLP空气喷枪在汽车修理店的用量一直在上升，美国加利福尼亚州南海岸地区的VOC法规要求上漆率要达到65%，为此空气压力要70kPa或更低。静电HVLP空气喷枪在提高上漆率方面有了进一步的提高。另外，小流量低压（LVLP）空气喷枪也可以使用，LVLP空气喷枪的工作压力可以低于70kPa，让空气和涂料在枪内混合，从而降低空气的流量。

23.2.2 无气喷枪

在无气喷枪中，涂料在5～35MPa的高压下以“薄片”形式从喷嘴推出。随着“薄片”逐渐远离喷嘴口，不稳定液流会呈现丝线状流动，最后碎裂成液滴（Lefebvre，1989），即雾化。雾化效果受“薄片”和周边气流的相对速度（相对速度越高，液滴就越小）、涂料黏度（黏度越高，液滴就越大）、压力（压力越大，液滴就越小）以及表面张力（表面张力越低，液滴就越小）的影响；喷涂扇面形状受喷嘴口尺寸和形状的影响。空气辅助型无气喷枪已经面市，尽管其雾化是无气喷涂形成的，但枪口外部的辅助气流帮助提升雾化扇面效果，确保绝大部分液滴都限制在喷涂扇面以内（Easton，1983）。无论手持式还是机器人式的无气喷枪，都已面市。

位于斯图加特的弗劳恩霍夫研究所开发出测量液滴离开喷枪时的大小和冲量的方法，并借助计算机分析了施工特性。Ye等（2011）考察了影响无气喷涂的因素，并重点关注了在有风环境下防腐涂料的现场施工情况。发现当在涂装距离为0.3m、侧风5～10m/s条件下喷涂时，风力会影响膜厚的分布，但对涂料上漆率几乎没有影响。加大距离，膜厚的分布和涂料的上漆率都会受到影响。建议在最佳喷涂距离时使用挡板改变风向。

无气喷枪喷出的液滴（70～150μm）大于空气喷枪喷出的液滴（20～50μm）（Nielsen等，1990）。最佳的无气喷枪能够形成所谓鱼尾状扇面，也就是在扇形雾化区域内，形成一个相对锐角的液滴均匀分布的尾流区（Ye等，2011）。相反，空气喷枪形成的扇面只在尾流区的末端才逐渐变薄，也就是在扇形区的边缘液滴的数量减少，其中一些液滴相隔距离较远。由于这些差异，空气喷枪比无气喷枪能实现更加均匀的膜厚，而空气辅助无气喷枪的膜厚均匀程度介于这两者之间。

采用无气喷枪的施工速度要比空气喷枪快得多，作业效率更高。但是，随着施工速度的加快，很容易造成涂层厚度超标，尤其是被涂工件的形状复杂的时候更是如此。涂层厚度超标不仅浪费材料，还会导致流挂现象。由于无气喷涂时压缩空气气流不与涂料粒子接触，且粒径普遍偏大，因此无气喷枪雾化时的溶剂挥发量少于空气喷枪。为此，设计无气喷涂施工的配方时，需要使用一些相对挥发速率较高的溶剂。

无气喷枪因缺少空气流，因此减少了向形状不规则物体的封闭凹槽喷射的问题。换句话说，空气喷枪因为涂料粒子夹裹在气流中，比较容易进入敞口的末端凹槽中。无气喷涂设备在喷涂某些水性涂料时会出现一些问题，因为在高压下过多的空气溶解在水中，伴随着喷枪启动时的压力释放而形成气泡。涂层中隐藏的气泡会形成针孔。

对于一些乳胶漆，喷枪喷出的液滴尺寸要比按照涂料剪切黏度预期的大，这一现象与它的拉伸黏度相对较高有关。当使用辊涂施工时，拉伸黏度对喷涂行为的影响大于无气喷枪。在乳胶漆配方中加入1.7%的HEUR缔合增稠剂，可获得最细腻的雾化效果（Fernando等，2000）。

双组分涂料可以使用配有两个供料系统的无气喷涂设备施工，它兼具无气喷涂和双供料喷涂体系的优点（Pucken，2004）。此类设备目前已能喷涂固化时间只有几秒钟的涂料，使双组分聚脲涂料施工成为现实（12.4.1 节）。

气溶胶涂料罐也是一种无气喷涂装置，采用一种液化气体，通常是丙烷，提供压力把涂料从喷口喷出。由于压力相对较低，涂料的黏度必须较低才能产生良好的雾化效果。

23.2.3 静电喷涂

使用静电喷涂可以大幅度提高涂料的上漆率（表 23.1）。最简单的做法是在喷枪的喷嘴口插入一根导线，施加 50～125kV 的电压。在导线的细末端产生放电，使空气电离，当雾化的涂料粒子通过这一电离的空气区域时，就会带上负电荷。将被涂工件接地，当涂料粒子接近接地工件的表面时，电位差将粒子吸引沉积在工件表面。以铁丝网为例，静电喷涂提高了涂料在金属网格上的沉积比例，甚至连通过网眼的粒子都被吸引回网格的背面，这种包绕效果可使金属网单面喷涂就获得双面涂层。但采用静电喷涂也会有过喷损失，虽然较低，但比例依然很高。在大规模工业生产中，绝大部分涂料是由计算机控制的机器人精确施工。使用机器人可将过喷损失降低 50%以上。像汽车车身这类工件，把上漆率提高到 80%以上是可能的（30.1.1 节）。

除了静电喷枪之外，其他一些装置也可以用于静电喷涂。图 23.2 和图 23.3 展示了旋杯型和旋碟型喷涂装置，这两种装置都称为旋转雾化器。在这两种装置中，涂料被压力泵送到高速旋转的旋杯或旋碟的中心，进而以细丝状沿旋杯或旋碟的边缘被离心甩出，并快速碎裂成涂料液滴。Martinez（2012）曾介绍过用旋杯喷涂的详细研究结果，并附以精美的照片和插图。涂料液滴可以通过直接接触旋杯或旋碟上的电荷实现内部带电，或者让液滴经过电离空气区域实现外部带电。液滴的尺寸受制于黏度和旋转单元的切线速度。直径 2～7cm 的小旋杯，以每分钟高达 70000 转的速度可对黏度高达 1.5～2Pa·s 的涂料雾化施工。而相对于常规速度（大约每分钟 900 转）的旋碟和旋杯以及喷枪来说，只能对涂料黏度为 0.05～0.15Pa·s 的涂料进行雾化施工。喷涂的扇面可以通过入射空气进行调整。这种处理高黏度涂料的旋杯工艺，可以使用低溶剂含量的涂料。然而，有报道称，使用高速静电旋杯喷涂色漆时，会出现涂层光泽降低的倾向（Tachi 等，1990）。

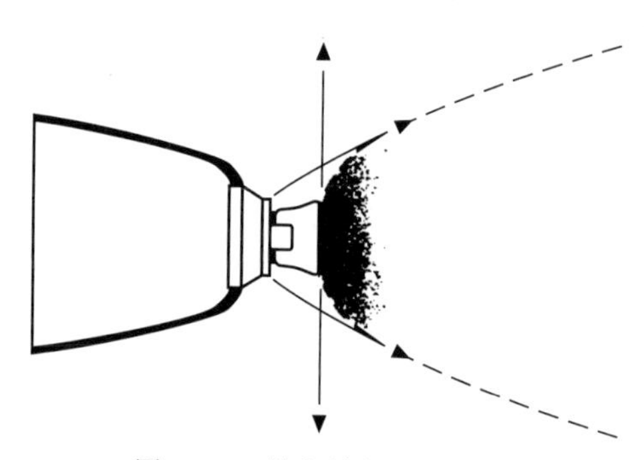

图 23.2 静电旋杯喷涂设备

旋杯：漆雾的几何形状可以通过调整由压缩空气笼罩的扇面而作出相应的改变

源于 Levinson（1988），经 The Federation of Societies for Coatings Technology 许可复制

有人提出这是由于高速旋转装置产生的离心效应，导致雾化颗粒中的颜料含量出现差异，进而造成涂层的不均匀性。涂料施工的均匀性和上漆率可以通过压缩空气对雾化涂料的整形作用加以改善，这就类似于普通空气喷枪的空气整形作用。通过给被涂工件施加电压可

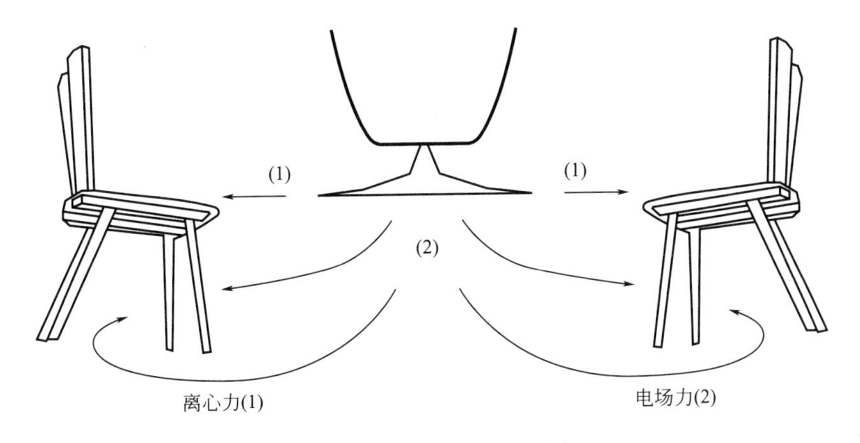

图 23.3 静电旋碟喷涂设备

旋碟：离心力与电场力在超高速碟片上的组合作用，可获得十分均匀的涂层外观和极佳的渗透效果，上漆率很高

源于 Levinson（1988），经 The Federation of Societies for Coatings Technology 许可复制

进一步提高上漆率（30.1.1 节）。

静电喷涂的过喷损耗少、颗粒包绕效果好，取决于雾化粒子携带的电荷，也就是取决于涂料的导电性。如果涂料的导电性太低，涂料粒子就不能通过电离空气区域携带足够的电荷。由于涂料中的溶剂主要是烷烃，尤其是脂肪烃，很可能有这个问题。这可通过用硝基石蜡或醇类部分替代烷烃溶剂来获得良好的导电性。对于用含羧基树脂制备的涂料，添加少量像三乙基胺这样的叔胺，可提高导电性，有利于带电。如果导电性太高，就有短路的危险。通常需要测量涂料的导电性，但往往用电阻率来表示。最合适的电阻率会随着喷涂设备和涂装作业而在 0.05～20MΩ 范围内波动；新喷枪的设计能够适应涂料较宽范围的导电率（性）。

水性涂料的电导率高于溶剂型涂料，据报道：电导率为 0.01MΩ 数量级，加入低挥发、水溶性、非极性端基的溶剂，例如乙二醇丁醚，就会在某种程度上降低导电性。但是，喷涂设备必须经过专门的设计，以达到涂装生产线是绝缘的，否则，就会产生电损耗，造成已经雾化的液滴无法带电，进而使电击的危险性增加。虽然全套生产线都可以做到电绝缘，但是这一方法造价太高，并且不能消除电击的危险性。另一种方法是：仅仅使雾化器和连接到“电压阻隔器”的短管可以带电。还有一个备选的电绝缘方法是，在喷枪上固定一个外接电极，使雾化的涂料带电。这些方法都可有效使雾化的液滴带电，减少电击的危险性，实质上降低了使全套生产线都做到电绝缘的高额成本。

静电喷涂施工不是没有限制条件的，基材必须导电，才能通过被涂工件的接地形成必需的电位差。由于法拉第笼效应，即使采用无气静电喷涂施工，也会在凹槽处遇到困难。法拉第笼效应是由于在枪上的电极和接地的被涂工件之间的扇面形成场力线造成的。电压差引起的强电场形成场力线后，就会使喷枪和被涂工件之间雾化颗粒定向排列。但是，被接地金属包围的区域，例如钢盒子的内角，电场线被金属屏蔽，形成法拉第笼，几乎没有涂料颗粒能进入屏蔽区域。

静电喷涂是粉末涂料最重要的施工方法（28.5.1 节）。

23.2.4 加热喷涂

由于涂料的黏度必须较低，通常为 0.05～0.15Pa·s，固含量较低，尤其是以较高分子量树脂制备的清漆，才能呈现良好的雾化效果。加热喷涂（hot spray）是提高固含量的一种措施，也被称作温度调节喷涂。加热喷涂装置设计上有一个热交换器，用以将涂料从38℃加热到65℃，即使喷枪临时关闭，设计的加热喷涂装置也可使涂料处于循环状态。当温度升高时，涂料的黏度可大幅度降低，足以显著提升其固含量。尽管这些装置开始是为像清漆一样的极低固含量涂料而设计的，但它们也可以用于高固体分涂料。例如，据报道用于家电的面漆，可通过在旋碟静电喷枪前端安装的加热器，使其固含量从55%提高到65%（Schoff，1991）。通常，高固体分涂料的黏度随温度升高而下降的趋势比常规涂料更明显，这正是加热喷涂施工所期待的技术特征。更显著的优点是在涂料离开喷枪喷嘴口至到达工件表面之间有一个温度下降段，结果使涂料的黏度相应大幅度上升。这一特征对降低高固体分涂料严重的流挂问题是十分有用的（24.3节）。还有一个优点是加热器的控温措施消除了环境温度变化对涂料黏度的影响。

请注意，另一术语热喷涂（thermal coating）通常指的是应用于熔化金属镀膜的工艺过程，比如热喷锌、热喷铝，它已经超出本书的讨论范围。

23.2.5 超临界流体喷涂

超临界流体喷涂在20世纪90年代得到广泛的研究（Nielsen等，1995；Senser等，1995），并开发出了工业应用规模的设备。这种方法是针对家具及其他工件涂装时，为降低VOC要求而开发的。它所选择的超临界液体是二氧化碳，临界温度为31.3℃，临界压力为7.4MPa。在超临界状态时，二氧化碳表现出与烷烃相似的溶剂特性，但它不归类为VOC。这一方法似乎对大规模工业涂装领域的影响很小，原因可能一是设备投入太高，二是其他降低VOC技术的不断进步。

近年来，超临界流体喷涂许多特殊应用重新引起了人们的兴趣。例如，Ovaskainen等（2014）展示了用于聚乙酸乙烯/聚三甲基乙酸乙烯涂料的超临界流体静电喷涂，使得漆膜表面具有微纳米级的粗糙度，呈现超憎水性（荷叶效应），这类涂料具有极好的疏水性（34.1节）。

23.2.6 喷涂施工型涂料配方的考量

在设计喷涂施工涂料的混合溶剂配方和有效使用喷枪时，需要考虑雾化涂料液滴的表面积与体积之间的悬殊比例，以及流经这些液滴表面的气流速度。正如18.3节所述，这些因素都会影响溶剂的挥发速率。当人们喷涂清漆时，涂料中超过一半的溶剂在离开喷枪到达工件表面前或许已经挥发了。如果混合溶剂调节得当且喷枪使用正确的话，将会得到一个比较平整、无流挂的涂层表面。否则，会因溶剂挥发的不够而出现流挂；或者会因干喷而出现表面粗糙现象。湿膜涂层表面的低黏度，在有利于流平的同时，也增加了流挂的风险（24.2节和24.3节）。

要做到既能流平又不流挂的理想状态，需要精心调节溶剂的挥发速率、使用特定的喷涂设备和施工工艺。喷枪口到工件的距离越大，溶剂挥发的比例就越高。良好的手工喷涂技术要求喷枪与工件保持等距离的平行移动，转动手腕可能会导致涂膜厚度不均匀。在极端情况下，如果喷涂技术太差，一个工件表面上会同时出现流挂和表面粗糙。

溶剂挥发速率受雾化程度的影响，涂料液滴的平均粒径越小，雾化液滴的表面积与体积的比例就越高，溶剂挥发的程度就越大。溶剂挥发速率还受流经液滴表面气流的影响。空气喷枪比无气喷枪或旋杯喷枪的溶剂挥发更多。流经喷漆柜的气流也会影响溶剂挥发的程度，喷漆柜中的温度也是一个重要因素。在炎热季节，常用办法是改变混合溶剂的组成来降低挥发速率。当在实验室调试一种涂料的混合溶剂时，所用喷枪以及喷枪与工件的距离，应该与客户工厂里的施工条件几乎完全一样才行。最终的调整必须在客户工厂里完成，以适应日常的生产条件。如果这些条件发生了变化，混合溶剂就必须随之改变。这也是溶剂型工业涂料在贮运过程中浓度几乎总是要高于客户实际使用浓度的一个原因。这样就可以通过调整溶剂的用量和组成（改变稀释剂）来适应喷漆柜的温度及其他变量引起的变化。

涂料的黏度必须经过调整，才能使喷枪获得良好的雾化效果。雾化的临界黏度是指在高剪切速率（$10^3 \sim 10^5 s^{-1}$）（Schoff，1991）下，涂料经过喷枪喷嘴口时所呈现的黏度。如果涂料具有剪切变稀的特性，那么在较高的低剪切黏度下，喷涂就十分顺畅。低剪切速率时黏度的上限是要保证涂料从管路进入喷枪有足够的流速，不同的喷枪对黏度上限的要求不同。建筑和维修涂料必须满足在大面积墙体厚涂施工时不流挂，即具有剪切变稀特性。刷涂用的涂料通常可用于喷涂。在乳胶漆施工中，低剪切速率下的黏度可以通过加少量水稀释来降低，然后用于喷涂设备。

许多常规工业溶剂型涂料表现为牛顿流体，但绝大多数高固体分涂料和水性涂料均属于剪切变稀型。施工黏度通常采用流出杯（即涂-4 杯）测定（3.3.5 节），但流出杯会出现误导，因为它不能测定剪切变稀或触变性的流动性能。因此确定涂装线上喷涂黏度，正确的方法是使用涂装线上的喷枪，在实际环境条件下确定。找到最佳配方后，就可以将流出杯的时间作为特定涂料、喷枪和喷涂条件下黏度的参照标准。

许多水稀释涂料和高固体分涂料在稀释到喷涂黏度后，都呈现剪切变稀特性，这表明若要实现良好的雾化，稀释后的水性或高固体分涂料的流出杯时间，应该高于大多数溶剂型涂料。雾化效果的好坏由高剪切速率下的黏度决定，而流出杯时间的长短是由低剪切速率下的黏度决定的。一些喷涂型高固体分涂料的流挂不能通过调整溶剂挥发速率来控制。在这种情况下，涂料需要重新设计配方，使之具有触变性（24.3 节）。

在喷涂水性涂料时，空气泡会隐藏在涂膜中，如果直到涂膜表面的黏度增至很高还滞留其中而不能逸出的话，涂膜就会出现针孔或爆孔。这些烦人的空气泡很小（约 10μm），在高压无气喷涂施工时，此问题更为严重。因为高压会使更多的空气溶解在涂料中。当涂料从喷口喷出时，压力释放，在液滴中形成气泡，尽管在表层黏度上升之前，大气泡可以从涂层底部上浮至表层并破裂，但微细的小泡只能通过溶于涂料的形式消失，然后在涂膜中扩散（Gebhard 和 Scriven，1994）。在空气喷涂、HVLP 和空气辅助天气喷涂施工时，可使用二氧化碳替代空气作为驱动气体，减少上述问题。这一改进的基本原理是二氧化碳在水性涂料中的溶解度比空气高。

23.2.7 过喷漆雾的处理

在工业生产中，降低过喷漆雾的优势不仅体现在节约涂料，还能减少 VOC 排放。为了防止污染周边区域，需要将过喷漆雾收集起来。为达到此目的，需要有一个冲水式的喷漆柜。在喷漆柜的后壁与被涂工件之间，有一个连续向下流动的循环水幕。过喷漆雾颗粒以漆渣的形式被收集起来。尽管这些过喷漆雾颗粒的漆渣有时可再利用，但也只能制造低档涂料。通常，漆渣应送到经批准的有害固体废物填埋场处理。收集和处理漆渣会带来高昂的费用，因此，提高上漆率能降低废料的处理成本。

尽管冲水式喷漆柜对于溶剂型涂料很有效，但某些水性涂料喷涂后，漆渣的分离效率很低。水性涂料的过喷漆料难以凝固，使分离工作非常困难，并限制了水的再循环利用。使用矿石回收工艺所采用的泡沫浮选法，可较快地分离漆渣（Fuchs 等，1988）。通过往水槽里加入三聚氰胺-甲醛树脂和水溶性阳离子/非离子型丙烯酰胺聚合物的办法，可以改善水性涂料中漆渣的分离，它们分别起到促进脱黏和絮凝的作用（Kia 等，1991）。

还有一种方法是使用干式过滤器来收集过喷漆雾颗粒，市面上有各种形式的干式过滤器。过滤器会逐渐被涂料的过喷漆料堵塞，必须定期进行更换，并送到填埋场处理。目前已经开发出相对价廉和高效的干式过滤器。

23.3 浸涂和流涂

浸涂是一种高效的涂料施工方法，设备投资和人工成本均较低。其原理很简单：将工件浸入装有涂料的槽中，然后再取出来，多余的涂料再回流到槽中。在实际生产中，要想获得满意的浸涂施工效果是相当复杂的事情。当多余的涂料在工件上滴干时，会形成一个涂层厚度的梯度，即工件顶部的漆膜比底部的薄。在涂料的滴干过程中，溶剂一直在不停地挥发。如果工件取出速度相当慢、溶剂挥发速度又相当快的话，那么在垂直方向上涂膜的厚度就会趋于一致。但在实际生产中会因生产速度问题而做出折中处理，工件的取出速度比获得最佳均匀膜厚的速度要快一些。

溶剂型涂料浸涂施工会带来严重的易燃危险。此外，黏度必须通过补加挥发性溶剂来保持恒定。黏度变化必然会带来膜厚的变化，黏度增加，膜厚增加。保持黏度恒定是获得最佳膜厚的必需条件，但随着溶剂挥发性的增加，它会变得更加困难。

在生产线上成功进行浸涂施工的前提是涂料性能必须非常稳定，黏度的上升可能是由于溶剂的挥发，也可能是由于涂料组分开始出现交联所致。每次浸涂工件后都会使槽中的一小部分涂料转移到工件上，需要补加新涂料以弥补这些损失。因此，槽中的涂料是新、旧两种涂料的混合物。

浸涂工艺的一个优点是工件所有表面都被涂上涂料，不像喷涂工艺那样只能喷涂工件的外表面。然而，对于形状不规则的工件很难采用浸涂，因为涂料可能积存在空穴或凹陷处难以排出。为了最大限度地减少这一问题，必须精心设计和选择传送带上挂载工件进出涂料槽的挂钩位置。要浸涂的工件必须设有排液孔，避免出现积液，同时又不影响制品的性能和外观。工件底部的边缘，特别是底部的边角，涂膜容易堆积变厚。涂料的堆积现象可通过静电除漆去除，即让工件经过高压电极，在涂料堆积处产生电荷集中，将堆积的漆液打散。

在许多应用领域，水性浸涂涂料正在取代溶剂型浸涂涂料。可降低发生火灾的危险（也就是保险成本）和 VOC 排放。

在许多大规模涂装作业中，浸涂已经被电沉积和自泳涂料（两者皆属于浸涂工艺）（第 27 章）以及粉末涂料（第 28 章）所替代，但是，浸涂工艺在许多小规模应用领域中依然保持着重要地位（Faustini 等，2014）。

流涂是和浸涂密切相关的一种施工方法。传送带将待流涂的工件输送到一个密闭空间，在这里，涂料液流从各个方向喷射到工件上，多余的涂料流下来，通过系统再循环利用。这样工件膜厚自上而下形成梯度，但通常其厚度差小于浸涂。高度自动化的流涂生产线已用于主要家电产品的涂装，由此设计的流涂生产线速度比传统的浸涂线要快得多。再强调一下，如果条件可行的话，电沉积涂装的优点最突出。粉末涂装（第 28 章）也是用于不规则外形工件的高效涂装技术。

23.4 辊涂

辊涂是一种广泛应用的高效涂装技术，但仅适合在匀速移动的平面或圆柱形表面施工。为防止辊涂器辊子上的涂料黏度升高，必须使用挥发较慢的溶剂。由于涂料在体系中的周转速率较慢，因此涂料的黏度必须稳定。有多种辊涂工艺，其中最常用的两种是正向辊涂和反向辊涂。

在正向辊涂工艺中，待涂坯料从涂辊和压辊这两个转向相反的辊子之间通过。图 23.4 是两个辊子牵引被涂坯料从两辊之间通过的示意图。正向辊涂多用于薄板坯料（尤其是罐听片材）的涂装，有时也用于卷材坯料。在正向辊涂工艺中，涂辊表面包覆有硬质聚氨酯弹性层，通过一个较小的上料辊（或刮刀）给涂辊供料，类似地，供料辊给上料辊供料。供料辊部分浸没在一个托盘中转动，这个托盘称为供料槽，里面盛有涂料。涂层的厚度受上料辊与涂辊之间间隙大小和涂料黏度的控制。

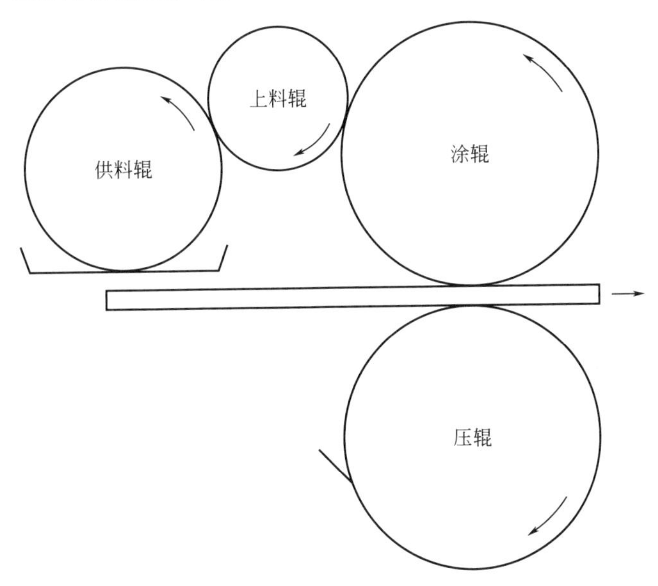

图 23.4　正向辊涂机

源自 Levinson（1988），经 The Federation of Societies for Coatings Technology 许可复制

使用不同类型的涂辊会给正向辊涂的图案带来变化。第一种：将涂辊切成几段，使之不能将整个基材满涂。第二种：在涂辊表面雕刻小的凹槽，凹槽里充满涂料，涂辊表面用刮刀刮干净。这样只有保留在凹槽里的涂料会被转移到被涂基材上，这种所谓的精密辊涂机只将有限的涂料涂装到与涂辊接触的基材上。第三种：涂辊是一种辊筒刷，用来在较粗糙的表面涂覆较厚的涂层。

在正向辊涂工艺中，当涂好的基材从两辊之间的间隙中出来时，湿涂层会从涂辊与基材之间分离，此时，由于压力释放，会造成空化现象。当涂好的坯料脱离两辊间隙时，空泡壁之间会形成漆丝。漆丝有可能会断裂，回落到新的涂料上，结果，无一例外，在湿膜表面形成肋条状痕迹，称为辊痕。涂料必须具有流平性，从而使辊痕在涂料停止流动前，尽量看不出来。为了减少在辊子上溶剂的损失，并保持低黏度，促进流平，应使用慢挥发性溶剂。可能的话，把涂料配方设计成牛顿型流体。当涂料经过两辊间隙时，涂料受到的剪切速率取决于辊速和两辊的间距，处于 $10^4 \sim 10^5 s^{-1}$ 数量级，仍还是较高的。因此，如果涂料具有触变性，具有尽量缓慢的低剪切黏度的恢复速率是令人满意的。

当涂料从两辊间隙中出来时，漆丝会被拉得很长。当漆丝最后断开时，总会有一些不止在一处出现断裂，形成液滴溅出，被称作碎雾（图 23.5）。当拉伸黏度（3.6.3 节）高时，就会出现漆丝被拉长的现象（Fernando 等，2000）。

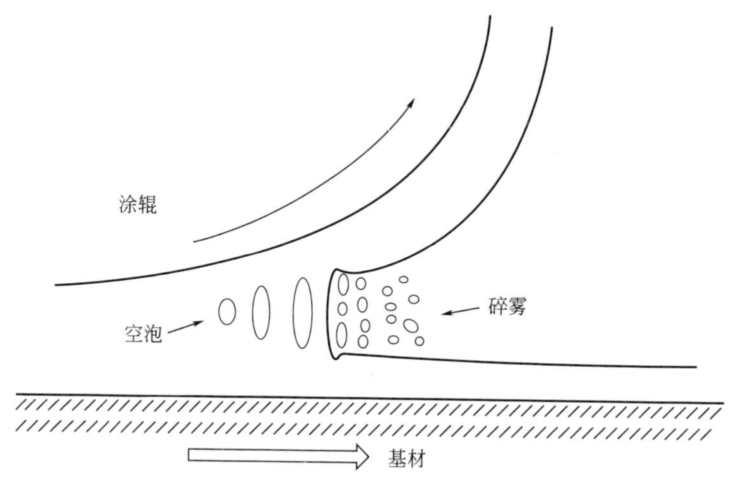

图 23.5 辊涂施工中的空泡和碎雾现象

源于 Fernando 等（2000），经 Elsevier 许可复制

在反向辊涂中，两辊按照同一方向转动，所以被涂覆的坯料必须从两辊之间隙拉出，如图 23.6 所示。通常，薄板材涂装不采用反向辊涂工艺，但是在卷材涂装中广泛使用。反向辊涂的优点是涂料是被涂抹上去的，而不是被挤上去的，这样涂层更加平整，很少出现流平问题。30.4 节中介绍的卷材涂料是反向辊涂的主要应用对象。

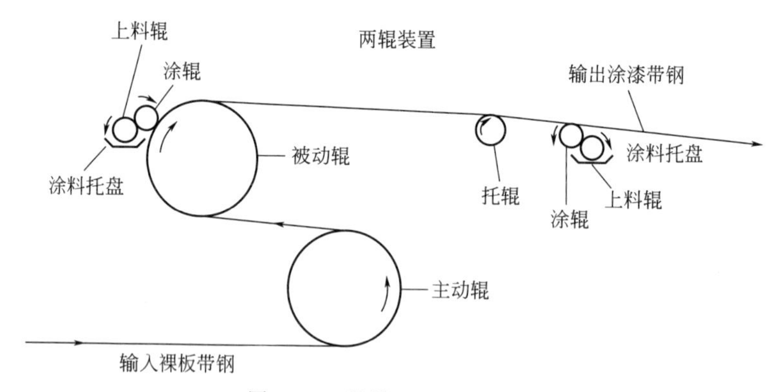

图 23.6 卷材双面反向辊涂

源自 Levinson（1988），经 The Federation of Societies for Coatings Technology 许可复制

23.5 淋涂

幕帘淋涂是一种涂装平整薄板（如墙板、金属门、印刷电路板）的经济有效的施工方

法。涂过涂料的平板需要烘烤，或者越来越多地采用紫外线固化（第29章）。涂料被泵送到机头狭缝出口，以使涂料呈连续幕帘状流下。待涂装的平板由传送带输送着穿过涂料幕帘，涂料幕帘的宽度要大于被涂基材的宽度，以防止膜厚出现边界效应。多余的涂料从基材边界以及平板之间的空隙流回料槽，并循环使用，见图23.7。

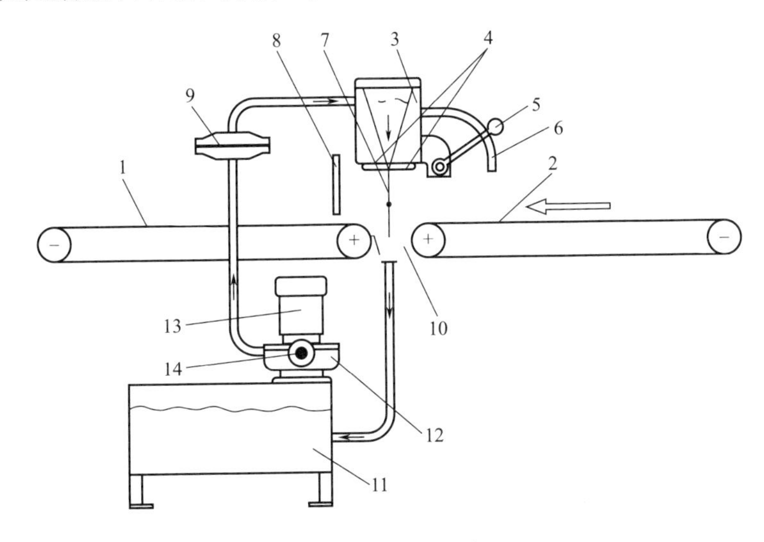

图23.7　淋涂机示意图

1—输出传送带；2—输入传送带；3—涂料机头；4—出料口；5—微调杆；6—定位标尺；7—幕帘；8—风挡；9—过滤器；10—回收槽；11—涂料储槽；12—上料泵；13—泵电机；14—泵变速器

源自 Levinson（1988），经 The Federation of Societies for Coatings Technology 许可复制

狭缝宽度、泵送压力、涂料黏度以及被涂基材的运行速度等，都会影响涂层的厚度。传送带速度越快，涂层越薄。如果有合适的条件，幕帘淋涂会是一种极佳的施工工艺。由于不会出现涂料的断裂现象，平铺在基材上的涂层显得非常平整，膜厚也非常均匀。但涂料黏度必须非常稳定，要补加溶剂以弥补挥发损耗。如果低表面张力的粒子落在垂流的幕帘上，因表面张力不同，会使流液在幕帘上出现破膜孔洞，就会在被涂基材表面出现无涂料的漏涂空缺（24.4节）。当涂料的表面张力增加，空气中颗粒的表面张力可能比涂料的更低，出现破膜的可能性会增大。

（黄微波　译）

综合参考文献

Goldschmidt, A.; Streitberger, H. -J., *BASF Handbook on Basics of Coating Technology*, Vincentz, Hannover, 2003, pp 437-617. Second edition, 2007.

Levinson, S. B., *Application of Paints and Coatings*, Federation of Societies for Coatings Technology, Blue Bell, PA, 1988.

参　考　文　献

Adams, J., *Spray Applications for Environmental Compliance*, FSCT Symposium, Louisville, KY, May 1990.

Diana, M. J., *Products Finishing*, 1992, July, 54.

Easton, M. G., *J. Oil Colour Chem. Assoc.*, 1983, 66, 366.

Faustini, M., et al., *ACS Appl. Mater. Interfaces*, 2014, 6(19), 17102-17110.

Fernando, R. H.; Glass, J. E., *J. Rheol.*, 1988, 32, 199.

Fernando, R. H., et al., *Prog. Org. Coat.*, 2000, 40, 35.

Fuchs, E. W., et al., *J. Coat. Technol.*, 1988, 60(767), 89.

Gebhard, M. S.; Scriven, L. E., *J. Coat. Technol.*, 1994, 66(830), 27.

Glass, J. E., *J. Coat. Technol.*, 1978, 50(641), 72.

Kia, S. F., et al., *J. Coat. Technol.*, 1991, 63(798), 55.

Konieczynski, R. D., *J. Coat. Technol.*, 1995, 67(847), 81.

Lefebvre, A. H., *Atomization and Sprays*, Hemisphere Publishing Corporation, New York, 1989, pp 59-61.

Levinson, S. B., *Application of Paints and Coatings*, Federation of Societies for Coatings Technology, Blue Bell, PA, USA1988.

Martinez, L. A., *Automotive Rotary-Bell Spray Painting*, M. S. Degree Project, University of Gothenburg. Undated-about 2012.

Nielsen, K. A., et al., *Polym. Mater. Sci. Eng.*, 1990, 63, 996.

Nielsen, K. A., et al., *Proceedings of the International Waterborne, High-Solids, and Powder Coatings Symposium*, New Orleans, LA, 1995, p 151.

Ovaskainen, L., et al., *J. Supercritical Fluids*, 2014, 95, 610-617.

Pucken, W., *J. Prot. Coat. Linings*, 2004, 21(9), 51.

Schoff, C. K., *Rheology*, Federation of Societies for Coatings Technology, Blue Bell, PA, 1991. Senser, D. W., et al., *Proceedings of the International Waterborne, High-Solids, and Powder Coatings Symposium*, New Orleans, LA, 1995, p 161.

Tachi, K., et al., *J. Coat. Technol.*, 1990, 62(791), 19.

Ye, Q., et al., *ILASS: Europe 2011, 24th European Conference on Liquid Atomization and Spray Systems*, Estoril, Portugal, September, 2011.

第24章 漆膜缺陷

涂料在施工时，如果对底材覆盖不完整，会造成小点或微孔等明显的漆膜缺陷，通常称为漏涂，也有许多其他缺陷或瑕疵是在涂装过程中和涂装后的漆膜中产生的。本章介绍最主要的漆膜缺陷类型，并尽可能提出可行的解决方案。遗憾的是针对许多漆膜缺陷没有统一的术语，LeSota（1995）定义的涂料术语中包括了漆膜缺陷的术语，在网站上也很容易找到许多漆膜缺陷的定义，以及漆膜缺陷的图片（例如 Schoff C. K.，www. paint. org/article/automotive-coatings-application-defects/）。表面张力是造成许多漆膜缺陷的根本原因，因此先介绍表面张力。

24.1 表面张力

表面张力的产生是因为液体表面分子受到不对称力的作用，在液体界面上受到的力与在液体内部受到的力不一样。表面的分子具有较高的自由能，自由能定义为移动单位面积表面分子层所需的能量。表面张力的大小是用与液面上单位长度直线呈垂直方向的作用力来衡量的，国际单位是牛顿每米或毫牛顿每米（mN/m），旧的单位达因每米（1mN/m＝1dyn/m）还经常在使用。固体存在相似的表面取向效应，具有表面自由能，定义为每单位面积的自由能，单位通常用毫焦每平方米（mJ/m^2）表示，数值和量纲上等于 mN/m。大家指的固体表面张力，尽管形式上不准确，但由于数值是相同的，很少出现错误。Owen（1996）就表面和界面的性质进行了精辟的讨论，包括许多聚合物的数据。

表面张力的作用使得液体的表面自由能变小，表面张力将液滴缩成球体，因为球体的表面积与体积的比最小。在宇宙飞船中漂浮的液滴是球形，在地球上因重力作用使球形发生变形。同样的原因，表面张力推动不平整的液体发生流动，形成平整的表面，平整的表面与空气之间的界面面积要比粗糙表面小，因此表面越平整，表面自由能就越低。

具有低表面张力的分子链段会在表面定位，全氟烷基在表面形成最低的表面张力，其次是甲基基团。聚二甲基硅氧烷具有低的表面张力，是由于高自由度、易旋转的硅烷键主链使大量的甲基基团在表面定位。直链脂肪烃的表面张力随着链长度的增长而增大，表明在表面上亚甲基与甲基的比呈上升趋势。脂肪族化合物、芳香族化合物、酯和酮以及醇类的表面张力依次增大，如含有偶极基团的酮和含氢键的醇类物质也能提高表面张力，由于在表面不存在稳定分子间的偶极和氢键的相互作用，导致了较高的表面能。脂肪族酯类、酮和醇的表面张力随链的增长而提高，也是由于亚甲基比甲基具有更高的表面张力。表面张力随温度升高而变小。Oliveira 等（2011）成功地应用范德华密度梯度理论得出了 37 种酯的表面张力与温度的函数，同时也估算了混合物的表面张力。

水是涂料中表面张力最大的可挥发组分，它的表面张力在 25℃时为 72mN/m，100℃时为 59mN/m。在 25℃时有机液体的表面张力的范围从全氟烃类的 10mN/m 到高极性物质丙三醇（甘油）的 50mN/m。

添加少量的表面活性剂能降低表面张力，这是由于表面活性剂中的疏水部分聚集在表面。如添加少量的聚二甲基硅氧烷到有机溶液中，由于甲基在表面的定向，会降低表面张力。

测量液体表面张力的经典方法是采用圆环张力仪（也称 Du Noüy 法，见 ASTM D1331-14）。该方法的原理是测量缓慢拉动一个铂铱圆形线环离开液体表面所需的力，手动操作的仪器需要高超的技能才能获得可重复的结果。电子控制仪器就非常好用，操作简便，同时能提供更准确的结果。许多涂料优选采用 Wilhelmy 板法（白金板法）（在 ASTM D1331-14 中也有介绍），Wilhelmy 板法也有电子控制仪器。

为什么优选采用 Wilhelmy 板法？因为此方法在测试过程中液体不会变形。液体经搅拌后，表面的分子会与其他部分的液体混合，搅拌一旦停止，分子会重新取向，获得最低的表面张力，虽然表面组成不能立刻恢复平衡。涂料在涂装时受到强力的搅拌，搅拌停止后恢复平衡的时间取决于组分、黏度、温度，还可能有其他因素。Bierwagen（1975，1991）指出决定涂料性能的主要表面张力可能不是平衡态的表面张力，而是动态表面张力（Smith，1983；Schwartz，1992）。ASTM D3825-09 提供了一种测量动态表面张力的标准方法——“快速气泡技术”，DIN（德国标准）也有类似的方法。但这些方法都有局限性，改进方法的研究还在持续，如 Yang 等（2014）所做的工作。改进的测试仪器已有市售，也给研究提供了机会。

定性来讲，当涂层中含有柔性分子、小分子，或体系中各组分的极性像水性涂料体系中那样存在较大差异时，就能够快速建立平衡。具有最低表面张力的潜在基团是聚合物，达到平衡需要较长的时间。但是如果聚合物具有中等分子量和柔性的主链，显然它们能快速达到表面，前面提到的聚二甲基硅氧烷就是一个例子。低分子量的聚丙烯酸辛酯共聚物可作为助剂来降低成膜过程中漆膜的表面张力。Smith（1983）和 Schwartz（1992）指出各种表面活性剂达到表面张力平衡的速率是不同的。表面张力随温度降低而增大，通常溶剂的表面张力比树脂要低，因此由于浓度和温度二者的变化，漆膜的表面张力随着树脂液膜中溶剂的挥发而增大。

固体的表面自由能（也称表面能）是通过接触角试验来测定的，在 34.1 节中有详细介绍。

如果两种表面张力不同但能混溶的液体相互接触，表面张力低的液体会流动，并覆盖在表面张力高的液体上面，从而总的表面自由能减小，这样一种流动称为表面张力差异驱动流动，也称为表面张力梯度驱动流动。观察到这种流动现象已有上千年的时间，但直到 19 世纪，才由一位意大利物理学家卡罗（Carlo Marangoni）对该现象作出科学的解释（Scriven 和 Sternling，1960）。

举一个马兰戈尼效应流动的例子。将装有葡萄酒的玻璃杯倾斜，玻璃杯的一侧会被液体湿润，接着放正玻璃杯，葡萄酒就会沿着玻璃杯壁向上爬，在沿湿润部分的上边缘处形成液膜较厚的液珠，随着聚集在液珠中的液体量逐渐增加，液滴就向下流，回到玻璃杯中，这就是大家熟知的“酒之泪”（也叫“酒之腿”）。但为什么会发生这一现象呢？葡萄酒中乙醇的挥发速率比水快，表面张力比水低（乙醇的表面张力大约是 22mN/m，水大约是 72mN/m）。杯壁上边缘的葡萄酒和挂在杯壁上的葡萄酒中的乙醇挥发很快，乙醇的挥发导致水的浓度相应就变高，这样上边缘部分和杯壁上葡萄酒的表面张力要比杯中的本体葡萄酒的表面张力高。为了降低表面自由能，玻璃杯中低表面张力的葡萄酒（乙醇浓度较高）就会克服重力，沿玻璃杯壁向上爬升，覆盖高表面张力的液体部分，边缘部分继续挥发，乙醇浓度不断降低，形成一个持续不断的过程。最终重力促使葡萄酒液滴像眼泪一样向下流动，回到玻璃杯中。表面张力的差异也受温度的影响，随着乙醇的挥发温度会降低，进一步加大了表面张力的差异。

总之，表面张力的作用能造成两种流动方式：第一种是由表面张力驱动的流动，会降低液体的表面积；第二种是由表面张力梯度驱动的流动，使一种表面张力低的液体去覆盖表面张力高的液体表面或其他表面。

24.2 流平

大多数涂料施工时，最初先形成一层不平整的湿漆膜，为了达到满意的外观和性能，不平整的漆膜需要进一步流平。研究最多的流平问题是刷痕的流平，不熟悉该领域的人首先想到的是流平可能是重力作用的结果。如果重力是一个主要原因的话，那么刷在天花板上的涂料的流平会比刷在地板上的涂料流平困难得多，但事实并非如此。根据对矿物油流动的研究，Orchard（1962）提出了流平的驱动力是表面张力的证据，他还对控制流平速率的各种变量建立了数学模型。尽管涂料比矿物油更为复杂，Orchard 的理论仍广泛应用于涂料的流动。Patton（1979，p554）用湿漆膜的理想横截面来展示 Orchard 的模型，表明刷痕遵循正弦波的外形，见图 24.1。

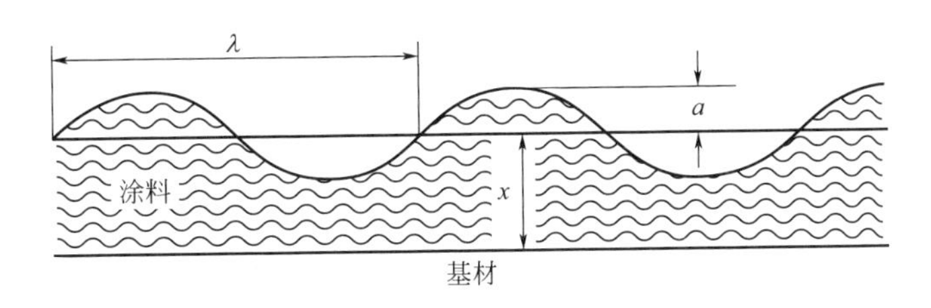

图 24.1 刷痕横截面示意图

资料来源：Patton（1979）。经 John Wiley & Sons 许可复制

Patton 提出了几种形式的 Orchard 方程，并举例说明了它们的推导。一个简易的公式是正弦波振幅随时间变化的函数，见式(24.1)。式中，a_0 为最初的振幅，cm；a_t 为 t 时间的振幅，cm；x 为漆膜的平均厚度，cm；λ 为波长，cm；γ 为表面张力，mN/m；η 为黏度，Pa·s；t 为时间，s。

$$\ln \frac{a_0}{a_t} = \frac{5.3\gamma x^3}{\lambda^4} \cdot \frac{dt}{\eta} \tag{24.1}$$

漆膜厚、波长短、黏度低和表面张力高均有利于流平。遗憾的是，配方师控制调整这些变量的可能性有限。表面张力高能提高流平的速率，但配方师在优化此因素时会受到限制，因为表面张力高往往会引起其他缺陷（24.4 节）；漆膜厚有利于流平，但会增加成本和产生流挂的可能性及其他缺陷。厚涂膜在刷涂时会使波长加长，影响流平。剩下可调节的主要手段只剩下黏度了。

当漆膜具有牛顿型流体特性，挥发性足够低，在实验过程中黏度变化不大时，Orchard 模型的预测结果与实验数据相关性很好，然而涂料通常不能满足这些条件。在流平过程中黏度会随时间发生变化，随溶剂的挥发涂料黏度增大。再说，如果体系具有触变性，在施工过程中，在高剪切作用下黏度会降低，接着在流平过程中又处于低剪切状态，黏度又会增大。Orchard 理论的另一个不足是假定表面张力是恒定的。

Overdiep（1978，1986）建立的方法是在两种溶剂型醇酸涂料的干燥过程中，观察漆膜波峰和波谷的位置。他惊奇地发现刷痕能流平成基本平整的漆膜，但接着在原来波谷的部位又会变成波峰，而在原波峰处也又会变成波谷。尽管均匀的表面张力也确实能使波峰流平，但它不能使已平整的漆膜再形成波峰，因为那会导致更大的表面积。Overdiep 认为表面张力的差异是导致波峰再一次形成的原因。从图 24.1 可看出，刷痕波谷处的湿膜厚度比波峰处的膜厚要薄，最初这两处树脂的浓度是一样的，随着单位面积相同量的溶剂挥发导致在波谷处树脂溶液的浓度更高，由于树脂的表面张力比溶剂要高，波谷处的树脂溶液的表面张力也要比波峰处高，根据马兰戈尼效应，涂料会从波峰流向波谷。换句话说，Overdiep 提出流平的主要驱动力不是表面张力，而是表面张力的差异，他采用挥发性溶剂进行了实验验证。在一些情况中，表面张力的差异会导致漆膜在流平过程中越过表面最平整的阶段，导致波峰的再一次形成。由表面张力梯度驱动的流动程度取决于溶剂的挥发速率。

Kojima 和 Moriga（1995）研究了水稀释涂料的流平和溶剂挥发，显示流平的驱动力取决于配方中的溶剂。采用像异丁醇这样快速挥发的溶剂，表面张力的梯度和表面张力的提高有利于漆膜在干燥过程中的流平，而采用像乙二醇单己醚这样慢挥发的溶剂，表面张力会降低，对流平产生不利的影响。已建立了模拟干燥过程中表面张力的变化和溶剂挥发过程中黏度变化的数学方程（Wilson，1997）。

Overdiep（1978）对漆膜在粗糙基材上的流平尤其感兴趣，他认为表面张力的驱动作用能够得到最平整的漆膜。然而，如图 24.2(a) 所示，这样的状态并不理想，因为漆膜薄的区域保护作用有限，另外一方面，如图 24.2(b) 所示，表面张力梯度驱动的流动趋向形成厚度均一的漆膜，涂料沿着基材粗糙轮廓形成漆膜，而不是流平。Overdiep 建议调整涂料的配方，同时加大涂层中的这两种流动，达到一个折中可接受平整度的漆膜为最理想，避免出现漆膜过薄的地方，如图 24.2(c) 所示。这种折中状态可以通过溶剂的选择来调节，因为流平主要是由低挥发溶剂的表面张力驱动和高挥发性溶剂的表面张力梯度驱动实现的，通过选择中等挥发速率的溶剂可达到理想的平衡。

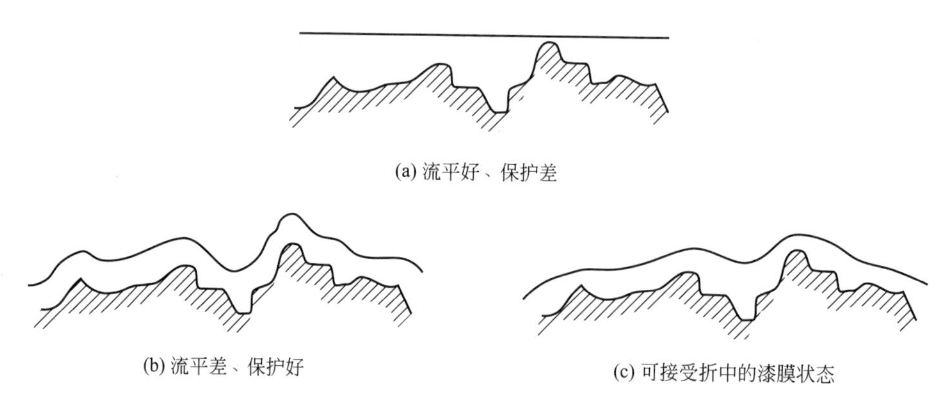

图 24.2　在粗糙表面涂料的不同流平结果

无论是 Orchard 还是 Overdiep 的研究都没有考虑触变性对流平的影响，Cohu 和 Magnin（1996）提出的方程式预测了触变性对非挥发性涂料流平的影响。

流平差的常见结果是漆膜光泽下降。在一项关于流平对光泽影响的研究中，显示三个因素很重要：基材的粗糙程度、漆膜的厚度和涂料的黏度（Ngo 等，1993）。在这些实验中添加有机氟表面活性剂并没有显著改善流平效果，这说明在漆膜干燥时没有形成表面张力梯度。

在喷涂施工时，漆膜表面的粗糙度由许多隆起物组成，这些隆起物的周围环绕着波谷，而不是呈现波峰和波谷，这种现象有点像橘子皮的外观，此现象称作橘皮。图 24.3 是出现橘皮的漆膜。橘皮不一定就是一种缺陷，例如家电和金属柜子用的涂料，就希望呈现这种效果，因为橘皮可以掩盖金属表面微小的不规则缺陷。隆起物通常比喷涂的液滴要大，喷涂含快挥发溶剂的涂料时最容易产生橘皮，一般认为是由于溶剂的快速挥发，涂料到达底材后的黏度上升太快，很难实现流平，有些现象可能就是这种原因造成的。然而早在 20 世纪 40 年代晚期就发现，可喷涂的清漆可以通过添加很小量的硅油改善漆膜的流平，这与当时普遍认为表面张力高有利于流平的常识正好相反［见方程式(24.1)］，实际上添加能降低表面张力的材料能极大地改善流平。

图 24.3　典型的橘皮形状（放大 15 倍）

资料来源：Pierce 和 Schoff（1994）。经 The Federation of Societies for Coatings Technology 许可复制

Hahn（1971）对这种现象做了解释。当喷涂一种清漆时，起初漆膜表面是比较平整的，就在观察的时间内，橘皮就形成了（见图 24.3）。Hahn 认为橘皮的形成是表面张力梯度驱动的流动结果。他指出，最后到达湿漆膜表面的漆雾微粒从喷枪到基材表面，走过了最长的距离，大量的溶剂已经挥发掉，漆雾微粒中树脂的浓度较高，所以它的表面张力比湿漆膜要高，具有较低表面张力的清漆会流向最后到达的漆雾微粒，以尽量降低整体的表面自由能，也就是说表面张力梯度驱动的流动形成了橘皮。如果添加降低表面张力的材料，例如硅油，它们会很快在表面定位，湿清漆的表面张力与最后到达的漆雾微粒的表面张力会几乎一样低，所以表面张力梯度就很小，阻止了橘皮的形成。丙烯酸辛酯共聚物助剂也能降低整体的表面张力，从而减少橘皮的形成。

静电喷涂涂料的表面粗糙度往往比非静电喷涂涂料的粗糙度要大，推测静电喷涂是造成较高表面粗糙度的原因。因为后到达的带电微粒沉积在电绝缘性较高的涂层表面，微粒带电荷的时间会相当长，微粒之间出现相互排斥，从而减少流平的可能性。采用高速旋杯的静电喷涂由于离心力的作用，可能在喷涂液滴中形成颜料浓度差（Tachi 等，1990），颜料浓度差会造成表面粗糙、光泽降低以及由于铝颜料浓度差产生的片状铝颜料脱落等问题。

乳胶漆的流平问题尤其严重，特别是仅采用纤维素作为增稠剂的配方。三个因素共同作用，影响流平：

① 施工后黏度快速上升；

② 表面张力较低；

③ 表面张力梯度较低。

与溶剂型涂料相比，采用纤维素增稠剂的乳胶漆在喷涂和刷涂时存在较大剪切变稀和随后黏度很快恢复的现象，两者差异的主要原因是乳胶漆的分散相含量较高，所以乳胶漆在挥发物挥发过程中黏度增加比溶剂型涂料要快。流平可能主要是由表面张力驱动的，水的表面张力比较高，但乳胶漆中普遍使用表面活性剂，它会降低表面张力，在施工搅拌停止后，会快速形成低表面张力。更重要的原因可能是十分均匀的低表面张力，因为随着水的挥发，表面张力几乎没变化。因此造成乳胶漆流平较差的部分原因是缺乏表面张力梯度，不能促进流平。部分或全部采用缔合型增稠剂的乳胶漆配方流平性更好一些，至少部分原因是施工剪切后黏度回升比较慢。乳胶漆的流平在 32.3.2 节进一步讨论。

粉末涂料的流平在 28.3 节中介绍。

24.3 流挂和滴痕

当在垂直表面涂装一种液体涂料时，重力会促使涂料向下流动（流挂），在不同的部位涂膜厚度的差异会形成不同程度的流挂，有时会形成涂料的幕帘状流挂。Patton 在式（24.2）中给出了经过时间 t 后影响涂料流挂体积 V_s 的变量（Patton，1979，p572）：

$$V_s = \frac{x^3 \rho g t}{300\eta} \tag{24.2}$$

式中，x 为最初的膜厚，cm；ρ 为密度，g/cm^3；g 为引力常数，cm/s；t 为时间，s；η 为黏度，Pa・s。流挂随着漆膜密度和厚度的增加而加重，驱动力是重力。配方师在降低漆膜密度和厚度方面是可以作出一些调整的，但控制流挂的主要变量是黏度。可以通过观察在模拟现场使用条件下涂膜的行为来对流挂的趋势进行评估，并已开发出了一些试验方法，最常用的方法是采用刮刀式流挂仪。流挂仪是在一个直边的刮刀上刻有一系列不同深度的缺口，宽度为 0.635cm（1/4in），这些缺口间隔 0.159cm（1/16in）（Wu，1978；Patton，1979，p 578）。在卡纸上用流挂仪刮出一系列厚度逐渐增加的条状漆膜，随后马上将卡纸垂直放置，从观察最厚的条状漆膜开始，若不流挂就接着观察下面的条状漆膜，依次观察，来评价涂料的抗流挂性。为了方便研究，Overdiep（1986）开发了一种评估流挂的对比方法，可用数值来表示流挂的程度。Overdiep 还建立了流挂方程，其中考虑了施工后黏度的变化。Lade 等（2015）介绍了评价流挂的进一步改进工作，将 25μm 的植物孢子撒到湿的漆膜表面，再用显微镜跟踪孢子在涂层流挂时的运动轨迹，他们的实验结果与牛顿型涂料的理论相符。

喷涂溶剂型涂料时可以通过正确使用喷枪（要避免喷得过厚）与控制溶剂的挥发速率相结合，一般可以减少流挂，同时实现充分的流平。配方师的目标是控制黏度，让涂料的黏度在初期要低，以便流平，在出现明显的流挂前黏度已经上升。在刷涂和人工辊涂的涂料中采用低挥发的溶剂，触变性涂料体系在黏度回升前能完成流平。乳胶漆基本上是触变性的，与溶剂型涂料相比很少出现流挂现象，这是乳胶漆流平性较差带来的优点，这在前面的章节中已讨论过了。

高固体分涂料的流挂可能是一个严重的问题，尤其是喷涂施工时。尽管有一些其他影响因素，高固体分涂料流挂的一个主要原因是在喷涂过程中（也就是雾化的液滴离开喷枪和到达基材表面的阶段）只有较少的溶剂挥发（Wu，1978；Bauer 和 Briggs，1984），高固体分涂料与传统的溶剂型涂料相比溶剂挥发较少，导致黏度增长少，更容易出现流挂。溶剂挥发较少的原因尚不清楚，可能与以下因素相关：第一，可能是因为高固体分涂料的表面张力高，雾化的液滴粒径要比传统涂料大，面积与体积之比就低，导致溶剂损失较少。但是可以通过调整喷涂设备和喷涂工艺来获得相同的雾化状态。第二，可能是溶剂挥发的依数性效应。用于高固体分涂料的树脂分子量较低，含量较高。这两个原因造成了高固体分涂料中溶剂与树脂的分子数量比传统涂料低。这无疑会降低溶剂的损失率，见 18.3.5 节中的计算公式。但是这种差异是否能用来充分解释溶剂损失率之间存在的巨大差别，似乎值得怀疑，Wu（1978）曾有过报道。第三个原因是：高固体分涂料的溶剂挥发速率的扩散控制比传统涂料出现得要早，扩散控制会持续降低溶剂损失率，因此，高固体分涂料的喷雾液滴中的溶剂挥发会显著减慢（Hill 和 Wicks，1982；Ellis，1983）。在溶剂从漆膜中挥发的后期，溶剂分子扩散到表面的速率成为限制溶剂挥发速率的因素，直链分子的溶剂比有支链分子的溶剂要理想，因为它们能扩散得更快（18.3.4 节）。

热喷涂有利于控制流挂，当涂料喷到物体表面时会迅速冷却，黏度增加，减少流挂。高速静电旋杯喷涂可以采用更高黏度的涂料施工，也有助于控制流挂（23.2.3 节）。

很常见的一个问题是，通过调整溶剂的组成和涂装工艺参数并不能控制高固体分涂料的流挂，一个应急方法是采用助剂使涂料体系具有触变性，例如添加超细二氧化硅分散体、沉淀二氧化硅、季铵盐处理的膨润土和聚酰胺凝胶，使涂料具有触变性。人们期望得到的配方是黏度恢复得要足够慢，有足够的时间流平，同时又希望黏度恢复得足够快，以控制流挂。然而这些助剂会提高一点高剪切黏度，需要使用更多的溶剂，也可能会降低光泽，在较高温度下常常会失效。

高固体分汽车闪光涂料的流挂尤为突出（30.1.4 节），轻微的流挂，对不透明的涂料可能不太明显，但对金属闪光漆尤其明显，因为流挂会影响片状颜料的定向。采用二氧化硅实现触变性是不理想的，因为二氧化硅轻微的光散射就会降低涂料的随角异色效果。现已开发出了丙烯酸微凝胶，通过溶胀的凝胶颗粒的团聚形成触变性流体（Maklouf 和 Porter，1979；Backhouse，1981；Wright 等，1981）。在最终漆膜中，微凝胶中聚合物的折射率与交联丙烯酸树脂的折射率几乎相同，因此光散射不会对随角异色效果产生任何干扰。凝胶颗粒的作用取决于它与低分子量丙烯酸树脂的相互作用。Ishikura 等（1988）研究了这些涂料体系的流变性，加入微凝胶后，最终漆膜的强度也有提高（Boggs 等，1996），微凝胶（现在也称纳米凝胶）有时也仅仅因为这一原因被添加到涂料中。

与高固体分涂料有关的另一个流挂问题是烘道流挂，也称热流挂（Hill 和 Wicks，1982）。烘道流挂的起因是高固体分涂料的黏度对温度的高度依赖性。与传统的涂料相比，已涂装好的工件进入烘道后，高固体分涂料的黏度会发生断崖式的下降，漆膜更易发生流挂，甚至溶剂挥发后漆膜还会持续流动。因为在固化初期，只是低分子量树脂的链伸展，直到发生持续的交联后，黏度才会大幅度上升。通过将烘道分区可以使流挂得到适当的控制，工件最初进入的区域温度低一些，用较长的时间挥发溶剂，可能会发生部分交联，在漆膜达到最高烘烤温度以前，由于固含量和分子量均较高，黏度也会增加。

水稀释涂料出现流挂的可能性比高固体分涂料少，但有时会出现延时流挂。水稀释涂料的黏度与水/溶剂比例以及固体分有极大关系（8.3 节）。当水和溶剂挥发时，剩余的水/溶剂比例有时会下降，导致尽管固含量提高了，黏度反而变低，出现流挂。这种现象取决于在喷涂后闪蒸阶段的相对湿度，已发现水稀释丙烯酸磁漆在高于临界相对湿度时会出现流挂，低于临界相对湿度就不会发生流挂（Brandenburger 和 Hill，1979）（18.3.3 节和 18.3.6 节有关于临界相对湿度的定义和介绍）。

与流挂相关的一个问题是滴痕，例如当涂料涂装在垂直表面，表面又有钉子的埋头孔，涂料常常会流进这些埋头孔里，发生流挂。但是有时在钉子的埋头孔中涂料较厚，涂料也会从孔中流出，留下滴痕。在其他涂漆表面也会产生类似的现象，如在螺栓孔、切口等处漆膜的厚度较厚，容易产生流挂。

Eley 和 Schwartz（2002）研究了乳胶漆的流挂和滴痕。他们建立了一个计算机模型，将其与涂料的实际性能进行了关联。这个模型不仅考虑了重力、触变性和膜厚的影响，还考虑了触变性涂料的流动性随时间的变化，指出漆膜的流动过程中黏度随剪切应力而变化，而不是通常认为的随剪切速率变化的。模型还考虑了膜厚的不均匀性，如模型能评估在垂直表面上钉子埋头孔填充的液体涂料所产生的效应，在凹孔中漆膜较厚，重力促使涂料从凹孔处流出，导致滴痕的形成。

24.4 回缩、缩孔及相关缺陷

如果将一种表面张力较高的涂料涂装到表面自由能比涂料低的基材上，涂料不会湿润基材。在涂装过程中涂料受机械力的作用会铺展在基材表面，但由于表面不被湿润，表面张力会将液体涂料拉成球形，形成隆起物。同时溶剂还一直在挥发，黏度也一直在上升，当黏度增长到足够大时，涂料的流动会基本上停止，结果形成一个不均匀的漆膜厚度，有些区域膜厚过薄，相邻区域就过厚。这种现象称为回缩（crawling 或 retraction），图 24.4 是回缩的示意图。水性涂料的回缩取决于采用不同表面活性剂后表面张力形成的速率（Schwartz，1992）。

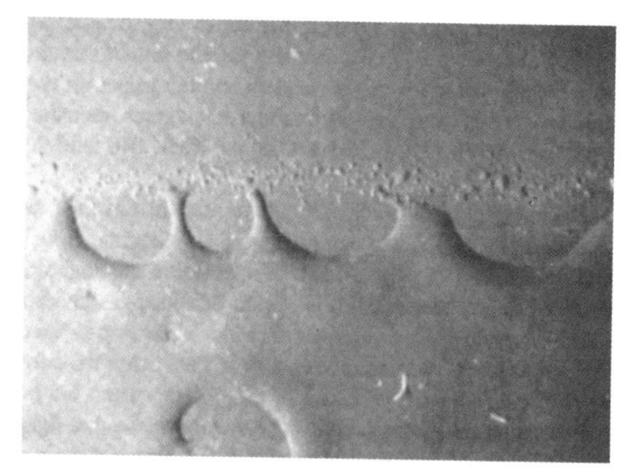

图 24.4 涂覆在低表面能底漆上的面漆形成的回缩（7 倍放大）

资料来源：Pierce 和 Schoff（1994）。经 The Federation of Societies for Coatings Technology 许可复制

在沾有油污的钢材表面涂装会形成回缩，在涂装塑料件时尤其常见。有些情况下，回缩的形成是由于塑料模塑件上脱模剂没有彻底清理干净。面漆涂装在表面自由能较低的底漆上也会产生回缩，如底漆中含有硅油或有机氟表面活性剂，在其上面涂覆的涂料很有可能会出现回缩，如果人们用裸露的手接触底漆表面，然后再涂装一种表面张力较高的面漆，这就可

能导致面漆从指纹留下的油脂上脱开。这种类型的回缩，会将基材上低表面张力区域的图案复制到涂层上，被称为透印（telegraphing）。然而上面的现象仅仅是众多透印现象中的一种。

回缩的起因也可能是涂料中存在类似表面活性剂的分子，它们能在极性基材表面快速定向，表面活性剂的极性基团与基材表面结合，非极性的长链段在外面形成表面。例如为了解决橘皮的问题而添加过量的硅油，聚二甲基硅氧烷中不相溶的微液滴会迁移到基材表面并铺展，从而形成涂料不能湿润的新的表面，产生回缩或缩孔。添加微量的硅油能够解决一些漆膜缺陷，但若添加稍过量就可能出现更坏的结果。据报道，聚二甲基硅氧烷中高分子量的部分与很多涂料中的组分都不相溶（Fink 等，1990）。已开发了聚硅氧烷-聚醚嵌段共聚物的改性硅油，它与很多涂料具有相溶性，而且不太可能引起副作用。现在市面上销售的许多专利助剂都属于这类产品。许多助剂对回缩及其他漆膜缺陷的影响已有报道（Berdimaier 等，1990）。

高固体分涂料的表面张力通常比常规涂料的高，为了得到高固体分，必须采用当量低、分子量低的树脂，树脂中极性官能团如羟基的浓度比较高，因此表面张力也比较高；为了使涂料的黏度低，使用的溶剂也相应具有较高的表面张力，由于这些溶剂都是高固体分涂料所需要的溶剂，这进一步增加了高固体分涂料形成回缩的可能性。

缩孔的外观是漆膜表面小的圆形凹坑，通常像轻微隆起的山峰，有点像火山口，因此有了此名称，有时也称为鱼眼。Schoff（1999）认为缩孔是所有漆膜缺陷中最难处理的和令人讨厌的。图 24.5 和图 24.6 分别是缩孔的示意图和照片。缩孔有时会与爆孔互相混淆，区分的方法在 24.7 节中有描述。

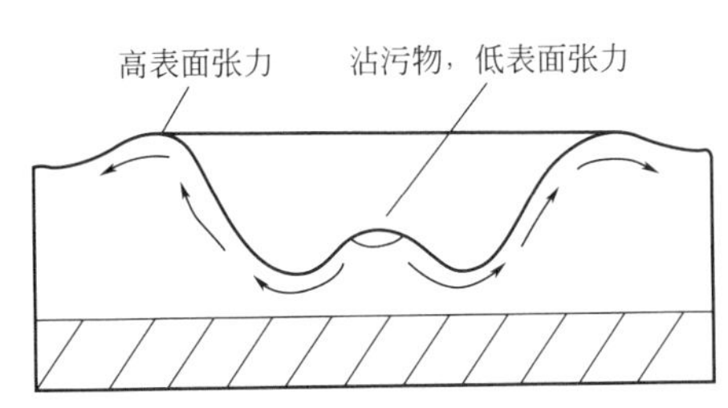

图 24.5　缩孔的示意图

资料来源：Pierce 和 Schoff（1994）。经 The Federation of Societies for Coatings Technology 许可复制

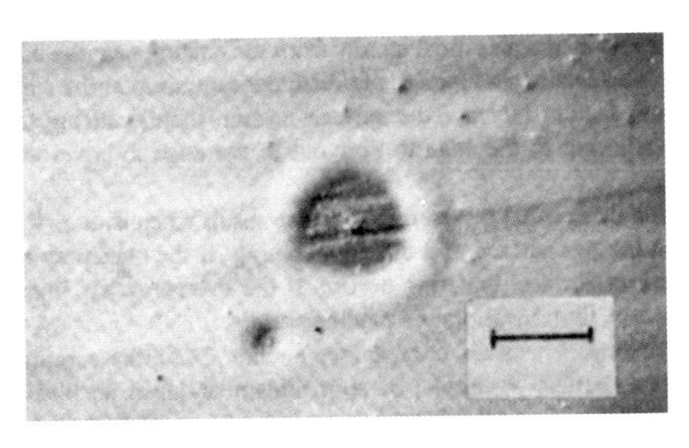

图 24.6　典型的缩孔照片

资料来源：Pierce 和 Schoff（1994）。经 The Federation of Societies for Coatings Technology 许可复制

缩孔起因于低表面张力的沾污物微粒或液滴，可能存在于基材上或涂料中或落在刚涂装

好的漆膜表面。这些颗粒或液滴都很小，一些低表面能物质溶解在相邻的漆膜中，形成局部表面张力梯度。由于马兰戈尼效应，这一部分低表面张力的涂料就会从颗粒处流开，去覆盖周边表面张力更高的液体涂料，此种流动是自发持续的。因为在流动的同时溶剂在挥发，这就增大了表面张力梯度，而溶剂的挥发促使黏度增加，最终将缩孔固定。

应避免涂装过程中缩孔的产生。一种方法是尽量减少低表面能污染物落到湿涂层表面。例如，在载有刚涂装好部件的输送带上或附近喷涂润滑油或硅油时，几乎无一幸免都会出现缩孔。喷漆房中的空气必须多次过滤，否则无害的粉尘颗粒可能会吸附大量的油脂类沾污物，从而导致缩孔。

有许多情况是生产工人所使用的化妆品微粒造成汽车涂料的缩孔，在一些工厂的涂装车间，工人是严禁使用任何化妆品的。一家汽车组装厂发现会不定期地发生缩孔问题，经过反复分析，追溯到一台饮料自动贩卖机每两周要喷一次润滑油。本书的一位作者在一家生产镜子的工厂发现经常会出现缩孔现象，可能是由于在工厂各处使用气溶胶除味剂造成的。工业涂料的用户有时会要求涂料供应商在涂料配方中避免使用有机硅和全氟烃类原料，他们担心这种空气传播的涂料微粒会造成其他涂料的缩孔。

导致缩孔的沾污物的性质和来源在有些情况下是可以确定的。Schoff（1999）和 Hare（2001）建议采用低倍（2～60 倍或 10～80 倍）光学显微镜对缩孔进行初步检查。如有必要，可采用高倍光学显微镜和扫描电子显微镜（SEM）来解决问题，当然带有 EXD 的扫描电子显微镜更有用。另外两种强大的分析工具分别是激光微探针质谱仪（LAMMA）和飞行时间二次离子质谱仪（ToF-SIMS）。LAMMA 对无机物的初步鉴定非常有用，ToF-SIMS 可以鉴定有机沾污物，甚至能区分不同的硅油。有一个案例是缩孔从清漆穿到了底色漆，ToF-SIMS 分析显示沾污物为聚二甲基硅氧烷，也确定了硅氧烷的结构，最后追溯到硅氧烷是一家新供应商提供的树脂。另外一个案例是车身底漆出现了缩孔，经 LAMMA 分析，沾污物来自涂装车间工人用的护肤霜。还有一个案例，电泳底漆中的污染物颗粒经 LAMMA 分析来自镀铜钢焊丝的焊渣（Wolff 等，2004）。McDonough 等（2006）介绍了一个案例，研究鉴别了食品罐环氧内壁涂料缩孔的原因，采用前面提到的各种分析仪器，污染物的来源追溯到用于冷却润滑油和冷却剂的冷却水的污染。尽管有这些功能强大的分析仪器，也不是总能找到缩孔的原因，因为造成缩孔的物质已经挥发了或溶解在漆膜中了。

在大多数的工厂中，不可能完全避免沾污颗粒的存在，这时配方师必须要设计出能减少出现缩孔的涂料。涂料的表面张力低，就不太容易出现缩孔，尽管还有少量表面张力更低的沾污颗粒存在，也不容易形成缩孔。醇酸涂料的表面张力较低，很少出现缩孔（回缩）的问题。通常聚酯涂料比丙烯酸涂料更易出现缩孔，丙烯酸涂料具有较低的表面张力。高固体分涂料因为具有较高的表面张力，即使溶剂挥发了黏度也较低，比常规涂料更易形成缩孔。有些水性涂料也容易出现缩孔。粉末涂料很容易形成缩孔，这将在第 28 章中介绍。

使用助剂可以减少缩孔。少量的硅油通常能消除缩孔，但如前所述，必须谨慎选择硅油的类型和使用量，避免产生回缩或重涂时出现附着不良的问题。含氟表面活性剂是十分有效的，但必须小心使用。聚丙烯酸-2-乙基己酯、聚丙烯酸辛酯或其他疏水丙烯酸聚合物通常都能减少缩孔。这些助剂提供一个均匀的表面张力，促使低表面能的沾污物铺展到整个表面，如果表面具有均匀的表面张力，就不会产生表面张力梯度造成的流动，也就不会形成缩孔。

供应商会提供一系列专用助剂来控制缩孔或达到其他目的，这些助剂通常是稀释的有机硅、改性有机硅溶液和各种助剂的混合物。近几年推出了一些新型的改性有机硅助剂(Penny 和 Berglund，2014)。在特定的涂料配方中使用这些助剂必须进行试验验证。考虑到有各种各样的变量，在一种涂料中有效的助剂在另一种涂料中不一定有效。有些供应商会提供一套含有几十种助剂样品的试验包，并附上使用说明。各种助剂控制漆膜缺陷（如缩孔）的效果比较已有报道（Schnall，1991；Waelde，1994）。也讨论了会消光和降低涂层层间附着力的副作用。改性硅烷和改性硅氧烷比硅氧烷本身更好用，例如据报道，用聚醚端基或侧链改性的硅氧烷可防止水性涂料的一些涂膜缺陷的产生，对重涂性影响很小，它们是通过端基烯丙基聚醚与含有 Si—H 键的聚二甲基硅氧烷反应制备（Spiegelhauer，2002）。另一个例子是，Seraj 等（2014）报道一种硅烷改性的环氧能显著减少阴极电泳涂料的缩孔。

还有许多漆膜缺陷是由于表面张力梯度引起的流动造成的。镀锡板（马口铁板）采用辊涂工艺进行涂装，涂装好的板材固定一个温热的框架上，框架运载板材呈垂直方向通过烘道。有些情况下，人们会在最终涂装好的板材上较薄涂层处看到一个门框的影子。镀锡板靠在温热的金属门框上，在镀锡板上热交换相当快。因为温度较高，板材反面靠框架局部位置的液体涂料表面张力会降低，表面张力较低的涂料会向周围表面张力较高的涂料流动，形成一个漆膜较薄的框架图案，这种漆膜缺陷称为透印。在大型塑料部件背面经常带有较厚的加强筋，加强筋的形状会透印到面漆上。

随着高固体分清漆用于车身的塑料部件，出现越来越多的“胶层透印”缺陷，这些缺陷经常会出现在片状模塑件的位置，这些片状部件是通过在其背面用胶黏剂黏结到车体结构上。一系列的模型研究表明，这种胶层透印的缺陷也是由表面张力梯度引起的流动造成的，在黏结层上面区域的热传递要比相邻区域慢，形成表面张力梯度，导致从黏结层上面区域向外流动（Blunk 和 Wilkes，2001）。

在喷涂平板时，会出现一种称为画框或厚边的缺陷，与边缘相邻的漆膜厚度最厚，边缘附近的漆膜厚度要比平均厚度薄。在基材上遮盖力出现反差，使漆膜厚度的差异特别明显。由于在平板边缘附近的空气流动最为剧烈，溶剂挥发也最快，这导致边缘的温度变低，树脂黏度增大，这两个因素使边缘的表面张力上升，结果与边缘相邻的表面张力较低的涂料流向表面张力较高的边缘。

喷涂时的过喷漆雾落到另一处湿漆膜的表面也会形成表面张力梯度驱动的流动。如果过喷漆雾的表面张力低于湿漆膜，就产生缩孔；如果过喷漆雾的表面张力高于湿漆膜，就形成局部的橘皮。

采用帘式淋涂时，漆帘必须完整。如果有比涂料表面张力低的沾污物颗粒或液滴掉到流动的漆帘上，表面张力梯度驱动流动的作用在漆帘上形成一个薄的区域，产生空洞，导致正在涂装的板材出现未涂装到的区域。通过采用表面张力尽可能低的涂料可减少此问题。因为漆帘是流动的，因此动态表面张力是一个重要参数（Bierwagen，1991）。

24.5 发花和浮色：锤纹涂料

发花和浮色是在漆膜干燥时颜料在漆膜中不均匀分布而形成的漆膜缺陷，有时这两种现象都称为发花。我们遵循更通用的术语定义，发花是指颜色呈斑块状，浮色是表面颜色是均一的，但会出现比所用的混合颜料应产生的颜色或深或浅的变化。发花是由于各种颜料在漆膜中水平方向的分离引起的，而浮色是颜料在垂直方向的分离引起的。

涂料中至少含有两种以上的颜料时发花最明显。例如一种浅蓝有光磁漆会在浅蓝色背景上出现较深的蓝色线条斑块图案，图案倾向于六边形，但很少是完美的六边形。另外，对于一种不同的浅蓝色涂料，颜色的图案可能会倒过来，线条是浅蓝色，背景是较深的蓝色。这些现象是颜料分离造成的，当漆膜干燥时，表面张力梯度造成涂料的对流，导致颜料的分离。漆膜干燥过程中溶剂从漆膜中快速挥发引起强烈的湍流，对流的方式是靠涂料从底层向上流动，再循环向下流进漆膜底层，在升到表面的新涂料再往下回流之前，溶剂挥发，浓度增加，温度下降，表面张力增加。表面张力梯度维持了对流流动，流动的方式近乎是圆形，但随着图形的扩大，会与其他流动发生交会，对流受到挤压。如果体系是非常规整的，会形成六边形的贝纳德漩涡图案，这种图案是以 17 世纪法国科学家的名字命名的，是他发现在自然界中普遍存在六边形的流动方式。随着溶剂的持续挥发，黏度增加，颜料颗粒的活动变得困难，粒径最小、密度最低的颗粒活动的距离最远，而粒径最大、密度最高的颗粒很快就停止活动，就形成发花的图案。

如果涂料中一种颜料会絮凝，而另一种是不絮凝的超细分散体，出现发花的可能性尤其大。粒径细小的颜料移动的距离最远，随对流流到两个相邻的贝纳德漩涡边缘，在相邻两个贝纳德漩涡边缘处，小粒径颜料浓度较高，而在贝纳德漩涡的中心粗粒径的颜料浓度较高。以浅蓝色涂料为例，如白色颜料絮凝了，而蓝色颜料没有絮凝，就会看到在浅蓝色背景上出现深蓝色线条。如果反过来，蓝色颜料絮凝了，而白色颜料没有絮凝，浅蓝色的线条出现在深蓝色的背景上。图 24.7 是贝纳德漩涡形成时对流方式示意图。发花在单一颜料的涂料中也可能发生，是由表面的颜料不均匀造成的，会降低光泽。

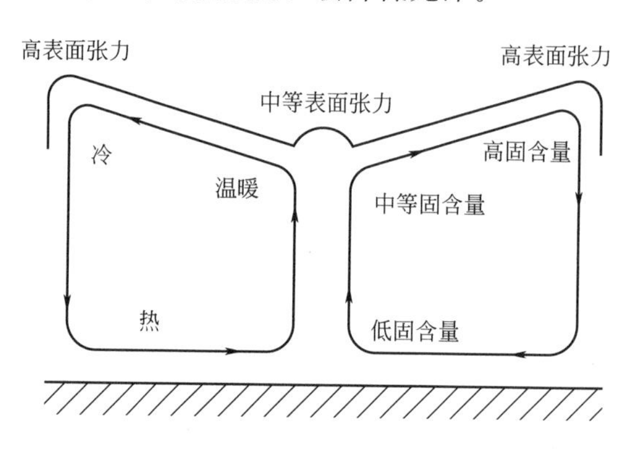

图 24.7 贝纳德漩涡形成时的对流方式示意图

资料来源：Pierce 和 Schoff (1994)。经 The Federation of Societies for Coatings Technology 许可复制

通过对颜料分散体进行恰当的稳定化处理，不让颜料发生絮凝，发花会减轻。然而即使颜料不絮凝，也会发生发花，因为所用的颜料具有不同的粒径和密度。举一个例子，用超细高色素的炭黑和二氧化钛制备灰色涂料，二氧化钛不仅粒径是炭黑的好几倍，而且密度是炭黑的 4 倍。采用粒径大一些，着色力差一些的炭黑如灯黑制备灰色涂料，出现发花的可能性会低得多。

如果使用挥发慢的溶剂也可减少发花现象。使用挥发慢的溶剂不太容易形成表面张力梯度，马兰戈尼效应流动也受限制，发花能减轻。如出现发花现象，配方师首先应重新设计配方来解决这个问题，通常的做法是不要去选择容易絮凝的颜料。有时为了降低了涂料的施工黏度添加了溶剂，造成颜料絮凝，此时，改变溶剂就能消除发花。有一些情况中有必要改变树脂和用于稳定颜料分散的分散剂（21.1.3 节）。另一个解决发花的途径是采用助剂，针对另一些由表面张力梯度造成的流动现象，可以通过添加硅油来阻止发花的发生。如果要避免回缩现象，只能使用极少量的硅油，将硅油配制成非常稀的溶液来使用。因为慢挥发溶剂也能帮助减轻发花，所以经常用慢挥发溶剂来配制助剂溶液，解决发花问题。

浮色是指表面颜色均一，但与混合颜料本应呈现的颜色有差异。例如一种颜色均匀的灰色涂料，但其颜色比由黑色和白色颜料按一定比例调配的预期色要深。浮色中最棘手的问题是浮色程度会随施工的环境条件而变化，导致同一种涂料涂装到物件上产生不同的颜色。浮色是由于涂料中一种或几种颜料在表面富集而造成的（Schnall，1989；Pierce 和 Schoff，1994）。分层被认为是由于颜料在涂膜中不同的沉淀速度造成的，是颜料的密度、粒径的差异或某一种颜料发生絮凝而造成的。浮色会因涂膜厚、漆料黏度低和溶剂的挥发速率慢而加重，这就是说，以上任何一个因素都会使漆膜在更长的时间里保持低黏状态，因此更多的颜料会出现沉淀。浮色可简单地通过擦拭一小块湿漆膜来确定，如擦拭的区域出现不同颜色，肯定出现浮色了。应对措施是要尽量避免使用易絮凝、密度低和粒径小的颜料，如可能的话，尽量使用挥发快的溶剂和高黏度的漆料。Schnall（1989）进一步讨论了发花、浮色和有关颜色方面的缺陷。

乳胶漆也会产生发花和浮色（Ying 等，2004）。乳胶漆含有一种或多种表面活性剂，还有无机和有机颜料分散体。有时该体系不稳定也会导致涂料的絮凝。另外一些情况中存在不相容性，只要影响一种颜料就会导致发花或浮色。当乳胶漆用水稀释时，发花就会产生，这是由于分散的颗粒与水之间的平衡发生了偏移，导致颜料分散体的稳定性变差。同时，黏度降低会促进颗粒的运动，表面张力的增大可能会促使贝纳德漩涡的形成。减少浮色的措施有：

① 降低惰性颜料的粒径；

② 使用高分子量和低分子量的丙烯酸羧酸盐的混合分散剂；

③ 确保增稠剂和分散剂的相溶性。

通常都不希望出现发花，有创意的涂料配方师故意造成发花现象，利用这一缺陷制备出有吸引力的涂料。这种涂料称为锤纹漆，因为涂料看上去像圆头锤在金属片上锤击后出现的图案。这些涂料含有大粒径、非浮型铝粉和超细透明颜料的分散体，通常用酞菁蓝颜料。一种获得锤纹效果的方法是先喷涂一种蓝色金属铝粉涂料，然后在漆膜上喷涂少量溶剂，造成表面张力梯度。还有一类自锤纹漆，不需要喷涂少量溶剂就能获得锤纹图案，如将挥发速率快的溶剂与干燥快的树脂一起使用，如苯乙烯改性醇酸树脂，就可以实现。锤纹漆曾经大量用于铸铁件，来掩盖铸造的缺陷，随着平整的塑料件替代金属铸件，此类应用也随之减少了。

24.6 起皱：皱纹漆

起皱这个术语是指涂料表面看起来有许多由小丘或峰/谷组成的皱褶纹。有些情况下皱纹的图案非常细小，无法用肉眼观察到，这种漆膜看上去光泽较低且没有皱褶，但放大后表面能看到有光泽和有皱纹。另外一种情况下皱纹的图案宽而深，很容易用肉眼观察到。起皱是这样形成的，漆膜表面的黏度变大，而底层的漆膜还可以流动，这种状态是由于漆膜表面溶剂先快速挥发，底层的溶剂后挥发；也可能是由于漆膜表面比底层交联速率更快，随后底层的溶剂挥发或交联拉紧漆膜表层，形成皱纹图案，导致起皱。厚的漆膜比薄的漆膜更易起皱。

早期起皱的现象出自干性漆膜，尤其是所用的油全部或部分是桐油，而且仅仅用钴盐作为催干剂时易出现起皱。桐油与空气中的氧气接触会发生比较快的交联，钴盐是作为表层漆膜自氧化催化剂，但对内层干燥有困难（14.2.2 节），这些因素造成了表面固化的差异性，导致漆膜表层起皱。涂料的皱纹可能是细小的或是宽的，取决于桐油与其他干性油的比例，在长油度的醇酸体系中，这取决于钴盐与其他催干剂的比例，如能促进内部干燥的铅盐或锆盐。

在大多数多情况下起皱是不希望出现的，配方师已将此缺点转化为可利用的特性。皱纹漆已大规模销售应用了许多年了，如在办公器材上，皱纹漆像锤纹漆一样能遮盖铸造金属件的不均匀性，随着塑料模塑件替代了许多金属铸件，皱纹漆的应用也在减少。

如今起皱是一种通常不希望出现的缺陷。不合适的配方或氨基树脂交联的涂料经常会出现起皱。在氨基树脂交联的涂料中，胺用于中和涂料的酸性，胺封闭磺酸盐是用来提高涂料的贮存稳定性的，在这些涂料中由于胺的挥发出现起皱的可能性最大，例如三乙胺在这种条件下会引起起皱，而二甲基乙醇胺则不会。提高催化剂的浓度会促进起皱，同样增加膜厚也会促进起皱（Wicks 和 Chen，1978）。

另外一种起皱的情况发生在自由基聚合的 UV 固化丙烯酸色漆中（29.5 节），需要用高浓度的光引发剂与颜料进行竞争吸收紫外线，UV 穿过漆膜时被颜料和光引发剂吸收，其渗透会减弱，表面漆膜的交联快，漆膜底层交联较慢，导致起皱。如果固化在惰性气体中而不是空气中完成，起皱可能更为严重。在空气中时，由于氧在表面的阻聚作用，减小了表层与内层的固化速率的差异。阳离子聚合的光固化涂料不存在氧阻聚，因此更易出现起皱。

24.7 起泡和爆孔

起泡发生在漆膜的近表层，爆孔是在漆膜表面气泡破裂后又不能流平时形成的。当漆膜表面的黏度变得很高，而在漆膜的底层仍有可挥发物时，这两种缺陷可能会同时产生，烤漆中很常见。如果漆膜表面的黏度非常高，一些溶剂的气泡上升到漆膜表面，但没有破裂，形成起泡。当漆膜表面的黏度足够高，导致溶剂气泡破裂，而在黏度继续增大阻止流平前，涂料已不能流平，就形成了爆孔。如果爆孔非常小，有时也称为针孔。漆膜表面上经常会同时出现开放的爆孔、气泡和针孔。

对于溶剂型涂料，爆孔和起泡是由于在漆膜闪蒸初期，表面的溶剂快速挥发，漆膜表面的黏度要比富含溶剂的底层高，当涂装工件进入烘道时，漆膜底层中的溶剂开始挥发，产生气泡，但气泡不易通过高黏度的漆膜表层，随着温度进一步升高，气泡膨胀，最终破裂穿过漆膜表层，形成爆孔。此时漆膜的黏度已相当高，无法通过流动来修复这些爆孔。

夹带在涂料中的气泡也是爆孔的起因，或者至少会加剧爆孔的产生。如果漆膜表面的黏度比较高，气泡在进入烘道前一直会保留在涂料中，随着烘道温度的升高，空气膨胀，气泡破裂后出现在漆膜表面。在喷涂或手工辊涂水性漆的过程中，尤其可能带入气泡。当底漆或底色漆中还有残留的溶剂时就立即涂装面漆，也会造成起泡和爆孔。

含有游离异氰酸基团的水性聚氨酯涂料，如湿固化聚氨酯（12.6 节）和双组分聚氨酯涂料（12.7.3 节），由于异氰酸基团与水反应，会产生二氧化碳气泡。

在涂装塑料件时，溶剂会溶入塑料中，导致烘烤时形成起泡或爆孔。更普遍的是，塑料件上微孔中的空气或潮气会进入涂料中，导致爆孔，这种现象通常称为“放气”，但这种爆孔与溶剂引起的爆孔不好区分。同样，镀锌板的锌层中或锌层下面的氢气、甲烷或其他残留挥发物会逸出而形成爆孔（也称为镀锌放气）。阳离子电沉积时在高压下会放电和析氢，产生类似爆孔一样的针孔和缩孔（Schoff，2013）。爆孔产生的另一个潜在原因是交联反应产生的挥发性副产物的逸出。当漆膜表面黏度高到一定程度，以致挥发性物质的气泡不能轻易从漆膜表面逸出时，就形成爆孔。水性汽车底色漆和溶剂型罩光清漆配套施工时，如果底色漆在烘烤时不能充分除掉水，就会出现爆孔。如果底色漆烘烤温度过高，底色漆变成多孔，清漆中也会出现爆孔。如果清漆中的溶剂被底色漆吸收，它就会在后期从部分固化的清漆中逸出。

爆孔出现的概率随膜厚而增大，因为膜厚增加，形成溶剂含量差异的机会更大。有一个方法能评估出现爆孔的相对可能性，一系列涂料在标准条件下制样、闪蒸和烘烤，确定不出现爆孔的最大膜厚（Watson 和 Wick，1983），此膜厚称为临界爆孔膜厚，配方师要尽量提高这个临界值。爆孔可以通过以下措施来减轻：多道慢速喷涂；在涂装工件进入主烘道前留有更长的闪蒸时间，将烘道分区，在最初的几个区域中温度相对低一些。减少爆孔的出现也可以在混合溶剂中选用慢挥发的良溶剂，这使得漆膜表面的黏度足够低，以便气泡穿出表层，在漆膜表面黏度变高前漆膜能够流平修复爆孔。

使用水稀释烤漆爆孔尤其严重，如表 24.1 所示。将相同的烤漆分成两组，但是施工时一组是采用溶剂稀释，另一组是采用水稀释（Watson 和 Wick，1983）。从表中可看出，水稀释涂料的临界爆孔膜厚都特别低。表 24.1 的数据也显示了影响爆孔出现的另外的因素，这些涂料的临界爆孔膜厚随涂料中丙烯酸树脂的 T_g 升高而降低，这一点对于溶剂稀释涂料和水稀释涂料都是符合的，但这种效应在水稀释涂料中更为显著。

表 24.1 临界爆孔膜厚

共聚物 T_g/℃	临界爆孔干膜厚/μm	
	水	溶剂
−28	50	120
−13	30	>70,<95
−8	20	>70,<95
14	10	55
32	5	25

控制水稀释涂料爆孔的难度大，有许多可能的原因。溶剂型涂料能用不同挥发速率的溶剂调节配方，而水稀释涂料只有一种蒸汽压与温度的曲线，而且曲线比任何有机溶剂稀释涂料要陡。由于水在常温下能与树脂中极性基团形成较强的氢键，被留在体系中，这些氢键在较高的温度才能断裂，水才释放出来。水的汽化热为 2260J/g，比有机溶剂高很多，如乙二醇丁醚汽化热为 373J/g。由于汽化热高，减慢了水稀释漆膜在烘道中的升温速度，进一步增加爆孔的可能性（Schnall，1989；18.3.6 节）。

水稀释涂料较高的 T_g 会增加爆孔的可能性，但与此相反，较低 T_g 的乳胶漆更容易出现爆孔，这种相反的现象反映了在水完全蒸发前，低 T_g 乳胶漆的表面已过早地聚结成膜的可能性。

水稀释汽车底色漆是没有爆孔问题的，因为涂膜厚度相对较薄，并且经过充分的闪蒸。同样的涂料若漆膜厚就会出现爆孔，有报道称漆膜薄还能促进片状颜料的定向。

爆孔和缩孔的外观通常相似，但要加以区分，因为补救的措施是不同的。有一个判断依据是爆孔在漆膜最厚处最易出现，而缩孔与膜厚没有多大的关联性。另外的区别是爆孔常常伴随一些没有破裂的气泡。

24.8 起泡沫

涂料生产和施工过程中的搅拌和混合是在空气中进行的，就有可能形成泡沫。泡沫会导致最终漆膜的不平整，液体涂料中夹带入泡沫后会形成针孔或爆孔。在喷涂施工水性涂料时，这个问题更为严重，尤其是使用无气喷涂或手工辊涂。泡沫形成后会产生巨大的表面积，表面张力越低产生大量泡沫所需的能量越小。

泡沫在低黏度纯液体中是不稳定的，泡沫在没有表面活性剂或其他稳泡物质存在时，瞬间就会破裂。纯水具有较高的表面张力，不太可能产生泡沫。水性涂料含有许多化学物质，这些化学物质会迅速迁移到泡沫表面起稳泡作用。例如表面活性剂不仅能降低水的表面张力，促进泡沫的形成，而且会迁移到表面形成一个高黏度定向排列的表面层，稳定泡沫。在设计乳胶漆配方时，表面活性剂或水溶性树脂增稠剂对泡沫稳定性的影响是重要的选择原则（Bierwagen，1975；Schwarz 和 Bogar，1995）。乙炔二醇类表面活性剂，据报道如 2,4,7,9-四甲基-5-癸炔-4,7 二醇烷氧基化合物，是一种有效的表面活性剂，它提高气泡表面的黏度没有烷基酚乙氧基化合物那么大（Heilin 等，1994）。

很多助剂能用于消泡，大多数是依靠在气泡的表面产生表面张力梯度，造成流动，实现消泡。如果气泡表面的某一处表面张力低，这个区域的液体会流向并覆盖周边表面张力高的区域，减薄气泡壁，最终使气泡破裂。例如聚二甲基硅氧烷（硅油）对许多泡沫的消除是有效的，因为它们的表面张力几乎比任何泡沫的表面张力低。当然硅油还有其他用途，少量的添加是有效的，但过量一点就会出现问题。其他低表面张力的助剂，如聚丙烯酸辛酯可作为消泡剂，超细疏水 SiO_2 也可以作为消泡剂和/或消泡剂有效组分的载体（Smith，1988）。少量的不混溶的烃类溶剂也可作为水性涂料的消泡剂，但用在乳胶漆中会出现絮凝（Kozakiewicz 等，1993），在此研究中的涂料含有多种表面活性剂，所用的几种表面活性剂的加入次序以控制不出现絮凝为原则。端基聚醚硅氧烷已报道能阻止水性涂料泡沫的形成，同时减少空气泡的夹带（Spiegelhauer，2002）。

Przybyla 等（2014）介绍了两种评价消泡剂的方法。他们指出超低和接近零 VOC 的水性涂料配方常常采用复杂的表面活性成分的组合物。导致消泡剂的选择非常复杂，许多常规消泡剂没有效果，他们建议使用聚合物类消泡剂。Penny 和 Berglund 推荐使用有机改性的有机硅消泡剂，这类消泡剂还能提高抗粘连性和其他性能。

一些公司销售系列消泡剂产品，同时提供装有消泡剂小样的试验包，配方师在涂料中对这些消泡剂进行试验，寻找一种消泡剂能解决泡沫的问题，或至少能减轻泡沫的产生。对于相对简单的体系预测某种消泡剂的消泡性能是可能的，但对于水性涂料是很困难的，因为在泡沫的界面可能存在太多的成分。如何将表面活性剂、润湿剂、水溶性聚合物和消泡剂进行合理的组合十分重要。必须要对不同的消泡剂在每一种涂料进行验证试验（Przybyla 等，2014），有许多试验方法可用于比较涂料产生泡沫的趋势（Smith，1988；Kozakiewicz 等，1993；Heilin 等，1994）。

24.9 沾污

沾污可以认为是所有漆膜缺陷中最普遍的，Schoff（2015）说过“涂料常常因沾污问题被投诉，但它并不是真正的罪魁祸首”。在工厂里各种固体颗粒会落在刚涂装好的湿漆膜表面，如颗粒含低表面能的物质，漆膜会产生缩孔，如果不含，但颗粒足够大，肉眼能看到，就成为漆膜缺陷。这些颗粒包含打磨飞尘、地面的灰尘、从户外吹入的尘土，及来自抹布和工人所穿衣服上的纤维，还有烘道中的灰污染物等。在户外，基材上的沾污和扬尘是普遍存在的问题，甚至昆虫有时也不可避免地被吸引到漆膜上。光学显微镜对区分沾污的类型非常有作用，傅里叶红外光谱也经常用于鉴定沾污物的来源。防止沾污的问题需要干净的原材料、干净的涂料和洁净的涂装车间，最好与工厂的其他车间分隔开。输送到喷漆柜和喷枪的空气必须是干净的。要尽量减少打磨，打磨的尘粒要清理干净后才能喷漆。烘道要经常仔细清理。使用不起毛的防护服和抹布能减少绒毛的沾污。

尽管采取了防范措施，但灰尘几乎是不可避免的。所以涂料要快速干燥/固化，使灰尘颗粒黏附不到漆膜表面，涂料的这一性能对不烘烤的涂料尤其重要。简易的不沾尘干燥时间的测定方法是将特定粉尘或绒毛按不同时间间隔撒落到漆膜表面，然后吹掉。快速干燥对于某些没有或不能实施需要的防范措施的车间更加重要。

（桂泰江 译）

综合参考文献

Heilen，W.，*Additives for Waterborne Coatings*，Vincentz，Hannover，2009.

Koleske，J. V.，*Paint and Coating Testing Manual*，15th ed.，ASTM，West Conshohocken，2012.

Pierce，P. E.；Schoff，C. K.，*Coating Film Defects*，2nd ed.，Federation of Societies for Coatings Technology，Blue Bell，PA，1994.

Schoff，C. K.，Coatings Clinic，on the last inside page of almost every issue of JCT CoatingsTech starting from 1（4）（2004）. Publication of an archive of these articles in the American Coatings Association website is planned.

Weldon，D. G.，*Failure Analysis of Paints and Coatings*，Revised Edition，John Wiley & Sons，Inc.，Chichester，2009.

参 考 文 献

Backhouse，A. J.，US patent 4，268，547(1981).

Bauer，D. R.；Briggs，L. H.，*J. Coat. Technol.*，1984，56(716)，87.

Berndimaier，R.，et al.，*J. Coat. Technol.*，1990，62(790)，37.

Bierwagen，G. P.，*Prog. Org. Coat.*，1975，3，101.

Bierwagen，G. P.，*Prog. Org. Coat.*，1991，19，59.

Blunk，R. H. J.；Wilkes，J. O.，*J. Coat. Technol.*，2001，73(918)，63.

Boggs，L. J.，et al.，*J. Coat. Technol.*，1996，68(855)，63.

Brandenburger，L. B.；Hill，L. W.，*J. Coat. Technol.*，1979，51(659)，57.

Cohu，O.；Magnin，A.，*Prog. Org. Coat.*，1996，28，89.

Eley，R. P.；Schwartz，L. W.，*J. Coat. Technol.*，2002，74(932)，43.

Ellis，W. H.，*J. Coat. Technol.*，1983，55(696)，63.

Fink，F.，et al.，*J. Coat. Technol.*，1990，62(791)，47.

Hahn，F. J.，*J. Paint Technol.*，1971，43(562)，58.

Hare，C. M.，*J. Prot. Coat. Linings*，2001，18(12)，57.

Heilin，W.，et al.，*J. Coat. Technol.*，1994，66(829)，47.

Hill，L. W.；Wicks，Z. W.，Jr.，*Prog. Org. Coat.*，1982，10，55.

Ishikura，S.，et al.，*Prog. Org. Coat.*，1988，15，373.

Kojima，S.；Moriga，T.，*Polym. Eng. Sci.*，1995，35，1998.

Kozakiewicz,J.,et al.,*J. Coat. Technol.*,1993,65(824),47.
Lade,R. K.,Jr.,et al.,*Prog. Org. Coat.*,2015,86,49.
LeSota,S.,Ed.,*Coatings Encyclopedic Dictionary*,Federation of Societies for Coatings Technology,Blue Bell,PA,1995.
Maklouf,J.;Porter,S. M.,US patent 4,180,619(1979).
McDonough,F.;Niemeyer,W.;Shuster,M.,*Modern Microscopy*,2006,February 8.
Ngo,P. -A. P.,et al.,*J. Coat. Technol.*,1993,65(821),29.
Oliveira,M. B.;Coutinho,J. A. P.;Queimada,A. J.,*Fluid Phase Equilib.*,2011,303,56lib.
Orchard,S. E.,*Appl. Sci. Res.*,1962,*A*11,451.
Overdiep,W. S., in Spalding, D. B., Ed., *Physicochemical Hydrodynamics*, V. G. Levich Festschrift, Advance Publications Ltd.,London,1978,Vol. II,p 683.
Overdiep,W. S.,*Prog. Org. Coat.*,1986,14,159.
Owen,M. J.,Surface and Interfacial Properties in*Physical Properties of Polymers Handbook*,American Institute of Physics, Woodbury,1996.
Patton,T. C.,*Paint Flow and Pigment Dispersion*,2nd ed.,Wiley-Interscience,New York,1979,p 554.
Patton,T. C.,*Paint Flow and Pigment Dispersion*,2nd ed.,Wiley-Interscience,New York,1979,p 572.
Patton,T. C.,*Paint Flow and Pigment Dispersion*,2nd ed.,Wiley-Interscience,New York,1979,p 578.
Penny,T.;Berglund,B.,*Proceedings of the American Coatings Conference*,Atlanta,GA,April,2014,Paper 9. 4.
Pierce,P. E.; Schoff, C. K., *Coating Film Defects*, 2nd ed., Federation of Societies for Coatings Technology, Blue Bell, PA,1994.
Przybyla,D.;Peter,W.;Pirrung,F.,*Proceedings of the American Coatings Conference*,Atlanta,GA,April,2014,Paper 9. 6.
Schnall,M.,*J. Coat. Technol.*,1989,61(773),33.
Schnall,M.,*J. Coat. Technol.*,1991,63(792),95.
Schoff,C. K.,*J. Coat. Technol.*,1999,71(888),57.
Schoff,C. K.,*JCT CoatingsTech*,2013,August.
Schoff,C. K.,*JCT CoatingsTech*,2015,June,56.
Schwartz,J.,*J. Coat. Technol.*,1992,64(812),65.
Schwartz,J.;Bogar,S. V.,*J. Coat. Technol.*,1995,67(840),21.
Scriven,L. E.;Sternling,C. V.,*Nature*,1960,187(4733),186.
Seraj,S.;Ranjbar,Z.;Jannesari,A.,*Prog. Org. Coat.*,2014,77(11),1735,Org.
Smith,R. E.,*Ind. Eng. Chem. Prod. Res. Dev.*,1983,22,67.
Smith,R. E.,*J. Coat. Technol.*,1988,60(761),61.
Spiegelhauer,S.,*Proceedings of the International Waterborne,High-Solids,and Powder Coatings Symposium*,New Orleans,LA,2002,pp 161-170.
Tachi,K.,et al.,*J. Coat. Technol.*,1990,62(791),19.
Waelde,L. R.,et al.,*J. Coat. Technol.*,1994,66(836),107.
Watson,B. C.;Wicks,Z. W.,Jr.,*J. Coat. Technol.*,1983,55(698),59.
Wicks,Z. W.,Jr.;Chen,G. F.,*J. Coat. Technol.*,1978,50(638),39.
Wilson,S. K.,*Surf. Coat. Int.*,1997,80,162.
Wolff,U.,et al.,*Prog. Org. Coat.*,2004,51,163.
Wright,H. J.,et al.,US patent 4,290,932(1981).
Wu,S. H.,*J. Appl. Polym. Sci.*,1978,22,2769.
Yang,L.,et al.,*Phys. Fluids*,2014,26,113103.
Ying,H.,et al.,*JCT Res.*,2004,1(3),213.

第25章 溶剂型涂料和高固体分涂料

第25章到第29章将介绍主要的涂料类型，包括溶剂型涂料和高固体分涂料、水性涂料、电沉积涂料、粉末涂料以及辐射固化涂料，讨论这些类型涂料的主要原理，并比较适用于每种涂料的树脂。第30章到第33章，将讨论这些涂料的具体应用。

从历史上看，几乎所有的有机涂料都是溶剂型或者无溶剂型的，例外的情形是涂料的售卖形式是粉末，用户使用时把它变成在水里的悬浮液。从20世纪30年代起，水性涂料逐渐开始取代许多溶剂型涂料；到70年代，粉末涂料、电沉积涂料以及辐射固化涂料也开始变得愈加重要。

开发水性涂料最初的驱动力是减少火灾危害和降低气味，并可以使用水来进行清洗。从60年代起，主要的驱动力是减少VOC（挥发性有机化合物）的排放（第18章）。尽管预测溶剂型涂料会萎缩，但2014年全球涂料市场中溶剂型涂料仍然占据了48%的份额（Challener，2014）。随着更加严苛的环境法规的实施以及其他技术的发展，溶剂型涂料会进一步被其他技术取代。但是，在许多情形下，溶剂型涂料仍然具有相对于水性和其他涂料的优势，比如：

- 施工的投资成本一般更低，尤其是相比较于水性涂料，因为后者需要使用不锈钢设备。
- 溶剂型涂料的静电喷涂装置比水性涂料的装置便宜。
- 溶剂的挥发速率不太受湿度的影响，消除了一个变量，这是水性涂料很头疼的事。
- 涂膜很少出现气泡和爆孔问题。
- 在某些应用中，溶剂型涂料具有更好的漆膜性能，尤其是要求优异的耐水、耐腐蚀性等场合。
- 溶剂焚烧和回收工艺几乎可以消除VOC的排放，在某些情形下是一种经济可行的方法，特别是在卷材涂料中尤为如此。另外，高固体分溶剂型涂料技术在进一步发展，可以保留溶剂型涂料的固有优势，同时又进一步降低VOC。
- 高固体分涂料的技术进步以及施工设备的发展，已经使得它有可能满足许多VOC的法规要求。
- 在美国和加拿大，一些特定的溶剂因为光化学反应活性极低，而被VOC法规豁免（18.9.1节）。豁免溶剂包括丙酮、乙酸叔丁酯、CO_2、4-氯三氟苯（PCBTF）、乙酸甲酯、碳酸二甲酯（DMC）以及碳酸丙烯酯（PC）。这些溶剂的挥发速率很快，但它们可以与慢挥发的溶剂配合使用，以配制符合许多现行法规的涂料。用这些溶剂配方制得的高固体分涂料具有优异的性能，其配方的VOC可以达到200～300g/L（1.7～2.5lb/gal）或更低；如果需要，甚至有可能进一步降低VOC。
- 在溶剂型涂料中引入生物基树脂，潜力巨大，目前只有部分得到实现。
- 在某些场合下，生命全周期分析显示，溶剂型涂料比竞争技术具有更低的对总体环境的影响（30.1.4 节）。

目前正在进行更高固体含量涂料的研发，最终目的是要制备使用极少溶剂（无溶剂）的液体涂料，成果正在逐渐展现。VOC 低于 250g/L 的高固体分涂料普遍应用于工业涂料、船舶涂料、维护涂料以及铁路涂料。“无溶剂”液体涂料（几乎 100%固体含量）可用于一些特殊的应用场合（Brand，2016；25.2.2 节）。鉴于现有的优势和可预见的未来发展，似乎其他技术逐渐取代溶剂型涂料是有可能的，但取代的速度会比一些专家预计的要慢。

对于一些终端应用，特别是把成本看得尤其重要时，单一涂层就足够了；然而，在许多其他应用中，要满足性能要求，至少需要涂装两道以上。当需要多涂一层的时候，经常是使用特殊设计的底漆作为第一道涂层，而另一道不同的涂料作为面漆。设计底漆时，要使其对基材有很强的附着力，并与面漆有良好的层间附着。底漆不需要像面漆一样具有非常关键的性能，但底漆常常会影响面漆的性能。一般来说，底漆比面漆更便宜。

25.1 底漆

配制底漆首先要考虑的是实现对基材良好的附着力（第 6 章）。理想情况下，基材保持清洁并具有均匀的粗糙表面，但在许多情况下底漆必须容忍不那么理想的情况。底漆的表面张力必须低于基材的表面自由能，除非底漆可以渗透进塑料基材（31.2.2 节）。底漆连续相的黏度应当尽可能低，以便促进漆料渗透入基材表面的空隙和缝隙里。渗透也可以通过使用慢挥发溶剂、慢速交联的体系来实现，如有可能使用烘烤型的底漆。底漆用的基料树脂，应在其主链上有散布的极性基团，这样可以与基材表面产生相互作用。涂膜中应当尽量减少可溶性盐（有时存在于颜料中）。涂料的基料与基材之间的相互作用应大于水分子透过涂层到达界面时的置换能力。对于金属基材以及碱性表面（如砖石）上的底漆，耐皂化性是选择基料的重要标准。水蒸气透过是金属底漆不希望的，但木器产品的底漆应具有足够的渗透性，可避免起泡。

25.1.1 底漆的基料

金属基材的底漆大多使用双酚 A（BPA）环氧树脂及其衍生物作为基料（13.1.1 节和 15.8 节）。尽管还不能给出圆满的解释，但经验表明，一般 BPA 环氧树脂涂料对清洁金属具有优异的附着力。添加少量的环氧磷酸酯（13.5 节）可以进一步提高附着力，尤其是湿附着力。对于烘烤型涂料来说，环氧-酚醛涂料特别合适；对于气干型涂料，通常选择环氧-胺涂料。这两种类型的涂料均具有出色的湿附着力和耐皂化性，这对于长效腐蚀防护至关重要。一般来说，烘烤型环氧-酚醛涂料在这方面表现优异。

醇酸底漆（第 15 章）和环氧酯底漆（15.8 节）也被广泛使用。其材料成本和施工成本比环氧涂料低，但对金属的湿附着力通常不是很好，除非金属被油性残留物污染。大多数醇酸树脂的耐皂化性有限，而环氧酯的耐皂化性介于醇酸和环氧胺之间。

用于金属底漆成本最低的漆料是苯乙烯改性醇酸树脂（15.6 节），通常用于气干型底漆。由于存在大量的芳香环，导致 T_g 较高，使底漆迅速达到指触干，甚至干到可以进行搬运。但是，与未进行苯乙烯改性的醇酸树脂相比，苯乙烯改性的醇酸树脂交联速度较慢，交联密度较低。其结果是漆膜的耐溶剂性增长缓慢，具有较宽的“不可涂覆”的时间窗口，因此不应在此期间涂装面漆。如果在此时间范围内在底漆上涂覆面漆，则很可能会发生“咬底”现象。

镀锌钢表面是一层氢氧化锌、氧化锌和碳酸锌，都在一定程度上可被水溶解，具有强碱性。特别是如果金属在涂装前不久未经过磷酸盐处理，则底漆中的基料必须具有耐皂化性。醇酸树脂缺乏必要的耐皂化性。对于气干型涂料，丙烯酸乳胶比醇酸树脂更加合适。

除了金属，其他基材表面的涂装也需要底漆，许多建筑涂料在涂装时（第 32 章）也需要底漆，但大多数情况是不需要的。这种情况下，溶剂型醇酸底漆起到很重要的作用。

聚烯烃塑料的附着比较困难，可以通过使用氯化聚合物的底漆来解决（6.5 节和 31.2.2 节）。混凝土和其他砖石表面呈碱性，通常需要特殊的表面处理，最常见的是用盐酸或磷酸清洗。酸洗不仅可以中和表面碱度，也会腐蚀表面。耐皂化的底漆，例如环氧胺或乳胶底漆，使用寿命最长。混凝土砌块的表面多孔，溶剂型涂料会渗透到该表面，需要相对大量的涂料才能覆盖。乳胶漆具有很好的覆盖能力（32.1 节）。

25.1.2 底漆的颜料化

颜料在腐蚀防护中具有不可或缺的作用，见第 7 章的叙述。

在其他方面，底漆配方中颜料的选择及其用量也至关重要（第 22 章）。颜料的加入量会影响面漆与底漆之间的附着力。PVC/CPVC 比例高的配方是低光泽涂料，低光泽涂膜粗糙度高，表面积增大，可改善层间附着力。在有些情形下，需要配制 PVC＞CPVC 的底漆。这样得到的底漆漆膜有些多孔性，允许面漆基料渗透到孔中，从而促进涂层间附着力。与 PVC＜CPVC 的底漆相比，PVC＞CPVC 的底漆更容易打磨，并且不易粘砂纸。由于惰性颜料通常是干膜中最便宜的组分，因此 PVC 高可将成本降至最低。但是，PVC 的含量应该比 CPVC 仅略高一点，否则会吸收面漆里的基料，导致面漆光泽的下降。

由于底漆几乎总是低光泽涂料，因此经验不足的配方设计师可能认为没有必要为底漆提供良好的颜料分散体。事实并非如此！由于 CPVC 受分散程度尤其是絮凝程度的影响，而底漆通常配制成略高于或略低于 CPVC，因此颜料分散至关重要。如果颜料分散体的稳定性不好，CPVC 会降低，PVC/CPVC 的比例就会超过所希望的值。

如果底漆上只是涂单一颜色的面漆，通常希望底漆具有与面漆相似的颜色，因为这样可以使底漆颜色对最终面漆颜色的影响最小。在许多情况下，在同一底漆上要涂不同颜色的面漆，这时通常使用浅灰色的底漆。灰色底漆比白色底漆具有更好的遮盖力，因为含有可以强烈吸收光线的颜料，通常是灯黑。浅灰色底漆对面漆的颜色影响相对较小。含有氧化铁红颜料的底漆具有良好的遮盖力，成本低，但对最终面漆的颜色影响较大。

除附着力外，水和氧气的渗透性是采用屏蔽涂层对金属进行腐蚀防护的重要因素（7.3.3 节和 33.1.1 节）。颜料会极大地影响渗透性。在 PVC/CPVC≤0.9 时，漆膜的 PVC 越高，气体和蒸汽的渗透性越低。为了用不渗透的颜料尽可能占据干膜的体积，应使用 CPVC 高的颜料组合，使 PVC 接近 CPVC。片状颜料颗粒往往会对氧气和水的渗透性具有良好的屏蔽性。云母和云母氧化铁由于其片状形式而被广泛用于金属的底漆中。人们也必须利用树脂-颜料之间的结合，树脂被强烈吸附在颜料表面上。如果颜料具有极性表面，但树脂的吸附性较弱，那么渗透穿过涂膜的水可能会将树脂从颜料表面置换掉，从而增加水的渗透性。

用于屏蔽性底漆的颜料应完全不溶于水。例如，如果在底漆配方中使用氧化锌作为颜料，则某些氧化锌会溶解在透过涂膜的水中，形成渗透池，导致起泡。当钢铁基材上的涂层破裂时，钝化颜料可用于保护钢铁免受腐蚀（7.5.2 节）。但是，钝化颜料必须在水中有些可溶性才能使钢材钝化。此外，溶解颜料需要基料能够被水溶胀至一定程度。这些特性意味着含有钝化颜料的底漆比较容易起泡。在大多数原厂的烘烤底漆中，最好不使用钝化颜料，而是采用屏蔽性能来实现防腐保护。但是，桥梁、储油罐、船舶和海上钻井平台的涂料不能烘烤，并且暴露在有物理破坏的环境中，有可能使漆膜破裂，那么钝化颜料或富锌底漆通常是这种应用的首选（33.1.2 节和 33.1.3 节）。

正如 Serra 等人于 2016 年的一篇综述中所论述的一样，全球正在研究开发溶胶-凝胶技术的底漆（16.3.1 节）。通常这是环氧/溶胶-凝胶的混合体。此类技术提供了一种在涂膜中生成二氧化硅纳米颜料的方法。这些研究的目的通常针对一个特别具有挑战性的问题：要替换铝合金底漆中的铬酸盐颜料（30.5 节）。

25.1.3 高固体分底漆

在常规的低固体分底漆中，如果颜料不絮凝，则颜料对涂料黏度的影响相对较小。然而，随着固体分的增加，分散相的体积（包括颜料的体积和颜料颗粒表面上吸附层的体积）也会增加，并成为控制涂料黏度的重要因素，从而限制涂料的施工固体分。

影响高固体分色漆的因素参见 25.1.2 节。

颜料含量，例如在 PVC 值为 45%的涂料中或低光泽涂料中的含量较高，会显著增加湿涂料的黏度，需要降低固体含量才能进行施工。图 25.1 是根据 Hill 和 Wicks 于 1982 年提出的模型计算所得，显示了三组计算黏度随体积固体分的变化：一组是不含颜料的清漆，一组是 PVC 为 20%的涂料（即有光），一组是 PVC 为 45%的涂料（即低光泽）。

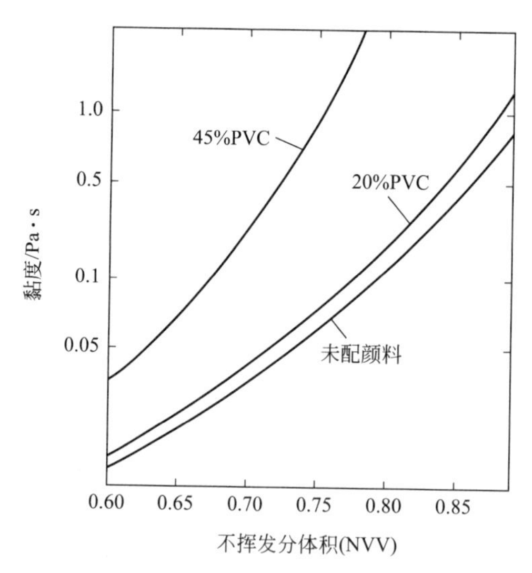

图 25.1 颜料对黏度的影响

黏度随清漆以及两种基于同样基料的色漆的体积固体分变化，其中色漆干膜的 PVC 分别是 20%和 45%。见 Hill 和 Wicks 于 1982 年为计算所做的假设

来源：Hill 和 Wicks（1982）

PVC 接近或高于 CPVC 的底漆，其体积固体分上限约为 60%。在许多情形下，即便是 60%的体积固体分也太低，不能满足 VOC 法规的要求。豁免溶剂［如丙酮、乙酸叔丁酯、CO_2、PCBTF、乙酸甲酯、DMC 以及 PC（18.9.1 节）］提供了一种获得更高固体分的方

法。然而，黏度的限制使技术发展趋向于水性、电沉积和粉末底漆，这些将在以下各章讨论。

25.2 面漆

面漆包括用在底漆上或直接在基材上涂覆的涂料。在前一种情况下，底漆提供了对基材的附着力，并且是金属防腐涂层的主要部分。面漆必须很好地附着在底漆上，并提供所需的外观和其他性能。单涂层则必须兼有底、面漆的两种功能。通常，最好是使用底漆/面漆体系；但是，单涂层比多涂层体系便宜。对于几乎不需要腐蚀防护的产品，或者在水存在的情况下保持附着力不是至关重要的产品，单层涂料是令人满意的。当外观和户外耐久性要求很低时，可以仅使用具有优异防腐蚀性能的底漆，而无需使用面漆，例如，在船舶压载舱内部以及飞机结构部件内部。

25.2.1 面漆的基料

面漆的性能受面漆中主要基料的树脂种类控制，这点很重要。这些不同基料的化学原理已在第 8 章至第 17 章讨论。本章将对面漆中使用的某些类型树脂的优缺点进行比较，尤其是用于金属上的原厂涂料。本节的讨论将集中在单一通用树脂类型上，但配方设计师使用共混或杂化树脂变得越来越普遍。

25.2.1.1 醇酸树脂

从 20 世纪 30 年代后期到 50 年代中期，醇酸树脂（第 15 章）是涂料的主要基料。尽管越来越多地被其他基料替代，但醇酸树脂仍在大规模使用，其中部分为生物基醇酸树脂。醇酸树脂的一个主要优点是成本较低，第二个主要优点是应用通常最简单。溶剂型醇酸树脂涂料在所有涂料类型中漆膜缺陷最少。具有这种优势的原因是大多数醇酸涂料的表面张力低。因此，它很少发生由于表面张力或表面张力梯度驱动的流动而导致的各种涂膜弊病，如缩边、缩孔和其他缺陷问题（24.4 节）。醇酸树脂中的颜料分散体相对比较稳定，不容易出现絮凝。醇酸树脂的另一个主要优点是它们可以通过自氧化作用实现交联，从而可以在空气中干燥或进行低温烘烤，避免使用有可能带来潜在毒性危害的交联剂。从本质上说，空气就是交联剂。

醇酸树脂的主要问题是烘烤时保色性相对较差，户外耐久性和耐皂化性不高。溶剂型醇酸涂料也很难达到很高的固体分（15.2 节），醇酸乳液是一个例外。另一个问题是在烘道中可能会产生烟雾。

氧化型醇酸树脂可用于低成本涂料，例如铁货架、机械设备、金属丝衣架和铁桶外壁涂料等。单个专门的应用可能相对较少，但是这种涂料能满足一大批产品的使用要求。氧化型醇酸树脂也可用于建筑有光磁漆（32.3.1 节）。使用金属盐催干剂（干料），可使氧化型醇酸的漆膜在自然干燥条件下数小时内干燥，在 60～80℃下强制干燥 1h，或在 120～130℃下烘烤半小时或更短。采用油长约为 60、不饱和度很高的干性油改性的醇酸树脂，烘烤时间最短。桐油改性的醇酸树脂交联最快，其次是混合的桐油-亚麻籽油的醇酸树脂和亚麻籽油改性的醇酸树脂。由这种醇酸树脂固化所得涂膜的颜色较黄，过烘烤后会变成黄棕色。通常，它们仅用于深色涂料。由于固化后的涂膜内仍然含有大量的不饱和键和金属催干剂，因此涂层会随着时间的推移而变脆。采用不饱和度较低的脂肪酸或油（如大豆油或妥尔油脂肪酸）制成的醇酸树脂，可以获得较好的颜色和保色性。这些醇酸树脂也较便宜，但它们的固化速度比不饱和度较高的醇酸树脂慢。

中油度醇酸分子含有大量的羟基，可以与各种交联剂进行交联。脲醛（UF）（11.4.1节）和三聚氰胺-甲醛（MF）（第11章）交联剂价格低廉，应用也最广泛。丁基醚化、异丁基醚化或辛基醚化的UF和MF树脂相容性最好。通常也会使用具有较高NH含量的与具有更高反应性的Ⅱ类MF树脂（11.2节）。与纯烃类溶剂相比，溶剂体系应含有一些丁醇以提高贮存稳定性并降低黏度。通常，使用Ⅱ类交联剂时无需添加催化剂，因为醇酸树脂上残留的未反应的羧酸基团足以催化与Ⅱ类MF树脂的反应。相对较弱的酸催化剂，例如烷基磷酸是一种替代品。醇酸中脂肪酸的类型会影响颜色和固化速度。醇酸的不饱和键和MF树脂发生反应，导致交联。不饱和度高的脂肪酸会造成颜色较深，因此应使用大豆油、妥尔油和脱水蓖麻油醇酸树脂。与使用不含MF树脂的氧化型醇酸树脂相比，其颜色、保色性和抗脆性更好，因为MF交联可最大程度地减少或消除对催化氧化反应的金属催干剂的需求。

使用非氧化型饱和脂肪酸的醇酸树脂可获得最佳的颜色、保色性和户外耐久性。例如，用椰子油醇酸树脂和MF树脂制备的实色户外面漆（单层涂料）曾经一度成为流行的汽车面漆。当用间苯二甲酸（或六氢邻苯二甲酸酐）而不是邻苯二甲酸酐制备醇酸树脂时，在酸性条件下水解引起的降解最小。当颜色为不透明时，户外耐久性良好，但不如丙烯酸涂料好。这种涂料被认为具有比丙烯酸-MF涂层更好的通透外观。这些涂料的成本类似于聚酯-三聚氰胺涂料，施工过程中出现漆膜缺陷的可能性也较小。

醇酸树脂上的羟基还可以在室温下或在强制干燥条件下与多异氰酸酯交联。IPDI异氰脲酸酯预聚物通常用于此目的，因为它们的颜色稳定性和户外耐久性优于芳香族异氰酸酯，例如TDI衍生物（12.3.2节）。在许多情况下，将多异氰酸酯与氧化型醇酸树脂一起使用，就足以迅速形成指触干的涂层，减少或消除对金属催干剂的需求，进一步改善户外耐久性。

在美国，联邦政府强制要求相应机构和承包商在某些应用领域中使用生物基涂料（www.biopreferred.gov）。例如，室内用溶剂型醇酸涂料中最低生物基含量必须达到67%，使用长油醇酸可达到这一要求。生物基涂料的使用也受到各种“绿色建筑”方案或者制造商（比如家具制造商）的青睐（18.9.2节）。

25.2.1.2 聚酯树脂

聚酯树脂（第10章）是MF交联烘烤磁漆中代替醇酸树脂的主要树脂之一。聚酯还广泛用于聚氨酯涂料。它们的成本通常略高于氧化型醇酸树脂，但在某些情况下要低于非氧化型醇酸树脂。颜色、保色性、户外耐久性和抗脆性要优于大多数醇酸树脂，但户外耐久性和耐皂化性通常不如丙烯酸类树脂好。开发“超耐久”聚酯（10.1.1节）可以缩小或者弥补性能上的差距。不使用底漆的聚酯涂料在经过处理的干净钢基材和铝基材上的附着力和抗冲击性与醇酸树脂涂料相当，通常优于丙烯酸树脂涂料。聚酯涂料的表面张力通常比醇酸树脂涂料高，因此比较容易发生缩边和由表面张力梯度造成的流动带来的缺陷，例如缩孔。大多数聚酯的端基是羟基，可以与UF或MF树脂或异氰酸酯交联。通常使用甲醚化或混合的甲醚化/丁醚化的MF树脂。聚酯/MF配方常用作车身底漆（“抗石击底漆”），可直接应用于车辆的电沉积涂层上面。对于低温固化或气干涂料，可以使用脂肪族多异氰酸酯交联剂。聚酯树脂相对于醇酸树脂和大多数丙烯酸树脂的一个主要优点是比较容易制备，适用于非常高固含量甚至无溶剂涂料（25.2.2节）。聚酯树脂也适用于粉末涂料（10.6节，第28章）。

25.2.1.3 丙烯酸树脂

一般而言，丙烯酸系基料（第 8 章）的主要优点是它们的色泽低、保色性优异、抗脆性和户外耐久性好，且成本相对较低。最好的丙烯酸树脂具有很好的光化学稳定性和水解稳定性。通常，它们的表面张力介于醇酸树脂和聚酯树脂之间。因此，丙烯酸涂料出现涂膜缺陷的可能性属中等。若涂覆在金属上，通常需要底漆，因为它们对金属表面的附着力不如环氧、醇酸和聚酯涂料。

在 20 世纪 60～70 年代，数百万辆新车都使用了热塑性丙烯酸树脂单涂层（8.1 节）。丙烯酸树脂的主要单体为甲基丙烯酸甲酯，但使用共聚单体或增塑剂将 T_g 调节为略低于纯 PMMA。加入乙酸丁酸纤维素以改善金属片状颜料的定向。这些涂料在金属闪光漆配方中具有耐久性，易于修补，并具有出色的外观。但是，VOC 很高，除特殊情况外，此类涂料现已淘汰。

用热固性丙烯酸（TSA）代替热塑性丙烯酸，可减少 VOC 排放并增强抗损坏性（8.2.1 节）。最常见的是，TSA 带有羟基官能团，有时也含有少量的羧基官能团。它们能与Ⅰ类或Ⅱ类 MF 树脂交联，究竟是选择Ⅰ类还是Ⅱ类，通常取决于固化温度的要求。它们也可以与多官能度的异氰酸酯或硅氧烷交联，或与混合交联剂交联。脂肪族异氰酸酯交联剂比 MF 树脂昂贵，并具有更大的毒性危害，但它们可以在较低的温度下固化，通常具有较好的耐环境腐蚀性能，如加入 HALS 稳定剂通常可具有更好的户外耐久性。

汽车和卡车的高固体分清漆的主要类型是：①含氨基甲酸酯官能团的丙烯酸与 MF 树脂交联；②含环氧官能团的丙烯酸与多元酸交联；③含羟基官能团的丙烯酸与多异氰酸酯交联，或与硅氧烷和 MF 树脂混合物交联（30.1.5 节）。用这些方法可以配制出体积固体分大约为 55%的配方。

17.6 节和 17.10 节介绍了乙酰乙酸与聚丙烯酸酯官能团树脂通过迈克尔加成反应进行的交联。这种化学方法可以用来替代双组分聚氨酯（Brinkhuis 等，2011；Hendrikus 等，2011）。

25.2.1.4 环氧和环氧酯树脂

尽管环氧树脂（第 13 章）主要用于底漆，但在不考虑户外耐久性的一些应用中，也大量使用 BPA 和线型酚醛的环氧面漆。它们非常适合此类用途，因为在有水或水蒸气存在的情况下，环氧涂料的附着力通常优于其他类型的涂料，并且特别耐皂化。它的应用场合包括诸如啤酒和软饮料罐衬里（现在已转向水性环氧树脂）及飞机油箱等并不需要户外耐久性的地方。

耐候的非 BPA 型环氧树脂已受到越来越多的关注。用多元酸交联的含环氧官能团的丙烯酸树脂具有优异的户外耐久性（13.1.2 节）。在其他应用中，它们广泛用于高固体分的汽车罩光清漆中（第 30 章）。

环氧酯（15.8 节）的性能介于醇酸和环氧树脂之间。它们用于面漆的一个例子是瓶盖涂料，兼有所需的硬度、可成型性、附着力和耐水性。

25.2.1.5 聚氨酯树脂

在介绍醇酸树脂、聚酯树脂和丙烯酸树脂时已经提到了多异氰酸酯交联剂（第 12 章）。多异氰酸酯由于具有低温固化性和耐磨性以及干膜对溶剂的抗溶胀能力，被广泛用作交联剂。氨基甲酸酯的树脂主链也可以含有非异氰酸酯的其他反应性基团。含端羟基的氨基甲酸酯树脂（12.8 节）可以与多异氰酸酯或 MF 树脂交联。当使用 MF 树脂时，该涂料具有单组分涂料的优势，而无需担心游离异氰酸酯的毒性危害。对聚酯而言，很容易得到几乎所有分子都至少具有两个羟基的低分子量树脂。氨基甲酸酯树脂的成本比聚酯高，但是水解稳定性和由此带来的户外耐久性可以非常优异。然而，与聚酯树脂相比，氨基甲酸酯基团的分子间存在氢键，导致在相同浓度和相同分子量的溶液中呈现更高的黏度。低分子量的含羟基官能团的氨基甲酸酯可以与其他通用类型的羟基树脂共混，改善涂料性能。

氨基甲酸酯，特别是含有伯氨基甲酸酯基团（—O—CO—NH_2）的，与 MF 树脂反应可以使涂料具有比羟基树脂与 MF 交联在酸性条件下更高的水解稳定性（11.3.4 节）。与 MF 树脂交联的含氨基甲酸酯的丙烯酸和有机硅树脂可用于汽车罩光清漆以及其他应用中。

17.10 节中所述的含氨基甲酸酯官能团的树脂和醛交联剂制备的高固体分双组分涂料是双组分聚氨酯的潜在替代品（Anderson 等，2014）。

25.2.1.6 有机硅和氟树脂

有机硅树脂（第 16 章）和氟树脂（17.1.4 节）具有极高的耐热降解和光氧化性。两者的成本都很高，尤其是高度氟化的树脂。在气干型涂料中，有机硅醇酸涂料的户外耐久性比醇酸涂料更好。为了以中等成本实现出色的户外耐久性，有机硅改性的聚酯和丙烯酸树脂（16.1.3 节）也相对广泛地得到使用。含氟共聚物树脂与 MF 树脂或脂肪族多异氰酸酯交联，具有出色的户外耐久性，可用于如摩天大厦这样的场合，因为在那里重涂是非常昂贵的。

含有机硅的树脂在汽车罩光清漆（30.1.5 节）和船舶涂料（33.2 节）等应用领域中起着越来越重要的作用。研究人员对此类树脂的专利申报也非常积极。

25.2.2 低 VOC 溶剂型涂料的配方

尽管经常被问到，但高固体分涂料并没有单一的定义。作为汽车罩光清漆，高固体分涂料的固体分相当于大约 55%（体积固体分，NVV）。对于颜料含量高的底漆，高固体分的定义可能是 50%（体积固体分）。对于一些高光色漆，NVV 高于 75%也是可能的。因此答案是与可行的现实相关的，至少部分如此。由于难以精确测量涂料的 VOC，因此情况变得更加复杂（18.9.1 节）。比如，在一些情形下，一些带有官能团的溶剂可能会与交联剂发生部分反应，因此不会释放出来。另外，VOC 中也可能含有挥发性的交联副产物。此外，低分子量组分可能会在交联之前就挥发了，其程度会随烘烤条件而变化。

固体分提高受到限制的一个原因是，随着分子量和每个分子的平均官能度 f_n 降低，分子量分布变窄，要达到所需的机械性能越发困难（如 8.2.1 节所述）。

当人们想用更低的分子量和官能度获得更高固体分的涂料时，要同时获得高性能就变得更加困难。对于 NVV 为 70%的涂料，$\overline{M}_w/\overline{M}_n$ 必须为 2000/800 数量级或更小，每个分子平均只有略多于两个的羟基基团。至关重要的是，基本上在所有分子中，每个分子至少要带有两个官能团。只带一个官能团的分子不能交联，从而将自由末端留在网络中；任何没有官能团的分子都将成为增塑剂，如果分子量足够低，则可能会在烘炉中部分挥发。适合于很高固体分的丙烯酸树脂很难合成（8.2.1 节）；另一方面，获得 $\overline{M}_w/\overline{M}_n$ 为 2000/800 或更低的聚酯或聚氨酯树脂却比较简单，而且所有分子中每个分子均至少含有两个羟基官能团（10.2 节和 12.8 节）。丙烯酸在高温（160～180℃）下进行聚合，可以为树脂提供一条改善高固体分涂料性能的途径（第 8 章）。

上述这些常规自由基聚合出现的问题，可以通过使用活性或受控自由基聚合（CRP）方法来克服（2.2.1.1节和30.1.5节）。在各种CRP方法中，原子转移自由基聚合（ATRP，8.2.1节）显示出较大的前景。Krol和Chmielarz（2014）对ATRP进行了综述，详细介绍了该方法对高固体分丙烯酸涂料以及许多其他特种涂料具有的价值。作为其中之一的例子，Ma和Barsotti 2008年用ATRP方法选择性地把羟基定位在丙烯酸树脂中，制备了高固体分双组分涂料。相对于传统的聚合方法，由于这项卓越技术的成本比传统的聚合方法要高很多，阻碍了大规模的推广使用。

常规固体分涂料的固化窗口相对较宽；也就是说，如果烘烤温度、烘烤时间或催化剂用量偏离±10%，结果差别不大。而高固体分涂料的固化窗口较窄（Bauer和Dickie，1979）。如果每个树脂分子上有大量的羟基，其中10%没有发生反应，则性能变化可能很小。但是，如果平均每个分子只有略多于两个的羟基，而且未反应的分子占10%，那么很大一部分分子将仅在一个位置连接到网络，从而导致末端悬空，对漆膜性能产生不利影响。这种问题可以通过使用具有较高f_n（平均官能度）的交联剂来最大程度地减少；至少可以保证问题仅仅由聚酯（或其他树脂）引起，而不是两者都有。由于Ⅰ类MF树脂具有比Ⅱ类MF树脂更高的平均官能度，因此通常可提供更宽的固化窗口（11.3节）。MF树脂的自缩合反应程度与时间、温度和催化剂浓度的关系十分密切。

由于高固体分涂料的固化窗口较窄，涂装作业者应根据涂料供应商的建议小心控制烘炉的时间和温度。当温度高于和低于标准温度约10℃时，配方设计师必须更加仔细地检查漆膜性能。在向客户提出固化条件的建议时，应使用客户的金属样片来制订烘烤工艺。烘烤的临界温度是涂层本身的温度，而不是烘炉中空气的温度。一块厚重的金属块上的涂层在烘炉中温度上升的速度要比金属薄片上的涂层慢。在金属薄板上焊接到支撑部件上的区域，其涂层加热的速度要比表面的其余部分加热慢。在常规涂料中，由这种差异引起的变化通常很小，但高固体分涂料由于涂层温度和加热时间的差异，更容易发生性能的差异。

为了提高固体分，可以降低树脂的多分散度；然而，这可能会缩小T_g转变范围的宽度（4.2节），从而给漆膜的机械性能带来负面影响（Kangas和Jones，1987）。解决该问题的一种方法是将组成不同的树脂进行共混，但这些树脂彼此仍比较相似，可以相容。例如，使用低分子量羟端基的聚酯与丙烯酸共混，可以降低黏度，从而增加固体分（Hill和Kozlowski，1987）。用于高固体分涂料的树脂和交联剂的$\overline{M}_n$通常低于5000。与高分子量聚合物相反，将不同低分子量树脂混合后的熵足够大，是非常有利于相容性的重要因素（18.2节）。分子量的影响可以用几种丙烯酸和甲基丙烯酸均聚物的50∶50共混物加以说明，当它们的数均分子量$\overline{M}_n$值小于5000时是相容的，但是当$\overline{M}_n$值大于10000时则不相容（Cowie等，1992）。低$\overline{M}_n$树脂具有广泛的相容性，因此可以采用不同通用类型树脂的混合物来配制高固体分涂料。并非所有的低$\overline{M}_n$树脂的共混物都是相容的，并且在交联的早期阶段，随着分子量的增加，可能会发生相分离。应当制备不含颜料的漆膜，检查其透明性；即使出现轻微的雾影也表明相分离的规模足够大，会破坏外观或使性能下降。

异氰脲酸酯、不对称三聚体、缩二脲和脲基甲酸酯多异氰酸酯（12.3.2节）的分子量都很低，可以实现低黏度。但是，这些多异氰酸酯的黏度较低，只是影响涂料VOC的一个因素（Jorissen等，1992）。在某些情况下，交联剂的黏度低，当量也低，这会降低低黏度交联剂与较高黏度多元醇的质量比。因此，使用当量稍高一些的多异氰酸酯，即便黏度较高一些，也可获得最低的VOC。用醛亚胺和受阻二胺可以制备固体分非常高的透明面漆

（12.4 节）。

在某些应用领域使用无溶剂液体涂料并不是新事物。早在 20 世纪 60 年代，P. I. Meli 率先在储罐内部使用了 100%固体分的双组分环氧涂料（Brand，2016）。技术的发展已使得无溶剂涂料可以用于需要韧性和腐蚀防护性但不需要耐候性的其他应用中，例如船舶、储罐和有轨电车的内部（Lotz，2015），采用无气喷涂进行施工。在封闭空间中施工时，几乎没有挥发性溶剂是特别有利的。

聚酯为制备极低 VOC 的涂料提供了一个十分重要的机会，因为可以制备低分子量的低聚物，而且每一个分子上至少带有两个反应性基团，通常为羟基。例如，用 1,4-丁二醇与戊二酸、己二酸和壬二酸的混合酸可以合成 $\overline{M}_n$ 为 300 的聚酯，在 25℃下的黏度为 250mPa・s（Jones，1996）。无溶剂涂料可以用多异氰酸酯交联剂配制。若用 MF 树脂交联，烘烤后涂膜的硬度太低；但是，这种涂料可以用水稀释（18.4 节），这样可以与其他一些组分一起配制无溶剂涂料。此类多元醇也是有效的活性稀释剂，可降低聚氨酯或丙烯酸配方的 VOC。

一个“零”VOC 涂料的例子是环氧-羟基体系，用水作为稀释剂（Eaton 和 Lamb，1996）。具体是己内酯多元醇与 3,4-环氧环己基甲基-3′,4′-环氧环己烷羧酸酯的体系，环氧基与羟基比为 2∶1，三氟甲磺酸衍生物作为催化剂。

通过在高黏度下施工的方法，可以进一步帮助降低 VOC，比如热喷涂（23.2.4 节）、高速静电旋碟喷涂（23.2.3 节）以及超临界流体喷涂（23.2.5 节）。提高上漆率可以大幅度减少 VOC 排放（23.2.1 节和 23.2.3 节）。

随着固体分的增加，避免颜料絮凝变得更加困难（Hochberg，1982）。控制颜料分散体稳定性的主要因素是颜料颗粒表面吸附层的厚度（21.1.3 节）。超高固体分涂料使用的树脂中分子量极低的分子无法提供足够厚的吸附层。此外，随着每个分子上官能团数量的减少，溶剂可以更有效地竞争颜料表面上的吸附位点，从而加剧絮凝。用于高固体分涂料的超分散剂已经开发出来（21.1.3 节）。

一些高固体分涂料的另一个制约因素是表面张力效应。一般而言，随着树脂分子量的降低，必须增加更多的官能团，因为只有增加反应的数目，才能实现所需交联密度的聚合物网络。在大多数涂料中，官能团是高极性的，例如羟基和羧酸基团。这类基团的含量越高，表面张力越高。此外，使用此类树脂在给定黏度下要实现高固体分，通常需要使用氢键受体溶剂而不是烃类溶剂，这进一步增加了表面张力和施工过程中出现漆膜缺陷的可能性。当涂覆金属时，清洁表面的重要性随着涂料固体分的增加而增加。在涂覆塑料时，脱模剂的去除更为关键，很多塑料材料也必须进行表面处理，以防止缩边并具有附着力（6.7 节和 31.2 节）。由于新涂装的高固体分涂料的表面张力通常高于常规涂料的表面张力，大气中很大部分污染颗粒的表面张力低于高固体分涂料湿膜的表面张力，因此容易出现缩孔（24.4 节）。

与传统涂料相比，高固体分涂料的流挂是一个更大的问题（Bauer 和 Briggs，1984）。这是由于高固体分涂料中溶剂挥发速率比传统涂料低（24.3 节）。尽管尚未完全清楚造成这种差异的原因，但其后果却带来了严重的问题。通过调整涂料中溶剂的挥发速率，或调整喷枪与基材之间的距离，也很难轻松控制喷涂高固体分涂料时出现的流挂。使用热喷涂（23.2.4 节）或超临界流体喷涂（23.2.5 节）可以有效降低流挂。在许多应用场合，必须使喷涂的高固体分涂料具有触变流动特性。细粒度的 SiO_2、膨润土颜料、硬脂酸锌和聚酰胺凝胶触变剂都是有用的触变添加剂。另一种方法是加入适量的高活性交联剂，使黏度快速上升，高活性交联剂可以使用异氰酸酯和 MF 树脂的混合物（Teng 等，1977）。在美国，大约有 30%的汽车和轻型卡车使用高固体分的底色漆。金属闪光底色漆的流挂和/或斑点现象特别具有挑战性。微凝胶和纳米颗粒是有效的流变助剂，对聚合物的透明度几乎没有影响，这是金属底色漆和清漆的一个要求（24.3 节和 30.1 节）。

即使在施工过程中未出现流挂现象，高固体分涂料也可能在烘烤过程中发生流挂现象。如图 25.2 所示，高固体分涂料的黏度对温度的依赖性大于常规涂料。因此，当交联反应引起的黏度上升不足以抵消在烘烤过程中因温度升高导致的黏度下降时，仍可能会发生烘道流挂（Bauer 和 Briggs，1984）。

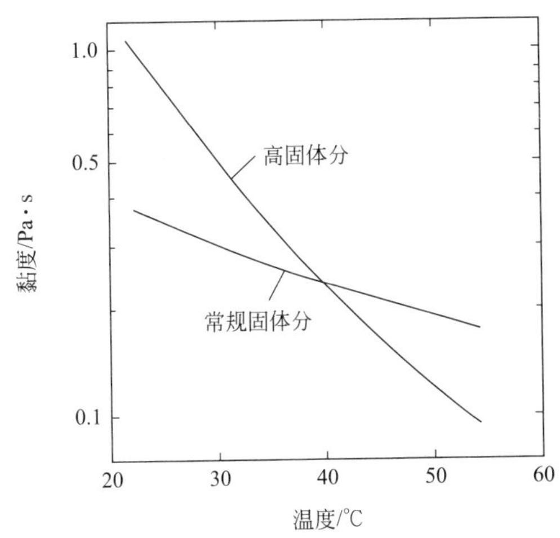

图 25.2 常规和高固体分树脂溶液的黏度随温度变化曲线

高固体分的溶液是聚酯在乙二醇单乙醚乙酸酯中的溶液，固体分为 90%，分子量为 1500

常规溶液是聚酯在甲乙酮和乙二醇单乙醚乙酸酯中的溶液，固体分为 25%，分子量为 20000

资料来源：Hill 和 Wicks（1982）

（杨 玲 译）

综合参考文献

Hill, L. W.; Wicks, Jr., Z. W. *Prog. Org. Coat.*, 1982, 10, 55.

Mannari, V.; Chintankumar, J. P., *Understanding Coatings Raw Materials*, Vincentz, Hannover, 2015.

参 考 文 献

Anderson, J. R. et al., US patent 8,653,174 B2(2014).

Bauer, D. R.; Briggs, L. M., *J. Coat. Technol.* 1984, 56(716), 87.

Bauer, D. R.; Dickie, R. A., *J. Coat. Technol.*, 1979, 54(685), 101.

Brand, W., Paint Square News, 2016, September 8. Available online from the Technology Publishing Network, from http://www.paintsquare.com(accessed April 18, 2017).

Brinkhuis, R. H. G., et al., WO2011124665(2011).

Challener, C., *JCT CoatingsTech.*, 2014, November/December, 26-33.

Cowie, J. M. G., et al., *Macromolecules*, 1992, 25, 3170.

Eaton, R. F.; Lamb, K. T., *J. Coat. Technol.*, 1996, 68(860), 49.

Hendrikus, R., et al., Crosslinkable composition crosslinkable with a latent base catalyst, WO 2011124665 A1(2011).

Hill, L. W.; Kozlowski, K., *J. Coat. Technol.*, 1987, 59(751), 63.

Hill, L. W.; Wicks, Jr., Z. W. *Prog. Org. Coat.*, 1982, 10, 55.

Hochberg, S., *Proceedings of the Waterborne Higher-Solids Coatings Symposium*, New Orleans, LA, 1982, p 143.

Jones, F. N., *J. Coat. Technol.*, 1996, 68(852), 25.

Jorissen, S. A., et al., *Proceedings of the Waterborne Higher-Solids Powder Coatings Symposium*, New Orleans, LA, 1992, p 182.

Kangas, S. L.; Jones, F. N., *J. Coat. Technol.*, 1987, 59(744), 99.

Krol, P.; Chmielarz, P., *Prog. Org. Coat.*, 2014, 77, 913-948.

Lotz, A., *JCT CoatingsTech.*, 2015, May, 26-33.

Ma, S. -H.; Barsotti, R. J., US patent application 2A1(2008).

Serra, A.; Ramis, X.; Fernandez-Francos, X., *Coatings*, 2016, 6(1), 8.

Teng, G., et al., *Polym. Mater. Sci. Eng.*, 1997, 76, 117.

第26章 水性涂料

直到1930年，除石灰水和部分植物油基涂料不含溶剂外，几乎所有建筑用有机涂料都是溶剂型的。采用干酪素（牛奶中一种可乳化的蛋白）制备的水性涂料自古以来就受到艺术家们的青睐，但直到20世纪30年代，才开始在内墙涂料中使用，到1940年，其在美国的销售额已达到500万美元（Radcliffe，1943）。由于干酪素乳化的亚麻籽油乳液和醇酸树脂乳液制备的水性涂料具有更好的漆膜性能，因此逐渐取代了传统的干酪素水性涂料，并于20世纪40年代在商业上取得了巨大的成功（Cheetham 和 Pearce，1943）。大约从20世纪50年代开始，乳胶建筑涂料问世（第9章和第32章），取代了早期的水性涂料技术，并迅速挤占了溶剂型建筑涂料的市场份额。

最初，乳胶是由于其易清洁和火灾隐患低等优异性能而被广泛使用。自70年代以后，大众对降低VOC排放的期望促使水性涂料逐步取代溶剂型涂料。随着水性涂料技术的不断进步以及国际上对VOC排放的限制越来越严格，这种趋势将进一步加强。据预测，从2014年至2019年，全球水性涂料的年均增长率，按美元计算约为5.9%。然而，正如第25章所述，溶剂型涂料技术并没有就此停滞不前，其被替代的速度可能比某些专家预测的要慢。

许多水性涂料都含有少量有机溶剂，这些有机溶剂在树脂制造、涂料生产以及实际施工和成膜中起着重要作用。目前，化学专家和涂料配方师们正着手研究如何降低水性涂料中溶剂的使用量，甚至避免溶剂的使用。

水性涂料中最大的一类是用乳胶聚合物制备的水性涂料（26.2节），其次是水稀释性涂料（26.1节），以及较少但增长较快的乳液涂料（26.3节）。涂料界的术语命名不完全统一（Padget，1994）。例如，我们这里的术语“水稀释性”是指树脂在溶剂中制备，然后用水进行稀释形成树脂的水分散体。虽然它们并不溶于水，但也有人称这类树脂为水分散树脂或水溶性树脂。有人将乳胶涂料和乳液涂料等同起来。我们不主张这种做法，以避免将乳胶涂料（固体聚合物颗粒在水中的分散体）与乳液涂料（液体聚合物在水中的分散体）混淆。乳胶树脂通常通过乳液聚合制备而成。然而，聚氨酯乳胶是一个例外，其常被称为水性聚氨酯分散体（PUD）。不同类型的树脂经常混合起来使用，例如，将乳胶树脂与水稀释性树脂拼混使用。

水也可以作为共溶剂添加在溶剂型涂料中，我们称之为可掺水溶剂型涂料（25.2.2节）。粉末涂料在水中的浆料在28.6节有介绍。

Schoff（2013）提出水性涂料是完全不同于溶剂型涂料的一种“新物种”。这种主张有一定的道理。相比于有机溶剂，水既有优点，也有缺点。从积极的方面来看，水无毒无害，无异味，不燃。不燃性可减少风险及降低保险成本，甚至可以减少对烘炉进行补风，在某些情况中可降低能耗。由于直接使用水，不存在排放及后处理的问题。在某些配方中，使用水性涂料，对设备和人员来说清洗较容易。但是在其他情况下，清理可能会更加困难。虽然水的成本比有机溶剂要低，但并不意味着水性涂料的成本也较低。

另外，不同溶剂具有不同的挥发特性，种类广泛的溶剂使得配方师能够精确调控涂料中溶剂的挥发速率，而水仅有一种。水的热容量和蒸发潜热比较高，导致其挥发所需的能量也比较高。虽然随着温度的升高，水的蒸气压增加得较快，但在一定能量和相同的蒸气压作用下，水的挥发速率要比溶剂慢得多。与有机溶剂相比，水的蒸发受相对湿度（RH）的影响更明显；相对湿度的变化可能会导致水性涂料在施工中出现重大问题（26.1 节）。

水的表面张力比所有有机溶剂都高，因此纯水对大多数基底表面润湿性不好。表面张力通常可以通过加入表面活性剂来降低，丁醇或乙二醇丁醚之类的溶剂也可以达到同样的效果。乳胶中通常含有表面活性剂，水稀释性树脂中也通常含有表面活性分子。表面活性剂的存在往往会使漆膜的耐水性变差，所以采用许多工艺来减少甚至消除对游离表面活性剂的需求。例如，在水稀释性涂料制备中，可在加水之前，将颜料先分散在树脂的溶剂中。

水的使用加速了涂料贮存和施工设备如储槽、涂装流水线、烘道等的腐蚀。因此，水性涂料的施工通常需要使用耐腐蚀设备，增加了投资成本。例如，常常要用不锈钢涂装线来替代低碳钢涂装线。另外，水具有导电性，因此，常常需要采用特殊的静电喷涂设备，进一步增加了成本（23.2.3 节）。

由于水性涂料通常含有表面活性剂和/或表面活性聚合物分子，因此很多水性涂料容易起泡（24.1 节）。现在有各种各样的消泡剂可供选择，但是缺乏基本的选用原则，通常需要进行大量的反复实验来确定具体的配方。

溶剂型涂料的树脂溶液是均相的，而水性涂料的基料是非均相的，因此，水性涂料的配方配制尤为困难。Overbeek（2010）指出，复杂中蕴藏着极大的机遇，因为从水相里获得的涂膜中可能能找到更为有用的非均相涂料类型。他评估了大量常用的非均相基料，如丙烯酸树脂与醇酸树脂、环氧树脂、聚氨酯或硅氧烷的杂化树脂，并表明这些杂化树脂可以解决一些实际问题。自从他的综述发表后，有大量文献和专利报道，杂化基料和其他非均相基料正在被广泛使用。

大多数水性涂料的原厂涂料都是水稀释性涂料，26.1 节对此类涂料有具体阐述。关于电沉积水稀释性涂料涉及的配方设计和施工方式，在第 27 章中单独进行了讨论。

乳胶（第 9 章）被广泛应用于大多数建筑涂料中。尽管乳胶涂料的基本概念和原理在 26.2 节中有阐述，但关于建筑涂料的详细讨论将放在后面的第 32 章中。原厂涂料和特种专用涂料增加的市场份额都是乳胶漆。26.3 节将讨论乳液涂料的新型应用领域。

26.1 水稀释性涂料

大部分水稀释性涂料都是在水溶性溶剂中制备的高固体分涂料。这类树脂分子链中含有羧酸基团或者氨基，能够分别被低分子量的胺或酸部分中和。颜料通常分散在这些部分中和的树脂溶液中，而交联剂与催化剂等添加剂一起加入，再用水稀释至施工所需黏度。这类树脂既不溶于水，也不溶于含溶剂的水溶液，而是形成带有盐基团的聚集体颗粒。成盐基团取向排列朝向水-颗粒界面，树脂中的低极性分子则占据聚集体的内部，溶剂分布在水相和聚集体之间。树脂聚集体被溶剂和水溶液溶胀，水与盐基团产生缔合，并溶解在溶剂中。交联剂溶解在含有树脂-溶剂的聚集体中，而颜料通常分布在聚集体内部。聚集体以一种动态平衡的形式存在，溶剂可以在不同聚集体之间自由移动，导致聚集体可能发生融合和分离。所有类型的树脂都可以用来制备水稀释性涂料，如丙烯酸树脂（8.3 节）。

当这些中和树脂溶液被水稀释时，黏度随浓度的变化规律十分异常。图 8.1 显示了当丙烯酸树脂溶液被水稀释时，其树脂浓度和黏度的对数曲线关系。随着水的加入，黏度先迅速下降，然后逐步趋于稳定，但继续加入更多水时，黏度将有所增加，再进一步添加水，黏度将快速下降。当加水稀释到接近施工固体分时，涂料黏度会迅速下降，下降快慢取决于胺与羧酸的比例。如果意外加入过量的水，黏度可能会太低。这个问题通常可以通过加入少量胺增加黏度来解决。这种异常的流变特性使得涂料的制备比较棘手。在某些情况下，可以通过向水中添加树脂，而不是将水添加到树脂中进行稀释去解决上述问题（Schoff，2013)。水稀释性涂料在施工黏度时的固体分通常要比溶剂型涂料低。

有机涂料溶液呈现出牛顿型流体特性，水稀释体系在高峰区或平稳区的剪切变稀很明显，而当稀释至施工黏度时，剪切变稀性通常较低。正如 8.3 节所述，这一特性与聚集体出现溶胀是一致的。在用低分子量胺中和树脂中的羧酸官能团时，即使胺的用量低于化学当量，pH 也通常是碱性的。如 8.3 节所述，这种异常的 pH 特性也与聚集体的溶胀特性一致。

胺中和剂的选择对于配方设计非常重要（8.3 节)。中和剂的挥发性及碱性强度是很重要的参数。如果胺使用量不足，会导致涂料的宏观相分离。因此，浓度低而又能稳定分散聚集体的胺是理想的中和剂。决定胺使用量的主要因素是胺的水溶性。例如，三丙胺比更易溶于水的三乙胺使用量要大得多（按质量当量计)。氨基醇的中和效果更好，其中 *N*,*N*-二甲基乙醇胺（DMAE）是一种使用最广泛的胺。但是胺中和剂价格昂贵，而且通常会增加 VOC 的排放量。2-氨基-2-甲基-1-丙醇（AMP）是一个例外，AMP 是一种高效的氨醇中和剂，由于最近在北美获得 VOC 法规的豁免而广受青睐。吗啉衍生物的中和效率略低，但仍比三烷基胺高。因此，胺的水溶性越强，对聚集体稳定分散越有效。

大多数树脂可以通过化学改性使其能被水稀释。使用最广泛的水稀释性树脂是同时含有羧酸和羟基官能团的丙烯酸树脂（8.3 节)。水稀释性聚酯也有使用，但其耐水解性较差，且低分子量环状低聚物在烘炉中易挥发（10.4 节)。鉴于聚酯能在无溶剂条件下合成，因此有可能被制备成无溶剂分散体（Engelhardt，1996)。将该树脂浇铸成固体，然后粉碎，并以固体形式存放直至使用，可以延缓可能出现的水解。在涂料施工时，将树脂粉末搅拌分散到热的二甲基乙醇胺水溶液中，制备成涂料分散体。

醇酸树脂（15.6 节）是一种理想的水稀释性树脂，因为它们部分是生物基的。但由于贮存不稳定、湿度敏感和 VOC 排放等技术问题，它们的开发进度不是很快，但是新解决方案有望研发出新的产品，其中包含：

- 使用反应性乳化剂，参与氧化交联反应，降低湿度敏感性（Palmer，2014)。
- 使用丙烯酸/醇酸共混和杂化体系，实现优异的贮存稳定性和良好的成膜性，甚至近零 VOC 排放（Overbeek，2010；Elrebii 等，2015；Kim，2015)。
- 使用短链醇酸分散体，在常温下固化，实现零 VOC 排放，一种耐水解的烘烤型涂料用基料（Ortiz 等，2013)。
- 醇酸树脂乳液，参见 26.3 节。

水稀释性环氧酯（15.8 节）和氨酯油（15.7 节）在很多应用中具有良好的耐水解性。水稀释性聚氨酯具有优异的耐皂化性，且环状低聚物含量较少（12.7 节)。Rosthauser 和 Nachtkamp（1987）报道了无溶剂和低溶剂水稀释性聚氨酯，这种技术越来越显示其重要性。聚氨酯树脂制备的涂料具有优异的综合性能，但一般比丙烯酸树脂更昂贵。

水稀释性树脂制备的涂料既有一定的优势，也有其局限性。一个重要的优点是能够使用高分子量树脂，其分子量可以高到类似于常规溶剂型的热固性涂料树脂。这是可以做到的，主要因为施工稀释黏度几乎与分子量无关。例如，分子量 $\overline{M}_w/\overline{M}_n$ 为 35000/15000 的水稀释性丙烯酸树脂，每个分子链上有 10 个羟基和 5 个羧基官能团。与Ⅰ类三聚氰胺-甲醛（MF）交联剂一起使用，其涂膜性能与常规的溶液型丙烯酸磁漆相当。固化窗口与常规的热固性丙烯酸树脂相当，但不存在与高固体分涂料的分子量和官能度相关的问题。其典型缺点是施工固体分较低。这类涂料采用喷涂、辊涂或淋涂法施工（体积固体分约 20%～30%）。低固体分的涂料必须涂覆多道湿膜，才能达到相同的干膜厚度。另外，由于铝颜料在低固体分漆膜中能实现较好的取向，所以低固体分就成了一个优点。

水稀释性树脂与封闭型异氰酸酯交联已得到广泛使用。例如，封闭型异氰酸酯和 MF 树脂交联可以赋予涂膜优异的耐擦伤性和耐腐蚀性。

在施工之前，水稀释性树脂涂料的黏度在很大程度上取决于水与溶剂的比例。在施工和固化过程中，挥发速率高度依赖于湿度和温度的变化。如果湿度高于临界值，水甚至会比难挥发溶剂挥发得更慢，如乙二醇丁醚（18.3.6 节）。如果相对湿度超过 70%，水的挥发速率极低。当相对湿度接近 100%时，水可能会被吸收而不是挥发。在极端情况下，涂料在施工后的闪蒸过程中，其黏度会降低，而不是增加，导致出现流挂（Brandenburger 和 Hill，1979）。

在中等湿度情况下，适度提高温度能减少这种现象，因为相对湿度随温度升高而降低。曾经有一些汽车自动喷漆作业时，会先冷却空气使其冷凝出一部分水，然后再次加热，操作费用昂贵。对于在工厂中涂装的涂料，一般要求配方适用于较高湿度的施工环境，如 60%，因为提高相对湿度比降低相对湿度成本要低。

正如 24.7 节所介绍的，与溶剂型涂料相比，水稀释性涂料在烘烤过程中的起泡更难控制（Watson 和 Wicks，1983）。起泡的可能性随着膜厚度的增加而增加。由于水稀释性涂料的固体分比溶剂型涂料要低，且在喷涂和闪蒸过程中水分的挥发速率较慢，因此涂覆的湿膜厚度必须更厚才能达到溶剂型涂料相同的固体分。

厚涂层的喷涂施工难度较大，很难通过喷涂施工来获得厚度完全均匀的漆膜。为了确保所有的施工部位有足够的涂料，某些部位的实际漆膜厚度就会比平均漆膜厚度大。此外，在涂料喷涂施工时，空气很有可能被夹带进漆膜中。如果空气泡没有破裂，气泡中的空气在涂层烘烤时会发生膨胀，最终导致爆孔。由于在高压下更多的空气会溶解在涂料中，当涂料离开喷枪时压力降低，空气释放出来，因此无气喷涂产生的空气夹带更为严重（23.2.6 节）。使用聚醚端基的硅氧烷助剂可以最大限度地减少水性涂料中的空气夹带问题（Spiegelhauer，2002）。

使用辊涂或淋涂施工的薄涂层很少会出现爆孔问题。其漆膜比喷涂施工的漆膜更均匀，没有空气夹带问题。淋涂施工较厚漆膜时，如果适当注意闪蒸的时间，一般不会出现大问题。水稀释性涂料在该领域应用广泛，包括罐听涂料及平板涂料等。

有人可能会认为水的高表面张力会引起严重的缩边和缩孔问题。但实际情况不是这样。可能是由于溶剂的非极性部分在涂层表面迅速取向，降低了涂料表面张力。另外，树脂中存在的类似表面活性剂的分子等也可能会降低表面张力。

人们曾经普遍认为含有游离异氰酸酯基团的水性聚氨酯涂料是不可能实现的，因为异氰酸酯与水具有反应活性。然而，具有足够长适用期的双组分（2K）水性聚氨酯涂料已经产业化了（Jacobs 和 Yu，1993；Wick 等，2002；12.7 节）。例如，将水分散的“亲水改性”

脂肪族多异氰酸酯作为一个组分，另一组分是含有端羟基和二羟甲基丙酸羧酸基团的水稀释性聚氨酯。采用过量的—N═C═O（—N═C═O 与—OH 的比例为 2∶1），可用于抵消存贮时与水反应的部分。当相对湿度为 55%或更低时，漆膜在 25℃下一周就会发生交联。在高湿度情况下，在 25℃时耐溶剂性不会增长。但加热到 31℃时，即使湿度达到 80%也能发生交联。也可以用丙烯酸多元醇。适用期的问题可以通过使用合适的混合器和施工设备来缓解。

另外，低黏度的多异氰酸酯，如 HDI 二聚体及三聚体的混合物，可以与水性 PUD 发生交联（O'Connor 等，1997）。12.7 节对水性聚氨酯做了进一步的讨论。

与自由基聚合制得的水稀释性丙烯酸树脂相比，用链转移催化聚合方法制得的接枝共聚物分散体和半嵌段共聚体分散体具有分子量分布窄的优势（Huybrechts 等，2000）。这种方法可以用来合成大量可能很有用的嵌段共聚物。例如，Overbeek（2010）合成了一种对聚丙烯具有良好附着力的共聚物，该共聚物包含丙烯酸与丙烯酸异冰片酯嵌段（T_g=95℃）和甲基丙烯酸丁酯与丙烯酸丁酯嵌段（T_g=0℃）。其他聚合物材料很难附着到聚丙烯上。

想降低溶剂型底漆配方中的 VOC 含量特别困难（25.1.3 节），因此水性底漆尤为重要。水性涂料特别适合于浸涂施工（23.3 节），因为它排除了溶剂型浸渍涂料的火灾危险性。例如，马来酸环氧酯（15.8 节）适用于钢材的喷涂或浸涂施工底漆。所有的电沉积涂料（第 27 章）都是水稀释性涂料。饮料罐用内衬底漆也是苯乙烯、丙烯酸酯和丙烯酸接枝的双酚 A 环氧水稀释性涂料（13.4 节）。关于不含双酚 A 的罐听用环氧树脂内衬的进展将在 30.3.1 节中讨论。水性溶胶凝胶涂料在 16.3 节进行了讨论。

26.2 乳胶涂料

如 32.1 节所述，乳胶是建筑涂料的主要基料类型。在家居领域的应用如平光墙漆，乳胶涂料相比溶剂型涂料的主要优点十分明显，以致在北美地区市场上很少见到溶剂型建筑涂料。内墙乳胶涂料的主要优势包括快干、溶剂味低、无干性油及醇酸氧化副产品的异味、易清洗、火灾隐患低、能较好地长期保持机械性能。对于外墙乳胶色漆，其主要优势是户外耐久性比干性油或醇酸色漆好。例如木护板上的乳胶涂料涂膜对水蒸气更容易渗透，因此起泡现象更轻微。但是，乳胶涂料在粉化表面上的附着力比溶剂型涂料差（31.1 节）。

与醇酸涂料相比，丙烯酸、苯乙烯/丙烯酸、苯乙烯/丁二烯乳胶涂料的另一个优点是其极佳的耐皂化性能，更长的保质期。通常乳胶涂料在镀锌金属表面比醇酸涂料具有更好的附着力。虽然醇酸涂料最开始被设计应用于砖石表面，但易被碱性表面水解，而乳胶涂料在水泥和混凝土表面上表现出更优异的性能，而且乳胶涂料能更好地覆盖多孔的水泥表面（32.1 节）。

液态乳胶涂料中的聚合物以分散的粒子存在，并且在乳胶颗粒间不会发生迁移，但溶剂和表面活性剂分子可能会发生转移。乳胶涂料通过聚合物粒子相互渗透融合而形成漆膜（2.3.3 节）。只有当涂料成膜的温度比聚合物粒子的 T_g 高时，渗透融合才会发生。当成膜温度略高于 T_g 时，一开始渗透融合会快速发生，但该过程的完成相对较慢，除非温度远远高于 T_g。对于大多数建筑涂料来说，最终渗透融合较慢一些不是问题。因此 T_g 仅需略低于成膜温度。相反，在烘烤型工业涂料中，漆膜应在涂装产品离开烘道前完成成膜，因此，烘烤温度必须远远高于 T_g。

乳胶涂料也有一定的局限性，尤其是最低成膜温度（MFFT），它决定了涂料最终能否聚结成膜。为了获得足够高的 T_g 以避免漆膜出现粘连，在配方中普遍使用成膜助剂。成膜助剂溶解在聚合物粒子中，降低 T_g，使漆膜能在较低温度下成膜。待成膜后，成膜助剂缓慢从漆膜中迁移出来并挥发。然而，即便使用了成膜助剂，为了实现良好的成膜性，平衡漆膜的最低成膜温度和高 T_g 仍有很大难度（32.1 节）。

含有较少有机溶剂，或者无 VOC 排放的乳胶涂料已被开发出来并已投入市场。制备无 VOC 乳胶涂料的技术方法包括：①将不同 T_g 和不同粒度的乳胶混合（Winnik 和 Feng，1996；Eckersley 和 Helmer，1997）；②将乳胶与通过顺序聚合制备的具有梯度 T_g 的粒子混合（2.3.3 节及 9.2 节）（Hoy，1979）。

热固性乳胶可以使用低 T_g 的聚合物，可实现漆膜在较低温度时成膜；通过后面的交联可产生所需要的抗粘连性及其他性能（见 9.4.1 节）。下文将提供具体的交联剂示例。

热固性乳胶可应用于双组分工业涂料中，其适用期必须足够长，以使乳胶聚结融合后再产生充分的交联反应。很多交联剂可用于单组分乳胶涂料。例如，含有烯丙基可发生自氧化交联的聚合物、含有三烷氧甲硅烷基团的聚合物以及可与二酰肼交联的含有醛基或酮基的共聚物。另外还有将氧化型醇酸树脂溶解在乳液聚合用的单体中制备的杂化醇酸/丙烯酸乳胶。

正如 Overbeek（2010）所评论，乳胶技术给创新提供了无限广阔的空间。将低分子量可交联材料注入热塑性乳胶母体中是一种很有发展前景的方法。注入的材料可以充当成膜助剂，降低或消除挥发性有机化合物，并可以形成交联化学键以增强漆膜性能。注入可交联材料的热塑性乳胶包括以下示例：

• 将液态环氧树脂注入各种乳胶母体中形成丙烯酸-环氧杂化乳液（Fu 等，2014）。该涂料由水溶性环氧交联剂配制而成。注入的环氧树脂可经单胺改性形成多羟基氨基醚，也可以实现交联。

• 颗粒中含有四乙氧基硅烷（TEOS）的乳胶（第 16 章）。在成膜过程中，TEOS 会加速乳胶颗粒聚结融合，然后通过溶胶-凝胶过程反应形成纳米二氧化硅颗粒，增强漆膜性能（Picarra 等，2014）。

聚氨酯乳胶通常被称为水性聚氨酯分散体（水性 PUD）（12.7.1 节），分为热塑型和交联型。促进其使用量不断增长的一个重要因素是它在室温下形成的涂膜聚合物 T_g 比丙烯酸及其他普通乳胶更高，不需要使用成膜助剂。水作为聚氨酯的增塑剂，降低 T_g，有利于成膜（Satguru 等，1994）。

Li 等人（2015）已经制备出生物基含量高达 97%且性能良好的 PUD，结构单元是从脂肪酸和赖氨酸衍生的二异氰酸酯以及从葡萄糖衍生的异山梨醇二元醇。

PUD 可以与乳胶漆、水稀释丙烯酸树脂和水稀释聚酯混合使用。丙烯酸单体也可在 PUD 中聚合以制备丙烯酸/聚氨酯杂化树脂。制备丙烯酸/水性聚氨酯体系的主要方法有三种：

• PUD 和乳胶（或其他水稀释性丙烯酸树脂）的共混（12.7.2 节）；

• 丙烯酸单体在 PUD 中聚合（12.7.2 节）；

• 交联型氨基甲酸酯/乙烯基体系（12.7.2 节）。

广义而言，丙烯酸酯/ PUD 共混体系兼具丙烯酸乳胶和 PUD 的优点。丙烯酸乳胶成本低，具有优异的室外耐久性，而 PUD 具有较高的耐磨性及较好的附着力。PUD 的 MFFT 比具有相同 T_g 的丙烯酸乳胶的 MFFT 低，这可以减少甚至避免使用成膜助剂，从而减少

VOC 的排放。杂化树脂涂膜比丙烯酸涂膜具有更高的拉伸强度。各种交联剂都可与具有官能团的丙烯酸 PUD 一起联合使用，尤其在汽车底色漆中。

乳胶涂料制备的另一局限性是难以配制高光泽乳胶涂料（19.10.1 节和 32.3 节），主要是由于挥发组分挥发后，颜料和乳胶颗粒的分布不均匀。因此，在涂膜的上层表面很难获得像溶剂型涂料一样无颜料或低颜料含量的高光泽漆膜。通过使用小粒径的乳胶可以减轻但不能消除该问题。干膜中表面活性剂的存在会导致漆膜产生雾影及起霜，也会降低光泽。目前，正在开发的低表面活性剂含量或可聚合的表面活性剂的乳胶，有望最大程度减少或解决这一问题（9.1.1 节）。

乳胶涂料往往会呈现过高的剪切变稀。如果高剪切速率下乳胶涂料的黏度有利于施工，那么在低剪切速率下的黏度（流平的前提）会变得太高。这是乳胶涂料的流平性往往比溶剂型涂料差的原因之一。流平性一般的平光涂料的外观还算满意，但随光泽度提高，漆膜的不均匀现象越来越明显。通过添加缔合型增稠剂可极大地改善此问题（32.3 节）。

很多原因造成了乳胶涂料在 OEM 涂料中的应用受到较大限制。正如上一节提到的，在生产线及烘道中水的蒸发是问题的一方面，而乳胶涂层的起泡是问题的另一方面。使用 T_g 尽可能高的乳胶聚合物有望减缓漆膜表面的乳胶粒子在水分完全蒸发前成膜。乳胶涂料在工业应用中的主要不足之处是流动性问题。未经交联的乳胶涂层缺乏许多 OEM 应用所需的耐溶剂、耐水和耐机械损伤性能。许多工业涂料对流平性的要求比建筑涂料更加严格。一般情况下，乳胶涂料通常表现出较高的剪切变稀性，以及许多情况下呈现的触变性。在某些情况下，这些流动特性是由乳胶颗粒的絮凝引起的。乳胶的絮凝在很大程度上提高了涂料的低剪切黏度，此外，它进一步降低了乳胶漆的光泽。如 32.3 节所述，使用缔合增稠剂可在一定程度上减缓这一问题。

越来越多的用户将乳胶和水稀释性树脂混合使用。例如，汽车底色漆通常含有水稀释丙烯酸和丙烯酸乳胶的混合物。这种共混涂料一般都比乳胶涂料具有更好的流动性。

乳胶涂料的另一个优点是分子量高，无需交联就具有极佳的机械性能。然而，一般通过交联才能获得良好的耐溶剂性。

乳胶涂料的交联方法在 9.4 节中有详细介绍。其中一种方法是在乳胶中加入少量的双丙酮丙烯酰胺，然后与己二酸二酰肼交联剂配制成涂料（17.11 节），交联反应发生在双丙酮丙烯酰胺和二酰肼上的羰基之间，生成腙（Mestach 等，2004）。此方法用于工程建筑涂料，还可用于工业涂料中。

乳胶的黏度与分子量无关，所以即使它们的分子量很高，也可在较高的固体分时进行施工。在高颜料用量的涂料中，内相体积的占比较大，必须降低固含量。但主要是用水来降低固含量，减少了 VOC 排放。

随着对减少 VOC 排放的压力的进一步加大，预计乳胶涂料尤其是热固性和杂化乳液在工业领域中的用量将持续增加，如原厂涂料和特种涂料。

26.3 乳液涂料

大部分水性涂料是采用水稀释性树脂或乳胶树脂制备的。然而，乳液涂料则被定义为液态树脂在溶剂（此情况下为水）中形成的分散体。乳液涂料具有广泛的应用潜力和用途（见 Elrebii 等，2015）。分散颗粒处于液体和固体之间的边界上，简称分散体。

市场上最重要的乳液涂料是双组分涂料，其中一种组分是双酚 A（或酚醛）环氧树脂溶液，另一种组分是含有非离子表面活性剂的胺端基交联剂（13.2.2 节）（Albers，1982；Galgoci 等，1997）。胺交联剂组分首先用水稀释，然后在剧烈搅拌条件下加入环氧树脂溶液组分。由于环氧树脂不但能与氨基反应，也能缓慢与水反应，因此其适用期仅为几小时。溶剂型环氧-胺涂料的适用期受黏度增加的限制，但乳液体系的黏度几乎不会变化，即使变化，也只是随时间有些变化，因为黏度是受内相浓度而不是分子量的控制，而且与水的反应不会导致交联。相反，涂料的适用期受漆膜性能的影响，如涂层的光泽度。此类环氧乳液涂料用于较硬的易清洗墙面涂料中，如医院及食品加工厂的墙面。在金属表面应用中，残留的表面活性剂会降低涂层的防腐蚀性。据报道，采用脂肪族环氧树脂的乳液涂料具有较长的适用期及优异性能（Eslinger，1995）。

避免使用表面活性剂的方法之一是以硝基乙烷作为溶剂（Lopez，1989；Wegmann，1993），如 13.2.6 节所述，硝基乙烷与胺端基的聚酰胺形成铵盐，可起到表面活性剂的作用。待漆膜干燥后，硝基乙烷挥发，形成对水敏感性较小的漆膜。此类涂层用于高性能领域中，如飞机底漆（33.4 节）。

此方法进一步演化为使用固体环氧树脂的分散体和特制的固化剂（Zhang 和 Procopio，2014；Zirngast 等，2014）。潜在应用包括混凝土地坪涂层以及工业、铁路、农业和建筑设备等领域。固体环氧树脂熔点低，可在室温进行固化。

对于烤漆涂料而言，丙烯酸共聚物，如甲基丙烯酸/甲基丙烯酸甲酯/丙烯酸乙酯/苯乙烯的铵盐（40∶20∶20∶20）可用作环氧-酚醛涂料的乳化剂（Kojima 等，1993）。在烘烤时，丙烯酸的羧基与环氧基团反应，将表面活性剂结合到聚合物分子链中，克服了非反应性表面活性剂对漆膜性能的不良影响。

另外一个实例是在水中乳化的硝化纤维素清漆，可作为木器家具的面漆使用（31.1 节；Winchester，1991）。这种乳液的 VOC 排放远远低于溶剂型清漆，但需要更长的干燥时间以达到抗印痕性。

醇酸乳液涂料和含有醇酸乳液的涂料正处于市场增长期（Hofland，1997；Barrios 等，2014）。与乳胶涂料相比，乳液涂料的光泽更高，并且避免了乳胶涂料成膜所需的最低成膜温度问题，实现低 VOC 排放。大多数乳液涂料涂膜的性能可与对应的醇酸涂料相当。然而，醇酸乳液涂料中表面活性剂的含量高达 5%～10%，一定程度上增大了涂膜的水敏性。使用含有多不饱和度烃链的乳化剂与醇酸进行交联反应（McNamee 等，2004）或带有可交联烯丙基的乳化剂可缓解这一问题（Palmer，2014）。

含阴离子或者阴离子/非离子混合表面活性剂的长链醇酸是最稳定的乳液，而且 VOC 排放最低，但干燥速率一般比溶剂型醇酸慢，这可能是由于催干剂效果较差。另外，使用 HUER 型缔合增稠剂可调控配方涂料的流动性。

醇酸树脂被乳化到乳胶漆中，以提高在粉化表面的附着力（32.1 节），这已有数十年的应用。据推测，通过将醇酸分子部分注入乳胶颗粒中可以增强贮存稳定性，而且一定程度上可降低水解性。

Elrebii（2015）等人报道了一种丙烯酸/醇酸杂化分散体，其中的基料由醇酸与羧酸功能化的丙烯酸预聚物熔融缩合反应形成。当与水和胺结合时，基料形成粒径和形态各异的分散体。此制备过程无需添加溶剂，而且涂膜的性能良好。

（张超群　译）

综合参考文献

Glass, J. E., Ed., *Technology for Waterborne Coatings*, American Chemical Society, Washington, DC, 1997.

Heilen, W., Ed., *Additives for Waterborne Coatings*, Vincentz, Hannover, 2009.

Karsa, D. R.; Davies, W. D., Eds., *Waterborne Coatings and Additives*, The Royal Society of Chemistry, Cambridge, 1995.

参 考 文 献

Albers, R., *Proceedings of the International Waterborne, High-Solids, and Powder Coatings Symposium*, New Orleans, LA, 1983, p 130; US patent 4,352,898(1982).

Barrios, S. P., et al., *Proceedings of the American Coatings Conference*, Atlanta, GA, April 9, 2014, paper 13. 1.

Brandenburger, L. B.; Hill, L. W., *J. Coat. Technol.*, 1979, 51(659), 57.

Cheetham, H. C.; Pearce, W. T., Alkyd Emulsion Paints in Mattiello, J. J., Ed., *Protective and Decorative Coatings*, 1943, Vol. III, pp 488-494.

Eckersley, S. A.; Helmer, B. J., *J. Coat. Technol.*, 1997, 69(864), 97.

Elrebii, M.; Kamoun, A.; Boufi, S., *Prog. Org. Coat.*, 2015, 87, 222-231.

Engelhardt, R., *Proceedings of the International Waterborne, High-Solids, and Powder Coatings Symposium*, New Orleans, LA, 1996, p 408.

Eslinger, D. R., *J. Coat. Technol.*, 1995, 67(850), 45.

Fu, Z., et al., *Proceedings of the American Coatings Conference*, Atlanta, GA, April 8, 2014, paper 5. 1.

Galgoci, E., et al., *Proceedings of the International Waterborne, High-Solids, and Powder Coatings Symposium*, New Orleans, LA, 1997, p 106.

Hofland, A., Making Paint from Alkyd Emulsions in Glass, J. E., Ed., *Technology for Waterborne Coatings*, American Chemical Society, Washington, DC, 1997, p 183.

Hoy, K. L., *J. Coat. Technol.*, 1979, 51(651), 27.

Huybrechts, J., et al., *Prog. Org. Coat.*, 2000, 38, 67.

Jacobs, P. B.; Yu, P. C., *J. Coat. Technol.*, 1993, 65(622), 45.

Kim, K. -J., WO2015077677 A1(2015).

Kojima, S., et al., *J. Coat. Technol.*, 1993, 65(818), 25.

Li, Y.; Noordover, B. A. J.; van Benthem, R. A. T. M.; Konig, C. E., *Prog. Org. Coat.*, 2015, 86, 134-142.

Lopez, J. A., US patent 4,816,502(1989).

McNamee, W., et al., *Proc. Waterborne High-Solids Powder Coat. Symp*, New Orleans, LA, 2004, paper No. 27.

Mestach, D. E. P., et al., US patent 6,730,740(2004).

O'Connor, J. M., et al., *Proceedings of the International Waterborne, High-Solids, and Powder Coatings Symposium*, New Orleans, LA, 1997, p 458.

Ortiz, R.; Spilman, G.; Young, T. J.; Sandoval, R. W., WO2013056162 A1(2013).

Overbeek, A., *J. Coat. Technol. Res.*, 2010, 7(1), 1-21.

Padget, J. C., *J. Coat. Technol.*, 1994, 66(839), 89.

Palmer, C., *Proceedings of the American Coatings Conference*, Atlanta, GA, April 9, 2014, paper 13. 2.

Picarra, S., et al., *Langmuir*, 2014, 30(41), 12345-12363.

Radcliffe, R. S., Casein Paints in Mattiello, J. J., Ed., *Protective and Decorative Coatings*, John Wiley & Sons, Inc., New York, 1943, Vol. III, 461-480.

Rosthauser, J. W.; Nachtkamp, K., Waterborne Polyurethanes in Frisch, K. C.; Klempner, D., Eds., *Advances in Urethane Science and Technology*, Technomic Publishers, Westport, 1987, Vol. 10, p 121.

Satguru, R., et al., *J. Coat. Technol.*, 1994, 66(830), 47.

Schoff, C. K., *CoatingsTech*, January, 2013, 48.

Spiegelhauer, S., *Proceedings of the American Coatings Conference*, New Orleans, LA, 2002, pp 161-170.

Watson, B. C.; Wicks, Z. W., Jr., *J. Coat. Technol.*, 1983, 55(732), 61.

Wegmann, A., *J. Coat. Technol.*, 1993, 65(827), 27.
Wicks, Z. W., Jr., et al., *Prog. Org. Coat.*, 2002, 44, 161.
Winchester, C. M., *J. Coat. Technol.*, 1991, 63(803), 47.
Winnik, M. A.; Feng, J., *J. Coat. Technol.*, 1996, 68(852), 39.
Zhang, Y.; Procopio, L. J., *Proceedings of the American Coatings Conference*, Atlanta, GA, April 9, 2014, paper 14. 5.
Zirngast, M., et al., *Proceedings of the American Coatings Conference*, Atlanta, GA, April 9, 2014, paper 14. 4.

第27章 电沉积涂料

电沉积涂装是一种特殊且高效的涂装方法，可用于制备高性能涂层。电沉积涂料是一类重要的水性涂料，不仅大量用作底漆，还可用于单涂层和双涂层体系。电沉积的基本原理比较简单，但其技术开发及初期市场化的过程则艰难曲折。电沉积涂料依据基料树脂体系不同，可分为阴离子体系和阳离子体系；也可根据电沉积发生在阳极或阴极，而称为阳极电沉积和阴极电沉积体系。“E-coat”“electrocoat”“electropaint”“ED”“EDP”“ELDEP”和“ELPO”均是“电沉积涂料”常用的同义词。阳离子电沉积涂料（阴极电沉积涂料）已在世界范围内广泛用于汽车车身的底漆。1963年福特公司雷鸟汽车首次实现了电沉积涂装汽车车身，并在20世纪70～80年代得以普及，从而提高了汽车的耐腐蚀性。关于电沉积涂料可参考Krylova（2001）的综述。

首先将待涂工件浸没于水性电沉积涂料槽液中，在电沉积槽中电沉积过程包括四个阶段：电解、电泳、电沉积和电渗析。第一步是水的电解，在阴极电泳涂装中，水在阴极被还原，产生氢气和氢氧根离子，使得阴极附近的pH值增高而呈碱性。而在阳极电泳涂装中，水在阳极被氧化，产生氧气和氢离子（质子），使得阳极附近的pH值降低而呈酸性。

电沉积过程的第二步是电泳，所有电沉积涂料都是带正电荷（阴极电沉积涂料）或负电荷（阳极电沉积涂料）粒子的水分散体。在阳极电沉积过程中，带负电荷的涂料粒子在电场作用下向阳极迁移；在阴极电沉积过程中，带正电荷的涂料粒子在电场作用下向阴极迁移。当带电荷的涂料粒子迁至被涂工件表面时，它们所带的电荷会被局部高浓度的氢离子或氢氧根离子中和，这时涂料粒子因表面电荷被中和而失稳，彼此凝聚，并沉积在工件表面，实现电沉积，这是电沉积过程的第三步。

刚沉积至被涂工件表面的涂膜是聚合物粒子和水的混合物，必须除去膜中的水才能得到致密的涂膜。电沉积过程的第四步即最后一步是电渗析。通过涂膜脱水收缩，水分从涂膜中渗析出来，进而形成含水率极低的致密漆膜。最终，将被涂工件从槽液中移出，进行淋洗和烘烤固化。

电沉积涂料配方设计需要考虑多方面的因素，无论是阴极电沉积涂料还是阳极电沉积涂料，基料基本都是热固性聚合物，电沉积所得涂膜需在烘炉中经高温烘烤，实现交联。设计配方时，要使所有的涂料组分均能以相同速率沉积在被涂工件上（电极），否则电泳槽中涂料组成会随时间而发生变化。电沉积涂料漆料中有均匀分散的颜料和溶解的交联剂，当用水稀释时，漆料必须能够形成带稳定电荷的聚集体粒子的水分散液。我们要确保颜料优先被树脂润湿，以避免其从树脂聚集体中迁移出来。也可以用聚合物盐的水溶液制备电沉积聚合物涂膜，但不能以水溶型聚合物作为有色涂料的基料，这会导致树脂、颜料、交联剂和其他组分无法以相同速率进行沉积。无颜料聚合物乳胶可以通过电沉积形成聚合物膜，但有色聚合物乳胶则不行，因为颜料颗粒和乳胶颗粒会以不同的速率吸附到电极（基材）上。

电沉积涂装前须用水将电沉积涂料稀释至10%～20%的固体分，使用相对较低的固体分有以下三个原因。第一，从电泳槽中取出被涂工件时，工件表面带有一层必须淋洗掉的槽液，固体分低可以减少损失，更容易淋洗。第二，槽液固体分较低时，超滤（27.4节）更容易进行。第三，涂装汽车车身和家用电器等产品的电泳槽体积硕大无比，最大可达 50×10^4L，且必须始终保持满槽状态。考虑到电泳槽满槽时的涂料成本，使用10%～20%固体分的电沉积涂料比50%固体分的涂料成本低。

对于电沉积涂料而言，一个关键要求是加水稀释后涂料应具有长期稳定性。涂料涂装时槽液中涂料固体分会不断降低，必须持续更新以确保槽液组分不变。理想情况下不要清空电泳槽液，这样开始加入的某些涂料组分就会长时间地在电泳槽中，它们必须具有很强的水解稳定性，不会发生过早的交联，具有良好的机械搅拌稳定性。无论在pH值高于7的阴离子体系还是pH值低于7的阳离子涂料稀释槽液中，交联剂都必须始终保持稳定性。另外，连续搅拌会使空气不断混入槽液，所以氧化稳定性也至关重要。如果使用氧化型漆料，就必须考虑添加烘烤时可挥发的抗氧化剂。

27.1 阴离子电沉积涂料

阴离子涂料体系所用的树脂含有羧基官能团，其酸值一般为50～80mg KOH/g。颜料和其他组分被分散在树脂中，树脂所含羧酸基团可以用有机胺（例如 *N*,*N*-二甲基乙醇胺）部分中和。在装载入槽后，用水将涂料稀释至约10%的固体分。通过控制离子化（盐）基团的取代程度，使树脂不溶于水，但在加水稀释时可形成聚集体。聚集体粒子表面富含的离子盐基团可以使其在水中形成稳定的水分散液。即使添加少于理论量的胺中和羧酸基团，分散液的pH值仍高于7，因为聚集体颗粒中心会包裹一些未中和的羧酸基团（8.3节）。

在早期的汽车电泳底漆中，使用马来酸亚麻籽油（14.3.5节）作为漆料。树脂中一部分酸酐与亚麻籽油分子键合，形成C—C键，不会发生水解反应，确保涂层的稳定性，另一部分酸酐水解成阴离子树脂必需的—COOH。但由于其对钢材的附着力相对较差，马来酸亚麻籽油很快被马来酸环氧酯取代（15.8节），马来酸环氧酯具有更好的水解稳定性，对钢材具有优异的附着力。

适当使用一些三聚氰胺-甲醛树脂（MF）作为交联剂，可增加干性油脂肪酸环氧酯的交联度。混合的甲醚化/乙醚化的Ⅰ类MF树脂（11.2节）最适合电沉积涂料。这类树脂在水中具有足够的溶解度，很容易加入涂料体系中，而且很容易溶于树脂聚集体，而不容易溶解在水中，因此即使经历了超长时间运行，槽液依然能保持恒定的沉积速率。

以中等分子量（M_w）的聚丁二烯与马来酸酐反应制得的羧基取代树脂也被用作阴离子电泳底漆的漆料，其主链完全由C—C键组成，因此在槽液中不存在水解问题。

由于马来酸环氧酯类树脂颜色稳定性和耐粉化性欠佳，不适宜用作面漆。目前，最广泛应用于阴离子电泳面漆的树脂是丙烯酸（或甲基丙烯酸）和甲基丙烯酸-2-羟乙酯作为单体共聚所得的丙烯酸共聚物。丙烯酸共聚物因含有羧酸基团，可在水中形成稳定、带负电粒子的水分散体，羟基以及羧酸基团给MF树脂提供了交联位点，如8.2.1节所述。

阴离子电泳涂料在阳极上发生的主要反应是水的电解，产生氢离子，而后氢离子在阳极表面与树脂上的羧酸根离子中和。当羧酸盐基被中和时，树脂聚集体表面所带负电荷消失，导致粒子失稳，彼此凝聚，在金属基材表面沉积：

$$2H_2O \longrightarrow 4H^+ + O_2 + 4e^-$$

$$RCOO^- + H^+ \longrightarrow RCOOH$$

并非所有盐基都是被中和后才会发生凝聚，在电极表面沉积。因为在成膜过程中，某些未中和的羧酸盐基以及铵离子被包裹在漆膜内。阳极还会发生副反应，铁可以溶解形成亚铁离子，然后被氧化成三价铁离子。

三价铁离子可与树脂上的羧酸形成不溶性盐，导致漆膜变成红棕色。变色对于底漆来说问题不大，但对浅色或白色电沉积面漆的应用会产生一些限制。一般来说，工件表面的磷化锌转化层（6.3.1 节）可以将变色减少到可以接受的程度。阴离子电沉积面漆比较适用于铝基材，因为铝盐对涂层的颜色无影响。实际上，当铝材为阳极时可以增强铝表面的保护性氧化层。因此，阴离子电沉积涂料比阳离子电沉积涂料更适合涂覆铝材。

在阳极电泳过程中，通过磷化处理的钢材表面会发生一个很严重的副反应，即阳极表面产生的氢离子会部分溶解磷酸铁锌层：

$$Zn_3(PO_4)_2 + 2H^+ \longrightarrow 3Zn^{2+} + 2HPO_4^{2-}$$

上述副反应会使磷化层部分受损，引起两个潜在的严重后果。首先可能导致涂层与钢材表面的附着力变差，防腐性能下降。另外，电泳槽液中可溶性金属离子浓度增加，导致槽液电导率增大。如后文所述，保持槽液的电导率相对较低且恒定是非常重要的。

阳极上的水经过电解后会产生氧气，如果氧气是在金属表面涂覆涂料后生成，逸出涂膜的氧气泡就会导致涂膜破裂，在涂层上形成肉眼可见的小针孔。在高电压下进行电沉积通常会导致更严重的涂膜破裂。

在阴极处，水电解产生氢气和氢氧根，产生的氢氧根可中和铵反离子（季铵阳离子）：

$$4H_2O + 4e \longrightarrow 4OH^- + 2H_2$$

$$R_3NH^+ + {}^-OH \longrightarrow R_3N + H_2O$$

中和反应生成水溶性胺，当涂装完毕工件从槽液中取出时只带走其中少量的胺。这会导致槽液中积存大量的胺，控制槽液胺浓度的方法讨论见 27.4 节。与其他水性涂料体系相比，电沉积涂料的优势是只有少量的反离子（季铵阳离子）与涂料一起沉积在基材上。有一些阴离子电沉积槽液使用氢氧化钾作为中和碱。

27.2 阳离子电沉积涂料

阳离子电沉积涂料的聚集体粒子带正电荷，在电泳作用下迁移至阴极表面。树脂含有氨基，用低分子量的水溶性有机酸进行中和，例如甲酸、乙酸或乳酸。采用的涂料最好在 pH 值略低于 7 时是稳定的，如果 pH 值比此更低，就要使用不锈钢或其他昂贵材质的耐腐蚀管道和处理设备。也有涂料供应厂商建议在所有情况下都使用耐腐蚀设备。工业化运行阳离子电沉积槽时，要求 pH 值范围控制得很窄，在 5.8～6.2 之间。阳离子电泳涂料（E-coat）汽车底漆配方中常用的树脂是双酚 A 环氧树脂与多胺或二胺［例如二乙醇胺（DEA）］反应生成的含有氨基和羟基的改性双酚 A 环氧树脂，氨基再与低分子量羧酸反应形成铵盐，如示意图 27.1 所示。

大多数阳离子电沉积涂料使用封闭型异氰酸酯作为交联剂。半封闭型异氰酸酯，如等物质的量的 2,4-TDI 与醇（2-乙基己醇或 2-丁氧基乙醇）的反应产物，可以与改性双酚 A 环氧树脂上的羟基反应，如示意图 27.2 第一个反应方程式所示。封闭型异氰酸酯交联剂在微酸性水体系中是稳定的，而 MF 树脂在微酸性体系中则不稳定。封闭型异氰酸酯的化学已在

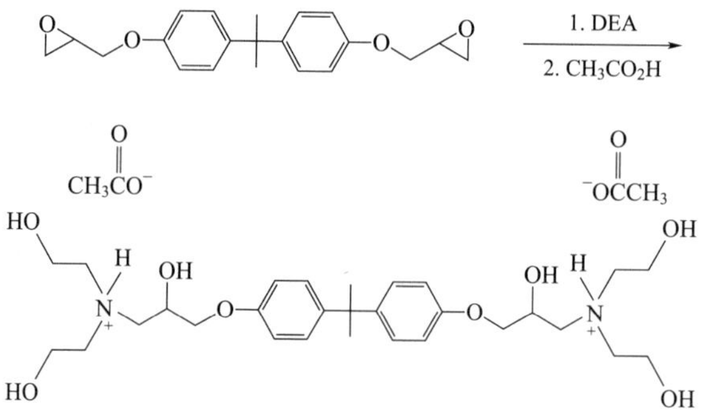

示意图 27.1

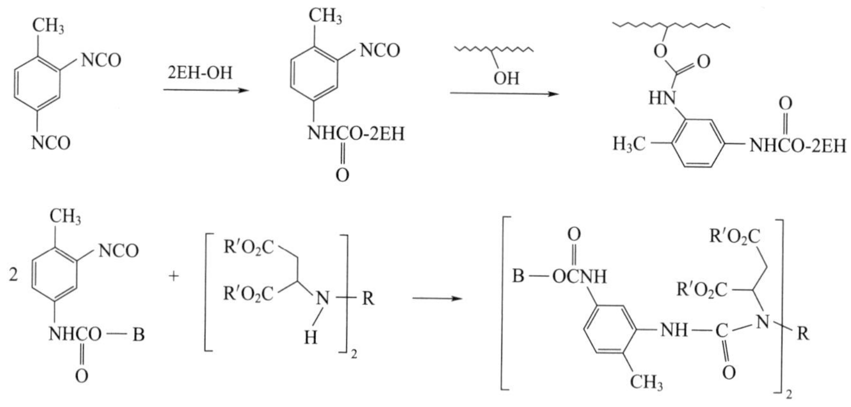

示意图 27.2

本书 12.5 节中讨论过，Wicks 和 Wicks（2001）发表了有关封闭型异氰酸酯方面的综述。

烘烤加热过程中，异氰酸酯脱封，并与羟基反应形成氨基甲酸酯键，使树脂交联固化。在固化过程中，两个异氰酸酯基团都会发生剧烈的脱封反应，释放出游离 TDI，这些游离的 TDI 会迁移至底色漆中，引起黄变。如果能抑制 TDI 交联剂两侧的两个 NCO 基团都发生反应生成氨基甲酸酯键，游离 TDI 的释放就可以得到抑制。Yonek 等（1996）公开了一项授权专利，可将半封闭 TDI 的第二个 NCO 基团与双天冬氨酸酯反应，形成双脲，如示意图 27.2 中第二个反应方程所示。加热时脲基团环化，形成热稳定的乙内酰脲。烘烤涂料时，末端封闭基团（B—OH）脱封，生成二异氰酸酯交联剂，该交联剂可与含羟基官能团的聚合物反应，如示意图 27.1 所示的改性双酚 A 环氧树脂。

另外，使用封闭型脂肪族多异氰酸酯，如已内酰胺封闭的 IPDI/TMP 预聚物作为交联剂，可以消除黄变问题（Debroy 和 Chung，1988）。在某些情况下，电泳涂层和面漆之间由于长期曝露在户外而发生剥离现象，只要在 2-(2-丁氧基乙氧基)乙醇封闭的 TDI 底漆中添加 HALS 和紫外线吸收剂就可以解决此问题（Zwack 和 Eswarakrishnan，1995）。

MDI 和聚合 MDI（12.3.1 节）的优点是其流动性低于 TDI，不易扩散到底色漆中。Mauer 等（1989）报道使用甲醇（或其他醇）封闭的聚合 MDI（含 12% 2,4′-MDI、35% 4,4′-MDI 和 53%聚合 MDI）的电沉积涂料更稳定。在封闭之前使用聚醚多元醇部分扩链的 MDI 作为交联剂，可以获得更具韧性的涂层。以 2-(2-丁氧基乙氧基)乙醇、TMP 和 *N*,*N*-二甲基氨基丙胺部分封闭多聚 MDI，再用甲酸中和后分散在水中，制备阳离子聚氨酯分散体（PUD），为电沉积涂料提供了一种无溶剂的交联剂（Schafheutle 等，1999）。

选择合适的封闭基团很重要，因为它决定了电沉积涂料固化温度窗口的大小。通常总是希望采用较低的烘烤温度，这样可以节约能源，实现快速交联。但是，封闭-脱封反应是一个可逆反应，在槽液工作温度下即使是轻微的脱封反应，树脂颗粒也会在电泳槽中发生缓慢的交联，影响电泳槽液的稳定性。因此，大多数阴极电沉积涂料要求烘烤温度高于 160℃。新型封闭剂和催化剂的开发一直是研究热点，如能开发出既保证槽液稳定又能低温固化的电沉积涂料，将是阴极电沉积涂料的重大进步。

乙二醇醚类如乙二醇单丁醚是广泛使用的封闭剂，由于乙二醇醚重新形成封闭异氰酸酯的逆反应速率较慢，所以其封闭的异氰酸酯比非醚烷基醇封闭异氰酸酯的固化温度低。此外，乙二醇醚的挥发性较低，能在涂膜中保留更长的时间，从而使涂膜具有更好的流动性和流平性。Moriarity（1984）公开了其发明专利，用羟乙酰胺（如 *N*,*N*-二丁基羟乙酰胺）作为封闭剂，与乙二醇单丁醚相比，它可以降低电泳涂层的固化温度。

据报道，吗啉-2,3-二酮侧基改性树脂是有效的封闭剂（Anderson 和 Gam，2005）。另据报道，甲乙酮肟（MEKO）封闭异氰酸酯固化剂可使底漆在 80℃ 的温度下固化（Morikami 等，2014）。这种酮肟体系固化剂在日本被广泛使用，但在电沉积涂装过程中会生成危险废弃物 HCN（Nonomura 等，1993；Modler 和 Nonomura，1995），同时还会在电泳槽中发生过早脱封的问题。

研究者为开发电沉积涂料的新型催化剂付出了巨大努力，研发的四个主要目的是：无铅底漆，降低固化温度，无锡配方，提高水解稳定性。二丁基氧化锡是最常用的催化剂，其稳定性良好，但不溶于涂料体系，必须与其他颜料一起分散，且效率一般，通常需要加入铅化合物作为助催化剂。据称，三烷基锡化合物如双(三辛基锡)氧化物（TOTO）与 ZnO 一起使用时是很有效的催化剂（Bossert 等，1999a）。Bossert 等（1999b）公开了多种催化剂，特别推荐使用 TOTO，它可以在 150℃下固化。据称使用 TOTO 催化体系可以获得更厚的涂层、更高的泳透力和更好的边缘覆盖性。TOTO 是一种液体，加入涂料中很方便，可用于制备透明涂料，并且毒性低。

据报道，铋盐也是一种有效的催化剂，将铋盐如乳酸铋和二羟甲基丙酸（DMPA）铋盐用作电泳底漆催化剂时，无需用铬酸盐清洗磷化层（Kerlin 和 Hamacher，1997）。在阳离子电沉积涂料体系中以乙二醇醚封闭聚合 MDI 为交联剂，对选用的系列催化剂进行固化性能测试，最终结果是三(异硬脂酸)铋与异硬脂酸复配催化体系固化效果最佳，且抗水解性能出色（He 等，2002）。

Wicks 和 Wicks 等（2001）发表了有关阳离子电泳涂料催化剂的研究及开发方面的综述。目前电沉积涂料配方中最好不使用锡和铋的化合物。因此，Peters 等（2013）和 Ravichandran 等（2014）提出用有机金属化合物作为有效的电泳涂料固化催化剂。

尽管大多数阳离子电沉积底漆一直在使用芳香族异氰酸酯，但如果随后涂覆的面漆遮光性不足，紫外线或短波长可见光能照达底漆面，会造成一些问题。长期户外曝晒会使底漆发生光降解，甚至会导致漆膜变色和剥离。为此，已经开发出了脂肪族异氰酸酯底漆体系。但是，由于脂肪族异氰酸酯的脱封温度比芳香族异氰酸酯高，需要更高的固化温度/更长的烘烤时间。

在阴离子电沉积过程中磷酸盐转化膜会发生酸溶解，但在阳离子电沉积过程中，磷化膜不会发生酸溶解问题。根据磷化处理液中锌的浓度，可以沉积得到不同的晶体（6.4.1 节）。

在较高的锌离子浓度下，磷酸盐转化层的晶体主要是水合磷酸锌 $Zn_3(PO_4)_2 \cdot 4H_2O$，被称为磷锌矿结晶。在低锌离子浓度下，形成磷叶石晶体，$Zn_2Fe(PO_4)_2 \cdot 4H_2O$（Dyett，1989），这是电沉积钢材的首选预处理。因此，Zn-Ni、Sn-Mn 和 Zn-Mn-Ni 等磷化处理都可用于电沉积镀锌钢材的预处理，但是当体系中仅有磷酸锌结晶时，只能形成磷酸锌转化膜（Schoff，1990）。

采用 BPA（双酚 A）环氧树脂和 TDI（甲苯二异氰酸酯）或 MDI（二苯基甲烷二异氰酸酯）的电沉积涂料只可用作底漆，如果用作面漆则保色性和户外耐久性欠佳。由丙烯酸树脂与封闭的脂肪族二异氰酸酯组成面漆具有较好的保色性和户外耐久性。用甲基丙烯酸 *N*，*N*-二甲氨基乙酯和甲基丙烯酸羟乙酯作为共聚单体的丙烯酸树脂，具有成盐所需的氨基和交联所需的羟基。醇封闭的脂肪族异氰酸酯与羟基反应的固化温度相对较高。用肟封闭的异氰酸酯可以在较低温度下发生交联，但对槽液稳定性有影响。另外，也可以采用甲基丙烯酸缩水甘油酯作为共聚单体，在丙烯酸树脂上引入氨基，接着树脂上的环氧侧基与伯胺发生反应。醇封闭的脂肪族异氰酸酯与仲胺反应发生脲基甲酸酯交联，这需要较高的烘烤温度，但槽液的化学稳定性十分优异。如果需要光稳定的电沉积涂层，应该优选阳极电沉积工艺，具有优异光稳定性的丙烯酸树脂较阳离子树脂更容易合成。

尽管如此，在汽车底漆领域，阳离子电沉积涂料因其出色的防腐性能，已经取代了阴离子电沉积涂料。含氨基的阳离子树脂能赋予钢材更为优异的防腐性能，或许这是因为氨基与基材表面有很强的相互作用，从而增强了湿附着力，这是影响防腐性能最关键的因素（7.4.2 节）。无铅涂料的湿附着力对防腐性能而言特别重要，早期的电沉积涂层是靠含铅化合物抑制腐蚀的。

27.3 影响电沉积的因素

电沉积涂料的沉积并不是在通电后立即发生的，要经过一段时间，才会产生足够多的氢离子（阴离子电沉积涂料）或氢氧根离子（阳离子电沉积涂料），从而中和聚集体粒子上大量的电荷，导致电沉积。在经过这段初始时间后，聚集体粒子电泳的速率决定了其沉积速率，而工作电压对沉积速率有明显的影响，电压越高沉积速率越快。一般电沉积涂装参数设计成：电压 225～400V，沉积时间 2～3min。电解水不需要高电压，但高电压可以提高聚集体粒子电泳到电极的驱动力，并能充分覆盖凹陷区域。

电沉积涂装时，最开始被涂装的区域是金属工件的边缘，因为那里的电流密度最高。工件边缘涂装完后，再涂装工件外部平坦表面，然后涂装工件的凹陷处和内部封闭的表面，最后沉积成膜的是凹槽的底部。对于防腐底漆而言，最好实现涂料在钢材表面的全覆盖涂装，因此需要将工件在电泳槽中停留 2～3min，这对涂装最深的凹陷区域尤为重要。随着沉积膜厚度的增加会引起湿膜电阻增大，从而降低最开始沉积涂膜区域的粒子沉积速率。电沉积涂装存在一个极限涂膜厚度，超过这一厚度，涂膜的电沉积过程停止或变得非常缓慢。

电沉积速率还受涂料当量的影响。涂料当量越高，由氢（或氢氧根）离子中和粒子表面电荷引发聚凝后所沉积的涂料量就越大，漆膜厚度增加就越快。另外，涂料的中和当量要足够低也是至关重要的，以便聚集体粒子表面有足够的极性基团（电荷量），维持其在槽液中的分散稳定性。涂料的电沉积速率还受槽液中可溶性低分子量盐离子含量的影响，这些离子在电场作用下也会被吸引到电极上，与涂料聚集体粒子发生竞争。由于它们体积很小，在电场中的移动速率会更快。因此，可溶性盐浓度也必须尽可能低，并且保持基本稳定。

可以快速沉积在工件凹陷区域的涂料被认为具有高泳透力。泳透力决定了在标准时间内和标准电压下，测试涂料能在钢管或敞口盒内部涂装的距离（深度）。最近，汽车行业采用了丰田公司首先开发的名古屋盒法（译注：国内称为四枚盒法）来评价电沉积涂料的泳透力。实验装置如图 27.1 所示，该盒子由一系列四个平行放置的平板组成，各平板之间的间距是固定的。阳极放置在第一块平板的前面，前三块平板中每个板的底部都有一个小孔，以允许电流和流体在平板之间通过。从第一块到最后一块平板的表面分别编号为 A 面到 H 面。从 A 面到 G 面之间形成的膜厚的比例可以很好地表征电沉积涂料的泳透力。

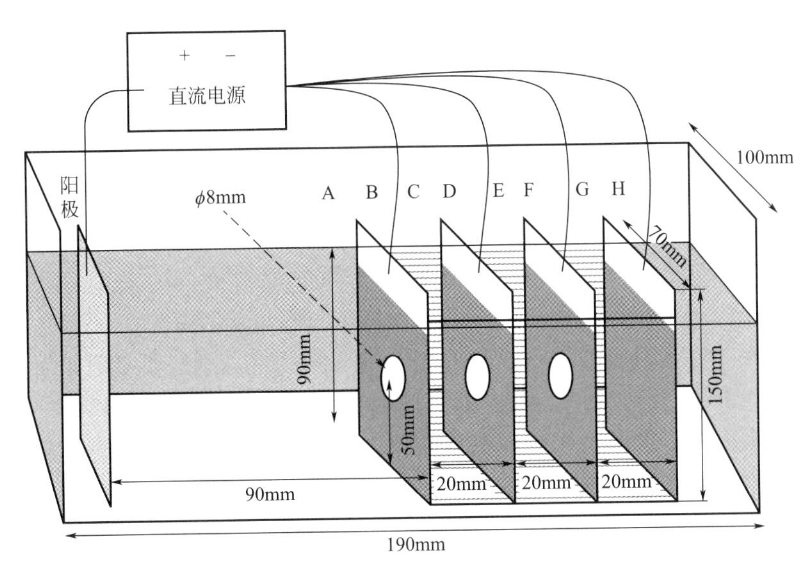

图 27.1 名古屋盒示意图

用于测定电沉积涂料泳透力，电流流过前面板底部的孔。最靠近阳极面板的一面（面向阳极）标记为 A 面，最靠近阳极面板的背面标记为 B 面（A 面的背面为 B 面），依此类推

增加沉积电压和延长沉积时间都可以提高泳透力。但电压过高，沉积在平板外表面的涂膜会发生破裂。因为电压太高，电流会穿透涂膜导致膜下局部产生气体（阳极电沉积产生氧气，阴极电沉积产生氢气），而气泡会逸出湿膜从而造成漆膜缺陷。实践证明，在较高电压下，电沉积过程中电流会穿过涂膜放电，从而产生可见的火花（Smith 和 Boyd，1988），这些火花也可能导致涂膜破裂。据报道，如果基材是镀锌钢，而不是钢材，在较低电压（约 240V）下就会产生火花（钢材约 300V 或更高）。当沉积漆膜的导电性增加时，在较低的电压下就容易发生漆膜破裂。经交流电整流而获得的直流电电压起伏变化较大，这种电流称为波纹（弱脉动）电流，波纹效应也可能在较低（平均）电压下击穿涂膜（Vincent，1990）。已经开发出一些模型方程，可用于预测涂料在汽车等复杂形状表面上的泳透力及涂膜的形成过程（Boyd 和 Zwack，1996）。预测工件外部涂膜的形成相对比较简单，但要预测凹陷部位内部涂膜的形成，需要对该部位的局部电流分布有细致深入的了解，还需要有一个理想的涂膜增长模型（Ellwood 等，2009）。

槽液电导率对涂料泳透力有直接影响，电导率越高泳透力越大。但会有一个极限，当电导率的提高是因可溶盐的增加而导致时，涂料聚集体粒子的电泳速率就会降低。提高树脂上盐基数量会增加电导率从而提高泳透力，但会导致沉积速率下降。当被包封在沉积膜中的导电材料量增加时，漆膜破裂的可能性随之增大。因此，电导率必须要考虑采取一个折中的值，通常槽液的电导率范围为 1000～1800μS（microsiemen），目前旧式单位 mho 仍在使用，1μS=1μmho。

涂料组分变化对涂膜破裂及涂料泳透力有较大的影响，如果沉积在基材表面上的聚集体沉积物黏度太高，无法实现充分聚结，就会形成多孔的漆膜，造成湿膜电导率升高而泳透力降低。另外，如果基材表面沉积的聚集体黏度过低，形成的涂膜就会偏软。此时，涂膜下发生水的电解，气泡就很容易破膜而出，从而加剧涂膜的破裂。因此，必须在这两个极端情况之间进行折中处理。树脂的玻璃化转变温度是影响因素之一，电沉积槽液的温度同样也很重要。槽液温度必须精准控制在一定范围内，通常为 32～35℃。只有配方中含有溶剂时，才可以使用玻璃化转变温度（T_g）高的树脂。目前，很多电沉积涂料都含有少量溶剂，无溶剂是我们所追求的环保目标。溶剂会影响沉积膜的电导率，因此溶剂选择必须谨慎。溶剂过多会导致漆膜在低电压下破裂，降低泳透力。必须调整溶剂的分配系数，使其绝大部分溶于聚集体中，仅极少量溶于水，否则槽液中的溶剂浓度会随时间的推移而增加。电泳底漆组成对其最终漆膜表面的平整度有很大影响（Gilbert，1990）。

颜料含量也会影响聚集体颗粒的聚结。如果 PVC（颜料体积浓度）接近或高于 CPVC（临界颜料体积浓度），且涂料所含溶剂量又很少，沉积膜将不会聚结。颜料含量对漆膜的流平性也有显著影响。电沉积所得漆膜中的溶剂含量很低，因此其黏度与涂料配方中的颜料含量关系极大。除非 PVC 相对较低（大多数涂料的 PVC 不到 CPVC 的一半），否则其黏度过高会使流平性变差。与常规底漆相比，电泳底漆中颜料含量较低，因此其光泽度较高，尤其是为了达到良好的流平性，颜料含量可以相当低。

如果 PVC 进一步减小，在沉积后至交联前涂层的黏度会降低。在烘烤过程中温度升高会引起黏度降低，在固化之前会有一定的流平。而后随着固化的进行黏度又会增加，涂层停止进一步的流动。如果涂层黏度过低，由于表面张力的作用涂层将从基材边缘流失。基材边缘的温度先升高，会降低该区域涂层的表面张力，从而导致其向相邻较高表面张力区域流动。电沉积涂料基本配方设计的困难之一就是如何平衡表面张力、黏度和固化动力学之间的关系，这对汽车用阴极电沉积涂料而言尤为重要。平整的电泳涂层有益于减少底漆和面漆的橘皮现象。但良好的平整度要求黏度低，这可能导致边缘覆盖性欠佳（在行业中称为高边缘）。有一种衡量边缘覆盖性的方法是观察电沉积涂料涂覆剃须刀片的能力，固化后剃须刀边缘漆膜厚度是评价其边缘覆盖性的量度。

通常用于电沉积涂料的颜料大多数是惰性的，使用的缓蚀颜料可查阅专利文献报道。但自从工业应用中禁止使用铅和六价铬颜料后，工业上已很少使用活性缓蚀颜料。

27.4 电沉积涂料的涂装

电沉积涂料的涂装系统示意图如图 27.2 所示。首先将被涂工件悬挂在传送带上，然后运送并浸入电泳槽中进行涂装。当被涂工件出槽时需用超滤液淋洗，这样既可以回收出槽时工件上黏附的涂料，也可以避免工件上局部堆积过量的涂料。在淋洗阶段涂膜尚未交联，但其黏度已相当高，足以形成连续的涂膜，淋洗只是除去涂膜表面上的槽液。为了保持槽液中涂料组成的恒定，必须通过连续添加“补充”涂料来维持因沉积而消耗的涂料固体分，热交换器将槽液温度维持在精准的范围内。

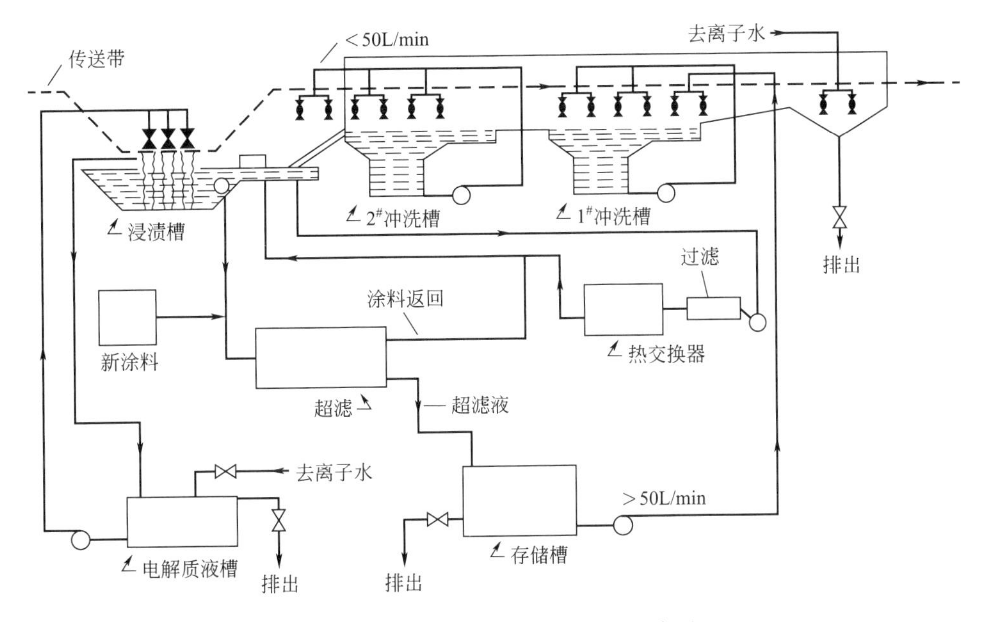

图 27.2　汽车阴极电沉积涂装线的布局

资料来源：Wismer 等（1982）。经 The Federation of Societies for Coatings Technology 许可复制

槽液通过超滤装置连续不断地再循环。超滤技术是阴极电沉积大规模应用的重要保障，超滤膜可除去多余的水和水溶性物质，而保留含有树脂、颜料和交联剂的聚集体粒子。超滤能够保持可溶性盐的浓度基本恒定，从而确保槽液电导率恒定。

图 27.2 左下方有一个电解质液槽的示意图，它是一个控制增溶剂（用于阳离子涂料的酸和用于阴离子涂料的胺）浓度的系统。当涂料沉积在基材表面时会释放出少量增溶剂，而增溶剂浓度必须保持恒定。有少量增溶剂随被涂工件一起从槽液中带出，超滤也会除去少量增溶剂，但这些增溶剂损失的总量少于电沉积时释放的增溶剂量。保持增溶剂平衡有两种方法，一是补充涂料中的增溶剂含量要足够低，二是所需增溶剂的剩余部分来自槽液中过量的增溶剂。还有一种更有效的方法是在微孔聚丙烯盒中放一个反电极，膜的孔径必须确保聚集颗粒不能通过膜，而水和羧酸根（或铵）离子可以很容易地通过。在某些情况下，有必要使用离子选择性隔膜。这种盒子具备自动监测并校正浓度的功能，可以使清液通过循环添加到电解质液槽中，维持适当水平的增溶剂量是至关重要的。通常认为槽液的 pH 值也必须保持恒定。尽管这是对的，但这些涂料的 pH 值对所添加弱酸或弱碱的比例并不敏感（8.3 节），而电导率则是一个较为重要的控制指标。电沉积涂装线可以实现高度的自动化，通过反馈来控制增加溶剂、补充涂料和水的加料速度。

27.5　电沉积的优缺点

电沉积可以广泛应用于各种产品的涂装，几乎所有新车都使用电沉积底漆，许多电器用品的底漆也是电沉积涂料。底面合一的电泳漆有许多用武之地，诸如铝型材制品、窗帘固定装置、金属玩具卡车和钢制家具等。

在 20 世纪 60～70 年代，电沉积涂料的发展是漫长而投入十分巨大的过程。即使到如今，新安装一条电沉积涂装生产线并使之平稳运行的成本依然很高。但是与喷涂线相比，高度自动化的电沉积涂装线一旦正常运行就可以极大地降低用工需求。1988 年 Miranda 曾经报道过一个令人惊讶的节约人力成本的例子，用阴极电沉积涂装替代喷涂在空调器机壳上涂装环氧涂料，之前的涂装体系是一道淋涂底漆和一道丙烯酸喷涂面漆，需要 50 个工人，其中包括必要的修整和修补人员。而电沉积涂装线仅需要一名人员操作，且杜绝了因过喷涂而造成的涂料损失，进一步节省了成本，据报道涂料利用率超过 95%。综合以上各种因素我们可看出，电沉积涂装在组装线上的经济优势十分显著。但是投资很高，限制了高度自动化电沉积涂装线应用于大规模的生产运行，而相对简单的涂装线可应用于金属玩具等小型产品的涂装。

电沉积涂料中溶剂含量相当低，故 VOC 排放量低，可减少火灾隐患。与喷涂涂料相比，另一个环境优势是不产生过喷涂的废弃物。除非涂料生产配方极不合理，槽液维护或控制不当，会造成 50×10^4L 涂料的报废处理！由于电沉积所得漆膜固含量高，烘烤前仅需 3～5min 闪蒸时间，相对于喷涂涂料而言，这又是一个优点。

电沉积的另一个优点是：只要有充分的泳透力，就可以实现对工件表面的全覆盖，不留死角。尽管所得涂膜厚度可能有差异，工件凹陷处的沉积膜通常比凸面薄，但整个工件表面都会涂上一层完整的漆膜。电沉积涂装可用于喷涂无法涂覆的工件凹陷面和内封面，对多边缘工件如帘帐夹具等，用电沉积方法所得漆膜比任何其他涂装方法所得的漆膜质量更好。电沉积涂装工件边缘的漆膜比浸涂工件漆膜更均匀，底部边缘也不会出现过厚的涂膜。

在烘箱中烘烤电沉积涂装零件时可能会发生流挂现象，但由于电沉积涂层涂装后即有相当高的黏度，较常规喷涂或浸涂法而言电沉积漆膜很少发生严重的流挂现象。电沉积涂层基本不存在浸涂中常见的工件顶部和底部漆膜厚度差异较大的问题。

均匀的漆膜厚度可能会导致一些问题，尤其是颜料含量相对较高的底漆，由于电沉积漆膜均匀紧贴于金属表面的轮廓，因此粗糙的金属表面形成粗糙的底漆表面，这就是“透印”。如果所得漆膜表面对底材上金属刮痕或金属粗糙轮廓的再现性较小，得到较平整的漆膜，就认为底漆的填充性优良。电沉积漆膜相对较薄，15～30μm 不等，具体膜厚取决于涂料成分和施工参数。当需要对电泳底漆进行打磨使表面平整并改善后续涂层附着力时，仅需轻度的“细打磨”即可。如有必要可进行深度的“局部打磨”，将流挂、凸起、起粒等打磨平整，清除杂质、焊球和焊渣。局部打磨经常会导致涂膜“磨穿”，而使金属基材裸露。这时必须用“修补底漆”修补该受损区域，这是一种含有腐蚀抑制剂的催化干燥的喷涂底漆。

面漆、底色漆和电沉积底漆表面之间是否有足够的附着力，也是电沉积涂料的问题之一。电沉积底漆的交联密度会影响附着力，过烘烤会导致涂层间附着力变差。电沉积底漆光泽度相对较高，光滑的表面使得涂层层间附着更加困难。进一步降低 PVC 能促进涂层流平，使漆膜变得更加光滑，从而愈加降低涂层间的附着力。对于车身涂装来说，通常在电泳底漆上涂一层二道底漆（通常也称为底漆，在我国常称为中涂——译者注），如果仔细选择溶剂使其能渗透到电泳涂层中，则可提高涂层间的附着力。中涂的 PVC 大于 CPVC，从而可增强与面漆的附着力，且可打磨（“湿碰湿”涂装除外）以使表面平整而不降低附着力（见 30.1.1 节）。中涂还可以改善密封胶和胶黏剂之间的附着力，进一步保护电泳涂层免受紫外线降解。

电沉积基材必须是导电的，电沉积涂料大多用作金属底漆或单涂层底面合一金属涂料。基材表面导电率分布不均会导致斑印（mapping）缺陷的产生，在这种情况下电沉积涂层会显示出外观有所不同的斑块。预处理前基材表面的清洁程度不同，或局部磷化时间不同而造成的基材表面处理不均匀，都会导致基材表面局部电导率不均匀。涂层斑印问题可以通过对电泳涂层表面打磨来解决，但最好是通过管控预处理系统来杜绝表面处理的不均匀。

电沉积涂料与其他浸涂涂料体系一样都面临着配方转换的难题。如果决定要改变汽车底漆的颜色，如何处理原来的 50×10^4L 涂料？一旦面对这一问题，涂料供应商必须开发出与旧颜色底漆相容的新颜色底漆，以便可以将新涂料添加到现有的电泳槽中。当然，底漆颜色从旧颜色缓慢渐变至新颜色需要一段时间，这对于底漆来说问题不大，但对于面漆来说则是不可接受的。因此，电沉积面漆仅限于长期使用相同颜色色漆的应用领域，例如农机设备、园林拖拉机和割草机，生产线可以专用于特定的颜色。对小型设备，如用于涂覆玩具的小型电泳槽，改变颜色时可以将原色电沉积涂料从电泳槽中抽到储槽中，在此期间必须保持不断搅拌，然后将新颜色涂料泵入电泳槽中。这种方法只适用于小型电泳槽，对于大型电泳槽而言，这种方法在经济上是不可行的。

27.6 自沉积涂料

自沉积涂料，又称自泳涂料，顾名思义，自沉积涂装是一种无需施加外部电场即可进行涂覆的涂装过程，与阴极和阳极电沉积完全不同。Almeida 等（2003）对自沉积和阴极电泳涂装的钢材性能进行了比较研究。在稳定的聚偏二氯乙烯（PVDC）乳胶槽液中进行自沉积涂装，该乳胶槽液中含弱酸（氢氟酸）、氧化剂（过氧化氢）、去离子水、FeF_3、表面活性剂和助剂。PVDC 胶乳在 Fe^{3+} 存在时应是稳定的，但会被 Fe^{2+} 凝结。当将钢工件浸入涂料槽液中时，会发生以下两个反应，方程式(27.1) 为主要反应，方程式(27.2) 为次反应：

$$Fe^0 + 2FeF_3 \longrightarrow 3Fe^{2+} + 6F^- \qquad (27.1)$$

$$Fe^0 + 2HF \longrightarrow Fe^{2+} + H_2(g) + 2F^- \qquad (27.2)$$

上述反应在金属表面附近生成 Fe^{2+}，Fe^{2+} 与胶乳形成不稳定的铁络合物，沉积在钢材表面上。络合物中的一些亚铁离子被槽液中的过氧化氢和氢氟酸氧化成三价铁离子，如反应式(27.3) 所示，因此，FeF_3会再生：

$$2Fe^{2+} + H_2O_2 + 2HF \longrightarrow 2Fe^{3+} + 2H_2O + 2F^- \qquad (27.3)$$

最初沉积所得涂膜呈多孔状且有一定的黏性，随着反应持续进行，酸会逐渐渗透到基材表面。起始涂覆区域是钢件的阳极区域，如边缘部分。当初始的阳极部分被涂覆后，钢件其余部分变为阳极，且涂覆过程会持续进行。涂装后在约 105℃温度下烘烤，除水成膜。

自沉积涂料的主要优点是其无限的泳透力，只要裸露于液体涂料中，任何凹陷区域都可以被覆盖。可用于有色金属基材的自沉积涂料仍在开发中。如果性能合适，自沉积涂料与电沉积涂料相比，有不少优点：烘烤温度较低；允许在热敏工件（例如塑料）上涂覆；仅需要彻底清洁钢材，而不需要进行表面磷化处理；自泳槽和设备的投资成本较低；涂料中极少或几乎没有 VOC。该方法正在大规模工业化应用中。

Almeida 等（2003）报道，完整的 PVDC 自沉积膜的防腐蚀性能与阴极电沉积涂层相当，但在涂层被划伤后，阴极电沉积涂层的防腐性能会更好些，这可能是由于电沉积涂装前进行了钝化预处理，而自沉积没有前期的钝化处理，也可能是由于电沉积涂层具备优异的附着力。Bryden 等（1998）公开了用酸预处理的方法，可以改善这种状况。

自沉积涂膜比阴极电沉积涂膜要粗糙些，PVDC 自沉积涂膜对制动液的耐性也比较差。因此，车身涂装最好使用阴极电沉积涂料，而自沉积涂料则仅限于对防腐和耐溶剂性要求较低的应用场合，例如座椅结构件、风扇、前灯罩等。市售的自沉积涂料通常是黑色的。

除 PVDC 外，还有许多其他基料也已获得专利，包括聚偏二氯乙烯、丙烯酸和丙烯酸甲酯共聚物胶乳（Hall，2001），丙烯酸胶乳（Roberto 和 Maxim，1996），以 IPDI 脲二酮预聚物为嵌段交联剂的 BPA 环氧树脂，以及甲阶酚醛树脂与丙烯腈/丁二烯胶乳（Roberto 和 Maxim，1996）。据报道，用己内酰胺封闭的 HDI 异氰脲酸酯增韧的 BPA 环氧树脂可为涂料提供优异的附着力和防腐性能，而无需进行磷化处理（Bammel 和 Maxim，2003）。环氧自沉积涂料已实现工业化（Bryden 等，1998）。

（刘晓亚　译）

综合参考文献

Dini,J. W.,*Electrodeposition: The Materials Science of Coatings and Substrates*,Noyes Publications,Norwich(1993).

参 考 文 献

Almeida,E.,et al.,*Prog. Org. Coat.*,2003,46(1),8-20.

Anderson,A. G.;Gam,A.,US patent,US6908539 B2(2005).

Bammel,B. D.;Maxim,M. A. ,*Waterborne,High Solids,and Powder Coatings Symposium*,New Orleans,LA,2003.

Bossert,E. C.,et al.,US patent,US 5859165 A(1999a).

Bossert,E. C.,et al.,US patent,US5902871 A(1999b).

Boyd,D. W.;Zwack,R. R.,*Prog. Org. Coat.*,1996,27(1),25-32.

Bryden,T. R.,et al.,US Patent application,US20080280046 A1(1998).

Debroy,T. K.;Chung,D. -Y.,US patent,US4755418 A(1988).

Dyett,M.,J. *Oil Colour Chem. Assoc.*,1989,72(4),132-138.

Ellwood,K.,et al.,*SAE Int. J. Mat. Manuf.*,2009,2(1),234-240.

Gilbert,J.,*J. Coat. Technol.*,1990,62(782),29-33.

Hall,W. S.,US patent,US6312820 B(2001).

He,Z.,et al.,US patent,US6353057 B1(2002).

Kerlin,K. G.;Hamacher,P.,US patent,US5702581 A(1997).

Krylova,I.,*Prog. Org. Coat.*,2001,42(3-4),119-131.

Mauer,G. W.,et al.,US patent,US4824925 A(1989).

Miranda,T.,*J. Coat. Technol.*,1988,60(760),47-49.

Modler,H.;Nonomura,M.,*Toxcol. Environ. Chem.*,1995,48(3-4),155-175.

Moriarity,T. C.,US patent,US4452963 A(1984).

Morikami,A.,et al.,US patent,US8912280 B2(2014).

Nonomura,M.,et al.,*Toxicol. Environ. Chem.*,1993,39(1-2),65-70.

Peters,V.,et al.,US patent,US8617373 B2(2013).

Ravichandran,R.,et al.,US patent,US8912113 B2(2014).

Roberto,O. E.;Maxim,M. A.,US patent,US5486414 A(1996).

Schafheutle,M. A.,et al.,US patent,US5977247(1999).

Schoff,C.,*J. Coat. Technol.*,1990,62(789),115-123.

Smith,R.;Boyd,D.,*J. Coat. Technol.*,1988,60(756),77-84.

Vincent,J.,*J. Coat. Technol.*,1990,62(785),51-61.

Wicks,D. A.;Wicks Jr.,Z. W.,*Prog. Org. Coat.*,2001,43,131-141.

Wismer,M.,et al.,*J. Coat. Technol.*,1982,64(688),35.

Yonek,K. P.,et al.,European patent,EP0744425 A2(1996).

Zwack,R. R.;Eswarakrishnan,V.,US patent,US5389219 A(1995).

第28章 粉末涂料

粉末涂料不含溶剂，由固体树脂配制而成，通常还有交联剂和颜料，同时还会包含少量的助剂，如紫外线屏蔽剂、流动促进剂、催化剂和颜料分散剂。粉末涂料通常是在高温下将原料熔融混合，通过高剪切力把颜料分散在树脂及固化剂里。冷却后，将获得的固体进行粉碎。粉末喷涂在底材上，通过烘烤熔融，形成连续的涂膜。静电喷涂是最常见的施工方法，带静电的粉末颗粒在导电底材上形成相当均匀的一层。粉末涂料分为热固性和热塑性两种类型，市场上主要（约90%）是热固性粉末涂料。

Brun等（2010）主要从市场的角度回顾了粉末涂料的历史。热塑性粉末涂料技术起源于20世纪40年代的欧洲。热固性环氧粉末涂料起源于20世纪50年代壳牌公司的代尔夫特实验室。其他通用型树脂在1970年被开发出来。从那以后，技术不断进步，并产生一系列改进，偶尔有重大的创新。

粉末涂料市场，除了在经济萧条时期以外，一直在稳步增长，目前占总涂料市场的6%，在工厂内涂装的涂料中占比更高。2014年，各类粉末涂料的全球销售额估计为71.5亿美元，年增长率约为5%，可能高达8%（Pianoforte，2014）。增长最快的是亚洲，据报道，仅中国就有2000家粉末涂料生产厂，其中大多数是小型生产厂（Brun和Golini，2010）。

粉末涂料和卷材涂料两者有互补性——粉末涂料适用于不规则形状的底材，而卷材涂料更适用于金属板材和卷材。

其他多种金属和无机材料（陶瓷）也可以做成粉末涂料进行涂装，但它们超出了本书的范围。

28.1 热固性粉末涂料的基料

热固性粉末涂料的基料由树脂和交联剂（通常称为固化剂）的混合物组成。基料的主要类型被人为地分为几类，如表28.1所示。这些术语在历史上不断发展并且容易混淆。环氧粉末涂料仅包括双酚A和酚醛环氧树脂与胺、酸酐、肼或酚醛固化剂形成的涂料。混合型粉末涂料也含有双酚A环氧树脂，但是它与羧基聚酯树脂交联。聚酯粉末涂料包括聚酯和各种交联剂，但不含双酚A环氧或酚醛环氧树脂（否则它们将被归类为混合型粉末涂料）。聚酯涂料表现出优异的户外耐久性。丙烯酸粉末涂料含有丙烯酸树脂与各种交联剂。此外，还使用这几种类型的不同混合物，有时称为共混，而且混合物越来越重要。针对某一个应用选择粉末涂料时，主要考虑因素是保护性能、户外耐久性和成本（Gribble，1998）。户外耐久性的差异如图28.1所示（Richert，1982）。

对粉末涂料而言，有必要控制基料的 T_g、$\overline{M}_w$、$\overline{M}_n$、f_n 和反应活性（Kapilow和Samuel，1987）之间的平衡，因为有些需求是相互冲突的。粉末必须具有足够的化学稳定性，以便在没有显著交联的情况下进行熔融加工，并避免在贮存和运输过程中粉末结团（过

表 28.1　热固性粉末涂料的种类

常用名称	主要的树脂固化剂
双酚 A 环氧(或者酚醛环氧)	多胺,酸酐,酚醛
混合型羧基聚酯	双酚 A 环氧
聚酯	
羧基聚酯	TGIC/羟烷基酰胺
羟基聚酯	封闭型异氰酸酯/氨基树脂
丙烯酸	
环氧丙烯酸	二元酸
羟基丙烯酸	封闭型异氰酸酯/氨基树脂
UV 固化	
丙烯酸酯基树脂	自由基
环氧基树脂	阳离子

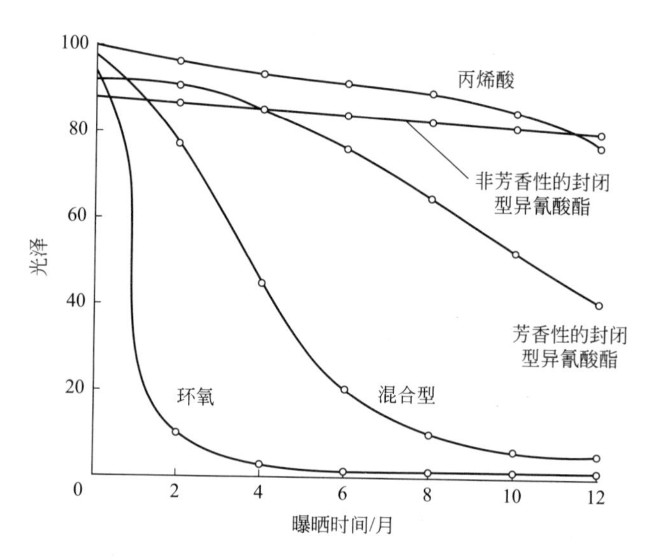

图 28.1　佛罗里达不同类型粉末涂料的户外曝晒数据

来源：Richert (1982)。经 Nordson 公司允许转载

早熔结)。涂装后的粉末必须在烘烤过程中熔融，流动形成理想的涂膜，并且发生化学交联。一般来说，初级树脂是无定形聚合物，其 T_g 足够高，可以避免粉末结团，分子量 $\overline{M}_w/\overline{M}_n$ 在几千左右。建议的基料最低 T_g 值在欧洲为 40℃，在北美为 45～50℃，这反映了北美部分地区在运输和贮存期间温度较高。典型的 T_g 为 50℃的粉末涂料可在 80℃熔融加工，并可在 40℃左右的温度下进行处理和贮存。当在烘烤炉中加热时，其黏度会短暂地降至约 10Pa・s，从而允许熔融、流动和流平；在 130～200℃的温度范围内持续加热 15min，会发生交联。其中 T_g 值指的是粉末颗粒中的主树脂与固化剂混合后的 T_g。主树脂自身的 T_g 随着树脂所用的交联剂的不同而不同。UV 固化粉末涂料可在低至 100℃的温度下固化。

由于 T_g 较高，粉末涂料在较低的交联密度下也能获得较好的硬度，这比大多数用于类似用途的液体涂料要好。T_g 高往往是粉末涂料的一个有利特性，它往往使涂料兼具优异的硬度和耐冲击性。

28.1.1 环氧基料

环氧粉末涂料是最古老的热固性粉末涂料，也是目前世界上最大的一类热固性粉末涂料。装饰涂料以 n 值为 3～5 的双酚 A 环氧树脂为基础，通常采用先进工艺制造（13.1.1 节）。然而，对于薄涂应用，n 值低至 2.5 的环氧树脂可以提供更好的流平性。对于防护涂层，n 值的范围可高达 8。最常用的交联剂是双氰胺（DICY）（13.2.1 节）或改性双氰胺。固化反应是非常复杂的（Fedtke 等，1993）。改性双氰胺在环氧树脂中更容易溶解，更容易形成均匀的膜。通常需要添加催化剂，如 2-甲基咪唑，以加速固化。市场上有不同等级的双氰胺销售——粒径细的可使固化加快，形成更均匀的涂膜。

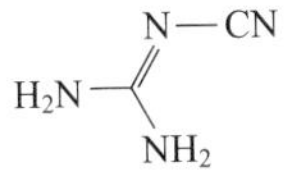

双氰胺 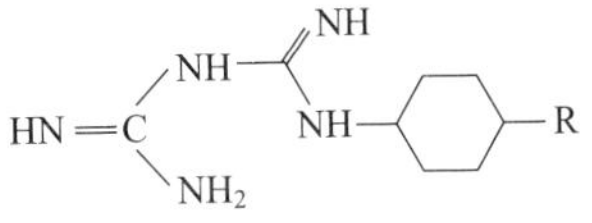　　改性双氰胺

环氧粉末涂料具有很好的机械性能、附着力和防腐性能，然而，它们的户外耐久性很差。装饰类型的应用包括办公家具、货架和工具——主要是在室内使用的物品。环氧防护涂料的应用包括管道、钢筋、电气设备、底漆和汽车底盘部件。在需要增强耐化学性和耐腐蚀性的地方，可以用酚醛树脂（13.3.1 节）交联环氧树脂，使用 2-甲基咪唑作为催化剂。酚醛环氧树脂（13.1.2 节）或酚醛环氧与双酚 A 环氧共混物比单双酚 A 环氧具有更高的交联密度。所有这些涂料在外曝露时都会褪色和粉化。聚羧酸酐（13.3.2 节），如偏苯三酸酐，有时用于交联双酚 A 环氧树脂，可以提高耐黄变、耐酸和耐溶剂性。后一种用聚羧酸固化的涂料常常被混合型涂料所取代，混合型涂料具有更好的户外耐久性，毒性危害也较低。

钢管和混凝土钢筋涂料是环氧粉末涂料的重要市场。典型的基料组成包括固体环氧树脂和二酰肼交联剂（17.11 节）。在行业中，它们被称为熔结型环氧树脂（FBE）涂料。通过配方的调整，可以适用于特定的应用，例如，使用柔性环氧树脂增强韧性或加入硅氧烷附着力促进剂。

28.1.2 混合型基料

双酚 A 环氧树脂与 $\overline{M}_n$ 为几千的羧基聚酯树脂交联，得到混合型粉末涂料，它们的性能介于环氧和聚酯之间。与环氧粉末涂料相比，混合型涂料具有更好的保色性和抗紫外线能力，但其户外耐久性远不如聚酯（28.1.3 节）和丙烯酸酯（28.1.4 节）。终端应用的例子有热水器、灭火器、散热器和变压器盖等，都不建议长时间在户外使用。

本书已经介绍了各种聚酯。大多数是由新戊二醇（NPG）和对苯二甲酸（TPA）制备，加入少量的额外单体调整 T_g 到所需的水平，并增加以上两个单体的官能度 f_n（10.6 节）。一个例子是由 NPG（364 份，按质量计，3.5mol）、TPA（423 份，按质量计，2.55mol）、己二酸（AA）（41 份，按质量计，0.24mol）和偏苯三酸酐（TMA）（141 份，按质量计，0.74mol）制成的聚酯（Misev，1991）。树脂的酸值为 80mg KOH/g。较高的 TMA 含量增加了官能度 f_n，弥补了双酚 A 环氧树脂较低的官能度 f_n（约 1.9）的不足。主要的交联反应是羧酸开环环氧基（13.3.2 节）。环氧树脂中羟基的酯化反应和酯交换反应以及环氧基团的均聚反应也都可能起作用。催化剂，如铵或鏻盐（如四丁基溴化铵或氯化胆碱），允许在 160～200℃范围内烘烤。通常，市售的聚酯树脂都是加了催化剂的。

含羧酸端基聚酯的粉末涂料的流平性能一般比含羟基端基聚酯的粉末涂料差。Fischer 和 McKinney（1988）报道了一项专利技术，一种改性双酚 A 环氧树脂，该环氧树脂具有与传统双酚 A 环氧树脂相当的抗结团性能和较好的流平性。

28.1.3 聚酯基料

除了用于混合型的聚酯树脂外，聚酯还广泛用于其他各种配方中。根据交联剂的不同，它们可以是羧基的或羟基型的。大多数以 TPA 和 NPG 为主，但在这些树脂中以间苯二甲酸（IPA）代替 TPA 可提高户外耐久性（10.1.2 节）。以 IPA 为基础的树脂或其他类型的树脂被称为“超耐候聚酯”。目前，可与各种常用交联剂配套的超耐候聚酯均有市售。由这些树脂制成的粉末涂料也被称为“超耐候粉末涂料”。如果配方设计得好，这种涂料可以满足 AAMA 规范 2604，即满足 5 年的户外耐久性要求。

异氰脲酸三缩水甘油酯（TGIC）（13.1.2 节）已被广泛用作含有碱性催化剂的羧端基聚酯的交联剂。(奇怪的是，尽管 TGIC 是一种三官能环氧，但 TGIC 固化的聚酯不叫混合型，可能因为它不是双酚 A 环氧树脂。) TGIC 粉末涂料具有良好的户外耐久性和机械性能。终端应用的例子有户外家具、农机设备、栅栏杆和空调设备。虽然 TGIC 价格昂贵，但由于其当量低，所需的用量较少。典型的基料中含有 4%～10%的 TGIC 和 90%～96%的羧端基聚酯。一般所使用聚酯的支化度要比用于混合型粉末涂料中的低，因为 TGIC 的官能度比 BPA 环氧高。例如，一种聚酯由 NPG（530 份，5mol）、TPA（711 份，4.3mol）、IPA（88 份，0.47mol）、壬酸（58 份，0.37mol）和 TMA（43 份，0.22mol）组成，所有份数均以质量计，酸值为 35（Misev，1991）。这种树脂以两步法制备，以减少因 TPA 的高熔点和低溶解度带来的问题（10.6 节）。另一种方法是使用对苯二甲酸二甲酯代替 TPA，以酯交换方式生成聚合物（10.6 节）。当量高（低酸值）是受欢迎的，因为这减少了所需的 TGIC 的量，但交联密度随着当量增高而减少。因此针对每一种应用有一个最佳点。

Merfeld 等（2005）研究了用于 TGIC/聚酯粉末涂料的各种催化剂，寻找一种能在 120℃的温度下固化，同时仍具有足够的贮存稳定性和流动性的催化剂。这项工作的目的是制造一种粉末涂料底漆用于飞机上的热敏性铝合金，发现最适宜的催化剂为苄基三甲基氯化铵。

Trottier 等（2012）报道了不同类型的 TiO_2 颜料对环氧/聚酯粉末涂料的固化速率有显著影响。在一些等级的 TiO_2 中，微量的锌污染物会延迟固化，而且 TiO_2 颜料表面包覆的氧化铝/氧化硅比例的变化也会影响固化速率。这项研究说明了一个假设会带来的风险，这个假设多年来已经引起了许多问题。在一种精心平衡的配方中，用一种原材料替代另一种原材料，这种表面上看似无害的做法，好像不会造成意想不到的后果，但实际上这种做法是有风险的。

NPG/TPA 聚酯的一个潜在问题是，它们可能含有没有官能团的环酯，这类化合物已被证明会在聚酯/TGIC 涂料的表面起霜。将 NPG 和 2-丁基-2-乙基-1,3-丙二醇与 TPA 和 IPA 组合使用，可以得到半结晶的聚酯，其环酯少得多，在 TGIC 高光涂料中没有起霜现象（Shah 和 Nicholl，2003）。

考虑到 TGIC 潜在的毒性危害，人们开始寻找羧基树脂的其他交联剂。一个富有成效的发展方向是使用带有多个 β-羟烷基酰胺基团的交联剂。与普通醇类相比，这些基团更容易与酸发生酯化反应，并在相似的温度下固化。Kronberger 等（1991）将四(2-羟烷基)二酰胺（17.4节）描述为与羧基聚酯的交联剂，用于耐候涂料。该典型的固化剂是由1mol的AA和2mol的二乙醇胺反应形成的（Misev和van der Linde，1998）。该涂料还具有良好的机械性能。由于交联反应释放出水，限制了无针孔涂膜的厚度。受阻羧酸基团封端的聚酯，与四(2-羟烷基)二酰胺交联，使粉末涂料具有更好的流平性，以及优良的抗酸雨性，无针孔涂膜厚度更厚。由于受阻的COOH间氢键的减少，提高了流动性。受阻的COOH基团也降低了固化速率，从而改善流平性（Boogaerts等，2000）。

进一步改进的例子是：

- 端部带有叔羧酸基的聚酯（Moens等，2004），具有良好的流动性和流平性。
- 支化聚酯，平均官能度 f_n 约为2.35～2.65（Buijssen等，2012），可在较低的温度下固化，不会起霜。

β-羟烷基酰胺已经占据了相当大的市场份额。Cavalieri等（2015）介绍了基于常规和超耐候性（10.1.1节）聚酯树脂与四(2-羟烷基)二酰胺固化的配方。对超耐候聚酯进一步开发，使其具有更好的耐候性及防腐性，就有可能实现单涂层涂装。

羟基聚酯树脂也被广泛使用。最常见的交联剂是封闭型的脂肪族异氰酸酯（12.5节）。该涂料的户外耐久性能与TGIC交联聚酯相当，或稍好于TGIC固化的聚酯涂料，并具有典型聚氨酯涂料所具备的优异机械性能和耐磨性。封闭型异氰酸酯/聚酯粉末涂料的流平性一般比大多数其他粉末涂料要好，这可能是因为释放的封闭剂或未反应的交联剂也起着增塑剂的作用。最终用途包括汽车轮毂、照明装置、花园拖拉机、栅栏和游乐场设备。

固体状的封闭型异氰酸酯（12.5节）可能用于粉末涂料。包括异佛尔酮二异氰酸酯（IPDI）、双(4-异氰酸酯环己基)甲烷异氰酸酯（H_{12}MDI-氢化MDI）和四甲基苯二亚甲基二异氰酸酯（TMXDI）的低分子量预聚物（12.3.2节）。用有空间位阻的异氰酸酯（如TMXDI）制得的封闭型异氰酸酯具有在较低温度下脱封的潜在优势（Pappas和Urruti，1986；Witzeman，1996）。使用最广泛的封闭剂可能是ε-己内酰胺。据报道，己内酰胺封闭的H_{12}MDI/TMP预聚物在160℃的温度下20min内固化，这比用IPDI或HDI封闭的同类型的物质低20℃，并具有优异的户外耐久性、柔韧性和抗冲击性（Rawlins等，2002）。除了较高的固化温度外，己内酰胺的另一个缺点是，它在固化过程中会挥发，挥发后的己内酰胺会排入大气或在烤炉中积聚。肟封闭的异氰酸酯在较低的温度下反应，由于空间位阻作用，二异丁基和二异丙基肟共聚物封闭剂可以在更低的温度下固化（Witzeman，1996），从而释放空间位阻应力。封闭型异氰酸酯粉末涂料在固化过程中易变黄，尤其在过烘烤的条件下。此外，人们还担心封闭剂的毒性。3,5-二甲基吡唑、1,2,4-三唑（和两者的混合物）合成的封闭型异氰酸酯同时具有较低的固化温度和不易黄变的特性（Engbert等，1996）。据报道，3,5-二甲基吡唑封闭H_{12}MDI可在150℃下固化，且具有优异的流动和流平性（Rawings等，2002）。

作为交联剂，脲酮（也称为异氰酸酯二聚体和内封闭型异氰酸酯）具有明显的优势，当它们脱封形成异氰酸酯时，没有封闭剂的释放（12.5节）。在无催化剂的条件下，所需的固化温度较高（约180℃）。专利文献中提及了很多降低固化温度的方法，包括使用新的催化剂，如季铵盐，或具有更高反应活性的树脂。

固体氨基树脂，如四甲氧基甲基甘脲（TMMGU）和甲苯磺酰胺改性三聚氰胺-甲醛（MF）树脂也是羟基树脂的交联剂。由于固化过程中会产生甲醇副产物，甲醇的挥发会使漆膜在固化过程中产生气孔缺陷，所以漆膜不能过厚。可以通过添加其他助剂减缓交联反应的方法来帮助甲醇的释放。例如，添加弱碱性固体胺，如2-甲基咪唑，可以减少爆孔问题

(Higginbase 等，1992)。

28.1.4 丙烯酸基料

很多种类的丙烯酸树脂可用于粉末涂料，如羟基丙烯酸树脂可与封闭型异氰酸酯或甘脲发生交联反应，羧基丙烯酸树脂可与环氧树脂或碳化二亚胺发生交联反应（Taylor 等，1995）。羟烷基酰胺也可以作为羧基丙烯酸树脂的固化剂（Yeates 等，1996）。

最令人感兴趣的是环氧丙烯酸树脂，以甲基丙烯酸缩水甘油酯（GMA）（13.1.2 节）作为共聚单体，二元酸［如十二碳二甲酸 $HOOC(CH_2)_{10}COOH$］或羧基树脂作为固化剂。据报道，一种用于汽车的环氧丙烯酸树脂，要求树脂分子量 $\overline{M}_n$ 低于 2500，玻璃化转变温度 T_g 在 80℃以上，单体组成在 150℃时熔融黏度小于 40Pa·s（Green，1995）。用 15%～35%的 GMA 和 5%～15%的甲基丙烯酸丁酯（BMA），其余的是甲基丙烯酸甲酯（MMA）和苯乙烯，可制得该树脂。一种结构类似的丙烯酸粉末树脂，可用作汽车罩光清漆，它的平均分子量 $\overline{M}_n$ 为 3000，$\overline{M}_w/\overline{M}_n$ 为 1.8，T_g 为 60℃（Agawa 和 Dumain，1997）。

分子量分布（$\overline{M}_w/\overline{M}_n$）比较宽是丙烯酸树脂在粉末涂料应用中存在的主要问题。通过受控自由基聚合（2.2.1.1 节）可以得到较窄的分子量分布和多种控制良好的聚合物结构（Krol 和 Chemielarz，2014）。早期使用 ATRP（原子转移自由基聚合）技术合成丙烯酸树脂就是一个例子（Barkac 等，2003）。该树脂的分子量分布（$\overline{M}_w/\overline{M}_n$）为 1.25，而常规自由基聚合法制备的类似树脂则为 1.9。该聚合物在 180℃的熔融黏度为 11.2Pa·s，而常规树脂的熔融黏度为 57.2Pa·s。以双［N,N-二(2-羟乙基)］己二胺为固化剂，与 ATRP 聚合物反应制备了粉末涂料，并与常规自由基共聚物制备的类似粉末涂料进行了比较。由于 ATRP 聚合物熔融黏度较低，使其具有更好的流平性能。此外，ATRP 聚合物中低分子量分子较少，降低了粉末颗粒在贮存过程中的结团现象。

丙烯酸粉末涂料一般具有优良的耐洗涤剂性能，适用于洗衣机等家电。它们也可以有极好的户外耐久性。丙烯酸酯往往与其他粉末涂料体系不相容，在变更粉末涂料类型时需要谨慎，避免出现交叉污染，污染会导致缩孔缺陷。与液体涂料一样，丙烯酸粉末涂料的抗冲击性能往往比聚酯型粉末涂料差（van der Linde 和 Schotenes，1992）。

28.1.5 含硅基料

有机硅和有机硅/聚酯树脂的使用（第 16 章）在高耐热粉末涂料中已有报道（Popa 等，1999）。涂层在 232℃下固化。有机硅粉末涂料的加工温度比其他粉末涂料要低，但需要较高的固化温度。为了避免交联过程中释放的水使漆膜起泡，漆膜的厚度通常限制在 2mil（$1mil=25.4\times10^{-6}m$）或以下。有机硅树脂粉末涂料耐热温度可高达 500℃。

聚硅氧烷可用于常规粉末涂料中。例如，用聚二甲基硅氧烷对封闭型异氰酸酯交联剂进行改性，用于固化固体聚酯树脂（Pilch-Pitera，2014）。硅氧烷链段在固化过程中迁移到漆膜表面，使涂层具有疏水性。质量分数为 1%的硅氧烷是有效的。更高的硅氧烷含量会影响漆膜在金属上的附着力。推测该技术可能是目前市场上防涂鸦粉末涂料的基础。

28.1.6 UV 固化和热压粉末涂料

各地的环保法规，特别是在欧洲，推动了零 VOC 涂料的应用，如在热敏基材上使用粉末涂料。截至 2012 年，可实现的低温固化粉末涂料的固化温度是 120～140℃，甚至是“超低温固化”粉末涂料（Maurin等，2012）。木材，大多数木制品、纸张和许多塑料不能承受在120℃下长时间的固化，解决此问题的可能方案包括UV固化粉末涂料（第29章讨论UV固化），用非常规方法固化常规涂料，例如红外（IR）表面加热、热压和模内涂装工艺。

紫外线固化粉末涂料在实际应用中通常需要加热至140℃，使粉末涂料熔融和流平，然后立即用紫外线照射以实现交联。Misev和van der Linde（1998）研究表明，有时可以通过在表面用红外辐射加热粉末涂料来实现，而又不会过分加热基材。

Rawlins和Thames（2000）报道了一系列UV固化粉末涂料。这些配方在较低的温度下可实现快速交联。由于粉末在黑暗中是稳定的，所以能够减少粉末生产过程中的副反应。人们对自由基和阳离子固化涂料进行了研究。自由基固化涂料使用丙烯酸环氧树脂（29.2.4节）和/或丙烯酸聚酯或不饱和马来酸酯作为基料。通过对甲基丙烯酸双酚A环氧树脂、丙烯酸酯双酚A环氧树脂、硅烷丙烯酸酯BPA环氧树脂和丙烯酸酯聚酯在紫外线固化前退火效果的研究，发现上述涂料中有一些只有在固化前进行高温退火后才能获得满意的性能，这就限制了它们在热敏基材上的应用。

用丙烯酸聚酯、丙烯酸酯化BPA-聚苯氧基树脂和光引发剂配制了一种用于纤维板的UV固化粉末涂料。该粉末涂料喷涂在背衬接地铜板的纤维板上。在IR红外照射下熔融之后（在140℃下），用UV固化漆膜（Moens等，2004a）。

虽然粉末涂料基料大多是无定形的，但具有紫外可聚合基团的结晶聚合物可以作为UV固化粉末涂层的基料，在低至100～120℃的温度下先通过IR熔融，然后进行UV固化。这种涂料的一个例子是由1,6-己二醇、富马酸和TPA的结晶聚酯及从HDI和4-羟基丁基乙烯基醚衍生得到的二乙烯基醚制成的（Twigt和van der Linde，1997）。半结晶低分子量聚碳酸酯二元醇经甲基丙烯酸酯化后可在40℃贮存，在加热至120℃熔融后可在100～115℃进行紫外线固化（Lowenhielm等，2005）。

Maurin等（2012）对UV固化粉末涂料市场进行了回顾，并研究了已经产业化的聚氨酯丙烯酸酯和聚酯甲基丙烯酸酯UV固化树脂的配方。为了方便，这些涂料是从溶液中浇注制得的。一些配方中包含常规二丙烯酸酯和三丙烯酸酯，其可以改善漆膜性能，但在实际工艺中会促进粉末涂料的结团。

另一个实现低温固化的途径是选用UV固化粉末树脂，自由基引发剂和诱导热固化相结合（BEESMA，2016）。

阳离子UV固化涂料采用双酚A环氧树脂作为基料。必须在配方中加入光引发剂。涂覆后，粉末涂料在红外灯下熔融，然后在紫外灯下固化。在120℃或更低的温度下，在IR作用下可形成漆膜，然后在1s或更短的时间内对加热的漆膜进行紫外线固化。这种工艺可以在某些热敏基材上进行固化。因为黏度在紫外线固化开始前不会增加，所以可以实现较好的流平。与任何其他UV固化体系一样，吸收UV的颜料会干扰固化，限制可固化的漆膜厚度。虽然一些含颜料的UV固化粉末涂料可以被固化，但最感兴趣的应用是透明UV固化粉末涂料。

热压和模内施工工艺是使粉末涂层与加热的金属直接接触来实现熔融、流平和固化。例如，Badila等（2014）通过130℃热压，在贴面刨花板表面固化了高活性环氧/聚酯混合型粉末涂料。这种工艺生产出来的是高光产品。Wuzella等（2014）在中密度纤维板（MDF，一种常用的建筑家具材料）上使用透明环氧粉末涂料获得了类似的结果，各种不同的压制时间和温度都有进行研究。

28.2 热塑性粉末涂料基料

最早的有机粉末涂料是热塑性涂料，目前约占10%的市场份额。热塑性粉末涂料与热固性粉末涂料相比有几个缺点。它们很难粉碎成小颗粒，因此，它们经常需要喷涂成较厚的漆膜。为了获得较好的涂膜性能，基料一般比热固性粉末涂料的基料具有更高的分子量。因此，即使在高温下烘烤，它们也会保持较高的黏度，导致流平性能不佳。

氯乙烯共聚物（PVC）、聚乙烯、聚酰胺（尼龙）、含氟聚合物和热塑性聚酯均可用作基料。氯乙烯含量高的共聚物（17.1.1节）与稳定剂和少量增塑剂一起配制，所得产品的T_g高于室温。PVC的半结晶状态有助于稳定粉末涂料，防止出现结团现象。乙烯基类粉末涂料通常通过流化床涂装（28.5.2节），漆膜的厚度一般较厚，0.2mm或更高，可以应用于洗碗机架、扶手、工具柄和金属家具的涂装。

聚烯烃粉末涂料具有吸水率低、耐化学性能好的特点。它们被用于实验室和食品加工设备的涂装，并可以用作地毯垫背衬，但在金属的涂装应用中的使用量受到附着力差的限制。正如28.5.2节所讨论的那样，乙烯/丙烯酸（EAA）和乙烯/甲基丙烯酸（EMA）共聚物树脂可以为粉末涂料提供更好的附着力（Blanton等，1999）。

尼龙11和尼龙12粉末涂料表现出非凡的耐磨性和抗洗涤剂性能。可以用作耐磨涂层，用于医院病床、洗衣机内桶和其他必须经得起频繁清洗或灭菌，并具有良好的韧性和耐磨性的场合。

含氟聚合物，如聚偏氟乙烯和乙烯/三氟乙烯共聚物，用于要求户外耐久性特别高的涂料，如铝制屋顶和窗框，以及耐腐蚀性环境，如化工厂设备。一个例子是偏氟乙烯与六氟丙烯的共聚物（Kosar和Morris，2007）。热固性偏氟乙烯共聚物也适用于粉末涂料。

28.3 热固性粉末涂料的配方

配方人员面临的挑战是要满足各种相互冲突的需求：

（1）在生产过程中尽量减少过早的固化；

（2）贮存期间的稳定性，防止结团；

（3）在最低的烘烤温度下进行熔融、脱气和流平；

（4）在尽可能短的时间内和最低温度下固化；

（5）符合或超过预期应用要求的涂膜性能。

此外，在设定的膜厚范围内必须平衡流动和流平性，以达到可接受的外观和保护性能。涂料在交联之前容易流动形成光滑的漆膜，但是工件边角的位置由于升温较快，表面张力梯度产生的流动导致它们会在边缘和拐角位置产生收缩（24.3节）。

如果粉末涂料的T_g足够高，可以避免结团。然而，较低的T_g有利于在低温下的熔融和流平。如果树脂的反应活性高，并且烘烤温度远远在最终固化漆膜的T_g以上，短时间低温固化是可以实现的。但是，这样的产品可能会在生产过程中过早固化，这限制了涂层的熔融和流平，需要在配方设计过程中进行平衡。一个粗略的经验法则是最低固化温度要比熔体混合（挤出）温度高50℃，比未固化的粉末涂料的T_g高出75～80℃。这条经验法则预测T_g为55℃的粉末涂料最低烘烤温度约为130～135℃。然而，121℃（250°F）固化温度的粉末涂料已投入市场（Pianoforte，2014），它们是专为热敏性底材设计的。

一些研究讨论了成膜过程中黏度的变化（de Lange，1984；Jacobs 等，1996；Yeates 等，1996）。Nakamichi 和 Mashita（1984）使用滚球式黏度计测量了加热过程中板材上粉末涂料的黏度。三种涂层的结果如图 28.2 所示。在每一种情况下，熔融后的粉末涂料黏度都很高，但随着温度的升高，黏度急剧下降。交联反应开始，导致分子量增加，黏度就不再下降，并且当涂料接近凝胶态的时候，黏度迅速增加。流平性能取决于最低黏度和涂料停留在所要求的黏度范围内的时间，称为流平窗口。在图 28.2 中，即使最低黏度是相同的，涂层 2 也会比涂层 1 流平更好。这是因为涂层 2 的反应较慢，流平窗口较宽。

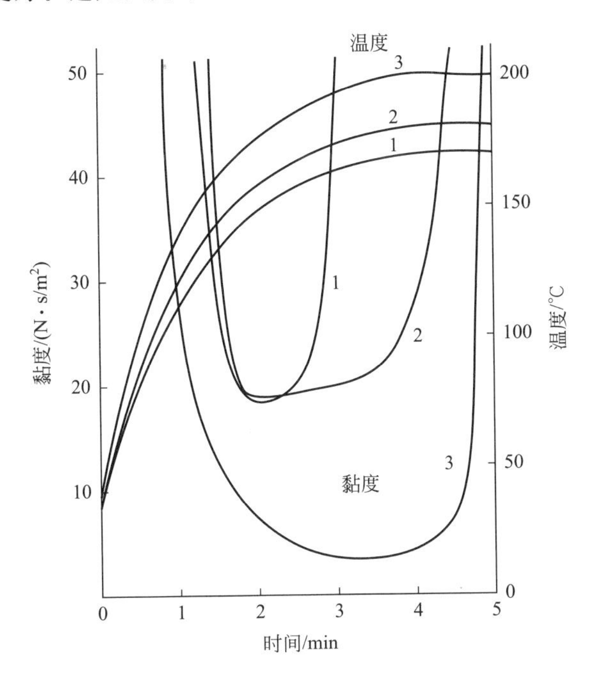

图 28.2　粉末涂料在成膜过程中的非等温黏度行为随时间和基材温度的变化

1—丙烯酸-二元酸型；2—聚酯-封闭异氰酸酯型；3—环氧-双氰胺型

资料来源：Nakamichi 和 Mashita（1984）。经 Technology Marketing Corporation 许可复制

一些作者根据 Arrhenius 方程关系讨论了黏度与温度的相关性，并讨论了黏性流动的活化能。正如 3.4.1 节所指出的，黏度对温度的依赖实际上并不遵循 Arrhenius 方程关系，而是取决于有没有自由体积。控制自由体积有无的最重要因素是 $T-T_g$。

需要更多研究的领域是融合和流平的驱动力问题。乳胶颗粒的融合已得到广泛的研究（2.3.3 节），但粉末涂料还没有关于融合的研究。de Lange（1984）的早期研究表明，高表面张力能促进融合。这一建议来自融合的主要驱动力是表面张力会导致表面积减小的原理，但其他作用力也在起作用。熔体黏度低能促进流平，但所涉及的机理并没有被彻底研究。de Lange（1984）和 Andrei 等（2000）认为流平的驱动力是如 Orchard 方程所反映的表面张力（24.2 节）。de Lange 的数据对于相对薄的膜或液体漆膜可以合理满足 Orchard 方程，但较厚和/或较黏的漆膜比预计的流平要好一些。de Lange 还报道说，表面张力梯度容易导致粉末涂层的缩孔，添加少量助剂如聚丙烯酸辛酯衍生物可以克服这个问题。树脂和助剂供应商持续开发新的助剂来改善流平和减少如缩孔之类的表面缺陷。这些组分都是有专利产品的。

Hajas 和 Juckel（1999）综述了影响粉末涂料流平的许多因素。在烘烤的早期阶段，熔融后成为牛顿型流体的粉末涂料比变成触变性粉末涂料的流平性更好。封闭型异氰酸酯粉末涂料通常表现出比其他类型更好的流平性能，可能是因为封闭剂（己内酰胺或肟）使漆膜增塑，降低黏度。粉末涂料的粒径分布会影响漆膜表面流平性能，最大颗粒不应大于设计膜厚的 2/3。涂膜厚度对流平影响较大，如果涂膜厚度小于约 2mil，则粒径会影响流平，厚度达到约 5mil 时可能发生流挂。表面张力，特别是整个表面的表面张力梯度，可能对流平和缩孔产生重大影响。助剂特别是低表面张力聚丙烯酸酯，被广泛用于提高流平和减少缩孔。通常情况下，这些聚丙烯酸酯被吸附在二氧化硅表面上或与树脂一起做成母料，以便容易添加到粉末涂料中。助剂的有效性不仅取决于其化学结构，还取决于分子量和添加量。对于同一种助剂，分子量为 6000 的比分子量接近 100000 的更有效。通常添加量必须保持在 1.5%以下，因为过量的助剂给漆膜表面带来黏性。如果助剂带有羟基基团，能与基料交联，这时添加量高是有效的。助剂还可以通过降低表面张力梯度来减少或消除缩孔。

严重的缩孔可能是由不同类型的粉末涂料交叉污染引起的。交叉污染可以在粉末涂料生产或在涂装期间发生。例如，不同种类粉末涂料相互切换喷涂时，喷粉室未充分清理。

表面张力也影响对基材的润湿，如果表面张力太高，则会出现不良的润湿，导致形成缩孔等缺陷；低表面张力不利于流平。此外，涂层表面的表面张力不均匀也会导致漆膜缺陷。由于表面张力随着温度的升高而降低，并且这种降低的程度随着结构不同而有所不同，使该问题进一步复杂化。人们通过采用非对称液滴形状分析（ADSA）的方法研究了 138～184℃温度范围内添加了 5 种丙烯酸酯助剂和两种聚酯改性的甲基烷基硅氧烷助剂的环氧树脂的表面张力变化。丙烯酸酯助剂可以降低高温时环氧树脂的表面张力，但是这 5 种丙烯酸酯助剂之间没有什么差异。硅氧烷助剂比丙烯酸酯助剂使黏度降低得更多，尤其短链的硅氧烷比长链的硅氧烷效果更明显（Wulf 等，2000）。

动态热机械分析（DMA）（4.6 节）有助于对固化漆膜进行表征（Higginbed 等，1992；Ramis 等，2003）。一个 DMA 实验研究表明，混合型、TGIC-聚酯和封闭型异氰酸酯-聚酯等类型的装饰性粉末涂料的固化膜的 T_g 均在 89～92℃之间（Higginbase 等，1992）。固化漆膜交联点之间的平均分子量［$\overline{M}_c$（4.2 节）］在 2500～3000 这个较窄的范围内。值得注意的是，多年的试错配方试验使在不同的实验室和用迥然不同的基料做成的配方都具有类似的 T_g 值和 $\overline{M}_c$ 值。另外，用改性的双氰胺作为固化剂制备的防腐环氧粉末涂料，可获得 T_g 为 117℃、$\overline{M}_c$ 为 2200 的固化膜。这些研究结果表明，针对同样的用途，和液体涂料相比，粉末涂料的配方一般是设计成高 T_g、低交联密度的。机械性能上类似，但也并不完全相同。

在针对类似的应用去确定一个新产品的研发工作起点时，DMA（4.6 节）是一个强有力的工具。树脂的 T_g 由两个因素决定：化学组成和分子量。据 Richert（1982）报道，在 T_g 大致相同时，分子量高、柔韧性好的树脂比分子量低、刚性链多的树脂具有更好的贮存稳定性和烘烤过程中的流动性。

Gherlone 等（1997）综述了差示扫描量热仪（DSC）的应用，DSC 是测定 T_g 和固化反应过程的重要工具。推荐将动态载荷热机械分析仪（DTMA）、DSC 和 TGA 进行联用，来确定熔点、起始流动点、流动性和凝胶点（Belder 等，2001）。DSC 研究显示二氧化钛颜料仅有很弱的增强作用，对 T_g 几乎没有影响，这意味着粉末涂料中颜料-基料之间的相互作用大大小于液体涂料（Higginbottom 等，1992）。

Ramis 等（2003）在研究单一 TGIC/聚酯粉末涂料的固化时，全面地比较了 DTMA、

DSC 和 TMA 等分析方法（第 4 章），得到了许多有意义的结论，其中之一是作者测定了 T_g、转化率和计算反应动力学之间的关系。

大多数粉末涂料的配方中通常会添加 0.1%～1%的安息香（熔点 133～134℃）。安息香可以改善漆膜的表面外观，并能充当防针孔剂和脱气剂。但其他有类似熔点的助剂是起不到安息香的效果的。多年来，人们一直在推测安息香的作用机理。一项研究表明，安息香可增塑熔融的涂料，并扩大聚酯-甘脲配方的流动窗口，从而流平性得到改善，添加量较高（1.4%～2.4%）（Jacobs 等，1996）。Maxwell 等（2001）认为，在固化的前 6～8min 内，安息香会从涂膜中挥发，并且在固化的前 5～6min 内，残留的气泡会逸出或则根本不会逸出。当固化温度低于安息香的熔点时，安息香无效，此时可选用合适的专利替代品。

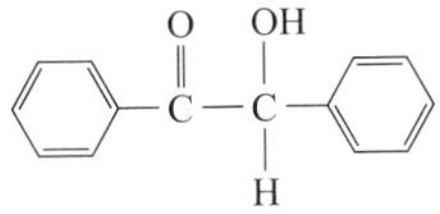

安息香

已有大量的研究报道了提高粉末涂料的机械性能和/或耐腐蚀性能的配方。例如，Puiget 等（2015）报道了聚酯/羟烷基酰胺配方，其中含有 TiO_2 颜料、复合磷酸锌钼防锈颜料和有机硅烷改性的二氧化硅颜料。当后两种颜料处于最佳配比时，可以提高粉末涂膜的断裂应力和防腐性能。

金属闪光颜料在粉末涂料中的定向排列不如在液体中好，因此粉末涂料尚无法达到汽车涂料所需要的惊人的色彩绚丽的效果。金属闪光颜料会使涂层产生多种闪光效果，有很多这样的涂料。

由于不含挥发性的溶剂，粉末中颜料的体积浓度接近最终涂膜的 PVC。在 PVC 接近 CPVC 的情况下，熔融粉末的黏度将过高，无法达到可接受的流平效果。业已表明，当颜料的 PVC 超过约 20%时，由于熔融黏度的增加，流平问题也随之出现（van der Linde 和 Scholtens，1992）。因此，通过添加高含量的颜料来制备低光泽液体涂料的这种常规方法在粉末涂料中是行不通的。

低光泽和半光泽粉末涂料已使用提高 PVC 以外的方法制备（Richart，1995）。通过加入聚乙烯微粉化蜡可以使光泽度有所降低。在混合型聚酯粉末中，与蜡一起添加有机金属催化剂会使光泽进一步降低。低光泽混合型聚酯涂料是通过使用大于化学当量比的过量环氧树脂和高酸值聚酯制成的，并在高温下完成固化。通过选择催化剂，例如环己基氨基磺酸（环酰胺酸）和甲烷磺酸亚锡，发现将它们使用在四甲氧基甲基甘脲（TMMGU）进行交联的聚酯涂料中可以得到平滑的亚光表面（Jacobs 等，1996）。

降低光泽度的另一种方法是将两种不同的树脂或两种不同的交联剂共混，它们的反应活性差别很大或相容性很差。例如，将 BPA 环氧树脂、羧基聚酯树脂和羧基丙烯酸混合使用，以 BPA-胺加成物或咪唑/DICY 混合物作为固化剂。环氧树脂和聚酯树脂是可以相容的，据报道聚酯和丙烯酸树脂是相对相容的，而环氧树脂和丙烯酸树脂是不相容的（Lee 等，2003）。

将苯乙烯/马来酸酐共聚物与四丁基溴化膦催化剂一起添加到混合型粉末涂料的配方中可得到低光泽度的涂料，因为存在酸酐/环氧和 COOH/环氧双重固化反应体系（Schmidhauser 和 Havard，1998）。

据报道，采用不相容树脂的各种其他组合也可产生低光泽度。一般而言，光泽的降低会随涂膜厚度和烘烤条件而变化。因此，在施工过程中需要小心，以求达到一致的光泽度。

皱纹粉末涂料也是可以实现的。一种方法是用 TMMGU（11.4.3 节）和胺封闭型催化剂，如 2-二甲基氨基-2-甲基丙醇封闭的对甲苯磺酸进行配制（Jacobs 等，1996）。

28.4 粉末涂料的制造

粉末涂料的制造，采用与制造液体涂料完全不同的生产工艺和质量控制方法。

28.4.1 生产

大多数粉末涂料的制造过程包括预混合、熔融挤出和粉碎（图 28.3）。所有主要组分在室温下必须为固体。可以使用液态助剂，但需要先将它们熔入某一种固体组分中去，制成母料，然后将其造粒。将粒状组分、树脂、交联剂、颜料和助剂进行间歇式预混合。可以使用各种预混机，预混机必须能将各组分均匀、充分地混合。预混合物通过料斗以连续方式进料到挤出机中。挤出机机筒温度应保持在稍高于成膜物的 T_g。在通过挤出机时，主体树脂和其他低熔点或低 T_g 的材料熔融，其他组分则分散在熔体中。挤出机以高剪切速率运行，因此可以有效地分散颜料聚集体。熔融物料可以通过一个有狭缝的模头挤出薄片，也可以通过有一系列圆孔的模头挤出似面条状的条料。有时，为了减少热损失，将熔体通过孔径较大的模头挤出，然后将香肠状的挤出物送入冷轧辊之间，将其压成薄片并冷却，再使用冷却传送带进一步冷却。

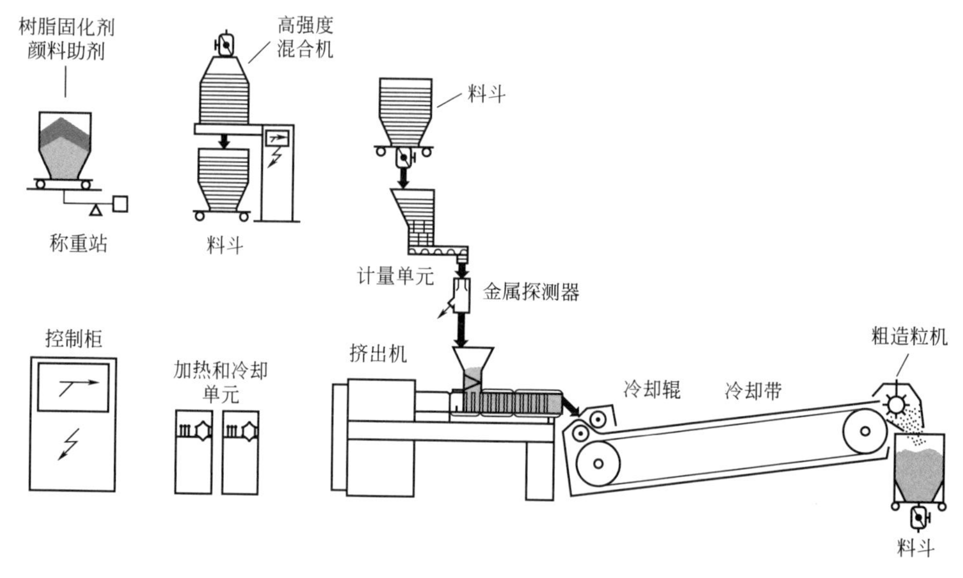

图 28.3 预混、热熔挤出和造片生产线示意图

来源：Misev（1991）。经 Buss America 授权

挤出机已经发展成为十分先进且通常较昂贵的设备。普遍使用两种类型：单螺杆和双螺杆挤出机。在这两种类型中，大功率的电机会带动螺杆旋转以推动物料通过料筒。螺杆和螺筒的配合可以使物料得到混合充分，并施加较高的剪切速率。一种流行的单螺杆挤出机除了螺杆的径向转动之外，还利用螺杆的往复运动来实现充分的混合和分散。双螺杆挤出机利用了螺杆段和捏合段的组合作用。这两种挤出机可以以高剪切速率加工高黏度的物料，因此可

以有效地分散颜料聚集体（21.4.6节）。挤出机设计的改进使生产效率高达2500kg/h，且能够出色地分散大多数颜料。

加快物料通过挤出机的速度可以提高生产能力，但需要在颜料的分散性和生产效率之间寻找平衡。在挤出机中的停留时间有时可以降低到10s或更短，但是在某些时候，颜料的分散、特别是某些有机颜料的分散会变得不充分，这可能导致展色不良和颜色不均（28.4.2节）。

在彩色粉末涂料中使用聚合物分散剂，可以大大改善颜料的分散性。例如，聚合物分散剂可提高炭黑的黑度，能够在提高颜料添加量的同时保持低的熔融黏度。同样，可以在较低的涂膜厚度下制备出具有较高遮盖力的 TiO_2 着色的粉末涂料（Maxwell等，2004）。

将固态挤出物进行粉碎，可以使用各种粉碎机，图28.4为典型的过程示意图。一些设备如柱盘磨和锤磨机，是利用安装在快速旋转的转盘上的金属柱或锤子撞击悬浮在气流中颗粒的原理实现粉碎的。反向气流磨的工作原理是通过颗粒间的相互高速碰撞实现粉碎，这种粉碎磨机适用于生产小粒径（$<12\mu m$）常用于薄涂产品的粉末，效果很好。热固性的挤出物较脆，相对容易粉碎，但是热塑性的挤出料通常韧性较高，较难粉碎。对于热塑性挤出物，通常需要用液氮冷却磨机或将干冰与颗粒一起研磨，使温度保持在远低于基料的 T_g，以抵消研磨过程中的温度升高。即使这样，热塑性粉末的粒径也通常较大。

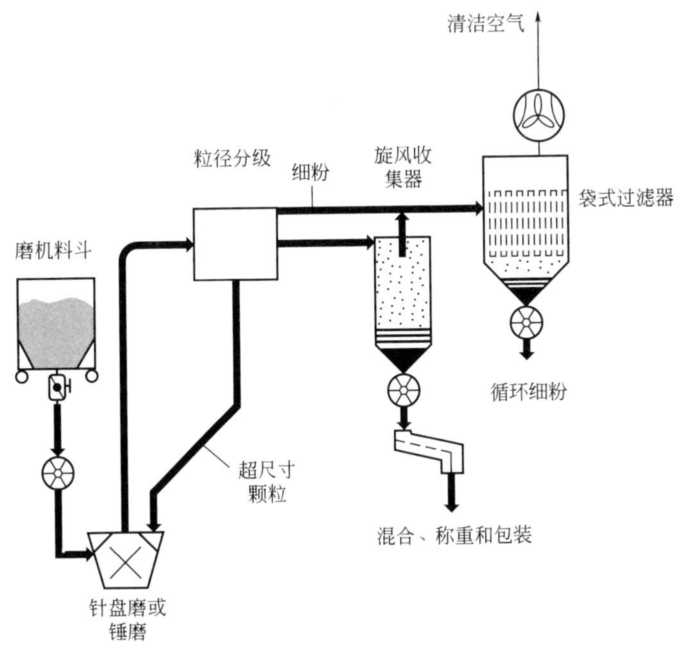

图28.4 粉碎和分级示意图

来源：Misev（1991）。经Buss America授权

有的磨机可以将粉末部分分级，超大颗粒的粉末自动返回以进一步粉碎。通常还需要通过筛网和/或通过空气分级机进行进一步的粒径分级。粗颗粒被送回磨机进一步降低粒径，细粉被收集在袋式过滤器中，并加入下一批次相同的产品中循环挤出。最后，将经过粒径分级的粉末进行散装混合，以确保产品的均一性，然后包装并发运给客户。

也开发出了多种可替代的生产工艺，例如：

- 高剪切混合机。各种混合机，例如Brabender混合机，都可以用作熔融挤出机的替代品。这在实验室或者可能在小规模生产中比较有用。

- 喷雾干燥。将配制好的涂料配制成溶液或分散体，然后喷雾干燥得到粉末涂料。
- 在挤出过程中使用超临界二氧化碳作为溶剂（Koop，1995）。二氧化碳快速挥发会冷却和部分粉碎挤出的产品。
- 将粉末制备成水悬浮液，然后分离出粉末（Satoh 等，1997）。

但这些替代方案都没有对有机粉末涂料的生产产生重大影响。

28.4.2 质量控制

需要对所有组分进行严格的质量控制。在溶剂型涂料中，分子量或分子量分布的细微差异对黏度的影响可以很容易地通过涂料中固体含量的细微变化进行调整。在粉末涂料中，配方中没有溶剂可用于进行此类调整。保持粉末涂料质量稳定的唯一方法是确保原料的分子量和分子量分布以及单体组成没有明显变化。

在加工热固性组合物时，必须格外小心，以使在挤出机中的高温下发生的交联尽可能小。物料通过挤出机的速度应尽可能快，同时还要实现必要的混合和颜料的分散。应尽量减少返工，在极端情况下，返工的材料可能会在挤出机中胶化。更常见的是由于某些交联反应，返工会导致分子量增加，从而使粉末在施工后出现融合不完全或流平性差。此时，只能将微粉碎器中分离出的一部分细粉加入任何一批涂料中。如果整个批次需要返工，最好将返工料分几次分别加入几个新批次中进行返工，而不是返工料整批返工。

配色通常是粉末涂料生产中最麻烦的一个环节。它比液体涂料配色更难，尤其是需要返工的粉末。通常，不能通过干混不同批次的粉末来获得令人满意的配色效果；必须使用适当比例的颜料通过挤出机混合来完成。在实验室操作的时候，通过估计所需颜料的配比进行挤出混合，然后对照标准检查涂层的颜色。可以将预估的其他的颜料量混合到初始批次中，并使涂料再次通过挤出机和粉碎机，来调整颜色以符合标准。在实验室里，第三次调试有可能获得成功。通过使用计算机配色程序（19.9 节），可以将所需的调试次数减至最少。

然而，在生产中，混合物一次合格几乎是必需的。挤出一小部分物料，然后检查其颜色，可以尽量减少潜在的问题。如果颜色令人满意，则继续生产。如果需要调整颜色，则将初始挤出的物料经造粒后与调整颜色所需的其他组分一起返回到进料斗。

颜料在生产过程中不可避免地会出现批次间的颜色变化。对于配色要求特别准确的粉末涂料，可以要求颜料制造商提供色差范围较狭窄的选定批次。对于大批量生产，可以在粉碎前将几批挤出的批次进行混合，以平衡批次之间的差异。如果足够细心地操作，除了最苛刻的最终用途外，所有其他产品的颜色重现性都可以满足。

其他重要的质量控制点是粒径和粒径分布。随着薄涂层（$<50\mu m$）的应用，这两个重要的变量变得越来越关键。粒度分布可以将粉末通过多层的分级筛并称量保留在每个筛子上的粉的重量，或通过多种仪器方法（例如激光衍射粒度仪）来进行测量。后一种方法是用激光测量悬浮在空气或液体介质中的粉末的散射。仪器在市场上有销售。粒度及其分布对粉末使用和施工特性的重要影响将在 28.5.1 节中讨论。

28.5 施工方法

几乎所有的薄涂粉末涂料都采用静电喷涂。流化床、静电流化床和火焰喷涂对防护型和厚膜粉末涂料很重要。更广泛的讨论，请参阅本章末尾列出的综合参考文献。至少，工件必须彻底清洁，在许多情况下，要求使用化学前处理（6.3.1 节），以确保有足够的附着力和耐腐蚀性。

28.5.1 静电喷涂法

静电喷涂（23.2.3 节）是粉末涂料的主要施工方法（Kreeger，1997）。粉末在料斗中流化，然后通过气流输送到静电喷枪。有一种粉末用静电喷枪接有一根管子，管子将气流粉末输送到装有一个电极的喷枪口。电极连接到高压（40～100kV）、低电流的电源。电极发出的电子与空气分子发生反应，在喷枪口周围产生离子云，称为电晕。电晕可能主要由 HO^- 和 O_2^- 组成。粉末颗粒从喷枪口出来，穿过电晕，获得阴离子。需要喷涂的工件是接地的。电位差将粉末颗粒吸引到工件表面。尚未覆盖的区域吸引粉末的能力最强，即使在形状不规则的物体上也形成相当均匀的粉末层。在施工过程中，会发现颗粒粒径的分离现象，其中较细的颗粒更多地被吸引在基材附近，这可能是由于小颗粒上电荷较高和镶嵌于较大颗粒间的综合效应（Huang 等，1997）。颗粒牢固地黏附在表面上，然后将工件送到烘炉中，在烘炉中，粉末颗粒熔融形成连续的涂膜、流动和交联。可以通过传统的热风循环烘箱或红外灯提供热量，也有人提出可以用电磁感应加热的方式。对不同的热源进行比较发现，IR 的成本最低，经过调节后可以实现较快的固化速率（Dick 等，1994）。

将未吸附在基材上的粉末颗粒（过喷的）以干粉的形式回收。该粉末通常与新粉混合而再循环使用。图 28.5 给出了粉末涂料静电喷涂施工的示意图，包括回收落地粉（过喷粉）。生产型喷枪通常安装在自动往复机上，若使用单一颜色和类型的粉末，此类设备就可以在不需要工人特别注意的情况下平稳运行。

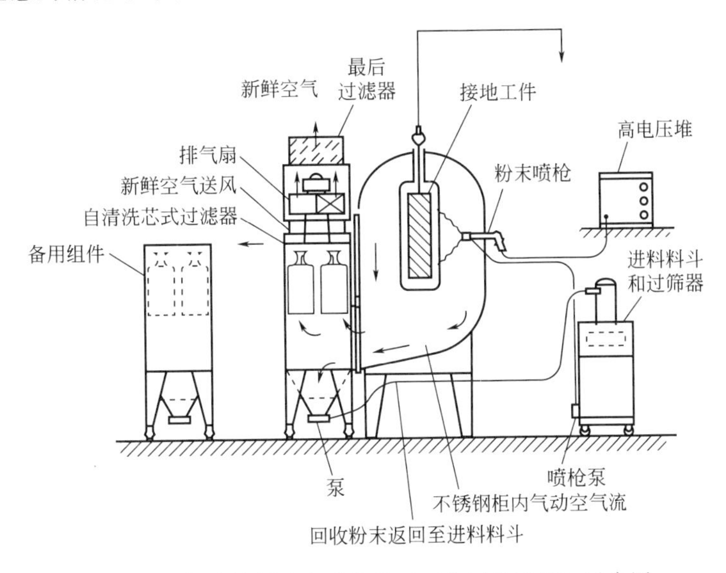

图 28.5　粉末涂料静电喷涂施工（含回收系统）示意图

粉末涂料施工的缺点是换色很困难。喷涂液体涂料时，可以用溶剂冲洗喷枪，并将连接喷枪的管线从输送一种颜色的涂料变为输送另一种颜色的涂料。这样，可以方便地将输送带上的连续工件涂成不同的颜色。但是，如果想用这种方式更换粉末涂料，则喷涂室中的空气中会有很多的粉尘，使产品和回收系统中出现颜色污染。在生产中，如需换色，必须停止操作，清洁喷房，回收系统要切换到收集下一种颜色。尽管喷漆房和过喷收集设备的设计已经可以最大程度地缩短清洁时间，但从经济上考虑，最好喷涂一种颜色的时间足够长，然后再转换为另一种颜色。许多大规模的粉末涂料的涂装（例如灭火器箱）都是单色的，又例如金属家具等的涂装，单一颜色的喷涂时间都相当长，所以，可以为这些为数不多的每一种颜色的粉末准备一个专用的喷房。

图 28.5 中列出的大型且相当昂贵的设施适用于大规模生产。价格相对便宜的粉末静电喷枪和加热设备也是有的，使用这样相对便宜的设备，用于粉末涂料的实验室和小批量的涂装在经济上是可行的。几千美元就可以买到必要的设备，这使许多中小型企业进入了粉末涂料的涂装领域。

建议使用带水帘的喷房，以此来避免为小批量运行而安装专用喷房的成本（Kia 等，1997）。收集在水中的过喷物，用低泡非离子型表面活性剂分散，并用三聚氰胺树脂进行絮凝（23.2.7 节）。

在静电喷涂中，带电粉末颗粒以一定程度包绕已经接地的工件的周围，并可涂覆至和喷枪不在同一直线的工件表面。尽管如此，在生产中，通常在物体的两侧都安装喷枪，以便均匀地涂覆形状复杂的工件，例如汽车轮毂、管道和金属家具。

静电喷涂过程极大地受“法拉第笼效应”的影响（23.2.3 节）。其结果是，很难完全覆盖诸如钢柜内角之类的区域。管道的内壁只能用喷枪在管内涂装，以避免法拉第笼效应的影响。

膜厚随着电压的增加和喷枪与被涂产品之间距离的缩短而增加，较大粒径的粉末往往会形成较厚的涂层，可以通过在粉末施工前预热工件来得到较厚的涂层。然而，膜厚受到以下一些因素的限制：一旦达到一定厚度后，粉末涂层会起到绝缘体作用，不再吸引粉末颗粒。粉末涂料的绝缘性意味着有缺陷的涂层部件通常无法复涂，必须脱漆后才能用粉末重新涂覆。通常会提供相配套的液体涂料以进行修补。在其他涂层或塑料上涂覆粉末涂料时，通常需要先涂覆导电底漆。

工艺的改进还有很大的空间，但关键需要更好地了解其工作原理。例如，Meyer（1992）未能找到令人满意的物理定律来解释粉末为何能附着在物体上。一种改进的方法是通过静电枪的电晕来提高颗粒的带电效率。Hughes（1984）估计，电晕中只有约 0.5% 的阴离子附着在粉末颗粒上。其余的阴离子被吸引到附近的接地工件上，这些阴离子也不会带来任何好处，最坏的情况是会降低上粉效率并强化法拉第笼效应（Hughes，1992）。自 1984～1992 年以来，改进后的静电喷枪提高了带电效率（Takeuchi，2008）。其中有一种方法是在喷枪出口使用旋碟或旋杯代替简单的喷嘴。一些专家认为，如果可以将带电效率提高到 10%，则上粉效率可能会变得足够高，可以极大地减少未喷到工件上的粉末，从而不再需要去收集它。

粒径和粒径分布对粉末涂料具有关键性的影响。粒径范围必须受到限制，最简单的规则是，最大量的颗粒粒径应略小于预期的膜厚，最大的粒径应不大于膜厚的两倍。除了颗粒大小和分布之外，颗粒形状和颗粒密度的变化也会影响喷涂过程和粉末回收率。极细的颗粒无法在粉桶和粉管中正常流动。通常，直径小于 10μm 的颗粒不超过 6%～8%（质量分数）的时候，才不会引起问题。小颗粒具有较高的体积比表面积，因此，当它们通过静电枪的电晕时，具有较高的荷/质比。带电后，粒子会受到三种力的影响：静电场力、空气动力和重力。理论计算预测，重力应该是对非常大的粒子有主要影响，而对于很小的粒子，气流应该占主导地位（Bauch，1992）。这些理论预测通过对回收粉的粒度分析得到了证实。对于典型的粉末，回收粉中粒径小于 20μm 和大于 60μm 的粉末很多，表明中间尺寸颗粒的上粉率最高。小颗粒有可能很容易穿进法拉第笼。大颗粒可以更好地在喷涂系统中流动，并保持更长时间的电荷，因此在施工和烘烤之间可以更好地黏附在物体上。如果人体吸入非常小的（$<1\mu m$）颗粒粉尘，则可能带来中毒危害。总而言之，集中在 20～60μm 范围内的颗粒最适合用于 30～60μm 膜厚的粉末涂料。

还有许多其他变量也会影响静电喷涂过程。这些因素包括喷涂区域中的空气流动（变化无常）、湿度、待涂工件的形状和方位以及喷枪设置等。但是，在实践中，工程师和操作员会通过经验和对理论的理解来学会如何使工艺过程正常运行，但这种作用可能是有限的。

人们付诸了大量的努力，去开发将粉末涂料在汽车透明涂料上应用的材料和工艺。这项努力取得了一定程度的成功，几家汽车制造商在常规生产中生产了带有透明粉末涂料的汽车。但是，液体罩光清漆技术几乎已成为标准。在 30.1.5 节中讨论了各种液体罩光清漆的化学原理。随着 VOC 法规越来越严格，粉末透明涂层技术可能会变得越来越有吸引力。关键问题是要获得所需的平整度，这可以通过使用粒度分布较窄的细粒度粉末来解决（Yanagida 等，1996；Satoh 等，1997）。但是，使用细粒度（平均 10μm）的粉末会带来一些问题，需要对喷涂设备进行改进（Yanagida 等，1996）。

静电粉末施工的另一种方法是对粉末颗粒进行摩擦带电。粒子是通过流经喷枪中的聚四氟乙烯管因摩擦而带电的，而不是通过在喷枪口产生电晕的高压电源带电。该机制类似于梳理头发时在梳子上积累静电荷一样。由于在喷枪和待喷涂的接地工件之间没有大的电位差，因此没有形成明显的磁力线，并且法拉第笼的效应极小，从而有助于在形状不规则的物体中涂覆空心部位，并能获得更光滑的涂层。但是由于喷涂速度较慢，不规则气流更容易使处于喷枪和被涂物体之间的颗粒发生偏离。目前已有同时可以摩擦带电和电晕带电的喷枪。

“干碰干”粉末涂装是喷涂两层粉末，然后一次烘烤实现固化；据说可以改善性能并节省大量能源。通常，将第一道涂层加热熔融，实现熔结，但不使其固化。这样的体系由环氧粉末底涂和聚酯粉末面涂组成（Comley 等，2014）。可以选择两种化学结构的粉末体系，以使两层之间发生交联，确保出色的层间附着力。

28.5.2 其他施工方法

流化床是最古老的粉末涂料施工方法。该设备由一个浸渍箱组成，箱的底部是一块多孔板。空气穿过多孔板将粉末悬浮在浸渍箱中。粉末空气悬浮体的流动行为类似于流体的流动行为，因此称为流化床。将要涂覆的工件挂在传送机上，并在烤箱中加热到远高于粉末 T_g 的温度。然后，传送机将零件运送到流化床槽中，粉末颗粒熔结到工件表面。随着熔结颗粒厚度的增加，涂层成为绝热层，从而涂层表面的温度降低，最终达到其他颗粒不再能黏附于表面的阶段。附着在涂层表面上的最后一些颗粒并不能完全熔融，因此传送机必须将工件运送到另一个烘道中完成熔融和熔结。膜厚取决于工件被预热的温度以及粉末的 T_g。薄涂膜不能以这种方式施工。该方法最常用于涂覆热塑性粉末涂料。

静电流化床与此类似，但是添加了电极，在工件穿过粉末之前在空气中生成离子，待涂工件接地，图 28.6（Jilek，1991）是该过程的示意图。像静电喷雾一样，粉末被静电力吸引到工件上。当需要厚膜时，可以加热工件，但是加热不是必需的。此方法用于涂覆热塑性涂料和一些热固性粉末，例如电绝缘涂料。没有过喷，粉末损失极少，换色也更容易。与传

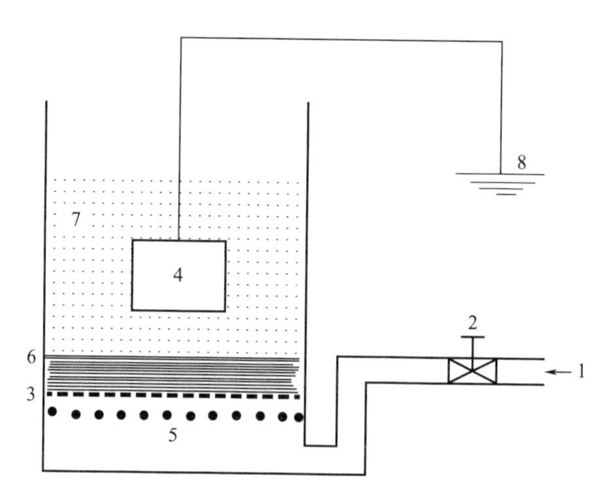

图 28.6　一种静电流化床涂装设计

1—空气进口；2—空气调节器；3—多孔隔板；4—涂装工件；5—电极；6—流化粉末；7—带电粉末云；8—接地

统的流化床涂装工艺相比，可以涂覆更薄的涂膜。但是，很难实现非常薄的涂膜，法拉第笼效应很强，并且难以均匀地涂覆大工件。

粉末卷材涂装也有过尝试。在某些情况下，可通过静电喷涂将粉末涂覆到卷材上（Misev 和 van der Linde，1998）。在另一个方法中，使带静电的钢带穿过粉末云，然后到达烘道进行熔融（Graziano，1997）。此方法可以对打孔的或预压花的金属进行卷材涂覆，并且具有无 VOC 排放的优点。生产线的成本可能较低，但它的速度要比传统的卷材涂料慢一些。

火焰喷涂是另一种涂装热塑性粉末涂料的技术（Misev，1991，pp 347-349）。在火焰喷枪中，粉末被推进通过火焰，停留在火焰上的时间刚刚足以熔化粉末。然后将熔融的粉末颗粒引向要涂覆的工件。火焰加热并熔化聚合物，并将底材加热到高于聚合物熔融温度，使涂层流入表面不规则处，从而为附着力提供“锚固”作用。必须仔细综合平衡火焰温度（大约 800℃）、在火焰中的停留时间（几分之一秒）、涂料的 T_g、粒度分布和基材温度。粒度分布必须相当窄，在大颗粒熔化之前，非常小的颗粒会在 800℃下热解。

用火焰喷涂可将聚偏氟乙烯、乙烯/氯三氟乙烯、全氟烷氧基烷烃和全氟乙烯丙烯涂覆到钢上，并表现出优异的耐盐雾腐蚀性能。全氟烷氧基烷烃聚合物的耐化学性特别出色（Leivo 等，2004）。

与其他施工方法不同，火焰喷涂可以在现场进行施工，而不仅仅是在工厂中。工业或实验应用的示例包括桶内衬、金属灯杆、桥轨、混凝土板和谷物轨道车等。由于该方法不是靠静电施工的，因此可以涂覆非导电基材，例如混凝土、木材和塑料。涂层无需烘烤，因此可以通过这种方法涂覆能经受火焰冲击温度的基材。由于涂料是热塑性的并且不是静电施工，因此可以使用粉末来修复涂层的损坏区域，而其他粉末涂装方法通常是不可能的。

有人已经研究了通过高速热喷涂（28.5.2 节）将聚偏二氟乙烯、尼龙 11 和尼龙 12 粉末应用于铝和钢的过程（Sugama 等，1995）。

火焰喷涂的缺点包括：限制了涂有热塑性涂料工件的使用温度（对基于 EAA“乙烯/丙烯酸共聚物”的涂料为 75℃）（28.2 节），以及需要仔细控制施工变量的要求。过热会导致聚合物降解，从而导致较差的涂层性能，直到聚合物开始热解之前都没有肉眼可见的降解迹象。对钢的附着力还受施工变量的影响。基料上的羧酸基团可促进附着力，但由于存在羧酸基团，涂料容易发生阴极剥离。

28.6 优缺点

在本节中，将粉末涂料的优点和局限性与溶剂型和水性涂料进行了比较。总而言之，粉末涂料的持续增长表明，在许多情况下，优势大于局限性。主要优势可以归纳为：

① VOC 排放量非常低；

② 可燃性和毒性危险已大大降低，但仍然存在粉尘爆炸危险；

③ 一次涂覆可获得 50～500μm 的厚膜；

④ 可以涂覆不规则形状；

⑤ 可获得优异的涂膜机械性能和耐候性；

⑥ 可以降低能耗。

乍看起来，粉末涂料的能耗低，令人惊讶，因为它们的烘烤温度通常高于大多数溶剂型烘烤涂料的温度。但是，由于很少或没有挥发性物质散发到烘道中，因此烘道中的热空气可以用很少的补充空气进行再循环。相反，使用溶剂型涂料时，烘道空气中的溶剂浓度必须始终保持在爆炸下限以下，这导致需要加热大量的补充空气。同样，使用粉末涂料可以降低通过喷房的空气流量，因为没有必要将空气中的溶剂浓度保持在安全浓度以下，以使人们能够进入喷房。在冬天，要加热高速流经喷房空气的成本可能很高。由于没有干燥或闪蒸时间，因此工件可以在传送机上彼此靠近悬挂，没有流挂或滴落。粉末涂装的工件通常比液体漆的工件更能抵抗物理损坏，可以节省损坏的物品和包装成本。

降低粉末涂料总成本的另一个重要因素是，过喷的粉末可从喷涂室收集到滤袋或滤筒中，然后再使用。这不仅提高了涂料利用率，也降低了从水帘喷房或与液体涂料使用过滤器形成的污泥处置的成本和难度。

粉末涂料的主要局限如下：

(1) 爆炸危险。虽然没有溶剂，消除了可燃性问题，但悬浮在空气中的粉末可能会引起爆炸。因此，制造和施工设施必须设计成防止粉末爆炸型的。通过良好的工程设计和良好的现场管理，可以安全地操作生产。与静电喷枪相比，摩擦带电系统不太可能引发爆炸，如果不小心将电晕喷枪带到接地导体附近，则可能会产生火花。

(2) 无法涂覆大型或热敏性基材。对于静电喷涂和流化床方法，只能考虑烘烤型的涂装施工，并且由于烘烤温度必须相当高，因此只能使用可以承受烘烤的基材。这将常规热固性粉末涂料的应用几乎完全限制在金属基材上。紫外线固化粉末涂料可用于某些热敏基材上，如 28.5.2 节所述，火焰喷涂可用于其他一些应用。

(3) 外观限制。一般来说，粉末涂料具有良好的外观，但是液体涂料可以达到的某些外观效果很难或不可能用粉末实现。配色比液体涂料困难得多，并且颜色再现性也没液体涂料好。由于没有溶剂的损失，因此在金属闪光漆成膜时不会出现一定的收缩，因而无法实现汽车金属闪光漆要表现出的典型的随角异色效果。可以制造含铝颜料的粉末涂料，它们闪闪发光，但很少能形成随角异色效果。如 28.3 节所述，在流平性和边缘覆盖性之间不可避免地要进行折中。通常的结果是，配方设计师必须设计一些呈橘皮外观的涂膜才能获得可接受的边缘覆盖率。涂膜越薄，问题就越困难。正如在28.3节中所讨论的那样，在中低光泽粉末涂料的制备和控制方面仍然是存在问题的，但已有报道该领域已取得了一些进展。获得令人满意的外观是开发用于汽车和卡车的透明粉末涂料的主要障碍。整个车身必须得到均匀的膜厚，因为粉末涂料的流平性对膜厚的变化非常敏感。这需要对粉末的流动速率进行严格的控制，这是工程技术面临的一大挑战。因为针孔的问题，很难能得到厚度小于1mil的涂膜。整个操作过程（包括回收过喷粉末在内）必须进行彻底清洁，以避免灰尘颗粒，这在透明涂料中尤为明显。很难涂覆外部尖角的工件。由于“法拉第笼效应”，内角上的涂膜厚度往往较低。

（4）材料限制。由于所有主要组分必须为固体，因此配方设计者可以使用的原材料范围较窄。此外，不可能制造涂膜 T_g 过低的热固性粉末涂料。这限制了粉末涂料机械性能的范围。

（5）生产灵活性的限制。当需要频繁更换颜色时，粉末涂料生产和施工的经济性就会受到影响。换色之间的清理很耗时，因此粉末涂料最适用于同一类型和同一颜色的粉末，以及合理时长的生产。用水帘式喷房可以缩短运行时间，但失去了回收过喷粉末的优势。新的工艺设计减少了换色带来的问题。

粉末涂料的某些局限性可以通过制备粉末的水分散体（浆料）来克服。这消除了粉末爆炸的可能性，扩大了施工方法的范围，并减少了贮存稳定性问题。粉末的 T_g 不再因要避免结团而设计得很高，因此可以配制更柔软的涂层，并降低烘烤温度。通过在浆料中使用小于10μm较小粒径的粉末，可以最大程度地减少沉降问题并改善外观。但是增加了新的挑战：水分散体必须稳定，不能因为表面活性剂的存在而使性能下降，并且必须控制喷雾流变性。水性粉末分散体作为汽车透明涂料的生产可行性已得到充分证实。

（赵卫国　译）

综合参考文献

Bate, D. A., *The Science of Powder Coatings*, 2 vols., Selective Industrial Training Associates, Ltd., London, 1990.

Jilek, J. H., *Powder Coatings*, Federation of Societies for Coatings Technology, Blue Bell, PA, 1991.

Misev, T. A., *Powder Coatings Chemistry and Technology*, John Wiley & Sons, Inc., New York, 1991.

Spyrou, E., *Powder Coating Chemistry and Technology*, 3rd ed., Vincentz Network, Hannover, 2013.

参考文献

Agawa, T.; Dumain, E. D., *Proceedings of the Waterborne High-Solids Powder Coatings Symposium*, New Orleans, LA, 1997, p 342. Also see *J. Coat. Technol.*, 1999, 71(893), 69.

Andrei, D. C., et al., *J. Phys. D: Appl. Phys.*, 2000, 33, 1975.

Badila, M., et al., *Prog. Org. Coat.*, 2014, 77, 1547-1553.

Barkac, K. A., et al., US patent 6,670,043(2003).

Bauch, H., *Polym. Mater. Sci. Eng.*, 1992, 67, 344.

Beetsma, J., Prospector, 2016, from http://knowledge.ulprospector.com/4799/pc-powder-coatings-for-heat-sensitive-substrates/(accessed March 30, 2017).

Belder, E. G.; Rutten, H. J. J.; Perera, D. Y., *Prog. Org. Coat.*, 2001, 42, 142.

Blanton, M.; Thames, S. F.; Halliwell, M. J., *Proceedings of the Waterborne High-Solids Powder Coatings Symposium*, New Orleans, LA, 1999, pp 399-412.

Boogaerts, L.; Buysens, K.; Moens, L.; Maetens, D., *Proceedings of the Waterborne High-Solids Coatings Symposium*, New Orleans, LA. 2000, 504-515.

Brun, L.; Golini, R., Center on Globalization, Governance & Competitiveness, Duke University, 2010, from http://www.cggc.duke.edu(accessed April 21,2017).

Brun,L. C.;Golini,R.;Gereffi,G., *The Development and Diffusion of Powder Coatings in the United States and Europe*, Duke University Center on Globalization,2010,from cggc.duke.edu(accessed March 30,2017).

Buijssen,P. F. A.,et al.,EP2411459 B1(2012).

Cavalieri,R.,et al.,*CoatingsTech*,2015,12(3),36-44.

Comley,D. G.;Ojero,O. A.;McMahon,R. E.,WO2014150167(2014).

de Lange,P. G.,*J. Coat. Technol.*,1984,56(717),23.

Dick,R. J.,et al.,*J. Coat. Technol.*,1994,66(831),23.

Engbert,T.,et al.,*Farbe Lack*,1996,51,102.

Fedtke,M.;Domaratius,F.;Walter,K.;Pfitzmann,A.,*Polym. Bull.*,1993,31,429.

Fischer,G. C.;McKinney,L. M.,*J. Coat. Technol.*,1988,60(762),39.

Gherlone,L.;Rossini,T.;Stula,V.,*Proceedings of the International Conference on Organic Coatings*,1997,p. 128.

Graziano,F. D.,*Proceedings of the International Conference on Organic Coatings*,Athens,1997,p. 139.

Green,C. D.,*Paint Coat. Ind.*,1995,September,p. 45.

Gribble,P. R.,*Proceedings of the International Waterborne High-Solids Powder Coatings Symposium*,New Orleans,LA, 1998,p. 218.

Hajas,J.;Juckel,H.,*Proceedings of the Waterborne High-Solids Powder Coatings Symposium*,New Orleans,LA. 1999, pp. 273-283.

Higginbottom,H. P.;Bowers,G. R.;Grande,J. S.;Hill,L. W.,*Prog. Org. Coat.*,1992,20,301.

Huang,Z.;Scriven,L. E.;Davis,H. T.,*Proceedings of the Waterborne High-Solids Powder Coatings Symposium*,New Orleans,LA. 1997,p. 328.

Hughes,J. F.,*Electrostatic Spraying of Powder Coatings*,Research Studies Press,Ltd.,Letchworth,1984.

Hughes,J. F.,*Ytbehandlingdagar*,Stockholm,May 1992,p. A-1.

Jacobs,W.;Foster,D.;Sansur,S.;Lees,R. G.,*Prog. Org. Coat.*,1996,29,127.

Jilek,J. A.,*Powder Coatings*,Federation of Societies for Coatings Technology,Blue Bell,PA,1991,p. 15.

Kapilow,L.;Samuel,R.,*J. Coat. Technol.*,1987,59(750),39.

Keddie,J. L.;Kia,S. F.;Rai,D. N.;Simmer,J. C.;Wilson,C.,*J. Coat. Technol.*,1997,69(875),23.

Koop,P. M.,*Powder Coating*,1995,6(2),58.

Kosar,W. P.;Morris,S.,*JCT Res.*,2007,4(1),51.

Kreeger,K.,*Application Variables for Powder Coating Systems*,Nordson Corporation,Amherst,1997.

Krol,P.;Chemielarz,P.,*Prog. Org. Coat.*,2014,77,913-948.

Kronberger,K.;Hammerton,D. A.;Wood,K. A.;Stodeman,M.,*J. Oil Colour Chem. Assoc.*,1991,74,405.

Lee,S. S. et al.,*Prog. Org. Coat.*,2003,45,266.

Leivo,E. et al.,*Prog. Org. Coat.*,2004,49,69.

Lowenhielm,P. et al.,*Prog. Org. Coat.*,2005,54,269.

Maurin,V. et al.,*Prog. Org. Coat.*,2012,73,250-256.

Maxwell,B. E. et al.,*Prog. Org. Coat.*,2001,43,158.

Maxwell,L. D.;Siddiqui,K.;Cartridge,D. J.,*FSCT Annual Meeting*,Chicago,IL,2004.

Merfeld,G.,et al.,*Prog. Org. Coat.*,2005,52(1),98-109.

Meyer,III,E. F.,*Polym. Mater. Sci. Eng.*,1992,67,220.

Misev,T. A.,*Powder Coatings Chemistry and Technology*,John Wiley & Sons,Inc.,New York,1991b.

Misev,T. A.;van der Linde,R.,*Prog. Org. Coat.*,1998,34,160-168.

Moens,L. et al.,US patent 6,790,876(2004a).

Moens,L.;Buysens,K.;Maetens,D.,US patent 6,729,079(2004b).

Nakamichi,T.;Mashita,M.,*Powder Coat.*,1984,6(2),2.

Pappas, S. P.; Urruti, E. H., *Proceedings of the Waterborne Higher-Solids Coatings Symposium*, New Orleans, LA,

1986, p. 146.

Pianoforte, K., *Coatings World*, 2014, 19(12), 27-29.

Pilch-Pitera, B., *Prog. Org. Coat.*, 2014, 77(11), 1653-1662.

Popa, P. J.; Be, A.; Storey, D. R., *Proceedings of the Waterborne High-Solids Powder Coatings Symposium*, New Orleans, LA, 1999, pp. 383-398.

Puig, M., et al., *Prog. Org. Coat.*, 2015, 80, 11-19.

Ramis, X.; Cadenato, A.; Morancho, J. M.; Salla, J. M., *Polymer*, 2003, 44, 2067-2079.

Rawlins, J. W.; Thames, S. F., *Proceedings of the Waterborne High-Solids Powder Coatings Symposium*, New Orleans, LA, 2000, pp. 185-200. Also see Powder Coatings, 2000, August.

Rawlins, J. W.; Feng, S.; Sullivan, C.; Thometsek, P., *Proceedings of the Waterborne High-Solids Powder Coatings Symposium*, New Orleans, LA, 2002, pp. 357-369.

Richart, D. S., *Proceedings of the Waterborne, High-Solids Powder Coatings of the Symposium*, New Orleans, LA, 1995, p. 1.

Richert, D. S., Powder Coatings, in *Kirk-Othmer Encyclopedia of Chemical Science and Technology*, 3rd ed., John Wiley & Sons, Inc., New York, 1982, Vol. 19, p. 11.

Satoh, H.; Harada, Y.; Libke, S., Proceedings of the International Conference on Organic Coatings, Athens, 1997, p. 381.

Schmidhauser, J.; Havard, J., *Proceedings of the International Waterborne, High-Solids, & Powder Coatings Symposium*, New Orleans, LA, 1998, pp. 391-404.

Shah, N. B.; Nicholl, E. G., *Proceedings of the Waterborne High-Solids Powder Coatings Symposium*, New Orleans, LA, 2003, pp. 217-230.

Sugama, T.; Kawase, R.; Berndt, C. C.; Herman, H., *Prog. Org. Coat.*, 1995, 25, 205.

Takeuchi, M., *J. Phys. Conf. Ser.*, 2008, 142, 012065.

Taylor, J. W.; Collins, M. J.; Bassett, D. R., *J. Coat. Technol.*, 1995, 67(846), 43.

Trottier, E. C.; Affrossman, S.; Pethrick, R. A., *JCT Res.*, 2012, 9(6), 725.

Twigt, F.; van der Linde, R., US patent 5703198(1997).

van der Linde, R.; Scholtens, B. J. R., *Proceedings of the 6th Annual International Conference Cross-Linked Polymers*, Noordwijk, the Netherlands, June 1992, p. 131.

Witzeman, J. S., *Prog. Org. Coat.*, 1996, 27, 269.

Wulf, M.; Uhlmann, P.; Michel, S.; Grundke, K., *Prog. Org. Coat.*, 2000, 38, 59.

Wuzella, G., et al., *Prog. Org. Coat.*, 2014, 77, 1539-1546.

Yanagida, K.; Kumata, M.; Yamamoto, M., *J. Coat. Technol.*, 1996, 68(859), 47.

Yeates, S. G. et al., *J. Coat. Technol.*, 1996, 68(861), 107.

第29章 辐射固化涂料

辐射固化涂料是通过辐射而非加热的方式引发交联反应的一类涂料。此类涂料的潜在优点是在无辐射的贮存条件下，体系可趋于无限稳定。而其在室温下可快速辐照固化的特点则对纸张、塑料和木材等热敏性基材的涂装非常重要（第31章）。关于紫外线固化粉末涂料的讨论可见28.1.6节。

辐射固化涂料分为两大类，它们分别是：①紫外线（UV）固化涂料，其固化起始阶段为引发剂（或光敏剂）被紫外-可见光激发，产生活性中间体，进而引发交联反应。②电子束（EB）固化涂料，与紫外线固化相比，它最大的特点是无需光引发剂，固化起始阶段是通过高能电子来激发或电离涂料树脂，使之产生自由基和离子，进一步引发交联反应。此外，红外（IR）和微波辐射也被用于涂料的固化，但这些体系是将辐射能量转换成热量，引发热固化反应，因此在本章中不作讨论。

除涂料外，辐射固化材料也被应用在齿科、医疗等众多商业领域。而辐射固化时间-空间可控的重要特性也使其能应用于微芯片、光纤、印刷板和印刷电路板等制造领域（Chatani等，2014）。

自本书的第三版（Wicks等，2007）出版以来，辐射固化涂料在诸多方面取得了显著进展，包括：

① 在紫外-蓝色可见光区域内LED光源的使用。

② 用于可见光引发自由基聚合阳离子聚合以及自由基/阳离子杂化聚合的引发剂体系。

③ 包含通用物理和化学方法在内的降低氧阻聚方法的全面评估，包括目前采用的物理和化学方法（Ligon等，2014）。

④ 巯-烯体系光化学机理研究，包括巯基-甲基丙烯酸酯体系和叔巯-烯-甲基丙烯酸酯体系（Hoyle和Bowman，2010），及其高稳定性配方（Esfandiari等，2013）的研究，以及可长期贮存的低气味多官能团硫醇的产业化。

⑤ 将碳酸乙烯酯和乙烯基氨基甲酸酯作为甲基丙烯酸酯的替代材料，并研究多官能度碳酸乙烯酯和乙烯基氨基甲酸酯的工业化合成方法（Husar和Liska，2012）。

⑥ 通过加成-断裂链转移反应（AFTR）增强柔性和降低固化产生的应力作用，可在不改变材料性质的情况下，增加辐射固化涂料的机械性能，并可能促进附着力（Scott等，2005；Gorsche等，2014）。这种具有可逆化学键结构的交联组分，被称为共价适应性网络（CAN），并被认为是一种介于热塑性和热固性聚合物之间的新型聚合物（Kloxin等，2010；Kloxin和Bowman，2013）。

29.1 紫外线固化

紫外线固化主要涉及两类聚合反应：自由基和阳离子引发链增长聚合。虽然人们也想利用光反应使辐射生成活性官能基团，但是该方法无法用于涂料领域。因为在这类反应中，每吸收一个光子只能发生一个交联反应。而在链式反应中，吸收单个光子就能导致多个交联反应。

紫外线固化的关键要求之一是可产生高强度的紫外辐射的紫外线光源，成本低，且不会产生过多的红外辐射。目前主要的工业用光源为中压汞蒸气灯，此类电极灯的管长可达2m，广泛使用80W/cm的输出功率，市售光源最高功率可达325W/cm。这类光源具有连续的发射波长分布，主发射峰在254nm、313nm、366nm和405nm等处，同时也会发出可见光和少量红外辐射，并产生一些热效应。管状灯可向各个方向发出辐射，其强度的衰减与光源距离的平方成正比。为了提高光源利用效率，可以将灯管安装在具有焦距的椭圆形反射镜中，使最大辐照强度聚集在涂层表面。紫外线固化的局限性在于灯与被涂物体各部分的距离必须相当均匀。因此，紫外线固化最适用于可在紫外灯下移动的平板、卷材或可在灯下旋转的圆柱形基材的涂装。光源运行过程中会产生热量，因此必须用水和空气冷却灯组。紫外灯一般放在密闭盒中，紫外灯的电流会随着密闭盒的开启而自动切断。紫外辐射比较危险，能造成严重的灼伤，使用时务必避免直接照射眼睛。紫外辐射时或多或少都会产生臭氧，程度取决于光源的类型，臭氧有毒，因此紫外装置必须要通风。关于辐射固化安全的事项可参考相关文献综述（Golden，1997）。

在某些情况下，使用非常规波长分布的光源是有优势的，特别是增加近紫外-可见光区域的辐射比例。这可通过在灯管中掺入除汞以外的其他元素，或者在灯管上涂覆可吸收短波紫外线并发出长波紫外线的荧光涂层来实现。

微波驱动的无极灯在工业上已大量应用。无极灯更适合于掺杂，因为掺杂物通常会缩短电极灯的电极使用寿命，无极灯还具有瞬时启动和再启动的优势，但售价相对较高。在电极灯和无极灯中使用直流电源可以产生连续且恒定的辐射，据报道，它要比脉冲辐射提高聚合效率的效果更好（Okamitsu 等，2005）。

受激准分子灯可发射波段极窄的紫外线，它是通过两个石英管和一段封闭的气体进行无声放电，使气相中的分子被电子激化，并在几纳秒内分解产生光子，选择性很高。其发射波段分布的狭窄程度可与激光相当。与激光不同，它的辐射是不连续的，但可作大面积辐射应用。现有的或正在工业开发中的灯源，其主要发射波长有172nm、222nm、308nm和351nm。波长分布窄和光强高，可以提供快速固化，如第29.1.1节中所述，发射波长在308nm的氯化氙准分子灯，与几种市售自由基、阳离子引发剂的吸收光谱有很好的匹配性，这十分有利于进行自由基以及阳离子聚合。

发光二极管（LED）灯的辐射带域（5～20nm）也相对较窄，目前市售LED光源的发射波段分别有365nm、385nm、400nm和460nm。LED灯的特点主要有瞬时开关、发热量低（但设备仍需要冷却）、无臭氧释放、长寿命和高能效等。Javadi 等人（2016）在特种固化技术的综述中概述了紫外线和电子束固化设备及相关工艺的开发。

29.1.1 吸收：关键过程

在任何光源下引发反应，都必须要有吸收辐射的光引发剂（PI）（或称光敏剂）。涂层吸收入射光的比例（I_A/I_0）可以根据比尔-朗伯定律，用方程式(29.1)表示。忽略表面反射，$I_A/I_0=1-I/I_0$，其中I/I_0是辐射的透射分数，假设只有引发剂吸收辐射，其摩尔消光系数是ε，浓度是c，光在涂膜中的光程是x，则吸光度（A）（或光密度）定义为$\varepsilon c x$：

$$\frac{I_A}{I_0}=1-10^{-\varepsilon cx}=1-10^{-A} \tag{29.1}$$

由于摩尔消光系数随波长变化而变化，因此吸收率也随之发生变化。此外，光源的辐射强度也随发射波长的不同而变化。每单位时间吸收的光子总数取决于上述因素的总和。当一个引发剂分子吸收一个光子时，它就上升到激发态，并生成引发活性种。但处于激发态的引发剂也会以其他途径被消耗掉，它可能会发射出波长更长的荧光或磷光，也可能被涂层的某些组分或氧猝灭；它也会发生其他非引发反应。活性种的生成效率是选择引发剂的一个重要依据。

聚合反应速率与自由基或离子的浓度有关。似乎引发剂浓度越高，固化就越快，实际上这种推测并不永久成立。当引发剂从非常低的浓度增加到稍高时，固化速率会随之增加，但存在一个最佳浓度，高于这个最佳浓度时，涂膜下层的固化速率会降低。因为在较高的引发剂浓度下，大部分的辐射会在涂膜上层的几个微米厚度范围内被吸收掉，几乎无法到达涂膜下层。由于自由基与自由基之间能发生反应，因此自由基的半衰期较短，它们只能产生在涂膜表层以下几个纳米的深度，引发聚合反应。尽管阳离子固化涂料中的酸活性种拥有更长的半衰期，但随着聚合和交联的进行，它们的扩散也可能会受到限制。

表 29.1 提供了涂层吸收入射光的比例（I_A/I_0）随引发剂吸光度（A）的变化趋势(Pappas，1992)。考察的是涂层总厚度的顶部 1%和底部 1%处，因此这些值与膜厚无关。有两点特别值得注意：第一，在吸光度相对较低时出现吸光度的不均匀性，并随吸光度的增加而增大；第二，随着引发剂吸光度的增加，涂层底部 1%处对入射光的吸收比例呈现先增加然后大幅度减小的趋势。当涂层底部吸收的增量达到最大值时，引发剂的最佳吸光度为 0.43。但表中的数据表明，当 A 值为 0.3～0.6 时，底部吸收基本呈平台状，在此区间内引发剂浓度几乎是翻了一番。涂层与基材间的附着力通常是紫外线固化以及光成像应用中的关键要素，在引发剂吸收波长下，当体系中引发剂吸光度约为 0.43 时，预期将表现出最佳的光谱响应，涂层与基材界面处也将获得最大吸收。鉴于此，几类成像系统均在该吸光度条件下获得了最佳光谱响应性（Thomas 和 Webers，1985）。

表 29.1　引发剂吸光度与涂层（涂层整体，表面 1%和底层 1%）**吸收入射光比例**（I_A/I_0）**的关系**

A	(I_A/I_0)/%		
	整体	表层 1%	底层 1%
0.1	21	0.23	0.19
0.2	37	0.46	0.29
0.3	50	0.69	0.35
0.4	60	0.92	0.37
0.43	63	0.92	0.37
0.5	68	1.1	0.37
0.6	75	1.4	0.35
1.0	90	2.3	0.23
3.0	99.9	6.7	0.007

最佳光引发剂浓度取决于膜厚：膜厚越厚，最佳浓度越低。因为光引发剂通常是比较昂贵的组分，较低的浓度有利于降低涂料成本。但当每种涂层都含有最佳浓度的光引发剂时，对不同厚度涂层固化速度的研究发现，固化时间随膜厚的增加而增加。这是因为随着膜厚的增加，任一空间体积内所吸收的辐射会更少。当表面固化受到氧阻聚影响时，如自由基聚合，这一问题会进一步加重（关于氧阻聚作用，见 29.2.4 节）。为获得尽可能低的成本，通常以满足表层固化所需的最低引发剂浓度为起始点进行优化研究。也可计算特定 A 值和波长下，光引发剂浓度与涂层厚度的函数关系（Pappas，1992）。

影响光引发剂吸收紫外线的另一个因素是体系中存在着竞争性吸收剂或散射紫外线的物质。因此在设计紫外线固化体系的漆料时，应在光引发剂所需的激发波长内，将漆料对紫外线的吸收降到最小。颜料会因吸收和/或散射紫外线而造成一些影响，这些将在 29.5 节中讨论。除了体系中的竞争性吸收剂外，光引发剂的光解产物可能比光引发剂的吸光能力更强，此现象称为光暗化，它会进一步减弱入射辐射并降低固化速率，影响体系的完全固化。另一方面，光引发剂的光解产物吸光能力减弱的现象称为光漂白，这将利于提高固化速率，促进完全固化。这些因素以及向体系中添加纳米颗粒对涂层固化的影响，已在光聚合的前沿研究中进行过考察（Cabral 和 Douglas，2005）。

膜厚不是影响入射光程的唯一变量。如果在黑色基材上和高反射率的金属基材上涂覆相同的涂层，在金属基材上的固化速率要比在黑色基材上的更快。这是因为穿过涂层的紫外线会被黑色基材吸收，但是到达平整金属基材的紫外线会被反射回来，并二次穿过涂层，增加了吸收概率。

29.2 自由基紫外线固化

在自由基紫外线固化中，光解生成自由基引发乙烯基双键（主要是丙烯酸酯）发生聚合反应。所用的光引发剂有两类：单分子裂解型（Ⅰ型）和双分子夺氢型（Ⅱ型）。

29.2.1 单分子光引发剂（Ⅰ型引发剂，PI_1）

一系列单分子（Ⅰ型）光引发剂已被研究报道。工业上最早大规模使用的引发剂是安息香醚类。它裂解后形成苯甲酰自由基和苄基醚自由基：

$$C_6H_5-\overset{O}{\overset{\|}{C}}-\underset{H}{\overset{OR}{C}}-C_6H_5 \xrightarrow{h\nu} C_6H_5-\overset{O}{\overset{\|}{C}}\cdot + C_6H_5-\underset{H}{\overset{OR}{C}}\cdot$$

这两种自由基都可以引发丙烯酸酯类单体的聚合（Carlblom 和 Pappas，1997）。含有安息香醚的紫外线固化涂料，其贮存稳定性会受到一定影响。这是因为苄基醚碳上的氢容易被夺取，任何有机物都含有会缓慢分解的氢过氧化物，分解产生的自由基会夺取苄基氢，导致聚合反应的发生，因此降低了贮存稳定性。如果苄基碳被完全取代，则贮存稳定性会得到改善，因此安息香二甲醚（DMPA）是一种缩酮，高效的 PI_1 光引发剂具有良好的贮存稳定性。其光解生成苯甲酰和二甲氧基苄自由基，后者引发活性低，但它可以进一步裂解成高反应活性的甲基自由基，并且其裂解程度随着温度的升高而增加。

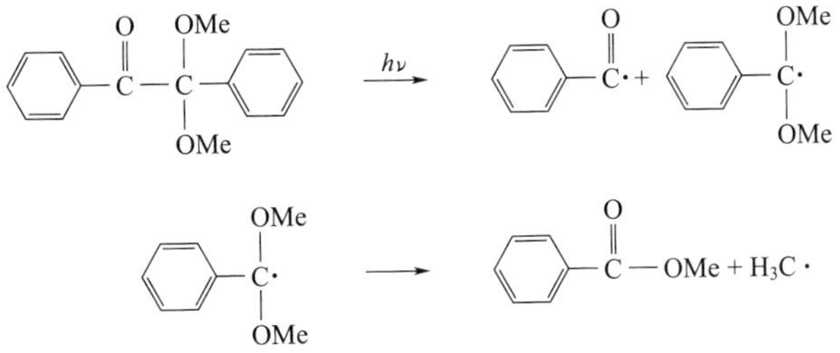

2,2-二烷基-2-羟基苯乙酮（α-羟基苯乙酮）也是工业上重要的光引发剂，具有良好的贮存稳定性，其中包括图示的2-羟基-2-甲基苯丙酮（HMP）和1-苯甲酰基环己酮（其中R和R^1形成了一个环己烷环）。与苯取代的苯乙酮（包括安息香醚和DMPA）相比，这类光引发剂黄变性小，可能是因为光解不产生苄基自由基。

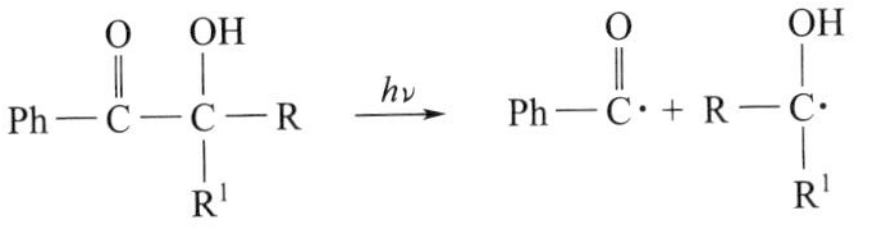

HMP ($R = R^1 = CH_3$)

上述所有光引发剂均具有苯乙酮发色基团，苯甲酰环上的供电子取代基可提高这些光引发剂的吸收能力，例如吗啉基取代的光引发剂2-二甲氨基-2-苄基-1-(4-吗啉代苯基)-丁基-1-酮。该引发剂因为在透明涂料中可能会发生黄变问题，一般用于有色涂料。

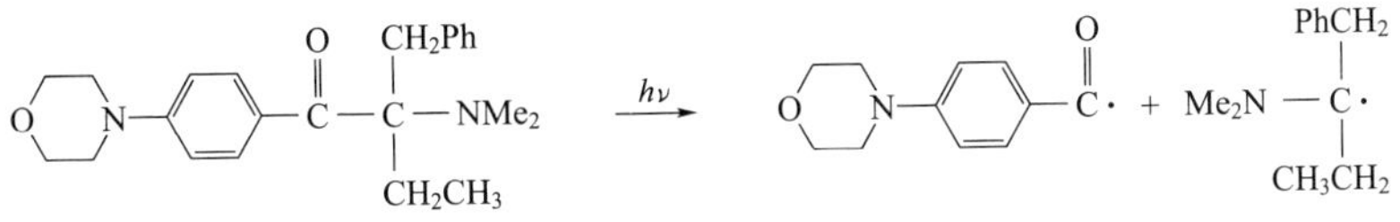

酰基膦氧化物是另一类Ⅰ型光引发剂。一些酰基膦氧化物已经产业化，如（2,4,6-三甲基苯甲酰)二苯基氧化膦（MAPO）。它经辐射发生α裂解，产生相应的三甲基苯甲酰基和二苯基次膦酰基，酰基膦氧化物通常不会黄变，并且贮存稳定性良好。

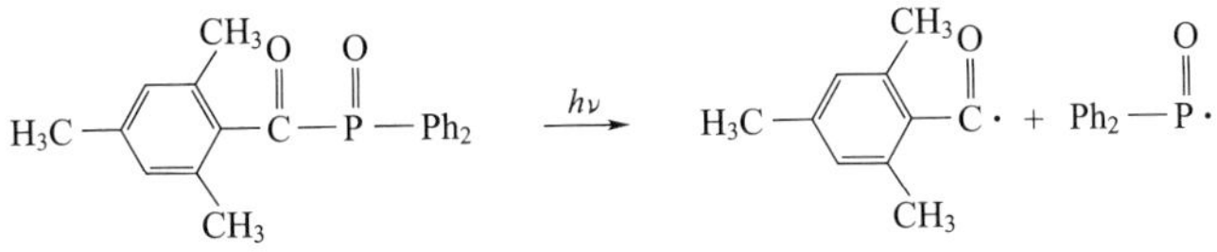

MAPO

双酰基氧化膦在可见光波段吸收更强，适用于可见光激发，例如苯基双(2,4,6-三甲基苯甲酰基)-氧化膦（BAPO）。BAPO为黄色，光解后发生光漂白，从而降低入射光的吸收，可提高固化速度，并可实现厚膜的固化（如29.1.1节所述）。在白色体系中，BAPO对紫外-可见光的吸收强，可与白色颜料形成竞争吸收，再加上光致漂白作用，可以固化相对较厚的白色颜料涂层而不出现其他颜色。通过使用BAPO和HMP的混合体系可以进一步拓宽吸收谱带，从而以较低的成本实现涂料的表面和整体固化（Rutsch等，1996）。

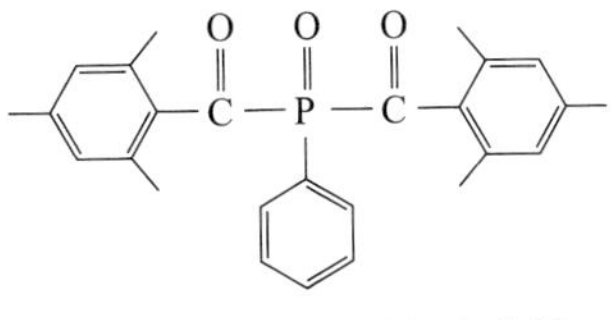

苯基双(2,4,6-三甲基苯甲酰基)-氧化膦(BAPO)

Ph-CO-Ge($Et)_2$-CO-Ph
二苯甲酰基二乙基锗烷(Ge-1)

Ph-CO-Te-Ph
苯甲酰基苯基碲化物(Te-1)

据报道，酰基锗烷也是活性较高的可见光引发剂，例如二苯甲酰基二乙基锗烷（Ge-1）（Ivocerin®）（Neshchadin 等，2013）和苯甲酰基苯基碲化物（Te-1）（Benedikt 等，2014）。该类引发剂在完成 α 裂解后生成苯甲酰基和以金属为中心的自由基。有机碲化物还可作为活性自由基聚合的可见光引发剂，生成分子量分布低的聚合物。宽谱光源的 Photo-DSC 实验表明，在甲基丙烯酸酯配方体系中，Ge-1 显示出与 BAPO 相当的反应活性和更高的双键转化率。但是，当使用牙科可见光 LED 灯时，Ge-1 的性能要好于 BAPO（Ganster 等，2008），这是因为 Ge-1 的吸收光谱与 LED 灯的发射波段重叠更大。

29.2.2 双分子光引发剂（Ⅱ型引发剂，PI_2）

光激发二苯甲酮（benzophenone，BPO）和相关的二芳基酮（如氧杂蒽酮和硫杂蒽酮）时，不会裂解产生自由基，但会从氢供体中夺取氢产生自由基，从而引发聚合反应。2-异丙基硫杂蒽酮（2-isopropylthioxanthone，ITX）这样的硫杂蒽酮类光引发剂，由于在近紫外区具有较强的吸收，通常可以与同样吸收近紫外线的颜料和染料进行竞争。

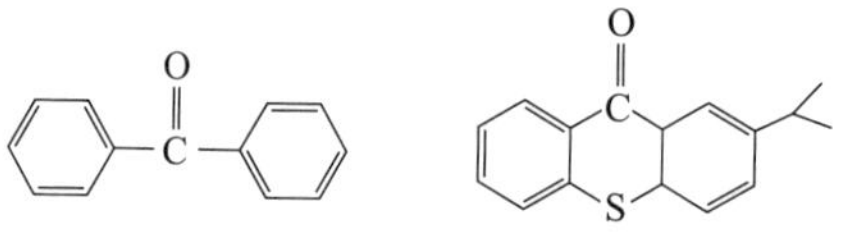

二苯甲酮　　2-异丙基硫杂蒽酮

广泛使用的氢供体是在 α-碳原子上带有氢的叔胺，例如 2-(二甲基氨基)乙醇（DMAE），印刷油墨中主要使用对(二甲基氨基)苯甲酸甲酯。研究表明，伴生的酮基自由基不会引发聚合。

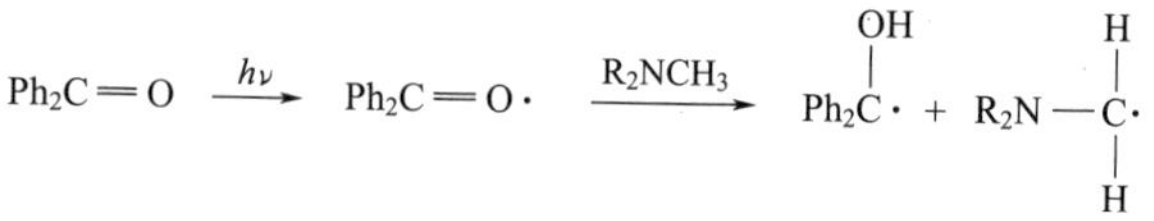

$$Ph_2C{=}O \xrightarrow{h\nu} Ph_2C{=}O\cdot \xrightarrow{R_2NCH_3} Ph_2\overset{OH}{\overset{|}{C}}\cdot + R_2N{-}\overset{H}{\underset{H}{C}}\cdot$$

含有胺共引发剂的双分子引发剂的优点是可减少氧阻聚（29.2.4 节）。但缺点是这类引发剂的激发态通常比单分子引发剂的激发态寿命更长，这使得它们更容易受到氧和其他组分影响，发生能量和/或电荷转移猝灭。

29.2.3 大分子光引发剂

高效大分子光引发剂已被开发出，并用于自由基聚合（Dietliker 等，2007），包括窄分子量分布的硫醇醚官能类物质（Woods 等，2014）。有关大分子光引发剂的更多研究，包括相对于单分子光引发剂的优点和缺点，可参考 Crivello 等人（1998）的工作。

29.2.4 氧阻聚

氧会抑制自由基聚合。这种抑制作用在涂料中尤为明显，因为相较于总体积，涂膜具有较高的比表面积，且直接暴露在空气中。氧会与增长链末端的自由基（P·）反应生成过氧自由基（POO·），过氧自由基不易传递到另一个单体分子上，导致链增长变慢或终止。甲基丙烯酸甲酯的末端自由基与氧反应的速率常数是与另一单体分子反应速率常数的 10^6 倍。此外，一些光引发剂的激发态会被氧猝灭，从而降低自由基的生成效率。

Ligon 等人（2014）对氧阻聚作用进行了全面分析，包括分析技术，降低氧阻聚的物理、化学的综合方法。物理方法包括：

① 在惰性气体下固化；

② 使用会迁移到表面的物理屏蔽剂，例如蜡；

③ 增加光源的辐射强度；

④ 提高光源发出的辐射波长与光引发剂吸收波长的匹配度。

通常，增加光强度（W/m^2）会使光引发剂生成更高浓度的自由基，比增加辐射剂量（J/m^2）更能有效地降低氧阻聚。然而，过高的光强度可能不利于紫外线固化，它会导致自由基引发种过快地耗尽，且过高的自由基浓度容易发生自终止。

辐射源输出的高热量会降低树脂的黏度，这可能会促进氧的扩散从而加重氧阻聚。考虑到这些因素，选择发射带窄且与光引发剂吸收光谱高度重叠的 LED 灯会更合适。

化学方法分为添加法和改变聚合物介质法。添加法包括：

① 光引发剂的选择和浓度；

② 单线态氧生成剂和清除剂；

③ 充当链转移剂的 H-供体；

④ 其他还原剂。

增加光引发剂的浓度可以在涂层表面生成更高浓度的自由基来减少氧阻聚。但如 29.1.1 节中所述，引发剂浓度增加到最佳浓度以上时会衰减入射光，降低固化速度，固化可能主要发生在涂层上部，不利于整体固化。若想同时达到表面和整体固化，可使用具有两个最大吸收带且摩尔消光率有明显差异的单分子引发剂或混合引发剂来加以改善。引发剂对第一个发射带有强吸收，其表层部分吸收了该发射带的大部分能量，可有效抵消氧阻聚，仅少量未被消耗的紫外线可用于下层吸收，对整体固化的作用较小；引发剂对第二个发射带的吸收较弱，使得整个涂层对该发射带辐射能量的吸收更加均匀，有利于整体固化。

有些 H-供体（D—H）可充当链转移剂，将氢原子转移至链末端的过氧自由基（POO·）上，从而产生氢过氧化物（POOH）和新的引发自由基（D·）。尤为有效的这类 H-供体是硫醇和含 α-CH 基团的叔胺。硅烷和少数具有 α-CH 的醚类也可起链转移剂的作用。反应生成的 α-氨基、α-醚、硫自由基或甲硅烷基可以继续与单体（M）反应，从而引发一条新的聚合物增长链。其他充当链转移剂的还原剂还包括硼烷、膦类和亚磷酸类。胺和醚的 α 碳原子上的自由基也可与氧迅速反应，所以胺和醚不仅可充当链转移剂，同时还用于消耗氧。因此，二苯甲酮-胺引发体系大大降低了氧的阻聚作用，单分子引发剂体系也可通过添加少量胺来减少氧阻聚，该方法在使用低强度灯源或短时间曝光时也很有用。

通过调整聚合物介质来减少氧阻聚的方法包括使用：

① 多官能度丙烯酸酯；

② 含链转移和/或氧消耗功能基团的高活性丙烯酸酯单体；

③ 其他类型的单体，如 *N*-乙烯基酰胺；

④ 带有供-受体基团的单体；

⑤ 自由基/阳离子混杂体系。

这些将在接下来的章节中进行讨论。

29.2.5 自由基紫外线固化用漆料

早期的紫外线固化涂料由不饱和聚酯的苯乙烯溶液（17.3 节）和安息香醚光引发剂组成。但是，苯乙烯的挥发性很强，在施工和固化过程中会大量蒸发。此外，与丙烯酸酯体系相比，苯乙烯聚合速率相当缓慢。不过由于成本低廉，不饱和聚酯漆料目前仍然有一些应用。

当前大多数紫外线固化涂料体系使用丙烯酸酯类反应物。使用丙烯酸酯而不是甲基丙烯酸酯的原因是丙烯酸酯在室温下固化更快，并且受氧阻聚影响较小。此外，丙烯酸酯的聚合反应倾向于偶合终止，而甲基丙烯酸酯的聚合主要是通过歧化终止（2.2.1 节），当增长自由基通过偶合终止时，有利于提高分子量和交联程度。

该类漆料通常由三种类型的丙烯酸酯组成：多官能度丙烯酸酯封端的低聚物，多官能度丙烯酸酯单体和丙烯酸酯单体。官能度从单官到六官不等。在许多配方中，单、双和三官能度丙烯酸酯搭配使用，这些丙烯酸酯单体又称为活性稀释剂。多官能度低聚物的多官能度有助于实现高交联程度，且由于低聚物主体结构对耐磨性、柔韧性和附着力等性能均有影响，因此低聚物在很大程度上影响着涂料的最终性能。但是在单独使用时，它们的黏度太高，需要加入能降低黏度的单体。多官能度丙烯酸酯单体由于也具有多官能度而可以快速交联，并且黏度比低聚物更低。大多数单官能度丙烯酸酯可进一步降低体系黏度，但也会降低交联程度。

可以通过 photo-DSC 和实时红外光谱等方法进行光聚合反应动力学的定量研究。常规的 IR、FTIR 和拉曼光谱也同样有效。动力学研究可提供有价值的结果，但是由于涉及大量变量，特别是对于包含三种丙烯酸酯反应物的实际配方，难以对紫外线固化过程进行完整的定量描述。

在光聚合过程中，希望所有丙烯酸酯的双键基团都发生反应，以消除残留双键可能带来的对涂层性能的长期影响。实际上双键的完全反应是不可能的，但是使大部分丙烯酸酯基团聚合是可能的。双键的转化程度受组分选择的影响，由于小分子单体在反应过程中容易扩散，因此双键转化程度通常随单官能度单体用量的增加而增加。另外，有效自由体积也会影响双键转化率。能降低涂层 T_g 的组分，通常也能提高体系双键的转化率。随着聚合的进行，体系的 T_g 增加，一般当 T_g 接近固化温度 $T_{固化}$ 时，反应速度变慢。在 T_g 仅略高于 $T_{固化}$ 时，反应变得非常缓慢。由于有辐射源的热量和反应放热，因此 $T_{固化}$ 会高于环境温度。关于不同聚合体系中交联速率和转化率的评述，参见 Jonsson（1996）。

丙烯酸酯化低聚物是由多种低聚物作为起始物制备的。由丙烯酸酯化低聚物制备而来的涂层性能主要受低聚物分子量、丙烯酸双键的平均官能度以及低聚物主体结构的影响。例如，丙烯酸酯化的氨基甲酸酯低聚物可用于制备兼具硬度和弹性的涂层。任何多元醇或羟基封端的低聚物均可与过量的二异氰酸酯（OCN—R′—NCO）反应生成异氰酸酯封端的低聚物，进一步在室温下或适当升高温度下与丙烯酸羟乙酯反应，得到丙烯酸酯化的氨基甲酸酯低聚物。

$$H_2C{=}CH-\overset{\displaystyle O}{\overset{\|}{C}}-O-CH_2-CH_2-O-\overset{\displaystyle O}{\overset{\|}{C}}-NH-R'-NH-\overset{\displaystyle O}{\overset{\|}{C}}-O-R-O-\overset{\displaystyle O}{\overset{\|}{C}}-NH-R'-NH-$$

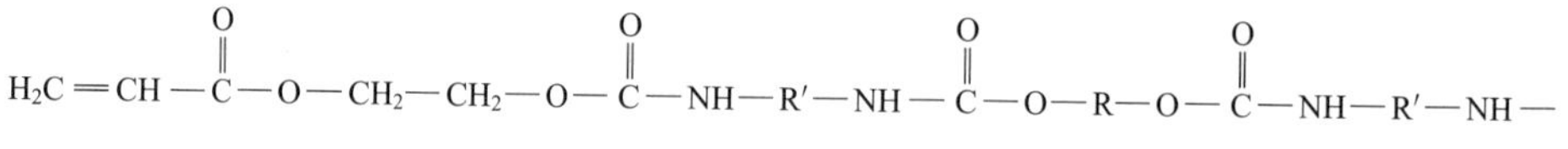

丙烯酸酯化氨基甲酸酯低聚物

另一途径是将环氧树脂的环氧乙烷基与丙烯酸反应。如下式所示，开环反应后生成丙烯酸酯和羟基。与传统的环氧树脂一样，丙烯酸酯化的环氧树脂往往也能使涂料具有良好的韧性、耐化学性和附着力。

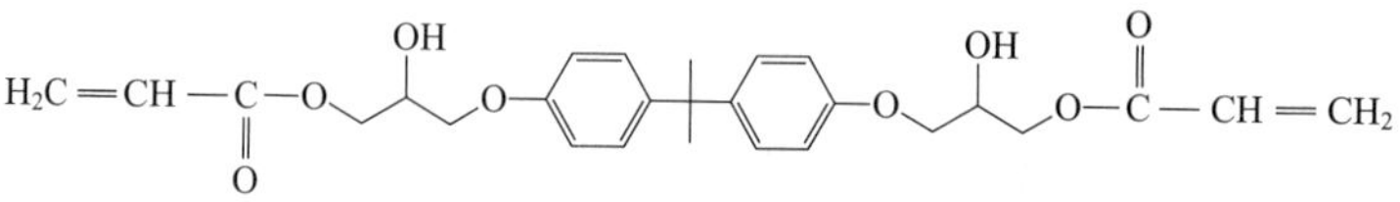

$$H_2C{=}CH-\underset{\displaystyle O}{\underset{\|}{C}}-O-CH_2-\overset{\displaystyle OH}{CH}-CH_2-O-C_6H_4-C(CH_3)_2-C_6H_4-O-CH_2-\overset{\displaystyle OH}{CH}-CH_2-O-\overset{\displaystyle O}{\overset{\|}{C}}-CH{=}CH_2$$

丙烯酸酯化环氧低聚物

为了使丙烯酸化反应在尽可能低的温度下进行，会使用到不同类型的催化剂（例如三苯基膦）。反应中要特别当心，避免丙烯酸或丙烯酸酯的聚合，通常会加入阻聚剂，在反应过程中捕获自由基。一些阻聚剂，尤其是酚类抗氧剂，需在氧存在下才有效，所以此类反应通常在空气与惰性气体混合的气氛下进行。反应条件和催化剂组分的变化会导致产物发生显著差异。使用最广泛的环氧树脂是标准的液体双酚 A（BPA）环氧树脂（$n=0.13$），主要产物为双酚 A 型丙烯酸二缩水甘油醚。环氧大豆油或亚麻籽油也可与丙烯酸反应，以制备具有较高官能度和低 T_g 的低聚物。

丙烯酸化三聚氰胺-甲醛（MF）树脂是通过醚化 MF 树脂与丙烯酰胺反应制备的。这类树脂可使用两种方式进行固化，即利用紫外线固化丙烯酰胺双键和热固化 MF 树脂上残留的烷氧基羟甲基。据报道，先进行紫外线固化再进行热固化，可以得到硬度更高、耐污渍性和耐久性更好的涂层（Gummeson，1990）。

大量多官能度丙烯酸酯单体已投入使用，例如三羟甲基丙烷三丙烯酸酯、季戊四醇三丙烯酸酯、1,6-己二醇二丙烯酸酯和三丙二醇二丙烯酸酯。在使用时务必小心，因为许多单体都对皮肤有刺激性，部分是致敏物（Golden，1997）。

许多单官能度丙烯酸酯也已获得使用。那些分子量低的可有效地降低体系黏度，但可能容易挥发。丙烯酸-2-乙基己酯、丙烯酸乙氧基乙氧乙酯、丙烯酸异冰片酯和丙烯酸-2-羧乙基酯等单体的挥发性都很低。加入少量的丙烯酸作为共聚单体可提高附着力。丙烯酸-2-羟乙酯挥发性低，反应活性高，降黏效果好，但对很多应用而言其毒性过大。*N*-乙烯基吡咯烷酮（NVP）是非丙烯酸酯单体的一个例子，它可与丙烯酸酯共聚，聚合速率也与丙烯酸酯相当，其酰胺结构可促进涂层与金属的附着力，并减少氧阻聚作用，故 NVP 特别有用，但也存在潜在的毒性危害。

Decker 和 Moussa 等（1993）发现含有氨基甲酸酯、噁唑烷或碳酸酯基团的丙烯酸酯单体比传统的单官能团丙烯酸酯的反应快得多（高达 100 倍），转化也更完全。其他能促进反应速率的基团包括环状缩醛和芳环。高反应性丙烯酸酯单体也比含有醚基的二官能度丙烯酸酯反应快得多。将反应性丙烯酸酯化氨基甲酸酯单体添加到聚合速度较慢的传统丙烯酸酯单体中，可显著提高整体反应活性。对影响此类高反应性单体活性的因素也进行了深入的研究（Beckel 等，2005；Kilambi 等，2007；Cramer 等，2008），已得出的一些理论，包括：

① 夺氢/链转移从本质上增加单体的官能度；

② 氢键；

③ 电子和共振效应。

一项研究发现，带甲基单体会阻碍潜在的夺氢位点作用。这为理论①提供了主要的证据支持，但也不排除有其他理论的存在，包括固有的高增长速率和低终止速率理论，以及丙烯酸酯基团和聚合速率促进基团之间的分子内相互作用。

在甲基丙烯酸酯 UV 固化体系中添加单官能度和双官能度的 β-烯丙基砜，可生成性能可调的交联网络。通过调节 β-烯丙基砜的含量和官能度，可获得玻璃化转变温度范围更窄的均匀交联网络，并实现玻璃化转变温度（T_g）、橡胶弹性模量（E_r）和交联网络密度的可控调节。β-烯丙基砜作为有效的加成-断裂链转移（AFTR）聚合单体，可将自由基连锁链增长机理改变为类似链增长/逐步增长的混合机制，从而降低聚合应力，并提高机械性能（Gorsche 等，2014）。

$$H_2C{=}CH{-}CH_2{-}S(=O)_2{-}CH_3$$

β-烯丙基砜

据报道，不饱和聚酯和乙烯基醚树脂组合物的紫外线固化速率与丙烯酸酯体系相当（Friedlander 和 Diehl，1996）。Artysz 等（2003）曾报道，通过烯丙基醚的异构化反应制备的 1-丙烯基醚可在紫外线辐射下快速固化。

紫外线固化共聚物的组成也包含巯-烯体系，通常由自由基光引发剂、三或四官能团硫醇和二烯组成。硫醇基团上的氢（R—SH）被 PI_2^* 或 PI_1^* 裂解生成的自由基夺取，从而生成硫自由基（RS·），进一步与烯基（CH_2═CHR′）加成，生成一个以 C 为中心的自由基（RS—CH_2—CHR′·），该基团通过链转移反应至另一个硫醇基团，从而再生一个硫基（RS·）。与甲基丙烯酸酯的连锁链增长过程不同，该过程对应于逐步增长机理。

相对于甲基丙烯酸酯的连锁链增长，逐步增长能延迟凝胶点的形成，降低残余应力，提高机械性能和附着力。此外，由于硫醇基团的链转移能力很强，巯-烯聚合相对来说不受氧阻聚影响。尽管如此，因为贮存稳定性不足和硫醇难闻的气味问题，巯-烯体系尚未被广泛用于紫外线固化涂料。

但是，在提高巯-烯体系稳定性方面已取得显著进展（Esfandiari 等，2013）。低气味的多官能团硫醇也已经产业化，例如季戊四醇四（3-巯基丁酸酯）（KarenzMT® PE1）（Tetrathiol-1）和 1,3,5-三（3-巯基丁氧基乙基）-1,3,5-三嗪-2,4,6-三酮（KarenzMT® NRT）（Showa Denko K. K.）。基于这类二级硫醇的巯-烯配方具有出色的贮存稳定性（Li 等，2009）。上述结果，以及对巯基-甲基丙烯酸酯体系和巯基-烯-甲基丙烯酸酯三元体系光化学的理解（Hoyle 和 Bowman，2010），有望促进巯-烯体系在紫外线固化中的进一步利用。

$$C[CH_2{-}O{-}CO{-}CH_2{-}CH(CH_3)SH]_4$$

季戊四醇四(3-巯基丁酸酯)

将开环单体 2-甲基-1-亚甲基-1,5-二硫代环辛烷（MDTO）添加到紫外线固化的巯-烯体系中，可提高材料的塑性。此结果归因于交联网络主链的光致可逆裂解，以及 MDTO 基团开环可以快速释放应力，而不会因 AFTR 反应导致机械性能下降（Scott 等，2005）。

随着多官能度乙烯基碳酸酯和乙烯基氨基甲酸酯类似物的工业合成方法的提出，人们对乙烯基碳酸酯和乙烯基氨基甲酸酯替代甲基丙烯酸酯体系的兴趣进一步增加（Husar 和 Liska，2012）。

$$CH_2{=}CH{-}O{-}CO{-}X{-}R$$

乙烯基碳酸酯(X=O)

乙烯基氨基甲酸酯(X=NR′)

乙烯基碳酸酯是由醇、乙炔和二氧化碳，在金属羰基配合物的催化下反应制得。乙烯基氨基甲酸酯则是由仲胺、乙炔、二氧化碳在各种金属催化剂催化下制备的（Mahe 等，1989）。

以 1,4-丁二醇桥接的二官能度丙烯酸酯和二官能度甲基丙烯酸酯作为对照物，利用 photo-DSC 和 FTIR 方法分别研究了乙二醇桥接的二乙烯基碳酸酯，以及 *N*,*N*-二甲基乙二胺桥接的二乙烯基氨基甲酸酯的光引发自由基聚合反应。用聚合速率和双键转化率来定义光反应活性，发现二乙烯基碳酸酯和二乙烯基氨基甲酸酯的光反应活性，位于二官能度丙烯酸酯和二官能度甲基丙烯酸酯之间。固化后的二乙烯基氨基甲酸酯的模量和硬度均高于二官能度甲基丙烯酸酯。另外，乙烯基碳酸酯和乙烯基氨基甲酸酯已被证明可作为生物相容性单体（Heller 等，2011），而甲基丙烯酸酯则不能。

29.2.6 水性紫外线固化涂料

水性紫外线固化涂料有不少优点，由于树脂在水中分散或乳化，无需添加挥发性的可能有毒的活性稀释剂。此外，涂料的黏度与树脂分子量无关，因此可以使用更高分子量的低聚物，并且用水调节固体分，即可得到易于喷涂或辊涂的低黏度配方。因为分子量高，低聚物的双键数量较少，有利于降低固化涂层的收缩，并减小固化涂膜的内应力，提高了在金属等基材上的附着力。

水性紫外线固化涂料的主要缺点是，通常需要在紫外曝光前通过 80℃ 的烘炉，将水闪蒸掉。闪蒸后由于涂层温度较高，立即辐照有利于涂层更快更完全地实现固化。由于涂料中的分散体在高度稀释下是稳定的，因此可通过超滤回收水帘式喷漆室中的过喷雾，甚至无需在回收涂料中额外再添加光引发剂。此外，涂料中的分散体组分可以与其他水性涂料共混，从而提高涂层的耐候性（Gerlitz 和 Awad，2001）。

丙烯酸酯聚氨酯分散体（PUD）已被用作木器板材上的水性紫外线固化涂料的漆料（31.1.4 节）。由于不存在未反应的低分子量反应物，固化后的可萃取物含量非常低。与传统的紫外线固化涂料相比，水性涂料的双键含量较低，从而降低了固化过程中的体积收缩，加上聚氨酯本身良好的附着力，使得水性聚氨酯丙烯酸酯体系的附着力极佳。还可通过在配方中添加二氧化硅来制备低光泽度涂料，因为水的蒸发会将颜料带到涂层表面，同时水蒸发导致的收缩也会形成低光泽度表面。另外，水性紫外线固化涂料在涂布后到固化前，需通过强制干燥除水，因此必须使用非挥发性光引发剂，水溶性光引发剂也可以。加热除水过程可增加体系转化率，从而减少双键残留量（Reich 等，1999）。

Decker 等人通过改变光引发剂类型、丙烯酸酯低聚物的化学结构以及涂料样品温度的方法，研究了如何提高水性丙烯酸光固化涂料的固化速度和固化程度。乳液型涂料比水分散型涂料固化更快，固化程度更高，这归因于更好的分子迁移性。分散型丙烯酸酯树脂可制备非常坚硬的涂层，尤其是经 80℃ 烘炉中处理后再进行紫外线固化的涂料样品，因为分子迁移性得到了提高。另一个重要因素是稳定分散体所需碱的选择，推荐使用挥发性的叔胺，这类胺可在水闪蒸的同时被除去（Decker 和 Lorinczova，2004；Decker 等，2004）。注意，非离子稳定的丙烯酸酯聚氨酯分散体不需要用胺来稳定分散体。

已公开了一种基于聚酯丙烯酸酯的水性紫外线固化涂料，将乳化型聚酯丙烯酸酯和非水溶性聚酯丙烯酸酯混合，用氨水中和后，再分散在水中，加入光引发剂后施涂到木材上，闪蒸掉水分并进行紫外线固化。所得的涂层性能优异，且木材未出现涨筋现象（Urbano 等，2001）。

将羟基封端的聚二甲基硅氧烷（PDMS）作为软段嵌入紫外线固化用聚碳酸酯型聚氨酯甲基丙烯酸酯分散体中，可改善涂层的热性能和表面性能。紫外线固化速率和最终转化率，以及固化膜的玻璃化转变温度和拉伸强度，在很大程度上取决于甲基丙烯酸酯的官能度以及 PDMS 的引入（Hwang 和 Kim，2011）。

水性紫外线固化聚氨酯丙烯酸酯/二氧化硅（PUA/SiO_2）纳米复合材料是通过溶胶-凝胶法制备的。通过 ATR-FTIR 和凝胶含量对涂膜进行了分析，结果表明改性二氧化硅增强了 PUA 涂料的紫外线固化性能。将纳米复合材料应用于热致变色涂料，表现出了优异的温度敏感性和可逆性（Lv 等，2015）。

29.3 阳离子紫外线固化

用于阳离子聚合的光引发剂通常是强酸性鎓盐，例如六氟锑酸、六氟磷酸的碘鎓盐和硫鎓盐。辐照二芳基碘鎓盐和三芳基硫鎓盐可得到相应反阴离子的强质子酸，以及自由基阳离子，两者都可引发阳离子聚合。图 29.1 中展示了三苯基硫鎓盐单分子的初级裂解过程。据报道，四(五氟苯基)硼酸-双异丙苯基碘鎓盐比其他鎓盐具有更快的固化速度（Priou 等，1995）。

$$Ph_3S^+ \longrightarrow [Ph_2S \cdots Ph]^+$$

$$[Ph_2S \cdots Ph]^+ \longrightarrow C_6H_5\text{–}C_6H_4\text{–}SPh + H^+$$

+ 邻位和间位异构体

$$[Ph_2S \cdots Ph]^+ \longrightarrow Ph_2S^{+\cdot} + Ph\cdot$$

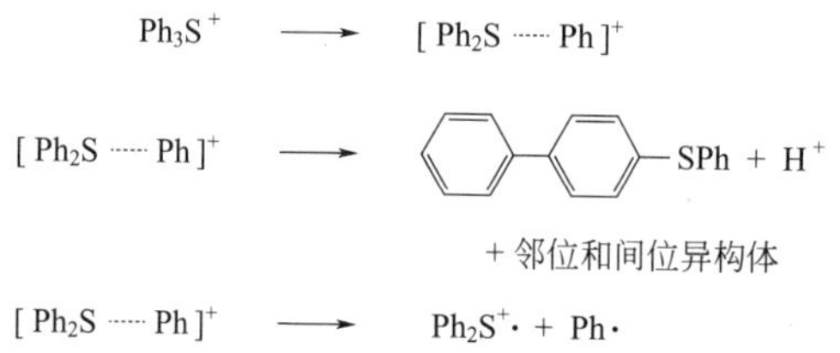

图 29.1　三苯基硫鎓盐单分子的初级裂解过程

二芳基碘鎓盐和三芳基硫鎓盐在 350nm 以上仅有微弱的辐射吸收。但通过使用光敏剂，它们的光谱响应可以扩展到近紫外-可见光区域以及可见光中波段范围。鎓盐的光敏化可以通过以下几种方法进行（Crivello，2009；Yagci 等，2010）：

① 自由基的氧化；

② 电子转移；

③ 电荷转移配合物的激发。

例如，由可见光酰基锗引发剂生成的以锗为中心的自由基（见 29.2.1 节）可被二芳基碘鎓盐氧化，生成以锗为中心的阳离子，从而引发阳离子聚合（Dumaz 等，2009）。在环氧紫外线固化涂料和光致抗蚀剂中，与蒽键接的硫鎓盐比蒽-硫鎓盐双分子敏化体系具有更高的反应活性，这是因为分子内敏化降低了分子在体系中的迁移性，从而提高了敏化效率（Pappas 等，2003）。

据报道，在 308nm 的准分子灯辐照下，三芳基硫鎓盐作为光引发剂的效率特别高，因为该辐射光谱与光引发剂的吸收光谱重叠。二苯基碘鎓盐的溶解性弱且有毒，六氟锑酸双十二烷基苯基碘鎓盐这样的衍生物可进行替代，具有较高的溶解度，毒性较低（Priou 等，1995）。

环氧乙烷（环氧）基团的均聚（见 13.3.5 中的化学式）是工业上使用阳离子聚合的主要类型。其反离子必须是非常弱的亲核试剂，换句话说就是极强酸类的阴离子。六氟锑酸盐、六氟磷酸盐和近来采用的硼酸盐衍生物均特别有效。与自由基相反，阳离子彼此间不反应。因此，在无亲核阴离子的情况下，阳离子引发的交联反应可在撤除辐射源之后继续进行，直到阳离子被固定。但与水和醇的反应会终止聚合物的生长，在与水反应之前，即使只剩一对环氧基团也会继续发生交联反应。此外，终止反应伴随有质子的再生，相当于链转移剂。阳离子聚合不存在氧阻聚，这是区别于自由基聚合的重要特性。

双酚 A 环氧树脂（BPA）（13.1.1 节）在环境温度下反应缓慢，最佳的紫外线固化温度约为 70～80℃。通过结合紫外和红外（热）光源，可快速固化 BPA 环氧树脂的涂料。在链增长过程中，稠环的环张力可促进氧鎓离子的开环，因此 3,4-环氧环己基甲基-3′,4′-环氧环己烷羧酸酯等脂环族环氧化合物具有较高的反应活性（13.3.5 节）。此类环氧化物的黏度较低，可用作活性稀释剂。推荐环氧官能化的有机硅聚合物用于紫外线固化脱模涂料（Priou 等，1995）。

乙烯基醚和苯乙烯，特别是 4-烷氧基苯乙烯，会迅速发生阳离子聚合。乙烯基醚的阳离子光聚合速度比环氧更快。据报道，由氯乙基乙烯基醚和 BPA 反应制备的二乙烯基醚衍生物（如下式所示）能以非常高的速率聚合（Crivello，1991），所需的光引发剂也较少。此外，多官能度乙烯基醚单体的毒性非常低。乙烯基醚本身就很有用，还可用作环氧涂料中的高反应性组分。据报道，1-丙烯基醚可使用六氟锑酸三芳基硫鎓盐作为引发剂进行快速阳离子固化（Artysz 等，2003）。

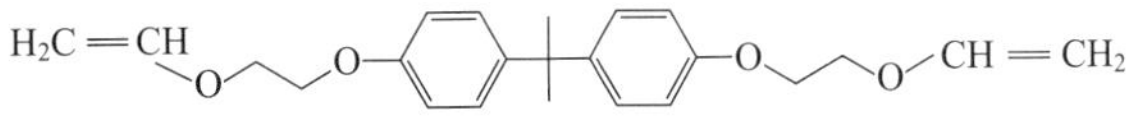

$$H_2C=CH-O-CH_2CH_2-O-C_6H_4-C(CH_3)_2-C_6H_4-O-CH_2CH_2-O-CH=CH_2$$

已报道的一种使用乙烯基醚低聚物制备的阳离子紫外线固化涂料，低聚物树脂由甲苯二异氰酸酯与 4-羟基丁基乙烯基醚封端的聚乙二醇预聚物反应制得，活性稀释剂使用乙二醇二乙烯基醚，光引发剂为二芳基碘四(五氟苯基)硼酸盐，光敏剂为异丙基硫杂蒽酮（Kayaman-Apohan 等，2004）。有关阳离子聚合的新型紫外线固化无机-有机杂化涂料的相关综述也有发表（Javadi 等，2016）。

29.4 自由基/阳离子杂化聚合

鎓盐也可以用作自由基/阳离子杂化体系聚合的光引发剂，因为光解过程可同时产生自由基和阳离子，如图 29.1（29.3 节）所示的三苯基硫鎓盐光解反应。可见光光敏剂组合物还可用于丙烯酸酯和环氧化合物的自由基/阳离子聚合（Podsiadly 等，2011；Xiao 等，2014）。早期报道的丙烯酸酯/环氧杂化固化体系（Decker 等，2001；Cho 和 Hong，2004）、丙烯酸酯/乙烯基醚杂化聚合体系（Cho 和 Hong，2004）表明可形成互穿聚合物网络结构（IPN）。photo-DSC 实验表明，丙烯酸酯的聚合快于环氧化物。然而，用 ITX 进行敏化（29.2.2 节）可提高环氧化合物和乙烯基乙酯的聚合速率，并增加表面固化效果（Cho 和 Hong，2004）。这种杂化固化体系具有一定的降低收缩率和抑制氧阻聚的作用。

对樟脑醌，二芳基碘鎓盐和给电子体组成的三组分引发体系的研究表明，电子给体的 pK_b 值要大于 8，且相对于 SCE 的氧化电势应小于 1.34V，这是由热力学所决定的。电子给体的组合实验表明，可通过控制电子给体的浓度和组成使阳离子聚合反应提前和延迟（Oxman 等，2005）。

29.5 颜料的影响

由于许多颜料会吸收和/或散射紫外线，因此在一定程度上会抑制紫外线固化（Wicks 和 Pappas，1978）。散射会将紫外线反射回去，吸收也会降低光引发剂对紫外线的利用率。这一问题会随着漆膜厚度的增加而更加严重，因为颜料和光引发剂的存在会减少到达涂膜下层的紫外线剂量。对于含炭黑等具有强紫外线吸收性颜料的配方，可紫外线固化的膜厚只有

1～2μm，因此一般只有光固化黑色印刷油墨，而没有光固化黑色涂料。因为油墨的厚度在可固化范围内，而涂层的膜厚通常更厚。

涂料中使用最广泛的白色颜料是金红石型 TiO_2。金红石型 TiO_2 可吸收部分紫外线，即使非常薄的涂层，除靠近可见光区的部分紫外线以外，其余紫外线几乎被完全吸收。25％BAPO 和 75％HMP 组成的混合引发剂可以固化具有良好遮盖力的金红石型白色涂料（Rutsch 等，1996）（29.2.1 节）。为了涂膜可以流动，颜料含量应较低（颜料体积浓度为6％），同时涂膜厚度需达到 50～100μm 以满足遮盖。锐钛矿型 TiO_2 在近紫外线区的吸收能力不强，因此与金红石型相比，可固化较厚的涂膜，但遮盖效果欠佳。

已开发出当有吸收和散射紫外线的颜料存在时，可计算光引发剂对每个波长下紫外线的吸收比例的方程（Wicks 和 Kuhirt，1975）。该方程可计算不同波长下吸收辐射量的总和。更重要的是，该方程可计算不同膜厚涂层的底层吸收率，可利用模型计算说明变量的影响，进而指导配方设计，如颜料的选择、引发剂种类及其浓度等。图 29.2 所示为 15μm 厚度的涂膜，底部 0.1μm 厚度处光引发剂浓度对紫外线吸收的影响。该计算旨在说明金红石型 TiO_2（颜料体积浓度为 20％）对涂膜的影响。采用 2-氯硫杂蒽酮（CTX）光敏剂的吸收值作为基础，计算出该体系中 CTX 的合适浓度约为 0.33％。

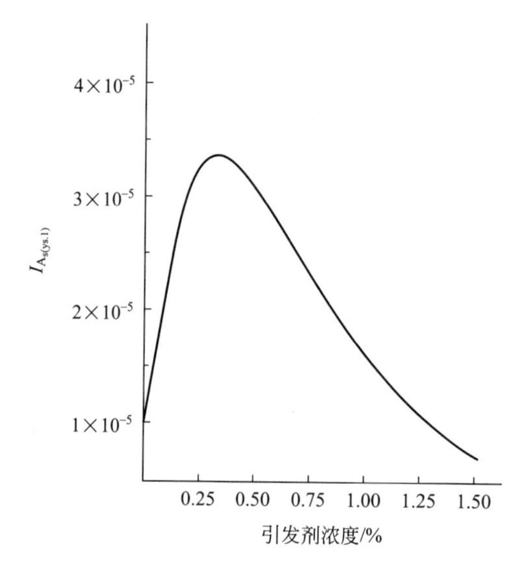

图 29.2 涂覆于 85％反射率基材上的，添加了金红石型 TiO_2（颜料体积浓度为 20％）的 15μm 厚度涂膜中，底部 0.1μm 处光引发剂 CTX 对 375nm 紫外线的吸收随引发剂浓度的变化

使用具有较高辐射量且波段靠近可见光区的紫外光源，与对该波段具有较强吸收的光引发剂（例如 CTX）配合，可以固化含白色颜料的涂料。如前所述，最佳光引发剂浓度随膜厚的增加而降低。相比于无颜料涂层，含颜料涂层的这种影响更加明显。基材对紫外线的反射作用也是影响涂膜固化厚度一个重要因素。

表面和底部的紫外线吸收的巨大差异可能会导致涂膜起皱，这是含颜料体系在固化过程中的另一个问题（24.6 节）。如果涂膜表层固化时，底层仍处于流动状态，则下层的后续固化将造成收缩，使得已固化的表层起皱。在惰性气氛下进行自由基固化或阳离子固化时，这种现象尤为明显。因为在这两种情况下不存在氧阻聚，表面固化速度更快。

颜料的添加会影响涂料的流动性。紫外线固化涂料通常为无溶剂型，这意味着湿涂料中颜料体积浓度（PVC）几乎与固化膜的一样高。在没有溶剂的情况下，黏度往往会高于从施工到固化的短时间内达到良好流平所需的黏度值。即使 PVC 为 20%时，颜料仍会导致黏度显著增加。通过添加足够量的单体去稀释低聚物，可以将黏度降低至满足施工需求，但是固化速度也随之降低。要制备高 PVC 的光固化涂料比较困难，当 PVC 接近 CPVC 时，湿涂料的黏度接近无穷大。如果使用较低分子量的组分，会使得颜料的稳定分散和防絮凝问题变得更加复杂（21.1.3 节）。这种流动问题在阳离子体系和自由基体系都一样严重。但因为可以作为分散体进行施工，颜料流动问题预期在水性紫外线固化体系中会有所减轻（29.2.6 节）。

许多木器面漆涂装需要透明的低光泽度涂料。如 31.1.1 节所述，在溶剂型涂料中，这种面漆可通过添加 2%～4%的 SiO_2 颗粒获得，溶剂挥发过程中的对流作用会将 SiO_2 粒子带到涂层表面。然而，在紫外线固化涂料中没有溶剂挥发，因此缺乏将颜料聚集在表面的有效机制。如果将颜料含量增加到能提供低光泽度所需的程度，则黏度又太高，无法施工。如 29.2.6 节所述，水性紫外线固化体系可以用于制备低光泽的透明木器涂料。

通过双重紫外线固化降低光泽度的方法已经取得了一些进展。它是在黏度允许范围内，在涂料中添加尽可能多的小粒径 SiO_2，并在空气中施工和紫外线固化。由于涂层会受到强烈的氧阻聚作用，涂膜下层会优先固化，下层固化产生的体积收缩会对涂膜上部的颜料颗粒施加不平衡的应力，迫使它们朝表面运动。另一种解释是，反应性单体或低聚物会向下层聚合区域迁移，从而使颜料浓缩在上部未聚合区域。然后在惰性气氛下对该涂层进行二次紫外线固化，表层的固化使得表面进一步收缩，PVC 也进一步增加。使用这种方法可获得中等光泽度的透明涂层，已有几条生产线运用了这种双重固化方法。

许多报道都提及了添加纳米粒子的紫外线固化丙烯酸酯涂料，其涂膜性能都有所提高（20.5 节）。例如 Jo 等人（2016）报道的含有表面改性 SiO_2 纳米颗粒的三羟甲基丙烷三丙烯酸酯（TMPTA）涂料，使用与 TMPTA 类似的化合物结构对 SiO_2 粒子表面进行改性，以提高相容性，纳米粒子的加入降低了水汽透过性，并增强了涂层的耐湿性，同时涂层透明度可达到 98%以上。

29.6 电子束固化涂料

高能量的电子束（EB）可用于丙烯酸酯涂料的聚合。在 EB 固化体系中，高能电子直接激发涂料树脂（P），并将其离子化成自由基阳离子（$P^{+\cdot}$）和二次电子（e^-）。

$$P + EB \longrightarrow P^* + P^{+\cdot}$$

$$P^{+\cdot} + e^- \longrightarrow P^* \longrightarrow I$$

这类自由基阳离子主要是与能量相对较低的二次电子复合，产生另一种激发态树脂（P^*）。激发态树脂经过键的均裂产生自由基，从而引发丙烯酸酯聚合。

电子束设备的工作原理是在 150～300keV 的高负电位下给钨丝充电产生高能电子，电子通过金属“窗口”（也称“电子帘”）被磁铁引导到待固化的涂层上。所用的涂料类型与自由基紫外线固化涂料相同。尽管 EB 固化过程中涂层顶部和底部对能量的吸收几乎无异，但因为这些聚合反应易受氧气的抑制，因此 EB 固化必须在惰性气体保护下进行。

在二芳基碘鎓盐和三芳基硫鎓盐的存在下，EB 辐射可诱导乙烯基醚和高活性环氧化合物的阳离子聚合（Lapin，1992）。易还原的鎓盐通过自由基的氧化或捕获二次电子产生阳离子引发种。由鎓盐清除二次电子可延长阳离子的寿命，并改善阳离子聚合的后续过程。

EB固化相对于紫外线固化的主要优点是它不需要光引发剂，固化不受颜料干扰，并且可以固化不规则形状的塑料物体（例如汽车保险杠）。但这些优点也会被它的缺点抵消，如高昂的EB设备成本，需使用惰性气氛以及保护工人免受EB伤害的笨重的防护罩。能够固化有色体系的确是一个优势，但因为无法改善涂料流动性问题，所以在涂料中的重要性有限。

29.7 紫外线/热双重固化

紫外线固化一般局限于平板或移动的网状物体，或可以在辐射源前旋转的圆柱形物体。目前，已开发出紫外线/热双重固化体系，可用于多种形状基材（如车身）的固化，对未直接曝露于辐射的区域（即所谓的紫外线盲区）进行热固化。各种汽车紫外线固化的方法已有报道（Maag等，2000）。一种紫外线/热双重固化涂料，用两个荧光灯（一个最大强度在313nm，另一个在351nm）和一个氙闪光灯组合进行曝光，然后在70℃下热固化30min，可得到性能优异的涂层。紫外线固化速度快，可最大程度地降低流挂，随后的热固化则可使紫外线盲区实现固化。

一种主要由羟基封端氨基甲酸酯甲基丙烯酸酯低聚物、三聚氰胺交联剂和光引发剂组成的紫外线/热双重固化涂料，用于汽车透明涂料的研究。用动态热机械分析和红外光谱分析来测量紫外线剂量、热固化时间和温度以及固化顺序对所得交联网络的影响。通过纳米划痕试验和扫描电子显微镜分析划伤行为和划痕图像。紫外线/热双重固化比单独的热固化或紫外线固化能改善清漆涂层的机械性能和耐刮伤性，因为前者具有更高的甲基丙烯酸酯双键转化率（Noh等，2012）。

可以在紫外线/热双重固化体系中添加光潜伏型催化剂来产生酸（Dietliker，2004）、叔胺和脒类（Dietliker等，2007），以及金属催化剂等成分（Carroy等，2010）。这种潜伏型催化剂可延长单组分涂料的保质期或双组分涂料的适用期，并可改善固化涂膜性能。关于阴离子紫外线固化体系的光潜伏催化剂的相关综述也有发表（Javadi等，2016）。

29.8 其他应用

紫外线固化印刷油墨已得到广泛的应用，特别是平版印刷油墨。它的膜厚很薄，为2μm或更薄，因此可以使用高吸光性的光引发剂和/或高浓度光引发剂来抵消颜料对固化的影响。快速固化的优点能保证在卷筒快速收卷时，图案不会转印到基材背面。在罐听的马口铁板和铝板印刷中，可以在每个印刷工位之后简单地设置一个紫外灯来在线印刷四种颜色，运营成本低于热固化油墨。喷墨打印则是又一个正在快速增长的紫外线油墨市场（Calvert，2001；El-Molla，2007）。

用于纸张、塑料薄膜和箔片的透明涂料可能是辐射固化涂料最大的市场。无颜料的涂料可以在低温下快速固化，在31.1.3节中讨论了紫外线固化在木器家具面漆和刨花板填充中的重要用途。塑胶地板的表面涂层固化是另一个利用紫外线固化低温快速固化特点的大规模应用领域。紫外线固化特别适用于泡沫花纹地板，因为这种图案对热敏感。另外，聚氨酯丙烯酸酯涂料具有地板所需的高耐磨性，聚酯丙烯酸酯涂料则具有出色的耐污渍性。

透明塑料作为玻璃的替代物，应用在窗玻璃、眼镜、汽车前灯等各种用途中，但耐磨性差是其明显缺点。多年来，一直使用有机硅涂料改善其耐磨性（4.5 节），但这些涂料需要较长时间的热固化，并且具有较高的 VOC 含量。由三烷氧基硅官能化丙烯酸酯单体和硅溶胶组成的辐射固化涂料可在数秒内固化，且 VOC 排放量低（Blizzard 等，1992）。这种涂料对聚碳酸酯和其他塑料具有极好的附着力，并且具有与溶剂涂料相同或更优异的耐磨性（Lewis 和 Katsamberis，1991；Blizzard 等，1992）。

阳离子紫外线固化环氧体系的一个重要应用是罐听外表面的马口铁板卷材涂料，与丙烯酸酯涂料相比，环氧涂料具有优异的附着力，使其更适合这一应用领域。在某些情况下，将紫外线固化环氧涂料涂覆在带状材料的一侧并进行紫外线固化，然后在另一侧涂覆热固化环氧涂料，当带状材料通过烘炉固化时，光固化涂层的交联密度也会进一步提高。使用环氧化聚丁二烯可以获得更柔软的涂层（Cazaux 等，1994）。

通信材料中的波导光纤所使用的涂料，是在高达 25m 的塔架中经过高速紫外线固化制备的。先在光纤上涂上一层具有特殊光学性能的软质内层涂料，然后涂一层较硬的外层涂料，当快速移动的光纤到达塔架底部时进行固化（Masson 等，2004）。

紫外线固化也是印刷、电子、立体光刻领域中重要的光成像工艺的技术基础（Funhoff 等，1992；Monroe，1992；Stampfl 等，2008）。已经公开的一种利用受控的氧阻聚作用，在丙烯酸酯树脂池中进行精密制造的快速 3D 打印方法（DeSimone 等，2015），明显快于传统 3D 打印方法的 2D 连续成像方式。

29.9 优缺点及进展

使用辐射固化技术的主要驱动力是减少溶剂排放。辐射固化涂料配方通常不含溶剂，VOC 的排放量可以忽略不计，具有良好的贮存稳定性，且可在室温下快速固化，透明丙烯酸酯体系的固化时间仅为几分之一秒。由于可以在接近室温的温度下固化，因此该类涂料适用于纸张、某些塑料和木材等热敏性基材的涂装。

辐射固化需要的能量也最低，它不像热固化体系会损耗大量能量。辐射固化是在环境温度或接近环境温度下进行的，除非使用的是水性紫外线涂料，否则不需要任何能量来加热被涂工件（某些紫外灯发出的红外辐射确实会导致温度略微升高）。此外，避免了溶剂型涂料在烘炉中气流运动所产生的热量损失（为保持溶剂浓度低于爆炸下限）。当然，这种优势的程度取决于能源成本，欧洲和日本的辐射固化技术运用已超过美国，至少部分原因是美国的能源成本要低得多。

紫外线固化投资成本低，主要是由于与烘道相比，其固化装置尺寸较小。紫外线固化涂料通常在约 0.5s 内固化，因此以 60m/min 速度运行的生产线仅需要约 0.5m 长度的曝光区。具有四个灯的紫外线固化装置总长度可以控制在 2m 以内。相反，为了在同样速度下具有足够的固化时间，热固化烘道的长度需要 100m 或更长。此外，热固化需要额外的空间，以便被涂覆材料在进入烘道之前进行溶剂闪蒸，以及在热固化后将材料冷却至可处理温度。因此使用紫外线固化可以节省很大的建筑空间。

但是辐射固化也存在局限性。它最适用于平板或网状物的固化，这些底材可与紫外光源或 EB 单元的窗口保持近乎恒定的距离。圆柱形或接近圆柱形的材料可以在辐射源的前面旋转固化，纤维可穿过一个光源圈进行固化。但是形状不规则的材料不易在辐射源下均匀地曝光。

颜料会限制紫外线固化中涂层的固化厚度。在极端情况下，炭黑颜料涂层的极限固化深度约为 2μm。EB 固化涂料没有此限制，因为从涂层的顶部到底部没有引发梯度的差异。由于颜料对涂膜流动有影响，因此除水性配方外，紫外线固化涂料和 EB 固化涂料中的颜料添加量均有所限制。此外，低光泽涂料在技术上也是较难的。这些限制可以通过在紫外线固化涂料中添加溶剂来克服，但这又抵消了许多优点。

固化过程中的收缩会影响涂层在金属和一些塑料基材上的附着力（6.2 节）。当聚合反应是来自双键的自由基加成反应时，体系的体积将急剧减小，因为形成的碳-碳键长度小于单体的分子间距离。收缩程度与双键反应的数量直接相关。在紫外线固化或 EB 固化丙烯酸酯类涂料中，收缩率为 5%～10%。由于固化在不到一秒钟的时间内完成，几乎没有时间发生体积收缩，因此在涂料中的自由体积受到限制，分子运动受到限制。收缩受阻产生的应力会抵消涂层对基材的附着力，从而只需较少的外力就可使涂层剥落。可以通过使用较高分子量的低聚物，或较高的低聚物/低分子量单体比例，尽量降低收缩，但是这些方法增加了体系黏度，并且可能会导致固化时间的延长。

如 29.2.5 节所述，在紫外线固化的甲基丙烯酸酯（Gorsche 等，2014）或巯烯（Scott 等，2005）体系中使用 AFTR 单体，可减少残余应力，从而提高机械性能和附着力。AFTR 单体的作用是通过在交联网络中引入逐步增长聚合过程和/或基团来实现的，这可以使主链结构发生可逆裂解。这种在聚合物网络中包含可逆键结构的交联组合物被称为共价适应性网络（CAN），被认为是介于热塑性和热固性聚合物之间的一类新型聚合物（Kloxin 等，2010；Bowman 和 Kloxin，2012；Kloxin 和 Bowman，2013）。

环氧体系以及自由基/阳离子杂化体系的紫外线固化收缩较小。由丙烯酸酯单体聚合导致的体积减少部分被环氧基团的开环体积增加所抵消。典型的环氧光固化体系的体积收缩率小于 3%。对基材进行表面处理，可进一步提高阳离子固化涂料的附着力（Molenaar 等，1993）。如 29.2.5 节所述，可以使用水性紫外线固化涂料来减少紫外线固化存在的一些问题，包括降低内应力、改善附着力和减少颜料流动性的问题。多孔基材（例如纸张和木材）通常能提供良好的附着力，因为渗透进基材表面的涂料与基底的机械咬合作用能把涂层固定在基材上。然而如果基材较薄，来自基板一侧涂层上的收缩会导致基材的卷曲问题。

自由基固化涂料中的光引发剂在固化过程中仅被部分消耗，大部分仍残留在涂层中。涂层若曝露在室外，残留的光引发剂可以加速涂层的光降解。常规的紫外线稳定剂和抗氧剂往往会降低紫外线固化速度，这限制了它们的使用。这些问题也限制了紫外线固化涂料在室外环境中的使用，但并没有不让在户外使用。在一项对车用透明涂料的研究中，由特定的丙烯酸酯树脂、光引发剂、紫外线吸收剂和受阻胺光稳定剂（HALS）制备的紫外线固化涂料，在佛罗里达州曝晒 5 年后仍具有较好的耐候性（Valet，1999）。

Karasu 等人（2014）利用 UV、LED 光源研究了 HALS 和紫外线吸收剂对自由基光聚合的影响。使用实时傅里叶变换红外（RT-FTIR）光谱，共聚焦拉曼显微镜（CRM），结合新颖的深度分析技术，测定了转化率和紫外线吸收剂的滤光效果。可见光光引发剂（2,4,6-三甲基苯甲酰基)二苯基膦氧化物（TPO）和 395nm LED 光源的组合可以克服滤光效果。LED 光源的发射强度相对较低，可通过涂料体系中的组合物设计进行补偿，包括利用过氧自由基清除剂，以便在含有紫外线稳定剂的情况下保证转化率较高时具有良好的表干性。

EB 固化涂料具有明显的优势，即体系中没有光引发剂。但即使采用 EB 固化，涂层也必须具有足够的不饱和度才能快速固化，而残留的不饱和官能团会对材料耐候性产生不利影响。另外，在固化后还会有残留的自由基与氧反应生成过氧化物。

辐射固化涂料往往比常规涂料更昂贵，因此它的工业应用主要集中在那些注重操作效率、不太考虑材料成本的领域，或某些具有独特应用优势的领域。

（刘　仁　译）

参考文献

Artysz, D. M., et al., *Prog. Org. Coat.*, 2003, 46, 302.

Beckel, E. R., et al., *Macromolecules*, 2005, 38, 3093.

Benedikt, S., et al., *Macromolecules*, 2014, 47, 5526.

Blizzard, J. D., et al., *Proceedings of the International Waterborne, High-Solids, and Powder Coatings Symposium*, New Orleans, LA, 1992, p. 171.

Bowman, C. N.; Kloxin, C. J., *Angew. Chem. Int. Ed.*, 2012, 51, 4372.

Cabral, J. T.; Douglas, J. F., *Polymer*, 2005, 46, 4230.

Calvert, P., *Chem. Mater.*, 2001, 13, 3299.

Carlblom, L. H.; Pappas, S. P., *J. Polym. Sci. A Polym. Chem.*, 1997, 15, 1381.

Carroy, A., et al., *Prog. Org. Coat.*, 2010, 68, 37.

Cazaux, J., et al., *J. Coat. Technol.*, 1994, 66(838), 27.

Chatani, S., et al., *Polym. Chem.*, 2014, 5, 2107.

Cho, J. -D.; Hong, J. -W., *J. Appl. Polym. Sci.*, 2004, 93, 1473.

Cramer, N. B., et al., *Polymer*, 2008, 49, 4756.

Crivello, J. V., *J. Coat. Technol.*, 1991, 63(793), 35.

Crivello, J. V., *J. Polym. Sci. A Polym. Chem.*, 2009, 47, 866.

Crivello, J. V., et al., in Bradley, G., Ed., *Surface Coatings Technology*, John Wiley & Sons, Inc., New York, 1998, pp 204-227.

Decker, C.; Lorinczova, I., *JCT Res.*, 2004, 1(4), 247.

Decker, C.; Moussa, K., *J. Coat. Technol.*, 1993, 63(819), 49.

Decker, C., et al., *Polymer*, 2001, 42, 5531.

Decker, C., et al., *JCT Res.*, 2004, 1(2), 127.

DeSimone, J. M., et al., US patent 9,211,678(2015).

Dietliker, K., *Spectrum*, 2004, 45(2), 190.

Dietliker, K., et al., *Prog. Org. Coat.*, 2007, 58, 146.

Dumaz, Y. Y., et al., *J. Polym. Sci. A Polym. Chem.*, 2009, 47, 4793.

El-Molla, M. M., *Dyes Pigments*, 2007, 74, 371.

Esfandiari, P., et al., *J. Polym. Sci. A Polym. Chem.*, 2013, 51, 4261.

Friedlander, C. B.; Diehl, D. A., US patent 5,536,760(1996).

Funhoff, D., et al., *Prog. Org. Coat.*, 1992, 20, 289.

Ganster, B., et al., *Macromolecules*, 2008, 41, 2394.

Gerlitz, M.; Awad, R., *Proceedings of the International Waterborne, High-Solids, and Powder Coatings Symposium*, New Orleans, LA, 2001, pp 187-194.

Golden, R., *J. Coat. Technol.*, 1997, 69(871), 83.

Gorsche, C., et al., *Macromolecules*, 2014, 47, 7327.

Gummeson, J. J., *J. Coat. Technol.*, 1990, 62(785), 43.

Heller, C., et al., *J. Polym. Sci. A Polym. Chem.*, 2011, 49, 650.

Hoyle, C. E.; Bowman, C. N., *Angew. Chem. Ind. Ed.*, 2010, 49, 1540.

Husar, B.; Liska, R., *Chem. Soc. Rev.*, 2012, 41, 2395.

Hwang, H. -D.; Kim, H. J., *React. Funct. Polym.*, 2011, 71, 655.
Javadi, A., et al., *Prog. Org. Coat.*, 2016, 100, 2.
Jo, C. I., et al., *Ind. Eng. Chem. Res.*, 2016, 55(35), 9433-9439.
Jonsson, S., et al., *Prog. Org. Coat.*, 1996, 27, 107.
Karasu, F., et al., *J. Polym. Sci. A Polym. Chem.*, 2014, 52, 3597.
Kayaman-Apohan, N., et al., *Prog. Org. Coat.*, 2004, 49, 23.
Kilambi, H., et al., *Macromolecules*, 2007, 40, 47.
Kloxin, C. J.; Bowman, C. N., *Chem. Soc. Rev.*, 2013, 42, 7161.
Kloxin, C. J., et al., *Macromolecules*, 2010, 43, 2643.
Lapin, S. C., in Pappas, S. P., Ed., *Radiation Curing: Science and Technology*, Plenum, New York, 1992, pp 241-271.
Lewis, L. N.; Katsamberis, D., *J. Appl. Polym. Sci.*, 1991, 42, 1551.
Li, Q., et al., *Polymer*, 2009, 50, 2237.
Ligon, S. C., et al., *Chem. Rev.*, 2014, 114, 557.
Lv, C., et al., *RSC Adv.*, 2015, 5, 25730-25737.
Maag, K., et al., *Prog. Org. Coat.*, 2000, 40, 93.
Mahe, R., et al., *J. Org. Chem.*, 1989, 54, 1518.
Masson, F., et al., *Prog. Org. Coat.*, 2004, 49, 1.
Molenaar, F., et al., *Prog. Org. Coat.*, 1993, 22, 393.
Monroe, B. M., in Pappas, S. P., Ed., *Radiation Curing: Science and Technology*, Plenum, New York, 1992, pp 399-440.
Neschchadin, D., et al., *J. Am. Chem. Soc.*, 2013, 135, 17314.
Noh, S. M., et al., *Prog. Org. Coat.*, 2012, 74, 257.
Okamitsu, J. K., et al., US patent 6,908,586(2005).
Oxman, J. D., et al., *J. Polym. Sci. A Polym. Chem.*, 2005, 43, 1747.
Pappas, S. P., in Pappas, S. P., Ed., *Radiation Curing: Science and Technology*, Plenum, New York, 1992, pp. 1-20.
Pappas, S. P., et al., *J. Photochem. Photobiol. A*, 2003, 159, 161.
Podsiadly, R., et al., *Dyes Pigments*, 2011, 91, 422.
Priou, C., et al., *J. Coat. Technol.*, 1995, 67, 71.
Reich, W., et al., *Proceedings of the International Waterborne, High-Solids, and Powder Coatings Symposium*, New Orleans, LA, 1999, pp 448-457.
Rutsch, W., et al., *Prog. Org. Coat.*, 1996, 27, 227.
Scott, T. F., et al., *Science*, 2005, 308, 1615.
Stampfl, J., et al., *J. Micromech. Microeng.*, 2008, 18, 125014/1.
Thomas, G. A.; Webers, V. J., *J. Imaging Sci.*, 1985, 29, 112.
Urbano, E., et al., US patent 6,265,461(2001).
Valet, A., *Prog. Org. Coat.*, 1999, 35, 215.
Wicks, Z. W., Jr.; Kuhirt, W., *J. Paint Technol.*, 1975, 47(610), 49.
Wicks, Z. W., Jr.; Pappas, S. P., in Pappas, S. P., Ed., *UV Curing: Science and Technology*, Technology Marketing Corp., Norwalk, 1978, Vol. 1, pp 78-95.
Wicks, Z. W., Jr., et al., *Organic Coatings: Science and Technology*, 3rd ed., John Wiley & Sons, Inc., New York, 2007, pp 575-594.
Woods, J. G., et al., US patent 8,748,503(2014).
Xiao, P., et al., *Macromolecules*, 2014, 47, 601.
Yagci, Y., et al., *Macromolecules*, 2010, 43, 6245.

第30章 金属底材产品用涂料

2014年美国原厂涂料制造商生产并售出的涂料按销售额计算为70亿美元（American Coatings Association and Chemquest Group，2015），这大约是美国全部涂料销售额的31%。在本章和下一章有关非金属基材用涂料中将讨论一些主要原厂涂料的终端应用，以说明为特定应用选择涂料时所要考虑的各种因素。许多产品都要使用涂料。在本章中，我们选择了五种较大的终端应用：汽车涂料、家用电器涂料、罐听容器涂料、卷材涂料和航空涂料。

30.1 汽车原厂涂料

用于轿车和轻型卡车的汽车原厂涂料是工业涂料中最大的单一市场。2012年美国汽车涂料市场为14亿美元（American Coatings Association and Chemquest Group，2015），在33.3节中讨论的汽车修补涂料大约占汽车原厂涂料市场的40%（按体积计）。本节的讨论更多局限于汽车车身外表面所用的涂料。有关汽车中塑料用涂料将在31.2.2节讨论。也有许多其他类型的涂料用于汽车内饰件，例如方向盘、汽车后备箱内衬、空气过滤器等。

涂装车间是汽车装配厂的主要车间。涂装车间的成本大约是整个装配厂成本的1/3。在装配厂里，大约80%的能耗、80%的CO_2排放以及90%以上的VOC和废水都产生于涂装作业。

汽车和卡车使用涂料的目的是保护涂层下金属免受腐蚀，增强车辆美观性。研究表明，消费者在看到汽车第一眼后的90s内就会做出喜欢或不喜欢的决定，他们中90%以上的人在这样短的时间内是根据颜色做出决定的（Singh，2006），因为在90s内只能观察汽车的车型和汽车的涂层。消费者一般会将汽车的涂层外观与汽车的整体质量联系在一起。消费者尤其会评估颜色是否具有吸引力、涂层的平滑度（橘皮）以及车身的颜色是否与其他涂漆部件，如仪表盘、侧视镜盖和门把手的颜色相匹配或协调。因为汽车是消费者购房后所花费的最大一笔开销，因此他们希望汽车在它的使用寿命期间（>10年）能够保值和保持良好的外观。这就要求汽车制造商必须提供优质、耐久性长的涂层，因为涂层的失效（褪色、失光、开裂、剥离等）会对汽车的品牌声誉产生巨大影响。如果一辆车的收音机坏了，只有司机知道；如果一辆车的涂层失效了，每一个看到这辆车的人都会知道。相比于汽车的其他零部件，这种故障造成的影响将会被放大。

汽车涂料的另一个关键性能要求是防腐蚀。沿海环境中的含盐大气和寒冷季节道路上使用的含盐融雪剂都是金属腐蚀的理想环境。20世纪70～80年代，由于大量使用镀锌钢材和铝合金，汽车的耐蚀性有了显著提高。然而，涂料体系仍为汽车车身提供了更长效的防腐性能。为了使车身的使用寿命能够达到10年以上，要求涂层有优异的附着力，对水及离子渗透有极佳的屏蔽性。

30.1.1 汽车涂装工艺

由于汽车涂料体系中各层涂料的组成和性能与施工方法和施工参数关系极大，所以本节首先对传统汽车涂装工艺进行简要概述，然后讨论众多变量中的几个变量。另外本节还介绍了每层涂料的功能和局限性。标准的现代汽车涂料体系如图 30.1 的截面示意图所示。

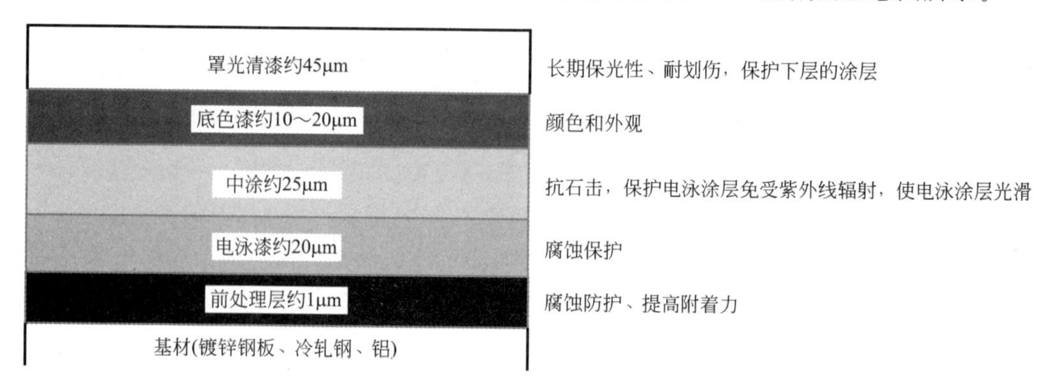

图 30.1　现代汽车涂料体系的截面示意图

该图说明了每层的功能。涂层厚度为近似值，与涂层颜色以及在车身上的方位（垂直面或水平面）有关

在车身制造车间各种钣金件被连接成车身后（焊接、粘接、铆接），汽车车身被送到涂装车间。汽车涂装的第一道工序是清洗和前处理（见 6.3.1 节）。前处理包括 10～14 个步骤，其中有些是喷淋，有些是整个车身浸渍。第一步是用碱性清洁剂直接清洗车身表面的焊渣、冲压润滑油和其他污垢，然后进行前处理，即进行转化层处理。通常，这种前处理是在整个车身表面沉积针状的磷酸锌晶体。用镍和锰离子进行改性，可提高磷酸锌的性能。用水淋洗后，再对车辆进行一次后漂洗，一般可以封闭磷酸锌层的缝隙和孔洞。一种常见的封闭处理方法是在磷酸锌上沉积一层无定形氧化锆薄膜。

磷酸锌前处理体系正逐渐被完全的氧化锆前处理体系所替代（Mohammadloo 等，2014）。完全的氧化锆前处理具有环境和成本效益，同时可提供与磷酸锌前处理相似的性能。而且对于铝材使用量大的车辆来说，氧化锆前处理有更大的益处。当处理的金属有 30%以上是铝时，磷酸锌槽中会产生过量的渣泥，这会影响磷化膜性能，并带来废渣处理问题。

前处理的主要作用是为随后的有机涂层提供一个能与之牢固结合的表面。因此，前处理是获得优异耐蚀性不可缺失的一步。

汽车涂料体系的第一道有机涂层是阴极电泳涂层。电沉积涂料（电泳漆）的内容在第 27 章中有详细介绍，在本节中只涉及一些基础知识。电泳漆是通过将整个汽车车身浸没在一个电泳槽中进行涂装的，电泳槽有几百英尺长。汽车的电泳槽中有超过 100000gal（400000L）的涂料。在电泳槽、涂料和车身之间构成一个电回路。车身作为阴极，在电泳槽的周围放置金属阳极。在阳极和车身之间施加几百伏的电压，使电泳漆沉积在车身表面。电泳漆的主要优点是它能够沉积在车辆内部的腔体内，例如摇臂板和支柱内。为了实现在这些位置的沉积，车身结构必须允许液体能够进入，电力线也能够到达这些空腔。因此，孔的尺寸和位置分布是电泳漆在内腔实现良好沉积的关键因素。电泳漆的泳透力表征了电泳漆在内腔中的沉积能力。电泳漆的沉积过程几乎没有涂料浪费，利用率接近 100%。电泳涂层对水有很好的阻隔作用，与前处理层也有非常牢固的附着，因此电泳涂层对汽车的耐蚀性起着重要作用。

电泳漆沉积后，整个车身要在一个很大的烘房中烘烤。电泳漆烘烤的标准条件是 180℃ 烘烤 20min。然而，车辆的不同部位会经历不同的温度，原因是每个区域的热质量都与材料的组成和此部分材料的质量有关。电泳涂层的烘房除了能使电泳漆交联固化外，还可以硬化车身结构中使用的钢材和铝材，胶黏剂和密封胶交联固化，并使泡沫发泡，提高车辆的刚度。

车身离开电泳漆烘房并检查缺陷后，进入喷漆房喷涂底漆。底漆也被称作“中涂”。在现代化汽车涂装车间，机器人利用静电旋杯雾化器喷涂底漆。这些雾化器由旋碟/旋杯组成，液体注入旋杯的中心（详见23.2.3节）。离心力将涂料推向旋杯的边缘，在那里形成漆带，并最终破碎成液滴。与喷枪相比，旋杯喷雾器的使用提高了上漆率，即沉积在车辆上的涂料量与雾化的涂料量之比。上漆率高（>75%），为汽车主机厂大幅度节约了成本。为了提高上漆率，汽车涂装车间都使用静电喷涂。在车身和雾化器之间施加一个约80kV的电压，涂料经过雾化器带负电荷，并被带正电荷的车身吸引，接着电场可以将带电液滴“引向”车身，减少了过喷现象，并促使一些液滴“包绕”而落在背面的车身面板上。

车身所有的可进入的表面上均要喷涂中涂。中涂具有三个基本功能：首先，它通过填充电泳涂层粗糙的凹凸表面来使表面平整。其次，它为涂层体系提供抗石击性。这要求底漆有适当的力学性能来吸收石子在高速撞击时的冲击能量，以防止涂层剥落。最后，中涂的“不透明”可以防止紫外线和波长低于550nm的可见光到达电泳涂层。阴极电泳涂层由于其组成的原因，本身对光不稳定，在低于550nm光照下会快速降解。为了防止使用过程中涂层剥落，在车身表面涂覆的最薄的中涂也必须完全不透明，以防止光辐射。喷涂后，底漆将在约150℃的烘房中烘烤20min。

在中涂烘烤后，车辆进入磁漆或面漆喷房进行最后的喷涂。首先喷底色漆，它为涂层体系提供颜色。底色漆一般用静电旋杯雾化器喷涂，通常喷两道。第一道底色漆喷得稍厚，第二道喷得很薄，这样可以强化金属色的外观。底色漆喷涂后静置一段时间，闪蒸溶剂，然后用机器人静电旋杯雾化器喷涂罩光清漆。罩光清漆可使涂层体系保持持久的高光状态。而且，罩光清漆中含有紫外线吸收剂（UVA），可以保护下层涂层免受紫外线辐射。罩光清漆还具有耐溶剂、抗划痕和耐酸腐蚀的性能。最后底色漆和罩光清漆一起在约135℃的烘房中烘烤20min。

前面介绍的是传统的汽车喷涂工艺。近年来，汽车主机厂采用一种“紧凑型”喷涂工艺对喷漆车间进行了改造。这种工艺还有各种其他的名字，包括3-wet、B1/B2和免中涂工艺。不论名称是什么，所有的这些紧凑型涂装工艺都有相同的目标：取消独立的中涂喷涂房和烘房。紧凑型涂装工艺在同一个喷房中喷涂中涂、底色漆和罩光清漆，随后三道涂料同时烘烤。紧凑型涂装工艺的优点是极大地节省了天然气的使用量和能源。节能主要是减少了喷房的原因，而不是烘房，因为一个喷房每分钟需要几十万立方英尺的恒温和洁净的空气循环。然而，传统的中涂和面漆不得不重新调整配方使其能在紧凑型涂装工艺中应用。显然紧凑型涂装工艺是汽车涂装车间的未来。

在20世纪80年代初以前，几乎所有的面漆都是单层的，同样的涂料组分应用于多个涂层体系。单涂层很大程度上已经被底色漆-罩光清漆体系所取代。底色漆-罩光清漆体系比单层面漆具有更好的光泽和保光性。然而，由于单层面漆的树脂是采用了罩光清漆的树脂，因此耐久性良好，所以现在又重新被用于货车和卡车的实色漆中，施工成本较低。

30.1.2 电沉积涂料配方

由于电沉积涂料（电泳漆）在许多工业领域中十分重要，所以专门安排在第27章详细介绍电沉积涂料，这里只讨论与汽车行业有关的方面。

如前所述，电泳涂层对金属具有良好的附着力，并能耐水渗透。电泳涂装具有很强的泳透力，有助于涂料渗透到金属表面的磷酸盐晶粒的间隔中。大多数汽车原厂涂料使用的阴极电泳树脂主要是芳香族环氧树脂的水性乳液，与封闭型芳香族异氰酸酯进行交联。环氧树脂和异氰酸酯中的芳香族基团被认为有助于提高电泳漆与其下层转化层的附着力。基料树脂应该不能皂化，即使涂层被划透，沿切口的剥离也会很慢，涂层仍能保护靠近切口附近的金属免受腐蚀。电泳涂层在外表面的标准厚度约 25μm，内部孔隙处约 15μm。新型的超泳透力电泳漆旨在减小车身外部和内腔涂层厚度的差异。

电泳漆除了不耐紫外线辐射以外，它的另一个挑战是要在车身外部沉积非常均匀的涂膜，这常常会透印出基材的粗糙情况。对于高泳透力和可以很好地覆盖金属板尖锐边缘的高边缘覆盖的电泳漆，这种透印现象特别严重。减小电泳漆中颜料的用量甚至不用颜料可以改善涂层的平整度和底漆在其上的附着力。这些颜料主要起填料作用，因为在现代汽车电泳漆中防锈颜料不是必需添加的。

涂料供应商和汽车主机厂都在努力开发耐久性更高的电泳漆，这样就可以免去底漆。然而，由于在涂装过程中面漆厚度的固有可变性，面漆涂层与电泳涂层之间发生严重剥离的风险过高。特别是薄涂层不能提供足够的不透明度来保护电泳涂层免受光降解的影响，这会导致面漆涂层的剥离。另外，耐光性的电泳漆由于生产工艺不切实际，耐腐蚀性能较差，几乎没有得到市场的认可。

30.1.3 汽车中涂

2013 年在北美自由贸易协定（NAFTA）区应用的汽车中涂中 17%是粉末涂料，13%是水性涂料，54%是溶剂型多元醇/三聚氰胺，其中 13%是紧凑型涂装工艺（30.1.1 节）（Deskowitz，2013）。在世界其他地区，也使用双组分的聚氨酯（PU）中涂/丙烯酸中涂。

中涂的交联密度比电泳漆的低，可以使面漆中的溶剂更易扩散到中涂涂层中，而不是电泳涂层表面。中涂具有比较高的 PVC 值，表面比较粗糙，有利于与面漆涂层的层间附着力。除此之外，高 PVC 还可以使中涂对紫外线和可见光呈现不透明性，以及烘烤后的表面可打磨性。

由于中涂的主要功能是提供优异的抗石击性能，要精心设计中涂的机械性能以及与相邻涂层的附着力。一个软的、柔韧的中涂可以在石子冲击时吸收大量的能量，以呈现良好的抗石击性能。然而，如果中涂太软，涂层的打磨性能和耐溶剂性就会变差。而且，如果中涂的层间附着力太强，石击造成的破坏就可能扩展到电泳涂层-金属界面，使得冲击处随后发生腐蚀。因此要考虑是将石击破坏点放在中涂与面漆界面之间还是在中涂与电泳漆界面之间。在紧凑型涂装体系中，中涂、底色漆和罩光清漆是一起烘烤的，这三层之间的附着是很强的，这就使得石击破坏往往发生在电泳漆-中涂界面，而不是像传统涂装体系中发生在面漆-中涂界面。Ramamurthy 等（1994）研究了与抗石击性能有关的涂层机械性能以及测试方法。

由于大部分液态中涂是聚酯或丙烯酸树脂（或两者的混合物），固化剂为三聚氰胺树脂，价格相对较低，具有良好的填充性和良好的附着力，这些中涂可以应用于紧凑型涂装体系中（Uhlianuk 等，2010；Hazan 等，2011）。此外也使用一些 PU 中涂。为了减少 VOC 排放，在一些轿车的电泳漆上会使用粉末中涂，因为通常它们的涂层厚度较高，具有很好的抗石击性能。粉末涂料中应用最广的是环氧改性丙烯酸树脂，它以甲基丙烯酸缩水甘油酯（GMA）（13.1.2 节）为共聚单体，用二元羧酸作固化剂，如十二烷二酸［$HOOC(CH_2)_{10}COOH$］（Kenny 等，1996），或羧酸改性树脂（Agawa 和 Dumain，1997）。文献报道了一种作为汽车中涂的环氧改性丙烯酸，为了在 150℃ 熔融黏度低于 40Pa·s，它要求 $\overline{M}_w/\overline{M}_n$ 低于 2500，理论 T_g 大于 80℃，由合适的单体组成（Green，1995）。这个树脂可通过 15%～

35% GMA、5%～15%甲基丙烯酸丁酯（BMA），余下是甲基丙烯酸甲酯（MMA）和苯乙烯制得。

一些汽车原厂涂料使用以颜色为主要功能的中涂，通常有4～5种不同的颜色。使用它们可以稍微降低底色漆的厚度，同时还可以得到预期的颜色。在涂料体系中底色漆最贵，所以任何减少底色漆厚度的做法在经济上都是有吸引力的。由于中涂和底色漆有相似的颜色，以颜色为主要功能的中涂也可以减轻由于石击引起的外观缺陷。然而，使用颜色为主要功能的中涂在逻辑上更难实施，因为从涂料储罐到喷涂房需要建立额外的涂料线，并且为了使中涂和底色漆的颜色匹配，车辆需要有个合适的排序。当使用一种颜色的中涂时，颜色通常为中灰色。

30.1.4 汽车底色漆

2013年在北美自由贸易协定（NAFTA）区，底色漆中溶剂型占26%、水性占58%、紧凑型涂装用涂料占16%（美国涂料协会和Chemquest集团，2015）。水性底色漆比溶剂型底色漆更受欢迎，因为大家认为它对环境的影响比高固体分溶剂型底色漆更小。然而，水性底色漆中依然含有相当数量的有机溶剂，施工固体分较低、上漆率不高、经常需要加热闪蒸，而且更容易出现爆孔。此外，底色漆用聚合物在合成时加入的溶剂需要在制造过程中除去。因此水性底色漆比溶剂型高固体分底色漆更环保的说法是个误解。在可预见的将来水性底色漆和高固体分溶剂型底色漆都会使用。

底色漆的基本功能是为车辆提供颜色，并保持颜色的持久性。保色性是通过使用耐久性的树脂和颜料来实现的（第5章和第20章）。

大多数的底色漆是金属闪光色或其他特殊效果，如多色效果。正如在19.4节和20.2.5节中讨论的，金属闪光色涂层能提供一个随角异色的漂亮外观。当观察角度接近垂直时颜色浅，而当观察角度变大时颜色变深。这种现象被称为随角异色效应，也称为颜色变化、颜色跳跃或闪光。提高随角异色效应可从下面四个角度入手：片状铝粉颜料间涂料基体的光散射小；表面光滑平整；片状铝粉与基材表面平行的定向排列；片状铝粉的边角光散射小。其他底色漆涂层的特殊效果是添加了干涉颜料，如珠光颜料和胆甾液晶颜料。

减少涂层基料的光散射，要求在不添加效应颜料的情况下通过颜料选型和分散，制成透明涂层。大多数分散体是用介质磨机制备的（21.4.4节）。汽车金属闪光涂层所用的纳米颜料（彩色颜料）浆是由传统的彩色颜料悬浮液与专用分散剂一起在研磨机中用非常小的磨珠制成的。然后，磨好的浆料用作制备透明度高及与金属闪光色匹配的调色浆（Vanier等，2005）。

虽然数十年来在日常生产中已经实现了铝片与基材良好的平行定向排列，但人们并未完全弄清楚是哪些因素导致了这种现象（Tachi等，1990；Seubert等，2015）。大多数人认为涂装后涂层收缩是一个重要因素。然而在溶剂挥发过程中，收缩伴随着涂层黏度的升高，特别是在靠近表面部位，形成了黏度梯度。这种黏度梯度使得片状铝粉的上边缘先于下边缘被固定，从而在涂层收缩时使铝片实现理想平行排列。通常低固体分涂料可以得到较好的平行排列。有几种理论解释了片状铝粉的定向排列。一种假设是当喷雾液滴喷出时，撞击到基材表面，溶剂挥发使涂层收缩，由此产生的流动力驱使铝粉定向排列。该假设认为，喷雾液滴必须穿透湿膜表面并撞击到基材（Tachi等，1990）。当高固体分清漆涂层进入烘房时，黏度迅速下降引起流动，会在一定程度上破坏定向排列。这些以及其他因素会影响定向排列。雾化、空气流动、溶剂挥发速率及喷涂时枪口和基板的距离等参数的改变都会影响片状颜料的排列（Weaks，1991）。静电喷涂会大大提高上漆率，然而使用静电喷涂很难获得良好的表面平整度和金属颜料的定向排列。有人认为可能是有一些金属片平行于静电场电力线，而该电力线垂直于基材表面。激光扫描共聚焦显微镜和计算机模拟都提供了新的见解，证实了片状颜料定向排列的重要性，并揭示了一些新的变量，如片状颜料之间间隙的大小（Sung 等，2002；Seubert 等，2015）。

溶剂型底色漆的树脂通常是热固性丙烯酸树脂、聚酯树脂或两者的混合物，它们都可以与 MF 树脂（氨基树脂）交联。有报道称，聚氨酯改性的羟基聚酯也可用于底色漆（Broder 等，1988）。底色漆的固体分范围为 35%～40%（质量分数）。水性底色漆通常由水稀释性丙烯酸酯、水稀释性聚酯/PU 和丙烯酸乳胶与 MF 交联剂组成（Mirgel，1993）。丙烯酸乳胶和丙烯酸/聚氨酯分散体（PUD）也广泛用于水性底色漆涂料配方中。例如，由丙烯酸/PUD 和 MF 树脂组成的底色漆配方（Vogt-Birnbrich 等，2000）（12.7.2 节）。

水分散的羧甲基醋酸丁酸纤维素（CAB）已被证明可以缩短触指干时间、改善金属颜料的定向排列，因黏度快速上升而较少流挂，以及改善水性底色漆的流平性（Bhattacharya 等，2007a，b）。改进型 CAB 也应用于现代溶剂型底色漆和罩光清漆，以改善流变性和外观。也可以通过使用黏土、尿素晶体和特殊设计的共聚物，来控制改善底色漆的剪切变稀行为（Basu 等，2010）。一种 MMA、BA、乙二醇二甲基丙烯酸酯和丙烯酰胺高度交联的共聚物可分散在水中，用作水性底色漆涂料的添加剂。这种丙烯酸分散体可使片铝粉很好地定向排列（Swarup 等，2004），并最大限度地减少溶剂型罩光清漆中的溶剂渗入，提高涂层均匀性。

水性底色漆一般在喷涂罩光清漆之前需要一个干燥过程，以使大部分的水和一部分溶剂逸出，这就增加了水性涂料涂装时的 CO_2 排放。这一过程需仔细控制，如果太多水保留在膜层中就会在罩光清漆烘烤时逸出，导致涂层出现爆孔（24.7 节和 26.1 节）。

底色漆通常要用旋杯喷雾器喷涂两道，以防止底色漆在喷涂罩光清漆后一起烘烤时涂层出现爆孔以及改善外观。与溶剂型底色漆相比，应用水性底色漆时的最大问题是爆孔。通常可以通过喷约 10μm 黑色底色漆和约 15～20μm 白色底色漆来遮蔽。其他颜色介于这两个极端颜色之间。水性金属底色漆的固含量［20%～25%(体积固体分)］低，有利于片状铝粉的定向排列，不透明底色漆的固含量可以提高到 25%～35%（体积固体分）。水性底色漆应该能在相对湿度（RH）60%左右的环境中使用，因为提高 RH 要比降低 RH 省钱。

30.1.5 汽车罩光清漆

2013 年在北美自由贸易协定（NAFTA）区，罩光清漆中 22%是聚氨酯-羟基丙烯酸酯，17%是双组分 PU，23%是丙烯酸/硅烷，27%是用酸固化的环氧，5%是丙烯酸酯/三聚氰胺，剩余的是单组分 PU 和 PU/硅烷（Deskowitz，2013）。在欧洲双组分 PU 的使用量要高于在北美。罩光清漆的机理研究是专利申请的热点。

罩光清漆的施工固体分可以比单涂层稍高。正如 24.3 节中所述，随着树脂固含量的增大，如何控制流挂的问题也更多。由于汽车涂料的涂膜厚且多变，所以特别容易出现流挂问题。由于固含量提高了，需要添加触变剂来提高低剪切速率下的黏度，减少流挂（Bauer 等，1982；Boggs 等，1996）。传统的触变剂由于光散射会使涂层产生雾影，使光泽下降，因此黏度改进剂的折射率必须与丙烯酸基料树脂相近。最广泛使用的是丙烯酸微凝胶，这是一种凝胶颗粒，轻度交联，因此在液体涂层中可以溶胀但不会溶解（24.3 节）。微凝胶赋予涂层触变性，可以平衡黏度与剪切速率的关系，使涂料的黏度足够低，可以用喷涂设备有效雾化，喷到车身上保持低黏度可充分流平，随后黏度又会上升，防止流挂。它的确切作用机制尚不完全清楚，但认为是粒子的溶胀和絮凝现象发挥了作用。气相二氧化硅和聚合物添加剂也用于控制罩光清漆的流变性。

在有色底色漆上喷涂罩光清漆可以实现比单涂层体系更高的光泽。在过去，汽车涂装时不用罩光清漆，因为增加一道工序，成本较高，并且当时的罩光清漆的户外耐久性不足。然而，随着树脂和光稳定剂的不断改进，特别是 HALS 和紫外线吸收剂的联合使用（5.2 节），罩光清漆呈现出优异的长效户外耐久性，优异的长期保光性，很大程度上减少了车身的打蜡。整个复合面漆层厚度仅比单涂层体系略有增加。底色漆的 PVC 大约是单涂层的两倍，因此一干膜厚度大约为 12～20μm（颜色不同略有差异）的底色漆，其遮盖力与 50μm 的单涂层体系相似。通常规定的罩光清漆厚度大约是 40～50μm，但是在生产过程中还是有很大的变化。一般水平面上涂覆的罩光清漆要比垂直面的厚，这是因为它需要更好的紫外线保护，同时水平面上也不会出现流挂的问题。

当罩光清漆刚问世时，大多数是三聚氰胺交联的丙烯酸共聚物或双组分 PU 涂料。尽管比单涂层体系有了不少改进，但是这些最初的罩光清漆在长效耐久性和耐酸侵蚀方面还是有很大的局限性。酸侵蚀，通常也称为环境腐蚀，是由于酸雨接触到车身而对涂层表面造成侵蚀。这种现象高度地域化，可能在某个国家的某一地区甚至特定城市非常普遍，这是因为邻近可能有排放二氧化硫和其他污染物的发电厂和工厂。随着水的蒸发，水的 pH 值下降，含酸的水滴落在车辆表面，丙烯酸-三聚氰胺涂层中的醚键很容易被酸催化水解，因此在涂层表面的这些局部区域很容易发生交联断裂。这些局部降解导致表面缺陷，留下类似于玻璃器皿上的水斑。然而，这些斑点是无法去除的，罩光清漆的化学降解增加了涂层的表面粗糙度。涂层耐酸蚀性一般通过将涂料体系放到夏季的佛罗里达州杰克逊维尔市曝晒场来评估。然而，曝晒的严重程度不可重复；现在是用实验室方法来进行评价，包括使用弱酸的环境控制循环试验（Boisseau 等，2003）。为了提高涂层的耐酸蚀性，几乎所有的汽车制造商都采用了新型罩光清漆，这种漆的交联结构不易产生酸催化水解。

由于聚氨酯交联结构在酸性条件下更耐水解，异氰酸酯交联的丙烯酸酯通常具有非常优异的耐环境腐蚀性能。许多聚氨酯罩光清漆涂层是双组分（2K）涂层（12.4 节）。脂肪族异氰酸酯与羟基丙烯酸树脂交联，可满足长期耐久性的需要。除了改善耐酸蚀性能，2K 聚氨酯涂料还能提供最好的漆膜外观。用 2K 配方来提供非常高固体分清漆解决方案，也比单组分涂料配方容易得多，因为 2K 配方要比用传统自由基聚合的 1K 丙烯酸树脂配方更容易在单分子上提供足够的官能度。权衡是否使用 2K 涂料还需要考虑双喷涂系统、毒性和成本。

也可以通过形成比聚氨酯更耐水解的其他交联结构来提高耐酸性。硅氧烷桥接就是其中一种交联类型（Trindade 和 Matheson，2014）。含有三烷基甲基硅烷基团的单体可以与传统的丙烯酸酯共聚，得到同时带有羟基和三烷氧基硅基官能团的丙烯酸酯。羟基基团与 MF 树脂热交联时，三烷氧基硅基可与空气中的水分进一步交联（Furukawa 等，1994）。在汽车罩光清漆涂层热固化过程中，甲氧基硅烷基与烘房中的水蒸气发生水解形成硅醇，然后在烘烤过程中同时发生反应，形成硅氧烷交联，从而提高耐酸性。老化前后的耐划伤性也优于 MF 树脂交联的涂层。这种涂层已广泛工业化（Groenewolt，2008）。利用辅助交联剂，如封闭多异氰酸酯，可进一步增强硅氧烷基丙烯酸酯的性能（Barsotti 等，2002）。最好使用 3,5-二甲基吡唑或 1,2,4-三唑封闭的多异氰酸酯，因为它们可以在较低的温度下固化，且不存在甲乙酮封闭的异氰酸酯易黄变的问题（12.5 节）。

利用二元羧酸或酸酐交联的环氧丙烯酸酯也具有良好的耐环境腐蚀性能。这些“酸固化环氧”涂层也可以设计成 1K 或 2K 涂层，一直受到亚洲汽车制造商的欢迎，因为这在当时是第一种市售的耐酸蚀的罩光清漆涂料。然而这些涂层通常比其他罩光清漆涂层更脆。

最后，利用聚氨酯丙烯酸酯与三聚氰胺树脂交联可以获得优异的耐酸蚀性。这一交联反应的结果是得到耐水解的聚氨酯，而不像用 2K 多异氰酸酯配方交联时会出现连带问题（Higginbottom 等，1999）。这种罩光清漆涂层有优异的耐划伤性、耐酸性、优异的户外耐久性和耐水解性。它们也可以在高固体分涂料配方中使用，例如羟丙基氨基甲酸酯和由 IPDI 衍生的异氰酸酯预聚物，加上 MF 树脂，十二烷基苯磺酸作催化剂，制成 85%固含量的涂料。

为了得到耐候性、耐划伤性、耐酸性以及优异的外观等最好的综合性能，最好的罩光清漆涂层通常采用混合交联方法。主链树脂通常用带有不同官能团的丙烯酸共聚物。硅烷既有利于耐候性，又能提高耐酸性，如前所述，它通常可以与丙烯酸-三聚氰胺体系一起使用。另外，用于 1K 的封闭型异氰酸酯和用于 2K 的不封闭型异氰酸酯可以用烷氧基硅烷进行官能化，实现涂料中的聚氨酯和硅烷同时发生交联（Groenewolt 等，2014）。带有烷氧基硅烷的树脂也可以与聚氨酯改性丙烯酸组合（8.2.2 节；第 16 章；Edwards 等，2005）。两个官能团可以组合在同一个丙烯酸树脂中，也可以将树脂进行拼用（Sadvary 等，2003；Balch 等，2009）。低分子量聚氨酯可与硅氧烷聚合物上的羟基发生反应，聚氨酯可与三聚氰胺树脂交联，这些树脂可以和丙烯酸树脂拼用，实现成本和性能的平衡。由于表面能的差异，硅氧烷会迁移至表面，但是若耐划伤层为薄的表面层时，罩光清漆层的耐划伤性几乎没有得到长期改善。

在 4.4.2 节中详细讨论了涂层耐划伤性和擦伤性。Courter（1997）对涂层耐划伤性所需的机械性能进行了综述。总之，划伤被归类为线性磨损，使罩光漆涂层破裂，导致明显的光散射。擦伤通常被定义为较浅的磨损，难以观察到，也没有裂纹。擦伤主要来自自动洗车或用粘有灰尘颗粒的海绵或布擦洗车辆。划伤是由钥匙、购物车或树枝等较有力的损伤造成的。坚韧的涂膜通常能抵抗划伤和划痕。摩擦系数低也能减少涂层的擦伤和划伤。

丙烯酸分子是由传统的自由基聚合而成，不太可能对其结构进行调控，这样就出现了受控自由基聚合（CRP），可用来制备汽车罩光清漆涂料（8.2.1.4 节）。相对比，CRP 与传统的自由基聚合不同，它可以制备分子量相对较低、带有至少两个官能团的嵌段共聚物。利用 CRP 可制备数均分子量相同、分子量分布更窄的聚合物，实现更高的固体分（见 2.2.1 节中关于 CRP 的讨论）。这个技术可以得到更高固体分的罩光清漆涂层，以及更精准地设计带官能团的丙烯酸聚合物，用来形成罩光清漆的交联网络，提高涂层的韧性和外观等性能。未来 2K 罩光清漆配方的固体分可能能接近 90%，但是过高的价格可能会限制它快速工业化。

二氧化硅加入罩光清漆中，可控制流变性和改善抗划伤性（Chattopadhyay 等，2009）。这些纳米粒子有非常高的表面积，可以提高涂层的硬度和模量，使其具有很好的耐划伤性。然而这些纳米粒子会对涂层光学性能产生有害的影响，特别是造成雾影，因此限制了它的应用（Anderson 等，2003）。

罩光清漆的一个重要性能是要求在挡风玻璃上或更普遍的是在固定玻璃上有良好的附着力。固定（不移动的）玻璃包括挡风玻璃、汽车尾窗玻璃、SUV 和货车上的小侧窗玻璃以及天窗玻璃。喷漆后，在最后的组装过程中，固定玻璃被粘到车辆的各个开口上。在玻璃的一侧涂上一层湿固化的聚氨酯胶黏剂胶珠。然后机器人拿起玻璃，把它放到开口处，将胶珠压进窗户凸缘。因此，胶珠必须与玻璃的一侧有附着力，玻璃上面通常会涂上一层特殊的底漆以增强附着力，另一侧的窗户凸缘的最上层是罩光漆。胶黏剂和罩光漆之间的黏结必须迅速形成并且牢固耐用。根据罩光漆的化学性质，可以在罩光漆的树脂中加入不同的官能团以增强与挡风玻璃的黏结。在汽车发生撞击时保留挡风玻璃是联邦政府的强制安全规定，因此需要使聚氨酯胶黏剂和罩光清漆之间的结合牢固。大多数装配工厂每周都对挡风玻璃的黏结性能进行检查，以确保符合这些要求。有些制造商喜欢在电泳漆烘烤后将挡风玻璃凸缘遮盖，然后在罩光清漆涂覆后再去除。这样聚氨酯胶黏剂就直接与电泳涂层表面黏结，通常这个表面更易黏结。其他制造商会在罩光清漆涂层上使用特殊的底漆来加强与挡风玻璃的黏结。不论是遮盖还是涂底漆都是比较昂贵的操作，许多汽车主机厂还是更喜欢直接粘到罩光清漆涂层上。

虽然非热固化的罩光清漆对汽车主机厂很有吸引力（烘房耗能，还是一个污染源），但目前还没有可室温固化的罩光清漆技术。更多的研究是针对汽车车身紫外线固化的罩光清漆（Nichols 等，2001；Seubert 和 Nichols，2004），因为这项技术有可能会显著提高固体分含量和抗划痕性能。自由基和巯基-异氰酸酯树脂体系都已有报道（Seubert 和 Nichols，2010）。然而，隐蔽处、光线达不到的区域内的固化是一个挑战。有人提出双重固化机理，包括紫外线固化和热固化的过程，但他们承认使用烘房进行第二步热固化时，最大的潜在问题是成本浪费。紫外线固化底色漆和中涂也存在问题，因为含有填料的涂料很难紫外线固化。

已开发出粉末罩光清漆，并被一些欧洲汽车主机厂短暂使用过。粉末罩光漆无 VOC 排放，过喷可回收，不会产生湿漆渣。环氧丙烯酸粉末涂料的性能勉强可以接受，它是由 GMA 与传统丙烯酸共聚制备而成。然而因为问题大于优点，现在它们已不再应用。因涂膜厚、抗划伤性一般、外观差和施工困难，使得它们已被淘汰。目前没有汽车制造商使用粉末罩光清漆，粉末中涂的使用量也在减小。粉末浆料（粉末罩光清漆在水中的水分散体）也曾短暂地使用过，但由于不实用而被废弃。紧凑型涂装工艺的持续发展似乎阻碍了更多的粉末罩光清漆的工业化。

30.1.6 工厂修补工艺

在车辆制造过程中，在两个不同区域需要对涂料进行修补。有时缺陷是在涂料涂装过程被发现，所以要在车辆离开喷涂车间前修补。因为修补昂贵且耗时，汽车涂装车间为保持“一次合格率”（first time OK rates）大于 90%进行了大量工作。因为车辆是先喷漆，后组装的，如果在组装过程中涂层被破坏，那么在车辆交付给客户之前需要对涂层进行最后的修补。有一篇优秀的论文论述了在汽车制造和使用过程中出现的各种缺陷（Schoff，1999）。

如果轿车是用丙烯酸清漆涂装的，修理相对简单，因为在修补清漆的溶剂中热塑性体系可溶解。然而热固性磁漆的修补难度较大，在已交联的涂层表面要实现良好的附着是较为困难的。

罩光清漆涂层上的小瑕疵可以通过轻微的打磨和抛光来修复，有时对涂层较深处的小缺陷也可进行现场修补。然而，如缺陷面积大，可能需要对整个受损的钣件进行修补，甚至需要对整个车身进行重新喷涂。在对受损的钣件进行修补时，要除去面涂层，所有的裸露金属表面要涂底漆，在整个钣件上喷涂专用修补底色漆和罩光清漆。因为涂层不能在高温下烘烤，涂层中必须再加入强酸催化剂以使含有 MF 交联剂的涂层可在较低温度下固化。这样，至少会有部分多余的催化剂残留在涂层中而导致更快的水解。这样修补的涂层耐久性也很好，但不如原厂漆好。2K 聚氨酯修补涂料的使用越来越多，因为它们在相对较低的温度下固化而不会牺牲长期耐久性。由于电泳涂层在修补时经常被打磨掉，因此被修复区域的耐腐蚀性不可能与未修补区域一样。

30.2 家用电器涂料

家用电器原厂涂料的主要市场是洗衣机、烘干机、冰箱、空调等。小型家电市场也很重要。

过去一直采用热固性汽车液体单涂层涂料来适应不同家电的各种需求，有时单涂层涂料被认为适用于要求较低的家电，如冰箱。但经常接触强洗涤剂或清洁产品（如“OvenOff”，清洁剂品牌——译者注）的家用电器需要采用底漆-面漆的涂层体系。

如今，对于洗衣机和空调等有防腐要求的家电，在高档产品上应用了阴极电泳底漆（27.2 节）。非电沉积底漆经常用流涂法施工（23.3 节）。为降低 VOC，在某些应用中水稀释性环氧酯底漆是较为合适的。

有时环氧阴极电泳漆以单涂层涂料使用。虽然环氧涂层在户外暴露时会严重粉化，但烘干机的滚筒或空调内部不会暴露在室外，但要优异的防腐蚀性和耐冲击性。电泳涂层有均匀的边角覆盖性，在空调上用 12μm 厚的电泳涂层可替代 50μm 厚的溶剂型环氧涂层，可大量减少涂装劳动力，同时保持必要的性能（Miranda，1988）。家用电器上已使用白色电泳漆。丙烯酸阳极电泳漆在铝合金上性能良好，但在钢材上，如 27.1 节所述，由于形成铁盐而会变色。在钢材上使用丙烯酸阴极电泳漆（27.2 节）可避免这个问题。

热固性丙烯酸涂层通常用于底漆之上。对于单涂层涂料，聚酯表现出比丙烯酸更好的柔韧性和与钢材或铝材的附着力。最常用的交联剂是氨基树脂。对于洗衣机和洗碗机，苯代三聚氰胺-甲醛树脂（11.4.2 节）具有更好的耐碱性洗涤剂性能。对于其他家用电器，使用传统的 MF 树脂价格更低。对于性能要求不高的家电，如热水器，低成本的半氧化型的醇酸/MF 树脂基涂层可能是最合适的。

在家用电器上用粉末涂料作面涂层获得快速发展，据报道已成为热固性粉末涂料最大的单一市场（第 28 章）。长期不变的单色使得粉末涂料成为家电涂料的自然选择。VOC 排放低、火灾风险小（在处理粉末时采取适当的预防措施）、能耗低以及过喷粉末可回收利用都是采用粉末涂料重要的经济原因和环境原因。粉末涂料要实现良好的流平难度比液体涂料大，少量的橘皮可以掩盖金属的不平整，但是过多的橘皮会影响外观。然而在一些地区，特别是在欧洲，消费者已经习惯了像瓷釉那样的橘皮，所以就很容易接受与此相似的粉末涂料的表面状态。一般羟基聚酯或羟基丙烯酸树脂用作基料树脂，与封闭型异氰酸酯或四甲氧基甲基甘脲（11.4.3 节）交联，或者羧酸改性树脂与 TGIC（13.1.2 节）或四羟乙基己二酰二胺（17.5 节）一起作为交联剂使用。

除粉末涂料以外还有一种方法，也可以减少 VOC 排放，就是在钢材上涂卷材涂料（30.4 节），然后再对零部件进行加工。在卷材涂料涂装车间产生溶剂的排放，在那里它们可以回收燃烧，为涂料固化提供部分燃料。对于涂覆了卷材涂料的金属，一个潜在的问题就是边缘裸露。家用电器必须设计为使裸露边角卷起并用密封胶保护。有时也可以将看不到区域的涂层焊穿。

30.3 罐听容器涂料

罐听容器涂料在历史上被称为金属装饰涂料，因为它主要是在平板上涂覆，之后是平版印刷，最后是上罩光清漆（透明的表层涂层）以保护油墨。这些平板有很多用处，如制造金属盒、托盘、废纸篓、深冲瓶盖、皇冠盖以及最重要的罐听。除了深冲瓶盖、皇冠盖和罐听之外，塑料已经取代了涂覆涂层的金属。该领域现在通常被称为容器涂料或罐听涂料。仅在美国，每年大约生产1250亿听罐头，其中大部分是铝质饮料罐。据估计全球饮料罐的年产量为3200亿听（Rexam Annual Report，2015）。

由于大多数罐听都是装食品或饮料的容器，一个关键要求就是不能将有毒物质引入食品或饮料中。在美国，所有的罐听内衬均要通过食品与药品管理局（FDA）认可，而肉类产品要通过农业部的认可。一般人可能不会相信，FDA不批准涂料，但它列出了可接受使用的成分，条例公布在联邦法规法典（CFR）第21编第175部分中；21CFR175.300中涉及树脂和聚合物涂料部分。更新的版本会定期发布在互联网上。在大多数情况下，如果一种新涂料的所有成分都已经用于罐听涂料中，那么这种新涂层将会被接受。很少需要证明这些被应用在罐听涂料中的物质都不会溶入食品或饮料中。然而新的原材料必须通过大量的测试。主要考虑罐听内壁涂料对毒性的影响，但通常也限制由外部罐听涂料可能带来的污染。当两面涂布的金属板堆垛存放时，其中一块板的外壁涂层就会与另一块板的内壁涂层直接接触，此时低分子量组分在涂层之间出现迁移是有可能的。也有可能罐内外涂层有相似外观时，材料放置顺序上下颠倒了。

在欧盟（EU），与食品接触的涂料的立法因国家而异。适用于塑料的食品接触法规越来越多地被用于罐听涂料，特别是规定了原材料迁移的限量。在整个欧盟都具有法律效力的2011指令规定了与食品接触的塑料和涂料。

涂层对包装在容器中的食品或饮料味道的影响也很关键。罐内壁涂料对口味影响的要求特别重要，涂料在罐外使用时也必须要小心。味道的变化可能是由于食品中的味道添加剂被涂层吸收，或是由于涂层未能将罐壁金属与食品或饮料隔离造成污染导致的。味道会受到微量物质的影响。为了确保所有的残留溶剂和对味道有影响的其他挥发性物质均从涂层中逸出，要用高温烘烤涂层。评价涂料对味道影响的常用方法是在容器中制作食品或饮料的测试包，并品尝食品或饮料。因此，罐听涂料的主要供应商会让经过培训的人员来品尝味道，特别是要能使用一致的词语来描述味道的专业人员。

对于啤酒罐来说，一个影响味道的主要方面是啤酒和罐的接触，因为金属会催化啤酒味道的变化。由于这个原因，最后内壁涂料是在罐成型后喷涂的，以避免罐听在成型过程中由于压力使得罐子涂层破裂造成潜在问题。

在软饮料罐的内壁喷涂涂料不仅是为了保护口感，也是为了保护罐听；大多数软饮料里的酸性物质在没有涂层屏蔽的情况下会腐蚀金属。历史上有一个有趣的故事，在早期把菠萝和葡萄柚汁包装在罐头里的时候，还没有能够抵抗高酸度的涂料，人们通过在罐头里内衬上沉重的锡来保护罐体。锡会影响菠萝制品和葡萄柚汁的味道，起到脱色剂的作用，让浅色水果和果汁保持浅色。尽管现在已经有了可以与这些制品一起使用的有机涂料，但大多数还是装在沉重的锡罐里。显然消费者已经习惯并喜欢锡罐装的菠萝和葡萄柚制品，因为它们有一种锡味。

罐听主要有两大类：三片罐和两片罐。在三片罐中，一片是罐体，另两片是端盖。金属板可以单片涂覆涂层，或是在连续金属卷材上涂覆卷材涂料。罐体的坯料是用涂有涂层的金属冲压而成的。罐体通常为圆柱体，通过钎焊、熔焊或有机胶黏剂进行密封。由于担心铅的毒性，现在钎焊严格限制只能用于非食品罐。侧缝喷涂一种称为“side striper”的快干涂料来覆盖钎焊或熔焊时形成的裸露金属。侧封口涂料以溶剂型为主，也有水性侧封口涂料，粉末涂料用于有腐蚀性的制品。当金属板仍然有余热时就喷涂涂料，这样有助于涂料固化。端盖单独加工，它们是由涂覆涂层的单片金属板或涂覆涂层的金属卷材经冲压成型的，并配有就地成型的橡胶密封垫片。罐听的一个端盖由制罐工人安装上去，另一个端盖在罐子装满后再安装。对易拉罐的需求不断增涨，使得对罐子端盖涂料的性能提出了更高要求，要求涂层具有非常高的附着力和抗物理损伤的能力。

金属板上的涂料通常是直接辊涂的（23.4 节）。有时上漆辊会横向切去一部分，使得涂料只能涂覆在选定区域。例如，在罐体侧面要钎焊或熔焊的边缘通常没有涂层。当从涂布机中出来后，金属板被倾斜送入连接在传送带上的垂直边门，这样可以让金属板以近乎垂直的方式通过烘道，缩短烘道的长度。烘烤条件随应用部位不同而异。食品罐头的内壁涂料要在200～210℃的温度下固化不到一分钟，而外部的白色涂料和清漆要在 150℃的温度下固化10min。油墨是通过平版胶印印刷的，在胶印过程中油墨从平版转移到橡胶布上，再被胶印到金属板上。

生产两片罐时有两种工艺，最常用的方法被称为冲拔工艺（DWI 或 D&I）。这些罐子是先在平的空白板上冲压出杯型，然后用变薄拉伸工艺拉出更薄、更深的罐壁。第二种称为深冲（DRD）工艺，用涂覆涂层的坯料先冲出一个浅杯型，然后再冲压一次或两次以上，获得所需的高度、外形和罐底形状的罐。两片罐的另一片与三片罐的端盖相似。大多数饮料罐都是两片罐。

例如 DRD 罐有用于金枪鱼的浅罐及用于蔬菜和宠物食品的高罐。在平板上涂覆涂层，然后再冲压、成型。有时可在坯料胶印后成型制成两片罐子，比如鞋油和汽车蜡罐。设计时必须是“失真”的印刷品，也就是说，印刷品必须设计成它在变形后看起来不变形。一般来说，在成型前涂布和在平板上印刷的成本要比涂布和印刷在一个成型罐子上的成本低。涂层抵抗这种变形程度的能力取决于拉伸的深度，这不仅与罐子的深度有关，还与罐子的宽度有关。相比窄罐，大直径罐的成型会变形更少；深罐比浅罐的变形更多。瓶盖和皇冠盖是由涂覆涂料并失真印刷的平板制造的，冲压成型。

饮料罐和一些食品罐是冲拔（DWI）罐，在涂覆涂料和油墨之前，先将未涂覆涂层的金属冲压并成型，然后对着小涂布机的涂漆辊，转动罐涂上外壁涂料，油墨从印版转移到软橡胶辊上，再转印到罐表面。在高温下短时间内完成烘烤。有些生产线的产量超过每分钟2000 个罐。据估计涂层达到 205℃左右峰值温度的时间大约只有一秒，只能实现部分交联，当内壁涂料涂覆后罐子重新烘烤时才能够达到完全交联。在这个过程中，一个小喷枪自动插入旋转的罐中，喷完涂料后从罐子里退出。为了确保去除所有溶剂，将空气直接通入罐体，完成最后的固化。通常是在 200℃下固化约 2min。在涂层涂覆和胶印完成后，罐子顶部最后成型安装端盖。

主要有三种类型的金属材料用于制罐：马口铁板、钢材和铝材。金属的选择取决于最终用途。饮料罐通常是两片铝罐，在亚洲和非洲的部分地区也有使用钢制饮料罐。软饮料或啤酒的碳酸饱和压力使薄壁铝罐呈现足够的刚性。大多数食品罐是马口铁板制成的三片罐。在食品罐中由于没有很高的内部压力，铝材无法与钢板比，需要厚壁铝板才能达到所需的刚度。但是还是有许多浅的鱼罐头是用铝板制的。有一些关于使用铝作为食品罐的讨论，它们建议在封装前将一小块干冰放入罐内，二氧化碳汽化产生的压力可以满足刚性要求。然而，一般认为食品罐出现胀听现象与食物变质有关，因此消费者对这一办法的接受度较低。大部分宠物食品罐是用所谓“黑化”处理的钢板制成的，因为它不贵而且不需要高反射性的镀锡层。美国的法规要求宠物食品的包装罐也适合包装人类食品。

30.3.1 罐听内壁涂料

罐听内壁涂料所用的组分取决于罐听内包装的食品或饮料是什么。大多数情况下如果食物是熟的，那它就是在罐里煮熟的，常用的烹饪时间是在121℃煮60min。大多数的啤酒是在罐内进行低温巴氏杀菌的。在这两种情况下，罐听内壁、罐听外壁涂层都要能够在整个烹饪或巴氏杀菌过程中保持附着力和完整性。Beiro等（2003）报道了在各种马口铁板上几种涂层的干附着力和湿附着力的试验研究结果。结果表明，电化学阻抗谱（EIS）是最可靠的测试方法，在灭菌前和灭菌后有机溶胶和环氧酚醛涂料的干附着力和湿附着力最好。

大多数封装蔬菜和水果的罐听内壁有一层叫作“R磁漆”的涂层。历史上“R磁漆”是酚醛清漆。现在，更常见的R磁漆是一种用干性油衍生物改性的酚醛树脂，或是环氧酚醛涂料，一种含有双酚A环氧树脂及用磷酸作催化剂的甲阶酚醛树脂（13.6.1节）。为了获得合适的柔韧性，以前是使用高分子量环氧1007或1009树脂（13.1.1节）。然而，双酚A（BPA）已经成为一个严重的问题，并且正在被取代，这将在后文中讨论。罐装的蔬菜，如玉米，在烹饪过程中会释放硫化氢，将微小的ZnO颜料分散在涂料中，这种涂料称为“C磁漆”。ZnO与H_2S反应生成白色的ZnS。这可以防止或遮蔽氧化锡与硫化氢反应生成难看的黑色硫化锡。

鱼罐头和其他含油食物的罐头通常涂覆一种甲阶酚醛树脂或环氧酚醛树脂的涂料（13.6.1节）。为了使两片罐有良好的冲压成型性，在制备可溶性酚醛树脂时使用对甲酚和苯酚的混合物来降低涂层交联密度。聚乙烯醇缩丁醛通常在配方中用来促进附着力和作为增塑剂。交联的程度要根据柔韧性以及在加工和贮存过程中耐鱼油和外加的油引起的溶胀和软化的能力进行调整。涂层薄有助于成型，膜层也不会出现裂纹。有时在涂料中加入片状铝粉，降低涂层的渗透性。对肉类如火腿等的罐听内壁涂层的一个关键要求是在开盖后肉类要很容易取出。可通过在涂层中加入脱模剂，如石蜡来实现。

越来越多的食品罐是DRD或DWI两片罐。DRD工艺要求涂层的延展性比三片食品罐内壁涂层的更好。最常见的是使用乙烯基有机溶胶（17.1.2节）与酚醛树脂或MF树脂进行轻微交联，因为氯乙烯共聚物基料树脂在低于T_g时仍具有延展性（Palackdharry，1991）（4.2节）。在一些欧洲国家，人们担心HCl型清洗剂与从回收涂覆氯乙烯共聚物涂层的罐听的工厂释放的有毒物之间会不会形成有毒反应产物，这导致了对其他更多种涂层的研究。例如，可以设计出比传统BPA环氧涂层承受更大深冲的环氧树脂（Dubois和Sheih，1992）。

大量的涂料用作饮料罐内壁涂层。历史上，大多数喷涂的罐听内壁涂料是溶剂型氯乙烯共聚物或高分子量环氧/氨基树脂/酚醛涂料。这些涂层在施工黏度下的固含量是很低的，为12%～15%。高成本的溶剂和VOC排放高迫使对涂料进行改变。现在采用丙烯酸/环氧接枝共聚物改性的水性涂料（Woo等，1982）在啤酒和软饮料罐内壁涂料中占主导地位。苯乙烯/丙烯酸乙酯/丙烯酸侧链接枝在双酚A环氧树脂上，该树脂与二甲基乙醇氨（DMAE）

混合可在乙二醇醚溶剂中“溶解”，用水可以稀释（13.4 节）。为了降低一些软饮料罐内壁涂料的成本，可以使用一种特殊的乳胶基料，与少量的接枝共聚物共混，环氧磷酸酯作为附着力促进剂。

由于 BPA 是一种类似雌性激素的物质，因此人们对 BPA 环氧在罐听内壁涂料中的使用感到担忧。BPA 浸出物的精确分析方法已有发表（Wingender 等，1998）。对罐听内壁涂料浸出物的研究表明，罐装食品中含有从罐听内壁迁移到食品中的 BPA，其含量因食品种类而异（Noonan 等，2011）。目前美国 FDA 的评估认为“在食品中 BPA 目前的含量是安全的”。然而，一些消费者强烈反对在任何与食品接触的产品中使用 BPA。婴儿配方奶粉包装和可重复使用的水瓶中 BPA 已经完全被禁用。

在欧洲，与食品接触材料中的 BPA 含量被限制为 0.6mg/kg 食品。2015 年法国单方面禁止与食品接触的场合使用 BPA 罐听内壁涂料。美国加州要求贴警示标签。因此未来 BPA 作为罐听内壁涂料是存在疑问的。供应商进行了大量取代含有 BPA 涂料的计划。截至 2013 年，与环氧涂料相比，目前的涂层配方在性能和/或成本上有所下降（LaKind，2013）。2016 年，采用丙烯酸树脂（第 8 章和第 9 章）和聚酯（10.1.1 节）的罐听内壁涂料在欧洲上市并投入生产。然而，根据 Gander（2016）的说法，不含 BPA 的替代品价格贵，性能下降，可能迫使食品罐头生产商将保质期从 3 年减少到 1 年。法国的 BPA 禁令可能适得其反，正在考虑修订。

有许多专利文献描述了制备不含 BPA 的罐听内壁涂料树脂的方法（Cooke 等，2012；Moussa 和 Knotts，2015）。

30.3.2 罐听外壁涂料

许多食品罐外面没有涂层，而是使用纸质标签。然而有涂层和印刷罐的外观比纸质标签更有吸引力。部分食品罐和所有饮料罐都有涂层和/或印刷有花样。与纸质标签不同的是，印刷的金属罐不受水的影响，比如从冰柜或冰箱里拿出来放到潮湿的空气中时会产生凝结水。

三片罐的罐体外壁的常规涂装工序，通常是先涂覆一种称为磁漆的底色漆，在底色漆上用平版印刷进行四色套印，最后用清面漆罩光。底色漆通常都是白色，但也用各种不同的颜色来区分产品。在烘烤和罐头加工（杀菌）过程中颜色的稳定性和不变色至关重要。为了减少 VOC 的排放，广泛使用与 MF 树脂交联的水性丙烯酸涂料。平版印刷油墨可以是烘烤型油墨也可以是紫外线固化油墨。烘烤型油墨的基料是长油度醇酸树脂，用 MF 树脂进行交联。而用于紫外线固化油墨的基料是丙烯酸环氧大豆油（或亚麻籽油）及丙烯酸环氧树脂和丙烯酸酯活性稀释剂的混合物（29.2.5 节）。

罩光清漆的基料也是丙烯酸/MF 树脂或聚酯/MF 树脂。为了减少加工成型和传送时的摩擦，罩光清漆中通常含有少量的石蜡或含氟的表面活性剂以降低表面张力，降低罐听的摩擦系数。涂上两种油墨，将金属板烘烤，再涂上另外两种油墨，再涂上罩光清漆，再和最后两道油墨一起烘烤。这一工艺被称为“湿碰湿”油墨上光，因为罩光清漆是在最后两种油墨固化之前涂覆在印刷油墨表面的。使用紫外线固化油墨时，每一道油墨都要经过紫外灯照射实现部分交联后，再印刷一道油墨。一般来说，使用紫外线固化油墨不需要涂清漆。

两片罐要应用白色的水性丙烯酸底色漆。膜厚范围为 8～15μm，即使 15μm 厚，遮盖力还是小于 100%，但涂层肯定是白色。越来越多的两片罐的“底色漆”仅仅是印刷 2～3μm 厚的油墨。一些人认为这种罐听的外观较差，但它们的成本要低于在印刷前涂上一层底色漆的罐听。在一些罐听上涂上透明的黄褐色底色漆，能呈现相对有光泽的青铜色或金色的金属表面。

由于紫外线固化涂料固化速度快，也被用于一些饮料罐（第 29 章）。这种外壁罩光清漆是一种由自由基光引发交联的丙烯酸树脂涂料。罐听端盖外侧面的涂料是通过光生酸进行阳离子交联的环氧树脂。这种紫外线固化的端盖涂料涂覆在金属罐端盖的外侧面，在紫外灯下部分交联；另一侧，也就是罐端盖的内侧面涂覆 FDA（美国食品医药局）批准的环氧酚醛热固化涂料。当环氧酚醛涂料在烘道中固化时，涂层中仍然存在的光生酸可以促进环氧涂层完成热固化，也能增强涂层的附着力。

30.4 卷材涂料

钢材和铝材可以制成狭长且连续的成卷带材。在许多情况下卷材在预涂前要进行切割、成型和装配，然后涂漆，例如在汽车生产中。在其他情况下可以在卷材上涂覆涂料，然后用预涂卷材制成最终产品。如果预涂金属是可行的话，则它会带来实质性的好处（30.4.1 节）。卷材涂装已发展成为一种主要的工业涂装过程（Gaske，1987）。卷材涂料的销售额 2014 年在美国市场约为 9 亿美元（American Coatings Association and Chemquest Group，2015）。

卷材涂装始于 1935 年，最初用于软百叶窗涂装。金属条大约 5cm 宽，生产线速度约为 10m/min。现代卷材涂装生产线可涂装的金属宽达 1.8m，速度最高可达 275m/min。大多数生产线的运行速度约为 100～200m/min。卷材涂装生产线示意图如图 30.2 所示。

重达 25000kg 的卷材从钢厂或铝厂运来，卷材宽 0.6～1.8m、长 600～1800m。在一些卷材涂装生产线上，如图 30.2 所示，第一步是预清洗，用刷子清除金属带上所有的物理污染物，之后会进入入口活套；活套滚轮移动拉开，以贮存一定长度的卷材，当一卷快走完时，下一卷卷材会被压合（焊接）上，与此同时活套滚轮会移动靠拢，为生产线提供卷材，使生产不中断。当压合完成后，新的一卷卷材就可以继续进入生产线上。随着生产过程持续进行，活套滚轮又逐渐拉开，贮存卷材，等待下一卷卷材的更替。

之后，卷材就进入预处理区域。碱洗和漂洗之后是各种转化膜处理，包括磷酸盐、钛或锆的络合氧化物处理、硅烷处理，最后用水淋洗。所有的清洗和转化膜过程都必须是高速过程。由于卷材的移动速度为 100～200m/min 或更快，因此清洗和预处理的总时间大约为 1min 或更短。接下来卷材通过烘道干燥，最后进入涂装区和烘烤烘道。通常卷材的一面涂覆一道底漆和一道面漆，而背面涂覆其他涂层。通常的工艺过程是涂漆、固化、印刷一种或多种颜色。在图 30.2 中，也画出了贴膜机，但在生产线上与涂装一起进行贴膜的工艺并不常见。更常见的是有两个涂布点，每个涂布点后面都有一个烘道。

大多数涂装都是反向辊涂施工。正向辊涂可形成较薄的涂层（23.4 节），反向辊涂可以应用在要求涂膜较厚并对厚度控制要求较精确，以及滑擦接触带来的流动优势很重要的场合，与此相比，正向辊涂会出现膜的断裂。为了在 2m 宽的卷材上得到均匀的膜厚，涂装辊必须是中间凸起，也就是说，这种设计使辊子中间的直径比边缘大，这是因为压力会使得辊子中间的突起变小。为了避免损坏辊子，生产线的程序应设定为：连接两卷卷材的压合部分通过两个辊子之间的缝隙之前，辊子会自动稍微分开，然后几乎立即恢复到正常的工作压力。

生产线的速度很快，即使是在长的烘炉中停留时间也小于 1min。有时停留时间低至

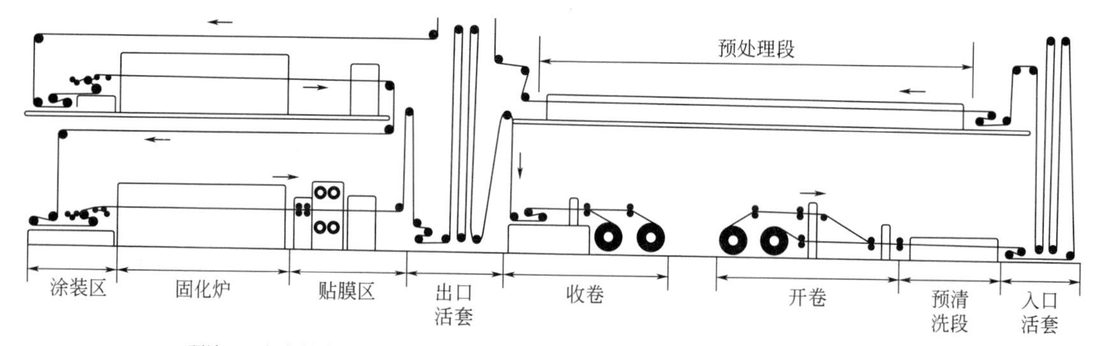

预涂72in宽卷材涂装生产线在右侧开卷处开始，按照箭头所指方向行进，在收卷处结束

6号生产流水线示意图

带材宽度61cm到183cm

带材厚度0.046cm(最小)到0.343cm(最大)

最高速度213.4m/min

卷材最长的展开长度1270m

卷材内径50.8cm或61cm

卷材外径最大198cm

能够在上部和底部进行贴膜

一次通过即可在两面涂覆底漆和面漆

能完成涂料压花178μm到406μm

能凹版印刷和胶版印刷

运输和装运设备能力每天超过35节火车车厢和90辆载重卡车

占地247938m^2，建筑面积315.6亩(1亩=666.7m^2)

图 30.2　卷材涂装生产线示意图

来源：Gaske（1987）。经 The Federation of Societies for Coatings Technology 许可复制

10s，但较常见的情况是在 12～45s。在很短的初始阶段后，热空气直接高速吹到涂层表面。空气温度能达到 400℃。金属表面涂层能达到的温度是涂层固化的临界温度，这个温度不能直接测量，但是它接近金属板的温度，这是能够测量的。最重要的温度是金属板的峰值温度（PMT），最高可达 270℃。涂层烘烤后，卷材通过出口活套进行收卷。出口活套可以存贮涂好的卷材，直到涂好的成卷卷材取下。有些生产线上的卷材会在收卷之前经过冷却辊或通过水来降低温度。收卷时辊子中心压力很大，因此金属表面的涂层的 T_g 必须很高，以免发生粘连。然而对于大多数应用而言，交联密度不必太高，以免涂层弹性太低，不利于后续加工成型的要求。

近红外固化的卷材涂装至少已在一条生产线上开始试用，据报道，固化仅需要 1～4s，而传统生产线需要 12～45s。

从涂布器的防护罩中，特别是从烘道中排出的废气含有溶剂。在大多数生产线中排出的空气一部分被用作燃烧天然气的气体来加热烘道或经过一个氧化器后再进入烘道。通过这种方式，从烘道排气排出的部分余热循环利用，溶剂被燃烧利用。燃烧溶剂基本上消除了 VOC 的排放，溶剂的燃料价值得到回收利用。因此与其他应用领域相比，卷材涂料转向水性或高固分涂料的动力不足。但仍然希望降低溶剂的含量，因为溶剂的燃料价值要比溶剂的成本低很多，而且一些生产线不配备溶剂燃烧装置。按照 2006 年开始实施的控制有害空气污染物（HAP）排放的法规要求，每加仑涂料排放的空气污染物不得超过 0.38lb。

铝材上的涂层通常是单层的，但在钢材上应用更为广泛的是底漆-面漆体系。底漆所用基料树脂传统上采用双酚 A 环氧树脂，例如环氧酯和环氧/MF 树脂。然而聚氨酯、聚酯和水性乳胶底漆的市场份额正在增长。

面漆可用许多类型的基料树脂。氧化型醇酸与 MF 树脂一起使用，成本最低，有时可用在卷材的背面，作为背涂，此时可用聚酯代替醇酸。背涂涂料可以是清漆也可以是色漆，其中要添加少量不相容的蜡。背涂的目的是避免已预涂金属的上表面涂层与卷材背面裸露的金属发生摩擦。醇酸/MF 涂料也可用于对耐腐蚀性和/或户外耐久性要求不高的面漆。

使用最多的是聚酯/MF 基料树脂，特别是用于单组分涂料，其户外耐久性和防腐性能通常优于醇酸树脂。多年来聚酯树脂的设计和配方持续得到改进，使聚酯具有优异的户外耐久性（第 10 章）。聚酯/封闭型异氰酸酯涂层在耐磨性和柔韧性要求特别重要的场合得到了一定程度的应用。对于聚氨酯树脂涂层来说，在烘道中的温度必须精确控制，因为在卷材涂层的烘烤温度下，聚氨酯可能会很快变色和分解。热固性丙烯酸/MF 涂层通常涂覆在底漆上。

为了有更好的户外耐久性，可以使用有机硅改性聚酯和有机硅改性丙烯酸树脂（16.1.2 节）。例如，可以使用 30%的有机硅改性聚酯树脂，MF 树脂作为交联剂，作为高性能住宅或工业护墙板的彩色面漆的基料树脂。如果质量相同，聚酯/MF 涂料做白色面漆可能更好。经过多年的户外曝晒试验，白色涂层可能会出现轻微的粉化，但这不会对外观产生负面影响。另外，由于表面反射的差异，彩色涂料即使有少量的粉化，也会很容易看到颜色的变化。这种变化在外墙护板上尤其严重，因为建筑物上护墙板的位置不同，暴露情况也会不同，彩色涂料若出现不均匀的粉化，会非常明显。目前推出的超耐久聚酯的耐久性（第 10 章）接近或等于有机硅改性聚酯（Pilcher，private communication，2014）。

聚偏氟乙烯（PVDF）树脂涂料（17.1.4 节）有优异的耐久性。在某些情况下，这种涂料在户外暴露超过 25 年后仅出现轻微的变化（Hayoz 等，2003）。PVDF 预涂金属常用于建筑物装饰，如建筑物的金属屋面或外部装饰件，这是因为涂层的使用有效期非常长，即使增加费用在经济上也是可行的。

一些卷材涂料也会采用有机溶胶和塑溶胶涂料。有机溶胶的相对黏度较低，使用时涂层厚度大约 25μm，较高黏度的塑溶胶涂层为 100μm 或更厚。正如 17.1.2 节所述，这些涂料的漆基是氯乙烯共聚物在增塑剂和溶剂中的分散体。这种涂料具有合理的户外耐久性和优良的加工性能。它们可以交联，但通常不必要。未交联的树脂可能只需要在烘道中停留 15s。乙烯基树脂溶液用于饮料罐的金属端盖涂料。

使用乳胶基料制备卷材涂料的例子越来越多。它们的优势是分子量高，不需要加入太多就可获得良好的机械性能，如果需要也可进行交联。它们不太可能被制成高光涂料，而且流平要比溶剂型涂料困难。通过使用逆向辊涂和使用缔合型增稠剂来控制黏度，可以减少流平问题。与常规的水溶性高分子增稠剂（如羟乙基纤维素）相比，缔合型增稠剂能够减少乳胶颗粒的絮凝问题（24.2 节及 32.3 节）。

据报道，在南美海岸三处位置对 12 种预涂卷材板的耐腐蚀性能进行了研究（Rosales 等，2004）。位置 1 是海洋性-极地环境，温度低、湿度高、SO_2 和 Cl^- 含量极低，阳光很少。位置 2 是海洋环境，温度适中，湿度高，SO_2 和 Cl^- 含量中等，日照强烈。位置 3 是海洋性-沙漠环境，高温高湿，SO_2 和 Cl^- 含量极高，阳光强烈。在位置 1 处，镀锌钢上涂醇酸/MF 涂层，获得了最佳性能。在位置 2，划格处表现最好的是在镀铝锌板上涂含有铬颜料的聚酯底漆。在未划破的表面，三个样品的性能最好：①在镀锌板上涂环氧/丙烯酸底漆和有机硅改性聚酯面漆；②在镀铝锌板上涂聚酯底漆和有机硅改性聚酯面漆；③在镀铝锌板上涂聚酯底漆和聚酯面漆。在位置 3，性能最好的是在镀铝锌板上涂聚酯底漆和聚酯面漆。在三个位置，性能最差的是环氧底漆和聚酯面漆。这个实验没有给出各种涂层中基料树脂的详细信息。

紫外线固化涂料因具有固化快、排放少等优点，在卷材涂料中具有很大的发展潜力。正在进行积极的研究，但迄今为止实际生产却有限。阳离子紫外线固化环氧卷材涂料用于罐端盖外侧的马口铁板。与丙烯酸酯涂料相比，环氧树脂涂料具有优异的附着力，更适合于这种情况。有时紫外线固化涂料涂在卷材的一侧，然后紫外线固化。之后在另一侧涂上热固化的环氧树脂涂层。当卷材通过烘道热固化涂层时，由于光生酸的存在，促进了紫外线固化涂层的热交联。

粉末涂料也可用于卷材。一种方法是用自动喷枪对卷材进行静电喷涂，但工业应用有限，它的缺点是生产线速度太慢；另一种方法是将卷材从一个带电荷粉末颗粒的“云”中通过，然后进入感应加热炉进行熔融和固化。由于没有与卷辊接触，可以在压花或打孔的金属上涂装。据预测，生产线的速度可以高于传统的卷涂生产线速度。

30.4.1 卷材涂料的优点和局限性

卷材涂料的重要优势推动了该领域的发展，使其成为工业涂料的重要组成部分。从长期生产运行来看，与涂装预成型的金属相比，成本还是低的。涂装速度越快，人工成本越低。涂料的利用率基本上达到了100%。烘道的设计要求固化时能有效地利用能源。与大体积的喷涂作业相比，通常占地面积更小，因此建筑投资成本更低。由于溶剂被限制在辊涂机周边的区域，火灾危险和毒性危险比喷涂操作小。因为在大多数情况下溶剂被焚烧掉，所以VOC和HAP的排放通常很低。涂膜厚度比通常在预成型产品上涂装的均匀。因为是在厚度均匀的金属底材上涂装，所有涂装部件的固化也要比在预成型产品上喷涂涂料的固化要均匀。在许多应用中卷材涂料都表现出优异的性能。当将高质量的预涂外墙护板与建筑涂料比较时，这种优势特别明显。这种差异很大程度上是由于烘烤型涂料与气干型涂料相比，具有更好的性能。使用预涂金属的制造商也获得了很多实际的好处，消除了涂装涂料过程中的VOC和HAP排放以及火灾危险，保险成本也下降了，没有喷涂时漆渣废物的处理问题，大量节省了占地面积。

然而卷材涂料也有局限性。一套现代化的卷材涂装设备的成本是非常高的，因此停产造成的生产时间的损失是昂贵的。只有长时间涂装相同颜色和相同质量的涂料才是最经济的。换色的成本很高，因为涂布机必须停机进行清洗。不过许多现代化生产线有多个涂漆头，这大大缩短了由于换色造成的停机时间。如果要在一条预涂金属生产线上涂多种颜色，库存成本可能很高，因为必须库存几种色漆。如果设计师更换颜色，那么淘汰的库存成本可能会更高，或者换一种方式来说，卷涂线的换色灵活性要比组装产品后进行涂装的换色灵活性更低。

配色也是卷材涂料供应商面临的一个挑战。通常需要非常精准的颜色匹配。遮盖不完全，卷材金属或底漆的颜色也会影响涂层的颜色。高温烘烤工艺也会影响涂层的颜色。不可能在实验室模拟一个30s的生产线速度和400℃空气温度的固化工艺，因此调色师在进行颜色匹配之前必须先学会将实验室中发生的颜色变化与特定卷材涂装线上可能出现的颜色变化联系起来。因为有机颜料甚至不能承受卷材涂料涂装时短暂的PMT（金属板峰值温度），因此可供选择的颜料寥寥无几。近年来由于出现了更好的流变控制助剂（Testa，2008），所以效应颜料的使用有所增长。

预涂金属必须要能够保证在后面加工成型过程中涂膜不开裂。所以可能需要采用一些比成型后再涂装时更软、柔韧性更好的涂料。通常用T弯来测试评价涂层的延展性，预涂金属板绕自身向后弯曲（4.6.3.2节）。当预涂金属用模具切割成最终产品时，金属边缘裸露在外，这些切口都是腐蚀的薄弱点。使用镀锌钢板可以减少这个问题，因为锌可以提供一定程度的保护，切割时锌可以粘覆在切口上。预涂金属的焊接可能是个问题。

锌粉和磷化铁都被用作导电填料，使卷材涂料板能够易于焊接。但是与无涂层金属的焊接相比，卷材的焊接性较低，且可能需要额外的焊缝敷料。在某些应用中，裸露的边缘可能不是一个腐蚀问题，而是一个美学问题，在这种情况下，设计时要将裸露的边隐藏起来。

大量应用预涂卷材金属的例子有住宅墙面护板、移动式住房的壁板、百叶窗、雨水槽和落水管、荧光灯反射器、电器柜、罐听端盖、水果和蔬菜罐头的罐体。较新的应用包括用于空调管道系统的预涂抗菌涂料的卷材、金属橱柜、冰箱柜体和大型冰柜。所使用的抗菌剂是含银离子的纳米颗粒。越来越多的法规要求许多屋面材料要具有高反射率和高发射率。白色和浅色预涂卷材金属具有高反射率，可减少热吸收。此外，使用红外反射颜料（20.2 节）可以设计出“冷建筑”用的卷材涂料，颜色范围很宽。然而，还是会吸收一些辐射产生热量，这些热量通过热发射进入空气和建筑中（Cocuzzi 和 Pilcher，2004）。一些汽车底盘是要“预涂底漆”的。然而，苛刻的腐蚀环境阻碍了预涂卷材在汽车市场的广泛使用。

预涂卷材的一个大缺点是废料成本较高。几乎所有的金属加工过程都会产生一些废料。然而预涂卷材废料的成本更高，因为它已经涂覆了涂料。因此，制造商必须丢弃或回收价值较高的废料，在某些情况下从经济角度考虑是不利于预涂卷材的应用的。

在北美，很少有卷材涂装生产线与金属卷材生产线合在一起的。因此，卷材必须运输到专业卷材涂装线或收费的涂装线进行涂装，在那里卷材被开卷、涂装、收卷，再送到设备制造商那里。卷材两次运输的额外费用是很高的。在欧洲和亚洲有更多的轧钢厂是将卷涂生产线和卷材生产线集成在一起的，这大大降低了预涂卷材产品的成本。

30.5 航空涂料

目前飞机机身主要由铝合金制成，但由于高强碳纤维复合材料具有优异的比强度和比刚度，越来越多采用高强度碳纤维复合材料。军用飞机比商用飞机在复合材料的道路上走得更远。然而，由于飞机的设计使用年限很长（40 年以上），铝合金飞机将继续在未来许多年中占主导地位。

由于飞机的服役环境是独一无二的，所以保护机身的涂层也是独一无二的。飞机涂料的市场相对较小，但在现代世界，旅行依赖于这些涂料提供的防腐保护。一架飞机可以从中东一个非常热的停机坪上快速起飞，那里的温度可以超过 50℃，飞机的蒙皮可以超过 100℃，飞行到 10000m 高空时，空气温度是－70℃。因此，热应力应该非常大，可以很快地传导。涂层必须能够反复承受这些应力。飞机涂层的服役环境还要求涂层对许多不同的流体具有耐性，包括腐蚀性流体，如特种液压油（Skydrol）、航空燃料和除冰液。在飞机涂料配方设计上要耐受这些液体，这是一个比较难的任务。

通常，商用飞机外部涂层是个多层体系，包括转化涂层、耐腐蚀底漆和彩色面漆（图 30.3）。由于外观和耐性的优势驱动，飞机制造商和航空公司正在逐步地接受底色漆-罩光清漆涂层体系。无论面漆是单层涂层还是底色漆-罩光清漆涂层体系，面漆几乎都是 2K 脂肪族 PU。底漆通常为环氧涂料，含有缓蚀颜料可延缓下面铝合金的腐蚀。所有涂层的固化温度都很低，因为要将飞机机库加热到高于环境温度几十摄氏度是不现实的。

飞机上使用的转化层仍然主要是含六价铬的涂料。航空工业是少数几个允许在涂料或转

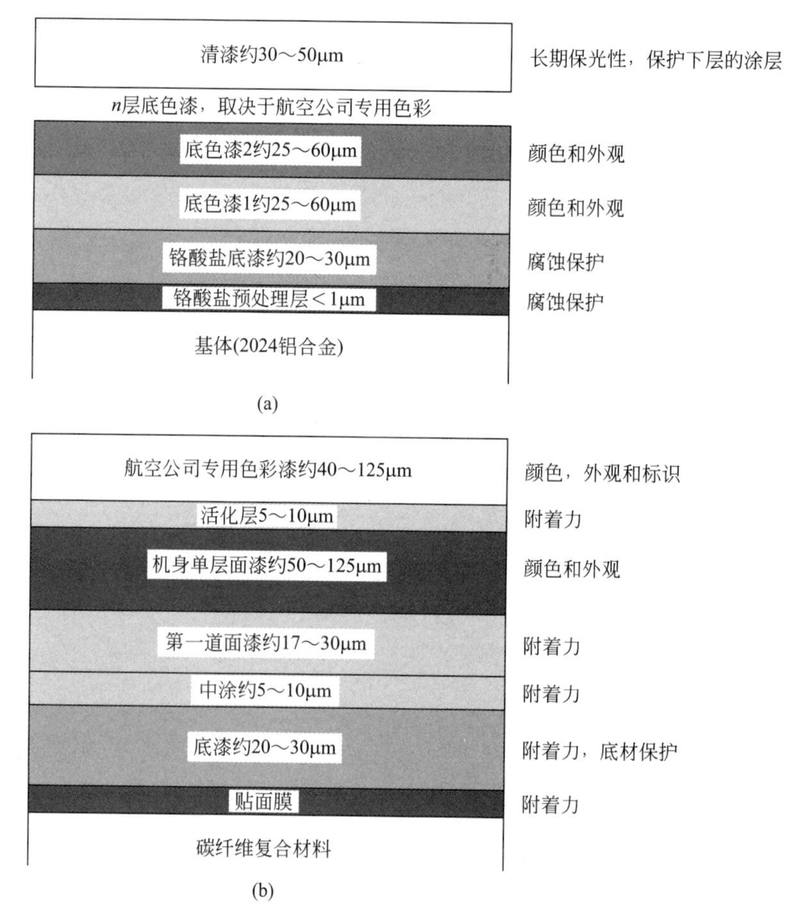

图 30.3 商用铝合金飞机（a）和复合材料（b）机身上涂层系统的截面图

请注意，对于复合材料机身，最后的机身和航空公司专用色彩涂料由机身制造商提供，而较底层由较底层材料的供应商提供

化层中继续使用六价铬的行业之一，因为几乎没有可替代的有效技术。这主要是由于飞机的服役年限长，并且飞机造好后某些区域无法检查，例如内部或机翼或其他密封结构部件，不像外部蒙皮，这些区域是无法进入进行检查的，但仍然要持续使用 40 年以上。

由于加速腐蚀试验与实际性能的相关性较差，很难预测 40 年后的涂层性能。航空工业仍然依赖 B117 盐雾测试，主要原因一是政府对军用飞机制定了相应的规范，二是不太愿意改变基于大量历史数据制定的技术指标。由于实验室测试结果与长效性之间缺乏良好的相关性，对飞机制造商来说更换无铬涂层是一种高风险的做法。

涂覆转化层后，在飞机内部和外部再涂上一层防腐蚀环氧底漆。同样，由于飞机的服役年限要求很长，使用含铬的颜料仍然是常态。这些涂料的使用环境可能相当苛刻，例如，机翼内部要持续暴露在航空煤油中，这些内部空腔涂有含六价铬颜料的环氧底漆，以确保在服役年限内的防腐蚀性能。

已经开展了大量的研究工作，希望在底漆和预处理层中取代六价铬的颜料。一些可替代的预处理技术已经工业化，并被用于外部零件或紧固件。这些预处理技术基于溶胶-凝胶化学及使用 Zr 和 Si 前驱体在金属基体上形成氧化锆/氧化硅复合薄膜（Blohowiak 等，1999；Liu 等，2006）。这种预处理层也可以与之后的底漆形成强大的键合，提高基体金属的耐腐蚀性能。对其他基于 Ti、Zr、La 或 Ce 的氧化物也已进行了研究和测试，结果喜忧参半。

已经研究开发出了新型耐蚀颜料。目前只有两种技术看起来有希望。一种是富镁底漆，已被证明可以牺牲保护底层的铝材。由于镁的电化学活性比铝高，在适当的条件下镁会转化成 MgO 从而保护铝（Battocchi 等，2006）。这项技术已经工业化，用于飞机涂料。另一种技术更有前途，用锂盐来制备防腐蚀颜料。碳酸锂和草酸锂都被证明可以显著降低各种铝合金的腐蚀速率（Liu 等，2015；Visser 等，2015）。该防腐蚀机制是因为锂盐先溶解，在腐蚀发生的位置形成氢氧化铝凝胶。锂离子插入凝胶形成一层无定形层，阻止腐蚀进一步发生。

商用飞机喷涂工艺的一个重大挑战是复杂的色彩设计或公司专用色彩，也就是每家航空公司都要喷涂它们的徽标。每一种颜色的涂装都需要大量的遮挡和去遮挡工作。一些航空公司使用特别复杂的公司专用色彩，这需要施工许多天，因为每种颜色的涂装和固化都需要耗费很长时间，再加上遮挡过程所花的时间。由于太过于复杂，已经有研究使用贴花和其他的固化方法，如紫外线固化。

由于飞机要求例行地进行脱漆和重涂涂层，以检查结构和腐蚀损伤的情况，因此涂层必须是可以被脱除的。使用有机溶剂进行脱漆很普遍，但是会对环境产生不利影响。当商用飞机停飞而去喷漆时，修理的速度至关重要，因为飞机在机库中喷漆花费的时间无法产生收入。

用于军用飞机的涂层与商用飞机的涂层没有什么不同，但可能需要一些更多的功能。例如要有在各种辐射波段中，包括红外或微波波段，能够减弱信号（隐身）的涂层。这些技术的细节都是严格保密的。

（邵亚薇　译）

综合参考文献

Gaske, J. E., *Coil Coating*, Federation of Societies for Coatings Technology, Blue Bell, PA, 1987.

Streitberger, H. -J.; Dossel, K. -F., *Automotive Paints and Coatings*, John Wiley & Sons, Chichester, 2008.

参 考 文 献

Agawa, T.; E. D. Dumain, *Waterborne High Solids Powder Coating Symposium*, New Orleans, LA, 1997, p 342.

American Coatings Association and Chemquest Group, ACA Industry Market Analysis, American Coatings Association, Washington, DC, 2015.

Anderson, L. G., et al., US patent US6593417 B1(2003).

Balch, T., et al., US patent US7604837 B2(2009).

Barsotti, R. J., et al., US patent US6428898 B1(2002).

Basu, S. K., et al., *Proceedings of the 15th International Coatings Science and Technology Symposium*, St. Paul, MN, USA, 2010.

Battocchi, D., et al., *Corr. Sci.*, 2006, 48(8), 2226-2240.

Bauer, D. R., et al. , *Ind. Eng. Chem. Prod. Res. Dev.*, 1982, 21(4), 686-690.

Beiro, M., et al., *Prog. Org. Coat.*, 2003, 46(2), 97-106.

Bhattacharya, D., et al., *J. Coat. Technol. Res.*, 2007a, 4(2), 139-150.

Bhattacharya, D., et al., US patent application, US20070282038 A1(2007b).

Blohowiak, K. Y., et al., US patent US5939197 A(1999).

Boggs, L., et al., *J. Coat. Technol.*, 1996, 68(855), 63-74.

Boisseau, J., et al., *Proceedings of the 1st European Wealth Symposium*, Czech Republic, Prague, 2003.

Broder, M. et al., *J. Coat. Technol.*, 1988, 60(677), 27.

Chattopadhyay, D. K., et al., *Prog. Org. Coat.*, 2009, 64(2), 128-137.

Cocuzzi, D. A.; Pilcher, G. R., *J. Coat. Technol.*, 2004, 1(4), 22-29.

Cooke, P. R., et al., US patent US8142858B2(2012).

Courter, J. L., *J. Coat. Technol.*, 1997, 69(866), 57-63.

Deskowitz, P., 2013, *Automotive Market Report*, Bayer Materials Science, Pittsburgh.

Dubois, R.; Sheih, P., *J. Coat. Technol.*, 1992, 64(808), 51-57.

Edwards, P. A., et al., *J. Coat. Technol.* Res., 2005, 2(7), 517-527.

Furukawa, H., et al., *Prog. Org. Coat.*, 1994, 24(1), 81-99.

Gander, P., Bisphenol A-free can coating in limbo, 2016, from http://www. foodmanufacture. co. uk/Regulation/Bisphenol-A-free-can-coatingsin-limbo(accessed March 19, 2017).

Gaske, J. E., *Coil Coatings*. Federation of Societies for Coatings Technology, Blue Bell, PA, 1987.

Green, C. D., *Paint. Coat. Ind.*, 1995, September, 45.

Groenewolt, M., *Prog. Org. Coat.*, 2008, 61(2-4), 106-109.

Groenewolt, M., et al., US patent US8658752B(2014).

Hayoz, P., et al., *Prog. Org. Coat.*, 2003, 48(2), 297-330.

Hazan, I., et al., US patent, US7867569 B2(2011).

Higginbottom, H. P., et al., *J. Coat. Technol.*, 1999, 71(7), 49-60.

Kenny, J., et al., *J. Coat. Technol.*, 1996, 68(855), 34-43.

LaKind, J. S., Int. *J. Tech. Pol. Mgmt.*, 2013, 13(1), 80-95.

Liu, J., et al., *J. Adhes.*, 2006, 82(5), 487-516.

Liu, Y., et al., *J. Electrochem. Soc.*, 2015, 163(3), C45-C53.

Miranda, T., *J. Coat. Technol.*, 1988, 60(760), 47-49.

Mirgel, V., *Prog. Org. Coat.*, 1993, 22(1-4), 273-277.

Mohammadloo, E. H., et al., *Prog. Org. Coat.*, 2014, 77(3), 322-330.

Moussa, Y.; Knotts, C., European patent, EP2714535B1(2015).

Nichols, M. E., et al., *Radtech Rep.*, 2001, 15(6), 20-22.

Noonan, G. O., et al., *J. Agric. Food Chem.*, 2011, 59(13), 7178-7185.

Palackdharry, P. J., *Polym. Mater. Sci. Eng.*, 1991, 65, 277.

Ramamurthy, A. C., et al., *Prog. Org. Coat.*, 1994, 25, 43-71.

Rexam Annual Report, 2015, p. 6, from http://www. annualreports. com/ Company/rexam-plc(accessed April 17, 2017).

Rosales, B. M., et al., *Prog. Org. Coat.*, 2004, 50(2), 105-114.

Sadvary, R. et al., US patent US6623791B2(2003).

Schoff, C. K., *J. Coat. Technol.*, 1999, 71(888), 56-73.

Seubert, C. M.; Nichols, M. E., *Prog. Org. Coat.*, 2004, 49(3), 218-224.

Seubert, C. M.; Nichols, M. E., *J. Coat. Technol. Res.*, 2010, 7(5), 615-622.

Seubert, C. M., et al., *J. Mat. Sci.*, 2015, 51(5), 2259-2273.

Singh, S., *Manage. Dec.*, 2006, 44(6), 783-789.

Sung, L. P., et al., *J. Coat. Technol.*, 2002, 74(932), 55-63.

Swarup, S., et al., US patent, US6762240 B2(2004).

Tachi, K., et al., *J. Coat. Technol.*, 1990, 62(782), 43-50.

Testa, C., *J. Coat. Technol.*, 2008, October, 24-28.

Trindade, D. J.; Matheson, R. R., US patent, US8710138 B2(2014).

Uhlianuk, P. W., et al., US patent, US7740912 B2(2010).

Vanier, N. R., et al., US patent, US6916368 B2(2005).

Visser, P., et al., *Faraday Discuss.*, 2015, 180, 511-526.

Vogt-Birnbrich, B., et al., US patent, US6069218 A(2000).

Weaks, G. T., 1991, *ESD/ASM, Adv. Coat. Technology Conference*. Detroit, MI USA, Eng. Soc. Detroit: 201.

Wingender, R., et al., *J. Coat. Technol.*, 1998, 70(877), 75-82.

Woo, J., et al., *J. Coat. Technol.*, 1982, 54(689), 41-55.

第31章
非金属基材产品用涂料

很多木器和塑料产品都是在工厂进行涂装的，例如木家具、橱柜、地板、镶木板、硬质纤维板镶木板和护板，还有汽车车身塑料零部件。本章只介绍这种在工厂涂装的涂料，有关承包商使用的建筑涂料和在家中自涂使用的木器涂料（DIY 涂料）将在第 32 章进行讨论。有的非金属底材也是在工厂进行涂装的，例如纸张、纺织品、玻璃和薄膜，在这里我们只讨论木器涂料和塑料涂料。

当然，有关 VOC 的法规会继续影响木器和塑料涂料的技术发展，特别是木器涂料，目前越来越重视可持续发展。目前家具零售巨头们都在评估家具从“摇篮到坟墓”（从家具原材料开始到旧家具处理）的生产工艺对环境的影响。绿色建筑计划，像 LEED（第 18 章，一种绿色建筑评价体系）所强调的，会影响对镶木板和其他建筑构件所用涂料的选择。另外，生物基涂料会越来越受到重视。

31.1 木器涂料

全球木器涂料市场很大，究竟有多大呢？准确的数字“很难得到”（Bulian 和 Graystone，2009），但这并不奇怪，因为全球有数以千计的涂料厂家在向远超过 100000 家的工厂供应各种品种的涂料。细分市场的定义也各不相同，例如有些统计将木制甲板纳入工厂使用的木器涂料中，但有些统计却没有。全球最大的市场在亚洲，这反映了制造业大都迁到了亚洲，有可能是因为亚洲的法规、监管比较宽松。在 2012 年，单在中国工厂内使用的木器涂料就达到约 20 亿美元（Duan 等，2014），再加上亚洲其他国家使用的木器涂料，总数就非常大了。Pilcher（2015）估计在美国工厂用的木器涂料总值约 9 亿美元，大约等于美国涂料市场总量的 4%。

31.1.1 木制家具涂料

世界各地的家具风格和制造工艺各不相同。例如，欧洲一些地区喜欢高光泽的家具涂料，而另一些地区则喜欢低光泽的。在美国，大部分木制家具都是仿古风格的。时尚潮流通常都是由高端市场引领，而昂贵的木制家具在制造过程中要用到大量的手工劳力和技艺。本书的早期版本（Wicks 等，2006）详细介绍了这种典型的高端涂装工艺，这里就不再赘述。因为该工艺采用了高 VOC 含量的溶剂型硝基漆（NC），这种涂装工艺的应用在北美和欧洲正逐步减少，但是在亚洲部分地区仍在使用。

在美国家具制造中，许多家具是整体组装好之后才进行涂装的。高级桌面的最外层，通常用一些山核桃木、胡桃木或橡木的薄板贴面。这些硬木表面有开放的木眼和明显的纹理，看起来有非常高贵的质感，而一些较小的部件则是由实木制成。

通常，涂装的第一步是去木毛，先涂上低固含量的聚乙烯醇溶液，使木材表面的木纤维竖起、变硬，然后通过打磨把毛刺磨掉，使木材表面变得平整光滑。有些木材不需要做这一步。

接下来用着色剂对木材着色，着色剂包括溶解在溶剂中的酸性染料溶液或透明颜料的分散液。选好着色剂并涂抹均匀，整个家具表面就有了底色。跟着薄涂一层低固体分、低黏度的头道封闭漆，这样可以最大限度地减少色迁移，又可使表面的木纤维变硬而方便打磨，这时就可以进行下一步的填孔了。

填孔的目的是给木材的木眼上色，以凸显纹理图案，要用腻子将木眼基本填满，与周边齐平。通常，腻子的颜色是深棕色，而家具的底色是浅黄色或红棕色，如为了特殊效果，也可以使用其他配色组合。腻子的基料通常采用亚麻籽油和/或亚麻籽油长油醇酸树脂加上硬树脂（如石灰松香）、催干剂和脂肪烃溶剂制得。腻子一般都是深色的，通常采用天然无机颜料着色。在组装好的家具白坯件上喷（刮）一层厚腻子，用布垫将腻子大力压擦，填入木眼中，擦去表面多余的腻子。

然后涂覆二道打磨封闭底漆，为喷涂面漆做好准备。典型的打磨封闭底漆的配方中含有硝化纤维素、硬树脂（如用多元醇酯化的马来松香）和增塑剂。通常在打磨封闭底漆中添加3%～7%的硬脂酸锌（按清漆固体分计），以改善打磨性。打磨封闭底漆的喷涂施工固体分（体积）约20%，实干后用砂纸打磨平整。另外，一些厂家会采用VOC含量非常低的紫外线固化封闭底漆，然后配套使用水性面漆（31.1.2节）。

接着在家具上喷涂面漆。硝化纤维素（17.2.1节）是高档家具面漆的主要基料，原因有三个。第一，硝基漆漆膜的外观非常优异，不仅观感通透，还具有很好的丰满度，能展现清晰的纹理，这样的漆膜外观是任何其他涂层都无法与之媲美的。第二，漆膜干得很快，而且涂刷后短时间内就可以耐刮擦，因而可以快速包装及装运，不会在干膜表面留下任何“印痕”。这里“印痕”一词是指当涂层的表面过于柔软时，由于与包装材料的接触而引起的表面损伤。第三，由于漆膜是热塑性的、是永久可溶的，所以一旦出现损坏很容易修补。较高分子量的硝化纤维素能提高涂膜最终的机械性能，但涂料固体分也会因此而相应降低。这时，可添加硬树脂如酯化马来松香与硝化纤维素混合。面漆中的增塑剂通常是短油度椰子油醇酸树脂（15.4节），为涂膜提供柔韧性。硝化纤维素、增塑剂和硬树脂的比例至关重要，如果涂层太软，很难进行抛光；如果涂层太硬，当木材因为含水率的变化或环境温度突变而产生形变时，漆膜就会开裂。另外，通常会添加紫外线吸收剂（5.2.1节）和柠檬酸使漆膜减少变色。

在美国，硝基漆的光泽度在12～90之间（60°光泽仪）（19.10节），体积固体分可能小于20%，VOC含量可低于680g/L，符合国家标准，但不符合更严格的某些地方标准。硝基漆在施工过程中需要特别小心，防止大量易燃溶剂的快速挥发，避免发生火灾或爆炸。

涂上第一道面漆后就要进行仿古破坏性处理，仿古破坏性处理就是使用多种手法去仿制各种古旧效果。接着涂上第二道面漆，再在40～60℃下进行干燥。最后对清漆表面进行抛光，可以先用细砂纸加上润滑剂轻磨，再用布和抛光剂进行擦拭，这样反复进行就会得到一个漆膜油润、光泽柔和的表面效果。

虽然硝基漆的可溶性是一个优势，使得涂膜修补很容易，但同时也是一个缺点。如果有溶剂，如指甲油稀释剂溅到涂膜上，涂膜就会受损。一种能保持硝基漆涂膜美观且耐溶剂的有效方法是使用前在硝基漆中添加少量的脂肪族多异氰酸酯固化剂。固化剂与硝化纤维素中的羟基交联，提高涂膜的耐溶剂性。在这种情况下，要注意所用的必须是醇和水含量都极低的氨酯级溶剂。同理，硝化纤维素也必须用增塑剂而不是用异丙醇去加湿。

这种工艺生产的木制家具很漂亮，但价格昂贵。美国市场的很大一部分家具，制造和涂装的成本较低，但却尽可能设计成看起来像高端家具的产品。有许多方法可以不同程度地节省制造成本，下面是其中一种中等节省成本的方法。

如果使用昂贵的硬木贴面制成层压面板和侧板，再涂漆，这样制作费财费力。我们可以用印刷装饰板作面板和侧板，只有框架和腿才采用实木。刨花板是用树脂基料、木屑和木片一起压制而成的，可以先用紫外线固化腻子填充（第 29 章，31.1.3 节），然后打磨平整。与之前使用的颜填料用量高的溶剂型涂料相比，一层快速紫外线固化的腻子就足够了，而且费用较低。这种腻子使用那些只吸收或散射少量紫外线的黏土、二氧化硅和/或三水合氧化铝等颜填料（Parker 和 Martin，1994）。颜填料用量高会影响流平，不过这不要紧，因为表面还要打磨。而且，颜填料用量高使得留在表面的树脂较少。最初，紫外线固化腻子是以苯乙烯/聚酯体系为主的，后来为了加速固化，会部分拼用丙烯酸酯体系，但成本较高。

用一种高着色力的硝基底色漆涂覆在已打磨好腻子的贴面板上，整个家具表面就有了一个与高端家具着色风格相配的底色。然后，就可以在实木贴面板上进行凹版印刷，复制那种经过高级技工整色、填补、造阴影和破坏性做旧之后的表面花纹，所用凹版印刷油墨是颜料在增塑剂中的分散体，对底色漆和后续涂层都具有良好的附着力。

首先组装家具的框架和腿，然后上漆，一直做到面漆阶段。再将做好效果的面板和侧板装到家具上，就可以在组装好的家具上涂布硝基半光面漆了。涂布半光面漆，而不是亮光面漆，是为了不需用太多的手工擦拭就能得到一个像手工擦拭的效果。这种半光效果主要是用少量极细的二氧化硅粉料消光而获得的，SiO_2 在干膜中的 PVC 平均值为 2%～4%。施工之后，溶剂挥发，溶剂在挥发过程中引起的对流将粉料带到涂膜的表层，在那里粉料被“固定”在高黏的涂膜中。其结果是涂膜表层中的 PVC 相当高，降低了涂层的光泽，而涂层中的整体 PVC 比较低，只产生较轻微的光散射。

除了紫外线固化腻子之外，到目前为止所讨论的家具表面涂装体系的一个缺点是，它们需要使用 VOC 排放高而固体分又低的涂料。此外，还需要多层涂装，或至少需要使用喷枪多道喷涂，因此施工成本较高。经常使用的热喷涂（23.2.4 节），在 65°C 的温度下喷涂，可以使喷涂固含量从 20%～24%（质量分数）提高到 28%～34%（质量分数），显著减少了 VOC 排放量，但仍远远达不到将来的排放要求。

1995 年，美国环保署在与业界进行广泛讨论后，修订了木质家具涂料的法规。经商定，该法规的表示形式为：VOC 排放（lb[1]）/木材表面的固体涂层（lb）。具体限量设定为 2.3lb VOC/磅固体涂层（不是每加仑），还包括设定了一个 HAP 的最高限量，1.0lb HAP/磅固体涂层（不是每加仑）。在新的工厂或涂装线上，HAP 排放量限制在 0.8lb HAP/磅涂层固体。对于特殊涂料，排放量不能超过以下数值：水性面漆，0.8lb；高固体分溶剂型封闭漆，1.9lb；面漆，1.8lb；酸催化固化醇酸氨基封闭漆，2.3lb。2011 年，每个工厂的甲醛排放量被限制在 400lb/a（联邦注册号 76：72050）。

大多数木制家具涂料的挥发性有机化合物限量为 275g/L，于 1994 年在加利福尼亚生效。如果 VOC 法规变得更为严格，大部分家具的表层就只能用印有木纹图案的层压板。层压板在商用和办公用家具上已经使用多年，现在它们在民用家具中的使用正在逐步增加。在

[1] 1lb≈0.454kg。

中国，截至2012年，相当一部分木器涂料仍然是硝基涂料（Duan等，2014）。

为了获得更高的固体含量，多年来一直在努力想替换掉NC漆。自20世纪50年代就开始使用醇酸/脲醛（UF）面漆，通常称为转化型清漆或催化型清漆。典型的有妥尔油/丁醚化脲醛树脂，但是脲醛树脂往往会释放出大量的甲醛，现已有能减少甲醛释放量的三聚氰胺-甲醛（MF）树脂，可能有助于符合2011年规定的甲醛释放限值。酸催化固化涂料在使用之前，添加约5%的磺酸催化剂即可。通常加入分散剂和少量甲基硅油以减少橘皮（24.2节）的发生。涂好面漆的家具在65～70℃下强制干燥20～25min，固含量通常约为38%，约为硝基漆的两倍。热喷涂可以进一步增加固含量，但必须密切注意适用期，随着固体含量的增加，更难做到低光泽。这种漆膜外观的通透性虽不如硝基漆，但仍然是可以的。该涂料耐溶剂，比硝基清漆更耐热和更耐划伤。虽然修补比较困难，但需修补的机会不多。酸催化固化清漆广泛应用于商用家具和厨房橱柜。

廉价的家具主要或至少部分是由中密度纤维板（MDF）制成的，这种家具通常涂有实色的转化型涂料。有时家具是在亚洲制造，然后运到美国进行最后的组装。

甲醛释放的毒性作用给涂料技术提供了创新的机会。一种是制备在固化过程中减少甲醛释放的涂料，另一种是所供涂料能吸收在家具制造中脲醛树脂释放的甲醛。能同时解决这两个问题的一种技术方法是制备含有甲醛吸收剂的涂层，例如聚合物中的乙酰乙酸酯基团（Duan等，2014）或配方中的亚硫酸盐或酰肼。其他方法是使用MF树脂交联剂，在涂层固化过程中最大限度地减少甲醛释放，或作为无甲醛交联剂的替代品。Pavia等人在2011年已经提到过“三聚氰胺改性脲醛树脂”降低甲醛排放的另一种方法。

用异氰酸酯制备的高固体分涂料（第12章），因具有优异的综合性能而被视为高端木器涂料的标准产品（Hallack等，2014）。如醛亚胺/异氰酸酯双组分（2K）有光清漆，90%固体分（12.4节），适用期约为3h，干燥时间约为30min（Dvorchak等，1997）。在需要高耐磨性的时候，可采用湿固化聚氨酯涂料涂装木器。以异氰酸酯预聚物如丙氧基乙二胺/TDI和2,2,4-三甲基戊烷-1,3-二醇/TDI预聚物作为湿固化木器涂料的基料（Pedain等，1989）。有报道，一种含有TMP/1,4-丁二醇/IPDI预聚物与3-缩水甘油氧基丙基三甲氧基硅烷的湿固化木器涂料，通过烷氧基硅烷的水解进行固化，先生成硅醇，然后与其他烷氧基硅烷基团以及异氰酸酯基团反应（Fong，1992）。

杂化组合树脂越来越受欢迎。例如，Hallack等人（2014）介绍了硅氧烷端基的聚脲，可通过硅氧烷在湿固化1K涂层中的水解和缩合而交联，它们也可以作为2K配方中羟基树脂的交联剂，据报道具有抗划伤性能。

各种不同的木器自修复涂料技术的相关介绍见34.3节。例如，热固性聚氨酯与不相容的热塑性聚合物聚己内酯相结合，交联的聚氨酯提供机械强度，热塑性聚合物可以流动，修复表面损伤（Ou等，2014）。溶剂型、高固体分和水性配方也有提到。

31.1.2 水性木器涂料

一直以来，大多数工厂的木材表面以使用溶剂型涂料为主，这种涂料在外观（光泽和透明度）、漆膜性能、应用特性和经济性方面都很有优势。所以，要想在木制家具涂料水性化方面取得发展，使水性涂料的市场份额不断增加，就要付出相当大的努力。将水性涂料直接涂布在木材上会导致木材涨筋、起毛，只有将水性涂料使用在溶剂型或紫外线固化的封闭底漆之上时，才不会发生涨筋、起毛。

将NC漆乳化到水中，就可以大幅度减少溶剂的使用量（Winchester，1991），可以获得VOC为300～420g/L（扣水）的清漆，各方面都可与传统的、VOC约680g/L的NC漆相媲美。只有使用酯和酮等真溶剂，才能使NC溶液的内相固体含量被最大化，这时，使用酯类溶剂的短油醇酸树脂可以当增塑剂使用。当使用水而不是传统的异丙醇作为助溶剂时，推荐用烷基磷酸钠表面活性剂加入漆中作为乳化剂。这种乳化硝基漆虽然保留了易于修补的优点，然而慢干和较差的早期抗回黏、抗“压痕”的缺陷限制了它的使用。

Haag（1992）研究了NC杂化丙烯酸乳胶漆。他指出当涂料配方的VOC在240～400g/L范围内时，用这种杂化乳液制造的家具封闭漆和面漆，涂膜的物理性能和外观皆优于用纯丙烯酸乳胶所制的同类漆。

热固性乳胶面漆（9.4节）已经很常见。对于双组分涂料，可以使用各种交联剂与羟基基团和羧酸基团交联。以甲基丙烯酸羟乙酯（HEMA）为共聚单体，很容易制得含羟基官能团的乳胶，制得的乳胶习惯上与UF或MF树脂交联。将MF树脂溶于BA/HEMA/MAA乳胶聚合物中作为增塑剂以促进互扩散，随着温度的升高，互扩散速率比交联速率增加得更快，直至所有反应结束、交联密度升到某个点时，互扩散就会停止。这时，通过添加催化剂（如pTSA）可以进一步提高交联度，这样做虽然缩短了固化时间，但同时也缩短了适用期。乳胶清漆的透明度已有所提高，但仍很难达到溶剂型涂料的最佳透明度。

另一项发展是使用自交联或可交联丙烯酸乳胶（Vielhauer，2013；Carson等，2015）。9.4节中描述的许多交联化学已被采用，进一步的做法是将自交联丙烯酸乳胶与聚氨酯分散体（PUD）共混，就能为低VOC（约150g/L）木器涂料提供良好的性能和优异的耐黄变性（Vielhauer，2013）。

Huang等人（1997）研究了羟基丙烯酸乳胶与非离子亲水改性聚异氰酸酯交联时的几种变量对木橱柜涂膜性能的影响。结果表明，乳胶通过核壳工艺制备时，羟基含量高（羟基数52）、粒径小、有较低的T_g（可通过增加成膜助剂的用量来达到），有效地提高了性能。

杂化乳胶（12.7.2节）综合了丙烯酸和聚氨酯化学性能的优点，越来越成为木器涂料的优选。PUD和丙烯酸乳胶的物理混合（冷拼）已经使用了几十年，最近，又开发出了聚氨酯化学改性丙烯酸乳胶的杂化方法，以制备据说能兼有更低VOC和优异涂膜性能的杂化乳胶。

水可稀释性丙烯酸树脂被用来制备成涂料（8.3节）。热固性树脂可通过与聚合氮丙啶交联剂（17.7节）交联成膜，但对氮丙啶交联剂在喷涂施工中存在的毒性危害仍有些担心。甲基化脲醛树脂在强制干燥的条件下可用作交联剂。乙酰乙酰氧基功能性水可稀释丙烯酸树脂可与二胺交联成膜（Esser等，1999）（17.6节），而该丙烯酸树脂可选用甲基丙烯酸乙酰乙酰氧基乙酯为共聚单体来制备。具有足够高分子量的丙烯酸树脂可以用作热塑性涂料。

由羟基和羧基功能性丙烯酸乳胶与脲醛树脂交联剂可制备用于厨房橱柜的水性涂料。虽然需要添加一些有机助剂作为成膜助剂，但其VOC的排放量却远低于溶剂型涂料。Howard等人（2001，2014）都讨论过制备这类涂料配方的各种参数。

双组分水性聚氨酯面漆（12.7.3节）的使用越来越多，因为它们具有低的VOC排放量、只使用符合最低限量的HAP溶剂，涂膜具有优异的耐磨性和机械性能。然而，成本相对较高，要使用特殊的施工设备（Dvorchak，1997）。

31.1.3 紫外线固化家具涂料

除了31.1.1节提及的紫外线固化面漆在欧洲的应用，北美和亚洲也使用紫外线固化面漆，但程度很有限。欧洲家具的很大一部分是用平板制造的，先将紫外线固化涂料辊涂在平板表面然后再组装，其低温快速固化的特点非常适用于木质底材。此外，许多欧洲家具的外观都是亮光表面。针对这种应用，紫外线固化涂料是非常理想的选择。

早期的紫外线固化涂料是以苯乙烯/聚酯树脂为基础的，后来采用丙烯酸涂料，因为它们的固化速率更快，而且没有苯乙烯排放的问题（29.2.5节）。固化后的涂层外观可以是亮光或半光，耐溶剂并具有优异的机械性能，它们的VOC排放量最小。紫外线固化涂料在美国的使用一直受到限制，因为在美国，家具制造的主要流程是先组装后涂装，并且追求的是低光泽的涂层。

在涂料中添加纳米颗粒（20.5节）以提高家具涂料特别是紫外线固化涂料表面的机械性能是一种很具前景的方法（Nikolic等，2015）。纳米颗粒很难分散，但经三烷基硅氧烷表面处理过的二氧化硅纳米颗粒就可以分散进紫外线固化的水性木器涂料中（Sow等，2010），只要添加1%的纳米颗粒，涂膜的抗划伤性和附着力就能得到提高。

低VOC、低光泽的水性紫外线固化涂料已被研发出来（29.2.6节）。另一个实例中，将普通丙烯酸乳胶与紫外线固化低聚物（如三官能团丙烯酸酯）、光引发剂和其他成分混合，可配制出低光泽木器用水性紫外线固化涂料（Bohannon，2014）。涂布后的涂层先在40～50℃下强制干燥6～12min，再进行紫外线固化。

31.1.4 面板、护板和地板涂料

很多涂料被用在胶合板和硬质纤维板上，以制备带有预涂层的内衬板和外墙用板，市场上另一小部分昂贵的、高品质的硬木胶合板被用于装饰行政办公室、高档餐厅等。这种镶板的涂装方法与木家具市场上的高端产品的涂装方法基本相同，而占据市场主体的却是各种各样的低成本产品。

还有一类商用墙板是用三层胶合板制成的，用作顶层饰面板的是外观平平的低成本柳桉木（luaan）。将这种墙用面板干燥以去除表面水分，开凹槽制作木纹样式，然后打磨。使用能精确定位的自动喷枪将深色漆喷在凹纹里，将面板再次干燥，然后涂布已用染料着色的封闭漆。将面板再次砂磨，然后印制花纹两到三次，使外观看起来像核桃木、紫檀木或一些其他有吸引力且纹理漂亮的木材。最后，涂上一层低光泽面漆，这层面漆通常都是NC漆。虽然这类商品最初是在美国发展起来的，但大多数生产已经转移到海外，最初是韩国，然后转移到菲律宾。由于菲律宾是柳桉木的原产地，因此可以在那里完成制造后再将成品运出来。此外，菲律宾的空气污染法规也不那么严格。

一个相关但又相当不同的应用是将这种墙用面板用作门的“贴皮板”。在制造室内门时，一种常见的方法是将“贴皮板”层压到组合好的刨花板门的表面。“贴皮”用的单板通常是桦木或柳桉木，有时会印上硬木纹图案。通常情况下，门贴皮板上的涂层是有光的。墙板最好采用低光泽涂料，可以避免光线反射产生眩光，而门上的涂料最好采用高光泽涂料，这样更容易清洁，再加上门的表面积相对较小，眩光并不严重。这些综合因素使得紫外线固化涂料在门的贴皮板上得到了广泛的应用。

对许多木器紫外线固化涂料进行过研究。例如一种镶板用的紫外线固化涂料，是用环氧丙烯酸低聚物和含氟单体［$C_6F_{13}(CH_2)_2OCOCH=CH_2$］制备而成，它的疏水性、疏油性、耐化学品性和抗划伤性均优于不使用含氟单体的涂料（Bongiovanni等，2002）。

内饰板市场有一部分是预涂硬质纤维板，硬质纤维板是由木材纤维和碎片混合后在液压

机中固化。木材中的木质素起黏合剂的作用，使木材纤维结合在一起，有时木质素还需要补加酚醛树脂来增强黏结力。施加不同的压力，可以改变硬质纤维板的密度。此外，在硬质纤维板表面上可以压制各种花纹，制造出各种各样的产品。在硬质纤维板光滑的表面喷涂底漆、印制纹理效果和涂布半光面漆，使得 4ft×8ft（1ft＝30.48cm）的面板看起来可以像任何类型的木材。表面光滑的硬质纤维板通常采用淋涂工艺（23.5 节），以得到平整的涂膜。

硬质纤维板比胶合板能承受更高的烘烤温度，从而可以发挥烤漆的优点。由于硬质纤维板不像木材那样具有凹凸的纹理结构，因此使用水可稀释性丙烯酸/MF 或交联型乳胶涂料都是可行的。虽然底漆的平均漆膜厚度相对较高，但并不太会起泡，因为用辊涂和淋涂施工的涂层厚度比喷涂的涂层更为均匀（23.4 节和 23.5 节）。

在镶板上抠出凹槽，再涂上深棕色而模拟出“舌状纹”和“细槽纹”。之后，在镶板表面辊涂一层底漆，它不会明显流入凹槽，再经印花和涂布面漆就可以了。用压花工艺压制类似虚线样的凹槽花纹（虚线样凹槽纹要像名贵硬木似地布满镶板的表面）。至此，成品板上有印花木纹，还有虚线样的花纹和凹槽，就形成了装饰镶板的效果了。

人们也可以模仿木材的孔洞，比如说有啄洞的松柏。除了去复制被啄过的柏树或被虫咬过的栗树，其他效果如砖、石头或石灰华大理石的纹理都可以模仿。还可以用压花仿制接缝，使面板看起来更像瓷砖。大理石印花可与亮光清面漆配合使用。其他的室内硬板镶板，则主要是为表面涂有高光实色涂料的浴室而设计的。

高密度纤维板也可用作室外壁板，通常的做法是将硬质纤维板在工厂预涂底漆，设计要求该预涂底漆在涂装外用面漆之前，室外耐久性要达 6 个月以上（32.1 节）。为减少 VOC 排放，底漆通常采用水性丙烯酸/MF 作为成膜物。在配方设计上的一个重要的挑战是需要确保底漆有足够高的交联密度，这样，固化后的硬质板从烘箱取出后可以立刻码堆又不会出现粘连。同时，又要保证底漆的交联密度不能太高，以确保后续涂层对底漆有良好的附着力。希望涂层同时具有这些性能就需要控制好底漆的交联密度，因为涂层附着力的提升通常取决于后续涂层对底漆的渗透性。底漆通常是低光泽的，主要是因为使用大量的惰性颜料以降低成本，并有助于提高底漆与后续涂层的附着力。这种硬质板大量地应用在连排别墅的侧板。预涂了底漆的硬质板安装在室内，后续涂层要一直等到业主买了房并定好颜色之后再涂装。

贝利等人（1990）对不同的硬质板与不同的涂层组合后的户外耐久性进行了广泛的研究。研究表明，预涂了醇酸底漆的硬质板，到现场再涂布丙烯酸乳胶面漆可得到最佳效果。一些硬质板可能含有矿脂和其他油性物质，这些物质会向上迁移到涂层的表面，导致涂层变色或产生回黏后又黏附了污垢而影响外观，但当涂料配方中的颜料体积浓度低于临界值时（PVC＜CPVC），可以将这个影响降到最低，并有效降低孔隙率。

成品预制板的生产规模小于预涂板。在工厂里，将已有底漆的硬质板继续涂上烘烤型丙烯酸面漆或者有机硅改性丙烯酸面漆（16.1.2 节），其户外耐久性会得到进一步的提高且优于在现场涂布面漆的预涂板，但牺牲了业主自选颜色的灵活性。成品预制板更常用于商业建筑。在 30.4 节中也讨论了金属护板的卷材涂料。

水性紫外线固化清漆（29.2.6 节）具有优异的耐久性，已开发出可用于木制品譬如窗框等的产品。例如，其中的基料可以用丙烯酸酯基封端的脂肪族 PUD 与低分子量的丙烯酸酯共聚而成。

湿固化聚氨酯涂料（12.6 节）也可以应用在地板上，在此类应用中，涂层的耐磨性和耐水解稳定性显得十分重要。虽然此类涂层被称为聚氨酯涂层，但实际反应交联生成的是脲基团。由于脲基团也能形成分子间氢键，所以这种基团就非常类似于聚氨酯，也具有一定的耐机械性能（12.6节）。木地板涂料也可以采用羧基聚氨酯/丙烯酸聚氨酯分散体和季戊四醇三（β-氮丙啶丙酸酯）制备出来（Kohman等，2002）。采用干性油改性聚氨酯分散体制备的水性木器漆，用于地板时具有优良的耐磨性和耐鞋跟印的性能。水性2K聚氨酯涂料中的交联剂是亲水改性的脲基甲酸酯多异氰酸酯，可用于木器涂料。用水性紫外线固化丙烯酸酯聚氨酯分散体制备的木器涂料，具有良好的附着力（Irle等，2001）。

许多研究表明，添加少量纳米颗粒会提高木器漆的性能（Nikolic等，2015）。例如，纳米氧化铝颗粒（平均直径13nm）添加在紫外线固化的木地板涂料中，显著提高了涂层的耐划伤性（Landry等，2006）。添加3-甲基丙烯酸三甲氧基硅丙基酯作为颜料和基料之间的偶联剂，使纳米氧化铝颗粒能均匀分散在紫外线固化涂料中。Romo-Uribe等人（2016）介绍了非表面改性纳米二氧化硅的丙烯酸乳胶的合成。1%的纳米颗粒可使 T_g 升高10℃，并进一步增强了热稳定性，这项技术似乎非常适合用于木器涂料。

溶剂型氨酯油树脂因其耐磨性好、使用方便等优点，已广泛应用于木地板及其他木制品的涂饰。然而，由于VOC法规的限制，也逐渐在向水性涂料转变。讨论详见15.7节和Caldwell（2005）。

31.2 塑料涂料

塑料已成为涂料的一种主要底材。塑料中使用的聚合物种类繁多，表面装饰的方法也多样，这都导致塑料涂料的设计变得十分复杂。Satas（1986）和Ryntz（1994，2001）分别对此进行过讨论，Wilke和Ortmeier（2011）也对塑料用涂料做过综述。对模塑成型的塑料，有两种涂装方案可供选择：①模内涂装，即先用涂料涂覆在模具内壁上，然后再将塑料材料注入模具，最后从模具中取出模塑部件（其外表面已包覆涂层）；②模后涂装，将已模塑好的工件从模具中取出后，再对其进行涂装。

用于塑料薄膜的涂料具有重要的商业价值，在此未做考虑，但是适用的原理有很多都是一样的。

31.2.1 模内涂料

极性的热固性塑料可以采用模内涂装。有多种涂料材料可供模内涂装使用，需要根据塑料特性进行选择。为了保证涂层与塑料间具有良好的附着力，涂料组成最好选择与塑料组成相似的，最好能和塑料组分发生反应。在玻璃增强塑料件上所用的胶衣（gel coats）就是一个这样的例子。胶衣是添加颜料的苯乙烯-不饱和聚酯树脂（17.3节），它与模塑料中的树脂一起固化，从而使胶衣层与塑料主体发生化学键合。用于模塑的树脂通常是一种由邻苯二甲酸酐、马来酸酐和丙二醇制备的聚酯的苯乙烯溶液。在某些产品中，胶衣所含的聚酯与模塑树脂是相似的。但是当需要更优异的耐水解和耐久性的时候，如用在船只和浴室等产品时，用作胶衣的是由间苯二甲酸、马来酸酐和新戊二醇制得的聚酯。这种聚酯价格较贵。

对于聚氨酯反应性注塑（RIM）件，含有游离羟基的模内涂料可以与模塑化合物中的异氰酸酯基团反应。硬质聚氨酯方向盘的涂装就是通过在模具内涂上适当颜色的磁漆实现的。在家具中，用于替代木质雕刻件的硬质聚氨酯发泡件的涂装，也是在模内完成的。所用模具内部喷有与家具底漆颜色匹配的漆。大量的模内涂料过去是溶剂型的，而且常常是低固体分的。这些高 VOC 涂料正在逐步被更高固体分的涂料、水性涂料和粉末涂料所替代。

汽车内部塑料部件的涂装多年来一直使用模后涂料。现在正在推出水性模内涂料技术。根据 Canon 和 Young（2005）的报道，这种技术可以实现零部件的快速生产，提高涂料上漆率，并更好地控制漆膜光泽以及提供更优异的耐磨性和耐化学品性能。

31.2.2 模后涂料

涂料的施工也可以在塑料制品制造完成后进行。很多用于金属的涂料对某些塑料也是适用的，并且选择标准很多也与金属涂料相同。但是，金属涂料与塑料涂料之间还是存在很大的差异。在 6.5 节中提到的附着力，在涂装塑料时往往是核心问题。此外，塑料涂料通常要比金属涂料更加柔韧，塑料和所有的弹性体都容易发生变形，所以表面涂层的形变率必须或至少不能低于底材。因此一般准则是涂层的断裂伸长率（4.2 节）应比塑料底材的大。

要获得良好的附着力，塑料表面必须洁净。诸如机油、打磨灰、手指印等，这些都要清除。许多塑料件的表面都有残留的脱模剂。如果在制品制造时必须使用脱模剂，那么最好使用水溶性皂作为脱模剂，例如硬脂酸锌，因为它比较容易去除。蜡脱模剂较难清除。对于低表面张力的有机硅或氟碳脱模剂，应尽量避免用于要涂漆的塑料件。表面污染物和脱模剂通过喷洗去除，分三个阶段完成。首先，使用洗涤剂清洗，然后用水冲洗，最后用去离子水冲洗。清洗之后，要用压缩空气喷射除去水滴，压缩空气中经常含有油性物质的气溶胶，必须小心除去。喷洗后的表面经常会用溶剂擦拭。Schoff（2016）建议进行简单的润湿试验（ASTM D7541），以确认部件表面是否已完全清理干净。

当表面完成清洁干燥后，不同类型的塑料会表现出不同的表面张力。一般来说，热固性塑料和具有极性基团的热塑性塑料，如尼龙，其表面张力虽然低于金属，但相对较高。对这类表面经常可以不经处理，直接涂漆。但是，一些极性较低的塑料，特别是聚烯烃，它们的表面张力低于大多数涂料，表面极性也非常低。在这种情况下，就需要采用具有非常低的表面张力而且能够渗入塑料表面的底漆。另外，还可以对塑料表面进行处理，提高其表面张力，并提供可以与涂料中的组分形成氢键的表面极性基团，从而促进涂层在表面的附着（参阅下文和 6.5 节）。

汽车塑料仪表盘、格栅和其他外部塑料件的表面涂装，在塑料涂装领域十分具有挑战性。在 *JCT Research*（2005）杂志上发表的在涂漆塑料部件研讨会上的演讲，对现实情况做了很好的总结。这些塑料件由聚丙烯与聚(乙烯-丙烯-丁二烯）橡胶的共混物（在北美称为“TPO”，在欧洲和亚洲称为“PP-EPDM”）经模塑而成。在成型过程中，部分结晶的聚丙烯会在 TPO 表面形成一层薄层。该层表面张力很低，几乎没有涂料能够在其上附着，因此需要进行表面处理。

附着力的提高可以通过薄涂一层氯化聚烯烃（CPO）底漆来实现。这类底漆的基体树脂有的是通过自由基聚合接枝了马来酸酐的氯化聚丙烯（Martz 等，1991；Kinosada 等，1992），也可以在氯化聚烯烃上接枝其他组分。目前所用的氯化聚烯烃有多种，它们有不同的分子量、马来酸酐含量和氯化程度。相当多的氯化聚烯烃底漆都是溶剂型的，也有些是水性的（Eastman，2014）。底漆中经常还会加入乙炔炭黑颜料，这样可以使底漆漆膜导电，从而可以在涂有底漆的部件上静电喷涂面漆。

Tang 和 Martin（2002）、Ryntz（1996，2005）和 de Oliveira（2009）针对氯化聚烯烃底漆对附着力的促进机理开展了研究。部分氯化聚合物被认为会通过扩散进入并穿过聚烯烃的表面层，进入橡胶相。另一些氯化聚烯烃则留在表面以促进附着。还观察到橡胶层向聚烯烃中有扩散。除此之外，有很多变量会对性能产生影响。涂层在注塑成型塑料表面的附着要比在压制模塑的塑料上更好。氯化聚烯烃的结构、分子量、氯化程度、马来酸酐含量和膜厚都是重要的变量。随着 TPO 成分和工艺的定期改进，氯化聚烯烃涂装工艺也必须相应地作出修正。所使用的溶剂可以对渗透程度产生重大影响，烃比极性溶剂的渗透程度更高。烘烤通常会促进溶剂的渗透。必须注意的是，在后续涂层施工之前，要确保溶剂完全蒸发，避免残留溶剂在上层涂层烘烤时通过漆膜排出，造成缺陷。虽然溶剂可以改善附着力，但对 TPO 等塑料，选择溶剂时必须慎重，以保持塑料的结晶度不受影响，否则，塑料的内聚强度会下降（Ryntz，2005）。有人认为溶剂渗入 TPO 会使聚丙烯表面层膨胀，降低其结晶度（de Oliveira，2009）。氯化聚烯烃底漆的膜厚必须控制在 3～5μm 的范围内，因为底漆是热塑性的，所以过厚的底漆膜可能会导致内聚破坏。为了形成薄涂层，溶剂型底漆配方中 VOC 的含量就一定很高。TPO 的结晶度和内聚强度还受到涂层固化烘烤温度的影响（Ryntz，1996）。据 Eastman（2014）报道，将某些氯化聚烯烃溶液添加到面层涂料中，可以获得对 TPO 的附着力，而不再需要单独的底漆。（有关附着力测试方法的讨论，见 6.8 节。）

面涂层对氯化聚烯烃底漆的附着力有时也不够高。据报道，在底漆中添加乙烯/乙酸乙烯酯共聚物可以提高层间附着力（Eastman，2004）。还有一种方法，利用丙烯酸羟乙酯（HEA）与氯化聚烯烃底漆中的马来酸酐基团的酯化反应引入丙烯酸酯侧基，然后与丙烯酸酯单体形成接枝共聚物。用这种树脂配制的双组分聚氨酯底色漆，据报道无需使用单独的底漆就具有很好的耐剥离性能（Masudaet 等，2005）。

在涂覆有底漆的 TPO 表面上，进一步涂装汽车底色漆和罩光清漆，比如，丙烯酸/MF 的底色漆和三甲氧基硅烷改性的丙烯酸罩光清漆。另外，也可以采用双组分聚氨酯作罩光清漆，其中加入紫外线吸收剂（UVA）和受阻胺光稳定剂（HALS），用来保证户外耐久性。但是，在同样的涂层体系条件下，涂层在 TPO 表面的耐候性较在钢表面上的差。这种差异归因于 UVA 和 HALS 能通过涂层向 TPO 塑料中发生迁移。要减小迁移问题所造成的影响，可以使用含羟基的 UVA 和 HALS，利用羟基与罩光清漆中的异氰酸酯基团反应，将稳定剂固定到聚合物链上。该方法可以大大提高稳定剂在罩光清漆中的保留率，从而提高它的耐久性（Yaneff 等，2004）。

除 TPO 外，其他聚烯烃和聚烯烃共混物也越来越多地用于需要涂装的产品制造。Anderson 等（2016）对乙烯-辛烯共聚物与聚丙烯均聚物基板上的涂装进行了对比。在这些板材上，研究者先使用市售的氯化聚烯烃作为底漆，然后在其上涂覆各种市售涂料。涂层在聚丙烯上的附着力较好。他们发现，通过将乙烯-辛烯共聚物与 10%～40%的聚丙烯均聚物共混，可以改善涂层对基板的附着力。

由聚氨酯/丙烯酸杂化的聚氨酯分散体（PUD）和两种丙烯酸乳胶制备的水性涂料，已经用于聚苯醚（PPO）塑料汽车内饰件的涂装（Haag，1991；Mori 等，2002）。以丙烯酸单体共聚接枝聚丙烯制得的水性底漆，提高了涂层对聚丙烯（或聚丙烯与乙丙橡胶共混物）橡胶以及丙烯酸面涂层的附着力（Hintze-Bruening 和 Borgholte，2000）。

在某些情况下，与其使用特殊的底漆，还不如直接对塑料表面进行氧化表面处理，通过生成极性基团来增强附着力。文献所提供的各种表面氧化处理方法（Lane 和 Hourston，1993；Wilke 和 Ortmeier，2011）汇总如下：

• 氧化剂，比如铬酸/硫酸液的浸浴处理是一种十分有效的方法，已使用多年。但是，含铬废物的处置现在受到严格管控。为了避免使用Cr(Ⅵ)，Mori等（2002）推荐使用次氯酸钠和洗涤剂对聚烯烃聚合物的表面进行处理，以提高附着力。另外，用气态氟通过一种被称为反应性气体加工的工艺来处理表面也很有效（Iyer，2015）。

• 塑料表面可以用丙烷或丁烷的氧化焰直接氧化。这类处理操作时要小心，以确保在不烧毁的前提下，对所有表面进行充分处理。

• 塑料薄膜通过电晕，或通过产生介电势垒的电极间隙，表面会被离子和中性氧化剂的混合物所氧化。

• 已经开发可用于三维塑料件的常压等离子体活化设备，Williams等（2013）对此有过综述。塑料部件曝露在含有活性物质的气流中，表面氧化主要由气体中的原子氧等中性氧化剂完成。这些活性物质源于电子与气体分子的撞击。用于激活气体的能量可以来自高压炬、电晕、介电势垒或射频放电。所用气体可以是空气、氦气、氩气或混合气体，其中，稀有气体更容易电离。X射线光电子能谱分析结果表明，附着强度大致与塑料表面的氧/碳比相关。Williams等（2013）提供了关于该过程的许多实例，其中一个例子把高密度聚乙烯表面的O/C比从0.02提高到了0.28。

• 对不规则塑料部件，可以用类似的工艺在真空室内处理。这种方法通常被称为等离子体放电。

• 还可以在聚烯烃的表面喷涂二苯甲酮溶液，然后将塑料件曝露在紫外线辐照下。紫外线下二苯甲酮会分解产生自由基，引发表面自氧化。该工艺对橡胶改性的聚烯烃尤为有效。

并不是所有经过处理的表面都具有相同长度的“活性时间”，所以，不管用哪种表面处理方法，都必须注意，在后续的涂装工作时，要确保经处理表面的表面活性。这些方法还有一个缺点，就是不能为表面提供高效静电喷涂所需的足够的导电性。所以，在需要静电喷涂施工时，最好要使用含导电颜料的TPO底漆。

溶剂型氯化聚烯烃底漆VOC高的问题已经催生出了很多替代方法，尤其是在欧洲，用于改善TPO（在欧洲被称为PP-EPDM）表面，使其能与涂层充分附着。这些方法包括前面提到的火焰处理、电晕处理、等离子体处理和反应气体工艺（Iyer，2015）。

从提高附着力的角度来看，塑料件表面最好具有一定的粗糙性。具有高颜料填充量的塑料表面较为粗糙，附着力得到提升。另外，通过模具的表面设计，可以赋予模塑件表面一定的粗糙度。附着力还可以通过在高于塑料T_g的温度下烘烤涂覆件来提高。然而，在许多情况下，在高于T_g温度下加热，会导致模塑件的变形。模内涂料的一个重要优势就在于，塑料在模塑成型时的加热可以提高附着力，同时又避免了对模后涂料烘烤时塑料件出现的热变形问题。

附着力的提升还可通过在涂料中使用塑料溶剂来实现。溶剂降低了塑料表面的T_g，这可能有助于底漆中的聚合物渗透进入基材的表面。但是，必须尽量避免极易挥发的强溶剂在高T_g的热塑性塑料，如聚苯乙烯和聚甲基丙烯酸甲酯上使用，否则会导致出现溶剂银纹，即在塑料表面形成微裂纹网络。关于银纹产生的原因，其中一种可能的解释是溶剂渗透到了塑料中，如果溶剂的挥发性很高，它从塑料表面挥发的速率要比从塑料本体中挥发的速率更快。当溶剂从涂层表面以下扩散出来时，表面以下的体积会发生收缩，产生的应力足以使缺乏溶剂的塑料表面层开裂。使用渗透性溶剂的另一个潜在问题是，在涂层充分交联后，塑料中溶剂的释放可能会引起溶剂爆孔的产生。在研究片状模压料（SMC）零件（模塑玻璃纤维增强聚酯塑料）涂层爆孔的影响因素时发现，通过尽可能降低底漆中的溶剂渗透性，可以将此问题的影响降到最小（Ryntz 等，1992）。另外，在底漆中使用交联密度高或部分结晶的聚合物也可以降低渗透性。

湿固化聚氨酯涂料已经用于塑料地板表面。例如，一种特别适合聚氨酯弹性体地板的、具有优异耐磨性的涂料，这种涂料配方使用的是由聚四氢呋喃二元醇、1，4-丁二醇、H_{12}MDI 和 MDI 制备的湿固化聚氨酯，在使用前添加二月桂酸二丁基锡（DBTDL）和三乙烯二胺（DABCO）催化剂溶液（Harmer，1981）。

塑料表面上的静电喷涂是困难的，这是因为塑料通常是绝缘体，所以不能充分接地以提供必要的电势差，从而将带电的雾滴吸引到表面。可以测定塑料的表面电阻率以及表面电荷耗散所需的时间，其结果关系到静电喷涂的可实施性（Garner 和 Elmoursi，1991）。电荷耗散时间不仅受塑料成分的影响，还受喷房湿度的影响。可以在塑料上施涂导电的连接涂料或底漆，一系列导电底漆对电荷耗散时间的影响已有研究（Ryntz 等，1995）。Elmoursi 和 Garner（1992）指出，对于静电喷涂，可以通过安放一个与塑料基材相接触的、连续接地的金属背衬来减小塑料底材上表面电荷的影响。当被喷涂的物体同时具有塑料和金属组件时，因为金属会造成塑料-金属界面附近的静电场扭曲，所以即使在塑料上涂了导电底漆，涂料也会出现非均匀沉积。正因为如此，以片状模压料制成的汽车车身板是先涂上导电底漆，再运送至汽车制造厂，以在涂装前组装到车辆上。该底漆的导电性可以提高喷涂过程中的上漆率，但是不足以使电泳涂料在其表面沉积。

通过使用双组分聚氨酯涂料，可以降低固化温度，使它们对于许多应用特别有吸引力，以最大程度地减少塑料产品热变形的可能性（Shoemaker，1990）。更高的耐磨性和柔韧性也是聚氨酯涂料的优势。虽然丙烯酸树脂也可以与多异氰酸酯交联，但羟基官能化的聚酯可以有更高的固含量。例如，由己二酸、间苯二甲酸、新戊二醇和三羟甲基丙烷（摩尔比为1∶1∶2.53∶0.19）制备的聚酯树脂，其数均分子量为730，羟基官能度为2.09，可以与多种三官能度脂肪族异氰酸酯以 NCO∶OH＝1.1∶1 的比例固化（Shoemaker，1990）。这些涂料中最好的一种在各种塑料表面上都能提供相对均衡的涂层性能，包括在－29℃下良好的抗冲击性。

进一步降低塑料涂装中热变形的方法是使用辐射固化（第 29 章）。辐射固化涉及的温度一般不会明显高于环境温度，并且可以通过滤去红外辐射使温度进一步降低。低温固化在塑料地板涂装如乙烯基板中尤为重要；塑料地板上表面经常嵌有发泡装饰层，在升温时可能会坍塌。在紫外线固化涂料中使用少量溶剂，代替低黏度丙烯酸酯单体，减少了固化过程中的体积收缩，并提高附着力。

汽车柔性塑料零件专用的紫外线固化面漆和清漆具有优异的性能，同时缩短了体系施工和固化所需时间，将热固化涂料所需要的 35min 缩短到 7.5min（Cannon 等，2005）。

塑料涂料的作用是提供装饰（如颜色）以及高功能性。前文提到的，应用于塑料地板的紫外线固化面涂层具有延长磨损寿命、提高耐沾污性和保光性的功能。在聚乙烯储罐上涂上涂料降低了渗透性。

透明塑料可以作为玻璃的轻质替代品，用于从窗户到眼镜等各种应用领域，但它们的抗划伤、擦伤和耐磨性远远低于玻璃（4.5 节）。聚碳酸酯塑料具有抗冲击、透明和耐候性（如果经防紫外线处理）等优点，特别适用于汽车前灯罩和标牌等领域。至少 50 年来，人们一直在探求合适的表面涂层，来提高聚碳酸酯的耐擦伤和耐划伤性，相关产品已得到广泛的应用。其中，成功的防划伤涂料常是杂化硅氧烷/硅溶胶的复合物（16.3 节）。此类涂层为聚碳酸酯材料在诸如车头灯罩等应用中提供了足够的耐擦伤和耐划伤保护，但 VOC 含量高、固化时间长。它们正在被低 VOC 的辐射固化涂料所取代，这种涂料可在几秒钟内固化（第 29 章）。Barletta 等（2016）对此类涂料进行了综述，并介绍了一种三层涂装体系，包括：

- 提供附着力的、薄的脂环族环氧底漆；
- 通过溶胶-凝胶法形成的硅氧烷桥接层；
- 坚硬的丙烯酸酯二氧化硅纳米复合层。

这三层都可用紫外线固化，其化学结构设计旨在确保层间的化学键合。这种复合结构的耐划伤性和耐擦伤性优异，但是耐磨性不足。对于这种特殊的涂层体系，耐擦伤性与硬度有关，但是耐磨性则与延展性和韧性有关。因此，这类涂层可以满足例如汽车的前照灯罩或固定玻璃（窗）等许多领域的需要，但是对于包括侧窗玻璃这样的可移动玻璃窗则不适用，这其中由窗玻璃运动所引起的磨损是一个更大的问题。用于聚合物窗户的涂料是非常需要的商品，通过几家汽车主机厂的努力已经实现商业化。使用聚合物玻璃的原因在于可减轻重量、形成无机玻璃无法形成的特殊形状，同时提供了零部件间整合的可能。但是，此类聚合物组件的长期耐用性尚不确定。为了确保安全，优异的光学透明性必须要保持 10 年以上。聚碳酸酯材料得以被选用是因其延展性和光学特性，但由于其固有的光不稳定性、易黄变和易划伤等特性，需要使用表面涂层以吸收紫外线和提高表面硬度。迄今为止，能同时提供充分保护又具有长寿命的涂料还没有开发出来。

（叶汉慈　邱　藤　译）

综合参考文献

Ryntz, R. A., *Adhesion to Plastics: Molding and Paintability*, Global Press, Moorhead, 1998.

Ryntz, R. A., Ed., *Plastics and Coatings: Durability, Stabilization, Testing*, Hanser Gardner, Cincinnati, 2001.

Wilke, G.; Ortmeier, J., *Coatings for Plastics: Compact and Practical*, Vincentz, Hannover, 2011.

参 考 文 献

Anderson, K. D., et al., *SPE ANTECTM*, Indianapolis, IN, 2016, 601-605.

Bailey, W., et al., *J. Coat. Technol.*, 1990, 62(789), 133.

Barletta, M., et al., *Prog. Org. Coat.*, 2016, 90, 178-186.

Bohannon, J. M., US patent 8,637,586(2014).

Bongiovanni, R., et al., *Prog. Org. Coat.*, 2002, 45, 359.

Bulian, F.; Graystone, J. A., *Wood Coatings: Theory and Practice*, Elsevier, Amsterdam, 2009.

Caldwell, R. A., JCT Coat. Technol., 2005, 2(3), 30.

Cannon, K.; Young, D. L., *Proceedings of the International Waterborne, High-Solids, and Powder Coatings Symposium*, New Orleans, LA, 2005, pp 134-143.

Cannon, K., et al., *Proceedings of the International Waterborne, High-Solids, and Powder Coatings Symposium*, New Orleans, LA, 2005, pp 34-42.

Carson, T.; Morris, L.; Bohannon, J., PCI Magazine, 2015, April.

De Oliveira, M. F., *ABRAFATI: International Coatings Congress*, Brazilian Coatings Manufacturers Association, Sao Paulo, 2009.

Duan, R.; Song, W. J.; Song, N., Presented at the American Coatings Conference, Atlanta, GA, April 7-9, 2014; Paper 6.5.

Dvorchak, M. J., *J. Coat. Technol.*, 1997, 69(866), 47.

Dvorchak, M. J., et al., *Coat. World*, 1997, November-December, 28.

Eastman Chemical, Technical Bulletin, GN-4248, Kingsport, TN, 2004.

Eastman Chemical, Technical Bulletin, GN-411D, Kingsport, TN, 2014.

Elmoursi, A. A.; Garner, D. P., *J. Coat. Technol.*, 1992, 64(805), 39.

Esser, R. J., et al., *Prog. Org. Coat.*, 1999, 36, 45.

Fong, J. J. J., US patent 5,124,210(1992).

Garner, D. P.; Elmoursi, A. A., *J. Coat. Technol.*, 1991, 63(803), 33.

Haag, H. F., US patent 5,053,256(1991).

Haag, H. F., *J. Coat. Technol.*, 1992, 64(814), 19.

Hallack, M., et al., *Polym. Paint Colour J.*, 2014, October, 24-25.

Harmer, W. L., US patent 4,273,912(1981).

Hintze-Bruening, H.; Borgholte, H., *Prog. Org. Coat.*, 2000, 40, 49.

Howard, C., PCI Magazine, 2014, May.

Howard, C., et al., *Proceedings of the International Waterborne, High-Solids, and Powder Coatings Symposium*, New Orleans, LA, 2001, pp 490-503.

Huang, E. W., et al., Coat. World, 1997, November-December, 21.

Irle, C., et al., *Proceedings of the International Waterborne, High-Solids, and Powder Coatings Symposium*, New Orleans, LA, 2001, pp 455-463.

Iyer, P., *Plastics Decorating*, 2015, April-May.

Kinosada, M., et al., US patent 5,135,984 A(1992).

Kohman, R. G., et al., US patent 6,444,134(2002).

Landry, V., et al., *Proceedings of the International Waterborne, High-Solids, and Powder Coatings Symposium*, New Orleans, LA, 2006, pp 225-235.

Lane, J. M.; Hourston, D. J., *Prog. Org. Coat.*, 1993, 21, 269.

Martz, J. T., et al., US patent 4,997,882 A(1991).

Masuda, T., et al., US patent 6,861,471(2005).

Mori, N., et al., US patent 6,465,563(2002).

Nikolic, M., et al., *JCT Res.*, 2015, 12(3), 351.

Ou, R., et al., US patent 8,664,298 B1(2014).

Parker, A. A.; Martin, E. S., *J. Coat. Technol.*, 1994, 66(829), 39.

Pavia, N. T., et al., *J. Appl. Polym. Sci.*, 2011, 124(3), 2311-2317.

Pedain, J., et al., US patent 4,727,128(1989).

Pilcher, G. R., *Coatings Tech*, 2015, 12(8), 24-33.

Romo-Uribe, A., et al., *Prog. Org. Coat.*, 2016, 97, 288-300.

Ryntz, R. A., *Painting of Plastics*, Federation of Societies for Coatings Technology, Blue Bell, PA, 1994.

Ryntz, R. A., *Prog. Org. Coat.*, 1996, 27, 241.

Ryntz, R. A., Ed., *Plastics and Coatings: Durability, Stabilization, Testing*, Hanser Gardner, Cincinnati, 2001.

Ryntz, R. A., *JCT Res.*, 2005, 2, 351.

Ryntz, R. A., et al., *J. Coat. Technol.*, 1992, 64(807), 29.

Ryntz, R. A., et al., *J. Coat. Technol.*, 1995, 67(843), 45.

Satas, D., Ed., *Plastic Finishing and Decoration*, Van Nostrand Reinhold, New York, 1986.

Schoff, C. K., *Coatings Tech*, 2016, 13(9), 64.

Shoemaker, S. H., *J. Coat. Technol.*, 1990, 62(787), 49.

Sow, C.; Reidl, B.; Blanchet, P., *J. Coat. Technol. Res.* 2010, 8, 211.

Tang, H.; Martin, D. C., *J. Mater. Sci.*, 2002, 37, 4783.

Vielhauer, L., *Paint Coat. Ind.*, 2013, 29(5), 28.

Wicks, Z. W., Jr., Jones, F. N.; Pappas, S. P.; Wicks, D., *Organic Coatings Science and Technology*, 3rd ed., John Wiley & Sons, Inc., New York, 2006.

Wilke, G.; Ortmeier, J., *Coatings for Plastics: Compact and Practical*, Vincentz, Hannover, 2011.

Williams, T.; Yu, H.; Hicks, R. F., *Rev. Adhes. Adhes.*, 2013, 1, 46-87.

Winchester, C. M., *J. Coat. Technol.*, 1991, 63(803), 47.

Yaneff, P. V., et al., *JCT Res.*, 2004, 1, 201.

第32章 建筑涂料

2014年，建筑涂料在美国所有涂料门类中销售额占比48%（106亿美元），销售量占比59%（约28.01亿升）（Pilcher，2015）。根据销售对象的不同，建筑涂料在美国又被分为工程涂料和零售装饰涂料。工程涂料市场主要针对承包商，这类客户对于施工成本的考虑往往更高于涂料本身的成本。比如，承包商更希望使用的涂料能够实现一遍遮盖并且快干。而零售装饰涂料市场主要针对自己动手的家庭客户，这类客户买下涂料后自己动手装修房屋或者家具（第31章中的家具主要指在工厂做预涂的家具），所以他们更关注是否容易清洁、涂料气味以及涂料的调色范围选择。当然这两类客户都希望涂料易于施工，但这两类客户在对成本的考虑上有很大不同。在美国，建筑涂料通过多个经销商体系销售：大型零售商、五金木材店、个体经销商以及涂料公司自营或者授权经营的涂料店。承包商一般直接通过涂料厂家供货。市场有三类涂料公司（有时有交叉）：在全美范围内做广告促销的大型品牌涂料公司；小一点的区域性品牌涂料公司主要通过直销给当地的承包商，有时也会通过门店销售给个体客户或者承包商；还有一类涂料公司主要在一些大型零售商或者连锁五金店中售卖专有注册商标的涂料，主要针对自己动手的个体客户。美国的大多数涂料公司在配方设计方面会结合当地区域的气候特点和装修风格特点以及法律法规要求开发相应的产品。

建筑涂料的技术是在不断进步和发展的，当前的技术主要集中在：不断提高涂层的性能、不断降低对环境的影响、可持续发展。从2001年到2014年，美国市场上水性涂料的份额占比从77%上升到85%，溶剂型涂料的绝对销售量基本上变化不大，但是份额降低较大（Gilbert，2016）。未来水性化的发展是相对明确的。

大型品牌涂料公司一般在主要产品线设计上有不同的等级区分，举例来讲：合格品、一等品和优等品。合格品一般是针对非常在意产品价格的个体客户，这类涂料通常只具备一般的遮盖力需求。但实际上买最便宜的涂料并不意味着省钱。优等品通常在产品性能设计上会考虑最长的使用期，最好的遮盖力，在很多情况下也是最容易施工并且能够表现出最好的外观效果。一等品往往介于这两者之间。

虽然有一些色漆是在工厂生产过程中就调好色了，但是大多数还是以基础漆的方式生产并灌装，这些基础漆需要在客户购买的商店中进行调色以满足客户对于不同色彩的需求。涂料厂家会给出一系列产品色卡或者颜色标准，同时会把液体色浆以及调色数据库提供给相应的商店。这样做的好处是零售店只需最少的库存就能满足成千上万种不同的颜色需求。当前新的在线调色数据库以及调色软件可以让客户在电脑上直观地看到自己选择的颜色在不同的预设墙面上能够展现出来的效果，甚至可以允许客户看到自己家的实际照片效果，并把客户选择的这些颜色在照片上展现出来，更好地帮助客户对最终的效果作出决定。

工程涂料市场对产品功能的需求不断推动着涂料技术的进步和发展，这其中一些技术已经在实际的产品中体现了出来，比如：隔热、抗菌和抗昆虫特性、防涂鸦的表面、自清洁（超疏水）、红外反射、吸收声波、柔软的触感以及分解甲醛功能。部分这些正在开发中的技术会在第 34 章中作进一步阐述。

建筑涂料有大量的产品。我们把讨论限定在三类最大的涂料品种：室外房屋漆和底漆、室内平光漆以及高光磁漆。其他品种虽然量小一点，但也是非常重要的涂料，包括着色剂、清漆（14.3.2 节和 15.7 节）、地坪漆以及许多特殊产品。

32.1 室外房屋漆和底漆

本节主要阐述用于外墙表面涂装的面漆和底漆。对这个话题不能一概而论，因为这些外墙的表面包含 50 多种不同的天然木材、处理过的木材、胶合板、刨花板、金属、混凝土或者腻子灰。旧的涂层也是外墙涂装中比较常见的表面，这些涂层中存在着各种各样潜在的问题。本地的气候状况是另外一种非常重要的变量。Feist（1996）和 Williams（2010）在文献中提供了大量针对木材的涂层体系的研究和讨论。低光泽涂料一般来讲更推荐使用在外墙表面，而半光或者高光磁漆（32.3 节）在木门、木窗框和百叶窗框（木质）等部位更为合适。

绝大多数室外涂料采用乳胶作为主要成膜物质（第 9 章）。质量最好的乳胶漆在室外耐久性方面要远远超越自干型的溶剂型房屋漆。乳胶是通过乳液聚合方式（第 9 章）合成出来的，在干燥过程中通过聚结而成膜（2.3.3 节）。当环境温度在 1～7℃时（通常在包装桶标签上标注了最低施工温度），如果必须进行室外涂装，可以使用溶剂型房屋漆，因为乳胶漆在如此低的环境温度下一般不能恰当地聚结成膜。未经改性的乳胶漆在粉化墙面上无法实现良好的附着力，因为表面有一层附着力很差的颜料和受侵蚀粉化的老涂层，需要仔细地清洗以去除粉化层。

有关限制挥发性有机化合物（VOC）含量的法规在建筑涂料的技术发展过程中起到了相当大的推动作用，在未来依然会产生更大的影响。如在 18.9.2 节中所述，美国 EPA 国家最高 VOC 挥发性标准在 2015 年对室外平光漆的要求是 250g/L，但是在一些地区，这个限值甚至低到了 50g/L（http://www.arb.ca.gov/coatings/arch/rules/VOClimits.pdf）。欧盟对水性亚光漆的 VOC 标准规定在 30～40g/L，但对成膜助剂的限制少一些。亚太地区的法规由于国家众多也各不相同。

在木质护板上乳胶漆的性能比油基或醇酸漆好。当油基和醇酸漆在木护板上广泛使用时，涂层的起泡或者开裂现象是非常普遍的。由于油基和醇酸漆形成的漆膜具有很低的水蒸气透过率，因此当水分从木板背面渗透进入漆膜背面，在阳光热量的作用下，开始汽化释放，最终形成漆膜起泡。一般而言，乳胶漆的漆膜 T_g 低于夏季气温，因此具有相对较高的水蒸气透过率，漆膜不太容易起泡。

在新木材表面为了得到最长的使用寿命，美国森林局建议了一个四道涂层的工艺（Williams，2010）：

- 憎水性防腐剂；
- 底漆；
- 两道乳胶面漆。

这个体系预计可以达到 10～20 年的使用寿命。

乳胶漆技术在不断地稳步提高。自交联丙烯酸乳胶现在已经开始使用，在一些高性能的室外涂料中使用了交联剂，比如己二酸二酰肼（17.11 节）。某些乳胶漆涂装可以不用底漆，越来越多的迹象表明整体趋势也是这样发展的。VOC 含量 50g/L 已很普遍，有一些“零VOC”涂料也出现了。现在有些涂料厂家敢于为他们的顶级涂料品类提供规定年限的质量保证。

乳胶漆的抗裂纹性能比油基或醇酸漆好。木材会随着其水分含量的上升和降低而膨胀和收缩。用乳胶漆施工的涂层在经受了许多年的室外曝晒之后还能够保持其延展性，并能随着木材而膨胀和收缩。高度不饱和油基和醇酸漆漆膜在室外老化的过程中还会继续交联，自身变得延展性较差，且会因木材的膨胀和收缩而开裂。另外，油基和醇酸漆通常还会因曝晒后粉化而失效。高质量的乳胶漆通常不会因为粉化而失效，或者至少在经过较长时间的使用后才会出现严重的粉化。

乳胶漆的流平性能一般不如溶剂型涂料。虽然在配方中使用缔合型增稠剂的乳胶漆流平性会优于不使用的乳胶漆，但还是无法和溶剂型涂料相比。这对于室外的低光泽涂料来讲并不是一个非常严重的问题，但对于高光外墙涂料而言，就如我们在 32.3 节中所讨论，是不可以接受的。虽然室外乳胶漆具有流平性不好的缺点，但相比于溶剂型涂料却具有超级优异的抗流挂性能。

室外乳胶漆漆膜在老化的过程中一直是热塑性的，这就意味着它比油基或者醇酸涂料更容易被沾污。涂料的耐沾污性不好在哪里都不会受欢迎，尤其对于一些使用褐煤和软质煤取暖或者烹饪的地区，或经常有扬尘的地方，这种问题尤其突出。在这样的环境中，仅仅几个月的曝晒后，白色的乳胶漆表面就会变得很脏很难看。如我们在 2.3.3 节所讨论的，乳胶漆的成膜是通过乳胶颗粒的聚结而形成的，聚结需要在成膜过程中的温度高于乳胶颗粒的玻璃化转变温度。如果乳胶漆在较低的温度下施工，它的玻璃化转变温度也必须相应较低。但这也同时意味着在夏季气温较高时漆膜变软且易沾灰，即便空气中的灰尘含量并不是特别多也会如此。耐沾污性能随着玻璃化转变温度的提高而提升，Gilbert（2016）曾阐述过测试耐沾污性的困难，他曾谈到，涂层的光泽越高、越光滑、表面越硬，越具有好的耐沾污性能。同时，他也指出具备相同光泽和硬度的不同涂料表现也很不一样，这就说明玻璃化转变温度和光泽并非是唯一的因素。Jiang 等（2016）曾报道，把有机硅乳液和纯丙烯酸乳胶混合，能够有效提高耐沾污性。Smith 和 Wagner（1996）曾报道，高玻璃化转变温度的苯丙乳胶比纯丙乳胶制成的乳胶漆耐沾污性更好，但在北美的南纬强烈阳光辐射下更容易粉化，所以没有在美国大面积推广和使用。

需要涂装的木材的表面状态是影响涂料性能的一个非常重要的因素，表面有灰尘或者油污会严重影响涂层的附着力。而没有保护的木材曝晒在室外，表面会快速降解。在降解的木材表面做涂装会出现问题，这种问题表面上看起来像是附着失效的现象，但其实是木材表面自身的强度出了问题。即使是新砍伐下来的木材，只要暴露在大气中 2～4 周就会降解，并对附着力产生负面影响（Williams，2010）。很多木材暴露在紫外线下会变色，这一点在室外曝晒的环境中尤其明显，在室内这种变色现象就相对慢很多。已开发出一种 2～3 道涂层体系，可有效地降低木材的变色问题，其中第一道含有硝酰基受阻胺光稳定剂的涂层直接施工在木材表面，第二道涂层包含 2,3,3-对位取代三间苯二酚三嗪作为紫外线屏蔽剂用在面层（Hayoz 等，2003）。

在新木材涂装前，一般来讲建议在接头和裂缝处先做填缝处理，然后用憎水防腐剂处理，再预涂一道醇酸或者丙烯酸底漆。虽然说市面上有很多性能优异的乳胶底漆，但很多专家还是推荐用醇酸底漆。醇酸底漆形成的漆膜更坚硬，附着力和防水渗透性都比较好。木板的端头部位是容易遭到水渗透的薄弱环节，一定要用底漆和面漆做好防护。

在多数木材表面，可以用底面合一的乳胶涂料，当然这么做耐久性肯定要比用专用底漆的差一些。但一些特殊的木材比如红木、雪松和松树都含有水溶性物质，在用水性乳胶涂料涂装后这些物质会被乳胶漆萃取出，导致表面出现红褐色的色斑。萃取物都是天然的酚类化合物。因此针对这些木材，需要开发特殊的封闭底漆。早期的这种底漆配方中一般都含有可溶性的含铅颜料，通过和酚类化合物反应生成不可溶的盐。为了避免使用含铅类物质，找到了另外一些可以使酚类化合物不溶解的方法，其中一种做法是在配方中使用阳离子交换乳胶。许多房屋都是使用这种预涂底漆的硬木板作侧护板，参见 31.1.2 节。

本节之前提及的乳胶漆的另外一个弱点在于和粉化基面的附着力。粉化的老涂层表面由一层非常疏松的粉料和涂层颗粒组成。当乳胶漆施涂在这种基面上，其中的连续相会向下渗透穿过粉化层到达基层。由于乳胶颗粒相对较大，乳胶等成膜物质无法有效地渗透进粉化颗粒的孔隙。随着水分的挥发和乳胶聚集成膜，乳胶漆只能够部分渗透进粉化表面，结果是只有部分粉化颗粒被重新黏结在一起，同时与底材的结合也不足，导致附着力较差。现在已经开发出粒径很细的乳胶，制成的乳胶漆做粉化底层封闭漆，可以解决此问题。

当然，这种粉化基面也可以使用油基或者醇酸基底漆。油性或醇酸基树脂会把粉化的颗粒包裹起来，树脂相和连续相就可以一起渗透穿过疏松的粉料孔隙，从而最大程度避免附着力不良的问题。提高乳胶漆附着力最有效的方法就是对基面进行深度清洁去除浮灰，针对较大的面积，比如房屋的整面墙体，采用动力冲洗去除浮灰、疏松层以及漆皮是非常有效的手段。从配方角度出发，可以在乳胶漆中用部分长油醇酸树脂或者干性油替代，将醇酸或干性油乳化在乳胶漆中。这种涂料，在水挥发后，部分醇酸或者干性油能够继续渗透穿过粉化层，从而提高附着力。为了使这种涂料具备较好的贮存有效期，使用的醇酸或者干性油必须是水解稳定的。这种使用了醇酸或者干性油的涂料，与纯乳胶漆相比室外耐久性较差，尤其是容易粉化、褪色和生长霉菌。当前，由于越来越多的人不选择使用油基的涂料和水泥漆，出现严重粉化的涂层表面也在不断减少，在这种表面上的附着力问题也就不是那么普遍了。

表 32.1 为一家乳胶供应商推荐的优质外墙白色涂料的配方（Anonymous，2004）。这个配方已经过时了，放在本文中并不是作为推荐使用或者这里面的原材料比别的好，更多的是提供一个配方框架，用来介绍涂料中使用的不同原材料组分以及在生产涂料的过程中这些助剂的添加顺序。需要提醒的是配方中同时提供了体积分数和质量分数。一般来讲，质量分数主要用于生产需要；即便对流体使用了流量表，体积分数仍是根据各个组分特性计算出来的，表明了对液态涂料各组分的体积贡献。各粉料组分对干膜 PVC（22.1 节）的贡献也是计算值。

表 32.1 外墙白色房屋漆

原材料	质量/lb	体积/gal	PVC/%
水	85.55	10.25	
Triton@ CF-10	1.00	0.11	
Colloids@ 643	2.00	0.28	
Tamol@ 731A	14.18	1.5	
三聚磷酸钾	1.00	0.05	
Ti-Pure@ R-706	225.00	6.7	19.18
Minex@ 4	120.00	6.85	19.6

续表

原材料	质量/lb	体积/gal	PVC/%
Attagel@ 50	5.00	0.25	0.72
Natrosol@ 250 MHR(2.5%)	125.00	15	
Kathon@ LX(1.5%)	1.70	0.2	
Rozone@ 2000	6.00	0.66	
高速分散 13～20min 后，放料到混合釜后低速加入乳胶 Multilobe 200 兑稀			
Multilobe@ 200	320.00	36	
Ropaque@ Ultra™	45.00	5.25	7.85
Colloids@ 643	2.00	0.28	
Texanol@	11.10	1.4	
Triton@ CF-10	0.50	0.07	
丙二醇	16.35	1.9	
Acrysol@ RM-2020 NPR	11.00	1.25	
Natrosol 250 MHR(2.5%)	10.42	1.25	
水	85.55	10.25	
	1122.20	100	
性能： PVC(钛白粉 19.18;Minex 19.6;Attagel 0.72;Ropaque 7.85):47.4% 体积固体分:34.8% Stormer 黏度:96KU ICI 黏度:16mPa·s VOC(扣水法测试):100g/L			

Triton@ CF-10 是一种低起泡性的表面活性剂，用来润湿粉料（9.1.1 节关于表面活性剂的讨论）。Colloids@ 643 是一种消泡剂（24.8 节）。消泡剂的使用量需要在控制气泡的基础上最小量使用，过量的消泡剂会导致施工时漆膜表面出现缩边现象，并且会影响色浆的相容性（32.2 节）。消泡剂的选择更多是需要凭经验的，消泡剂的生产商一般会提供整套测试工具，其中包含不同消泡剂产品的样品。涂料配方开发者可以通过测试这些样品来匹配最佳的种类和用量。有人推荐使用聚合物消泡剂（Przybyla，2014）。

Tamol@ 731A 是一种羧基化聚电解质钠盐，在配方中作为颜填料的分散剂（第 21 章）。三聚磷酸钾（KTPP）同样也是一种颜填料的分散剂。

Ti-Pure@ R-706 是一种金红石型钛白粉，做了表面亲水化处理，能够更好地分散在水性涂料中（20.1.1 节），在配方中钛白粉的 PVC 百分比是 19.18%。之后添加的聚合物中空微球 Ropaque@ Ultra™ 提供了额外的光学散射率。在这个配方中，使用的是粉末状的钛白粉；但在很多情况下，大的品牌涂料生产商使用钛白粉浆料，也就是说钛白粉供应商在出厂时就已经把钛白粉均匀分散到水中形成了稳定的浆料，这样对涂料生产厂家来说使用起来更加经济。

Minex@ 4（霞石，一种碱性硅酸铝）是一种比同等 PVC 的钛白粉价格便宜的惰性体质颜料。由于它的折射率和基料相似，在涂层中对遮盖力的贡献较小。但是，它的颗粒较细，可以作为钛白粉的空间间隔剂，相比于大颗粒的体质颜料，更能够提升钛白粉的遮盖效率。空间间隔剂颜料的有效性一直受到质疑，在 32.2 节中会有更多的讨论。Attagel@ 50 是一种凹凸棒土，作为一种触变助剂提高涂料的防沉降性。

配方中的惰性颜料有较多的选择，其中粒径、价格和颜色是主要的选择依据。碳酸钙相对较便宜，在外墙乳胶涂料配方中作为惰性颜料使用。但有一个问题，涂层的透水性相对较高，水和二氧化碳与碳酸达到平衡，能够渗透进漆膜。碳酸钙溶解在碳酸中形成碳酸氢钙溶液，并迁移到涂层表面，随着水分的挥发，留下碳酸氢钙结晶。在雨水被遮挡住的位置，比如顶棚和屋檐下，碳酸氢钙又会回复到不溶性的碳酸钙。对于涂层而言，尤其是色漆，这种被称为表面“起霜”的白色沉积物显然是不希望出现的。所以，深色乳胶漆配方中应该避免使用碳酸钙体质颜料。含有碳酸钙体质颜料的涂料易受酸雨的降解，不仅仅是会“起霜”，涂层性能还会变坏，并且漆膜也会因为碳酸钙的流失变得多孔，更加容易导致霉菌的生长（Hook，1994）。

Natrosol@ 250 MHR 是一种羟乙基（HEC）纤维素（第 17 章）。

Kathon@ LX（氯甲基/甲基异噻唑啉酮）是一种杀菌剂，作为罐内防腐剂控制涂料在罐内的细菌生长。细菌在罐内生长会产生三种不利的影响：形成恶臭的气味；细菌代谢过程中释放出的气体足以产生一定的压力顶开漆盖；细菌产生酶，能够分解 HEC 类的纤维素衍生物，从而导致涂料的黏度下降。

许多其他化合物也经常被用作防霉剂和杀菌剂（Wachtler 和 Kunisch，1997），新产品也在不断出现。在许多外墙涂料配方中，氧化锌被当作一种白色颜料，但其实它对于遮盖力的帮助并不是很大，它的主要用途还是防霉，同时在底漆中还能阻隔单宁酸以及抑制锈蚀。在一些乳胶漆的贮存过程中，氧化锌的存在会导致涂料的黏度有较大上升，所以氧化锌的作用取决于体系，Mattei 等（1991）探讨了几种变化因素和配方的搭配以提高这种体系的稳定性。

杀菌剂有效性的测试是比较困难的，因为霉菌和细菌的生长和周边环境息息相关。同时许多防霉剂和杀菌剂只对有限数量的微生物有效果。ASTM D-2574-96 的测试方法就是评价罐内乳胶漆抵抗微生物侵袭的国际标准。

对于乳胶漆而言，最好的预防细菌生长的办法就是避免接触到细菌。乳胶漆工厂的清洁管理工作需要按照食品加工厂的标准严格规定。另外，杀菌剂虽然能够有效地杀灭细菌，但并不能杀灭细菌制造的生物酶的活性。一旦工厂细菌控制没有做好，生物酶就会进入乳胶漆中，即便配方中有充足的防腐杀菌剂，HEC 等纤维素分子依然会被生物酶缓慢分解，从而导致涂料的黏度下降。有些增稠剂不受细菌的影响。

Rozone@ 2000（1,2-二氯-2-正辛基-4-异噻唑啉-3-酮）不仅是罐内防腐剂，同时也是干膜防霉剂。其他取代的 4-异噻唑啉-3-酮也有市售。霉斑对于建筑乳胶漆而言可能是最影响外观形象的因素。为了使防霉剂的效果最好，它必须在被雨水浸湿后能够不断地从漆膜中迁移到涂层表面。在已发霉表面涂装时，必须先用特殊的防霉剂或者漂白剂去除霉菌，之后才可以涂刷新涂层。如果防霉剂被吸附在沸石粉等分子筛表面，它们在漆膜中就会非常缓慢地被释放出来，这样漆膜就能够达到更长时间的防霉保护（Edge 等，2001）。寻找更加高效的防霉剂一直以来是一个比较活跃的研究领域，现有的 4-异噻唑啉-3-酮类防霉剂面临着日益严峻的法规限制，特别是在欧洲和部分北美地区（Gilber，2016）。与大多数由于太阳曝晒引起的涂层降解缺陷不一样，霉菌对外墙的侵袭往往发生在背阴面，比如在北半球的北墙面。

颜填料分散完成后，才能加入乳胶，因为在颜料分散的高剪切作用下，大多数乳胶都会破乳、凝结，因此要在颜料分散结束后，降低高速搅拌机的转速，这样才能避免乳液的破乳以及过量气泡的产生。

Multilobe@ 200 是一种纯丙烯酸乳胶，在乳液聚合中，一些颗粒中的基团融合在一起后形成一种非球形的耳垂状颗粒（Chou，1987）。在同样的浓度下，由于耳垂状颗粒的填充因子比球状颗粒的小，这种形态颗粒的乳胶黏度要比球形乳胶的黏度高，这种结构的乳液做成的涂料具有剪切变稀的特性。相比传统乳胶，在相同的低剪切黏度情况下，该乳胶有着更高的高剪切黏度。高剪切黏度越高意味着在施工中能够形成更厚的湿膜厚度，也就意味着在配方中可以减少增稠剂用量，从而降低成本。另外也有报道这种乳胶比传统球状乳胶在粉化表面上具有更好的附着力。

100％由甲基丙烯酸甲酯单体聚合而成的乳胶具备优异的室外耐久性。用部分苯乙烯单体取代甲基丙烯酸甲酯单体（MMA）可降低成本，具有更佳的室外耐沾污性以及良好的室外耐久性，但是在阳光较为充足的纬度地区，粉化和褪色也会更加容易发生。乙酸乙烯/丙烯酸酯共聚物会更便宜一点，它的水解稳定性不足，因此不适合在高湿度和多雨气候用作室外建筑漆，但在室内场合以及干燥气候的室外使用还是可以的。这种双重场合下的应用使得一些小型的涂料制造商可以用一种乳胶同时开发室内和室外涂料，减少了库存。叔碳酸乙烯酯共聚物（C_{10}支链羧酸乙烯酯）（9.3 节）比乙酸乙烯共聚物具有更好的室外耐久性，在欧洲更加广泛地被用作室外涂料的成膜物质（Prior 等，1996；Decocq 等，1997）。据报道，乙酸乙烯/乙酸丁酯/C_{12}支链羧酸乙烯酯的共聚物制备的涂料具有和纯丙烯酸酯涂料几乎相当的室外性能，但成本很低（Wang 等，2001）。丙烯酸酯和高支化的C_{12}乙烯基酯单体的共聚物制备的涂料具有足够的室外耐久性，能作为赤道地区的屋面漆使用（Vanaken 等，2014）。

Ropaque@ Ultra™是一种玻璃化转变温度高的中空微球乳胶，中空的内腔含有水分（20.1.1 节）（Fasano，1987）。随着漆膜的干燥过程，空腔中的水分从微球中扩散出来，留下空心的结构，这种空心结构能够散射光线，从而减少对于钛白粉的需求。在计算颜料体积浓度时必须包含这些中空微球的体积，因为在漆膜成膜过程中它们并不能与乳胶颗粒一起聚结成膜。

Texanol@ 是一种成膜助剂，准确地讲是一种混合物，是由 2,2,4-三甲基戊烷-1,3 戊二醇（TMB）的单异丁酸酯和正丁酸酯的多种异构体组成的混合物。它能够在漆膜成膜过程中降低玻璃化转变温度，之后缓慢地挥发。Texanol@ 的高空间位阻的酯键提供了很好的耐水解稳定性。

配方中使用丙二醇主要有两个理由。第一，它起到防冻剂的作用，能抵抗涂料冻融过程中的凝结，以使涂料稳定。水冻结时膨胀会对乳胶颗粒产生巨大的压力，这种压力足以克服表面活性剂稳定层产生的斥力，从而把乳胶颗粒挤压到一起导致聚结破乳；二元醇类物质能够降低冰点，即便环境温度降低到足以使涂料结冰的程度，它也只是冻成冰泥，因而作用于乳胶颗粒上的压力较小。第二，丙二醇的加入能够控制乳胶漆的干燥速率，从而使得涂膜的边缘湿搭接不出现问题。油基涂料一般来讲不会有湿搭接的问题。随着水分的挥发，乳胶漆内相体积分的增加导致黏度的快速上升。当乳胶漆用刷子或者辊筒施工时，要使湿漆膜的边缘产生搭接，这样就不会出现底材有未被涂漆或涂漆很薄的情况。当产生湿搭接时，已经施工的边缘湿涂料黏度已经上升到一定的程度，涂膜呈半固体状，涂膜的强度很弱。刷子或者辊筒的压力能够破坏涂膜，导致湿搭接区域的乳胶漆漆膜形成不规则的厚块，这种问题可以通过加入挥发性较慢的溶剂延长湿搭接时间解决。这种溶剂能够延长湿膜开放时间，丙二醇就是常用的溶剂。同时它在漆膜中能够帮助乳胶成膜，但它起到的成膜效果远远无法和成膜助剂相比。丙二醇最大的缺点是它属于挥发性有机化合物（VOC）。用来取代丙二醇的助剂在32.3.2节中会详细讨论。

Acrysol® RM-2020 NPR是一种非离子缔合型增稠剂。它能够提高高剪切速率下的黏度控制，改善施工性能。缔合型增稠剂的使用减少了乳胶漆的剪切变稀现象，这样在高剪切速率下的黏度就会更高，施工时湿膜的厚度就会更高。配方中使用缔合型增稠剂也能够在低剪切速率下短暂降低体系黏度，这样在流平性得到改善的同时也不会导致流挂或者沉淀。（湿膜厚也能帮助流平，见24.2节的讨论。）

不同种类的缔合型增稠剂在3.5.1节中有更多的讨论。在现代涂料配方中它们扮演了关键的角色。显然，配方设计师会继续了解其中复杂的相互作用，从而不断改善涂料的这种施工性能。

涂料中外相的黏度决定了其渗透到多孔基材（如木材）中的速率。如果渗透速率非常快，在多孔基材表面的涂料黏度就会迅速地上升，导致流平性非常差。配方中最后加水是用来调整最终涂料的黏度和固体分的。任何涂料配方在批次和批次之间的黏度都会有差别。

用表中配方所制涂料是一种低光泽涂料，颜料体积浓度是47.4%。大多数外墙涂料是低光泽的，近些年半光的外墙涂料也开始慢慢受到了欢迎。光泽主要的决定因素在于颜料体积浓度（PVC）和临界颜料体积浓度（CPVC）的比值（第22章），室外耐久性以及涂料的很多其他性能都受到PVC的影响。理想情况下CPVC越大越好，因为在同样PVC/CPVC比值下PVC随着CPVC的增加而上升。控制乳胶漆CPVC的一个主要因素是颜料的粒径分布，采用多种惰性体质颜料使得粒径分布的宽度变大，提高了CPVC数值，使得在相同PVC/CPVC比值下具有更高的颜料添加量，也降低了配方的成本（22.1.1节和22.1.3节）。

通常情况下，乳胶漆能够实现的最高光泽是低于油基漆的。表中涂料的体积固体分是34.8%，比室外油基或者醇酸漆的体积固体分低得多。其结果是单位体积乳胶漆的遮盖力比油基漆的低。表中配方相对较老，它的VOC大约在100g/L，比现行的美国国家空气污染法规中标准要求低，但比多数美国地方性VOC限值要高。

尽管在3.3.6节中讨论过的Stormer黏度计有着公认的缺陷，但在本节中仍用它来表示，因为大多数美国的涂料实验室在建筑涂料开发中依然使用这种黏度计。有触变性的涂料黏度是在剪切变稀前测量的。ICI黏度的测定是通过一个特殊的锥板黏度计实现的，它的测量是在高剪切速率下，模拟了涂料在辊筒或者漆刷的施工过程。测量高剪切速率下的黏度是非常重要的，因为这是决定漆膜厚度的主要因素。

有机硅乳液和苯乙烯/丙烯酸乳胶在外墙建筑涂料配方中经常混合使用。这种涂料在欧洲广泛地使用了很多年，近些年也在北美市场使用起来。它们有着非常出色的室外耐久性（Mangi等，2002）。

提高室外耐久性的木材涂料市场非常大，但不是色漆类型，基本以透明着色剂为主。有比较多的文献报道了在冷杉和橡树木材上做涂层处理后的防护效果。比如，用氧化铁着色的醇酸/丙烯酸分散体制成的水性透明着色剂就有着非常好的效果（Jirous-Rajkovic等，2004）。在Nikolic等（2015）的综述中，添加能够吸收紫外线的无机纳米粒子（比如氧化铈），在不影响漆膜透明度的情况不仅能够提高透明清漆或者着色剂的室外耐久性，还能够改善涂层性能。

在砖石结构的外墙上乳胶漆一般来讲要比醇酸漆性能更好，这主要在于它有着更好的抗水解稳定性。2004 年一篇匿名的文章中报道了一系列的纯丙乳胶和苯丙乳胶在不同颜料体系中的评估。主要考虑的性能是耐水性、水蒸气透过率、室外耐久性、耐沾污性、保色性、粉化程度以及弹性。尽管在透明清漆中苯丙乳胶在室外耐久性以及保色性方面不如纯丙乳胶，但在色漆中这种差异会变小。最好的测试结果用的乳胶是由丙烯酸丁酯/甲基丙烯酸甲酯、丙烯酸-2-乙基己酯/甲基丙烯酸甲酯以及丙烯酸-2-乙基己酯/苯乙烯合成的。包含丙烯酸-2-乙基己酯单体的乳胶在耐沾污性方面表现优异，丙烯酸乙酯/甲基丙烯酸甲酯合成的乳胶性能就比较差。惰性体质颜料同样会影响性能，比如，二氧化硅的使用会加重粉化程度。

较多的配方中丙烯酸乳胶是和聚氨酯分散体（PUD）（12.7.2 节）混合使用的，一些性能表现优异的配方也转化成了商品化的产品。比如，Fu 等（2009）的报道中，玻璃化转变温度在 30～40℃的“硬”的丙烯酸聚合物和“软”的聚氨酯分散体混合而成的涂料能够形成坚硬、有韧性而且抗粘连效果优异的漆膜。

32.2 内墙平光漆和半光漆

建筑涂料中产量最大的品种是内墙平光漆，基本上是由水性乳胶漆构成。业主在家中重涂内墙的情况要比外墙来得多。虽然平光漆用得最为普遍，但因为低光泽的半光（丝光或者蛋壳光）漆具有“柔和”的外观，也越来越受欢迎。2015 年，虽然美国环保署设定的标准中允许内墙平光漆的 VOC 限值在 250g/L，但更多的权威机构对 VOC 的设定在 50g/L，更加严厉的法规会进一步出台。但对于半光漆和高光漆的限值往往会宽松一点。

Wu 等（2016）的报道中列出了高档内墙涂料最受欢迎的一些性能要求，比如遮盖力、施工容易程度、耐污渍性（“易擦洗程度”）和耐擦洗能力。前两个性能要求配方工程师通过颜料体系和流变助剂，比如缔合型增稠剂来调整；后两个性能要求之间是有点对立的，因为涂层容易被擦掉是一种非常常见的污渍去除机理。在这篇报道中对 10 种市售的乳胶漆（VOC 都在 50g/L 以内）进行了同等条件下的标准测试，发现在耐擦洗和污渍擦除效果上有 2～3 倍的变化。

当前一个很大技术进步机会在于如何提高内墙涂料易清洁的能力。最容易想到的解决方案是在配方中添加憎水性的助剂，这种解决方法在初期的确比较容易产生效果，但这种效果的持久性无法得到保证（Schulte，2015）。这个方向上的技术进展在“黑板漆”的介绍中有提及。

相比以前室内使用的油基漆，水性乳胶漆的主要优点在于：

（1）快干并且少流挂。根据实际需要，一天之内一个房间可以施工两遍快干型的乳胶漆，把家具搬回去后当天晚上这个房间就可以使用了。在涂膜形成的早期，即使施工的漆膜较厚，由于低剪切黏度的快速增长，降低了流挂的可能性。

（2）气味小。溶剂汽油和干性油氧化的副产物的气味在溶剂型涂料上墙后几天之内都让人不舒服。而乳胶漆中的成膜助剂味道较小，但这个挥发过程较慢，可以持续一个星期。因此开发低 VOC 乳胶漆的一个原因就是要消除气味。

（3）便于清洗。乳胶漆施工中，飞溅的漆、滴落的漆、刷子和辊筒上的漆都很容易用肥皂水清洗；而油基漆就必须用溶剂来清洗。当然，乳胶漆的清洗必须要迅速，一旦乳胶聚结，清洗起来甚至比油基漆更困难。

(4) 低 VOC 释放。早在 1967 年以前，随着美国第一个有关 VOC 的规范出台，乳胶漆就已经被广泛地接受了。但如 32.3 节所讨论的那样，虽然当前的 VOC 释放量早就已经很低了，技术进步还是集中在如何不断地降低 VOC 的释放。使用水性乳胶漆的另一个优点是大大减少了火灾危险。溶剂型涂料不仅自身易燃，被它浸润过的抹布在一个密闭的空间内也会自发地燃烧，即自氧化所产生的热量最终会将它点燃。

(5) 不易黄变和发脆。白色和浅色纯丙和醋丙乳胶漆比醇酸漆有更好的保色性，而后者会随着时间而逐渐变黄。用含有少量亚麻酸的葵花籽油或者红花籽油制成的醇酸树脂比用豆油或妥尔油脂肪酸制成的醇酸树脂黄变速度要慢得多（15.1.1 节），但它们依然会随时间而变黄。随氧化交联反应的不断进行，等超过最佳性能的时间点后，多道醇酸漆膜就会变脆。

墙面漆和木器装饰漆在零售终端一般是以白漆作为库存，这种可调色白漆就被称为调色基础漆。客户在众多的色卡中挑选出中意的颜色后，按照颜色配方，相应剂量的液态色浆（有时是色粉）会加入相应的调色基础漆中混合均匀。这就意味着在质量控制环节需要对不同批次调色基础漆的着色力进行控制，前后保持一致，否则同样的颜色配方调出来的颜色就会不一样。另外，当产品配方有变化时，任何新配方的着色力必须和老配方保持一致，否则将要调换零售商处的所有色卡和颜色配方。一般来讲，一个产品体系通常包括两个有时三到四个调色基础漆，白漆本身也能加入少量（几个盎司/加仑）色浆调出非常浅的颜色。调色基础漆中钛白粉含量决定色浆的加量，深颜色的调色基础漆配方中钛白粉含量较低，非常深的颜色基础漆中甚至不加入钛白粉。调色基础漆配方中一般需要选择表面活性剂来确保液态色浆和基础漆之间的相容性。液态色浆一般来讲是通用色浆，可以同时用在水性和溶剂型涂料中。

有时，客户会被乳胶漆干燥后的颜色变化所困扰，比如干膜的颜色要比湿膜呈现的颜色来得深。在湿膜中，水的折射率（n）为 1.33、聚合物颗粒的折射率（n）约为 1.5、钛白粉的折射率（n）为 2.7、惰性体质颜料的折射率（n）约为 1.6，它们之间的界面在湿态下散射光的程度远远大于涂膜干燥后的数值。在漆膜干燥后，随着水分的挥发以及乳胶颗粒的聚结使得界面减少；同时颜料颗粒包裹在乳胶颗粒中，两者之间的折射率差异较小。整体漆膜颜色就会变深，遮盖力在漆膜干燥后也会降低。

另外一个在调色和颜色选择中需要考虑的因素是不同的光源的选择。客户必须了解同样一个颜色在不同光源下会呈现不同的颜色，比如 LED 光源、荧光光源和白炽灯。而且更多不同光谱特性的光源在不断开发出现，有关在这些新的光源下颜色比对测试的标准是缺失的。Rich（2016）在文献中描述了这些问题，并提出了如何适应这种形势的一些观点和看法。

在室内乳胶漆的成膜物质选择上，因为室外并不需要考虑耐久性，低成本的乙酸乙烯酯共聚物乳胶（9.3 节）就是首选的漆基。乙酸乙烯酯均聚物的玻璃化转变温度在 32℃，所以需要加入软性的单体比如丙烯酸丁酯（BA）来降低玻璃化转变温度。乙烯/乙酸乙烯酯乳胶也是乙酸乙烯/丙烯酸丁酯乳胶的很好的替代品。

十多年来，乙酸乙烯/乙烯（VAE）乳胶在内墙涂料中的探索一直在进行（Yang 等，2000）。Gilicinski 等（2000）研究发现乙烯在降低乙酸乙烯酯玻璃化转变温度方面比丙烯酸丁酯（BA）来得更有效，同时也表现出了更有效的增塑作用。用乙烯/乙酸乙烯酯乳胶做成的涂料需要较少的成膜助剂，在低温或者室温下有着更好的修补性能以及更高的耐擦洗性。但是，生产这种乳胶需要高压设备，聚合物的设计也非常有挑战性。

Poole 等（2010）在文献中介绍了一种含有5%～20%（质量分数）乙烯的VAE乳胶做成的涂料。

有一些VAE乳胶能够用来生产趋近于零VOC的内墙涂料（Huster，2011），据说它们已经被广泛应用在欧洲和印度市场。表32.2列出了一个原料供应商提供的内墙超低VOC蛋壳光涂料配方（Air Products，2002）。这种涂料的VOC值是6g/L。

表32.2 超低VOC内墙蛋壳光涂料

原材料	质量/lb	体积/US gal
启动搅拌，低速加入		
水	150.0	18.0
Natrosol@ Plus 330(3%)	50.0	6.0
Tamol@ 1124	6.0	0.6
AMP-95@	2.0	0.2
Strodex@ PK-90	2.0	0.2
Triton@ CF-10	2.0	0.2
Drewplus@ L-475	1.5	0.2
Nuosept@ 95	1.5	0.2
提高转速，高速分散加入		
Ti-Pure@ R-706	230.0	6.9
Mattex@	110.0	5.0
Attagel@ 50	5.0	0.3
降低转速，低速混合后加入		
Airflex@ EF811(58.0%)	418.0	47.0
水	83.0	10.0
Drewplus@ L-475	3.0	0.4
Acrysol@ RM-2020 NPR	20.0	2.3
Acrysol@ RM-8W	8.0	0.9
Benzoflex@ 9-88	6.0	0.6
小计	1098.0	99.0

注：1lb≈0.4536kg；US gal≈3.7854L。

Natrosol@ Plus 330是一种改性的HEC缔合型增稠剂；Tamol@ 1124是一种亲水性酸共聚物铵盐分散剂；AMP-95@（2-氨基-2-甲基-1-丙醇）是一种pH调节剂；Strodex@ PK-90是一种分散剂，能够改善色浆相容性；Triton@ CF-10是一种低泡型的非离子表面活性剂；Drewplus@ L-475是一种消泡剂；Nuosept@ 95（5-取代-1-氮杂-3,7-二氧杂环[3.3.0]辛烷的混合物）是一种杀菌剂；Ti-Pure@ R-706是一种经过表面处理用于水性涂料的金红石型钛白粉；Mattex@是一种表面改性的高岭土；Attagel@ 50是一种凹凸棒黏土，用来在涂料中防沉降和脱水收缩；Airflex@ EF811是一种乙烯/乙酸乙烯酯乳胶；Acrysol@ RM-2020 NPR和Acrysol@ RM-8W是憎水改性的乙氧基聚氨酯缔合型增稠剂（HEUR）（3.5.1节）；Benzoflex@ 9-88（二苯甲酸二丙二醇酯）是一种成膜助剂。

纯丙酸乳胶或者叔碳酸乙烯酯共聚乳胶可以使用在对耐水性有较高要求的场合。据报道，一种由丙烯酸丁酯、苯乙烯和0.5%丙烯酰胺共聚的乳胶有着非常优异的耐擦洗性能（Porzio，2001）。

乙酸乙烯酯和叔碳酸乙烯酯共聚乳胶可以同时用在室内和室外涂料配方中，这些共聚乳胶比常规的乙酸乙烯酯共聚乳胶有着更好的水解稳定性。乙氧基十一烷基醇、纤维素醚和乙烯基磺酸钠的组合可用作制备乳胶的表面活性剂/保护胶体。据报道，C_{12}支链的乙酸乙烯酯/乙烯基酯乳胶比乙酸乙烯酯/丙烯酸丁酯乳胶和苯乙烯/丙烯酸乳胶在内墙涂料中有着更好的耐洗刷性和耐污渍性能（Heldmann，1999）。

当涂刷天花板时，客户都希望一道涂料实现遮盖，因为在头顶上涂刷并要把梯子移来移去所花的精力比涂刷墙面多。这一任务非常具有挑战性，因为天花板涂料是用普通的白漆来提供光散射，白漆的遮盖力比用它调的任何色漆都差。当乳胶漆膜干燥时，遮盖力降低会使问题更加复杂。施工者会认为他已经涂了足够多的涂料能够遮盖天花板上的缺陷，但一个小时后回来却发现透过干膜仍能看到缺陷。如果 PVC 高于 CPVC，这样的特制天花板涂料可以将这一问题降低到最小程度，PVC 高于 CPVC 的干漆膜含有折射率等于 1 的空气穴，空气和聚合物之间以及空气和颜料之间形成新的界面，额外增加了光的散射，可以通过配方的调整使湿遮盖力和干遮盖力大致相当。它的漆膜机械强度没有 PVC 小于 CPVC 的涂膜高，且耐污渍性也较差，但这些性能对天花板涂料来讲都不重要。

由于二氧化钛的高成本，涂料中二氧化钛的 PVC 一般不宜超过 18%（该值取决于实际的 TiO_2 含量和分散的效果），因为在较高的钛白粉 PVC 上再继续增加使用量性价比下降。与其使用大量的二氧化钛，还不如使用低成本的惰性体质颜料来提供填充。在过去，许多配方工程师认为粒径小于二氧化钛的惰性体质颜料（惰性间隔剂材料）可以提高二氧化钛的遮盖效率。然而，Diebold（2011）和 Hook（2014）证明，小粒径的惰性间隔剂材料对 TiO_2 的遮盖效率的提高只是相对于配方中使用较大粒径惰性体质颜料的配方而言的。

另一种以较低成本提高遮盖力的方法是使用高玻璃化转变温度的乳胶（如聚苯乙烯）作为惰性颜料（Ramig 和 Floyd，1979）。当乳胶颗粒聚结时，高玻璃化转变温度的乳胶粒子不参与聚结，与其他惰性颜料一样保持分离。聚苯乙烯颗粒占据了钛白粉颗粒间的空间体积，能够有效地提高钛白粉的遮盖效率。通过这种办法，涂料的配方可以设计到 PVC 的数值超出 CPVC，引入空气泡提高遮盖力的同时又不会导致涂层表面太过多孔。该涂料在较低的钛白粉含量下达到正常高钛白含量相同的遮盖力，同时保持着良好的类似瓷漆的不渗透性和耐污渍效果。

一个降低钛白粉使用量的做法是使用一种特殊的高玻璃化转变温度的中空乳胶微球作为颜料，具体的案例在表 32.1 中的外墙漆配方以及后续的文字中给出，并作了相应的解释。

很大一部分的平光乳胶漆是采用辊涂施工的。在辊涂施工过程中，乳胶漆容易飞溅，有些配方会飞溅得非常严重。研究发现，涂料的拉伸黏度越高（3.6.3 节），这种飞溅现象就会越严重（Massouda，1985；23.1.2 节）。当配方中使用高柔性主链的水溶性高分子量聚合物作为增稠剂，这种涂料的拉伸黏度就会较高（Glass，1978）。飞溅现象可以通过使用刚性主链的水溶性低分子量聚合物作为增稠剂得到改善，比如低分子量纤维素醚（HEC）。改进的缔合型增稠剂也可以改善这个问题。

在许多施工应用中，使用水溶性聚合物增稠剂而导致的外相黏度上升是有利的。但在混凝土墙面上却不尽然，混凝土墙表面有各种不同大小的孔洞，有些洞比惰性体质颜料和乳液颗粒还要大，但也有一些孔比它们小。乳胶漆在混凝土墙面上能够提供比溶剂型涂料更高的涂布率，如果乳胶漆外相的黏度低，会使连续相更多地渗透到混凝土块体的小孔中，从而增加剩余漆的黏度，减少对大洞的渗透。溶剂型涂料的涂布率较低，因为较多的涂料会渗透到孔洞中。但是如果使用水溶性聚合物增稠剂，会增加连续相的黏度，从而降低乳胶漆的这一优势。配方中减少水溶性聚合物的使用能进一步提高覆盖率，乳胶漆的内相体积分数必须显著提高，才能达到相同的起始黏度。随着内相体积分数的增加，黏度会增加得更快，因为连续相会从小孔中被排出，对大孔的渗透进一步减小。乳胶漆，特别是由纯丙烯酸、苯乙烯/丙烯酸酯或苯乙烯/丁二烯乳胶制备而成的乳胶漆，相对于油性漆或醇酸漆的另一个优点是：它们不受混凝土砌块和砂浆接缝碱性的影响而发生皂化。

在一项针对多孔无机材料表面上乳胶漆组分和性能的变化的研究表明，大量的成膜助剂会渗透到多孔基材中，导致漆膜的玻璃化转变温度在聚结成膜前提高，同时有迹象表明乳胶颗粒也会渗透到基材内。作者建议用在多孔状基材上的涂料配方的 PVC 要接近 CPVC (Perara 和 Eynde，2001)。

在乳胶漆成膜过程中，表面活性剂会渗透过漆膜并在漆膜表面起霜。一般来讲，这种现象不会特别明显。然而，如果水分在漆膜表面凝结并溶解表面活性剂，表面活性剂会浓缩到最后蒸发的剩余水滴中，褐色的斑点就会在漆膜表面出现。这个问题可以通过在浅色漆中避免使用深颜色表面活性剂得到缓解；然而，白颜色的表面活性剂也会在深颜色漆膜表面留下白色斑点。Evanson 和 Urban (1991) 的研究表明，非离子表面活性剂比阴离子表面活性剂更能与乳胶聚合物相容，且不易发生起霜现象。Grade 等人 (2002) 研究了烷烯基功能表面活性剂在乳胶制备中的应用，表面活性剂在聚合过程中与单体共聚，提供具有优异剪切稳定性和冻融稳定性的乳胶。用反应性表面活性剂制备的乳胶做成涂料后克服了传统涂料的使用问题，比如表面活性剂迁移起霜。

尽管乳胶漆中的挥发性有机化合物 (VOC) 含量通常较溶剂型漆低，但由于法规压力仍有不断降低或消除 VOC 的要求。为了达到这一目的，配方中属于 VOC 的成膜助剂品种和丙二醇等溶剂必须消除或者降低到非常低的水平。VOC 含量限制的不断提升同样提高了技术的难度，向零 VOC 过渡“……是建筑涂料最大的技术挑战之一……”(Gilbert，2016)。当前有多种通过降低聚合物玻璃化转变温度 (T_g) 来减少配方对成膜助剂需求的方法，其中包括：①在聚合过程中控制单体进料的顺序，随着聚合反应进行，不断提高单体含量，使得进料的后期具有更高的单体比例，从而降低 T_g，在 9.1.3 节幂级加料方法中有具体讨论；②使用具有较低 T_g 的交联乳胶，在成膜后交联，从而抵消 T_g 较低的不利影响，如抗粘连性和耐沾污性不足 (9.4 节)；③建议在共聚单体进料的后半部分加入丙烯酸 (AA)，以在乳胶表面引入羧酸基，也被认为是降低成膜助剂用量的一种方法，水与羧酸基铵盐结合，对颗粒表面增塑，从而促进成膜聚结。

为了消除 VOC，在成膜助剂品类中选择可交联的品种。例如，葵花油脂肪酸的丙二醇单酯已经开发出来，它基本上消除了成膜助剂的挥发，从而降低 VOC。据报道，它还能减少异味，提高耐擦洗性和光泽度。零 VOC 成膜助剂是另一种可能性，特别是在欧洲，按照 VOC 的法规定义，允许使用低蒸气压，但还是有一点蒸气压的成膜助剂。

也有人提出了完全避免使用成膜助剂的方法。Winnik 和 Feng (1996) 以及 Eckersley 和 Helmer (1997) 报道了高 T_g 和低 T_g 乳胶混合使用的方法。当这种共混物的漆膜干燥时，高 T_g 乳液不聚结，而是分散在低 T_g 聚合物的连续相中。硬粒子的作用是增强低 T_g 聚合物膜，增加漆膜的存储模量 (E')，从而使其抗粘连性能优于仅由低 T_g 乳胶制成的漆膜。其性能取决于硬乳胶和软乳胶的比例以及乳胶的粒径。例如，60%的 37/61/2 苯乙烯/丙烯酸丁酯/甲基丙烯酸合成乳胶 (粒径 475nm，T_g = 9℃) 和 40%的 70/28/2 苯乙烯/丙烯酸丁酯/甲基丙烯酸合成乳胶（粒径 118nm，$T_g=62℃$）的混合乳胶组合在室温下能成膜，不需要成膜助剂，同时具备优异的抗粘连性，优异的抗粘连性归因于薄膜表面高浓度的小颗粒乳胶（32.3 节），这是由紧密堆积造成的。另一种消除 VOC 的方法是制备纳米聚合物/黏土复合乳胶，乳胶由相对较低 T_g 的丙烯酸单体与分散在水中的黏土聚合而成。该乳胶制备的零 VOC 涂料具有超强的表面韧性，不影响成膜性，能克服一般零 VOC 涂料抗粘连性和耐沾污性较差的问题（Lorah 等，2004）（9.3 节）。

与平光乳胶漆相比，半光漆的颜料含量较低。漆基通常使用丙烯酸乳胶，使其具有更好的耐洗刷性。它们经常用于涂刷门、橱柜和其他木制品。

聚氨酯分散体（PVD）和乳胶树脂的组合要比单种树脂具有更多潜在的优势（12.7 节中水性聚氨酯部分）。一般来说，由于分子间氢键作用，聚氨酯聚合物具有优异的耐磨性，乙烯基树脂具有较低的原材料价格和加工成本。由于氢键与水的增塑作用，聚氨酯分散体的最低成膜温度（MFFT）要比干膜 T_g 低，降低了聚结过程中聚合物颗粒的 T_g。使用高 T_g 的丙烯酸乳胶，PVD 能在不降低硬度的情况下降低最低成膜温度（MFFT）。通过在涂料中加入 T_g 低于丙烯酸乳胶的聚氨酯分散体，可以延长乳胶漆的湿膜开放时间。使用由丙烯酸正丁酯（*n*-BA）、丙烯酸-2-乙基己酯（2-EHA）、甲基丙烯酸甲酯（MMA）和甲基丙烯酸（MAA）合成的乳胶以及 T_g 为 $-40℃$ 的 PUD 制成的涂料具有更长的湿膜开放时间，允许重新刷涂以确保良好的遮盖力和湿搭接（Gray 和 Lee，2001）。在低温下，乳胶成膜需要使用成膜助剂，而水性聚氨酯则不一定需要。

乳液中由于含有表面活性剂，会迁移到漆膜表面降低涂层的光泽，而多数水性聚氨酯 PUD 则可在没有表面活性剂的情况下制成。通过在 PUD 或 PUD 的预聚物前驱体中聚合丙烯酸单体可以进一步改善性能。据报道（Chung 等，2000），一种半光木器涂料以一种含羧基 PUD 作为基料，在该 PUD 中聚合丙烯酸单体和 *N*-(2-甲基丙烯酸氧乙基)乙烯脲单体。

32.3 高光磁漆

磁漆这个术语是指类似于陶瓷釉面效果的坚硬、高光表面。在美国，高光磁漆不仅用在室内的木制家具、厨房和浴室的墙面，也用在室外的木窗框、木门和木质百叶窗等部位。在有些国家，它也是一种墙面漆。对于高光磁漆，使用醇酸漆或者乳胶漆都有各自的优点和缺点。2015 年美国 EPA 对高光涂料 VOC 释放量的标准是 380g/L，但很多权威机构给出的限制是 150～250g/L，有些甚至更低。新的醇酸乳液技术使得醇酸漆也能满足这些非常严格的法规要求。当然醇酸树脂之所以这么受重视是因为它们部分可以通过生物基资源合成。

32.3.1 醇酸高光磁漆

如第 14 章和第 15 章中所述，醇酸磁漆通过氧化自交联形成坚硬的漆膜，在多种表面有着良好的附着力，且具有一定的抗粘连性和耐水性。醇酸磁漆的一个非常大的优点是具有比乳胶磁漆更高的光泽，这是由于在其漆膜的外层表面形成了颜料含量极低的聚合物层，如 19.10.1 节所述，这种现象在溶剂型漆固化成膜时出现，而乳胶漆则没有这种现象。

有光醇酸漆的主要优点是当其涂布于色彩反差不大的表面时，仅需涂布一次即可获得良好的遮盖力，这对于施工成本高于涂料成本的施工承包商来说十分重要。另一个节约成本的地方在于，相比于乳胶漆，醇酸漆对基面的预处理要求没有那么高。

影响高光醇酸和乳胶漆遮盖力差异的因素较多，典型的溶剂型高光醇酸漆的体积固体分（NVV）数值可达66%甚至更高，而高光乳胶漆的NVV大约限制在33%。为了获得和醇酸漆相同的干膜厚度，乳胶漆必须施工两次。

另一个影响遮盖力的因素是流平性。假设，一种涂料所形成的均匀的干膜厚度（如50μm）刚好可以达到理想的遮盖力，但如果涂料的流平性差，所形成的漆膜会出现条纹，漆膜的薄处只有35μm，厚处可达到65μm。不均匀的漆膜遮盖力较差，其遮盖力看起来比同样的涂料形成35μm厚的均匀涂层更差。由于漆膜中35μm和65μm的区域紧密相邻，这样所形成的反差会突显遮盖力的不足。此外，流平性较差不仅对漆膜遮盖力有不良影响，而且漆膜中较厚和较薄处存在色差，反而又突显了漆膜的流平性不足。刷涂时，溶剂型醇酸漆的流平性比乳胶漆的更好，因为醇酸漆的溶剂是挥发较慢的溶剂油，这种流平性的差异在温暖和干燥的条件下施工时更加明显。

如24.2节所述，Overdiep（1986）发现，溶剂型涂料在刷涂过程中，湿膜表面因挥发性不一致而产生的表面张力差异会推动漆膜产生流平效应。刷痕凹陷处溶剂的释放量比凸起部分较厚的部位多，而溶剂的表面张力比醇酸树脂低，凹陷处的醇酸树脂的表面张力就比凸起部位大，由此产生的表面张力差导致漆料从凸起部位向凹陷处流动，使得漆膜整体的表面张力下降，进而促进流平。而高光乳胶磁漆的干燥过程中缺乏这种驱动力（32.3.2节）。

在选择旧漆面重涂的时候，需要记住一点，只要表面经过适当的处理，乳胶漆就可以涂布于醇酸或乳胶漆之上；但在乳胶漆表面涂布醇酸漆存在一定的风险，因为醇酸漆中的溶剂会渗透到未交联的乳胶漆膜中，导致漆膜出现咬底问题。

高光醇酸磁漆的缺点在很大程度上与醇酸平光墙面漆相似（32.2节），这些缺点包括干燥慢、有气味、黄变和易老化变脆，且需要用溶剂来清洗施工工具。将来，其VOC含量可能是最需要关注的问题，而随着水性醇酸树脂及丙烯酸/醇酸共混杂化体系技术的不断进步（第15章及下文所述），VOC的问题也会被克服。

高固体分醇酸漆在15.2节中已经探讨过，通过甄选溶剂，可以有效提高涂料的固体分，尤其是当溶剂中存在氢键受体时，分子间氢键作用可以被减弱。此外，降低聚合物的分子量并缩小分子量分布也可以提高固体分，但这两种方法如果做过头，均会对漆膜产生负面影响，缩短漆膜的使用寿命。

比较有前途的提高固体分的方法是采用活性稀释剂（15.2节）。这种助剂是低分子量物质，其不仅能像溶剂一样有效地降低涂料黏度，还能在漆膜固化过程中与氧化聚合的醇酸树脂反应，这可以在保证漆膜性能的同时降低VOC含量。例如，甲基丙烯酸二环戊基氧乙基酯，这种活性稀释剂既具有丙烯酸酯的双键，还具有可提供反应的烯丙基，在催干剂的作用下，该稀释剂可以和诸如长油度亚麻籽油醇酸酯一类的醇酸树脂发生反应。据报道，采用这种活性稀释剂与特殊的醇酸树脂搭配可以得到VOC为155g/L的高光醇酸漆，其性能据称可接近VOC含量为350g/L的醇酸漆（Larson和Emmons，1983）。许多其他类型的活性稀释剂也已被相继研发。

含有氧化型醇酸及催干剂的涂料在开罐时，其湿料表面会出现交联结皮。为控制这种结皮现象，需要添加助剂，Bieleman（2003）对此做出了总结，最有效的助剂是甲乙酮肟（MEKO）。MEKO可以和金属钴离子形成非活性络合物 $[Co(MEKO)_{1\sim8}]^{3+}$，该络合物与涂料中各组分形成平衡，因而可以有效抑制活性金属钴的浓度，当涂料被涂刷以后，MEKO快速挥发，释放出金属钴作为催干剂。MEKO只能在涂料装罐前加入，在某些情况下，仅在涂料装罐密封前加入极少量的 MEKO 溶液，以防止在贮存过程中产生结皮。添加 0.2%的 MEKO 可以在 250d 甚至更多天内防止涂料结皮，这虽然会将醇酸涂料的表干时间从 1.75h 增加到 2h，但漆膜完全干燥的时间从 4.75h 缩短至 4h。最初，MEKO 挥发需要消耗一定的时间，但当 MEKO 抑制漆膜表干时，氧气可以更有效地进入漆膜内部，加快漆膜整体的干燥。MEKO 和金属钴的使用将来可能会受到限制，其他的防结皮剂也已被研发。

水性醇酸及氨基甲酸酯改性醇酸树脂的应用已经在 15.3.1 节、15.3.2 节、15.7.1 节中讲过，Hofland (2012) 也对此做过描述。对于工程市场，两种技术方案：水稀释性醇酸及醇酸乳液都得到了广泛的研究。对于可稀释性醇酸，其主要障碍在于两年贮存后的水解稳定性是否满足北美地区使用至少两年的保质期需求。而根据 Hofland 的报道，许多醇酸乳液有着足够的稳定性。常规的水稀释性醇酸通常含有大量的溶剂，因此无法将 VOC 含量控制在 250g/L 以下，但醇酸乳液却很容易满足低 VOC 的要求。

低 VOC 的醇酸乳液也能用来制备高光醇酸磁漆（Hofland，1997，2012；26.3 节），在欧洲已有应用，且正逐渐被北美所采用，VOC 含量是很低，但乳化所需的表面活性剂对施工和漆膜性能存在不利影响，仍存在有气味、耐黄变差的缺点。但多项研究表明，表面活性剂的问题可以得到克服（15.3.2 节）。

32.3.2 高光乳胶磁漆

开发高光乳胶磁漆被证实是涂料技术中一项极具挑战性的任务。本节中将对其关键问题和潜在的解决方案进行探讨。

问题之一是获得高光泽。如 32.3.1 节所述，当乳胶漆聚结时不会像醇酸磁漆那样表面形成透明的聚合物层。通过采用更细粒径的乳液可以降低乳胶漆涂膜表面中颜料与基料的比例，但仍达不到醇酸漆的光泽。颜料或乳胶的絮凝都会影响光泽，表面活性分散剂和增稠剂的选择以及它们的添加次序也会影响光泽。有一项研究表明，当采用聚丙烯酸（PAA）和羟乙基纤维素（HEC）时，如先加 HEC，光泽要比先加 PAA 的光泽高（Hulden 等，1994)；采用非离子表面活性剂的漆膜光泽要比采用阴离子表面活性剂的光泽高。其他可能会降低乳胶漆涂膜光泽的因素有：几种表面活性剂（也许有其他组分）的不相容性导致漆膜的雾影；表面活性剂迁移至涂膜表面时导致的起霜等。要解决这些问题，需尽可能降低生产乳胶时表面活性剂的用量，以及尽可能选择相容性好的颜料分散剂。

运用水溶性树脂和乳胶的混合物来获得高光泽，这方面已有人做了相当多的工作。在地板蜡方面的应用中，采用苯乙烯/丙烯酸共聚物的吗啉盐可以做到高光。当漆膜成膜时，溶液状树脂在表层浓缩；当涂膜干燥时，吗啉挥发，留下羧酸基。对于普通用途来说，该涂膜已有足够的耐水性，但它可以用氨水擦去。容易被擦去对需要经常更换的地板蜡来讲是一种优点，但对要求耐久性好的涂膜来说是不够的。市场上另外有一些专用树脂，它们光泽好，但耐久性下降又不多。

在室外的应用上，虽然醇酸磁漆具备初始光泽较高的优点，但这种优点和高光乳胶漆的保光性好、抗开裂所带来的好处相比，却是远远不及的。根据使用位置的不同，醇酸磁漆在室外曝晒 1～2 年后会失去光泽；而乳胶磁漆最初光泽不高，但它几年后仍保持大部分的初始光泽。在室内应用时，低气味、优异的保色性和较好的抗开裂性是高光乳胶漆的主要优点。

高光乳胶漆的主要问题不是它们较低的光泽度，而是如何实现一道涂层就能达到较高的遮盖率。32.3.1节中讨论了影响因素。关于乳胶漆的NVV较低这一问题没有太多的工作可做。配方面临的挑战是如何制造出一种乳胶磁漆，使它在施工时能一道就有足够的涂膜厚度，达到所需的遮盖率。为了使遮盖率最大化，乳胶磁漆必须配制成在高剪切速率下具有比醇酸磁漆更高的黏度。稍后要继续讨论。实际上，乳胶漆的高剪切黏度一般都会低于醇酸漆，这就更成问题了。油漆工在用刷子涂刷施工时，在一定程度上能控制湿膜的厚度，油漆工会根据湿漆的遮盖力情况来判断应该刷多少遍。如果是醇酸漆，漆液的湿遮盖力和干态遮盖力相差无几。但是，乳胶漆的湿遮盖力高于它们的干遮盖力，这就极大地增加了在用漆刷或辊涂施工时的判断难度。

在32.3.1节中还描述了对良好流平性的需求，文献中似乎并未考虑乳胶漆中推动流平性的驱动力，乳胶磁漆成膜时所形成的表面张力差异并不明显，乳胶漆中水相的表面张力主要受湿漆中表面活性剂的控制。人们猜测当水分蒸发时表面张力并无变化，如果这一假设是正确的，那么，与醇酸磁漆中驱使流平的主要因素来自表面张力差异相比，乳胶漆中的流平受到的表面张力的推动作用相对较小。另一个比较重要的因素是动态表面张力（24.1节）。文献报道某些表面活性剂达到动态表面张力平衡的速度要比其他的快得多（Schwarz，1992）。

因此，影响高光乳胶漆流平性、遮盖率的最主要因素大概是它们的流变特性。当它们用类似HEC那样的水溶性增稠聚合物按传统方法配制时，乳胶漆比醇酸漆呈现出更大程度的剪切变稀特性。这就导致乳胶漆在高剪切速率下黏度太低，以至于涂膜施工厚度太薄；若在低剪切速率下黏度太高，无法很好地流平。因为乳胶漆在高剪切速率消除之后黏度的恢复速率通常很快，所以这一问题显得尤其严重。知道这种性能之间的关联能够有效地帮助解决问题。但由于Stormer黏度计（3.5.6节）已经使用多年了，阻碍了对这种关联性的正确认识，这种黏度计测量的只是中等剪切速率下的一些数据，并没有给出高剪切速率和低剪切速率这两个关键区域黏度的信息。

在使用传统型增稠剂的乳胶漆中，黏度对剪切速率有如此大依赖性的原因尚未完全解释清楚，但至少包含两个因素：在有HEC存在的前提下，乳液颗粒和/或颜料颗粒的絮凝；溶胀的高分子量HEC分子链可能出现的物理缠绕（Reynolds，1992）。

如3.5.1节所讨论的，现代乳胶漆配方通常使用缔合型增稠剂，有时还会与HEC增稠剂搭配使用。目前市面上存在许多种类的缔合型增稠剂（Lara-Ceniceros等，2014），它们都是沿主链间隔分布或链末端有两个或两个以上烃类长链的中低分子量亲水聚合物。采用这样的增稠剂使得乳胶漆表现出较少的剪切变稀现象，在高剪切速率下仍然可以有较高的黏度，从而可以涂覆较厚的湿膜（Fernando等，1986；Reynolds，1992）。采用缔合型增稠剂还能降低在低剪切速率下的黏度，因而流平性也得到了改善（较厚湿膜自身也能促进流平，因为如24.2节中所探讨的那样，流平的快慢取决于湿膜厚度）。

有结果显示，采用缔合型增稠剂的配方不仅流平较好，而且光泽也有所提高（Hall等，1986）。据报道，采用几种缔合型增稠剂的组合可以使光泽更高，流变性更好（Lundberg和Glass，1992），这种性能的提高很大原因是这种增稠剂的组合能减少钛白粉的絮凝；另一个提高光泽的因素可能是缔合型增稠剂对小粒径乳胶有效，粒径小能赋予最高的光泽（Reynolds，1992）。用缔合型增稠剂来控制乳胶漆的流挂是困难的，但仍比醇酸漆方便。Santos等（2017）和van Dyk等（2014）综述了缔合型增稠剂并研究了使用聚氨酯HEUR增稠剂的一个简单模型体系的流变特性，他们发现剪切变稠的主要机理是瞬间导致的絮凝。近期一些供应商文献中提到的抽样检查显示，当前传统的丙烯酸乳胶/缔合型增稠剂配方具有以下特点：体积固体分约32%、PVC约21%、VOC 150～200g/L、60°光泽在80～85之间、20°光泽在55～60之间。这些数据显示，除非涂刷在相近的颜色上，否则一道涂层的遮盖力很难令人满意。显然，如果配方设计没有一些经验的话，光泽和遮盖力将比溶剂型醇酸磁漆甚至水性醇酸漆更差，这两类漆的体积固体分均大于40%、60°光泽大于85、VOC小于50g/L。使用交联型乳胶（后文将详细谈论）可以改善这种情况。

乳胶漆的另一个缺点是达到漆膜所设计的性能需要一段时间，这一点在高光漆配方里显得尤为明显。问题在于在某种意义上用户被乳胶漆的初期干燥特性所迷惑。它们的指触干速率要比醇酸漆快得多，然而它们需要较长的时间才达到设计的最佳性能，例如抗粘连性，新涂刷的木门和木窗等场合需要防止粘连，需要放置重物的木架子以及木窗台需要防止粘连，但乳胶漆的这个性能增长得非常缓慢。乳胶颗粒的最初聚结成膜是迅速的，但全部聚结却受到内部自由体积的限制。因为$T-T_g$很小，所以自由体积很小，在这种情形下采用成膜助剂是有帮助的。然而，这些成膜溶剂的挥发是受扩散速率控制的，而它也受$T-T_g$的限制。

Hoy（1979）曾报道，具有相对较高T_g的内层和相对较低T_g的外壳的乳胶颗粒在较低温度下也可以成膜，且抗粘连性增长也很快；Mercurio等（1982）推荐使用高T_g乳液，并使用大量的经过选择的成膜助剂；Geel（1993）报道二丙二醇二甲醚是一种挥发速率较快的有效成膜助剂。成膜助剂最初的挥发快慢受沸点的影响，而后期的挥发则受在漆膜中扩散速率的控制，这个速率到最后会变得很慢。

一个历史上就存在的问题是处于湿态的新的高光乳胶漆在旧的高光漆的表面附着力较差，当新的干漆膜被水润湿之后，会从旧漆膜表面呈片状剥离，这一般被认为是湿附着力较差。即使是醇酸漆，在旧的高光漆表面上重涂时也存在附着力不足的问题，但对于乳胶漆来说这种问题会更为严重。必要的做法是对旧的漆膜表面洗去所有油腻物质，并通过打磨将表面粗化，但即使经过了这样的表面处理，许多旧的乳胶漆仍没表现出良好的湿附着力。新的漆膜的湿附着力会随时间的推移而提高，但有时成膜几个星期甚至是几个月后湿附着力仍然很差。有一些乳胶制造商已开发出了提高湿附着力的乳胶，通过引入诸如甲基丙烯酰胺亚乙基脲（9.1节）之类能形成氢键的极性共聚单体，能提高湿附着力和耐湿擦洗性。Wu等（2016）进行的基准测试显示，三种现行优等半光乳胶漆可以通过标准测试（ASTM D-6900）中的湿附着力要求。

和其他乳胶漆相比，高光乳胶磁漆通常含有更高的VOC。在传统配方中为了提高抗粘连性、耐洗刷和耐沾污性能，需要使用具有相对高T_g的乳胶，这就需要添加额外的成膜助剂。文献中报道可以通过选择更高效的成膜助剂适度减少VOC含量，苯甲酸-2-乙基己酯就是一个例子（Arendt等，2001）；另一种做法是采用高T_g和低T_g乳胶的混合物（Winnik和Feng，1996），当然，该混合物必须是透明的，这就要求它们之间的折射率差异要小，高T_g乳胶的粒径要小。

Schuler等（2000）曾报道可以用BA、MMA和AA等单体合成的核-壳结构共聚物乳胶制备高光乳胶漆。它在不添加成膜助剂的情况下就具有极佳的抗粘连性，最终的漆膜是硬乳胶颗粒分散在较软的连续相中。含有25%～35%的硬MMA相时，性能平衡最好。

或许去除或减少成膜助剂的最佳方案是使用热固性乳胶，它发生交联反应从而可以通过低T_g乳液达到合适的硬度。氧化交联型的丙烯酸乳胶可以使配方的VOC降低至50～

150g/L，这种类型的乳胶可以在5℃以下的条件下成膜，它们是使用缔合型增稠剂和表面活性剂复配而成的，因此具有较好的流平性。其他热固性乳胶的技术在9.4节中有介绍。

如前所述，类似丙二醇那样的溶剂可以用在配方中以提高涂料的冻融稳定性和实现湿搭接。人们发现疏水改性的聚丙烯酸铵盐（PAA）类缔合型增稠剂提高了湿膜开放时间（即允许湿搭接），改善了冻融稳定性，然而，需要的添加量太大，以至于涂膜的耐碱性变得不足。据报道，通过采用这些缔合型增稠剂和交联型乳胶的组合，能得到具有较低VOC的令人满意的高光磁漆（Monaghan，1996）。McCreight等（2011）和Zong等（2011）报道在配方中使用延长湿膜开放时间的助剂（未经公开）替代丙二醇可以大幅降低涂料的VOC，这样做在配方的VOC含量很低的同时开放时间也由2min延长到4～8min，有效地改善了湿搭接。

对高光磁漆来说，一个不断发展的趋势是将丙烯酸乳胶和水性聚氨酯分散体（PUD）结合使用。譬如，Aznar（2006）在氨基甲酸酯/丙烯酸预聚体的存在下制备了一种丙烯酸杂化乳胶，用它制备的涂料具有极高的光泽和室外耐久性。

（朱　明　译）

综合参考文献

Feist, W. C., *Finishing Exterior Wood*, Federation of Societies for Coatings Technology, Blue Bell, PA, 1996.

Hofland, A., *Prog. Org. Coat.*, 2012, 73, 274-282.

Williams, S. R., Finishing of Wood in*Wood Handbook*, General Technical Report FPL-GTR-190, U. S. Department of Agriculture, Forest Service, Forest Products Laboratory, Madison, 2010, p 16-17.

参　考　文　献

Air Products and Chemicals, Pub. No. 151-0290. 6, Air Products and Chemicals, Inc., Allentown, 2002.

Anonymous, Technical Bulletin 78739, Rohm & Haas, Philadelphia, 2004.

Arendt, W. D., et al., *Proceedings of the International Waterborne, High-Solids, and Powder Coatings Symposium*, New Orleans, LA, 2001, pp 497-509.

Aznar, A. C., *Prog. Org. Coat.*, 2006, 55, 43.

Bieleman, J., *Surf. Coat. Int. A*, 2003, 86(10), 411.

Chou, C. -S., et al., *J. Coat. Technol.*, 1987, 59(755), 93. Rhoplex Multilobe 200, Technical Bulletin, Rohm & Haas, Philadelphia, PA, 1992.

Chung, J. K., et al., US patent 6,031,041(2000).

Decocq, F., et al., *Proceedings of the International Waterborne, High-Solids, and Powder Coatings Symposium*, New Orleans, LA, 1997, p 168.

Diebold, M. P., *JCT Res.*, 2011, 8(5), 541.

Eckersley, S. A.; Helmer, B. J., *J. Coat. Technol.*, 1997, 69(864), 97.

Edge, M., et al., *Prog. Org. Coat.*, 2001, 43, 10.

Evanson, K. W.; Urban, M. W., *J. Appl. Polym. Sci.*, 1991, 42, 2309.

Fasano, D. M., *J. Coat. Technol.*, 1987, 59(752), 109.

Feist, W. C., *Finishing Exterior Wood*, Federation of Societies for Coatings Technology, Blue Bell, PA, 1996b.

Fernando, R. H., et al., *J. Oil Colour Chem. Assoc.*, 1986, 69, 263.

Fu, Z., et al., US2A1(2009).

Geel, C., *J. Oil Colour Chem. Assoc.*, 1993, 76, 76.

Gilbert, J. A., *Coat. World*, 2016, 21(9), 117-122.

Gilicinski, A. G., et al., *Proceedings of the International Waterborne, High-Solids, and Powder Coatings Symposium*, New

Orleans, LA, 2000, pp 516-526.
Glass, J. E., *J. Coat. Technol.*, 1978, 50(641), 56.
Grade, J., et al., *Proceedings of the International Waterborne, High-Solids, and Powder Coatings Symposium*, New Orleans, LA, 2002, pp 145-157.
Gray, R. T.; Lee, J., US patent 6,303,189(2001).
Hall, J. E., et al., *J. Coat. Technol.*, 1986, 58(738), 65.
Hayoz, P., et al., *Prog. Org. Coat.*, 2003, 48, 297.
Heldmann, C., et al., *Prog. Org. Coat.*, 1999, 35, 69.
Hofland, A., Making Paint from Alkyd Emulsions in Glass, J. E., Ed., *Technology for Waterborne Paints*, American Chemical Society, Washington, DC, 1997, p 183.
Hofland, A., *Prog. Org. Coat.*, 2012b, 73, 274-282.
Hook, J. W., III, *Proceedings of the American Coatings Conference*, Atlanta, GA, April 7-9, 2014.
Hook, J. W., III, et al., *Prog. Org. Coat.*, 1994, 24, 175.
Hoy, K. L., *J. Coat. Technol.*, 1979, 51(651), 27.
Hulden, M., et al., *J. Coat. Technol.*, 1994, 66(836), 99.
Huster, W., 2011, from http://www.sesam-uae.com/sustainablematerials/presentations/02_wacker_huster.pdf(accessed April 22, 2017).
Jiang, P., et al., *Proceedings of the American Coatings Conference*, Indianapolis, IN, 2016, Paper 12.1.
Jirous-Rajkovic, V., et al., *Surf. Coat. Int. B Coat. Trans.*, 2004, 87(1), 70.
Lara-Ceniceros, T. E., et al., *J. Polym. Res.*, 2014, 21, 511.
Larson, D. B.; Emmons, W. D., *J. Coat. Technol.*, 1983, 55(702), 49.
Lorah, D. P., et al., *Proceedings of the International Waterborne, High-Solids, and Powder Coatings Symposium*, New Orleans, LA, 2004, Paper No. 19.
Lundberg, D. J.; Glass, J. E., *J. Coat. Technol.*, 1992, 64(807), 53.
Mangi, R., et al., *Proceedings of the International Waterborne, High-Solids, and Powder Coatings Symposium*, New Orleans, LA, 2002, pp 41-56.
Massouda, D. B., *J. Coat. Technol.*, 1985, 57(722), 27.
Mattei, I. V., et al., *J. Coat. Technol.*, 1991, 63(803), 39.
McCreight, K. W., et al., *Prog. Org. Coat.*, 2011, 72, 102-108.
Mercurio, A., et al., *J. Oil Colour Chem. Assoc.*, 1982, 65, 227.
Monaghan, G., *Formulating Techniques for a Low VOC High Gloss Interior Latex Paint*, FSCT Symposium, Louisville, KY, May 1996.
Nikolic, M., et al., *J. Coat. Technol. Res.*, 2015, 12(3), 445-461.
Overdiep, W. S., *Prog. Org. Coat.*, 1986, 14, 159.
Perara, D. Y.; Eynde, D. V., *J. Coat. Technol.*, 2001, 73(919), 89.
Pilcher, G. R., *CoatingsTech*, 2015, 12(8), 24-33.
Poole, E. A., et al., EP2166050 A2, (2010).
Porzio, R. S., et al., *Proceedings of the International Waterborne, High-Solids, and Powder Coatings Symposium*, New Orleans, LA, 2001, pp 245-260.
Prior, R. A., et al., *Prog. Org. Coat.*, 1996, 29, 209.
Przybyla, D., *Proceedings of the American Coatings Conference*, Atlanta, GA, 2014, Paper 9.6.
Ramig, A., Jr.; Floyd, F. L., *J. Coat. Technol.*, 1979, 51(658), 63, 75.
Reynolds, P. A., *Prog. Org. Coat.*, 1992, 20, 393.
Rich, D. S., *JCT Res.*, 2016, 13(1), 1-9.
Santos, F. A., et al., *JCT Res.*, 2017, 14(1), 57-67.
Schuler, B., et al., *Prog. Org. Coat.*, 2000, 40, 139.
Schulte, S., *Eur. Coat. Newslett.*, October 7, 2015.

Schwarz, J., *J. Coat. Technol*, 1992, 64(812), 65.

Smith, A.; Wagner, O., *J. Coat. Technol.*, 1996, 68(862), 37.

van Dyk, A., et al., *Proceedings of the American Coatings Conference*, Atlanta, GA, April 7-9, 2014, paper 5. 3.

Vanaken, D., et al., *Proceedings of the American Coatings Conference*, Atlanta, GA, April 7-9, 2014, paper 9. 2.

Wachtler, P.; Kunisch, F., *Polym. Paint Colour J.*, 1997, October, 2.

Wang, H. W., et al., *Proceedings of the International Waterborne, High-Solids, and Powder Coatings Symposium*, New Orleans, LA, 2001, pp 61-76.

Williams, S. R., Finishing of Wood in *Wood Handbook*, General Technical Report FPL-GTR-190, U. S. Department of Agriculture, Forest Service, Forest Products Laboratory, Madison, 2010, p 16-17.

Winnik, M. A.; Feng, J., *J. Coat. Technol.*, 1996, 68(852), 39.

Wu, W., et al., *Proceedings of the American Coatings Conference*, Indianapolis, IN, 2016.

Yang, H. W., et al., *Proceedings of the International Waterborne, High-Solids, and Powder Coatings Symposium*, New Orleans, LA, 2000, pp 308-321.

Zong, Z., et al., *Prog. Org. Coat.*, 2011, 72, 115-119.

第33章
特种涂料

特种涂料这一术语专指在工厂外施工涂装的工业涂料。2014年，此类涂料约占美国涂料总市值的21%（46.4亿美元），按体积计，约占12%（1.5亿加仑）（Pilcher，2015）。特种涂料涉及的终端市场众多，本章主要讨论工业维护涂料［依据Pilcher（2015）的报道，占美国总涂料市场的6%］、船舶涂料（占2%，但亚洲地区远大于此比例）、汽车修补漆（占9%），并简单提及交通标志涂料（占2%）。

防护涂料和防腐涂料这两个术语有时泛指维护涂料和海洋涂料，有时仅用作维护涂料，术语上的不统一使得相关涂料市场研究数据缺乏可比性。Sorensen等（2009）曾对防腐涂料的所有应用领域进行过综述。

特种涂料在基础设施的建造和维护方面发挥着不可缺失的作用。在世界范围内，最大的问题是基础设施的投资不足，且日益严重。一家知名的咨询公司（Woetzel等，2016）在报告中估测，新建基础设施年投入3.3万亿美元才能满足增长的需求，但目前仅投入了2.5万亿美元，大多数主要经济体都投入不足。在3.3万亿美元投资需求中，道路建设需9000亿美元。此外，现有基础设施由于维护不当，老化损坏严重。

环氧树脂（第13章）是特种涂料常用树脂，但其他种类树脂也都有其适用的场合。颜料（第20章）尤其是防腐颜料（第7章）也非常关键。纳米颜料技术（20.5节和22.2.1.1节）正对特种涂料产生影响，纳米颜料可以提高涂层的机械性能，也可能改善耐候性。其他新技术如自修复涂料（34.3节）、电活性涂料、自清洁涂料（34.1节）、失效自显示涂料等也有大量研究，但这些涂料目前实际影响还很有限，将来可能会有较大影响。特种涂料正在不断进步之中，但通常属于渐进式积累改进，而非惊人突破。

在以前的版本中，航空涂料包含在本章中，本版本中将该内容移至了第30章。

33.1 维护涂料

维护涂料这一术语一般指现场施工的涂料，包括高速公路桥梁、炼油厂、制造厂、发电厂、水系统、罐区、轨道车辆、集装箱、部分金属建筑物等在内的场合，但不包括办公楼和零售商店用的涂料，这两种场合所用涂料通常归至建筑涂料。尽管混凝土和其他基材的防护也很重要，但这里我们只重点讨论钢材用涂料。对许多钢材用维护涂料来说，腐蚀防护（第7章）是基本要求。日常中也会用到其他一些术语，如重防腐维护漆、防腐漆、防护涂料或工业漆。在腐蚀环境中，这些术语所指的涂料必须比普通市售涂料性能更为优异。尽管维护涂料的销售价格很重要，但用户更为关注的是已验证的涂料性能、重涂时间间隔以及售后服务，而不是涂料成本。其中，重涂频率最为关键。因为，在工厂中重涂可能需要关停生产；如果桥梁重涂，可能需要封闭道路，代价更大。

如在7.5节中详细讨论的那样，没有一个实验测试能准确预测防腐涂料的现场服役性能，潜在的用户都希望考察涂料体系在现场使用的实际案例，然后推荐给他们。国家和州高速公路部门，大型石油、化工和建筑公司都雇佣专业工程师团队与涂料供应商、施工方合作，共同负责选择合适的涂料体系，确定施工参数，以满足使用要求。这些专业团队也作为监理方监督涂料的施工。小公司也会按需求雇佣专业顾问和监理。涂料施工时，需记录表面处理、施工条件、涂料组成、涂料供应商等信息参数，监控涂层在不同设施表面的性能。涂料组成是主要变量，但表面处理和施工方式对性能的影响也很大。有关这些变量如何影响可从保护涂料协会（The Society for Protective Coatings，SSPC，前身为钢结构涂装理事会）获取支持。该协会的《钢结构涂装手册》定期更新，协会的会刊 *Journal of Protective Coatings and Linings* 也有许多有价值的论文，可以从网上获取。SSPC-SPC 也发布每日简讯（paintsquare. com）。可靠性理论可能是分析这些变量影响的有力工具（Martinet 等，1996）。

喷砂是最常用的表面处理方式。它可以有效去除旧漆膜和表面铁锈，使表面变粗糙，提高表面粗糙度，增加涂层与基材表面的接触面积，从而提升附着力。但是，喷砂会产生有害的尘埃，即二氧化硅和漆膜碎片组成的小颗粒物，常含有毒颜料。施工时需要采用复杂昂贵的防护系统保护工人，避免环境污染。喷砂处理已经进行了许多改进，也开发了一些替代方法，见 6. 4 节。这些方法包括采用其他介质的干喷砂法、湿喷砂法和压力高于 30000psi（1psi＝6894. 76Pa）的超高压水清理法。一般，带磨料的喷砂可以增加表面粗糙度，但高压水清理法不能（Hough，2016）。新喷砂好的钢材容易发生闪锈（33. 1. 3 节），常需立即涂覆闪锈抑制剂。在湿喷砂工艺中，抑制剂可加至水中。不管什么表面清理方法，应尽可能早涂底漆。

对于海边设施，一旦喷砂后涂装延迟了，甚至几天后才涂装，会造成大面积的失效。如果海水雾中的盐沉积到表面，湿气穿透漆膜后将会导致渗透起泡。

和其他涂料一样，维护涂料的 VOC 在许多地区受到限制。例如，加州 2016 年 VOC 的限量为 50g/L 或 100g/L。这些限量促进了水性维护涂料的发展。在过去，水性防腐涂料的性能总是不如溶剂性涂料。经过大量的研发，已经获得了在实验室测试中性能良好的水性涂料配方，但在不同条件下的最终服役性能还有待检验。

特殊设施涂料体系的选择必须慎重。大多数体系至少包括两层涂料：底漆和面漆，每层涂料的涂装次数常常超过一道。在有些情况下，采用底漆、中涂和面漆的组合。底漆提供基本的腐蚀控制功能，中涂和面漆层由于可减少氧和水的渗透，也具有很好的防腐作用。面漆也起到保护底漆的作用，同时提供其他性能，例如光泽、户外耐久性、耐磨性。现在使用的底漆有三种：屏蔽性底漆、富锌底漆、含钝化颜料的底漆。

33. 1. 1 节、33. 1. 2 节和 33. 1. 3 节介绍用于新钢材或除去旧漆膜钢材上的维护涂料。33. 1. 4 节介绍已涂有涂层钢结构上的再涂覆。

33. 1. 1 屏蔽性涂料体系

对要求较高的维护涂料，如钢桥维护涂料，普遍采用三涂层体系：底漆层（一般为富锌底漆，33. 1. 2 节）、中涂层、面漆层。双涂层体系作为替代涂层体系，目前正在开发推进之中。过去这三层涂层体系都采用醇酸树脂，但现在有更多其他的选择。

底漆：如 7. 3 节指出，屏蔽性底漆要求具有很好的湿附着力。底漆应使用含慢挥发溶剂的低黏度溶剂体系，以便其尽可能快速完全渗入金属表面的微裂纹和缝隙中。胺取代的基料特别能阻止水的置换，磷酸酯如环氧磷酸酯也能增强湿附着力（13.5 节）。完全反应后基料的 T_g 应略高于室温温度。固化反应在室温就可发生。如果完全固化交联膜的 T_g 过高，交联反应速率就会受链段运动的控制，反应有可能在交联反应完成之前就停止了（2.3.2 节）。

以双酚 A 环氧和/或酚醛环氧树脂为一个组分、多官能胺为另一个组分，制备双组分环氧涂料底漆（Weinmann，2013）。该涂料湿附着力强、耐皂化性能极好（13.2 节）。酚醛环氧树脂由线型酚醛树脂制备，这种线型酚醛树脂采用苯酚、甲酚、BPA 和/或四酚基乙烷合成。为了降低黏度，可以采用三羟甲基丙烷（TMP）三缩水甘油醚作活性稀释剂。若以 TMP 三缩水甘油醚和苯酚-甲醛线型酚醛树脂配制低黏度涂料，其耐二氯甲烷、耐乙酸和耐硫酸性能优于双酚 F 树脂配制的涂料（Kincaid 和 Schulte，2001）。“多环胺”/环氧双组分体系（13.2.2 节）因在寒冷条件下固化快、性能好，也赢得了人们青睐。

在较低的固体分下，使用高分子量的环氧树脂和胺交联剂可以延长涂料的适用期，因为这降低了体系中的活性基团的浓度。涂料渗透到表面不规则的缝隙中，可以提高涂层的附着力，若采用慢挥发溶剂，这种效果更佳。涂料中的颜料用量应偏高一些，但需稍低于临界颜料体积浓度（CPVC），以降低氧气和水的透过率，获得低光泽表面，增强面漆对底漆的附着力。在底漆尚未完全固化前施涂面漆，可进一步提高层间附着力。通常仅需一道较薄的底漆，但为了确保金属表面全部被覆盖，往往需要多道底漆。这种低固体分底漆会产生较高的 VOC 排放，因此，宜选用高固体分涂料。但随着固体分的增加，要配制出适用期合适的涂料的难度越来越大。此外，高固体分涂料中低分子量的反应物也可能会增加涂料的毒性危害。

如 25.2.2 节所述，零 VOC 双组分环氧涂料现在已广泛使用。它们只含非常少量的挥发性溶剂，尤其适合用作密闭空间中的维护涂料，如储水罐或储油罐内壁涂料，及建筑物受限空间部分的涂料。2015 年，美国职业健康安全管理局（OSHA）公布了受限空间设计和限制涂料危害的详细标准（Kaelin 和 Liang，2014）。

水性环氧-胺底漆（13.2.6 节）正越来越普及。酚醛环氧树脂也常用于水性涂料，它的高分子量不影响黏度。

双组分氨酯涂料也可用作底漆。一般选用芳香族多异氰酸酯预聚物作固化剂，因为成本低于脂肪族多异氰酸酯。双组分聚氨酯涂料在包括镀锌钢在内的金属表面、混凝土和木材表面均具有很好的附着力。与醇酸树脂底漆相比，双组分聚氨酯涂料的耐皂化能力也是一个很大的优点，这对于在高碱性的镀锌钢或混凝土表面使用的涂料尤为关键。湿固化聚氨酯涂料也可用作底漆，通常按 PVC＞CPVC 配制，所以漆膜中有一定孔隙，有利于异氰酸酯和水反应生成的 CO_2 的逸出，减少涂膜中气泡的形成。

中涂漆：三涂层体系常用于一些重要的场合。中涂层通常是双组分环氧体系，但与底漆的环氧体系不同。中涂层要求与底漆和面漆层之间均具有良好的附着力，并且能提高涂层体系的屏蔽性。中涂层中的颜料可能含有片状颜料，如云母氧化铁，以便提高屏蔽性能。

面漆：双酚 A 环氧-胺或酚醛环氧-胺涂料可作室内用面漆。在室内，它们耐紫外线性能较差不是问题。在耐化学性要求高的场合，环氧面漆尤其具有使用价值，但是它们对乙酸（或类似的有机酸）比较敏感。乙酸与无机酸不同，它能溶解环氧漆膜。胺交联剂的存在能促进这种溶解效应，特别是在交联密度不高时，胺促进溶解的效应更加明显。酚醛环氧树脂平均官能度较高，它耐有机酸性的性能要优于双酚 A 环氧树脂。

通常，户外用面漆与底漆的组成完全不同。氯化聚合物如氯乙烯共聚物树脂和氯化橡胶可用作面漆，因为它们的湿气和氧气透过率非常低（17.1 节）。氯化树脂需要加稳定剂才能耐光降解（5.4 节）。由于氯化树脂的分子量大，VOC 高，应用受到限制。

聚偏氟乙烯/丙烯酸酯共聚物乳胶具有突出的户外耐久性（17.1.4 节）。由于它们不是交联固化的，对溶剂很敏感，不适合在石化厂应用。但不管是热塑性还是交联型含氟聚合物，都能提供极好的防护功能（Parker，2015）（17.1.4 节）。

高密度聚丙烯（HDPP）和高密度聚乙烯（HDPE）的水渗透率很低，常用作钢管面漆（Guidetti 等，1996；Senkowski，2015），在工厂中采用挤出方式施工。其中，一个典型的涂层体系包括熔结粉末环氧底漆（第 28 章）、弹性黏结剂和聚丙烯面漆层。由于聚丙烯易光氧化，需要进行紫外线稳定。在聚合物中加入炭黑或其他稳定剂可以提供紫外线保护。管线安装完毕后，焊接部位、配件和阀门处需要涂覆液态防腐涂料，通常为环氧、聚氨酯，或者两者兼有（Senkowski，2015）。双组分聚氨酯面漆由于 VOC 低、固化后涂膜耐溶剂性强，其应用不断增加。当耐磨性要求高时，选用聚氨酯涂层尤其合适（12.4 节）。在双组分多异氰酸酯/多元醇涂料体系中，NCO/OH 摩尔比是一个重要的参数，这个比值称作比例系数。在室温固化体系中，在 1.1∶1 比例下得到的涂膜性能优于 1∶1 比例时的性能，原因可能是过量的 NCO 与溶剂、颜料或空气中的水分反应，形成脲交联键。当这种情况发生时，一个水分子能与两个 NCO 基团反应；过量的 NCO 用于此反应，从而减少了未反应的羟基基团。涂膜的耐溶剂性也得到改善，因为多异氰酸酯的黏度低于多元醇，过量 NCO 也减少了涂料的 VOC（Jorissen 等，1992）。

双组分聚脲涂料由多元胺和多异氰酸酯制备，即使在低于零度的温度下也能快速固化，几乎是零 VOC，低温柔韧性好。芳香胺反应足够慢，可以用在双组分聚脲涂料中。例如，MDI/聚丙二醇预聚物和芳香胺可用作保光保色要求不高的维护涂料（Takas，2004）。屋面和地板上涂覆该聚脲涂料 30s 后，人就可以在上面行走。采用聚脲涂料，工厂内部也可快速涂覆，迅速恢复生产。快速固化的食品级聚脲涂料可实现食品加工设施的快速维护和恢复生产（Anonymous，2015）。

户外耐久型双组分聚脲需采用受阻脂肪胺制备。Giles 等（2003）报道了一种聚脲涂料，其中一个组分为受阻和弱受阻二元胺和三元胺混合物，另一个组分为 HDI 异氰脲酸酯。涂料有足够的适用期，25℃下表干时间 2～3min，对多种基材附着力极好，耐化学性和户外耐久性优良，无需底漆。另一类双组分聚脲由多异氰酸酯和聚天冬氨酸酯构成（12.4 节）。这种涂料有时被错当成聚氨酯。Squiller 等（2014）公开了聚合物合成和清漆配制的具体细节。涂料制造商通常还会加入一些颜料和助剂。聚天冬氨酸技术多种多样，耐候性极好，适用期/固化速率可调，可满足特殊应用。桥梁用聚天冬氨酸面漆正变得越来越普及（O'Donoghue 等，2013）。

湿固化异氰酸酯化学在 12.6 节中已有描述，需要指出的是，它们实际上不是氨基甲酸酯，而是脲。该涂料是单组分（1K）涂料，通过与空气中湿气反应，能在温度低至 0℃时固化。它们在某些方面优于双组分维护涂料，消除了混合时可能会出现的比例不正确，而双组分体系可能还存在两方面问题：①配料过多，以至在黏度上升到无法施工时，物料仍未用完，导致浪费；②配料过少，导致单班工作结束前，就没有配好的漆了。湿固化涂料还有可用于潮湿表面的优点。与自氧化固化的单组分涂料体系相比，湿固化涂料具有优异的抗氧化性和户外耐久性（如果采用脂肪族二异氰酸酯）。

与醇酸维护漆比，湿固化聚氨酯通常具有更优异的耐磨性、耐化学性、耐溶剂性和水解稳定性。另外，在碱性表面如水泥或金属基材表面的附着力保持性和户外耐久性（脂肪族异氰酸酯体系）也很优异。Gardner（1996a）对维护涂料用湿固化聚氨酯涂料展开过有益的讨论。湿固化涂料也可用作地坪涂料，此类涂料的耐磨性和水解稳定性要求特别高。湿固化涂料可以在低温和相对高湿度环境下施工。它们可用于温度低于露点的金属表面，因为异氰酸酯基团能与表面的冷凝水反应（Schutz，1998）。Bell（1982）曾给出了湿固化涂料在桥梁和其他方面应用的例子。

另外，湿固化聚氨酯涂料比醇酸涂料价格高。还有一个缺点是其固化速率与空气中的水含量有关。在低温固化时，要求的相对湿度高比高温时更高。因为在相同水含量下，随着温度的下降，相对湿度会增加。在高温高湿条件下，湿固化聚氨酯涂料固化非常快，但异氰酸酯与水反应生成的CO_2会滞留于涂层中形成气泡，尤其是膜厚的时候，气泡问题更加严重。见Gardner（1996b）有关温度和湿度的影响及其他施工注意事项的报道。

湿固化聚氨酯涂料必须选用无水溶剂、无水颜料，其他涂料组分也必须不含水，这是导致其成本增加的又一因素。湿固化常用作透明和高光涂料，因为颜料除水代价巨大。现在有很多种除水剂可用于湿固化色漆，如正甲酸烷基酯、对甲苯磺酸异氰酸酯、分子筛等。据报道（Robinson等，1993），噁唑烷对脂肪族聚氨酯基涂料脱水很有效，而且毒性危害可能较小，成本较低。4-乙基-2-甲基-2-(3-甲基丁基)-1,3-噁唑烷可快速脱水，同时不影响涂料的稳定性和性能。

大多数情况下，空气中的水分是固化剂。但有些情况下，可在未固化的涂膜表面喷涂液态水或水蒸气作固化剂。在湿固化涂料配方中加入吸湿性液体也可加快固化速率，如N-甲基吡咯烷酮、γ-丁内脂。

如16.2节所述，多异氰酸酯与活性硅烷反应，转化成聚硅烷。这些含有烷氧基硅基的聚硅烷可作湿固化面漆的基料。利用该方法，涂料可制成单组分使用，所用颜料也无需干燥，还可消除因释放CO_2产生的缺陷。或者，可将脂肪族环氧树脂转化成湿固化树脂。Witucki（2013）将环氧树脂与二氨基硅烷反应，制备了烷氧基硅基官能化的湿固化涂料。

Witucki将二氨基硅烷作脂环族环氧树脂的固化剂，制备了双组分涂料。该涂料的VOC含量低，耐候性优良，可用于双涂层体系，代替三涂层体系。

双组分水性聚氨酯涂料VOC排放非常少。Giles等（2001）采用水稀释性丙烯酸树脂和亲水改性的多异氰酸酯制备了一种水性涂料，并与溶剂型高固体分双组分聚氨酯涂料进行了性能比较。在25℃（75°F）或25℃以下温度施工时，两者性能类似。但在高湿高温条件下施工，溶剂型涂料制备的涂膜表面粗糙，外观差，而水性涂料制备的涂膜外观良好。

丙烯酸面漆（通常是乳胶漆）已经使用了多年。丙烯酸乳胶和丙烯酸杂化乳胶作为金属直涂（DTM）维护涂料的报道有很多，如Vielhauer等（2015）、Flecksteiner等（2014）和Wu等（2014）的报道。Vielhauer介绍了一种水性屏蔽涂料，具有很好的防腐性，VOC为50g/L，甚至更低，但其技术细节不清楚。该涂料性能较好的部分原因是TiO_2与乳胶粒子相互作用，使得颜料在涂膜中分布相对比较均匀。该涂料还涉及自交联技术（9.4节）。

几十年来，醇酸树脂（第15章）和有机硅改性醇酸树脂（第16章）一直是维护漆中使用的主打树脂。但在一些重要的场合，它们已经部分被前面描述的户外耐久性更佳的涂料所替代。醇酸树脂涂料通常成本较低，VOC排放中等。由于表面张力低，醇酸树脂涂料在施工时产生涂膜缺陷的可能性低。能扩大醇酸树脂应用的技术有磺酸钙醇酸树脂（3.1.4节）、低VOC醇酸树脂乳液（Danneman，2014）、丙烯酸/醇酸杂化乳胶和聚氨酯/醇酸杂化树脂。

由于锌会快速产生强碱性腐蚀产物，醇酸体系不适合用作镀锌钢底材的涂料漆料。研究表明，在佛罗里达州肯尼迪角曝晒4年半后，环氧-聚酰胺底漆/聚氨酯面漆涂层体系对镀锌钢来说性能最好（Drisko，1995）。

如15.7节所述，氨酯油的性能优于醇酸树脂。Xu等（2002）惊奇地发现氨酯油树脂膜的水渗透速率低于常规醇酸树脂膜。现在已有水性氨酯油树脂（15.7.2节）。有高耐候性要求时选用脂肪族多异氰酸酯，要成本低则可以与丙烯酸树脂共混实现。杂化丙烯酸/氨酯油树脂的合成技术也已有，见Mestach等（2013）的专利报道。

通过降低水汽和氧气透过率，可以提高涂层的屏蔽性防腐性能（7.3.3节）。提高颜料含量有助于降低透过率，降低涂料成本。可提高屏蔽性的片状颜料包括云母、滑石粉、云母氧化铁、玻璃鳞片、剥离黏土、金属片。随着涂料中溶剂的挥发，片状颜料在涂层表面平行取向，取向程度越高，屏蔽效果越好。对于高光涂层体系，需在底漆上面涂覆一层颜料含量高的中涂层，然后再涂高光面漆。面漆中可加入一些浮型铝粉颜料，这样可以在表面形成反光铝片的连续层。

33.1.2 富锌底漆体系

在钢材上镀锌是为钢材提供阴极保护的一种有效方法。富锌涂料也可以提供阴极保护。本节讨论的富锌底漆，在7.4.3节中也有相关描述。

常用的钢结构桥梁用阴极保护涂层由三层构成：富锌底漆、环氧中涂层和耐候面漆。底漆层提供阴极保护，中涂层提供屏蔽性，面漆层是另一道屏蔽层，且具有很好的耐候性。面漆可以是双组分聚氨酯、双组分聚天冬氨酸酯或者聚硅氧烷。底漆的干膜厚度可变，但一般建议为60～90μm。

对于采用富锌底漆的双涂层体系，聚天冬氨酸面漆性能较好，保光率非常优秀。另外，如33.1.1节所述，Witucki（2013）报道的脂环族环氧/二氨基硅烷体系的性能结果也很好。

如7.4.3节所述，当表面铁锈不能完全清除或者涂料不能完全渗入表面不规则部位时，富锌底漆均能提供良好的防护。在这里，锌作为一种牺牲金属，避免了钢的腐蚀。但要起到防护效果，涂层必须导电。这可以通过提高锌含量来实现，比如，将涂料设计成PVC＞CPVC。颜料含量高可确保锌颗粒之间发生电接触，产生的孔隙可使水进入涂膜中，和钢表面形成一个导电回路。即使富锌底漆中的锌大量消耗后，仍能提供防护作用。Feliu等（1993）提出，反应产物$Zn(OH)_2$和$ZnCO_3$可填入孔中，其碱性导致表面钝化；或者，反应产物可能形成水和氧的屏蔽层，从而提供持续的防护效果。大多数应用中，需要用面漆来保护锌层，防止其被腐蚀，减少锌层产生机械损坏的概率，同时，提供所期望的外观。Kline（1996）曾总结了富锌底漆的种类、应用和性能。

富锌底漆有两大类：无机富锌底漆和有机富锌底漆，每一类均有溶剂型和水性两种形式的产品。无机富锌底漆常用的基料为正硅酸乙酯预聚物，它是由正硅酸乙酯与有限量的水反应制得，其交联化学机理见16.3节。交联时需要湿气，当涂料在低湿度下施工时，涂膜的性能如耐磨性会受到负面影响（Eccleston，1998），尤其是温度高时，这种影响更严重。如果必须在又热又干的条件下施工涂料，建议施工后立即喷水雾。锌粒的尺寸、形状、着色颜料和施工技术对硅酸乙酯底漆性能的影响见综述（Parashar等，2001）。有很多文献报道了接近零VOC的水性基料和溶胶-凝胶有机硅基料，见Borup等（2014）的论文。

有机富锌底漆可容忍基材表面的油污，且易喷涂，与部分面漆配套性良好（Paert，1992），因此也占据了部分市场。有机富锌底漆的常用基料为双组分环氧/多胺（聚酰胺）。

在早先的文献中，有证据显示无机富锌底漆在某些环境下防护能力优于有机富锌底漆。比如，在海岸边，无机底漆的使用寿命预计为 6 年，而有机底漆只有 3 年（Paert，1992）。最近，有机富锌底漆在许多苛刻场合进行了应用，表明专业人士期望它们长期使用下去。本世纪初，环氧富锌底漆代替硅酸锌用于北海油井（Doble，2004），据说这一变化是出于对健康、安全、成本方面的考虑，还有未指明的性能上的提高。有机富锌/环氧/聚氨酯体系越来越受到欢迎，美国多个州有时要求采用该体系（Kowalski 等，2003）。该体系常用于陆上和海上钢制风电塔的结构（Muhlberg，2004）。

近十多年来，普遍采用惰性导电颜料（如 Fe_2P）替代高达 40%的锌。Verbiest（2015）警告称，这种做法会降低一系列涂料的耐盐雾性能。但是，盐雾结果不一定能反映户外的实际使用性能。Verbiest 给出了采用Ⅰ型环氧树脂和聚酰胺交联剂的有机富锌底漆完整配方，其中，聚酰胺由二聚体脂肪酸和多元胺制得。

聚氨酯基料的使用在增长。例如，2004 年，密歇根州交通部采用聚氨酯富锌底漆体系作为他们行业的标准选项。Schwindt（1996）报道了用湿固化聚氨酯制备的富锌底漆。该漆可用于新结构件，但是金属表面必须喷砂清理至露白。富锌底漆基料的耐皂化性很重要，因为锌与氧和水反应生成氢氧化锌和碳酸锌。虽然环氧/胺双组分富锌底漆已广泛使用，但湿固化聚氨酯底漆具有可制成单组分的优点。

水性富锌底漆也引起了大家的兴趣，因可以降低 VOC。早期产品性能明显较差，2005 年只占据欧洲重防腐维护涂料市场很小的比例（<3%）（Aamodt，2005）。但是，现在市场上的无机水性富锌和有机水性富锌底漆的 VOC 都非常低，一些人认为在防护性能方面已经可以与溶剂型底漆相媲美。但是需要采用不同的施工方法。关于无机基料方面，Montes（1993）介绍了一种由钾、钠和/或锂的硅酸盐与胶体二氧化硅分散液复合制成的基料。Szokolik（1995）发现，水性富锌底漆在海上油气生产设施上性能很好。Borup 等（2014）报道了 VOC 极低的硅氧烷的进一步进展情况。

富锌底漆（特别是无机富锌底漆）的应用面临的一个挑战是面漆的正确选择与使用。富锌底漆的活性常常与漆膜 PVC>CPVC 时产生的孔隙率的保持性有关。如果面漆完全渗入底漆层的孔隙中，则底漆层中的 PVC 降至 CPVC 相近水平，底漆的有效性降低。第二层涂层连续相对孔隙的渗透主要受外相黏度的控制。另外，如果第二层涂层十分黏稠，直接涂覆到底漆表面，滞留在孔隙中的空气和湿气可能导致在第二层涂层上出现针孔和起泡。此外，如果第二层涂层施工过快，滞留涂层中的溶剂也可能产生类似的问题。在富锌底漆表面进行一道雾喷（即形成非常薄的涂层，通常为低固体分环氧涂料），可减少这些问题。Weldon（2016a）认为雾喷有效果是由于雾喷漆流入了底漆层的孔隙中，部分置换出了一些滞留气体。溶剂快速从雾喷漆层中挥发，形成薄膜，封闭表面，其他溶剂和湿气可通过薄膜逸出。正确进行雾喷需要相当的技巧，因为一个区域中雾喷过量会导致过度渗透到孔隙中，若雾喷覆盖不完全，则底漆层的局部表面无法封闭。因此，需使用彩色雾喷漆，以便与富锌底漆有区别，便于施工人员实现雾喷既完整又不过度。

雾喷漆层施工完后，后面的涂层施工只需按一般方法进行，无需特别的喷涂技巧。由于锌表面存在碱性氧化锌、氢氧化锌和碳酸锌，所以与富锌底漆接触的面漆必须能耐皂化。双组分环氧、聚氨酯、聚天冬氨酸酯、聚硅氧烷、乙烯基或氯化橡胶涂料均可作面漆使用。

习惯的做法是在富锌底漆表面先涂覆环氧/聚酰胺中涂层，而后涂覆聚氨酯、聚天冬氨酸酯、聚硅氧烷或丙烯酸面漆。但是，中涂层价格高，且固化速率慢。因此免除中涂层可以节省大量的成本。O'Donoghue 等（2013）在工厂涂装桥梁组装件时，免去了中涂层，节约了约 25%的直接和间接成本。如果是对现有桥梁进行重涂，免去中涂层后的节省更为明显，因为在缓慢的重涂过程中交通管制成本很高。因此，有供应商就提供了可直接用于富锌底漆表面的低 VOC 聚硅氧烷面漆，预计使用寿命要比传统脂肪族聚氨酯面漆的三涂层体系更长。但双涂层体系使用需谨慎。Kahn（2014）比较了一种常规三涂层体系和两种双涂层体系，发现三涂层体系（有机富锌底漆、环氧/聚酰胺中涂、聚氨酯面漆）性能更优，但他没有比较双涂层聚硅氧烷体系。

也存在类似的富镁底漆技术，可替代飞机用六价铬盐的底漆。

33.1.3 含钝化颜料的底漆体系

当预期涂膜会出现大面积的损坏、基材不能完全清洁（尤其是残存油锈时）或涂料不能渗透到表面的不规则缝隙中时，钝化颜料底漆是首选底漆（7.4.2 节）。烘烤型原厂涂料中很少用到钝化颜料，与此不同的是，对很多现场施工的涂料而言，钝化颜料是优选项，但是涂层可能较易起泡。

有很多种漆料可用于底漆。醇酸树脂的优点是成本低，对含油表面附着力好，但耐皂化性较差。环氧-胺底漆耐皂化性能优异，湿附着力良好。环氧酯基料成本和性能介于上述两者之间。

多年来，含有含铅防腐颜料的油基漆和醇酸漆广泛用于桥梁和其他钢结构，使用性能良好，特别是它们成本较低，厚涂时也很经济，已有报道其使用寿命可达 100 年（O'Donoghue 等，2013）。但当必须重涂时，要安全地去除含铅旧漆膜是个大问题，用无铅涂料进行替代成本高昂。1997 年，Hare 估计无铅涂料的替代成本为每平方米 54～217 美元，现在可能更高。目前，无铅涂料的重点是尽可能延长重涂的时间间隔，目标使用寿命是 100 年。

锌黄多年来一直是钝化颜料的首选（7.4.2 节）。但锌黄是致癌物，必须小心，以免吸入或摄入喷雾粉尘、打磨粉尘或焊接烟雾。锌黄的使用在急剧减少，2019 年欧洲禁止使用六价铬颜料。锌黄的替代品见 7.4.2 节所述。

近年来，乳胶漆体系在维护涂料中的应用不断增加。但任何水性涂料施工到新喷砂完毕的钢表面时，几乎瞬间生锈，这称为闪锈。为了避免出现闪锈，配方中需加入胺，如 2-氨基-2-甲基-丙醇（AMP）。Reinhard 等（1992）建议采用巯基取代化合物作防闪锈助剂。

Kalendova（2002）研究了影响闪锈的因素和测试方法。施工时的相对湿度是主要因素，尤其是湿度超过 80%时。“可离子化混合溶剂中的锌络合物”比“苯甲酸钠和亚硝酸钠比例为 9∶1 的 10%水溶液”防护效果更好。乳胶的组成影响闪锈程度。一种丙烯酸、甲基丙烯酸、丙烯酸-2-乙基己基酯和苯乙烯的共聚物防闪锈效果较好。闪锈可以通过涂覆无颜料的漆膜来进行评价，因为形成的红色锈层不会被遮盖。Hough（2016）还介绍了一些其他的测试方法。

由于乳胶粒子比钢表面的裂隙尺寸大，融合后的乳胶聚合物黏度也非常高，裂隙不能被完全渗透。因此，必须使用钝化颜料。选择的钝化颜料的多价离子浓度必须足够低，不至于造成乳胶贮存稳定性出问题，但同时还要足够高，能起到钝化作用。铬酸锶最为常用，其溶解性低于锌黄，磷酸锌也有用。在较新的钝化颜料中，建议使用钼酸锌钙和硼硅酸钙。

丙烯酸乳胶、苯丙乳胶、偏二氯乙烯/丙烯酸乳胶能完全耐皂化。专用乳胶也有市售，可增强有水存在时对金属的附着力。胺取代乳胶尤其能促进湿附着力。采用甲基丙烯酸2-(二甲基氨基)乙酯作共聚单体，是在乳胶聚合物中引入氨基的一条途径，甲基丙烯酰胺乙基乙烯基脲也可用作湿附着促进单体。另一种提高湿附着力的方法是用醇酸树脂或改性干性油部分替代乳胶聚合物。醇酸树脂通过乳化方式加入涂料中。涂料施工后，随着水分的挥发，乳液破乳，部分醇酸树脂渗入钢表面的裂隙中。环氧酯比醇酸树脂的水解稳定性好，腐蚀防护性能更佳。

由于大多数乳胶漆膜的水气和氧气透过率高，需要在配方使用一些片状颜料。云母在底漆和面漆中均可使用。在最后的面漆中，加入浮型铝粉颜料更为合适。为了避免铝与水反应，特种浮型铝粉在施工前加入乳胶基础漆中。

如前所述，加州已将许多维护漆的VOC限定为50g/L或100g/L。加州交通局实验室开展了乳胶漆的配制工作，并将其用在几座高速公路桥上，以评价它们的功效（Warness，1985）。部分案例用的是DTM乳胶底漆，其他用的是无机富锌底漆。所有案例中均采用了乳胶面漆。部分乳胶DTM体系甚至5年曝晒后仍运行良好。经验表明，施工时温度需高于10℃，湿度低于75%。涂料供应商现在可以提供进行DTM应用的低VOC乳胶维护漆，这可能会是一个有所增长的领域。

33.1.4 在工业维护涂料表面的复涂

重涂前，希望完全除去钢结构表面已有漆膜，但这代价巨大，特别是当含铅漆膜必须除去时。仔细处理涂漆表面，修补裸点，再在旧漆膜表面涂覆，这种方法则要经济得多。很多研究考察了用于再涂覆的最佳涂料和工艺。O′Donoghue等（2013）给出了北美广泛使用的再涂涂层体系，如下：

- 环氧渗透封闭漆/环氧/聚氨酯（双层或三层）；
- 湿固化聚氨酯（三层）；
- 高比例磺酸钙醇酸树脂（HRCSA）和CSA涂层（单层或双层）。

前两种涂层体系是从33.1.1节所述的涂料体系演变而来的，第一层涂层要对裂隙和铁锈有最大的渗透力。第三层涂层体系（HRCSA涂层）由醇酸树脂和“磺酸钙”晶体（石油基磺酸钙）制备，通过空气氧化固化，常以双涂层形式应用。多位作者（O’Donoghue等，2009；Mandeno和El Sarraf，2014）和多家州交通局报道，使用HRCSA涂层结果优良。O’Donoghue等人（2013）认为，HRCSA涂层性能突出的部分原因是它们的表面张力低，与生锈的钢铁表面接触角小。另一部分原因是涂料中的磺酸钙为片状结构，可赋予涂层屏蔽性。还有一个原因是产生钝化作用。虽然开发HRCSA是用于复涂，但它们在裸露金属表面性能也很好。HRCSA在美国的许多州、欧洲、新西兰和其他一些地方都受到欢迎，部分原因是它们成本相对较低。O’Donoghue等（2017）介绍了在加拿大艾伯塔省埃德蒙顿于1913年建造的大桥上复涂HRCSA的成功例子，涂层20年后性能仍良好。另外，Weldon（2016b）报道了一个HRCSA对自身附着力较差的例子。

聚氨酯/天冬氨酸体系（12.4节）和丙烯酸或丙烯酸/醇酸乳胶也可用作复涂涂层。如果需要，乳胶漆的VOC可以很低。

基础设施特别是钢结构的不断恶化是一个大问题。Brand（2015）提出了一个较为经济的工艺，即在生锈的钢表面简单涂覆，这在某些环境中可以减缓恶化的速度。这个建议显然还没有被广泛采纳，但后续的研究和测试还在进行之中（Sondag 和 Burgess，2016）。所以一定要切记“不要事事都去追求完美”。

33.2 海洋涂料

海洋涂料市场包括用于海军舰船和商用船舶、驳船、游艇及某些岸边设施的涂料。用于陆上油气设施的涂料有时被当作海洋涂料，但一般不被分类为海洋涂料。海洋涂料涂覆的基材众多，许多需要特种涂料。Bleile 和 Rodgers（1989）发表了相关市场和产品的综述。文中指出，船体涂料市场亚洲占 84%，欧洲占 11%，北美占 4.5%，这反映了造船和船舶维护主要集中在亚洲。2015 年，这个市场估计为 920 万加仑，价值 4.22 亿美元（ACA/Chemquest，2016）。约 87%的市场属于“船舶”细分市场，主要是远洋钢结构船舶。这个市场周期性变化明显。Lindholdt 等（2015）对船体涂料进行详细的综述，并重点介绍了测试方法问题。Goldie（2014）以及 Goldie 和 Mobbs（2014）也对船体涂料进行了总结。

船舶涂料已经历了长达 100 年的历史，Gardner（1917）曾报道，当时涂装一艘新的军舰需要使用含 100t 红丹的涂料，局部修补也需要 3～6 个月的时间。那时的防污涂料是含有氧化铁、氧化锌和氧化汞颜料的虫胶漆。

33.2.1 水线上和内部涂料

水线上船体外表面用涂料与前面讨论的重防腐维护涂料类似。超高压喷水清理用于处理表面。造船厂中，盐是最常见的污染物，喷水清理可以除去所有表面的盐。清理表面的水中可加入一种抑制剂，以减少闪锈的出现。表面清理后必须立即涂覆底漆，以免再次污染。无机富锌底漆或环氧底漆是常用底漆。Sghibartz（1982）研究了富锌底漆上一系列涂层的试板在佛罗里达杰克逊维尔曝晒 10 年的性能。无机富锌底漆与环氧中涂层、脂肪族面漆配套的总体性能最佳，其次为无机富锌底漆与环氧中涂层、乙烯基面漆的配套体系。如前面 33.1.2 节所述，自 1982 年以来，有机（双组分环氧）富锌底漆有了极大的改进，它与多种面漆组合也能实现长效的使用寿命。

Fransehn 等（2004）报道了由环氧有机硅树脂与羧基丙烯酸树脂组成的双组分涂料，该涂料用于船舷时，具有耐候性优异、沾污少、比聚氨酯涂层易清洁等突出性能。

船舶上层建筑涂料的耐候性要求比较苛刻。除了直射紫外线外，还有来自水面反射的紫外线。同时，环境湿度也很高。醇酸涂料替代红丹油基涂料约始于 1940 年，但醇酸涂料需要经常重涂。聚氨酯涂料的应用不断增加，因为它的耐候性优异。醇酸涂料的应用仍很普遍，因为施工相对容易，非专业油漆工的船员也会使用。

阻燃对船舶内部特别重要，建议使用氯化醇酸涂料（Wake 等，1995）。乳胶漆溶剂含量低，在船上贮存时火灾隐患小。乳胶漆的初始光泽低于醇酸涂料，但保光性和抗开裂性能相当优异。

双组分脂肪族聚氨酯涂料能满足甲板漆的耐候性和耐磨性要求。在施工时混入粗沙粒或在涂层固化前撒落沙子，则可进一步赋予涂层防滑性能。

环氧煤沥青涂料除了用于船底外（33.2.2 节），也可用于船舶内部的压载舱区域。为了防止环境灾难，进入美国沿海水域的油轮要求为双壳体构造，这增加了压载舱的表面积，为船体外壳面积的六倍。双壳体结构的维护困难且成本高，这要求涂层体系具有超长期的防腐能力。

含氟聚氨酯可用于燃料箱、化粪池，有时还有污水箱（Brady，1998）等场合。燃料箱必须进行防腐处理，因为燃料消耗完后，经常要用海水进行压载。含氟涂料表面能低，清洗简单。

军舰常涂成灰色，目的是降低可见性。几十年来，采用的颜料为白色颜料加炭黑。但是，炭黑是很强的红外吸收剂，导致船体内部非常热。Brady 设计了一种彩色颜料组合，可使温度明显下降。现在也已有具有高红外反射性的黑色无机颜料/有机颜料络合颜料（20.4 节）。

33.2.2 水线及水线下涂料

船舶涂料中最具挑战性的一类涂料是防污涂料。从藻类到藤壶的 4000 多种孢子和幼虫可黏附到船体的水下部分。植物和动物在船底生长使得船体变粗糙，表面水流产生湍流和拖曳加重，因此，船速减慢，能耗增加。未经保护的船体在海中 6 个月后，生长的污损物可积聚达到 $150kg/m^2$（Buskens，2013）。去除这些污损物常需要将船舶移至干船坞。污损导致的经济损失巨大。生物污损还导致生物入侵和温室气体排放的增加。一些综述论文已详细介绍了防污涂料涉及的变量，其中包括发展历史、现状以及开发的各种技术（Yebra 等，2004；Morrison，2005；Buskins，2013；Goldie 和 Mobbs，2014；Goldie，2015；Lindholdt 等，2015）。

从经济性上看，防污涂料的有效时间必须有 48 个月或者更长。使用甲基丙烯酸三丁基锡（TBT）酯涂料和其他含锡涂料是能达到这个防污时间的。但遗憾的是，当船舶停靠在港口时，有毒的锡会持续释放。在有些港口，毒物的浓度已高达足以影响海洋生物的生长。还有一个关注的问题是重金属可能会进入食物链，可能会影响被捕捞供人类食用的鱼类。因此 20 世纪 80 年代起禁止在游艇上使用 TBT 化合物，2008 年起禁止在商船上使用。

因此，工业界将目光转向了铜。因为自 18 世纪以来，人们就知道铜具有防污性。主要方法是制备含有氧化亚铜杀菌剂的生物杀灭型防污涂料，氧化亚铜在使用过程中可从涂料中渗出。该类涂料有两种：自抛光聚合物涂料（SPC）和控制磨损型聚合物涂料（CDP）（Lindholdt 等，2015）。CDP 也称作磨损型防污涂料。杀菌剂必须对多种生物具有广谱效果，渗出速率必须确保表面杀菌剂的浓度长时间高于杀死生物的临界浓度。在过去，SCP 的基料一直为含松香盐的乙烯基树脂溶液。该基料对水敏感，因此，表层氧化亚铜消耗后，氧化亚铜还可继续渗出。该涂料实际使用防污期为 7～24 个月。杀菌剂渗出速率符合一次方关系，成指数衰减。因此，为了有足够浓度的氧化亚铜在涂层服役末期时释放，氧化亚铜初期的释放速率必须非常高。

当前，主流的基料为带有金属羧酸盐或甲硅烷侧基的丙烯酸聚合物。涂料中加入了大量氧化亚铜、其他铜化合物或金属铜。通过聚合物水解释放的铜还不足以完全防污，因此，还需要加入铜和有机杀菌剂。如 4,5-二氯-2-正辛基-4-异噻唑啉-3-酮是其中的一种有机杀菌剂，据报道，该杀菌剂很有效，且能在海水中快速降解，消除了生物积累（Raber，1996）。

另一种配制自抛光防污涂料的方法是利用氢化松香锌盐和增塑剂如油酸、Cu_2O、杀菌剂一起制备。Yebra 等（2005）对渗出速率和涂层表层的溶解开展了大量的实验室研究。

2011 年，生物杀灭型防污涂料占据了 96%的市场（Lindholdt 等，2015）。尽管铜比锡毒性小，其对环境的影响仍受到严重关切，正在考虑限制其使用，特别是在美国西海岸游艇上的使用（ACA/Chemquest，2016）。监管机构必须平衡好毒性颜料的环境损害与环境效益，包括减少入侵物种的扩散和温室气体排放。2016年，经过大量的研究和辩论后，欧盟同意将铜和其他10种杀菌剂延用至2026年。

开展了大量的研究以寻找不用杀菌剂的污损控制方法（Yebra等，2004）。这是一个十分困难的问题。通常的方法是研制污损生物附着力极低的涂料，这样，船舶移动时导致的水流、水下冲刷就可以除去污损，而不需要将船移入干船坞。早期该种涂料是在环氧底漆表面涂覆一层弹性有机硅，有效寿命大于3年，涂料的流平性优异，涂层表面光滑，减少了拖曳阻力。问题是有机硅弹性涂料的耐磨性差，抗撕裂强度低（Bausch和Tonge，1996）。而且，需要航速18～22节才能除去大部分表面污损物，这已超过了大多数货船和油轮的航速。

Brady（1999）简单介绍了海洋生物易剥落涂层的要求，所用聚合物必须由下列组分组成：①一种柔性的线型主链，无相互作用；②一条主链和足够数量的表面活性基团，分子运动能力强，以利于降低表面自由能；③弹性模量低；④在海洋环境下能长期稳定。涂层应在分子水平上光滑，避免生物胶的渗透，导致产生机械咬合。Brady认为使用带全氟已基甲基硅氧烷或三氟丙基甲基硅氧烷侧链的聚硅氧烷可满足上述要求。现在市场上已有有机硅防污涂料工业化产品。

还有一种方法是研制不含杀菌剂的磨损型涂料，如以含氟单体（如甲基丙烯酸-2,2,2-三氟乙酯）、有机硅基单体（如甲基丙烯酸三甲基硅基酯）和其他甲基丙烯酸单体合成的共聚物制备的涂料。涂层的磨损速率可通过单体比例进行调节（Aubers等，2004）。Zhang等人（2015）合成了多种全氟烷基醚丙烯酸酯单体及其共聚物，并配制了涂料。

还有一种类型的无杀菌剂船体防污涂料表面有水凝胶层。当水凝胶被大量的水溶胀时，它呈现的表面就像一种液体，海洋生物不会在这种表面固定生长。

2014年，主要供应商都能提供多种不含杀菌剂的船体防污涂料。Goldie和Mobbs（2014）报道，这些涂料对防止海草和贝类（如藤壶）的污损很有效，但对生物黏液效果较差。现在有不同的防污涂料，包括：基于有机硅弹性体和含氟聚合物的软质涂料和基于乙烯基酯或无溶剂环氧的硬涂料，以及基于丙烯酸锌的磨蚀型涂料。它们的技术细节通常受专利保护。

无毒防污涂料比较头疼的一个问题是黏液的污损，这会导致入侵物种的传播。一些新型无毒防污涂料的生产商宣称，它们的产品能像防海草和贝类那样，减少黏液污损。

Bleile和Rodgers（1989）报道，双组分煤沥青环氧防腐涂料对船底区域特别有效。单涂层体系的总厚度为400～600μm，也可采用多涂层体系。鉴于煤沥青有潜在的致癌成分，这类涂料在使用时必须十分小心。由于存在危害，煤沥青环氧在一些司法辖区已被禁止使用，在一些大型船舶的船底应用几乎完全被淘汰。但它们在压载舱、石油钻塔、管道和炼油厂等静态场合仍在使用。煤沥青环氧涂料以双组分厚涂漆的形式使用，一个组分含煤沥青、端氨基聚酰胺和颜料，另一组分含环氧树脂。涂层有很好的耐化学性和介电强度，后一种特性（绝缘性）对于以锌或镁金属作牺牲阳极进行阴极腐蚀保护（7.2.2节）的设施尤为重要。煤沥青有时可采用石油衍生烃类树脂替代。除了毒性危害较低外，烃类树脂颜色浅，便于在压载区进行检查。若涂料在处理恰当的表面应用时，海水浸泡后的预期寿命可达7年。

普遍认为，船体污损会导致船舶能耗增加40%。但由于污损经常会发生，所以新型防污涂料的测试较为困难。对于那些防污效果与水的运动有关的涂料来说，静态测试没有什么用处。整船进行能耗测试，效果好，但代价太大。测试结果也会因船舶推进系统的变化而出现偏差。此外，涂层的性能可能会随着时间、温度和其他因素而改变。Lindholdt 等（2015）详细介绍了测试理论与现行的一些做法，介绍了不同的测试方法。欧盟已经组织一个工作组去改进船舶运行效率的评估方法。

33.2.3 其他类型的海洋涂料

大多数游艇都是由玻纤增强聚酯材料制造，已在工厂中用聚酯胶衣涂料涂覆（第 10 章）。其他游艇或游轮用涂料大多以零售的方式销售给个人或造船商。很多产品可以买到，其中一种木材涂料是桅杆清漆。原先的桅杆清漆是酚醛-桐油清漆，其中桐油提供高交联功能，酚醛树脂赋予硬度，增加耐湿性和户外耐久性。传统人士仍喜欢酚醛-桐油清漆，但这个市场主体已变成氨酯油体系，氨酯油体系耐磨性、耐水性更佳（15.7 节）。

用于油井平台、液化天然气存贮等海上设施的涂料既可归于海洋涂料，也可归于工业维护涂料。在这些场合，重点为长效防腐涂料体系，要求其能抵御日常工作产生的机械损坏，可采用 33.1 节和 33.2 节中所述的耐久性最强的涂层产品体系。阻止飞溅区（即近水面区域的结构部件）的腐蚀特别具有挑战性。在这个场合使用的涂层要经受紫外线、盐水、干湿交替等多种苛刻曝露环境。为此，有人对该处的钢结构采用了热喷锌涂层处理。

海上风力发电机是一直在增长且具挑战性的海洋涂料市场（Milmo，2014）。风能的经济性取决于发电机的寿命，一般最少 20～25 年。风力发电机的叶片为 100m 长的复合塑料，其表面涂层必须具有抗弯曲应力的能力，同时，能耐紫外线、耐热、防雨、抗冰雹、防冰、防鸟粪和耐腐蚀。风力叶片涂层技术还在发展之中，但目前使用较多的是聚天冬氨酸聚脲（12.4 节）。钢支撑结构和钢塔筒用涂料在该市场中占比最大，常采用聚天冬氨酸聚脲为面漆的三涂层体系。严格的环境法规使得该类涂料的技术挑战难度更大。为了在苛刻的环境中达到 20～25 年寿命，可能需要承担大量的维护工作。

33.3 汽车修补涂料

在美国，每年大约有 1800 万起交通事故，1200 万次修理，费用总计达 300 亿美元（Anonymous，2013）。哪个国家没有交通事故呢？在大多数的汽车修理中涂料是不可缺少的。全世界，修补涂料的市场每年增长约 2%（Pianoforte，2016）。

某些修补涂料是用于轿车或新车队车辆的整车新色彩涂装，但最大的市场还是局部翻新修补。当轿车发生车祸，需要矫正挡泥板、安装新的车门或保险杠时，这些部件必须重新涂装，这样才能使其颜色与原车涂料相匹配。修补涂料在满足其应用和性能要求方面存在重大的技术挑战，还有营销和分销方面的挑战。每年生产的轿车有几百种，每种车的颜色又都不一样。许多汽车使用时间已超过 5 年，有些时间甚至更长。如果一辆 15 年车龄的捷豹车发生了车祸，车主会把车带到修理店，希望能进行局部维修和喷涂，使之与汽车其他部分的颜色相匹配。进一步，汽修店会打电话给涂料分销商，期望能隔天就能拿到所需要的涂料和底漆。

导致复杂化的因素还有涂覆基材品种的不断增加，汽车制造商使用的涂料色彩效果越来越时代化（第 19 章和第 30 章）。汽车外用件制造材料的种类广泛，包括不同种类的钢、铝、玻璃钢、保险杠用柔性塑料等，未来可能还会出现热塑性塑料车身。

修补涂料行业还面临着不断增加的减排压力。在美国，VOC 排放的国家标准相当宽容。但许多州制定了严格的法规，如中涂、底色漆、清漆等主要涂料的 VOC 标准降为 250g/L。这迫使美国涂料供应商生产两组涂料产品系列，一组用于按国家标准排放的州，另一组用于排放严苛的州。修补涂料有溶剂型和水性两种，后者增长很快。

有些情况下，修补涂料制造商生产和贮备一些小罐包装的涂料，便于颜色匹配。在第一辆新车从生产线下线前，这些涂料就可以随时发给经销商和修理店。但是，由于库存成本高，不同生产地的原厂涂料产品存在色差，所以“工厂贮存”的色漆是有一定限量的。大多数情况下，生产商向经销商（或大型修理店）提供配方和调色色浆，可配制出与原色一样的颜色。确定配方需要相当高的配色技巧，在配制具有金属闪光和各种颜色效果的涂料配方时尤为如此。计算机配色（第 19 章）的作用越来越大。

室温干燥和强制干燥（65～80℃）的修补涂料均有应用。强制干燥时采用的高温可以提高修补的质量。在欧洲和日本，大多数修理店都有强制干燥房。在美国，强制干燥房的使用在增加，但仍有不少修理店使用室温干燥方式。快干（减少灰尘污染，提高生产率）对所有修理店都重要，对采用室温干燥方式的修理店尤其重要。

消除撞击凹痕的劳动力成本很高，因此，车祸后损坏部分的修复常常是更换部件。金属替换部件可以从生产商获得，这些部件通常涂覆有电沉积底漆。如果是这种情况，修理工一般会使用中涂、底色漆和清漆。

对于需要修补的部分，表面处理非常关键。如果损坏面积很小，可以在原厂涂料涂层上再进行涂覆。但旧漆膜表面必须清理干净，用清洁剂擦洗除去表面的脏物、油污和蜡，冲洗彻底后干燥。在某些情况下，还需要用溶剂清洗。粉化的颜料和分解的聚合物需要经打磨去除。若损坏较严重，有必要将旧漆膜全部打磨掉，直至金属裸露。任何裸露金属处的打磨都需从区域边缘逐渐过渡，也就是说，要用斜面法去打磨，以使涂膜厚度有一个平滑的变化。金属暴露后，必须用溶剂清洗去除油脂。

然后，涂覆底漆或中涂。但是首先应检查轿车上的涂层是否能够耐底漆中的溶剂。现有的原厂涂料涂层不会有任何问题，但如果轿车曾修补过，涂层可能只是部分交联，当使用溶剂时可能会发生咬起现象。

过去在美国，以及目前在南美洲和亚洲，常用的中涂由硝化纤维素-醇酸树脂制备。在旧方法中，快干底漆常含中油度松香改性的妥尔油醇酸基料（McBane，1987）。松香改性增加了醇酸树脂的 T_g。底漆颜料含量较高，PVC 达 38%，有时更高。或者用松香改性醇酸的硝化纤维素基料和高颜料含量的底漆，施工 30min 后就可以打磨。底漆用细砂纸打磨平整，除去灰尘。这种底漆施工固体分较低。由于严格的 VOC 控制和主机厂承诺的保修，正迫使人们采用环氧和聚氨酯底漆，这两种涂料的耐久性优异。在 VOC 控制法规最严格的地区，已采用水性底涂漆，常用热固性双组分水性环氧（13.2.6 节）或聚氨酯（12.8 节）底漆。

历史上，有两大类修补面漆：清漆（热塑性）和磁漆（热固性）。清漆的主要施工优点是快干，不沾尘时间（即涂膜干燥至灰尘颗粒无法黏附所需要的时间）短。修理店空气中有大量灰尘，所以快干是一个重要的优点，减少了新施工涂层的污染。丙烯酸清漆的缺点是室温干燥时光泽不够高。为了与原厂涂料涂层的光泽匹配，修补清漆必须用抛光剂抛光，但增加了成本。

丙烯酸修补清漆由高甲基丙烯酸甲酯含量的热塑性丙烯酸聚合物（2.2.1节）、醋酸丁酸纤维素（CAB）和增塑剂（如邻苯二甲酸丁基苄基酯）组成。该漆保光性较好，但低于现有的原厂涂料。施工固体分［10%～12%（体积分数）］低，因此VOC排放非常高。清漆现在在北美洲和欧洲使用，主要用于古董汽车修复和DIY市场，广泛用于环境法规允许的一些国家。

磁漆是另一大类汽车修补漆，有多种类型。成本最低的是醇酸磁漆，所用醇酸树脂是采用间苯二甲酸型、大豆油或妥尔油制备的中油度醇酸树脂（15.1节）。醇酸磁漆除了成本低以外，还有一些其他的优点。如表面张力低，施工时很少出现涂膜缩边或缩孔等缺陷；光泽高，无需抛光就可与原厂涂料单涂层匹配；VOC排放明显少于清漆。醇酸磁漆的不沾尘时间接近半小时。但是醇酸涂料的保光性比原厂涂料和修补清漆都要差。

醇酸磁漆的性能可以采用多种方法加以改进，比如，加入三异氰酸酯（12.3.2节）、采用甲基丙烯酸化的醇酸树脂、与含甲基丙烯酸缩水甘油酯共聚单体的丙烯酸树脂和干性油脂肪酸反应等。这些方法改善了醇酸单涂层体系的性能，但仍不适合用作清漆。

底色漆-罩光清漆体系（30.1.2节）现在已被绝大多数新的交通工具所采纳。在修补涂料中，也有这方面的应用需求。底色漆必须两道涂覆后就有遮盖力。底色漆的固体分较低，有利于铝粉或其他片状颜料的定向排列。最先开发的是溶剂型底色漆，但低VOC配方的效应颜色不是十分理想。

采用丙烯酸乳胶或聚氨酯水分散体制成的水性底色漆得到了广泛的应用。这些技术需要采用特殊的聚合物以及先进的配方来控制体系的流变性。水性底色漆体积固体分较低，片状颜料的取向与原厂涂料相当。必须使用表面处理过的片状铝粉，以避免产生氢气（20.2.5节）。相对湿度会影响干燥速率，涂料可以进行强制干燥，或进行室温干燥，但要采用大流量的干空气流除去大部分水分，之后才能涂覆罩光清漆。

尽管水性清漆正受到越来越多的重视，但当前的修补清漆一般仍为高固体分双组分磁漆。目前市售清漆中的基料化学结构受知识产权保护。有些可能涉及十分复杂的树脂体系，采用了多重交联体系。紫外线吸收剂和HALS是配方中不可缺少的组分。有迹象表明，在某些情况下，加入纳米颜料可以改善耐划伤性。下面介绍的是已经报道的部分涂料的化学组成。

与原厂涂料中使用相类似的热固性羟基丙烯酸树脂，可以和多官能异氰酸酯交联剂一起使用。双组分可实现快速固化。加入不同的含羟基活性稀释剂，可以降低涂料的VOC。也可采用多官能醛亚胺和受阻胺减少VOC，如使用聚天冬氨酸酯（12.4节和25.2.2节）。Petit等（2001）介绍了一种高固体分涂料，由甲基丙烯酸叔碳酸缩水甘油酯、丙烯酸丁酯、苯乙烯、甲基丙烯酸甲酯等单体合成的共聚物和低黏度HDI异氰脲酸酯制成。Richter等（2003）建议在双组分修补清漆中使用不对称的HDI（亚氨代噁二嗪二酮）三聚体，而不是对称的HDI三聚体，这样，涂料固体分可以提高1%～3%。如第18章所述，可以使用豁免溶剂，达到VOC为250g/L的要求，但大多数豁免溶剂挥发性较高，因此需要与低挥发性的非豁免溶剂进行配方平衡。

利用双环原酸酯与多异氰酸酯组合，也可以实现低VOC。van den Berg等（2004）利用该组合制备了光泽非常高的三组分清漆，其中第三组分是催化剂，用于促进原酸酯的水解，使生成的羟基与异氰酸酯基反应。该清漆的适用期为4h，VOC 230g/L，闪干时间1～2min，60℃干燥5min。van den Berg等（2004）利用2-丁基-2-乙基-1,3-丙二醇和正硅酸乙酯反应制备了含硅螺环原酸酯，用 HDI 异氰脲酸酯作交联剂，DBTDL 为催化剂，制备的涂料适用期可达 7h。DBTDL 催化剂既可以促进原酸酯水解成羟基，也可以促进羟基与异氰酸酯的交联。

含烷氧基硅基丙烯酸树脂的涂料也有报道，该涂料外观佳，耐刮伤性、耐酸性、户外耐久性好（Chen 等，1996）。Hazan 和 Rummel（1990）曾被授权了一个该领域的基础专利。在随后的多个专利中又进行了改进。烷氧基硅基可以采用甲基丙烯酸-3-甲氧基硅基丙基酯共聚单体引入。该硅基树脂可通过多种反应固化，如通过水解及随后的硅醇基之间的缩合的湿固化（16.2 节）方式固化，通过烷氧基硅基与含羟基反应物或聚合物之间的交换反应固化。羟基也可以通过共聚合引入硅基丙烯酸树脂中，赋予聚合物自交联性。

以季戊四醇四(3-巯基丙酸)酯和 HDI 异氰脲酸酯为原料，$Zr(AcAc)_2$ 为催化剂，可以制得固化非常快的修补清漆。据报道，其室温下固化时间 10min，60℃下 4min（Klinenberg 和 van Beelen，2003）。另一种快速固化的清漆是异氰酸酯和巯基交联（12.1 节；Dogan 等，2006）。

清漆中若部分是用天冬氨酸酯实现交联，则有可能实现快速固化，并具有优良的耐候性。例如，Huybrechts 等（2014）利用常见的市售三异氰酸酯和聚天冬氨酸酯制备了双组分清漆，配方中引入环氧官能硅烷，性能得到了进一步提高。

采用紫外线固化和乙酰乙酸/胺技术（Geurink 等，2003）的快速固化清漆在本书的第三版（Wicks 等，2007）中有详细介绍。这些技术当前市场不大，但汽修店学会使用这些新技术后，市场预计会增大。

热/紫外双重固化的修补清漆也有研究，具有固化非常快和涂膜性能十分优异的潜力。该类涂料为双组分形式，一组分为多异氰酸酯，另一组分为含羟基氨基甲酸酯/丙烯酸酯低聚物。初始热固化温度范围 40～60℃，随后再紫外线固化。热诱导异氰酸酯交联，光固化作补充，特别适用于紫外线盲区。据报道，该涂层的抗划伤性和耐化学性优于常规双组分聚氨酯清漆（Maag 等，2000）。

将常规喷枪改为大容量低压空气喷枪（HVLP），可以减少 VOC 排放。HVLP 上漆率高，因此，涂料用量少，VOC 排放就低（23.2.1 节）。涂料供应商需向用户强调带好防护罩，在通风良好的喷房中进行混合和涂装。所有涂料均需要小心处理，尤其是含挥发性二异氰酸酯的双组分涂料。修补漆供应商正在寻求非异氰酸酯交联的体系。但是，要牢牢记住，任何能与聚合物中的羟基、羧基或氨基交联的反应物，都能与蛋白质交联，这些交联剂都是有毒的。新设计体系必须不含挥发性反应物，分子量必须足够高，以减小对皮肤和膜的渗透。

卡车车厢衬里是重要的售后产品。其主要涂料是黑色双组分聚氨酯，用双口喷枪涂装。因为厚度超过 100mil，需要采用快速反应凝胶涂料，避免流挂。采用芳香族双组分涂料，一个组分为异氰酸酯组分，含有 MDI/聚乙二醇预聚物；另一个为树脂组分，含有聚醚二元醇、三元醇以及芳香二元胺。黑色颜料用于防止基料的光降解。也已研制开发了脂肪族双组分涂料，其颜色可与卡车颜色相匹配。该涂料采用的固化剂为 HDI 异氰脲酸酯，树脂为聚酯多元醇、聚天冬氨酸酯和脂肪族二元胺的组合物，胺可以缩短凝胶时间。可使用脂肪族双组分涂料进行整体施工，或者为降低成本，先涂覆厚度为 120mil 的芳香族涂料，然后再涂覆厚度为 40mil 的脂肪族涂料作面漆（Zielinski 等，2004）。

33.4 交通标线涂料

交通标线涂料或交通标志涂料用于道路、停车场、路缘、飞机场跑道和其他铺面。该类涂料每年在美国的市场约 20 亿美元（Challener，2015）。美国国家法规允许的最大 VOC 限量为 150g/L，加州法规限量为 100g/L。

大多数交通标线涂料的一个基本性能是能反射汽车前灯光线，因此标线易被驾驶员观察到。这种逆反射性可通过在涂料中嵌入玻璃珠来实现。玻璃珠可以加入涂料中，但一般是在刚施工好的湿漆膜表面撒落玻璃珠。玻璃珠子的最佳尺寸、形状、耐久性需要进行优化。该涂料的其他基本性能包括：快干、附着力、耐磨性和基料的耐候性。交通标线常有白色和黄色两种。由于环境影响问题，有机黄色颜料已取代了铬黄颜料。

交通标线涂料使用的基料有多种。丙烯酸乳胶最便宜，施工方便，VOC 低。树脂生产商提供了多种专门设计用于水性标线涂料的乳胶。Hermes 等（2007，2008）采用常规羧酸官能团的乳胶、高分子胺和氨水制备了涂料。施工后氨水挥发，高分子胺使乳胶快速聚结，加速干燥，导致快干。其他丙烯酸树脂需采用交联型基料。Kaufman（2015）给出了典型的配方，阐述了耐磨性试验（ASTM D2486-96）与标线涂料使用寿命的关系。

第二种基料是热熔性树脂，为 100%固体分的道路标线涂料。常用的基料为妥尔油松香马来酸酯或松香马来酸酯。热熔标线涂料的厚度大约 2500μm，约为水性丙烯酸体系厚度的 10 倍。在温暖的气候环境下，较厚的热熔标线涂料使用时间长，但冷天时容易被雪犁撕裂。

丙烯酸/环氧体系是第三种基料。这种涂料的机械耐久性优于丙烯酸体系，但它们需要特殊的施工设备。丙烯酸/环氧涂料总初始成本高于其他体系，但非常适合于交通流量大的地段。其他还有环氧和脲的配方体系，用量很小。

1985 年，占据交通标线涂料大部分市场的是溶剂型醇酸树脂体系或醇酸与氯化橡胶组合体系，但到 2011 年，这类涂料在美国几乎已完全消失（Dziczkowski，2014）。为了实现快干，这类涂料需选用快挥发性溶剂进行配制。Dziczkowski 建议使用醇酸乳液（他也称它们为醇酸乳胶）作为丙烯酸交通标线涂料的生物基替代品。

（周树学　译）

参考文献

Aamodt, M., *Coat. World*, 2005, 2(10), 30.

ACA/Chemquest, *CoatingsTech*, 2016, 13(9), 50-54.

Anonymous, *State of the Industry*, 2013-2014, BodyShop magazine.

Anonymous, *CoatingsTech*, 2015, November-December, 28-29.

Aubers, M. A., et al., US patent 6,767,978(2004).

Bausch, G. G.; Tonge, J. S., *Proceedings of the International Waterborne, High-Solids, and Powder Coatings Symposium*, New Orleans, LA, 1996, p 340.

Bell, Q., *Surf. Coat. Aust.*, 1982, 30(9), 50.

Bleile, H. R.; Rodgers, S., *Marine Coatings*, Federation of Societies for Coatings Technology, Blue Bell, PA, 1989.

Borup, B.; Albert, P.; Mack, H., *Proceedings of the American Coatings Conference*, Atlanta, GA, April 7-9, 2014, paper 11.1.

Brady, R. F., Jr., *Polym. Mater. Sci. Eng.*, 1998, 78, 249.

Brady, R. F., Jr., *Prog. Org. Coat.*, 1999, 35, 31.

Brand, W., *PaintSquare News*, 2015, October 6.

Buskens, P., et al., *J. Coat. Technol. Res.*, 2013, 10(1), 29-36.

Challener, C., *CoatingsTech*, 2015, 12(7), 34-38.

Chen, M. J., et al., *Surf. Coat. Int.*, 1996, 79, 539.

Danneman, J., Reichhold, Inc., 2014.

Doble, O., *J. Prot. Coat. Linings*, 2004, 21(4), 22.

Dogan, N., et al., *RadTech. Rep.*, 2006, 20, 43.

Drisko, R. W., *J. Prot. Coat. Linings*, 1995, 12(9), 27.

Dziczkowski, J., *Proceedings of the American Coatings Conference*, Atlanta, GA, April 7-9, 2014, paper 13. 4.

Eccleston, G., *J. Prot. Coat. Linings*, 1998, 15(1), 36.

Feliu, S., Jr., et al., *J. Coat. Technol.*, 1993, 65(826), 43.

Flecksteiner, R.; John, T.; Georgio, C., *Proceedings of the American Coatings Conference*, Atlanta, GA, April 7-9, 2014, paper 7. 3.

Fransehn, P., et al., *Proceedings of the International Waterborne, High-Solids, and Powder Coatings Symposium*, New Orleans, LA, 2004, Paper No. 7.

Gardner, H. A., *Paint Researches and Their Practical Application*, Educational Bureau of the Paint Manufacturers' Association, Washington, DC, 1917, pp 123-125. Digital version available on Google Books.

Gardner, G., *J. Prot. Coat. Linings*, 1996a, 13(2), 34.

Gardner, G., *J. Prot. Coat. Linings*, 1996b, 13(2), 81.

Geurink, P., et al., *Prog. Org. Coat.*, 2003, 48, 153.

Giles, D., et al., *Proceedings of the International Waterborne, High-Solids, and Powder Coatings Symposium*, New Orleans, LA, 2001, pp 337-348.

Giles, D., et al., *Proceedings of the International Waterborne, High-Solids, and Powder Coatings Symposium*, New Orleans, LA, 2003, pp 167-182.

Goldie, B., *J. Prot. Coat. Linings*, 2014, November, from http://www.paintsquare.com(accessed March 27, 2017).

Goldie, B., *J. Prot. Coat. Linings*, 2015, November.

Goldie, B.; Mobbs, D., *J. Prot. Coat. Linings*, 2014, July, 38-50, from http://www.paintsquare.com(accessed March 27, 2017).

Guidetti, G. P., et al., *Prog. Org. Coat.*, 1996, 27, 79.

Hare, C. H., *J. Prot. Coat. Linings*, 1997, 14(11), 50.

Hazan, I.; Rummel, M. K., US Patent 5,244,696(1990).

Hermes, A. R., et al., US patent 7,235,595(2007).

Hermes, A. R., et al., US patent 7,314,892(2008).

Hough, D. T., *J. Prot. Coat. Linings*, 2016, September, from http://www.paintsquare.com(accessed March 27, 2017).

Huybrechts, J.; Tanghe, L.; Vaes, A., Published patent application WO2014128052(2014).

Jorissen, S. A., et al., *Proceedings of the International Waterborne, High-Solids, and Powder Coatings Symposium*, New Orleans, LA, 1992, p 182.

Kaelin, S. B.; Liang, S. T., *J. Prot. Coat. Linings*, 2014, December, from http://www.paintsquare.com(accessed March 27, 2017).

Kahn, S. A., *J. Prot. Coat. Linings*, 2014, May, from http://www.paintsquare.com(accessed March 27, 2017).

Kalendova, A., *Prog. Org. Coat.*, 2002, 44, 201.

Kaufman, M., *Coat. World*, 2015, 20(11), 38-42.

Kincaid, D. S.; Schulte, J. A., *Proceedings of the International Waterborne, High-Solids, and Powder Coatings Symposium*, New Orleans, LA, 2001, pp 127-141.

Kline, H. H., *J. Prot. Coat. Linings*, 1996, 13(11), 73.

Klinenberg, H.; van Beelen, J. C., US patent application, 20030181625(2003).

Kowalski, G., et al., *J. Prot. Coat. Linings*, 2003, 20(1), 73.

Lindholdt, A., et al., *J. Coat. Technol. Res.*, 2015, 12(3), 415-444.

Maag,K.,et al.,*Prog. Org. Coat.*,2000,40,93.

Mandeno, W. L.; El Sarraf, R., *Protective Coatings for Steel Bridges*, 2014, NZ Transport Agency, from http://www. nzta. govt. nz(accessed March 27,2017).

Martin,J. W.,et al.,*Methodologies for Predicting Service Lives of Coating Systems*,Federation of Societies for Coatings Technology,Blue Bell,PA,1996.

McBane,B. N.,*Automotive Coatings*,Federation of Societies for Coatings Technology,Blue Bell,PA,1987.

Mestach,D. E. P.,et al.,US patent application publication US2013/0018127 A1(2013).

Milmo,S.,*Coatings World*,2014,March,52-53.

Montes,E.,*J. Coat. Technol.*,1993,65(821),79.

Morrison,S.,*SpecialChem 4Coatings and Inks*,2005,(1).

Muhlberg,K.,*J. Prot. Coat. Linings*,2004,21(4),30.

O'Donoghue,M.,et al.,*J. Prot. Coat. Linings*,2009,August,18-30,from http://www. paintsquare. com(accessed March 27,2017).

O'Donoghue, M., et al., *J. Prot. Coat. Linings*, 2013, January, from http://www. paintsquare. com(accessed March 27, 2017).

O'Donoghue,M.,et al.,*J. Prot. Coat. Linings*,2017,May,from http://www. paintsquare. com(accessed May,2017).

Paert,J.,*J. Prot. Coat. Linings*,1992,9(2),50.

Parashar,G.,et al.,2001,*Prog. Org. Coat.*,42,1.

Parker,B.,*J. Prot. Coat. Linings*,2015,January,from http://www. paintsquare. com(accessed March 27,2017).

Petit,H.,et al.,*Prog. Org. Coat.* ,2001,43,41.

Pianoforte,K.,*Coatings World*,2016,October,44-49.

Pilcher,G. R.,*CoatingsTech*,2015,12(8),24-32.

Raber,L.,*Chem. Eng. News*,1996,74(29),9.

Reinhard,G.,et al.,*Prog. Org. Coat.*,1992,20,383.

Richter,F.,et al.,*Proceedings of the International Waterborne,High-Solids,and Powder Coatings Symposium*,New Orleans,LA,2003,pp 71-85.

Robinson,G. N.,et al.,*J. Coat. Technol.*,1993,65(820),51.

Schutz,D.,*Mater. Perform.* ,1998,37(2),32.

Schwindt,J.,*J. Mater. Performance*,1996,35(12),25.

Senkowski,E. B.,*J. Prot Coat. Linings*,2015,November.

Sghibartz,C. M.,*FATIPEC Congress Book*,1982,Vol. IV,p 145.

Sondag, S. K.; Burgess, R. A., *J. Prot. Coat. Linings*, 2016, January, from http://www. paintsquare. com(accessed March 27,2017).

Sorensen,P. A.,et al.,*J. Coat. Technol. Res.*,2009,6(2),135-196.

Squiller,E. P.,et al.,Patent application WO201451307 A1(2014).

Szokolik,A.,*J. Prot. Coat. Linings*,1995,12(5),56.

Takas,T. P.,*JCT Coat. Tech.*,2004,1(5),40.

van den Berg,K. J.,et al.,US patent appl. 20040122203(2004).

Verbiest,P.,*J. Prot. Coat. Linings*,2015,December,from http://www. paintsquare. com(accessed March 27,2017).

Vielhauer,L.,et al.,*CoatingsTech*,2015,12(9),26-34.

Wake,L. V.,et al.,*J. Coat. Technol.*,1995,67(844),29.

Warness,R.,*Low-Solvent Primer and Finish Coats for Use on Steel Structures*, Technical Report, FHWA/CA/TL-85/02,1985.

Weinmann,D. J.,J. Prot. Coat. Linings,2013,September,from http://www. paintsquare. com(accessed March 27,2107).

Weldon,D. G.,*J. Prot. Coat.* Linings,2016a,November,from http://www. paintsquare. com(accessed March 27,2017).

Weldon,D. G.,*Paint Square News*,2016b,August 4.

Wicks,Z. W.,Jr.,et al.,*Organic Coatings Science and Technology*,3rd ed.,2007,John Wiley & Sons,Inc.,New York,p 672.

Witucki, G. L., 2013, from http://www.paintsquare.com/education/branding_images/gwwebinar.ppt (accessed March 27, 2017).

Woetzel, J., et al., *Bridging the Global Infrastructure Gap*, June, 2016, from http://www.Mckinsey.com (accessed March 27, 2017).

Wu, W., et al., *Proceedings of the International Waterborne, High-Solids, and Powder Coatings Symposium*, Atlanta, GA, April 7-9, 2014, paper 7.2.

Xu, Y., et al., *Prog. Org. Coat.*, 2002, 45, 331.

Yebra, D. M., et al., *Prog. Org. Coat.*, 2004, 50, 75.

Yebra, D. M., et al., *Prog. Org. Coat.*, 2005, 53, 256.

Zhang, Y., et al., *J. Coat. Technol. Res.*, 2015, 12(1), 215-223.

Zielinski, D. P., et al., *Proceedings of the International Waterborne, High-Solids, and Powder Coatings Symposium*, New Orleans, LA, 2004, Paper No. 35.

第34章 功能涂料

如本书前面的章节所述，通常涂料用于美化和保护基材。通过对颜料和表面纹理的精心选择，使物体的颜色和光泽得到强化。涂料的屏蔽作用可以防止金属腐蚀，加入助剂可以进一步提升涂料的防腐性能。另外，木材也可以用涂料来防止降解。然而，新技术可赋予涂料更多的功能。例如，抑制细菌繁殖（抗菌涂料）、憎水（超疏水涂料）、憎油（疏油涂料）、自清洁（Ganesh 等，2011）、环境响应、损坏后可自修复（Montemor，2014；Bekas 等，2016）等。这些涂料通常被称作功能涂料或智能涂料。它们的化学组成和形貌常借鉴于自然界的植物［荷叶效应（Gao 和 McCarthy，2006）］或动物。因此，该类涂料常属仿生涂料。当然，所有涂料都具有一定功能，但本章所述涂料的功能超出了美观和基材保护的范畴。

34.1 超疏水和超亲水涂料

液态水与涂层的上表面的作用方式受表面化学组成和形貌的共同影响。对这种作用最直接的表征方法是测量水滴在表面上的接触角。表面润湿性和涂层与表面的接触角相关（6.1节和 24.1 节）。水接触角小于 90°的涂层表面常定义为亲水表面。对于亲水表面，水会润湿并铺展覆盖表面。如果水接触角大于 90°，则定义为疏水表面，水会在其表面形成液珠。借助低表面能单体或助剂，或在涂层表面形成一种特殊的形貌，表面可以达到超疏水，水接触角大于 150°。亲水、疏水和超疏水之间的确切界限还是有些随意，不同科学家的定义不同（图 34.1）。

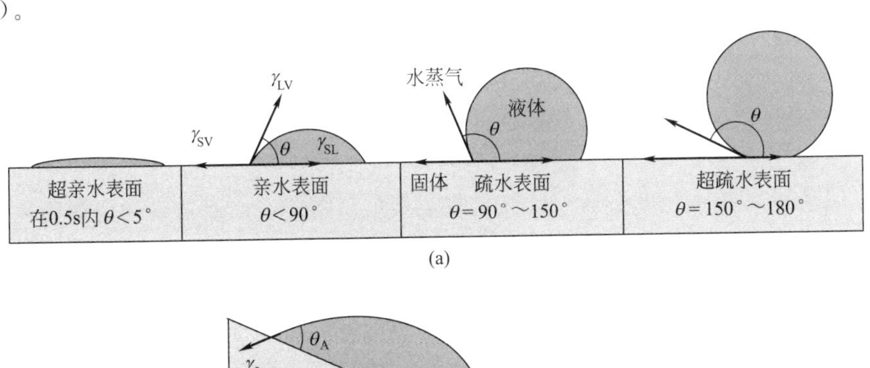

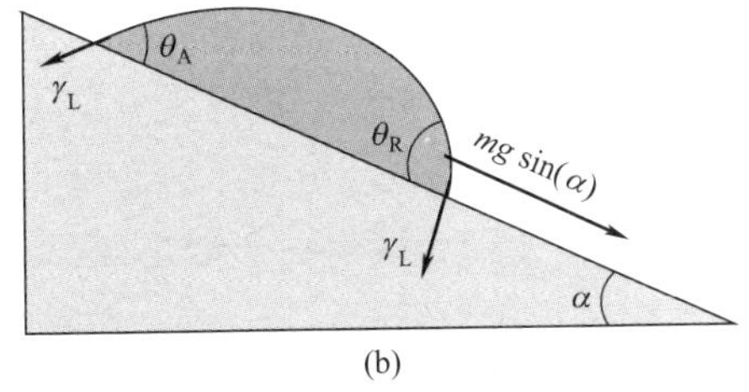

图 34.1 亲水、疏水和超疏水表面的接触角（a）和滑动角（b）

来源：Nuraje 等（2013）。经 Royal Society of Chemistry 授权转载

在涂料基料中引入低表面能组分，或形成特定的表面粗糙度，可以制得超疏水表面。有机硅和含氟单体及助剂都可以用于低表面能涂料的制备。在单体中引入疏水官能团形成的超疏水表面，其耐久性优于添加低表面能材料的方法和在已有涂层表面喷涂低表面能材料的方法。在喷涂法中，低表面能材料与表面的附着力很差。以硅单体或硅烷前驱体制备的超疏水材料在文献中已有较多报道（Zhang 等，2008；de Francisco 等，2014）。含氟聚合物涂层通常性能更好（水接触角较高），但是有些含氟前驱体存在健康和环境危害问题（Wang 等，2008；Boinovich 和 Emelyanenko，2015）。表面结构是获得高的超疏水性的必要条件。Wenzel（1936）以及 Cassie 和 Baxter（1944）已经阐述了其中的原因。当涂层表面形成粗糙结构后，表面低凹中存在空气。若该空气被水（或其他液体）取代，水珠将在表面铺展。在这时，表面和水处于 Wenzel 状态，如图 34.2 所示。发生这种状态的条件如下：

$$\cos\theta^* = r\cos\theta$$

式中，θ^* 为表观接触角；θ 为水滴与理想平滑表面的接触角；r 为表面粗糙度参数，定义为粗糙表面的面积与具有相同宏观尺度的完全平整表面面积的比值。Wenzel 状态下，表面的水接触角不是特别高。然而，如果水渗入表面低凹处被抑制，水接触角会就会变得特别高，部分情况下甚至超过 160°。此时，表面处于 Cassie 或 Cassie-Baxter 状态，如图 34.2 所示。

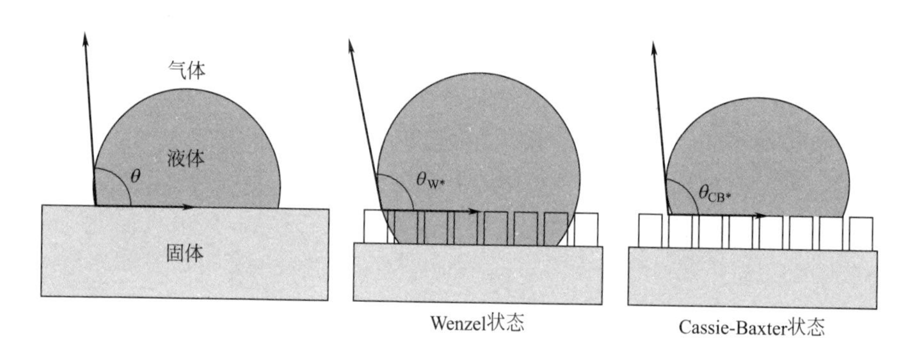

图 34.2　Wenzel 和 Cassie-Baxter 润湿状态

来源：Nuraje 等（2013）。经 Royal Society of Chemistry 授权转载

当处于 Cassie-Baxter 状态时，表观接触角如下式：

$$\cos\theta^* = rf\cos\theta + f - 1$$

式中，f 为液体表面润湿分数。因此，表观接触角随着表面粗糙度的增加而增大。多位学者发现，不同尺度的多级结构有利于提升超疏水性。

多级结构的示意图如图 34.3 所示。总的来说，这些表面企图模仿荷叶表面。荷叶表面的乳突非常小，为蜡状物，可阻止水滴进入乳突之间。

乳突上超疏水性能必须具备的结构可以由涂料成分自发形成，或采用特殊加工技术人为构建。前者是在疏水型基料中加入具有双峰粒径分布的二氧化硅纳米颗粒，制备高 PVC 涂料（Bravo 等，2007）。二氧化硅颗粒会在涂层表面形成多级结构，其中小颗粒点缀于大颗粒之中。激光刻蚀（Kwon 等，2014）和光刻法（Liu 等，2006）已用于表面构筑棒状、锥状和其他结构，随后再用低表面能涂料覆盖。

除了水滴与表面之间的静态接触角外，动态接触角也很重要。特别是，超疏水表面的接触角滞后常要比超疏水接触角低几度。接触角滞后是前进角和后退角之间的差值。假如一个

图 34.3 微结构顶部乳突出可以悬浮液体的超疏水表面的多层次结构

液滴在表面移动，液滴前进方向这一边，接触角稍有增大，拖尾这一边接触角减小。这两个接触角度之间的差值就是接触角滞后。滑动角（图 34.1）是指水平放置的液滴自发滑落所需要的角度。超疏水表面的滑动角一般小于 5°。

超疏水表面的潜在应用很多，正尝试将它用于自清洁或易清洁、防指纹、防冰和防雾领域。然而，截至 2017 年，超疏水表面的工业化应用还很有限。主要是因为超疏水表面的耐久性差，表面小尺度结构脆性大，易损坏。因此，机械磨损或摩擦后，或者反复曝露于灰尘或其他污染物中，超疏水性能将会丧失。此外，超疏水涂层所必要的表面结构尺寸与可见光波长接近。因此，超疏水表面会发生强烈的光散射而使涂层失去透明性。对于某些应用，这可以被接受。但对于另外一些应用，超疏水涂料要成功实现产业化，必须解决透明性和耐久性问题。

超亲水涂层是指能被水完全润湿的涂层，其水接触角小于 10°。在该类涂料中，表面结构也很重要，但亲水单体才是制备该类涂料的主要配方手段。聚电解质曾以分子刷的方式来提高表面亲水性（Kobayashi 等，2012）。在无机前沿，TiO_2涂层或含有 TiO_2、SiO_2的涂层广泛用于制备超亲水表面（Machida 等，1999）。当紫外线辐照 TiO_2（特别是锐钛矿型）时，可以产生自由基，使表面由弱亲水转变为超亲水。在停止紫外线照射数小时后，这种超亲水效应仍可保持。

超亲水涂料的潜在应用明显比超疏水涂料少，但有望应用于医疗设备和植入体，改善它们的生物相容性。另外，由于水在其表面成水膜滑落，超亲水涂料可提供与超疏水涂料机理完全不同的自清洁功能。超亲水涂料还可用作防雾涂层，因为水可以均匀润湿表面，而不是形成小液滴来散射光。

除了超疏水和超亲水表面，在具有结构的表面上浸涂一种具有低表面能和低蒸气压的液体，可获得一种新的有趣表面，任何其他液体在其表面，都会因表面结构和液态界面的共同作用被排斥，这种表面被称作超滑液体浸润多孔表面（SLIPS）（Wong 等，2011）。该表面仿生了猪笼草的形貌结构，可以同时憎水和憎油。最早的超滑（SLIPS）表面是通过在具有纳米尺寸结构的低表面能基材上浸润全氟化油制备的。该表面憎油和憎水能力突出，接触角滞后也很小。另外，该表面具有自修复能力，低表面能液体可流动至缺陷区域，愈合由微小刮擦造成的损伤。如果固体基材和液体的折射率相似，超滑表面也可以是透明的（Vogel 等，2013）。超滑表面对冰的附着力也很低，可应用于诸如制冷管路、油井或其他需要抑制冰附着的场合。麻省理工学院的 Varanasi 研究小组发展了多种超滑表面制备技术（Dhiman 等，2016），提出了各种应用，包括在广为宣传的番茄酱瓶的内衬上应用，可以非常容易地使番茄酱全部倒出。超滑表面的缺点是需要定期补充浸润液体，因为低蒸气压液体会逐渐挥发，或在使用过程中被除去。

耐油润湿的涂料称为疏油涂料，同时疏油和疏水润湿的涂料称为双疏涂料。这些类型的表面较难制备，因为油本身表面能低，很容易润湿大多数表面。然而，在制备此类涂料方面已经取得了些进展。Tutega 等（2007）研究了疏油涂层所需的组成和表面结构。计算显示，表面的凹槽曲率是制备超疏油表面的必要条件。凹入表面类似在表面的蘑菇（称为微石林）；表层结构的底掏槽与低表面能材料共同作用防止油对表面的润湿。类似的技术也用于制备双疏涂层，可用于油/水分离，或者用作瓶子（如番茄酱瓶）内壁的涂层，使得瓶内物质容易倒出（Tuteja 等，2008；Brown 和 Bhushan，2016）（图 34.4）。

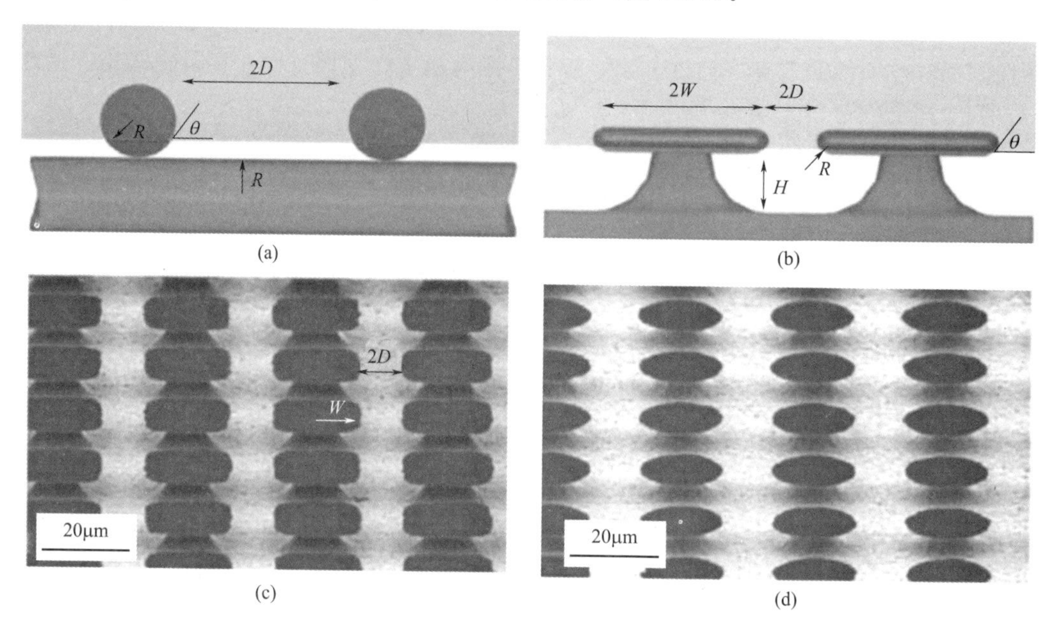

图 34.4 超疏油涂层表面结构

硅基底上沉积二氧化硅［(a)和(b)］及再经刻蚀制备的表面［(c)和(d)］

来源：Tutega 等（2007）。经 The American Association for the Advancement of Science 授权转载

34.2 防覆冰涂料

防覆冰涂料是指可以抑制冰在表面形成，或冰在其表面附着力很弱的涂料（Menini 和 Farzaneh，2011）。同一种涂料很少同时兼具上述两种性能。冰的形貌很复杂，但一般通过两种不同形式沉积在表面。雾凇，是霜雾的一个更专业的术语，由非常细小水珠的间断冷凝和冻结形成。将轿车在寒冷的夜晚停放于室外时，大部分人都会遇到这种类型的冰，开车前不得不去擦拭挡风玻璃。雨凇，也称为釉冰，由表面上的连续液态水层冻结而成。这种类型的冰可覆盖在电力电缆线或飞机机翼上，造成灾难性后果。总的来说，防覆冰涂料可用于减少雾凇的形成，或者降低雨凇的附着力，但不能同时达到这两种效果。为了减小雨凇在表面的附着力，需提高表面的疏水性，但超疏水涂层不足以降低冰的附着力（Nosonovsky 和 Hejazi，2012；Sojoudi 等，2016）。许多超疏水涂层的表面结构实际上会增加冰与表面的附着力，使得低极性表面的防覆冰性比严格按水接触角推测的防覆冰性更低。其他减小冰附着力的方法包括降低水在某些表面的冰点（Boinovich 等，2014），或者在低表面能涂料中加入油（Zhu 等，2013）。有研究指出，防冰涂层必须要能使雨凇的附着力小于 10kPa（Golovin

等，2016）。然而，实验工作显示，若从飞机表面被动除冰，冰与涂层的附着力必须小于0.1kPa。目前没有市售涂料可以达到如此低的附着力。最近的研究表明，防覆冰涂层的机械性能对冰的附着力影响很大。Tuteja发现，弹性聚氨酯型涂层上冰的附着力远低于具有类似结构的玻璃态涂层，这是由于在轻度交联的聚合物表面，固态冰可以在其与未交联链之间的界面上发生滑移（Golovin等，2016）。雾凇在表面上成核以及生长的机理尚未完全探明。但是很明显，需将液态水降至冰点以下才能结冰，但实际上要使冰晶成核经常需要足够的过冷度才能发生。但是有些防覆冰涂层由于添加了助剂，或者表面上缺乏冰晶成核的位点，提高了冰晶形成所需要的过冷度（Simendinger和Miler，2004）。

34.3 自修复涂料

所有涂层在使用期间都有可能受到损坏。涂层损坏后，基材因腐蚀或其他破坏因素而发生降解。因此，损坏后可有效自修复的涂料，有望提升涂层的使用寿命以及对基材的防护性能。White等（2001）在聚合物中加入微胶囊分散体制备了自修复材料，做出了开创性的工作。这些微胶囊内含有双环戊二烯单体，一旦释放出，遇到潜含在周围基料中的Grubs催化剂（钌卡宾型催化剂——译者注）后，发生聚合。当裂纹在材料中蔓延时，微胶囊局部破裂，释放出内部的液态树脂，随后聚合，重新“粘合”裂纹（图34.5）。

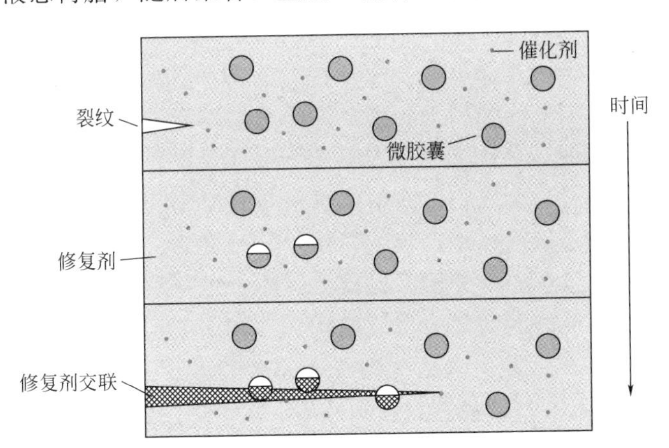

图34.5　裂纹在含有可提供自修复的微胶囊的材料中蔓延

随着裂纹的蔓延（从上图至下图），微胶囊被刺穿，修复剂流入裂纹。由于基料中潜催化剂的存在，修复剂交联，修复裂纹

自上述开创性工作以来，其他微胶囊技术也有报道。将干性油和催化剂封装在微胶囊中，刺穿后，能像传统醇酸树脂（Chaudharietal，2013；Tatiyaetal，2016）一样聚合，修复相应涂层。也有将溶剂封装在微球中，裂纹扩展时胶囊破裂，使裂纹发生溶剂粘接（Jones等，2015）。

基于微胶囊技术的自修复涂料最有希望用于防腐，其可防止水汽侵入基材，有效延缓多种金属的腐蚀。此外，微胶囊尺寸普遍较大（$>20\mu m$），与基料的折射率不匹配，易产生光散射，但这问题不大，因为防护涂层大多都不透明。目前，该类涂料还没有在汽车和家具上使用，因为在这些场合，涂层的厚度与微胶囊直径相当。近期在小尺寸微胶囊方面取得进展，该微胶囊通过在核-壳粒子制备过程中改进其分散性而制备成。可参阅相关综述（Samadzadeh 等，2010)。通常采用水包油乳液聚合工艺制备微胶囊。因此，胶囊中封装的材料必须相当疏水。已成功制备了含有亚麻籽油的三聚氰胺-甲醛胶囊，并在建筑涂料中实现了产业化应用（Suryanarayana 等，2008；Jadhav 等，2011)。除了微胶囊以外，人工血管也已用于涂料（Hamilton 等，2010)。尽管这类材料制备明显更加复杂，但可以解决用含有微胶囊的涂料不能修复同一区域重复损坏的问题。人工血管体系力图模仿生物体内可将液体（血液或淋巴液）不断输送到各个部位的血管系统。当人工血管的涂层损坏后，血管系统可以将修复剂输送到损坏区域。如果涂层随后又一次损坏，密布的血管网络可以进一步输送修复剂，因为人造血管是一个相互连接的网络，里面储有大量的修复剂。这种基于实验室概念的涂料离产业化还很远，但为我们如何显著改善涂料功能指明了一个方向。不采用微胶囊或人造血管系统的自修复涂料也有报道。只要涂层的 T_g 足够低，就具有再流动性。只要将涂层放到温度高于 T_g 的环境中，少量的黏性流动就可以修复表面缺陷。聚氨酯涂层由不同软硬链段制备（第 12 章)，具有一定程度的自修复能力。例如，聚氨酯汽车罩光漆层划伤后，用热风枪或红外加热器加热至 T_g 以上，划痕就能被修复（Seubert 等，2009)。但这种涂层也不是没有问题，大多数涂层的 T_g 设计需要考虑综合性能。如果 T_g 降低至漆膜具备自修复能力时，这时涂层固有的耐刮伤性、耐溶剂性、可抛光性等其他性能会受到影响。更重要的是，大多数涂层的 T_g 经过长时间户外曝晒后会增大。所以，涂层初始具有的自修复能力会随着时间的推移而逐渐丧失，这时高温诱导自修复也就变得不太现实了。紫外线也已用于引发涂层的自修复。如，氧杂环丁烷和壳聚糖改性的聚氨酯涂层（Ghosh 和 Urban，2009)，当涂层出现刮擦等机械损伤时，氧杂环丁烷开环，产生活性组分。将涂层在紫外线下辐照，诱导其自修复。紫外线会引发壳聚糖聚合物链段的断裂，产生的链末端随之与开环的氧杂环丁烷反应，形成新的交联键。上述过程在太阳光下也可实现。大多数涂层的形貌受其配方和施工工艺的影响。许多涂料只能在一个涂料体系中与底漆或其他涂层一起才能发挥良好的功能。遗憾的是，多涂层体系价格很高，施工又耗时，每层涂层必须顺序连续施工，层与层之间通常还存在干燥或固化过程。自分层涂料旨在解决上述问题。该涂料单层施工，而后会发生相分离，形成具有不同性能的两层或多层结构。Funke（1976）早年发现，当环氧树脂和有机硅树脂混合在一起时，两者化学结构的不相容性导致了自分层。后来，Verkholantsev（1992）进一步拓展了相关工作。最近，Baghdachi 等（2015）报道了一种驱动分层的反应动力学原理，即高活性组分向基材迁移，排除低活性组分，使低活性成分优先位于表面。

34.4 环境响应涂料

能对环境变化作出响应的涂膜可以有多种应用。一个简单的例子是可随干燥发生颜色变化的内墙建筑涂料，这种乳胶漆中常含有在室内光线下易降解的染料，或者含有随 pH 值变化产生脱色的染料。这一类涂料可帮助 DIY 油漆工评估新涂料在相似颜色底涂层上覆盖的情况，如在白色天花板上重新再涂刷时。刚施工完后，新涂层通常相当鲜艳（粉红或紫色），但随着颜料失去活性，涂层慢慢会褪色成白色。对 pH 值能作出响应的涂层也可以用于探测腐蚀。腐蚀过程中常在阴极产生氢氧根离子，局部的 pH 值升高。涂料中已加入了多种 pH 敏感响应染料和荧光分子（Augustyniak 等，2009)，特别是聚氨酯涂料中，已经证明其可探测早期、局部的腐蚀。另一方面，阳极的 pH 值降低，极易质子化的探针分子在这样的条件下会产生颜色或荧光变化。近期工作已拓展至环氧涂料，加入罗丹明 B，可探测腐蚀（Augustyniak

和 Ming，2011)。该涂层可感知钢和铝的腐蚀，对 pH 值减小和 Fe^{3+} 的存在均会有响应。

34.5 抗菌涂料

利用涂料阻止病毒和细菌在其表面繁殖，这是功能涂料增长最快速的应用之一。许多表面都容易繁殖细菌，因为上面存在痕量的营养成分（磷、糖、油等），这些都是微生物生存和繁殖所必需的（Lax 等，2014；Stephenson 等，2014)。在某些情况下，减少细菌的数量和种类可带来宝贵的好处。医院中的病人容易受到二次感染，减少他们周围环境中存活细菌的数量和种类是极为有利的。此外，许多消费者会关心诸如在公共卫生间、出租车和飞机机舱内等公共区域存在的细菌。人们也希望减少住所内，特别是厨房内的细菌数量。众多研究表明，上述表面确实有多种细菌生长，其中部分是人类病原体（Flores 等，2011)。在涂料配方中加入某种助剂可以抑制细菌生长。最常见的抗菌助剂是银，既可以是金属银纳米颗粒，也可以是银盐。银的抗菌性在古代就已被知悉。在涂层使用过程中，银离子会释放到涂层基料中。人们现在已了解，银离子会破坏革兰氏阳性或阴性细菌的细胞壁，导致其死亡(Kumar 等，2008)。与现代抗生素不同的是，现代抗生素过度使用或使用不当，会产生耐药性，但细菌不会对银离子产生耐药性。已制备出多种具有抗菌保护作用的涂料，可用于轿车内部、医院墙壁及相关基础设施、厨房表面、家居等场合。银离子技术对大多数基料体系都适用（Pica 等，2016)。银离子的足量释放是其性能的关键。这类涂层的长效抗菌性研究很少有报道。从经济角度看，银离子引入涂层中比引入基材中更具吸引力，因为只有表面的银离子才对细菌有作用。其他类型的抗菌助剂也有报道，并实现了产业化。季铵盐已应用于涂层配方中，可有效提供抗菌性能（Majumdar 等，2009)。含有长烷基链的季铵盐可以溶解于许多基料中，并释放到涂层表面，破坏细菌的细胞壁。与银离子不同，季铵盐还可抑制病毒和部分真菌。季铵盐上一般接有一个有机烷烃链，这部分链段很容易降解，使得其寿命短于银离子型抗菌涂层。与银相似，铜也具备一定的抗菌性能，且价格低于银。也有人制备了含有三氯生抗菌剂（二氯苯氧氯酚——译者注）的涂层，然而考虑到细菌对三氯生会产生耐药性，这一方向的工作开展很少（Gozelino 等，2009)。抗菌涂料也可用于纤维，减少衣物上的细菌生长，当它们用于创伤敷料织物时，还可以促进伤口愈合（Manerung 等，2008)。另外，TiO_2 在紫外线照射下会产生自由基，含未经表面包覆 TiO_2 的涂层在紫外线照射下的杀菌性也已得到证实（Fu 等，2005)。

（周树学　武利民　译）

参考文献

Augustyniak, A.; Ming, W., *Prog. Org. Coat.*, 2011, 71(4), 406-412.

Augustyniak, A., etal., *ACSAppl. Mater. Interfaces*, 2009, 1(11), 2618-2623.

Baghdachi, J., etal., *Prog. Org. Coat.*, 2015, 78, 464-473.

Bekas, D. G., etal., *Compos. PartBEng.*, 2016, 87, 92-119.

Boinovich, L. B.; Emelyanenko, A. M., *ColloidsSurf. APhysicochem. Eng. Asp.*, 2015, 481, 167-175.

Boinovich, L., etal., *Langmuir*, 2014, 30(6), 1659-1668.

Bravo, J., etal., *Langmuir*, 2007, 23(13), 7293-7298.

Brown, P. S.; Bhushan, B., *Sci. Rep.*, 2016, 6, 21048.

Casie, A. B. D.; Baxter, S., *Trans. FaradaySoc.*, 1944, 40, 546-551.

Chaudhari, A. B., etal., *Ind. Eng. Chem. Res.*, 2013, 52(30), 10189-10197.
Dhiman, R., etal., USpatent9, 254, 496B2(2016).
Flores, G. E., etal., *PLoSOne*, 2011, 6(11), e28132.
deFrancisco, R., etal., *ACSAppl. Mater. Interfaces*, 2014, 6(21), 18998-19010.
Fu, G., etal., *J. Phys. Chem. B*, 2005, 109(18), 8889-8898.
Funke, W., *J. OilColour. Chem. Assoc.*, 1976, 59(11), 398-403.
Ganesh, V. A., etal., *J. Mater. Chem.*, 2011, 21(41), 16304.
Gao, L.; McCarthy, T. J., *Langmuir*, 2006, 22(7), 2966-2967.
Ghosh, B.; Urban, M. W., *Science*, 2009, 323(5920), 1458-1460.
Golovin, K., etal., *Sci. Adv.*, 2016, 2(3), e1501496.
Gozelino, G., etal., *J. Coat. Technol. Res.*, 2009, 7(2), 167-173.
Hamilton, A. R., etal., *Adv. Mater.*, 2010, 22(45), 5159-5163.
Jadhav, R. S., etal., *J. Appl. Polym. Sci.*, 2011, 119(5), 2911-2916.
Jones, A. R., etal., *Polymer*, 2015, 74, 254.
Kobayashi, M., etal., *Langmuir*, 2012, 28(18), 7212-7222.
Kumar, A., etal., *Nat. Mater.*, 2008, 7(3), 236-241.
Kwon, M. H., etal., *Appl. Surf. Sci.*, 2014, 288, 222-228.
Lax, S., etal., *Science*, 2014, 345(6200), 1048-1052.
Liu, B., etal., *Macromol. RapidCommun.*, 2006, 27(21), 1859-1864.
Machida, M., etal., *J. Mater. Sci.*, 1999, 34(11), 2569-2574.
Majumdar, P., etal., *J. Coat. Technol. Res.*, 2009, 7(4), 455-467.
Manerung, T., etal., *Carbohydr. Polym.*, 2008, 72(1), 43-51.
Menini, R.; Farzaneh, M., *J. Adhes. Sci. Technol.*, 2011, 25(9), 971-992.
Montemor, M. F., *Surf. Coat. Technol.*, 2014, 258, 17-37.
Nosonovsky, M.; Hejazi, V., *ACSNano*, 2012, 6(10), 8488-8491.
Nuraje, N., etal., *J. Mater. Chem. A*, 2013, 1(6), 1929-1946.
Pica, A., etal., *J. Coat. Technol. Res.*, 2016, 13(1), 53-61.
Samadzadeh, M., etal., *Prog. Org. Coat.*, 2010, 68(3), 159-164.
Seubert, C., etal., *J. Coat. Technol. Res.*, 2009, 7(2), 159-166.
Simendinger, W. H., I; Miler, S. D., USpatent, US6702953B2(204).
Sojoudi, H., etal., *SoftMatter*, 2016, 12(7), 1938-1963.
Stephenson, R. E., etal., *Biofouling*, *February*, 2014, 2014, 1-10.
Suryanarayana, C., etal., *Prog. Org. Coat.*, 2008, 63(1), 72-78.
Tatiya, P. D., etal., *J. Coat. Technol. Res.*, 2016, 13(4), 715-726.
Tuteja, A., etal., *Science*, 2007, 318(1618-1622), 1618.
Tuteja, A., etal., *MRSBull.*, 2008, 33, 752-758.
Verkholantsev, V., *J. Coat. Technol.*, 1992, 64(809), 51-59.
Vogel, N., etal., *Nat. Commun.*, 2013, 4, 2167.
Wang, H., etal., *Chem. Commun.*, 2008, (7), 877-879.
Wenzel, R. N., *Ind. Eng. Chem.*, 1936, 28(8), 988-994.
White, S. R., etal., *Nature*, 2001, 409(6822), 794-797.
Wong, T. -S., etal., *Nature*, 2011, 477(7365), 443-447.
Zhang, X., etal., *J. Mater. Chem.*, 2008, 18(6), 621-633.
Zhu, L., etal., *ACSAppl. Mater. Interfaces*, 2013, 5(10), 4053-4062.

索　引

A

B

C

D

E

F

G

H

I

J

M

N

O

P

Q

R

S

T

W

X

Z